AF572850

SCHÄFFER
POESCHEL

Die Bilanzanalyse

Beurteilung von Abschlüssen nach HGB und IFRS

11., überarbeitete Auflage

Begründet von

Prof. Dr. Karlheinz Küting

Prof. Dr. Claus-Peter Weber

Von

Dr. Peter Küting
Habilitand am Lehrstuhl
für Internationale
Unternehmensrechnung
an der Ruhr-Universität
Bochum

Prof. Dr. Claus-Peter Weber
WP, StB, RA
Direktor des Centrums für
Bilanzierung und Prüfung (CBP)
an der Universität des Saarlandes,
Saarbrücken

unter Mitarbeit an der aktuellen Auflage von

Dipl.-Kfm. Raphael Eichenlaub, Saarbrücken
Dipl.-Kfm. Philipp Grau, Saarbrücken
Dr. Matthias Heiden, Walldorf
Sebastian Höfner, M. Sc., Saarbrücken
Dipl.-Kfm. Siu Lam, Saarbrücken
Dr. Peter Lauer, Saarbrücken
Prof. Dr. Peter Lorson, Rostock
Dipl.-Kfm./Dipl.-Volksw. Holger Obst, Berlin
Dr. Michael Reuter, Düsseldorf
Dr. Marc Strauß, Saarbrücken
Dipl.-Kffr. Vanessa Wassong, Saarbrücken

2015
Schäffer-Poeschel Verlag Stuttgart

Gedruckt auf säurefreiem, alterungsbeständigem, chlorfrei gebleichtem Papier.

Bibliografische Information der Deutschen Nationalbibliothek
Die Deutsche Nationalbibliothek verzeichnet diese Publikation in der Deutschen Nationalbibliografie; detaillierte bibliografische Daten sind im Internet über <http.//dnb.d-nb.de> abrufbar.

ISBN 978-3-7910-3413-3 Best.-Nr. 20865-0001
EPDF 978-3-7992-6953-7 Best.-Nr. 20865-0150

www.schaeffer-poeschel.de
info@schaeffer-poeschel.de

Einbandgestaltung: Melanie Frasch
Satz: Dörr + Schiller GmbH, Stuttgart
Druck: BELTZ Bad Langensalza GmbH, 99947 Bad Langensalza
Printed in Germany
März 2015

Schäffer-Poeschel Verlag Stuttgart
Ein Tochterunternehmen der Haufe Gruppe

Vorwort

Das vorliegende Standardwerk in nunmehr 11. Auflage präsentieren zu können, ist für uns Anlass zu Freude, Trauer und Dankbarkeit zugleich. Freude darüber, dass »Die Bilanzanalyse« an die positive Resonanz der Vergangenheit anknüpfen konnte und insoweit die bewährte Tradition in Gestalt dieser Neuauflage fortgeführt werden kann; befremdlich indes mutet es an, hierbei nicht mehr auf die Expertise des Initiators und langjährigen Mitautors, Prof. Dr. Karlheinz Küting, zurückgreifen zu können, der am 7. Januar 2014 kurz nach seinem 70. Geburtstag verstorben ist. Noch immer überwiegt die Trauer über sein viel zu frühes und völlig unerwartetes Ableben. Durch seinen Tod ist dieses Werk zu einem Vermächtnis geworden. Es ist das Vermächtnis einer Persönlichkeit, die das Gesicht und den Inhalt dieses Standardwerks seit Erscheinen der Erstauflage im Jahre 1993 entscheidend mitgeprägt hat. Sein ausgezeichnetes Renommee in Wissenschaft, Praxis und Politik basierte keineswegs nur allein auf seiner hohen Fachkompetenz, sondern zudem auf seiner Streitbarkeit. Ob als Wissenschaftler, gefragter Redner oder Interview-Partner für die auf Wirtschaftsthemen fokussierten Medien: Er bereicherte den wissenschaftlichen Diskurs insbesondere durch seine klaren Standpunkte und seine Bereitschaft, diese auch gegen aktuelle Strömungen zu verteidigen. Nicht selten kombinierte er prägnante und scharfsinnige Analysen mit dem großen Mut, sich konstruktiv gegen herrschende Meinungen zu äußern und auf diese Weise notwendige Diskussionen anzuregen. Seine Forschungs- ebenso wie seine Lehrtätigkeit waren von der Überzeugung gekennzeichnet, dass rechnungslegungsorientierte Wissenschaft zugleich einen gewissen Praxisbezug aufweisen muss. Dies betraf nicht nur die von seinem einmaligen Gespür geleitete Auswahl und Kommentierung aktueller wie praxisrelevanter Themen, sondern auch den unermüdlichen Einsatz für eine nationale und internationale Normgebung, die den Anforderungen sowohl der Bilanzierenden als auch der Abschlussadressaten gerecht werden sollte. Der plötzliche und schmerzliche Tod Karlheinz Kütings hinterlässt nicht nur bei Autoren und Verlag tiefe Betroffenheit, sondern zugleich – menschlich wie fachlich – eine Lücke, die nur schwerlich zu schließen sein dürfte. Dass »Die Bilanzanalyse« künftig unter der Ägide von Prof. Dr. Claus-Peter Weber und Dr. Peter Küting erscheint, entsprach dem ausdrücklichen Wunsch Karlheinz Kütings. Diesem Wunsch sind wir mit großer Freude und Dankbarkeit, aber auch großem Respekt nachgekommen. Wir werden bemüht sein, das vorliegende Werk in seiner tradierten Form fortzuführen und in seinem Sinne weiterzuentwickeln. Dem Gedenken Karlheinz Kütings ist dieses Werk gewidmet.

Mit der vorliegenden, in Teilen neu strukturierten 11. Auflage wurden die Neuerungen der nationalen und internationalen Rechnungslegung vollumfänglich berücksichtigt. Auch wenn gegenwärtig noch nicht final absehbar ist, welche (materiellen) Auswirkungen mit dem Gesetz zur Umsetzung der bis zum 20.07.2015 in nationales Recht zu transformierenden Bilanzrichtlinie (2013/34/EU) verbunden sein werden, wurde gleichwohl versucht, die sich infolge des bis dato vorliegenden Regierungsentwurfs abzeichnenden Änderungen bereits entsprechend zu antizipieren. Darauf aufbauend wurden die bestehenden bilanzanalytischen Instrumentarien an die nunmehr gültigen Normen angepasst bzw.

an der ein oder anderen Stelle auch erweitert. Die Ausführungen zur internationalen (Konzern-)Jahresabschlussanalyse wurden durch ausgewählte Einzelfragen punktuell vertieft. Nicht zuletzt vor dem Hintergrund, dass buchführungspflichtige Unternehmen hierzulande qua § 5b Abs. 1 EStG verpflichtet sind, ihre Jahresabschlüsse im sog. XBRL-Format zu erstellen und an die Finanzbehörden zu übermitteln (sog. E-Bilanz), haben wir uns darüber hinaus entschlossen, diesem – auch unter bilanzanalytischen Gesichtspunkten – immer bedeutsamer werdenden Kommunikationsmedium eine eigene Passage zu widmen.

Eine derart weitgehende Überarbeitung ist nicht ohne tatkräftige Unterstützung möglich. Insoweit gilt unser besonderer Dank zunächst allen aktuellen wie ehemaligen Mitarbeitern des Centrums für Bilanzierung und Prüfung (CBP) an der Universität des Saarlandes. Euch allen sei gesagt: Euer »Chef« wäre stolz auf Euch! Den Herren Dr. Matthias Heiden, Prof. Dr. Peter Lorson und Dr. Michael Reuter haben wir für ihre konstruktiven Anregungen und Verbesserungsvorschläge ebenso zu danken wie Herrn Dipl.-Kfm./Dipl.-Volksw. Holger Obst, der sich freundlicherweise bereit erklärt hat, sein breites Erfahrungswissen im XBRL-Bereich gewinnbringend für Zwecke dieser Neuauflage einzusetzen.

Dank gebührt ferner Frau Dipl.-Kffr. Vanessa Wassong und Herrn Dipl.-Kfm. Philipp Grau, einerseits für ihre engagierte organisatorische und technische Koordination dieses Werks sowie andererseits für die gemeinsame Übernahme der Generalkontrolle und redaktionellen Schriftleitung. Frau Karla Wobido danken wir für ihre organisatorischen Arbeiten (nicht nur) im Kontext dieses Projekts. Ebenso gilt in diesem Zusammenhang ein spezieller Dank den Mitarbeiterinnen und Mitarbeitern des Schäffer-Poeschel Verlags, hier insbesondere Frau Ruth Kuonath und Frau Sabine Trunsch, für die langjährige, enge und vertrauensvolle Zusammenarbeit.

Wir würden uns freuen, wenn es uns auch mit dieser 11. Auflage wieder gelänge, sowohl in der wissenschaftlichen als auch praktischen Fachwelt der (Konzern-)Jahresabschlussanalyse an die positive Resonanz der Vergangenheit anzuknüpfen. Kritische Anmerkungen oder konstruktive Verbesserungsvorschläge nehmen wir dankend entgegen und werden diese bei der Gestaltung zukünftiger Werke entsprechend berücksichtigen!

In stillem Gedenken an Prof. Dr. Karlheinz Küting

Peter Küting   Claus-Peter Weber

Bochum/Saarbrücken, im März 2015

Vorwort zur ersten Auflage

Die Kennzahlenrechnung ist das in der Analysepraxis vorherrschende Auswertungsinstrument. Dies erklärt, warum die Bilanzanalyse häufig auch als Kennzahlenrechnung betrachtet oder die Kennzahlenrechnung gar als klassische oder traditionelle Bilanzanalyse bezeichnet wird. Auf diesen wichtigen Teilbereich – mit seinen Möglichkeiten, aber auch Grenzen – geht das vorliegende Lehrbuch ausführlich ein.

Es beschränkt sich aber nicht auf die hiermit verbundenen Fragestellungen, sondern erörtert darüber hinaus die folgenden Sachverhalte:

- Die Bilanzanalyse darf nicht losgelöst von den bilanzpolitischen Gestaltungsmöglichkeiten gesehen werden, da zwischen beiden Bereichen sehr enge Wechselbeziehungen bestehen. Folglich kann auf eine Analyse der angewandten Bilanzpolitik nicht verzichtet werden.
- Zahlreiche neue Entwicklungen auf dem Gebiet der Bilanzanalyse verdeutlichen, dass die Kennzahlenrechnung nur einen Teilbereich des Fachgebiets ausmacht. Daher werden auch die neueren Instrumente der Bilanzanalyse vorgestellt.
- Eine aussagefähige Beurteilung von Abschlüssen muss der Tatsache Rechnung tragen, dass die Bedeutung der Konzernrechnungslegung ständig zunimmt. Mehr noch: Eine Analyse von Konzernunternehmen ohne Berücksichtigung des Konzernabschlusses ist nicht möglich. Deshalb geht das vorliegende Werk verstärkt auf konzernspezifische Problemstellungen ein.
- Im Zuge der Globalisierung der Märkte darf die Bilanzanalyse nicht an den nationalen Grenzen Halt machen. Daher werden auch erste Ansätze einer internationalen Bilanzanalyse diskutiert.

Das vorliegende Werk ist als Lehr- und Arbeitsbuch konzipiert und richtet sich zunächst an die Studenten der Universitäten und Fachhochschulen. Der stets angestrebte Praxisbezug soll auch die Bilanzierenden in den Unternehmen und Finanzanalysten, die sich mit der Beurteilung von Einzel- und Konzernabschlüssen zu beschäftigen haben, bei ihrer Arbeit unterstützen.

Das Buch »Die Bilanzanalyse« ist das Gemeinschaftswerk zahlreicher jetziger und ehemaliger Mitarbeiter des Instituts für Wirtschaftsprüfung an der Universität des Saarlandes. Für die spontane und engagierte Mitarbeit danken wir allen Beteiligten ganz herzlich.

Ganz besonders bedanken wir uns bei Frau Diplom-Kauffrau Benita Nardmann und Herrn Diplom-Kaufmann Peter Göth, die für die umfangreiche redaktionelle Betreuung des vorliegenden Werkes und die inhaltliche Gestaltung einzelner Passagen verantwortlich waren. Sie waren es auch, die die Merksätze für dieses Buch formulierten.

Schließlich gilt unser Dank Frau Karla Wobido für die umfangreichen Arbeiten, die sie für die Fertigstellung auch dieses Buches zu leisten hatte.

Für Anregungen und Hinweise auf etwaige Schwachstellen oder erforderliche Erweiterungen sind wir den Lesern sehr verbunden.

Wir würden uns freuen, wenn das neu vorgelegte Werk an den Hochschulen sowie in der Bilanzierungs- und Analysepraxis eine positive Aufnahme fände, und die von uns aufgegriffenen Fragestellungen einer modernen und aktuellen Bilanzanalyse eine möglichst breite Zustimmung erführen.

Saarbrücken, im Juni 1993

Karlheinz Küting Claus-Peter Weber

Inhaltsübersicht

Inhaltsverzeichnis

3. Kapitel:
Teilbereiche der Bilanzanalyse als Kennzahlenrechnung ... 111

Übersichtenverzeichnis

Abkürzungsverzeichnis

a. A.	anderer Ansicht
ABR	Accounting and Business Review (Zeitschrift)
ABS	Asset Backed Securities
abs.	absolut
Abs.	Absatz
Abschn.	Abschnitt
Abt.	Abteilung
abzgl.	abzüglich
AER	American Economic Review (Zeitschrift)
a. F.	alte(r) Fassung
AG	Aktiengesellschaft (Rechtsform), Die Aktiengesellschaft (Zeitschrift), Application Guidance
AHK	Anschaffungs- oder Herstellungskosten
AICPA	American Institute of Certified Public Accountants
AIMD	Artificial Intelligence Measurement of Disclosure
AJS	American Journal of Sociology (Zeitschrift)
AK	Arbeitskreis
AktG	Aktiengesetz
a. L.	am Lech
a. M.	am Main
ANC	Autorité des Normes Comptables
a. o.	außerordentlich(e/es/en)
AO	Abgabenordnung
APB	Accounting Principles Board
APT	Arbitrage Pricing Theory
APV	Adjusted Present Value
ARB	Accounting Research Bulletin
ARCH	Autoregressive Conditional Heteroscedasticity
Art.	Artikel
ASA	Allgemeines Statistisches Archiv (Zeitschrift)
ASB	Accounting Standards Board
ASC	Accounting Standards Codification
Aufl.	Auflage
AV	Anlagevermögen
BaFin	Bundesanstalt für Finanzdienstleistungsaufsicht
BASF	Badische Anilin- & Soda Fabrik
BAV	Bundesaufsichtsamt für das Versicherungswesen
BB	Betriebs-Berater (Zeitschrift)
BBK	Buchführung, Bilanzierung, Kostenrechnung (Zeitschrift)
BBR	Baetge-Bilanz-Rating®

BC	Basis for Conclusion(s), Bilanzbuchhalter und Controller (Zeitschrift)
BCf	Brutto-Cashflow
BCG	Boston Consulting Group
Bd.	Band
BDI	Bundesverband der Deutschen Industrie e.V.
BERI	Business Environment Risk Index
BerlinFG	Gesetz zur Förderung der Berliner Wirtschaft (Berlinförderungsgesetz)
betr.	betrieblich(e)
betriebsbed.	betriebsbedingt
Betriebsf.	Betriebsfunktionen
betriebsfr.	betriebsfremd
BEV	Break-Even-Punkt-Erreichung
BFH	Bundesfinanzhof
BFuP	Betriebswirtschaftliche Forschung und Praxis (Zeitschrift)
BGBl.	Bundesgesetzblatt
BGH	Bundesgerichtshof
BIB	Brutto-Investitionsbasis
BiBu	Bilanz und Buchhaltung (Zeitschrift)
BilMoG	Bilanzrechtsmodernisierungsgesetz
BilRUG	Bilanzrichtlinie-Umsetzungsgesetz
BiRiLiG	Bilanzrichtlinien-Gesetz
BIZ	Bank für internationalen Zahlungsausgleich
BMF	Bundesministerium der Finanzen
BMJ/BMJV	Bundesministerium der Justiz, jetzt: Bundesministerium der Justiz und für Verbraucherschutz
BR	Bundesrat
BR-Drucks.	Bundesrats-Drucksache
BSC	Balanced Scorecard
bspw.	beispielsweise
BStBl.	Bundessteuerblatt
BT	Bundestag
BT-Drucks.	Bundestags-Drucksache
BuW	Betrieb und Wirtschaft (Zeitschrift)
BVerfG	Bundesverfassungsgericht
BW	Barwert
bzgl.	bezüglich
bzw.	beziehungsweise
ca.	circa
CAPM	Capital Asset Pricing Model
CBP	Centrum für Bilanzierung und Prüfung
CCAPM	Consumption-based Capital Asset Pricing Model
CCC	Cash Conversion Cycle
CEO	Chief Executive Officer
CF	Conceptual Framework, Corporate Finance (Zeitschrift)
CFA	Chartered Financial Analyst
CFK	Cashflow zu Gesamtkapital

CfoS	Cashflow on Sales
CfROI	Cashflow Return on Investment
CFU	Cashflow zu Umsatz
Cie.	Compagnie
CMR	California Management Review (Zeitschrift)
Co.	Corporation
c. p.	ceteris paribus
CR	Computer und Recht (Zeitschrift)
CRD	Capital Requirements Directive
CVA	Cash Value Added
DATEV	Datenverarbeitungsorganisation des steuerberatenden Berufes in der Bundesrepublik Deutschland e. V.
DAX	Deutscher Aktienindex
DB	Deckungsbeitrag, Der Betrieb (Zeitschrift)
DBW	Die Betriebswirtschaft (Zeitschrift)
DCf	Discounted Cashflow(s)
DGfB	Deutsche Gesellschaft für Betriebswirtschaft
d. h.	das heißt
DHBW	Duale Hochschule Baden-Württemberg
Diff.	Differenz
Dipl.-Kffr.	Diplom-Kauffrau
Dipl.-Kfm.	Diplom-Kaufmann
Dipl.-Volksw.	Diplom-Volkswirt
disponierb.	disponierbar
div.	diverse
DK	Der Konzern (Zeitschrift)
DM	Deutsche Mark
DPR	Deutsche Prüfstelle für Rechnungslegung e. V.
Dr.	Doktor
DRS	Deutscher Rechnungslegungsstandard
DRSC	Deutsches Rechnungslegungs Standards Committee e. V.
DSR	Deutscher Standardisierungsrat (Gremium des DRSC)
DStR	Deutsches Steuerrecht (Zeitschrift)
DSWR	Datenverarbeitung, Steuer, Wirtschaft, Recht (Zeitschrift)
DUB	Delta-Unterschieds-Brutto-Cashflow
DV	Datenverarbeitung
d. Verf.	die Verfasser
DVFA	Deutsche Vereinigung für Finanzanalyse und Asset Management e. V.
EAD	Exposure At Default
EAR	European Accounting Review (Zeitschrift)
EBA	European Banking Authority
E-Bilanz	Elektronische Bilanz
EBIT	Earnings Before Interest and Taxes; alternativ: Earnings Before Income Taxes (Income Statement Item)
EBITDA	Earnings Before Interest, Taxes, Depreciation and Amortization

EBT	Earnings Before Taxes
EBV	Economic Book Value
ED	Exposure Draft
E-DRS	Entwurf eines Deutschen Rechnungslegungsstandards
EDV	Elektronische Datenverarbeitung
EE-Steuern	Steuern vom Einkommen und Ertrag
EFRAG	European Financial Reporting Advisory Group
EG	Europäische Gemeinschaft(en)
EGHGB	Einführungsgesetz zum Handelsgesetzbuch
EK	Eigenkapital
EKR	Eigenkapitalrentabilität
entspr.	entsprechend
EPS	Earnings per Share
EQ/EKQ	Eigenkapitalquote
ERIC	Earnings less Riskfree Interest Charge
ESt	Einkommensteuer
EStG	Einkommensteuergesetz
EStR	Einkommensteuer-Richtlinien
et al.	et alii
etc.	et cetera
EU	Europäische Union
EUR	Euro (Währung)
e.V.	eingetragener Verein
EVA	Economic Value Added
evtl.	eventuell
exkl.	exklusiv
EY	Ernst & Young
F.	Formel
f.	fix, folgende
FAJ	Financial Analysts Journal (Zeitschrift)
FAS	Financial Accounting Standard(s)
FASB	Financial Accounting Standards Board
FAZ	Frankfurter Allgemeine Zeitung
FB	Finanz Betrieb (Zeitschrift)
FB/IE	Zeitschrift für Unternehmensentwicklung und Industrial Engineering
FCf	Free Cashflow
ff.	fortfolgende
FGV	Future Growth Value
Fifo	First in – first out
FK	Fremdkapital
FKZ	Fremdkapitalzinsen
FLF	Finanzierung, Leasing, Factoring (Zeitschrift)
Ford.	Forderung(en)
Forts.	Fortsetzung
FR	Finanz-Rundschau (Zeitschrift)
FRC	Financial Reporting Council
FtE	Flow to Equity

FuE	Forschung und Entwicklung
G	Gewinn
G20	Gruppe der zwanzig wichtigsten Industrie- und Schwellenländer
GAAP	Generally Accepted Accounting Principles
GARCH	Generalised Autoregressive Conditional Heteroscedasticity
GDV	Gesamtverband der Deutschen Versicherungswirtschaft e.V.
GE	Geldeinheit(en)
gem.	gemäß
gez.	gezeichnetes
ggf.	gegebenenfalls
ggü.	gegenüber
GK	Gesamtkapital
GKR	Gesamtkapitalrentabilität
GKV	Gesamtkostenverfahren
GmbH	Gesellschaft mit beschränkter Haftung (Rechtsform)
GmbHG	Gesetz betreffend die Gesellschaften mit beschränkter Haftung
GmbHR	GmbH-Rundschau (Zeitschrift)
GoB	Grundsätze ordnungsmäßiger Buchführung/Bilanzierung
GoF	Geschäfts- oder Firmenwert
GP	Gesamtpunktzahl
G-SIBs	Global Systemically Important Banks
grds.	grundsätzlich
GuV	Gewinn- und Verlustrechnung
GWB	Gesetz gegen Wettbewerbsbeschränkungen
GWG	Geringwertige Wirtschaftsgüter
HB	Handelsbilanz(en)
HBR	Harvard Business Review (Zeitschrift)
h.c.	honoris causa
HFA	Hauptfachausschuss des Instituts der Wirtschaftsprüfer in Deutschland e.V.
HGB	Handelsgesetzbuch
h.M.	herrschende(r) Meinung
Hrsg.	Herausgeber
htm(l)	hypertext mark-up (language)
http	hypertext transfer protocol
i	(Fremdkapital-)Zinsfuß, Zinssatz für Fremdkapital
IAASB	International Auditing and Assurance Standards Board
IAS	International Accounting Standard(s)
IASB	International Accounting Standards Board
IASC	International Accounting Standards Committee
i.Br.	im Breisgau
IC	Intellectual Capital
ICV	Internationaler Controllerverein
i.d.R.	in der Regel

IDW	Institut der Wirtschaftsprüfer in Deutschland e.V.
IDW ES	Entwurf eines Standards des Instituts der Wirtschaftsprüfer in Deutschland e.V.
IDW S	Standard des Instituts der Wirtschaftsprüfer in Deutschland e.V.
IE	Illustrative Example(s)
i.e.S.	im engeren Sinne
IFAC	International Federation of Accountants
IFRIC	International Financial Reporting Interpretations Committee
IFRS	International Financial Reporting Standard(s)
IG	Implementation Guidance
i.H.	in Höhe
IIRC	International Integrated Reporting Council
IK	investiertes Kapital
IN	Introduction
Inc.	Incorporated/Incorporation (Rechtsform)
inkl.	inklusive
insb.	insbesondere
InsO	Insolvenzordnung
InvZulG	Investitionszulagengesetz
IRB-Ansatz	Internal Ratings Based-Ansatz
i.R.d.	im Rahmen der/des
IRZ	Zeitschrift für internationale Rechnungslegung
ISA	International Standard(s) on Auditing
i.S.d.	im Sinne des, der
i.S.e.	im Sinne eines, einer
IStR	Internationales Steuerrecht (Zeitschrift)
i.S.v.	im Sinne von
IT	Informationstechnologie
i.V.m.	in Verbindung mit
i.w.S.	im weiteren Sinne
JAAF	Journal of Accounting, Auditing & Finance (Zeitschrift)
JbFSt	Jahrbuch der Fachanwälte für Steuerrecht
JFQA	Journal of Financial and Quantitative Analysis (Zeitschrift)
Jg.	Jahrgang
JoA	Journal of Accountancy (Zeitschrift)
JoAE	Journal of Accounting Education (Zeitschrift)
JoAR	Journal of Advertising Research (Zeitschrift)
JoB	Journal of Business (Zeitschrift)
JoBS	Journal of Business Studies (Zeitschrift)
JoE	Journal of Econometrics (Zeitschrift)
JoEF	Journal of Empirical Finance (Zeitschrift)
JoEL	Journal of Economic Literature (Zeitschrift)
JoET	Journal of Economic Theory (Zeitschrift)
JoF	Journal of Finance (Zeitschrift)
JoFE	Journal of Financial Economics (Zeitschrift)
JoFR	Journal of Financial Research (Zeitschrift)

JoIFMA	Journal of International Financial Management and Accounting (Zeitschrift)
JoIMF	Journal of International Money and Finance (Zeitschrift)
JoME	Journal of Monetary Economics (Zeitschrift)
JoPM	Journal of Portfolio Management (Zeitschrift)
JoSPM	Journal of Strategic Performance Management (Zeitschrift)
K	Kosten
k. A.	keine Angabe
Kap.	Kapitel
KFZ	Kraftfahrzeug
KG	Kapitalgewinn
KGaA	Kommanditgesellschaft auf Aktien (Rechtsform)
KK	Kapitalkosten
KMU	Kleine und mittlere Unternehmen
KMV	Kealhofer, McQuown and Vasicek
KNN	Künstliche Neuronale Netze
KonTraG	Gesetz zur Kontrolle und Transparenz im Unternehmensbereich
KoR	Internationale und kapitalmarktorientierte Rechnungslegung (Zeitschrift)
korr.	korrigiert
KPMG	Klynveld, Peat, Marwick, Goerdeler
krit.	kritisch
krp	Kostenrechnungspraxis (Zeitschrift)
KSt	Körperschaftsteuer
KStG	Körperschaftsteuergesetz
kurzfr.	kurzfristig
KWG	Gesetz über das Kreditwesen (Kreditwesengesetz)
lfd.	laufend
LGD	Loss Given Default
Lifo	Last in – first out
lit.	litera
lt.	laut
Ltd.	Limited (Rechtsform)
LuL	Lieferung(en) und Leistung(en)
M	Marktportfeuille
MA	Materialaufwand
Mat.	Material
MDA	Multivariate Diskriminanzanalyse
MDAX	Mid-Cap-Dax
mind.	mindestens
Mio.	Millionen
mod.	modifiziert(e/en)
Mrd.	Milliarden
M. Sc.	Master of Science
MU	Mutterunternehmen

MVA	Market Value Added
m.w.N.	mit weiteren Nachweisen
n.a.	not applicable
neutr.	neutral
n.F.	neue(r) Fassung
NKW	Nettokapitalwert
No.	Number
NOPaT	Net Operating Profit after Taxes
Nr.	Nummer
OB	Objective
OCI	Other Comprehensive Income
o.g.	oben genannte(n)
o.O.	ohne Ortsangabe
ordentl.	ordentlich
OTC	Over The Counter
P	Punktzahl
§	Paragraf
§§	Paragrafen
PC	Personal Computer
pdf	portable document format (Dateiformat)
PiR	Praxis der internationalen Rechnungslegung (Zeitschrift)
PoC	Percentage-of-Completion
Prof.	Professor
%	Prozent
PublG	Gesetz über die Rechnungslegung von bestimmten Unternehmen und Konzernen (Publizitätsgesetz)
PwC	PricewaterhouseCoopers
QC	Qualitative Characteristics (of useful financial information)
r	Rentabilität
R	Rendite, Richtlinie
RA	Rechtsanwalt, Restaufwand
RAP	Rechnungsabgrenzungsposten
RegE	Regierungsentwurf
REITG	Gesetz über deutsche Immobilien-Aktiengesellschaften mit börsennotierten Anteilen
rev.	revised
REVA	Refined Economic Value Added
RIC	Rechnungslegungs Interpretations Committee
RIW	Recht der Internationalen Wirtschaft (Zeitschrift)
RL	Rentabilität(s)-Liquidität(s)
Rn.	Randnummer(n)
ROCE	Return on Capital Employed
ROE	Return on Equity
RoES	Review of Economics and Statistics (Zeitschrift)

ROI	Return on Investment
RONA	Return on Net Assets
RQFA	Review of Quantitative Finance and Accounting (Zeitschrift)
RSW	Rendite-Sicherheit-Wachstum
S, s	Aktienkurs, Sicherheitskoeffizient, (durchschnittlicher) Steuersatz
S.	Seite(n)
s. a.	siehe auch
SA	Sachanlagen
SAP	Systeme, Anwendungen, Produkte in der Datenverarbeitung
SAV	Sachanlagevermögen
SBR	Schmalenbach Business Review (Zeitschrift)
SDAX	Small-Cap-DAX
SE	Societas Europaea (Rechtsform)
SEC	Securities and Exchange Commission
SFAC	Statement of Financial Accounting Concepts
SFAS	Statement of Financial Accounting Standard(s)
SG	Schmalenbach-Gesellschaft für Betriebswirtschaft e. V.
SIC	Standing Interpretations Committee
SIFIs	Systemically Important Financial Institutions
SMU	Southern Methodist University
sonst.	sonstige(r)
sog.	so genannte(n/r/s)
SOP	Statement of Position
Sp.	Spalte
ST	Der Schweizer Treuhänder (Zeitschrift)
StB	Der Steuerberater (Zeitschrift), Steuerberater
StGB	Strafgesetzbuch
StuB	Unternehmensteuern und Bilanzen (Zeitschrift)
StuW	Steuern und Wirtschaft (Zeitschrift)
s. u.	siehe unten
SV	Shareholder Value
SVA	Shareholder Value Added
SWOT	Strengths, Weaknesses, Opportunities, Threats
TecDAX	Technologie DAX
TEUR	Tausend Euro (Währung)
TCf	Total Cashflow
TM	Unregistered Trade Mark
TransPuG	Transparenz- und Publizitätsgesetz
Ts.	Taunus
TU	Tochterunternehmen
U	Umsatz, Umsatzerlöse
u.	und
u. Ä.	und Ähnliches
u. a.	und andere, unter anderem
UBCF	Unterschieds-Brutto-Cashflow

u. E.	unseres Erachtens
UGW	Unternehmensgesamtwert
UK-GAAP	United Kingdom – Generally Accepted Accounting Principles
UKV	Umsatzkostenverfahren
UNCTAD	United Nations Conference on Trade and Development
US(A)	United States (of America)
usw.	und so weiter
u. U.	unter Umständen
UV	Umlaufvermögen
UW	Unternehmenswert
V	Verlust, Verschuldungsgrad
v.	variable, von
VEBA	Vereinigte Elektrizitäts- und Bergwerks AG
Verb.	Verbindlichkeit
VG	Vermögensgegenstand/-stände
vgl.	vergleiche
VROI	Value Return on Investment
vs.	versus
VW	Vermögenswert(e)
WACC	Weighted Average Costs of Capital
WiSt	Wirtschaftswissenschaftliches Studium (Zeitschrift)
WiStat	Wirtschaft und Statistik (Zeitschrift)
WISU	Das Wirtschaftsstudium (Zeitschrift)
WiWo	Wirtschaftswoche (Zeitschrift)
WM	Wachstumsmöglichkeiten
WP	Wirtschaftsprüfer
WPg	Die Wirtschaftsprüfung (Zeitschrift)
WP-Handbuch	Wirtschaftsprüfer-Handbuch
WU	Wirtschaftsuniversität
www	world wide web
XBRL	eXtensible Business Reporting Language
XML	eXtensible Markup Language
z. B.	zum Beispiel
ZfB	Zeitschrift für Betriebswirtschaft
zfbf	Zeitschrift für betriebswirtschaftliche Forschung
ZfgK	Zeitschrift für das gesamte Kreditwesen
ZfhF	Zeitschrift für handelswissenschaftliche Forschung
ZfO	Zeitschrift für Organisation
ZfP	Zeitschrift für Planung
ZGR	Zeitschrift für Unternehmens- und Gesellschaftsrecht
ZKV	Zero-Kovarianz(-Portefeuille)
ZMGE	Zahlungsmittelgenerierendc(r) Einheit(en)
z. T.	zum Teil
ZVEI	Zentralverband der Elektrotechnischen Industrie e. V.
zzgl.	zuzüglich

1. Abschnitt: Grundlagen der Bilanzanalyse

1. Inhaltsbestimmung der Bilanzanalyse

Unter Bilanzanalyse sind die Aufbereitung (Verdichtung) sowie die Auswertung erkenntniszielorientierter Unternehmensinformationen mittels Kennzahlen, Kennzahlensystemen und sonstiger Methoden zu verstehen. BALLWIESER (W. (1993), Sp. 211) verbindet mit dem Begriff »Bilanzanalyse« die »Durchsicht und Auswertung von Jahresabschluß und Lagebericht zum Zwecke der Informationsgewinnung«. Das Erkenntnisziel der Bilanzanalyse ist dabei die Erlangung eines den tatsächlichen Verhältnissen entsprechenden Bilds der wirtschaftlichen Lage, konkret der Vermögens-, Finanz- und Ertragslage eines Unternehmens. Auf dieser Grundlage soll die Beurteilung des Unternehmens in seiner Gesamtheit ermöglicht werden (vgl. REHKUGLER, H./PODDIG, T. (1998), S. 15).

1.1 Aufbereitung und Auswertung von Informationen

Verdichtung und Strukturierung der Informationen des Jahresabschlusses

Die Aufbereitung (Verdichtung) der in einem Jahresabschluss veröffentlichten Informationen beschäftigt sich vorrangig mit einer bloßen Neuordnung (Umformung) der ansonsten nur schwer überschaubaren Informationsfülle. So ist das Zahlenmaterial im Hinblick auf bestimmte Informationsziele aufzubereiten (vgl. GRÄFER, H./SCHNEIDER, G./GERENKAMP, T. (2012), S. 3 f.). Zur Bilanzanalyse gehört dabei das systematische Übertragen der Bilanz- und Erfolgszahlen in ein sachgerechtes Bilanzauswertungsschema (Bilanzauswertungsbogen); diese werden dann strukturiert, d. h. durch Prozent- und andere Kennzahlen ergänzt.

Nach einer weiteren Definition von KERTH/WOLF wird im Rahmen der Bilanzanalyse »das Zahlenmaterial einer Bilanz … in seine strukturbestimmenden Elemente zerlegt, die in sinnvolle Beziehungen zueinander oder zu Vergleichszahlen gesetzt, einen Einblick in die wirtschaftlichen Verhältnisse der bilanzierenden Unternehmen vermitteln« (KERTH, A./WOLF, J. (1986), S. 21 f.). KRUMNOW (J. (1985), S. 783) sieht schließlich in der Bilanzanalyse »die Beurteilung von Unternehmen anhand von Informationen, die durch die Aufgliederung und Aufbereitung von Jahresabschlüssen in deren Einzelelemente sowie sachlogisch zusammenhängende Komponenten und Relationen gewonnen werden«.

Aus allen drei Definitionen wird deutlich, dass sich dieser Bereich der Bilanzanalyse vorwiegend mit einer Aufbereitung und Präsentation von Informationen, die der Jahresabschluss enthält, beschäftigt. Die Bilanzanalyse versteht sich hier – auf eine Kurzformel gebracht – als eine verdichtete Informationsvermittlung.

Maßnahmen im Rahmen der Auswertung

Die Auswertung allerdings erhebt einen weitergehenden Anspruch als die Aufbereitung. Denn im Rahmen der Auswertung wird versucht, solche Informationen zu gewinnen, die nicht ohne Weiteres aus dem Jahresabschluss oder sonstigen Informationsquellen entnommen werden können (vgl. auch LEFFSON, U. (1984),

S. VIII). Das im Rahmen der Auswertung einsetzbare Instrumentarium kann folgendermaßen systematisiert werden (modifiziert entnommen aus: PEEMÖLLER, V. H./HÜTTCHE, T. (1992), S. 9):

Bezeichnung	Maßnahme
Positionenanalyse	Analyse einzelner Bilanz- oder GuV-Posten (1)
Positionengruppenanalyse	Auswertung mehrerer zusammengehöriger Positionen, die als Teil des Ganzen gesehen werden (2)
Relationenanalyse	Positionen oder Positionengruppen werden zueinander in Beziehung gesetzt (3)
Rechnungsumformungs-analyse	alle oder ein Teil der Positionen werden zu Rechnungen anderer Art zusammengefasst (4)
Beispiele: (1) Analyse des Postens »Jahresüberschuss« bzgl. Betrag und Struktur (2) Analyse der Positionengruppe »Anlagevermögen« (3) Bildung der Relation »Anlagevermögen zu Umlaufvermögen« (4) Erstellung einer Bewegungsbilanz	

Übersicht 1: Auswertungsinstrumente der Bilanzanalyse

Bilanzanalyse als Ergänzungsfunktion

Dieser auf der Aufbereitung der Informationen aufbauende Beurteilungsvorgang wird auch vielfach als Bilanzkritik bezeichnet. Der Bilanzanalyse fällt in diesem Bereich eine Ergänzungsaufgabe zu, indem mit Zusatzinformationen, insb. durch die Verknüpfung vorhandener Informationen, ein verbesserter Einblick in die Vermögens-, Finanz- und Ertragslage eines Unternehmens erreicht werden soll. Auf der Grundlage abgesicherter Hypothesen soll gezeigt werden, in welcher Richtung und in welcher Intensität bei Eintritt bestimmter Tatbestände ein zu erwartender Einfluss wirksam werden wird.

Beurteilung und Prognose als Ergebnis

Ziel der Auswertung im Rahmen dieser Ergänzungsfunktion der Bilanzanalyse ist die Bereitstellung von Maßstäben zur Beurteilung der gegenwärtigen sowie Prognose der zukünftigen wirtschaftlichen Lage eines Unternehmens.

Während in der Vergangenheit bloße Zahlenumformungen und damit die Aufbereitung im Mittelpunkt der bilanzanalytischen Literatur und Praxis standen, sollte aus heutiger Sicht dieser Ergänzungsaufgabe verstärkt Beachtung geschenkt werden. Auf der Grundlage einer »Wenn-Dann-Beziehung« sollen Aussagen darüber getroffen werden, »ob der Bedingungsteil einer Hypothese (die Wenn-Komponente) erfüllt ist und damit der Folgerungsteil der Hypothese (die Dann-Komponente) zur Prognose auf die zu beurteilende Unternehmung angewendet werden darf« (SCHNEIDER, D. (1989), S. 636). Ganz generell ist in diesem Zusammenhang zu bemerken, dass die Bilanzanalyse bis heute unter einem erheblichen Theoriemangel leidet (vgl. auch BRÖSEL, G. (2014), S. 10 ff.). »Wer aus Bilanzen im Wege der Analyse Prognosen oder Handlungsempfehlungen theoretisch begründet abgeben will, benötigt nicht falsifizierte, empirische Gesetzmäßigkeiten, insb. Finanzierungshypothesen« (BALLWIESER, W. (1993), Sp. 219). Diese Hypothesen aber konnten bislang in Modellen noch nicht so konkretisiert werden, dass sie einem Test im Rahmen der empirischen Forschung zugänglich gemacht werden können.

Konkret ist zu zeigen, welche wirtschaftlichen Entwicklungen und Ergebnisse eintreten bzw. wie Sachverhalte zu beurteilen sind, wenn sich bestimmte Einflussfaktoren einstellen. Die Interpretation der so gewonnenen Erkenntnisse als Abschluss des Auswertungsvorgangs ist die entscheidende Phase im Rahmen der Bilanzanalyse. Hier sind es wohl weniger die Anwendung formalisierter Rechentechniken und Beurteilungsmethoden, sondern »in erster Linie Erfahrung, Fingerspitzengefühl und Sachverstand« (Rehkugler, H./Poddig, T. (1998), S. 14), die dazu beitragen, zu einer zutreffenden und zweckentsprechenden Beurteilung bestimmter Sachverhalte zu gelangen.

1.2 Analyse zielorientierter Unternehmensinformationen

Konzentration auf zweckdienliche Informationen

Die Einschränkung auf erkenntniszielorientierte Unternehmensinformationen in der oben gegebenen Definition soll zum Ausdruck bringen, dass nur die Angaben zu berücksichtigen sind, die für die Adressaten der Informationen von Bedeutung, d.h. dem Erkenntnisziel der Bilanzanalyse dienlich sind.

Grundsatz der Wesentlichkeit

Damit können all jene Einzelkomponenten vernachlässigt werden, die keinen oder nur einen geringen Einfluss auf die Untersuchungsergebnisse haben. Mit diesem Grundsatz der Wesentlichkeit im Rahmen der Bilanzanalyse (vgl. Siener, F. (1991), S. 11 ff.) soll der in der Analysepraxis häufig zu beobachtenden Ausuferung zu Zahlenfriedhöfen oder zur Informationsinflation begegnet werden. Oder ganz generell: Es soll einer Informationsüberlastung entgegengewirkt werden.

Der Begriff »wesentlich« hat die Bedeutung von wichtig, bedeutsam, entscheidend, nennenswert, erheblich und relevant; er »bezeichnet einen beträchtlichen Grad einer Merkmalsausprägung« (Leffson, U. (1986), S. 435). Obwohl sich mehrere Arbeiten mit Maßstäben zur Quantifizierung der Wesentlichkeit auseinandersetzen, kann eine eindeutige und operationale Definition, ab wann die Berücksichtigung eines Betrags, eines Postens oder eines Tatbestands den Einblick in die Vermögens-, Finanz- und Ertragslage verbessert und er deshalb in die Analyse einbezogen werden soll, allgemein nicht abgeleitet werden. Aus diesem Grund wird hier der Wesentlichkeitsgrundsatz pragmatisch dahingehend verstanden, dass es auf die letzte Genauigkeit, die – im übertragenen Sinne – letzte Stelle hinter dem Komma, nicht ankommt (vgl. auch Leffson, U./Bönkhoff, F.J. (1982), S. 394 ff.).

1.3 Einbeziehung von externen und internen Informationen

Die Bilanzanalyse kann dem Grunde nach sowohl externe als auch interne Informationsquellen, soweit diese zur Verfügung stehen, verwenden.

Betriebsanalyse

Im Rahmen der internen Bilanzanalyse, die in der Literatur auch als Betriebsanalyse bezeichnet wird, haben die Analysten einen grds. unbeschränkten Zugriff auf sämtliche im Unternehmen anfallenden Informationen. Die informationssammelnde Stelle hat damit Einfluss auf das Zustandekommen des Datenmaterials oder sie stellt dieses selbst zusammen (vgl. auch Buchner, R. (1981), Sp. 194).

Da hier die Analyse ohne die Beachtung der externen Publizitätswirkungen vorgenommen werden kann, können auch solche Informationen in die Betrachtung einbezogen werden, die einen – im Vergleich zur Auswertung des für Externe zugänglichen Datenmaterials – verbesserten Einblick in die Unternehmenslage erlauben und die üblicherweise externen Adressaten vorenthalten werden. So können interne Daten aktueller, zutreffender und zukunftsorientierter als externe Daten sein.

Externe Bilanzanalyse

Der externen Analyse stehen lediglich die Informationen zur Verfügung, die durch die Unternehmensführung entweder aufgrund freiwilliger Maßnahmen oder gesetzlicher bzw. normativer Vorschriften publiziert bzw. offengelegt werden. Weiterhin werden im Rahmen der externen Analyse solche Informationen ausgewertet, die von Dritten erstellt und allgemein »zugänglich sind, wobei der analysierenden Stelle die Prüfungsmöglichkeit der Richtigkeit der Angaben [i. d. R., d. Verf.] fehlt« (Buchner, R. (1981), Sp. 194). Ausgangspunkt bei der externen Bilanzanalyse sind daher stets allgemein verfügbare Informationen. Hier gilt es festzustellen, dass der Jahresabschluss – sowie ggf. Zwischenabschlüsse – für die externen Bilanzadressaten die »wichtigste, häufig die einzige Informationsquelle« (Döring, U. (2008), S. 111) darstellen.

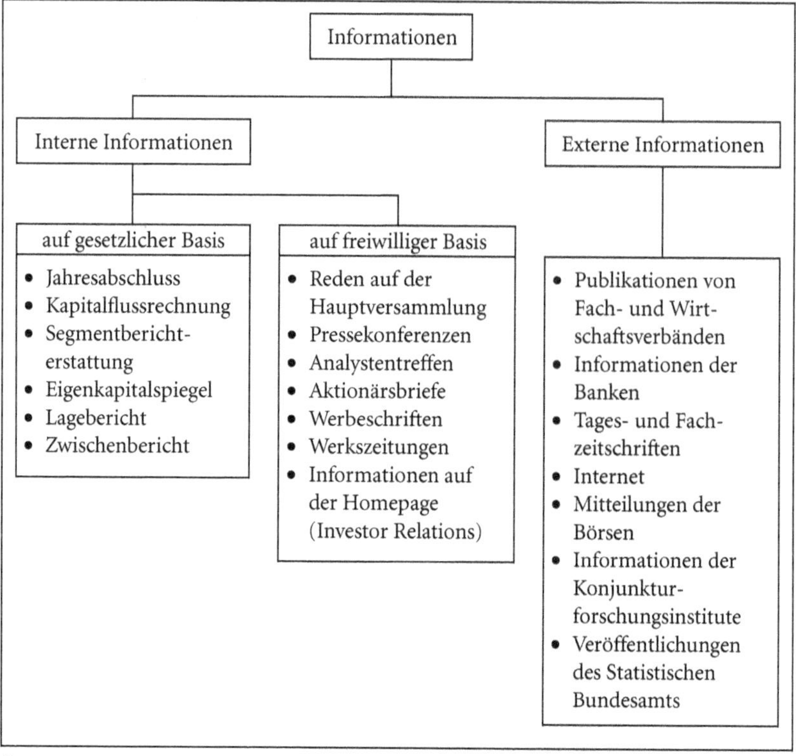

Übersicht 2: Informationsbasis der externen Bilanzanalyse

Besondere Informationsrechte

Bei der externen Analyse ist zu beachten, dass die im Einzelfall vorzufindende Informationsqualität und -quantität – je nach Adressatenkreis – völlig verschieden sein können. So können z. B. Großaktionäre und Hausbanken mit faktischen oder die Belegschaft mit gesetzlichen oder vertraglichen Informationssonderrechten ausgestattet sein (vgl. Lange, C. (1989), S. 9). Diese Besonderheiten stellen in der Praxis nicht den Ausnahmefall dar. Im Gegenteil, besonders bei den faktischen Sonderrechten ist der Informationsgrad verschiedener Adressatengruppen »fließend und steigt mit der Machtposition des Analysten« (Perridon, L./Steiner, M./Rathgeber, A. W. (2012), S. 594). Damit können u. U. Unternehmensexterne, wie Großaktionäre oder -kreditgeber, Zugang zu Daten erlangen, die ansonsten allein der Unternehmensleitung vorbehalten sind. Insofern ist auch die Grenze bzgl. des Informationsgrads zwischen Unternehmensinternen und -externen fließend und einzelfallbezogen.

Begriffseinengung

Da sich die Bilanzanalyse aber in der Analysepraxis überwiegend nicht mit der Auswertung von Informationen des eigenen, sondern vielmehr eines fremden Unternehmens beschäftigt, erklärt dies, warum häufig nur externe Informationen zur Verfügung stehen und der Begriff »Bilanzanalyse« meist auf die externe Analyse eingeengt wird.

1.4 Informationsquellen der (externen) Bilanzanalyse

Jahresabschluss

Die Bilanzanalyse bezieht nicht nur die Informationen der Bilanz als Gegenüberstellung der Aktiva und Passiva in die Betrachtung ein, sondern analysiert darüber hinausgehend auch die Daten der GuV, einer Kapitalflussrechnung, eines Eigenkapitalspiegels, einer Segmentberichterstattung und des Anhangs sowie des Lageberichts.

In diesem Zusammenhang ist zu beachten, dass der Anhang zunächst solche Angaben enthält, die dort (außerhalb der Rechenwerke) pflichtgemäß erscheinen müssen. Darüber hinaus gibt es Informationen, die wahlweise in den genannten Rechenwerken oder im Anhang vermittelt werden können. Die Verlagerung von Informationen in den Anhang führt zwar einerseits zu leicht lesbaren Rechenwerken, sie erschwert aber andererseits die Arbeit des Analysten, da der Anhang damit wegen der möglichen Informationsfülle an Übersichtlichkeit verlieren kann. Nichtsdestotrotz bilden die Einbeziehung und Auswertung der im Anhang offengelegten Informationen einen wesentlichen Bestandteil der Bilanzanalyse.

Einzel- und Konzernabschluss

Im Rahmen eines konzernverbundenen Unternehmens stellt sich die Frage, ob der Einzel- oder der Konzernabschluss für die Analyse maßgebend ist. Zutreffend bemerkt Reuter (E. (1988), S. 285): »Wer Bilanzanalyse von konzernmäßig verflochtenen Unternehmungen betreibt, handelt fahrlässig, wenn er den Konzernabschluß aus der Betrachtung herausläßt«. Denn je nach Intensität der vorliegenden konzerninternen Geschäftsbeziehungen und Kapitalverflechtungen besteht die Gefahr, dass in den Einzelabschlüssen die Vermögens-, Finanz- und Ertragslage der konzernverbundenen Unternehmen verzerrt dargestellt wird. Ein sachgerechter Einblick in die wirtschaftliche Lage des Unternehmensverbunds in seiner Gesamtheit kann deshalb nur durch die zusätzliche Analyse des Konzernabschlusses gewonnen werden (vgl. Lachnit, L. (2004), S. 309). Sinnvollerweise werden verlässliche Beurteilungsergebnisse erst dann erreichbar, wenn Einzel- und Konzernabschluss in einer gemeinsamen Analyse betrachtet und zusammengeführt werden.

Sonstige Informationsquellen

Als weitere Informationsquellen stehen im Rahmen der Konzernabschlussanalyse die Kapitalflussrechnung, der Eigenkapitalspiegel und die Segmentberichterstattung zur Verfügung. Darüber hinaus werden auch sonstige publizitätspflichtige oder freiwillig publizierte Informationen – wie z. B. Angaben des

Lageberichts oder Zwischenberichte, aber auch Ansprachen auf Hauptversammlungen, Publikationen der Wirtschaftspresse, Brancheninformationen, Veröffentlichungen der Industrie- und Handelskammern sowie Börsenkursentwicklungen – in die Betrachtung einbezogen, sodass zutreffender von einer Jahresabschlussanalyse oder (sogar) von einer Unternehmensanalyse gesprochen werden sollte.

Da sich der Begriff »Bilanzanalyse« jedoch allgemein durchgesetzt hat, wird im Einklang mit der überwiegenden Fachliteratur an dieser traditionellen Begriffsbildung festgehalten.

1.5 Einbeziehung quantitativer und qualitativer Informationen

Quantitative Daten als Ausgangspunkt

Die Bilanzanalyse im hier verstandenen Sinne bezieht sich sowohl auf quantitative als auch auf qualitative Informationen. Quantitative Daten zeichnen sich dadurch aus, dass die entsprechenden Informationen als monetäre oder als mengenmäßige Größen formuliert werden können. Aufgrund ihres zahlenmäßigen Charakters lassen sie sich zum einen problemlos in Kennzahlen transformieren, zum anderen stellen sie Punktaussagen mit einer eindeutigen Wertrelation dar. Diese Informationen bilden den Ansatzpunkt der traditionellen Kennzahlenrechnung.

Einbeziehung verbaler Informationen

Darüber hinaus können qualitative Informationen u. U. ein zusätzliches, umfangreiches und wichtiges Analysepotenzial in sich bergen (vgl. Werner, U. (1990), S. 370). Deshalb sollen verstärkt auch solche entscheidungsrelevanten Daten in der Bilanzanalyse berücksichtigt werden, deren Aussagegehalt sich offensichtlich nicht in einer operationalen Kennzahl vermitteln lässt. Dazu gehören neben den verbalen Informationen des Anhangs und Lageberichts auch solche numerischen Daten, wie z. B. Nutzungsdauern von Anlagegütern oder Zinssätze für die Bewertung von Pensionsrückstellungen, deren Wirkungen auf Bilanz- und Erfolgsgrößen nicht unmittelbar mess- bzw. quantifizierbar sind. Die Methoden, die geeignet sind, dieses Analysepotenzial in die Betrachtung einzubeziehen, sind Gegenstand des qualitativen Teils der Bilanzanalyse (vgl. 4. Abschn., 4.).

2. Aufgaben der Bilanzanalyse

Ausgehend von den Funktionen des Jahresabschlusses, der u. a. als Instrument der Rechenschaftslegung und Informationsvermittlung dient, kann die Bilanzanalyse als ein Hilfsmittel bei der Transformation der zur Verfügung stehenden Unternehmensdaten in bedarfsgerechte und entscheidungsrelevante Informationen betrachtet werden. Bei der Beantwortung der Frage nach den Aufgaben der Bilanzanalyse ist es also notwendig, auf die z. T. sehr unterschiedlichen Interessen der verschiedenen Adressaten des Jahresabschlusses (vgl. dazu Wöhe, G. (1997), S. 290 ff.; Küting, K./Reuter, M. (2004), S. 230 f.) einzugehen.

2.1 Adressaten des Jahresabschlusses

Koalitionstheorie

Die Frage nach den Adressaten des Jahresabschlusses soll auf der Grundlage der sog. »Koalitionstheorie« beantwortet werden. Hiernach ist der Kreis der Zielgruppen des Jahresabschlusses durch ein Unternehmenskonzept zu bestimmen, das alle Personen oder Personengruppen in die Betrachtung einbezieht, die an der Unternehmung in irgendeiner Weise beteiligt sind (vgl. Kubin, K. W. (1998), S. 526). Entsprechend dieser Deutung erscheint der Jahresabschluss als ein finanzieller Rechenschaftsbericht der Unternehmensleitung ggü. den Koalitionsteilnehmern. Zu dieser Koalition zählen neben der Unternehmensleitung selbst alle Personen, die mit der Unternehmung in direkter Beziehung stehen, wie z. B. aktuelle und potenzielle Anteilseigner und Gesellschafter, Kreditgeber, Kunden und Lieferanten, aber auch Arbeitnehmer und Gewerkschaften sowie die interessierte Öffentlichkeit (vgl. Gräfer, H./Schneider, G./Gerenkamp, T. (2012), S. 5 ff.).

Interessenlage bestimmt den Analysezweck

Anlass der Bilanzanalyse ist demnach das Informationsbedürfnis der Koalitionäre. Da aber deren Informationswünsche völlig verschieden sein können, kann es auch die Aufgabenstellung der Bilanzanalyse schlechthin nicht geben. Vielmehr ist der Zweck der Bilanzanalyse von den Informationen abhängig, die diejenigen suchen bzw. benötigen, welche die Jahresabschlüsse vorgelegt bekommen (vgl. Leffson, U. (1984), S. 25). Die Bilanzanalyse ist somit ein »adressaten- und zweckspezifisches Auswertungssystem« (Pellens, B. (1989), S. 155); ihre Zwecksetzung wird aus den »Informationsinteressen der Bilanzadressaten deduziert« (Buchner, R. (1981), Sp. 195). So kommen grds. sowohl jeder Jahresabschlussadressat als auch jeder Informationsinteressent als potenzieller Bilanzanalyst in Betracht (vgl. Baetge, J./Kirsch, H.-J./Thiele, S. (2004), S. 15).

Entsprechend der Differenzierung zwischen unternehmensexternen und -internen Jahresabschlussadressaten soll zwischen der externen und internen Bilanzanalyse unterschieden werden. Die Adressaten der externen Bilanzanalyse werden auch als Outsider, die Adressaten der internen Analyse dagegen als Insider bezeichnet.

Externe vs. interne Bilanzanalyse

Eine externe Bilanzanalyse wird dann vorgenommen, wenn der Analyst den Jahresabschluss eines fremden Dritten untersucht. Die interne Analyse hingegen bezieht sich auf das eigene Unternehmen. Wie bereits gezeigt wurde, ist die Aussagefähigkeit der gewonnenen Daten unterschiedlich hoch. Sie hängt ganz davon ab, inwieweit der Analysierende auf unternehmensinterne Informationsquellen zugreifen kann oder nicht.

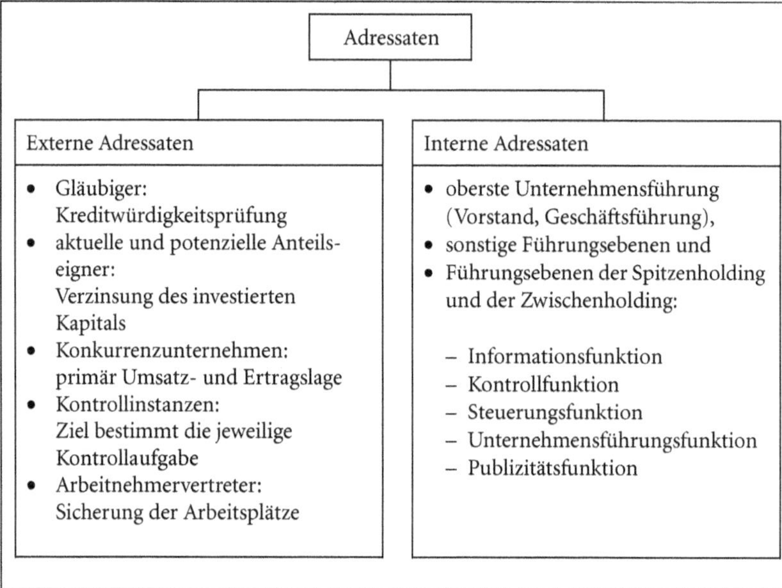

Übersicht 3: Adressaten der Bilanzanalyse und Interessenlage

2.2 Externe Bilanzanalyse

Aufgaben der externen Bilanzanalyse

Im Rahmen der externen Analyse dominieren die Informations- und die Beurteilungs- bzw. Interpretationsfunktion der Bilanzanalyse. Informationen werden einerseits benötigt, um Entscheidungen zu treffen, die das analysierte Fremdunternehmen tangieren (z. B. Erwerb oder Verkauf von Anteilen, Gewährung, Prolongation oder Rückzahlung von Darlehen). Andererseits kann die Analyse eines Fremdunternehmens dazu dienen, eine eigene Standortbestimmung vorzunehmen und ggf. Anlass für eine Kurskorrektur der eigenen Unternehmenspolitik sein. Insofern kann der externen Analyse auch eine derivative Kontroll- und Steuerungsfunktion zufallen. Ziel der Bilanzanalyse ist es, ein Werturteil über die wirtschaftliche Lage eines Unternehmens abzugeben. Um ein Unternehmen zutreffend beurteilen zu können, müssen allerdings Vergleiche angestellt werden. Dabei kommen Zeit-, Betriebs- und Normenvergleiche in Frage.

Interessenlage der Gläubiger

Gläubiger (z. B. Lieferanten und Kreditinstitute) sind im Wesentlichen an der Bonität des Unternehmens, mit dem sie in Geschäftsbeziehung stehen, interessiert. Ihr Informationsbedürfnis richtet sich daher hauptsächlich auf die Kreditwürdigkeitsprüfung und somit auf die Frage, ob die Zins- und Tilgungszahlungen fristgerecht erfolgen können. Speziell für Kreditinstitute dient die Bilanzanalyse zur Risikoabschätzung bei der Entscheidung über Kreditanträge, unabhängig davon, ob es sich um die Aufnahme von Neukrediten, Krediterhöhungen oder die Verlängerung (Prolongation) gewährter Kredite handelt. Sie ist aber auch entscheidend bei der laufenden Überwachung eines Engagements. Darüber hinaus wird die Bilanzanalyse als Instrument zur Unternehmens- und Kundenberatung verwendet.

Die Analyse der Jahresabschlussdaten bildet eine wesentliche Grundlage für das Rating von wertpapieremittierenden Unternehmen. Diese Bonitätsbeurteilungen werden von international tätigen Ratingagenturen, wie z. B. Moody's Investors Service, Standard & Poor's und Fitch Ratings, vorgenommen und sind häufig eine notwendige Voraussetzung für den Zugang von Unternehmen zu verschiedenen Kapitalmärkten. Auch entscheiden sie über die Einordnung von bereits am Kapitalmarkt etablierten Unternehmen in bestimmte Risikoklassen. Dabei hat der Wechsel in eine andere Risikoklasse unmittelbare Konsequenzen für die Höhe der Kapitalkosten des Unternehmens (vgl. 3. Abschn., Kap. 3, 1.2.5; Coenenberg, A. G. (1990), S. 13).

Interessenlage der Anteilseigner

Das Informationsbedürfnis der aktuellen und potenziellen Anteilseigner richtet sich vorrangig auf die Verzinsung des in dem Unternehmen investierten Kapitals sowie auf die Möglichkeit der Wertsteigerung von erworbenen Anteilen, also die Zunahme ihres Vermögens (vgl. Wöhe, G. (1997), S. 291). Darüber hinaus werden Anteilseigner jedoch bestrebt sein, das Risiko ihrer Kapitalanlage abzuschätzen, um die Renditeerwartung entsprechend relativieren zu können.

Interessenlage der Konkurrenz

Das Informationsinteresse von Konkurrenzunternehmen kann grds. alle Bereiche des zu untersuchenden Unternehmens umfassen. Von besonderem Interesse werden jedoch die Umsatz- und Ertragslage und die Struktur des Kapitals sein. Als Beurteilungsmaßstab dienen die eigenen Kennzahlen, die so aufbereitet werden müssen, dass sie mit den Kennzahlen aus der Analyse des Jahresabschlusses des Konkurrenzunternehmens vergleichbar sind und zur Beurteilung der eigenen Leistungsfähigkeit eingesetzt werden können. Denn die Entwicklung von Unternehmensstrategien erfordert stets auch umfassende und sorgfältige Informationen über die Ertragskraft und Finanzstärke der einschlägigen Wettbewerber (vgl. Coenenberg, A. G. (1990), S. 13).

Interessenlage der Kontrollinstanzen

Zu den Kontrollinstanzen zählen Personen oder Institutionen, welche die Unternehmen überprüfen. Dies sind bspw. Abschlussprüfer, die Deutsche Prüfstelle für Rechnungslegung (DPR), die Bundesanstalt für Finanzdienstleistungsaufsicht (BaFin), Finanzämter, das Bundeskartellamt und andere. Sie müssen sich über den Bereich informieren, der ihnen im Rahmen ihrer Kontrollaufgabe zugedacht wurde. Die Vergleichsmaßstäbe werden ihnen i. d. R. gesetzlich vorgegeben. So muss der Abschlussprüfer gem. § 316 f. HGB überprüfen, ob der Jahresabschluss entsprechend den gesetzlichen Vorschriften erstellt wurde. Mögliche Verstöße gegen Rechnungslegungsvorschriften unterliegen darüber hinaus der Kontrolle durch die DPR und die BaFin. Zusätzlich müssen Banken auch die Bestimmungen des Gesetzes über das Kreditwesen erfüllen (z. B. §§ 13 ff. KWG zur Vergabe von Großkrediten). Das Finanzamt benutzt im Rahmen von Betriebsprüfungen bestimmte Kennzahlen (z. B. den Rohaufschlag oder die Umsatzverprobung) als Vergleichszahlen. Demgegenüber benötigt das Bundeskartellamt Kennzahlen, die Auskunft über Marktkonzentrationen geben (z. B. zur Feststellung eines marktbeherrschenden Unternehmens gem. § 19 GWB).

Interessenlage der Arbeitnehmer

Die Arbeitnehmer sowie ihre Vertreterorganisationen (Betriebsrat, Wirtschaftsausschuss, Gewerkschaften) sind an Informationen interessiert, die ihnen Auskunft darüber geben können, ob ihre Arbeitsplätze, ihre betrieblichen Sozialleistungen und ggf. ihre Gewinnbeteiligungen für die Zukunft gesichert sind. Deshalb richten sich ihre Interessen in erster Linie auf die Ertragslage, an der sie auch die Möglichkeit zur übertariflichen Entlohnung oder der Erhöhung der Tariflöhne messen.

Zusammenfassend gilt festzustellen: So unterschiedlich die Informationswünsche der verschiedenen Adressaten auch sein mögen, so konzentrieren sich ihre Fragen doch im Wesentlichen auf zwei Informationsziele:

(1) die Beurteilung der gegenwärtigen Ertragslage mit dem Ziel der Prognose der künftigen Ertragskraft des Unternehmens;

(2) die Beurteilung der finanziellen Stabilität zur Einschätzung der Fähigkeit des Unternehmens, seinen gegenwärtigen und zukünftigen Zahlungsverpflichtungen nachzukommen und mögliches oder notwendiges Wachstum und Anpassungsmaßnahmen an veränderte Markt- und Konjunkturlagen finanzieren zu können (vgl. Gräfer, H. (1990), Rn. 193).

2.3 Interne Bilanzanalyse

Neben externen Adressaten ist auch die Unternehmensführung selbst im Rahmen verschiedener Fragestellungen auf den unterschiedlichen Führungsebenen an der Untersuchung und Analyse des eigenen Jahresabschlusses interessiert. Wenn hier der Begriff »Unternehmensführung« verwendet wird, bezieht er sich nicht nur auf die oberste Unternehmensführung (Vorstand oder Geschäftsführung), sondern auf alle Führungsebenen des betrachteten Unternehmens. Handelt es sich um ein Tochterunternehmen, kommen als weitere Insider die Führungsebenen der Spitzenholding und der Zwischenholdings in Betracht.

Informationsfunktion

Auf der Grundlage der Jahresabschlussanalyse wird zunächst versucht, Informationen zu gewinnen und Zusammenhänge transparent zu machen. Diese Informationsfunktion dient vorwiegend einer Informationsverdichtung und bezweckt die Aktivierung des Aussagegehalts des eigenen Jahresabschlusses im Hinblick auf spezifische betriebliche Fragestellungen (vgl. Vogler, G./Mattes, H. (1976), S. 1). Dabei ist der Analyst bestrebt, das umfangreiche Informationspotenzial des gesamten Jahresabschlusses mit geeigneten Methoden weitestgehend auszuschöpfen (vgl. Lachnit, L. (1976), S. 49).

Kontrollfunktion

Werden die verdichteten Informationen zu vorgegebenen Vergleichsmaßstäben in Beziehung gesetzt, gelangt man zur Kontrollfunktion der Jahresabschlussanalyse, in deren Fokus eine »retrospektive Analyse des Betriebsgeschehens« (Merkle, E. (1982), S. 327) steht. Um diese durchführen zu können, müssen die Vergleichsmaßstäbe formuliert werden. Diese Maßstäbe sind im Wesentlichen Vergleichszahlen aus unterschiedlichen Rechnungsperioden (Zeitvergleich), aus unterschiedlichen Unternehmen (zwischenbetrieblicher Vergleich) oder werden anhand von – wie auch immer ermittelten – Normgrößen festgelegt (Soll-Ist-Vergleich).

Auf der Grundlage dieser Vergleichsmaßstäbe soll eine Beurteilung des eigenen Unternehmens bzw. ausgewählter betrieblicher Sachverhalte vorgenommen werden. Dabei können einfach strukturierte Wertungsskalen zur Anwendung kommen, die den betreffenden Tatbestand lediglich als ›gut‹ oder ›schlecht‹ bzw. ›besser‹ oder ›schlechter‹ beurteilen. Diesem Vergleich schließt sich ein weiterer Arbeitsschritt an, der nach Ursachen und Gründen für die vorgefundenen Abweichungen sucht.

Steuerungsfunktion

Letztlich müssen im Rahmen der Steuerungsfunktion die Schlussfolgerungen aus der Abweichungsanalyse gezogen werden. Einerseits müssen dabei die Ursachen der unzureichenden Ergebnisse durch geeignete Maßnahmen behoben werden, andererseits müssen Schritte unternommen werden, um besonders günstige Entwicklungen auszunutzen und für die Zukunft zu sichern. Insofern ist die Jahresabschlussanalyse nicht nur ein »Instrument der Schwachstellenforschung und Schwachstellenüberwindung« (VOGLER, G./MATTES, H. (1976), S. 2), sondern auch ein Instrument der Chancenerkennung und Chancennutzung.

Unternehmensführungsfunktion

Ganz allgemein wird die Bilanzanalyse damit auch zu einem Instrument der Unternehmensführung. Denn es ist unübersehbar, dass ohne den Einsatz von Kennzahlen und sonstiger Analyseerkenntnisse kaum ein Entscheidungsträger in der Lage sein dürfte, sämtliche der in einem Unternehmen laufend benötigten Analysen zu erstellen und alle betrieblichen Entscheidungen zu treffen.

Es ist ein Wunschtraum des Analysten, aber auch jedes Entscheidungsträgers, durch das Identifizieren von externen und internen Faktoren Einbrüche oder Trendwenden in der Entwicklung der wirtschaftlichen Lage eines Unternehmens vorhersagen zu können. Dennoch werden diesbezüglich konkrete Erkenntnisse wohl regelmäßig verborgen bleiben. Der Analyst muss schon zufrieden sein, wenn es ihm gelingen sollte, sich langsam abzeichnende Veränderungen rechtzeitig festzustellen (vgl. LEFFSON, U. (1984), S. 29) oder geeignete Fragen aufzuwerfen, um solche Entwicklungen als möglich oder gar wahrscheinlich zu erkennen. Damit ist er zwar vom erklärten Erkenntnisziel der Bilanzanalyse, das in der Erlangung eines den tatsächlichen Verhältnissen entsprechenden Bilds der Vermögens-, Finanz- und Ertragslage liegt, weit entfernt, hat aber dennoch unter realistischer Einschätzung ein zufriedenstellendes Analyseergebnis erreicht.

Publizitätsfunktion

Ein weiterer Grund, die Analyse des eigenen Jahresabschlusses intensiv zu betreiben, liegt in der Öffentlichkeitswirkung der publizierten Jahresabschlussdaten des Unternehmens (vgl. hierzu GRÄFER, H./SCHNEIDER, G./GERENKAMP, T. (2012), S. 7 f.). Denn die »Bilanzen und Erfolgsrechnungen sind bewußt gestaltete Informationen, mit denen sich eine bilanzierende Unternehmung an einen Kreis von Interessenten wendet« (HAUSCHILDT, J. (1992), Sp. 278). Die Unternehmensführung versucht daher zu antizipieren, wie die Öffentlichkeit auf die eigene Bilanz und bestimmte Bilanzrelationen reagieren wird. Diesen Überlegungen kann bereits durch den Einsatz bilanzpolitischer Instrumente Rechnung getragen werden, indem »erwartete, tradierte Kennzahlenverhältnisse antizipiert werden« (WERNER, U. (1990), S. 374). KAPPLER (E. (1972), S. 135) spricht in diesem Zusammenhang zutreffend von einer »Kennzahlenkultur«.

Aber auch der fertige Jahresabschluss sollte noch einmal auf Schwachstellen und Ansatzpunkte einer möglichen Kritik hin untersucht werden. Diese Analyse könnte Anlass dazu geben, entsprechende Formulierungen im Anhang zu wählen, bestimmte Aussagen auf der Hauptversammlung oder Pressekonferenz zu treffen bzw. ganz allgemein die Argumentationsbasis vorzubereiten oder zu verbreitern.

Interne Informationsinstrumente

Häufig wird darauf hingewiesen, dass die Analyse des zu veröffentlichenden Jahresabschlusses für die Unternehmensleitung im Hinblick auf ihre Informationsmöglichkeiten über das Unternehmensgeschehen nur von subsidiärer Bedeutung sei, da das Management über aussagefähigere interne Informationen verfüge (vgl. JACOBS, O. H./GREIF, M./WEBER, D. (1972), S. 426). Diese Aussage trifft für Großunternehmen zweifelsfrei zu, denn die Informationen des internen Rechnungswesens, die u. a. aufgrund von Planabschlüssen, der Investitionsrechnung, der (Segment-)Kapitalergebnisrechnung oder der kurzfristigen Erfolgsrechnung gewonnen werden, dürften in aller Regel einen höheren Aussagewert besitzen als die veröffentlichten Jahresabschlussdaten. Andere Planungs- und Kontrollrechnungen haben hier die »Bilanzanalyse an den Rand des Planungs- und Kontrollgeschehens gedrängt« (Döring, U. (2008), S. 111).

Andere Funktionen des Jahresabschlusses

Mit dem Jahresabschluss verfolgt die Unternehmensleitung insb. in Großunternehmen neben der Erfüllung gesetzlicher bzw. normativer Vorschriften und der Verpflichtung zur Selbstinformation im Zweifel weitere Ziele (vgl. hierzu Danert, G. (1980), S. 989):

(1) positive Darstellung der eigenen Leistung verbunden mit einer zukünftigen Leistungsgarantie,
(2) Sicherung oder Optimierung der Finanzierung für das Unternehmen bei den Kapitalgebern,
(3) Gestaltung der Bilanz als möglichst positive Grundlage für die Verfolgung der angestrebten Ziele.

Hoher Stellenwert der Jahresabschlussanalyse bei mittelständischen Unternehmen

Für die vielen mittelständischen Unternehmen und deren Berater haben der Jahresabschluss und dessen Analyse dagegen einen anderen Stellenwert. Denn die vom Gesetzgeber erzwungene Buchführung und der daraus abgeleitete Jahresabschluss sind hier häufig das einzige systematische Rechenwerk, das kontinuierlich Aufschluss über die wirtschaftliche Entwicklung des Unternehmens gibt und dabei nach gesicherten Regeln und Verfahrensweisen aufgestellt wird (vgl. Gräfer, H./Schneider, G./Gerenkamp, T. (2012), S. 7). In einem solchen Fall bietet es sich für die Unternehmensleitung an, das ohnehin vorhandene Zahlenmaterial, wie es sich aus dem Jahresabschluss ergibt, nicht nur zur Rechenschaftslegung, sondern auch als Instrument der internen Steuerung und Kontrolle zu nutzen (vgl. dazu Küting, K. et al. (2011), S. 32 ff.).

Ist das Rechnungswesen auf den Steuerberater oder Wirtschaftsprüfer als betriebswirtschaftliche Fachkraft ausgelagert, so sollten die bei der Bilanzanalyse festgestellten Schwachstellen und Stärken des Mandanten als Anlass genommen werden, um hieraus wichtige Ansatzpunkte für finanzielle, wirtschaftliche oder organisatorische Maßnahmen abzuleiten (vgl. Riemer, R. (1987), S. 9).

Ergebnisse der Bilanzanalyse als Bestandteil des Prüfungsberichts

Die Darstellung sowie die Erläuterung der wirtschaftlichen Lage des Unternehmens auf der Grundlage einer Bilanzanalyse zählen im Rahmen der – für alle mittleren und großen Kapitalgesellschaften sowie Personenhandelsgesellschaften i. S. d. § 264a HGB – gesetzlich vorgeschriebenen Jahresabschlussprüfung zu den Grundsätzen ordnungsmäßiger Prüfungsberichterstattung (vgl. nur Baetge, J./Stellbrink, M./Janko, M. (2011), Rn. 97 ff.). So ist festzustellen, dass der Prüfungsbericht und damit die Ergebnisse der Bilanzanalyse häufig eine wesentliche Quelle zur Selbstinformation für den Unternehmer sind, sie aber auch ein entscheidendes Instrument bei der Aufgabenerfüllung eines etwaig vorhandenen Kontrollorgans darstellen (vgl. Coenenberg, A. G. (1990), S. 14; Kuhner, C./Päßler, N. (2011), Rn. 6 f.).

3. Ansätze der Bilanzanalyse

3.1 Traditionelle Bilanzanalyse als Kennzahlenrechnung

Als Analysemethoden bedient sich die Bilanzanalyse vorwiegend der Kennzahlenbildung und des Kennzahlenvergleichs. Insofern wird die Bilanzanalyse häufig auch als Kennzahlenrechnung betrachtet oder die Kennzahlenrechnung als klassische, traditionelle oder konventionelle Bilanzanalyse bezeichnet.

Kennzahlen

Kennzahlen sind hochverdichtete Maßgrößen, die als Verhältniszahlen oder absolute Zahlen in einer konzentrierten Form über einen zahlenmäßig, also quantitativ erfassbaren Sachverhalt berichten. Mit ihrer Hilfe sollen die Datenmengen des Jahresabschlusses zu wenigen, aber aussagekräftigen Größen verdichtet werden, um auf relativ einfache Weise komplizierte betriebliche Strukturen und Prozesse abzubilden (vgl. Hail, L. (2002), S. 53; Reichmann, T. (2011), S. 24).

Auf der Grundlage von Kennzahlensystemen als eine systematische Anordnung von einzelnen Kennzahlen wird versucht, die relevanten betrieblichen Vorgänge und Erscheinungen in ihrer inneren Verbundenheit sowie deren Einbettung in einen komplexen Gesamtzusammenhang darzustellen (vgl. Lachnit, L. (1976a), S. 216 f.). Bei einer isolierten Betrachtung einzelner hochverdichteter Kennzahlen können demgegenüber wichtige Detailinformationen verloren gehen.

Kennzahlenvergleich

Da einer Kennzahl für sich allein betrachtet nur ein sehr begrenzter Aussagewert zugeschrieben werden kann, schließt sich der Kennzahlenbildung in aller Regel ein Kennzahlenvergleich an. Hierzu verwendete Vergleichsmaßstäbe sind einerseits bestimmte, für sinnvoll erachtete Verhältnisse von Aktiva oder Passiva jeweils untereinander oder zwischen Aktiva und Passiva einer Bilanz, andererseits auch als sinnvoll unterstellte Verhältnisse von Daten der GuV bzw. der Gesamtergebnisrechnung (vgl. Kappler, E. (1974), Sp. 901).

3.2 Moderne Ansätze der Bilanzanalyse

Ursachen für die Entwicklung moderner Ansätze

Die Bilanzanalyse beschränkt sich nicht nur auf die Kennzahlenrechnung; vielmehr konnten in der Vergangenheit im Rahmen der bilanzanalytischen Bemühungen Weiterentwicklungen verzeichnet werden, die insb. auf nachfolgende Gründe zurückzuführen waren:

(1) die Kritik an der klassischen Bilanzanalyse mit ihrer aufgeblähten und ausufernden Kennzahlenproduktion sowie die oftmalige Zusammenhanglosigkeit dieser Kennzahlen (vgl. Hauschildt, J. (2000a), S. 119),

(2) die Entwicklung von statistischen Verfahren, die es ermöglichen, auf systematische Weise Unterschiede zwischen zwei Stichproben abzuleiten, vergleichbar und damit bewertbar darzustellen und schließlich auch Aussagen über die Qualität der Ergebnisse treffen zu können (vgl. Hauschildt, J. (2000a), S. 119),

(3) die steigende Anzahl von Insolvenzen,

(4) den Rückgriff auf – in der Bilanzanalyse z. T. vernachlässigte – qualitative Informationen der veröffentlichten Unternehmensdaten als analytische Zielgröße,

(5) die Einsatzmöglichkeit moderner Software in der Bilanzanalyse; dadurch wird dem Analysten die Erfassung, Aufbereitung und Auswertung der Datenmenge erleichtert; allerdings können trotz softwaregestützter Bilanzanalyse die Grenzen und Probleme der Bilanzanalyse nicht oder nur graduell überwunden werden,
(6) die Kritik an den traditionellen Performance-Kennzahlen als Instrumente zur Beurteilung von Unternehmens- und Managementerfolg respektive der Angemessenheit des dem Anteilseigner zustehenden Residualerfolgs sowie
(7) den problematischen Einsatz traditioneller Analysemethoden bei der Beurteilung junger wachstumsstarker Unternehmen.

Multivariate Diskriminanzanalyse

Zu den weiteren Methoden der in der Bilanzanalyse angewandten Instrumente zählen zunächst die Krisendiagnosen bzw. Insolvenzprognosen mit Hilfe multivariater Diskriminanzanalysen (vgl. 4. Abschn., 1.7). Ansatzpunkt dieser Methoden ist die Frage, inwieweit es signifikante Merkmale (Kennzahlen) gibt, die es erlauben, ein Unternehmen mit Hilfe von mathematisch-statistischen Verfahren als ›gut‹ oder als ›schlecht‹ i. S. seiner nachhaltigen Ertragskraft und Zukunftschancen und insb. seiner Zahlungsfähigkeit zu qualifizieren (vgl. Grenz, T. (1987), S. 15 ff.).

Künstliche Neuronale Netze

Zur Beantwortung gleich gelagerter Fragestellungen erscheint ebenfalls der Einsatz Künstlicher Neuronaler Netze geeignet (vgl. 4. Abschn., 2.). Sie stellen einen Zweig der Künstlichen Intelligenz dar, deren Anwendungsbereich als lernende Systeme insb. in der Lösung komplexer und schlecht strukturierter Probleme gesehen werden kann (vgl. Erxleben, K. et al. (1992), S. 1237 ff.). In Untersuchungen konnte gezeigt werden, dass Neuronale Netze als Verfahren der Mustererkennung neben multivariaten Diskriminanzanalysen erfolgreich zur Krisendiagnose bzw. Unternehmensklassifikation im Rahmen von Kreditwürdigkeitsentscheidungen eingesetzt werden können (vgl. Krause, C. (1993)). Die Einteilung in ›gute‹ und ›schlechte‹ Unternehmen wird ebenso anhand trennfähiger Kennzahlen durchgeführt (vgl. nur Rehkugler, H./Poddig, T. (1998), S. 323 ff.); allerdings sind Neuronale Netze aufgrund der weniger restriktiven Annahmen hinsichtlich der verwendeten Kennzahlen universeller anwendbar und können überdies neben quantitativen auch qualitative Daten in die Analyse einbeziehen.

RSW-Verfahren

Ein am Institut für Betriebswirtschaftslehre der Universität Kiel entwickeltes System der Fundamentalanalyse zur Beurteilung von börsennotierten Aktiengesellschaften beurteilt die Unternehmen anhand von sechs Kennzahlen nach Rendite, Sicherheit und Wachstum (RSW-Verfahren; vgl. 4. Abschn., 3.1). Die Kennzahlen werden mit Hilfe statistischer Verfahren zu einem Gesamt-Score verdichtet und vergleichbar gemacht (Scoring- bzw. Punktbewertungsverfahren; vgl. Schmidt, R. (1990), S. 55 ff.).

Softwareeinsatz in der Bilanzanalyse

Zwar ist es nicht möglich, die gesamte Bilanzanalyse zu automatisieren, sondern es verbleibt, da subjektive Beurteilungen und Bewertungen nicht völlig eliminiert werden können, nach Hauschildt (J. (1992), Sp. 279) eine »Mensch-Maschine-Interaktion«. Dennoch kann ein Großteil der Rechen- und Auswertungsarbeit von Software-Systemen übernommen werden. In der heutigen Analysepraxis ist der Einsatz von Software nicht mehr wegzudenken. Die Nutzung von Datenbanken bei der Sammlung und Auswertung von Jahresabschlussinformationen und der Einsatz von Expertensystemen sind ohne technische Unterstützung nicht durchführbar.

Qualitative Bilanzanalyse

Schließlich ist auf die bereits angesprochenen Bemühungen zur möglichen Berücksichtigung qualitativer Daten des Anhangs und des Lageberichts in der Analysepraxis hinzuweisen. Der Gegenstand dieser qualitativen Bilanzanalyse reicht im Rahmen der Auswertung der verbalen Berichterstattung von einer Untersuchung des Grads der Bestimmtheit von Aussagen über die Intensität der freiwilligen Berichterstattung bis hin zur präferierten Wortwahl im Unternehmens- und Zeitvergleich.

Nicht nur, aber insb. bei der Analyse von Abschlüssen nach IFRS nimmt die qualitative Bilanzanalyse eine herausragende Bedeutung ein. Eine sachgerechte Bilanzanalyse ist ohne dieses Instrumentarium nicht mehr durchführbar (vgl. dazu die Ausführungen unter 4. Abschn., 4.).

Analyse des bilanzpolitischen Instrumentariums

Daneben lässt die Analyse des Einsatzes bzw. der Qualität des bilanzpolitischen Instrumentariums (vgl. hierzu 2. Abschn.) weitere Erkenntnisse über die tatsächliche wirtschaftliche Lage des Unternehmens erwarten. Insb. dieser letzte Aspekt verdient eine besondere Würdigung. Denn es bestehen enge Beziehungen zwischen der Bilanzanalyse und der Bilanzpolitik. Zutreffend bemerkt daher WERNER, dass eine »Theorie der Bilanzanalyse nicht unabhängig von einer Theorie der Bilanzpolitik entwickelt werden darf« (WERNER, U. (1990), S. 375).

Externe unternehmenswertorientierte Performancemessung

Die Methoden der externen unternehmenswertorientierten Performancemessung führen zu einer Shareholder-Value-orientierten Bilanzanalyse (vgl. 4. Abschn., 5.). Durch die Auswertung von Kapitalmarkt- und Rechnungslegungsdaten mit spezifischen Verfahren wird der Versuch einer Beurteilung unternommen, ob das Ziel einer Unternehmenswertsteigerung erreicht worden ist.

Ausweitung der Bilanzanalyse zur Unternehmensanalyse

Die Entwicklung der Rechnungslegung im Zeitablauf hat deutlich gezeigt, dass sich die Abschlüsse der Gesellschaften immer mehr weg von einer rein vergangenheitsorientierten Unternehmensabbildung hin zu einer schätzungsbasierten Berichterstattung bewegen. Besonders vor dem Hintergrund der Zielsetzung der internationalen Bilanzierungsnormen ist festzustellen, dass sich die externe Rechnungslegung verstärkt an den Informationswünschen der Adressaten orientiert. Daraus folgt, dass eine rein postenbezogene Bilanzanalyse und Kennzahlenberechnung für sich genommen nur zu unbefriedigenden Ergebnissen führt, wenn das Umfeld der Unternehmung und erläuternde Angaben im Abschluss unberücksichtigt bleiben. Eine umfassende Bilanzanalyse wird immer weniger standardisiert und mehr individualisiert werden müssen und entwickelt sich damit zunehmend zu einer ganzheitlichen Unternehmensanalyse (vgl. dazu 4. Abschn., 7.).

Merksätze

1. Bilanzanalyse umfasst die Aufbereitung und Auswertung von Informationen zur Beurteilung der gegenwärtigen und Prognose der zukünftigen Unternehmenslage.
2. Um einer Informationsüberlastung entgegenzuwirken, sind nur erkenntniszielorientierte Informationen in die Analyse einzubeziehen (Grundsatz der Wesentlichkeit).
3. Im Rahmen der Bilanzanalyse ist in Abhängigkeit vom Adressatenkreis zwischen interner und externer Analyse zu unterscheiden. Je nach Stellung des Adressaten variieren die ihm zugänglichen Informationsquellen und demzufolge sein sich daraus ergebender Informationsstand.

4. Die Aufgaben und der Zweck der Bilanzanalyse werden von der Interessenlage der internen (Insider) und externen (Outsider) Adressaten bestimmt.
5. Im Wesentlichen konzentrieren sich die Informationswünsche jedoch auf Aussagen zur Beurteilung der gegenwärtigen und künftigen Ertragslage sowie der finanziellen Stabilität des untersuchten Unternehmens.
6. Neben dem traditionellen Ansatz der Bilanzanalyse in Form von Kennzahlenrechnungen gewinnen moderne Ansätze der Bilanzanalyse, wie die qualitative Bilanzanalyse, die Analyse des bilanzpolitischen Instrumentariums und komplexe Auswertungsverfahren, ebenso an Bedeutung wie eine Shareholder-Value-orientierte Bilanzanalyse. Dabei kommt der qualitativen Bilanzanalyse eine besondere Rolle zu, weil diese insb. im Bereich der internationalen Rechnungslegung immer mehr zur Grundlage oder sogar Voraussetzung einer sachgerechten Beurteilung wird.

4. Bilanzanalyse in der internationalen Rechnungslegung

4.1 Problemstellung

Informationsproblem durch unterschiedliche Rechnungslegungsnormen

Durch das Zusammenwachsen der verschiedenen nationalen Kapitalmärkte zu einem globalen Markt sahen sich die Investoren mit einem Informationsproblem konfrontiert. Während sich der Kapitalmarkt internationalisiert hatte, waren die Rechnungslegungsregulierung und Rechnungslegungspraxis in Deutschland bis Anfang der 1990er Jahre allein vom nationalen Handels- und Steuerrecht geprägt. Erst danach wurden internationale Rechnungslegungsvorschriften, namentlich die US-GAAP sowie die damaligen IAS, verstärkt von deutschen Unternehmen in Anspruch genommen. Wie z.B. die zwischenzeitliche Umstellung der Rechnungslegung bei der DAIMLER AG auf US-GAAP eindrucksvoll veranschaulichte, werden identische wirtschaftliche Vorgänge unter der Herrschaft der verschiedenen Rechnungslegungsvorschriften unterschiedlich abgebildet (vgl. GLAUM, M./MANDLER, U. (1996), S. 75; weitere Beispiele bei MARET, J./WEPPLER, L. (1999), S. 41; CARSBERG, B. (1996), S. 44 f.; vgl. zu Auswirkungen der Umstellung der Rechnungslegung bspw. COENENBERG, A. G. ET AL. (2011), S. 133 ff.). Wie bei zwei Künstlern, die ein und dasselbe Motiv malen, entstehen zwei verschiedene Bilder. Die nach unterschiedlichen Vorschriften dargebotenen Informationen sind mithin nicht vergleichbar. Somit kann auch eine unmittelbare Auswertung dieser Informationen mit dem Instrumentarium der Bilanzanalyse keine komparablen Ergebnisse liefern.

Die entstandene Vielfalt der Bilanzierungsnormensysteme behindert aber nicht nur auf internationaler Ebene die zwischenbetriebliche Vergleichbarkeit von Abschlüssen, sondern auch auf nationaler. Um deutschen Unternehmen die Präsentation auf dem internationalen Kapitalmarkt zu erleichtern, hatte der Gesetzgeber mit der Regelung des § 292a HGB a. F. diesen seit 1998 die Möglichkeit eingeräumt, einen befreienden Konzernabschluss nach international anerkannten Normen aufzustellen, mit der Folge, dass prinzipiell vergleichbare Unternehmen nach unterschiedlichen Grundsätzen Rechnung legten.

Rechtsvereinheitlichung durch die IAS-Verordnung

Um dieser Entwicklung der nicht vergleichbaren Jahresabschlüsse zumindest innerhalb Europas entgegenzusteuern, wurden durch die EU-Verordnung Nr. 1606/2002 vom 19.07.2002 (sog. »IAS-Verordnung«) alle kapitalmarktorientierten Mutterunternehmen mit Sitz in einem EU-Staat verpflichtet, ihren Konzernabschluss ab dem Jahr 2005 – bzw. bei bisheriger verpflichtender Anwendung international anerkannter Rechnungslegungsnormen, z. B. der US-GAAP, oder ausschließlicher Ausgabe von notierten Schuldverschreibungen ab dem Jahr 2007 – nach den Regeln der IFRS aufzustellen. Die überwiegende Mehrheit der nicht-kapitalmarktorientierten Unternehmen hingegen stellt ihren Konzernabschluss weiterhin nach den Vorschriften des HGB auf (vgl. dazu Küting, K./Lam, S. (2012), S. 1041 ff.), obgleich ihnen vom Gesetzgeber gem. § 315a Abs. 3 HGB ein Wahlrecht eingeräumt wird, ihren Konzernabschluss alternativ nach den anerkannten IFRS zu erstellen. Eine Aufstellung von Einzelabschlüssen nach IFRS ist sowohl für kapitalmarktorientierte als auch alle übrigen Unternehmen bislang nur in Ergänzung zum handelsrechtlichen Einzelabschluss möglich. Allerdings gestattet es der Gesetzgeber, einen IFRS-Einzelabschluss anstelle des HGB-Einzelabschlusses offenzulegen. Für die Ermittlung des ausschüttungsfähigen Gewinns und die Besteuerung bleibt indes weiterhin der HGB-Einzelabschluss maßgeblich.

Übersicht 4 gibt einen Überblick über die verpflichtende bzw. freiwillige Anwendung der IFRS in Deutschland.

Obwohl durch die IAS-Verordnung – zumindest für kapitalmarktorientierte Konzerne – die der Bilanzierung zugrunde liegenden Rechnungslegungsnormen vereinheitlicht wurden, eröffnen die IFRS-Regelungen ein (neues) Problemfeld der Bilanzanalyse. Da sich die Konzeption dieses Rechnungslegungsnormensystems von der HGB-Bilanzierung vielfach unterscheidet und die faktischen Wahlrechte und Ermessensspielräume aus der externen Rechnungslegung oft nicht ablesbar sind, werden ein Unternehmensvergleich und damit eine vergleichende Bilanzanalyse erschwert (vgl. Küting, K. (2006)).

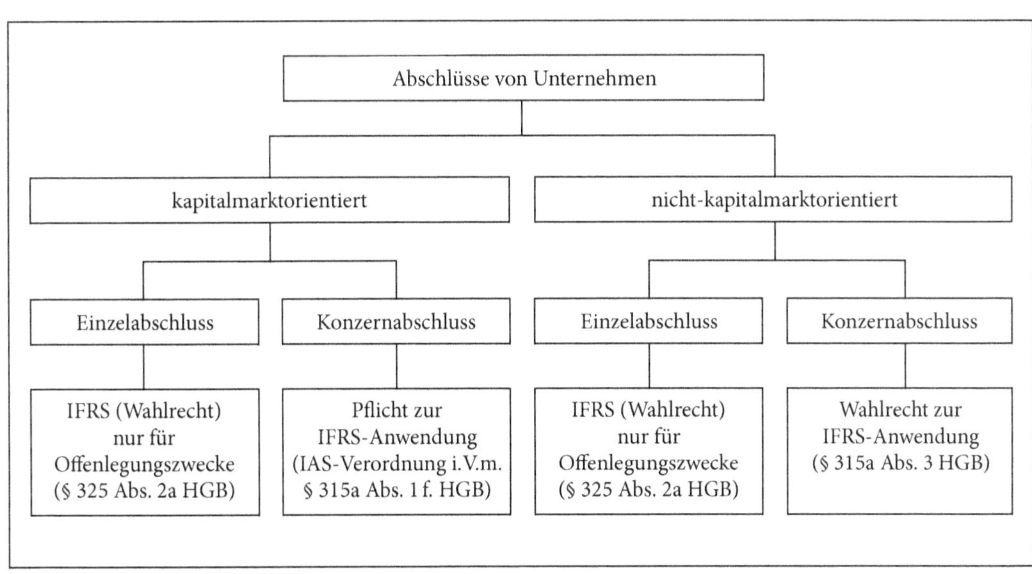

Übersicht 4: Anwendungsbereich der IFRS in Deutschland

Lösungsansätze

Dies mag die überspitzte Frage aufwerfen, ob »Rechnungslegung überhaupt ernst genommen« (Maret, J./Weppler, L. (1999), S. 41) werden kann, wenn unter Zugrundelegung von unterschiedlichen oder zumindest formal gleichen Rechnungslegungsnormen gänzlich voneinander abweichende Unternehmensbilder gezeigt werden. Dieser Defätismus liefert aber keine Ansätze für eine Lösung des Problems, dem sich der Investor gegenübersieht. Unter gegebenen Umweltbedingungen sind prinzipiell zwei Lösungsansätze denkbar. Zum einen kann versucht werden, in einem der eigentlichen Bilanzanalyse vorgelagerten Schritt unter Verwendung der offen gelegten Informationen die unterschiedlichen Datenbasen vergleichbar zu machen. Zum anderen kann aber auch versucht werden, die Abschlüsse ohne vorherige spezielle Aufbereitungsmaßnahmen im Hinblick auf ihre Vergleichbarkeit nebeneinander zu legen, zu betrachten, zu beurteilen und anschließend die Beurteilungen gegeneinander abzuwägen. Unabhängig davon, welcher Weg sich als gangbar erweist, wird der Einfluss der gewonnenen Informationen auf die Investitionsentscheidung letztlich »ähnlich unspezifisch sein wie zwischen Medieninformationen und der Entscheidung für eine politische Partei bei Parlamentswahlen« (Ordelheide, D. (1998), S. 508).

4.2 Unterschiede in den zentralen Rechnungslegungsgrundsätzen

4.2.1 Vorbemerkung

Anhand von einzelnen Beispielen zeigt sich, dass es für manche Sachverhalte gelingen kann, eine formale Standardisierung von nach HGB und IFRS erstellten Abschlüssen zu erreichen. Diese beschränkt sich jedoch weitgehend auf Fragen des Ausweises und der Bilanzierung dem Grunde nach. Hinsichtlich der Bewertung ist regelmäßig keine Anpassung möglich.

Die Abbildungsregeln eines Normensystems haben ihr Fundament in den zentralen Rechnungslegungsgrundsätzen (vgl. Riebell, C. (2002), S. 41 f.). Deren Balance wird unmittelbar durch die Zielsetzung des Rechnungslegungsnormensystems bestimmt. Während die Rechnungslegung nach IFRS primär an den Informationsbedürfnissen der bestehenden und potenziellen Eigen- sowie Fremdkapitalgeber ausgerichtet ist und deren Anlageentscheidungen unterstützen soll (»decision usefulness«), dominiert beim HGB der Gläubigerschutzgedanke. Die Gewinnermittlung steht unter der Prämisse der (nominellen) Kapitalerhaltung. Es soll ein unbedenklich verteilungsfähiger Gewinn ermittelt werden. Die divergierenden Zielsetzungen finden ihre Entsprechung in einer unterschiedlichen Betonung der einzelnen Grundsätze. Ist das Fundament einer Rechnungslegung anders gelegt, unterscheiden sich zwangsläufig auch die Abbildungsregeln.

Strukturierung der Rechnungslegungsgrundsätze

Ähnlich wie sich die GoB in übergeordnete und untergeordnete Rechnungslegungsgrundsätze gliedern (bzgl. der GoB vgl. Beisse, H. (1984), S. 1 ff.; Euler, R. (1996), S. 109 ff.), ist bei den Rechnungslegungsgrundsätzen nach IFRS zwischen der grundlegenden Annahme der Abschlusserstellung einerseits und den qualitativen Anforderungen an Jahresabschlüsse andererseits zu unterscheiden. Diese Grundsätze sind vornehmlich im Rahmenkonzept der IFRS-Rechnungslegung (Conceptual Framework) kodifiziert, das in seiner Funktion als konzeptionelle Grundlage dem internationalen Standardsetter IASB eine Deduktionsbasis liefert, um neue Standards zu entwickeln und bisherige Fachnormen zu überarbeiten. Darüber hinaus hat das Rahmenkonzept die Aufgabe, anderen Parteien, also z. B. Abschlusserstellern und -prüfern, bei der Anwendung und Interpretation bestehender IFRS zu helfen und es ihnen zu ermöglichen, Bilanzierungslösungen bei Voliegen von Norm- und Regelungslücken zu erarbeiten.

4.2.2 Übergeordnete Rechnungslegungsgrundsätze

4.2.2.1 Grundsatz der Unternehmensfortführung

Zentraler Grundsatz aller Rechnungslegungsnormensysteme

Der Grundsatz der Unternehmensfortführung (»going concern«) bildet eine grundlegende Annahme, die in jedem der hier betrachteten Rechnungslegungsnormensysteme für eine Abschlusserstellung zwingend notwendig ist. Gem. CF.4.1 und IAS 1.25 ist ein IFRS-Abschluss etwa solange unter der Annahme der Unternehmensfortführung aufzustellen, bis rechtliche oder faktische Gegebenheiten dem entgegenstehen. In der Ausgestaltung dieses Grundsatzes bestehen zwischen den Normensystemen des HGB und der IFRS keine nennenswerten Unterschiede (vgl. Reinhart, A. (1998), S. 53). Insoweit ergeben sich hieraus keine störenden Auswirkungen auf die Bilanzanalyse.

4.2.2.2 Grundsatz der Periodisierung

Ein zentraler Zweck der gesamten Bilanzierung ist die Gewinnermittlung. Wie nach den Vorschriften des HGB werden auch nach IFRS die wirtschaftlichen Ergebnisse von Geschäftsvorfällen der Periode zugerechnet, in der sie entstanden sind. Die Gewinnermittlung hat deshalb nicht auf Basis von Zahlungsströmen (»cash basis of accounting«) zu erfolgen, sondern anhand von periodisierten Aufwendungen und Erträgen (»accrual basis of accounting«). Der Grundsatz der Periodisierung (»accrual basis«) ist allerdings nicht mehr explizit im IFRS-Framework als grundlegende Annahme der Abschlusserstellung enthalten, sondern nur noch vereinzelt erwähnt (vgl. z. B. CF.OB17). In den Standards selbst (vgl. IAS 1.27) wird er aber als ein grundlegendes Konzept der IFRS-Rechnungslegung angeführt. Hierbei ergeben sich wesentliche Unterschiede in der Ausübung des Periodisierungsgrundsatzes im Vergleich zum HGB.

»realisation principle«

Um eine Zuordnung auf die jeweiligen Perioden vornehmen zu können, bedarf es Regeln zur Erfassung von Erträgen und Aufwendungen. Diese konkretisieren sich für die IFRS im »realisation principle« und »matching principle«, die sich aus dem Grundsatz der Periodisierung ableiten (vgl. hierzu Baetge, J./Zülch, H. (2010), Rn. 216 ff.). Dabei handelt es sich beim »realisation principle« um kein explizites Realisationsprinzip in der Form einer Generalklausel wie nach HGB. Da zudem das Realisationsprinzip bzgl. der Erfassung von Erträgen nach HGB strenger ausgelegt wird, bestehen im Detail Unterschiede. Als Paradebeispiel kann die Gewinnrealisierung im Bereich der langfristigen Auftragsfertigung angeführt werden (vgl. Dusemond, M./Kessler, H. (2001), S. 13). Während nach dem Realisationsprinzip des HGB Gewinne grds. erst mit der Abnahme des Werks vereinnahmt werden dürfen, sehen die bislang hierzu geltenden IFRS-Regelungen im Regelfall (vgl. IAS 11.22 ff.) bzw. künftig nur noch unter gewissen Voraussetzungen (vgl. IFRS 15.35 ff.) die Anwendung der sog. »Percentage-of-Completion-Methode« vor. Danach ist mit zunehmendem Leistungsfortschritt der aus dem Projekt erwartete Erfolg anteilig zu vereinnahmen, sofern dieser mit hinreichender Wahrscheinlichkeit feststellbar ist. So werden nach IFRS neben realisierten auch realisierbare, d. h. unrealisierte Erträge erfasst (vgl. Pellens, B. et al. (2014), S. 173); im Ergebnis werden also Erträge tendenziell früher verbucht als nach HGB.

»matching principle«

Die Zuordnung der Aufwendungen richtet sich nach dem »matching principle« (vgl. CF. 4.50). Danach sind die Aufwendungen der Periode zuzuordnen, in der die aufwandsverursachenden Leistungen realisiert und die korrespondierenden Erträge erfasst werden (vgl. Grünberger, D. (2014), S. 64). Soweit ein sachlicher Zusammenhang zwischen Aufwendungen und Erträgen nicht hergestellt werden kann, sind die Aufwendungen in der Periode zu erfassen, in der sie angefallen sind. Damit entspricht das »matching principle« in der Tendenz dem Grundsatz der sachlichen und zeitlichen Abgrenzung von Aufwendungen nach HGB.

Imparitätsprinzip

Differenzen in der Gewinnermittlung ergeben sich auch durch die unterschiedliche Gewichtung der im HGB durch das Imparitätsprinzip gesicherten Berücksichtigung von entstandenen Vermögensminderungen. Nach § 252 Abs. 1 Nr. 4 HGB sind Verluste bereits in der Periode ihrer Entstehung zu berücksichtigen. Der Realisationszeitpunkt ist unerheblich. Diesem Grundsatz folgen weitgehend auch die IFRS. So wird bspw. für das Vorratsvermögen eine Niederstbewertung nach dem »principle of lower of cost and net realisable value« (vgl. IAS 2.9) gefordert und auch die Bildung von Drohverlustrückstellungen ist nach IFRS vorgesehen (vgl. IAS 37.66 ff.).

Vorsichtsprinzip

Darüber hinaus übt das Vorsichtsprinzip nach IFRS im Vergleich zum deutschen Handelsrecht einen deutlich geringeren Einfluss auf die Bilanzierung aus (vgl. Pellens, B. et al. (2014), S. 110). Dies kann insb. anhand der im IFRS-Recht gebotenen Möglichkeit, Vermögenswerte und Schulden zum Fair Value zu bewerten, veranschaulicht werden. Nach HGB stellen allgemein die (fortgeführten) Anschaffungs- oder Herstellungskosten die Bewertungsobergrenze von Vermögensgegenständen dar (Anschaffungskostenprinzip). Demgegenüber kann es bei der Fair Value-Bewertung nach IFRS zu Wertansätzen von Vermögenswerten kommen, welche die Anschaffungs- oder Herstellungskosten übersteigen (vgl. Küting, K./Cassel, J. (2011), S. 284). Die Bewertung zum Fair Value kann zu einer Aufwertung führen, aus der unrealisierte Buchgewinne erfasst werden; mit der handelsrechtlichen Auslegung des Vorsichtsprinzips sind diese prinzipiell nicht vereinbar.

4.2.3 Untergeordnete Rechnungslegungsgrundsätze

Qualitative Anforderungen an Jahresabschlüsse

Neben den bereits skizzierten übergeordneten Rechnungslegungsgrundsätzen existieren weitere Grundsätze, die wiederum die qualitativen Anforderungen an einen Jahresabschluss definieren. Sie sind zu erfüllen, um dem externen Leser mit dem Jahresabschluss nützliche Entscheidungshilfen zur Verfügung stellen zu können. Das CF. QC4 nennt folgende Primärgrundsätze, die als grundlegende qualitative Anforderungen an den Jahresabschluss gelten:

- »relevance/Relevanz« und
- »faithful representation/glaubwürdige Darstellung«.

Auf einer zweiten Stufe sind den obigen Primärgrundsätzen weiterführende qualitative Anforderungen nachgelagert, die den Informationsnutzen des Jahresabschlusses als Sekundärgrundsätze zusätzlich fördern:

- »comparability/Vergleichbarkeit«,
- »verifiability/Nachprüfbarkeit«,
- »timeliness/Zeitnähe« und
- »understandability/Verständlichkeit«.

Soweit die Erstellung des Jahresabschlusses unter Beachtung dieser Grundsätze erfolgt, sehen die IFRS das angestrebte Rechnungslegungsziel, entscheidungsnützliche Informationen zu vermitteln, als gewährleistet an (vgl. CF.QC4). Obwohl die obigen Grundsätze nicht unmittelbar im HGB erwähnt sind, spiegeln sich ihre Inhalte in den Wesensmerkmalen einer den GoB entsprechenden Rechnungslegung z. T. wider.

Relevanz

Die IFRS messen der Relevanz von Informationen einen zentralen Stellenwert bei. Als relevant werden Informationen eingestuft, die geeignet sind, Einfluss auf die Entscheidung eines Adressaten der externen Rechnungslegung zu nehmen (vgl. CF.QC6). Die große Bedeutung, die diesem Grundsatz zukommt, findet ihren Widerhall in der fortwährenden Betonung der zu beachtenden Wesentlichkeit (»materiality«) von Informationen für das Gesamtbild des Jahresabschlusses (zur Bedeutung der Wesentlichkeit vgl. Lück, W. (1975), S. 23 ff.; Ossadnik, W. (1993), S. 617). Wesentlichkeitsüberlegungen sind auch Bestandteil der Rechnungslegung nach HGB und stehen dort in engem Zusammenhang mit dem Grundsatz der Wirtschaftlichkeit. Explizite Berücksichtigung hat dieser Gedanke bspw. bei der Zulässigkeit von Verfahren der Gruppen- und Festbewertung sowie der Verbrauchsfolgeverfahren gefunden (vgl. §§ 240, 256 HGB). Insb. in den Abschlüssen nach IFRS bildet die Forderung nach »relevance«, als Beispiel für eine tatsachenspezifische Ermessensentscheidung, ein zentrales Einfallstor für bilanzpolitische Erwägungen. Zudem ist die Einschätzung eines Sachverhalts als entscheidungsrelevant in hohem Maße subjektiv, die abgesehen von bilanziellen Zielvorstellungen auch durch den sozioökonomischen und kulturellen Hintergrund des Bilanzierenden determiniert ist.

Glaubwürdige Darstellung

Eine weitere tragende Säule der IFRS-Rechnungslegung bildet der Grundsatz der glaubwürdigen Darstellung. Ohne diese ist eine entscheidungsrelevante Informationsgewährung nicht denkbar. Das Erfordernis der »faithful representation« wird durch mehrere Kriterien konkretisiert. Nach CF.QC12 gilt eine glaubwürdige Darstellung dann als perfekt, wenn sie

- »complete/vollständig«,
- »neutral/neutral« und
- »free from error/fehlerfrei« ist.

Vollständigkeit bedeutet, dass sämtliche Informationen im Jahresabschluss vorliegen, die zum Verständnis eines hierin dargestellten Sachverhalts notwendig sind. Neutralität liegt vor, wenn die Jahresabschlussinformationen frei von verzerrenden Einflüssen sind. Die Fehlerfreiheit ist nicht i. S. v. absoluter Richtigkeit zu verstehen, sondern fordert das korrekte Herleiten einer Information. Die angeführten Kriterien einer glaubwürdigen Darstellung finden ihre Entsprechung in den Rahmengrundsätzen der GoB, sei es in expliziter (Grundsatz der Vollständigkeit) oder impliziter (Grundsatz der Richtigkeit) Form (vgl. grundlegend auch Baetge, J./Kirsch, H.-J./Thiele, S. (2012), S. 116 ff.).

Vergleichbarkeit

Der Grundsatz der Vergleichbarkeit (»comparability«) fördert als eine der vier weiterführenden qualitativen Anforderungen die Entscheidungsnützlichkeit der

Jahresabschlussinformationen. Er beinhaltet im Wesentlichen zwei Erfordernisse: Zum einen soll der externe Bilanzleser in die Lage versetzt werden, die Entwicklung eines Unternehmens im Zeitvergleich zu beurteilen, zum anderen soll die Vergleichbarkeit von Unternehmen untereinander gewährleistet werden (vgl. CF. QC20). Demnach fordert das Kriterium der Vergleichbarkeit in Bezug auf die Rechnungslegung, dass Ansatz, Bewertung und Ausweis von vergleichbaren Sachverhalten innerhalb eines Unternehmens und im Zeitablauf stetig zu erfolgen haben (vgl. Coenenberg, A. G./Haller, A./Schultze, W. (2014), S. 67). Der Grundsatz der Vergleichbarkeit bezieht den Stetigkeitsgrundsatz insoweit mit ein. Während die horizontale bzw. zwischenbetriebliche Vergleichbarkeit der Daten insb. vom Umfang der Bilanzierungs- und Bewertungswahlrechte abhängig ist, beeinflusst der Stetigkeitsgrundsatz die vertikale bzw. intertemporäre Vergleichbarkeit. Der Umstand, dass das HGB im Vergleich zu den IFRS mehr explizite Wahlrechte enthält, beeinträchtigt somit zwangsläufig einen Unternehmensvergleich.

Die Vergleichbarkeit von Abschlussinformationen im Zeitablauf ist nach HGB wie nach IFRS durch den Grundsatz der Stetigkeit herzustellen, der in beiden Normensystemen zu den zu beachtenden Rechnungslegungsgrundsätzen zählt. Stetigkeit ist gegeben, wenn Unternehmen im Zeitablauf für gleichartige Sachverhalte die gleichen Bilanzierungs- und Bewertungsmethoden anwenden. Im Ergebnis wird er in den Normensystemen des HGB und der IFRS gleichermaßen konsequent umgesetzt, d. h., er gilt in sämtlichen Bereichen, in denen Handlungsalternativen in der Informationsgewährung bestehen (vgl. Küting, K./Tesche, T. (2009), S. 1498). Im Detail wird allerdings eine Durchbrechung der Stetigkeit in den IFRS – im Gegensatz zum HGB – sogar nur in wenigen Ausnahmefällen für zulässig erachtet (vgl. Haller, A. (2000), S. 13).

Gleichwohl wird selbst beim Vergleich von Abschlüssen, die alle nach dem gleichen Normensystem erstellt wurden, ein Unternehmensvergleich erschwert, weil die (u. U. unterschiedliche) Ausübung von faktischen Wahlrechten und Ermessensspielräumen durch den Bilanzierenden regulär weder im Zeitablauf noch zwischen verschiedenen Unternehmen allein auf Grundlage der Jahresabschlüsse für einen externen Analysten zu erkennen ist.

Nachprüfbarkeit

Die Nachprüfbarkeit der im Jahresabschluss dargestellten Informationen bildet einen weiteren Sekundärgrundsatz der IFRS-Rechnungslegung. Während die direkte Nachprüfbarkeit an das unmittelbare Nachvollziehen einer Information anknüpft, umfasst die indirekte Nachprüfbarkeit »bspw. die Überprüfung einer Berechnung, um das Ergebnis einer Berechnung kontrollieren zu können« (Pellens, B. et al. (2014), S. 95). Darüber hinaus müssen nachvollziehbare Informationen über die der Berechnung zugrunde liegenden Annahmen und Parameter vorliegen, sodass Dritte im Stande wären, die Berechnung zu wiederholen. Gemeint ist damit die intersubjektive Nachprüfbarkeit der Jahresabschlussinformationen, die auch der Grundsatz der Richtigkeit als Bestandteil der handelsrechtlichen GoB u. a. fordert (vgl. dazu Baetge, J./Kirsch, H.-J. (2002), Rn. 59 ff.).

Zeitnähe

Eine zeitnahe Berichterstattung ist in der IFRS-Rechnungslegung erforderlich, da mit zunehmender Zeitspanne zwischen Bilanzstichtag und Veröffentlichung des Jahresabschlusses die Relevanz der dargestellten Informationen für den Adressaten abnimmt. In den GoB spiegelt sich die Zeitnähe in den Dokumentationsgrundsätzen wider, die u. a. die Einhaltung der gesetzlich kodifizierten Fristen zur Aufstellung des Jahresabschlusses vorsehen. Die Aufstellungsfristen können dabei rechtsformspezifisch variieren (vgl. Förschle, G./Usinger, R. (2014), Rn. 91).

Verständlichkeit

Der Grundsatz der Verständlichkeit impliziert gem. CF. QC30 ff. eine klare und prägnante Klassifizierung, Charakterisierung und Darstellung der Informationen, um den IFRS-Abschluss in einer für den Adressaten verständlichen Form aufzubereiten. Innerhalb der handelsrechtlichen GoB existiert in diesem Kontext der Rahmengrundsatz der Klarheit und Übersichtlichkeit, wonach die einzelnen Posten in Buchführung und Jahresabschluss – also Geschäftsvorfälle, Bilanzposten und Erfolgsbestandteile – der Art nach eindeutig bezeichnet und so geordnet sein müssen, dass die Bücher und Abschlüsse verständlich und übersichtlich sind. Unterschiede zwischen beiden Normensystemen ergeben sich dahingehend, dass sich der besagte Grundsatz im Lichte des HGB vornehmlich auf die Gliederung der Bilanz und der GuV bezieht (vgl. Coenenberg, A. G./Haller, A./Schultze, W. (2014), S. 40), während er im Rahmen der IFRS-Rechnungslegung vor allem für die hier zuhauf bestehenden Angabepflichten Relevanz entfaltet. So rechtfertigt das Verständlichkeitspostulat nach IFRS nicht, die Darstellung komplexer Sachverhalte (z. B. die umfangreichen Angaben im Bereich der Bilanzierung von Finanzinstrumenten) bei der Berichterstattung grds. auszulassen (vgl. CF. QC31), sondern fordert, dass alle wesentlichen – also auch die komplexeren – Informationen in einer Form dargestellt werden, die für den mit angemessenen Wirtschafts- und Rechnungslegungskenntnissen ausgestatteten Abschlussadressaten möglichst verständlich ist (vgl. Pellens, B. et al. (2014), S. 96). Dennoch ist nicht auszuschließen, dass selbst der fachkundige Analyst bei der Würdigung bestimmter Sachverhalte an seine Grenzen stößt, da »nicht vorausgesetzt werden [kann, d. Verf.], dass er gleichzeitig ein Spezialist auf den Gebieten der Finanzinstrumente, des Steuerrechts und der Versicherungsmathematik sein muss, um die Anhanginformationen verstehen und umsetzen zu können« (Küting, K./Lam, S./Mojadadr, M. (2010), S. 2291).

4.3 Grundsätzliche Problemfelder einer internationalen Jahresabschlussanalyse

4.3.1 Vorbemerkung

Vergleichbarkeit internationaler Abschlüsse: eine Fiktion

Solange der angestrebte Harmonisierungsprozess im Bereich der internationalen (Konzern-)Rechnungslegung nicht weitgehend stattgefunden hat, wird ein sinnvoller Vergleich der Finanzdaten zwischen Unternehmen, die nach unterschiedlichen Normensystemen Rechnung legen, nicht möglich sein. Denn selbst bei einer Vereinheitlichung der Rechnungslegungsnormen verbleiben den Unternehmen nicht unbeträchtliche Ermessensspielräume, welche die zwischenbetriebliche Vergleichbarkeit der Finanzdaten teilweise erheblich einschränken (vgl. exemplarisch bereits Küting, K. (1997a)).

Rückschluss auf die Realität durch Kenntnis der Abbildungsregeln

Da das entstehende Unternehmensbild durch die angewandten Rechnungslegungsvorschriften zumindest maßgeblich beeinflusst wird, wenn nicht sogar vorbestimmt ist, ermöglicht die Kenntnis dieser Normen einen verständigen Rückschluss auf die Wirklichkeit bzw. vermeidet Fehlwahrnehmungen bei dem Betrachter, hier in Gestalt eines Analysten oder Investors. Eine internationale Bilanzanalyse hat sich von dem reinen Vergleich von Zahlenkolonnen abzuwenden – einen solchen kann sie schlicht nicht leisten – und auf die Gesamtbetrachtung und -beurteilung nebeneinander stehender Unternehmensbilder zu verlagern.

Es ist allerdings nicht Zielsetzung dieser Ausführungen, die unterschiedlichen Normen zu erläutern und gegenüberzustellen oder bestehende Informationsdefizite über andere Rechnungslegungsnormensysteme zu beseitigen. Dies ist an anderer Stelle zu tun und wird auch getan. Die zahlreichen Beiträge und Veröffentlichungen, die dieser Thematik gewidmet sind, dienen hierfür als Beleg (vgl. bspw. Baetge, J./Beermann, T. (2000), S. 2090 ff.; Küting, K./Pfitzer, N./Weber, C.-P. (2013), S. 73 ff.). An dieser Stelle soll das Augenmerk vielmehr auf grundsätzliche Problemfelder im Zusammenhang mit einer rechnungslegungsnormenübergreifenden Unternehmensanalyse gerichtet werden. Die Probleme spannen sich von der Sprache über das Verständnis der Rechnungslegung bis hin zu länderspezifischen Besonderheiten in der Geschäftstätigkeit.

4.3.2 Sprache als Informationsträger

Sprache bringt Zahlen zum Sprechen

Wie Rechnungslegung nicht auf das reine Zahlenwerk zu verkürzen ist, darf sich auch die Bilanzanalyse nicht auf die Finanzdaten beschränken. Eine reine Konzentration auf finanzielle Maßgrößen gaukelt eine irreführende Vergleichbarkeit vor. Sie ist Folge unserer sinnwidrigen Zahlengläubigkeit (vgl. Großfeld, B. (1995), S. 115 ff.; Großfeld, B. (1997)). Erst der »in erläuternde Worte gefaßte Teil, also etwa die Angaben in Anhang und Fußnoten ... füllt das gesamte rechnerische Zahlenwerk der ausgewiesenen Abschlußposten ... mit Leben, kann die abstrakten Zahlen ›zum sprechen‹ bringen« (Luttermann, C. (1999), S. 127; bereits Walb, H.-H. (1938), S. 13). Die textliche Auflösung der in nüchternen Zahlenkolonnen stark verkürzt wiedergegebenen wirtschaftlichen Wirklichkeit verleiht dem abstrakten Gebilde Konturen und lässt das Unternehmen in seiner Umwelt vorstellbar werden, wie bei einem Leser eines Romans der Ort des Geschehens. Der mit der qualitativen Bilanzanalyse eingeschlagene Weg folgt dieser Erkenntnis (vgl. 4. Abschn., 4.).

Sprache als Informationsträger

Indem die wortmäßigen Erklärungen der zahlenmäßigen Darstellung den rechten Sinn geben, wird die Sprache zum zentralen Informationsträger. Sie dient der Informationsvermittlung zwischen Verfasser und Adressat. Die US-amerikanische Börsenaufsicht SEC bspw. hat die herausragende Funktion der Sprache erkannt und mit dem Projekt »A Plain English Handbook – How to create clear SEC disclosure documents« einen Ansatz für die Abfassung von verständlicheren und informativeren Erläuterungen gegeben (vgl. SEC (1998); Studien im angelsächsischen Raum haben teilweise gezeigt, dass die in Geschäftsberichten gegebenen Informationen nur schwer verständlich sind bzw. deren Verständlichkeit erhöht werden kann; vgl. hierzu bspw. Hawkins, D. F./Hawkins, B. A. (1986); Adelberg, A. H./Lewis, R. A. (1980), jeweils m. w. N.).

Sprache als Gestaltungsmittel

Sprache ist aber nie präzise, sie ist immer mehrdeutig. Die durch Worte ausgedrückte Wirklichkeit kann nur ein Abbild dieser sein, ohne sie genau wiederzugeben, »weil es kein allgemeines Verständnis der Sprache gibt« (Großfeld, B. (1995), S. 114). Indem Sprache die Wahrnehmung und Vorstellungskraft des durch die Rechnungslegung gezeigten Abbilds der Realität beeinflusst, ist sie nicht nur Kommunikations-, sondern zugleich auch Gestaltungsmittel (vgl. stellvertretend ADELBERG, A. H. (1979)). So vernebeln elegant formulierte Bilanzerläuterungen nicht selten die Sicht auf die Realität oder lassen diese in einer anderen Farbe erscheinen.

Die Gefahr, einem Trugbild gegenüberzustehen, ist insoweit immanent, als ein jeder sein Unternehmen am Kapitalmarkt in strahlendem Licht präsentieren möchte. Notfalls ist die trübe Fassade mit bilanzpolitischer und sprachlicher Politur zum Glänzen zu bringen. Denn ein wenig attraktives Erscheinungsbild reizt am Kapitalmarkt kaum zur Investition. Mit STRABAG, BREMER VULKAN oder PHILIPP HOLZMANN (vgl. KÜTING, K. (1996); KÜTING, K. (1996a); KÜTING, K. (1997)) existieren für den deutschsprachigen Raum namhafte Beispiele, bei denen mit bilanzpolitischen Kniffen versucht wurde, die Krise zu übertünchen.

Öffnung von Gestaltungsspielräumen durch Auslegung

Obgleich bilanzpolitische Schönfärberei kein vordergründig sprachliches Problem darstellt, sondern eines der geltenden Rechnungslegungsvorschriften als Teil der herrschenden Rechtsordnung, ist sie trotzdem unausweichlich mit Sprache verbunden: zum einen durch das Kommunizieren der Bilanzpolitik nach außen und zum anderen durch die Anwendung der geltenden Rechtsnormen. Recht – und damit auch Rechnungslegung als verbindlicher Akt der Publizität – »lebt in und wirkt durch Sprache« (LUTTERMANN, C. (1999), S. 127). Rechtsauslegung setzt immer am Wortlaut an. Auch Rechnungslegungsvorschriften bedürfen regelmäßig der Auslegung. Je unschärfer oder allgemeiner die Regelungen formuliert sind, desto weiter ist der Ermessensspielraum der Anwender. Damit sind auch das Verständnis der Rechnungslegungsnormen – als Grundvoraussetzung für eine Analyse – und das Erkennen der mit ihnen einhergehenden bilanzpolitischen Möglichkeiten an die Sprache gebunden (vgl. hierzu auch die semiotische Bilanzanalyse unter 4. Abschn., 4.6).

Verstärkte Bedeutung narrativer Angaben

Da – wie vorstehend ausgeführt – standardisierte Bereinigungs- und Analyseverfahren für internationale Unternehmensvergleiche keine zufriedenstellenden Ergebnisse liefern können, fungiert im internationalen Umfeld mehr noch als »schon im vertrauten nationalen ... der narrative Teil als Herzstück jeder Rechnungslegung, das kühler Mathematik farbige Kontraste gibt« (LUTTERMANN, C. (1999), S. 110; so auch RAFFOURNIER, B./WALTON, P. (2000), S. 950). Mit der Grenzüberschreitung ist indes ein weiterer Sprachkonflikt verbunden. HOLMES, Richter am Obersten Gerichtshof der USA, hat diesen in der Vergangenheit treffend charakterisiert: »Imagination of men limited – can only think in terms of the language they have been taught« (HOLMES, O. W. (1963), S. 5).

Übersetzungsproblem

Der Eintritt in eine fremde Bilanzierungs- und Sprachwelt lässt neben dem Problem des Verständnisses der andersartigen Abbildungsnormen und dem der Sprache selbst das Problem der Übersetzung in den Mittelpunkt rücken. Die Informationsübertragung wirkt in doppelter Hinsicht indirekt, zum einen durch die Sprache und zum anderen durch die Notwendigkeit ihrer Übersetzung (vgl. LUTTERMANN, C. (1999a), S. 780). Eine rein mechanische Übertragung der Worte ist irreführend und nicht selten auch sinnlos (vgl. GROßFELD, B. (1995), S. 119).

Variation von Begriffsinhalten

Begriffsinhalte können sich nicht nur durch die »Sprechwirklichkeit« (LUTTERMANN, C. (1999a), S. 782) verändern, sondern sie können auch mit ihrem Umfeld variieren. Hinter gleich lautenden Begriffen können sich unterschiedliche Inhalte verbergen (vgl. GOERDELER, R. (1989), Sp. 1813; HÜTTCHE, T. (2005), S. 319). So bedeuten bspw. gleiche Worte in britischen und amerikanischen Texten nicht unbedingt das Gleiche (vgl. ATIYAH, P. (1983); zu Unterschieden zwischen Britisch und Amerikanisch vgl. auch Baddock, B./Vrobel, S. (2001), S. K2). Jede Übersetzung läuft daher Gefahr, den Sinn und damit das Abbild der Wirklichkeit zu verändern.

Die Bedeutung der Sprache bzw. deren Übersetzung für die Informationsvermittlung unterstreicht bspw. der im Zusammenhang mit der Entwicklung einheitlicher Ausbildungsstandards im Rechnungswesen bereits im Jahr 1995 von der UNCTAD gemachte Vorschlag, ein mehrsprachiges Wörterbuch für diesen Bereich zu entwickeln (vgl. UNCTAD (1995), 16 V 3).

Der Übersetzungsaspekt tritt auch in der Befreiungsvorschrift des § 315a HGB i. V. m. § 244 HGB zutage. Befreiende Wirkung hat danach ein IFRS-Konzernabschluss nur, wenn die Aufstellung in deutscher Sprache erfolgt. D. h., ein nach den Vorschriften der IFRS angefertigter, aber nur in englischer Sprache aufgestellter Konzernabschluss entbindet nicht von der Erstellung eines Konzernabschlusses nach HGB.

Sprach- und Kulturverständnis als Voraussetzung

Die unterschiedlichen Sprach(kultur)en und die komplexe Frage der Übersetzbarkeit stellen ein Kernproblem der Verständigung dar. Dieses strahlt zwangsläufig auch auf die Durchführung internationaler Jahresabschlussanalysen aus und beeinträchtigt diese. Solange keine ›gemeinsame‹ aus einem Dialog der Kulturen hervorgegangene Sprache existiert (vgl. hierzu Luttermann, C. (1999a)), hat sich der Leser fremdsprachlicher Texte stets die Tatsache bewusst zu machen, dass Übersetzungsgleichheit von Texten nicht genügt; jedes Wort schwimmt vielmehr in einem »kulturellen Ozean des Schweigens« (Großfeld, B. (1995), S. 112), der den Worten erst Inhalt und Bedeutung verleiht (vgl. diesbezüglich auch Haller, A./Walton, P. (2000), S. 5 f.).

4.3.3 Rechnungslegung als Teil der Kultur

Wissen um die Entstehung als Voraussetzung für Verständnis

Wie bereits erwähnt, bedarf es als Grundvoraussetzung für die Durchführung einer Jahresabschlussanalyse der Kenntnis der jeweiligen Rechnungslegungsvorschriften. Für die Deutung eines mittels Rechnungslegungsvorschriften gezeichneten Unternehmensbilds ist die Kenntnis dieser Regeln allerdings nicht ausreichend, vielmehr bedarf es des Verstehens dieser Regeln. Verstehen bedingt das Wissen um die Wurzeln, aus denen die herrschenden Verhältnisse gewachsen sind. Wie schrieb Holmes (O.W. (1963), S. 5) bzgl. des Verständnisses von Recht: »In order to know what it is, we must know what it has been, and what it tends to become. We must alternately consult history and existing theories of legislation«.

Ebenso wie sich weltweit unterschiedliche Sprachen entwickelten, haben sich unterschiedliche Rechnungslegungsnormensysteme herausgebildet (vgl. bspw. Haller, A./Walton, P. (2000), S. 6, 8 f.). Sie mögen zwar alle auf der doppelten Buchführung basieren. Das Verständnis eines speziellen Systems oder gar der doppelten Buchführung allein bringt jedoch noch kein Verständnis für ein anderes System, wie aus dem Verstehen und Sprechen von Latein oder einer daraus hervorgegangenen Sprache nicht das Verstehen und Sprechen einer anderen romanischen Sprache folgt. Es erleichtert lediglich den Zugang.

Rechnungslegung als soziales und kulturelles Konstrukt

Rechnungslegung ist ein soziales und kulturelles Konstrukt. Obwohl über das gemeinsame Fundament der doppelten Buchführung hinaus zwischen den verschiedenen Rechnungslegungsnormensystemen Beeinflussungen bzw. Wechselwirkungen bestehen, weisen die verschiedenen Rechnungslegungsnormensysteme doch teils gravierende Unterschiede auf. Mit fortschreitendem Wandel des wirtschaftlichen Umfelds hat sich auch die Rechnungslegung geändert bzw. den geänderten Bedürfnissen angepasst (vgl. bspw. eingehend für den Wandel durch die Industrialisierung CHATFIELD, M. (1977), S. 92; EDEY, H. C./PANITPAKI, P. (1956); LITTLETON, A. C. (1933)). Da sich die wirtschaftliche Entwicklung im Allgemeinen nicht in allen Gesellschaften inhaltlich und zeitlich gleich vollzog, und falls doch aufgrund unterschiedlicher sozialer Rahmenbedingungen andere Reaktionen bzgl. der Gestaltung von Rechnungslegung hervorrief, ist die Entwicklung unterschiedlicher Rechnungslegungsnormen nicht überraschend. Sie sind »länderspezifische Antworten auf allgemeine und/oder länderspezifische Bedürfnisse« (HALLER, A./WALTON, P. (2000), S. 11), geprägt durch die geschichtlichen, wirtschaftlichen und sozialen Gegebenheiten der jeweiligen Gesellschaft.

Rechnungslegung ist mathematisch unbestimmt

Nach außen suggeriert die sich in Zahlen manifestierende Rechnungslegung aufgrund unseres Glaubens an Mathematik und Zahlen zwar Klarheit, Glaubwürdigkeit und Verständlichkeit. Was klar darstellbar ist, muss ebenso eindeutig verständlich sein. In Wirklichkeit jedoch ist die uns so sicher scheinende Rechnungslegung durchzogen »mit Werturteilen, mit Gefühlen über heutige Absichten und künftige Entwicklungen« (GROẞFELD, B. (1995), S. 117). Bereits die möglichen Leitmotive der Rechnungslegung, wie die Ermittlung eines ausschüttungsfähigen Gewinns oder die »fair presentation« bzw. der »true and fair view«, deuten in eine Welt der Ungewissheit. Sie sind mathematisch nicht fassbar. Es existieren lediglich Vorstellungen und Konventionen, was unter dem jeweiligen Ziel zu verstehen ist.

So haben sich sowohl die englische als auch die amerikanische Rechnungslegung dem »true and fair view« (vgl. DAVIES, M. ET AL. (1997), S. 3 ff., 10) bzw. der »fair presentation« (vgl. HALLER, A. (1994), S. 57 f., 256) verschrieben, gleichwohl unterscheiden sich die jeweiligen Vorstellungen über den Begriffsinhalt. Wäre dem nicht so und wäre das Zielverständnis kongruent, müssten die Rechnungslegungsgrundsätze und -normen, in denen sich die jeweiligen Zielvorstellungen konkretisieren, deckungsgleich sein oder zumindest ihre Ergebnisse. Dem ist aus den dargelegten Gründen aber nicht so (vgl. POPE, P. F./REES, W. P. (1994), S. 75; WEETMAN, P./GRAY, S. J. (1991)). Die Ausfüllung der nicht exakt zu beschreibenden Bilanzziele ist somit höchst umfeldabhängig (vgl. allgemein über kulturelle Einflüsse auf das Bilanzrecht u. a. GRAY, S. J. (1988); GROẞFELD, B. (1994)). Die Ergebnisse der einen oder anderen Rechnungslegung sind damit nicht schlüssiger oder verständlicher, es »wirkt kulturell bedingt zunächst schlicht eine manchmal andere Sicht der Dinge, ein anderes Temperament gegenüber künftigen Risiken in einer Welt voll Ungewißheit« (LUTTERMANN, C. (1999), S. 119). Diese Feststellung ist übertragbar auf Rechnungslegungsnormensysteme, die einem anderen Leitmotiv folgen.

Auch Einzelfragen der Rechnungslegung, bspw. ob Wertpapiere zu ihrem Marktwert oder höchstens mit ihren Anschaffungskosten zu bewerten sind, lassen sich nicht mit ›richtig‹ oder ›falsch‹ beantworten. In einem eher vom Vorsichtsprinzip geprägten Rechnungslegungsnormensystem wird dem Anschaffungskostenprinzip ein höherer Stellenwert eingeräumt als einer Marktpreisbewertung mit dem Ausweis nicht realisierter Gewinne. Dies macht die eine oder andere Regelung weder besser noch schlechter. Die Entscheidung ist lediglich Ausdruck eines spezifischen Bilanzverständnisses.

Einfluss der Kulturmuster auf die Auslegung von Rechnungslegungsnormen

Aber selbst identische Rechnungslegungsnormen garantieren keine identischen Ergebnisse, zumal sie keine feststehende Beziehung darstellen. Ihre augenscheinliche Genauigkeit, die sie vermitteln, ist nur eine scheinbare. Sie bedürfen der Auslegung und Konkretisierung, verlangen vom Rechnungslegenden Einschätzungen über das Heute und Morgen. Da Denk- und Beurteilungsmuster der Rechnungslegenden sich regelmäßig aus dem kulturellen Umfeld ableiten, in das sie hineingeboren wurden, kann eine einheitliche Auslegung von Rechnungslegungsnormen nicht angenommen werden (vgl. ähnlich Busse von Colbe, W. (1983), S. 125).

Kulturverständnis als Voraussetzung für Rechnungslegungsverständnis

Die Einflüsse des kulturellen Umfelds auf die Rechnungslegung sind damit mannigfaltig. Nicht nur ihre technische Ausgestaltung, sondern auch ihre Anwendung auf die Realität sind ausschlaggebend. Will man die Rechnungslegung und das von ihr gelieferte Bild verstehen, muss man um die kulturelle Basis wissen, der sie entstammt und auf die sie bezogen ist. Mehr noch als für Leser oder Analysten gilt dies für Ersteller von Jahresabschlüssen nach Rechnungslegungsnormen, die einem anderen Rechtskreis entstammen. Andernfalls besteht die Gefahr, dass Jahresabschlüsse zwar nach identischen Rechnungslegungsnormen aufgestellt werden, ihre augenscheinliche Vergleichbarkeit sich aber »im fadenscheinigen Spiel schöner Zahlen und Worte« (Luttermann, C. (1999), S. 109) zu erschöpfen droht.

4.3.4 Verflechtung von Rechnungslegung und Analyse

Rechnungslegung als Rhetorik

Rechnungslegung – und die Erstellung von Abschlüssen – ist kein Selbstzweck, sondern richtet sich immer an einen Empfänger, sei es der Kaufmann selbst, die allgemeine Öffentlichkeit zu Informationszwecken oder die Gesellschafter zu Rechenschaftszwecken. Sie ist entgegen ihrem Anschein nicht neutral. Inhalt und Botschaft werden auf den Empfänger zugeschnitten. Ihn möchte sie überzeugen und wird dadurch zur Rhetorik (vgl. ausführlich zu diesem rhetorischen Aspekt Carruthers, B. G./Espeland, W. N. (1991), S. 35 ff., 62).

Empfängerorientierung der Rechnungslegung

Da es den Empfänger schlechthin nicht gibt, zielt Rechnungslegung immer auf einen Empfänger, wie ihn sich der Rechnungslegende vorstellt. Die Erwartungen dieses Empfängers an die Rechnungslegung sowie seine Reaktion auf die mit ihr vermittelten Informationen sind Leitbild des Rechnungslegenden. Die Bindung an den Empfänger kann u. U. das Handeln beim Rechnungslegenden beeinflussen.

Verbundenheit der Rechnungslegung mit der kulturellen Identität des Lesers

Rechnungslegung liefert spezifische Antworten auf spezifische Bedürfnisse bzw. Fragen, die im Laufe ihrer Entwicklung seitens der Empfänger an sie herangetragen wurden. Rechnungslegung und die Erwartungen der Empfänger an sie sind untrennbar mit ihrem historischen, wirtschaftlichen und sozialen Umfeld verwoben. Aber nicht nur die Entwicklung der Rechnungslegung reflektiert die Erwartungshaltung der Empfänger ggü. Rechnungslegung, sondern – wie am obigen Beispiel dargelegt – auch ihre Anwendung. Entsprechend ihren (Informations-)Bedürfnissen haben die Adressaten der Abschlüsse Verfahren und Methoden des Umgangs mit Rechnungslegungsdaten zum Zweck der Unternehmensanalyse entwickelt. Da Rechnungslegung bekanntermaßen überzeugen soll, versuchen die Rechnungslegenden, soweit dies in Anbetracht des vorgegebenen Korsetts von Rechnungslegungsnormen möglich ist, die Ergebnisse der Rechnungslegung an den Analyseverfahren bzw. deren Erkenntnisziel auszurichten. Bilanzpolitik und Bilanzanalyse können nicht losgelöst voneinander betrachtet werden (vgl. hierzu 2. Abschn., 2.1).

Existenz unterschiedlicher Konzeptionen der Abschlussanalyse

Da die verschiedenen Rechnungslegungsnormensysteme bereits unterschiedliche Vorstellungen über Rechnungslegung signalisieren, erscheint es nicht besonders erstaunlich, dass sich dementsprechend international auch verschiedene Verfahren zur Analyse der Rechnungslegungsdaten herausgebildet haben. Zeit- und zwischenbetriebliche Vergleiche sind weltweit gängige Auswertungsmethoden im Rahmen der Unternehmensbeurteilung, dennoch lässt sich kaum von einer einheitlichen Vorgehensweise sprechen; zu unterschiedlich sind die dabei angewandten Analyseinstrumente. Ohne detailliert länderspezifische Besonderheiten der Jahresabschlussanalyse aufzuzeigen, zumal die Unterschiede in den Analyseverfahren in Anbetracht global agierender Banken zunehmend verwischen, bestehen – grob gesprochen – spiegelbildlich zum angelsächsischen und kontinentaleuropäischen Bilanzierungsverständnis (vgl. dazu Pellens, B. et al. (2011), S. 38 ff.) eine angelsächsische und eine kontinentaleuropäische Analysekonzeption (vgl. Raffournier, B./Walton, P. (2000), S. 910 f.).

Angelsächsische Analysekonzeption

Die angelsächsische Vorgehensweise verfolgt die Jahresabschlussanalyse primär aus der Perspektive des Investors, der im Wesentlichen an dem Risiko und der Rendite einer Investition interessiert ist. Da der Barwert der zukünftigen Cashflows den Wert einer Investition repräsentiert, steht im Mittelpunkt der Analyse die Abschätzung der wahrscheinlichen Höhe der zukünftigen vom Unternehmen erwirtschafteten Cashflows. Charakteristisch für die angelsächsische Analysepraxis ist teilweise auch deren Kurzfristorientierung. Da viele Investment- und Pensionsfonds anhand ihrer kurzfristigen Performance »gerankt« werden, spiegelt sich dieser Beurteilungsmaßstab bei ihren Investitionsentscheidungen und damit auch bei der zeitlichen Ausrichtung der Analyse wider (vgl. Raffournier, B./Walton, P. (2000), S. 910 f.).

Kontinentaleuropäische Analysekonzeption

Der kontinentaleuropäischen Analysekonzeption liegt ein anderer Ansatz zugrunde. Die Analyse verfolgt weniger den Blickwinkel eines an einer kurzfristigen Performancemaximierung interessierten Portfoliomanagers als vielmehr die Perspektive eines an einer langfristigen Unternehmensverbindung interessierten Anlegers. Die Analyse geht über Risiko- und Renditeschätzungen hinaus. Es wird eine ganzheitliche Unternehmensanalyse angestrebt. Die Fokussierung liegt dabei neben der Existenzsicherung auf der langfristigen finanzwirtschaftlichen Stabilität. Insgesamt reflektiert der Analyseansatz die eher am Stakeholder ausgerichtete Rechnungslegung. So sind bspw. Arbeitnehmer eher an einer Existenzsicherung interessiert als an kurzfristigen Ertragsaussichten (vgl. Raffournier, B./Walton, P. (2000), S. 911 f.).

Beachtung der Kompatibilität der Analysemethoden zur Rechnungslegung

Bei der Durchführung vergleichender internationaler Jahresabschlussanalysen gilt es deshalb, nicht nur den Differenzen zwischen den Rechnungslegungsnormen Beachtung zu schenken, sondern auch den verschiedenen Analyse- und Auswertungsmethoden der Empfänger. An ihrer Erwartungshaltung orientiert sich der Rechnungslegende. Die ›Lesebrille‹, mit welcher der Empfänger auf das Abbild der Unternehmensrealität blickt, muss kompatibel zu den Vorstellungen des Rechnungslegenden über den Empfänger sein, andernfalls kann es leicht zu einer verzerrten Wahrnehmung der gezeichneten Unternehmenswirklichkeit kommen. Selbst übereinstimmende Analysemethoden schützen vor Fehlinterpretationen nur vordergründig. So existiert für die Beurteilung spezifischer Kennzahlen wie z.B. der Eigenkapitalquote, die auch international zu den wichtigsten Kenngrößen zählt, weder ein objektiver Maßstab noch eine einheitliche Meinung über deren ›adäquate‹ Ausprägung. Je nach kulturellem Umfeld können die errechneten Kenngrößen als ›gut‹ oder ›schlecht‹ eingestuft werden. In diesem Zusammenhang gilt es, auch kulturelle Unterschiede in der Geschäftstätigkeit zu beachten.

4.3.5 Länderspezifische Besonderheiten in der Geschäftstätigkeit

Die im Vorhergehenden aufgezeigten Problemfelder zielen auf das Verständnis des mit der Rechnungslegung erzeugten Abbilds der Unternehmenswirklichkeit. Weitere Probleme für eine internationale Jahresabschlussanalyse können sich aus länderspezifischen Besonderheiten bei der Geschäftstätigkeit ergeben. Diese wiederum sind ebenfalls Ausfluss der jeweiligen Kultur. So unterscheidet sich bspw. die Praxis der Unternehmensfinanzierung auf internationaler Ebene teilweise erheblich, mit entsprechenden Folgen für die im Jahresabschluss vermittelten Informationen. Während im kontinentaleuropäischen Raum traditionell einer Finanzierung über Bankkredite eine tragende Rolle zukommt, ist in angelsächsischen Ländern die Finanzierung über die Ausgabe von Aktien und anderen Wertpapieren von stärkerer Bedeutung. Die verschiedenen Finanzierungsgewohnheiten wirken sich nicht nur auf die Finanzstruktur der Unternehmen aus, sondern auch auf die Ertragslage. Zinsaufwand und Ergebnis werden sich bei einem überwiegend fremdfinanzierten Unternehmen von einem weitgehend eigenkapitalfinanzierten Unternehmen unterscheiden. An dieser Stelle sei auch auf die international abweichenden Formen der Behandlung der Pensionszusagen bzw. gesellschaftsrechtliche Besonderheiten verwiesen.

4.3.6 Schlussbemerkung

Keine mathematische Vergleichbarkeit internationaler Abschlüsse

Vereinzelt wird zwar die Ansicht vertreten, hinsichtlich der »Vergleichbarkeit der nach verschiedenen Systemen angefertigten Jahresabschlüsse« bestehe »kein Problem von größerer praktischer Relevanz, da den Wertpapieranalysten das notwendige Instrumentarium zur Verfügung stehe, um die unterschiedlichen Bilanzen vergleichbar zu machen« (Schubel, C. (2000), S. 744). Eine solche Ansicht verkennt allerdings die Realität. Sie spiegelt die Zahlengläubigkeit und Mathematisierung unseres abendländischen Denkens wider (vgl. hierzu allgemein Luttermann, C. (1998), S. 465 ff.).

Rechnungslegung an kulturelles Umfeld gebunden

Die Rechnungslegung ist keine mathematische Formelsammlung und damit weder universell verständlich noch mathematisch vergleichbar. Sie ist vielmehr eine »Rhetorik, die davon überzeugen soll, daß das Unternehmen vernünftig geleitet wird« (Großfeld, B. (1995), S. 116; vgl. Carruthers, B.G./Espeland, W.N. (1991), S. 31). Wie jede Rhetorik ist sie an ihr kulturelles Umfeld gebunden. Rechnungslegung variiert daher »mit den kulturellen, sozialen und wirtschaftlichen Umständen, mit den Techniken, mit den Erwartungen der lokalen Empfänger« (Großfeld, B. (1995), S. 119). In diesem Kontext ist ein jeder Abschluss zu lesen, will man ihn verstehen.

Einstellung auf das kulturelle Umfeld

Diese »widrigen« Umstände begraben aber nicht unweigerlich die »Chance, ausländische Abschlüsse zu entziffern, zu enträtseln« (Großfeld, B. (1995), S. 119) und von den gemalten Unternehmensbildern zu der Realität zu gelangen. »Aber die Grenzüberschreitung fordert viel Energie, Einfühlung und Phantasie« (Großfeld, B. (1994), S. 799), da wir unsere Begriffe, die unsere Erfahrung widerspiegeln, und uns selbst erst auf das fremde Umfeld einstellen müssen (vgl. Großfeld, B. (1995), S. 119).

Merksätze

1. Eine quantitative Angleichung von Jahresabschlüssen, die nach unterschiedlichen Rechnungslegungsnormen erstellt wurden, ist nur in einem begrenzten Umfang möglich. Sie stellt eine Orientierungshilfe im Rahmen der vergleichenden internationalen Jahresabschlussanalyse dar. Die materiellen Auswirkungen der unterschiedlichen Fundamentierung der Rechnungslegungsnormensysteme sind von einem externen Bilanzleser nicht zu bemessen.
2. Im Mittelpunkt einer internationalen Jahresabschlussanalyse darf deshalb nicht der Versuch stehen, die nach unterschiedlichen Normen erstellten Abschlüsse von Unternehmen quantitativ gleichnamig zu machen. Ziel muss es sein, sich eine Vorstellung der jeweiligen Unternehmenswirklichkeiten zu erschließen und diese zu beurteilen.
3. Hierzu bedarf es zum einen der detaillierten Kenntnis der Abbildungsregeln der unterschiedlichen Normensysteme. Zum anderen muss sich der externe Bilanzleser jedoch auch der unterschiedlichen sozioökonomischen und kulturellen Gegebenheiten bewusst sein, die unmittelbaren Einfluss auf die Entwicklung, Anwendung und Rezeption der Abbildungsregeln haben. Die Unterschiedlichkeit der Menschen bildet damit auch die Grenze einer Harmonisierung der Rechnungslegung.

2. Abschnitt: Grundlagen der Bilanzpolitik

1. Wesen, Instrumente und Einsatz der Bilanzpolitik

1.1 Definition, Objekte und Träger der Bilanzpolitik

Begriff und Definition der Bilanzpolitik

Unter Bilanzpolitik ist die bewusste und im Hinblick auf die Ziele des Unternehmens zweckorientierte – im Rahmen der Bilanzierungsnormen zulässige – Beeinflussung der im (Konzern-)Jahresabschluss und (Konzern-)Lagebericht publizierten Unternehmensdaten zu verstehen. Sie ist eine zielorientierte Transformation von Unternehmensdaten (vgl. hierzu auch Werner, U. (1990), S. 373) und erfolgt mit der Absicht, die »Rechtsfolgen des Jahresabschlusses und das Verhalten der Informationsempfänger entsprechend den Zielen der Unternehmenspolitik zu beeinflussen« (Kropff, B. (1983), S. 184). Bilanzpolitik wird demnach betrieben, »um bei den Empfängern der Informationen bestimmte Wirkungen und damit gesetzte Ziele zu erreichen« (Sandig, C. (1970), Sp. 232; vgl. auch Sieben, G./Barion, H.-J./Maltry, H. (1993), Sp. 229 ff.). Voraussetzung dazu ist jedoch, dass die Bilanzadressaten ihr Verhalten ggü. dem Unternehmen »nach denjenigen Erkenntnissen ausrichten, die sie aus dem Jahresabschluß gewonnen zu haben meinen« (Kropff, B. (1983), S. 183).

Objekte der Bilanzpolitik

Objekte der Bilanzpolitik sind neben den einzelnen Bestandteilen des Einzel- und Konzernabschlusses nach nationalen und internationalen Rechnungslegungsnormen auch die Ertragsteuerbilanz und die Vermögensaufstellung (Primärobjekte). Hinzu kommen ergänzende Nebenrechnungen sowie freiwillig gewährte Informationen – wie etwa Aktionärsbriefe oder Pressemitteilungen – als Gegenstand der Bilanzpolitik in Frage (Sekundärobjekte).

Träger der Bilanzpolitik

Zu den Trägern der Bilanzpolitik zählen alle Beteiligten, die bei der Aufstellung und Feststellung des Jahresabschlusses mitwirken und damit Einfluss auf Inhalt und Form dieses Rechenwerks nehmen können. Da die Erstellung des Jahresabschlusses regulär der Unternehmensleitung zugewiesen wird (vgl. §§ 242, 264 HGB) und der Bilanzpolitik im Hinblick auf die Erreichung übergeordneter Unternehmensziele große Bedeutung zukommt, handelt es sich bei ihr um eine echte Führungsentscheidung im Sinne Gutenbergs (vgl. grundlegend Gutenberg, E. (1962), S. 60). Auch die Anteilseigner sind aufgrund der Gewinnverwendungskompetenzen in der Hauptversammlung (vgl. § 58 AktG) dem Kreis der bilanzpolitischen Entscheidungsträger zuzurechnen. Daneben kann Bilanzpolitik von solchen Personen betrieben werden, die der Unternehmensleitung zuarbeiten, gleichzeitig aber auch eigene (persönliche) Ziele verfolgen (›innere Bilanzpolitik‹). Die bilanzpolitischen Entscheidungsträger sind daher nicht notwendigerweise eine homogene Gruppe (Heterogenität der Entscheidungsträger).

1.2 Wirkung und Ziele der Bilanzpolitik

Zeitlicher Aspekt der Bilanzpolitik

Die Bilanzpolitik ist in zeitlicher Hinsicht ein dynamischer Prozess, der mit sachverhaltsgestaltenden Maßnahmen bereits vor dem Bilanzstichtag beginnen kann, seine Fortsetzung in den ersten Jahresabschlussarbeiten findet und sein vorläufiges Ende in der Aufstellung des (Konzern-)Jahresabschlusses erreicht. Doch können auch nach diesem Zeitpunkt bilanzpolitische Anpassungen erforderlich werden, weil die abzubildenden Sachverhalte, z. B. aufgrund von Änderungsverlangen des Abschlussprüfers oder Aufsichtsrats oder wegen wertaufhellender Ereignisse, anders darzustellen sind.

Bilanzpolitik aus Sicht der Unternehmensleitung

Bilanzpolitische Maßnahmen sind einerseits geeignet, die an den HGB-Jahresabschluss anknüpfenden Pflichten zur Steuerzahlung und Gewinnausschüttung in ihrer Höhe und ihrem zeitlichen Anfall zu steuern. Andererseits vermögen sie durch eine entsprechende Gestaltung des (Konzern-)Jahresabschlusses, das Urteil der aktuellen und potenziellen Koalitionspartner (z. B. Aktionäre, Gläubiger, Lieferanten und Arbeitnehmer) zu beeinflussen und sie zu einem gewünschten Verhalten zu bewegen. Bilanzpolitik stellt in diesem Zusammenhang ein Instrument der Informations- oder Publizitätspolitik dar.

Nach Pfleger besteht für eine Unternehmung die Verpflichtung, »sich so zu präsentieren, daß sie im Wettbewerb um Kapital, Kunden, Arbeitskräfte usw. nicht unterliegt« (Pfleger, G. (1991), S. 22). Somit ist die Unternehmensleitung in ihrem gesamten unternehmerischen Handeln dem Wohl des Unternehmens verpflichtet. Angewendet auf ein Unternehmen, das sich in einer Krise befindet, bedeutet dies, dass die Unternehmensleitung bemüht sein muss, die Unternehmenskrise zu verschleiern oder zumindest zu verharmlosen, um nicht ›Kredit‹ in jeglichem Wortsinn zu verspielen. Daran dürfte auch den Koalitionspartnern des Unternehmens gelegen sein – nicht zuletzt wegen der bei Offenlegung der Krise möglicherweise ausgelösten ›Panikreaktionen‹ wichtiger Bilanzadressaten (vgl. Clemm, H. (1989), S. 360). Der Einsatz des bilanzpolitischen Instrumentariums ist ein legitimes und unverzichtbares Mittel der Unternehmensleitung, ihrem Auftrag gerecht werden zu können. Bilanzpolitik verstößt insofern nicht gegen ethische Grundsätze. Dies gilt jedenfalls so lange, wie die Grenzen der Legalität nicht überschritten werden.

Finanz- und Publizitätspolitik

Damit können die bilanzpolitischen Aktivitäten grds. zwei Dimensionen zugeordnet werden. Auf der einen Seite steht der Aspekt der Finanzpolitik, der beim Jahresabschluss nach HGB in erster Linie die Steuerung der Ergebnisausschüttung, die Rücklagenbildung sowie die Verringerung der Steuerbelastung betrifft. Auf der anderen Seite ist die Publizitäts- oder auch Rufpolitik zu nennen, die auf die Beeinflussung der Meinungsbildung bzw. der Verhaltensweisen der externen Abschlussadressaten zugunsten des Unternehmens abzielt (vgl. Schmidt, F. (1979), S. 9 ff.; Forster, K.-H. (1983), S. 32) und bei Konzernabschlüssen sowie bei Abschlüssen nach internationalen Rechnungslegungsnormen die wesentliche bzw. maßgebliche Dimension bilanzpolitischer Handlungen darstellt.

Ziele der Bilanzpolitik

Die von der Bilanzpolitik verfolgten Ziele orientieren sich – wie bereits angedeutet – an den beiden wesentlichen Funktionen des Jahresabschlusses, namentlich der Zahlungsbemessungs- (beim HGB-Einzelabschluss) und der Informationsfunktion (Ziel eines IFRS-Abschlusses). Die aus diesen Aufgaben des Jahresabschlusses abzuleitenden Ziele können anhand eines verhaltensorientierten Ansatzes bestimmt werden.

Die Koalitionspartner eines Unternehmens lassen sich grob in drei Gruppen einteilen: die finanzwirtschaftliche Gruppe (Eigenkapitalgeber, Banken, Finanzbehörden), die leistungsorientierte Gruppe (Kunden, Lieferanten, Belegschaft, Konkurrenz) sowie die sog. »Meinungsbildner« (Finanzanalysten, Presse, Öffentlichkeit) (vgl. Hauschildt, J. (1988), S. 660). Diese Bezugsgruppen haben – entsprechend ihren spezifischen Interessen – ganz bestimmte Erwartungshaltungen hinsichtlich des zahlenmäßigen Erscheinungsbilds eines Unternehmens. Sie unterscheiden sich hinsichtlich ihrer divergierenden Ansprüche, Rechte und Sanktionsmöglichkeiten (Heterogenität des Adressatenkreises). Da der wirtschaftliche Erfolg eines Unternehmens entscheidend vom Zusammenspiel mit seinen Marktpartnern abhängt, muss es deren Erwartungen gerecht werden, um sie zu einem möglichst zielkongruenten Verhalten veranlassen zu können.

Die bilanzpolitischen Ziele ergeben sich somit als Synthese folgender Überlegungen: Ausgangspunkt sind stets die allgemeinen Unternehmensziele. Da sich diese – wie der verhaltenswissenschaftliche Ansatz zeigt – letztlich nur im Zusammenwirken mit den Koalitionspartnern verwirklichen lassen, sind die bilanzpolitischen (Unter-)Ziele stark an deren divergierenden Vorstellungen oder rechtlichen Ansprüchen auszurichten. Aus diesem heterogenen Adressatenkreis ergibt sich zwangsläufig ein ganzes Bündel gleichzeitig zu verfolgender Ziele (pluralistische Zielvorstellungen). Der (Konzern-)Jahresabschluss spielt dabei die Rolle des Informationsträgers, der die bilanzstrategisch geformten Botschaften an die Adressaten überbringt, die diese zu einem erwünschten zielgerechten Verhalten bewegen sollen. Die an den Bezugsgruppen orientierten Ziele können grds. in monetäre und nicht-monetäre Ziele eingeteilt werden.

Monetäre Ziele der Bilanzpolitik

Die monetären Ziele erstrecken sich vornehmlich auf den finanziellen Bereich einer Unternehmung. »Die Finanzpolitik zielt darauf ab, die Zahlungsfähigkeit der Unternehmung in jeder betrieblichen Situation sicherzustellen« (Freidank, C.-C. (1982), S. 338). Grds. kann zwischen unmittelbarer und mittelbarer Einflussnahme auf den Finanzbereich unterschieden werden. Die unmittelbare Beeinflussung des finanziellen Bereichs ergibt sich aus der Zahlungsbemessungsfunktion des Jahresabschlusses: Dividendenvorschläge, Dividendenausschüttungen (auf Basis des HGB-Einzelabschlusses), Tantiemen, Boni etc. Da sich die Höhe dieser erfolgsabhängigen Auszahlungen über ergebnisbeeinflussende Maßnahmen steuern lässt, kann somit auch der Abfluss von erwirtschafteten Mitteln aus dem Unternehmen beeinflusst werden (Erfolgsentstehungs- und Ausschüttungsziele). Hinzu kommt beim HGB-Einzelabschluss aufgrund des ertragsteuerlichen Maßgeblichkeitsprinzips eine wesentliche Funktion bei der Festlegung der Ertragsteuerbelastung. Infolgedessen wird die steuerliche Bemessungsgrundlage maßgeblich von handelsbilanziellen Wertansätzen beeinflusst.

Diese Zusammenhänge zeigen, dass die Beeinflussung der Steuerbemessung eines der wichtigsten Ziele der Bilanzpolitik ist und oft über originär handelsbilanzielle Ziele, wie das Einwirken auf die Ausschüttungsbemessung, gestellt wird. U. U. ist für Zwecke der Ausschüttung ein möglichst hoher und für steuerliche Zwecke ein möglichst geringer Jahresüberschuss im HGB-Einzelabschluss wünschenswert. Die Gewichtung dieser Ziele hängt auch von der Größe des Unternehmens ab. Bei kleineren Unternehmen steht vielfach die Einheitsbilanz, die Handels- und Steuerbilanz entspricht, im Vordergrund, während mit zunehmender Unternehmensgröße das Bedürfnis nach einer Rechnungslegung überwiegt, die die Informationsinteressen der Kapitalanleger befriedigt. Gleiches gilt bei nach internationalen Normen erstellten (Konzern-)Jahresabschlüssen: Auch hier dient der Abschluss – abgesehen von der sog. »Zinsschrankenregelung« (vgl. 5. Abschn., 3.3) – vorrangig Informationszwecken, während der (nach wie vor in Deutschland verpflichtend) zu erstellende HGB-Einzelabschluss die o. g. Zielsetzungen verfolgt.

Durch die direkte Beeinflussung der aus einer Unternehmung abfließenden Dividendenausschüttungen, Steuerzahlungen, Tantiemen etc. unterscheidet sich die unmittelbare Beeinflussung des finanziellen Bereichs von den im Folgenden darzustellenden Zielen, die nur mittelbar, d. h. im Wege der Verhaltensbeeinflussung, verwirklicht werden können.

Die mittelbare Beeinflussung des finanziellen Bereichs setzt an der Informationsfunktion des (Konzern-)Jahresabschlusses an. Sie zielt darauf ab, den künftigen Mittelzufluss von außen durch Schaffung eines verhaltensbeeinflussenden akquisitorischen Bilanzbilds zu steuern (Kreditwürdigkeits- und Kapitalsicherungsziel). Zu diesem Zweck müssen wünschenswerte Verhaltensweisen der Bilanzadressaten abgeleitet werden (z. B. Gewährung von Krediten oder Zuführung von Eigenkapital etc.), die durch den gezielten Einsatz bilanzpolitischer Maßnahmen auszulösen sind. Soll bspw. Fremdkapital in Form von Krediten akquiriert werden, muss eine Unternehmung ihren finanzwirtschaftlichen Partnern Bilanzrelationen präsentieren, die deren Vorstellungen von einem liquiden und kreditwürdigen Unternehmen entsprechen und das Vertrauen in die Stabilität und Krisenfestigkeit des Unternehmens stärken (vgl. Gräfer, H. (1981), S. 355; Reuter, M. (2008), S. 15 ff., m. w. N.). Je besser dies der Unternehmung gelingt, umso eher treten die von ihr erwarteten Verhaltensweisen der Kapitalgeber (Zuführung von Kapital) ein.

Nicht-monetäre Ziele der Bilanzpolitik

Nicht-monetäre Zielvorstellungen können sowohl ökonomischer als auch außerökonomischer (z. B. sozialer, ethischer oder auch unternehmensfremder bzw. persönlicher) Art sein (vgl. dazu Wöhe, G. (2008), S. 91 ff., 1036 ff.). Der veröffentlichte (Konzern-)Jahresabschluss ist die ›Visitenkarte‹ eines Unternehmens. Er dient als solcher der Gewinnung und Erhaltung von Beziehungen zu den das Unternehmen umgebenden Bezugsgruppen (vgl. Sandig, C. (1970), Sp. 233; auch Sieben, G./Barion, H.-J./Maltry, H. (1993), Sp. 229 ff.). Insb. große Publikumsgesellschaften begreifen ihn als geeignetes Hilfsmittel, um die angestrebte Selbstdarstellung des Unternehmens/Konzerns nach außen zu forcieren (›Performance‹). Der veröffentlichte (Konzern-)Jahresabschluss wird damit – ähnlich der Werbung – zu einer tragenden Säule der Öffentlichkeitsarbeit eines Unternehmens (›Bilanzmarketing‹) (vgl. Sandig, C. (1970), Sp. 233; auch Sieben, G./Barion, H.-J./Maltry, H. (1993), Sp. 229 ff.; Freidank, C.-C. (1982), S. 339; Reuter, M. (2008), S. 38, m. w. N.).

Die bisher angeführten monetären und nicht-monetären bilanzpolitischen Ziele können durchweg als mit den allgemeinen Unternehmenszielen vereinbar angesehen werden. Nicht selten hat eine gewählte Bilanzierung ihre Wurzeln jedoch in unternehmensfremden Überlegungen. Insb. in managerkontrollierten Unternehmen steht häufig das Bestreben der Unternehmensleitung im Vordergrund, die eigene Leistung durch bilanzpolitische Maßnahmen in einem möglichst günstigen Licht erscheinen zu lassen, z. B. weil Fehlleistungen kaschiert, die eigene Position gestärkt oder schärfere Kontrollen der Eigentümer umgangen werden sollen (vgl. Baetge, J./Ballwieser, W. (1978), S. 522; Kropff, B. (1983), S. 209 ff.).

Fernerhin ist es denkbar, dass einzelne, unterhalb der Unternehmensleitung stehende Personen versuchen, mittels bilanzpolitischer Maßnahmen eigene Ziele zu verwirklichen, die nicht notwendigerweise mit den allgemeinen Unternehmenszielen übereinstimmen müssen, etwa, wenn es darum geht, Ressourcen in bestimmte Unternehmensbereiche zu lenken (›Abteilungs- respektive Bereichsegoismen‹) oder übergeordnete Entscheidungsträger zu beeinflussen (›Karrierestreben‹).

1.3 Zielkonflikte der Ausübung von Bilanzpolitik

Zielkonflikte

Allen bilanzpolitischen Zielen, die nur mittelbar, d. h. im Wege der Verhaltensbeeinflussung, zu verwirklichen sind, ist eigen, dass der Bilanzierende in der Lage sein muss, die als Reaktion auf eine bestimmte Bilanzpolitik zu erwartenden Verhaltensweisen der Bilanzadressaten möglichst genau einzuschätzen. Dazu benötigt er prognosetaugliche Hypothesen über die Reaktion der Informationsempfänger auf ausgewählte bilanzpolitische Maßnahmen (vgl. Baetge, J./Ballwieser, W. (1978), S. 511). Des Weiteren dürfen sich diese Maßnahmen von den Bilanzadressaten nicht dechiffrieren lassen, weil sie ansonsten ihre verhaltensbeeinflussende Wirkung verlieren oder sogar gegen die Interessen des Unternehmens verwendet werden können (vgl. dazu Küting, K. (2006), S. 2754). Eine Abschätzung, wie Bilanzempfänger auf bilanzpolitische Maßnahmen reagieren, ist angesichts des äußerst heterogenen Adressatenkreises schwierig, zumal es selbst innerhalb einer Bezugsgruppe nicht den typischen Adressaten gibt (z. B. Kleinaktionär/Großaktionär). Die divergierenden und/oder nur schwer abzuschätzenden Reaktionen der Bilanzempfänger lassen eine stringente Bilanzpolitik meist nicht zu.

Lösungsvorschläge

Konflikte treten jedoch nicht nur zwischen jenen Zielen auf, die mittelbar, d. h. im Wege der Verhaltensbeeinflussung, realisiert werden sollen. In erster Linie sind es die direkt am Jahreserfolg ansetzenden Ziele, deren Verwirklichung zu einem unerwünschten Bilanzbild führen kann und damit die Meinungsbildung der übrigen Bilanzadressaten u. U. nachteilig beeinflusst. Werden solchermaßen konkurrierende Ziele festgestellt, wird eine Entscheidung darüber erforderlich, wie diese Konflikte gelöst werden sollen. Hierzu bieten sich insb. nachfolgende Strategien an:

(1) Präferenzbildung: Das Unternehmen nimmt eine Gewichtung entsprechend der Wichtigkeit bzw. Dringlichkeit einzelner Ziele vor. Die aus der teilweisen Außerachtlassung anderer Ziele resultierenden Nachteile werden in Kauf genommen. Bei nicht-publizitätspflichtigen kleinen Unternehmen des Mittelstands, die häufig nur eine Einheitsbilanz erstellen, dominiert meist die Zielsetzung der Steuerminimierung.

(2) Durchschnittsbildung: Den Interessen der Bilanzadressaten wird jeweils teilweise entsprochen. Diese Strategie wird gewählt, wenn einzelne Ziele bzw. Ansprüche der Adressaten in Konflikt zueinander stehen, jedes für sich aber nicht vernachlässigt werden darf.

(3) Gewinnglättung: Sowohl aus publizitätspolitischen Überlegungen als auch in finanzpolitischer Hinsicht kann es günstig sein, einen geglätteten Gewinn auszuweisen und damit eine Politik des (stillen) Erfolgsausgleichs zu betreiben. Zu hohe Ergebnisse führen vielfach zu entsprechend hohen Mittelab-

flüssen in Form von Dividenden- und auch Steuerzahlungen (HGB-Einzelabschluss und Konzernbesteuerung in einzelnen Ländern sowie u. U. durch die Zinsschranke), während zu niedrige Ergebnisse das i. d. R. gewünschte positive Erscheinungsbild des Unternehmens beeinträchtigen, sodass potenzielle Kapitalgeber (Kreditinstitute, Aktionäre) möglicherweise dazu veranlasst werden, sich vom Unternehmen abzuwenden. Außerdem führen zu stark schwankende Ausschüttungen bei Anteilseignern zu pessimistischeren Zukunftserwartungen und zu einem Vertrauensverlust, der u. a. die Beschaffung von zusätzlichem Eigenkapital über den Kapitalmarkt erschwert.

(4) Objektivierungsthese: Das Unternehmen konzentriert sich auf jene Ziele, deren Realisierung dem Unternehmen bei objektiver Betrachtung am ehesten möglich erscheint. Diese Strategie empfiehlt sich besonders dann, wenn die einzelnen Ziele als gleichgewichtig eingeschätzt werden.

(5) Doppelstrategie: Durch zusätzliche verbale und/oder quantitative Angaben können unerwünschte Folgen, etwa aus der Durchführung von erfolgsbeeinflussenden Maßnahmen (z. B. zwecks Ausschüttungs- und/oder Steuerminimierung), relativiert und die Meinungsbildung externer Bilanzleser im Hinblick auf andere Ziele (z. B. Kreditwürdigkeit) korrigiert werden.

(6) Nichterkennbarkeit bilanzpolitischer Maßnahmen: Durch den Einsatz bilanzpolitischer Instrumente, die für die Bilanzadressaten (weitgehend) unsichtbar bleiben, lassen sich Zielkonflikte dadurch vermeiden, dass bestimmte unerwünschte Reaktionen der Bilanzadressaten erst gar nicht ausgelöst werden. In die gleiche Richtung zielt eine restriktive Informationspolitik.

(7) Konzernabschlüsse ebenso wie Abschlüsse nach internationalen Rechnungslegungsnormen: Unternehmen, die zusätzlich zum HGB-Einzelabschluss einen Konzernabschluss bzw. einen nach internationalen Bilanzierungsnormen erstellten Abschluss aufstellen, können den Einzelabschluss nach HGB noch eindeutiger unter Ausschüttungs- und Steuerbarwertminimierungsgesichtspunkten aufstellen und den Konzern- bzw. Abschluss nach internationalen Rechnungslegungsnormen – vorbehaltlich der Überlegungen zur sog. »Zinsschrankenregelung« – als Korrektiv zur Darstellung der ›richtigen‹ Vermögens-, Finanz- und Ertragslage verwenden.

Bilanzpolitik aus Sicht der Informationsempfänger

Unternehmensexterne, die in den (Konzern-)Jahresabschlüssen ein Medium zur Gewinnung von qualifizierten, eindeutigen und ›unpolitischen‹ Informationen sehen, empfinden folglich diese durch die Bilanzierungsnormen gebilligte Bilanzpolitik nicht selten als Ärgernis. Welchen Sinn – so wird gefragt – hat eine Rechnungslegung, »wenn mit der Bilanz je nach Opportunität Politik gemacht werden könne« (Kropff, B. (1983), S. 182). Schließlich ist der (Konzern-)Jahresabschluss meist die einzige geprüfte Informationsquelle, derer sich Außenstehende bei der Entscheidung hinsichtlich eines finanziellen Engagements bedienen können. Gefordert werden demzufolge Abschlussinformationen, die willkürfrei und intersubjektiv nachprüfbar sind und die tatsächliche wirtschaftliche Lage der Unternehmung widerspiegeln.

Erläuterungspflichten

Diesen Widerstreit zwischen dem Wunsch nach möglichst objektiven und verlässlichen Informationen einerseits und der Möglichkeit zur zweckorientierten Gestaltung des (Konzern-)Jahresabschlusses andererseits haben Gesetzgeber und Standardsetter durchaus erkannt. Als Ausgleich für den durch die zahlreichen Wahlrechte und Ermessensspielräume beeinträchtigten Informationsgehalt wurden in den einzelnen Bilanzierungsnormen verschiedene Erläuterungspflichten vorgesehen. Sie sollen den Bedürfnissen beider Parteien Rechnung tragen. Zusätzlich wird die Kontrolle der Einhaltung dieser Erläuterungspflichten unabhängigen Abschlussprüfern übertragen, die sowohl Umfang als auch Richtigkeit der Angaben garantieren sollen.

Gleichwohl können Bilanzierungsnormen Bilanzpolitik nicht völlig verhindern: Wenn die Bilanzierung allein auf eindeutigen Verboten und Geboten basieren würde, wäre Bilanzpolitik unmöglich (vgl. BAETGE, J./BALLWIESER, W. (1978), S. 515), denn für die Ausübung von Handlungsfreiheiten und Gestaltungsspielräumen wäre kein Raum. Die Bilanzpolitik (earnings management) setzt nämlich gewisse Handlungsfreiheiten voraus. Allerdings werden sich solche Gestaltungsspielräume allein schon deshalb nie ausschließen lassen, weil die in der Realität vorkommende Vielzahl an betrieblichen Tatbeständen eine Normierung der Bilanzierung und Bewertung jedes einzelnen Sachverhalts durch Gesetzgeber oder Standardsetter unmöglich macht. Es gilt dabei folgender Zusammenhang: Je mehr Gestaltungsspielräume ein Rechnungslegungsnormensystem dem Bilanzierenden eröffnet, desto stärker wird das Gewicht der Bilanzpolitik und umgekehrt. Bei Betrachtung der maßgeblichen Vorschriften ist festzustellen, dass »Wahlrechte und Gestaltungsmöglichkeiten eine beachtliche Bandbreite ausmachen« (LUDEWIG, R. (1987), S. 426) und folglich Bilanzpolitik einen hohen Stellenwert einnimmt.

Im Folgenden soll der Schwerpunkt der Analyse von Bilanzpolitik auf den gesetzlichen bzw. normativen und faktischen Wahlrechten sowie den sich aus der Praxis ergebenden Ermessensspielräumen liegen, die dem Bilanzierenden bei der Erstellung des (Konzern-)Jahresabschlusses zur Verfügung stehen. Nur kurz ist in diesem Zusammenhang die Gestaltung von Sachverhalten und damit die Beeinflussung des Mengengerüsts zu betrachten, weil die vielfältigen diesbezüglichen Maßnahmen zum einen in den meisten Fällen nicht nur bilanzpolitische Gründe haben und zum anderen eine Erkennbarkeit für Externe regelmäßig nicht gegeben sein wird.

1.4 Formen der Bilanzpolitik

Formen der Bilanzpolitik

Die bilanzpolitischen Instrumente lassen sich zunächst in die beiden Bereiche »Sachverhaltsgestaltung« und »Sachverhaltsabbildung« unterteilen (vgl. KÜTING, K. (2006), S. 2755 f.). Üblicherweise werden bei der Sachverhaltsabbildung dann zwei Formen der Bilanzpolitik unterschieden (vgl. im Einzelnen die Übersichten 5 bis 10). Auf der einen Seite steht die materielle Bilanzpolitik, die im Wesentlichen auf eine Steuerung der Höhe der ausgewiesenen Abschlussdaten, insb. des ausgewiesenen Jahresergebnisses gerichtet ist, und auf der anderen Seite befasst sich die formelle Bilanzpolitik mit der Form der Darstellung der Vermögens-, Finanz- und Ertragslage im (Konzern-)Jahresabschluss (vgl. WÖHE, G. (1985), S. 715 ff., 754 ff.). Zu beachten ist bei dieser Einteilung jedoch, dass Interdependenzen zwischen beiden Bereichen in der Weise bestehen, dass mit der Mehrzahl der materiellen Instrumente regelmäßig auch Auswirkungen auf die Struktur des (Konzern-)Jahresabschlusses verbunden sind.

Sachverhaltsgestaltung

Als Beispiele von Sachverhaltsgestaltung sind zu nennen: die Wahl von Zahlungsterminen, das Instrument der Beschaffungspolitik, die Bildung stiller Reserven (vgl. WÖHE, G. (1997), S. 834f.) sowie Besonderheiten der Kreditpolitik innerhalb eines Konzernverbunds. Zur wirkungsvollen Bilanzgestaltung kann hier bspw. die Gewährung von Krediten durch Konzernmitglieder kurz vor dem Bilanzstichtag stattfinden, deren Rückzahlung oft nur wenige Tage nach dem Bilanzstichtag erfolgt. Als weitere Beispiele für Sachverhaltsgestaltungen sind Sale-and-Lease-back-Geschäfte sowie der gezielte Abschluss von Factoringverträgen anzuführen.

Materielle Bilanzpolitik

Im Rahmen der materiellen Bilanzpolitik ist zwischen Ansatz und Bewertung einerseits und zwischen Wahlrechten und Ermessensspielräumen andererseits zu unterscheiden (vgl. auch KÜTING, K. (2005), S. 505ff.; REUTER, M. (2008), S. 155).

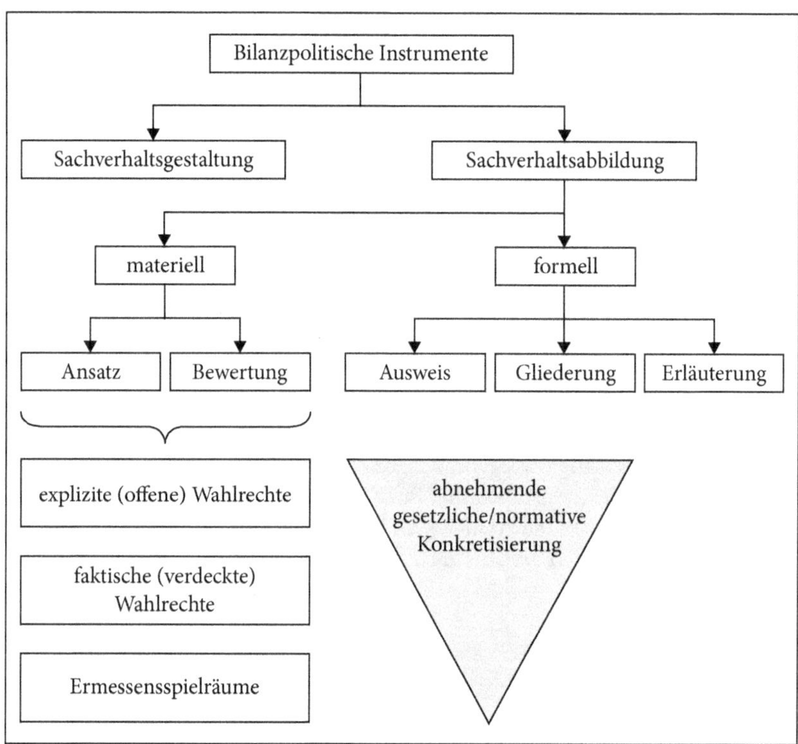

Übersicht 5: Instrumente der Bilanzpolitik

Wahlrechte

Ein Wahlrecht besteht immer dann, »wenn an einen gegebenen Tatbestand mindestens zwei eindeutig bestimmte Rechtsfolgen anknüpfen, die sich gegenseitig ausschließen, und wenn der zur Rechnungslegung Verpflichtete entscheidet, welche von ihnen eintritt« (BAUER, J. (1981), S. 767; BAUER, J. (1981a), S. 66). Wahlrechte betreffen sowohl Ansatz- als auch Bewertungsfragen (vgl. die Übersichten 5 bis 8) des (Konzern-)Jahresabschlusses.

Explizite (offene) Wahlrechte

Explizite Wahlrechte werden ausdrücklich (offen) im Gesetz oder in einem Standard genannt und sind regelmäßig durch Formulierungen wie »kann/können«, »darf/dürfen« bzw. »oder« gekennzeichnet. Explizite Wahlrechte werden im Kontext des HGB auch »gesetzliche Wahlrechte« genannt. Es handelt sich dabei um in einer Vorschrift explizit genannte Handlungsalternativen, deren Ausübung durch Anhangangaben dem externen Bilanzleser vielfach wichtige Erkenntnisse zum Bilanzierungsverhalten und somit Einblicke in die Unternehmenslage ermöglicht. Eine erfolgversprechende Bilanzanalyse muss daher auf die Betrachtung von bestimmten Aktiv- und Passivposten und damit verbundene Wahlrechte abstellen.

Faktische (verdeckte) Wahlrechte

Von diesen beschriebenen expliziten Wahlrechten sind die sog. »faktischen Wahlrechte« (vgl. Selchert, F.W./Karsten, J. (1989), S. 838 f.; Küting, K. (2005), S. 505 ff.; zum Begriff der »verdeckten Wahlrechte« Kirsch, H. (2004), S. 41) zu unterscheiden (vgl. Übersicht 8). Faktische (verdeckte) Wahlrechte unterscheiden sich von den expliziten (offenen) Wahlrechten dadurch, dass sie dem Bilanzierenden eben nicht aufgrund ausdrücklicher Nennung in Gesetz oder Norm zur Verfügung stehen. Formell handelt es sich um Gebote oder Verbote, die an das Vorliegen bestimmter Sachverhalte oder Voraussetzungen geknüpft sind. Bei deren Interpretation hat der Rechnungslegende verschiedene Auslegungsalternativen für unbestimmte Rechtsbegriffe oder bei weit gefassten Bilanzierungsnormen. Die sich daraus ergebenden faktischen Ansatz- und Bewertungswahlrechte sind für den externen Bilanzleser regulär nicht mehr nachvollziehbar und machen eine Bilanzanalyse schwieriger und viel eher einzelfallbezogen. Die nach IFRS vorhandenen Wahlrechte sind vielfach keine im Standard explizit genannten, sondern vollziehen sich weitgehend unbemerkt und entsprechen damit faktischen (verdeckten) Wahlrechten.

Ermessensspielräume

Ermessensspielräume (vgl. Übersicht 9) entstehen bei Bilanzierung und Bewertung immer dann, wenn durch eine Rechnungslegungsnorm zwar Ansatz oder Bewertung von Vermögenswerten oder Schulden geregelt sind, die Voraussetzungen oder Methoden zur Bestimmung von Ansatz oder Bewertung jedoch offen bleiben. Die entsprechenden Regelungen enthalten somit keine Entscheidung zwischen objektiv unterscheidbaren Alternativen, sondern berücksichtigen das subjektive Element der Wertfindung, weil die vollständige Normierung ökonomischer Tatbestände praktisch unmöglich ist (vgl. Siegel, T. (1986), S. 419; Pfleger, G. (1991), S. 35). Diese Vorgehensweise des Gesetzgebers bzw. Standardsetters trägt zwar der Vielfalt und Komplexität ökonomischer Sachverhalte und folglich einer größeren Freiheit des Bilanzierenden Rechnung, eröffnet ihm damit jedoch zeitgleich die Entscheidung für einen Wert innerhalb einer als zulässig erachteten Bandbreite von möglichen Ansätzen (vgl. Hoffmann, W.-D. (2000), S. 827). Aufgrund unvollkommener Informationen und der Ungewissheit zukünftiger Ereignisse können unternehmensindividuell unterschiedliche Einzelentscheidungen über Ansatz oder Bewertung getroffen werden. Die Festlegung des Bilanzierenden auf einen bestimmten Punktwert ist damit nicht widerlegbar (bspw. bei der Bestimmung von Nutzungsdauern); der mit seiner Entscheidung verbundene Ermessensspielraum ist in den meisten Fällen von externer Seite nicht erkennbar. Dadurch werden eine Eliminierung der bilanzpolitischen Effekte und die Erstellung einer bilanzanalytischen Strukturbilanz erschwert, weil notwendige Anpassungsmaßnahmen nicht vorgenommen werden können. Wird über einzelne Positionen jedoch näher berichtet, sind ggf. Tendenzaussagen über die Ausübung bilanzpolitischer Spielräume möglich (vgl. Kirsch, H. (2002), S. 1018 f.).

Formelle Bilanzpolitik

Im Bereich der formellen Bilanzpolitik stehen zum einen sog. »Ausweiswahlrechte« zur Verfügung, die der reinen Informationspolitik dienen (vgl. Übersicht 10).

Diese Instrumente sind ohne jeden Einfluss auf das Periodenergebnis oder die (absolute) Höhe des Eigenkapitals. Im Vordergrund stehen dabei die Pflichtangaben in Bilanz oder GuV, die wahlweise in den Anhang verlagert werden können. Daneben bestehen zur GuV-neutralen Gestaltung der Bilanzsumme (vgl. Volk, G. (1988), S. 380 ff.) oder der vertikalen Struktur von Bilanz und GuV mehrere Gliederungswahlrechte (vgl. Übersicht 10). Schließlich sind es die Erläuterungswahlrechte, durch die der Bilanzierende Art und Weise, aber z. T. auch den Umfang der Erfüllung der verschiedenen Berichtspflichten gestalten kann (vgl. Übersicht 10). Im Rahmen der Analyse der Bilanzpolitik ist die Wahl, inwieweit bestimmte Tatbestände (betragsmäßig oder lediglich bzw. zusätzlich in verbaler Form) erläutert werden, von besonderem Interesse.

1.5 Ausgewählte Instrumente der Bilanzpolitik

Nachfolgend werden ausgewählte Instrumente der Bilanzpolitik nach HGB und IFRS beispielhaft dargestellt.

Ausgewählte explizite Bilanzansatzwahlrechte nach HGB

Entscheidungsparameter	Rechtsgrundlage
Aktivierungswahlrechte	
1. Entwicklungskosten	§ 248 Abs. 2 Satz 1 HGB i. V. m. § 255 Abs. 2a HGB
2. Aktive latente Steuern	§ 274 Abs. 1 Satz 2 f. HGB
3. Rechnungsabgrenzungsposten (Disagio)	§ 250 Abs. 3 HGB
Passivierungswahlrechte	
1. Wertaufholungsrücklagen	§ 58 Abs. 2a AktG § 29 Abs. 4 GmbHG
2. Rückstellungen (Pensionsrückstellungen – unmittelbare Zusagen vor dem 01.01.1987 und mittelbare Zusagen)	Art. 28 Abs. 1 EGHGB

Übersicht 6: Wichtige Bilanzansatzwahlrechte nach HGB

IFRS

Nach IFRS gibt es keine den in Übersicht 6 genannten Bilanzansatzwahlrechten nach HGB vergleichbaren Wahlrechte.

Explizite Bewertungswahlrechte nach HGB

Die sich nach HGB ergebenden expliziten Bewertungswahlrechte zeigt Übersicht 7.

Entscheidungsparameter	Rechtsgrundlage
Wertansatzwahlrechte	
Außerplanmäßige Abschreibungen (auf den niedrigeren beizulegenden Wert) bei Finanzanlagen bei nur vorübergehender Wertminderung	§ 253 Abs. 3 Satz 4 HGB
Methodenwahlrechte	
1. Einzel-, Fest-, Gruppenbewertung, Verbrauchsfolgeverfahren	§ 256 HGB i. V. m. § 240 Abs. 3 und 4 HGB
2. Ermittlung der Herstellungskosten	§ 255 Abs. 2 und 3 HGB
3. Abschreibungsmethoden (z. B. linear oder degressiv)	§ 253 Abs. 3 und 4 HGB
4. Ermittlung des beizulegenden Zeitwerts	§ 255 Abs. 4 Satz 2 HGB

Übersicht 7: Wichtige Bewertungswahlrechte nach HGB

Explizite Bewertungswahlrechte nach IFRS

In einzelnen IFRS-Standards finden sich explizite Wahlrechte hinsichtlich der Bewertung bestimmter Bilanzposten (z. B. immaterielle Vermögenswerte, Sachanlagen und als Finanzinvestition gehaltene Immobilien (Investment Properties); vgl. bspw. IAS 16.29; IAS 38.72; IAS 40.30; ferner Küting, K./Zwirner, C./Reuter, M. (2007), S. 500 ff.) zu (fortgeführten) Anschaffungs- oder Herstellungskosten (Anschaffungskostenmodell) oder beizulegenden Zeitwerten (Neubewertungsmodell bzw. Fair Value Model).

Ausgewählte faktische Wahlrechte nach HGB

Nach den Vorschriften des HGB eröffnen sich dem Bilanzierenden in bestimmten Bereichen faktische Wahlrechte, die in Übersicht 8 nachfolgend dargestellt werden.

Entscheidungsparameter
1. Gemeinkostenschlüsselung bei der Herstellungskostenermittlung 2. Berücksichtigung von Beschäftigungsschwankungen bei der Herstellungskostenermittlung 3. Ermittlung der Herstellungskosten bei Kuppelprodukten

Übersicht 8: Ausgewählte faktische Wahlrechte nach HGB

Vielfältige faktische Wahlrechte nach IFRS

Die IFRS-Bilanzierung eröffnet dem Rechnungslegenden in zahlreichen Fällen Wahlrechte. Diese ergeben sich allerdings meist nicht unmittelbar aus den einzelnen Standards, sondern es liegen regelmäßig faktische (verdeckte) Wahlrechte vor. Beispielhaft ist hierbei auf folgende Sachverhalte/Bilanzierungsfelder hinzuweisen: Bei der Entscheidung hinsichtlich des kumulativen Vorliegens der Voraussetzungen für die Aktivierung von Entwicklungskosten als immaterieller Vermögenswert nach IAS 38, dem Ausweis von aktiven latenten Steuern auf steuerliche Verlustvorträge gem. IAS 12, der Klassifizierung und Bewertung von Finanzinstrumenten nach den komplexen Regelungen des IFRS 9 (bislang: IAS 39) mit einer teils GuV-wirksamen und teils GuV-neutralen Berücksichtigung von Bewertungsänderungen handelt es sich formell i. d. R. um Ge- bzw. Verbote. Gleichwohl ergeben sich in der Praxis aufgrund der von externer Seite kaum oder gar nicht nachprüfbaren Subsumtion des jeweiligen Sachverhalts unter die entsprechenden Voraussetzungen faktische Wahlrechte (vgl. dazu auch Schildbach, T. (1999), S. 184 f.). Auch bei der Ermittlung des Fair Value stehen der Unternehmensleitung vielfach mehrere Alternativen zur Verfügung (vgl. dazu Küting, K./Lam, S. (2013), S. 1742 f.; Zwirner, C./Boecker, C. (2014a), S. 50 ff., sowie Pellens, B. et al. (2014), S. 104 ff.).

Ausgewählte Ermessensspielräume nach HGB

Über die expliziten und faktischen Wahlrechte des HGB hinaus hat der Rechnungslegende in gewissem Maße Ermessensspielräume bei Ansatz und Bewertung bestimmter Vermögens- und Schuldpositionen:

Entscheidungsparameter
Ansatz betreffend 1. Abgrenzung von Herstellungs- und Erhaltungsaufwand 2. Feststellung des Eintritts bzw. Wegfalls des Rückstellungsgrunds bei drohenden Einzelrisiken
Bewertung betreffend 1. Bestimmung der Nutzungsdauer von Anlagegütern 2. Bemessung von außerplanmäßigen Abschreibungen bei Anlagegütern 3. Bemessung von Pauschal- und Einzelwertberichtigungen zu Forderungen 4. Bemessung der Rückstellungen nach vernünftiger kaufmännischer Beurteilung (z. B. Einzelrisiken oder pauschale Garantierückstellungen)

Übersicht 9: Ausgewählte Ermessensspielräume nach HGB

Ermessensspielräume nach IFRS

Auch die IFRS-Rechnungslegung führt insb. durch das Abstellen auf Sachgesamtheiten und die Fülle an unbestimmten Rechtsbegriffen in den Standards zu erheblichen – und in den meisten Fällen von externer Seite nicht erkennbaren – Ermessensspielräumen (vgl. etwa Pellens, B. et al. (2014), S. 429, 532, 768 f.; Müller, S./Ladewich, S./Panzer, L. (2014), S. 199 ff.; Zwirner, C./Boecker, C. (2014), S. 9 f.).

Ausgewählte formelle bilanzpolitische Instrumente nach HGB

Hinsichtlich der im HGB vorhandenen formellen bilanzpolitischen Instrumente sei auf Übersicht 10 verwiesen.

Entscheidungsparameter	Rechtsgrundlage
Ausweiswahlrechte	
1. Gesonderte Angabe des Gewinn- oder Verlustvortrags	§ 268 Abs. 1 Satz 2 HGB (BilRUG: § 268 Abs. 1 Satz 2 f. HGB-E)
2. Angabe der Abschreibungen des Geschäftsjahrs	§ 268 Abs. 2 Satz 3 HGB (BilRUG: entfällt)
3. Gesonderter Ausweis eines aktivierten Disagios	§ 268 Abs. 6 HGB
4. Gesonderter Ausweis der Haftungsverhältnisse gem. § 251 HGB	§ 268 Abs. 7 HGB (BilRUG: entfällt)
Gliederungswahlrechte	
1. Ansatz erhaltener Anzahlungen auf Bestellungen als Verbindlichkeit oder Absetzen von den Vorräten	§ 268 Abs. 5 Satz 2 HGB
2. Saldierung aktiver und passiver latenter Steuern	§ 274 Abs. 1 Satz 3 HGB
3. Ausweis im AV oder UV (z. B. Wertpapiere oder immaterielle Vermögensgegenstände)	§ 247 Abs. 2 HGB (Auslegung)
4. Abgrenzung ordentlicher/außerordentlicher Aufwand und Ertrag	§ 277 Abs. 4 Satz 1 HGB (Auslegung) (BilRUG: entfällt)
Erläuterungswahlrechte	
1. Weitere Untergliederung von Abschlussposten (z. B. sonstige Rückstellungen)	§ 265 Abs. 5 Satz 1 HGB
2. Einfluss der Änderung von Bilanzierungs- und Bewertungsmethoden	§ 284 Abs. 2 Nr. 3 HGB (BilRUG: § 284 Abs. 2 Nr. 2 HGB-E)
3. Erläuterung nicht unerheblicher sonstiger Rückstellungen, die nicht gesondert ausgewiesen sind	§ 285 Nr. 12 HGB

Übersicht 10: Wichtige formelle bilanzpolitische Instrumente nach HGB

Nach IFRS gibt es keine mit den §§ 266 und 275 HGB vergleichbaren ausführlichen Gliederungsvorschriften für Bilanz und GuV. Abgesehen von bestimmten vorgeschriebenen Mindestinhalten für Rechenwerke und Anhang besteht hier grds. eine gewisse Freiheit des Bilanzierenden bzgl. der Strukturierung und der konkreten Platzierung von Angaben im (Konzern-)Jahresabschluss zur Erfüllung einzelner Berichtspflichten.

IFRS

2. Bilanzanalyse und Bilanzpolitik – ein Spannungsverhältnis

2.1 Wechselbeziehung zwischen Bilanzanalyse und Bilanzpolitik

Wechselbeziehung

Zwischen Bilanzanalyse und Bilanzpolitik besteht eine enge Wechselbeziehung in der Weise, dass sie füreinander sowohl Ausgangspunkt als auch Grenze darstellen (vgl. Übersicht 11; KÜTING, K. (2006), S. 2754; REUTER, M. (2008), S. 158).

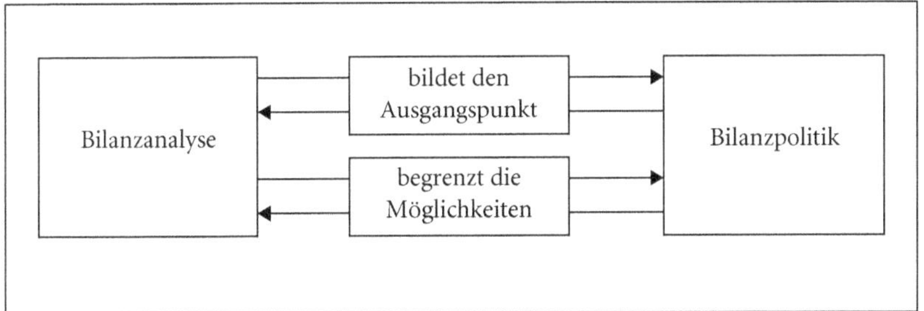

Übersicht 11: Interdependenz zwischen Bilanzanalyse und Bilanzpolitik

Bilanzanalyse als Ausgangspunkt der Bilanzpolitik

Bilanzpolitik kommt zur Anwendung, um die Informationsadressaten derart zu beeinflussen, dass ein vom Bilanzierenden gewünschtes Verhalten erreicht wird. Welches Verhalten dabei gewünscht wird, ist von den jeweiligen Unternehmenszielen abhängig.

Einfluss auf das Verhalten der Bilanzadressaten

Um durch Abschlussinformationen gewünschte Verhaltensweisen zu induzieren, muss zunächst sichergestellt sein, dass diese Informationen überhaupt Einfluss auf das Verhalten der Bilanzadressaten ausüben. Des Weiteren müssen die vermittelten Informationen die Informationserwartungen ihrer Adressaten erfüllen. Daher gilt es, die Informationserwartungen der Adressaten zu antizipieren und bei der Entscheidung über das einzusetzende bilanzpolitische Instrumentarium zu berücksichtigen. Da jedoch die vermittelten Informationen vom Adressaten regelmäßig mittels des Einsatzes bilanzanalytischer Instrumente aufgearbeitet werden, resultiert für das bilanzierende Unternehmen die Notwendigkeit, auch diese Instrumente in sein Kalkül einzubeziehen.

Die Bilanzpolitik als interessenorientierte Gestaltung des (Konzern-)Jahresabschlusses setzt somit voraus, dass die Botschaften und Signale des Bilanzierenden von den Adressaten aufgenommen und verstanden werden, um die gewünschte Verhaltensweise des Abschlusslesers hervorzurufen. Folglich muss es zentrale Aufgabe der Bilanzpolitik sein, die Rollenerwartungen der Unternehmenskoalitionäre zu erfüllen, um eben diese Verhaltensweisen zu erreichen. Die Wahrscheinlichkeit zur Durchsetzung einer Verhaltensbeeinflussung steigt, je mehr die »Einschätzungen der Entscheidungssituation beim Sender und beim Empfänger übereinstimmen« (Kappler, E. (1972), S. 64). Verhaltensweisen können sowohl auf die Befriedigung vorhandener Informationswünsche der Bilanzinteressenten als auch auf die »Schaffung von Informationsbedürfnissen« (Kappler, E. (1972), S. 64) gerichtet sein. Konkret heißt dies:

(1) Soll die Bilanzpolitik ihr Ziel erreichen, muss der Bilanzadressat mit der zu überbringenden Botschaft erst einmal erreicht werden.
(2) Der Bilanzierende muss die Auswirkungen bestimmter Bilanzdaten und Kennzahlen auf den Analysten richtig einschätzen, um damit den Koalitionär eines Unternehmens zu einem zielkonformen Verhalten zu veranlassen.
(3) Im Umkehrschluss werden die Bilanzadressaten durch ihr Verhalten oder durch unmittelbare Machtausübung u. U. versuchen, die Bilanzierenden zu einem bestimmten Bilanzierungsverhalten zu bewegen.

Die Zusammenhänge sollen an folgendem Beispiel verdeutlicht werden: Unterstellt sei, dass Unternehmen aus der Sicht des Analysten dann als solide finanziert gelten, wenn die Eigenkapitalquote über 30 % liegt. Erfüllt ein bestimmtes Unternehmen diese Norm, gilt es folglich als solide finanziert. Diese häufig in der konkreten Praxis anzutreffenden Normerwartungen dürften Werner zu der Aussage veranlasst haben, dass vielfach erwartete, »tradierte Kennzahlenverhältnisse antizipiert werden« (Werner, U. (1990), S. 374).

Zunächst muss der Bilanzierende diese Vorstellungen des Analysten in Erfahrung bringen. Will der Bilanzersteller diese Rollenerwartung eines solide finanzierten Unternehmens erfüllen, wird er einerseits von sich aus bilanzpolitische Maßnahmen ergreifen, um diesem Anspruch zu genügen. Die Rollenerwartungen avancieren damit zu »Leitmaximen für die Bilanzpolitik« (Hauschildt, J. (1988), S. 660), indem der Bilanzierende dann eine Anpassung des (Konzern-) Jahresabschlusses an die Postulate und Erwartungen des Bilanzanalysten vornimmt. Andererseits können die Adressaten – in Abhängigkeit von den jeweiligen Machtverhältnissen – selbst aktiv werden, indem sie den Bilanzersteller zu einem von den Bilanzinteressenten gewünschten Bilanzierungsverhalten veranlassen.

Indem somit der Erfolg der Bilanzpolitik von einem angestrebten Verhaltensmuster der Bilanzadressaten abhängig ist, bestimmen letztlich die vom Bilanzierenden eingesetzten und vom Analysten in sein Kalkül einbezogenen und eingeschätzten Instrumente gleichzeitig auch den Einsatz und die Dosierung des bilanzpolitischen Aktionsrahmens.

2.2 Basis- und Grenzwirkung von Bilanzanalyse und Bilanzpolitik

Bilanzanalyse als Grenze der Bilanzpolitik

Bilanzpolitische Maßnahmen können nur dann erfolgreich erwünschte Verhaltensweisen bewirken, wenn sie vom Adressaten nicht entschlüsselt werden können. Erkennbare Maßnahmen werden dagegen – zumindest vom sachkundigen Analytiker – im Rahmen seiner Informationsverarbeitung berücksichtigt und können somit zur Erreichung des Ziels der Verhaltensbeeinflussung nicht beitragen. Vielmehr besteht die Gefahr, dass von ihnen auf weitere, nicht erkennbare bilanzpolitische Gestaltungen geschlossen wird. Damit entscheiden aber letztlich die Auswahl und die Qualität der bilanzanalytischen Instrumente über den Erfolg der Bilanzpolitik (vgl. Küting, K. (2008), S. 766 ff.).

Bilanzpolitik als Ausgangspunkt der Bilanzanalyse

Die Bilanzanalyse strebt einen möglichst sicheren Einblick in die wahre Unternehmenslage an. Erfolgreich kann sie in diesem Bestreben jedoch nur sein, wenn sie berücksichtigt, dass die ihr im (Konzern-)Jahresabschluss vermittelte Datenbasis derart manipuliert sein kann, dass das dargestellte Bild der Unternehmenslage den tatsächlichen Verhältnissen nicht entspricht. Nur eine »bilanzpolitische Maßnahmen aufdeckende Bilanzanalyse« (Baetge, J./Ballwieser, W. (1978), S. 529) kann daher effektiv sein.

Zunächst muss eine so verstandene Bilanzanalyse darauf ausgerichtet sein, die aus der Anwendung bilanzpolitischer Instrumente resultierende Färbung der Abschlussdaten weitgehend zu neutralisieren. Die Aussichten dieses Versuchs sind jedoch aufgrund der mangelnden Quantifizierbarkeit der Auswirkungen zahlreicher bilanzpolitischer Maßnahmen »recht skeptisch zu beurteilen« (Baetge, J./Ballwieser, W. (1978), S. 529). Dies darf jedoch nicht zu dem Schluss führen, die Bilanzanalyse generell als ein zur Erfolglosigkeit verurteiltes Unterfangen einzustufen. Denn auch das Erkennen einer der Auswahl der eingesetzten bilanzpolitischen Maßnahmen zugrunde liegenden Manipulationsrichtung erlaubt eine Relativierung des durch das Datenmaterial vermittelten Bilds der Unternehmenslage.

Neben den direkt aus der Bilanz und der GuV ableitbaren Informationen müssen daher auch insb. die zahlreichen nicht-quantitativen Angaben des Anhangs einer fundierten Auswertung unterzogen werden.

Bilanzpolitik als Grenze der Bilanzanalyse

Aus Sicht der Bilanzanalyse kann das bilanzpolitische Instrumentarium eingeteilt werden in

- bilanzpolitische Maßnahmen, deren quantitative Auswirkungen auf das vermittelte Bild der Unternehmenslage erkennbar sind,
- bilanzpolitische Maßnahmen, die zwar dem Grunde nach erkennbar sind, deren Auswirkungen jedoch nicht quantifiziert werden können, und
- bilanzpolitische Maßnahmen, die weder dem Grunde noch der Höhe nach identifiziert werden können.

Es ist offensichtlich, dass die Bilanzanalyse in ihrem Bestreben nach einem Einblick in die tatsächliche Unternehmenslage nur durch die erstgenannten Maßnahmen keine Beeinträchtigung erfährt. Dagegen reduzieren sich die Möglichkeiten der Bilanzanalyse bei der zweiten Maßnahmengruppe auf Tendenzaussagen, währenddessen die Anwendung von Maßnahmen der dritten Gruppe die Aussichten auf eine erfolgreiche Bilanzanalyse unkorrigierbar beschneidet. Je intensiver damit der Einsatz von bilanzpolitischen Maßnahmen der zweiten und insb. der dritten Gruppe erfolgt, desto geringer ist der Erkenntnisgewinn im Rahmen der Bilanzanalyse.

2.3 Ableitung einer bilanzpolitischen Strategie

Auswahlkriterien für die Ableitung einer bilanzpolitischen Strategie

Unter einem Strategieprogramm wird allgemein ein vollständiges Aktionsprogramm unternehmerischer Maßnahmen zur Erreichung von im Voraus definierten Zielen verstanden. Der Entwurf eines bilanzpolitischen Strategieprogramms umfasst neben der Zielformulierung auch die Bestimmung der zu ihrer Realisierung geeigneten Instrumente. Dieser Mittelauswahl geht eine Wirkungsanalyse der Instrumente voraus. Die Notwendigkeit eines solchen Vorgehens ist umso größer, je heterogener der durch den (Konzern-)Jahresabschluss erreichte Adressatenkreis ist und je schwieriger die zukünftige wirtschaftliche Entwicklung prognostiziert werden kann. Sie ist nicht zuletzt auch deshalb zwingend, weil die zur Realisierung der gesteckten Ziele einsetzbaren Instrumente ein bestimmtes Anforderungsprofil aufweisen müssen, um zu vermeiden, dass sie ansonsten keine oder gar unerwünschte Wirkungen entfalten. Als Beurteilungsmaßstäbe kommen insb. nachfolgende Kriterien in Betracht.

Erkennbarkeit des Einsatzes bilanzpolitischer Instrumente

Mit dem Kriterium der Erkennbarkeit wird erfasst, inwieweit der Einsatz bilanzpolitischer Instrumente durch die Bilanzadressaten ersichtlich ist und betragsmäßig nachvollzogen werden kann. Die von den Unternehmen z.B. in Krisenzeiten angestrebte Ergebnisbeeinflussung zur Verschleierung der tatsächlichen wirtschaftlichen Verhältnisse ist nur dann erfolgversprechend, wenn die Informationsempfänger diese Strategie nicht durchschauen. Eine Politik der stillen Ergebnisanpassung, die finanzwirtschaftliche Ziele im Wege der Verhaltensbeeinflussung realisieren will, wird daher primär solche Instrumente einsetzen, die nicht oder nur schwer zu erkennen sind. Hier bieten sich insb. die gezielte Ausnutzung von Ermessensspielräumen und der nicht-berichtspflichtige Einsatz von sachverhaltsgestaltenden Maßnahmen vor dem Bilanzstichtag an. Beim Einsatz anderer Aktionsparameter, die z.B. mit Pflichtangaben im Anhang verbunden sind, ist zu befürchten, dass sie ihre beabsichtigte Wirkung verfehlen bzw. sogar negativ durch den Adressaten aufgenommen werden.

Wirkungsdauer

Die Wirkungsdauer der bilanzpolitischen Instrumente ist ein zentrales Kriterium einer mehrperiodigen Bilanzpolitik. Dieser Aspekt betrifft gerade diejenigen erfolgserhöhenden Maßnahmen, die wegen der sog. »Zweischneidigkeit der Bilanz« in Zukunft stets mit erfolgsmindernden Wirkungen verbunden sind (vgl. hierzu auch Pfleger, G. (1991), S. 55). Dieser Effekt ist bereits beim erstmaligen Einsatz der Instrumente zu berücksichtigen. Ob vorrangig kurzfristig wirkende Instrumente oder aber langfristige Maßnahmen zum Einsatz gelangen, hängt entscheidend von den Erwartungen der Geschäftsleitung über die zukünftige Ertragslage sowie von den zukünftigen bilanzpolitischen Zielen ab. Tendenziell gilt: Soll ein mäßiger oder sogar schlechter Jahreserfolg kaschiert werden, sind »um so mehr langfristige Maßnahmen heranzuziehen, je weniger die nächsten Folgejahre ergebnismäßige Belastungen verkraften können« (Pfleger, G. (1991), S. 57).

Aufschiebbarkeit

Eine bilanzpolitische Maßnahme ist aufschiebbar, wenn ihre Anwendung nicht an einen bestimmten Zeitpunkt gebunden ist, sondern in einem späteren Geschäftsjahr nachgeholt werden kann. »Aufschiebbare Mittel haben den Vorteil, dass sie für andere Gelegenheiten aufgespart werden können, wenn sie zunächst noch nicht benötigt werden« (Bauer, J. (1981a), S. 218). Insofern wird ein Unternehmen zunächst auf die in Bezug auf die verfolgten Ziele nicht aufschiebbaren Instrumente zurückgreifen und erst danach die zeitlich flexiblen Mittel einsetzen. Dies setzt wiederum eine entsprechend langfristige Bilanzstrategie voraus.

Bindungswirkung

Die Bindungswirkung, die vom Einsatz einer bilanzpolitischen Maßnahme ausgeht, richtet sich nach dem Maß, in dem die Entscheidungsautonomie in vergleichbaren Fällen vom Grundsatz der Bewertungsstetigkeit eingeschränkt wird.

Teilbarkeit

Bilanzpolitische Maßnahmen sind teilbar, wenn sich ihr Wirkungsumfang dosieren lässt, sie also nicht lediglich die Auswahl zwischen zwei alternativen Werten zulassen.

Ökonomische Restriktionen

Neben den oben angeführten Auswahlkriterien werden die zur Zielrealisierung einsetzbaren Aktionsparameter durch ökonomische Restriktionen limitiert. Sie resultieren daraus, dass sich die Geschäftspolitik des Unternehmens nicht vorrangig am (Konzern-)Jahresabschluss orientiert; vielmehr ist das Bilanzbild durch andere (unternehmenspolitische) Grundsatzentscheidungen weitgehend vorgezeichnet.

Hinzu kommt, dass sich einzelne Maßnahmen unter Kosten-/Nutzen-Gesichtspunkten als unvorteilhaft erweisen können. Nicht selten führt eine unreflektierte Dominanz bilanzpolitischer Argumente zu einer suboptimalen Erreichung übergeordneter Unternehmensziele. Insb. die vorrangig auf Bilanzgestaltung gerichteten Maßnahmen vor Ablauf des Geschäftsjahrs (Sachverhaltsgestaltungen) lösen häufig Mehrkosten aus, welche die erwarteten Vorteile aus diesen Maßnahmen überkompensieren können. Diese Gefahr droht besonders dann, wenn sich die bilanzpolitisch motivierten Maßnahmen nicht hinreichend quantifizieren lassen.

Entwicklung einer bilanzpolitischen Strategie

Die zur Zielerreichung einzusetzenden Instrumente unterliegen den o. g. Restriktionen, die in ihrem Zusammenwirken folgende Vorgehensweise induzieren: Soll das Jahresergebnis durch GuV-wirksame Maßnahmen (positiv oder negativ) beeinflusst werden, wird die Unternehmensleitung zunächst auf solche bilanzpolitischen Aktionsparameter zurückgreifen, die von externen Bilanzadressaten unerkannt bleiben, weil sie weder in der GuV sichtbar sind noch über sie grds. berichtet werden muss. Hierzu zählen insb. sachverhaltsgestaltende Maßnahmen sowie die Ausübung von faktischen Wahlrechten und Ermessensspielräumen. Innerhalb dieser Gruppe der nicht erkennbaren bilanzpolitischen Instrumente werden wiederum zuerst die nicht aufschiebbaren Instrumente gewählt. Diese Form der »stillen« Bilanzpolitik bildet gewöhnlich die erste Stufe einer bilanzpolitischen Strategie.

Sind die Möglichkeiten einer stillen Ergebnisanpassung ausgeschöpft, wird das Unternehmen solche erfolgsbeeinflussenden Bilanzierungs- und Bewertungsmaßnahmen ergreifen, die zwar zu erläutern sind, aber nicht zu einem von Außenstehenden als negativ empfundenen Bewertungswechsel führen (z. B. Vornahme von Zuschreibungen). Auf dieser zweiten Stufe werden zunächst solche Maßnahmen angewendet, deren Ergebnisauswirkungen nur der Tendenz nach, nicht aber betragsmäßig erkennbar sind.

Auf der dritten Stufe schließlich wird der Stetigkeitsgrundsatz durch die Vornahme von Änderungen der Bilanzierungs- bzw. Bewertungsmethoden durchbrochen. Der Wechsel der Rechnungslegungsmethode ist anzugeben und seine Auswirkungen auf die Vermögens-, Finanz- und Ertragslage sind darzustellen (vgl. § 284 Abs. 2 Nr. 3 HGB; IAS 8.14 ff.). Da bspw. auch diese Vorschriften auslegungsbedürftig sind und zahlreiche unbestimmte Rechtsbegriffe enthalten, verbleibt dem Bilanzierenden wiederum ein Ermessensspielraum bei der Bestimmung seiner qualitativen und quantitativen Berichtspflichten. Inwieweit die Auswirkungen von Änderungen der Rechnungslegungsmethoden im Rahmen der externen Bilanzanalyse erkennbar werden, hängt damit von der Qualität der Berichterstattung ab.

3. Erfolgsaussichten der Bilanzanalyse

Erfolgschancen der Bilanzanalyse

Bei Betrachtung der verschiedenen Instrumente der sachverhaltsabbildenden Bilanzpolitik lassen sich hinsichtlich der Erfolgschancen der Bilanzanalyse folgende Aussagen treffen:

- Da über Ermessensspielräume i. d. R. nicht berichtet werden muss und vielfach – aufgrund ihrer »nicht eindeutig festgelegten oder festlegbaren Grenzen« (PFLEGER, G. (1991), S. 35) – auch nicht berichtet werden kann, ist für die Bilanzanalyse »nicht erkennbar ..., in welche Richtung – ergebnisverbessernd oder ergebnisverschlechternd – ein Spielraum ausgenutzt wurde« (PFLEGER, G. (1991), S. 35).
- Über die Ausübung faktischer Wahlrechte wird meist ebenfalls nicht berichtet, weshalb die Bilanzanalyse diesen Bereich der Bilanzpolitik nur dann in ihre Arbeit einbeziehen kann, wenn ihre diesbezügliche Informationsbasis durch freiwillige Anhangangaben vergrößert wird.
- Hinsichtlich der expliziten Wahlrechte sind zwar im HGB oder in den IFRS weitgehend Berichtspflichten kodifiziert. Damit ist ihre Ausübung zumindest dem Grunde nach erkennbar. Ob jedoch auch eine Erkennbarkeit der Höhe nach gegeben ist, hängt angesichts der erheblichen Gestaltungsspielräume, die dem Bilanzierenden im Rahmen seiner Berichterstattung offenstehen, von den jeweils gegebenen Anhanginformationen ab.

Für den gesamten Bereich der Sachverhaltsgestaltungen gilt, dass sie in aller Regel nicht aus dem Abschluss ersichtlich sind. Daher stellen sie für die Bilanzpolitik ein Instrument ›erster Klasse‹ dar und zählen somit zu den wichtigsten Störfaktoren der Bilanzanalyse.

Merksätze

1. Unter Bilanzpolitik ist die bewusste und zweckorientierte, im Rahmen der Rechnungslegungsnormen zulässige Beeinflussung der publizierten Unternehmensdaten zu verstehen.
2. Ihre Determinanten sind die jeweiligen Objekte, Träger, Ziele und Instrumente.
3. Die bilanzpolitischen Instrumente lassen sich einerseits der Sachverhaltsgestaltung, andererseits der Sachverhaltsabbildung zuordnen.
4. Bei der Sachverhaltsabbildung ist zwischen materiellen und formellen Instrumenten einerseits sowie Wahlrechten und Ermessensspielräumen andererseits zu unterscheiden.
5. Bilanzanalyse und Bilanzpolitik stehen in einem Spannungsverhältnis zueinander.

3. Abschnitt: Traditionelle Bilanzanalyse als Kennzahlenrechnung

1. Kapitel: Grundlagen

Ihre einfache Berechnung und die ihnen in der Analysepraxis beigemessene hohe Aussagekraft haben betriebswirtschaftliche Kennzahlen und Kennzahlensysteme zu einem Instrumentarium werden lassen, das aus der Jahresabschlussanalyse nicht mehr wegzudenken ist (vgl. Nahlik, W. (1993), S. 100). Die Kennzahlenrechnung ist damit das in der Analysepraxis eindeutig dominierende Analyseinstrument.

Die Grundlagen der Kennzahlenrechnung bilden zunächst einzelne Kennzahlen sowie Kennzahlensysteme als eine geordnete Gesamtheit von Kennzahlen. Darüber hinaus zählt der Kennzahlenvergleich zu den traditionellen Instrumenten der Urteilsfindung im Rahmen der Bilanzanalyse.

1. Kennzahlen

Begriff und Aufgaben der Kennzahlen

Kennzahlen sind hochverdichtete quantitative Maßgrößen, die als Verhältniszahlen oder absolute Zahlen in einer konzentrierten Form über einen zahlenmäßig erfassbaren Sachverhalt berichten. Es handelt sich um numerische Informationen, welche die Struktur eines Unternehmens oder Teile davon sowie die sich in diesem Unternehmen vollziehenden wirtschaftlichen Prozesse und Entwicklungen ex post beschreiben oder ex ante extrapolieren sollen (vgl. Merkle, E. (1982), S. 325).

Die spezifische Form einer Kennzahl soll es ermöglichen, komplizierte betriebliche Sachverhalte und Strukturen sowie Prozesse auf relativ einfache Weise abzubilden, um damit einen möglichst schnellen und umfassenden Überblick zu gewährleisten. Dies gilt insb. für Führungsinstanzen, die mit Unterstützung von Kennzahlen des internen Rechnungswesens ihre Kontroll- und Steuerungsaufgaben wahrzunehmen haben.

Kennzahlen als Entscheidungshilfe

Ganz allgemein sind Kennzahlen als ein rechentechnisches Mittel aufzufassen, das bei der Lösung von Entscheidungsproblemen verschiedenster Art (vgl. hierzu auch Eberle, R. (2001), S. 168) zur Quantifizierung, aber auch zur Qualifizierung von Informationen beitragen kann (vgl. Heinen, E. (1976), S. 147). Die Konstruktion dieser betriebswirtschaftlichen Kennzahlen hängt entscheidend vom jeweiligen Informationsbedarf des Analysten bzw. Entscheidungsträgers ab.

Auf der Grundlage einer mathematisch-statistischen Abgrenzung können Kennzahlen als absolute und relative Zahlen klassifiziert werden.

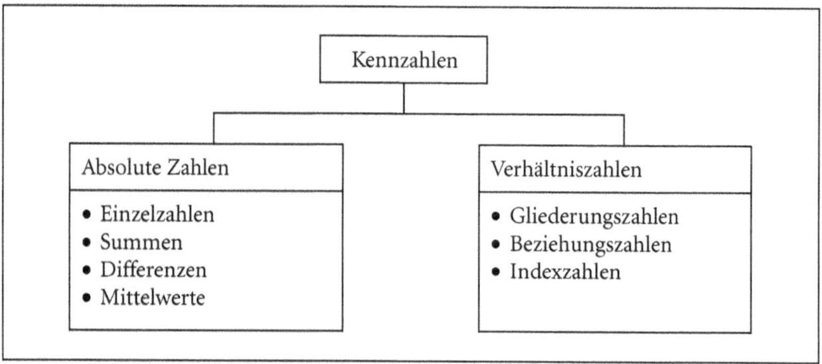

Übersicht 12: Zur Einteilung von Kennzahlen

1.1 Absolute Zahlen

Begriff der Grundzahl

Absolute Zahlen – auch Grundzahlen genannt – geben an, aus wie vielen Elementen eine näher bezeichnete Menge besteht. Diese Grundzahlen wiederum können in Einzelzahlen, Summen, Differenzen und Mittelwerte unterteilt werden.

Kennzahleneigenschaft

Lange Zeit wurde diskutiert, ob absolute Zahlen überhaupt die Kennzahleneigenschaft aufweisen, d.h. einen eigenen besonderen Erkenntniswert besitzen. Dabei wurde die Kennzahleneigenschaft mit der Begründung in Frage gestellt, dass nur mehrere Zahlen untereinander zu vergleichen sind und lediglich durch diese Vergleichsfunktion eine Urteilsbildung möglich sei. LACHNIT (L. (1979), S. 160) weist in diesem Zusammenhang zutreffend darauf hin, dass der Vorgang eines Vergleichs keinesfalls identisch mit dem Bilden von Verhältniszahlen ist. Als Beispiel soll die Kennzahl »Preis« angeführt werden, die als absolute Zahl beim Preisvergleich für bestimmte Produkte durchaus einen hohen Erkenntniswert bieten kann.

Hier wird mit der h.M. die Ansicht vertreten, dass die absolute Zahl durchaus eine Kennzahl sein kann. Es steht außer Frage, dass z.B. die Größen »Umsatzerlöse«, »operativer Cashflow«, »Bilanzsumme« und »Wertschöpfung« wichtige Kennzahlen darstellen und es sich auch hierbei um betriebswirtschaftlich bedeutsame Daten mit Erkenntniswert handelt (vgl. bereits HOFMANN, R. (1977), S. 207).

1.2 Relative Zahlen

Begriff der Verhältniszahl

Relative Zahlen – auch Verhältniszahlen genannt – entstehen dadurch, dass zwei absolute Zahlen in Quotientenform zueinander in Beziehung gesetzt werden. Sie geben also die Relation zweier aufeinander bezogener Größen an. Bei der Bildung dieser Verhältniszahlen ist das sog. »Entsprechungsprinzip« zu beachten. Es beschreibt das grundlegende Erfordernis, dass die Komponenten einer Kennzahl in einem sinnvollen inneren Zusammenhang stehen müssen. Oder: Die in einer Kennzahl verwendeten Größen müssen sich entsprechen, denn von der jeweiligen sachlogischen Beziehung hängt der Erkenntniswert einer Kennzahl ab. Daher ist in diesem Zusammenhang der »Parallelismus von Sach- und Zahlenlogik« (FLASKÄMPER, P. (1928), S. 15) zu beachten.

Vorteile

Der wesentliche Vorteil von Verhältniszahlen besteht in der Möglichkeit, die Bedeutung einzelner Größen in Relation zu anderen Sachverhalten aufzuzeigen. Durch die Bildung von Verhältniszahlen wird der Gehalt einer absoluten Zahl aussagekräftiger (vgl. LITTKEMANN, J./KREHL, H. (2000), S. 20). Ein weiterer wichtiger Vorteil liegt darin, dass Verhältniszahlen keine Rückschlüsse auf die absolute Höhe der Ausgangsdaten erlauben (vgl. MÄRZ, T. (1983), S. 12) und somit die Angabe von Verhältniszahlen auch dann möglich ist, wenn die Ursprungsdaten in ihrer absoluten Höhe nicht bekannt gegeben werden dürfen bzw. sollen und dennoch ein Vergleich anzustellen ist.

Verhältniszahlen können ihrerseits in Gliederungs-, Beziehungs- und Indexzahlen unterteilt werden.

Gliederungszahlen

(1) Gliederungszahlen zeichnen sich dadurch aus, dass die Größe im Zähler des Quotienten ein Bestandteil des Nenners ist. Sie geben damit die Teilgröße im Verhältnis zur übergeordneten Gesamtgröße an. Gliederungszahlen erscheinen meist in Form von Prozentzahlen und dienen vornehmlich dazu, Teilmengen der Gesamtmenge zu analysieren, z. B.

(F. 1)

$$\text{Eigenkapitalquote} = \frac{\text{Eigenkapital}}{\text{Gesamtkapital}}$$

Dieselbe Größe kann zum einen eine Teil- und zum anderen eine Gesamtmenge bilden. Die jeweilige Einordnung muss daher in Abhängigkeit von der relevanten Bezugsgröße gesehen werden. So ist einerseits das Eigenkapital eine Teilmenge des Gesamtkapitals. Andererseits ist das Eigenkapital die Gesamtmenge zur Teilmenge des gezeichneten Kapitals.

Von Bedeutung ist der Hinweis, dass der ungeschulte Analyst aus Gliederungszahlen falsche Schlussfolgerungen ziehen kann, sofern nicht auch die zugrunde liegenden absoluten Zahlen bekannt sind.

Die folgenden Jahresabschlusszahlen bzw. -relationen eines Unternehmens verdeutlichen beispielhaft dieses Problem:

	01 EUR	02 EUR	01	02
	absolut		in % der Bilanzsumme	
Anlagevermögen	300	220	60	55
Umlaufvermögen	200	180	40	45
Bilanzsumme	500	400	100	100

Obwohl – absolut gesehen – sowohl das Anlage- als auch das Umlaufvermögen von der Berichtsperiode 01 auf 02 abgenommen haben, könnte für den ungeschulten Leser durch Betrachtung der Relationen leicht der Eindruck entstehen, dass nur das Anlagevermögen abgenommen hat, während aber das Umlaufvermögen angestiegen ist. Deshalb sollten – falls vorhanden – möglichst auch die absoluten Größen in die Betrachtung einbezogen werden.

Beziehungszahlen

(2) Bei der Bildung von Beziehungszahlen hingegen werden verschiedenartige Gesamtheiten aufeinander bezogen, denen der oben dargestellte Teilmengencharakter fehlt. Wesentlich ist jedoch, dass die zueinander in Beziehung gesetzten Größen in einem sachlogischen Zusammenhang stehen (vgl. dazu Coenenberg, A. G./Haller, A./Schultze, W. (2014), S. 1024). Dies könnte bspw. eine Mittel-Zweck-Relation sein. So wird z. B. bei der Berechnung der Gesamtkapitalrentabilität der Kapitalgewinn als verursachte Größe dem Gesamtkapital als verursachende Größe gegenübergestellt (vgl. 3. Abschn., Kap. 3, 2.4.2.5.1.1).

Indexzahlen

(3) Indexzahlen sind Messzahlen, die Daten in ihrer zeitlichen Veränderung dadurch übersichtlicher aufbereiten, dass der Anfangs-, Mittel- oder Endwert einer Reihe als Basiswert oder Grundzahl gleich 100 gesetzt wird und die übrigen Werte im Verhältnis dazu umgerechnet werden.
Bei Indexzahlen ist der sog. »Basiseffekt« zu beachten. So können mitunter Schwankungen von Abschlussposten, die in ihrer absoluten Höhe relativ gering sind, durch eine kleine Basis sehr stark hervortreten (vgl. auch Leffson, U. (1984), S. 113). Daher sollte bei der Wahl der Basis ein repräsentativer Wert herangezogen werden, »um den Eindruck zu vermeiden, daß an sich ›normale Folgewerte‹ als außergewöhnlich erscheinen« (Littkemann, J./Krehl, H. (2000), S. 21). Das folgende Beispiel verdeutlicht diesen Zusammenhang:

	01 EUR	02 EUR	Diff. in EUR	Indexzahl, wenn 01 = 100
Kasse	10	30	20	300
Bank	200	300	100	150

2. Kennzahlensysteme

Bedeutung der Kennzahlensysteme

Kennzahlensysteme – ebenfalls als »Kennzahlenkombinationen« (Buchner, R. (1985), S. 36) bezeichnet – haben in der Wirtschaftspraxis eine große Bedeutung erlangt. Insb. in Großunternehmen sind diese Rechnungen weit verbreitet und haben dort ihren festen Stellenwert. Sie werden als Instrument der Unternehmensführung gleichermaßen für Zwecke der Planung, Steuerung und Kontrolle eingesetzt.

Ein Kennzahlensystem ist die Gesamtheit von auf logisch-deduktivem Weg geordneten Kennzahlen, die betriebswirtschaftlich sinnvolle Aussagen über Unternehmen und/oder Unternehmensbereiche vermitteln (vgl. Reichmann, T. (2011), S. 26 ff.). Kennzahlensysteme versuchen, die bislang beziehungslos nebeneinander stehenden Einzelkennzahlen in einem System von gegenseitig abhängigen und einander ergänzenden Kennzahlen als eine geordnete Gesamtheit zusammenzufassen (vgl. Staehle, W. (1975), S. 317). Auf diese Weise werden die betriebswirtschaftlichen Interdependenzen von Einzelaussagen transparent gemacht, um so die Qualität der Gesamtaussage wesentlich zu erhöhen.

Arten von Kennzahlensystemen

»Die genannten Beziehungen können systematischer, mathematischer oder empirischer Natur sein« (Reichmann, T. (2011), S. 27, im Original z. T. fett). Ein systematischer Ansatz bildet die entscheidenden Unternehmensbereiche und ihre Interdependenzen ab, wobei das gesamte deduktiv aufgebaute Kennzahlensystem auf ein Oberziel ausgerichtet ist. Die Transformation zu einem mathematischen System (Rechensystem) erfolgt, indem die jeweiligen Verknüpfungen zwischen den Kennzahlen mittels quantifizierender Relationen dargestellt werden. Bei empirischen Systemen hingegen legt der Nutzer empirischen Beobachtungen folgend ein Realsystem zugrunde, das er für seine Zwecke modellhaft vereinfachend abbildet. Von einem empirisch-induktiv erstellten Kennzahlensysteminhalt wird dann gesprochen, wenn ein Modell zugrunde gelegt wird, »in das die intersubjektiv nachvollziehbaren Vorstellungen des Systemerstellers eingehen« (Reichmann, T. (2011), S. 27).

Auf der Grundlage von Kennzahlensystemen wird versucht, auf relativ einfache Weise die Eindimensionalität der bloßen Kennzahlenanalyse zu einer »multidimensionalen Kennzahlensystemanalyse« (Buchner, R. (1985), S. 36) auszubauen.

Sog. »(Insolvenz-)Prognosemodelle«, die empirisch-induktiv vorgehen, auf mathematisch-statistischen Tests oder Auswahlverfahren basieren und in der Literatur teilweise auch als Kennzahlensysteme charakterisiert werden, sind nicht Gegenstand der vorliegenden Betrachtung.

2.1 Aufbau von Kennzahlensystemen

Notwendigkeit von Kennzahlensystemen

Mit Hilfe von einzelnen Kennzahlen kann sich der Adressat bzw. der Analyst schnell und einfach über bestimmte betriebliche Tatbestände informieren. Während z. B. bei der Bildung von Verhältniszahlen komplexe Sachverhalte und Zusammenhänge einerseits auf einen einzigen Quotienten reduziert werden, geht jedoch andererseits mit dieser konzentrierten Informationsvermittlung die Gefahr einher, dass wichtige Einzelheiten der zu beschreibenden Situation verloren gehen.

Maßnahmen im Rahmen der Strukturierung

Dieser Gefahr eines Informationsverlusts kann im Rahmen der Strukturierung von Kennzahlensystemen ganz oder zumindest teilweise durch eine rechentechnische Aufgliederung, Substitution oder Erweiterung einer einzelnen Kennzahl begegnet werden.

Aufgliederung

(1) Bei einer Aufgliederung (Zerlegung) werden die Zähler- und/oder die Nennergröße in einzelne Bestandteile (Teilgrößen) der jeweiligen Gesamtgröße zerlegt.

Beispiel:
Die in der Erfolgsrechnung (GuV) ausgewiesenen Umsatzerlöse des Geschäftsjahrs können in den Auslands- und Inlandsumsatz oder speziell im Rahmen der Konzernrechnungslegung beispielhaft zum einen in Außen- und Innenumsatzerlöse, zum anderen in einzelne Segmentumsatzerlöse untergliedert werden.

Substitution

(2) Bei einer Substitution werden Zähler- und/oder Nennergröße durch andere Größen erklärt (ersetzt), ohne dass die Kennzahl wertmäßig verändert wird.

Beispiel:
- Die Umsatzerlöse stellen die Bruttoerlöse nach Abzug von Erlösschmälerungen und Umsatzsteuer dar.
- Die Umsatzerlöse werden interpretiert als das Produkt von Absatzmenge und (Netto-)Preis.

Erweiterung

(3) Bei einer Erweiterung werden die Ausgangskennzahlen des Zählers und Nenners durch die gleiche Größe erweitert.

Beispiel:
Beim Quotienten Jahresüberschuss/Gesamtkapital werden Zähler und Nenner durch die Umsatzerlöse erweitert, sodass als Ergebnis die Umschlagshäufigkeit des Gesamtkapitals (Umsatzerlöse/Gesamtkapital) und die Umsatzrentabilität (Jahresüberschuss/Umsatzerlöse) als Hauptkomponenten des sog. »Return on Investment« (kurz: ROI) abgeleitet werden.

Werden die genannten Formen der Aufgliederung, Substitution und Erweiterung von Kennzahlen rechentechnisch miteinander verknüpft, spricht man von Rechensystemen; stehen sie in einem bloßen Systematisierungszusammenhang zueinander, handelt es sich um Ordnungssysteme.

2.1.1 Rechensysteme

Aufbau von Rechensystemen

Rechensysteme fächern auf der Grundlage dieser drei Rechenvorgänge eine Ausgangskennzahl (Spitzen- oder Primärkennzahl) in zwei oder mehr Unterkennzahlen auf, indem diese sodann in weiter nachgelagerte Unterkennzahlen zerlegt werden. Die Ausgangs- oder Spitzenkennzahl eines Kennzahlensystems soll innerhalb des Systems die wichtigste Aussage vermitteln, wobei sie nach Aufgliederung, Substitution oder Erweiterung selbst nicht zur Erklärung anderer Kennzahlen herangezogen wird. Auf diesem Weg wird eine regelmäßig hierarchisch und pyramidenförmig gestaffelte Kennzahlenordnung – wie z.B. im Du Pont-Kennzahlensystem umgesetzt (vgl. 3. Abschn., Kap. 1, 2.2.1) – abgeleitet. Schematisch lässt sich die Ableitung eines Rechensystems aus der Spitzenkennzahl »A:B« wie in Übersicht 13 darstellen.

Übersicht 13 zeigt, dass jede einzelne Kennzahl eines rechentechnischen Kennzahlensystems als rechnerisches Ergebnis vorgelagerter oder als rechnerische Einflussgröße auf nachgelagerte Kennzahlen abgebildet werden kann und somit der Ursache-Wirkungs-Zusammenhang zwischen den jeweiligen Stufen des Kennzahlensystems exakt erkennbar wird (vgl. Schenk, H. (1939), S. 25 f.).

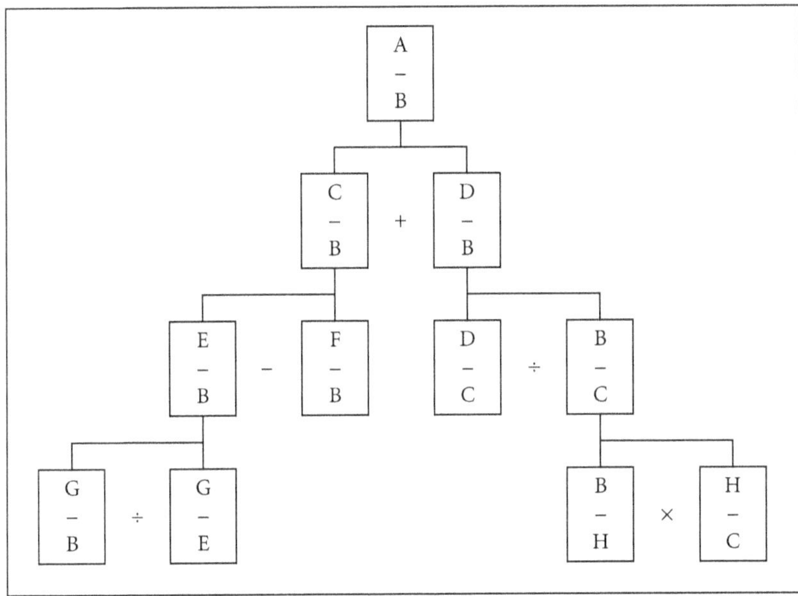

Übersicht 13: Aufbau eines Rechensystems

2.1.2 Ordnungssysteme

Wird die rechentechnische Verknüpfung der einzelnen Systemelemente als ein konstitutives Begriffsmerkmal von Kennzahlensystemen aufgegeben, ist damit die zweite Form eines Kennzahlensystems angesprochen. Es wird als sachlogisch strukturiertes Kennzahlen- oder Ordnungssystem bezeichnet.

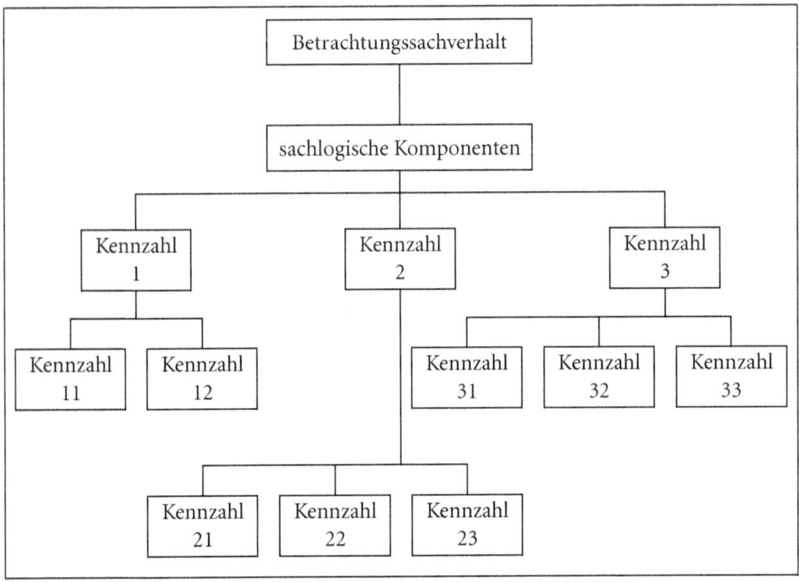

Übersicht 14: Aufbau eines sachlogisch strukturierten Kennzahlensystems

Struktur von Ordnungssystemen

In dieser Form eines Kennzahlensystems werden die betreffenden Elemente bzw. die verschiedenen Einzelkennzahlen in unterschiedlichen, durch betriebswirtschaftliche Sachzusammenhänge miteinander verknüpften Gruppen erfasst, ohne dass eine quantifizierbare Beziehung zwischen den Elementen hergestellt wird. So kann eine solche sachlogische Systematisierung der Kennzahlen nach den spezifischen Unternehmensfunktionen oder – wie im ZVEI-System praktiziert (vgl. 3. Abschn., Kap. 1, 2.2.2) – nach den Gruppen »Rentabilität«, »Ergebnisbildung«, »Kapitalstruktur« und »Kapitalbindung« erfolgen. Mit dieser Darstellungsweise wird ein bestimmter Sachverhalt durch mehrere gleich geordnete und/oder unter- bzw. übergeordnete Kennzahlen abgebildet.

Ebenso wie beim Rechensystem kann auch hier, wie Übersicht 14 zeigt, ein Systembild erstellt werden. Der Unterschied zum Rechensystem liegt allein darin, dass die Rechenoperatoren zwischen den einzelnen Elementen fehlen (vgl. Lachnit, L. (1979), S. 30f.).

Merksätze

1. Die Kennzahlenrechnung ist das in der Analysepraxis vorherrschende Analyseinstrument.
2. Kennzahlen stellen komplizierte betriebliche Sachverhalte und Prozesse in stark konzentrierter Form dar und bieten somit eine Entscheidungshilfe bei Problemen verschiedenster Art. Es kann zwischen absoluten und relativen Kennzahlen unterschieden werden. Letztere lassen sich wiederum in Gliederungs-, Beziehungs- und Indexzahlen unterteilen.
3. Ein Kennzahlensystem ist die Gesamtheit von auf logisch-deduktivem Weg geordneten Einzelkennzahlen, die betriebswirtschaftlich sinnvolle Aussagen über Unternehmen und/oder Unternehmensbereiche vermitteln. Die einzelnen Kennzahlen sind entweder rechentechnisch miteinander verknüpft (= Rechensystem) oder stehen in einem sachlogisch strukturierten Systematisierungszusammenhang zueinander (= Ordnungssystem).

2.2 Beispiele von Kennzahlensystemen

Stellvertretend für die Vielzahl der in der Wirtschaftspraxis angewandten Kennzahlensysteme sollen hier das Du Pont-, das ZVEI- und das RL-Kennzahlensystem skizziert werden.

2.2.1 Du Pont-Kennzahlensystem

Das wohl älteste und allgemein bekannteste Kennzahlensystem – auch als Grund- oder Basismodell eines Kennzahlensystems bezeichnet – wurde von dem US-amerikanischen Konzern E. I. Du Pont De Nemours And Company entwickelt und bereits 1919 in dem Unternehmen selbst eingeführt (vgl. Übersicht 15).

Anwendungsbereich

Das hiernach benannte Du Pont-Kennzahlensystem (vgl. E. I. Du Pont De Nemours And Company (1959)), das in der Wirtschaftspraxis vielfach das Grundgerüst für ein umfassendes Planungs- und Kontrollinstrument bildet, bezieht sich bei Du Pont nicht nur auf das Unternehmen als Ganzes. Vielmehr hat

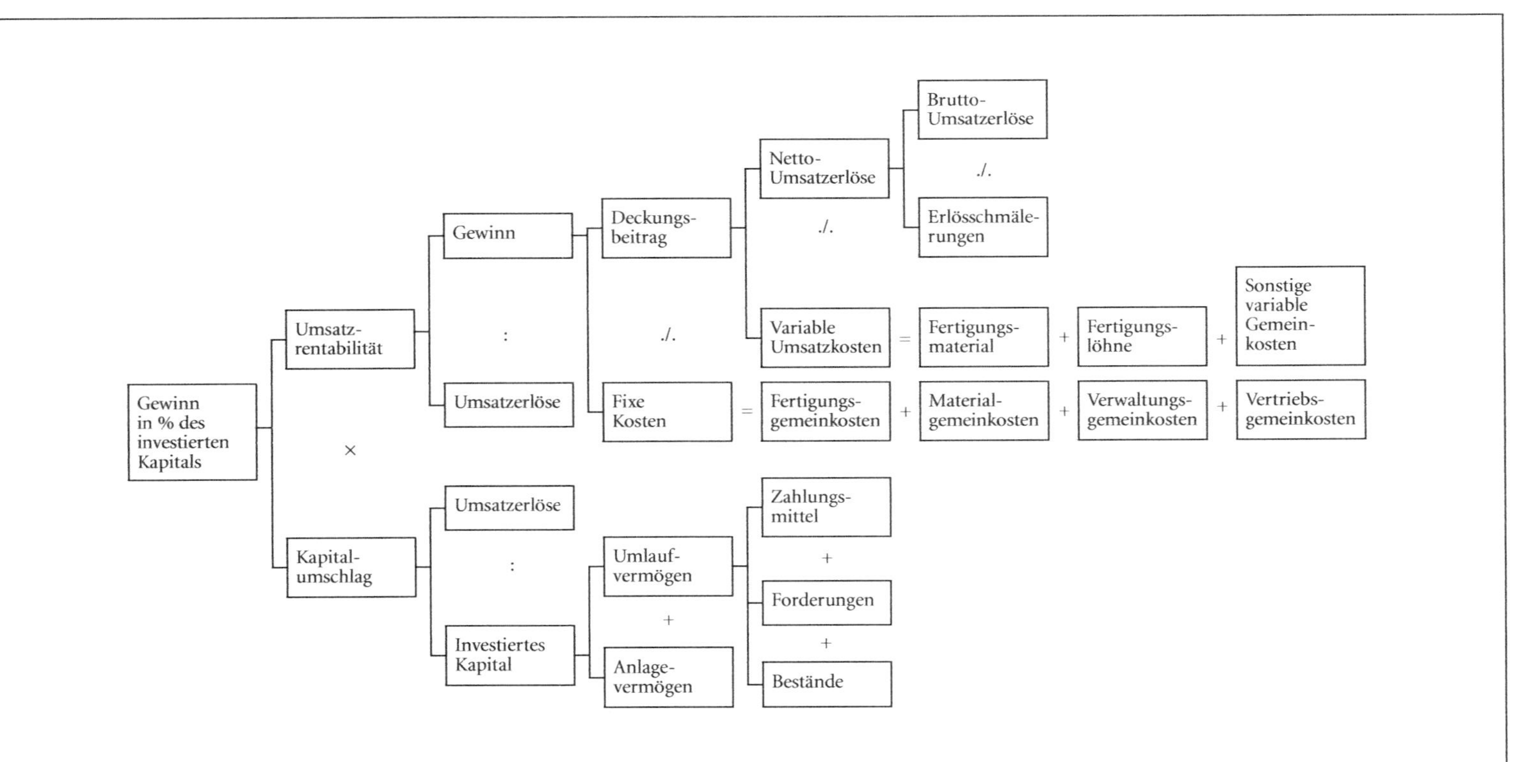

Übersicht 15: Eine Variante des Du Pont-Kennzahlensystems

es seine große Bedeutung dadurch erlangt, dass die Kennzahlen auch für einzelne Geschäftsbereiche bzw. Produktgruppen (Industrial Departments, Sparten, Divisions) ermittelt werden können.

Diese Departments, die sich ihrerseits in die vier betrieblichen Hauptfunktionen »Produktion«, »Verkauf«, »Forschung« und »Kontrolle« untergliedern, werden jeweils von einem Generalmanager geleitet (Matrixorganisation). Sie sind demnach für die Funktionsbereiche der Beschaffung, der Produktion und des Absatzes innerhalb ihres Departments, die jeweils Profit-Center i. S. e. selbstständigen Erfolgsquelle darstellen, voll verantwortlich. Fragen der Finanzierung und Liquidität sowie der gewinnabhängigen Steuerpolitik betreffen allein den Verantwortungsbereich der Gesamtunternehmensführung. Dies erklärt auch, warum das Du Pont-System keine Kennzahlen zu diesen Bereichen enthält.

ROI als Spitzenkennzahl

Das Du Pont-System ist als Rechensystem konzipiert und hat somit die Gestalt einer Kennzahlen-Pyramide (sog. »Du Pont-Tree« oder »ROI-Tree«). Als Spitzenkennzahl verwendet das Du Pont-System den ROI, im deutschsprachigen Raum auch als Kapitalrentabilität oder als Ertrag aus investiertem Kapital bezeichnet. Ganz allgemein kann der ROI als relativierter Gewinn aufgefasst werden, der mit Hilfe eines bestimmten Kapitaleinsatzes erzielt wird. Durch Erweiterung der ROI-Formel mit den Umsatzerlösen sowohl in der Zähler- als auch in der Nennergröße (vgl. Übersicht 15) werden die eigenständigen Kennzahlen der Umsatzrentabilität (Umsatzgewinnrate) sowie der Umschlagshäufigkeit des Gesamtkapitals (Kapitalumschlagshäufigkeit) gebildet.

Strukturierung der nachfolgenden Ebenen

Durch diese Erweiterung der Spitzenkennzahl werden leicht überschaubar Wege bzw. Ansatzpunkte aufgezeigt, wie die ROI-Kennzahl verbessert werden kann. Dies kann einerseits durch eine Verbesserung des Kapitalumschlags erfolgen, indem eine Erhöhung der Umsatzerlöse und/oder eine Senkung des investierten Kapitals vorgenommen wird. Andererseits ist auch eine Verbesserung der Umsatzrentabilität möglich.

Nach diesen drei Spitzenkennzahlen werden im Du Pont-System keine Verhältniszahlen, sondern nur noch absolute Größen verwendet. Sie dienen im Einzelnen der Ertrags-, Aufwands-, Vermögens- und Kapitalanalyse.

Schaubildhafte Darstellung

Bei der formellen Aufbereitung bedient sich das Du Pont-Kennzahlensystem der Gestaltungsform eines Schaubilds. Es werden für jedes Department sog. »Control-Charts« verwendet, die schaubildartig die Entwicklung von Kennzahlen darstellen und ihrerseits wiederum Bestandteil eines sog. »Summary Du Pont Set of Charts-Systems« sind. Diese Charts bzw. Tabellen umfassen zunächst Ist-Kennzahlen, welche die jeweils aktuelle Situation widerspiegeln. Darüber hinaus werden die Ist-Kennzahlen für die letzten fünf Jahre ermittelt und schließlich werden in den Unterlagen auch die Soll-Kennzahlen nach dem Budget aufgeführt.

2.2.2 ZVEI-Kennzahlensystem

2.2.2.1 Aufbau

Struktur und Anwendungsbereich

Das vom Zentralverband der Elektrotechnischen Industrie e. V., Frankfurt am Main, erstmalig im Jahr 1970 vorgestellte ZVEI-System ist aufgrund seines erheblichen Umfangs in Übersicht 16 lediglich in seinem schematischen Aufbau abgebildet. Es ist – ebenso wie das Du Pont-System – als Kennzahlen-Pyramide konzipiert und vereinigt die Merkmale eines gemischten Rechen- und

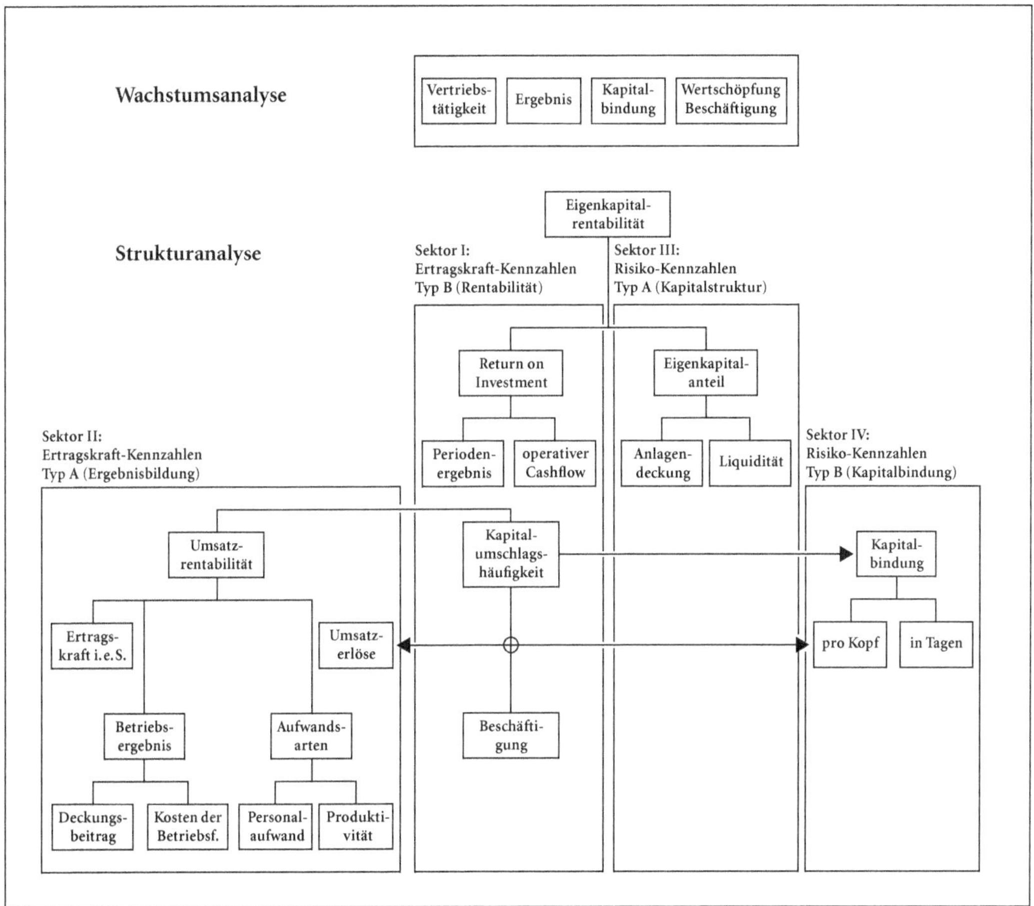

Übersicht 16: ZVEI-Kennzahlen

Ordnungssystems in sich. Das Gesamtsystem ist grds. ein Rechensystem. Die Hauptkennzahlen können gleichwohl als Ordnungssystem interpretiert werden. Obwohl von einem Wirtschaftsfachverband entwickelt, ist dieses Kennzahlensystem branchenneutral anwendbar und wird folglich – z. T. mit Anpassungen an die Gegebenheiten anderer Branchen oder auch einzelner Unternehmen – von Unternehmen der verschiedensten Wirtschaftszweige mit großem Erfolg eingesetzt.

Spitzenkennzahl

Als Spitzenkennzahl, welche die betriebswirtschaftlich wichtigste Aussage des gesamten Kennzahlensystems in konzentrierter Form vermitteln soll, wählt das ZVEI-System die Eigenkapitalrentabilität.

Informationsquellen

Das System enthält Verhältniszahlen und absolute Größen, greift sowohl auf Angaben des Jahresabschlusses als auch auf Daten der Kosten- und Leistungs- sowie der internen Ergebnisrechnung zurück und verwendet gleichzeitig Wert- und Mengengrößen. Da diese Informationen vielfach nur dem internen Rechnungswesen zu entnehmen sind, erklärt dies auch, warum eine vollständige Anwendung des ZVEI-Systems dem externen Analysten nicht möglich ist und damit allein unternehmensinternen Zwecken vorbehalten bleibt.

Verfahrensweise

Das ZVEI-Kennzahlensystem unterteilt die Systemelemente in Haupt- und Hilfskennzahlen. Hauptkennzahlen führen den analytischen Gedankengang fort und bedürfen einer weiteren Analyse, während Hilfskennzahlen zur rechentechnischen Erklärung von Hauptkennzahlen herangezogen werden und keinen sachlogischen, sondern lediglich einen formalen Zusammenhang herstellen. Insgesamt verwendet das System 210 Einzelkennzahlen; es handelt sich dabei um 88 Haupt- und 122 Hilfskennzahlen.

Alle im System verwendeten und zuvor auf ihre praktische Relevanz in den Unternehmen hin überprüften Kennzahlen werden auf einem besonderen Definitionsbogen unter Angabe des jeweiligen Kennzahlentitels exakt bestimmt. Hier werden der Anwendungszweck, die Formel selbst und der Formelinhalt eindeutig und leicht verständlich definiert.

Unternehmenswachstum und -struktur

Das ZVEI-System umfasst die Analysekategorien des Unternehmenswachstums und der Unternehmensstruktur und stellt zunächst mit der Beobachtung der Indikatoren »Vertriebstätigkeit« (Auftragsbestand, Umsatzerlöse), »Ergebnis« (umsatzbezogenes Ergebnis, Periodenergebnis, operativer Cashflow), »Kapitalbindung« (Vorräte, Sachanlagen, Personalaufwand), »Wertschöpfung« und »Beschäftigung« auf das Unternehmenswachstum ab. In diesem Zusammenhang finden auch die Veränderungszahlen ggü. dem vorhergehenden Zeitraum bzw. Zeitpunkt besondere Beachtung, um auf diesem Weg das relative Unternehmenswachstum sichtbar zu machen.

Strukturanalyse

Die Strukturanalyse bildet den Hauptteil des ZVEI-Kennzahlensystems. Sie soll die Unternehmenseffizienz mit Hilfe von Beziehungs- und Gliederungszahlen analysieren und grenzt den gesamten Analysebereich nach vier Untergruppen (sog. »Analysesektoren«) ab, die ihrerseits wiederum die Rentabilität, Ergebnisbildung, Kapitalstruktur und Kapitalbindung zum Gegenstand der Untersuchung machen.

Die Analyse der Rentabilität (sog. »Ertragskraft-Kennzahlen Typ B«) erfolgt insofern, als der ROI zum einen hinsichtlich des Periodenergebnisses und zum anderen unter Bezugnahme auf den operativen Cashflow analysiert wird. Die Analyse der Kapitalstruktur (sog. »Risiko-Kennzahlen Typ A«) betrachtet den Eigenkapitalanteil unter den Aspekten der Anlagendeckung und der Liquidität. Im Rahmen der Analyse der Ergebnisbildung (sog. »Ertragskraft-Kennzahlen Typ A«) erfolgt eine Zerlegung des Periodenergebnisses in die Umsatzrentabilität einerseits, die ihrerseits wiederum in ihre Komponenten »Ertragskraft« i. e. S., »Betriebsergebnis« (Deckungsbeitrag, Kosten der Betriebsfunktionen) und »Aufwandsarten« (Personalaufwand, Produktivität) untergliedert wird, sowie in die Kapitalumschlagshäufigkeit andererseits. Die Analyse der Kapitalbindung (sog. »Risiko-Kennzahlen Typ B«) schließlich formt die Kapitalumschlagshäufigkeit durch Bildung der Inversen in die Kapitalbindungszeit um.

2.2.2.2 Aufgaben

Ausgehend von der Grundannahme, dass Kennzahlen Schlüsselfunktionen bei einer systematischen Kontrolle der Geschäftsentwicklung, der Konzipierung notwendiger Anpassungsmaßnahmen sowie bei der kurz-, mittel- und langfristigen Planung übernehmen können, versteht sich das ZVEI-System zugleich als Instrument der Unternehmensanalyse und der Planung.

Instrument der Unternehmensanalyse

Als Instrument der Unternehmensanalyse finden sowohl der Zeit- als auch der Betriebsvergleich Anwendung. Das Kennzahlensystem ist als analytisches Instrument auf sachliche Feststellungen hin ausgelegt. Eine Wertung kann deshalb nur im Verhältnis zur unternehmerischen Zielsetzung, also außerhalb des Kennzahlensystems, erfolgen. Das ZVEI-Kennzahlensystem will als analytisches Instrument »nicht beunruhigen oder beruhigen, sondern es will den Betrachter mit der Frage konfrontieren, ob die Verhältnisse mit den Unternehmenszielen übereinstimmen« (Betriebswirtschaftlicher Ausschuss Des Zentralverbandes Der Elektrotechnischen Industrie e.V. (1989), S. 36).

Planungsinstrument

Als Planungsinstrument will das ZVEI-Kennzahlensystem einen Vergleich der tatsächlichen Effizienz eines Unternehmens mit seinen Zielvorstellungen anstellen. Dabei gibt es den unternehmerischen Zielsetzungen durch Plangrößen zahlenmäßig fassbaren Inhalt. In diesem Sinne versteht das ZVEI-System Planung als Konstruktion einer gedachten Effizienz (Planziele), die mit den allgemeinen Zielsetzungen (die nicht in der Effizienz selbst bestehen, sondern diese zur Voraussetzung haben) abgestimmt ist. Der Planungsvorgang selbst vollzieht sich in den nachfolgenden sechs Schritten:

(1) Planung der Hauptkennzahlen,
(2) Abstimmung der Hauptkennzahlen untereinander,
(3) Berechnung der Hilfskennzahlen,
(4) Abstimmung der Hauptkennzahlen mit den Hilfskennzahlen,
(5) Auswahl und Planung der Ausgangs-Plangröße (absolute Zahl),
(6) Berechnung und Abstimmung der übrigen absoluten Zahlen.

2.2.3 RL-Kennzahlensystem

2.2.3.1 Aufgaben

Grundannahmen

Ausgehend von den Grundannahmen, dass

(1) die Informationen aus dem betrieblichen Rechnungswesen nur zu einem Teil unmittelbar für unternehmerische Steuerungsaufgaben geeignet sind,
(2) die Rechnung mit Kennzahlen und Kennzahlensystemen auf einem theoretisch recht unbefriedigenden Niveau steht,
(3) zwar verschiedene Kennzahlensysteme erarbeitet worden sind, wobei aber keines hinreichend auf die Aufgabe zugeschnitten ist, ein Steuerungsinstrument zu sein, weil sie entweder unvollständig oder nicht komprimiert worden sind,

entwickelten Reichmann/Lachnit (1976) das sog. »Rentabilitäts-Liquiditäts-Kennzahlensystem« (kurz: RL-System).

Planungs-, Steuerungs- und Kontrollinstrument

Sie betrachten das RL-System als ein flexibles und bedeutendes Planungs-, Steuerungs- und Kontrollinstrument, welches in Umfang und Inhalt gezielt auf die Erfordernisse der unternehmerischen Erfolgs- und Liquiditätssteuerung zugeschnitten ist und in konzentrierter Form über die für die Unternehmensführung wichtigen Sachverhalte, wie z.B. Rentabilität, Liquidität, Erfolgsquellen oder Unternehmensstruktur, berichten soll (vgl. Reichmann, T./Lachnit, L. (1976), S. 723).

Erfolg und Liquidität als zentrale Kenngrößen

Das RL-Kennzahlensystem ist als unternehmensinternes Instrument konzipiert, das zur Steuerung des Gesamtunternehmens benutzt werden kann. Es betrachtet gleichrangig den Erfolg und die Liquidität als zentrale Kenngrößen des Steuerungssystems und trägt damit auch dem Umstand Rechnung, dass die Aufrechterhaltung der jederzeitigen Zahlungsfähigkeit eine unerlässliche Vorausset-

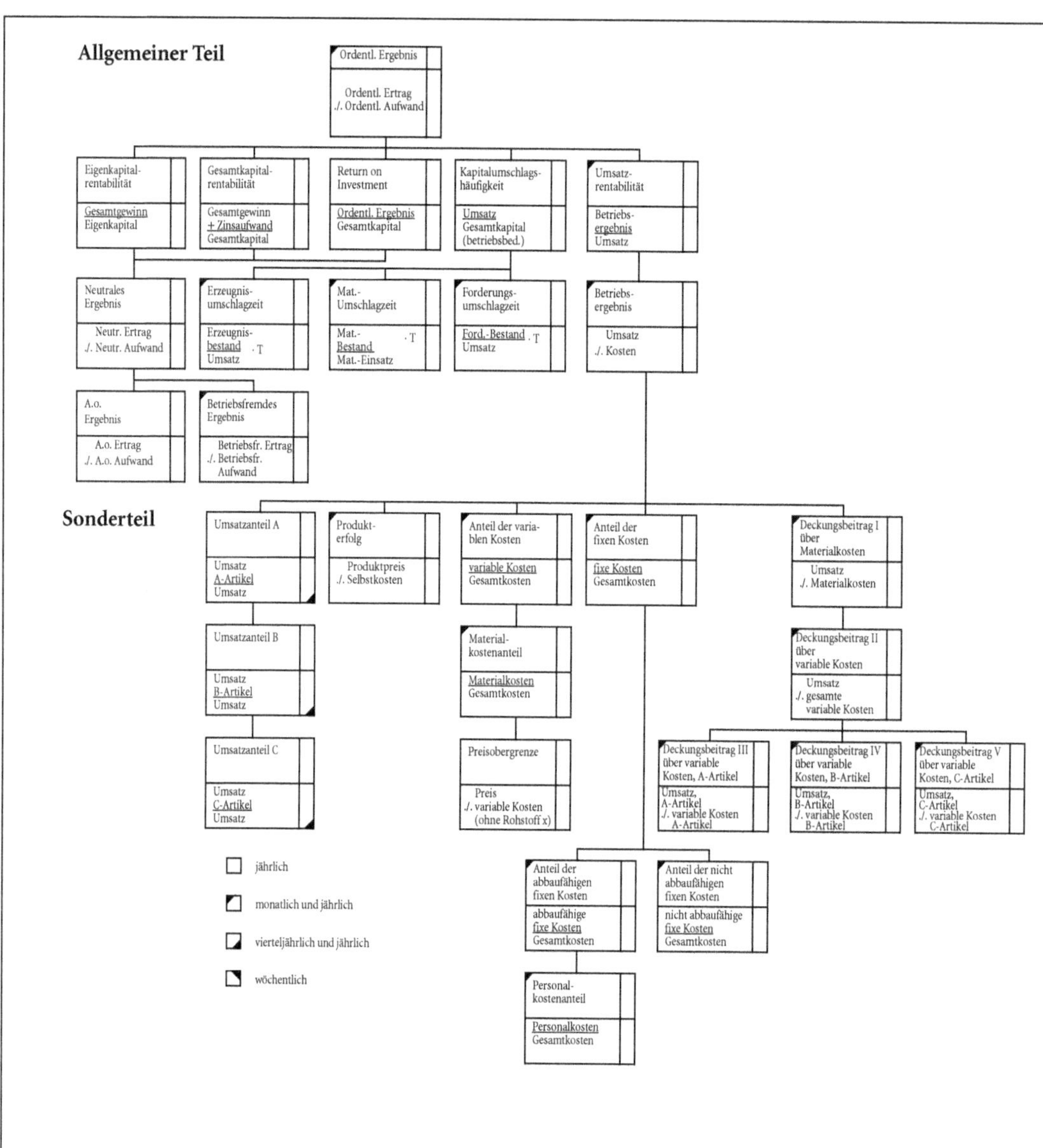

Übersicht 17: Rentabilitäts- und Liquiditäts-Kennzahlensystem (RL-System)

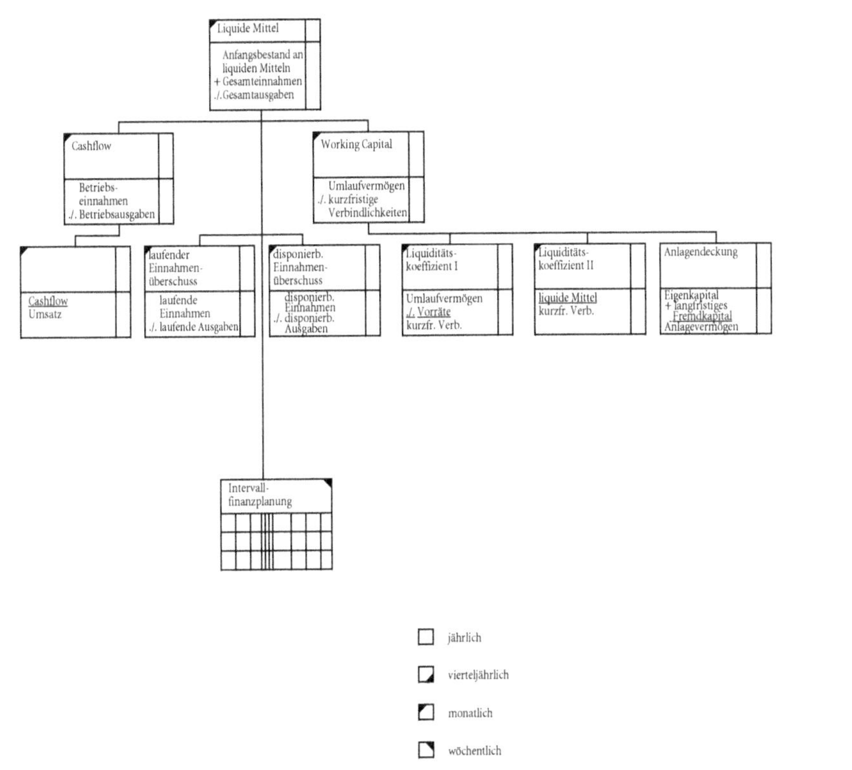
Liquide Mittel
Anfangsbestand an liquiden Mitteln
+ Gesamteinnahmen
./. Gesamtausgaben
Cashflow
Betriebs-einnahmen
./. Betriebsausgaben
Working Capital
Umlaufvermögen
./. kurzfristige Verbindlichkeiten
Cashflow
Umsatz
laufender Einnahmen-überschuss
laufende Einnahmen
./. laufende Ausgaben
disponierb. Einnahmen-überschuss
disponierb. Einnahmen
./. disponierb. Ausgaben
Liquiditäts-koeffizient I
Umlaufvermögen
./. Vorräte
kurzfr. Verb.
Liquiditäts-koeffizient II
liquide Mittel
kurzfr. Verb.
Anlagendeckung
Eigenkapital
+ langfristiges Fremdkapital
Anlagevermögen
Intervall-finanzplanung
jährlich
vierteljährlich
monatlich
wöchentlich

zung für den Bestand jedes Unternehmens ist. Es führt u. a. deshalb bereits zu einer bedeutenden Weiterentwicklung der Kennzahlenrechnung, weil die bisherig betrachteten Kennzahlensysteme zu einseitig auf die Rentabilität ausgerichtet sind und den Liquiditätsgesichtspunkt stark oder gänzlich vernachlässigen.

Das RL-Kennzahlensystem bedient sich der Instrumente des Soll-Ist-Vergleichs sowie des Zeitvergleichs und ermittelt die einzelnen Kennzahlen teilweise für jährliche, vierteljährliche, monatliche oder wöchentliche Analysezeiträume.

2.2.3.2 Aufbau

Struktur

Das RL-Kennzahlensystem (vgl. Übersicht 17) setzt sich aus insgesamt 39 Kennzahlen zusammen und verwendet sowohl Verhältniszahlen als auch absolute Zahlen aus dem externen und internen Rechnungswesen. Es ist ein Ordnungssystem, da die einzelnen Elemente des Kennzahlensystems nicht rechentechnisch, sondern sachlogisch miteinander verbunden sind. Das RL-Kennzahlensystem besteht aus einem allgemeinen Teil, der von der Unternehmensleitung in jedem Fall zur laufenden Planung, Steuerung und Kontrolle benötigt wird, und einem Sonderteil, der jene Kennzahlen enthält, die unternehmensspezifisch zur Ergänzung benötigt werden.

Spitzenkennzahlen des allgemeinen Teils

Der allgemeine Teil des Kennzahlensystems beginnt mit den Spitzenkennzahlen »ordentliches Ergebnis« und »liquide Mittel«. Das ordentliche Ergebnis als Ausgangskennzahl des Rentabilitätsteils wird als zentrale Erfolgsgröße betrachtet, die den tendenziell nachhaltigen Erfolg aus Leistungs- und Finanzaktivitäten verkörpert und sich planen und monatsweise vorgeben lässt.

Rentabilitätsteil

Dem ordentlichen Ergebnis sind sodann die Gesamtkapitalrentabilität, die Kapitalumschlagshäufigkeit und die Umsatzrentabilität nachgeordnet. Während sich Kapitalrentabilitäten nur für eine jährliche Vorgabe und Kontrolle eignen, da der Betrag des im Unternehmen investierten Kapitals nicht ohne umfangreiche zusätzliche Erhebungen kurzfristig festzustellen ist, können die Umsatzrentabilität und Teile der Kapitalumschlagshäufigkeit kurzfristig ermittelt werden.

Die Umsatzrentabilität gibt an, welcher Anteil der Umsatzerlöse betriebsbedingter Gewinn ist, und bringt zum Ausdruck, wie gut das Unternehmen seine Leistungen am Markt verkaufen und wie kostengünstig es diese herstellen konnte. Die Kapitalumschlagshäufigkeit ist ein Ausdruck dafür, wie intensiv die Vermögenswerte genutzt werden, und lässt erkennen, wie oft das betriebsbedingte Kapital umgeschlagen worden ist.

Liquiditätsteil

Als Spitzenkennzahl des Liquiditätsteils gibt die absolute Größe »liquide Mittel« den Betrag an Zahlungsmitteln und geldnahen Beständen an, den das Unternehmen aufgrund seiner Umsatz- und Aufwandsplanung zur Abwicklung und Sicherung des betrieblichen Geschehens benötigt. Diesen liquiden Mitteln sind der operative Cashflow und das Working Capital nachgeordnet. Der operative Cashflow wird als Finanz- und Erfolgsindikator betrachtet. Er gibt an, in welchem Umfang das Unternehmen aus eigener Kraft durch seine betriebliche Umsatztätigkeit finanzielle Mittel erwirtschaften kann bzw. konnte. Das Working Capital als Differenz von Umlaufvermögen und kurzfristigen Verbindlichkeiten besagt im Fall einer positiven Größe, dass die kurzfristigen Verbindlichkeiten durch solche Vermögensteile abgedeckt sind, die Zahlungsmitteln entsprechen oder den Charakter von geldnahen Vermögenswerten aufweisen.

Sonderteil

Im Sonderteil des Kennzahlensystems stellen Reichmann/Lachnit jene Zahlenangaben zusammen, die unternehmensindividuell, z. B. in Abhängigkeit von der Branche, Unternehmensstruktur oder speziellen Marktsituationen, und zur Ergänzung der Kennzahlen des allgemeinen Teils erforderlich sind. Auch im Sonderteil werden Zahlen zur vertiefenden Analyse der Einflussfaktoren von Rentabilität und Liquidität angeschlossen und reichen hier von Umsatzanteilen einzelner Artikel über Preisobergrenzen für die wichtigsten Einsatzmaterialien bis hin zu einer Deckungsbeitragsanalyse.

RL-Konzern-Kennzahlensystem

Die Konzeption des RL-Kennzahlensystems, welches für das Einzelunternehmen ein in Wissenschaft und Praxis etabliertes Kennzahlensystem darstellt, erfährt eine wesentliche Erweiterung durch das RL-Konzern-Kennzahlensystem, mit dem den spezifischen Anforderungen eines international agierenden Konzerns Rechnung getragen wird (vgl. nur Reichmann, T./Kißler, M. (2009), S. 205 ff.). Wie das RL-Kennzahlensystem besteht auch das RL-Konzern-Kennzahlensystem aus einem allgemeinen Teil und einem Sonderteil. Der allgemeine Teil umfasst wesentliche Informationen zur Rentabilität, zum Kapitaleinsatz sowie zur Liquidität, während der Sonderteil die funktionalen Teilbereiche und den Kapitalmarkt fokussiert (vgl. hierzu im Einzelnen Reichmann, T. (2011), S. 106 ff.). Im Besonderen erfolgt beim RL-Konzern-Kennzahlensystem eine Ausrichtung auf die Steigerung des Unternehmenswerts i. S. e. wertorientierten Konzernsteuerung, die mit der wachsenden Bedeutung der Kapitalmarktorientierung für Konzerne einhergeht.

Merksätze

1. Das Du Pont-Kennzahlensystem stellt, in Gestalt einer Kennzahlen-Pyramide, ein Rechensystem dar, das als Spitzenkennzahl den ROI verwendet. Es dient der Aufwands-, Ertrags-, Vermögens- und Kapitalanalyse.
2. Das ZVEI-Kennzahlensystem ist ebenfalls als Kennzahlen-Pyramide konzipiert und vereinigt die Merkmale eines gemischten Rechen- und Ordnungssystems in sich. Als Spitzenkennzahl fungiert die Eigenkapitalrentabilität. Das ZVEI-System umfasst die Analysekategorien des Unternehmenswachstums und der Unternehmensstruktur und wird zur Unternehmensanalyse sowie als Planungsinstrument eingesetzt.
3. Das RL-Kennzahlensystem dagegen ist ein Ordnungssystem, das gleichrangig den Erfolg (Rentabilitätsteil) und die Liquidität (Liquiditätsteil) als zentrale Kenngrößen betrachtet. Es findet Einsatz als Planungs-, Steuerungs- und Kontrollinstrument.

3. Auswertungsmethoden

3.1 Statische Analyse

Zeitfaktor

Die statische Analyse – auch als »Einzelanalyse« (Kußmaul, H. (1984), S. 149) bezeichnet – bezieht nur Größen des betrachteten Unternehmens in die Auswertung ein, die den gleichen Zeitpunkt oder die gleiche Zeitperiode betreffen. Bei der Analyse der Bilanz handelt es sich um eine Zustands- oder Momentaufnahme des wirtschaftlichen Geschehens, bei welcher der Zeitablauf unberücksichtigt bleibt. Bei der GuV bzw. der Gesamtergebnisrechnung werden nur die Daten einer einzigen (derselben) Periode in die Analyse einbezogen. Diese statische Analyse ist der Ausgangspunkt für die Bildung von Kennzahlen und liefert gewissermaßen das Handwerkszeug für weitergehende analytische Betrachtungen.

Notwendigkeit eines Vergleichsmaßstabs

Die statische Analyse reicht aber regelmäßig nicht aus, um bestimmte Informationen hinreichend beurteilen zu können. Denn es fehlt ein Vergleichsmaßstab (z. B. eine branchenspezifische Benchmark), an dem die einzelnen Bilanzposten der Höhe nach und die Werte der einzelnen Kennzahlen gemessen werden können. Da die Mehrzahl der Kennzahlen erst durch einen sinnvollen Vergleich mit anderen Kennzahlen Bedeutsamkeit und Aussagekraft erhält, wird die Kennzahlenrechnung in der betrieblichen Praxis in einem zweiten Schritt grds. als Vergleichsrechnung ausgestaltet.

Zu Recht betonen Gräfer/Schneider/Gerenkamp ((2012), S. 20) daher, dass Bilanzanalyse »immer explizit oder implizit einen Vergleichsvorgang« beinhaltet, denn eine Kennzahl kann erst durch die Gegenüberstellung mit normativen Richtwerten oder empirisch abgeleiteten Kenngrößen eine eigene Aussagequalität erlangen. Schließlich ist gerade in diesem Zusammenhang zutreffend festzustellen, dass der einzelne Jahresabschluss ein überaus schlechtes Informationsinstrument zur Vermittlung entscheidungsrelevanter Daten ist (vgl. Ballwieser, W. (1987), S. 57).

Durch die Analyse einer einzelnen Kennzahl ist man allenfalls in der Lage, gewisse auffällige Merkmale oder Indizien zu erkennen und herauszustellen. Solche Auffälligkeiten adressieren all das, was in einem Abschluss als untypisch bezeichnet werden muss und gleichsam als unerwartete Erkenntnis »praktisch ins Auge springt« (Kerth, A./Wolf, J. (1993), S. 106). Eine Wertung i. S. v. ›gut‹ oder ›schlecht‹ ist in dieser Situation nicht möglich. Dieser Zusammenhang erklärt auch, warum erst der sich an die statische Analyse anschließende Vergleich das originäre Instrument der Urteilsfindung im Rahmen der Bilanzanalyse ist (vgl. Hauschildt, J. (1971), S. 345).

3.2 Vergleichende Analyse

Ein Vergleich liegt vor, wenn gleichartige oder ähnliche Größen, die sich auf unterschiedliche Perioden oder Zeitpunkte beziehen oder bei unterschiedlichen Unternehmen bzw. betrieblichen Teilbereichen erhoben worden sind, ins Verhältnis zueinander gesetzt werden.

Voraussetzungen

Ein sinnvoller Vergleich setzt dabei voraus, dass (vgl. dazu Gräfer, H./ Schneider, G./Gerenkamp, T. (2012), S. 21; Kerth, A./Wolf, J. (1993), S. 107)

(1) das verwendete Datenmaterial vor der Bildung von Kennzahlen nach den gleichen Prinzipien bzw. Kriterien aufbereitet worden ist sowie das Entsprechungsprinzip erfüllt wird und

(2) die aus der Aufbereitung gewonnenen Grunddaten für die verschiedenen zu betrachtenden Perioden und betrieblichen Sachverhalte inhaltlich vergleichbar sind. Insb. sollte sichergestellt sein, dass die Bewertung der zu analysierenden Größen nach gleichen oder vergleichbaren Grundsätzen vorgenommen wurde.

3.2.1 Zeitvergleich

Beim Entwicklungs- oder Zeitvergleich werden Größen einander gegenübergestellt, die sich auf unterschiedliche Zeitpunkte bzw. unterschiedliche Zeiträume beziehen, jedoch stets ein und dasselbe Objekt betreffen. Aufgrund eines solchen Vergleichs sollen Vorgänge im Zeitablauf sichtbar und Entwicklungstendenzen verdeutlicht werden.

Gefahr der Fehlinterpretation

Mit dem Zeitvergleich werden lediglich Veränderungen sichtbar gemacht, wie sie sich im Jahresabschluss niedergeschlagen haben; deren Ursachen werden damit keinesfalls gezeigt (vgl. LEFFSON, U. (1984), S. 111). So besteht auch hier die Gefahr, dass der Analyst bestimmte Beeinflussungen oder Manipulationen nicht erkennt oder nicht erkennen kann und er somit anstelle der tatsächlichen eine evtl. vorgetäuschte Entwicklung der Unternehmung wahrnimmt (vgl. LEFFSON, U. (1984), S. 103).

Exemplarisch kann hier die isolierte Betrachtung der Kennzahl »Eigenkapitalquote« im Rahmen eines Zeitvergleichs angeführt werden. So hat eine Analyse der Konzernabschlüsse der in den DAX-Segmenten gelisteten Industrie-, Handels- und Dienstleistungsunternehmen ergeben, dass sich die Eigenkapitalquoten der Konzerne vor und nach der Finanzmarktkrise 2008/2009 auf einem relativ stabilen Niveau hielten. Gleichzeitig jedoch haben sich die Periodenergebnisse in dem zugrunde gelegten Betrachtungszeitraum geradezu sprunghaft verschlechtert (vgl. ausführlich KÜTING, K./LAM, S./MOJADADR, M. (2010), S. 2294). Dies spricht dafür, dass die Unternehmen bei rückläufigen Ergebnissen in aller Regel entsprechende Maßnahmen einleiten, um die – unter Finanzierungsgesichtspunkten wichtige – Kennzahl der Eigenkapitalquote möglichst konstant zu halten. Welche unternehmerischen Maßnahmen (z. B. eine Veränderung der Gewinnverwendungspolitik) bzw. Intentionen dahinter stehen, ist derweil für den externen Analysten nicht ohne Weiteres erkennbar.

Vorteile des Zeitvergleichs

Die Vorteile des Zeitvergleichs belegen hingegen die folgenden Sachverhalte:

(1) Eine wesentlich höhere Aussagekraft des mehrperiodigen Bilanzvergleichs ggü. der einperiodigen Bilanzanalyse liegt darin begründet, dass der Einsatz bilanzpolitischer Instrumente, der in einer bestimmten Periode aufgrund unternehmensinterner Ziele stattfand, in den meisten Fällen schon in der folgenden Periode entgegengesetzte Wirkungen mit sich bringen kann, die somit die vorherig vorgenommenen Bilanzgestaltungen zumindest teilweise wieder aufheben (vgl. JACOBS, O. H./GREIF, M./WEBER, D. (1972), S. 427). Werden z. B. in Periode 01 Herstellungskosten gem. § 255 Abs. 2 Satz 3 und Abs. 3 HGB wahlweise i. H. der Wertuntergrenze aktiviert, indem freiwillig soziale Aufwendungen, allgemeine Verwaltungskosten, Kosten für die betriebliche Altersvorsorge und ggf. Fremdkapitalzinsen nicht angesetzt werden, so erfolgt eine Auflösung dieser in Periode 1 gelegten stillen Reserven bereits in der nachfolgenden Periode 02, wenn die entsprechenden Vermögensgegenstände sodann verkauft werden.

(2) Eine mehrperiodige Vergleichsrechnung lässt einmalige Zufälligkeiten und außerordentliche Ereignisse leichter erkennen und kann ihre Auswirkungen im Rahmen der Entscheidungsfindung relativieren.

(3) Änderungen bilanzpolitischer Maßnahmen fallen bei mehrperiodiger Betrachtung nicht so stark ins Gewicht und erfahren insofern eine Neutralisierung im Vergleich zur Analyse eines einzelnen Abschlusses. Trotz der gefor-

derten Angabe und Begründung von Abweichungen i. R. d. angewandten Bilanzierungs- und Bewertungsmethoden sowie der gesonderten Darstellung der damit verbundenen Beeinflussung der Vermögens-, Finanz- und Ertragslage dürfte es im Einzelfall schwierig sein, eine verbale Information, die in aller Regel zur Erfüllung dieser Angabepflicht bereits ausreicht, zu quantifizieren.

3.2.2 Soll-Ist-Vergleich

Normvergleich mit Plan- oder Richtwerten

Beim Soll-Ist-Vergleich – auch Normvergleich oder normativer Vergleich genannt – werden den vorgefundenen Ist-Werten entweder Richt- oder Planwerte gegenübergestellt. Gemeinsam ist diesen Richt- und Planwerten, dass sie einen normativen Charakter bzw. Vorgabecharakter haben. Während Richtwerte in aller Regel Erfahrungswerte der Vergangenheit zur Grundlage haben (etwa Durchschnittswerte verschiedener Perioden), ist man bei Plandaten bemüht, sich von Daten der Vergangenheit zu lösen. Vielmehr treten an ihre Stelle zukunftsorientierte Größen, z. B. die einer analytischen Kostenplanung, die im Rahmen einer systematischen Verbrauchsanalyse – auf der Grundlage technischer und arbeitswissenschaftlicher Studien – festgelegt wurden.

Gleichwohl ist der Soll-Ist-Vergleich kritisch vor dem Hintergrund zu betrachten, dass den in Rede stehenden Ist-Kennzahlen Soll-Werte gegenübergestellt werden, die auf wissenschaftlich nicht begründbaren Erfahrungsrelationen und damit auf subjektiven Werturteilen beruhen (vgl. sinngemäß Brösel, G. (2014), S. 46; Wöhe, G. (1997), S. 814). Die postulierten Normwerte leiten sich vielmehr aus den Vorstellungen über übliche Branchenverhältnisse ab und laufen damit häufig auf einen Vergleich mit Durchschnittswerten hinaus. Dennoch spielen derlei bilanzanalytische Normen in der praktischen Arbeit des Analysten eine wichtige Rolle, da sie gängige Konventionen, z. B. im Rahmen der Kreditwürdigkeitsprüfung, darstellen (vgl. Lachnit, L. (2004), S. 52).

3.2.3 Zwischenbetrieblicher Vergleich

Anwendungsbereich und Bedeutung

Beim Unternehmens-, Betriebs- oder zwischenbetrieblichen Vergleich werden Unternehmen gleicher oder verschiedener Branchen, aber auch einzelne Segmente mit Teilbereichen des gleichen Unternehmens oder eines fremden Unternehmens verglichen. Auf dieser Grundlage soll nicht nur die Stellung des eigenen Unternehmens bzw. Segments im Vergleich zu anderen Unternehmen und Teilbereichen gemessen werden können; auch sollen sich damit Ansatzpunkte zur Beseitigung möglicher Schwachstellen finden lassen (vgl. Merkle, E. (1982), S. 329). Insb. gilt es, »bestimmte auffällige Entwicklungen im betrachteten Unternehmen zu erklären und im Zusammenhang mit der Ursachenforschung betriebsspezifische Gründe von konjunkturellen, saisonalen oder allgemeinwirtschaftlichen Schwankungen zu unterscheiden« (vgl. Gräfer, H./Schneider, G./Gerenkamp, T. (2012), S. 22).

Innerhalb einer Gruppe von vergleichbaren Unternehmen, der sog. »Peer Group«, ist oftmals ein typisches Bilanzierungsverhalten zu beobachten. Dabei bilden sich z. B. branchenspezifische Bilanzierungsprofile heraus, woraus der Bilanzanalyst ableiten kann, ob die in Rede stehende Bilanzierungs- oder Bewertungsmethode der gängigen Branchenpraxis entspricht oder nicht (vgl. HÜTTCHE, T./DICKE-WENTRUP, T./INT-VEEN, T. (2007), S. 233). Während z. B. in einigen als forschungsintensiv geltenden Branchen, wie etwa der Pharmaindustrie, überhaupt keine Entwicklungskosten nach IAS 38 aktiviert werden, prägen in anderen Branchen, insb. in der Automobilindustrie, die als immaterielle Vermögenswerte angesetzten Entwicklungskosten das Abschlussbild (vgl. KESSLER, H. (2010), S. 40).

Voraussetzungen

Der Unternehmensvergleich ist ein sinnvolles Hilfsmittel der Analyse, wenn er die folgenden Voraussetzungen erfüllt (vgl. dazu HAUSCHILDT, J. (1996), S. 9):

(1) Der zwischenbetriebliche Vergleich sollte großzahlig sein und damit so viele Unternehmen in die Untersuchung einbeziehen, dass der Analyst die Bandbreite des Möglichen im Positiven wie im Negativen feststellen kann.

(2) Er sollte außerdem Unterschiede der zu vergleichenden Unternehmen aufzeigen können. Im Vergleich müssen strukturelle Unterschiede, die Produktions- und Marktsituationen betreffen, genannt werden.

3.2.4 Kombination der Vergleichsmethoden

Im Regelfall lässt eine vergleichende Bilanzanalyse isoliert betrachtet keine Gesamtbeurteilung des Analyseobjekts zu. Die bislang dargestellten Analysemethoden sind daher nicht nur isoliert anzuwenden, sondern es können bzw. müssen auch Kombinationen erfolgen, indem z. B. ein Unternehmensvergleich auf der Grundlage unterschiedlicher Zeitpunkte bzw. Zeiträume oder gleichzeitig mit einem Soll-Ist-Vergleich durchgeführt wird. Dadurch wird die »Analyse umso aufschlussreicher, und selbstverständlich sind die Erkenntnisse umso fundierter« (GRÄFER, H./SCHNEIDER, G./GERENKAMP, T. (2012), S. 23).

Systematisierung

In Form einer Übersicht kann eine Systematisierung der betrieblichen Kennzahlenvergleiche vorgenommen werden. Dabei bezeichnet der direkte Vergleich die Gegenüberstellung gleicher Kennzahlen, ohne Rücksicht darauf, ob sie aus anderen Unternehmen oder Perioden stammen bzw. Soll- oder Ist-Größen darstellen (vgl. Übersicht 18).

3.2.5 Vergleich von nach unterschiedlichen Rechnungslegungsnormen bilanzierenden Unternehmen

Erkenntnisfortschritt durch Transformation der Originaldaten

Rechnungslegungsnormen sind Abbildungsregeln. Der Jahresabschluss ist ein Modell zur Darstellung wirtschaftlicher Sachverhalte, die auf Transaktionen eines Unternehmens mit seiner Umwelt beruhen. Unterscheiden sich die Abbildungsregeln verschiedener Normensysteme, so differieren auch die Projektionen der Unternehmenswelten in den Jahresabschlüssen. Dies steht einer vergleichenden Analyse der veröffentlichten Jahresabschlüsse entgegen. Unter Rückgriff auf das bei der Erstellung einer Strukturbilanz zur Verfügung stehende Instrumentarium (vgl. dazu 3. Abschn., Kap. 2, 2) wird deshalb in einem der eigentlichen Analyse vorgelagerten Schritt versucht, eine Angleichung der in den nach verschiedenen Rechnungslegungsnormen erstellten Jahresabschlüssen vorhandenen Daten zu erreichen. Man verspricht sich durch diese Transformation der Originaldaten

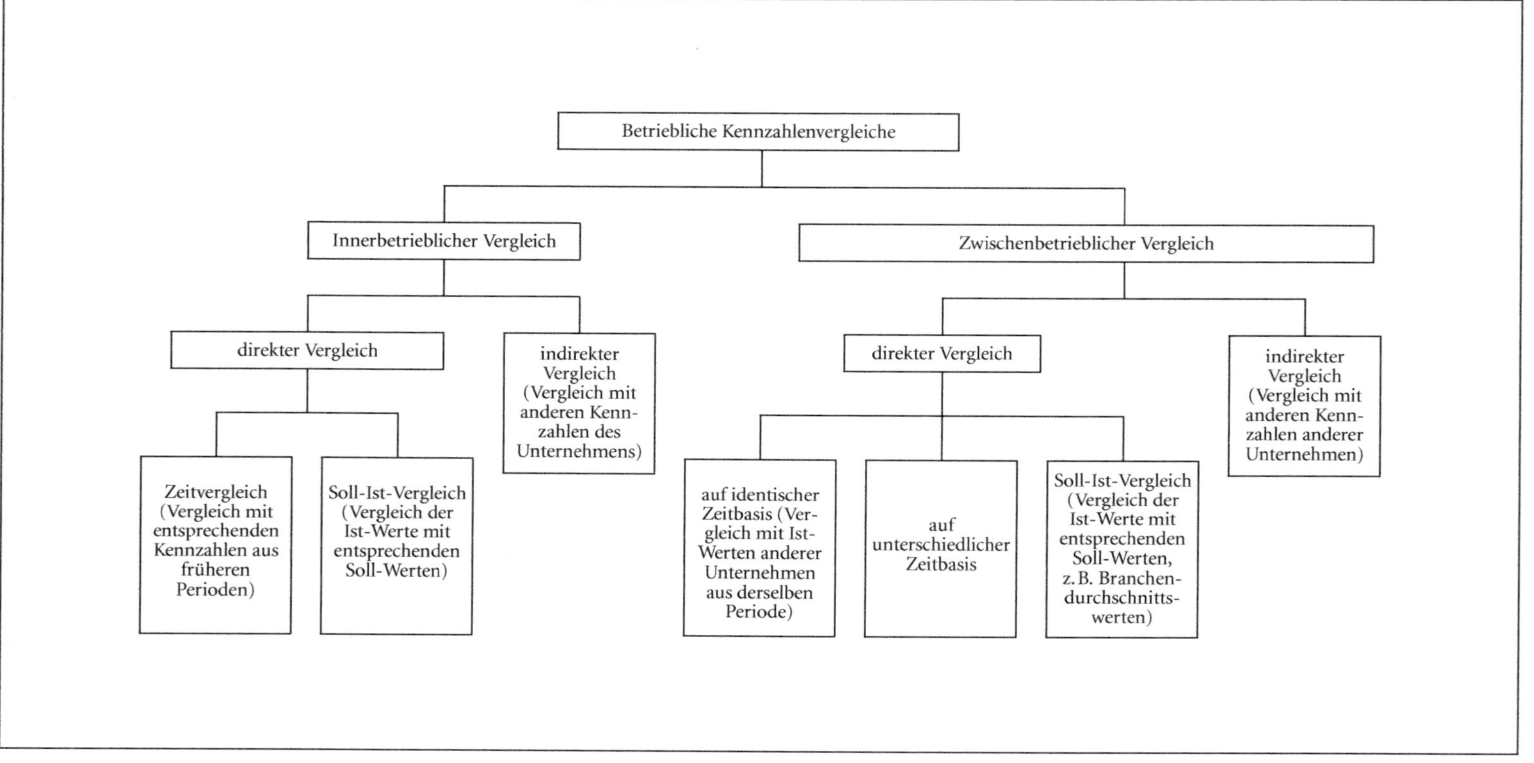

Übersicht 18: Systematik betrieblicher Kennzahlenvergleiche

eine bessere Vergleichbarkeit und somit Erkenntnisfortschritte (vgl. auch umfassend LACHNIT, L. (2003)).

Versuch zur Herstellung der Vergleichbarkeit

Der Versuch, Angleichungen von nach HGB und IFRS erstellten Jahresabschlüssen vorzunehmen, setzt voraus, dass dem Bilanzanalysten zumindest ausgewählte Rechnungslegungsunterschiede bekannt sind. Der externe Bilanzleser kann bei einzelnen Sachverhalten dann ggf. eine Anpassung von nach HGB und IFRS erstellten Abschlüssen vornehmen. Diese formale Standardisierung, die im Wesentlichen Ausweisfragen und die Bilanzierung dem Grunde nach betrifft, stellt einen ersten Schritt in Richtung einer Erfassung der materiellen Unterschiede der Rechnungslegungsnormensysteme dar. Sie ist damit eine notwendige Orientierungshilfe für eine vergleichende internationale Jahresabschlussanalyse. Auswirkungen, die sich aus den unterschiedlichen Grundkonzeptionen der Rechnungslegungsnormensysteme ergeben, sind hingegen kaum zu bemessen. Damit bilden diese nicht nur einen wesentlichen Störfaktor, sondern auch die Grenze einer auf quantitativen Anpassungsversuchen aufbauenden vergleichenden Analyse internationaler Abschlüsse. Denn ebenso wie der Charakter eines Menschen von unzähligen Eigenschaften bestimmt wird, die für sich genommen vielleicht unbedeutend sind, in ihrer Summe aber die Individualität des Einzelnen kennzeichnen, verhält es sich auch in der Rechnungslegung: Es sind nicht nur die Äußerlichkeiten, wie die Aktivierung oder Nichtaktivierung eines Vermögenswerts, die den Unterschied bestimmen, sondern eine Vielzahl von manchmal kaum zu separierenden Unterschieden, die im Ergebnis aber zu einem anderen Abbildungsmodell der Unternehmenswirklichkeit führen.

Eine vergleichende internationale Jahresabschlussanalyse muss deshalb einen anderen Weg beschreiten: Es darf nicht der Versuch im Mittelpunkt stehen, die nach verschiedenen Rechnungslegungsnormen erstellten Abschlüsse von Unternehmen quantitativ gleichnamig zu machen. Vielmehr gilt es, durch detaillierte Kenntnis der Abbildungsregeln die Bilder der jeweiligen Unternehmenswirklichkeiten zu erfassen und schließlich zu bewerten. Sollen dennoch quantitative Vergleiche vorgenommen werden, so empfiehlt es sich, auf den objektiven Unterbau der Rechnungslegung – in Gestalt von Cashflow-Größen – zurückzugreifen. Kapitalflussrechnungen bilden hier den zentralen Ansatzpunkt (vgl. 3. Abschn., Kap. 3, 1.3.1 und 1.3.2).

Die Unterschiede der verschiedenen Rechnungslegungsnormensysteme sind jedoch nicht nur in anders formulierten Abbildungsregeln begründet. Sie beruhen auch auf verschiedenartigen sozioökonomischen und kulturellen Gegebenheiten, die einerseits auf die Wahrnehmung der Unternehmenswirklichkeit, andererseits auf die Entwicklung und Anwendung der Abbildungsnormen einen erheblichen Einfluss haben. Auch sie gilt es zu kennen und bei der Analyse zu beachten (vgl. 1. Abschn., 4.3).

4. Grenzen der Kennzahlenrechnung

Wenngleich Kennzahlen ein in der Literatur ausführlich diskutiertes und in der betrieblichen Praxis häufig verwendetes Hilfsmittel zur Unternehmensbeurteilung darstellen, schränken wichtige Faktoren die Aussagefähigkeit der Kennzahlen und damit auch die Möglichkeiten der auf diese zurückgreifenden Bilanzanalyse insgesamt u. U. erheblich ein. Der Bilanzanalyst sollte nachfolgende Grenzen der Kennzahlenrechnung beachten, um mögliche Fehlurteile zu vermeiden:

Doppelt veraltetes Zahlenmaterial

(1) Die Ergebnisse der Jahresabschlussrechnung sind gleich in zweifacher Hinsicht veraltet. Zunächst sind Bilanzen Abrechnungen über vergangene Perioden und durch einen ausgeprägten Vergangenheitsbezug charakterisiert (vgl. Moxter, A. (1975), S. 328). Zwar finden im Jahresabschluss – unabhängig vom jeweils geltenden Rechnungslegungsnormensystem – vereinzelt Zukunftsaspekte Berücksichtigung (z. B. durch Rückstellungsbildung und Festlegung von Nutzungsdauern). Gleichwohl dominiert nach HGB dennoch eindeutig der Vergangenheitsbezug, allein schon als Folge des pagatorischen Anschaffungskostenprinzips und auch des Vorsichtsprinzips. Auch wenn im Bereich der internationalen Bilanzierungsnormen der Zukunftsbezug einen wesentlich höheren Stellenwert und Anschaffungskosten- sowie Vorsichtsprinzip weniger Bedeutung haben als bei einer Bilanzierung nach HGB, sind auch IFRS-Abschlüsse vom Grundsatz her eine Berichterstattung über vergangene Perioden und damit (zumindest in wesentlichen Teilen) vergangenheitsorientiert (vgl. ausführlich Küting, K./Pfitzer, N./Weber, C.-P. (2013), S. 205 ff.).

Zur Vergangenheitsorientierung kommt hinzu, dass zwischen dem Bilanzstichtag und dem Zeitpunkt der Offenlegung des Jahresabschlusses ein längerer Zeitraum liegt. Dies gilt insb. für die Vielzahl an nicht-kapitalmarktorientierten Unternehmen. Während die regulatorischen und faktischen Anforderungen des Kapitalmarkts diejenigen Unternehmen, die diesen in Anspruch nehmen, zu einer schnellstmöglichen Veröffentlichung ihrer Jahres- und Zwischenabschlüsse drängen, dürfte bei den kapitalmarktunabhängigen Gesellschaften vielfach ein geringeres Interesse an einer schnellen Abschlusserstellung bzw. Vorlage von Daten bestehen (vgl. zur Thematik des »fast close« insb. Küting, K./Weber, C.-P./Boecker, C. (2004), S. 1 ff.).

Fehlen erforderlicher Informationen

(2) Der Jahresabschluss enthält nicht alle für eine aussagefähige Jahresabschlussanalyse erforderlichen Informationen. Zunächst geben die Bilanz und die Erfolgsrechnung allenfalls den quantitativen, in Zahlungsmitteln ausgedrückten Teil des ökonomischen bzw. unternehmerischen Handelns wieder. In die Kennzahlen als solche und in ihre Komponenten gehen daher auch nur quantifizierbare Größen ein. Sachverhalte, die nicht quantifizierbar sind, entziehen sich somit einer Kennzahlenrechnung, mögen sie auch noch so bedeutsam sein, um die Lage eines Unternehmens zu beurteilen. Da z. B. die Qualität des Managements, die Marktstellung, das Image und das technische Know-how als Komponenten eines originären Firmenwerts nicht (hinreichend) quantifiziert werden können, finden diese Faktoren grds. keine Verwendung im Rahmen der kennzahlenbasierten Jahresabschlussanalyse. Sie können, wenn überhaupt, nur aus der Ertragsentwicklung im Zeitablauf und im Vergleich zu Wettbewerbern abgeleitet werden.

Außer der Tatsache, dass der Jahresabschluss auch unter Hinzuziehen des Anhangs in wesentlichen Teilen nur quantitative Informationen vermittelt, sind diese Informationen auch deshalb unvollständig, weil nur solche Geschäftsvorfälle erfasst werden, die vermögens-, finanz- oder GuV-wirksame Auswirkungen von begonnenen oder abgeschlossenen Transaktionen widerspiegeln. Es fehlen daher Informationen z. B. über Abnahme- und Lieferkontraktverpflichtungen, freie Kreditlinien, Auftragsbestände und Beschäftigungsgrade sowie über schwebende Geschäfte, sofern nicht Verluste daraus drohen.

(3) Die Beurteilung der Unternehmensentwicklung basiert auf lediglich subjektiv festgelegten Soll-Werten von Kennzahlen. Die Soll-Werte der untersuchten Kennzahlen kann der Bilanzanalyst entweder induktiv aus empirisch beobachteten Kennzahlen (z.B. Bildung von Branchendurchschnitten) oder deduktiv aus den Unternehmenszielen – soweit diese in quantifizierbarer Form im sog. »Prognosebericht« als Teil des (Konzern-)Lageberichts angegeben werden – ableiten (vgl. Baetge, J./Kirsch, H.-J./Thiele, S. (2004), S. 176f.). Auch kann im Bereich der finanzwirtschaftlichen Bilanzanalyse auf sog. »Finanzierungsregeln« abgestellt werden, die als normative Kennziffern bestimmte Deckungsgrade in der Kapital- und Vermögensstruktur eines Unternehmens vorgeben. Dennoch fehlt eine allgemein anerkannte betriebswirtschaftliche Theorie zur Festlegung von Soll-Werten für gesunde Unternehmen (vgl. Brösel, G. (2014), S. 303ff.; bereits Schneider, D. (1985), S. 1492f.).

Fehlen eines objektiven Vergleichsmaßstabs

(4) Die Daten der Jahresabschlussanalyse sind bewertungsabhängig und damit das Resultat subjektiver Wertungsprozesse. Sie können bilanzpolitisch durch die unterschiedliche Ausnutzung von Bilanzierungs- und Bewertungswahlrechten sowie durch die Auslegung von Ermessensspielräumen in erheblichem Maße beeinflusst werden. Buchner (R. (1981a), S. 109) bemerkt in diesem Zusammenhang treffend, dass das publizierte Zahlenmaterial »in wesentlichen Teilen bilanzpolitischem Ermessen des Rechnungslegenden ausgesetzt ist, so daß die Zuverlässigkeit der Jahresabschlußdaten bezüglich der Abbildung von Sachverhalten nur sehr eingeschränkt ist«.

Zweckorientierte Bewertungspolitik

Folglich ist bei der Analyse stets nach dem Bewertungszweck zu fragen, um die Grundtendenzen der Bewertung abschätzen zu können (vgl. Hauschildt, J. (1996), S. 2). Von besonderer Bedeutung ist dabei die Frage nach den übergeordneten Zielen der Unternehmenspolitik, an denen sich die Bewertung wie auch die Bilanzpolitik insgesamt orientieren. Selbst dort, wo Gesetz und Rechtsprechung oder Rechnungslegungsstandards den bilanzpolitischen Spielraum einengen, kommt es nicht zwangsläufig zu einer Aufwertung der Jahresabschlussinformationen für die Zwecke der Bilanzanalyse. Vielmehr kann es bei einer Bilanzierung nach HGB insb. durch die Kodifizierung des Grundsatzes der vorsichtigen Bilanzierung und Bewertung nach § 252 Abs. 1 Nr. 4 HGB und seine konkreten Ausprägungen zu »Unterbewertungen des Reinvermögens bzw. Vorverrechnungen von Aufwendungen« (Coenenberg, A.G./Haller, A./Schultze, W. (2014), S. 1026) kommen. Das handelsrechtliche Ergebnis ist also in vielen Fällen eine eher pessimistische Darstellung der Unternehmenslage (vgl. auch Brösel, G. (2014), S. 33). Im Gegensatz dazu treten im Bereich der internationalen Rechnungslegung das Vorsichts- und Anschaffungskostenprinzip aufgrund der Informationsfunktion in den Hintergrund, sodass es hier zu einer optimistischeren Darstellung der Unternehmenslage kommen kann.

(5) Auch im Falle der Unterstellung, dass die Abschlussersteller bestrebt sind, die Adressaten bestmöglich zu informieren, führt die Ermittlung von in der Bilanz anzusetzenden Werten oftmals nicht zu eindeutigen und verlässlichen Ergebnissen. Dies gilt insb. für die Bestimmung von Zeitwerten, die in Gestalt des Fair Value bzw. des beizulegenden Zeitwerts in erster Linie für die IFRS-

Nicht objektivierbare Zeitwertermittlung

Bilanz große Bedeutung entfalten (vgl. zu ausgewählten Anwendungsfällen KÜTING, K./LAUER, P. (2013), S. 1186 f.).

Sowohl im deutschen Handelsrecht als auch nach IFRS ist der beizulegende Zeitwert im Optimum als Preis eines identischen Bewertungsobjekts an einem aktiven Markt zu ermitteln (vgl. IFRS 13.76; § 255 Abs. 4 HGB). Die Bewertung mittels eines solchen Preises zeichne sich durch einen »hohen Grad intersubjektiver Nachprüfbarkeit« (HITZ, J.-M. (2005), S. 237) aus und werde so der »Objektivierungsnotwendigkeit« (DOHRN, M. (2004), S. 112) einer investororientierten Rechnungslegung in besonderem Maße gerecht (vgl. so auch KESSLER, H. (2005), S. 65; BIEKER, M. (2007), S. 95; BAETGE, J. (2009), S. 22). Neben der zuerkannten Relevanz von Marktpreisen (vgl. hierzu etwa WILLIS, D. (1998), S. 855; BARCKOW, A./GLAUM, M. (2004), S. 199; LANDSMAN, W. R. (2007), S. 28) stellt diese Einschätzung ein wesentliches Argument für die Bilanzierung zum beizulegenden Zeitwert dar.

Ist indes ein solcher Preis nicht verfügbar, ist ein Rückgriff auf Analogiemethoden oder Bewertungsverfahren, wie DCf-Verfahren oder Optionspreismodelle, angezeigt (vgl. ausführlich FREIBERG, J. (2014), Rn. 28 ff.; WASCHBUSCH, G. ET AL. (2013), Rn. 215 ff.). Mit dem Fehlen von Preisen an (aktiven) Märkten und der dadurch bedingten Verwendung von (anderen) Bewertungstechniken zur Fair Value-Ermittlung geht ein zentraler Kritikpunkt einher. Angesichts existierender Ermessensspielräume und Schätzunsicherheiten wird angezweifelt, dass der beizulegende Zeitwert verlässlich ermittelbar ist. Vielmehr nehme mit abnehmender Verfügbarkeit durch den Markt objektivierter Eingangsdaten die Verlässlichkeit und intersubjektive Nachprüfbarkeit ab, die Unsicherheiten und Manipulationsmöglichkeiten nähmen hingegen zu (vgl. BAETGE, J./ZÜLCH, H. (2001), S. 560; WAGENHOFER, A. (2006), S. 26; BALLWIESER, W. (2013), S. 134 ff.; ausführlich LAUER, P. (2014), S. 329 ff.). Dabei eröffnen insb. die im Rahmen von Bewertungsverfahren zu bestimmenden zukünftigen Zahlungsströme und Diskontierungssätze erhebliche Ermessensspielräume (vgl. stellvertretend KÜMMEL, J. (2002), S. 188 ff.; HEIDEMANN, C. (2005), S. 225 ff.). Damit wird nicht nur Potenzial für Bilanzpolitik frei, sondern auch der Bilanzierende vor die Schwierigkeit gestellt, dass selbst bei bestem Willen und unter Zugrundelegung von Expertengutachten die zweifelsfreie, objektivierbare Bestimmung eines Fair Value oftmals nicht verlässlich möglich ist.

Daher ist trotz umfangreicher Anhangangaben, die nach IFRS aber auch für die wenigen Anwendungsfälle des HGB vorgesehen sind (vgl. IFRS 13.91 ff.; § 285 Satz 1 Nr. 18 und Nr. 20 HGB) und die die Nachvollziehbarkeit gewährleisten sollen, die Einbeziehung von beizulegenden Zeitwerten in Abhängigkeit vom Zweck der Bilanzanalyse zu vermeiden. Diese Tatsache begründet die ggf. vorzunehmende Korrektur und Substitution dieser Werte durch im Anhang angegebene Anschaffungskosten (vgl. etwa 3. Abschn., Kap. 2, 3.1.7 und 4.1.3).

Starke Komprimierung komplexer Sachverhalte

(6) Kennzahlen stellen zwangsläufig ein vereinfachendes Bild des Unternehmensgeschehens dar. Zunächst werden im Jahresabschluss bestehende Unterschiede innerhalb der Abschlussposten verwischt, indem Einzelposten zu Sammelposten zusammengefasst werden. Darüber hinaus werden in Verhältniszahlen komplizierte Sachverhalte und Zusammenhänge auf eine Zäh-

ler- und Nennergröße sowie auf das Ergebnis der Division reduziert. Aufgrund der Beschränkung auf diese wenigen Größen besteht zwangsläufig die Gefahr, dass wichtige Erkenntnisse, soweit sie sich auf Einzelposten beziehen, verloren gehen. Dies erklärt, warum Kennzahlensysteme in der Praxis ggü. einzelnen Kennzahlen eine höhere Bedeutung besitzen.

Irreführende Postenbezeichnungen

(7) Die Bezeichnung von Abschlussposten kann zu Fehldeutungen führen. Als Musterbeispiel ist hier der Posten »Eigenkapital« anzuführen:

- Der Posten kann – bilanzanalytisch betrachtet – auch Fremdkapital enthalten, denn in dieser Größe ist zumeist – bei Aufstellung des Jahresabschluss nach teilweiser Gewinnverwendung – zugleich der Bilanzgewinn enthalten, der aber regelmäßig zur Ausschüttung an die Anteilseigner zur Verfügung steht und daher unter bilanzanalytischen Gesichtspunkten Ähnlichkeit mit einer kurzfristigen Verbindlichkeit hat. Folglich ist er für Zwecke der Bilanzanalyse – zumindest in Höhe des zur Ausschüttung vorgesehenen Betrags (sog. »Dividendenvorschlag« bzw. »Gewinnverwendungsvorschlag«) – grds. dem kurzfristigen Fremdkapital zuzurechnen (vgl. 3. Abschn., Kap. 2, 3.2.1 und 4.2.1).
- Um das bilanzielle Eigenkapital zu ermitteln, müssen die Eigenkapitalanteile von sog. »Hybridposten« (z. B. Baukostenzuschüsse sowie sonstige Zuschüsse und Zulagen nach HGB bzw. sog. »government grants« nach IAS 20) – zumindest partiell – hinzugerechnet werden.

Zielorientierte Gestaltung der Stichtagsrechnung

(8) Die Beständebilanz ist eine Stichtagsrechnung und bildet eine Momentaufnahme des Unternehmensgeschehens ab. Durch den Einsatz geeigneter bilanzpolitischer Instrumente kann diese Momentaufnahme zielorientiert – über die Sachverhaltsabbildung, also die Inanspruchnahme von Ansatz- und Bewertungswahlrechten sowie -spielräumen, hinaus – durch Sachverhaltsgestaltung beeinflusst werden. Die Sachverhaltsgestaltung setzt vor dem Bilanzstichtag an, indem das dem Jahresabschluss zugrunde liegende Mengengerüst durch die kurzfristige Einflussnahme auf Sachverhalte und Geschäftsvorfälle aktiv beeinflusst wird (vgl. Fink, C./Reuther, F. (2010), S. 10). Hinzuweisen ist in diesem Zusammenhang auf die Wahl von Zahlungs- und Anschaffungsterminen, auf die Auslagerung von nicht (vollständig) aktivierten Vermögensgegenständen sowie auf Pensions- oder Sale- und Lease-back-Geschäfte (vgl. diesbezüglich auch Wohlgemuth, F. (2007), S. 64 ff.). Zur wirkungsvollen Bilanzgestaltung kann auch die Gewährung von Krediten durch Konzerngesellschaften kurz vor dem Bilanzstichtag und deren unmittelbare Rückzahlung nach dem Bilanzstichtag erfolgen. Für derartige temporäre Sachverhaltsgestaltungen hat sich der Terminus des »Window Dressing« etabliert.

Gefahr von Fehlinterpretationen

(9) Darüber hinaus besteht die Gefahr einer Fehlinterpretation von Kennzahlen, sofern

- eine Fehldeutung über die Zähler- und/oder Nennergröße vorgenommen wird,
- die Zusammenhänge zwischen der Nenner- und Zählergröße falsch interpretiert werden,
- eine falsche Schlussfolgerung aus dem Ergebnis der Division gezogen wird.

Die Problematik einer Fehlinterpretation von Kennzahlen soll an folgendem Beispiel verdeutlicht werden.

Beispiel: Vorratsintensität

In zahlreichen Beiträgen zur Kennzahlenanalyse wird dem Quotienten »Vorratsvermögen/Gesamtvermögen« eine erkennbare Bedeutung beigemessen. Diese als Vorratsquote oder Vorratsintensität bezeichnete Kennzahl kann nach Auffassung verschiedener Autoren in der Literatur einerseits auf einen Lagerstau (Absatzprobleme) hinweisen, andererseits aber auch eine Änderung in der Vorratswirtschaft signalisieren (vgl. Kerth, A./Wolf, J. (1993), S. 119). Ganz allgemein soll diese Kennzahl ein Indikator für die Rationalität der Lagerhaltungspolitik sein. Je geringer der Kennzahlenwert ist, desto besser sei die Lagerhaltung und umgekehrt.

Einflussfaktoren auf die Kennzahl

Die nachfolgenden Sachverhalte zeigen, dass verschiedene Ursachen die Vorratsintensität beeinflussen und gleichzeitig eine Interpretation dieser Kennzahl nicht unmaßgeblich erschweren können:

- Das Unternehmen kann bewusst eine veränderte Marketingstrategie verfolgen und bspw. das Sortiment erweitern.
- Veränderte Produktionstechniken und Logistikkonzepte – wie z. B. das Just-in-Time-Prinzip oder das Kanban-System – führen zu einer Veränderung der Lagerhaltung.
- Die Preiskomponente verändert sich und führt bei Konstanz des Mengengerüsts zu einer modifizierten Bilanzrelation. Als Beispiele seien die Preisschwankungen auf dem Öl- oder Goldmarkt angeführt.
- Konzerne dürfen im HGB-Abschluss gem. § 298 Abs. 2 HGB die Vorräte, wenn deren Aufgliederung mit unverhältnismäßig hohem Aufwand verbunden ist, in einer einzigen Größe ausweisen, sodass der externe Bilanzanalyst die Veränderung der einzelnen Teilkomponenten nicht erkennen kann.
- Insb. in Konzernen werden u. U. die unterschiedlichsten Aktivitäten zusammengefasst. Die jeweiligen Teilkomponenten der Vorräte können in den einzelnen Branchen eine verschieden hohe Bedeutung haben und sind oftmals nur schwer vergleichbar.
- Erhaltene Anzahlungen auf Vorräte dürfen offen von dem Posten »Vorräte« abgesetzt oder auch als eigenständiger Verbindlichkeitsposten ausgewiesen werden (vgl. Küting, K. et al. (2008), S. 81 ff.). Je nach Ausweistechnik kann damit die Höhe der Vorräte u. U. erheblich verändert werden (vgl. auch 3. Abschn., Kap. 2, 3.1.4).
- Aufgrund von (befürchteten) Beschaffungsengpässen und einer entsprechenden Risikovorsorge wird eine veränderte Lagerpolitik gewählt.
- Geänderte Bewertungsmethoden – wie etwa der Wechsel von der Durchschnittsbewertung zu Verbrauchsfolgeverfahren – können den Wertansatz der Vorräte erheblich beeinflussen, ohne dass damit zwangsläufig eine andere Lagerpolitik einhergeht.
- Insb. bei saisonalen Schwankungen ist der ausgewiesene Lagerbestand eines Unternehmens nicht repräsentativ für die Lagerhaltung während der gesamten Rechnungsperiode. Die Terminierung des Abschlussstichtags kann somit erheblichen Einfluss auf die Bestandshöhe und auch auf das zahlenmäßige Verhältnis des Bilanzpostens »Vorräte« zu den anderen Posten haben (vgl. bereits Leffson, U. (1984), S. 54 f.).

Diese nicht vollständige Aufzählung zeigt, wie viele verschiedene Ursachen Einfluss auf die Vorratsintensität nehmen können. Die genannten Sachverhalte können gleichzeitig sowie mit unterschiedlichen Vorzeichen auftreten, sodass die Interpretation der Untersuchungsergebnisse mit der gebotenen Vorsicht durchgeführt werden sollte. Andernfalls mögliche Fehlinterpretationen gilt es aber bei jeder Kennzahlenbildung zu vermeiden.

Uneinheitliche Definition von Kennzahlen

(10) Bei der Definition der zu untersuchenden Kennzahlengröße muss sich der Analyst auf eine einheitliche und konsistente Herleitungsmethodik festlegen, um eine zwischenbetriebliche und intertemporäre Vergleichbarkeit zu gewährleisten. Sog. »Pro-forma-Kennzahlen« spielen in diesem Kontext eine besondere Rolle. Hierbei handelt es sich um solche Finanzkennzahlen, »welche entweder durch Publizitätsnormen explizit als solche bezeichnet werden oder die – im Vergleich zum nach dem jeweils anzuwendenden Rechnungslegungsstandard ermittelten Nachsteuerergebnis – um einmalige, ungewöhnliche, außerbetriebliche oder nicht zahlungswirksame Aufwendungen und Erträge bereinigt werden« (Heiden, M. (2006), S. 357; vgl. überdies Sellhorn, T./Hombach, K./Stier, C. (2014), S. 19 ff.). Als Beispiel für derartig adjustierte Ergebnisgrößen sind insb. die EBIT-Kennzahl und sonstige Earnings before-Kennzahlen anzuführen, die in deutschen Geschäftsberichten weit verbreitet sind. Gleichwohl existiert weder in der Praxis noch in der Theorie eine einheitliche (normierte) Ermittlungsmethodik dieser Kennzahlen, weshalb mit ihrer Einbindung in die unternehmensindividuelle Finanzberichterstattung bilanzpolitische Gestaltungsmöglichkeiten einhergehen. Der Analyst muss folglich eine einheitliche Ermittlung sicherstellen, um zwischenbetriebliche Vergleiche durchführen zu können.

Mangelnde Aussagefähigkeit von Einzelabschlüssen

(11) Einzelabschlüsse von Konzernunternehmen können dadurch in ihrer Aussagefähigkeit beeinträchtigt werden, dass Lieferungen oder Leistungen zwischen konzernverbundenen Unternehmen mit marktunüblichen Verrechnungspreisen bewertet oder aber liquide Mittel zwischen den einzelnen Konzerngliedern umgeschichtet werden (vgl. hierzu auch 5. Abschn., 5.1). Ballwieser (W. (1987), S. 57) spricht in diesem Zusammenhang von der »Gefahr der nahezu völligen Aussagelosigkeit von Einzelabschlüssen«.

Wirtschaftlich- und Wesentlichkeitsgrundsatz

(12) Des Weiteren sind das Prinzip der Wirtschaftlichkeit sowie der Wesentlichkeitsgrundsatz der Rechnungslegung als Grenzen der (bilanzanalytischen) Kennzahlenrechnung zu beachten. Denn getreu dem Gedanken der Wirtschaftlichkeit sollten auch im Rahmen der Kennzahlenbildung die Kosten der Informationsgewinnung den Informationsnutzen, also den durch die betreffende Information erzielten zusätzlichen Ertrag, nicht übersteigen. Diese Bedingung ist zunächst wirksam für die Beschaffung und Aufbereitung des Grundlagenmaterials der Kennzahlenrechnung.

Das Postulat der Wesentlichkeit ist darüber hinaus auf die Kennzahlenauswertung an sich gerichtet und verlangt, dass nur solche betrieblichen Sachverhalte in die Analyse einbezogen werden, die den Einblick in die momentane oder zukünftige Unternehmenslage verbessern bzw. von denen eine mögliche Beeinflussung der Urteilsfindung des Kennzahlenempfängers erwartet werden kann (vgl. Siener, F. (1991), S. 18). Die Berücksichtigung des Grundsatzes der Wesentlichkeit in der Bilanzanalyse soll damit gleichzeitig verhindern, dass es zu einer in der Analysepraxis häufig zu beobachtenden Inflation der Kennzahlen (sog. »Zahlenfriedhöfe«) kommt.

Unterschiedliche Rechnungslegungsnormen

(13) Eine weitere Grenze der Kennzahlenrechnung zeigt sich bei der (vergleichenden) Analyse von Abschlüssen, die nach unterschiedlichen Rechnungslegungsnormen erstellt wurden. Denn während kapitalmarktorientierte Mut-

terunternehmen zur IFRS-Anwendung bei der Konzernabschlusserstellung verpflichtet sind, haben nicht-kapitalmarktorientierte Mutterunternehmen grds. die Wahl, ihren Konzernabschluss entweder nach den Vorschriften des HGB oder der IFRS aufzustellen (vgl. mit einer empirischen Untersuchung hierzu KÜTING, K./LAM, S. (2011), S. 991 ff.). Aus den differierenden Abbildungsregeln in den einzelnen Rechnungslegungsnormensystemen kann insoweit die unterschiedliche Darstellung eines wirtschaftlich unveränderten Sachverhalts resultieren. Dementsprechend können auch die ermittelten Kennzahlen voneinander abweichen.

Konsequenzen für den Analysten

Jeder Analyst, der mit Kennzahlen arbeitet, sollte sich dieser Grenzen der Kennzahlenrechnung bewusst sein, denn ansonsten läuft er Gefahr, dass das scheinbar so leicht zu handhabende Instrumentarium der Kennzahlenbildung nicht zu einer Hilfe wird, sondern zu Fehlbeurteilungen verleitet. Die Unvollständigkeit und Unvollkommenheit des Datenmaterials und die Auswirkungen zweckorientierter Bilanzpolitik können dazu führen, dass Kennzahlen die tatsächlichen Verhältnisse nicht oder zu spät offenlegen (vgl. auch BAETGE, J. (1980), S. 653).

Dennoch kann auf eine traditionelle Bilanzanalyse zur Beurteilung von Unternehmen nicht verzichtet werden. Der Kennzahlenrechnung als dem »Kern der Bilanzanalyse« (GRÄFER, H./SCHNEIDER, G./GERENKAMP, T. (2012), S. 18) kommt trotz aller berechtigten kritischen Stellungnahmen und möglichen Fehlurteile eine »Schlüsselrolle bei der Interpretation komplexer Unternehmensinformationen« (KREHL, H. (1985), S. 6) zu.

Merksätze

1. Im Rahmen der statischen Analyse werden nur Größen des gleichen Zeitpunkts oder der gleichen Zeitperiode betrachtet, ohne dass sie an Vergleichsmaßstäben gemessen werden.
2. Die vergleichende Analyse kann als Zeitvergleich (mehrperiodige Analyse), als Soll-Ist-Vergleich durch Einbeziehung von Richt- oder Planwerten oder als (internationaler) zwischenbetrieblicher Vergleich ausgestaltet sein. Zudem kann eine Kombination der Vergleichsmethoden vorgenommen werden.
3. Obwohl die Kennzahlenrechnung im Rahmen der Bilanzanalyse einen hohen Praxiswert besitzt, schränken wichtige Faktoren, wie z. B. das (doppelt) veraltete Zahlenmaterial, die Unvollständigkeit der Informationen sowie der zweckorientierte Einsatz des bilanzpolitischen Instrumentariums, die Aussagefähigkeit der Kennzahlen und die Möglichkeiten der Bilanzanalyse ggf. stark ein.

2. Kapitel: Aufbereitungsmaßnahmen im Rahmen der Bilanzanalyse als Kennzahlenrechnung

1. Grundlagen

Arbeitsschritte, Aufbereitungsmaßnahmen

Die veröffentlichten Jahresabschlüsse entsprechen nicht per se den Erfordernissen der Bilanzanalyse. Daher müssen die Daten der Abschlüsse in einer sog. »Strukturbilanz« für die eigentliche Kennzahlenrechnung aufbereitet werden, bevor diese ihrer Informations-, Kontroll- und Steuerungsfunktion gerecht werden kann. Der Aufbereitungsvorgang kann wiederum in folgende zwei Arbeitsschritte unterteilt werden:

(1) Korrektur von Abschlussposten der originären Jahresabschlüsse durch Umbewertung und Umgliederung einzelner Abschlussposten;

(2) Verdichtung und Zusammenfassung der möglicherweise im ersten Arbeitsschritt korrigierten Abschlussposten »zu aussagefähigen und in der Kennzahlenrechnung sinnvoll verwendbaren Größen« (Coenenberg, A. G./Haller, A./Schultze, W. (2014), S. 1039).

Umbewertung und Umgliederung

Bei diesen Arbeitsschritten ist im Einzelnen zwischen Maßnahmen der Umbewertung und der Umgliederung zu unterscheiden, wobei die Umgliederungsmaßnahmen wiederum – nicht überschneidungsfrei – in Umgruppierung, Neubildung, Aufspaltung, Saldierung und Erweiterung unterteilt werden können (vgl. auch Übersicht 19). Während sich im Zuge der Umbewertung die Wertansätze einzelner Abschlussposten und damit verbunden – ebenso wie bei den Saldierungen und Erweiterungen – auch die Bilanzsumme im Vergleich zur Originärbilanz verändern, bleibt bei den nachfolgenden Umgliederungen (1) bis (3) die Bilanzsumme konstant.

(1) Bei einer Umgruppierung wird ein bestehender Posten einem anderen bereits bestehenden Posten der gleichen Bilanzseite zugeordnet.

(2) Im Rahmen einer Neubildung werden bereits existierende Posten (partiell) einer im Zuge der Bilanzanalyse neu zu schaffenden Abschlusskategorie der gleichen Bilanzseite zugerechnet.

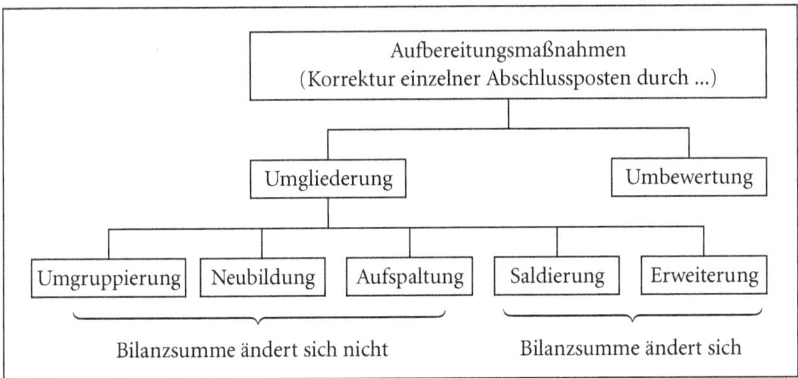

Übersicht 19: Aufbereitungsmaßnahmen im Rahmen der Bilanzanalyse

(3) Kennzeichen einer Aufspaltung ist, dass ein bestehender Posten mehr als einer Abschlusskategorie zugeordnet wird und sodann regelmäßig entfällt.
(4) Charakteristikum einer Saldierung ist die Aufrechnung eines Postens oder von Teilen davon mit einer Bilanzkategorie der anderen Bilanzseite.
(5) Das Gegenteil der Saldierung stellt die Erweiterung dar, im Rahmen derer saldierte Posten aufgeschlüsselt und auf beiden Bilanzseiten angesetzt werden.

Grundlage der Kennzahlenbildung

Die eigentliche Kennzahlenbildung als Kernstück der Bilanzanalyse schließt sich erst an die relativ arbeitsaufwendigen Aufbereitungsmaßnahmen an, die wesentlichen Einfluss auf die Qualität der Kennzahlenkomponenten und damit auf die Aussagefähigkeit der Abschlussanalyse insgesamt nehmen können. Die Strukturbilanz bildet somit die Grundlage für alle weiteren Untersuchungen, weshalb ihr die »Funktion eines Bindegliedes zwischen der Bilanzaufstellung und der Bilanzauswertung« (Kerth, A./Wolf, J. (1993), S. 104) zukommt. Die Strukturierung wird im Hinblick auf eine spätere Arbeitserleichterung bei der Kennzahlenbildung vorgenommen und liefert die Ausgangszahlen, die dann unmittelbar bei der Bildung von Standardkennzahlen zueinander in Beziehung gesetzt werden können. Gleichzeitig kann die Strukturbilanz für eine erste Einschätzung des zu beurteilenden Unternehmens herangezogen werden.

Praxiswert

In der Praxis wird eine Strukturbilanz z. B. von Banken erstellt, die bei Kreditvergabeentscheidungen auf die Jahresabschlussdaten zur Einschätzung der wirtschaftlichen Situation und Entwicklung eines Unternehmens in Vergangenheit und Gegenwart angewiesen sind (vgl. Meyer, C. (2000), S. 277 f.). Darüber hinaus haben insb. Wirtschafts- und Finanzzeitungen eigene Strukturbilanzen entwickelt, um dem Leser leicht überschaubare Gesamtübersichten in standardisierter Form zu vermitteln. Zudem erfolgt auch bei Finanzanalysten regelmäßig eine Aufbereitung des originären Datenmaterials.

Automatisierte Datenerfassung

Da die Jahresabschlussunterlagen nach Form und Inhalt bei den verschiedenen Unternehmen nicht übereinstimmen, setzt eine effiziente Bilanzanalyse eine vereinheitlichte und maschinell verarbeitbare Basis voraus (vgl. bereits Burgard, H. (1983), S. 304). In diesem Zusammenhang ist auf die kontinuierliche Weiterentwicklung der Datenbeschreibungssprache »XBRL« (eXtensible Business Reporting Language) (vgl. hierzu 4. Abschn., 6.) hinzuweisen, die die Schaffung eines frei verfügbaren Standards zum weltweiten Austausch von Jahresabschlussdaten auf Basis der XML-Technologie zum Ziel hat. Diesbezüglich ist ebenfalls beachtlich, dass der Gesetzgeber durch § 5b Abs. 1 Satz 1 EStG für Zwecke der Besteuerung vorschreibt, dass der »Inhalt der Bilanz sowie der Gewinn- und Verlustrechnung nach amtlich vorgeschriebenem Datensatz durch Datenfernübertragung zu übermitteln [ist, d. Verf.]« (vgl. hierzu auch Richter, L./Kruczynski, M. (2012), Rn. 504 ff.). Mit Hilfe der Strukturierung der Jahresabschlussdaten durch sog. »Taxonomien« wird ein Datenaustausch zwischen verschiedenen Softwareapplikationen über das Internet ohne manuellen Eingriff möglich. Sofern ein Unternehmen seine Finanzdaten auf seiner Internetpräsenz im XBRL-Format verfügbar macht, können diese nicht nur von Web-Browsern angezeigt, sondern auch mit Hilfe XML-fähiger Softwaretools über das Internet übertragen und ausgewertet werden. Da in diesem Fall eine manuelle Erfassung überflüssig wird, kann die Datensuche und Auswertung wesentlich vereinfacht werden (vgl. auch Spengler, M. (2001), S. 688 f.). Sind die Daten erst einmal elektronisch erfasst, können die im Folgenden beschriebenen Aufbereitungsmaßnahmen sowie zwischenbetriebliche Vergleiche ebenfalls maschinell unterstützt durchgeführt werden (vgl. hierzu KÜTING, K./DAWO, S./HEIDEN, M. (2001)).

Vor- und Nachteile der Strukturbilanz

Eine Anhäufung von Zahlen, Posten und Angaben im Anhang erschwert den gewünschten Einblick in die für die Analysetätigkeit relevanten Strukturen und macht daher einen schnell überschaubaren Gesamtüberblick erforderlich. Darin liegt einerseits der Vorteil der Strukturbilanz. Andererseits ist gleichzeitig von Nachteil, dass die Strukturbilanz die Realität nur sehr vereinfacht wiedergeben kann.

Bestimmungsfaktoren der Analysequalität

Daraus folgt: Da mit der Zusammenfassung der Daten im Rahmen der Strukturbilanz Informationen verdichtet werden und ein Teil somit für die weitere Analyse verloren geht, sollte dem Aufbereitungsvorgang unter Einbeziehung der Zwecksetzung eine erhöhte Aufmerksamkeit geschenkt werden. Die Güte einer Analyse wird entscheidend von der Sorgfalt bestimmt, mit der die Aufbereitungsarbeit durchgeführt wurde (vgl. SCHEDLBAUER, H. (1978), S. 2425). Auf die mit den Rohdaten der Jahresabschlüsse verbundenen Probleme wurde bereits ausführlich hingewiesen (vgl. 3. Abschn., Kap. 1, 4.). Diese resultieren mithin in der Notwendigkeit eines intensiven Studiums des Ausgangsmaterials.

Zweck der Strukturbilanz

Der Gesamtüberblick einer aufbereiteten Bilanz kann zwar auf strukturelle Besonderheiten aufmerksam machen. Eine Ursache-Wirkungs-Analyse und weitergehende Betrachtungen erfordern aber regelmäßig das Studium und die Auseinandersetzung mit den Ursprungsdaten. Diese Ursache-Wirkungs-Analyse kann u. a. auf der Grundlage von Kennzahlensystemen vorgenommen werden.

Die Erstellung einer Strukturbilanz dient – wie bereits dargelegt – in erster Linie zur Vorbereitung und Erleichterung der sich anschließenden Kennzahlenbildung. Durch die Verdichtung von Informationen sollen zugleich Strukturen verdeutlicht und erste Hinweise zur Vermögens-, Finanz- und Ertragslage geliefert werden (vgl. REHKUGLER, H./PODDIG, T. (1998), S. 30). Insb. soll die Strukturbilanz durch die Neutralisation bilanzpolitischer Maßnahmen zur Verbesserung der Vergleichbarkeit von Jahresabschlüssen sowohl innerhalb eines Rechnungslegungsnormensystems als auch zwischen unterschiedlichen Rechnungslegungsnormensystemen beitragen.

Zweckadäquate Aufbereitung

Die Zielrichtung der Informationsaufbereitung und die konkrete inhaltliche Ausgestaltung der Strukturbilanz ergeben sich aus den Erkenntniszielen der jeweiligen Adressaten der Bilanzanalyse (vgl. MEYER, C. (2000), S. 23). Hiervon ist auch die Quantität der Aufbereitungsmaßnahmen abhängig.

So sind für die Vereinfachung eines Vergleichs zwischen einem HGB- und einem IFRS-Abschluss andere Aufbereitungsmaßnahmen notwendig, als wenn durch die Erstellung einer Strukturbilanz der Vergleich zweier IFRS-Abschlüsse erleichtert werden soll. Zugleich können aber auch die Charakteristika der betrachteten Unternehmen die Gestaltung der Strukturbilanz determinieren. So sind etwa bei einem Vergleich über einen Index hinweg andere Schwerpunkte zu setzen und u. U. abweichende Beurteilungen von Abschlusspositionen vorzunehmen als bei einem Vergleich innerhalb einer Branche. Dies kann man sich leicht an den selbst geschaffenen immateriellen Vermögensgegenständen des Anlagevermögens verdeutlichen, die bei einem Vergleich der Einzelabschlüsse aller DAX-Unternehmen einen anderen Stellenwert einnehmen als bei einem Vergleich zweier forschungsintensiver Unternehmen (vgl. hierzu auch GÖLLERT, K. (2009), S. 1773 f.). In diesem Zusammenhang wird auch von der Erstellung einer zweckorientierten Strukturbilanz gesprochen (vgl. Küting, K./Wohlgemuth, F. (2004), S. 10).

Trotz alledem sollte aber hinsichtlich der Vergleichbarkeit von Jahresabschlüssen auf eine möglichst standardisierte Vorgehensweise bei der Erstellung einer zweckorientierten Strukturbilanz geachtet werden, da ansonsten auch eine Strukturbilanzerstellung nicht zu einer verbesserten zwischenbetrieblichen Vergleichbarkeit führt.

Die Art der Aufbereitung im Zuge der Erstellung einer Strukturbilanz hängt im Wesentlichen davon ab, ob bei der Bilanzanalyse eher die Vermögens- und Finanzlage oder die Ertragslage im Mittelpunkt stehen soll. Zu denken ist hierbei bspw. an die Aufstellung einer gläubigerorientierten Strukturbilanz im Rahmen von Kreditwürdigkeitsprüfungen oder einer investororientierten Strukturbilanz im Zuge von Fundamentalanalysen.

Gläubigerorientierte Strukturbilanz

Die Aufbereitung aus Gläubigersicht sollte dabei die Risikoeinschätzung des Unternehmens sowie die Beurteilung seiner Schuldendeckungsfähigkeit in den Mittelpunkt stellen, wobei insb. der Vermögensstatus eines Unternehmens unter dem Gesichtspunkt seiner Liquidierbarkeit zu fokussieren ist. Die Einschätzung des Risikos sollte auf einer vorsichtigen Beurteilung der Vermögens-, Finanz- und Ertragslage basieren. Zur Ermittlung des strukturbilanziellen Reinvermögens ist daher hinsichtlich der bilanzierten Posten der Aktivseite eine vorsichtige Bilanzierung zu bevorzugen sowie die selbstständige Verkehrsfähigkeit zu überprüfen (vgl. Hombeck, T. (2000), S. 212). Dies führt etwa im Rahmen der IFRS-Strukturbilanz zur Bevorzugung einer Bewertung zu fortgeführten AHK ggü. einer Zeitwertbilanzierung. Unsichere Werte oder nicht selbstständig verkehrsfähige Abschlussposten sollten dann ggf. gegen das Eigenkapital gekürzt werden.

Investororientierte Strukturbilanz

Bei der Aufbereitung aus Investorensicht sollte die vorsichtige Beurteilung der Vermögens-, Finanz- und Ertragslage zugunsten einer marktnahen Abbildung in den Hintergrund treten. Die Finanzanalyse ist bestrebt, zukünftige Wertkomponenten eines Unternehmens zu schätzen. Diese Schätzungen beruhen auch auf den von der externen Rechnungslegung in Form des Jahresabschlusses zur Verfügung gestellten Daten. Um dem Analysten eine möglichst exakte Prognose hinsichtlich zukünftiger Werttreiber zu ermöglichen, sollte die externe Rechnungslegung ein weitgehend vollständiges und marktnahes Bild der Vermögens-, Finanz- und Ertragslage des Unternehmens widerspiegeln. Nur wenn die externe Rechnungslegung diese Bedingung erfüllt, besitzt sie aus Analystensicht Prognoserelevanz und ermöglicht die Vornahme eines Zeit- bzw. Unternehmensvergleichs. In diesem Kontext wird der Ansatz von Zeitwerten zur Prognose künftiger Zahlungsströme von Teilen des Schrifttums präferiert, während deren Prognoserelevanz von anderen Autoren vornehmlich im Vergleich mit Nutzungswerten in Zweifel gezogen wird (vgl. zur Problematik Schmidt, M. (2005), S. 280 ff.; Hitz, J.-M. (2005), S. 242 ff., 312 ff.; Coenenberg, A. G./Straub, B. (2008), S. 21; ausführlich m. w. N. Lauer, P. (2014), S. 329 ff.). Nutzungswerte stehen indes zumeist nicht als Alternativen zur Verfügung.

Weiteres Vorgehen

Im Folgenden werden die Aufbereitungsmaßnahmen in erster Linie aus der zuvor beschriebenen Gläubigerperspektive heraus durchgeführt.

2. Erstellung der Strukturbilanz

Gliederung der Aktiv- und Passivseite

Bei der Strukturbilanz handelt es sich – wie dargelegt – um eine nach den Zielsetzungen und Aufgaben der Bilanzanalyse aufbereitete und umgestaltete Originalbilanz. Bei ihrer Erstellung werden im Rahmen der Aufbereitungsmaßnahmen die Posten auf der Aktiv- und Passivseite zweckmäßigerweise zu jeweils zwei Kategorien – dem bilanzanalytischen Anlage- und Umlaufvermögen auf der Aktivseite sowie dem bilanzanalytischen Eigen- und Fremdkapital auf der Passivseite – zusammengefasst.

Gliederungskriterien im HGB

Dabei ist das Umlaufvermögen danach zu gliedern, wie lange es im Unternehmen gebunden ist. Da gem. § 268 Abs. 4 HGB auch bei jedem Posten der Forderungen jener Teil mit einer Restlaufzeit von mehr als einem Jahr zu vermerken ist, liegt es nahe, das bis zu einem Jahr gebundene Umlaufvermögen als kurzfristig und das verbleibende Umlaufvermögen als längerfristig gebunden einzuordnen.

Darüber hinaus ist die Fristigkeit das Klassifikationsmerkmal bei der Unterteilung der Fremdkapitalien. Gem. § 268 Abs. 5 HGB müssen Kapitalgesellschaften und Personenhandelsgesellschaften i. S. d. § 264a HGB den Betrag der Verbindlichkeiten mit einer Restlaufzeit von bis zu einem Jahr bei jedem gesondert ausgewiesenen Posten vermerken. Weiterhin ist gem. § 285 Nr. 1 HGB der Betrag der Verbindlichkeiten mit einer Restlaufzeit von mehr als fünf Jahren anzugeben. Durch eine einfache Nebenrechnung können daraus auch die Verbindlichkeiten mit einer Restlaufzeit zwischen einem Jahr und fünf Jahren ermittelt werden. Es liegt daher nahe, aufgrund dieser Informationen das Fremdkapital hinsichtlich der Fristigkeit wie folgt zu untergliedern:

kurzfristig	=	Restlaufzeit bis zu einem Jahr
mittelfristig	=	Restlaufzeit zwischen einem und fünf Jahren
langfristig	=	Restlaufzeit über fünf Jahre

Bei erhaltenen Anzahlungen, die passivisch unter den Verbindlichkeiten ausgewiesen werden (vgl. § 266 Abs. 3 C. 3. HGB), kann im strengen Sinne nicht von einer Restlaufzeit gesprochen werden. Für Zwecke der Bilanzanalyse sollten sie daher im Zweifel dem kurzfristigen Fremdkapital zugerechnet werden.

Gliederungskriterien nach IFRS

Innerhalb der IFRS ist mit IAS 1.60 zwar eine Gliederung grds. nach der Fristigkeit vorgesehen, zugleich wird allerdings eine Ausnahme implementiert, wonach eine Gliederung nach der Liquidität der Schulden und Vermögenswerte vorgenommen werden darf, sofern diese zuverlässig und (gleichzeitig) relevanter ist. Diese biete sich etwa für Finanzinstitute an, wobei u. U. auch eine Mischform dieser Gliederungen erlaubt wird (vgl. IAS 1.63 f.). Zunächst lässt sich damit eine Unterteilung nur für den Fall einer entsprechenden Gliederung in kurz- und langfristige Bilanzposten realisieren. Diesbezüglich kann die Jahresfrist auch hier als Unterscheidungskriterium herangezogen werden (vgl. IAS 1.66 ff.).

Fehlen verbindlicher Aufbereitungsregeln

Ungeachtet dieser Unterschiede gibt es für beide Rechnungslegungssysteme gleichermaßen keine normierten oder allgemein anerkannten Aufbereitungsregeln. Die hier abgeleiteten Strukturbilanzen können daher jeweils nur als Vorschlag betrachtet werden. Neben den aufbereiteten Originärdaten der jeweiligen Abschlüsse können in den Strukturbilanzen auch Relativzahlen abgebildet werden, indem z. B. die einzelnen Teilkomponenten in Relation zur Bilanzsumme gesetzt werden. Weiterhin können gesonderte Spalten für Zeit- oder Branchenvergleiche die Aussagefähigkeit einer Strukturbilanz erhöhen. Die nachfolgende Übersicht 20 illustriert den Aufbau der Strukturbilanz beispielhaft für die Aktivseite einer HGB-Bilanz.

Strukturbilanz – Aktiva	03		Veränderung ggü. dem Vorjahr	02	01
	abs.	in %	in %	abs.	abs.
A. Bilanzanalytisches Anlagevermögen I. Immaterielle Vermögensgegenstände II. Sachanlagen III. Finanzanlagen					
AV insgesamt					
B. Bilanzanalytisches Umlaufvermögen I. Vorräte II. Forderungen und sonstige Vermögensgegenstände III. Wertpapiere IV. Kassenbestand, Bundesbankguthaben, Guthaben bei Kreditinstituten und Schecks V. Rechnungsabgrenzungsposten					
UV insgesamt					
Bilanzvermögen insgesamt		100			

Übersicht 20: Formale Gestaltung der Aktivseite einer Strukturbilanz nach HGB

Schwierigkeiten der Strukturbilanzerstellung

Die Ableitung einer Strukturbilanz aus der jeweiligen Originärbilanz zieht unabhängig von den betrachteten Rechnungslegungsnormen erhebliche Schwierigkeiten nach sich. Existieren explizite Wahlrechte, lassen die Angabepflichten es teilweise nicht zu, deren Ausübung hinsichtlich der untersuchten Abschlüsse zu vereinheitlichen. So kann bspw. das Problem der wahlweisen Aktivierung von Fremdkapitalzinsen als Bestandteil der AHK nachfolgend nicht betrachtet werden, weil die Angaben weder nach HGB noch nach IFRS eine Korrektur der betroffenen Positionen und des Jahresergebnisses über den Zugangszeitpunkt hinaus in adäquater Weise zulassen. Faktische Wahlrechte dagegen erschweren die Strukturbilanzerstellung in noch erheblicherem Maße, da diese sich zumeist einer Korrektur gänzlich entziehen.

Trotz dieser Probleme sollen einige Aufbereitungsmaßnahmen dargestellt werden, die für einen Vergleich von Unternehmen infrage kommen können. Dabei können einige Korrekturen nur unter der Voraussetzung entsprechender Angaben vorgenommen werden. Zugleich erheben die jeweiligen Aufzählungen und Strukturbilanzableitungen nicht den Anspruch auf Vollständigkeit.

Strukturbilanz nach HGB

Zunächst werden die Aufbereitungsmaßnahmen im HGB dargestellt und zu einer potenziellen Strukturbilanz verdichtet. Diese Ausführungen basieren auf dem Rechtsstand nach Umsetzung des BilMoG. Der Gesetzgeber verfolgte mit diesem Gesetz – als bedeutendster handelsrechtlicher Reform der vergangenen zwei Jahrzehnte – insb. das Anliegen, eine Annäherung des deutschen Bilanzrechts an die internationalen Rechnungslegungsstandards – vor allem durch eine Anhebung des Informationsniveaus – unter gleichzeitiger Bewahrung des handelsrechtlichen Jahresabschlusses als Grundlage für Gewinnausschüttung und steuerliche Gewinnermittlung zu erreichen. Zudem waren Deregulierung und europarechtliche Harmonisierung Ziele der Reform (vgl. BT-Drucks. 16/10067, S. 32 ff.). Zur Erreichung dieser Zwecke wurden insb. auch die bis dato vorhandenen expliziten Wahlrechte stark eingeschränkt. Diese Änderungen führten dazu, dass zuvor notwendige Maßnahmen im Rahmen der Strukturbilanzerstellung entfallen. Allerdings kann sich diesbezüglich weiterhin Handlungsbedarf ergeben, sofern nach alter Rechtslage aufgestellte Bilanzen für Zwecke der Analyse angepasst werden müssen. Zu entsprechenden Korrekturmaßnahmen sei an dieser Stelle auf die Ausführungen der Vorauflage dieses Buches verwiesen (vgl. Küting, K./Weber, C.-P. (2012a), S. 97 ff.). Indes werden Korrekturen aufgrund der bestehenden langfristigen Übergangsvorschriften für bestimmte Rückstellungen weiterhin betrachtet (vgl. hierzu 3. Abschn., Kap. 2, 3.2.5).

Strukturbilanz nach IFRS

Die Erstellung einer Strukturbilanz eines nach IFRS-Normen aufgestellten Jahresabschlusses ist von der Komplexität nicht zu vergleichen mit der eines nach HGB aufgestellten Abschlusses. Gründe dafür liegen insb. in der geringen Anzahl expliziter Wahlrechte einerseits und der Fülle an faktischen Wahlrechten und Ermessensspielräumen andererseits. Zudem wären nach IFRS einige Korrekturen wünschenswert, die sich allerdings aufgrund der fehlenden Angaben nicht durchführen lassen. Dies betrifft neben der bereits angesprochenen Aktivierung von Fremdkapitalkosten etwa die Korrektur der Folgen einer Anwendung der Percentage-of-Completion-Methode bei der Bilanzierung langfristiger Fertigungsaufträge oder der Fair Value-Bewertung von zu Handelszwecken gehaltenen Finanzinstrumenten (vgl. zu Korrekturen bzgl. anderer Finanzinstrumente 3. Abschn., Kap. 2, 4.1.6).

3. Ableitung aus einer HGB-Bilanz

3.1 Aufbereitungsmaßnahmen auf der Aktivseite

3.1.1 Selbst geschaffene immaterielle Vermögensgegenstände des Anlagevermögens

Aktivierungswahlrecht

Das HGB enthält in § 248 Abs. 2 HGB das Wahlrecht, immaterielle Vermögensgegenstände des Anlagevermögens in der Bilanz anzusetzen. Deren Herstellungskosten umfassen gem. § 255 Abs. 2a Satz 1 HGB die bei der Entwicklung angefallenen Aufwendungen, soweit es sich um Herstellungskosten gem. § 255 Abs. 2 HGB handelt und soweit »Forschung und Entwicklung … verlässlich voneinander unterschieden werden [können, d. Verf.]« (§ 248 Abs. 2 HGB; vgl. ausführlich Küting, K./Ellmann, D. (2009), S. 267 ff.).

Auswirkungen auf die Strukturbilanz

Die in der Bilanzgliederung als »Selbst geschaffene gewerbliche Schutzrechte und ähnliche Rechte und Werte« (§ 266 Abs. 2 A. I. 1. HGB) ausgewiesenen Werte stellen einerseits einen Vermögensgegenstand im handelsrechtlichen Sinne dar.

Andererseits erfolgt die Aktivierung nicht erst dann, wenn der (endgültige) immaterielle Vermögensgegenstand vorliegt, sondern bereits im Zuge dessen Entwicklung. Dies wiederum setzt eine Zukunftsprognose voraus, da mit hoher Wahrscheinlichkeit damit zu rechnen sein »muss, dass ein einzeln verwertbarer immaterieller Vermögensgegenstand ... zur Entstehung gelangt« (BT-Drucks. 16/10067, S. 60; vgl. zur Diskussion um den Vermögensgegenstandscharakter Küting, K./Ellmann, D. (2010), S. 1303; Schmidt, C. (2014), S. 1275). Der damit verbundenen Unsicherheit hat der Gesetzgeber insofern Rechnung getragen, als die aktivierten Beträge gem. § 268 Abs. 8 Satz 1 HGB einer Ausschüttungssperre unterliegen und somit zu Vermögensgegenständen »zweiter Klasse« degradiert wurden. Darüber hinaus besteht die Gefahr, dass durch die uneinheitliche Ausübung dieses Wahlrechts die Vergleichbarkeit von Jahresabschlüssen respektive der daraus abgeleiteten Strukturbilanzen stark eingeschränkt wird.

Korrekturen

Im Rahmen der Strukturbilanzerstellung sollte daher grds. die Aktivierung der selbst geschaffenen immateriellen Vermögensgegenstände des Anlagevermögens rückgängig gemacht werden. Dies erfordert folgende Schritte (vgl. auch Kessler, H. (2010), S. 38):

- Verrechnung des zu Beginn der betrachteten Periode aktivierten Betrags mit den Gewinnrücklagen,
- Deklarierung des im Geschäftsjahr aktivierten Betrags als FuE-Aufwand,
- Stornierung der Abschreibungen auf diese Vermögensgegenstände und
- Bereinigung der Steuereffekte aufgrund des Aktivierungsverbots in § 5 Abs. 2 EStG.

Diese »Annahme eines fiktiven Aktivierungsverbots« (Kessler, H. (2010), S. 38) empfiehlt sich dann, wenn Abschlüsse branchenübergreifend ausgewertet bzw. verglichen werden sollen. Die Aktivierung der selbst erstellten immateriellen Vermögensgegenstände führt zum Ansatz passiver latenter Steuern, der infolge der späteren Abschreibung gemindert wird. Beide Aspekte müssen im Kontext der Strukturbilanzerstellung durch entsprechende Bereinigungen (zweck-)adäquat berücksichtigt werden.

Forschungs- und entwicklungsintensive Unternehmen

Eine abweichende Vorgehensweise kann jedoch ratsam sein, wenn forschungs- und entwicklungsintensive Unternehmen in eine Analyse einbezogen werden sollen und/oder der Fokus der Untersuchung gerade auf diesen Bereich gelegt werden soll. Dabei ist jedoch einschränkend zu beachten, dass auch innerhalb einer forschungs- und entwicklungsintensiven Branche das Aktivierungswahlrecht unterschiedlich ausgeübt werden kann und/oder aufgrund des divergierenden Aktivierungsumfangs in den Grenzen der sich ergebenden Ermessensspielräume (vgl. hierzu Küting, K./Ellmann, D. (2009), S. 287) die Vergleichbarkeit eingeschränkt bleibt. Sollten Zweifel an der Belastbarkeit der entsprechenden Ergebnisse entstehen, sind bei einem Branchenvergleich u. U. ebenfalls die Auswirkungen der Wahlrechtsausübung zu eliminieren. Dies gilt auch, da die Pflicht zur Angabe des Gesamtbetrags der Forschungs- und Entwicklungskosten gem. § 285 Satz 1 Nr. 22 HGB lediglich im Falle der Aktivierung gegeben ist. Für die Nach-Aktivierung bedürfte es dagegen einer generellen Angabe des aktivierungsfähigen Betrags.

3.1.2 Ausstehende Einlagen auf das gezeichnete Kapital

Bilanzielle Behandlung

Gem. § 272 Abs. 1 Satz 2 HGB ist das gezeichnete Kapital auf der Passivseite mit dem Nennbetrag anzusetzen. Von diesem Posten sind die noch nicht eingeforderten ausstehenden Einlagen offen abzusetzen, sodass als Ergebnis in der Hauptspalte das »Eingeforderte Kapital« ausgewiesen wird (vgl. hierzu auch Baetge, J./Kirsch, H.-J./Thiele, S. (2012), S. 484 f.). Korrespondierend zu diesem Passivausweis muss der eingeforderte, aber noch nicht eingezahlte Betrag auf der Aktivseite unter den Forderungen gesondert eingestellt werden (vgl. § 272 Abs. 1 Satz 3 Halbsatz 3 HGB).

Differenzierte Betrachtung der eingeforderten Einlagen

Hinsichtlich der bilanzanalytischen Behandlung dieser Forderungsposition ist eine differenzierte Betrachtung anzustellen:

- Bestehen keine Bedenken hinsichtlich der Solvenz der Anteilseigner, sind die eingeforderten Beträge als echte Vermögenswerte zu betrachten. Eine Aufrechnung gegen das gezeichnete Kapital würde in diesem Fall die Unternehmenslage falsch darstellen.
- Kommt der Analyst im Einzelfall zu dem Ergebnis, dass die Einzahlung gefährdet sein könnte, sollte eine Aufrechnung gegen das gezeichnete Kapital erfolgen. Aus Vorsichtsgründen ist im Zweifelsfall dieser Vorgehensweise der Vorrang einzuräumen.

Abwertung der eingeforderten Einlagen

Allerdings sind hier auch die Vorgaben des § 253 HGB zur Folgebewertung respektive außerplanmäßigen Abschreibung zu beachten. Ist die Einzahlung fraglich, wird mithin zunächst vom bilanzierenden Unternehmen selbst zu prüfen sein, ob eine Abwertung der Forderung notwendig ist. Erscheint eine solche sachgerecht, muss der eingeforderte Betrag korrigiert werden. Zur Vermittlung eines den tatsächlichen Verhältnissen entsprechenden Bilds ist jedoch unter den Forderungen entweder die offene Absetzung des Abwertungsbetrags vorzunehmen oder neben dem abgewerteten Betrag der Nennbetrag zu zeigen. Das gezeichnete Kapital bleibt dagegen unberührt (vgl. Küting, K./Reuter, M. (2009a), Rn. 45 f.; Gehlhausen, H. F./Fey, G./Kämpfer, G. (2009), Rn. 12). Im Falle einer GuV-Analyse sollte darauf geachtet werden, dass durch die Erfolgswirksamkeit der Abwertung bereits eine Berücksichtigung im Eigenkapital erfolgt ist. Entsprechend sollte diese Abwertung ggf. rückgängig gemacht werden, um dann den Nennbetrag der ausstehenden Einlagen zu verrechnen.

3.1.3 Anteile an einem herrschenden oder mit Mehrheit beteiligten Unternehmen

Ausweisvorschrift

Anteile an einem herrschenden oder mit Mehrheit beteiligten Unternehmen müssen wie andere Beteiligungen auch auf der Aktivseite ausgewiesen werden. Gleichzeitig ist allerdings eine Rücklage in Höhe des Betrags einzustellen, der dem auf der Aktivseite der Bilanz für die entsprechenden Anteile angesetzten Betrag entspricht (vgl. § 272 Abs. 4 HGB).

Aufrechnung mit der zu bildenden Rücklage

Aufgrund des bestehenden Beherrschungsverhältnisses entspricht der Charakter der Anteile dem eigener Anteile, weshalb der Gesetzgeber diese beiden Positionen vor dem BilMoG hinsichtlich der Rücklagenbildung auch gleichgestellt hatte (vgl. § 272 Abs. 4 Satz 1 HGB a. F.). Zu Zwecken der Strukturbilanzerstellung ist es daher angebracht, diese Anteile mit dem Eigenkapital, genauer den dafür gebildeten Rücklagen, zu verrechnen.

3.1.4 Erhaltene Anzahlungen auf Bestellungen

Ausweisalternativen

Erhaltene Anzahlungen sind grds. auf der Passivseite als eigenständiger Posten unter den Verbindlichkeiten zu zeigen (Bruttoausweis). Der Gesetzgeber lässt aber in § 268 Abs. 5 Satz 2 HGB eine abweichende Behandlung zu: »Erhaltene Anzahlungen auf Bestellungen sind, soweit Anzahlungen auf Vorräte nicht von dem Posten ›Vorräte‹ offen abgesetzt werden, unter den Verbindlichkeiten gesondert auszuweisen«.

Auswirkungen und Charakteristik

Eine offene Absetzung bei den Vorräten (Nettoausweis) führt dazu, dass die Bilanzsumme verringert wird. Dies hat zur Folge, dass mit der gewählten Ausweistechnik wichtige Bilanzkennzahlen beeinflusst werden können. Dies gilt umso mehr, als der Bilanzposten »erhaltene Anzahlungen auf Bestellungen« in manchen Branchen, bspw. in der Bauindustrie oder im Anlagenbau, eine wichtige Rolle spielt und daher mit der gewählten Ausweisform ein erheblicher Einfluss auf das Bilanzbild genommen werden kann. Im Rahmen einer sachgerechten Bilanzanalyse gilt es hier, den mit den erhaltenen Anzahlungen verbundenen Sachverhalt betriebswirtschaftlich zu hinterfragen. Daher sollte bei erhaltenen Anzahlungen zwischen »Abschlagszahlungen« einerseits und »Vorauszahlungen« bzw. »Anzahlungen i. e. S.« andererseits unterschieden werden.

Der Gesetzgeber differenziert nämlich in § 268 Abs. 5 Satz 2 HGB zwischen Anzahlungen auf Bestellungen und Anzahlungen auf Vorräte. Die Verrechnungsmöglichkeit besteht demnach nur für die zuletzt genannten Anzahlungen. Hierdurch soll sichergestellt werden, dass allein in den Fällen eine Verrechnung vorgenommen wird, in denen für den Auftrag, auf den sich die erhaltene Anzahlung bezieht, bereits Vermögensgegenstände angeschafft oder hergestellt worden sind (vgl. Knop, W./Zander, S. (2010), Rn. 213). Eine pauschale Verrechnung aller erhaltenen Anzahlungen auf Bestellungen dürfte somit nicht sachgerecht sein (vgl. zur Bilanzierungspraxis umfassend Küting, K./Reuter, M. (2006), S. 1 ff.).

Offenes Absetzen von »Abschlagszahlungen«

Erhaltene Anzahlungen werden von Unternehmen insb. zur Finanzierung von Großprojekten eingesetzt. Ihnen steht zwar als Gegenleistung noch nicht das in Auftrag gegebene, fertiggestellte Objekt gegenüber, dennoch können das zur Fertigstellung des Projekts beschaffte Rohmaterial und unfertige Erzeugnisse bereits vorhanden sein. Eine Verrechnung der erhaltenen Anzahlungen mit den Vorräten bringt damit zum Ausdruck, dass in der Bilanz ausgewiesene Vorräte i. H. der erhaltenen Anzahlungen faktisch dem Abnehmer zuzurechnen sind (vgl. bereits Leffson, U. (1984), S. 61). Betriebswirtschaftlich haben die erhaltenen Anzahlungen hier den Charakter eines Korrekturpostens, weil im Falle der Nichtfertigstellung des Projekts i. d. R. nicht von einer Rückzahlung (in voller Höhe) der erhaltenen Anzahlung ausgegangen werden kann. Sofern es sich um die Erstellung eines Gebäudes oder einer Anlage auf dem Grund und Boden des Auftraggebers handelt, erwirbt dieser sukzessive zivilrechtliches Eigentum an der vom Auftragnehmer erstellten (Bau-)Leistung; die erhaltenen Anzahlungen stellen für den Auftragnehmer dann einen finanziellen Ausgleich dar. Damit entsprechen sie betriebswirtschaftlich (und ggf. auch juristisch) »Abschlagszahlungen«, die – ihrem Charakter nach – offen von den Vorräten aktivisch abgesetzt und im Rahmen der

Bilanzanalyse nicht umgegliedert werden sollten. Folglich beinhaltet der später folgende Vorschlag einer Strukturbilanz die Korrektur der entsprechenden Vorrats- und Verbindlichkeitsposition für den Fall, dass dieses Absetzen nicht bereits vorgenommen wurde.

Passivischer Ausweis von »Vorauszahlungen«

Sofern erhaltene Anzahlungen jedoch den Charakter einer »Vorauszahlung« haben, d. h., dass sie Beträge repräsentieren, denen noch keine unfertigen Leistungen oder Vorräte gegenüberstehen, sollte ein Ausweis unter den Verbindlichkeiten oder – bei unsachgemäßem offenem Absetzen auf der Aktivseite – eine Umgliederung dieser Beträge vorgenommen werden. Diese Vorgehensweise erscheint sachgerecht, weil im Falle der Nichterfüllung des Auftrags die erhaltenen Anzahlungen i. d. R. (in voller Höhe) an den Auftraggeber zurückzuzahlen sind. Insoweit ist die erhaltene Anzahlung aus der Sicht des Auftragnehmers eine finanzielle Verpflichtung, sie stellt damit eine Verbindlichkeit dar. Daher wird in der Strukturbilanz ein ungerechtfertigtes Absetzen entsprechend rückgängig gemacht.

Bei unzureichenden Angaben: Bruttoausweis in der Strukturbilanz

Um die beschriebene Klassifizierung von erhaltenen Anzahlungen vornehmen zu können, ist eine geeignete Berichterstattung im Jahresabschluss zu fordern. Fehlen die zur Einordnung notwendigen (Anhang-)Angaben, sollte – vor dem Hintergrund einer vorsichtigen Bilanzanalyse – dem Bruttoausweis des Postens »erhaltene Anzahlungen auf Bestellungen« in der Strukturbilanz der Vorrang eingeräumt werden.

3.1.5 Aktivische Rechnungsabgrenzungsposten

Grds. Umgliederung

Formelles Ziel der Strukturbilanz ist es, auf jeder Bilanzseite lediglich zwei Teilkomponenten, nämlich Anlage- und Umlaufvermögen auf der Aktivseite sowie Eigen- und Fremdkapital auf der Passivseite, auszuweisen. Für den aktivischen Rechnungsabgrenzungsposten, der als Leistungsforderung das Ergebnis einer Vorauszahlung darstellt, heißt dies, dass für seinen gesonderten Ausweis neben dem Anlage- und Umlaufvermögen kein Raum besteht. Für Zwecke der Bilanzanalyse sollte daher der aktivische Rechnungsabgrenzungsposten grds. in das Umlaufvermögen umgegliedert werden (vgl. Rheinboldt, R. (1998), S. 119).

Bilanzierung eines Disagio

Diese Zuordnungsregel gilt nicht für das Disagio. Übersteigen die von einem Darlehensnehmer zur Erfüllung einer eingegangenen Verbindlichkeit zu leistenden Rückzahlungen die ihm zufließenden Beträge, so darf der sich ergebende Differenzbetrag als Disagio gem. § 250 Abs. 3 Satz 1 HGB aktiviert werden. Wird vom Aktivierungswahlrecht Gebrauch gemacht, ist das Disagio in den Rechnungsabgrenzungsposten der Aktivseite einzustellen und über die Laufzeit des Kredits planmäßig abzuschreiben. Wird von der Aktivierung dagegen kein Gebrauch gemacht, ist der gesamte Differenzbetrag in der laufenden Periode als Aufwand zu buchen.

Verrechnung des Disagios

I. H. des Disagios kommt eine Verpflichtung auf das Unternehmen zu, der kein konkreter Gegenwert gegenübersteht. Es handelt sich somit nicht um einen echten Vermögensgegenstand. Mitunter wird die Verrechnung des Disagios mit den korrespondierenden Verbindlichkeiten erwogen, um so einen Vergleich mit Unternehmen zu erleichtern, die entsprechende Kredite – mit geringeren Nominalwerten und höheren Zinssätzen – (ohne Disagio) aufnehmen (vgl. Brösel, G. (2014), S. 119). An dieser Stelle wird indes die Verrechnung mit dem Eigenkapital präferiert. Der Rechnungsabgrenzungsposten kann in diesem Fall als Korrekturposten zur Passivseite angesehen werden, der dazu dient, Aufwendungen periodengerecht zu verteilen. Durch die Verrechnung mit dem Eigenkapital wird dieser Aufwand als Eigenkapitalminderung vorgezogen.

Gleichwohl wird dieser Nachteil durch die Tatsache mehr als ausgeglichen, dass die betroffenen Verbindlichkeiten i. H. des Rückzahlungsbetrags ausgewiesen werden. Zudem kann mittels dieser Zuordnungsregel eine bessere Vergleichbarkeit mit jenen Unternehmen gewährleistet werden, die diesen Bilanzposten nicht in Ansatz gebracht haben. Daher wird nachfolgend eine Verrechnung mit dem Eigenkapital vorgenommen. Hiervon sollte ggf. bei einem Vergleich mit IFRS-Abschlüssen abgesehen werden, da diesbezüglich eine Verrechnung mit der jeweiligen Schuld zu einer besseren Vergleichbarkeit mit dem (IFRS-)Ansatz der fortgeführten Anschaffungskosten führt (vgl. IAS 39.9; Schulze Osthoff, H.-J. (2013), Rn. 74, 87 ff.).

3.1.6 (Aktive) Latente Steuern

Erfassungskonzept

Das HGB folgt bzgl. der Abgrenzung latenter Steuern dem – auch international gebräuchlichen – »temporary differences-concept«. Antizipiert werden speziell künftige Steuerbe- und entlastungen, die aus konkreten Abweichungen (Differenzen) der Wertansätze von Vermögensgegenständen, Schulden und Rechnungsabgrenzungsposten in der Handels- und Steuerbilanz herrühren. Dabei werden entsprechend dem Grundgedanken dieses Ansatzes nur solche Wertdifferenzen berücksichtigt, die sich in späteren Geschäftsjahren voraussichtlich wieder abbauen. Insoweit werden nicht nur GuV-wirksame zeitliche Differenzen, sondern neben GuV-neutral entstandenen Steuerlatenzen auch sog. »quasi-permanente »Differenzen« erfasst (vgl. BT-Drucks. 16/10067, S. 67; ausführlich Küting, K./Seel, C. (2009a), S. 499 ff.; Baetge, J./Kirsch, H.-J./Thiele, S. (2012), S. 543 ff.). Darüber hinaus sind bei der Berechnung aktiver latenter Steuern steuerliche Verlustvorträge zu berücksichtigen, sofern innerhalb der nächsten fünf Jahre verrechenbare Gewinne zu erwarten sind (vgl. § 274 Abs. 1 Satz 4 HGB). Ergibt sich aus der (Einzel-)Differenzenbetrachtung insgesamt ein Passivüberhang (Steuerbelastung), so ist dieser verpflichtend anzusetzen, für einen Aktivüberhang (Steuerentlastung) besteht dagegen ein Wahlrecht. Des Weiteren können die sich ergebenden Steuerbe- und -entlastungen auch unverrechnet angesetzt werden (vgl. § 274 Abs. 1 HGB; überdies Jödicke, D./Jödicke, R. (2011), S. 153 ff.; Spengel, C./Evers, M. T./Meier, I. (2015), S. 7 ff., jeweils m. w. N.).

Auswirkungen auf die Strukturbilanz

Aus Sicht der Strukturbilanz sind zwei zentrale Elemente relevant: zum einen das Wahlrecht für den Ausweis eines Überhangs aktiver latenter Steuern, zum anderen der unbestimmte Vermögens- bzw. Schuldcharakter der latenten Steuern, der sich auch in dem separaten Ausweis zeigt. Dieser folgt der Überlegung des Gesetzgebers, dass es sich bei den aktiven latenten Steuern weder um einen Vermögensgegenstand noch einen Rechnungsabgrenzungsposten noch eine Bilanzierungshilfe handelt, bei den passiven latenten Steuern nicht um eine Rückstellung (vgl. BT-Drucks. 16/10067, S. 67).

Behandlung in der Strukturbilanz

Aufgrund der ggf. beeinträchtigten Vergleichbarkeit von Abschlüssen durch die unterschiedliche Inanspruchnahme des Aktivierungswahlrechts und des fehlenden Vermögensgegenstandscharakters erscheint im Rahmen der Strukturbilanzerstellung – zumindest im Falle des Vergleichs handelsrechtlicher Abschlüsse

– die Verrechnung eines ermittelten Aktivüberhangs gegen das Eigenkapital empfehlenswert.

Wird dagegen ein Passivüberhang ermittelt, ergeben sich zwei Handlungsalternativen. Einerseits kann auch hier eine Verrechnung gegen das Eigenkapital, mithin eine Erhöhung desselben, erfolgen, die sich mit dem fehlenden Schuldcharakter der passiven latenten Steuern begründen ließe. Andererseits entspricht die Beibehaltung des Passivausweises bzw. die Deklarierung als Fremdkapital dem Grundgedanken einer vorsichtigen Strukturbilanzerstellung, da die Bildung passiver latenter Steuern Ausdruck einer progressiven Bilanzpolitik ist. Durch die vorherige Saldierung wird dabei sichergestellt, dass dem Vorsichtsgedanken nicht über Gebühr Platz eingeräumt wird.

In der nachfolgenden Strukturbilanz wird der zunächst empfohlene Schritt der Verrechnung innerbilanziell abgebildet, weshalb sowohl unter der Aktiv- als auch der Passivposition eine entsprechende Korrektur für einen Aktiv- oder Passivüberhang dargestellt ist. Hingegen wurde im zweiten Schritt nur die Aktivposition um einen ggf. verbleibenden Überhang bereinigt.

3.1.7 Aktivischer Unterschiedsbetrag aus der Vermögensverrechnung

Charakterisierung

§ 246 Abs. 2 Satz 2 HGB fordert, dass »Vermögensgegenstände, die dem Zugriff aller übrigen Gläubiger entzogen sind und ausschließlich der Erfüllung von Schulden aus Altersversorgungsverpflichtungen oder vergleichbar langfristig fälligen Verpflichtungen dienen, … mit diesen Schulden zu verrechnen« sind. Diese Regelung hätte grds. nur bilanzverkürzende Wirkung, wenn die in die Saldierung einzubeziehenden Vermögensgegenstände nicht gem. § 246 Abs. 2 Satz 3 HGB mit dem beizulegenden Zeitwert statt den (fortgeführten) Anschaffungskosten zu bewerten wären. Der damit einhergehenden Unsicherheit trägt der Gesetzgeber mit der Implementierung einer Ausschüttungssperre Rechnung.

Aufrechnung in der Strukturbilanz

Der aktivische Unterschiedsbetrag aus der Vermögensverrechnung sollte aufgrund dieser mit der Zeitwertbewertung verbundenen Unsicherheit und Volatilität im Rahmen der Strukturbilanzerstellung gegen das Eigenkapital aufgerechnet werden. Zusätzlich sind die Auswirkungen auf den Betrag der passiven latenten Steuern, die sich durch den steuerlichen Bewertungsvorbehalt ergeben (vgl. hierzu auch Küting, K./Kessler, H./Keßler, M. (2009), S. 365), rückgängig zu machen.

Weitere potenzielle Korrekturen

Diese Vorgehensweise ist der Praktikabilität und dem Kosten-Nutzen-Gedanken geschuldet. Zur korrekten Vermögensdarstellung wäre es wünschenswert, sowohl die Rückstellungen als auch die Vermögensgegenstände anzusetzen, da Letztere durchaus auch in der Summe ihrer (fortgeführten) Anschaffungskosten den Rückstellungsbetrag übersteigen können und in diesem Fall ein Teil des eliminierten aktivischen Unterschiedsbetrags gerechtfertigt wäre. Die benötigten fortgeführten Anschaffungskosten sind jedoch nicht Bestandteil der Pflichtangaben gem. § 285 Satz 1 Nr. 25 HGB. Gleichermaßen wäre es vorteilhaft, auch die Auswirkungen auf die Bewertung latenter Steuern im Bereich der Wertpapiere, die sich durch die Aktivierungspflicht des Deckungsvermögens in der Steuerbilanz ergeben, zu berücksichtigen. Allerdings dürfte auch diese Anpassung für den externen Analysten im Regelfall nicht möglich sein.

3.2 Aufbereitungsmaßnahmen auf der Passivseite

3.2.1 Bilanzgewinn

Berücksichtigung der Gewinnverwendung

Die Gewinnverwendung kann bei der Erstellung des Jahresabschlusses unterschiedlich berücksichtigt werden. Abgesehen vom Regelfall der Erstellung vor einer Gewinnverwendung räumt § 268 Abs. 1 HGB generell die Möglichkeit ein, die Bilanz nach vollständiger oder teilweiser Verwendung des Jahreserfolgs aufzustellen. Bei letzterer Ausweisform tritt an die Stelle der Posten »Jahresüberschuss/-fehlbetrag« und »Gewinn-/Verlustvortrag« der Posten »Bilanzgewinn/-verlust«. Dies gilt gleichermaßen in Fällen der vollständigen Gewinnverwendung für den verbleibenden Restgewinn, da sich die Bezeichnung »Gewinn-/Verlustvortrag« ausschließlich auf Vorjahresbeträge bezieht (vgl. Grottel, B./Krämer, A. (2014), Rn. 8). Zudem kann dann der Ausweis einer Verbindlichkeit ggü. Gesellschaftern in Betracht kommen.

Umgliederung

Wird der Jahresabschluss vor oder nach einer teilweisen Gewinnverwendung aufgestellt, ist der Ausschüttungsbetrag im Bilanzposten »Eigenkapital« enthalten. Da aber der Ausschüttungsbetrag nach Feststellung des Jahresabschlusses den Unternehmensbereich verlässt und dadurch die Liquidität kurzfristig belastet wird (vgl. Gräfer, H./Schneider, G./Gerenkamp, T. (2012), S. 79), weist er – wirtschaftlich betrachtet – Ähnlichkeiten mit einer kurzfristigen Verbindlichkeit auf (vgl. Döring, U./Jacobs, D. (2004), S. 96), die ggf. nach vollständiger Gewinnverwendung bis zur Auszahlung des Ausschüttungsbetrags gezeigt würde. Für Zwecke der Bilanzanalyse ist der Ausschüttungsbetrag, der sich aus dem regelmäßig angegebenen Gewinnverwendungsvorschlag entnehmen lässt, daher aus dem Eigenkapital auszugliedern und in das kurzfristige Fremdkapital einzustellen. Dieser reine Passivtausch wirkt sich neutral auf die Bilanzsumme aus.

3.2.2 Baukostenzuschüsse

Charakterisierung

Bei den Baukostenzuschüssen handelt es sich um nicht rückzahlbare Zuwendungen. Diese Zuwendungen werden von Dritten in Form von Barleistungen gewährt und dienen zur Deckung der Gesamtbaukosten. Insb. bei Energieversorgungsunternehmen sowie Unternehmen der Wohnungsbaubranche können diese Posten eine große Bedeutung erlangen. Sie sind in der Handelsbilanz regelmäßig als Rückstellungen oder Rechnungsabgrenzungsposten zu passivieren (vgl. WP-Handbuch (2012), Kap. E, Rn. 219, 328; Kap. L, Rn. 40).

Aufspaltung

Bilanzanalytisch stellen die Baukostenzuschüsse Mischposten dar, die sowohl Eigen- als auch Fremdkapitalanteile enthalten. In Anlehnung an die Vorschriften (betreffend das AktG 1965) des ehemaligen Bundesaufsichtsamts für das Versicherungswesen werden die Baukostenzuschüsse in der Strukturbilanz im Verhältnis zwei Drittel zu einem Drittel jeweils dem Eigenkapital und dem langfristigen Fremdkapital zugeordnet (vgl. Bering, R. (1975), S. 37).

3.2.3 Sonstige Zuschüsse und Zulagen

Bilanzielle Behandlung

Die bilanzielle Behandlung von Zuwendungen der öffentlichen Hand, insb. von Investitionszuschüssen und -zulagen, wurde in der Vergangenheit uneinheitlich beurteilt. Mittlerweile geht die Literaturmeinung allerdings von der grds. handelsrechtlichen Zulässigkeit dreier unterschiedlicher Vorgehensweisen aus (vgl. dazu Knop, W./Küting, K. (2009), Rn. 63 ff.; Schubert, W. J./Gadek, S. (2014), Rn. 113 ff.).

Für die nicht rückzahlbaren Zuwendungen kommt einerseits eine Behandlung als Anschaffungskostenminderung und andererseits eine sofortige GuV-wirksame Gewinnvereinnahmung infrage. Daneben hat sich die Ansicht gefestigt, dass eine GuV-wirksame Erfassung der Zuwendung über die Nutzungsdauer des betreffenden Vermögensgegenstands – über die bilanztechnische Lösung der Einstellung jener Beträge in einen gesonderten Passivposten – bei ungekürzten Anschaffungskosten zulässig ist. Gleichzeitig gilt es jedoch zu beachten, dass bedingt rückzahlbare Zuschüsse entweder – wie unbedingt rückzahlbare Zuschüsse – unmittelbar oder nach Eintritt der definierten Bedingungen Passivierungspflichten auslösen können (vgl. Küting, K./Pfirmann, A./Ellmann, D. (2010), S. 2206 ff.).

Zuordnung zu Eigen- und Fremdkapital

Ein alternativ zur Abgrenzung gebildeter Passivposten, der bspw. als »Sonderposten für Investitionszuschüsse/-zulagen« ausgewiesen werden könnte, muss im Rahmen der Erstellung der Strukturbilanz umgegliedert werden. Wurde der Passivposten für steuerpflichtige Investitionszuschüsse gebildet, so empfiehlt sich aufgrund des zu erwartenden Steuerabflusses eine Zuordnung zum Eigen- und Fremdkapital im Verhältnis 70 zu 30. Steuerfreie Investitionszulagen hingegen können grds. in voller Höhe in das bilanzanalytische Eigenkapital umgruppiert werden. Um einen Gleichklang mit der direkten Gewinnverrechnung zu erzielen und somit die Anzahl der möglichen unterschiedlichen Darstellungsweisen zu verringern, kann jedoch generell auch die vollständige Zurechnung dieser Position zum Eigenkapital sinnvoll sein. In der nachfolgenden Strukturbilanz wurde jedoch die an erster Stelle genannte Vorgehensweise gewählt. Problematisch bleiben die Auswirkungen der unterschiedlichen Bilanzierungsalternativen, deren Vereinheitlichung nicht sichergestellt werden kann.

3.2.4 Pensionsrückstellungen

Charakterisierung

Bei den ausgewiesenen Pensionsrückstellungen handelt es sich um zukünftige Zahlungsverpflichtungen der Unternehmung, bei denen nur noch hinsichtlich der Höhe und des Zeitpunkts der Fälligkeit Ungewissheit besteht. Es sind eindeutig Schulden, die dem langfristigen Fremdkapital zuzurechnen sind. Für sog. »Neuzusagen« der Pensionsverpflichtungen besteht seit Inkrafttreten des BiRiLiG eine Passivierungspflicht.

Altzusagen

Pensionszusagen, die vor dem 1. Januar 1987 erteilt wurden, sind von der eingeführten Rückstellungspflicht nicht betroffen. Für sie gilt weiterhin ein Passivierungswahlrecht. Ein ebensolches Wahlrecht gilt gem. Art. 28 Abs. 1 EGHGB in jedem Fall für mittelbare Zusagen oder Anwartschaften sowie für ähnliche unmittelbare und mittelbare Verpflichtungen. Der externe Analyst kann aus der Bilanz nicht erkennen, ob für diese Altzusagen oder sonstige mit einem Passivierungswahlrecht ausgestattete Pensions- oder ähnliche Verpflichtungen tatsächlich in voller Höhe Rückstellungen gebildet wurden.

Allerdings müssen Kapitalgesellschaften gem. Art. 28 Abs. 2 EGHGB sämtliche in der Bilanz nicht ausgewiesene Rückstellungen für laufende Pensionen, Anwartschaften auf Pensionen und ähnliche Verpflichtungen im Anhang jeweils in einem Betrag angeben. Der Analyst hat somit bei Kapitalgesellschaften die Möglichkeit, Informationen über die nicht abgedeckten Pensionsverpflichtungen zu erhalten.

Da die nicht abgedeckten Pensionsverpflichtungen echte Schulden des Unternehmens darstellen, sollten auch sie im Rahmen der Strukturbilanz berücksichtigt werden. Dies kann durch einen Passivtausch erreicht werden, indem der entsprechende Betrag der sog. »Unterdeckung« – unter Vernachlässigung ggf. zu berücksichtigender steuerlicher Wirkungen (vgl. dazu Küting, K./Nardmann, B. (1993), S. 1837) – vom Eigen- in das Fremdkapital umgegliedert wird. Damit wird in der Strukturbilanz für alle Pensionsverpflichtungen eine Rückstellung ausgewiesen.

Bewertungswahlrecht

Hinsichtlich der Bewertung von Rückstellungen sei erwähnt, dass hier ein Wahlrecht besteht, zur Abzinsung des jeweils notwendigen Erfüllungsbetrags entweder auf den durchschnittlichen Marktzinssatz der vergangenen sieben Geschäftsjahre (vgl. § 253 Abs. 2 HGB) für die entsprechende Laufzeit zu rekurrieren oder aber für alle abzuzinsenden Pensionsrückstellungen eine Restlaufzeit von 15 Jahren anzunehmen (vgl. hierzu auch Höfer, R. (2010), Rn. 679 f.). Um die divergierende Inanspruchnahme dieses Wahlrechts ausgleichen zu können, bedürfte es der Angabe der jeweiligen Restlaufzeiten, die allerdings nicht vorgeschrieben ist (vgl. § 285 Satz 1 Nr. 24 HGB). Daher muss im Rahmen der Strukturbilanzerstellung auf eine diesbezügliche Korrektur verzichtet werden.

3.2.5 Rückstellungen vor BilMoG

Unter- und Überdotierung von Rückstellungen

Die Änderungen durch das BilMoG können zu divergierenden Ergebnissen bei der Rückstellungsbewertung führen. Lag bzgl. der jeweiligen Rückstellung nach neuer Rechtslage eine Unterdeckung vor, so war diese mangels einer Übergangsvorschrift durch Zuführung des entsprechenden Betrags auszugleichen (vgl. Kessler, H. (2010a), S. 348). Dagegen darf gem. Art. 67 Abs. 1 Satz 2 EGHGB eine Überdotierung beibehalten werden, »soweit der aufzulösende Betrag bis spätestens zum 31. Dezember 2024 wieder zugeführt werden müsste«. Zum Zwecke der besseren Vergleichbarkeit sollten die aus einer Auflösung resultierenden Beträge auch bei Inanspruchnahme des Wahlrechts zur Beibehaltung dem Eigenkapital zugeführt werden, was aufgrund der in Art. 67 Abs. 1 Satz 4 EGHGB fixierten Angabepflicht problemlos möglich ist.

Unterdotierung von Pensionsrückstellungen

Gleiches gilt für die Unterdotierung von Pensionsrückstellungen, die speziell für diese gem. Art. 67 Abs. 1 Satz 1 EGHGB gestattet ist und durch eine Verteilung der zuzuführenden Beträge bis zum 31. Dezember 2024 behoben werden muss. Um auch hier die Auswirkungen unterschiedlicher Wahlrechtsausübung auszugleichen und die Belastung des jeweiligen Unternehmens korrekt abzubilden, empfiehlt sich die Zuführung des angabepflichtigen Unterdotierungsbetrags (vgl. Art. 67 Abs. 2 EGHGB) zu den Rückstellungen respektive zum bilanzanalytischen Fremdkapital.

Aufgrund der Langfristigkeit der Übergangsbestimmungen werden diese Korrekturen weiterhin in die späterhin dargestellte Strukturbilanz aufgenommen.

3.2.6 Passivische Rechnungsabgrenzungsposten

Umgliederung

Da es letztlich Ziel der Strukturbilanz ist, auch auf der Passivseite lediglich zwei Teilkomponenten – nämlich das Eigen- und das Fremdkapital – auszuweisen, ist eine Zuordnung des (verbleibenden) passivischen Rechnungsabgrenzungspostens zum Fremdkapital vorzunehmen.

3.2.7 (Passive) Latente Steuern

Analoge Vorgehensweise

Hinsichtlich dieser Position kann auf die Ausführungen zu den aktiven latenten Steuern verwiesen werden (vgl. 3. Abschn., Kap. 2, 3.1.6). Werden auf der Passivseite latente Steuern ausgewiesen, sollten diese zunächst ggf. mit den aktivischen latenten Steuern saldiert werden. Ein verbleibender Aktivüberhang sollte mit dem Eigenkapital verrechnet werden, ein Passivüberhang dagegen kann i. S. e. vorsichtsorientierten Strukturbilanzerstellung bestehen bleiben respektive dem Fremdkapital zugerechnet werden (vgl. zudem § 285 Nr. 30 HGB-E).

3.3 Verbundbeziehungen

In § 271 Abs. 2 hält das HGB eine Begriffsbestimmung verbundener Unternehmen bereit, die sich von den aktienrechtlichen Regelungen der §§ 15 ff. AktG unterscheidet. Mit der Anpassung dieser beiden Regelungsbereiche sollte bis zur »Verabschiedung einer Richtlinie über die Verbindungen zwischen Unternehmen, insb. über Konzerne, abgewartet werden, die voraussichtlich eine Definition der verbundenen Unternehmen enthalten wird« (BT-Drucks. 10/4268, S. 106). Die Vorschriften des HGB und des AktG gelten so lange unabhängig nebeneinander.

Gesonderter Ausweis von Verbundbeziehungen

In der Bilanz sind nachfolgende Verbundbeziehungen als eigenständige Abschlussposten gesondert auszuweisen:

(1) Anteile an verbundenen Unternehmen im Finanzanlagevermögen (vgl. § 266 Abs. 2 A. III. 1. HGB);
(2) Ausleihungen an verbundene Unternehmen (vgl. § 266 Abs. 2 A. III. 2. HGB);
(3) Forderungen gegen verbundene Unternehmen (vgl. § 266 Abs. 2 B. II. 2. HGB);
(4) Anteile an verbundenen Unternehmen im Umlaufvermögen (vgl. § 266 Abs. 2 B. III. 1. HGB);
(5) Verbindlichkeiten ggü. verbundenen Unternehmen (vgl. § 266 Abs. 3 C. 6. HGB).

Gem. § 266 Abs. 1 Satz 2 HGB müssen die obigen Posten nur von großen und mittelgroßen Kapitalgesellschaften und Personenhandelsgesellschaften i. S. d. § 264a HGB ausgewiesen werden. Für das verkürzte Bilanzschema der kleinen Gesellschaft ergibt sich insoweit keine gesonderte Ausweispflicht. Im Rahmen der Offenlegung können mittelgroße Gesellschaften die obigen fünf Abschlussposten auch alternativ im Anhang angeben (vgl. § 327 HGB).

Vor dem Hintergrund der Tatsache, dass die überwiegende Mehrzahl der Konzernbeziehungen im Rahmen der Konzernrechnungslegung eliminiert werden (vgl. Küting, K./Weber, C.-P. (2012), S. 99 ff.), erscheint die Auswertung der vorgenannten Verbundbeziehungen aus externer Sicht lohnenswert.

Begründung

Der gesonderte Ausweis der Verbundbeziehungen soll die Beziehungen zu verbundenen Unternehmen transparenter machen und somit einen besseren Einblick ermöglichen (vgl. Ballwieser, W. (1989), S. 26). Die Beziehungen zu verbundenen Unternehmen haben eine besondere Qualität, die anders zu bewerten ist als die zu sonstigen, nicht konzernverbundenen Unternehmen. So dürften bspw. Kreditgewährungen und Prolongationen von Verbindlichkeiten im Verhältnis zwischen verbundenen Unternehmen leichter möglich sein und Ausleihungen häufig niedrig verzinslich oder gar unverzinslich gewährt werden. Generell ist auf den Zusammenhang hinzuweisen, dass wirtschaftliche Probleme des Mutterunternehmens zumeist auch die Tochterunternehmen in Mitleidenschaft ziehen, und umgekehrt bei der Krise einer großen Beteiligungsgesellschaft sich die Muttergesellschaft regelmäßig zu entsprechenden Stützungsmaßnahmen genötigt sieht (vgl. grds. zur Insolvenz im Konzern Verhoeven, A. (2011), S. 97 ff.; Küting, P./Eichenlaub, R. (2014), S. 169 ff.).

Berücksichtigung in der Strukturbilanz

Diese Überlegungen machen deutlich, dass sich dem Analytiker durchaus wertvolle Erkenntnisse eröffnen, wenn den Verbundbeziehungen im Rahmen der Bilanzanalyse eine erhöhte Aufmerksamkeit geschenkt wird. Dies könnte in der Weise erfolgen, dass im Anlage- und Umlaufvermögen ebenso wie im Fremdkapital die Verbundbeziehungen zusammengefasst und gesondert ausgewiesen werden. Denkbar wären auch eine Vorspalteninformation oder ein »Davon-Vermerk«.

3.4 Ergebnis: HGB-Strukturbilanz

Darstellung

Aus den vorangegangenen Überlegungen ergibt sich der nachfolgend abgeleitete Vorschlag einer Strukturbilanz für den Einzelabschluss nach HGB. Abstrahiert vom Sondertatbestand eines »Nicht durch Eigenkapital gedeckten Fehlbetrags« (vgl. 3. Abschn., Kap. 3, 1.2.3.2.1.3), wird dabei in Übersicht 21 zunächst die Ableitung aus einer Originalbilanz dargestellt. Abgebildet werden die Korrekturen, die als im Regelfall vorzugswürdig beschrieben wurden. Folglich können aus den obigen Ausführungen auch divergierende Strukturbilanzen resultieren. Der Kursivdruck wurde für solche Positionen gewählt, die nur noch in Übergangsfällen relevant sind.

Innerhalb des Eigenkapitals ist eine Zuordnung zu den einzelnen Positionen nur teilweise vorgenommen worden, da in vielen Fällen eine Unterscheidung zwischen Vorgängen in der betrachteten Periode und Vorperioden notwendig ist, die zur Änderung der Gewinnrücklagen oder des Jahresüberschusses bzw. Bilanzgewinns führt. Diese wurden entsprechend grau unterlegt und abgesetzt. Der Ausweis des Eigenkapitals orientiert sich zudem daran, ob die Bilanz vor (a), nach teilweiser (b) oder vollständiger (c) Gewinnverwendung aufgestellt wurde. Zu korrigierende passive latente Steuern wurden jeweils vom betroffenen (Aktiv-) Posten abgezogen. Hinsichtlich der Zuschüsse wurde die originäre Abbildung innerhalb eines separaten Postens bzw. hinsichtlich der Baukostenzuschüsse innerhalb der Rückstellungen angenommen, wobei Letztere umgegliedert werden.

Abschließend wird in Übersicht 22 das Ergebnis der Strukturbilanzerstellung abgebildet. Dabei werden – wie in Übersicht 20 angedeutet – die nach der Korrektur zusätzlich verbleibenden Posten der Aktivseite dem Umlaufvermögen zugeordnet, diejenigen der Passivseite dem Fremdkapital.

Aktiva	Passiva	
A. Anlagevermögen I. Immaterielle Vermögensgegenstände ./. selbstgeschaffene VG II. Sachanlagen III. Finanzanlagen ./. Anteile an einem herrschenden oder mit Mehrheit beteiligten Unternehmen B. Umlaufvermögen I. Vorräte + erhaltene Anzahlungen (abgesetzte Vorauszahlungen) ./. erhaltene Anzahlungen (nicht abgesetzte Abschlagszahlungen) II. Forderungen und sonstige Vermögensgegenstände ./. gefährdete eingeforderte Einlagen III. Wertpapiere IV. Kassenbestand etc. C. Rechnungsabgrenzungsposten ./. Disagio D. ~~Aktive Latente Steuern~~ ./. passive latente Steuern (falls Aktivüberhang) ./. ggf. Aktivüberhang E. ~~Aktivischer Unterschiedsbetrag aus der Vermögensverrechnung~~	A. Eigenkapital I. Gezeichnetes Kapital ./. gefährdete eingeforderte Einlagen II. Kapitalrücklage III. Gewinnrücklagen ./. Rücklage für Anteile an einem herrschenden oder mit Mehrheit beteiligten Unternehmen a) IV. Gewinnvortrag/Verlustvortrag V. Jahresüberschuss/Jahresfehlbetrag ./. auszuschüttender Betrag b) IV. Bilanzgewinn/Bilanzverlust ./. auszuschüttender Betrag c) IV. Bilanzgewinn/Bilanzverlust ./. Selbstgeschaffene immaterielle VG des AV abzgl. passiver latenter Steuern + Abschreibungen auf diese VG abzgl. passiver latenter Steuern ./. Disagio ./. ggf. aktivischer Steuerüberhang ./. aktivischer Unterschiedsbetrag aus der Vermögensverrechnung abzgl. passiver latenter Steuern + 2/3 Baukostenzuschüsse + Investitionszulagen + 70 % der Investitionszuschüsse ./. *nicht ausgewiesene oder unterdeckte Pensionsrückstellungen* + *Überschussbetrag überdotierter Rückstellungen*	**Bilanzanalytisches Eigenkapital**
	B. (Sonderposten für) Investitionszuschüsse/-zulagen + 1/3 Baukostenzuschüsse ./. Investitionszulagen ./. 70 % der Investitionszuschüsse C. Rückstellungen ./. Baukostenzuschüsse + *nicht ausgewiesene oder unterdeckte Pensionsrückstellungen* ./. *Überschussbetrag überdotierter Rückstellungen* D. Verbindlichkeiten + ggf. auszuschüttender Betrag + erhaltene Anzahlungen (abgesetzte Vorauszahlungen) ./. erhaltene Anzahlungen (nicht abgesetzte Abschlagszahlungen) E. Rechnungsabgrenzungsposten F. Passive latente Steuern ./. passive latente Steuern auf eliminierte Aktivposten ./. aktive latente Steuern (falls Passivüberhang)	**Bilanzanalytisches Fremdkapital**

Übersicht 21: Ableitung der Strukturbilanz nach HGB

Strukturbilanzielle Aktiva	Strukturbilanzielle Passiva
A. Bilanzanalytisches Anlagevermögen I. Immaterielle Vermögensgegenstände II. Sachanlagen III. Finanzanlagen B. Bilanzanalytisches Umlaufvermögen I. Vorräte II. Forderungen und sonstige Vermögensgegenstände III. Wertpapiere IV. Kassenbestand etc. V. Rechnungsabgrenzungsposten	A. Bilanzanalytisches Eigenkapital I. Gezeichnetes Kapital II. Kapitalrücklage III. Gewinnrücklagen a) IV. Gewinnvortrag/Verlustvortrag V. Jahresüberschuss/Jahresfehlbetrag (nach Ausschüttung) b) IV. Bilanzgewinn/-verlust (nach Ausschüttung) c) IV. Bilanzgewinn/-verlust B. Bilanzanalytisches Fremdkapital I. Zuschüsse II. Rückstellungen III. Verbindlichkeiten IV. Rechnungsabgrenzungsposten V. Ggf. passive latente Steuern

Übersicht 22: Ergebnis der Aufbereitung nach HGB

4. Ableitung aus einer IFRS-Bilanz

4.1 Aufbereitungsmaßnahmen auf der Aktivseite

4.1.1 Selbst erstellte immaterielle Vermögenswerte

Normvorgaben

IAS 38 erlaubt, die in der Entwicklungsphase anfallenden Aufwendungen für die Erstellung eines immateriellen Vermögenswerts zu aktivieren, sofern insb. die Fertigstellung des Vermögenswerts und die künftige Erzielung wirtschaftlichen Nutzens gewährleistet sind (vgl. IAS 38.57). Da sich der deutsche Gesetzgeber im Rahmen des BilMoG an den IFRS-Vorschriften orientiert hat, ähneln sich die entsprechenden Ansatzvoraussetzungen (vgl. zu diesem Problemkreis auch Schmidt, C. (2014), S. 1274, m. w. N.).

Korrekturmaßnahmen

Wie im Rahmen der HGB-Strukturbilanzerstellung ausgeführt, wird es sowohl aus der Perspektive der besseren Vergleichbarkeit von Abschlüssen als auch vor dem Hintergrund der inhärenten Unsicherheit von aktivierten selbst erstellten immateriellen Vermögenswerten des Anlagevermögens zumeist ratsam erscheinen, diese gegen das Eigenkapital zu kürzen. Soll ein rechnungslegungssystemübergreifender Vergleich durchgeführt und/oder eine Strukturbilanz aus Gläubigersicht erstellt werden, ist eine entsprechende Vorgehensweise für die IFRS-Bilanz zu wählen. Dabei sind vergleichbare Schritte vorzunehmen:

- Reduzierung der Gewinnrücklagen um den Saldo aus den selbst erstellten immateriellen Vermögenswerten des Anlagevermögens und den darauf entfallenden passivischen latenten Steuern der Vorjahre;
- Kürzung der in der Periode neu aktivierten Entwicklungsaufwendungen und der neu passivierten latenten Steuern gegen den Jahreserfolg;
- Korrektur des angefallenen Abschreibungsaufwands sowie der damit einhergehenden Auflösung der zuvor gebildeten passiven latenten Steuern.

Letzteres muss in Abhängigkeit von der Periode, in der die jeweiligen Abschreibungen bzw. Korrekturen latenter Steuern erstmalig angefallen sind, GuV-neutral oder GuV-wirksam durchgeführt werden (vgl. mitunter Beermann, T. (2001), S. 167 f.).

Im Rahmen eines Branchenvergleichs können diese Korrekturen dagegen u. U. unterlassen werden (vgl. hierzu auch 3. Abschn., Kap. 2, 3.1.1).

4.1.2 Neubewertung von Sachanlagen und immateriellen Anlagegütern

Neubewertungsmodell

Aktivierungsfähige Sachanlagen und immaterielle Anlagegüter sind – mit Ausnahme selbst geschaffener Geschäfts- oder Firmenwerte (GoF), die nicht aktiviert werden dürfen (vgl. IAS 38.48) – im Zugangszeitpunkt mit den jeweiligen Anschaffungs- oder Herstellungskosten anzusetzen (vgl. IAS 16.15; IAS 38.24). Für die Folgebewertung besteht dagegen das Wahlrecht, diese Vermögenswerte entweder zu (fortgeführten) Anschaffungskosten oder in Einklang mit dem Neubewertungsmodell zum beizulegenden Zeitwert zu bewerten (vgl. IAS 16.29; IAS 38.72). Allerdings besteht für immaterielle Vermögenswerte die Voraussetzung, dass der für die Neubewertung zu bestimmende beizulegende Zeitwert unter Bezugnahme auf einen aktiven Markt ermittelt werden kann (vgl. IAS 38.81 f.).

Bei Anwendung des Neubewertungsmodells sind nach dem Zeitpunkt der Neubewertung notwendige planmäßige und außerplanmäßige Abschreibungen vorzunehmen (vgl. IAS 16.31; IAS 38.75). Übersteigt der danach ermittelte Wert den Buchwert, ist der übersteigende Betrag im sonstigen Ergebnis zu erfassen und in die Neubewertungsrücklage einzustellen, sofern dadurch nicht eine in der GuV erfasste Abwertung rückgängig gemacht wird. Gleichermaßen ist eine Neubewertung, die zu einer Verringerung des Buchwerts führt, in der GuV zu berücksichtigen, sofern die Neubewertungsrücklage keine Beträge aus früheren Werterhöhungen enthält (vgl. IAS 16.39 f.; IAS 38.85 f.; zur Anwendung des Neubewertungsmodells vgl. Hoffmann, W.-D. (2014), Rn. 70 ff.).

Aus der Anwendung des Neubewertungsmodells können (passive) latente Steuern aufgrund des steuerrechtlichen Ansatzverbots für selbst erstellte immaterielle Wirtschaftsgüter des Anlagevermögens (vgl. § 5 Abs. 2 EStG) und der steuerlichen Bewertung zu Anschaffungs- oder Herstellungskosten (vgl. § 6 Abs. 1 Nr. 1 EStG) resultieren. Daher erfordert die Strukturbilanzerstellung eine Korrektur der latenten Steuerwirkungen sowohl bzgl. einer ggf. vorzunehmenden Zuschreibung als auch der späteren Verminderung der Steuern infolge der erhöhten Abschreibungen. Zu beachten ist hierbei, dass Ansatz und Auflösung der latenten Steuern bzgl. im sonstigen Ergebnis erfasster Beträge ebenfalls zulasten des sonstigen Ergebnisses zu erfolgen haben (vgl. IAS 12.61A).

Die Angabepflichten bei Anwendung des Neubewertungsmodells beinhalten u. a. die Beträge, die bei Anwendung des Anschaffungskostenmodells angesetzt würden (vgl. IAS 16.77 (e); IAS 38.124 (a)(iii)). Analog wird – allerdings nur für Sachanlagen – bei Ansatz der fortgeführten Anschaffungskosten die Angabe eines wesentlich abweichenden beizulegenden Zeitwerts zumindest empfohlen (vgl. IAS 16.79 (d)).

Beurteilung

Insb. mit Blick auf die Erstellung einer gläubigerorientierten Strukturbilanz ist eine Korrektur der die Anschaffungs- oder Herstellungskosten übersteigenden

Beträge zu empfehlen (vgl. auch Riebell, C. (1999), Rn. 413; Brösel, G. (2014), S. 117 f.). Denn ein vorsichtiger Strukturbilanzausweis trägt der bestehenden Unsicherheit hinsichtlich der Ermittlung und Werthaltigkeit von Neubewertungsbeträgen Rechnung und führt aufgrund der Neutralisierung des Wahlrechts zu einer verbesserten Vergleichbarkeit von Jahresabschlüssen. Dies gilt auch hinsichtlich eines Vergleichs mit HGB-Bilanzen.

Aus Investorensicht wird die Neubewertung positiver beurteilt, da durch Neubewertungen idealtypisch vorhandene stille Reserven aufgedeckt werden, was im Hinblick auf eine transparente bzw. wirklichkeitsgetreue Darstellung der Vermögenslage grds. zu begrüßen ist. So könnte sogar eine Anpassung der zu Anschaffungs- oder Herstellungskosten bewerteten Sachanlagen erfolgen, falls die empfohlene Angabe tatsächlich bereitgestellt wird, was allerdings nur in Ausnahmefällen zutreffen wird (vgl. Coenenberg, M. (2000), S. 202). Für eine Kürzung der Neubewertung von Sachanlagen spricht – neben den bereits an anderer Stelle aufgeführten Nachteilen der Zeitwertbewertung (vgl. 3. Abschn., Kap. 1, 4.), dass eine Neubewertung in der deutschen Rechnungslegungspraxis ohnehin sehr selten anzutreffen ist (vgl. Müller, S./Wobbe, C./Reinke, J. (2008), S. 637 f.; Küting, K./Pfitzer, N./Weber, C.-P. (2013), S. 120 f.) und daher der mit der Kürzung verbundene Informationsverlust im Einzelfall in Kauf genommen werden sollte.

Korrektur der Neubewertung

Die zuvor dargestellten Angabepflichten erlauben einem externen Jahresabschlussadressaten die Bereinigung der vorgenommenen Neubewertung. Bei der Erstellung der Strukturbilanz sollte demnach das neu bewertete Vermögen um den anteiligen Betrag der Neubewertungsrücklage sowie die entsprechenden passivischen latenten Steuern gekürzt sowie das Eigenkapital um den Betrag der Neubewertungsrücklage reduziert werden. Hinsichtlich der Korrektur der aufgrund der Neubewertung gebildeten passiven latenten Steuern ist eine detaillierte Unternehmensangabe erforderlich. Wird diese Angabe nicht vorgenommen, muss es zu einer Approximation der entsprechenden Steuerlatenz(en) durch Multiplikation des Ertragsteuersatzes mit dem Neubewertungssaldo (= Buchwert nach Neubewertung ./. fortgeführte Anschaffungskosten) kommen (vgl. Beermann, T. (2001), S. 171), da es sich bei der Neubewertungsrücklage um eine Nettogröße handelt und es somit andernfalls zu einem immer noch zu hohen Vermögensausweis käme.

4.1.3 Fair Value-Bewertung von Investment Property

Modell des beizulegenden Zeitwerts

Nach der Zugangsbewertung von als Finanzinvestition gehaltenen Immobilien, den sog. »Investment Properties«, zu Anschaffungs- oder Herstellungskosten ist es dem Bilanzierenden gestattet, auch hier zwischen einer Fortführung dieser Kosten und einer Alternativmethode zu wählen. Diese Alternative besteht im Modell des beizulegende Zeitwerts, wobei hier der unmittelbare Ansatz des beizulegenden Zeitwerts zum Bewertungsstichtag vorgeschrieben ist (vgl. IAS 40.30 ff.). Die Erfassung der Wertänderungen erfolgt dabei stets in der GuV (vgl. IAS 40.35). Im Zuge einer Wahl dieses Modells ist in den Anhangangaben eine Überleitungsrechnung zu erstellen, aus der u. a. die Nettogewinne oder -verluste aus der Berichtigung des beizulegenden Zeitwerts hervorgehen (vgl. IAS 40.76 (d)).

Potenzielle Korrekturmaßnahmen

Theoretisch könnte aus Sicht einer gläubigerorientierten Strukturbilanz eine Korrektur des Unterschiedsbetrags zwischen dem Fair Value und den Anschaffungs- oder Herstellungskosten bei Investment Properties gewünscht werden, um die volatilen Marktwerte aus der bilanziellen Betrachtung zu eliminieren. Eine solche Korrekturmaßnahme gestaltet sich aber als äußerst aufwendig, da eine Angabepflicht der originären Anschaffungs- oder Herstellungskosten des Bestands zum Fair Value bewerteter »Investment Properties« nicht vorgesehen ist. Ziel müsste es daher sein, diese Anschaffungs- oder Herstellungskosten unter Berücksichtigung von Zu- und Abgängen sowie Wertänderungen zu berechnen und anschließend für die betroffenen Immobilien noch die fiktiven planmäßigen Abschreibungen zu bestimmen.

Die Position »Investment Properties« müsste schließlich um die Differenz zwischen den so ermittelten fortgeführten Anschaffungskosten und dem Fair Value korrigiert werden, was bzgl. der in der betrachteten Periode verbuchten Wertänderungen GuV-wirksam und bzgl. des Restbetrags GuV-neutral erfolgen müsste. Zudem wäre eine entsprechende Korrektur der latenten Steuern vonnöten.

Diese komplizierte Vorgehensweise wird jedoch üblicherweise aufgrund von Kosten-Nutzen-Erwägungen abzulehnen sein (zur eher geringen Häufigkeit entsprechender Anwendungsfälle vgl. Müller, S./Wobbe, C./Reinke, J. (2009), S. 253).

4.1.4 Operating-Leasing-Verhältnisse

Leasingbilanzierung nach IFRS

Die Bilanzierung von Leasingverhältnissen nach IAS 17 sieht – je nach Ausgestaltung der zugrunde liegenden Leasingverträge – eine Klassifizierung in Operating- oder Finanzierungsleasing vor. Während die Einstufung als Finanzierungsleasing zu einer Aktivierung des Leasinggegenstands – bei gleichzeitiger Passivierung einer korrespondierenden Verbindlichkeit – in der Bilanz des Leasingnehmers führt (vgl. IAS 17.20), bleiben Operating-Leasingverhältnisse in der Bilanz des Leasingnehmers unberücksichtigt. Dieser Umstand führt dazu, dass i. d. R. die Mehrzahl der abgeschlossenen Leasingverträge eines Unternehmens als Operating-Leasingverhältnis ausgestaltet wird. Um eine bilanzanalytische Gleichstellung mit dem Finanzierungsleasing sowie anderen bilanzwirksamen Fremdfinanzierungen zu erreichen und im Ergebnis unternehmensübergreifende Vergleiche der Vermögens-, Finanz- und Ertragslage zu ermöglichen, bedarf es einer bilanziellen Erfassung der Operating-Leasingverhältnisse.

Diese Notwendigkeit kann an einem Beispiel illustriert werden. Vergleicht man zwei Logistikunternehmen miteinander, von denen ein Unternehmen seine Transportflotte kreditfinanziert kauft und das andere eine identische Transportflotte durch Operating-Leasingverhältnisse beschafft, ergeben sich ohne Anpassung – obgleich aus ökonomischer Sicht vergleichbare Sachverhalte vorliegen – gravierende Unterschiede im Bilanzbild beider Unternehmen.

Korrektur der unterschiedlichen bilanziellen Erfassung

Diese Abweichungen in der bilanziellen Wirkung von Operating- und Finanzierungsleasingverhältnissen können mit Hilfe der verpflichtenden Anhangangaben gem. IAS 17 weitgehend aufgehoben werden. IAS 17.35 schreibt vor, dass die zukünftigen Mindestleasingzahlungen aus Operating-Leasingverhältnissen in den Zeitkorridoren »kleiner als ein Jahr«, »zwischen zwei und fünf Jahren« sowie »über fünf Jahren« angegeben werden müssen. Außerdem müssen die aus Operating-Leasingverhältnissen resultierenden Zahlungen der aktuellen Periode angegeben werden.

Faktormodell

Die Informationen aus den Anhangangaben können prinzipiell mit unterschiedlich aufwendigen Verfahren für Zwecke der Bilanzanpassung verarbeitet werden (vgl. Pferdehirt, H. (2007), S. 163 ff.). Die einfachste – zugleich für vergleichbare Anpassungen von HGB-Abschlüssen verwendbare – Methode stellt das sog. »Faktormodell« dar. Dieses Modell sieht die Schätzung einer aus den nicht bilanzierten Leasingverhältnissen zu berücksichtigenden Verbindlichkeit sowie der Leasingvermögenswerte des Sachanlagevermögens in identischer Höhe auf Basis einer Multiplikation der diesjährigen operativen Leasingzahlungen mit einem Faktor (z.B. sechs oder acht) (vgl. Pferdehirt, H. (2007), S. 164 f.) vor. Zwecks Determinierung der Höhe des Faktors muss der Analyst seine Erwartungshaltung zum Diskontierungszinssatz und zur durchschnittlichen Restlaufzeit bestimmen, da es sich letztlich um einen Rentenbarwertfaktor handelt, der annahmegemäß konstant bleibende jährliche Leasingzahlungen in einen Barwert zum Abschlussstichtag umwandelt.

Neben der Bilanzanpassung müssen auch die Mietaufwendungen angepasst werden. Die aktuellen Mietaufwendungen werden hierbei in die beiden Teile Abschreibungen und Zinsaufwendungen aufgeschlüsselt. Die Anwendung des Faktormodells muss dabei mit einer stark vereinfachten Aufteilung des laufenden Mietaufwands einhergehen (z.B. 30% Zinsaufwand und 70% Abschreibungsaufwand) (vgl. Pferdehirt, H. (2007), S. 164).

Net-Present-Value-Modell

Ein anderes – weit verbreitetes – Modell, das gleichermaßen exakter als auch erheblich aufwendiger bei der Datenaufbereitung ist, stellt das sog. »Net-Present-Value-Modell« dar, welches ebenfalls zu einer ergänzend zu berücksichtigenden Leasingverbindlichkeit sowie Vermögenswerten des Sachanlagevermögens in identischer Höhe führt.

Für die Anwendung dieses Modells müssen anhand der Anhangangaben Zahlungsströme der folgenden Jahre gebildet werden, die mit einem bestimmten – laufzeitkongruenten – Zinssatz diskontiert werden. Während die Mindestleasingzahlungen mit einer Laufzeit kleiner als ein Jahr problemlos um ein Jahr abgezinst werden können, müssen für die anderen beiden durch die Rechnungslegungskonventionen festgelegten Zeiträume Vereinfachungen vorgenommen werden. Die Summe der Mindestleasingzahlungen zwischen zwei und fünf Jahren wird üblicherweise linear verteilt und anschließend jeweils abgezinst. Für die Mindestleasingzahlungen über fünf Jahre bietet sich eine Projektion der linearen Verteilung der Jahre zwei bis fünf an.

Bei Anwendung des Net-Present-Value-Modells können die Zinsaufwendungen auf Basis des verwendeten Zinssatzes und der ermittelten Leasingverbindlichkeit errechnet werden. Die Differenz der laufenden Mietaufwendungen und der ermittelten Zinsaufwendungen ergibt sodann den zusätzlichen Amortisationsbedarf.

4.1.5 (Aktive) Latente Steuern

Unterschiedliches Vermögens- und Schuldverständnis nach HGB und IFRS

Durch die Anpassung der handelsrechtlichen Erfassung latenter Steuern an das den IFRS zugrunde liegende »temporary-differences-concept« wurde zwar eine Annäherung erreicht, dennoch erfolgt die Bilanzierung in beiden Regelwerken weiterhin nach einem divergierenden Vermögens- und Schuldverständnis. Dies zeigt sich einerseits in dem getrennten Ausweis innerhalb eines Sonderpostens in der HGB-Bilanz, andererseits in dem weiterhin bestehenden Aktivierungswahlrecht bei einem bestehenden Überhang aktiver latenter Steuern (vgl. hierzu auch BT-Drucks. 16/10067, S. 67 f.). Dagegen liegen nach dem weiteren Verständnis der IFRS-Rechnungslegung Vermögenswerte bzw. Schulden vor.

Vorgehensweise bei Vergleich mit HGB-Bilanz

Wird ein Vergleich von HGB- und IFRS-Abschlüssen vorgenommen, bieten sich zwei Vorgehensweisen an. Zum einen kann in beiden Abschlüssen auf eine Saldierung aktiver und passiver latenter Steuern ggf. verzichtet werden, zum anderen kann nach der Saldierung die Aufrechnung eines Aktivüberhangs mit dem Eigenkapitel bzw. der Ausweis eines verbleibenden Passivüberhangs in den Verbindlichkeiten erfolgen. Wie noch darzustellen ist, wird nach IFRS unter Vergleichsgesichtspunkten mit Blick auf eine gläubigerorientierte Strukturbilanz die bereits für die HGB-Bilanz präferierte Vorgehensweise umgesetzt, sodass in einem ersten Schritt eine Aufrechnung erforderlich und im zweiten Schritt ggf. eine Verrechnung eines verbleibenden Aktivüberhangs oder die Beibehaltung eines Passivüberhangs vorzunehmen ist.

Vorgehen bzgl. korrigierter Positionen

Unabhängig davon verlangt, wie bereits ausgeführt, die Korrektur verschiedener Positionen der IFRS-Bilanz zugleich eine Korrektur der latenten Steuern. Hierbei ergeben sich wie auch im HGB verschiedene Probleme. So muss etwa der für die Berechnung der latenten Steuern zugrunde gelegte Steuersatz bekannt sein. Dabei werden allerdings mitunter nicht alle Sachverhalte, die einem Standard subsumiert werden, einheitlich mit einem Steuersatz besteuert. Eine sachgerechte Vorgehensweise würde in diesen Fällen die Kenntnis über die einzelnen Positionen, die nach diesen Standards zu bilanzieren sind, und deren Steuersätze voraussetzen. Diese Informationen sind Externen im Regelfall aus dem Geschäftsbericht nicht ersichtlich, sodass eine Korrektur u. U. nicht zu Ergebnissen führt, die einem externen Betrachter Erkenntnisfortschritte liefern.

Unterschiedliche Ebenen der Korrektur latenter Steuern

Um bei der Korrektur der latenten Steuern zu einer Abbildung der Vermögens- und Ertragslage zu gelangen, die der Situation vor einem bilanziellen Vorgang wie bspw. der Aktivierung der Entwicklungskosten oder der Neubewertung der Sachanlagen entspricht, ist jedoch zwingend zu beachten, dass neben dem Zurückdrehen des Basiseffekts, also etwa der Aktivierung der Entwicklungskosten, sowohl eine Korrektur der latenten Steuern auf die in der Periode neu aktivierten Entwicklungskosten als auch eine Korrektur der latenten Steuern auf den Bestand der Entwicklungskosten sowie eine Korrektur der latenten Steuern auf die Abschreibungen erfolgen muss. Dies wird indes häufig nur unter erheblichem Aufwand möglich sein.

GuV-wirksame vs. GuV-neutrale Korrektur

Zugleich ist zu berücksichtigen, dass nur die in der laufenden Periode gebildeten latenten Steuern GuV-wirksam zu korrigieren sind, die in den Vorperioden gebildeten latenten Steuern dagegen GuV-neutral. Eine solche Korrektur erfolgt auch in den Fällen, in denen es bei der Folgebewertung zur Bildung einer Neubewertungsrücklage kommt, da die Einstellungsbuchung ebenfalls GuV-neutral war (vgl. etwa IAS 16.39; IAS 38.85). Die in der Vergangenheit zu berücksichtigende Problematik der Nachsteuerbetrachtung der Neubewertungsrücklage wurde durch die Überarbeitung von IAS 1 entschärft, der nun vorschreibt, dass der auf jede Komponente des sonstigen Gesamtergebnisses entfallende Steuerertrag oder -aufwand in der Gesamtergebnisrechnung oder im Anhang anzugeben ist (vgl. IAS 1.90). Dennoch erweisen sich die hier beschriebenen Korrekturen als komplex und umfangreich. Die mit der Aufstellung einer IFRS-Strukturbilanz beabsichtigte Vereinfachung rückt so weiter in den Hintergrund.

4.1.6 Finanzinstrumente

Bewertung

Finanzielle Vermögenswerte werden gem. IAS 39.45 unterschiedlichen Kategorien zugeordnet und nicht nur zum Zugangszeitpunkt, sondern z. T. auch in der Folge mit dem beizulegenden Zeitwert bewertet (vgl. IAS 39.43 ff.). Dies gilt für die zu Handelszwecken gehaltenen Finanzinstrumente, für jene, für die die Fair Value-Option in Anspruch genommen wurde, und für die zur Veräußerung verfügbaren finanziellen Vermögenswerte. Für Letztere ist indes zu berücksichtigen, dass Gewinne und Verluste aus entsprechenden Änderungen des beizulegenden Zeitwerts im sonstigen Ergebnis zu erfassen sind, sofern es sich nicht um Wertminderungen, Gewinne- und Verluste aus der Währungsumrechnung oder mittels der Effektivzinsmethode berechnete Zinsen handelt (vgl. IAS 39.55(b); ausführlich Lüdenbach, N. (2014 a), Rn. 148 ff.).

Korrektur bei zur Veräußerung verfügbaren VW

Bei Vergleich von IFRS- und HGB-Bilanzen wäre es wünschenswert, die unterschiedliche Bewertung von Finanzinstrumenten eliminieren zu können, da für HGB-Abschlüsse grds. die Anschaffungskostenrestriktion gilt (vgl. § 253 Abs. 1 HGB; abweichend zur Zeitwertbewertung des Handelsbestands von Kredit- und Finanzdienstleistungsinstituten vgl. § 340 Abs. 3 HGB). Dies ist allerdings aufgrund des Fehlens einer Angabepflicht hinsichtlich der (fortgeführten) Anschaffungskosten nicht allumfassend möglich. Mit Blick auf die finanziellen Vermögenswerte verbleibt einzig die Möglichkeit, die im sonstigen Ergebnis erfassten Wertänderungen der zur Veräußerung verfügbaren Finanzinstrumente mit deren Ansatz zu verrechnen. Entsprechend sollte diese Vorgehensweise gewählt werden, solange die Neubewertungsrücklage diesbezüglich positiv ist (vgl. auch Brösel, G. (2014), S. 118). Nicht erfasst werden hierdurch allerdings Unterschiede zwischen Anschaffungskosten und beizulegendem Zeitwert zum Zugangszeitpunkt, wobei der Standardsetter normalerweise eine Übereinstimmung der beiden Größen zu diesem Zeitpunkt annimmt (vgl. IAS 39.AG64).

Zudem ist hier wiederum die Erfassung latenter Steuern rückgängig zu machen, was entsprechend der angesprochenen Vorgehensweise lediglich passive latente Steuern betrifft.

4.2 Aufbereitungsmaßnahmen auf der Passivseite

4.2.1 Bilanzgewinn

Eigenkapitalausweis

Im Gegensatz zu den Vorschriften des HGB sehen die IFRS keine weitere Untergliederung des Eigenkapitals vor. Neben dem anzugebenden Posten »gezeichnetes Kapital und Rücklagen, die den Eigentümern der Muttergesellschaft zuzuordnen sind« sind lediglich die nicht-beherrschenden Anteile auszuweisen, die im Eigenkapital dargestellt werden (vgl. IAS 1.54 (q) f.), wobei diese Position für den Einzelabschluss keine Relevanz besitzt. Allerdings kann regelmäßig aus der GuV oder den Angaben auf die Höhe des eingezahlten Kapitals, eines Agios, der Rücklagen sowie des Gesamtergebnisses mit Gewinn oder Verlust und sonstigem Ergebnis geschlossen werden (vgl. IAS 1.78 (e), 1.81 A, 1.106).

Gewinnausschüttung

Nach dem Bilanzstichtag vorgeschlagene oder beschlossene Dividenden dürfen gem. IAS 10.12 zum Bilanzstichtag nicht als Verbindlichkeiten oder Rückstellungen angesetzt werden. Allerdings ist der Betrag im Anhang anzugeben (vgl.

IAS 1.137; hierzu auch Clemens, R. (2013), Rn. 95). Ebenso wie hinsichtlich der HGB-Strukturbilanz ist es jedoch zu empfehlen, den Betrag der vorgeschlagenen oder beschlossenen Ausschüttung aufgrund des Verbindlichkeitscharakters vom Eigenkapital bzw. dem separat ausgewiesenen (Gesamt-)Ergebnis abzuziehen. Allerdings ist hierbei zu beachten, dass eine unmittelbare Verknüpfung zwischen dem ausgewiesenen Ergebnis und den potenziellen Ausschüttungsbeträgen nicht gegeben ist, weil dem IFRS-Abschluss keine Ausschüttungsbemessungsfunktion zukommt (vgl. hierzu Hennrichs, J. (2008), S. 415 ff.; Küting, K./Lauer, P. (2011), S. 1987 ff.; Waschbusch, G./Loewens, J. (2013), S. 255).

4.2.2 Zum Fair Value bewertete finanzielle Verbindlichkeiten

Bilanzierung und Angaben

Finanzielle Verbindlichkeiten werden nach der Zugangsbewertung mit dem Fair Value grds. unter Anwendung der Effektivzinsmethode zu fortgeführten Anschaffungskosten bewertet (vgl. IAS 39.43 ff.). Dagegen wird der Fair Value auch für die Folgebewertung insb. von zu Handelszwecken gehaltenen und von solchen finanziellen Verbindlichkeiten vorgesehen, für die die Fair Value-Option in Anspruch genommen wurde. In letzteren Fällen ist allerdings eine Angabe des Betrags vorgeschrieben, um den sich der beizulegende Zeitwert während der Berichtsperiode und kumuliert geändert hat, soweit dies auf Änderungen des Ausfallrisikos zurückzuführen ist. Zudem ist die Differenz zwischen dem Buchwert und dem Betrag, der bei Fälligkeit vertragsgemäß an den jeweiligen Gläubiger gezahlt werden müsste, anzugeben (vgl. IFRS 7.10).

Korrekturmaßnahmen

Die Fair Value-Bewertung von finanziellen Verbindlichkeiten ist mit einigen Problemen behaftet. Hierzu zählen neben den mit der Zeitwertbewertung verbundenen Unsicherheiten und Ermessensspielräumen vor allem die sog. kontraintuitiven Effekte, die den Ausweis von Erträgen aufgrund einer Bonitätsverschlechterung des verpflichteten Unternehmens zur Folge haben können (vgl. Küting, P./Döge, B./Pfingsten, A. (2006), S. 605 f.; ausführlich sodann Lauer, P. (2014), S. 155 ff., 334 ff., m. w. N.). Daher sollten bei einem Vergleich von IFRS-Abschlüssen zumindest diese Effekte eliminiert werden, was eine Korrektur der ausgewiesenen finanziellen Verbindlichkeiten, des Eigenkapitals und der latenten Steuern nach sich zieht.

Wird ein Vergleich mit HGB-Abschlüssen vollzogen, kann ggf. weitergehend eine Korrektur mit Blick auf den bei Fälligkeit zu zahlenden Betrag vorgenommen werden, um eine Annäherung an die handelsrechtlichen Bilanzierungsnormen zu erzielen, die den Ansatz zum Erfüllungs- bzw. Rückzahlungsbetrag vorsehen (vgl. § 253 Abs. 1 Satz 2 HGB). Um einen Gleichklang zu erreichen, sollte dies regelmäßig auf Fälle beschränkt werden, in denen der beizulegende Zeitwert den Rückzahlungsbetrag unterschreitet. Infolge der entsprechenden Korrekturmaßnahmen ist ebenfalls eine Anpassung der latenten Steuern vorzunehmen.

4.2.3 Öffentliche Zuwendungen

Öffentliche Zuwendungen nach IAS 20

Hinsichtlich der Zuwendungen der öffentlichen Hand für Vermögenswerte räumen IAS 20 bzw. IAS 38 ein Wahlrecht ein, diese entweder mittels Bildung eines passivischen Rechnungsabgrenzungspostens oder durch Abzug der Zuwendung vom aktivierten begünstigten Vermögenswert zu berücksichtigen, was ggf. zum Ansatz eines Merkpostens führt (vgl. IAS 20.24 ff.; IAS 38.44).

Zur Herstellung der Vergleichbarkeit zwischen Unternehmen sollte die Abbildung dieser Sachverhalte einer einheitlichen Bilanzierung zugeführt werden. Dies kann hinsichtlich des Vergleichs von IFRS-Abschlüssen durch den Abzug eines ggf. gebildeten passivischen Rechnungsabgrenzungspostens von den betroffenen Vermögenswerten erfolgen. Sie werden so einheitlich als Anschaffungskostenminderung gem. IAS 20.24 berücksichtigt. Diese Vorgehensweise wird auch gewählt, da eine Rückgängigmachung der aktivischen Absetzung und Einstellung der vermögenswertbezogenen öffentlichen Zuwendungen in den passivischen Rechnungsabgrenzungsposten zumeist ob fehlender Angaben nicht möglich ist.

Dagegen ist es angesichts der für die HGB-Strukturbilanz vorgeschlagenen Lösung empfehlenswert, bei Vergleich von HGB- und IFRS-Abschlüssen eine Umgliederung des passivischen Rechnungsabgrenzungspostens analog zur beschriebenen Vorgehensweise im HGB vorzunehmen (vgl. 3. Abschn., Kap. 2, 3.2.6).

4.2.4 (Passive) Latente Steuern

Vorgehensweise

Hinsichtlich der passiven latenten Steuern kann auf die Ausführungen zu deren aktiven Pendant verwiesen werden (vgl. 3. Abschn., Kap. 2, 4.1.5). Dementsprechend kann zwischen einem Verzicht auf Saldierung oder einer Saldierung mit (a) Verrechnung oder (b) Beibehaltung eines ggf. existenten Passivüberhangs gewählt werden. Für die folgende Strukturbilanz wurden die Saldierung der aktiven und passiven latenten Steuern sowie die Beibehaltung eines etwaig vorhandenen Passivüberhangs präferiert.

4.3 Ergebnis: IFRS-Strukturbilanz

Darstellung aus Sicht einer gläubigerorientierten Strukturbilanz

Im Folgenden wird der Versuch unternommen, diejenigen bilanziellen Sachverhalte rückgängig zu machen, die aus Sicht der externen Analyse nur schwierig objektiviert werden können oder die aufgrund divergierender Bilanzierung nach den Vorschriften des HGB die Vergleichbarkeit aus Sicht eines IFRS-Abschlusses erschweren. Die im Zuge der Erstellung einer IFRS-Strukturbilanz vorzunehmenden Aufbereitungsmaßnahmen wurden als abhängig von der Zwecksetzung, die mit der Aufbereitung verbunden ist, dargestellt. Nachfolgend wird die Gläubigersicht unterstellt und zugleich angenommen, die IFRS-Originärbilanz werde zwecks Vergleich mit einer HGB-Strukturbilanz aufbereitet. Dies wirkt sich entsprechend etwa auf die Korrektur der Zuwendungsbilanzierung oder die Bewertung der zum Fair Value bewerteten finanziellen Verbindlichkeiten aus. Wie in der HGB-Strukturbilanz wurden Korrekturen des Eigenkapitals vorwiegend zusammengeführt, da diese in Abhängigkeit vom Zeitpunkt und der Entstehung gegen unterschiedliche Eigenkapitalpositionen vorzunehmen sind. Hierbei ist allerdings zu beachten, dass die Strukturbilanz in der hier dargestellten Version im Ergebnis nur Eigen- und Fremdkapital ausweist. Bei näherer Betrachtung des Eigenkapitals wären neben der unterschiedlichen Berücksichtigung dieser Korrekturmaßnahmen weitere Korrekturen erforderlich. Dies betrifft

<table>
<tr><th>Aktiva</th><th>Passiva</th><th></th></tr>
<tr><td rowspan="2">A. Langfristiges Vermögen
I. Sachanlagen
./. Neubewertungsrücklage nach IAS 16
zzgl. passiver latenter Steuern
+ VW aus Operating Leasing
II. GoF
III. Andere immaterielle Vermögenswerte
./. selbst erstellte Vermögenswerte
./. Neubewertungsrücklage nach IAS 38
zzgl. passive latente Steuern
IV. Investment Properties
./. Unterschiedsbetrag zwischen Fair Value und AHK gem. IAS 40
V. Übrige Finanzanlagen
./. Neubewertungsrücklage gem. IAS 39 für available-for-sale-Finanzinstrumente
zzgl. passiver latenter Steuern
VI. ~~Latente Steuern~~
./. passive latente Steuern (falls Aktivüberhang)
./. ggf. Aktivüberhang

B. Kurzfristiges Vermögen
I. Vorräte
II. Forderungen
III. Übrige finanzielle Vermögenswerte
./. Neubewertungsrücklage gem. IAS 39 für available-for-sale-Finanzinstrumente
zzgl. passiver latenter Steuern
IV. Übrige Steuerforderungen
V. Sonstige nicht-finanzielle Vermögenswerte
VI. Zahlungsmittel und Zahlungsmitteläquivalente</td><td>A. Eigenkapital
I. Gezeichnetes Kapital
II. Gewinnrücklagen
III. Gesamtergebnis
./. auszuschüttende Gewinne
IV. Sonstige Eigenkapitalkomponenten
./. Neubewertungsrücklage nach IAS 16
./. Neubewertungsrücklage nach IAS 38
+ Mehrabschreibungen aufgrund höherer Abschreibungsbasis
abzgl. der entsprechenden latenten Steuern
./. Selbst erstellte immaterielle VW des AV
+ Abschreibungen auf diese VW
+ passive latente Steuern für selbst erstellte VW (unter Berücksichtigung der Abschreibungen)
./. Unterschiedsbetrag zwischen Fair Value und AHK gem. IAS 40
+ passive latente Steuern auf den Unterschiedsbetrag nach IAS 40
./. Neubewertungsrücklage gem. IAS 39
./. Differenz zwischen Fair Value und Fälligkeitsbetrag für finanzielle Verbindlichkeiten
abzgl. passivischer latenter Steuern
./. ggf. aktivischer Steuerüberhang
+ Investitionszulagen (ggf. anteilig)</td><td>Bilanzanalytisches Eigenkapital</td></tr>
<tr><td>B. Langfristige Schulden
I. Langfristige Finanzschulden
+ langfristiger Anteil Operating-Leasing-Verbindlichkeiten
+ Differenz zwischen Fair Value und Fälligkeitsbetrag für finanzielle (langfristige) Verbindlichkeiten
II. Latente Steuern
./. latente Steuern bzgl. der korrigierten Sachverhalte auf der Aktiv- (IAS 16; 38; 39; 40) und Passivseite (IAS 39)
./. aktive latente Steuern (falls Passivüberhang)
III. Langfristige Rückstellungen
./. RAP (langfristig) für Investitionszulagen (ggf. anteilig)

C. Kurzfristige Schulden
I. Verbindlichkeiten aus LuL
II. Kurzfristige Finanzschulden
+ auszuschüttende Gewinne
+ kurzfristiger Anteil Operating-Leasing-Verbindlichkeiten
+ Differenz zwischen Fair Value und Fälligkeitsbetrag für finanzielle (kurzfristige) Verbindlichkeiten
III. Steuerverbindlichkeiten
IV. Kurzfristige Rückstellungen
./. RAP (kurzfristig) für Investitionszulagen (ggf. anteilig)</td><td>Bilanzanalytisches Fremdkapital</td></tr>
</table>

Übersicht 23: Ableitung der Strukturbilanz nach IFRS bzgl. eines HGB-IFRS-Vergleichs

insb. die Fair Value-Bewertung der Investment Properties und der Schulden (vgl. 3. Abschn., Kap. 2, 4.1.3 bzw. 4.2.2). Sollten hier in den Folgeperioden Wertminderungen (Wertzuwächse) oberhalb (unterhalb) der fortgeführten AHK zu verzeichnen sein, müssten die Erfolgswirkungen ebenfalls korrigiert werden.

Kosten-Nutzen-Erwägungen

Bei all diesen Maßnahmen darf aber nicht die Relation zwischen dem Arbeitsaufwand, der im Zuge der Erstellung anfällt, und dem Informationsgewinn, den man sich durch die Erstellung erhofft, vernachlässigt werden, da ansonsten der Vereinfachungsgedanke in den Hintergrund rückt und die Erstellung einer Strukturbilanz somit ihr eigentliches Ziel verfehlt. Von Seiten der Analyse sind als Fazit aus den Schwierigkeiten, die im Zuge der Erstellung einer Strukturbilanz bestehen, weitere Angabepflichten zu fordern, die die Arbeit des externen Analysten erleichtern. Zu denken ist hierbei insb. an eine Angabepflicht der in Vorperioden aktivierten Fremdkapitalkosten sowie an die Angabe der originären AHK bei Verwendung des Fair Value-Modells bei der Bilanzierung von Investment Properties. Trotzdem verbleiben erhebliche Zweifel, ob der notwendige Aufwand hinsichtlich der Vielzahl an ermessensbehafteten Bilanzierungsentscheidungen eines Bilanzierenden im IFRS-Regelwerk und der aus externer Sicht aufgrund fehlender Angaben vorliegenden Unkorrigierbarkeit bestimmter Sachverhalte noch gerechtfertigt ist. Dies ist insb. vor dem Hintergrund zu sehen, dass die Erstellung einer Strukturbilanz zu einer Vereinfachung des vorgegebenen Datenmaterials führen sollte und nicht zu einer weiteren Verfälschung der Vermögens- und Erfolgslage (vgl. Küting, K./Wohlgemuth, F. (2004), S. 18).

Differenziertes Vorgehen unter Einbezug des Unternehmensumfelds als Lösung

Der pauschale Einsatz einer Strukturbilanz als Mittel zur Verbesserung einer IFRS-Bilanzanalyse ist folglich nicht grds. zu empfehlen. Stattdessen sollte eine einzelfallorientierte Prüfung im Vordergrund stehen, die neben einer eingehenden Analyse der Bilanz und der Gesamtergebnisrechnung auch eine Analyse der weiteren Rechenwerke enthalten sollte. Des Weiteren sollte nicht nur die Rechnungslegung eines Unternehmens einer eingehenden Prüfung unterzogen werden, sondern auch die unternehmerischen Rahmenbedingungen, die das Geschäftsmodell eines Unternehmens determinieren (vgl. dazu Porter, M.E. (2013), S. 37 ff.). Auf diese Weise kommt es zu einer ganzheitlichen Betrachtung des Unternehmens, ohne dass einseitig Rückschlüsse aus der Rechnungslegung gezogen werden (vgl. Küting, K./Wohlgemuth, F. (2004), S. 19).

Merksätze

1. Die der eigentlichen Kennzahlenbildung vorgelagerten Schritte lassen sich in Maßnahmen der Umbewertung und der Umgliederung (Umgruppierung, Neubildung, Aufspaltung, Saldierung und Erweiterung) unterteilen.
2. Die Strukturbilanz als Grundlage aller weiteren Untersuchungen stellt eine nach den Zielsetzungen und Aufgaben der Bilanzanalyse aufbereitete und umgestaltete Originalbilanz dar.
3. Bei der Erstellung der Strukturbilanz werden im Rahmen der Aufbereitungsmaßnahmen die Posten der Aktiv- und der Passivseite zweckmäßigerweise zu jeweils zwei Kategorien – dem bilanzanalytischen Anlage- und Umlaufvermögen auf der Aktivseite sowie dem bilanzanalytischen Eigen- und Fremdkapital auf der Passivseite – zusammengefasst.

4. Verbindliche Regeln zur Erstellung der Strukturbilanz gibt es nicht. Dennoch empfehlen sich nach HGB entsprechend einer gläubigerorientierten Vorgehensweise einige postenbezogene Korrekturen. Zugleich können je nach Zweck auch abweichende Korrekturen empfehlenswert sein.
5. Der Einsatz einer einheitlichen Strukturbilanz zur Verbesserung einer IFRS-Bilanzanalyse ist aufgrund der unterschiedlichen Rechnungslegungskonzeption nicht grds. zu empfehlen. Es sollte vielmehr eine einzelfallorientierte Prüfung im Vordergrund stehen, die neben einer eingehenden Analyse der Bilanz und der Gesamtergebnisrechnung auch eine Analyse der weiteren Rechenwerke enthalten sollte. Gleichwohl existieren bestimmte Bilanzierungsfelder, auf die der Jahresabschlussanalyst bei einer Bilanzierung nach IFRS ein besonderes Augenmerk legen sollte. Dazu zählt insb. die Bewertung zum beizulegenden Zeitwert (fair value).

3. Kapitel: Teilbereiche der Bilanzanalyse als Kennzahlenrechnung

1. Finanzwirtschaftliche Bilanzanalyse

1.1 Grundlagen

1.1.1 Gegenstand und Bedeutung der finanzwirtschaftlichen Bilanzanalyse

Das zentrale Anliegen der finanzwirtschaftlichen Bilanzanalyse besteht in der Beurteilung der Liquiditätslage eines Unternehmens.

Liquidität und unternehmerische Existenzsicherung

Die Frage nach der liquiditätsmäßigen Verfassung eines Unternehmens bildet ein grundlegendes Erkenntnisziel aller am Unternehmen im weitesten Sinne beteiligten Personen. Denn Illiquidität, verstanden als das auf dem Mangel an Zahlungsmitteln bzw. Zahlungsmitteläquivalenten beruhende Unvermögen eines Schuldners, seine fälligen Zahlungsverpflichtungen zu erfüllen, kann zum Vorliegen eines Insolvenztatbestands in Form der Zahlungsunfähigkeit oder der drohenden Zahlungsunfähigkeit führen. Die Aufrechterhaltung der Liquidität ist daher eine unabdingbare Voraussetzung für den Fortbestand eines Unternehmens.

Finanzielles Gleichgewicht

Gleichwohl stellt das Bemühen um die Sicherstellung der Zahlungsbereitschaft keine dem Gewinnstreben gleichrangige Zielvorstellung dar. Vielmehr handelt es sich um eine für die langfristige Gewinnmaximierung essenzielle Nebenbedingung. Erst wenn es dem Unternehmen gelingt, alle Zahlungsströme im Hinblick auf das Ziel der Gewinnmaximierung optimal aufeinander abzustimmen, befindet es sich im angestrebten finanziellen Gleichgewicht.

In der Literatur findet sich eine Vielzahl unterschiedlicher Liquiditätsbegriffe. Daran zeigt sich, dass es den Liquiditätsbegriff schlechthin nicht gibt. Vielmehr hängt es vom Bezugsobjekt und der jeweiligen Fragestellung ab, was unter Liquidität im Einzelfall zu verstehen ist.

1.1.2 Begriff der Liquidität

1.1.2.1 Darstellung verschiedener Liquiditätsbegriffe

Bezugsobjekt bei der Abgrenzung des Liquiditätsbegriffs kann zum einen das Vermögen und zum anderen das Unternehmen als Rechtssubjekt sein (vgl. Wöhe, G. et al. (2013), S. 26).

Absoluter Liquiditätsbegriff

Liquidität als Eigenschaft eines Vermögenswerts lässt sich umschreiben als dessen zeitlicher Abstand vom Geldzustand. Diese auch als absolute Liquidität bezeichnete Interpretation, die auf die Rückverwandlung eines Vermögenswerts in Zahlungsmitteln abstellt, existiert in zwei Ausprägungen. Erfolgt die Wiedergeldwerdung im Rahmen der normalen betrieblichen Umsatztätigkeit, d.h. bei einem zweckentsprechenden Einsatz der Vermögenswerte im Produktions- und Absatzprozess, spricht man von natürlicher Liquidität oder auch von Selbstliquidations-Liquidität (vgl. Lücke, W. (1984), S. 2362). Die Liquidität eines Vermögenswerts kann aber auch durch den Erlös ausgedrückt werden, den eine sofortige Veräußerung des Gegenstands erbringt, ohne dass der durch den Betriebsablauf bedingte natürliche Geldwerdungsprozess abgewartet wird (künstliche Liquidität). Diese vorzeitige Wiedergeldwerdung setzt gewöhnlich die Inkaufnahme eines Disagios i.S. e. Wertverlusts ggü. dem im normalen Geschäftsablauf erzielbaren Mittelrückfluss voraus. Dabei ist die Liquidität als mit dem Vermögensobjekt verbundene Eigenschaft zugleich von der Aufnahmefähigkeit des relevanten Markts abhängig (vgl. Lauer, P. (2014), S. 276, m.w.N.).

Relativer Liquiditätsbegriff

Bezieht man den Liquiditätsbegriff auf ein Rechtssubjekt, konkret auf ein Unternehmen, so versteht man darunter dessen Fähigkeit zur jederzeitigen Abstimmung der Ein- und Auszahlungen in zeitlicher und betragsmäßiger Hinsicht. Dieses Verständnis von Liquidität wird als relative Liquidität bezeichnet. Zu ihrer Beurteilung werden zwei verschiedene Ansätze herangezogen: zum einen die statische (zeitpunktbezogene) und zum anderen die dynamische (zeitraumbezogene) Liquidität. Beiden Methoden ist gemein, dass sie Relativbetrachtungen anstellen und jeweils bestimmte Bestands- bzw. Stromgrößen zueinander in Beziehung setzen. Sie unterscheiden sich jedoch hinsichtlich ihrer Datenbasis und haben ihre Wurzeln in völlig unterschiedlichen Denkkategorien.

Die statische oder strukturelle Liquidität entspringt bilanzmäßigem Denken und ist vermögensorientiert. Sie geht von einem Vergleich von Bilanzposten aus

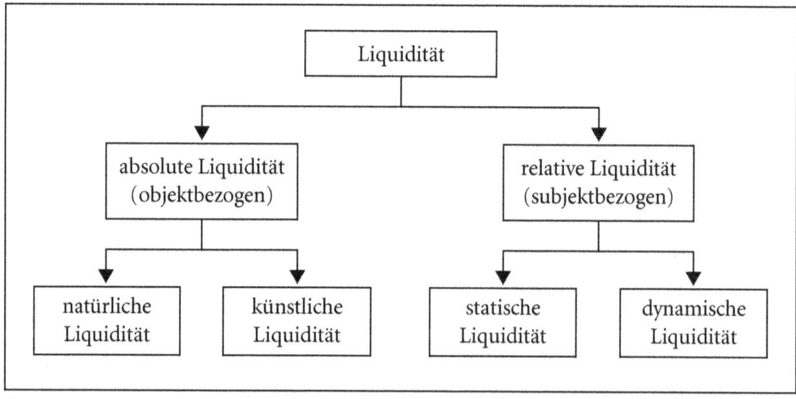

Übersicht 24: Systematik verschiedener Liquiditätsbegriffe

und fordert, dass fällig werdenden Verbindlichkeiten liquide Mittel bzw. leicht liquidierbare Vermögenswerte in mind. gleicher Höhe gegenüberstehen müssen. Demgegenüber hat sich die pagatorisch geprägte dynamische Liquidität aus der Finanzplanung entwickelt und stellt alle zukünftig in einem Unternehmen anfallenden Ein- und Auszahlungen einander ggü. (vgl. Hahn, O. (1971), S. 152). Sie kann nur auf der Grundlage eines (integrierten) Finanzplans hinreichend zuverlässig beurteilt bzw. mittels einer prospektiven Kapitalflussrechnung näherungsweise hergeleitet werden.

1.1.2.2 Liquidität und finanzwirtschaftliche Bilanzanalyse

Welcher der vorstehend erläuterten Liquiditätsbegriffe der finanzwirtschaftlichen Bilanzanalyse zugrunde zu legen ist, hängt zunächst von dem Zustand ab, in dem sich das zu analysierende Unternehmen befindet. Grds. kann bei der Liquiditätsbeurteilung von zwei unterschiedlichen Prämissen und dementsprechend von zwei unterschiedlichen Fragestellungen ausgegangen werden (vgl. Coenenberg, A. G./Haller, A./Schultze, W. (2014), S. 1078): Steht das Unternehmen vor der Liquidation oder ist mit dessen Fortführung i. S. d. Going-Concern-Prinzips zu rechnen? In beiden Fällen hat die Liquiditätsanalyse ganz unterschiedliche Fragen zu beantworten.

Liquiditätsbegriff und Unternehmenszerschlagung

Soll ein Unternehmen nicht weiter fortgeführt und daher liquidiert werden, interessiert in erster Linie, welche finanziellen Mittel den Gläubigern zur Abdeckung ihrer Außenstände zur Verfügung stehen. Die Vermögenswerte müssen durch vorzeitigen Verkauf, also schon vor Ablauf ihrer planmäßigen Selbstliquidationsperiode, in Zahlungsmittel transformiert werden, um zum Ausgleich der finanziellen Verpflichtungen verwendet werden zu können. Folglich interessiert für den Fall der Unternehmenszerschlagung allein die künstliche Liquidität. Welche Finanzmittel einem zu liquidierenden Unternehmen zur Schuldentilgung insgesamt zur Verfügung stehen, kann nur anhand einer Überschuldungsbilanz bzw. eines Überschuldungsstatus zuverlässig beantwortet werden (vgl. ausführlich hierzu Weber, C.-P./Küting, P./Eichenlaub, R. (2014), S. 1015 ff.). So können u. a. bevorrechtigte Ansprüche auf die Verwertung einzelner Vermögensposten sowie evtl. gewährte Kreditsicherheiten die zur Schuldentilgung verfügbaren Finanzmittel einschränken (vgl. Coenenberg, A. G./Haller, A./Schultze, W. (2014), S. 1078).

Liquiditätsbegriff und Unternehmensfortführung

Sollen hingegen die Liquiditätslage und finanzielle Stabilität eines fortzuführenden Unternehmens beurteilt werden, stehen naturgemäß andere Analyseziele im Vordergrund. Hier geht es weniger um die Eigenschaft von Vermögenswerten, in Geld umgewandelt werden zu können, als vielmehr um die Fähigkeit eines Unternehmens, durch den laufenden Geschäftsbetrieb dauerhaft die Zahlungsfähigkeit sichern zu können.

Diese Fragestellung ist auch im Kontext der insolvenzrechtlichen Überschuldungsprüfung zu beantworten. Hierbei ist zunächst das etwaige Fortbestehen des Unternehmens anhand eines integrierten Finanzplans zu überprüfen. Resultiert daraus, dass die Zahlungsfähigkeit während des laufenden Geschäftsbetriebs nicht aufrechterhalten werden kann, ist mithilfe einer Überschuldungsbilanz eine stichtagsorientierte Gegenüberstellung von Vermögenswerten und Schulden unter Zugrundelegung der Liquiditätsprämisse vorzunehmen (vgl. ausführlich hierzu Weber, C.-P./Küting, P./Eichenlaub, R. (2014), S. 1015 ff.).

Vorgehensweise

Da der Bilanzanalyse in erster Linie die Aufgabe zukommt, Informationen als Entscheidungsgrundlage für jene Personen bereitzustellen, die sich in irgendeiner Form an einem ›lebenden‹ Unternehmen finanziell beteiligen wollen bzw. beteiligt sind, soll im Folgenden der Aspekt der Unternehmenszerschlagung ausgeblendet und ausschließlich auf die Liquiditätsanalyse eines fortzuführenden Unternehmens abgestellt werden. Damit wird zugleich deutlich, dass eine solchermaßen abgegrenzte entscheidungsorientierte finanzwirtschaftliche Bilanzanalyse sinnvollerweise nur vom dynamischen Liquiditätsbegriff ausgehen kann. Darüber hinausgehend unterliegen die einem Jahresabschluss zu entnehmenden Informationen der Fortführungsprämisse (vgl. § 252 Abs. 1 Nr. 2 HGB; IAS 1.25 f.). Eine Beurteilung der Liquiditätslage eines im Zustand der Liquidation befindlichen Unternehmens kann daher nicht auf der Grundlage des Jahresabschlusses durchgeführt werden.

1.1.3 Datenbasis der Liquiditätsanalyse

1.1.3.1 Grundlagen

Im Idealfall ließe sich die Fähigkeit eines Unternehmens zur Aufrechterhaltung der jederzeitigen Zahlungsfähigkeit anhand eines Rechenwerks beurteilen, dem alle in absehbarer Zukunft zu erwartenden Zahlungsmittelbewegungen im Hinblick auf den Zeitpunkt und die Wahrscheinlichkeit ihres Eintritts sowie ihre Höhe entnommen werden können und das darüber hinaus Informationen über Kreditlinien, Prolongations- und sonstige Kapitalbeschaffungsmöglichkeiten liefert. Solche gemeinhin in einem Finanzplan zusammengestellten Daten stehen dem externen Analysten jedoch regelmäßig nicht zur Verfügung. Stattdessen ist der externe Analyst bei seinen Untersuchungen auf die vom Unternehmen veröffentlichten und damit allgemein zugänglichen Informationsquellen angewiesen.

Informationsquellen der externen Liquiditätsanalyse

Die wichtigste Informationsquelle der externen Liquiditätsanalyse ist der nach den Vorschriften des HGB oder der IFRS erstellte Jahresabschluss.

Der handelsrechtliche Einzelabschluss besteht mind. aus der Bilanz sowie der GuV und wird bei Kapitalgesellschaften oder Personenhandelsgesellschaften i. S. d. § 264a HGB durch den Anhang erweitert sowie den Lagebericht ergänzt. Kapitalmarktorientierte Kapitalgesellschaften, die keinen Konzernabschluss aufstellen, müssen ihren handelsrechtlichen Einzelabschluss zudem um eine Kapitalflussrechnung sowie einen Eigenkapitalspiegel erweitern (vgl. § 264 Abs. 1 Satz 2 HGB). Die Pflichtbestandteile eines nach HGB erstellten Konzernabschlusses umfassen gem. § 297 Abs. 1 Satz 1 HGB die Bilanz, die GuV, den Anhang, die Kapitalflussrechnung und den Eigenkapitalspiegel.

Abstrahiert von der für kapitalmarktorientierte Mutterunternehmen zugleich verpflichtend aufzustellenden Segmentberichterstattung (IFRS 8), setzt sich ein (vollständiger) IFRS-Abschluss demgegenüber rechtsform- und branchenunabhängig aus der Bilanz, der Gesamtergebnisrechnung, der Kapitalflussrechnung, der Eigenkapitalveränderungsrechnung sowie den erläuternden Anhangangaben zusammen (vgl. IAS 1.10).

Für die externe Liquiditätsanalyse zentral relevant sind indes die Rechenwerke der Bilanz sowie der Kapitalflussrechnung.

Neben den genannten Berichtsinstrumenten sollte der externe Analyst zusätzlich alle anderen ihm zugänglichen Publikationen über das Unternehmen auswerten. Zu denken ist dabei an Ad-hoc-Mitteilungen, Informationen aus dem Internet, Zwischenberichte, Hauptversammlungsansprachen, Veröffentlichungen der Wirtschafts- und Fachpresse, Publikationen der Industrie- und Handelskammern und der Verbände über zu erwartende Konjunktur- und Branchendaten etc. (vgl. GRÄFER, H./SCHNEIDER, G./GERENKAMP, T. (2012), S. 8 f.). Allerdings sollte sich der Analyst bei allen veröffentlichten Informationen über ein Unternehmen stets der Möglichkeit einer subjektiven Färbung bewusst sein und sich fragen, welche Wirkung die dargebotenen Informationen auf ihn haben sollen. Ein kritischer Umgang mit dem vorhandenen Datenmaterial ist unerlässlich. Verbleibende Fragen oder Zweifel lassen sich bspw. auf Analystenkonferenzen erörtern bzw. ausräumen.

1.1.3.2 Kritik am Jahresabschluss als Informationsquelle

Liquiditätsanalysen und Generalnorm

Nach der Generalnorm des § 264 Abs. 2 HGB soll der handelsrechtliche Jahresabschluss ein den tatsächlichen Verhältnissen entsprechendes Bild der Vermögens-, Finanz- und Ertragslage vermitteln. Auch die internationalen Standards fordern für die Erstellung von Jahresabschlüssen eine »fair presentation« (vgl. bspw. ADLER, H./DÜRING, W./SCHMALTZ, K. (2002), Abschn. 1, Rn. 107 ff.). Nach RÜCKLE (D. (1986), S. 174) bezeichnet der Begriff der Finanzlage das Ausmaß der Fähigkeit eines Rechtssubjekts zum künftigen Ausgleich der betrieblichen Ein- und Auszahlungen. Dahinter steht offenkundig die Überlegung, dass die Zahlungsfähigkeit (Liquidität) eines Unternehmens bis zum Betrachtungszeitpunkt (Bilanzstichtag) bereits durch dessen Fortbestand dokumentiert wird und damit Liquidität sinnvollerweise nur i. S. v. zukünftiger Liquidität verstanden werden kann (vgl. BAETGE, J./COMMANDEUR, D./HIPPEL, B. (2013), Rn. 36). Folgt man diesem Verständnis der Generalnorm, so müsste der nach HGB oder IFRS erstellte Jahresabschluss grds. ein den tatsächlichen Verhältnissen entsprechendes Bild der zukünftigen Liquiditätslage vermitteln.

Diese Schlussfolgerung ist jedoch in dieser Konsequenz nicht zutreffend. Da der Jahresabschluss ein primär vergangenheitsorientiertes Instrument der Rechnungslegung ist und Finanzpläne oder sonstige gleichwertige Prognoserechnungen externen Analysten nur eingeschränkt zur Verfügung stehen bzw. nicht zum Pflichtumfang der offenzulegenden Rechenwerke gehören, sind auf Basis der vorliegenden Informationsquellen abschließende Aussagen über die künftige Liquiditätslage nicht möglich.

Fehlender Liquiditätsbezug der Bilanzen

Bilanzen enthalten lediglich Stichtagsbestände an Vermögen und Kapital. Folglich können sie allenfalls Anhaltspunkte zur Abschätzung der aus diesen Beständen zu erwartenden Ein- und Auszahlungen liefern (vgl. HÄRLE, D. (1970), S. 97). Dies hat zur Folge, dass eine Vielzahl liquiditätswirksamer Informationen der Bilanz nicht entnommen werden kann. So fehlen oftmals bspw. detaillierte Angaben über die aus Dauerschuldverhältnissen (Arbeits-, Miet-, Pacht-, Dienstverträge etc.) resultierenden Zahlungsmittelbewegungen, über Verpflichtungen und Ansprüche aus anderen schwebenden Geschäften oder über kurzfristig verfügbare oder mobilisierbare Finanzreserven (Kreditlinien). Auch Pflichtangaben, wie z. B. die für große und mittelgroße Kapital- und gleichgestellte Personenhandelsgesellschaften i. S. d. § 264a HGB vorgesehene Angabepflicht der sonstigen finanziellen Verpflichtungen gem. § 285 Nr. 3a HGB oder die für den IFRS-Abschluss nach IAS 37.86 vorgeschriebenen Angaben zu Eventualverbindlichkeiten, können diesen Mangel nur sehr bedingt beheben (vgl. hierzu 3. Abschn., Kap. 3, 1.2.3.2.3.4).

Unzureichende Fristigkeitsangaben

Um beurteilen zu können, ob sich ein Unternehmen künftig im finanziellen Gleichgewicht befindet, sind neben den Informationen bzgl. des Umfangs und der Höhe der zu erwartenden Ein- und Auszahlungen auch die genauen Termine dieser Zahlungsmittelbewegungen vonnöten. Auch dieser Informationswunsch des Analysten wird durch den Jahresabschluss letztlich nicht befriedigt.

Handelsrechtliche Ausweis- bzw. Angabepflichten, wie z. B. die nach den §§ 268 Abs. 5 Satz 1 und 285 Nr. 1 HGB geforderte Angabe der Verbindlichkeitsbeträge mit einer Restlaufzeit von bis zu einem und mehr als fünf Jahren (im Rahmen des BilRUG ist künftig gem. § 268 Abs. 5 Satz 1 HGB-E zudem der Betrag der Verbindlichkeiten mit einer Restlaufzeit von mehr als einem Jahr anzugeben), ermöglichen zwar die Erstellung eines sog. »Verbindlichkeitenspiegels«. Diesem kann aber in Ermangelung vergleichbarer Angaben kein entsprechend aufgebauter Forderungsspiegel gegenübergestellt werden. Zudem ist die im Jahresabschluss für Forderungen und Verbindlichkeiten vorgesehene Fristigkeitsstruktur viel zu grob, um auch nur annähernd zuverlässige Aussagen über die zeitliche Übereinstimmung der aus diesen Größen resultierenden Ein- und Auszahlungen formulieren zu können.

Die im Bereich der IFRS-Rechnungslegung übliche Bilanzgliederung nach dem Aspekt der Fristigkeit führt zu einer Unterteilung in langfristige und kurzfristige Vermögens- und Schuldposten. Diese Darstellungsvariante kann ebenso allenfalls approximative Hinweise auf das zeitliche Anfallen der korrespondierenden Ein- und Auszahlungen geben; denn Anlagegüter können demnächst abgenutzt sein, Vorräte sind möglicherweise Ladenhüter oder gehören zum eisernen Bestand, mit einer Restlaufzeit von bis zu einem Jahr ausgewiesene Verbindlichkeiten können morgen fällig sein (vgl. nur Coenenberg, A. G./Haller, A./Schultze, W. (2014), S. 1080).

Bewertungsabhängigkeit und vielfach fehlender Zukunftsbezug

Schließlich zeichnen die Abhängigkeit von Bewertungsgrundsätzen sowie der vielfach fehlende Zukunftsbezug in den Jahresabschlüssen dafür verantwortlich, dass die Bilanzwerte der Vermögens- und Schuldposten nicht unmittelbar mit den späteren Ein- und Auszahlungen gleichgesetzt werden können. So führen im HGB die vom Vorsichtsprinzip geprägten Gewinnermittlungsprinzipien (Realisations- und Imparitätsprinzip) dazu, dass das Vermögen eher zu niedrig und die Schulden eher zu hoch bewertet sind. Im Vergleich zum Handelsrecht weisen dagegen die Bilanzierungs- und Bewertungsgrundsätze der IFRS tendenziell einen stärkeren Zukunftsbezug auf (vgl. Küting, K./Lam, S. (2013), S. 1737 ff.). So erfolgt hier bei vielen Bewertungsanlässen keine Bewertung anhand der fortgeführten (historischen) Anschaffungs- oder Herstellungskosten, sondern es ist eine (wahlweise) Bewertung zum Fair Value vorgesehen (z. B. bei Anwendung des Neubewertungsmodells bei Sach- und immateriellen Anlagen, bei der Bewertung von als Finanzinvestition gehaltenen Immobilien oder im Bereich der Finanzinstrumente). Eine solche zeitnahe Bewertung, die einer genaueren Abschätzung des Liquiditätspotenzials zuträglich ist, ist auch im Rahmen des Werthaltigkeitstests, insb. im Hinblick auf den derivativen Goodwill, zu beobachten. Jedoch kann die Analyse der Liquiditätslage auch im Bereich der internationalen Rechnungslegung weiterhin durch zahlreiche bilanzpolitisch motivierte Sachverhaltsgestaltungen, wie etwa die Wahl des Bilanzstichtags, die Vornahme konzerninterner Kredittransaktionen kurz vor oder nach dem Bilanzstichtag, Sale-and-Lease-back-Geschäfte oder dem gezielten Abschluss von Factoringverträgen, nachhaltig erschwert werden.

1.1.3.3 Konsequenzen für die Liquiditätsanalyse

Suche nach Hilfslösungen

In Anbetracht der aufgezeigten Grenzen der externen Liquiditätsanalyse muss das Ziel der auf der vergangenheitsorientierten Informationsgrundlage basierten Liquiditätsanalyse angepasst und neu formuliert werden. Gerade weil dem externen Analysten ein (interner) Finanzplan nicht zur Verfügung steht, muss er auf Hilfslösungen zurückgreifen, die zumindest ansatzweise (validierte) Aussagen über die künftige Zahlungsfähigkeit eines Unternehmens i. S. d. dynamischen Liquidität erlauben.

Vermögens-, Kapital- und Horizontalstrukturanalyse

Dabei dürfen sich Liquiditätsanalysen nicht – wie häufig zu beobachten – allein auf die Untersuchung des Zusammenhangs zwischen Investition und Finanzierung und damit auf die Bildung verschiedener Deckungsgrade unterschiedlicher Fristigkeit beschränken. Diese einseitige Ausrichtung der Analyse wird den an die Liquiditätsbeurteilung gestellten Anforderungen nur bedingt gerecht. Die Gewinnung von Informationen über den liquiditätsmäßigen Zustand eines Unternehmens muss vielmehr als ein komplexer Vorgang begriffen werden, der erst durch das Zusammenfügen vieler kleiner Mosaiksteine ein annähernd klares Bild zeichnet und sich nicht in der Bildung und Auswertung von bestimmten – durch Horizontalanalysen gewonnenen – Beziehungszahlen (Deckungsgrade, kurzfristige Liquiditätsgrade) erschöpfen darf. Zwar handelt es sich bei Letzteren zweifellos um einen wichtigen Bereich der Liquiditätsanalyse, doch müssen – gerade für längerfristige Betrachtungen – auch die Erkenntnisse der vertikalen Vermögens- und Kapitalstrukturanalyse gleichsam flankierend in die Beurteilung der Liquiditätslage eines Unternehmens einfließen. Die erwähnten Teilbereiche werden im Folgenden unter dem Begriff der »Bilanzstrukturanalyse« zusammengefasst.

Auswertung von Anhang und Lagebericht

Sofern der Jahresabschluss einen Anhang und einen Lagebericht enthält, sollte der Analyst auch diese zusätzlich zur Verfügung stehenden Informationsquellen unter Liquiditätsgesichtspunkten auswerten. Während die Vermögens-, Kapital- und Horizontalstrukturanalyse im Zeichen der (stichtagsbezogenen) Kennzahlenbildung stehen und darauf abzielen, drohende Liquiditätsengpässe anhand von bestimmten Bilanzrelationen offenzulegen, geht es bei der Analyse des Anhangs oder Lageberichts im Wesentlichen um die Auswertung verbaler Angaben.

Sowohl für den Anhang als auch für den Lagebericht zeigt die Erfahrung, dass ertragsstarke und liquide Unternehmen tendenziell eher bereit sind, detaillierte Angaben über künftige Zahlungsmittelbewegungen zu machen, als jene, die mit Liquiditätsengpässen zu kämpfen haben. Letztere suchen ihre Chancen eher in bilanzpolitisch gesteuerten Liquiditäts- und Finanzierungskennzahlen in der Hoffnung, dass die (Kreditvergabe-)Praxis auch weiterhin Unternehmensbeurteilungen anhand von »Formeln, Faustregeln und schematisierten Normen« (Härle, D. (1970), S. 89) durchführt.

Stromgrößenrechnung

Eine weitere Verfeinerung der Untersuchungsergebnisse erfolgt durch Beurteilungen auf der Grundlage von publizierten oder aus der GuV abgeleiteten Stromgrößen. Angesprochen sind damit in erster Linie die Kapitalflussrechnung sowie die darin enthaltene operative Cashflow-Rechnung. Die Analyse des operativen Cashflows soll eine Aussage über das Innenfinanzierungspotenzial der Unternehmung in der abgelaufenen Periode ermöglichen (vgl. 3. Abschn., Kap. 3, 1.3.1). Die Kapitalflussrechnung als Gesamtrechnung aller Zahlungsmittelbewegungen innerhalb einer Periode soll dagegen Aufschluss über die Struktur bestimmter Zahlungsströme eines Unternehmens geben, indem

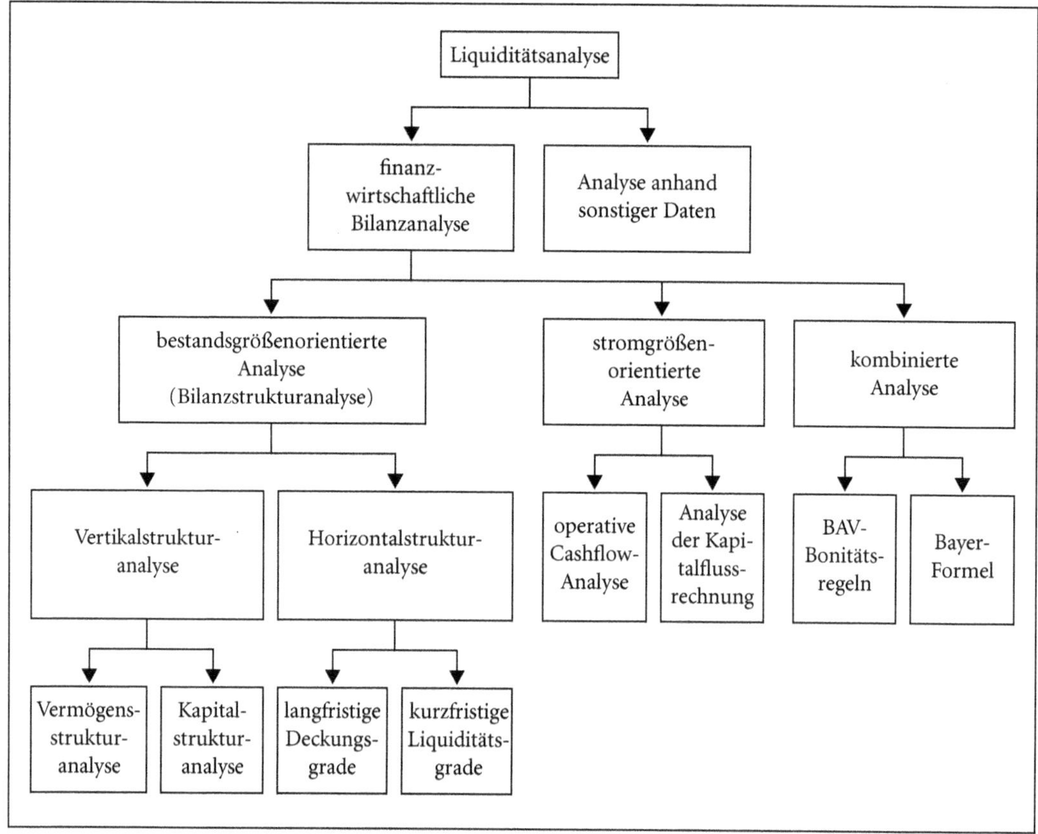

Übersicht 25: Methoden zur Liquiditätsanalyse

bestimmte Mittelbewegungen während einer Periode aufgegliedert und erklärt werden (vgl. 3. Abschn., Kap. 3, 1.3.2).

Kombinierte Ansätze

Schließlich finden im Rahmen der finanzwirtschaftlichen Analyse kombinierte Ansätze Anwendung, die sowohl Elemente der Bilanzstrukturanalyse als auch der stromgrößenorientierten Analyse aufweisen (vgl. 3. Abschn., Kap. 3, 1.4). Zu diesen gehören die in Anlehnung an die früheren Kriterien des Bundesaufsichtsamts für das Versicherungswesen (BAV) – heute: Bundesanstalt für Finanzdienstleistungsaufsicht (BaFin) – entwickelten Bonitätsregeln sowie die sog. »Bayer-Formel«.

Übersicht 25 fasst die skizzierten, im Folgenden näher zu betrachtenden Methoden zur Liquiditätsanalyse zusammen.

Merksätze

1. Zentrales Ziel der finanzwirtschaftlichen Bilanzanalyse ist die Beurteilung der Liquiditätslage eines Unternehmens.
2. Die Aufrechterhaltung der Liquidität ist eine unabdingbare Voraussetzung für den Fortbestand eines Unternehmens. Ebenso bildet sie eine wesentliche Nebenbedingung zum Ziel der langfristigen Gewinnmaximierung.

3. Der Begriff der Liquidität wird in unterschiedlichen Ausprägungen verwendet.
4. Erkenntnisziel der finanzwirtschaftlichen Bilanzanalyse ist die dynamische Liquidität, verstanden als die Fähigkeit eines Rechtssubjekts, seinen fälligen Zahlungsverpflichtungen zu jeder Zeit uneingeschränkt nachzukommen.
5. Auf der Grundlage des nach HGB oder IFRS erstellten Jahresabschlusses ist eine unmittelbare Beurteilung der Liquiditätslage eines Unternehmens nicht möglich. Daher muss auf ›Hilfslösungen‹ zurückgegriffen werden.
6. Mögliche Hilfslösungen stellen u. a. die Bilanzstrukturanalyse und die Kapitalflussrechnung dar. Letztere bietet bspw. durch ihren Teilbereich der operativen Cashflow-Rechnung die Möglichkeit, die Zahlungsmittelbewegungen, welche aus dem operativen Geschäftsbetrieb resultieren, herauszuarbeiten und zu analysieren.

1.2 Bilanzstrukturanalyse

1.2.1 Untersuchungsziele der Bilanzstrukturanalyse

Untersuchungsziel: Liquiditätssicherungsvermögen

Es wurde bereits darauf hingewiesen, dass eine unmittelbare Beurteilung der zukünftigen Zahlungsfähigkeit eines Unternehmens auf der Grundlage des einem externen Analysten zur Verfügung stehenden Datenmaterials nicht möglich ist. Folglich ist dieser darauf angewiesen, durch Aufbereitung und Analyse des handelsbilanziellen Jahresabschlusses Indikatoren ausfindig zu machen, die Auskunft über das Liquiditätssicherungsvermögen des Unternehmens geben (vgl. auch Brösel, G. (2014), S. 232 ff.) und damit Rückschlüsse auf die künftige Zahlungsfähigkeit erlauben.

Bestimmungsfaktor: Möglichkeit der Freisetzung liquider Mittel von ›innen‹

Das Liquiditätssicherungsvermögen eines Unternehmens wird im Wesentlichen durch zwei Faktoren bestimmt: Der erste Bestimmungsfaktor ist das Ausmaß, in dem die in den Vermögenswerten gebundenen liquiden Mittel wieder freigesetzt werden können (absolute Liquidität). Der Umfang dieser potenziellen Liquidität richtet sich zum einen nach der Bindungsdauer des in den einzelnen Vermögenswerten gebundenen Kapitals im Rahmen des betrieblichen Einsatzes im Produktions- und Absatzprozess (natürliche Liquidität) sowie zum anderen nach der Möglichkeit, im Unternehmen vorhandene Vermögenswerte ohne Gefahr für den Fortbestand des Unternehmens vor Ablauf ihrer Selbstliquidationsdauer zu veräußern und damit in liquide Mittel zurückzuführen (künstliche Liquidität).

Bestimmungsfaktor: Möglichkeit der Beschaffung liquider Mittel von ›außen‹

Hiervon ist der zweite Bestimmungsfaktor des künftigen Liquiditätssicherungsvermögens, die Möglichkeit des Unternehmens, finanzielle Mittel von externen Kapitalgebern zu beschaffen, zu unterscheiden. Diese Form der Liquiditätsbeschaffung von außen wird selbst wiederum durch zwei Kriterien bestimmt.

Erfolgserzielungsvermögen

Grundvoraussetzung für die finanzielle Beteiligung externer Kapitalgeber an einem Unternehmen ist die Erwartung, dass das Unternehmen in der Zukunft Gewinne erzielen wird. Denn nur unter dieser Bedingung können eine ordnungsgemäße Bedienung sowie ggf. eine Rückzahlung des hingegebenen Kapitals erwartet werden. Damit wird deutlich, dass zur Beurteilung der zukünftigen Liquiditätslage eines Unternehmens dessen Erfolgserzielungsvermögen besonderes Interesse geschenkt werden muss.

Man könnte einwenden, zur Beurteilung des Erfolgspotenzials sei eine unmittelbare Betrachtung der Erfolgsquellen, wie sie sich in der GuV oder Gesamtergebnisrechnung widerspiegeln, am zweckdienlichsten. Dem ist jedoch entgegenzuhalten, dass die finanzwirtschaftliche Bilanzkritik die unmittelbare Erfolgsquellenanalyse nicht ersetzen, sondern vielmehr ergänzen soll. Denn Schwächen im finanziellen Aufbau werden nicht selten durch Wachstumsphasen der Wirtschaft überlagert (vgl. so bereits SANDIG, C. (1976), Sp. 649; auch SIEBEN, G./BARION, H.-J./MALTRY, H. (1993), Sp. 229 ff.). Sie schlagen sich daher oftmals erst nach einer Änderung der wirtschaftlichen Rahmenbedingungen, d.h. mit einer gewissen Verzögerung in der Ergebnisrechnung nieder. Demzufolge muss die vordringliche Aufgabe der Bilanzstrukturanalyse darin gesehen werden, etwaige strukturelle Mängel im Finanzaufbau des Unternehmens aufzudecken und auf die von ihnen ausgehenden Gefahren für das Erfolgserzielungsvermögen aufmerksam zu machen.

Verlustabsorptionsfähigkeit

Es darf auch nicht übersehen werden, dass der Beurteilung des Erfolgserzielungsvermögens eines Unternehmens auf der Grundlage des handelsbilanziellen Jahresabschlusses eine erhebliche Unsicherheit anhaftet. Denn die Fähigkeit des Unternehmens, Gewinne zu erzielen, wird von zahlreichen Faktoren beeinflusst, deren Berücksichtigung sich dem außenstehenden Betrachter weitestgehend verschließt (z. B. Qualität des Managements, Entwicklungen auf den Absatz- und Beschaffungsmärkten, technischer Fortschritt usw.). Daher kann selbst bei noch so sorgfältiger Analyse des Jahresabschlusses nicht ausgeschlossen werden, dass ein heute florierendes Unternehmen über kurz oder lang Verluste erleidet oder sogar in eine wirtschaftliche Schieflage gerät. Da Verluste zu einer Minderung des Eigenkapitals führen, stellen sie eine latente Bedrohung für den Fortbestand eines Unternehmens dar. Aus dieser Tatsache lässt sich neben dem Erfolgserzielungsvermögen als weiteres sekundäres Analyseziel die Verlustabsorptionsfähigkeit – verstanden als die Fähigkeit, Verluste ohne unmittelbare Gefahr für die Existenz des Unternehmens aufzufangen – ableiten. Diese findet ihren sichtbaren Niederschlag in der jeweiligen Eigenkapitalausstattung.

Übersicht 26 fasst die Bestimmungsfaktoren des langfristigen Liquiditätssicherungsvermögens eines Unternehmens zusammen.

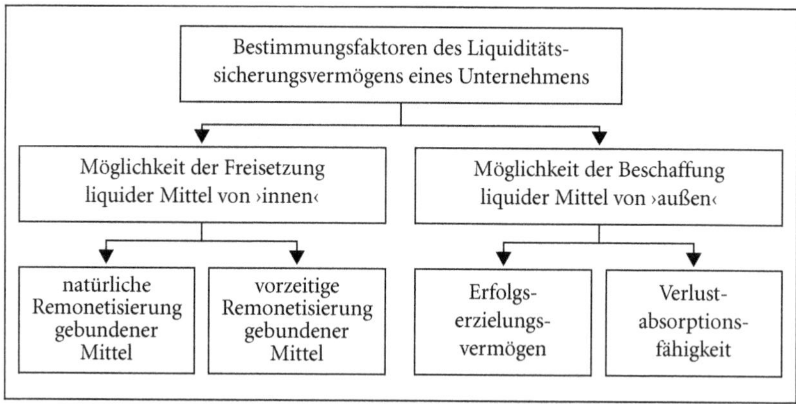

Übersicht 26: Bestimmungsfaktoren des langfristigen Liquiditätssicherungsvermögens

Die Aufgabe der Bilanzstrukturanalyse ist es, durch Bildung von Kennzahlen zur Vertikal- (Vermögens- bzw. Kapitalstrukturanalyse) und Horizontalstruktur Aussagen zu den vorstehend formulierten Analysezielen zu treffen.

1.2.2 Grenzen der Bilanzstrukturanalyse

Mehrdeutigkeit der Untersuchungsergebnisse

Abgesehen von den oben aufgezeigten Schwächen des dem externen Analysten zur Verfügung stehenden Datenmaterials (vgl. 3. Abschn., Kap. 3, 1.1.3.2) wird die Bilanzstrukturanalyse zusätzlich durch zahlreiche Interpretationsschwierigkeiten bei der Auswertung der hervorgebrachten Ergebnisse beeinträchtigt. Als ein besonderes Problem erweist sich dabei die Mehrdeutigkeit gebildeter Kennzahlen. Die Ursache hierfür kann zum einen in der Unkenntnis über die Hintergründe einer bestimmten Entwicklung bestehen. So lässt sich bspw. ein im Zeitablauf gestiegener Bestand an Verbindlichkeiten aus Lieferungen und Leistungen einerseits als Indiz für »Finanzierungsengpässe und Schwierigkeiten bei der Kapitalbeschaffung« deuten (Gräfer, H./Schneider, G./Gerenkamp, T. (2012), S. 87); andererseits könnte dies aber auch Ausdruck einer gestiegenen Marktmacht des Unternehmens in Form verlängerter Zahlungsziele ggü. Lieferanten sein. Welche Interpretation im Einzelfall plausibler erscheint, kann nur unter Heranziehung zusätzlicher Informationen beurteilt werden, etwa der Entwicklung der liquiden Mittel im entsprechenden Zeitraum (vgl. bereits Kußmaul, H. (1984), S. 198 f.).

Zum anderen sind mehrdeutige Aussagen indes auch als Folge der partiellen Widersprüchlichkeit der oben abgeleiteten Analyseziele denkbar. So mag ein umfangreicher Grundbesitz für Gläubiger unter Risikogesichtspunkten, d. h. als Zugriffsobjekt im Falle einer Insolvenz, durchaus vorteilhaft erscheinen. Gleichzeitig muss jedoch gesehen werden, dass das im Grundvermögen gebundene Kapital im Allgemeinen keinen unmittelbaren Ertrag abwirft und damit die Fähigkeit, Gewinne zu erzielen, beeinträchtigen kann. Zur Auflösung eines derartigen Konflikts zwischen Rentabilitätsziel einerseits und Sicherheitserwägungen andererseits bedarf es stets eines wertenden Urteils des Analysten. Dies kann regelmäßig nur im Rahmen der Gesamtbeurteilung des Unternehmens erfolgen.

»Flucht in Praktikerregeln«

Ähnliche Überlegungen, wie sie hier für einzelne Vermögensposten angestellt wurden, gelten für die allgemeine Beurteilung der Abstimmung von Kapitalbeschaffung und Kapitalverwendung. Auch dieses Ansinnen wird dadurch erschwert, dass zweckkonforme, d. h. Sicherheits- und Rentabilitätsaspekte berücksichtigende Finanzierungshypothesen bis heute noch nicht entwickelt wurden. Stattdessen stützt sich die Praxis noch immer überwiegend auf sog. »goldene Regeln«, die zwar eine wissenschaftliche Absicherung vermissen lassen, sich jedoch im Laufe der Zeit bewährt oder zumindest durchgesetzt haben (vgl. hierzu 3. Abschn., Kap. 3, 1.2.4).

Merksätze

1. Die Bilanzstrukturanalyse mit ihren Teilbereichen der Vertikalstruktur- (Vermögens- bzw. Kapitalstruktur) und Horizontalstrukturanalyse soll durch Bildung von Kennzahlen Anhaltspunkte über das Liquiditätssicherungsvermögen eines Unternehmens liefern.

2. Das Liquiditätssicherungsvermögen richtet sich einerseits nach den Möglichkeiten der unternehmensinternen Freisetzung liquider Mittel, insb. über den Produktions- und Absatzprozess, sowie andererseits nach dem Außenfinanzierungspotenzial eines Unternehmens.
3. Diese Formen der Beschaffung liquider Mittel werden in erster Linie beeinflusst von
   - der (natürlichen bzw. künstlichen) Liquidierbarkeit der einzelnen Vermögenswerte,
   - der Fähigkeit des Unternehmens zur nachhaltigen Erzielung von Erfolgen sowie
   - der Fähigkeit des Unternehmens zur Absorption von Verlusten.

1.2.3 Vertikalstrukturanalyse

1.2.3.1 Vermögensstrukturanalyse

1.2.3.1.1 Ausgangspunkt: Verhältnis von Anlage- zu Umlaufvermögen

Grobstrukturierung des Vermögens

Im Rahmen der Vermögensstrukturanalyse sollte vor dem Hintergrund der angestrebten Analyseziele zunächst eine Grobstrukturierung des Vermögens nach der Dauer der Vermögensbindung erfolgen. Dahinter steht die Überlegung, dass tendenziell

(1) die Wahrscheinlichkeit einer drohenden Illiquidität abnimmt und
(2) sich die Erfolgsaussichten eines Unternehmens bei gleichzeitiger Verringerung des Verlustrisikos umso besser darstellen,

Auswirkungen bei sinkender Vermögensbindung

je niedriger der Anteil des langfristig gebundenen Vermögens ist. Hierfür lassen sich mehrere Gründe anführen (vgl. Bitz, M./Schneeloch, D./Wittstock, W. (2011), S. 518 sowie Coenenberg, A.G./Haller, A./Schultze, W. (2014), S. 1064 ff.). So muss gesehen werden, dass mit sinkender Dauer der Vermögensbindung

(1) sich das Vermögen tendenziell schneller verflüssigt bzw. verflüssigen lässt;
(2) die Belastung des Unternehmens mit Fixkosten c. p. zurückgeht und Beschäftigungsänderungen dementsprechend weniger stark auf die Erfolgssituation durchschlagen;
(3) die Kapazitätsausnutzung tendenziell steigt, was sich ebenfalls positiv auf die Rentabilität auswirkt und verstärkte Zuflüsse liquider Mittel über den Umsatzprozess erwarten lässt;
(4) der Kapitalbedarf und damit die Belastung des Unternehmens mit Kapitaldienstkosten zurückgehen;
(5) die Anpassungsfähigkeit des Unternehmens an Strukturänderungen auf den Absatzmärkten und an den technischen Wandel zunimmt, da Umschichtungen im langfristig gebundenen Vermögen regelmäßig schwieriger durchführbar und zudem verlustträchtiger sind, als dies im kurzfristigen Vermögen der Fall ist.

Intensitätskennzahlen

Zur Beurteilung des Umfangs des in einem Unternehmen langfristig gebundenen Vermögens werden insb. die nachfolgenden Intensitätskennzahlen gebildet:

(F. 2)

$$\text{Anlageintensität} = \frac{\text{Anlagevermögen}}{\text{Gesamtvermögen}}$$

(F. 3)

$$\text{Arbeitsintensität (Umlaufintensität)} = \frac{\text{Umlaufvermögen}}{\text{Gesamtvermögen}}$$

Bei der Analyse von IFRS-Abschlüssen sind die Vermögensintensitätskennzahlen unter Berücksichtigung der im Vergleich zu HGB-Abschlüssen unterschiedlichen Bilanzgliederung zu bilden. Aufgrund der grds. an der Fristigkeit orientierten Unterteilung in lang- und kurzfristige Vermögenswerte werden in den Formeln anstelle des Anlagevermögens »non-current assets« und anstelle des Umlaufvermögens »current assets« eingesetzt.

Folgt man nun der oben abgeleiteten These, wonach sich das Erfolgserzielungsvermögen eines Unternehmens sowie die Liquidierbarkeit der Vermögenswerte umso besser und das Verlustrisiko umso geringer darstellen, je niedriger der Anteil des langfristig gebundenen Vermögens ist, scheint aus bilanzanalytischer Sicht eine möglichst niedrige Anlageintensität bzw. eine hohe Arbeitsintensität vorteilhaft. Diese Schlussfolgerung ist jedoch nicht allgemein gültig.

Branchenbezogene Einflüsse auf die Vermögensstruktur

Erstens muss berücksichtigt werden, dass der Anteil des Anlagevermögens am Gesamtvermögen entscheidend von der Branchenzugehörigkeit und dem jeweiligen Schwerpunkt der wirtschaftlichen Betätigung eines Unternehmens abhängt. So weisen bspw. Produktionsunternehmen in aller Regel eine weitaus höhere Anlageintensität auf als Handelsbetriebe und Dienstleistungsunternehmen. Aus diesem Grund können die obigen Intensitätskennzahlen allenfalls als ein Prüfkriterium dafür angesehen werden, ob sich die Zusammensetzung des Vermögens eines Unternehmens im Bereich des Branchenüblichen bewegt oder nicht.

Beeinflussung durch Bilanzierungswahlrechte und Sachverhaltsgestaltungen

Zweitens kann die Aussagekraft der Intensitätskennzahlen durch herrschende Bilanzierungskonventionen beeinträchtigt sein, indem bestimmte betriebsnotwendige Vermögenswerte u. U. keinen Eingang in die Bilanz finden (vgl. Brösel, G. (2014), S. 31 ff.). Zu denken ist dabei etwa an das handelsrechtliche Wahlrecht zur Aktivierung selbst erstellter immaterieller Vermögensgegenstände des Anlagevermögens (vgl. § 248 Abs. 2 Satz 1 HGB) bzw. das faktische Aktivierungswahlrecht für selbst geschaffene immaterielle Vermögenswerte nach IFRS; überdies besteht die Möglichkeit, durch bestimmte Sachverhaltsgestaltungen (z. B. Leasing oder Sale-and-Lease-Back-Verfahren) über Gegenstände des Produktivvermögens bilanzunwirksam zu verfügen.

Beeinflussung durch Bewertungsmaßnahmen

Nicht zu unterschätzen sind auch solche Einflüsse auf die bilanzielle Vermögensstruktur, die sich aus Bewertungsmaßnahmen ergeben. Von Bedeutung ist dabei z. B. die Tatsache, dass das Umlaufvermögen i. d. R. mit aktuelleren Preisen bewertet ist als das Anlagevermögen, welches »mit den fortgeführten, je nach Alter der Anlagen mehr oder weniger weit zurückliegenden historischen Anschaffungskosten zu Buche steht« (Coenenberg, A.G./Haller, A./Schultze, W. (2014), S. 1065). Dieser Effekt führt in Zeiten steigender Preise zum Ausweis einer zu niedrigen (hohen) Anlageintensität (Arbeitsintensität). Darüber hinaus wird die Vertikalanalyse der Vermögensstruktur durch zahlreiche Bewertungsfreiheiten in den geltenden Bilanzierungsnormen beeinträchtigt. Beispielhaft können hier im HGB-Abschluss die unterschiedlichen Verfahren zur Bewertung des Vorratsvermögens und im internationalen Kontext die Möglichkeiten zur Neubewertung von langfristigen (immateriellen) Vermögenswerten (vgl. hierzu auch 3. Abschn., Kap. 2, 4.1) sowie die Ermessensspielräume im Zusammenhang mit der Fair Value-Bewertung genannt werden (vgl. Küting, K./Pfitzer, N./Weber, C.-P. (2013), S. 174 f.).

Aussagen über die Dauer der Kapitalbindung

Weiterhin ist zu berücksichtigen, dass anhand des bilanziellen Ausweises von Vermögenswerten im Anlage- und Umlaufvermögen nur bedingt Rückschlüsse auf die Dauer der jeweiligen Kapitalbindung gezogen werden können. Exemplarisch kann hierfür die Existenz eiserner Bestände innerhalb des Vorratsvermögens oder der nach § 266 Abs. 2 HGB vorgesehene Ausweis langfristiger Forderungen aus Lieferungen und Leistungen im Umlaufvermögen angeführt werden. Diese Sachverhalte bewirken, dass die Höhe des langfristig gebundenen Kapitals auf der Grundlage der pauschalisierenden bilanzgliederungsorientierten Intensitätskennzahlen zu niedrig eingeschätzt wird. Gerade umgekehrt stellt sich die Situation dar, wenn im Anlagevermögen Vermögenswerte ausgewiesen werden, deren Remonetisierung kurz bevorsteht (z. B. Überkapazitäten bei den Sachanlagen); in der internationalen Rechnungslegung wird diesem Umstand indes durch entsprechende Regelungen des IFRS 5 Rechnung getragen, denen zufolge langfristige Vermögenswerte, die zur Veräußerung stehen, in einem gesonderten Posten unter den »current assets« auszuweisen sind.

Zwischenergebnis

Durch die bisherigen Ausführungen wird deutlich, dass die eingangs erwähnten Intensitätskennzahlen bei isolierter Betrachtung keine zuverlässigen Aussagen über die Liquidierbarkeit der ausgewiesenen Vermögenswerte, das Erfolgserzielungsvermögen bzw. das Verlustrisiko eines Unternehmens erlauben. Hierzu bedarf es einer detaillierteren Analyse einzelner Vermögensgruppen. Dabei sollte ein besonderes Interesse der Entwicklung der Vermögenszusammensetzung im Zeitablauf gelten, um aus dieser Kenntnis Trendaussagen für die Zukunft formulieren zu können. Die intraperiodische Entwicklung der Vermögenszusammensetzung ist insb. im Wege der Analyse der einem Anlagespiegel/Anlagengitter zu entnehmenden Informationen nachzuvollziehen (vgl. nur Küting, K./Grau, P. (2011), S. 1389).

1.2.3.1.2 Analyse des Anlagevermögens

1.2.3.1.2.1 Sachanlagen

Altersstruktur

Von einer Untersuchung des Sachanlagevermögens werden in zweifacher Hinsicht Aufschlüsse über den Vermögensaufbau eines Unternehmens erwartet. Im Rahmen einer rein statischen Betrachtung geht es zunächst darum, die Qualität der vorhandenen Sachanlagen zu beurteilen. Als verlässlicher Indikator hierfür wird üblicherweise deren Altersstruktur angesehen. Dem liegt die Überlegung zugrunde, dass nur ein Unternehmen mit modernen Fertigungsanlagen in der Lage ist, langfristig seine Marktposition zu sichern bzw. auszubauen. Darüber hinaus lassen sich aus der Altersstruktur des Betriebsvermögens Anhaltspunkte über den Umfang der in naher Zukunft erforderlichen (Ersatz-)Investitionen und den dadurch ausgelösten Kapitalbedarf gewinnen (vgl. Gräfer, H./Schneider, G./Gerenkamp, T. (2012), S. 104).

Zur Beurteilung der Altersstruktur des Produktivvermögens wird in der Literatur auf die Kennzahl »Anlagenabnutzungsgrad« (vgl. F. 4) verwiesen.

Kennzahl zur Altersstruktur

(F. 4)

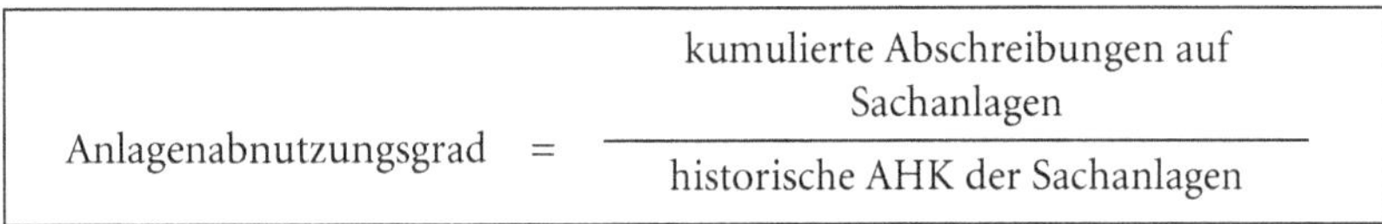

$$\text{Anlagenabnutzungsgrad} = \frac{\text{kumulierte Abschreibungen auf Sachanlagen}}{\text{historische AHK der Sachanlagen}}$$

Der Anlagenabnutzungsgrad lasse die »Altersstruktur des Anlagenbestandes deutlich erkennbar« (Göllert, K./Ringling, W. (1986), S. 126) werden. Auch soll aus der Gegenüberstellung der kumulierten Abschreibungen und der historischen Anschaffungs- oder Herstellungskosten der »Reinvestitionsbedarf bei den einzelnen Gruppen von Anlagewerten ersichtlich« (Göllert, K. (1984), S. 1846) sein.

Kritische Würdigung der Kennzahl

Die Aussagefähigkeit obiger Kennzahl sollte indes nicht überschätzt werden. Erstens kann der bilanziell ermittelte Anlagenabnutzungsgrad nur als bedingt verlässlicher Maßstab für die Altersstruktur eines abnutzbaren Vermögenswerts angesehen werden, da die Höhe der jährlichen Abschreibungen, abgesehen vom eigentlichen Werteverzehr, auch von bilanzpolitischen Faktoren beeinflusst wird. Die in der Vergangenheit existente Problematik, dass steuerrechtliche Mehrabschreibungen einen verzerrenden Einfluss auf die Kennzahl nahmen, ist durch die Streichung der umgekehrten Maßgeblichkeit im Zuge des BilMoG entfallen. Aber selbst bei Außerachtlassung dieses Mangels vermittelt der Anlagenabnutzungsgrad zweitens generell lediglich einen groben Überblick über das durchschnittliche Alter der zu einem Bilanzposten zusammengefassten Vermögenswerte. Die Ursache hierfür liegt darin, dass dem externen Bilanzadressaten detaillierte Informationen über die Nutzungsdauern der einzelnen Vermögenswerte, über die konkret angewendeten Abschreibungsmethoden sowie über den Umfang der bereits voll abgeschriebenen Anlagegüter in aller Regel nicht zugänglich sind. Damit aber muss drittens auch der Versuch fehlschlagen, aus den Informationen des Anlagespiegels den Ersatzzeitpunkt für bestimmte Anlagegüter einer Vermögensgruppe zu bestimmen und den daraus resultierenden Investitionszeitpunkt abzuleiten.

Beispiel

Dies zeigt das Beispiel eines angenommenen durchschnittlichen Abnutzungsgrads von 50 % zweier in einem Bilanzposten zusammengefasster Maschinen. Unterstellt man eine lineare Abschreibung für beide Maschinen, so ist für einen externen Betrachter nicht erkennbar, ob etwa (1) eine Maschine neu, die andere dagegen umgehend zu ersetzen ist oder ob (2) für beide Maschinen erst die Hälfte ihrer ursprünglichen Nutzungsdauer abgelaufen ist. Mit steigender Anzahl und Heterogenität der zusammengefassten Vermögenswerte nehmen insoweit die möglichen Szenarien beträchtlich zu (beispielhaft zu dieser Thematik so schon Küting, K./Haeger, B./Zündorf, H. (1985), S. 1953 f.).

Notwendigkeit eines Zeitvergleichs

Damit wird deutlich, dass einer rein stichtagsorientierten (statischen) Strukturanalyse des Anlagevermögens nur ein begrenzter Aussagewert zukommt. Sie sollte durch eine Analyse der Entwicklung des Anlagevermögens im Zeitablauf regelmäßig ergänzt werden. Im Mittelpunkt steht dabei die Frage nach den Ursachen für etwaige markante Veränderungen in der Höhe des ausgewiesenen Anlagevermögens sowie des Anteils der einzelnen Vermögenspositionen am Gesamtanlagevermögen. Wie die nachfolgenden Überlegungen zeigen, stellt sich jedoch auch bei ihrer Beantwortung das Problem der Mehrdeutigkeit einzelner Beobachtungen.

Beispiel für die Mehrdeutigkeit

So ist nach den voranstehenden Ausführungen ein über die Jahre sinkender Anteil der Sachanlagen am Gesamtvermögen unter dem Blickwinkel der Erfolgserzielungs- und Verlustabsorptionsfähigkeit eines Unternehmens zwar grds. positiv zu werten. Beruht die Abnahme des Produktivvermögens indes ausschließlich auf dem sukzessiven Verkauf von Anlagegegenständen, insb. Immobilien, um auf diese Weise stille Reserven aufzudecken und einen gesunkenen operativen Erfolg zu kaschieren, sollte diese Entwicklung eher bedenklich stimmen. Inwieweit eine Kaschierung des operativen Erfolgs betrieben wird, sollte mit dem Instrumentarium der Erfolgsspaltung überprüft werden (vgl. hierzu 3. Abschn., Kap. 3, 2.3.1).

Kennzahlen zur Investitionspolitik

Zu denken ist ferner an die Möglichkeit, dass die Sachanlagen infolge der Unterlassung von Neu- bzw. Ersatzinvestitionen veraltet sind, die Abnahme dieser Bilanzposition im Zeitablauf also einen künftigen Investitionsnachholbedarf zum Ausdruck bringt (vgl. etwa PERRIDON, L./STEINER, M./RATHGEBER, A. W. (2012), S. 597). Aufschluss hierüber geben zumindest ansatzweise die nachfolgenden Kennzahlen zur Investitionspolitik eines Unternehmens:

(F. 5)

$$\text{Investitionsquote} = \frac{\text{Nettoinvestitionen in Sachanlagen}}{\text{Sachanlagen zu historischen AHK}}$$

(F. 6)

$$\text{Wachstumsquote} = \frac{\text{Nettoinvestitionen in Sachanlagen}}{\text{Jahresabschreibungen auf Sachanlagen}}$$

(F. 7)

$$\text{Abschreibungsquote} = \frac{\text{Jahresabschreibungen auf Sachanlagen}}{\text{Sachanlagen zu historischen AHK}}$$

Die Investitionsquote wird typischerweise als ein Maß für die Zukunftsvorsorge angesehen, denn »je größer das Investitionsvolumen ist, desto besser ist die Zukunftsvorsorge und die zukünftig erwartete Ertragskraft eines Unternehmens« (Gräfer, H./Schneider, G./Gerenkamp, T. (2012), S. 102).

Nettoinvestitionen

Gleichwohl darf das Investitionsvolumen nicht allein anhand der im Anlagespiegel ausgewiesenen Zugänge, die das gesamte Investitionsvolumen des Geschäftsjahrs abbilden, beurteilt werden, sondern es sind zugleich die getätigten Desinvestitionen zu berücksichtigen. Maßgebend sind daher die Nettoinvestitionen, die definiert sind als die Differenz zwischen den im Anlagespiegel ausgewiesenen Zugängen des Geschäftsjahrs und den zu Restbuchwerten bewerteten Abgängen. Allerdings tritt bei der Kennzahlenermittlung das Problem auf, dass die Abgänge zu Restbuchwerten dem nach der Bruttomethode aufgestellten Anlagespiegel gem. § 268 Abs. 2 HGB (bzw. infolge des BilRUG künftig: § 284 Abs. 3 HGB-E), der so auch überwiegend in deutschen IFRS-Abschlüssen vorzufinden ist (vgl. dazu Küting, K./Grau, P. (2011), S. 1388 ff.), nicht direkt entnommen werden können, da die Abgänge dort lediglich i. H. ihrer historischen Anschaffungs- bzw. Herstellungskosten ausgewiesen werden. Ersatzweise können die Abgänge zu Restbuchwerten nach dem folgenden Berechnungsschema ermittelt werden (vgl. Mayer, A. (1989), S. 256).

	Bilanzanfangsbestand zu Restbuchwerten
+	Zugänge des Geschäftsjahrs
+	Umbuchungen in die Sachanlagen
+	Zuschreibungen des Geschäftsjahrs
./.	Abschreibungen des Geschäftsjahrs lt. GuV
./.	Umbuchungen aus den Sachanlagen
./.	Bilanzendbestand zu Restbuchwerten
=	**Abgänge zu Restbuchwerten**

Übersicht 27: Berechnungsschema zur näherungsweisen Ermittlung der Restbuchwerte der Abgänge im Geschäftsjahr

Diese Nebenrechnung ist nicht erforderlich, sofern ein Abschreibungsspiegel vorliegt, aus dem die auf die Abgänge entfallenden kumulierten Abschreibungen ersichtlich sind. Die Abgänge zu Restbuchwerten stellen sodann die Differenz aus den Abgängen zu historischen Anschaffungs- bzw. Herstellungskosten und den Abgängen des Abschreibungsspiegels dar.

Investitionsquote

Anhand der Änderungen der Investitionsquote im Zeitablauf lassen sich zumindest ansatzweise Wachstums- bzw. Schrumpfungstendenzen bei den zu untersuchenden Unternehmen erkennen. Diese Kennzahl sollte zudem ergänzend in einen Unternehmensvergleich einbezogen werden, da auf diese Weise die relative Entwicklung eines Unternehmens ggü. seinen Mitkonkurrenten deutlich wird. Im Falle einer gesunkenen »Investitionsquote« bietet sich zur Ursachenanalyse die Ermittlung der Nettoinvestitionsdeckung an, die als Maßstab für die Investitionskraft eines Unternehmens angesehen wird (vgl. 3. Abschn., Kap. 3, 1.3.1.2.3).

Gefahr der Fehlinterpretation

Bei der Interpretation der Investitionsquote ist zu beachten, dass Investitionen in Sachanlagen vielfach nicht kontinuierlich, sondern in Schüben erfolgen, sich also in bestimmten Jahren kumulieren. Dies kann die interperiodische Vergleichbarkeit der Kennzahl beeinträchtigen. Denn hohe Nettoinvestitionen in einem

Jahr führen nicht nur zu einer erhöhten Investitionsquote für die jeweilige Periode, sondern bewirken gleichzeitig einen Anstieg im Nenner dieser Kennzahl, der sich in den folgenden Jahren negativ auf die Investitionsquote auswirkt.

Wachstumsquote

Des Weiteren darf eine hohe Investitionsquote nicht unbedingt als ein Indiz für ein starkes Unternehmenswachstum gewertet werden. Denn die betrachteten Investitionen kompensieren z. T. lediglich einen in der abgelaufenen Rechnungsperiode eingetretenen Werteverzehr. »Echtes Wachstum ist ... erst dann gegeben, wenn über die Abschreibung hinaus investiert wird« (Coenenberg, A. G./Haller, A./Schultze, W. (2014), S. 1069). Dieses Stadium ist erreicht, sobald die Wachstumsquote über 100 % liegt.

Abschreibungsquote

Schließlich sollten die Untersuchungen zur Investitionspolitik eines Unternehmens durch eine kritische Analyse der Abschreibungsquote im Zeitvergleich abgerundet werden. Zwar lässt diese Kennzahl aufgrund der bereits erwähnten Informationsdefizite externer Bilanzleser bei isolierter Betrachtung nur bedingt Rückschlüsse auf die Abschreibungspolitik einer Unternehmung zu. Allerdings ist sie vielfach geeignet, die aus der zeitlichen Entwicklung der Investitions- und Wachstumsquote abgeleiteten Trendaussagen zu untermauern. So ist eine im Zeitablauf sinkende Abschreibungsquote bei gleichzeitig abnehmender Investitionsquote ein nahezu untrügliches Zeichen dafür, dass das ›Unternehmen von seiner Substanz lebt‹.

1.2.3.1.2.2 Immaterielles Vermögen

Zunehmende Bedeutung

Im Zuge des rasanten wirtschaftlichen Strukturwandels von der reinen Industriegesellschaft hin zu einer Dienstleistungs-, Hochtechnologie- und Wissensgesellschaft hat sich ein grundlegender Wandel in der Unternehmenslandschaft vollzogen. Viele Unternehmen sind im Rahmen ihres Geschäftsmodells nunmehr weniger auf das (produktive) Sachanlagevermögen denn vielmehr auf immaterielle Vermögenswerte angewiesen, die so den wesentlichen strategischen Faktor für den Geschäftserfolg sowie die Zukunftsfähigkeit der Unternehmen bilden und mithin das Erfolgserzielungsvermögen determinieren. Beispiele hierfür finden sich in Branchen wie Telekommunikation, IT, Software, Pharma, Biotechnologie und Medien.

Begriff und Kategorisierung immaterieller Güter

Ganz allgemein werden immaterielle Vermögenswerte »als Güter (i. S. v. wirtschaftlichem Vorteil bzw. Nutzen) definiert, die keine (wesentliche) gegenständliche Substanz, d. h. keine Körperlichkeit bzw. Greifbarkeit aufweisen und im Unterschied zu finanziellen Gütern (Forderungen, Verbindlichkeiten etc.) nicht monetär sind« (Haller, A. (1998), S. 564). In Abhängigkeit von der Verlässlichkeit hinsichtlich Identifikation und Bewertung können immaterielle Güter nach graduell gestuften Klassen differenziert werden, die in Übersicht 28 dargestellt sind (vgl. Keitz, I. v. (1997), S. 6 ff.).

Identifizierbare, in ihrer Eigenart individuell bestimmbare und abgrenzbare immaterielle Güter		**Nicht identifizierbare immaterielle Güter**
Rechte	Wirtschaftliche Werte	Rein wirtschaftliche Vorteile

Übersicht 28: Kategorisierung immaterieller Güter

Exemplarisch für die Kategorie der Rechte sind gewerbliche Schutzrechte, Konzessionen, Patente, Lizenzen und Urheberrechte zu nennen, bei denen der wirtschaftliche Vorteil per Vertrag oder Gesetz vor der Nutzung durch Dritte geschützt ist. Wirtschaftliche Werte genießen dagegen keinen rechtlichen Schutz, können aber im Rechtsverkehr übertragen werden, wie z. B. ungeschützte Erfindungen, Distributionssysteme oder Rezepte. Dem Sammelposten der rein wirtschaftlichen Vorteile sind all jene immateriellen Güter zu subsumieren, die weder als Recht geschützt sind noch einzeln den Gegenstand eines Rechtsgeschäfts bilden können. Sie entfalten »ihren Wert nur im Zusammenhang mit dem Gesamtunternehmen, ohne … gleichzeitig von diesem abgrenzbar zu sein« (Dawo, S. (2003), S. 30). Gemeinhin ist hierunter der GoF zu fassen, der z. B. den Kundenstamm bzw. Kundenbeziehungen, das positive Unternehmensimage, den Bekanntheitsgrad und die Mitarbeiterqualität beinhalten kann.

Abstrakte und konkrete Bilanzierungsfähigkeit

Gleichwohl stellen nicht alle der genannten Sachverhalte immaterielle Vermögensgegenstände/-werte im bilanzrechtlichen Sinne dar. Ob und inwieweit trotz grds. gegebener abstrakter Aktivierungsfähigkeit ein immaterielles Gut im Einzelfall schließlich in der Bilanz aktiviert wird oder nicht, hängt von der konkreten Bilanzierungsfähigkeit aufgrund gesetzlicher Vorschriften ab.

Ansatz nach HGB

Handelsrechtlich wird das entscheidende Tatbestandsmerkmal eines Vermögensgegenstands durch die selbstständige Verwertbarkeit gekennzeichnet; Rechte sowie wirtschaftliche Werte, nicht jedoch die Kategorie der rein wirtschaftlichen Vorteile, erfüllen diese Eigenschaft. Die konkrete Bilanzierungsfähigkeit, d. h. der durchzuführende Bilanzansatz, des betreffenden Immaterialguts ergibt sich sodann aus den im HGB kodifizierten Aktivierungsgeboten, -wahlrechten und -verboten. Dem Vollständigkeitsgebot nach § 246 Abs. 1 HGB folgend sind sämtliche immateriellen Güter, die selbstständig verwertbar und damit als Vermögensgegenstand zu klassifizieren sind, grds. in die Bilanz aufzunehmen, sofern gesetzlich nichts anderes bestimmt ist. So existieren besondere Regelungen für selbst geschaffene immaterielle Vermögensgegenstände des Anlagevermögens, die gem. § 248 Abs. 2 Satz 1 HGB i. V. m. § 255 Abs. 2a HGB i. H. ihrer Entwicklungskosten aktiviert werden können, aber nicht müssen. Indes besteht für selbst geschaffene Marken, Drucktitel, Verlagsrechte, Kundenlisten und vergleichbare immaterielle Werte des Anlagevermögens ein explizites Aktivierungsverbot (vgl. § 248 Abs. 2 Satz 2 HGB). Hingegen wird der derivative (entgeltlich erworbene) GoF – obwohl er nicht selbstständig verwertbar und damit nicht abstrakt aktivierungsfähig ist – im Wege der Fiktion als »zeitlich begrenzt nutzbarer Vermögensgegenstand« (§ 246 Abs. 1 Satz 4 HGB) definiert, der als Bestandteil des immateriellen Anlagevermögens aktiviert werden muss. Ein originärer GoF unterliegt wiederum einem Aktivierungsverbot.

Ansatz nach IFRS

Die Bilanzierung immaterieller Vermögenswerte wird in der IFRS-Rechnungslegung grds. in IAS 38 geregelt. Im weitesten Sinne werden gem. IAS 38.8 unter dem Begriff »intangible asset« alle identifizierbaren, nicht-monetären Vermögenswerte ohne physische Substanz verstanden. Um der Definition eines immateriellen Vermögenswerts i. S. d. Standards gerecht zu werden, müssen drei Bedingungen erfüllt sein: Identifizierbarkeit, Verfügungsmacht des Unternehmens sowie Existenz eines künftigen wirtschaftlichen Nutzens. Ein immaterieller Vermögenswert ist nach Erfüllung der Definitionskriterien ausschließlich dann zu aktivieren, wenn (1) es wahrscheinlich ist, dass der künftige Nutzen dem Unternehmen zufließen wird sowie (2) die Anschaffungs- oder Herstellungskosten zuverlässig ermittelt werden können. Wenngleich die Definitions- und Ansatzkriterien im Detail von denen des HGB abweichen, werden grds. die nach IFRS als immaterielle Vermögenswerte qualifizierten Posten ebenso auch immaterielle Vermögensgegenstände i. S. d. HGB darstellen (vgl. FÖRSCHLE, G./USINGER, R. (2014a), Rn. 64). Dabei ist zu berücksichtigen, dass die IFRS – vom HGB (Wahlrecht) abweichend – eine Aktivierungspflicht für Entwicklungskosten vorsehen, die an die Erfüllung der Bedingungen des IAS 38.57 (u. a. technische Realisierbarkeit der Fertigstellung des immateriellen Vermögenswerts) geknüpft ist; aufgrund nicht unerheblicher Ermessens- und Gestaltungsspielräume sind die Aktivierungskriterien indes in Richtung eines faktischen Ansatzwahlrechts auslegbar (vgl. BAETGE, J./KEITZ, I. v. (2010), Rn. 61).

Intensität des immateriellen Vermögens

Mit Blick auf die bilanzanalytische Betrachtung der Vermögensstruktur eines Unternehmens ist es im Zuge der gestiegenen Bedeutung von immateriellen Werttreibern im Rahmen der wirtschaftlichen Tätigkeit sinnvoll, die Intensität des immateriellen Vermögens zu untersuchen.

(F. 8)

$$\text{Intensität des immateriellen Vermögens} = \frac{\text{Immaterielles Vermögen}}{\text{Gesamtvermögen}}$$

Alternativ können die in der HGB- oder IFRS-Bilanz aktivierten immateriellen Vermögensgegenstände bzw. -werte auch in Relation zum Sachanlage- oder dem gesamten Anlagevermögen respektive den »non-current assets« gesetzt werden, um Erkenntnisse darüber zu gewinnen, inwieweit das Unternehmen in seinen Geschäftsprozessen auf immaterielle Werte angewiesen ist. Insb. der zwischenbetriebliche Kennzahlenvergleich bei Unternehmen der gleichen oder ähnlichen Branche kann hierbei Indizien für bestehende Wettbewerbsvorteile oder gefährdete Erfolgspotenziale liefern (vgl. COENENBERG, A. G./HALLER, A./SCHULTZE, W. (2014), S. 1066).

Komponenten des immateriellen Vermögens

Zusätzliche Erkenntnisse über strategische Erfolgsfaktoren des Unternehmens können durch die Analyse der Zusammensetzung des immateriellen Vermögens zutage gefördert werden, da dieses aus völlig heterogenen Komponenten bestehen kann. Gem. den Bilanzgliederungsvorschriften des § 266 Abs. 2 HGB ist in handelsrechtlichen Abschlüssen (von großen und mittelgroßen Kapitalgesellschaften und Personengesellschaften i. S. d. § 264a HGB) folgende Differenzierung vorzunehmen:

- selbst geschaffene immaterielle Vermögensgegenstände;
- entgeltlich erworbene Konzessionen, gewerbliche Schutzrechte und ähnliche Rechte und Werte sowie Lizenzen an solchen Rechten und Werten;
- (derivativer) GoF;
- geleistete Anzahlungen (für entgeltlich erworbene immaterielle Vermögensgegenstände).

Eine ähnliche Aufschlüsselung der einzelnen Kategorien des immateriellen Vermögens ist im IFRS-Abschluss (sofern nicht bereits aus der Bilanzgliederung ersichtlich) den Anhangangaben (vgl. IAS 38.118 ff.) bzw. dem Anlagespiegel zu entnehmen.

Forschung und Entwicklung (FuE)

Gerade in forschungs- und entwicklungslastigen Branchen sind die Angaben zu den selbst geschaffenen immateriellen Vermögensgegenständen/-werten von besonderer Bedeutung, da sie Einblick in die FuE-Aktivitäten eines Unternehmens gewähren und somit Tendenzaussagen hinsichtlich der Zukunftsorientierung im Rahmen der unternehmerischen Innovationspolitik ermöglichen (vgl. Brösel, G. (2014), S. 292 ff.). So sind nach § 285 Nr. 22 HGB »im Fall der Aktivierung nach § 248 Abs. 2 HGB der Gesamtbetrag der FuE-Kosten des Geschäftsjahrs sowie der davon auf die selbst geschaffenen immateriellen Vermögensgegenstände des Anlagevermögens entfallende Betrag« anzugeben. D. h. aber auch, dass bei Nichtausübung des Ansatzwahlrechts im handelsrechtlichen Jahresabschluss keine Angaben bzgl. der Höhe der in der Berichtsperiode angefallenen FuE-Aufwendungen gemacht werden müssen (lediglich im Lagebericht sind gem. § 289 Abs. 2 Nr. 3 HGB weitere Erläuterungen zum FuE-Bereich vorgeschrieben; vgl. auch 3. Abschn., Kap. 2, 3.1.1).

Anders verfährt dagegen IAS 38.126, demgem. die FuE-Aufwendungen der laufenden Periode in jedem Fall offenzulegen sind. Nachteilig hinsichtlich der Vergleichbarkeit von HGB- und IFRS-Abschlüssen wirkt sich indes das bereits erwähnte Neubewertungswahlrecht aus (vgl. hierzu 3. Abschn., Kap. 2, 4.1.2; IAS 38.72). Dieses hat gleichwohl den Vorteil, dass sich Wertsteigerungen, etwa aufgrund gestiegenen Ertragspotenzials, auch in der Bilanz niederschlagen.

Auf Grundlage der bilanzierten Werte und/oder Anhangangaben können folgende Kennzahlen gebildet werden:

(F. 9)

$$\text{Aktivierungsquote} = \frac{\text{Aktivierte Entwicklungskosten}}{\text{FuE-Kosten}}$$

(F. 10)

$$\text{FuE-Intensität} = \frac{\text{FuE-Kosten}}{\text{Umsatzerlöse}}$$

Aktivierungsquote

Die Aktivierungsquote gibt Auskunft über die ›Aktivierungsfreudigkeit‹ der Unternehmen in Bezug auf deren selbst geschaffene immaterielle Werte. Zum einen können sich darin entsprechende Zukunftserwartungen des Managements über erfolgreiche Entwicklungen widerspiegeln, zum anderen sind hieraus aber auch Indizien für eine verfolgte konservative oder progressive Bilanzpolitik ableitbar. In Anbetracht empirisch beobachtbarer Branchenstandards in Bezug auf die Aktivierung von Entwicklungskosten – wonach diese z. B. in der Automobilbranche in hohem Umfang aktiviert werden, während in der Pharmabranche typischerweise eine direkte Verrechnung als Periodenaufwand erfolgt (vgl. m. w. N. Behrendt-Geisler, A./Weißenberger, B. E. (2012), S. 56 ff.) – sind daher einzelfallbezogene Abweichungen vom durchschnittlichen Bilanzierungsverhalten als Anlass für weiterführende Untersuchungen zu nehmen.

FuE-Intensität

Die FuE-Intensität gibt einen »gewissen Einblick in den Umfang der Investitionen in immaterielle Vermögensgegenstände« und verdeutlicht damit die Bemühungen des Managements, durch den Bereich ›FuE‹ zur Zukunftsvorsorge des Unternehmens beizutragen (vgl. Gräfer, H./Schneider, G./Gerenkamp, T. (2012), S. 104 (auch Zitat)). Gleichwohl können aufgrund der Kennzahl keine verlässlichen Aussagen zur Effektivität und Effizienz des FuE-Bereichs getroffen werden. »(E)ine Kausalität zwischen Aufwandshöhe und zukünftigem Erfolg besteht schließlich nicht«, allenfalls können Hinweise auf das Innovationspotenzial des Unternehmens gewonnen werden (vgl. Brösel, G. (2014), S. 295 (auch Zitat)).

1.2.3.1.2.3 Finanzanlagen

Aufschlüsselung finanzieller Verflechtungen nach HGB

Gem. § 285 Nr. 11 HGB haben Kapitalgesellschaften und Personenhandelsgesellschaften i. S. d. § 264a HGB – soweit nicht ein Ausnahmefall des § 286 Abs. 3 HGB vorliegt, d. h. ein erheblicher Nachteil besteht oder die Darstellung von untergeordneter Bedeutung ist – solche Unternehmen im Anhang aufzuführen, an denen die Gesellschaft direkt oder indirekt mind. 20 % der Anteile besitzt; ferner sind die »Höhe des Anteils am Kapital, das Eigenkapital und das Ergebnis des letzten Geschäftsjahrs dieser Unternehmen anzugeben, für das ein Jahresabschluss vorliegt«. Im Zuge des BilRUG wird die Auflistung des Anteilsbesitzes dahingehend erweitert, dass diese nunmehr alle Unternehmen zu erfassen hat, die als Beteiligungen i. S. d. § 271 Abs. 1 HGB zu qualifizieren sind (vgl. § 285 Nr. 11 HGB-E). Zusätzlich sind börsennotierte Kapitalgesellschaften grds. verpflichtet, alle Beteiligungen an großen Kapitalgesellschaften anzugeben, die 5 % der Stimmrechte überschreiten (vgl. § 285 Nr. 11 HGB bzw. künftig § 285 Nr. 11b HGB-E).

Die Informationen geben dem Analysten i. V. m. den in der Bilanz detailliert aufzuschlüsselnden finanziellen Beziehungen zu verbundenen Unternehmen bzw. Unternehmen, mit denen ein Beteiligungsverhältnis besteht, einen Einblick in die finanziellen Verflechtungen der Gesellschaft mit anderen Unternehmen.

Angaben nach IFRS

Im Bereich der IFRS gibt es keine diesen HGB-Vorschriften direkt vergleichbaren Angaben für den Einzelabschluss. Lediglich für den Fall, dass ein Mutterunternehmen von der Konzernrechnungslegungspflicht nach IFRS 10 befreit ist, hat bei der Erstellung des separaten IFRS-Einzelabschlusses eine Auflistung wesentlicher Anteile an Tochterunternehmen, Gemeinschaftsunternehmen und assoziierten Unternehmen unter Angabe des Namens, des Sitzlands, der Beteiligungsquote und, soweit abweichend, der Stimmrechtsquote zu erfolgen (vgl. IAS 27.16 (b)). Bei einem IFRS-Konzernabschluss wiederum müssen gem. § 315a Abs. 1 HGB den o. g. Informationen vergleichbare Angaben zum Konsolidierungskreis nach § 313 Abs. 2 HGB gemacht werden.

Konsequenzen aus der Verflechtungsstruktur

Aus der Kenntnis dieser Verflechtungen und der aus ihnen resultierenden finanziellen Konsequenzen ergeben sich für den Bilanzleser zusätzliche Informationsbedürfnisse. Denn die Tatsache, dass Schwierigkeiten bei einzelnen Unternehmen eines Konzernverbunds oftmals auf das gesamte Gebilde ausstrahlen können, sollte für den Analysten Anlass sein, bei der Beurteilung eines bestimmten Unternehmens auch die wirtschaftliche Gesamtsituation des Konzerns in sein Kalkül einzubeziehen. Besondere Aufmerksamkeit muss dabei etwaigen Ergebnisabführungsverträgen gelten, zumal derartige (vertragliche) Beziehungen das Schicksal eines Unternehmens maßgeblich beeinflussen können. Sofern das Unternehmen nicht freiwillig über das Bestehen eines Ergebnisabführungsvertrags im Anhang berichtet, kann dessen Existenz ggf. auch aus der GuV ersehen werden, da »Erträge und Aufwendungen aus Verlustübernahme und auf Grund einer Gewinngemeinschaft, eines Gewinnabführungs- oder eines Teilgewinnabführungsvertrags erhaltene oder abgeführte Gewinne ... jeweils gesondert unter entsprechender Bezeichnung auszuweisen« (§ 277 Abs. 3 Satz 2 HGB) sind.

Eine § 277 Abs. 3 Satz 2 HGB vergleichbare Vorschrift für den konkreten Ausweis in der IFRS-Gesamtergebnisrechnung existiert nicht.

1.2.3.1.3 Analyse des Umlaufvermögens

1.2.3.1.3.1 Forderungsstruktur

Verlängerte Zahlungsziele

Der Forderungsstruktur und ihrer Entwicklung im Zeitablauf sollte im Rahmen der vertikalen Vermögensstrukturanalyse erhöhte Beachtung geschenkt werden, da zahlreiche Unternehmenszusammenbrüche erfahrungsgemäß ihre Ursache im Absatzbereich haben.

Wirtschaftliche Schwierigkeiten bei wichtigen Kunden des Unternehmens kündigen sich regelmäßig in einer verlängerten Debitorenlaufzeit an. Diese lässt sich mit Hilfe der Kennzahl »Kundenziel« ermitteln.

(F. 11)

$$\text{Kundenziel} = \frac{\text{durchschnittlicher Bestand an Forderungen}}{\text{Umsatzerlöse}} \times 365$$

Eine Erhöhung dieser Kennzahl deutet darauf hin, dass Zahlungsschwierigkeiten der Kunden vorliegen oder dass das untersuchte Unternehmen zur Verbesserung der Auftragslage an Kunden schlechterer Bonität und damit größerer Risikoträchtigkeit geliefert hat. Ein steigendes Kundenziel beruht im Allgemeinen auf außerbetrieblichen Faktoren. Nicht der fehlende Zahlungswille, sondern die mangelhafte Zahlungsfähigkeit der Kunden ist zumeist der Grund. Eine wirkungsvolle Maßnahme, um ein langes Kundenziel zu verkürzen und dadurch den Einzahlungsstrom zu intensivieren und ggf. vorzuverlagern, stellt das Factoring dar. Die damit einhergehende Finanzierungswirkung ergibt sich aus dem vertraglich vereinbarten laufenden Verkauf und der Übertragung kurzfristiger Forderungen des Unternehmens im Wege einer Globalzession an eine Factoringgesellschaft (Factor), die als Gegenleistung liquide Mittel zur Verfügung stellt (vgl. ausführlich Bieg, H./Kußmaul, H. (2009a), S. 406 ff.)

Berücksichtigung von Restlaufzeiten

Ergänzend hierzu sollte die Entwicklung der Forderungen mit einer Restlaufzeit von bis zu einem Jahr (= Differenz zwischen dem Bilanzwert der Forderungen und dem ausgewiesenen Betrag der Forderungen mit einer Restlaufzeit von mehr als einem Jahr) in die Betrachtung einbezogen werden. Denn diese Kennzahl signalisiert eine gestiegene Debitorenlaufzeit unter bestimmten Voraussetzungen bereits früher als das nach obiger Formel berechnete durchschnittliche Kundenziel.

Wertung der Kennzahl

Nicht in allen Fällen darf ein verlängertes Kundenziel bzw. eine Abnahme der kurzfristigen Forderungen aus Lieferungen und Leistungen unreflektiert als Indiz für die nachlassende Bonität der Kunden des Unternehmens gewertet werden. Denkbar ist vielmehr auch, dass bestimmten Kunden gezielt günstigere Zahlungsbedingungen eingeräumt wurden, um auf diese Weise neue Märkte zu erschließen, oder dass die Zunahme der Debitorenlaufzeit durch einen gestiegenen Anteil der regelmäßig längerfristigen Exportforderungen des Unternehmens verursacht wurde. Aufgrund dieser Mehrdeutigkeit kann eine endgültige Interpretation der angeführten Kennzahlen erst im Rahmen der abschließenden Gesamtwürdigung des Unternehmens erfolgen.

Analyse der Konzernverflechtungen

Des Weiteren ermöglicht die Angabe der Forderungen ggü. verbundenen Unternehmen dem Bilanzanalysten eine Beurteilung der Intensität der Einbindung eines Unternehmens in den Leistungsaustausch eines Konzernverbunds. Für die Aktivseite wird diese durch die Kennzahl

(F. 12)

$$\text{Konzernverflechtung} = \frac{\text{Forderungen gegen Konzern- und Beteiligungsunternehmen}}{\text{Gesamtvermögen}}$$

zum Ausdruck gebracht. I. V. m. dem auf der Passivseite ausgewiesenen Anteil der Verbundverbindlichkeiten aus Lieferungen und Leistungen spiegelt sie die Abhängigkeit des betrachteten Unternehmens von der wirtschaftlichen Gesamtsituation des Konzerns wider. Mehr noch als bei den übrigen Forderungen sollte das Interesse bei der Analyse der Verbundforderungen ihrer Entwicklung im Zeitablauf gelten. Sowohl eine auffällige Zunahme in der Höhe als auch ein permanenter Anstieg der Fristigkeit müssen Anlass zu weiteren Nachforschungen sein. Nicht selten sind diese Entwicklungen das Ergebnis von Absatzschwierigkeiten über die Grenzen des Konzerns hinaus bzw. Ausdruck von Liquiditätsengpässen innerhalb des Verbunds.

1.2.3.1.3.2 Vorräte

Bindungsdauer des im Vorratsvermögen investierten Kapitals

Bei der oben durchgeführten Grobstrukturierung der Aktivseite der Bilanz nach der jeweiligen Dauer der Kapitalbindung wurden die Vorräte als Bestandteil des Umlaufvermögens dem kurzfristig gebundenen Vermögen zugerechnet. Genauere Informationen über die Bindungsdauer des im Vorratsvermögen investierten Kapitals vermittelt die folgende Kennziffer:

(F. 13)

$$\text{Umschlagsdauer des Vorratsvermögens} = \frac{\text{durchschnittlicher Bestand an Vorräten}}{\text{Umsatzerlöse}} \times 365$$

Sie zeigt an, wie viele Tage die Vorräte durchschnittlich im Unternehmen verbleiben, bis sie verbraucht werden. Die Zählergröße ermittelt sich als arithmetisches Mittel aus dem Anfangs- und dem Endbestand eines Geschäftsjahrs.

Aussagegehalt

GRÄFER/SCHNEIDER/GERENKAMP sehen in der Umschlagsdauer des Vorratsvermögens in erster Linie ein Instrument der kurzfristigen bestandsorientierten Liquiditätsanalyse. Sie lasse erkennen, inwieweit das »Unternehmen in der Lage ist, Anspannungen der Liquiditätslage durch den laufenden Umsatzprozess zu mildern« (GRÄFER, H./SCHNEIDER, G./GERENKAMP, T. (2012), S. 75). Im Zusammenhang mit anderen Analysemethoden leistet diese Kennziffer indes auch wertvolle Dienste bei der Beurteilung des künftigen Erfolgserzielungsvermögens eines Unternehmens. Berücksichtigt man, dass es einerseits aus Rentabilitätsgründen das Ziel der Unternehmensleitung sein muss, den Bestand an Vorratsvermögen möglichst niedrig zu halten, andererseits aber der Mindestbestand an Vorräten nicht zuletzt auch von der Höhe der jährlich erzielten Umsatzerlöse mitbestimmt wird, muss einem Anstieg der Umschlagsdauer regelmäßig mit Bedenken begegnet werden. Denn eine solche Entwicklung deutet auf eine suboptimale Vorratshaltung hin, deren Gründe entweder in einem vernachlässigten Beschaffungswesen oder in einer Überschätzung der Absatzmöglichkeiten liegen können. Beide Aspekte, insb. jedoch Absatzstockungen, können Auslöser einer Unternehmenskrise sein.

Ein Kontrollkriterium zur Überprüfung der Wirtschaftlichkeit der Lagerhaltung bildet die Kennzahl »Vorratsintensität«.

(F. 14)

$$\text{Vorratsintensität} = \frac{\text{durchschnittlicher Bestand an Vorräten}}{\text{Bilanzsumme}}$$

Sie gibt insb. im Branchenvergleich Aufschluss über die Vorratspolitik der Unternehmung.

Bezug zu weiteren Größen

Ebenfalls sinnvoll aus Sicht der externen Bilanzanalyse erscheinen die gleichzeitige Betrachtung der Entwicklung des Forderungsbestands und des Vorratsvermögens sowie deren Vergleich mit der Entwicklung der Umsatzerlöse. Hierbei gilt es zu untersuchen, ob es dem Management gelingt, die Umsatzerlöse stets so zu steuern, dass diese schneller zunehmen als der Forderungsbestand und/oder das Vorratsvermögen. Die Wachstumsraten der zuletzt genannten Größen sollten wie dargestellt stets unterhalb der Entwicklung der Umsatzerlöse liegen. Ist dies nicht der Fall, sind die Ursachen dieser Entwicklung bzw. die hierfür genannten Begründungen der Unternehmensführung kritisch zu hinterfragen. Oftmals lassen sich etwa aus einer negativen (unterjährigen) Entwicklung der drei Größen erste Frühwarnindikatoren für drohende Ertrags- und Liquiditätsschwierigkeiten ableiten. Die nachfolgende Übersicht einer quartalsweisen Entwicklung verdeutlicht dies beispielhaft:

	I. Quartal	II. Quartal	III. Quartal	IV. Quartal
Wachstumsrate der Umsatzerlöse	6%	33%	22%	23%
Wachstumsrate des Vorratsvermögens	45%	51%	74%	54%
Wachstumsrate des Forderungsbestands	46%	57%	64%	41%

Übersicht 29: Gleichzeitige Betrachtung der unterjährigen Entwicklung der Wachstumsraten der Umsatzerlöse, des Vorratsvermögens und des Forderungsbestands

Die Betrachtung der Wachstumsraten verdeutlicht, dass Vorratsvermögen und Forderungsbestand unterjährig deutlich schneller angestiegen sind als die Umsatzerlöse. Aus Sicht der externen Bilanzanalyse sollte dieses Signal durch weitere Analyseschritte hinsichtlich der Liquiditätslage einerseits und der Erfolgssituation andererseits hinterfragt werden. Abgegebene Prognosen für die Folgeperiode sind ggf. anzupassen, sofern stichhaltige Krisensignale vorliegen.

Kritik an den Kennzahlen zur Vorratspolitik

Jedoch sind gerade die erwähnten Kennziffern zur Vorratspolitik ein Paradebeispiel dafür, wie sehr die Aussagefähigkeit einer einzelnen Kennzahl durch eine Vielzahl vom externen Analysten nicht oder kaum kalkulierbarer Einflussfaktoren beeinträchtigt werden kann. So kann eine gestiegene (gesunkene) Umschlagsdauer ihre Ursache erstens in einer erhöhten (gesunkenen) Vorratshaltung infolge gewandelter Rahmenbedingungen haben. Exemplarisch für derartige Änderungen im wirtschaftlichen Umfeld sind erwartete Preissteigerungen oder Angebotsverknappungen auf den Beschaffungsmärkten, die Einführung neuer Produktionstechniken (Stichwort: Just-in-Time-Fertigung), die Erweiterung der angebotenen Produktpalette oder auch geänderte Einkaufskonditionen mit entsprechender Anpassung der optimalen Bestellmenge.

Zweitens können Schwankungen der Umschlagsdauer preisinduziert sein, ohne dass Änderungen im Mengengerüst eingetreten sind. Zu denken ist dabei zunächst an die Möglichkeit einer unterschiedlichen Preisentwicklung für Vorräte und abgesetzte Fertigerzeugnisse. Aber selbst bei identischem Preisverlauf kann die Anwendung unterschiedlicher Bewertungs- bzw. Verbrauchsfolgeverfahren für die einzelnen Vermögenswerte dazu führen, dass sich Zähler- und Nennergröße der in Rede stehenden Kennzahl auseinander entwickeln und damit vordergründig eine geänderte Lagerhaltung signalisieren.

Drittens ist darauf hinzuweisen, dass die Umschlagsdauer des Vorratsvermögens von der Art der wirtschaftlichen Betätigung abhängig ist. Dementsprechend schlagen sich bei Unternehmen, die mehrere verschiedene Geschäftszweige betreiben, auch Strukturverschiebungen zwischen den jeweiligen Bereichen unweigerlich in der Umschlagsdauer nieder. Sind einzelne Betätigungen zudem noch saisonabhängig, wird dieser Effekt weiter verstärkt.

Zwischenergebnis

Die vorstehenden Ausführungen haben die Mehrdeutigkeit einer Veränderung der Umschlagsdauer des Vorratsvermögens im Zeitablauf deutlich hervortreten lassen. Sie lassen sich analog auf die Kennzahl »Vorratsintensität« übertragen. Um die tatsächliche Ursache für eine bestimmte Entwicklung ausfindig zu machen, ist der Analyst daher auf zusätzliche Informationen angewiesen. Diese können bspw.

häufig dem Anhang, dem Lagebericht oder der Wirtschaftspresse entnommen werden. Eine abschließende Interpretation der Kennzahlen kann jedoch nur im Rahmen der Gesamtbeurteilung des Unternehmens erfolgen.

1.2.3.1.3.3 Liquide Mittel

Untauglichkeit der liquiden Mittel als absolute Größe

Aus der Höhe der liquiden Mittel lassen sich für die Verlustabsorptionsfähigkeit sowie das künftige Erfolgserzielungspotenzial eines Unternehmens grds. keine unmittelbar verwertbaren Anhaltspunkte gewinnen. Denn der Betrag der erforderlichen Liquiditätsreserve wird im Wesentlichen durch die Höhe der kurzfristigen Auszahlungsverpflichtungen determiniert, deren Schätzung sich dem externen Bilanzanalysten weitestgehend verschließt. Darüber hinaus kann gerade der Umfang der ausgewiesenen liquiden Mittel bilanzpolitisch relativ einfach beeinflusst werden. Aus diesem Grund sind auch Aussagen mit Vorsicht zu genießen, wonach gesunde Unternehmen erfahrungsgemäß über einen vergleichsweise hohen Bestand an liquiden Mitteln verfügen. Dies gilt umso mehr, als eine überschüssige Liquiditätshaltung eine unnötige Belastung für die Rentabilität des Unternehmens darstellt, obgleich zu bedenken ist, dass in den liquiden Mitteln auch Festgeldguthaben enthalten sein können. LEFFSON (U. (1984), S. 57) vermutet gar, dass »häufig flüssige Mittel aus optischen Gründen zum Abschlußstichtag angesammelt werden, um den Bilanzleser … über die Liquiditätslage der Unternehmung … zu täuschen«.

1.2.3.1.3.4 Cash Conversion Cycle

Cash Conversion Cycle

Die Kennzahlen »Kundenziel«, »Umschlagsdauer des Vorratsvermögens« und »Lieferantenziel« lassen sich zu einem Cash Conversion Cycle (CCC) zusammenführen.

(F. 15)

$$\begin{aligned} CCC &= (\text{Kundenziel} + \text{Umschlagsdauer der Vorräte}) \;./.\; \text{Lieferantenziel} \\ &= \left(\frac{\text{Forderungen}}{\text{Umsatzerlöse}} \times 365 + \frac{\text{Vorräte}}{\text{Umsatzerlöse}} \times 365\right) \;./. \\ &\quad \left(\frac{\text{Lieferantenverbindlichkeiten}}{\text{Wareneingang}} \times 365\right) \end{aligned}$$

Die Kennzahl gibt unter Außerachtlassung der Produktionszeit die durchschnittliche Dauer an, die ein Unternehmen benötigt, um die für den Einkauf der Rohstoffe eingesetzten Zahlungsmittel durch den Umsatzprozess zurückzugewinnen. Die Vernachlässigung der Produktionszeit ist bei Unternehmen der Massenfertigung aufgrund der durchweg kurzen Produktionszeiten zu vertreten. Je kürzer der CCC ist, desto früher stehen dem Unternehmen die für den Rohstoffeinkauf verwendeten Mittel für neue Investitionen wieder zur Verfügung. Ist das Lieferantenziel eines Unternehmens länger als die Summe aus Kundenziel und Umschlagsdauer des Vorratsvermögens, so wird die Kennzahl negativ. Ursächlich hierfür können bspw. ein striktes Forderungsmanagement, Just-In-Time-Fertigungen oder eine große Verhandlungsmacht des Unternehmens ggü. Lieferanten sein (vgl. Coenenberg, A. G./Haller, A. /Schultze, W. (2014), S. 1086). Bei einem negativen CCC finanzieren insofern die Lieferanten nicht nur die Rohstoffe über den gesamten Umsatzprozess hinweg, sondern darüber hinaus weitere Investitionen. Um die Entwicklung der Kennzahl im Zeitablauf sichtbar zu machen, erweist es sich als empfehlenswert, diese – wenn möglich – auf Basis der Quartalsberichte zu berechnen.

Merksätze

1. Den Ausgangspunkt der Vermögensstrukturanalyse bildet die Untersuchung der Grobstruktur der Aktivseite mit Hilfe der Kennzahlen der Anlage- bzw. Umlaufintensität.
2. Auf der Grundlage dieser Kennzahlen lassen sich erste Einschätzungen über die wirtschaftliche Lage eines Unternehmens formulieren, die sodann mittels verfeinerter Untersuchungsmethoden und weiterer Kennzahlen zu bestätigen oder zu widerlegen sind.
3. Ein besonderes Augenmerk bei der Analyse der Aktivseite sollte der Zusammensetzung und der zeitlichen Entwicklung der Sachanlagen, des immateriellen Vermögens sowie der Forderungen gelten.
4. Zur Beurteilung der Sachanlagen bietet sich die Bildung der Kennzahlen »Anlagenabnutzungsgrad«, »Investitionsquote«, »Wachstumsquote« und »Abschreibungsquote« an.
5. In forschungs- und entwicklungsintensiven Branchen stellen immaterielle Vermögenswerte die wesentlichen strategischen Erfolgsfaktoren dar und determinieren somit das Erfolgserzielungsvermögen. Kennzahlen zur Intensität des immateriellen Vermögens sowie insb. zum FuE-Bereich geben Auskunft darüber, wie stark das Unternehmen in seinen Geschäftsprozessen auf immaterielle Werte angewiesen ist.
6. Bzgl. der Forderungen sollte das Interesse in erster Linie der Entwicklung des durchschnittlichen Kundenziels und dem Ausmaß der Konzernverflechtung im Zeitablauf gelten.
7. Die Kennzahlen zur Vorratsintensität und Umschlagsdauer des Vorratsvermögens informieren näherungsweise über die im Vorratsvermögen gebundenen Mittel und ihre durchschnittliche Bindungsdauer. Aufgrund ihrer leichten Beeinflussbarkeit ist deren Aussagefähigkeit indes limitiert.

1.2.3.2 Kapitalstrukturanalyse

Ziele

Die Kapitalstrukturanalyse, auch als Finanzierungsanalyse bezeichnet, soll die Zusammensetzung des dem Unternehmen zur Verfügung gestellten Kapitals nach Art und Überlassungsdauer aufzeigen.

Die Kapitalstrukturanalyse ist unter Liquiditätsgesichtspunkten von zweifacher Bedeutung. Zum einen dient sie der Abschätzung von Finanzierungsrisiken. Zum anderen gibt sie Aufschluss über die Kreditwürdigkeit des betreffenden Unternehmens bei Kreditinstituten im Hinblick auf die Erlangung von neuen bzw. die Prolongation von vorhandenen Krediten sowie über die Beschaffungsmöglichkeiten zusätzlichen Eigenkapitals.

Die Auswertung der Kapitalstruktur ist besonders dann geboten, wenn der externe Analyst aufgrund seiner bisherigen Untersuchungen mit einem erhöhten Kapitalbedarf des betrachteten Unternehmens rechnet. In diesem Fall hängt die

Aufrechterhaltung der Zahlungsfähigkeit u. a. maßgeblich von den Möglichkeiten zur Beschaffung neuen Kapitals ab. Wie gut oder schlecht dies einem Unternehmen voraussichtlich gelingen wird, kann ansatzweise durch eine Analyse der Kapitalstruktur beurteilt werden.

1.2.3.2.1 Ausgangspunkt: Verhältnis von Eigen- zu Fremdkapital

1.2.3.2.1.1 Statische Betrachtung

Höhe der Eigenkapitalausstattung

Das zentrale Untersuchungsobjekt der Kapitalstrukturanalyse bildet die Eigenkapitalausstattung eines Unternehmens (zu den Besonderheiten der Abgrenzung des bilanzanalytischen Eigenkapitals im Kontext der Konzernabschlussanalyse vgl. 5. Abschn., 3.1.2.2). Zu ihrer Beurteilung stützt sich die Praxis im Wesentlichen auf die Kennzahlen »Eigenkapitalquote« (vgl. F. 16) und »Fremdkapitalquote« (vgl. F. 17). Sie sollen den Bilanzleser über die Verlustabsorptionsfähigkeit eines Unternehmens informieren.

(F. 16)

$$\text{Eigenkapitalquote} = \frac{\text{Eigenkapital}}{\text{Gesamtkapital}}$$

(F. 17)

$$\text{Fremdkapitalquote} = \frac{\text{Fremdkapital}}{\text{Gesamtkapital}}$$

Haftungsfunktion des Eigenkapitals

Bei einer zeitpunktbezogenen (statischen) Betrachtung der bezeichneten Kapitalkoeffizienten gilt, dass ein Unternehmen umso solider finanziert ist, je höher der Anteil des Eigenkapitals an der Bilanzsumme ist. Denn erstens vergrößert sich mit steigendem Eigenkapitalanteil die Haftungssubstanz. Daraus folgt zugleich, dass zumindest die Gefahr einer durch Überschuldung ausgelösten Insolvenz mit wachsender Eigenkapitalquote c. p. geringer wird.

Akquisitorische Wirkung des Eigenkapitals

Zweitens entfaltet ein hohes Eigenkapital aufgrund seiner unmittelbar bestandssichernden Funktion insofern eine akquisitorische Wirkung, als es die Beschaffung von Fremdkapital erleichtert (vgl. Brösel, G. (2014), S. 257). Je geringer das Risiko von Vermögensverlusten für einen potenziellen Gläubiger ist, desto eher wird er sich zu einer Kreditvergabe an das Unternehmen bereit erklären. Daraus wird ersichtlich, dass ein hohes Eigenkapital mittelbar auch die Gefahr einer Insolvenz durch Illiquidität reduziert. Darüber hinaus eröffnet es die Möglichkeit zur Wachstumsfinanzierung.

Unabhängigkeit von Kreditgebern

Drittens stehen eigene Mittel (genauer: Eigenkapitalgegenwerte) dem Unternehmen im Allgemeinen langfristig zur Verfügung und garantieren damit eine hohe Dispositionsfreiheit und relative Unabhängigkeit von Kreditgebern. Insb. ist nicht zu befürchten, dass durch einen unvorhergesehenen Abzug der entsprechenden Mittel Vermögenswerte veräußert und infolgedessen Einbußen in der Rentabilität bzw. Abgangsverluste hingenommen werden müssen.

Keine festen Zins- und Tilgungszahlungen

Schließlich werden durch eine Finanzierung mit Eigenkapital im Gegensatz zur Aufnahme von fremden Mitteln grds. keine festen Zins- und Tilgungszahlungen ausgelöst. Damit ist gewährleistet, dass Mittelabflüsse, die über den Betrag des in einem Geschäftsjahr tatsächlich erwirtschafteten Vermögenszuwachses hinausgehen, grds. nicht zu befürchten sind. Diese Tatsache wirkt sich insb. in Krisenzeiten stabilisierend aus.

Nachteile der Finanzierung mit Eigenkapital

Dennoch ist aus bilanzanalytischer Sicht eine möglichst hohe Eigenkapitalquote nicht unbedingt wünschenswert. Den geschilderten, überwiegend aus Sicherheitserwägungen abgeleiteten Vorzügen einer Finanzierung mit Eigenkapital stehen nämlich nicht zu übersehende Nachteile ggü., die im Einzelfall den Ausschlag zugunsten einer Fremdfinanzierung geben können. Zu denken ist etwa an die grds. steuerliche Benachteiligung der Eigenfinanzierung (vgl. GRÄFER, H./SCHNEIDER, G./GERENKAMP, T. (2012), S. 82). Darüber hinaus ist der erwähnte Vorteil der flexiblen Ausschüttungsgestaltung im Falle einer Finanzierung mit Eigenkapital bei näherer Betrachtung zu relativieren. Zum einen lässt sich das Vertrauen der derzeitigen und potenziellen Anteilseigner, welches Grundvoraussetzung dafür ist, um in späteren Jahren ggf. die Eigenkapitalbasis durch Zuführung weiterer Mittel von außen zu verbreitern, auf Dauer nur erhalten bzw. gewinnen, wenn das Ausschüttungsverhalten des Unternehmens berechenbar bleibt. Dazu ist es aber erforderlich, dass auch in wirtschaftlich schwierigen Zeiten von einer Kürzung der Dividende nach Möglichkeit abgesehen wird. Zum anderen kann durch eine Reduktion der Dividende der Zugang zu den Kreditmärkten erschwert werden. Denn Fremdkapitalgeber werden einen solchen Schritt regelmäßig als ein Indiz für eine verschlechterte wirtschaftliche Lage des Unternehmens deuten und dementsprechend ihre Bonitätseinschätzung nach unten korrigieren.

Aus der obigen Darstellung folgt, dass die Frage nach der optimalen Kapitalstruktur in allgemeiner Form nicht beantwortet werden kann, da Rentabilitäts- und Sicherheitsaspekte bei der Entscheidung für eine Finanzierung mit Eigen- oder Fremdkapital teilweise in Konflikt zueinander stehen.

Leverage-Effekt

Besonders deutlich tritt dieser Zusammenhang im sog. »Leverage-Effekt« zutage. Danach gilt:

(F. 18)

$$R_{EK} = R_{GK} + (R_{GK} \;./.\; i) \times \frac{FK}{EK}$$

mit: R_{EK} = Eigenkapitalrentabilität
R_{GK} = Gesamtkapitalrentabilität
FK = Fremdkapital
EK = Eigenkapital
i = Fremdkapitalzinsfuß

Der in F. 18 formal dargestellte »Leverage-Effekt« besagt, dass die Eigenkapitalrentabilität mit steigender Verschuldung zunimmt, solange die Rendite des investierten Kapitals (= Gesamtkapitalrentabilität) größer ist als der Fremdkapitalzinssatz. Gerade umgekehrt stellt sich die Situation dar, wenn die Investitionsrendite die für das Fremdkapital zu entrichtenden Zinsen nicht mehr deckt. In diesem Fall führt jede Erhöhung der Verschuldung zu einer Verringerung der Eigenkapitalrentabilität (vgl. zu den genannten Rentabilitätskennzahlen ausführlich 3. Abschn., Kap. 3, 2.4.2.5.1). Im Extremfall kann diese sogar negativ werden, mit der Folge, dass die Haftungssubstanz angegriffen wird und das Insolvenzrisiko steigt.

Optimaler Verschuldungsgrad

Die Problematik bei der Leverage-Analyse sowie bei ähnlichen Ansätzen zur Optimierung des Verschuldungsgrads besteht darin, dass zum einen in hohem Maße unsichere, von der zukünftigen Entwicklung abhängige Parameter in die Berechnung eingehen, die der Anwender allenfalls annähernd prognostizieren kann. Zum anderen können bereits geringe Schwankungen dieser Schätzgrößen zu völlig unterschiedlichen Ergebnissen führen. Insoweit können hinsichtlich eines angestrebten optimalen Verhältnisses von Eigen- zu Fremdkapital lediglich tendenzielle Aussagen formuliert werden, etwa dergestalt, dass einem steigenden leistungswirtschaftlichen Risiko respektive einer zunehmenden Varianz der Unternehmenserträge durch einen höheren Eigenkapitalanteil Rechnung getragen werden sollte (vgl. Perridon, L./Steiner, M./Rathgeber, A. W. (2012), S. 598).

Grundsatz der Risikoentsprechung

Durch diese Erkenntnis wird zugleich deutlich, dass die Beurteilung der Kapitalstruktur eines Unternehmens nicht ohne Bezug zur Vermögensseite erfolgen kann. Zu Recht betonen Gräfer/Schneider/Gerenkamp die Bedeutung des Grundsatzes der Risikoentsprechung, wonach die »Unternehmung … ihren speziellen Risiken entsprechend, mit Haftungskapital ausgestattet sein« (Gräfer, H./Schneider, G./Gerenkamp, T. (2012), S. 77) muss. Auch ein Vergleich der Eigenkapitalquoten verschiedener Unternehmen erscheint nach den obigen Ausführungen allenfalls innerhalb einer bestimmten Branche sinnvoll, da insoweit von einer zumindest partiell übereinstimmenden Risikostruktur ausgegangen werden kann.

1.2.3.2.1.2 Dynamische Betrachtung

Eigenkapitalausstattung im Zeitablauf

Muss vorschnellen Schlussfolgerungen aus der Höhe der Eigenkapitalquote bzw. des Verschuldungsgrads mit Vorbehalten begegnet werden, so gilt dies erst recht für Aussagen über deren Entwicklung im Zeitablauf. So kann aus einer über mehrere Jahre hinweg permanent gestiegenen (gesunkenen) Eigenkapitalquote nicht ohne Weiteres abgeleitet werden, dass sich die Vermögensrisiken für die am Unternehmen beteiligten Personengruppen verringert (erhöht) haben. Denn zum einen ist zu berücksichtigen, dass die Risiken für die Kapitalgeber durch die Art der unternehmerischen Tätigkeit und die Entwicklung der relevanten Umweltfaktoren determiniert werden, wohingegen die Eigenkapitalausstattung losgelöst von dieser Frage lediglich über die Höhe des Risiko- bzw. Verlustpuffers informiert. Daher ist bei Zeitvergleichen im Rahmen der Kapitalstrukturanalyse stets auch zu untersuchen, ob bzw. inwieweit absolute oder relative Veränderungen der Eigenkapitalausstattung eines Unternehmens tatsächlich mit einer veränderten Risikolage einhergehen. Anhaltspunkte hierzu liefern vor allem die Erläuterungen zur voraussichtlichen Unternehmensentwicklung (sog. »Prognosebericht«) mit ihren wesentlichen Chancen und Risiken (sog. »Chancen- und Risikobericht«) sowie den zugrunde liegenden Annahmen, die Kapitalgesellschaften und Personenhandelsgesellschaften i. S. d. § 264a HGB als Teil des Lageberichts nach § 289 Abs. 1 Satz 4 HGB zu veröffentlichen haben (vgl. ausführlich GROTTEL, B. (2014a), Rn. 35ff.).

Zum anderen können Veränderungen der Eigenkapitalquote aber auch rein rechentechnisch begründet sein, namentlich dann, wenn das bilanzielle Fremdkapital risikoneutral erhöht oder vermindert worden ist. Als Beispiel sei hier nur der Verkauf nicht risikobehafteter Vermögenswerte bei gleichzeitiger Rückführung von Fremdkapital erwähnt. Hier kommt es allein aufgrund des gesunkenen Nenners, als Ausdruck eines verminderten Gesamtkapitaleinsatzes, zum Ansteigen der Eigenkapitalquote. Die dem Analysten vordergründig signalisierte erhöhte Solidität der Unternehmensfinanzierung ist dagegen in Wirklichkeit nicht eingetreten.

Schließlich kann die Höhe der Eigenkapitalquote ›optisch‹ auch durch den Einsatz des formellen bilanzpolitischen Instrumentariums verbessert werden, bspw. durch ein offenes Absetzen der erhaltenen Anzahlungen von den Vorräten (vgl. dazu KÜTING, K./REUTER, M. (2006), S. 7ff.), wenngleich dieser Effekt durch eine sachgerecht erstellte Strukturbilanz ausgeschaltet werden kann (vgl. auch 3. Abschn., Kap. 2, 3.1.4).

Zwischenergebnis

Die vorstehenden Überlegungen haben verdeutlicht, dass die Interpretation pauschaler Kennzahlen, wie der Eigenkapitalquote oder des Verschuldungsgrads, bei isolierter Betrachtung einer Gefahr von Fehldeutungen unterliegt. Daher sollten die auf diese Weise gewonnenen ›ersten Erkenntnisse‹ über die finanzwirtschaftliche Situation des Unternehmens mittels ergänzender Analysen und Kennzahlen abgesichert werden.

1.2.3.2.1.3 Nicht durch Eigenkapital gedeckter Fehlbetrag

Korrekturposten nach HGB

In der Bilanzierungspraxis, insb. im Bereich der kleinen und mittleren Unternehmen, ist nicht selten zu beobachten, dass Unternehmen über kein bilanzielles Eigenkapital verfügen (vgl. DEUTSCHER SPARKASSEN- UND GIROVERBAND E. V. (2014), S. 29f.). Handelsrechtlich existiert für einen solchen Fall nach § 268 Abs. 3 HGB eine gesonderte Ausweisvorschrift: »Ist das Eigenkapital durch Verluste aufgebraucht und ergibt sich ein Überschuss der Passivposten über die Aktivposten, so ist dieser Betrag am Schluss der Bilanz auf der Aktivseite gesondert unter der Bezeichnung ›Nicht durch Eigenkapital gedeckter Fehlbetrag‹ auszuweisen«. Bilanzrechtlich stellt der Posten weder einen Vermögensgegenstand noch eine Bilanzierungshilfe dar und ist auch nicht mit dem Jahresfehlbetrag bzw. Bilanzverlust des Geschäftsjahrs zu verwechseln (vgl. ADLER, H./DÜRING, W./SCHMALTZ, K. (1995), Rn. 86). Stattdessen handelt es sich um eine bloße Korrekturgröße, die den sich im Zuge (nachhaltiger) Verluste ergebenden Überschuss der Schulden über das Vermögen rechentechnisch ausgleicht. Nur so kann die numerische Gleichheit zwischen Aktiv- und Passivseite gewahrt werden, ohne dass es zu einem Ausweis einer negativen Eigenkapitalgröße in der Hauptspalte der Bilanz kommt (vgl. zur bilanzrechtlichen und bilanzanalytischen Würdigung dieses Korrekturpostens auch KÜTING, P./GRAU, P. (2014), S. 729ff.).

Signalwirkung für insolvenzrechtliche Überschuldungsprüfung

Aus dem Blickwinkel der Bilanzanalyse signalisiert der nicht durch Eigenkapital gedeckte Fehlbetrag, dass das bilanzielle Eigenkapital vollständig aufgezehrt und die damit verbundene Haftungsfunktion faktisch außer Kraft gesetzt wurde. Mithin liegt eine (formelle) buchmäßige Überschuldung des Unternehmens vor (vgl. GROTTEL, B./KRÄMER, A. (2014), Rn. 76). Diese darf nicht mit der insolvenzrechtlichen (materiellen) Überschuldung verwechselt werden, die auf der Basis von Zeitwerten für alle Vermögensgegenstände und Schulden in einem Liquidationsstatus zu bestimmen ist; die Handelsbilanz wird vielmehr auf der Grundlage von fortgeführten Buchwerten aufgestellt. »Eine formelle Überschuldung führt also nur dann zu einer insolvenzrechtlichen Überschuldung, wenn das Unternehmen nicht über ausreichende stille Rücklagen verfügt« (BAETGE, J./KIRSCH, H.-J./THIELE, S. (2012), S. 514). Daher ist dem Posten »Nicht durch Eigenkapital gedeckter Fehlbetrag« lediglich eine Signalwirkung zu attestieren, welche die Notwendigkeit einer insolvenzrechtlichen Überschuldungsprüfung anzeigt. Idealerweise sollte ein etwaiger Ansatz des Korrekturpostens mit einer entsprechenden Begründung im Anhang einhergehen, »warum keine insolvenzrechtliche Überschuldung vorliegt und welche Bilanzposten noch stille Rücklagen bzw. stille Lasten enthalten« (BAETGE, J./KIRSCH, H.-J./THIELE, S. (2012), S. 514 f.); eine explizite gesetzliche Verpflichtung des bilanzierenden Unternehmens zur detaillierten Erläuterung des Postens besteht indes nicht.

Hypothetische Eigenkapitalquote

Im Falle eines nicht durch Eigenkapital gedeckten Fehlbetrags würde die Berechnung der finanzwirtschaftlich zentralen Kennzahl »Eigenkapitalquote« zu betriebswirtschaftlich zweifelhaften Ergebnissen führen. Da der Parameter »Eigenkapital« nicht – wie in der Definition der Eigenkapitalquote vorgesehen – als positive Zählergröße vorliegt, sondern es sich im bilanzanalytischen Sinne vielmehr um eine negative Größe handelt, wird nachfolgend von einer sog. »hypothetischen« Eigenkapitalquote gesprochen.

Beispiel:
Verglichen werden Unternehmen A und B anhand der in Übersicht 30 in vereinfachter (schematischer) Form dargestellten Bilanzen.

Unternehmen A			
Aktiva			**Passiva**
Vermögen	80	Eigenkapital	0
Nicht durch Eigenkapital gedeckter Fehlbetrag	20	Schulden	100
Summe Aktiva	100	Summe Passiva	100
Unternehmen B			
Aktiva			**Passiva**
Vermögen	30	Eigenkapital	0
Nicht durch Eigenkapital gedeckter Fehlbetrag	20	Schulden	50
Summe Aktiva	50	Summe Passiva	50

Übersicht 30: Beispiel zum nicht durch Eigenkapital gedeckten Fehlbetrag (Angaben in: TEUR)

Die Berechnung der hypothetischen Eigenkapitalquote, die durch die Relation des Postens »Nicht durch Eigenkapital gedeckter Fehlbetrag« (ausgedrückt als negative Größe) zur Bilanzsumme gebildet wird, führt bei Unternehmen A zu einem Er-

gebnis von – 20 %, während sich bei Unternehmen eine Quote i. H. v. – 40 % ergibt. Bei einem Unternehmensvergleich ist vordergründig zu vermuten, dass Unternehmen B aufgrund der negativeren hypothetischen Eigenkapitalquote schlechter gestellt sei als Unternehmen A.
Die Beurteilung beider Unternehmen auf Basis der absoluten Größe der bilanzierten Schulden führt jedoch zu einem gegenteiligen Ergebnis. Unternehmen B, das nach Maßgabe der hypothetischen Eigenkapitalquote das (vermeintlich) schlechtere Bilanzbild aufweist, hat Schulden i. H. v. 50 TEUR bilanziert, wohingegen bei Unternehmen A Schulden i. H. v. 100 TEUR bestehen. Auf Basis absoluter Zahlen ist bei identischer Höhe des nicht durch Eigenkapital gedeckten Fehlbetrags die (tatsächliche) Verschuldung von B geringer als bei A.

Gefahr der Fehlerinterpretation

Wie das Beispiel zeigt, führt die Berechnung einer hypothetischen Eigenkapitalquote unter Bezugnahme auf einen nicht durch Eigenkapital gedeckten Fehlbetrag zu einem verzerrten Bild, das nicht als Beurteilungsgrundlage für die Kapitalstruktur dienen darf. Denn eine zunehmende absolute Verschuldung bewirkt zwangsläufig eine stete ›Verbesserung‹ der hypothetischen Eigenkapitalquote, die als Fehlinterpretation zu werten ist. Ganz allgemein gilt daher die Aussage, dass eine negative Eigenkapitalgröße keinen Eingang in die Berechnung einer Verhältniskennzahl finden sollte. Stattdessen sollte die Kapitalstrukturanalyse auf Basis von absoluten Werten durchgeführt werden, wofür sich die Höhe des nicht durch Eigenkapital gedeckten Fehlbetrags sowie die Höhe der absoluten Verschuldung anbieten.

IFRS

In der IFRS-Rechnungslegung existiert bei Vorliegen einer negativen Eigenkapitalgröße indes keine mit § 268 Abs. 3 HGB vergleichbare Ausweisvorschrift zum Ansatz eines aktivischen Korrekturpostens. Vielmehr ist die negative Eigenkapitalgröße als solche in der Hauptspalte der Bilanz auszuweisen (vgl. KÜTING, P./GRAU, P. (2014), S. 736).

Implikationen für die Kennzahlenrechnung

Die unterschiedliche Ausweismethodik beider Rechtskreise wirkt sich unmittelbar auf die bilanzanalytische Kennzahlenrechnung aus. So führt der nach HGB vorgesehene Ausweis eines nicht durch Eigenkapital gedeckten Fehlbetrags als aktivisches Korrektiv – im Vergleich zur Ausweismethode nach IFRS – zu einer Bilanzverlängerung, die mitunter die Berechnung von Intensitätskennzahlen im Rahmen der Vermögensstrukturanalyse beeinflusst.

Beispiel:
Aufgrund von (nachhaltigen) Jahresfehlbeträgen übersteigen die Verluste eines Unternehmens dessen bilanzielles Eigenkapital um 20 TEUR. Übersicht 31 veranschaulicht jeweils die unterschiedlichen Ausweismethoden nach HGB und IFRS hinsichtlich der bilanziellen Abbildung der negativen Eigenkapitalgröße.
Der handelsrechtliche Ausweis des nicht durch Eigenkapital gedeckten Fehlbetrags verlängert den Vermögensausweis (Summe des Anlage- und Umlaufvermögens) um 20 TEUR im Vergleich zur Ausweismethode nach IFRS. Insofern hat der Ansatz des Korrekturpostens in der HGB-Bilanz zur Folge, dass der Buchwert des Vermögens nicht (mehr) der Bilanzsumme (Summe Aktiva) entspricht. Berechnet man nun die Anlagenintensität (= Anlagevermögen (bzw. non-current assets) / Gesamtvermögen), beläuft sich diese gem. dem HGB-Ausweis auf 50 %, wohingegen diese nach IFRS 62,5 % beträgt.

Ausweis nach HGB			
Aktiva			**Passiva**
Anlagevermögen	50	Eigenkapital	0
Umlaufvermögen	30		
Nicht durch Eigenkapital gedeckter Fehlbetrag	20	Schulden	100
Summe Aktiva	100	Summe Passiva	100

Ausweis nach IFRS			
Aktiva			**Passiva**
Non-current assets	50	Eigenkapital	–20
Current assets	30	Non-current/current liabilities	100
Summe Aktiva	80	Summe Passiva	80

Übersicht 31: Ausweis einer negativen Eigenkapitalgröße nach HGB und IFRS (Angaben in: TEUR)

Konsequenzen für die Strukturbilanz

Das Beispiel verdeutlicht, dass insb. die Berechnung von Intensitätskennzahlen durch den handelsrechtlichen Korrekturposten des nicht durch Eigenkapital gedeckten Fehlbetrags erheblich verzerrt wird und somit zu falschen Ergebnissen bei der Vermögensstrukturanalyse führt. Demzufolge ist bei der Erstellung einer Strukturbilanz der Posten »Nicht durch Eigenkapital gedeckter Fehlbetrag« auf der Aktivseite zu kürzen und stattdessen mit einem negativen Vorzeichen im Eigenkapital auf der Passivseite zu erfassen. Diese Aufbereitungsmaßnahme nimmt die bilanzverlängernde Wirkung der HGB-spezifischen Ausweistechnik zurück und ermöglicht zugleich eine einheitliche Basis für eine rechtskreisübergreifende Bilanzanalyse.

1.2.3.2.2 Strukturanalyse des Eigenkapitals

Zusammensetzung des Eigenkapitals

Unter dem Gesichtspunkt der Verlustabsorptionsfähigkeit interessieren im Rahmen der Eigenkapitalstrukturanalyse zum einen etwaige Verfügungskompetenzen der Anteilseigner über die in der Bilanz ausgewiesenen Eigenkapitalgegenwerte sowie zum anderen die Möglichkeiten des Unternehmens, sein Haftungskapital zu erhöhen.

Haftungsfunktion

Das Eigenkapital kann seine Haftungsfunktion nur erfüllen, solange es nicht durch Verluste aufgezehrt (vgl. dazu 3. Abschn., Kap. 3, 1.2.3.2.1.3) bzw. (wieder) an die Anteilseigner ausgeschüttet worden ist. Wenn daher behauptet wird, Eigenkapital stehe dem Unternehmen i. d. R. langfristig zur Verfügung, so wird damit zugleich von einer möglichen Verringerung der Kapitalbasis durch Verluste oder Entnahmen abgesehen. Davon kann allgemein nur bei florierenden Unternehmen ausgegangen werden. Gerade für diesen Fall ist die Haftungsfunktion des Eigenkapitals jedoch von untergeordneter Bedeutung.

Anders stellt sich die Situation dar, wenn eine negative Unternehmensentwicklung eintritt. Hier kann sich die Haftungsbasis u. U. in kürzester Zeit drastisch reduzieren. Insb. besteht die Gefahr, dass die Anteilseigner in solch einer Situation bestrebt sind – soweit dazu überhaupt rechtlich (Stichwort: gesetzliche Ausschüttungssperre bzw. Verwendungsbeschränkungen) und faktisch (Stichwort: Selbstorganschaft) befugt, das ursprünglich in das Unternehmen eingebrachte Kapital wieder abzuziehen, um den ihnen drohenden Vermögensschaden zu begrenzen. Aus diesem Grund sollten bei der Eigenkapitalanalyse von Unternehmen, deren weitere wirtschaftliche Entwicklung mit erheblichen Risiken behaftet ist, die Zugriffsmöglichkeiten der Anteilseigner auf einzelne Teile des Eigenkapitals mit besonderer Sorgfalt untersucht werden.

Möglichkeiten der Beschaffung zusätzlichen Eigenkapitals

Über die Möglichkeiten einer börsennotierten AG, ihre Haftungsbasis durch Aufnahme neuer Mittel zu verbreitern, gibt ansatzweise die Struktur des Eigenkapitals in Form des Bilanzkurses (vgl. F. 19) Aufschluss.

(F. 19)

$$\text{Bilanzkurs} = \frac{\text{bilanzielles Eigenkapital}}{\text{gezeichnetes Kapital}}$$

Im Vergleich zum Börsenkurs signalisiert diese Kennzahl, »welche Ertragserwartungen und welche stillen Reserven die Börse in der Gesellschaft vermutet« (GRÄFER, H./SCHNEIDER, G./GERENKAMP, T (2012), S. 139). Liegt der Börsenkurs (Marktkapitalisierung) weit über dem Bilanzkurs, deutet dies in aller Regel auf eine Bereitschaft der Anleger zur Aufnahme junger Aktien des Unternehmens hin. Dies gilt insb. dann, wenn die Altaktien ein hohes Kurs-Gewinn-Verhältnis aufweisen. In diesem Fall kann davon ausgegangen werden, dass der von den Börsenteilnehmern gezahlte ›Aufpreis‹ auf den Bilanzkurs im Wesentlichen hohe künftige Ertragserwartungen widerspiegelt.

Der Einfluss der stillen Reserven lässt sich zumindest teilweise auch dadurch eliminieren, dass der Ermittlung des Bilanzkurses nicht das bilanzielle Eigenkapital, sondern das um die vom Analysten aufgedeckten stillen Reserven erhöhte Eigenkapital zugrunde gelegt wird. Auf diese Weise gelangt man zum korrigierten Bilanzkurs.

(F. 20)

$$\text{korrigierter Bilanzkurs} = \frac{\text{bilanzielles Eigenkapital} + \text{stille Reserven}}{\text{gezeichnetes Kapital}}$$

Auch hier gilt die Aussage, dass die Ertragserwartungen der Börsenteilnehmer umso höher sind, je größer die (positive) Differenz zwischen dem tatsächlichen Börsenkurs und dem korrigierten Bilanzkurs ausfällt.

Fähigkeit und Bereitschaft zur Gewinnthesaurierung

Bzgl. des Erfolgserzielungsvermögens eines Unternehmens lässt die Zusammensetzung bzw. Struktur des Eigenkapitals ebenfalls Rückschlüsse zu. Einen Einblick in die Ertragslage des Unternehmens in der Vergangenheit vermittelt die Entwicklung der Rücklagenquote im Zeitablauf (vgl. F. 21). Sie zeigt an, in welchem Umfang die Gesellschaft ihre Haftungsbasis jährlich durch Gewinnthesaurierung bzw. Kapitalzuführungen gestärkt hat.

(F. 21)

$$\text{Rücklagenquote} = \frac{\text{gesamte Rücklagen}}{\text{Eigenkapital}}$$

Eliminiert man aus der Zählergröße die in der Kapitalrücklage erfassten Kapitalzuführungen von außen, gelangt man zum Selbstfinanzierungsgrad.

(F. 22)

$$\text{Selbstfinanzierungsgrad} = \frac{\text{Gewinnrücklagen}}{\text{Eigenkapital}}$$

Dieser kann als Maßstab für die Thesaurierungsfähigkeit und -bereitschaft eines Unternehmens in der Vergangenheit angesehen werden. Zu berücksichtigen ist jedoch, dass die Aussagefähigkeit dieser Kennzahl durch Kapitalerhöhungen aus Gesellschaftsmitteln beeinträchtigt wird. Dem kann jedoch im Rahmen eines Zeitvergleichs durch eine entsprechende Korrektur der Zählergröße Rechnung getragen werden. Dagegen ist es wesentlich schwieriger für den externen Analysten, das Ausmaß der Selbstfinanzierung durch die Bildung stiller Reserven (stille Selbstfinanzierung) abzuschätzen (vgl. Bieg, H./Kußmaul, H. (2009a), S. 365). Die Struktur des Eigenkapitals kann damit – zumindest tendenziell – ein Indikator für die vergangene Ertragskraft des Unternehmens darstellen.

1.2.3.2.3 Strukturanalyse des Fremdkapitals

1.2.3.2.3.1 Fristigkeitsstruktur

Bei der Analyse der Zusammensetzung des Fremdkapitals interessiert zunächst die Dauer, für welche die einzelnen Teile des Fremdkapitals dem Unternehmen zur Verfügung stehen. Informationen hierüber liefert eine entsprechend aufbereitete Strukturbilanz (vgl. 3. Abschn., Kap. 2).

Optimale Fristigkeitsstruktur des Fremdkapitals

Die Frage nach der optimalen Fristigkeitsstruktur des Fremdkapitals lässt sich – ähnlich wie die Wahl des optimalen Verschuldungsgrads – nicht generell beantworten. Zwar kann eine Finanzierung grds. als umso solider angesehen werden, je höher der Anteil des langfristigen Fremdkapitals ist, schließlich nimmt die Gefahr einer unerwarteten Kapitalrückzahlungsverpflichtung sowie des damit verbundenen Entzugs liquider Mittel mit abnehmender Fristigkeit des Fremdkapitals zu. Demgegenüber erweisen sich kurzfristige Finanzierungen – je nach »Kapitalmarktverfassung – oftmals [als, d. Verf.] kostengünstiger, sodass zwischen Sicherheitsaspekten und Wirtschaftlichkeit abgewogen werden muss« (Gräfer, H./Schneider, G./Gerenkamp, T. (2012), S. 86). Darüber hinaus ermöglichen kurzfristige Finanzierungsformen dem Unternehmen eine höhere Anpassungsfähigkeit an einen im Zeitablauf schwankenden Kapitalbedarf. Eine abschließende Beurteilung der Fristigkeitsstruktur des Fremdkapitals kann nur in Abhängigkeit vom Aufbau der Aktivseite erfolgen. Aus diesem Grund soll dieser Aspekt hier zunächst zurückgestellt und bei der Erörterung der horizontalen Kapital-Vermögensstrukturregeln (vgl. 3. Abschn., Kap. 3, 1.2.4) erneut aufgegriffen werden.

1.2.3.2.3.2 Verbindlichkeiten

Zahlungsgewohnheiten ggü. Lieferanten

Ein vorrangiges Ziel der Analyse der Verbindlichkeiten ist es, Aufschlüsse über die Zahlungsgewohnheiten des zu beurteilenden Unternehmens zu erhalten. Hierzu eignet sich in erster Linie folgende Kennziffer:

(F. 23)

$$\text{Lieferantenziel} = \frac{\text{durchschnittlicher Bestand an Warenschulden}}{\text{Wareneingang}} \times 365$$

Der Bestand an Warenschulden ermittelt sich als arithmetisches Mittel der jeweiligen Bestände der Verbindlichkeiten aus Lieferungen und Leistungen sowie der Verbindlichkeiten aus der Annahme gezogener und der Ausstellung eigener Wechsel (soweit durch Lieferungen und Leistungen begründet) zum Anfang und zum Ende der Berichtsperiode. Der Wareneingang berechnet sich näherungsweise aus der Summe der Aufwendungen für Roh-, Hilfs- und Betriebsstoffe und für bezogene Waren einerseits sowie der Zu-/Abnahme des Bestands an (fremdbezogenen) Roh-, Hilfs- und Betriebsstoffen andererseits. Letztgenannte Größen sind dem in einer nach dem Gesamtkostenverfahren aufgestellten GuV ausgewiesenen Materialaufwand zu entnehmen, während diese bei Anwendung des Umsatzkostenverfahrens aufgrund der Berichtspflicht des Materialaufwands im Anhang des HGB-Einzelabschlusses (vgl. § 285 Nr. 8a HGB) ebenso ersichtlich sind. Allerdings gilt die Angabepflicht weder für den handelsrechtlichen Konzernabschluss noch ist sie grds. nach IFRS explizit vorgeschrieben – wenngleich sie »unter Wesentlichkeitsgesichtspunkten« faktisch gem. IAS 1.104 erforderlich ist (vgl. Bischof, S. et al. (2012), Rn. 157 (auch Zitat); Baetge, J./Kirsch, H.-J./Thiele, S. (2012), S. 648).

Das Lieferantenziel zeigt die durchschnittliche Dauer der Inanspruchnahme von Lieferantenkrediten zum jeweiligen Stichtag an. Bei der Interpretation der Kennzahl ist zu berücksichtigen, dass es sich lediglich um eine Approximation handelt, da sie lediglich die am jeweiligen Stichtag vorherrschenden Verhältnisse abbildet und damit die Entwicklung während des Geschäftsjahrs unberücksichtigt lässt.

Verbindlichkeiten ggü. verbundenen Unternehmen

Verschiedentlich wird vorgeschlagen, in den Betrag der Warenschulden auch Verbindlichkeiten ggü. verbundenen Unternehmen bzw. Beteiligungsunternehmen einzurechnen (vgl. Coenenberg, A. G./Haller, A./Schultze, W. (2014), S. 1047). Abgesehen davon, dass nicht in jedem Fall aus den Angaben des Jahresabschlusses heraus ersichtlich ist, welcher Anteil der ggü. verbundenen bzw. Beteiligungsunternehmen ausgewiesenen Verbindlichkeiten das Ergebnis von Lieferungs- und Leistungsbeziehungen verkörpert, erscheint diese Vorgehensweise insofern problematisch, als der innerkonzernliche Leistungsaustausch in erheblichem Maße durch konzern-(bilanz-)politische Maßnahmen beeinflusst sein kann. So ist bspw. denkbar, dass Zahlungsverpflichtungen ggü. Tochterunternehmen auf Anweisung der Konzernleitung möglichst zügig beglichen werden, um diesen eine liquiditätsmäßige Unterstützung zu gewähren. Aufgrund derartiger Effekte sollten die Verbundverbindlichkeiten grds. isoliert betrachtet werden. Wie bereits für die Verbundforderungen dargestellt (vgl. 3. Abschn., Kap. 3, 1.2.3.1.3.1), muss dabei das Hauptaugenmerk der betragsmäßigen Entwicklung dieser Posten im Zeitablauf sowie etwaigen Veränderungen in der Fristigkeitsstruktur gelten.

Besicherung von Verbindlichkeiten

Im Rahmen der Analyse der Verbindlichkeitenstruktur eines handelsrechtlichen Jahresabschlusses ist die in § 285 Nr. 1 lit. b) HGB geforderte Angabe der durch Pfandrechte oder ähnliche Rechte gesicherten Verbindlichkeiten für die derzeitigen bzw. potenziellen Gläubiger eines Unternehmens von besonderer Bedeutung. Von ihr erwartet der Analyst Aufschlüsse darüber, inwieweit das Aktivvermögen durch vorrangige Zugriffsrechte Dritter belastet ist. Das bilanziell ausgewiesene Vermögen befindet sich u. U. gar nicht im rechtlichen Eigentum des Bilanzierenden, was insb. in Krisensituationen – auch für die Interpretation von Kennzahlen – von Bedeutung ist. Bei der Interpretation der entsprechenden Anhangangaben sind zwei Besonderheiten zu beachten. Erstens besteht nach h. M. keine Pflicht zur betragsmäßigen Aufteilung der gesicherten Verbindlichkeiten (vgl. statt vieler Oser, P./Holzwarth, J. (2011), Rn. 129). Dies hat zur Folge, dass z. B. der für die langfristigen Gläubiger des Unternehmens interessante grundpfandrechtlich gesicherte Teil der Verbindlichkeiten nur bei einer freiwilligen über die gesetzlichen bzw. normativen Angabepflichten hinausgehenden Berichterstattung erkennbar wird. Zweitens werden von der Berichtspflicht des § 285 Nr. 1 lit. b) HGB solche Haftungsverhältnisse nicht erfasst, die sich aus der Bestellung von Sicherheiten für fremde Verbindlichkeiten ergeben. Derartige Vereinbarungen, die innerhalb eines Konzernverbunds häufig anzutreffen sind, lösen jedoch eine Vermerkpflicht auf der Passivseite unter der Bilanz gem. § 251 HGB aus. Die Interpretation solcher Haftungsverhältnisse, die aus der Sicherheitenbestellung für fremde Verbindlichkeiten entstehen, begegnet aber den gleichen Schwierigkeiten wie die Deutung der Angaben gem. § 285 Nr. 1 lit. b) HGB; so können die zu dokumentierenden Haftungsverhältnisse in ihrer Struktur äußerst heterogen sein (z. B. Sicherungsübereignungen, Forderungsabtretungen, Grundpfandrechte).

Auch in den IFRS werden im Bereich der Sachanlagen und des immateriellen Anlagevermögens bestimmte Angaben zur Beschränkung von Verfügungsrechten und über als Sicherheiten für Schulden verpfändete Vermögenswerte gefordert (vgl. z. B. IAS 16.7 (a); IAS 38.122 (d)).

Entwicklung der erhaltenen Anzahlungen

Hohe erhaltene Anzahlungen als ein weiterer bedeutender Posten innerhalb der Verbindlichkeiten deuten im Allgemeinen auf eine relativ starke Marktposition des Unternehmens hin. Da es sich i. d. R. um zinslos gewährte Mittel handelt – von der Möglichkeit, dass sich die Leistung von Anzahlungen kaufpreismindernd auswirkt, sei hier abgesehen, erhöhen sie die Rentabilität des Unternehmens. I. V. m. den Informationen des Lageberichts erlaubt die Entwicklung dieses Bilanzpostens im Zeitablauf vielfach Rückschlüsse auf die Auftragslage bei den betrachteten Unternehmen bzw. auf die wirtschaftliche Situation der Abnehmer. Dies gilt insb. für Unternehmen solcher Branchen, die durch intensive Tätigkeiten im Bereich der langfristigen Auftragsfertigung gekennzeichnet sind, da hier den Anzahlungen eine erhebliche Bedeutung zukommt. Ist bei derartigen Unternehmen ein anhaltendes und nachhaltiges Sinken der erhaltenen Anzahlungen zu verzeichnen, lässt dies die Vermutung zu, dass entweder die Beschäftigungslage rückläufig ist oder aber infolge veränderter Rahmenbedingungen (wirtschaftliche Schwäche der Abnehmer, erhöhter Konkurrenzdruck etc.) Anzahlungen im ursprünglich gewohnten Maße nicht mehr durchgesetzt werden können. Soweit sich diese Annahmen aufgrund weiterer Analysen bestätigen, ist mit Belastungen der Liquiditätslage als Folge eines verzögerten Mittelzuflusses von außen zu rechnen. Darüber hinaus muss in diesem Fall das Erfolgserzielungspotenzial des Unternehmens als beeinträchtigt angesehen werden.

1.2.3.2.3.3 Rückstellungen

Finanzierungswirkung

Rückstellungen sind »Ausdruck einer finanzwirtschaftlichen Zukunftsvorsorge« (Gräfer, H./Schneider, G./Gerenkamp, T. (2012), S. 85), indem der im Rahmen ihrer Bildung verrechnete Aufwand den Jahresüberschuss und dadurch Ertragsteuerzahlungen sowie mögliche Gewinnausschüttungen mindert. Sie entfalten insofern einen Finanzierungseffekt, als »ansonsten abfließende liquide Mittel in Höhe des bei der Rückstellungszuführung verrechneten Aufwands an den Betrieb gebunden« (Bieg, H./Kußmaul, H. (2009a), S. 384) werden.

Probleme bei der externen Analyse

Eine im Rahmen der Bilanzanalyse vorzunehmende Beurteilung, ob Rückstellungen sowohl dem Grunde als auch insb. der Höhe nach »in ausreichendem Maße gebildet worden sind« (Gräfer, H. (1997), S. 203), ist für den externen Analysten aufgrund des ihm zur Verfügung stehenden Datenmaterials kaum möglich. Der externe Bilanzleser wird sich im Zweifel auf die Annahme, dass die im Jahresabschluss vorgenommene Rückstellungsbildung im Einklang mit den einschlägigen Rechnungslegungsvorschriften erfolgt ist, berufen müssen. Nicht zuletzt stellt die Rückstellungsbilanzierung regelmäßig einen Schwerpunkt innerhalb der für große und mittelgroße Kapitalgesellschaften und Personenhandelsgesellschaften i. S. d. § 264a HGB obligatorischen Jahresabschlussprüfung dar. Dass diese Annahme jedoch keineswegs unproblematisch ist, hat die in der Vergangenheit häufig kontrovers geführte öffentliche Diskussion um die Rolle der Abschlussprüfer bei einigen spektakulären Bilanzskandalen (z. B. Philipp Holzmann, Flowtex; vgl. dazu Peemöller, V. H./Hofmann, S. (2005), S. 98 ff., 108 ff.) gezeigt.

Bilanzpolitische Gestaltungsspielräume

Da die notwendige bilanzielle Risikovorsorge in vielen Fällen Prognosen künftiger Entwicklungen erfordert, ist die Bilanzierung von Rückstellungen in hohem Maße ermessensbehaftet. Aufgrund des umfassenden Informationsvorteils, den das Unternehmen mit Blick auf seine Geschäftsbeziehungen und Rahmenbedingungen ggü. Externen aufweist, »kann es somit relativ freizügig feststellen, ob Gründe für eine Rückstellungsbildung vorliegen, welche Rückstellungshöhe angemessen ist oder ob eine Rückstellung aufgelöst werden kann« (Born, K. (2008), S. 155). Die externe Überprüfung der Wertansätze kann daher kaum über eine Plausibilitätskontrolle der ihnen zugrunde liegenden Annahmen hinausgehen. Insb. das sich daraus ergebende vertretbare Bewertungsspektrum eröffnet den Unternehmen Gestaltungsspielräume, die je nach favorisierter Bilanzierungsstrategie (progressiv oder konservativ) ausgenutzt werden (können). Aufgrund der eingeschränkten Prüfbarkeit dieser Bewertungsentscheidungen lässt sich nicht ausschließen, dass Rückstellungen im Einzelfall tatsächlich über- oder unterbewertet sind (vgl. hierzu Hoffmann, W.-D. (2000a), S. 485 ff.). Mit dem Instrumentarium der externen Bilanzanalyse sind derartige Sachverhalte regelmäßig nicht aufzudecken.

Rückstellungsspiegel

Für die bilanzanalytische Würdigung sind die in der Bilanz ausgewiesenen Rückstellungsbeträge daher weniger von Bedeutung als vielmehr die Höhe der Zuführungen, Auflösungen, Inanspruchnahmen sowie ggf. nachträglich festgestellte Unterdeckungen. Die Angaben sind einem sog. »Rückstellungsspiegel« zu entnehmen, der die Rückstellungsarten vom Vorjahres- bzw. Eröffnungswert über die Inanspruchnahmen, Auflösungen, Zuführungen sowie ggf. vorliegende Auf- und Abzinsungseffekte zum Wertansatz des aktuellen Abschlussstichtags überleitet. Zwar ist die Erstellung eines Rückstellungsspiegels für den handelsrechtlichen Jahresabschluss nicht – wie in den IFRS nach IAS 37.84 – explizit vorgeschrieben, allerdings ist sie aus Transparenzgründen sowie im Hinblick auf die Abstimmbarkeit mit den korrespondierenden Posten der GuV (z. B. sonstige betriebliche Aufwendungen) angeraten (vgl. BT-Drucks. 16/10067, S. 55; ähnlich u. a. Hoffmann, W.-D./Lüdenbach, N. (2014), § 285 HGB, Rn. 104).

(Langfristige) Entwicklung

Auf Grundlage der hieraus gewonnenen Informationen bietet es sich an, die (langfristige) Entwicklung der Rückstellungen in Relation zum Geschäftsvolumen und den daraus resultierenden Risiken zu untersuchen (vgl. Gräfer, H./Schneider, G./Gerenkamp, T. (2012), S. 86). »Dabei wird davon ausgegangen, dass die Entwicklung von Umsatz bzw. Gesamtleistung und dem Bestand an sonstigen Rückstellungen – wenn keine Sondereinflüsse in dieser Position, wie etwa große Einzelschadens- oder Umstrukturierungsrückstellungen, auftreten – im Zeitablauf in etwa synchron verläuft« (Lachnit, L. (2004), S. 154). Je nach Vorzeichen und Umfang der Abweichung in der Entwicklung der beiden Vergleichsgrößen kann damit zumindest indikativ eine Über- oder Unterdotierung der Rückstellungen angezeigt sein. Aufgrund der erfolgsmindernden Wirkung der Rückstellungsdotierung sind ›gesunde‹ Unternehmen häufig an hohen Zuführungen interessiert – z. B. um auf diese Weise ein Verlangen der Aktionäre nach höheren Dividenden nicht aufkommen zu lassen, während notleidende Unternehmen vielfach zugunsten eines vermeintlich positiveren Abbilds der wirtschaftlichen Lage (z. B. ggü. Kreditgebern) eine restriktive Rückstellungspolitik betreiben.

Unterschiede zwischen HGB und IFRS

Darüber hinaus ist ein Vergleich mit anderen Unternehmen der Branche oftmals hilfreich, um zusätzliche Erkenntnisse über die Art der Rückstellungspolitik eines Unternehmens zu erlangen. Diesbezüglich sind auch die abweichenden Vorschriften der beiden Rechtskreise – HGB und IFRS – im Rahmen der Rückstellungsbilanzierung entsprechend in die Beurteilung mit einzubeziehen. Bei identischen Sachverhaltsparametern ist aufgrund des handelsrechtlichen Vorsichtsprinzips regelmäßig von höheren Rückstellungsbeträgen in der HGB-Bilanz auszugehen, während in der IFRS-Rechnungslegung eher eine »risikoneutrale Rückstellungsbewertung« (Kirsch, H. (2012), S. 140) vorherrscht.

1.2.3.2.3.4 Sonstige finanzielle Verpflichtungen

Im Rahmen der Fremdkapitalstrukturanalyse können für die Beurteilung der Finanzlage eines Unternehmens auch solche Verpflichtungen relevant sein, die gar nicht in der Bilanz erfasst sind.

Angabepflicht nach HGB

Handelsrechtlich haben mittelgroße und große Kapitalgesellschaften und Personenhandelsgesellschaften i. S. d. § 264a HGB den Gesamtbetrag der sonstigen finanziellen Verpflichtungen, die sich weder aus der Bilanz noch aus den Angaben gem. § 251 HGB (bzw. künftig nach BilRUG gem. § 268 Abs. 7 HGB-E) zu Haftungsverhältnissen oder gem. § 285 Nr. 3 HGB zu außerbilanziellen Geschäften ergeben, im Anhang anzugeben, sofern diese Angabe für die Beurteilung der Finanzlage von Bedeutung ist (vgl. § 285 Nr. 3a HGB).

Definition

»Sonstige« finanzielle Verpflichtungen stellen aufgrund der geltenden Rechnungslegungsvorschriften sog. bilanzunwirksame Belastungen der finanziellen

Dispositionsfähigkeit eines Unternehmens in Form zukünftiger Zahlungsverpflichtungen dar, denen sich ein Unternehmen nicht einseitig entziehen kann. Im Gegensatz zu Haftungsverhältnissen, die ebenso wenig zu passivierende Sachverhalte umfassen, handelt es sich bei den sonstigen finanziellen Verpflichtungen um sichere oder sehr wahrscheinliche zukünftige Finanzmittelabflüsse (vgl. KORTMANN, H. (1987), S. 2578). Der Gesetzgeber subsumiert darunter folgende Sachverhalte (vgl. BT-DRUCKS. 16/10067, S. 69):

- Verpflichtungen aus schwebenden Rechtsgeschäften, die die Finanzlage signifikant belasten können;
- gesellschaftsrechtliche Verpflichtungen, welche die Finanzlage wesentlich beeinträchtigen können;
- Verpflichtungen aus öffentlich-rechtlichen Rechtsverhältnissen, bei denen ein Bilanzausweis noch nicht gerechtfertigt ist;
- Haftungsverhältnisse, die nicht bereits unter § 251 HGB fallen;
- zwangsläufige Folgeinvestitionen bereits begonnener Investitionsvorhaben;
- künftig unabwendbare Großreparaturen, bei denen noch keine entsprechenden vertraglichen Vereinbarungen vorliegen.

Berücksichtigung bei der Ermittlung der Fremdkapitalquote

Um dem Charakter der sonstigen finanziellen Verpflichtungen bei der Bilanzanalyse Rechnung zu tragen, wird in der Literatur die Berechnung einer wie folgt modifizierten Fremdkapitalquote vorgeschlagen (vgl. COENENBERG, A. G./HALLER, A./SCHULTZE, W. (2014), S. 1071):

(F. 24)

$$\text{Fremdkapitalquote II} = \frac{\text{Fremdkapital + sonstige finanzielle Verpflichtungen}}{\text{Gesamtkapital}}$$

Uneinheitliche Erfüllung der Angabepflicht

Die Angabepflicht des § 285 Nr. 3a HGB bezieht sich dem Wortlaut nach auf den »Gesamtbetrag der sonstigen finanziellen Verpflichtungen«, der für die Beurteilung der Finanzlage des betreffenden Unternehmens von Bedeutung sein muss. Demzufolge kommt es auf die Bedeutung der einzelnen Verpflichtungen und ihre jeweiligen Einzelbeträge nicht an. Dennoch plädiert das Schrifttum dafür, nur solche »künftigen Zahlungsverpflichtungen zu berücksichtigen, die schon für sich gesehen wesentlich sind« (HOFFMANN, W.-D./LÜDENBACH, N. (2014), § 285 HGB, Rn. 16; vgl. auch GROTTEL, B. (2014), Rn. 51). Dabei soll es sich um finanzielle Verpflichtungen handeln, die außerhalb des betriebs- und branchenüblichen Rahmens liegen und zu einer wesentlichen Belastung der Finanzlage führen. Diese in hohem Maße auslegungsbedürftige Regel lässt eine einheitliche Erfüllung der Angabepflicht kaum erwarten. Vielmehr muss davon ausgegangen werden, dass insb. solche Unternehmen, bei denen sich bereits aus bestimmten Bilanzkennzahlen Anhaltspunkte für eine angespannte finanzielle Situation ergeben, die Berichtspflicht eher restriktiv handhaben werden, um eine zusätzliche negative Beeinträchtigung des vermittelten Bilds der wirtschaftlichen Lage nach Möglichkeit zu vermeiden.

Mangelnde Aussagekraft der Angaben

Weiterhin wird die Aussagekraft der Angaben dadurch relativiert, dass eine finanzplanorientierte Aufgliederung nach Art und Fristigkeit sowie eine Erläuterung der Risikointensität der einzelnen Verpflichtungen nicht vorgeschrieben sind, wenngleich sie für die Beurteilung der Liquiditätssituation des Unternehmens wichtig wären.

Konsequenzen für die externe Bilanzanalyse

Insofern sind die Anhangangaben nach § 285 Nr. 3a HGB lediglich als ein ergänzendes Beurteilungskriterium im Rahmen anderweitiger Analysen heranzuziehen. So sollten mitunter angezeigte mehrjährige Verpflichtungen aus Miet-, Pacht- oder Leasingverträgen sowie aus begonnenen Investitionen bei der Beurteilung der Zusammensetzung und Entwicklung des Anlagevermögens im Zeitablauf Beachtung finden. Gleiches gilt für die gesondert anzugebenden sonstigen (finanziellen) Verpflichtungen ggü. verbundenen Unternehmen, sofern es darum geht, anhand der in der Bilanz ausgewiesenen Verbundforderungen und -verbindlichkeiten die Intensität der finanziellen Verflechtung innerhalb eines Konzerns zu untersuchen. Allerdings sollte der Analyst auch in diesen Fällen die Möglichkeit einer bilanzpolitisch gesteuerten Berichterstattung in sein Kalkül einbeziehen.

Sonstige finanzielle Verpflichtungen nach IFRS

Nach IFRS existiert keine einheitliche Vorschrift zur Angabe von sonstigen finanziellen Verpflichtungen. Vielmehr ergeben sich diverse Berichtspflichten aus einzelnen Standards. Beispiele finden sich hier in IAS 16.74 (c) und IAS 38.122 (e) bzgl. des im Anhang anzugebenen Betrags der vertraglichen Verpflichtungen für den Erwerb von Sach- und immateriellen Anlagen (sog. »Bestellobligo«) sowie IAS 17.35 (a) zur Summe der ausstehenden Mindestleasingzahlungen aus unkündbaren Operating-Leasingverhältnissen.

Merksätze

1. Die Beurteilung der Solidität der Finanzierung eines Unternehmens erfolgt in der Analysepraxis vorwiegend anhand der Kennzahlen »Eigenkapitalquote« und »Fremdkapitalquote«. Gleichwohl kommt diesen Kennziffern – als Verhältnisgrößen wie auch in ihrer Entwicklung im Zeitablauf – nur eine bedingte Aussagekraft zu, wenn bei ihrer Interpretation die Aktivseite nicht in die Betrachtung einbezogen wird.
2. Wird auf der Aktivseite der HGB-Bilanz ein »Nicht durch Eigenkapital gedeckter Fehlbetrag« ausgewiesen, sollte die Analyse der Kapitalstruktur ausschließlich auf Basis absoluter Werte, d. h. der Höhe des Fehlbetrags und der Höhe der tatsächlichen Verschuldung, vorgenommen werden, da die Berechnung einer Relativkennzahl wie der Eigenkapitalquote in diesem Fall zu fehlerhaften Interpretationen führen kann. In den IFRS ist eine negative Eigenkapitalgröße dahingegen als solche in der Hauptspalte der Bilanz auszuweisen.
3. Im Rahmen der Strukturanalyse des Eigenkapitals sollen unter dem Gesichtspunkt der Verlustabsorptionsfähigkeit zum einen Erkenntnisse gewonnen werden über etwaige Verfügungskompetenzen der Anteilseigner über die in der Bilanz ausgewiesenen Eigenkapitalgegenwerte, da derlei Zugriffsrechte die Haftungsfunktion des Eigenkapitals erheblich einschränken können. Zum anderen interessieren die Möglichkeiten des Unternehmens, sein Haftungskapital durch die Aufnahme neuer Mittel zu erhöhen.

4. Die Strukturanalyse des Fremdkapitals widmet sich neben der Fristigkeitsstruktur u. a. auch der Zusammensetzung der Verbindlichkeiten, die ansatzweise über die das Unternehmen belastenden Kapitalkosten sowie Tilgungszahlungen informiert.
5. Bei der Fremdkapitalstrukturanalyse sind zudem die Rückstellungen zu untersuchen. Eine externe Beurteilung der Angemessenheit der ausgewiesenen Rückstellungsbeträge ist nicht möglich. Durch die Untersuchung der Höhe der Zuführungen, Auflösungen, Inanspruchnahmen und ggf. nachträglich festgestellter Unterdeckungen sowie der Entwicklung der Rückstellungen im Verhältnis zum Geschäftsumfang können indes Indizien für mögliche Über- oder Unterdotierungen der Rückstellungen abgeleitet werden.

1.2.4 Horizontalstrukturanalyse

1.2.4.1 Vorbemerkungen

Gegenstand

Wurde bislang versucht, im Wege einer Partialanalyse der Aktiv- bzw. Passivseite (Vertikalstrukturanalyse) Anhaltspunkte zur Beurteilung der Liquiditätslage eines Unternehmens zu gewinnen, so sollen im Folgenden die Möglichkeiten und Grenzen der Horizontalstrukturanalyse näher beleuchtet werden. Gegenstand dieses Untersuchungsansatzes ist die Beurteilung der Abstimmung von Finanzierung und Investition unter Risiko- und Rentabilitätsgesichtspunkten sowie unter dem Aspekt der Fristenkongruenz der beschafften und in Vermögenswerten gebundenen Mittel. Zu diesem Zweck werden bestimmte Abschlussposten der Aktiv- und Passivseite in Relation zueinander gesetzt.

Fehlen wissenschaftlich fundierter Finanzierungshypothesen

Diese gleichzeitige Betrachtung von Kapitalaufbringung und -verwendung erwiese sich als unproblematisch, wenn der Analyst auf wissenschaftlich fundierte Finanzierungshypothesen zurückgreifen könnte, anhand derer die optimale Finanzierung für ein beliebig vorgegebenes Investitionsprogramm abgelesen werden kann. Derartige Regeln wurden indes bis heute nicht entwickelt (vgl. bereits Schneider, D. (1989), S. 637; Bieg, H./Kußmaul, H. (2000), S. 30ff.), zumal diese in allgemeiner Form auch wohl kaum ableitbar sind. Denn angesichts der Ungewissheit zukünftiger Entwicklungen lassen sich Optimalitätskriterien für die Unternehmensfinanzierung nicht ohne subjektive Wertung formulieren.

Vor diesem Hintergrund verwundert es nicht, dass die Praxis zur Beurteilung der Horizontalstrukturanalyse eines Unternehmens überwiegend auf Hilfslösungen zurückgreift, die sich im Laufe der Zeit mehr oder minder bewährt haben. Die wichtigsten dieser sog. »Praktikerregeln« sollen nachfolgend kurz skizziert werden. Anschließend wird die an ihnen geäußerte Kritik dargelegt.

1.2.4.2 Vorherrschende Beurteilungskriterien

1.2.4.2.1 Grundsatz der Fristenkongruenz und langfristige Deckungsgrade

1.2.4.2.1.1 Darstellung

Goldene Finanzierungsregel

Beurteilungen zur Solidität der Finanzierung eines Unternehmens in Abhängigkeit von der Zusammensetzung der Aktivseite erfolgen derzeit überwiegend auf der Grundlage der sog. »goldenen Finanzierungsregel« sowie der »goldenen Bilanzregel«. Erstere wurde im Jahr 1854 von HÜBNER (O. (1854), S. 28) speziell für Banken entwickelt und später in allgemeiner Form auf Industrie- und Handelsbetriebe übertragen. Sie bringt das Prinzip der Fristenkongruenz zum Ausdruck, indem sie verlangt, dass zwischen der Bindungsdauer der im Unternehmen investierten Mittel und der entsprechenden Kapitalüberlassungsdauer (zumindest) Übereinstimmung herrschen muss. Danach sind einzelne Vermögenswerte jeweils mit Mitteln zu finanzieren, die mind. für einen ebenso langen Zeitraum zur Verfügung stehen, wie das Kapital in den Vermögensteilen gebunden ist. Grob vereinfacht lässt sich dieser Zusammenhang in den nachfolgenden Formeln ausdrücken:

(F. 25)

$$\frac{\text{langfristiges Vermögen}}{\text{langfristiges Kapital}} \leq 1$$

(F. 26)

$$\frac{\text{kurzfristiges Vermögen}}{\text{kurzfristiges Kapital}} \geq 1$$

Der goldenen Finanzierungsregel liegt die Vorstellung zugrunde, dass durch die Einhaltung des Grundsatzes der Fristenkongruenz die Liquidität der Unternehmung langfristig aufrechterhalten werden kann. Als problematisch erweist sich für den externen Bilanzanalysten, dass die Überprüfung dieser Finanzierungsregel auf der Grundlage der von der Bilanz vermittelten Informationen nicht möglich ist (vgl. so auch COENENBERG, A. G./HALLER, A./SCHULTZE, W. (2014), S. 1080). Die vorgenommenen Fristigkeitsabstufungen bei Vermögen und Kapital (kurz-, mittel- und langfristig) lassen eine exakte Überprüfung dieser Regel nicht zu.

Goldene Bilanzregel

In der Folge wurde mit der goldenen Bilanzregel ein operational formulierter Finanzierungsgrundsatz entwickelt, der dadurch gekennzeichnet ist, dass einzelne in der Bilanz ausgewiesene Vermögensposten bzw. Gruppen von Aktivposten zu bestimmten Passivposten der Bilanz bzw. zu Gruppen von Passivposten in Beziehung gesetzt werden, wobei sich die Gruppenbildung nach der Dauer der Vermögensbindung bzw. Kapitalüberlassung bestimmt (vgl. BIEG, H. (1983), S. 492). Diese an der Bilanz ausgerichtete Konkretisierung des Grundsatzes der Fristenkongruenz besagt, dass langfristig gebundenes Vermögen mit langfristigem Kapital finanziert werden muss und kurzfristig gebundenes Vermögen mit kurzfristigem Kapital finanziert werden darf (sollte).

Umstritten ist, was als langfristig gebundenes Vermögen zu verstehen ist. Soll darunter nur das Anlagevermögen oder etwa auch der eiserne, d. h. dauernd gebundene Bestand an Umlaufvermögen subsumiert werden? Ferner besteht Uneinigkeit darüber, welche Teile des passivierten Kapitals als langfristig zu gelten haben. Ist es nur das Eigenkapital oder gehören auch langfristig zur Verfügung stehende Fremdkapitalmittel dazu? Je nachdem wie man diese Fragen beantwortet, gelangt man zu verschiedenen Varianten der goldenen Bilanzregel, die auch als langfristige Deckungsgrade bezeichnet werden.

(F. 27)

$$\text{Deckungsgrad A} = \frac{\text{Eigenkapital}}{\text{Anlagevermögen}} \geq 1$$

(F. 28)

$$\text{Deckungsgrad B} = \frac{\text{Eigenkapital} + \text{langfristiges Fremdkapital}}{\text{Anlagevermögen}} \geq 1$$

(F. 29)

$$\text{Deckungsgrad C} = \frac{\text{Eigenkapital} + \text{langfristiges Fremdkapital}}{\text{Anlagevermögen} + \text{langfristig gebundenes Umlaufvermögen}} \geq 1$$

Interpretationsmöglichkeiten

Für die vorstehenden Kennziffern lassen sich zwei unterschiedliche Interpretationsmöglichkeiten anführen. Zum einen können die jeweiligen Deckungsgrade als Mindestanforderungen zur Gewährleistung der jederzeitigen Zahlungsbereitschaft eines Unternehmens begriffen werden. In diesem Sinne verkörpern sie lediglich eine weitere »Operationalisierung der Fristenkongruenzregel« (Perridon, L./Steiner, M./Rathgeber, A. W. (2012), S. 602). Insb. aus Gläubigersicht ist aber auch eine Deutung der Deckungsgrade als Risikobegrenzungsnormen denkbar. Dies wird deutlich, wenn man berücksichtigt, dass das Investitionsrisiko mit steigender Dauer der Vermögensbindung aufgrund der größer werdenden Ungewissheit über die zukünftige Entwicklung tendenziell zunimmt. Vor diesem Hintergrund kann die Forderung nach ausschließlicher oder zumindest überwiegender Finanzierung des langfristig gebundenen Vermögens durch Eigenkapital als Ausdruck dafür gewertet werden, das erhöhte Investitionsrisiko nach Möglichkeit allein auf die Eigenkapitalgeber zu verteilen.

1.2.4.2.1.2 Kritik

Ob mit Hilfe der dargestellten Finanzierungsregeln (goldene Finanzierungs- und Bilanzregel) eine optimale Finanzierung sichergestellt werden kann, erscheint aus mehreren Gründen fraglich (vgl. ausführlich Bieg, H./Kussmaul, H. (2000), S. 36 ff., m. w. N.):

Theoretische Konzeption

(1) Die Kritik an den vorstehenden Finanzierungsregeln muss sich – neben der Mangelhaftigkeit des in sie einfließenden Datenmaterials – in erster Linie gegen ihre theoretische Konzeption wenden. Zu bemängeln ist, dass die vor-

gestellten Praktikerregeln der primären Zielvorstellung der Unternehmen, nämlich dem Streben nach größtmöglicher Rentabilität des Kapitaleinsatzes, nicht hinreichend Rechnung tragen.

Ungenaue Fristigkeitsangaben

(2) Die bei den Deckungsgraden vorgenommene Gruppenbildung von Aktiv- bzw. Passivposten führt zu einer Vermischung von Bilanzposten mit ganz unterschiedlicher Liquiditätswirksamkeit. »Die Angaben über die Fälligkeitstermine in Bilanzen sind derart unpräzise, daß es selbst bei Fristenentsprechung der einander gegenübergestellten Gruppen von Aktiva und Passiva möglich ist, daß das Vermögen im Zeitpunkt der Fälligkeit des Kapitals nicht in voller Höhe liquidisiert werden könnte« (Bieg, H. (1983), S. 496). Somit muss unterstellt werden, dass sich die Vermögensteile im Rahmen des normalen Umsatzprozesses in mind. gleichem Maße und zum gleichen Zeitpunkt in Zahlungsmittel verwandeln lassen, wie dies die Kapitalrückzahlungspflicht verlangt, oder dass sich die hierzu erforderlichen Mittel in Analogie zum wiederkehrenden Kapitalbedarf prolongieren oder substituieren lassen (vgl. Härle, D. (1961), S. 88).

Deckung des wiederkehrenden Kapitalbedarfs

(3) Unter Liquiditätsgesichtspunkten bleibt ferner unberücksichtigt, dass die aus der Liquidation des Vermögens resultierende Freisetzung liquider Mittel nicht nur zur Rückzahlung des ursprünglich investierten Kapitals ausreichen muss, sondern darüber hinaus auch zur Finanzierung aller weiteren, zur Aufrechterhaltung der Betriebsbereitschaft erforderlichen Auszahlungen, wie z. B. für Neuanschaffungen, Löhne, Mieten etc. Somit ist die Zahlungsfähigkeit des Unternehmens nur sichergestellt, wenn nach der Liquidation der Vermögensteile kein erneuter Kapitalbedarf besteht, es sich also um einen einmaligen Investitionszyklus handelt, oder aber Kapital prolongiert bzw. substituiert werden kann (vgl. Hartmann, B. (1985), S. 214). Ist diese in den Deckungsgraden und dem Grundsatz der Fristenkongruenz implizit unterstellte Prämisse nicht erfüllt, gerät das betreffende Unternehmen bei Fälligkeit der Kredite in Zahlungsschwierigkeiten, weil es entweder seine Gläubiger nicht befriedigen oder die zur Betriebsfortführung erforderlichen Auszahlungen nicht erbringen kann. Stehen dem Unternehmen Prolongations- und Substitutionsmöglichkeiten zur Verfügung, dann ist das in den obigen Kennzahlen zum Ausdruck kommende Deckungsverhältnis aber ganz offensichtlich keine notwendige Voraussetzung für die Aufrechterhaltung der Liquidität (vgl. Härle, D. (1970), S. 110).

Krisenorientierung der Finanzierungsregeln

Mag die vorstehende Kritik an den Finanzierungsregeln im Grundsatz auch berechtigt sein, so berührt sie dennoch die Eignung der in Rede stehenden Kennzahlen in ihrer derzeitigen Verwendung nur bedingt. Denn die bilanzanalytischen Deckungsrelationen dürfen nicht als (unmittelbare) Entscheidungskriterien für die Unternehmensführung zur Planung einer unter Risiko- und Rentabilitätsgesichtspunkten optimalen Finanzierung missverstanden werden. Vielmehr handelt es sich schlicht um Prüfsteine für die Kreditwirtschaft zur Abschätzung des Risikos von Vermögensverlusten im Falle einer (längerfristigen) Kreditvergabe.

Ein solches Risiko besteht – wie oben dargelegt – grds. nicht, wenn davon ausgegangen werden kann, dass das kreditnehmende Unternehmen (auch) in Zukunft rentabel arbeiten wird. Ausschließlich auf eine Jahresabschlussanalyse gestützt, ist eine derartige Prognose allerdings nur in den wenigsten Fällen mit hinreichender Wahrscheinlichkeit möglich. Gerade dieser Tatsache sollen die zur

Diskussion stehenden Strukturregeln Rechnung tragen, indem sie implizit eine Sicherung des Kreditgebers für den ungünstigsten Fall anstreben, dass das Unternehmen bis zur Fälligkeit der Mittel in wirtschaftliche Schwierigkeiten gerät. So verstanden wirken diese Praktikerregeln gleichsam als »Beruhigungsdroge« (SCHNEIDER, D. (1989), S. 637).

Gefährdung der Kreditrückzahlung durch fristeninkongruente Finanzierung

Unter diesem Blickwinkel wird etwa die Forderung der goldenen Finanzierungsregel nach fristenkongruenter Finanzierung verständlich. Denn bei nachhaltig gesunkener Bonität eines Schuldners sind die Kreditgeber häufig weniger an einer Prolongation als vielmehr an der Rückzahlung der hingegebenen Mittel interessiert. Dieses Ziel ist bei einer fristeninkongruenten Finanzierung erheblich gefährdet. Zum einen besteht die Gefahr, dass die investierten Mittel bis zum Fälligkeitszeitpunkt des Kredits noch nicht über den Umsatzprozess zurückgeflossen sind und damit ggf. durch vorzeitige, i. d. R. verlustbringende Desinvestitionen bereitgestellt werden müssen. Zum anderen wird aber auch eine Substitution des zu tilgenden Kredits erschwert, da eine Verletzung des Grundsatzes der Fristenentsprechung regelmäßig als ein Belastungsfaktor bei der Beurteilung der Kreditwürdigkeit eines Unternehmens angesehen wird.

Deutlicher noch tritt die Krisenorientierung im Fall der dargestellten Deckungsgrade (vgl. F. 27 bis F. 29) zutage. Warum in einem fortzuführenden (florierenden) Unternehmen etwa das Anlagevermögen vollständig durch Eigenkapital finanziert sein soll, lässt sich ohne Weiteres nicht begründen. Gerechtfertigt erscheint auch hier allenfalls die Forderung nach Fristenkongruenz (vgl. WÖHE, G. (1997), S. 828 ff.). Dieser wird allerdings auch dann entsprochen, wenn das Anlagevermögen durch fristengleiches langfristiges Fremdkapital finanziert ist.

Deckungsgrade als Risikobegrenzungsnormen

Verständlich wird diese Regel hingegen, wenn man sie als Risikobegrenzungsnorm begreift, die auf eine mögliche Liquidation des Unternehmens abstellt. Unter dieser Voraussetzung wird eine Veräußerung von Vermögenswerten des Anlagevermögens gewöhnlicherweise nur mit erheblichen Verlusten möglich sein, während für Vermögenswerte des Umlaufvermögens i. d. R. unterstellt werden kann, dass diese zumindest in Buchwerthöhe liquidiert werden können. Aus dem Bedürfnis, ein Durchschlagen dieser potenziellen Abgangsverluste des Anlagevermögens auf die Gläubiger zu verhindern, lässt sich die Forderung nach vollständiger Unterlegung des Anlagevermögens mit Eigenkapital plausibel erklären.

Immerhin findet die goldene Bilanzregel in dieser engen Auslegung heute kaum noch Anwendung. Stattdessen wird eine partielle Finanzierung des langfristig gebundenen Vermögens durch langfristig verfügbares Fremdkapital als unbedenklich erachtet. Dies dürfte nicht zuletzt eine Folge der permanent gesunkenen Eigenkapitalquoten bei deutschen Unternehmen einerseits sowie des gestiegenen Konkurrenzdrucks im Kreditgewerbe andererseits sein. Insoweit erweisen sich die geringeren Anforderungen an die horizontale Kapital-Vermögensstruktur als Ausdruck einer zugunsten einer erhofften höheren Rentabilität in Kauf genommenen größeren Risikobereitschaft der Kreditwirtschaft (vgl. in diesem Zusammenhang auch den Exkurs zu den Inhalten der Baseler Eigenkapitalvereinbarung (Basel III) im 3. Abschn., Kap. 3, 1.2.5).

Bedeutung der Finanzierungsregeln für (potenzielle) Anteilseigner

Die vorstehenden Ausführungen sollen nicht den Eindruck erwecken, für die Eigenkapitalgeber seien die angesprochenen Strukturregeln generell ohne Bedeutung. Indem namentlich Kreditinstitute ihre Kreditvergabeentscheidung (auch) von der Einhaltung dieser Regeln abhängig machen, entfalten diese eine normative Wirkung. D. h., um als kreditwürdig zu gelten, sind die kreditsuchenden Unternehmen faktisch gezwungen, in ihrer Bilanz auf die Einhaltung der entsprechenden Relationen zu achten (vgl. BIEG, H. (1983), S. 496; BIEG, H./KUßMAUL, H. (2000), S. 31). Unternehmen, denen dies nicht gelingt, sind demgemäß (auch) aus Sicht eines potenziellen Investors kritisch zu betrachten. Denn sie unterliegen der akuten, die Existenz des Unternehmens bedrohenden Gefahr eines Verlusts ihrer Kreditwürdigkeit. Insofern kann festgestellt werden, dass die klassischen Kapital-Vermögensstrukturregeln eine gewisse Eigendynamik entwickelt haben.

1.2.4.2.2 Kennzahlen zur kurzfristigen Liquidität

1.2.4.2.2.1 Darstellung

Zur Charakterisierung der kurzfristigen Liquiditätssituation im Unternehmen werden Verhältniszahlen aus Posten des Umlaufvermögens und dem Posten der kurzfristigen Verbindlichkeiten gebildet, die sich in der Einbeziehung von Vermögensposten unterschiedlicher Geldwerdungsdauer unterscheiden (vgl. STEINER, M. (1982), S. 472). Bei diesen Liquiditätskennzahlen handelt es sich um kurzfristige Deckungsstrukturregeln, die ebenso wie die langfristigen Deckungsgrade als bilanzorientierte Konkretisierung des Grundsatzes der Fristenkongruenz zu verstehen sind.

Liquiditätsgrade

Mit Hilfe der Liquiditätsgrade soll Auskunft darüber gegeben werden, ob und inwieweit die kurzfristigen Verbindlichkeiten in ihrer Höhe und Fälligkeit mit den Zahlungsmittelbeständen und anderen kurzfristigen Deckungsmitteln übereinstimmen. Hohe Bestände an Zahlungsmitteln bzw. kurzfristig monetisierbaren Vermögensposten können zwar dem Rentabilitätsstreben entgegenstehen, verleihen dem Unternehmen unter Liquiditätsgesichtspunkten aber Sicherheit und vermindern die Gefahr der Illiquidität.

Normative Wirkung der Deckungsstrukturregeln

Auch bei den Liquiditätskennzahlen gelten gewisse Ober- und Untergrenzen nach wie vor als Normen, die bei Kreditvergabeentscheidungen zugrunde gelegt werden. Insofern haben sie sich ebenso wie die langfristigen Finanzierungsregeln längst zu Spielregeln zwischen Kreditsuchenden und Kreditgebenden entwickelt. Werden sie eingehalten, fließen Kredite und das Unternehmen bleibt zahlungsfähig; werden sie nicht eingehalten, leidet die Bonität und Kredite werden möglicherweise nicht prolongiert, substituiert bzw. aufgestockt oder neu vergeben, wodurch dann häufig Illiquidität eintritt (vgl. MÖSER, H. D. (1982), S. 187). Dabei ist aus Sicht des Kreditgebers nicht auszuschließen, dass das betreffende Unternehmen bei Würdigung aller Umstände trotz Nichteinhaltung einzelner Liquiditätskennzahlen insgesamt gleichwohl als kreditwürdig anzusehen ist und im Falle einer Prolongation der gewährten Kredite durchaus seinen fälligen Verpflichtungen nachkommen könnte. Diese Tatsache verleiht den Liquiditätsgraden eine fragwürdige Bedeutung.

Üblicherweise werden drei verschiedene kurzfristige Liquiditätskennzahlen berechnet, wobei in der Bankenpraxis die Liquidität 1. und 2. Grades besondere Beachtung findet (vgl. LITTKEMANN, J./KREHL, H. (2000), S. 31; RECK, R. (2000), S. 975):

(F. 30)

$$\text{Liquidität 1. Grades} = \frac{\text{Zahlungsmittel} + \text{Zahlungsmitteläquivalente}}{\text{kurzfristiges Fremdkapital}}$$

(F. 31)

$$\text{Liquidität 2. Grades} = \frac{\text{Zahlungsmittel} + \text{Zahlungsmitteläquivalente} + \text{kurzfristige Forderungen}}{\text{kurzfristiges Fremdkapital}}$$

(F. 32)

$$\text{Liquidität 3. Grades} = \frac{\text{Umlaufvermögen}}{\text{kurzfristiges Fremdkapital}}$$

1.2.4.2.2.2 Kritik

Die Interpretation der Liquiditätskennziffern fällt schwer, da ein bestimmtes, im konkreten Fall festgestelltes Deckungsverhältnis nicht an optimalen Werten gemessen werden kann. Zeitpunktbezogene Schlussfolgerungen von der Höhe der Liquiditätsgrade auf die tatsächliche Liquiditätssituation sind nicht möglich. Das hat insb. folgende Gründe (vgl. auch Bieg, H./Kußmaul, H. (2000), S. 36 ff.):

Veraltetes Datenmaterial

(1) Die zum Jahresabschluss als Grundlage der externen Liquiditätsanalyse vorgetragene Kritik gilt auch bzgl. der Liquiditätskennziffern uneingeschränkt. Gerade Analysen, die sich auf die Entwicklung sich schnell verändernder Posten konzentrieren, leiden unter dem veralteten Zahlenmaterial. Dies gilt nicht nur für die sich täglich verändernden Zahlungsmittelbestände, sondern auch für die kurzfristigen Forderungen und Verbindlichkeiten. Zwar können die Forderungen und Verbindlichkeiten mit einer Restlaufzeit von bis zu einem Jahr problemlos bestimmt werden, doch besteht die Gefahr, dass sie zum Zeitpunkt der Kennzahlenbildung längst nicht mehr liquiditätswirksam sind. Zumindest aber sollte der externe Analyst nie vergessen, auf den »Kalender zu schauen und sich dann klarzumachen, wieviel von dieser Restlaufzeit bis zu einem Jahr schon vergangen ist« (Hauschildt, J. (1996), S. 45). Die dargestellten Liquiditätsgrade lassen Aussagen über die zukünftige Liquidität nur insofern zu, als unterstellt wird, dass das liquiditätsmäßige Verhalten in der Vergangenheit wie in der Zukunft gleich ist. Das vergangene Verhalten als für die Zukunft repräsentativ zu erachten, ist aber angesichts des nicht zu erkennenden kausalen Zusammenhangs zwischen Stichtagsliquidität und zukünftiger Liquidität sowie insb. vor dem Hintergrund von Zeitreihenanalysen kontraproduktiv.

Kurzfristige Zahlungsmittelbewegungen

(2) Anhand von Stichtagszahlen gebildete Liquiditätskennziffern sind Momentaufnahmen, die in naher Zukunft auftretende Auszahlungen zur Aufrechterhaltung des Betriebsprozesses (sog. »Baraufwendungen«) unberücksichtigt lassen. Dies aber ist speziell bei kurzfristigen Liquiditätsbetrachtungen problematisch, zumal ein wesentlicher Liquiditätsfaktor unberücksichtigt bleibt. Strobel (A. (1953), S. 101) will diesem Gesichtspunkt dadurch Rechnung tragen, dass er die kurzfristigen Verbindlichkeiten um die Größe »kurzfristiger Baraufwand« erhöht, die er aus der GuV abzuleiten versucht. So

schlägt er bspw. vor, aus dem Posten »Personalaufwendungen« die durchschnittlichen monatlichen Auszahlungen für Löhne zu errechnen.

(3) Auch für die Liquiditätskennzahlen gilt, dass Prolongations-, Substitutions- bzw. anderweitige Kapitalbeschaffungsmöglichkeiten unberücksichtigt bleiben.

Kapitalbeschaffungsmöglichkeiten

(4) Selbst wenn es ›optimale‹ Liquiditätsgrade gäbe und diese bei dem zu analysierenden Unternehmen vorlägen, dürften sie nicht überbewertet werden. Denn neben den Verbindlichkeiten hat der Analyst auch die bestehenden Rückstellungen zu beachten. Bzgl. dieser ungewissen Schulden sind die Informationspflichten im handelsrechtlichen Jahresabschluss im Vergleich zum IFRS-Abschluss rudimentär ausgeprägt. Zwar sind gem. § 285 Nr. 12 HGB die unter dem Posten »sonstige Rückstellungen« ausgewiesenen ungewissen Verbindlichkeiten erläuterungspflichtig, soweit sie einen nicht unerheblichen Umfang haben; eine Angabe von Beträgen und Fristen sieht das Gesetz jedoch im Einzelnen nicht vor. Im Interesse eines verbesserten Einblicks in die Finanz- und vor allem die Liquiditätslage eines Unternehmens wäre es daher wünschenswert, wenn die handelsrechtliche Bilanzierungspraxis auf freiwilliger Basis – in Anlehnung an IAS 37.84 ff. – Angaben zu den Fristigkeiten der durch Rückstellungen antizipierten künftigen Zahlungsverpflichtungen tätigen würde, sofern diese verlässlich zu bestimmen bzw. schätzen sind. Fernerhin wäre eine betragsmäßige Aufschlüsselung der Rückstellungen nach Rückstellungen für ungewisse Verbindlichkeiten, Drohverlust- sowie Gewährleistungsrückstellungen transparenzfördernd (vgl. Baetge, J./Kirsch, H.-J./Thiele, S. (2012), S. 456).

Fälligkeit und Höhe von Rückstellungen

Der eigentliche Zweck der Liquiditätskennziffern kann somit allenfalls im Sichtbarmachen von Entwicklungstendenzen der Liquidität durch den Zeitvergleich (Ist-Ist-Zeitvergleich) liegen sowie darin, mit Hilfe des Betriebsvergleichs die relative Liquiditätslage im Vergleich zu Konkurrenzbetrieben bzw. zu einem Branchendurchschnittswert deutlich zu machen (Ist-Ist-Betriebsvergleich). Abweichungen von diesen Durchschnittswerten nach unten können auf eine betriebsindividuelle tatsächliche Anspannung in der Zahlungsfähigkeit hindeuten.

Ergebnis

Merksätze

1. Im Rahmen der Horizontalanalyse orientiert sich die Praxis an Strukturregeln, die in typisierender Betrachtung bestimmte Relationen zwischen Aktiv- und Passivposten postulieren.
2. Diese Praktikerregeln dürfen wegen der Mangelhaftigkeit des in sie einfließenden Datenmaterials einerseits sowie wegen der gegen ihre theoretische Konzeption zu erhebenden Einwände andererseits nicht als Finanzierungshypothesen zur optimalen Abstimmung von Aktiv- und Passivseite angesehen werden.
3. Ihre Bedeutung in der Kreditvergabepraxis wird allenfalls verständlich, wenn man sie als Sicherheitsstandards versteht, deren Einhaltung dazu beitragen soll, die Kreditgeber für den Fall (unvorhergesehener) wirtschaftlicher Schwierigkeiten des Kreditnehmers vor Vermögensverlusten weitgehend zu schützen.

1.2.5 Exkurs: Basel III-Eigenkapitalregelungen und deren Implikationen auf die Finanzierungskosten

1.2.5.1 Vorbemerkungen

Basel III

Als Reaktion auf die internationale Finanzmarkt- und Wirtschaftskrise beauftragten die G20 Staats- und Regierungschefs den Basler Ausschuss für Bankenaufsicht, die Rahmenbedingungen für die Finanzinstitute dergestalt zu modifizieren, dass die Kapitalausstattung sowie die Liquiditätsvorsorge der Finanzinstitute verbessert werden. Dem folgend veröffentlichte der Baseler Ausschuss im Dezember 2010 sein unter dem Begriff »Basel III« bekanntes Rahmenwerk, welches anschließend ergänzt sowie überarbeitet wurde. Im Zentrum der Reform stehen einerseits Vorschriften, die das regulatorische Eigenkapital der Institute tangieren, sowie andererseits Liquiditätsstandards, die Liquiditätsengpässen bzw. Illiquidität entgegenwirken sollen. Da in diesem Exkurs eine Fokussierung auf die Eigenkapitalvorgaben erfolgen soll, werden die Liquiditätsstandards nicht weiter beleuchtet (vgl. dazu Küting, K./Weber, C.-P. (2012a), S. 557 ff.). Die genannte Reform baut grds. auf den im Jahr 2004 verabschiedeten Basel II-Vorgaben auf, in deren Zuge das Drei-Säulen-Prinzip (Eigenmittelanforderungen, aufsichtsrechtliches Überprüfungsverfahren sowie Offenlegungspflichten) eingefügt wurde.

Nachfolgend wird überblicksartig auf die Eigenkapitalregelungen nach Basel III sowie deren europäische Umsetzung eingegangen, um daraufhin die Berechnungsmethodik zur Eigenkapitalunterlegung von Kreditrisiken darzustellen. Daran anknüpfend werden durch die Reform bedingte potenzielle Implikationen hinsichtlich der Finanzierungskosten der Unternehmen beleuchtet. Da die Finanzierungskosten u. a. vom Kreditrisiko des Debitors abhängen, werden abschließend Möglichkeiten zur Verbesserung des Ratingergebnisses analysiert und Handlungsempfehlungen ausgesprochen.

1.2.5.2 Eigenkapitalanforderungen

1.2.5.2.1 Eigenkapitalunterlegung nach dem Basel III-Regelwerk

Qualitative Vorgaben

Mit dem Basel III-Regelwerk wurden die bankenaufsichtlichen Eigenkapitalvorgaben sowohl in qualitativer als auch in quantitativer Hinsicht verschärft. Ersteres wird durch eine Überarbeitung des regulatorischen Eigenkapitalbegriffs erreicht, der nicht dem bilanziellen Eigenkapitalbegriff entspricht (vgl. hierzu und zum Nachstehenden Baseler Ausschuss für Bankenaufsicht (2011), Rn. 49 ff.). Danach wird zwischen zwei Kapitalschichten differenziert: zum einen dem Kernkapital (Tier 1 Kapital), welches in hartes Kernkapital (Common Equity Tier 1) sowie zusätzliches Kernkapital (Additional Tier 1) unterteilt wird, und zum anderen dem Ergänzungskapital (Tier 2 Kapital). Das harte Kernkapital setzt sich aus eingezahlten Eigenkapitalinstrumenten sowie offenen Rücklagen zusammen. Unter das zusätzliche Kernkapital werden vornehmlich eingezahlte Kapitalinstrumente, die kein hartes Kernkapital darstellen, subsumiert. Das Ergänzungskapital soll indes lediglich im Insolvenzfall als zusätzliche Haftungsmasse zur Bedienung der Gläubiger zur Verfügung stehen. Zentrale Anforderungen daran sind die Nachrangigkeit ggü. den Einlagen und dem allgemeinen Fremdkapital des Instituts sowie eine Mindestlaufzeit von fünf Jahren. Darüber hinaus sind bei der Ermittlung des Eigenkapitals regulatorische Korrekturposten (wie rechnungslegungssystembedingte Korrekturen) zu berücksichtigen, die zu einer einheitlichen

Bestimmung führen sollen (vgl. ausführlich hierzu Küting, K./Weber, C.-P. (2012a), S. 547 f., 549 f.).

Quantitative Vorgaben

Neben den die Verlustabsorptionsfähigkeit des Eigenkapitals erhöhenden qualitativen Maßnahmen bedingt das Basel III-Regelwerk ebenso eine wesentliche Erhöhung der Eigenkapital-Quantität. Die Mindestkapitalquoten, die aus dem Verhältnis ihres regulatorischen Eigenkapitals zu ihren gewichteten Risikoaktiva bestimmt werden, sind separat für das harte sowie das zusätzliche Kern- und Ergänzungskapital zu bestimmen. Hierbei wird der Fokus auf das harte Kernkapital gelegt, welches mind. 4,5 % der risikogewichteten Aktiva betragen muss (vgl. hierzu und zum Nachstehenden Baseler Ausschuss für Bankenaufsicht (2011), Rn. 50). Die Mindestanforderungen für das Kernkapital machen insgesamt 6 % der risikogewichteten Aktiva aus, wodurch lediglich 1,5 %-Punkte aus dem zusätzlichen Kernkapital aufgebracht werden dürfen. Das Gesamtkapital (Kernkapital und Ergänzungskapital) darf 8 % der risikogewichteten Aktiva nicht unterschreiten, sodass das Ergänzungskapital künftig nur noch eine untergeordnete Bedeutung einnehmen wird, nämlich höchstens 2 % der risikogewichteten Aktiva.

Kapitalpuffer

Darüber hinaus wurden im Zuge von Basel III mit dem sog. »Kapitalerhaltungspuffer« und dem sog. »antizyklischen Kapitalpolster« zwei weitere Kapitalanforderungen implementiert. Der Kapitalerhaltungspuffer verlangt eine Bildung eines Kapitalpolsters i. H. v. 2,5 % der risikogewichteten Aktiva aus hartem Kernkapital, das im Falle eines Abschwungs aufgebraucht werden kann und in Phasen der konjunkturellen Erholung zusätzlich zu den Mindestkapitalanforderungen wieder aufzubauen ist (vgl. Baseler Ausschuss für Bankenaufsicht (2011), Rn. 129 ff.). Das (temporäre) antizyklische Kapitalpolster sieht in Abhängigkeit von der Festlegung der zuständigen (nationalen) Finanzaufsichtsbehörde einen Eigenkapitalpuffer in einer Höhe zwischen 0 % und 2,5 % der risikogewichteten Aktiva vor (vgl. Vincenti, A./Pilger, B. (2014), S. 96; Schuster, T. (2013), S. 683). Die Anordnung der Behörde zum Aufbau des Puffers erfolgt dann, wenn ein übermäßig hohes Kreditwachstum vorliegt oder andere makroökonomische Faktoren auf das Ansteigen systemweiter Risiken hinweisen (vgl. ausführlich Baseler Ausschuss für Bankenaufsicht (2010)). Überdies bestehen insb. für systemrelevante Großbanken (in Deutschland betrifft dies die Deutsche Bank sowie die Commerzbank) weitere Vorgaben hinsichtlich der Kapitalanforderungen, die ein zusätzliches Polster von 1 % bis 2,5 % respektive 3,5 % verlangen (vgl. ausführlich hierzu Baseler Ausschuss für Bankenaufsicht (2013)).

Höchstverschuldungsquote

Im Basel III-Rahmenwerk wurde zusätzlich zu den risikosensitiven Modellen eine starre Höchstverschuldungsquote (sog. »Leverage Ratio«) ergänzt (vgl. ausführlich hierzu Waschbusch, G./Krämer, G./Rolle, A. (2011), S. 147 ff.). Die Höchstverschuldungsquote wird hierbei als Quotient aus Kapitalmessgröße (hartes Kernkapital) und Engagementmessgröße (grds. bilanzielle Buchwerte) definiert. Das Verhältnis von Eigenkapital zu Gesamtrisikoposition muss hierbei mind. 3 % betragen. Umgekehrt formuliert: die Obergrenze der Gesamtrisikoposition wird durch das 33-fache des Eigenkapitals bestimmt (vgl. hierzu Baseler Ausschuss für Bankenaufsicht (2011), Rn. 151 ff.).

Übergangsvorgaben und europäische Umsetzung

Die Regelungen zu den Eigenkapitalvorschriften nach Basel III sollten derart in nationales Recht transformiert werden, dass ein Inkrafttreten ab 01.01.2013 erfolgen konnte. Hierbei wurde eine sukzessive Einführung bis zum Jahr 2019 vorgesehen. Die Umsetzung in der europäischen Union erfolgt anhand des sog.

»CRD IV-Pakets«, das sich aus einer Verordnung (EU Nr. 575/2013), die für alle Mitgliedstaaten unmittelbar geltendes Recht darstellt, und einer in nationales Recht umzusetzenden Richtlinie (2013/36/EU) zusammensetzt. Richtlinie und Verordnung traten indes erst zum 01.01.2014 in Kraft, da die Europäische Kommission aufgrund intensiver Verhandlungen formal erst im Juni 2013 zustimmte. Die damit einhergehende verzögerte erstmalige (partielle) Anwendung impliziert jedoch kein Hinausschieben der vollständigen Anwendung der Vorgaben, da durch die verspätete Einführung die Übergangsphase um ein Jahr gekürzt wurde. Dementsprechend entfalten die Vorschriften ab dem Jahr 2019 in Gänze ihre Wirkung. Wenngleich im Zuge des CRD IV-Pakets die wesentlichen Regelungen von Basel III übernommen wurden, bestehen davon abweichende EU-Vorschriften. So wird u.a. die Höchstverschuldungsquote nicht quantifiziert, die Begriffsabgrenzung des harten Kernkapitals weiter gefasst und eine Befreiungsmöglichkeit von kleinen und mittleren Instituten hinsichtlich des Kapitalerhaltungspuffers kodifiziert. Zudem werden zwei über das Basel III-Regelwerk hinausgehende Kapitalpuffer (makroprudenzieller systemischer Risikopuffer sowie ein Risikopuffer für andere (als global) systemrelevante Banken) eingeführt. Die Umsetzung der EU-Vorgaben auf nationaler Ebene erfolgte mit dem sog. CRD IV-Umsetzungsgesetz (vgl. CRD IV-Umsetzungsgesetz vom 28.08.2013), welches zum einen die Richtlinie in nationales Recht transformiert sowie zum anderen der Verordnung entgegenstehende nationale Vorgaben aufhebt (vgl. ausführlich zum Vorstehenden Deutsche Bundesbank (2013), S. 58 ff.; Schuster, T. (2013), S. 683).

1.2.5.2.2 Berechnungsmethodik zur Eigenkapitalunterlegung von Kreditrisiken

Die Eigenkapitalunterlegung einer Bank wird neben den erläuterten qualitativen sowie quantitativen Vorgaben von der jeweiligen Gewichtung der Aktiva bestimmt (vgl. Übersicht 32), die wiederum von der Bonität der Schuldner determiniert wird. Zur Bestimmung der Bonität einzelner Kreditnehmer unterscheidet der Baseler Ausschuss zwischen einem auf externen Ratingergebnissen basierenden Standardansatz und der Durchführung bankinterner Ratingverfahren (vgl. ausführlich hierzu Vincenti, A./Pilger, B. (2014), S. 88 ff.). Diese beiden Verfahren wurden bereits unter Basel II implementiert und erfahren durch Basel III nur marginale Änderungen.

Standardansatz

Der Standardansatz nimmt – unter Rückgriff auf Bonitätsurteile externer Ratings – eine unterschiedliche Risikogewichtung der einzelnen Kreditnehmer von 0 %, 20 %, 50 %, 100 % und 150 % vor (vgl. Baseler Ausschuss für Bankenaufsicht (2006), Rn. 50 ff.). Bei einer Risikogewichtung zwischen 20 % und 150 % führt dies folglich bei einer angenommenen Kapitalquote von 10,5 % (8 % + 2,5 %) zu einer Eigenkapitalunterlegung zwischen 2,1 % und 15,75 %. Die Durchführung der Ratings, auf denen die Risikogewichte basieren, erfolgt durch geeignete Ratingagenturen, bspw. Standard & Poor's oder Moody's. Nach der am Beispiel der Standard & Poor's-Bonitätseinstufung vorgestellten Risikogewichtung ergibt sich nach bisherigem Stand grds. die folgende Zuordnung der Risikogewichte (entnommen aus: Baseler Ausschuss für Bankenaufsicht (2006), Rn. 66; vgl. zu Abweichungen hiervon Küting, K./Weber, C.-P. (2012a), S. 565 f.; zu spezifischen Erleichterungen für den Mittelstand Küting, K./Weber, C.-P. (2012a), S. 572 f.):

Rating	AAA bis AA–	A+ bis A–	BBB+ bis BB–	Unter BB–	Nicht beurteilt
Risikogewicht	20 %	50 %	100 %	150 %	100 %

Übersicht 32: Zuordnung der Bonitätseinstufungen zu Risikogewichten bei Unternehmen

Interner Ansatz

Den Kreditinstituten wird, neben dem Standardansatz, alternativ die Möglichkeit eingeräumt, zur Bestimmung des Kreditrisikos eines Schuldners ein internes Ratingverfahren anzuwenden. Hierbei wird für viele Forderungsklassen zwischen einem Basisansatz und einem fortgeschrittenen Ansatz differenziert, welche sich durch die zu schätzenden Parameter unterscheiden. Unabhängig davon, erfolgt grds. durch die Anwendung eines IRB-Ansatzes die Ermittlung der Bonität des Schuldners und der damit verbundenen Eigenkapitalbindung des Kreditinstituts auf Basis bankinterner Analyseverfahren. Der Baseler Ausschuss gibt hierbei kein Ratingsystem verbindlich vor, sondern formuliert stattdessen Mindestanforderungen an bankinterne Ratingsysteme, damit diese auch aufsichtsrechtlich anerkannt werden können (vgl. WILKENS, M./BAULE, R./ENTROP, O. (2001), S. 671; KÜTING, K./WEBER, C.-P. (2012a), S. 560). Bei der Einteilung in eine Forderungsklasse sind neben sog. »harten Faktoren« auch »weiche Faktoren« zu berücksichtigen, die das Risiko eines Kredits beeinflussen (vgl. FÜSER, K./HEIDUSCH, M. (2002), S. 34). Mithin sind Faktoren wie die vergangene und künftige Ertragsfähigkeit, die Kapitalstruktur, das Liquiditätspolster, die Wettbewerbssituation des Kreditnehmers innerhalb der Branche, die Qualität der Einkünfte sowie die Stärke und Fähigkeit des Managements von maßgeblicher Bedeutung.

Im Ergebnis wird der IRB-Ansatz tendenziell zu einer niedrigeren Eigenkapitalunterlegung führen als der Standardansatz. Gleichzeitig ist jedoch ein Ansteigen an die Anforderungen des Kreditrisikomanagements zu konstatieren.

1.2.5.3 Auswirkungen auf die Fremdfinanzierung der Unternehmen

Zusammenhang von Bonität und Kreditkosten

Wie vorangehend dargestellt, beeinflusst das Ratingergebnis des (potenziellen) Schuldners die Risikogewichtung und folglich das von der Bank zu hinterlegende Eigenkapital. Da die Kreditvergabe für Banken eine Investition darstellt und sich die Höhe des eingesetzten Eigenkapitals auf die Eigenkapitalrendite auswirkt, müssen die Kreditzinsen für eine hohe Eigenkapitalunterlegung prinzipiell (wenn dies der Kreditmarkt zulässt) höher sein als für eine niedrigere.

Diese Kohärenz ist nun vor dem Hintergrund der Auswirkungen von Basel III zu betrachten. Die Kapitalquoten für das harte und sonstige Kernkapital sowie das Ergänzungskapital werden durch das Verhältnis der jeweiligen regulatorischen Kapitalklasse zu den risikogewichteten Aktiva (diese werden neben den Kreditrisiken auch durch Markt- und operationelle Risiken determiniert; vgl. BASELER AUSSCHUSS FÜR BANKENAUFSICHT (2006), Rn. 44) einer Bank bestimmt. Eine vor Basel III bestehende Gleichung wird – wie dies aus der vereinfachten Darstellung der F. 33 (modifiziert entnommen aus: HALL, S. ET AL. (2011), S. 15) abgebildeten Gleichung hervorgeht – durch die Vorschriften c. p. zur Ungleichung, sodass die betroffenen Institute zu Anpassungen des Zählers und/oder des Nenners gezwungen sind.

(F. 33)

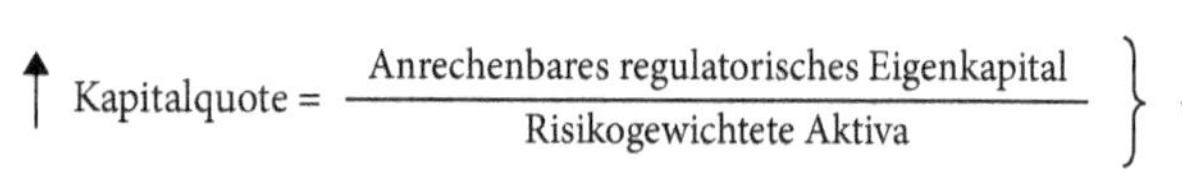

Insgesamt ist insb. aufgrund der strengeren Abgrenzung des regulatorischen Eigenkapitals regelmäßig für die rechte Seite der obigen Gleichung eine Abnahme zu konstatieren. Darüber hinaus steigen die quantitativen Anforderungen zur Eigenkapitalhinterlegung, weshalb das allein aufgrund der »rechten Seite« der Gleichung ohnehin bestehende Ungleichgewicht weiter verstärkt wird.

Maßnahmen zur Erfüllung der neuen Vorgaben

Um die Kapitalquoten zu erfüllen, bleiben den Banken lediglich folgende Möglichkeiten: Es kann die regulatorisch anrechnungsfähige Kapitalbasis erhöht werden (etwa durch Gewinnthesaurierung, Kapitalerhöhung, Verringerung der regulatorischen Abzüge etc.) und/oder eine Optimierung der risikogewichteten Aktiva vorgenommen werden. Ersteres war bspw. jüngst bei der Deutschen Bank zu beobachten (vgl. Deutsche Bank AG (2014)). In Folge einer Optimierung der risikogewichteten Aktiva können neben allen anderen Faktoren, welche die Summe der risikogewichteten Aktiva beeinflussen, auch die Kreditrisiken der Debitoren auf Optimierungspotenziale hin durchleuchtet werden. Mithin kann es insb. dann zu nachteiligen Implikationen bei der Kreditvergabe kommen (vgl. zu dieser Ansicht Kaserer, C. (2010); Gaumert, U./Götz, S./Ortgies, J. (2011), S. 54, m. w. N.), wenn es der jeweiligen Bank nicht möglich ist, das anrechenbare regulatorische Eigenkapital in der vorgegebenen Zeit aufzubringen. Eine durch die strengeren Anforderungen bedingte Zinserhöhung wird in der Literatur insb. für schlecht geratete Unternehmen angenommen, weshalb der Wettbewerb um Kunden mit zweifelsfreier Bonität steigt und sich die Spreizung der Kreditkosten zwischen diesen Kreditnehmern und solchen mit einem schlechten Rating weiter verstärkt (vgl. Becker, B. et al. (2011), S. 379; Thiel, D./Koll, S. (2011), S. 164; Waschbusch, G./Staub, N./Luck, P. (2012), S. 201; vgl. zu den Mittelstandsprivilegien und deren Auswirkungen auf die Finanzierungskosten Paul, S./Stein, S./Kaltofen, D. (2013), S. 1849 ff.). Wenngleich die Lage der Unternehmensfinanzierung derzeit – auch aufgrund des historisch niedrigen Zinsniveaus – äußerst günstig ist (vgl. Kemmer, M. (2013), S. 23), kann u. U. (insb. im Falle einer Umkehr der europäischen Zinspolitik) im Zuge der sukzessiven Einführung der Normen ein kritischerer Umgang mit den Risikoaktiva erfolgen.

Allgemein und im Speziellen vor dem erläuterten Hintergrund muss es für Unternehmen von besonderem Interesse sein, eine möglichst gute Bonitätsbeurteilung zu erreichen, um auf diesem Wege zu (relativ) günstigen Konditionen Kredite aufnehmen zu können. Daher wird im nachfolgenden Kapitel zunächst der Frage nachgegangen, welche Faktoren in einem Rating Berücksichtigung finden. Anschließend werden sodann die Möglichkeiten seitens der Unternehmen aufgezeigt, jene Faktoren i. S. e. Optimierung des Ratingergebnisses zu beeinflussen.

1.2.5.4 Möglichkeiten zur Optimierung des Ratingergebnisses

Bei den das Rating beeinflussenden Faktoren ist – wie bspw. im 4. Abschn., 4. dargestellt – zwischen quantitativen und qualitativen Faktoren zu unterscheiden, die regelmäßig in die modernen Ansätze der Unternehmensanalyse und darauf aufbauend in die Bonitätsbewertung einfließen. Insb. die bilanziellen Daten können durch zielgerichtete Bilanzpolitik beeinflusst werden. Durch die gleichzeitige Berücksichtigung qualitativer Analyseansätze wird jedoch die möglicherweise positive Auswirkung auf das Ratingergebnis wieder partiell oder vollständig umgekehrt. Daneben basieren bilanzielle Daten – sowohl nach HGB als auch nach internationalen Normen – maßgeblich auf retrospektivem Datenmaterial. Für die Beurteilung der zukünftigen Bonität ist es daher notwendig, mittels der strategischen Unternehmensanalyse verstärkt prognosebasierte Daten in die Beurteilung einzubeziehen.

Vor Durchführung eines externen Ratings sollte das Unternehmen daher – u. U. mit Hilfe externer Berater – seine Möglichkeiten zur Optimierung des Ratingergebnisses langfristig, mithin unter Berücksichtigung mehrjähriger Effekte, planen.

Nutzen einer Umstellung von HGB auf IFRS im Hinblick auf das Kreditrating

Hierbei ist auch die kontrovers diskutierte Frage des Nutzens einer Umstellung der Rechnungslegung von HGB auf IFRS beim einzelnen Unternehmen hinsichtlich ihrer Vor- und Nachteile zu beleuchten (vgl. zu einer Studie, welche die potenziellen Vorteile einer Umstellung auf IFRS untersucht Zülch, H./Löw, E. (2008), passim). Insb. sind die denkbaren Vorteile, die bei der Bonitätsbeurteilung aus den mit der Anwendung internationaler Rechnungslegungsnormen verbundenen erweiterten Informationspflichten resultieren könnten, gegen die damit verbundenen – oftmals vernachlässigten – höheren Kosten abzuwägen. Zu beachten ist hierbei auch, dass diese aus dem gestiegenen Beratungsbedarf und der Notwendigkeit der Aufstellung paralleler Jahresabschlüsse resultierenden höheren Kosten nicht nur in der aktuellen, sondern auch in künftigen Perioden anfallen werden.

Keine Präferierung eines Rechnungslegungsnormensystems

Durch den Baseler Ausschuss wird keine Empfehlung für die Anwendung eines bestimmten Rechnungslegungsnormensystems ausgesprochen, d. h., es kann weder Basel II noch Basel III eine Präferierung der IFRS entnommen werden. Gleichwohl lehrt die Erfahrung, dass die Umstellung auf die IFRS-Bilanzierung regelmäßig zu einer dauerhaften Erhöhung des Eigenkapitals und der Eigenkapitalquote führt. Des Weiteren zeigt die Vergangenheit, dass mit der Umstellung allenfalls eine kurzfristige Erhöhung der Jahresüberschüsse verbunden ist, in Einzelfällen konnte sogar eine Verminderung des Jahresüberschusses festgestellt werden (vgl. hierzu auch Küting, K./Pfitzer, N./Weber, C.-P. (2013), S. 64 f.). Festzuhalten bleibt aber, dass sich die (Gesamt-)Ergebnisgrößen in den verschiedenen Rechnungslegungsnormensystemen auf Dauer ausgleichen müssen. Überdies ist zu berücksichtigen: Mit dem BilMoG wurde insb. das Ziel verfolgt, die handelsrechtlichen Normen zu einer vollwertigen Alternative ggü. den IFRS zu gestalten (vgl. BT-Drucks. 16/10067), wodurch insgesamt eine Annäherung an die IFRS zu konstatieren ist.

Keine Verbesserung des Kreditratings durch Übergang auf IFRS

Trotz dieses Hintergrunds wird in der Öffentlichkeit oftmals der Eindruck erweckt, dass mit einem erhöhten Eigenkapital in Folge der IFRS-Bilanzierung und einer damit verbundenen verbesserten Eigenkapitalquote auch unmittelbare positive Auswirkungen auf das Ratingergebnis einhergehen. Dieser Aussage kann nach hier vertretener Meinung nicht gefolgt werden.

Dies lässt sich anhand folgender Argumente untermauern. Zum einen ist es Aufgabe sämtlicher Rechnungslegungsnormensysteme, die Realität des Unternehmens in ein Zahlenwerk und weitergehende Informationen zu überführen, wobei sich diese lediglich hinsichtlich der Abbildungsvorschriften unterscheiden. Durch eine Umstellung auf ein anderes Rechnungslegungsnormensystem wird die identische Realität anhand abweichender Vorschriften in den Jahresabschluss transformiert. Mit der höheren Eigenkapitalquote, die regelmäßig aus einem Übergang auf die IFRS-Vorschriften resultiert, korrespondiert gerade keine Veränderung in der Realität. Das Unternehmen zeichnet sich nach wie vor durch das gleiche Geschäftsmodell, unveränderte Ertragserwartungen und eine identische Schuldendeckungsfähigkeit aus. Bei einem funktionierenden Ratingverfahren muss dieser Umstand, bspw. durch einen Korrekturfaktor, Berücksichtigung finden (vgl. Ewig, H. (2008), S. 199 f.).

Backtesting

Zum anderen darf nicht außer Acht gelassen werden, dass sich die Ratingverfahren einer regelmäßigen Überprüfung der Trennschärfe ihrer Ratingaussage (Backtesting) unterziehen müssen. Die Anwendung dieses »Backtestings« muss dazu führen, dass eine allein aus der Umstellung resultierende höhere Eigenkapitalquote nicht zu einem verbesserten Ratingergebnis führt. Denn betrachtet man zwei identische Unternehmen, die sich bei ansonsten gleichen Rahmenbedingungen (gleiche Controlling- und Steuerungsansätze, gleiche Ertragsentwicklung etc.) aufgrund der Anwendung unterschiedlicher Rechnungslegungsnormensysteme durch die ausgewiesene Eigenkapitalquote unterscheiden, so muss ein Backtesting etwaige Fehler im Ratingprozess aufdecken und beide Unternehmen in dieselbe Risikoklasse einordnen.

Analyse des Ist-Zustands

Vor Durchführung des Ratings an sich muss das Unternehmen den derzeitigen Ist-Zustand erheben, was sowohl die quantitativen als auch die qualitativen Elemente umfasst, die voraussichtlich im Rahmen des Ratings berücksichtigt werden.

Maßnahmen zur Verbesserung des Kreditratings

Aufbauend auf der Erfassung des tatsächlichen Zustands des Unternehmens und der Analyse des hieraus zu prognostizierenden Ratingergebnisses können wiederum diejenigen Faktoren identifiziert werden, die sich negativ auf das geplante Ratingergebnis auswirken könnten. Erst mit Kenntnis dieser Schwachstellen kann dann eine Strategie entworfen werden, die bspw. mit Hilfe einer offenen Informationspolitik (Ergänzung der Pflichtangaben um entscheidungsrelevante freiwillige Angaben, differenzierte Erläuterung wesentlicher Bilanzposten etc.) oder einer geänderten Eigenkapitalpolitik (Erhöhung der Eigenkapitalquote, Aufnahme von Mezzanine-Kapital etc.) zu einer besseren Beurteilung des Unternehmens beitragen kann.

Strategische Unternehmensanalyse

Insb. den Ansätzen der strategischen Unternehmensanalyse sollte besondere Aufmerksamkeit gezollt werden, da es mit ihrer Hilfe möglich ist, eine objektivierte Prognose der zukünftigen Entwicklung darzustellen, und gerade die Prognose der künftigen Leistungsfähigkeit des Unternehmens das Ziel jeder Bonitätsbeurteilung sein muss.

Weitere Faktoren zur Evaluierung eines Kreditnehmers

Für das Rating durch Banken lassen sich systematisch auch die im Folgenden zusammenfassend dargestellten Faktoren identifizieren (vgl. Füser, K./Rödel, K. (2002), S. 281 f.), die aufgrund der Stellung der Bank und der damit verbundenen herausgehobenen Informationslage in die Risikobeurteilung des Kreditnehmers einfließen können:

Ansatzpunkt der Analyse	**Wirkung**	
	positiv	**negativ**
Quantitative Bilanzanalyse	Vgl. hierzu ausführlich 3. Abschn., Kap. 3.	
Qualitative Bilanzanalyse	Vgl. hierzu ausführlich 4. Abschn., 4.	
Strategische Unternehmensanalyse	Vgl. hierzu ausführlich 4. Abschn., 7.	
Alter des Unternehmens	höheres Alter	kurze Existenz
Besicherung des eigenen Engagements	hohe prozentuale Besicherung	geringe oder nicht vorhandene Besicherung
Dauer der Kundenbeziehung	lange Kundenbeziehung	Neukunde
Einschätzung des Kunden durch den Kundenberater/Sachbearbeiter	positive Beurteilung durch den Berater	negative Beurteilung durch den Berater
Bekannt gewordene Einschätzungen durch Mitbewerber in der Branche	keine begründbaren negativen Eindrücke	begründbare negative Eindrücke, die auf wirtschaftliche Probleme hindeuten
Rückschlüsse aus Geschäftsbeziehungen zu Lieferanten/Abnehmern	Keine negativen Hinweise, Ausbau der Beziehungen, Verstärkung der Kontobewegungen mit Lieferanten/Abnehmern	Hinweise auf Zahlungsprobleme, Lieferengpässe, Vertragsauflösungen etc.
Beurteilung der Kontoführung	nicht zu beanstandende Kontoführung mit offensichtlich geordneter Liquiditätsplanung	häufige Überziehung der eingeräumten Kreditlinien, kritische Liquiditätslage
Vorliegen negativer Bankauskünfte	keine negativen Bankauskünfte	negative Bankauskünfte
Zahlungsmoral anhand der Kontoführung	keine Wechselverpflichtungen, Zahlungen innerhalb des Zahlungsziels	häufige Scheckretouren, hohe Wechselverpflichtungen im Inland
Externe Ratings/sonstige Beurteilungen der Risikosituation des Kunden	positive externe Beurteilungen	negative externe Beurteilungen

Übersicht 33: Faktoren zur Evaluierung eines Kreditnehmers

Unternehmensseitige Maßnahmen zur Optimierung der Bonitätseinstufung

Zur Optimierung des Ratingergebnisses muss folglich nach der Aufnahme des Ist-Zustands und der Schwachstellenanalyse auf Basis der oben genannten Faktoren geprüft werden, welche weitergehenden Möglichkeiten für das Unternehmen bestehen, das Ratingergebnis zu verbessern. Hierbei sollte allerdings weniger auf die Ansätze der klassischen Bilanzpolitik zurückgegriffen werden (vgl. ausführlich zu den potenziellen bilanzpolitischen Instrumente 2. Abschn., Kap. 1), da etwaige positive Effekte durch die Anwendung qualitativer Analyseelemente konterkariert werden können (vgl. ausführlich zur Erstellung der Strukturbilanz 3. Abschn., Kap. 2) oder sich negative Auswirkungen auf das Ratingergebnis der Folgeperioden ergeben.

Es besteht jedoch die Möglichkeit, tatsächliche Veränderungen im Unternehmen einzuleiten, die gleichzeitig zu einer Verbesserung des Bonitätsratings führen können. Im Folgenden sollen nur einige ausgewählte Möglichkeiten angesprochen werden:

Verbesserung der Ertragskraft und Reduzierung unternehmerischer Risiken

- **Verbesserung der Ertragskraft und Reduzierung von unternehmerischen Risiken:** Aufgrund von gezielten Maßnahmen (wie Prozessoptimierung, zielgruppenorientierter Vertrieb, verbesserter Kundennutzen etc.) kann die Ertragskraft und damit der Unternehmenswert (wertorientierte Unternehmensführung) verbessert werden. Eine Minderung bzw. konkrete Quantifizierung unternehmerischer Risiken (bspw. Outsourcing oder der konkrete Risikotransfer an eine Versicherung oder den Kapitalmarkt) trägt dazu bei, die Wahrscheinlichkeit einer Insolvenz zu reduzieren (vgl. auch Gleißner, W. (2008), S. 412).

Controlling- und Risikomanagementsystem

- **Implementierung eines Controlling- und Risikomanagementsystems:** Sollte das Unternehmen noch nicht über ein solches verfügen, kann durch die Einführung moderner Steuerungssysteme sowohl eine Verbesserung der Prognosemöglichkeiten des Kaufmanns als auch eine Verbesserung der Qualität des für Informationszwecke benötigten Datenmaterials erreicht werden. Da bei Ratingentscheidungen vermehrt auch auf einen Liquiditätsplan zurückgegriffen wird, sollte insb. ein Liquiditätsmanagementsystem integriert werden (vgl. ausführlich hierzu Küting, K./Rösinger, A./Mojadadr, M. (2010), S. 630).

Verbesserung der Berichterstattung

- **Erweiterung des Informationsangebots und verstärkte Einbeziehung quantifizierter Prognosen:** Es muss Ziel des Bilanzierenden sein, nach Absprache mit der Bank die für das Rating benötigten Informationen umfassend aufbereitet zur Verfügung zu stellen, und zwar unabhängig vom zugrunde liegenden Regelwerk, um so bestehende Informationsasymmetrien zu vermindern. Gerade dies kann die zentrale Aufgabe eines Ratingberaters sein. Denn nicht nur die Existenz, sondern auch die Aufbereitung der Daten bestimmt das Ratingergebnis. Daneben sollte nach Möglichkeit versucht werden, Entwicklungen zu quantifizieren, statt sich auf rein qualitative Beurteilungen zu beschränken. Denn erst durch eine möglichst weitgehende Offenlegung der entscheidungsrelevanten Daten ggü. der Bank kann sichergestellt werden, dass die Bank nicht mangels besserer Informationen »worst case«-Szenarien unterstellen muss.

Einbeziehung von Mezzanine-Kapital

- **Mezzanine-Kapital:** Aber auch die tatsächliche Kapitalstruktur sollte frühzeitig einer Analyse unterzogen werden. So wird für die Ermittlung zentraler Bilanzkennziffern, bspw. der Eigenkapital- und Fremdkapitalquote, notwendigerweise eine Unterscheidung zwischen Eigen- und Fremdkapital vorgenommen. Daneben existieren aber auch Mischformen (sog. »Mezzanine-Kapital«), welche sowohl Merkmale von Eigenkapital (z. B. Nachrangigkeit im Insolvenzfall, erweiterte Informationsrechte etc.) als auch von Fremdkapital (z. B. Anspruch auf Rückzahlung und Zinsleistungen) vereinen und daher zwischen dem Eigen- und dem Fremdkapital anzusiedeln sind (vgl. Nelles, M./Klusemann, M. (2003), S. 6 ff.). Zu den Finanzierungsformen mit Mischcharakter zählen bspw. partiarische Darlehen, Wandelschuldverschreibungen, stille Beteiligungen und Nachrangdarlehen (vgl. zu alternativen Finanzierungsinstrumenten auch Waschbusch, G./Staub, N./Luck, P. (2012), S. 200 f.). Durch den systematischen Einsatz dieser Finanzierungsformen (bspw. durch die Hausbank) kann im Verlauf der Kreditaufnahme bei anderen Banken ein besseres Ratingergebnis erreicht werden, wenn diese das Mezzanine-Kapital dem wirtschaftlichen Eigenkapital zurechnen. Wesentliche Beurteilungskriterien hierzu sind die Nachrangigkeit, die Laufzeit, die Verlustteilnahme sowie die Haftung im Falle einer Insolvenz (vgl. GOLLAND, F./GEHLHAAR, L. (2008), S. 341).

Abfolge zur Verbesserung des Kreditratings

Zur systematischen Optimierung des Ratingergebnisses sind somit die folgenden Schritte durchzuführen:

1. frühzeitige und langfristige Planung des ersten Ratings;
2. Erhebung des Ist-Zustands;
3. Analyse der Schwachstellen, die sich negativ auf das Ratingergebnis auswirken könnten;
4. systematische Optimierung des Ratingergebnisses durch Verbesserungen innerhalb des Unternehmens, in der Kapitalstruktur etc.;
5. Nachbereitung und Fehleranalyse nach Durchführung des Ratings.

1.3 Stromgrößenorientierte Analyse

Bestandsgrößen- vs. stromgrößenorientierte Analyse

Bei zuvor dargestellter Bilanzstrukturanalyse handelt es sich um eine bestandsorientierte Liquiditätsanalyse, welche die künftige Zahlungsfähigkeit bzw. künftigen Zahlungsströme eines Unternehmens auf Basis einer statischen Betrachtung der zum Abschlussstichtag vorherrschenden bilanziellen Bestandsgrößen abzuleiten versucht. Demgegenüber stellt die stromgrößenorientierte Liquiditätsanalyse auf die Betrachtung der Zahlungsströme der Vergangenheit ab, um darauf aufbauend die zukünftige Entwicklung der Liquidität zu prognostizieren. Dabei widmet sie sich schließlich der »Frage, welche Finanzmittel aus dem Betriebsprozess erwirtschaftet und wie diese verwendet wurden« (COENENBERG, A. G./HALLER, A./SCHULTZE, W. (2014), S. 1085).

1.3.1 Analyse des operativen Cashflows

1.3.1.1 Grundlagen

Finanz- und Ertragsindikator

Die Kennzahl »operativer Cashflow« wird in zweifacher Weise verwendet: zum einen zur Analyse der Finanzkraft, zum anderen zur Analyse der Ertragskraft eines Unternehmens.

Praxiswert

Der operative Cashflow stellt nicht nur durch seine weite Praxisverbreitung eines der bedeutendsten Instrumente der (externen) Bilanzanalyse dar, sondern er dient u. a. auch – insb. im Bankgewerbe – als Maßstab für die Kreditwürdigkeitsprüfung (vgl. SIENER, F. (1991), S. 1) und zählt auf Hauptversammlungen im Rahmen der Bilanzbesprechung regelmäßig zu den wichtigsten Finanzkennziffern. Dennoch dürfte der operative Cashflow in Bezug auf Zielsetzung, Aussagefähigkeit und Ermittlung mit zu den umstrittensten Instrumenten der Bilanzanalyse zählen.

Integraler Bestandteil der Kapitalflussrechnung

Der operative Cashflow stellt einen integralen Bestandteil einer nach nationalen oder internationalen Rechnungslegungsvorschriften erstellten Kapitalflussrechnung dar. Da das Berichtsinstrument der Kapitalflussrechnung für eine Vielzahl der nach HGB bzw. IFRS rechnungslegenden Unternehmen verpflichtender Bestandteil ihres (Konzern-)Jahresabschlusses ist (vgl. KÜTING, K./WEBER, C.-P. (2012), S. 648 ff.), kann ein externer Analyst regelmäßig auf die darin enthaltene operative Cashflow-Rechnung zurückgreifen.

1.3.1.1.1 Begriff

Definitionsansätze

Der Begriff »Cashflow«, für den es im Schrifttum verschiedene Definitionsansätze gibt (vgl. Siener, F. (1991), S. 35, m.w.N.), wie z.B.

- liquiditätswirksamer Jahresüberschuss,
- Zahlungsüberschuss aus dem laufenden Betriebsprozess,
- Kapitalrückfluss aus dem Unternehmensprozess oder
- Finanzmittelzufluss,

stammt aus den Vereinigten Staaten, wo er zu Beginn der 1950er-Jahre für die Finanz- und Wertpapieranalyse abgeleitet wurde.

Uneinheitliche Definitionen

In Deutschland setzte eine rasche Verbreitung dieser Kennzahl in den 1960er-Jahren ein, was jedoch dazu führte, dass sich anfangs weder eine einheitliche Terminologie noch ein übereinstimmendes Berechnungsschema herausbilden konnte. Die divergierenden Definitionen des Cashflows resultieren zudem daraus, dass dieser nicht hinsichtlich bestimmter, im Voraus festgelegter Zielsetzungen systematisch und in sich geschlossen konzipiert wurde, sondern in erster Linie als ein pragmatisches Analyseinstrument entstand (vgl. Wagner, J. (1985), S. 1601).

Divergierende Ermittlungsziele

Wenn im einschlägigen Schrifttum heutzutage vom Terminus »Cashflow« ohne nähere Differenzierung die Rede ist, wird damit der operative Cashflow gemeint (vgl. Coenenberg, A. G./Haller, A./Schultze, W. (2014), S. 1087). Indes können im Wege einer operativen Cashflow-Rechnung sehr unterschiedliche Ermittlungsziele verfolgt werden.

1.3.1.1.2 Zielsetzungen

Interner und externer Adressatenkreis

Beim operativen Cashflow handelt es sich in erster Linie um eine Kennzahl für den externen Bilanzanalysten (vgl. Kußmaul, H. (1984), S. 147). Da dessen Beurteilungen die Einstellung und damit das Verhalten der externen Bilanzadressaten ggü. dem zu analysierenden Unternehmen beeinflussen, ergeben sich hieraus mittelbar Rückwirkungen auf die Entscheidungen der Unternehmensleitung. Darüber hinaus besitzt der operative Cashflow aber auch für die interne Analyse einen eigenständigen Aussagewert.

Zielsetzung

Zielsetzung der Ermittlung des operativen Cashflows ist es, die Aussagekraft des (Konzern-)Jahresabschlusses in zwei Punkten zu erhöhen. Einerseits soll einem verbesserten Einblick in die Finanzlage des Unternehmens, andererseits dem Bestreben nach einer Ausschaltung bilanzpolitischer Gestaltungen im (Konzern-)Jahresabschluss Rechnung getragen werden.

Eliminierung der Bilanzpolitik

Dies geschieht, indem die Ergebnisrechnung um alle zahlungsunwirksamen Aufwendungen und Erträge korrigiert wird. So weist die Erfassung dieser zahlungsunwirksamen Aufwendungen und Erträge, z.B. im Rahmen von Abschreibungen sowie der Zuführung und Auflösung von Rückstellungen, meist einen sehr großen bilanzpolitischen Spielraum auf, wohingegen der operative Cashflow als das Ergebnis des zahlungswirksamen Betriebsgeschehens weniger leicht manipulierbar ist und damit die »Bilanzpolitik in wesentlichen Punkten relativiert« (Behringer, S. (2010), S. 58). Der operative Cashflow ist somit – rein konzeptionell – als eine im Vergleich zum Jahresüberschuss oder Bilanzgewinn objektivere Größe zu werten. Infolgedessen wird die Ansicht vertreten, dass mit dem operativen Cashflow ein Messwert einhergehe, der »frei sei von den Schwächen menschlicher Bewertungsabsichten und -irrtümer« (Hauschildt, J./Rösler, J./Gemünden, H.G. (1984), S. 354).

1.3.1.1.3 Funktionen des Cashflows

Anwendungsgebiete

Der operative Cashflow lässt sich in Bezug auf dessen Anwendungsgebiete grds. nach drei (kompetitiven) Gruppen systematisieren: Entweder wird er seitens der verschiedenen Anwender

(1) lediglich bzw. hauptsächlich als Indikator der Finanzkraft,
(2) nur bzw. vorwiegend als Indikator der Ertragskraft, oder
(3) sowohl als Indikator der Ertrags- als auch der Finanzkraft

angesehen.

Hauptfunktionen

Im erstgenannten Fall dient der operative Cashflow der Ermittlung des aus dem Leistungsprozess im Unternehmen resultierenden Finanzierungspotenzials (vgl. LACHNIT, L. (1973), S. 72). Es ist der Betrag zu bestimmen, der für Investitionen, Schuldentilgung und Gewinnausschüttung zur Verfügung steht bzw. gestanden hat. Demgegenüber besteht gem. der zweitgenannten Auffassung das Ermittlungsziel in einer Größe, die nicht nur als Ergänzung zum Jahreserfolg, sondern u. U. sogar anstelle desselben herangezogen werden kann (vgl. KÖHLER, R. (1970), S. 386). Den Vertretern der dritten Gruppe zufolge fungiert der operative Cashflow als eine Kennzahl, die sowohl einen Rückschluss auf die Finanz- als auch auf die Ertragskraft zulässt, ohne dass ein Schwerpunkt bzgl. einer Zielsetzung auszumachen ist (vgl. GUHR, H.-M. (1972), S. 26). Vielmehr besteht ein Zusammenhang zwischen beiden Zielen.

Discounted-Cashflow-Methode

Über die dargestellten Hauptfunktionen zur Darstellung der Finanz- und Ertragslage hinaus findet die Größe des operativen Cashflows auch bei der Beurteilung der Vorteilhaftigkeit von Investitionsprojekten sowie im Rahmen der Unternehmensbewertung Anwendung. Zu diesem Zweck werden die zukünftig erwarteten Cashflow-Größen auf den Beurteilungszeitpunkt hin abgezinst und somit der Barwert der in der Zukunft anfallenden Cashflow-Werte ermittelt. Auf diese Methode der Investitionsrechnung, die auch als Discounted-Cashflow-Methode (DCf-Methode) bezeichnet wird, soll hier nicht näher eingegangen werden.

1.3.1.1.4 Berechnungsmöglichkeiten des operativen Cashflows

Finanzwirtschaftliche Kennzahl

Schwerpunktmäßig wird die Größe des operativen Cashflows dem Finanzbereich eines Unternehmens zugeordnet. Die in sie einfließenden Parameter stellen zahlungswirksame Größen dar, die Bestandteil der Finanzbuchhaltung sind. Dies erklärt auch, warum diese Kennzahl überwiegend und im Zweifel im Rahmen der Finanzwirtschaft eines Unternehmens diskutiert und als finanzwirtschaftliche Kennzahl betrachtet wird.

Ausgangspunkt: Ergebnisrechnung

Dennoch wird der operative Cashflow regelmäßig nicht aus den Daten der Finanzbuchhaltung (originäre Ermittlung), sondern aus der Ergebnisrechnung (derivative Ermittlung) abgeleitet. Als Ausgangsbasis dieser derivativen Ermittlung dienen somit periodisierte Größen, die neben zahlungswirksamen auch zahlungsunwirksame Bestandteile beinhalten. Die Bestimmung des (operativen) Cashflows kann – ausgehend von den Zahlen der Ergebnisrechnung – auf zwei unterschiedlichen Wegen erfolgen, nämlich nach der direkten (progressiven) oder nach der indirekten (retrograden) Methode (vgl. HENI, B. (2009), Rn. 12 ff.).

Indirekte Methode

Bei der indirekten Methode wird der operative Cashflow durch Addition bzw. Subtraktion der »rechnungstechnischen Posten« (SIENER, F. (1991), S. 60) zum bzw. vom Jahreserfolg, dem Ausgangspunkt dieser Berechnungsmethode, ermittelt. Unter den rechnungstechnischen Posten sind solche Größen des Jahresabschlusses zu verstehen, die nur der Ergebnisabgrenzung dienen, d.h. keine unmittelbaren finanziellen Veränderungen zur Folge haben. Konkret wird der Jahreserfolg um alle in der Betrachtungsperiode nicht zu Auszahlungen führenden Aufwendungen erhöht. Alle in der Betrachtungsperiode nicht zu Einzahlungen führenden Erträge werden dagegen abgezogen. Es gilt somit:

(F. 34)

Operativer Cashflow =		Jahreserfolg
	+	Auszahlungsunwirksame Aufwendungen
	./.	Einzahlungsunwirksame Erträge

Direkte Methode

Bei der direkten Ermittlung ergibt sich der operative Cashflow als Differenz der einzahlungswirksamen Erträge und der auszahlungswirksamen Aufwendungen.

(F. 35)

Operativer Cashflow =		Einzahlungswirksame Erträge
	./.	Auszahlungswirksame Aufwendungen

Identische Ergebnisse

Beide Vorgehensweisen müssen zum gleichen Ergebnis führen, wenn einheitliche Ermittlungs- und Abgrenzungskriterien angewendet werden. Dieser Zusammenhang lässt sich leicht mit Hilfe der folgenden drei Definitionsgleichungen veranschaulichen (vgl. Busse von Colbe, W. (1976), Sp. 242):

Definitionsgleichungen

Ertrag	=	Einzahlungswirksame Erträge (z. B. Barverkäufe)
	+	Einzahlungsunwirksame Erträge (z. B. Zuschreibungen)
Aufwand	=	Auszahlungswirksame Aufwendungen (z. B. Lohnzahlungen)
	+	Auszahlungsunwirksame Aufwendungen (z. B. Abschreibungen)
Jahreserfolg	=	Ertrag
	./.	Aufwand

Aus der Formel für die indirekte Ermittlung des operativen Cashflows (vgl. F. 34):

Operativer Cashflow	=	Jahreserfolg
	+	Auszahlungsunwirksame Aufwendungen
	./.	Einzahlungsunwirksame Erträge

ergibt sich nach Einsetzen der Definitionsgleichungen die Bestimmungsgleichung gem. der direkten Berechnungsmethode (vgl. F. 35):

Operativer Cashflow	=	Einzahlungswirksame Erträge
	./.	Aufwandswirksame Aufwendungen

Sowohl im Rahmen der externen Bilanzanalyse als auch in der Bilanzierungspraxis überwiegt die Ermittlung des operativen Cashflows mit Hilfe der indirekten Methode. Pragmatisch lässt sich dies dadurch begründen, dass der externe Analyst i.d.R. nicht über ausreichende Daten für eine direkte Ermittlung verfügen wird, während aus der internen Sicht der Finanzbuchhaltung die schwierigere Organisation der direkten (im Vergleich zur indirekten) Berechnungsmethode anzuführen ist (vgl. Behringer, S. (2010), S. 75). Gleichwohl müssen unter konzeptionellen Gesichtspunkten andere Argumente gelten (so auch Bieg, H./Kußmaul, H. (2000), S. 266 ff.). Denn welche Berechnungsmethode von der Warte des externen Analysten vorzugswürdig ist, hängt regelmäßig von der ihn interessierenden Fragestellung ab. So besteht der Hauptvorteil des durch die direkte Berechnungsmethode ermittelten operativen Cashflows darin, eine höhere Aussagekraft über die Liquiditätsentwicklung zu besitzen, da eine Analyse bzgl. der Finanzmittelquellen ohne zusätzliche Aufbereitungsmaßnahmen möglich ist. Für die Anwendung der indirekten Berechnungsmethode spricht hingegen, dass bei dieser Methode zu ersehen ist, wie es durch die Bildung rechentechnischer Posten gelang, die erwirtschafteten Mittel im Unternehmen zu binden (vgl. Siener, F. (1991), S. 64 ff.).

Dominanz der indirekten Methode

1.3.1.2 Operativer Cashflow als Finanzindikator

1.3.1.2.1 Ermittlungsziel des operativen Cashflows als Finanzindikator

Die als Finanzindikator fungierende Kennzahl des operativen Cashflows liefert einen Einblick in die Innenfinanzierungsfähigkeit eines Unternehmens in der Vergangenheit. Von dieser Basis ausgehend, kann der externe Analyst zumindest ansatzweise das zukünftige Innenfinanzierungspotenzial des Untersuchungsobjekts ableiten.

Einblick in die Innenfinanzierungsfähigkeit

Wenn die Zielsetzung bei der Ermittlung des operativen Cashflows darin besteht, eine Aussage über die im Vorjahr aus der laufenden Geschäftstätigkeit gewonnen Zahlungsmittel zu formulieren (Finanzindikator), sind sämtliche Posten der Ergebnisrechnung auf ihre Zahlungswirksamkeit (d.h. Erhöhung oder Verminderung des Zahlungsmittelbestands) zu untersuchen.

Zahlungswirksamkeit entscheidend

In der Literatur wird mitunter (vgl. Harrmann, A. (1988), S. 14; Hartmann-Wendels, T. (1986), S. 472; Göllert, K./Ringling, W. (1986), S. 132) von dieser Vorgehensweise jedoch in zwei Punkten abgewichen, indem

Abweichende Vorgehensweisen

(1) auf die Einnahmen-/Ausgaben-Ebene (= Wert der von außen bezogenen Güter bzw. Wert der nach außen abgegebenen Güter) abgestellt wird und/oder
(2) sonstige Kriterien zur Differenzierung der Erträge und Aufwendungen wie
   - Fristigkeit (nur mittel-/langfristige Erfolgskomponenten),
   - problemlose Ermittlung und
   - Wesentlichkeit

zugrunde gelegt werden.

Diese Verfahrensweisen sind abzulehnen, da sonst z.B. Zahlungsziele oder Fristigkeiten zu einer Aussage führen, die nicht auf die Beantwortung der Frage abstellt, welche Zahlungsmittel im Vorjahr aus der Innenfinanzierung zur Verfügung gestanden haben.

Kritik

1.3.1.2.2 Berechnungsschemata

Finanzwirtschaftliches Ermittlungsziel

Hält sich der externe Analyst strikt an das finanzwirtschaftliche Ermittlungsziel, ergeben sich für ihn die in den Übersichten 34 und 35 dargestellten ausführlichen Berechnungsschemata (vgl. grundlegend Siener, F. (1991), S. 128 ff.). Sie beruhen auf einer Klassifikation der Posten der handelsrechtlichen Ergebnisrechnung gem. ihrer Zahlungswirksamkeit und lassen sich – mit postenspezifischen Anpassungen – analog auf IFRS-Abschlüsse anwenden. Ohnehin wird der operative Cashflow als Zwischensumme im Rahmen der Kapitalflussrechnung offengelegt, die einen Pflichtbestandteil eines jeden nach IFRS-Vorschriften erstellten (Konzern-)Jahresabschlusses darstellt, sodass sich in diesen Fällen eine externe Ableitung des Cashflows durch den Analysten grds. als verzichtbar erweist.

Berücksichtigung von EE-Steuern

Bedeutsam ist die Fragestellung, ob der operative Cashflow vor oder nach Steuern vom Einkommen und vom Ertrag ermittelt werden sollte. Eine eindeutige Antwort ergibt sich für latente Steuern: Da latente Steuern nicht auszahlungswirksam sind, dürfen sie den operativen Cashflow nicht kürzen und sind daher entsprechend zu korrigieren. Die Ermittlung der im Geschäftsjahr verrechneten latenten Steuern bereitet keine Probleme, da nach HGB und IFRS zum einen die absolute Höhe der Steuerabgrenzung (in der Bilanz) gesondert anzugeben ist und damit durch Vergleich mit den Vorjahreswerten ihre Veränderung bestimmt werden kann. Zum anderen ist der Aufwand oder Ertrag aus der Veränderung der bilanzierten latenten Steuern in der (Gesamt-)Ergebnisrechnung auszuweisen (vgl. § 274 HGB; IAS 12.79 ff.).

Demgegenüber bestehen kontroverse Ansichten zur Behandlung der tatsächlich gezahlten ertragsabhängigen Steuern der Periode. Ein Grund für die Ermittlung einer operativen Cashflow-Größe vor Steuern bestand in der Vergangenheit mitunter in dem gespaltenen Körperschaftsteuersatz (vgl. Siener, F. (1991), S. 111 ff.). So fiel der Steueraufwand einer Kapitalgesellschaft nach diesem Besteuerungsmodell je nach Gewinnverwendungsabsicht (Thesaurierung vs. Ausschüttung) unterschiedlich hoch aus. Um diesen Einfluss vor allem mit Blick auf die zwischenbetriebliche Vergleichbarkeit des operativen Cashflows zu eliminieren, lag es mithin nahe, bei der Kennzahlenberechnung auf eine Vor-Steuer-Größe abzustellen. Mit der im Jahr 2001 erfolgten Abschaffung des körperschaftsteuerlichen Anrechnungsverfahrens in Deutschland und der Einführung einer Definitivbesteuerung einbehaltener und ausgeschütteter Gewinne auf der Ebene der Kapitalgesellschaft ist dieses Argument jedoch hinfällig geworden.

Im Hinblick auf das (Ermittlungs-)Ziel eines »nachhaltigen, prognostischen Cashflows(s)« – schließlich hat die »Unternehmung auch in den Folgejahren mit Steuerzahlungen zu rechnen« (Gräfer, H./Schneider, G./Gerenkamp, T. (2012), S. 95 (beide Zitate) – zielen die hier dargelegten Berechnungsschemata jeweils auf eine Nach-Steuer-Größe ab (vgl. ebenso Coenenberg, A. G./Haller, A./Schultze, W. (2014), S. 1089; a. A. Baetge, J./Kirsch, H.-J./Thiele, S. (2004), S. 137).

(1) Umsatzeinzahlungen
(+ Umsatzerlöse)
(+ Erhöhung der erhaltenen Anzahlungen auf Bestellungen)
(./. Erhöhung der Forderungen aus Lieferungen und Leistungen)

(2) ./. Materialauszahlungen
(+ Materialaufwand)
(./. Erhöhung der Verbindlichkeiten aus Lieferungen und Leistungen)
(+ Erhöhung der geleisteten Anzahlungen)

(3) ./. Personalauszahlungen
(+ Personalaufwand)
(./. Erhöhung der Rückstellungen für Pensionen und ähnliche Verpflichtungen)

(4) + Finanzeinzahlungen
(+ sonstige Zinsen und ähnliche Erträge)
(./. Zinsen und ähnliche Aufwendungen)
(./. Erhöhung des Disagios)
(+ Erträge aus anderen Wertpapieren und aus Ausleihungen des Finanzanlagevermögens)
(+ Erträge aus Beteiligungen)
(+ Ergebnis aus Unternehmensverträgen)

(5) + Sonstige betriebliche Einzahlungen
(+ sonstige betriebliche Erträge)
(./. Zuschreibungen)
(./. Erträge aus der Auflösung des Sonderpostens für Zuwendungen)
(+ Erhöhung der passivischen Rechnungsabgrenzung)

(6) ./. Sonstige betriebliche Auszahlungen
(+ sonstige betriebliche Aufwendungen)
(./. Einstellungen in den Sonderposten für Zuwendungen)
(./. freiwillige Zusatzposten der sonstigen betrieblichen Aufwendungen: Verluste aus dem Abgang von Vermögenswerten des Anlagevermögens, Verluste aus dem Abgang von Vermögenswerten des Umlaufvermögens außer Vorräten, Abschreibungen auf Umlaufvermögen außer Vorräte und Wertpapiere)
(./. Erhöhung der sonstigen Rückstellungen)
(+ Erhöhung der aktivischen Rechnungsabgrenzung; ohne Disagio und aktive latente Steuern)

(7) ./. Steuerauszahlungen
(+ Steuern vom Einkommen und Ertrag)
(+ sonstige Steuern)
(./. Erhöhung der Steuerrückstellungen, inkl. latenter Steuern)
(+ Verminderung des Bestands an passiven latenten Steuern)
(+ Erhöhung des Bestands an aktiven latenten Steuern)
(./. Verminderung des Bestands an aktiven latenten Steuern)

= **Operativer Cashflow**

Übersicht 34: Vorschlag zur direkten Ermittlung der operativen Cashflow-Kennzahl

(1)		Jahresüberschuss (nach EE-Steuern)
(2)	+	Wertminderungen (+ Abschreibungen) (+ Abschreibungen auf Finanzanlagen und auf Wertpapiere des Umlaufvermögens) (+ Einstellungen in den Sonderposten für Zuwendungen) (+ freiwillige Zusatzposten der sonstigen betrieblichen Aufwendungen: Verluste aus dem Abgang von Gegenständen des Anlagevermögens, Verluste aus dem Abgang von Gegenständen des Umlaufvermögens außer Vorräten, Abschreibungen auf Umlaufvermögen außer Vorräte und Wertpapiere)
(3)	./.	Werterhöhungen (+ Zuschreibungen) (+ Erträge aus der Auflösung des Sonderpostens für Zuwendungen)
(4)	+	Erhöhung der Rückstellungen (mit Ausnahme passiver latenter Steuern)
(5)	./.	Verfahrensbedingte Korrekturposten (+ Bestandserhöhung an fertigen und unfertigen Erzeugnissen) (+ andere aktivierte Eigenleistungen)
(6)	+	Weitere Posten der GuV (+ außerordentliche Aufwendungen) (./. außerordentliche Erträge)
(7)	+	GuV-neutrale, zahlungsmittelerhöhende Vorgänge (+ Erhöhung der Verbindlichkeiten aus Lieferungen und Leistungen) (+ Erhöhung der erhaltenen Anzahlungen auf Bestellungen) (+ Erhöhung der passivischen Rechnungsabgrenzung)
(8)	./.	GuV-neutrale, zahlungsmittelverringernde Vorgänge (+ Erhöhung der Forderungen aus Lieferungen und Leistungen) (+ Erhöhung der geleisteten Anzahlungen) (+ Erhöhung der aktivischen Rechnungsabgrenzung; ohne aktive latente Steuern)
(9)	+	Latenter Steueraufwand (+ Erhöhung des Bestands an passiven latenten Steuern) (./. Verminderung des Bestands an aktiven latenten Steuern)
(10)	./.	Latenter Steuerertrag (+ Verminderung des Bestands an passiven latenten Steuern) (./. Erhöhung des Bestands an aktiven latenten Steuern)
=		**Operativer Cashflow**

Übersicht 35: Vorschlag zur indirekten Ermittlung der operativen Cashflow-Kennzahl

Im Gegensatz zu dieser ausführlichen Ableitung kann auch das folgende vereinfachte Berechnungsschema für den Cashflow als Finanzindikator zur Anwendung kommen (vgl. dazu VERBAND DER CHEMISCHEN INDUSTRIE (1991), S. 10; auch VERBAND DER CHEMISCHEN INDUSTRIE (1994)):

Vereinfachtes Berechnungsschema

	Jahresüberschuss/-fehlbetrag
+	Abschreibungen auf Vermögenswerte des Anlagevermögens
./.	Zuschreibungen zu Vermögenswerten des Anlagevermögens
+	Buchwerte der Abgänge von Vermögenswerten des Anlagevermögens
±	Veränderung der Rückstellungen für Pensionen und ähnliche Verpflichtungen
±	Veränderung anderer langfristiger Rückstellungen
±	Veränderung des Sonderpostens für Zuwendungen
±	Andere nicht zahlungswirksame Aufwendungen/Erträge von wesentlicher Bedeutung
=	**Operativer Cashflow**
	Um noch weitere Posten gekürzt, wird der operative Cashflow vielfach auch in folgender, nochmals vereinfachter Kurzformel angewandt (vgl. RIEBELL, C./GRÜN, D.-J. (2003), S. 16f.):
	Jahresüberschuss/-fehlbetrag
+	Abschreibungen auf Vermögenswerte des Anlagevermögens
±	Veränderung der Rückstellungen für Pensionen und ähnliche Verpflichtungen
=	**Operativer Cashflow**

Übersicht 36: Vereinfachtes Berechnungsschema des operativen Cashflows

Mindestumfang der zu bereinigenden Komponenten

Sowohl in der Literatur als auch in der Analysepraxis zählen die Abschreibungen sowie die Veränderungen der Rückstellungen für Pensionen und ähnliche Verpflichtungen und anderer langfristiger Rückstellungen zu den wichtigsten zahlungsunwirksamen Aufwendungen und Erträgen, die bei der Ermittlung des operativen Cashflows – bereits in der einfachsten Grundform seiner Berechnung – mind. zu bereinigen sind (vgl. statt vieler BAETGE, J./KIRSCH, H.-J./THIELE, S. (2004), S. 135).

Cash Earnings nach DVFA/SG

Ein weiterer Vorschlag für eine vereinfachte Berechnung jener Kennzahl wurde von der DEUTSCHEN VEREINIGUNG FÜR FINANZANALYSE UND ASSET MANAGEMENT (DVFA) in Kooperation mit dem ARBEITSKREIS EXTERNE UNTERNEHMENSRECHNUNG der SCHMALENBACH-GESELLSCHAFT (SG) unterbreitet (vgl. BUSSE VON COLBE, W. ET AL. (2000), S. 127ff.; BIEG, H./KUßMAUL, H. (2000), S. 272ff.). Bei diesem Ermittlungsschema, das die Berechnung sog. »Cash Earnings« i. S. e. nachhaltigen Cashflows zum Gegenstand hat, werden Korrekturen des Jahresüberschusses bzw. -fehlbetrags nur berücksichtigt, soweit sie von wesentlicher Bedeutung sind und zeitliche Verschiebungen zwischen Erfolgs- und Zahlungswirksamkeit repräsentieren.

(1)		Jahresüberschuss/-fehlbetrag
(2)	+	Abschreibungen auf Gegenstände des Anlagevermögens
(3)	./.	Zuschreibungen zu Gegenständen des Anlagevermögens
(4)	±	Veränderung der Rückstellungen für Pensionen bzw. anderer langfristiger Rückstellungen
(5)	±	Latente Ertragsteueraufwendungen bzw. -erträge
(6)	±	Andere nicht zahlungswirksame Aufwendungen/Erträge von wesentlicher Bedeutung
(7)	=	**Cash Earnings**
(8)	±	Bereinigung zahlungswirksamer Aufwendungen/Erträge aus Sondereinflüssen
(9)	=	**Cash Earnings nach DVFA/SG**

Übersicht 37: Arbeitsschema zur Ermittlung der Cash Earnings nach DVFA/SG

Behandlung der anderen, nicht zahlungswirksamen Aufwendungen und Erträge

Andere nicht zahlungswirksame Aufwendungen und Erträge (Zeile 6), die den in den Zeilen 2–5 des Arbeitsschemas genannten Korrekturpositionen nicht eindeutig zurechenbar sind, werden unter Beachtung des Wesentlichkeitskriteriums nur eliminiert, wenn sie im Saldo 5 % der durchschnittlichen Cash Earnings der vorangegangenen drei Geschäftsjahre überschreiten. Zu diesen zu korrigierenden Erträgen und Aufwendungen gehört auch das in der Konzern-GuV gesondert ausgewiesene ›Ergebnis aus assoziierten Unternehmen‹, das auf nach der Equity-Methode bewertete Beteiligungen entfällt. I. H. der Differenz zu den vereinnahmten Gewinnausschüttungen stellt es einen nicht zahlungswirksamen Ertrag bzw. Aufwand dar.

Behandlung der anderen aktivierten Eigenleistungen

Nicht neutralisiert wird die im Gesamtkostenverfahren ausgewiesene Position »andere aktivierte Eigenleistungen«, obwohl sie einen nicht zahlungswirksamen Ertrag darstellt. Diese Vorgehensweise rührt daher, dass es gerade darum geht, den finanziellen Überschuss zu ermitteln, der für Eigeninvestitionen zur Verfügung gestanden hat.

Cash Earnings nach DVFA/SG als Indikator

Die Summe aus Jahresergebnis und dem Saldo der Korrekturen des Jahresergebnisses (Zeilen 2–6 des Arbeitsschemas) wird als ›Cash Earnings‹ bezeichnet. Diese »geben den aus den laufenden erfolgswirksamen geschäftlichen Aktivitäten resultierenden finanziellen Überschuss an, ohne jedoch die Veränderung des Netto-Umlaufvermögens zu berücksichtigen« (Busse von Colbe, W. et al. (2000), S. 129). Werden die Cash Earnings um die zahlungswirksamen Aufwendungen und Erträge aus Sondereinflüssen korrigiert, können sie als Indikator für die nachhaltige Innenfinanzierungskraft des Unternehmens herangezogen werden. Für die Abgrenzung der ungewöhnlichen zahlungswirksamen Vorgänge gelten die gleichen Kriterien wie bei der Korrektur der anderen nicht zahlungswirksamen Aufwendungen und Erträge.

1.3.1.2.3 Anwendung in der Kennzahlenrechnung

Anwendungsgebiete des operativen Cashflows

Die nach den einzelnen Berechnungsschemata ermittelte Kennzahl des operativen Cashflows wird – wie bereits dargelegt – als unmittelbarer Indikator der Finanzkraft verwendet. Beurteilt werden soll die Fähigkeit des Unternehmens, aus eigener Kraft, d. h. im Wege des betrieblichen Leistungsprozesses, Liquidität zu generieren (Innenfinanzierungsfähigkeit). Die Kennzahl quantifiziert somit das selbst erwirtschaftete »Zahlungsmittelreservoir«, das für Investitionen, Schuldentilgungen und Ausschüttungen zur Verfügung gestanden hat bzw. – bei einer unterstellten prognostischen Wertigkeit der Kennzahl – für künftige Perioden in ähnlicher Höhe als verfügbar anzusehen ist (vgl. GRÄFER, H./SCHNEIDER, G./GERENKAMP, T. (2012), S. 96 f. (auch Zitat)). Darüber hinaus geht der operative Cashflow auch zur Hervorhebung spezifischer finanzwirtschaftlicher Fragestellungen als eine Komponente in die Berechnung anderer am finanzwirtschaftlichen Ermittlungsziel orientierter Kennzahlen ein (vgl. dazu RIEBELL, C./GRÜN, D.-J. (2003), S. 69 ff.). Dabei ist es ggf. erforderlich, diese Kennzahl entsprechend zu modifizieren.

Im Wesentlichen wird der operative Cashflow zur Ermittlung der folgenden fünf Kennzahlen herangezogen:

(F. 36)

$$\text{Nettoinvestitionsdeckung} = \frac{\text{operativer Cashflow}}{\text{Nettoinvestitionen in Anlagevermögen}}$$

Investitionskraft

Die Kennzahl »Nettoinvestitionsdeckung« dient als Maßstab für die Investitionskraft des Unternehmens. Dabei wird Investitionskraft als das Ausmaß verstanden, in dem ein Unternehmen Investitionen im betrachteten Zeitraum allein durch den operativen Cashflow finanzieren konnte, ohne den Geld- und/oder Kapitalmarkt in Anspruch zu nehmen. Die finanzwirtschaftliche Situation ist demnach umso günstiger zu beurteilen, je höher die Nettoinvestitionsdeckung ausfällt. Beträgt diese z. B. 150 %, so heißt das, dass der operative Cashflow ausreichte, um die gesamten Nettoinvestitionen in das Anlagevermögen (vgl. zur Ermittlung der Nettoinvestitionen 3. Abschn., Kap. 3, 1.2.3.1.2.1) zu decken, und dass darüber hinaus ein verfügbarer Cashflow i. H. v. 50 % (= 150 % ./. 100 %) der Nettoinvestitionen verblieb, der etwa zur Schuldentilgung und/oder Ausschüttung verwendet werden konnte.

(F. 37)

$$\text{Entschuldungsgrad} = \frac{\text{operativer Cashflow}}{\text{Effektivverschuldung}}$$

Schuldentilgungskraft

Die Beurteilung der Schuldentilgungskraft, unter der die Fähigkeit eines Unternehmens verstanden wird, seine Verbindlichkeiten mit selbst erwirtschafteten Mitteln zu erfüllen, erfolgt häufig auf Grundlage der Kennzahl »Entschuldungsgrad«, die das Verhältnis zwischen operativem Cashflow und bestehender Effektivverschuldung (Nettoverschuldung) bildet. Dabei wird die Effektivverschuldung durch den Saldo aus den Gesamtschulden und dem monetären Umlaufvermögen gebildet (vgl. dazu nur COENENBERG, A. G./HALLER, A./SCHULTZE, W. (2014), S. 1084). Der Entschuldungsgrad bringt zum Ausdruck, welcher Prozentsatz der Effektivverschuldung c. p. zurückgezahlt werden könnte.

Der Entschuldungsgrad erfreut sich bei Insolvenzprognosen in der Praxis großer Beliebtheit. Die guten Testergebnisse zur Insolvenzprognose beruhen darauf, dass in Krisensituationen die Effektivverschuldung aufgrund der schlechten Absatzlage steigt und gleichzeitig der operative Cashflow aufgrund der geringeren Umsatzerlöse (direkte Methode) bzw. des geringeren Jahresüberschusses (indirekte Methode) sinkt (vgl. z. B. HAUSCHILDT, J./RÖSLER, J./GEMÜNDEN, H. G. (1984), S. 358 f., m. w. N.).

Häufig wird jedoch auch der Kehrwert des Entschuldungsgrads berechnet:

(F. 38)

$$\text{Dynamischer Verschuldungsgrad} = \frac{\text{Effektivverschuldung}}{\text{operativer Cashflow}}$$

Die Kennzahl des dynamischen Verschuldungsgrads gibt die theoretische Dauer in Jahren an, in denen c. p. eine vollständige Tilgung der Effektivschulden aus dem operativen Cashflow möglich wäre. Hierbei wird jedoch unterstellt, dass der operative Cashflow ausschließlich zur Schuldentilgung verwendet wird, weshalb die tatsächliche Schuldentilgung i. d. R. länger dauert. So werden aus dem selbst erwirtschafteten Cashflow nicht nur Schulden zurückgezahlt, sondern überdies u. a. auch Investitionen finanziert sowie Gewinnausschüttungen geleistet (vgl. z. B. RIEBELL, C./GRÜN, D. J. (2003), S. 73 ff.).

Freier Cashflow

(F. 39)

	Operativer Cashflow
./.	Investitionen
+	Desinvestitionen
=	Free Cashflow

Die in F. 39 dargestellte Kennzahl wird als sog. »freier/verfügbarer Cashflow« (Free Cashflow) bezeichnet. Diese Mittel stehen der Unternehmensleitung – mit Ausnahme der für fällige Tilgungsverpflichtungen und Gewinnausschüttungen erforderlichen Mittel – zur freien Disposition. Der freie Cashflow spiegelt damit die im Geschäftsjahr geschaffene Liquiditätsreserve wider. Er bildet den Ausgangspunkt für eine Unternehmensbewertung nach der DCF-Methode (vgl. auch HELBLING, C. (2000), S. 869 f.)

Cash-Burn-Rate

Eine weitere in der Analysepraxis und Wirtschaftspresse häufig verwendete Kennzahl ist die Cash-Burn-Rate. Diese Kennzahl bemisst die Zeitspanne, in der bei einem Unternehmen mit dem Verbrauch der (zum Bilanzstichtag) vorhandenen Liquidität zu rechnen wäre, wenn ein negativer operativer Cashflow dauerhaft auftreten würde. Je niedriger diese Kennziffer ist, umso schneller könnte das betrachtete Unternehmen in Zahlungsschwierigkeiten geraten. Die Cash-Burn-Rate ermittelt sich, indem man den Bestand an liquiden Mitteln und liquiditätsnahen Titeln in Relation zu dem (negativen) operativen Cashflow, also dem residualen Mittelabfluss eines Unternehmens, setzt.

(F. 40)

$$\text{Cash-Burn-Rate} = \frac{\text{Liquide Mittel (+liquiditätsnahe Titel)}}{\text{negativer operativer Cashflow}}$$

Abzugrenzen ist diese Kennzahl von der sog. »Burn-Rate«, bei der ein anfallender Verlust ins Verhältnis zu den Umsatzerlösen gesetzt wird, um Aufschluss darüber zu erhalten, wie viel Verlust je Einheit Umsatzerlöse erwirtschaftet wurde.

Damit die Cash-Burn-Rate ihrer Funktion zur Prognose der Zahlungsunfähigkeit gerecht werden kann, sind bestimmte Prämissen einzuhalten:

- Der operative Cashflow als Kapitalrückfluss aus dem Unternehmensprozess oder Finanzmittelzufluss ist einheitlich definiert und erfasst alle Liquiditätszu- und -abflüsse eines Unternehmens.
- Die in der Bilanz ausgewiesenen liquiden Mittel repräsentieren das gesamte finanzielle Potenzial eines Unternehmens. Das Unternehmen hat somit nicht die Möglichkeit, neue Gelder aufzunehmen.
- Da die Kennzahlenrechnung auf dem vergangenheitsorientierten Jahresabschluss basiert, wird gleichzeitig unterstellt, dass die historischen Daten auch für die Zukunft repräsentativ sind.

Diese Bedingungen dürften insb. bei jungen, wachstumsstarken Unternehmen (vgl. hierzu die Ausführungen unter 4. Abschn., 7.2) i.d.R. nicht erfüllt sein. Junge börsennotierte Unternehmen verfügen zumeist über hohe liquide Mittel aus dem Börsengang. Entscheidend ist, wie diese Gelder in der Folgezeit verwendet werden. So wird die Prognosetauglichkeit der Cash-Burn-Rate hinsichtlich der zukünftigen Liquiditätsentwicklung dadurch eingeschränkt, dass die Kennzahl von Faktoren, wie der Erlangung von (Groß-)Aufträgen, der Entwicklung neuer Produktideen, der Besetzung wachstumsträchtiger Produktfelder oder etwa Marktzugangsbarrieren, abstrahiert. Weiterhin ist auf die nachfolgende (vgl. 3. Abschn., Kap. 3, 1.3.1.2.5) grundlegende Kritik am operativen Cashflow als Finanzindikator hinzuweisen.

Aussagen zur Überlebensdauer eines Unternehmens können somit auf Basis der Cash-Burn-Rate nicht getroffen werden, da die rein schematische Berechnung und Betrachtung dieser Kennzahl Schlüsselfaktoren außer Acht lässt und von unrealistischen Bedingungen ausgeht. Eine niedrige Cash-Burn-Rate kann allenfalls Anlass für zusätzliche Betrachtungen und eine tiefergehende Analyse der Liquiditäts- und Wettbewerbssituation eines Unternehmens sein. Sie ist insoweit »nur der Ausgangspunkt für weitergehende Analysen« (Schellberg, B. (2001), S. 191).

Liquiditätsrisikoindikator

So wird bspw. der Versuch unternommen, die Schwächen der Cash-Burn-Rate durch gleichzeitige Betrachtung des sog. »Liquiditätsrisikoindikators« auszugleichen. Hierbei wird das Working Capital, gebildet durch die Differenz zwischen Umlaufvermögen und kurzfristigen Schulden, ins Verhältnis zu den operativen Ausgaben gesetzt. Unter Zugrundelegung des Working Capital der Vorperiode und der jeweils antizipierten operativen Ausgaben für die nachfolgenden drei Perioden wird die Kennzahl mit geschätzten Werten fortgeschrieben. »Für jedes der drei Geschäftsjahre wird die Verhältniszahl gebildet und darauf aufbauend das Risiko ermittelt, innerhalb des betrachteten Zeitraums liquide Mittel durch Kapitalerhöhungen oder in Form von Fremdfinanzierungen beschaffen zu müssen« (SCHELLBERG, B. (2001), S. 187).

1.3.1.2.4 Operativer Cashflow als Bestandteil anderer Analyseinstrumente

Standen bislang überwiegend die Berechnung und Aussagefähigkeit des operativen Cashflows als absolute Größe oder als Bestandteil einer Kennzahl im Mittelpunkt der Betrachtung, soll abschließend der operative Cashflow als Komponente anderer Analyseinstrumente beurteilt werden.

Bestandteil der Kapitalflussrechnung

Als (integraler) Bestandteil einer Kapitalflussrechnung erlangt der operative Cashflow eine weitere Verstärkung seiner finanzwirtschaftlichen Aussagekraft. Zu diesem Zweck wird die klassische Stichtagsbilanz um finanzwirtschaftliche Sachverhalte ergänzt und damit in einer finanzwirtschaftlich ausgerichteten und übersichtlichen Form präsentiert. Die nachfolgende Übersicht 38 verdeutlicht die Grundstruktur einer nach internationalen Rechnungslegungsvorschriften erstellten Kapitalflussrechnung anhand des Beispiels der BAYER AG (modifiziert entnommen aus: BAYER AG (2014), S. 231).

Aussagefähigkeit

Interpretiert man die in der Kapitalflussrechnung erfassten Vermögens- und Kapitalumschichtungen als Ergebnis von Zahlungsvorgängen, die getrennt nach den zugrunde liegenden Aktivitäten (operativer, investiver oder finanzieller Bereich), dem sog. »Aktivitätsformat« (vgl. 3. Abschn., Kap. 3, 1.3.2.3.8), ausgewiesen werden, kann das Finanzgebaren des Unternehmens innerhalb des betrachteten Zeitraums relativ gut beurteilt werden. Der Vorteil einer derartigen Kapitalflussrechnung besteht insb. darin, dass nur Periodendaten in sie eingehen und damit keine Beeinflussung durch die aus früheren Abschlüssen stammenden Daten, die DÜRRHAMMER (W. W. (1980), S. 973) als »historischen Ballast« bezeichnet, stattfindet. Allerdings gilt es auch bei der Beurteilung der Kapitalflussrechnung zu beachten, dass sie auf den Zahlen des primär realwirtschaftlich- und vergangenheitsorientierten (Konzern-)Jahresabschlusses basiert, es sich also nur um eine ›Bilanzumformungsanalyse‹ handelt.

1.3.1.2.5 Kritische Würdigung des operativen Cashflows als Finanzindikator

Geeigneter Finanzindikator

Versteht man unter Selbstfinanzierung die Finanzierung aus dem betrieblichen Umsatzprozess, so ist der operative Cashflow ein geeigneter Indikator, um das aus dem Leistungsprozess erwachsene Finanzierungspotenzial und damit die finanzwirtschaftliche Unabhängigkeit eines Unternehmens widerzuspiegeln. Im Einzelnen kann der operative Cashflow insb. unter nachfolgenden Aspekten betrachtet werden:

Schuldentilgung

(1) Der finanzwirtschaftliche Überschuss einer Periode ist ein Maßstab für die Schuldentilgungskraft. Er gibt an, »wieviel als finanzwirtschaftlicher Überschuß aus der Betriebstätigkeit anfällt und wieviel davon – bei normalem Fortgang des Unternehmens – unter Berücksichtigung der Investitions- und Gewinnausschüttungserfordernisse sowie weiterer Finanzierungsmöglichkeiten – zur Schuldentilgung außerhalb des laufenden Umschlagsprozesses verwendet werden kann« (LACHNIT, L. (1973), S. 74).

	2012 in Mio €	2013 in Mio €
Ergebnis nach Steuern	2.453	3.186
Ertragsteuern	723	1.021
Finanzergebnis	752	727
Gezahlte bzw. geschuldete Ertragsteuern	–1.560	–1.644
Abschreibungen auf Sachanlagen und immaterielle Vermögenswerte	2.988	2.896
Veränderung Pensionsrückstellungen	–581	–249
Gewinne (–)/Verluste (+) aus dem Abgang von langfristigen Vermögenswerten	–219	–105
Brutto-Cashflow	**4.556**	**5.832**
Zu-/Abnahme Vorräte	–680	–608
Zu-/Abnahme Forderungen aus Lieferungen und Leistungen	–455	–751
Zu-/Abnahme Verbindlichkeiten aus Lieferungen und Leistungen	550	389
Veränderung übriges Nettovermögen/Sonstige nicht zahlungswirksame Vorgänge	559	309
Zu-/Abfluss aus operativer Geschäftstätigkeit (Netto-Cashflow)	**4.530**	**5.171**
Ausgaben für Sachanlagen und immaterielle Vermögenswerte	–1.929	–2.157
Einnahmen aus dem Verkauf von Sachanlagen und anderen Vermögenswerten	230	153
Einnahmen aus Desinvestitionen	178	79
Einnahmen/Ausgaben aus langfristigen finanziellen Vermögenswerten	–258	204
Ausgaben für Akquisitionen abzüglich übernommener Zahlungsmittel	–466	–1.082
Zins- und Dividendeneinnahmen	104	125
Einnahmen/Ausgaben aus kurzfristigen finanziellen Vermögenswerten	1.327	97
Zu-/Abfluss aus investiver Tätigkeit	**–814**	**–2.581**
Gezahlte Dividenden und Kapitalertragsteuer	–1.366	–1.574
Kreditaufnahme	1.308	9.078
Schuldentilgung	–3.254	–9.697
Zinsausgaben einschließlich Zinssicherungsgeschäften	–793	–550
Zinseinnahmen aus Zinssicherungsgeschäften	325	212
Ausgaben für den Erwerb von zusätzlichen Anteilen an Tochterunternehmen	–3	–4
Zu-/Abfluss aus Finanzierungstätigkeit	**–3.783**	**–2.535**
Zahlungswirksame Veränderung aus Geschäftstätigkeit	**–67**	**55**
Zahlungsmittel und Zahlungsmitteläquivalente am 1.1.	**1.771**	**1.698**
Veränderung aus Konzernkreisänderungen	–	–
Veränderung aus Wechselkursänderungen	–6	–91
Zahlungsmittel und Zahlungsmitteläquivalente am 31.12.	**1.698**	**1.662**

Übersicht 38: Grundstruktur der Kapitalflussrechnung nach dem Aktivitätsformat anhand des Beispiels der Bayer AG

Investition

(2) Der operative Cashflow ist weiterhin ein Indikator der Investitionskraft. Auf seiner Grundlage kann beurteilt werden, ob das Unternehmen die Ersatzinvestitionen aus eigener Kraft bestreiten kann. Fernerhin ist er ganz allgemein ein Ausdruck der Wachstumskraft eines Unternehmens.

Gewinnausschüttung

(3) Schließlich dient der operative Cashflow auch zur Beurteilung der Gewinnausschüttungskraft, indem die betrieblichen Nettoeinnahmen anzeigen, ob und inwieweit »trotz Tilgungs- und Investitionserfordernissen Gewinnausschüttungen möglich sind« (LACHNIT, L. (1973), S. 74).

Kritik

So sehr auf der einen Seite die finanzwirtschaftliche Aussagefähigkeit des operativen Cashflows eine positive Wertung erfährt, so sehr sieht er sich *andererseits* auch heftiger Kritik ausgesetzt. Insb. werden nachfolgende Argumente angeführt (vgl. PILTZ, K. (1986), S. 11; BALLWIESER, W. (1989), S. 22; SIENER, F. (1991), S. 133 ff.; PERRIDON, L./STEINER, M./RATHGEBER, A. W. (2012), S. 612 ff.):

Ableitung aus der Erfolgsrechnung

(1) Im Rahmen der externen Bilanzanalyse wird der operative Cashflow regelmäßig durch Anwendung der indirekten Methode aus der Erfolgsrechnung abgeleitet. Diese Rechnung erlaubt aber kaum einen Einblick in die Finanzströme; vielmehr ist sie primär auf die Gewinnermittlung und damit auf die Aufwands- und Ertragsgrößen ausgerichtet.

Problematik der Mischposten

(2) Eine vollständige und betragsmäßig (annähernd) richtige eigenständige Ermittlung des operativen Cashflows erweist sich in der Praxis als unmöglich, da einzelne Abschlussposten einen Mischpostencharakter haben und sowohl zahlungswirksame als auch zahlungsunwirksame Teilkomponenten beinhalten. Hier ist insb. der externe Analyst gezwungen, pragmatisch und auf der Basis plausibler Fiktionen vorzugehen. Zu diesen kritischen Posten zählen insb. die sonstigen betrieblichen Aufwendungen und Erträge. Bspw. erfassen die sonstigen betrieblichen Erträge die zahlungsunwirksamen Auflösungsbeträge von zu hoch dotierten Rückstellungen. Werden keine zusätzlichen Angaben von Seiten des Unternehmens gemacht, können diese Beträge nicht eliminiert werden.

Problematik der zahlungsunwirksamen Erfolgsvorgänge

(3) In Bezug auf die Umsatzerlöse bspw. wird in den vereinfachten Berechnungsschemata unterstellt, dass diese im Betrachtungszeitraum auch zu Einzahlungen geführt haben, ohne hierbei jedoch die Veränderungen des Forderungsbestands aus Lieferungen und Leistungen zu korrigieren. Bei den Materialaufwendungen z. B. wird üblicherweise davon ausgegangen, dass mit den Aufwendungen gleichzeitig Auszahlungen einhergehen. Jedoch sind auch Kreditverkäufe und -käufe möglich. Daher werden hier in den ausführlichen Berechnungsschemata bestimmte aus der Veränderung von Bilanzpositionen resultierende, zahlungsmittelerhöhende und -verringernde Vorgänge in die Cashflow-Analyse einbezogen, um solche zahlungsunwirksamen Erfolgsvorgänge zu neutralisieren. Ebenso kann eine Verringerung der Rückstellungen sowohl zahlungswirksame – bei bestimmungsgemäßem Verbrauch – als auch zahlungsunwirksame Bestandteile – bei Überdotierung der Rückstellung – umfassen.

Keine Liquiditätsreserve

(4) Der operative Cashflow stellt »keine Liquiditätsreserve für die Zukunft, sondern einen erwirtschafteten finanziellen Betrag [dar, d. Verf.], der i. d. R. zum größten Teil entsprechend dem Investitions- und Finanzplan bereits wieder

verwendet ist« (Siener, F. (1991), S. 133). Diesem Einwand kann weitgehend dadurch begegnet werden, dass ein sog. »freier (verfügbarer) Cashflow« entwickelt wird (vgl. 3. Abschn., Kap. 3, 1.3.1.2.3).

(5) Im zwischenbetrieblichen Vergleich ist diese Kennzahl vielfach häufig nur mit Einschränkungen anwendbar:

Eingeschränkter zwischenbetrieblicher Vergleich

- Zwei Unternehmen, von denen das eine die Strategie des externen Wachstums auf der Grundlage des (›En-bloc‹-)Erwerbs von Konzernbeteiligungen verfolgt, während das andere intern durch den kontinuierlichen Ausbau der eigenen Kapazitäten wächst (vgl. grundlegend Schubert, W./Küting, K. (1981), S. 51 ff.), sind nur bedingt miteinander vergleichbar, zumal das letztere Unternehmen regelmäßig einen höheren operativen Cashflow aufweisen wird (vgl. Böning, D.-J. (1973), S. 439).
- Auch bei einem Vergleich von Unternehmen, die das Leasing präferieren, mit Unternehmen, die den Kauf von Anlagegütern vorziehen, ergeben sich regulär unterschiedliche Cashflow-Größen.

(6) Im Rahmen der finanzwirtschaftlichen Analyse ist insb. die zukünftige Finanzsituation von Interesse. Der operative Cashflow auf der Grundlage des publizierten Jahresabschlusses ist wie alle darauf aufbauenden, bilanzanalytisch ermittelbaren Kennzahlen primär vergangenheitsorientiert. Er kann folglich lediglich unter einer c. p.-Prämisse in der Weise zukunftsorientiert interpretiert werden, dass die festgestellten Ergebnisse auch zukünftig zu erwarten seien.

Vergangenheitsorientierung

(7) Erhebliche Verfälschungen drohen bei der Ermittlung des operativen Konzern-Cashflows im Falle von Veränderungen des Konsolidierungskreises. Sowohl bei der direkten als auch bei der indirekten Berechnung des Cashflows wird nicht nur auf Stromgrößen der GuV, sondern auch auf Veränderungen von Bilanzposten ggü. dem Vorjahr, wie z. B. Veränderungen der Forderungen, zurückgegriffen. Da die Bilanzposten im Gegensatz zu den Erfolgsgrößen durch die erstmalige Einbeziehung eines Tochterunternehmens beeinflusst werden, erfolgt bei der Ermittlung des Konzern-Cashflows aufgrund der Veränderung des Mengengerüsts eine Vermischung nicht miteinander korrespondierender Werte.

Veränderungen des Konsolidierungskreises

Gefahr der Überbewertung

Unter bilanzanalytischen Gesichtspunkten lassen sich gegen die Kennzahl des operativen Cashflows somit gewichtige Argumente vortragen. Darüber hinaus ist Kritik hinsichtlich der Ausgangsbasis der Berechnung zu äußern, also des handelsbilanziellen (Konzern-)Jahresabschlusses, der primär realwirtschaftlich geprägt ist und nur sekundär die Finanzwirtschaft eines Unternehmens erfasst und abbildet. Die Analyse des operativen Cashflows aber hat ihre konzeptionellen Wurzeln im Zahlungsdenken und bezieht sich dem Grunde nach auf Geldbewegungen. Insofern wird die Aussagefähigkeit der Cashflow-Kennzahl nicht selten überbewertet und nicht zu Unrecht vor einer euphorischen Überschätzung dieser Größe gewarnt.

Sachgerechte Modifikation der Berechnungsschemata

Gleichwohl ist zu bedenken, dass den vorzubringenden Kritikpunkten durch eine sachgerechte Modifikation der Berechnungsschemata (zumindest partiell) begegnet werden kann. Daher ist der bisweilen pauschal geäußerten Kritik, der operative Cashflow sei als Finanzindikator überhaupt nicht oder nur mit erheblichen Einschränkungen geeignet, entgegenzutreten. Sicherlich ist im Rahmen einer internen Analyse eine auf der Basis von Ein- und Auszahlungen aufgestellte Finanzrechnung wesentlich besser dazu geeignet, einen Einblick in die Innenfinanzierung zu ermöglichen. Für eine externe Analyse kann diese jedoch nicht erstellt werden, da die entsprechenden Daten fehlen. Der operative Cashflow ist dann immer noch von höherem Informationswert bzgl. des möglichen finanzwirtschaftlichen Überschusses, soweit er entsprechend kritisch beurteilt wird, als ein »völliger Verzicht auf seine Ermittlung und Interpretation« (Perridon, L./Steiner, M./Rathgeber, A. W. (2012), S. 615).

Resümee

Deshalb wird hier zusammenfassend die Ansicht vertreten, dass der operative Cashflow

(1) zu Recht zu den wichtigsten Kennzahlen der externen Bilanzanalyse zählt und

(2) zumindest als ein Indikator für die finanzielle Unabhängigkeit und Stabilität (vgl. Brösel, G. (2014), S. 160) eines Unternehmens zu werten ist.

Merksätze

1. Obwohl der operative Cashflow zu den bedeutendsten Instrumenten der externen Bilanzanalyse zählt, ist er in Bezug auf Zielsetzung, Aussagefähigkeit und Ermittlung umstritten.
2. Ziel der Ermittlung des operativen Cashflows ist zum einen ein verbesserter Einblick in die Finanzlage der Unternehmen, zum anderen wird eine Eliminierung der Bilanzpolitik angestrebt. Dabei wird der operative Cashflow sowohl von internen als auch von externen Bilanzadressaten genutzt.
3. Der operative Cashflow wird nicht nur als Finanzindikator, sondern auch als Ertragsindikator sowie zur Beurteilung der Vorteilhaftigkeit von Investitionen und im Rahmen der Unternehmensbewertung herangezogen.
4. Die Berechnung des finanzwirtschaftlichen operativen Cashflows erfolgt – ausgehend von den Zahlen der Erfolgsrechnung – entweder nach der direkten (progressiven) oder nach der indirekten (retrograden) Methode; beide Methoden führen zwangsläufig zum gleichen Ergebnis. Bei der Ermittlung des operativen Cashflows sind die Posten der Erfolgsrechnung auf ihre Zahlungswirksamkeit zu untersuchen.
5. Der operative Cashflow wird zudem bei der Berechnung von finanzwirtschaftlich orientierten Kennzahlen eingesetzt. Als integraler Bestandteil einer nach nationalen oder internationalen Rechnungslegungsvorschriften erstellten Kapitalflussrechnung erfährt seine finanzwirtschaftliche Aussagekraft eine weitere Aufwertung.
6. Obwohl der operative Cashflow als geeigneter Finanzindikator angesehen wird, ist er vielfältiger Kritik ausgesetzt, die sich vor allem auf die Ableitung aus der Erfolgsrechnung, seine Vergangenheitsorientierung sowie die Problematik der Mischposten stützt.

1.3.2 Analyse der Kapitalflussrechnung

1.3.2.1 Grundlagen

Dynamische Finanzanalyse

Die Analyse der Kapitalflussrechnung bezieht sich auf den Bestand sowie die Veränderung der liquiden Mittel im Zeitablauf und berücksichtigt damit insb. die dynamischen Aspekte der finanziellen Situation eines Unternehmens.

Darstellung der Finanzlage im (Konzern-) Jahresabschluss

Die Kapitalflussrechnung verkörpert zugleich ein Rechenwerk der externen Rechnungslegung, mit dem der sowohl nach HGB als auch IFRS geforderten Informationsfunktion des (Konzern-)Jahresabschlusses Rechnung getragen werden soll, die zusätzlich zum Einblick in die Vermögens- und Ertragslage die Vermittlung eines den tatsächlichen Verhältnissen entsprechenden Bilds der Finanzlage verlangt (vgl. §§ 264 Abs. 2 Satz 1, 297 Abs. 2 Satz 2 HGB; IAS 1.15).

Zielkonflikt der Informationspflicht

Der Ausweis der drei verschiedenen Unternehmenslagen (Vermögens-, Finanz- und Ertragslage) durch den Jahresabschluss unterliegt regelmäßig einem Zielkonflikt. Die Daten der Bilanz und GuV dienen vor allem der Ermittlung eines periodengerechten Ergebnisses und entstehen aus der Periodisierung der zugrunde liegenden Geschäftsvorfälle (vgl. Holzer, H. P./Jung, U. (1990), S. 281 f.). Informationen über die Finanzlage würden hingegen die Angabe unperiodisierter Daten, d.h. der Zahlungsströme, erfordern. Eine Ermittlung der Zahlungsströme aus den periodisierten Jahresabschlussdaten ist allerdings nicht ohne Weiteres möglich.

Aufgabe und Einsatzgebiete der Kapitalflussrechnung

Aufgabe der Kapitalflussrechnung ist es, die Periodisierung der Zahlungsströme nach Möglichkeit rückgängig zu machen und somit einen besseren Einblick in die Finanzlage eines Unternehmens zu gewähren. Über ihre Verwendung als externes Berichts- sowie Analyseinstrument hinaus können Kapitalflussrechnungen auch zu internen Zwecken wie der Bilanzplanung erstellt werden. Zudem erlauben spezielle Formen der Kapitalflussrechnung – sodann i. w. S. als eine sog. »Finanzierungsrechnung« aufgefasst – einen Einsatz als Planungs-, Steuerungs- und Kontrollinstrument im Bereich der Finanzwirtschaft (vgl. Franke, G./Hax, H. (2009), S. 124 ff.; Küting, K./Rösinger, A./Mojadadr, M. (2010), S. 625 ff.). Diese Rechnungen werden insb. im kurzfristigen Bereich innerhalb des Cash-Managements, d.h. zur Liquiditätssteuerung, eingesetzt und im mittel- bis langfristigen Bereich zur Ermittlung des Kapitalbedarfs sowie dessen Deckung herangezogen (vgl. bereits Arbeitskreis »Finanzierung« (1990), S. 33 ff.).

Offenlegung in der deutschen Bilanzierungspraxis

Die Offenlegung von Kapitalflussrechnungen erfolgte in Deutschland bis zum Inkrafttreten des KonTraG im Jahr 1998 ausschließlich auf freiwilliger Basis. Bis zu diesem Zeitpunkt existierten keine gesetzlichen Regelungen, woraus eine Vielfalt (freiwillig) veröffentlichter Kapitalflussrechnungen entstand, die unter diversen Bezeichnungen z.B. im Anhang oder als Teil des Lageberichts ausgewiesen wurden. Zunächst hatte nur das IDW mit einer Stellungnahme des HFA einen Beitrag zur angestrebten Vereinheitlichung von Kapitalflussrechnungen geleistet (vgl. IDW HFA 1 (1995)).

Heute bildet die Kapitalflussrechnung einen obligatorischen Teil eines jeden (Konzern-)Jahresabschlusses nach IFRS (»statement of cash flows«), während ihre Erstellung im Bereich der HGB-Rechnungslegung für alle konsolidierten Abschlüsse sowie lediglich für den Einzelabschluss kapitalmarktorientierter Unternehmen, die nicht zur Konzernabschlusserstellung verpflichtet sind, vorgesehen ist (vgl. § 297 Abs. 1 Satz 1 HGB; § 264 Abs. 1 Satz 2 HGB; DRS 21 und IAS 7). Eine nähere Konkretisierung hinsichtlich der Aufgabe, des Inhalts und der Gestaltung des Rechenwerks erfolgt jedoch nicht in den Vorschriften des HGB. Vor diesem Hintergrund kommt den Verlautbarungen der nationalen und internationalen Standardsetzer (vgl. DRS 21 (zuvor: DRS 2) und IAS 7) eine Leitlinienfunktion bei der Aufstellung einer Kapitalflussrechnung zu (vgl. hierzu auch HÜTTEN, C. (2000), S. 131 f.).

DRS 21

Das deutsche Standardsetzungsgremium des DRSC kam mit der Verabschiedung und Bekanntmachung des DRS 2 im Jahr 1999 bzw. 2000 dem Erfordernis nach, detaillierte Regelungen für die Ausgestaltung einer nach nationalen Normen aufzustellenden Kapitalflussrechnung zu entwickeln. Um den Besonderheiten der Kredit- (vgl. DRS 2–10) und Versicherungswirtschaft gerecht zu werden (vgl. DRS 2–20), wurden zugleich branchenspezifische Regelungen zur Kapitalflussrechnung erlassen. Derweil wurde im Jahr 2014 der neue Rechnungslegungsstandard DRS 21 bekanntgemacht, welcher diese – bis dato geltenden – Standards vollumfänglich ersetzt und erstmals für nach dem 31. Dezember 2014 beginnende Geschäftsjahre anzuwenden ist.

Internationale Normen

Im Bereich der internationalen Rechnungslegung hat die Kapitalflussrechnung bereits eine lange Tradition. Vor allem aus den USA kamen immer wieder Anstöße für eine Weiterentwicklung. Das dabei zentral verfolgte Bestreben, die veröffentlichten Kapitalflussrechnungen zu vereinheitlichen, um eine bessere Vergleichbarkeit und Verständlichkeit dieser Rechenwerke zu erreichen, wurde mit der US-amerikanischen Regelung FAS 95 »Statement of Cash Flows« aus dem Jahr 1987 – heute: ASC 230 – zumindest teilweise erreicht. Hiermit wurde erstmals die begriffliche Konkretisierung des Cashflows und seine detaillierte Ausweispflicht im Rahmen einer zahlungsorientierten Kapitalflussrechnung kodifiziert (vgl. nur COENENBERG, A. G./HALLER, A./SCHULTZE, W. (2014), S. 812 f.; überdies IAS 7).

Praktisches Beispiel

Im Anschluss an die nachfolgenden Ausführungen soll – zur Veranschaulichung der theoretischen Zusammenhänge – die externe Erstellung einer Kapitalflussrechnung anhand eines praktischen Beispiels durchgeführt werden, um die Möglichkeiten und Anwendungsgrenzen im Rahmen der externen Bilanzanalyse zu verdeutlichen.

1.3.2.2 Begriff und Formen der Kapitalflussrechnung

1.3.2.2.1 Begriff

Uneinheitlicher Sprachgebrauch

Der Begriff der Kapitalflussrechnung wird sowohl in der betriebswirtschaftlichen Literatur als auch in der Praxis sehr unterschiedlich definiert. Er wird einerseits als Oberbegriff für unterschiedliche Formen von Finanzierungsrechnungen gebraucht, andererseits aber auch beschränkt auf spezielle Arten von sog. »Fondsrechnungen« (vgl. dazu 3. Abschn., Kap. 3, 1.3.2.3.7); zwischen diesen beiden Extremen liegen zahlreiche Ausgestaltungsnuancen.

Zeitraumrechnung

Den verschiedenen Formen von Kapitalflussrechnungen sowie vergleichbaren Rechnungskonzepten zur Finanzlage ist gemeinsam, dass es sich um Zeitraumrechnungen handelt, die aufgrund der Bestandsveränderungen der Bilanz oder mit Hilfe der einzelnen Kontenumsätze bestimmte Mittelbewegungen während einer Periode darstellen und erklären. Das Aussageziel der Kapitalflussrechnung ist in starkem Maße von der Definition der untersuchten Mittelbewegungen abhängig – es kann von einer Analyse der Liquiditätsentwicklung bis zu einer vollständigen Kapitalbeschaffungs- und -verwendungsbilanz (vgl. dazu Käfer, K. (1984), S. 284 ff.) reichen.

Externe und interne Erstellung

Des Weiteren hängt die Gestaltung der Kapitalflussrechnung entscheidend davon ab, ob sie extern oder intern erstellt wird. Im Falle der internen Erstellung kann auf eine wesentlich breitere Informationsgrundlage zurückgegriffen werden, wohingegen der Bilanzanalyst bei einer externen Erstellung auf die Angaben des Jahresabschlusses angewiesen ist.

1.3.2.2.2 Formen

Aufstellungszweck-abhängiger Aufbau

Es existieren zahlreiche unterschiedliche Formen von Kapitalflussrechnungen. Die Unterschiede beruhen dabei nicht nur auf voneinander abweichenden Begriffsabgrenzungen, sondern der Aufbau einer Kapitalflussrechnung ist abhängig vom jeweiligen Aufstellungszweck sowie von den Informationsbedürfnissen der Adressaten und der Verfügbarkeit der notwendigen Daten. Der Inhalt der Kapitalflussrechnung wird dabei in entscheidendem Maße von der Ermittlungsmethode der Daten bestimmt. Die verschiedenen Vorgehensweisen sind in Übersicht 39 dargestellt.

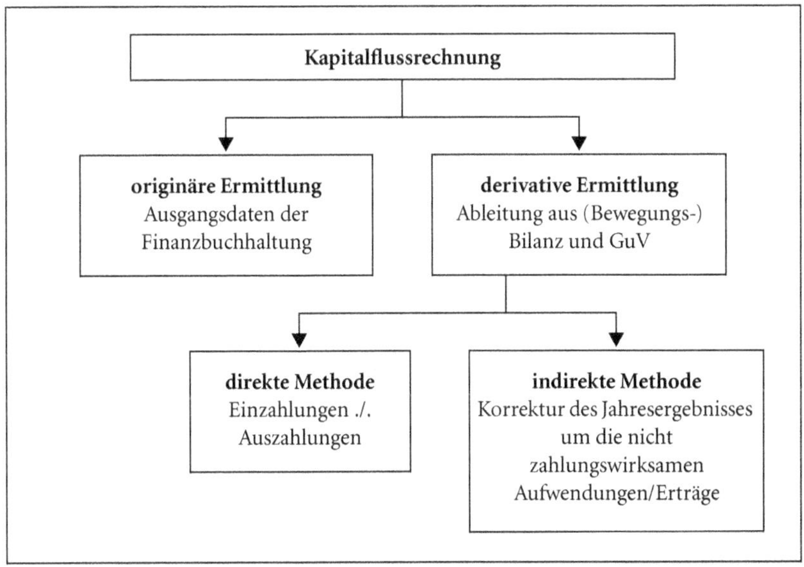

Übersicht 39: Ermittlungsmethoden der Kapitalflussrechnung

Derivative Erstellung für die externe Analyse

Aufgrund der gesetzlichen bzw. normativen Verpflichtung zur Erstellung einer Kapitalflussrechnung besteht aus Sicht des externen Bilanzanalysten die Notwendigkeit zur eigenständigen Erstellung einer Kapitalflussrechnung nur noch bei HGB-Einzelabschlüssen, sofern keine freiwillige Erstellung durch den Bilanzierenden erfolgt. Durch das BilMoG aus dem Jahr 2009 wurde die Notwendigkeit zur externen Erstellung einer Kapitalflussrechnung aufgrund des § 264 Abs. 1 Satz 2 HGB sogar weiter verringert, als nunmehr auch kapitalmarktorientierte Unternehmen, die nicht zur Konzernabschlusserstellung verpflichtet sind, eine Kapitalflussrechnung als dann integralen Bestandteil ihres Jahresabschlusses zu erstellen haben. Ohnehin kann der Analyst darüber hinausgehend bei der Analyse von handelsrechtlichen Konzernabschlüssen sowie sämtlichen IFRS-Abschlüssen auf die darin enthaltene Kapitalflussrechnung zurückgreifen.

Die von Unternehmensexternen für Zwecke der Bilanzanalyse erstellten Kapitalflussrechnungen basieren auf den im Jahresabschluss veröffentlichten Angaben, sodass für externe Analysten grds. nur die derivative Vorgehensweise in Frage kommt. Eine Aufstellung aus der internen Unternehmenssicht kann hingegen wahlweise nach der originären oder derivativen Methode erfolgen. »Für eine originäre Ermittlung sollte schon bei der Verbuchung der Geschäftsvorfälle deren Zahlungswirksamkeit vermerkt werden können« (Serfling, K./Grosskopf, A. (1996), S. 1227).

Übersicht 40 gibt einen Überblick über die verschiedenen Kriterien, welche die Gestaltung der Kapitalflussrechnung allgemein beeinflussen.

<table>
<tr><td>Adressat:</td><td colspan="3">intern</td><td colspan="3">extern</td></tr>
<tr><td>Aufstellungszweck:</td><td colspan="2">Steuerung und Kontrolle</td><td colspan="2">Analyse</td><td colspan="2">Publikation</td></tr>
<tr><td>Aufstellungstechnik:</td><td colspan="3">originär</td><td colspan="3">derivativ</td></tr>
<tr><td>Zeitbezug:</td><td colspan="3">prospektiv</td><td colspan="3">retrospektiv</td></tr>
<tr><td>Objekt:</td><td colspan="2">Sparte</td><td colspan="2">Unternehmen</td><td colspan="2">Konzern</td></tr>
<tr><td>Fondsabgrenzung:</td><td colspan="2">Zahlungsmittel</td><td colspan="2">...</td><td colspan="2">Vermögen</td></tr>
<tr><td>Cashflow-Ermittlung:</td><td colspan="3">direkt</td><td colspan="3">indirekt</td></tr>
<tr><td>Gliederung:</td><td colspan="3">Mittelherkunft/ Mittelverwendung</td><td colspan="3">Aktivitätsformat</td></tr>
<tr><td>Darstellung:</td><td colspan="3">Kontoform</td><td colspan="3">Staffelform</td></tr>
</table>

Übersicht 40: Aufstellungsformen von Kapitalflussrechnungen

Im Speziellen hat die Beschränkung des externen Analysten auf die derivative Erstellung der Kapitalflussrechnung mehrere wichtige Konsequenzen für deren Aussagekraft:

Detaillierungsgrad

(1) Der Detaillierungsgrad der extern erstellten Kapitalflussrechnung hängt vom Umfang der zugrunde liegenden Daten und somit von der Informationsbereitschaft des zu analysierenden Unternehmens ab. Zusätzliche Informationen, wie etwa die einzelnen Kontenumsätze, sind nur Unternehmensinternen zugänglich.

Aufstellungszeitpunkt

(2) Der Aufstellungszeitpunkt ist abhängig von der Offenlegung des Jahresabschlusses. Das bedeutet zum einen, dass die Kapitalflussrechnung erst weit nach Ende des Geschäftsjahres für die abgelaufene Berichtsperiode erstellt werden kann. Zum anderen kann sie nur jährlich erstellt werden, es sei denn, es liegen ähnlich detaillierte Zwischenabschlüsse in regelmäßigen, kürzeren Abständen vor. Hierbei handelt es sich jedoch um ein typisches Problem der externen Bilanzanalyse im Allgemeinen.

(3) Bei der externen Erstellung der Kapitalflussrechnung lassen sich Vollständigkeits- und Abgrenzungsprobleme i. d. R. nicht vermeiden, da keine ergänzenden Informationen vorliegen. Die externe Erstellung der Kapitalflussrechnung unterliegt somit wegen der beschränkten Informationsgrundlage verfahrenstechnisch bedingten Ungenauigkeiten.

Vollständigkeit und Abgrenzung

(4) Extern erstellte Kapitalflussrechnungen sind ebenso wie die übrigen Analyseinstrumente zwangsläufig vergangenheitsbezogen, da sie auf den Jahresabschlüssen vergangener Geschäftsjahre aufbauen. Prospektive Kapitalflussrechnungen können von Unternehmensexternen i. d. R. nicht aufgestellt werden, weil die notwendigen Planzahlen nicht in hinreichender Genauigkeit vorliegen. Aussagen über die zukünftige Entwicklung der Finanzlage können daher nur aufgrund retrospektiver Informationen gemacht werden.

Vergangenheitsbezogenheit

1.3.2.2.3 Verwandte Rechnungen

Finanzplan

Die konzeptionellen Ursprünge der Kapitalflussrechnung gehen auf den auf Aus- und Einzahlungen basierenden Finanzplan zurück (vgl. WEILENMANN, P. (1992), S. 12). Im Finanzplan werden die Ein- und Auszahlungen einander gegenübergestellt, um den Kapitalbedarf bzw. einen Kapitalüberschuss zu ermitteln. Eine solche Rechnung unterscheidet sich inhaltlich nicht von einer zahlungsstromorientierten Kapitalflussrechnung. Nur die Vorgehensweise bei der Ermittlung der Daten ist eine andere, da Finanzrechnungen, die zur Kontrolle der Liquiditätsentwicklung erstellt werden, i. d. R. auf einer Auswertung der Zahlungskonten basieren und somit originär ermittelt werden (vgl. ARBEITSKREIS »FINANZIERUNG« (1990), S. 18 f.).

Analyseziel

Allerdings beschränkt sich das Aussageziel der zahlungsstromorientierten Kapitalflussrechnung nicht auf die Ermittlung bzw. Darstellung der absoluten Liquiditätsüber- oder -unterdeckung. Sie soll vor allem einen besseren Einblick in die Struktur der Zahlungsströme des Unternehmens geben. Dies ist mit Hilfe einer geeigneten Gliederung der Zahlungsströme möglich, sodass von einer reinen Gegenüberstellung der Ein- und Auszahlungen, wie dies normalerweise in einem Finanzplan geschieht (vgl. BARTRAM, W. (1989), S. 2391; KUHN, K. D./STEIN, H. G. (1984), S. 117 ff.), abgesehen wird. Vielmehr wird – sowohl nach den nationalen als auch internationalen Normen – auf eine Darstellung mittels des sog. »Aktivitätsformats« zurückgegriffen, bei der die Zahlungsströme den zugrunde liegenden betrieblichen Funktionsbereichen – aufgeteilt in den operativen, investiven und finanziellen Bereich – zugeordnet werden.

Operativer Cashflow

Eine zweite Rechnung, die häufig im Zusammenhang mit der Kapitalflussrechnung genannt wird, ist die operative Cashflow-Rechnung (vgl. 3. Abschn., Kap. 3, 1.3.1). Der operative Cashflow wird vielfach nur als absolute Zahl angegeben und insb. in der Wirtschaftspresse als eine der wichtigsten Kennzahlen zur Beschreibung der wirtschaftlichen Lage eines Unternehmens angesehen. Er beschränkt sich jedoch auf die Darstellung der Innenfinanzierungskraft des operativen Geschäftsbetriebs und wird daher auch als »rudimentäre« (DELLMANN, K./KALINSKI, R. (1986), S. 177) bzw. »partielle Kapitalflußrechnung« (COENENBERG, A. G. (1997), S. 623) bezeichnet.

Verhältnis operativer Cashflow zur Kapitalflussrechnung

Regelmäßig wird der operative Cashflow als Bestandteil der Kapitalflussrechnung ausgewiesen; nur wenige Unternehmen stellen die Ermittlung des operativen Cashflows und die Kapitalflussrechnung getrennt voneinander dar. Da sehr viele unterschiedliche Definitionen des operativen Cashflows existieren, hängen sein Aufbau und seine Aussagefähigkeit – ebenso wie bei der zugrunde liegenden Kapitalflussrechnung – von der Gestaltung der Rechnung im Einzelnen ab. Eine vollständige Ermittlung des operativen Cashflows erfordert jedoch grds. die Einbeziehung der Erfolgsrechnung, um die zahlungsunwirksamen Bestandteile der Veränderungen der Bilanzbestände eliminieren zu können.

1.3.2.2.4 Grundsätze für die Erstellung von Kapitalflussrechnungen

Grundsätze

In der betriebswirtschaftlichen Literatur sind in der Vergangenheit vielfach Grundsätze ordnungsmäßiger Kapitalflussrechnungen entwickelt worden (vgl. bereits Coenenberg, A.G./Schmidt, F. (1978), S. 509ff.). Der überwiegende Teil dieser Prinzipien entspricht den für die Bilanz und die GuV geltenden allgemeinen Grundsätzen der Klarheit, der Vollständigkeit, der Regelmäßigkeit bzw. des Periodenbezugs, der materiellen und formellen Kontinuität, der Angabe von Vorjahreszahlen, dem Prinzip der Wesentlichkeit und der Wirtschaftlichkeit, der Erläuterung unklarer Sachverhalte sowie dem Bruttoprinzip (Saldierungsverbot). Daneben bestehen spezifische Grundsätze, die von grundlegender Bedeutung für die Gestaltung und damit die Zielsetzung einer zahlungsstromorientierten Kapitalflussrechnung sind:

Zielorientierung

(1) Grundsatz der Zielorientierung:
Hauptaufgabe der Kapitalflussrechnung ist es, den traditionellen Jahresabschluss um Informationen zur Finanzlage zu ergänzen. Eine Rechnung, die eine bloße Umgliederung der Daten des Jahresabschlusses vornimmt, ist nicht ausreichend und stellt somit keine Kapitalflussrechnung dar.

Wesentlichkeit

(2) Grundsatz der Wesentlichkeit:
Im Interesse der Klarheit und Wirtschaftlichkeit der Rechnungslegung kann auf den Ausweis von Zahlungsvorgängen, die für die Darstellung der Finanzlage nur von untergeordneter Bedeutung sind, verzichtet werden.

Stetigkeit

(3) Grundsatz der Stetigkeit:
Um den zeitlichen Vergleich von Kapitalflussrechnungen und den durch sie abgebildeten Zahlungsströmen zu ermöglichen, soll der Stetigkeitsgrundsatz sowohl bei der Abgrenzung des Finanzmittelfonds (vgl. dazu 3. Abschn., Kap. 3, 1.3.2.3.7) als auch bei der Zurechnung von Zahlungen zu den einzelnen Tätigkeitsbereichen beachtet werden.

Bewertungsunabhängigkeit

(4) Grundsatz der Bewertungsunabhängigkeit:
Die Kapitalflussrechnung soll frei von bewertungsabhängigen Sachverhalten sein. Dies ist nur dann der Fall, wenn sie auf der Grundlage von Ein- und Auszahlungen erstellt wird. Denn Zahlungsmittelströme sind prinzipiell objektiv nachprüfbar, zumal sie weder Periodisierungsüberlegungen noch Bewertungseinflüssen unterliegen.

Periodisierungsverzicht

(5) Verzicht auf Periodisierung:
Dieser Grundsatz stellt zusammen mit dem Grundsatz der Bewertungsunabhängigkeit sicher, dass in der Kapitalflussrechnung nur die tatsächlichen Zahlungsströme der Periode ausgewiesen werden. Jede Form der Periodisierung führt zu einer Verfälschung dieser Zahlungsgrößen.

Kongruenz

(6) Grundsatz der Kongruenz:
Um die Übereinstimmung zwischen den unperiodisierten Daten der Kapitalflussrechnung und den periodisierten Zahlen der GuV zu gewährleisten, müssen die aufsummierten Zahlungsströme der Einzelperioden den Zah-

lungen der Totalperiode entsprechen. Dieser Grundsatz hat zum Ziel, Doppelerfassungen ebenso wie eine Nichterfassung von Zahlungen zu vermeiden.

Interne Analyse

Die drei letztgenannten Grundsätze können nur bei einer unternehmensinternen Erstellung der Kapitalflussrechnung konsequent befolgt werden. Bei externer Erstellung fehlen häufig die notwendigen Informationen, um die Periodisierung der Zahlungsströme vollständig rückgängig zu machen und somit sämtliche Bewertungsfolgen auszuschließen.

Externe Analyse

Für die externe Bilanzanalyse kann die Forderung daher nur lauten, den genannten Grundsätzen weitestgehend zu entsprechen. Der Grundsatz der Zielorientierung sollte hingegen stets beachtet werden, denn eine bloße Umformulierung des Jahresabschlusses kann den Ansprüchen an eine aussagefähige Kapitalflussrechnung keinesfalls genügen.

Merksätze

1. Aufgabe der Kapitalflussrechnung ist es, durch die Umkehrung der Periodisierung der Jahresabschlussdaten einen verbesserten Einblick in die Finanzlage des Unternehmens zu ermöglichen.
2. Es handelt sich um eine Zeitraumrechnung, die bestimmte Finanzmittelbewegungen erklärt. Für den externen Analysten bleibt allein der Rückgriff auf die einem Jahresabschluss zu entnehmende Kapitalflussrechnung bzw. die derivative Ermittlung dieser aus dem veröffentlichten Jahresabschluss.
3. Bei der externen Erstellung der Kapitalflussrechnung sind vornehmlich die Grundsätze der Bewertungsunabhängigkeit, des Verzichts auf Periodisierung und der Kongruenz der Zahlungsströme zu beachten.

1.3.2.3 Externe Ermittlung der Kapitalflussrechnung

1.3.2.3.1 Überblick über die grundsätzliche Vorgehensweise

Bestandteil und Erweiterung der Liquiditätsanalyse

Die Kapitalflussrechnung kann nicht losgelöst vom übrigen Instrumentarium der Bilanzanalyse betrachtet werden. Sie ist Bestandteil der Liquiditätsanalyse und ergänzt die statische um eine dynamische Betrachtungsweise. Während bei der statischen Analyse lediglich die Bilanzbestände in unterschiedlicher Weise zusammengefasst und ins Verhältnis zueinander gesetzt werden, soll die Kapitalflussrechnung eine Beurteilung der Bewegungen dieser Bilanzbestände während der Periode im Rahmen einer Stromgrößenrechnung ermöglichen (vgl. im Folgenden PFUHL, J. (1991), S. 1641 ff., 1670 ff.).

Aufbereitungsmaßnahmen

Die externe Erstellung der Kapitalflussrechnung erfolgt ausgehend von den Daten des Jahresabschlusses, auf dessen Grundlage verschiedene Aufbereitungsmaßnahmen durchgeführt werden. Die einzelnen Arbeitsschritte sind in Übersicht 41 im Zusammenhang dargestellt und werden im Folgenden einzeln erläutert.

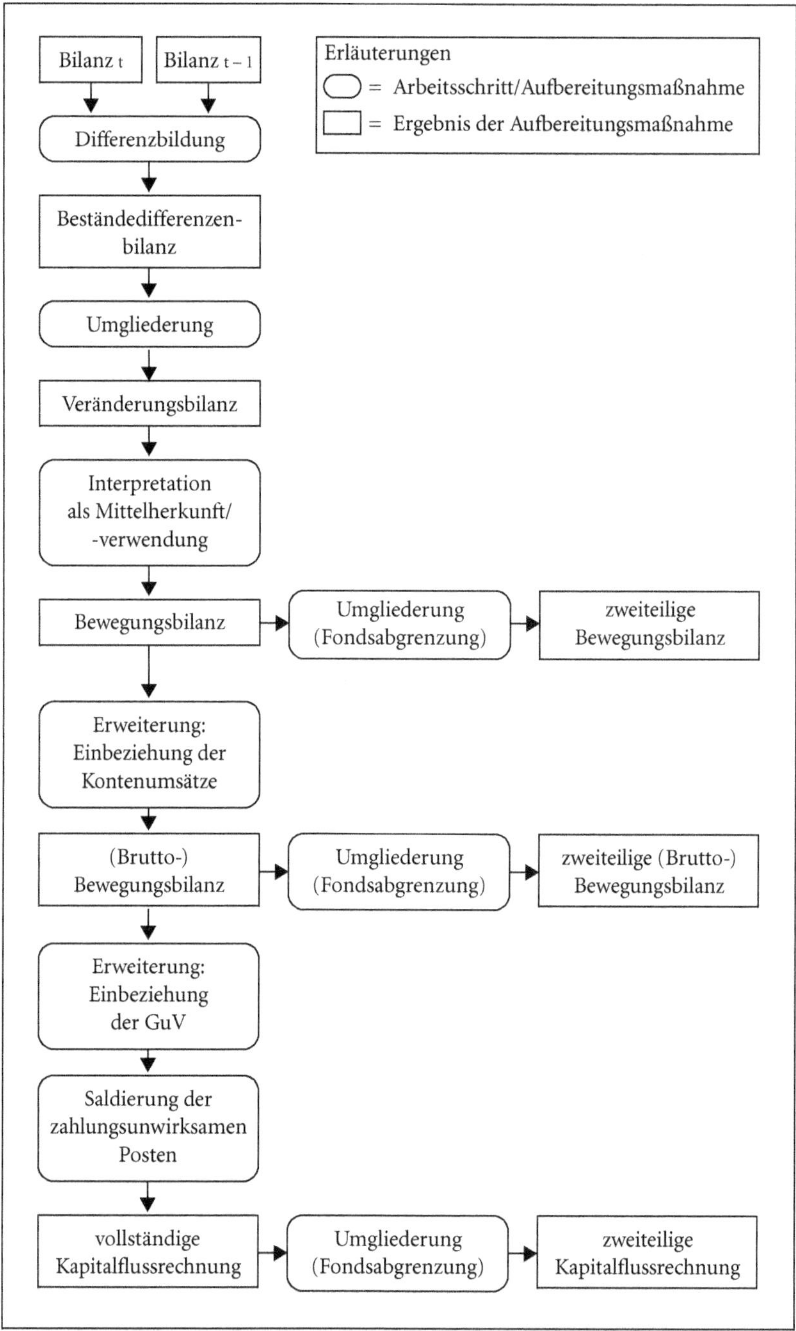

Übersicht 41: Vorgehensweise bei der derivativen Erstellung der Kapitalflussrechnung

1.3.2.3.2 Beständedifferenzenbilanz

Differenzbildung

Der erste Schritt bei der externen Erstellung einer Kapitalflussrechnung besteht in der Bildung einer Beständedifferenzenbilanz, die sich aus der Differenzbildung zwischen zwei aufeinander folgenden Stichtagsbilanzen ergibt (vgl. KUßMAUL, H. (1985), S. 439). Eine vereinfachte Beständedifferenzenbilanz erhält man auf der Grundlage einer für die Bilanzanalyse erstellten Strukturbilanz (vgl. dazu 3. Abschn., Kap. 2, 2.), die nur die Veränderung der für die Bilanzanalyse relevanten Bilanzbestände zeigt.

Die Beständedifferenzenbilanz hat das gleiche Gliederungsschema wie die zugrunde liegenden Stichtagsbilanzen, wobei die Veränderung der Bilanzposten jeweils durch das entsprechende Vorzeichen kenntlich gemacht wird. Aufgrund der Systematik der doppelten Buchhaltung muss folgende Gleichung gelten:

(F. 41)

$$A^+ \;./.\; A^- = P^+ \;./.\; P^-$$

(Erläuterung: A^+ = Aktivzunahme, A^- = Aktivabnahme,
P^+ = Passivzunahme, P^- = Passivabnahme)

Zwischenschritt ohne wesentliche Aussagekraft

Die Beständedifferenzenbilanz hat für sich genommen keine wesentliche Aussagekraft, da sie nur die Veränderung der Bilanzbestände widerspiegelt, ohne diese in einen systematischen Zusammenhang zu bringen. Die Addition der Größen der Beständedifferenzenbilanz gibt zwar die Veränderung der Bilanzsumme und damit die Veränderung des gesamten Vermögens und Kapitals des Unternehmens an (vgl. KÄFER, K. (1984), S. 37). Diese könnte allerdings einfacher, ohne die Erstellung einer Beständedifferenzenbilanz, ermittelt werden. Die Beständedifferenzenbilanz ist somit lediglich ein Zwischenschritt zur Erstellung der Kapitalflussrechnung.

1.3.2.3.3 Veränderungsbilanz

Umgliederung der Beständedifferenzenbilanz

Die Veränderungsbilanz entsteht aus der Umgliederung der Posten der Beständedifferenzenbilanz: Abzugsposten werden auf die jeweils andere Bilanzseite gebracht, sodass ausschließlich positive Beträge ausgewiesen werden. Die Gleichung der Veränderungsbilanz hat somit folgendes Aussehen:

(F. 42)

$$A^+ + P^- = P^+ + A^-$$

Summe der absoluten Veränderungen

Die Veränderungsbilanz führt ebenfalls zu keinen grundlegend neuen Erkenntnissen, denn sie ist lediglich das Resultat der Differenzbildung und anschließenden Umgliederung von Posten aus zwei aufeinander folgenden Bilanzen; das bloße Umgruppieren von Abzugsposten liefert jedoch keine zusätzlichen Informationen (vgl. DELLMANN, K./KALINSKI, R. (1986), S. 176). Der Saldo der Veränderungsbilanz hat keine Aussagekraft, er gibt lediglich die Summe der absoluten Veränderungen der Bilanzposten wieder.

1.3.2.3.4 Bewegungsbilanz

Interpretation als Mittelverwendung und -herkunft

Mit der Bewegungsbilanz werden die Zahlen der Veränderungsbilanz in einen finanzwirtschaftlichen Zusammenhang gesetzt: Erst die Interpretation der Aktivmehrungen und der Passivminderungen (linke Seite der Veränderungsbilanz) als Mittelverwendung sowie der Passivmehrungen und der Aktivminderungen (rechte Seite der Veränderungsbilanz) als Mittelherkunft führt zu einer dynamischen Betrachtungsweise der Veränderung der Bilanzposten (vgl. Übersicht 42). Diese finanzwirtschaftliche Interpretation der Bestandsveränderungen wird daher vielfach zutreffend als »(d)er entscheidende Schritt zur Kapitalflußrechnung« (Käfer, K. (1976), Sp. 1042) bezeichnet.

Die Veränderungs- und die Bewegungsbilanz sind materiell identisch, sodass die beiden Begriffe häufig auch synonym verwendet werden. Sie unterscheiden sich allein bzgl. der Interpretation des Rechnungsinhalts; dies wird durch die Kennzeichnung der jeweiligen Bilanzseiten mit den Begriffen »Mittelherkunft« bzw. »Mittelverwendung« deutlich gemacht.

Bewegungsbilanz	
Mittelverwendung	**Mittelherkunft**
Aktivzunahmen (A^+)	Passivzunahmen (P^+)
Passivabnahmen (P^-)	Aktivabnahmen (A^-)
Summe Bestandsveränderungen	Summe Bestandsveränderungen

Übersicht 42: Grundaufbau der Bewegungsbilanz ohne Erweiterungen (modifiziert entnommen aus: Coenenberg, A. G./Haller, A./Schultze, W. (2014), S. 804)

Beschränkte Aussagekraft

Indes weist die Bewegungsbilanz aufgrund der buchhaltungstechnisch bedingten Informationsmängel (vgl. Coenenberg, A. G./Haller, A./Schultze, W. (2014), S. 806 f.) keine Trennung der liquiditätswirksamen und der liquiditätsunwirksamen Bewegungen auf. Es handelt sich lediglich um eine aus zwei Stichtagsbilanzen abgeleitete Rechnung, die keine zusätzlichen Informationen über die Finanzlage enthält. Bewegungsbilanzen sind deshalb als Finanzierungsrechnungen ungeeignet; ihr Aussageziel beschränkt sich auf die Darstellung der Veränderung der Bilanzbestände. Veränderungs- und Bewegungsbilanzen sind somit nur als Vorstufen zu aufschlussreicheren Kapitalflussrechnungen (vgl. Käfer, K. (1984), S. 83) anzusehen.

Erweiterungen der Bewegungsbilanz

Eine inhaltliche Veränderung tritt erst mit der Erweiterung der Bewegungsbilanz durch die Einbeziehung zusätzlicher Daten des Rechnungswesens ein, namentlich der Kontenumsätze und der Daten der Erfolgsrechnung. Dabei ist zu beachten, dass mit der Einbeziehung dieser ergänzenden Informationen versucht werden soll, der originären Kapitalflussrechnung möglichst nahe zu kommen. Bei Vorliegen vollständiger Informationen aus dem Rechnungswesen sind beide Rechnungen materiell identisch (vgl. Kalinski, R. (1986), S. 173). Für Unternehmensexterne, die regelmäßig auf die Angaben des Jahresabschlusses angewiesen sind, kann das Ziel allerdings nur in einer möglichst weitgehenden Annäherung an die originäre Finanzierungsrechnung liegen.

1.3.2.3.5 Erweiterung der Bewegungsbilanz zur Kapitalflussrechnung

1.3.2.3.5.1 Einbeziehung der Kontenumsätze

Umwandlung in echte Stromgrößenrechnung

Durch die Einbeziehung der Kontenumsätze erfährt die Bewegungsbilanz, die entsprechend der hier vertretenen Definition lediglich eine Nettorechnung ist, eine entscheidende Erweiterung. Die (absoluten) Bestandsveränderungen, die durch die Differenzbildung der aufeinander folgenden Stichtagsbilanzen ermittelt wurden, werden nun durch die Summe der ihnen zugrunde liegenden Soll- und Habenbuchungen ersetzt (vgl. Übersicht 43). Die Aufspaltung der Bestandsänderungen in Zu- und Abnahmen, Umbuchungen und Wertkorrekturen, insb. Zu- und Abschreibungen, führt zu Bruttoausweisen auf den jeweiligen Konten. Somit wird die statisch orientierte Kapitalflussrechnung in eine echte Stromgrößenrechnung umgewandelt (vgl. Coenenberg, A. G./Haller, A./Schultze, W. (2014), S. 806). Die sich dadurch ergebende (Brutto-)Bewegungsbilanz liefert mehr und für Analysezwecke brauchbarere Informationen als eine Darstellung der bloßen Veränderungen der Bestandsgrößen und ist Voraussetzung dafür, dass die Kapitalflussrechnung dem Bruttoprinzip, welches den unsaldierten Ausweis der Ein- und Auszahlungen fordert, entspricht.

(Brutto-)Bewegungsbilanz	
Mittelverwendung	**Mittelherkunft**
Sollumsätze der aktiven Bestandskonten	Habenumsätze der passiven Bestandskonten
Sollumsätze der passiven Bestandskonten	Habenumsätze der aktiven Bestandskonten
Summe Bestandsveränderungen	Summe Bestandsveränderungen

Übersicht 43: Grundaufbau der (Brutto-)Bewegungsbilanz (modifiziert entnommen aus Coenenberg, A. G./Haller, A./Schulze, W. (2014), S. 806)

Kontenumsätze im Anlagevermögen

Im Rahmen der externen Erstellung ist eine Einbeziehung der Kontenumsätze allerdings nur für den Bereich des Anlagevermögens möglich, da gem. § 268 Abs. 2 HGB (bzw. infolge des BilRUG künftig: § 284 Abs. 3 HGB-E) die Veränderung der im Anlagevermögen ausgewiesenen Posten durch den Anlagespiegel als Zu- und Abgänge, Zu- und Abschreibungen sowie Umbuchungen zu zeigen sind. Bei einer extern erstellten Kapitalflussrechnung kann es sich insoweit immer nur um eine sog. »Teilbrutto-Bewegungsrechnung« (Perridon, L./Steiner, M./Rathgeber, A. W. (2012), S. 646) handeln, deren Aussagekraft gleichwohl über die saldierten Bestandsveränderungen der Bewegungsbilanz hinausgeht.

Beschränkung auf Bilanzkontenumsätze

So unterliegt die (Brutto-)Bewegungsbilanz weiterhin dem Mangel, dass sie keine Trennung der liquiditätswirksamen und der liquiditätsunwirksamen Geschäftsvorfälle vornimmt. Obwohl bei einer vollständigen Einbeziehung der Kontenumsätze zusätzliche Informationen ggü. dem Jahresabschluss zu erwarten sind, erlaubt die (Brutto-)Bewegungsbilanz bei einer Beschränkung auf die Einbeziehung der Bilanzkontenumsätze keinen zusätzlichen Einblick in die Zahlungsströme eines Unternehmens und damit in seine Finanzlage.

Daten der Erfolgsrechnung sind zwar ebenfalls in der (Brutto-)Bewegungsbilanz enthalten, jedoch nur insoweit, als sie aus der Bilanz abgeleitet werden können: Das Ergebnis stellt eine Veränderung des Eigenkapitals dar, das als Mittelherkunft bzw. -verwendung interpretiert wird; die Abschreibungen entsprechen bei einer Bruttodarstellung der Veränderungen des Anlagevermögens einer Aktivabnahme. Eine grundlegend veränderte Ausrichtung der Kapitalflussrechnung resultiert aber erst aus der vollständigen Einbeziehung der Erfolgsrechnung.

1.3.2.3.5.2 Einbeziehung der Erfolgsrechnung

Ersetzen der Veränderungen des Jahreserfolgs

Bei der derivativen Ermittlung der Kapitalflussrechnung sind als nächster Schritt die Daten der Erfolgsrechnung in die (Brutto-)Bewegungsbilanz einzubeziehen, indem die Veränderung des Jahresüberschusses bzw. -fehlbetrags durch die ihn verursachenden Aufwendungen und Erträge ersetzt wird (vgl. Übersicht 44). Wurden die zugrunde liegenden Bilanzen nach teilweiser oder vollständiger Gewinnverwendung aufgestellt, gilt es zunächst, sämtliche Gewinnverwendungsbuchungen rückgängig zu machen, um ein für die Bewegungsbilanz und die Erfolgsrechnung identisches Ergebnis zu erhalten (vgl. AMEN, M. (2008), Rn. 120).

Um die Erfolgsrechnung erweiterte (Brutto-)Bewegungsbilanz	
Mittelverwendung	**Mittelherkunft**
Sollumsätze der aktiven Bestandskonten	Habenumsätze der passiven Bestandskonten
Sollumsätze der passiven Bestandskonten	Habenumsätze der aktiven Bestandskonten
Aufwendungen	Erträge
Summe Sollumsätze aus Bilanz und GuV	Summe Habenumsätze aus Bilanz und GuV

Übersicht 44: Grundaufbau der um die Erfolgsrechnung erweiterten (Brutto-)Bewegungsbilanz (vor Gewinnverwendung)

Eliminierung der zahlungsunwirksamen Bestandsveränderungen

Entscheidend für die Erstellung einer zahlungsstromorientierten Kapitalflussrechnung ist allerdings nicht bereits die Einbeziehung der Erfolgsgrößen der GuV, sondern die anschließende Eliminierung der zahlungsunwirksamen Bestandsveränderungen. Die derivative Erstellung der Kapitalflussrechnung – durch die Zusammenführung von Bruttobewegungsbilanz und Erfolgsrechnung (vgl. nur CHMIELEWICZ, K./CASPARI, B. (1985), S. 161) – hat dann zur Folge, dass keine Bilanzdifferenzen ausgewiesen werden, sondern echte Stromgrößen in Form unsaldierter Einzahlungs- und Auszahlungssummen. Es liegt also ein weitgehend anderer Rechnungsinhalt vor. Die Stromgrößen werden dabei in indirekter Form auf dem Umweg über den Jahresabschluss (Jahresbilanz, (Brutto-)Bewegungsbilanz, Erfolgsrechnung) ermittelt. Der dabei entstehende Kompensationseffekt der zahlungsunwirksamen Posten wird verständlich, wenn man sich den Inhalt der (Brutto-)Bewegungsbilanz und der Erfolgsrechnung vor Augen hält:

- In der Erfolgsrechnung werden GuV-wirksame Geschäftsvorfälle ausgewiesen, die sowohl zahlungswirksam als auch zahlungsunwirksam sein können.
- Die (Brutto-)Bewegungsbilanz erfasst diejenigen Geschäftsvorfälle, bei denen Zahlungs- und Erfolgswirksamkeit zeitlich auseinander fallen. Sie erfüllt somit, ebenso wie die zugrunde liegende Stichtagsbilanz, eine Speicherfunktion (vgl. KALINSKI, R. (1986), S. 177).

Doppelerfassungen

Die zahlungsunwirksamen Posten werden somit sowohl in der (Brutto-)Bewegungsbilanz als auch in der Erfolgsrechnung ausgewiesen. Durch die Zusammenfassung der beiden Rechnungen kommt es zu einer Doppelerfassung dieser Posten: Abschreibungen – als typisch zahlungsunwirksame Posten – werden bspw. sowohl als Mittelherkunft (Aktivabnahme) als auch unter der Mittelverwendung (Aufwand) aufgeführt. Werden diese doppelten, miteinander korrespondierenden Posten im Wege der Saldierung vollständig eliminiert, so erhält man eine um »frei von zahlungslosen Erfolgsgrößen und ihren zugehörigen zahlungslosen bilanziellen Kontenumsätzen« (Coenenberg, A. G./Haller, A./Schultze, W. (2014), S. 809) bereinigte Rechnung.

Zuordnungsproblematik

Gleichwohl besteht eine wesentliche Problematik im Rahmen der externen Ermittlung der Kapitalflussrechnung gerade darin, sämtliche zahlungsunwirksamen Posten einander zuzuordnen. Weil keine ergänzenden Informationen vorliegen, sind die zusammengehörigen Posten von (Brutto-)Bewegungsbilanz und Erfolgsrechnung nicht immer eindeutig zu ermitteln. Zuordnungsprobleme ergeben sich vor allem aus den folgenden Gründen:

Unterschiedliche Gliederungs- und Ausweiskriterien

(1) Der (Brutto-)Bewegungsbilanz ebenso wie der Erfolgsrechnung liegen unterschiedliche Gliederungs- und Ausweiskriterien zugrunde (vgl. in diesem Kontext Weber, H. K./Rogler, S. (2004), S. 374 ff.), wodurch die Zuordnung der zahlungsunwirksamen Erfolgsbuchungen zu den korrespondierenden Bewegungen auf den Bestandskonten erschwert wird.

Zahlungs- und erfolgsunwirksame Sachverhalte

(2) Die Behandlung weder zahlungs- noch GuV-wirksamer Sachverhalte, die lediglich in der (Brutto-)Bewegungsbilanz ausgewiesen werden, führt zu Zuordnungsschwierigkeiten. Aus externer Sicht ist nicht feststellbar, ob die Veränderung eines Bilanzpostens zahlungswirksam oder zahlungsunwirksam ist. Wenn keine weiteren Informationen vorliegen – und dies ist bei der externen Analyse der Regelfall – muss deswegen davon ausgegangen werden, dass sowohl ein Mittelzu- als auch ein Mittelabfluss erfolgte.
Beim Erwerb eines Vermögenswerts auf Ziel ist bspw. davon auszugehen, dass sowohl ein Mittelzufluss durch die Zunahme der Verbindlichkeiten als auch ein Mittelabfluss durch den Erwerbsvorgang eingetreten ist. Dies führt zu einer verfälschenden Aufblähung der Kapitalflussrechnung, da die Salden der Mittelherkunft und -verwendung zu hoch ausgewiesen werden. Durch den buchungsmäßigen Zusammenhang ist jedoch gewährleistet, dass der Saldo sämtlicher Abweichungen zwischen den effektiven und den unterstellten Finanzmittelbewegungen null beträgt und somit die Rechnung zwar eine verzerrte, aber dennoch vollständige Erklärung der Fondsbestände liefert (vgl. Gebhardt, G. (1984), S. 485). Der Saldo der Liquiditätsveränderung wird insgesamt zwar nicht berührt, die Aussagefähigkeit der Kapitalflussrechnung wird aber durch den verzerrten Ausweis der Zahlungsströme eingeschränkt.

Informationsproblematik

(3) Dem Bruttoprinzip kann nur insoweit entsprochen werden, als Informationen über Zu- und Abgänge der Bestandskonten vorliegen. Aus externer Sicht gilt dies nur für das Anlagevermögen.

Währungsumrechnungsproblematik

(4) Ein weiteres Problem ergibt sich aus der Währungsumrechnung. Die Währungsumrechnungseffekte sind – ungeachtet der angewandten Umrechnungsmethode – in den Bilanzansätzen implizit enthalten. Sie stellen indes keine tatsächlichen Zahlungsströme dar und müssen daher aus der Kapitalflussrechnung eliminiert werden (vgl. Holzer, H. P./Häusler, H. (1989),

S. 222 ff.). Aus externer Sicht ist eine Neutralisierung der Währungsumrechnung i. d. R. nicht möglich, da die dazu notwendigen Informationen fehlen.

Ungenauigkeiten der derivativen Ermittlung

Die genannten Schwierigkeiten machen die derivative Erstellung einer Kapitalflussrechnung zwar nicht unmöglich, aber man muss sich der durch die Informationsgrundlage bedingten Restriktionen bewusst sein. Einige Zuordnungsprobleme lassen sich nur anhand von Ermessensentscheidungen lösen, die zwangsläufig mit einem Fehlerrisiko verbunden sind. Die derivative Kapitalflussrechnung unterliegt somit grds. gewissen Ungenauigkeiten. Auf ihre Erstellung sollte bei fehlender Offenlegung einer intern erstellten Kapitalflussrechnung dennoch nicht verzichtet werden, weil sie trotz der genannten Mängel wertvolle Informationen über die Finanzlage liefern kann.

1.3.2.3.6 Ermittlung des Cashflows aus operativer Geschäftstätigkeit

Zwei Ermittlungsmethoden

In engem Zusammenhang mit der Einbeziehung der Daten der Erfolgsrechnung steht die Frage nach der Ermittlung des Cashflows aus der operativen (laufenden bzw. gewöhnlichen) Geschäftstätigkeit. Zwei unterschiedliche Vorgehensweisen, die aber bei korrekter Durchführung zum gleichen Ergebnis führen, sind grds. möglich (vgl. dazu 3. Abschn., Kap. 3, 1.3.1.1.4 und 1.3.1.2.2):

Anhand der direkten Methode ergibt sich der operative Cashflow als Differenz der einzahlungswirksamen Erträge und auszahlungswirksamen Aufwendungen. Die indirekte Methode dagegen geht den umgekehrten Weg, indem der operative Cashflow aus dem um sämtliche zahlungsunwirksamen Aufwendungen und Erträge korrigierten Jahresergebnis ermittelt wird. Dies ist die in praxi üblicherweise angewandte Berechnungsmethode, obgleich sie – hinsichtlich der eigentlichen Zahlungsströme – weniger aussagekräftig ist als die direkte Vorgehensweise.

Schwachstellen der indirekten Methode

So sind im Rahmen der indirekten Ermittlung zum einen weder die Umsatzeinzahlungen, als die wichtigste Quelle der Mittelzuflüsse, noch die für die wesentlichen Mittelabflüsse verantwortlich zeichnenden laufenden Betriebsauszahlungen ersichtlich (vgl. Busse von Colbe, W. (1993), Sp. 1081). Zum anderen werden zahlungswirksame und zahlungsunwirksame Posten in der Kapitalflussrechnung vermengt, da die Zahlungsströme der anderen Bereiche (Cashflow aus der Investitions- bzw. Finanzierungstätigkeit) weiterhin auf direkte Weise, d. h. durch Gegenüberstellung der Ein- und Auszahlungen, ermittelt werden. Verständlichkeit und Nachvollziehbarkeit der Kapitalflussrechnung werden dadurch beeinträchtigt.

Unvollständige Durchführung der Korrekturbuchungen

Ein weiteres Problem, das sich häufig in der Praxis zeigt, liegt darüber hinaus in einer unvollständigen Durchführung der Korrekturbuchungen, die mit der Anwendung der indirekten Methode verbunden sind (vgl. dazu Siener, F. (1991), S. 33 ff.). Insb. die vereinfachende Regel, nach welcher der operative Cashflow aus der Summe von Jahresüberschuss, Abschreibungen und der Veränderung der langfristigen Rückstellungen ermittelt wird, führt zu falschen Ergebnissen, weil zahlreiche zahlungsunwirksame Posten nicht berücksichtigt werden.

1.3.2.3.7 Ausgliederung eines Fonds

Buchhalterische Einheiten

Ein sog. »Fonds« stellt die Zusammenfassung bestimmter Bilanzposten zu einer buchhalterischen Einheit dar (vgl. Käfer, K. (1984), S. 41). Dabei kann der Fonds als eine »Art ›Finanzmittelbestand‹ betrachtet werden, der durch fondswirksame

Investitions- und Finanzierungsmaßnahmen verändert wird« (COENENBERG, A. G./HALLER, A./SCHULTZE, W. (2014), S. 791). Durch die Bildung eines solchen Fonds im Wege der Ausgliederung einzelner Bilanzposten soll der Umfang der Fondsveränderung anhand der Herkunft und Verwendung der im Fonds zusammengefassten Finanzmittel erklärt werden.

Fondsänderungsnachweis und Gegenbeständerechnung

Im Zuge der Fondsausgliederung ist fortan zwischen Bestandsgrößen zu unterscheiden, die den Fonds bilden, und solchen, die nicht im Fonds enthalten sind. Die Basisrechnung (Bewegungsbilanz oder Kapitalflussrechnung) wird somit in zwei Teile aufgespalten. Während im Fondsänderungsnachweis (Fondsnachweisrechnung) die Veränderung des Fonds aufgezeigt wird, sollen mit Hilfe der Gegenbestände- bzw. Ursachenrechnung die Fondsveränderungen – anhand von Quellen und Verwendungen der Fondsmittel – erklärt werden.

Übersicht 45 verdeutlicht den Zusammenhang zwischen der Gegenbeständerechnung und dem Fondsänderungsnachweis. So werden die Fondsmittelzuflüsse und -abflüsse auf den Fondskonten (A_f = aktive Fondskonten; P_f = passive Fondskonten) durch fondswirksame Finanzmittelbewegungen auf den nicht in den Fonds einbezogenen Gegenbestandskonten (A_g = aktive Gegenbestandskonten; P_g = passive Gegenbestandskonten) ausgelöst. Zugänge zu den Gegenbestandskonten (d.h. Fondsabflüsse) stellen demzufolge eine Fondsmittelverwendung dar, Abgänge aus den Gegenbestandskonten werden hingegen als Fondszuflüsse i.S.e. Fondsmittelherkunft interpretiert. Der Saldo der Fondsänderung (ΔF) kann sowohl durch den Fondsänderungsnachweis als auch die Gegenbeständerechnung ermittelt werden.

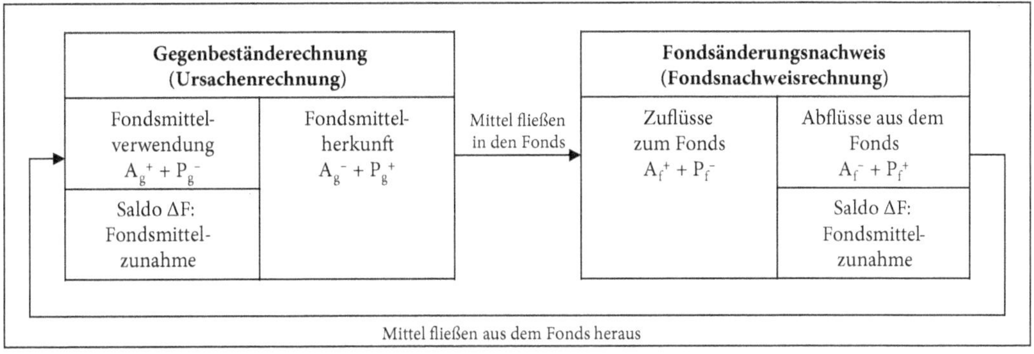

Übersicht 45: Zusammenhang zwischen Gegenbeständerechnung und Fondsänderungsnachweis (modifiziert entnommen aus: PERRIDON, L./STEINER, M./RATHGEBER, A. (2012), S. 649)

Abgrenzung nach dem Kriterium der Liquidierbarkeit

Die Abgrenzung bzw. Definition eines Fonds kann grds. nach dem Kriterium der Liquidierbarkeit in unterschiedlichem Umfang – von der Einbeziehung allein der (Bar-)Geldmittel über die Erweiterung um »zahlungsmittelähnliche« Bestände (z.B. kurzfristig veräußerbare Wertpapiere) bis hin zur Berücksichtigung des gesamten Umlaufvermögens – erfolgen.

Größe des Fonds

Da das Aussageziel und die Aussagefähigkeit der Kapitalflussrechnung maßgeblich von der Abgrenzung des Fonds abhängt, ist insb. die Größe des Fonds, d.h. die Anzahl der einbezogenen Bilanzposten, entscheidend: Je mehr Bilanzposten in den Fonds einbezogen werden, desto umfangreicher wird der Fondsnachweis und desto weniger Bewegungen werden in der Ursachenrechnung dargestellt. Die Einbeziehung einer Vielzahl von Bilanzposten hat außerdem den Nachteil, dass bewertungsabhängige Bestandteile im Fonds enthalten sind; lediglich ein aus Zahlungsmitteln bestehender Fonds ist (weitgehend) frei von Bewertungseinflüssen. Die Gestaltung des Fonds hängt im Einzelnen von der jeweiligen Zielsetzung der Kapitalflussrechnung ab (vgl. Weilenmann, P. (1992), S. 13 f.), d. h., für eine als Liquiditätsrechnung aussagefähige Kapitalflussrechnung kommt generell nur eine enge, zahlungsorientierte Fondsabgrenzung in Betracht.

Fondsauswahl als reine Umgliederungsmaßnahme

Nichtsdestotrotz handelt es sich bei der Frage der Fondsauswahl lediglich um eine Umgliederungsmaßnahme – die Grunddaten der jeweiligen Rechnung werden nicht beeinflusst. So kann eine Fondsabgrenzung auch innerhalb einer Bewegungsbilanz durchgeführt werden, ohne dass sich dadurch der Rechnungsinhalt ändert. Eine (materielle) Änderung des Rechnungsinhalts tritt erst mit der oben dargestellten Berücksichtigung von Kontenumsätzen oder der Einbeziehung der Erfolgsrechnung ein.

1.3.2.3.8 Gliederung der Kapitalflussrechnung

Ausweisfrage

Es gibt eine Vielzahl verschiedener Gliederungsvorschläge für Kapitalflussrechnungen, die sich sowohl hinsichtlich der Gliederungssystematik als auch der Anzahl der ausgewiesenen Posten unterscheiden. Die Gliederung der Kapitalflussrechnung ist ebenso wie die Ausgliederung eines Fonds eine Ausweisfrage, die den materiellen Inhalt der Rechnung nicht verändert, aber dennoch für deren Aussagefähigkeit von Bedeutung ist.

Konto- oder Staffelform

Sämtliche Gliederungsmodelle gehen auf zwei Grundformen zurück, die auch für Bilanz und Erfolgsrechnung eine Rolle spielen: die Konto- und die Staffelform. Die Staffelform hat den Vorzug, dass die Posten zu mehr als zwei Gruppen zusammengefasst und darüber hinaus aussagefähige Zwischensummen gebildet werden können. Ihr wird daher inzwischen sowohl in der Literatur als auch in der Praxis der Vorzug gegeben.

Inhaltliche Gestaltung

Neben diesem formalen Aspekt spricht die inhaltliche Gestaltung der Kapitalflussrechnung für die Bevorzugung der Staffel- ggü. der Kontoform. Denn mit der Kontoform sowie dem Konzept der Bewegungsbilanz eng verbunden ist die traditionelle Gliederung nach Mittelherkunft und -verwendung, die sich am Aufbau der Bewegungsbilanz orientiert (Aktivmehrungen und Passivminderungen werden als Mittelverwendung, Passivmehrungen und Aktivminderungen als Mittelherkunft ausgewiesen). Dieses von rein buchhalterischen Überlegungen geprägte Gliederungsschema nimmt keine Rücksicht auf den finanzwirtschaftlichen Charakter der zugrunde liegenden Mittelbewegungen (vgl. mitunter Jonas, H. H. (1984), S. 22). Abgesehen davon führt es zu teilweise unsinnigen bzw. unverständlichen Ergebnissen. So wird ein Rückgang des Bilanzgewinns als Mittelverwendung dargestellt, Abschreibungen hingegen werden als eigener Posten unter der Mittelherkunft ausgewiesen.

Zwei Gliederungsmodelle

Aufgrund dieser Mängel der bloßen Gegenüberstellung von Mittelherkunft und -verwendung sind zwei (unterschiedliche) Gliederungsmodelle entwickelt worden, die dem finanzwirtschaftlichen Charakter der Kapitalflussrechnung besser Rechnung tragen:

Finanzierungsarten

(1) Die Gliederung nach den Finanzierungsarten zeigt die Herkunft der Zahlungsmittel des Unternehmens getrennt nach Innen- und Außenfinanzierung und führt somit zu einem wertvollen Einblick in die Finanzlage und deren Entwicklung im Zeitvergleich. Als wohl wichtigstes Merkmal dieses

Gliederungsmodells gilt der Charakter der Zahlungsströme aus der Sicht der Finanzwirtschaft des Unternehmens (vgl. Jonas, H.H. (1984), S. 28 ff.). Dabei können aus der Zusammensetzung der Innenfinanzierung Rückschlüsse auf das Innenfinanzierungspotenzial und damit auf die wirtschaftliche Stabilität gezogen werden, während eine Analyse der Außenfinanzierung die Zuführung bzw. Entnahme von Eigenkapital und die Entwicklung des Fremdkapitals zeigt.

(2) Die Gliederung nach dem Aktivitätsformat sieht entsprechend der Vorgehensweise bei der Erfolgsspaltung (vgl. dazu 3. Abschn., Kap. 3, 2.3.1) den getrennten Ausweis der Zahlungssalden der drei betrieblichen Tätigkeitsbereiche – »laufende Geschäftstätigkeit«, »Investition« und »Finanzierung« – vor. Diese Gliederungsform ist heute nach nationalen und internationalen Standards zur Kapitalflussrechnung üblich und erlaubt eine Beurteilung der Struktur der betrieblichen Zahlungsströme.

Aktivitätsformat

Abweichungen

Diese Gliederungsschemata stellen Grundmodelle dar, die wiederum in vielerlei Facetten Anwendung finden (können), zumal zahlreiche Abgrenzungskriterien strittig sind und nicht allgemeingültig geregelt werden können (vgl. beispielhaft Pellens, B. et al. (2014), S. 188 f.; überdies Lorson, P./Müller, S./ICV Fachkreis IFRS & Controlling (2014), S. 965 ff.). Bei Vorliegen der notwendigen Informationen (dies ist nur für interne Kapitalflussrechnungen der Fall) können die verschiedenen Gliederungsmodelle ineinander übergeleitet werden. Zwischen den Modellen bestehen logische Verknüpfungen, da sie sich lediglich in Bezug auf die Hauptgliederungsmerkmale unterscheiden (vgl. Busse von Colbe, W. (1993), Sp. 1080).

1.3.2.4 Würdigung der derivativen Kapitalflussrechnung als Instrument der finanzwirtschaftlichen Bilanzanalyse

Verbesserung der statischen Liquiditätsanalyse

Die Kapitalflussrechnung stellt ein Instrument zur Beurteilung der finanziellen Lage eines Unternehmens oder eines Konzerns dar, das zusätzliche Informationen ggü. der statischen Liquiditätsanalyse liefert. Die Finanzlage ist gekennzeichnet durch die Sicherung der Zahlungsfähigkeit, die eine strenge Nebenbedingung und Voraussetzung für das Weiterbestehen eines Unternehmens ist. Obwohl die Zahlungsfähigkeit ex post immer gewährleistet gewesen sein muss – sonst würde das untersuchte Unternehmen nicht mehr bestehen, können aus einer Analyse der vergangenheitsbezogenen Zahlungsströme wertvolle Aussagen über die gegenwärtige und zukünftige finanzielle Stabilität des Unternehmens gewonnen werden. Untersuchungsgegenstand sind somit der Bestand sowie die Veränderung der liquiden Mittel im Zeitablauf, also jene Bestände, welche die Gläubiger zur Erfüllung fälliger Verbindlichkeiten akzeptieren (vgl. Gebhardt, G. (1984), S. 484).

Veränderungs- und Bewegungsbilanzen ungeeignet

Veränderungs- sowie Bewegungsbilanzen sind als Rechnungen zur Analyse der Finanzlage ungeeignet, da sie lediglich die Bestandsdifferenzen aufeinander folgender Bilanzen ausweisen. Sie geben keine Auskunft über die Liquiditätsentwicklung, denn zahlungswirksame Bewegungen können aus ihnen nicht unmittelbar ermittelt werden.

Partielle Betrachtung durch operative Cashflow-Analyse

Operative Cashflow-Rechnungen zeigen nur einen Ausschnitt des finanziellen Geschehens des Unternehmens. Darüber hinaus leiden sie häufig unter einer fehlerhaften, zu stark vereinfachten Berechnungsweise. Bei Anwendung der direkten Methode vermittelt die operative Cashflow-Rechnung allerdings einen guten Einblick in die Innenfinanzierung und damit in die finanzwirtschaftliche Anpassungsfähigkeit und Handlungsfreiheit eines Unternehmens (vgl. Holzer, H. P./Jung, U. (1990), S. 286). Ohne eine Darstellung der Außenfinanzierung sowie der Mittelverwendung bleibt es allerdings bei einer partiellen Betrachtung, sodass eine solch operative Cashflow-Rechnung grds. in eine Kapitalflussrechnung integriert werden sollte.

Idealbild einer Finanzierungsrechnung

Das Idealbild einer Finanzierungsrechnung besteht in einem Finanzplan bzw. einer vergleichbar aufgebauten retrospektiven Finanzrechnung, in der Ein- und Auszahlungen einander gegenübergestellt werden. Innerhalb des internen Rechnungswesens können solche Rechnungen aus den Umsätzen der Zahlungskonten erstellt werden. Im Rahmen der externen Bilanzanalyse stehen diese Daten nicht zur Verfügung. Daher kann nur versucht werden, durch die Verwendung der Daten des Jahresabschlusses dem Inhalt einer originären Kapitalflussrechnung so nahe wie möglich zu kommen.

Einbeziehung der Erfolgsrechnung

Im Vergleich zur Bewegungsbilanz, in der lediglich die umgegliederten Bilanzdifferenzen ausgewiesen werden, stellt die derivative Kapitalflussrechnung Zahlungsströme dar. Voraussetzung für diese liquiditätsorientierte Betrachtung ist die Einbeziehung der Erfolgsrechnung. Erst mit dieser Erweiterung wird ein Rechenwerk konstruiert, das mit einer auf Ein- und Auszahlungen basierenden Finanzierungsrechnung vergleichbar ist (vgl. Dellmann, K./Kalinski, R. (1986), S. 179). Damit erhält die Kapitalflussrechnung eine völlig neue Zielsetzung: Nicht mehr die Erläuterung der Veränderung von Abschlussposten ist Gegenstand der Rechnung, sondern vielmehr die Darstellung der tatsächlichen Zahlungsmittelströme (vgl. Holzer, H. P./Häusler, H. (1989), S. 230).

Merksätze

1. Aus der Differenzbildung von zwei aufeinander folgenden Stichtagsbilanzen ergibt sich die Beständedifferenzenbilanz.
2. Durch die Umgliederung der Abzugsposten der Beständedifferenzenbilanz auf die jeweils andere Bilanzseite entsteht die Veränderungsbilanz.
3. Die umgegliederten Bilanzseiten der Veränderungsbilanz werden in der Bewegungsbilanz als »Mittelherkunft« bzw. »Mittelverwendung« interpretiert.
4. Die zahlungsstromorientierte Kapitalflussrechnung entsteht letztlich erst durch die Erweiterung der Bewegungsbilanz. Die absoluten Bestandsveränderungen werden durch die ihnen zugrunde liegenden Soll- und Habenbuchungen und die Veränderung des Jahreserfolgs durch die entsprechenden Aufwendungen und Erträge ersetzt.
5. Zur Darstellung der Mittelbewegungen hinsichtlich der Innenfinanzierung findet innerhalb der Kapitalflussrechnung die Ermittlung des operativen Cashflows aus der laufenden Geschäftstätigkeit statt.
6. Durch die Zusammenfassung bestimmter Bilanzposten zu einem Fonds teilt sich die Kapitalflussrechnung in einen Fondsänderungsnachweis und eine Ursachenrechnung.

1.3.2.5 Beispiel zur externen Erstellung einer Kapitalflussrechnung

Vorgehensweise

Das folgende Beispiel demonstriert die Vorgehensweise bei der externen Erstellung einer Kapitalflussrechnung für einen HGB-Abschluss. Die Vorgehensweise bei der Ableitung der Kapitalflussrechnung entspricht den oben diskutierten Arbeitsschritten. Die theoretischen Erläuterungen haben somit auch für das angeführte Beispiel Gültigkeit, sodass an dieser Stelle lediglich auf die Besonderheiten der einzelnen Ermittlungsstufen eingegangen wird.

1.3.2.5.1 Ermittlung der Beständedifferenzenbilanz

Ausgangsbasis

Die Beständedifferenzenbilanz stellt die Ausgangsbasis bei der derivativen Ermittlung der Kapitalflussrechnung dar. Sie zeigt die Bruttoveränderungen der Bilanzposten.

	31.12.01	31.12.02	Veränderung
Immaterielles Anlagevermögen	361	793	432
Sachanlagen	6.918	7.473	555
Finanzanlagen	849	1.084	235
Summe Anlagevermögen	8.128	9.350	1.222
Geleistete Anzahlungen	409	462	53
Vorräte	7.139	7.477	338
Forderungen aus LuL	6.197	6.828	631
Wertpapiere	238	120	–118
Zahlungsmittel	918	993	75
Aktive latente Steuern	35	0	–35
Summe Umlaufvermögen	14.936	15.880	944
Bilanzsumme	23.064	25.230	2.166

Übersicht 46: Beständedifferenzenbilanz (Aktiva) für das Geschäftsjahr 02

	31.12.01	31.12.02	Veränderung
Gezeichnetes Kapital	1.565	1.565	0
Kapitalrücklage	1.138	1.138	0
Gewinnrücklagen	1.827	2.083	256
Bilanzgewinn	313	344	31
Summe Eigenkapital	4.843	5.130	287
Pensionsrückstellungen	4.475	4.815	340
Steuerrückstellungen	1.188	1.073	–115
Sonstige Rückstellungen	3.809	4.638	829
Anleihen	576	503	-73
Verbindl. ggü. Kreditinstituten	4.007	4.463	456
Verbindl. aus LuL	1.984	2.250	266
Erhaltene Anzahlungen	2.182	2.358	176
Summe Fremdkapital	18.221	20.100	1.879
Bilanzsumme	23.064	25.230	2.166

Übersicht 47: Beständedifferenzenbilanz (Passiva) für das Geschäftsjahr 02

1.3.2.5.2 Ermittlung der Bewegungsbilanz

Umgliederung der Bewegungsgrößen

Die Ableitung der Veränderungs- und der Bewegungsbilanz aus der Beständedifferenzenbilanz wird hier in einem Schritt zusammengefasst, weil in ihnen die gleichen Daten ausgewiesen werden (vgl. 3. Abschn., Kap. 3, 1.3.2.3.4). Die Bewegungsbilanz entsteht aus der Umgliederung der Bewegungsgrößen der Beständedifferenzenbilanz, indem Aktivzunahmen und Passivabnahmen als Mittelverwendung sowie Passivzunahmen und Aktivabnahmen als Mittelherkunft ausgewiesen werden.

Mittelverwendung		Mittelherkunft	
Aktivzunahmen:		**Passivzunahmen:**	
Immaterielles Anlagevermögen	432	Gewinnrücklagen	256
Sachanlagen	555	Bilanzgewinn	31
Finanzanlagen	235	Pensionsrückstellungen	340
Geleistete Anzahlungen	53	Sonstige Rückstellungen	829
Vorräte	338	Verbindl. ggü. Kreditinstituten	456
Forderungen aus LuL	631	Verbindl. aus LuL	266
Zahlungsmittel	75	Erhaltene Anzahlungen	176
Passivabnahmen:		**Aktivabnahmen:**	
Steuerrückstellungen	115	Wertpapiere	118
Anleihen	73	Aktive latente Steuern	35
Summe Bestandsveränderungen	2.507	Summe Bestandsveränderungen	2.507

Übersicht 48: Bewegungsbilanz ohne Erweiterungen für das Geschäftsjahr 02

1.3.2.5.3 Erweiterung der Bewegungsbilanz um die Kontenbewegungen des Anlagevermögens

Aufspaltung der Nettoveränderungen in Kontenumsätze

Um die auf bilanziellen Bestandsdifferenzen beruhende Bewegungsbilanz in eine Stromgrößenrechnung umzuwandeln, sind die in der Bewegungsbilanz ausgewiesenen Nettoveränderungen in die sie verursachenden Kontenumsätze aufzuspalten. Bei einer externen Aufstellung der Kapitalflussrechnung ist diese Erweiterung der Bewegungsbilanz indes auf das Anlagevermögen beschränkt, da derlei Bruttoveränderungen von Bilanzposten lediglich aus dem gem. § 268 Abs. 2 HGB (BilRUG: § 284 Abs. 3 HGB-E) verpflichtend aufzustellenden Anlagespiegel ersichtlich sind. Dabei gilt folgender Zusammenhang: Die Aktivzunahmen (= Mittelverwendung) werden durch Zugänge und Zuschreibungen ersetzt, die Aktivabnahmen (= Mittelherkunft) hingegen durch Abgänge und Abschreibungen.

	Buchwert zu Beginn des Geschäftsjahrs
+	Zugänge des Geschäftsjahrs
./.	Abschreibungen des Geschäftsjahrs
+	Zuschreibungen des Geschäftsjahrs
./.	Buchwert am Ende des Geschäftsjahrs
=	Abgänge zum Restbuchwert

Übersicht 49: Abgänge zum Restbuchwert

Da im Anlagespiegel die Abgänge zu (historischen) Anschaffungskosten ausgewiesen werden (müssen), bedarf es (zunächst) einer Ermittlung der Abgänge zu Restbuchwerten. Sie können durch die Umgliederung der im Anlagespiegel ausgewiesenen Daten berechnet werden (vgl. auch 3. Abschn., Kap. 3, 1.2.3.1.2.1):

	Abgänge (Restbuchwert)	**Buchwert 31.12.01**	**Zugänge 02**	**Abschreibungen 02**	**Zuschreibungen 02**	**Buchwert 31.12.02**
Immaterielles Anlagevermögen	**9**	361	**519**	**78**	**0**	793
Sachanlagen	**323**	6.918	**2.268**	**1.390**	**0**	7.473
Finanzanlagen	**125**	849	**397**	**48**	**11**	1.084
Summe Anlagevermögen	457	8.128	3.184	1.516	11	9.350

Übersicht 50: Berechnung der Abgänge zu Restbuchwerten für das Geschäftsjahr 02

Die in Übersicht 50 fett hervorgehobenen Zahlen – die Abgänge zu Restbuchwerten sowie die Zugänge, Abschreibungen und Zuschreibungen des Geschäftsjahrs – werden nun in die Bewegungsbilanz eingesetzt; sie ersetzen die Nettoveränderung der betreffenden Bilanzposten (die Erweiterungen der Bewegungsbilanz werden in der folgenden Übersicht 51 fett dargestellt).

Mittelverwendung		**Mittelherkunft**	
Aktivzunahmen:		**Passivzunahmen:**	
Immaterielles Anlagevermögen		Gewinnrücklagen	256
Zugänge	**519**	Bilanzgewinn	31
Zuschreibungen	**0**	Pensionsrückstellungen	340
Sachanlagen		Sonstige Rückstellungen	829
Zugänge	**2.268**	Verbindl. ggü. Kreditinstituten	456
Zuschreibungen	**0**	Verbindl. aus LuL	266
Finanzanlagen		Erhaltene Anzahlungen	176
Zugänge	**397**	**Aktivabnahmen:**	
Zuschreibungen	**11**	Wertpapiere	118
Geleistete Anzahlungen	53	Aktive latente Steuern	35
Vorräte	338	**Immaterielles Anlagevermögen**	
Forderungen aus LuL	631	**Abgänge**	**9**
Zahlungsmittel	75	**Abschreibungen**	**78**
Passivabnahmen:		**Sachanlagen**	
Steuerrückstellungen	115	**Abgänge**	**323**
Anleihen	73	**Abschreibungen**	**1.390**
		Finanzanlagen	
		Abgänge	**125**
		Abschreibungen	**48**
Summe (Brutto-)Veränderungen	4.480	Summe (Brutto-)Veränderungen	4.480

Übersicht 51: (Brutto-)Bewegungsbilanz für das Geschäftsjahr 02

Kontrollgröße

Die Summe der (Brutto-)Veränderungen hat keine Aussagekraft, sondern dient allein als Kontrollgröße; die Summen beider Seiten der Bewegungsbilanz müssen auch nach der Erweiterung um die Kontenumsätze übereinstimmen. Diese Überlegung gilt ebenso für die folgenden Arbeitsschritte. Auch diese bilden lediglich Vorstufen zur Ermittlung der Kapitalflussrechnung.

1.3.2.5.4 Erweiterung der (Brutto-)Bewegungsbilanz um die Veränderungen des Eigenkapitals

Aufspaltung der Veränderung des Bilanzgewinns

Als nächster Schritt wird die in der (Brutto-)Bewegungsbilanz ausgewiesene Veränderung des Bilanzgewinns in den Jahresüberschuss des Geschäftsjahrs, die Veränderung der Rücklagen und die im Geschäftsjahr ausgeschüttete Dividende aufgespalten. Auf eine Kurzformel gebracht lautet dieser Zusammenhang (mit $\Delta\, BG_t$ = Veränderung des Bilanzgewinns ggü. dem Vorjahr, $JÜ_t$ = Jahresergebnis des Geschäftsjahrs, $\Delta\, RL_t$ = Rücklagenveränderung ggü. dem Vorjahr, Div_{t-1} = Ausschüttung aus Bilanzgewinn des Vorjahrs):

(F. 43)

$$\Delta\, BG_t \quad = \quad JÜ_t \;./.\; \Delta\, RL_t \;./.\; Div_{t-1}$$

Die genannten Größen werden der GuV entnommen. Ein wichtiger Schritt bei dieser Aufbereitungsmaßnahme, welche die Bilanzgewinndifferenz systematisch auf die sie verursachenden Größen zurückführt, liegt vor allem in der Einbeziehung des Jahresüberschusses in die (Brutto-)Bewegungsbilanz. Sie ist Voraussetzung für die anschließende Erweiterung der (Brutto-)Bewegungsbilanz um die Erfolgsrechnung. Die damit einhergehenden Veränderungen werden in der folgenden Übersicht 52 wiederum fett dargestellt.

Mittelverwendung		Mittelherkunft	
Aktivzunahmen:		**Passivzunahmen:**	
Immaterielles Anlagevermögen		Gewinnrücklagen	256
Zugänge	519	**Jahresüberschuss**	**490**
Zuschreibungen	0	Pensionsrückstellungen	340
Sachanlagen		Sonstige Rückstellungen	829
Zugänge	2.268	Verbindl. ggü. Kreditinstituten	456
Zuschreibungen	0	Verbindl. aus LuL	266
Finanzanlagen		Erhaltene Anzahlungen	176
Zugänge	397	**Aktivabnahmen:**	
Zuschreibungen	11	Wertpapiere	118
Geleistete Anzahlungen	53	Aktive latente Steuern	35
Vorräte	338	Immaterielles Anlagevermögen	
Forderungen aus LuL	631	Abgänge	9
Zahlungsmittel	75	Abschreibungen	78
Passivabnahmen:		Sachanlagen	
Steuerrückstellungen	115	Abgänge	323
Anleihen	73	Abschreibungen	1.390
Dividende 01	**203**	Finanzanlagen	
Veränderung Gewinnrücklagen (GuV)	**256**	Abgänge	125
		Abschreibungen	48
Summe	4.939	Summe	4.939

Übersicht 52: Erweiterung der Bewegungsbilanz um die Veränderungen des Eigenkapitals für das Geschäftsjahr 02

1.3.2.5.5 Erweiterung der (Brutto-)Bewegungsbilanz um die Erfolgsrechnung

Substitution des Jahreserfolgs durch Aufwendungen und Erträge

Als entscheidende Maßnahme bei der Erstellung einer zahlungsstromorientierten Kapitalflussrechnung werden nun die Daten der Erfolgsrechnung in die (Brutto-) Bewegungsbilanz einbezogen, indem der im vorherigen Schritt isolierte Jahresüberschuss durch die Aufwendungen und Erträge der Erfolgsrechnung ersetzt wird. Um dies zu erreichen, werden die Aufwendungen als Mittelverwendung und die Erträge als Mittelherkunft interpretiert.

Mittelverwendung		Mittelherkunft	
Aktivzunahmen:		**Passivzunahmen:**	
Immaterielles Anlagevermögen		Gewinnrücklagen	256
Zugänge	519	Pensionsrückstellungen	340
Zuschreibungen	0	Sonstige Rückstellungen	829
Sachanlagen		Verbindl. ggü. Kreditinstituten	456
Zugänge	2.268	Verbindl. aus LuL	266
Zuschreibungen	0	Erhaltene Anzahlungen	176
Finanzanlagen		**Aktivabnahmen:**	
Zugänge	397	Wertpapiere	118
Zuschreibungen	11	Aktive latente Steuern	35
Geleistete Anzahlungen	53	Immaterielles Anlagevermögen	
Vorräte	338	Abgänge	9
Forderungen aus LuL	631	Abschreibungen	78
Zahlungsmittel	75	Sachanlagen	
Passivabnahmen:		Abgänge	323
Steuerrückstellungen	115	Abschreibungen	1.390
Anleihen	73	Finanzanlagen	
Dividende 01	203	Abgänge	125
Veränderung Gewinnrücklagen (GuV)	256	Abschreibungen	48
		Erträge:	
Aufwendungen:		**Umsatzerlöse**	**35.986**
Bestandsveränderungen fertige und unfertige Erzeugnisse	**17**	**Aktivierte Eigenleistungen**	**209**
		Sonstige betriebliche Erträge	**1.272**
Materialaufwand	**21.484**		
Personalaufwand	**9.832**		
Abschreibungen auf das immaterielle Anlagevermögen und Sachanlagen	**1.468**		
Sonstige betriebliche Aufwendungen	**3.447**		
Abschreibungen auf Finanzanlagen	**48**		
Abschreibungen auf Wertpapiere des Umlaufvermögens	**5**		
Zinsaufwendungen	**103**		
Steueraufwendungen	**573**		
Summe	41.916	Summe	41.916

Übersicht 53: Erweiterung der (Brutto-)Bewegungsbilanz um die Erfolgsrechnung für das Geschäftsjahr 02

1.3.2.5.6 Saldierung der erweiterten (Brutto-)Bewegungsbilanz

Isolierung zahlungsunwirksamer Posten

Die Einbeziehung der Erfolgsrechnung ist Voraussetzung für die Erstellung einer zahlungsstromorientierten Kapitalflussrechnung, denn erst jetzt können zahlungsunwirksame Posten isoliert und anschließend saldiert werden:

(1) Die bereits durchgeführte Erweiterung der Bewegungsbilanz um die Kontenbewegungen des Anlagevermögens führt dazu, dass die zahlungsunwirksamen Vorgänge im Anlagevermögen doppelt erfasst werden: Die Abschreibungen werden sowohl als Aufwand (= Mittelverwendung) als auch als Aktivabnahme (= Mittelherkunft) ausgewiesen und können unmittelbar miteinander verrechnet werden; analog wird bei den Zuschreibungen im Anlagevermögen verfahren, die in der (Brutto-)Bewegungsbilanz sowohl als Aktivzunahme als auch als Ertrag erfasst werden.

(2) Neben der Saldierung der doppelt ausgewiesenen Posten werden korrespondierende Posten aus Bilanz und Erfolgsrechnung einander zugeordnet und miteinander verrechnet. Rechentechnisch werden dabei Posten der gleichen Bewegungsbilanzseite addiert, während Posten der anderen Seite subtrahiert werden.

Exemplarische Erläuterung

Die Überlegung, die hinter der Zuordnung und Verrechnung der Posten aus Bilanz und Erfolgsrechnung steht, soll exemplarisch anhand der Ermittlung der Umsatzein- und Materialauszahlungen erläutert werden (vgl. hierzu ausführlich Siener, F. (1991), S. 129f.):

Umsatzeinzahlungen

(1) Die Umsatzerlöse werden in der – um die Erfolgsrechnung erweiterten – (Brutto-)Bewegungsbilanz als Mittelherkunft ausgewiesen, obwohl sie nicht in voller Höhe zahlungswirksam waren. Um nun die zahlungswirksamen Umsatzeinzahlungen zu ermitteln, werden die Umsatzerlöse um die Zunahme der Forderungen aus Lieferungen und Leistungen gekürzt (= Ertrag, aber noch keine Einzahlung) und um die Zunahme der erhaltenen Anzahlungen erhöht (= Einzahlung, aber noch kein Ertrag).

Materialauszahlungen

(2) Bei der Ermittlung der Materialauszahlungen wird entsprechend vorgegangen, indem der Materialaufwand um die zahlungsunwirksamen Vorgänge korrigiert wird. Im vorliegenden Beispiel ist der Materialaufwand um die gestiegenen Verbindlichkeiten aus Lieferungen und Leistungen zu kürzen (= Aufwand, aber noch keine Auszahlung), hingegen sind der Anstieg der geleisteten Anzahlungen und der Vorräte (= Auszahlung, aber noch kein Aufwand) sowie der Bestandsabbau an fertigen und unfertigen Erzeugnissen (= Aufwand jetzt, Auszahlung früher) zu addieren. Die Addition des Bestandsabbaus hat deshalb zu erfolgen, weil durch den zusammengefassten Ausweis der Vorräte in der Bilanz die (auszahlungswirksame) Zunahme der Vorräte genau um diesen Betrag zu niedrig ausgewiesen wird.

Bestimmungsfaktoren der Richtigkeit und Genauigkeit

Von dem Umfang der vorgenommenen Verrechnungen hängen die Genauigkeit und die Richtigkeit der zahlungsstromorientierten Kapitalflussrechnung ab, wobei im Idealfall bei dieser Saldierung alle zahlungsunwirksamen Vorgänge miteinander verrechnet werden sollten. Bei einer externen Erstellung der Kapitalflussrechnung ist eine vollständige Verrechnung allerdings unmöglich, sodass die Kapitalflussrechnung immer gewisse Verzerrungen und Ungenauigkeiten beinhaltet.

Unbare Geschäftsvorfälle

Unbare Geschäftsvorfälle etwa sind aus dem Bilanzvergleich nicht ersichtlich und können folglich nicht eliminiert werden. Ein durch Krediteinräumung finanzierter Anlagenzugang erscheint deshalb sowohl als Investitionsaus- als auch als Finanzierungseinzahlung, obwohl tatsächlich kein Zahlungsstrom mit der Transaktion verbunden war. Ein weiterer Problembereich sind die sonstigen betrieblichen Erträge und Aufwendungen, deren zahlungsunwirksame Bestandteile nur unvollständig aus den Angaben des Anhangs ermittelt werden können.

Grundsätzliches Problem der Bilanzanalyse

Diese Mängel der externen Kapitalflussrechnung sollten nicht von ihrer Erstellung abhalten, denn für die Zwecke der Bilanzanalyse liegen – zumal auf eine intern erstellte Kapitalflussrechnung nicht zurückgegriffen werden kann – keine besseren Informationen zur Finanzlage eines Unternehmens vor. Es handelt sich bei diesen Einschränkungen um ein grds. Problem der Bilanzanalyse; der Analyst einer extern erstellten Kapitalflussrechnung sollte sich dieser Beschränkungen allerdings bewusst sein, um keinen Fehlurteilen hinsichtlich des Inhalts der Kapitalflussrechnung zu erliegen.

Mittelverwendung		Mittelherkunft	
Aktivzunahmen:		**Passivzunahmen:**	
Zugänge immaterielles Anlagevermögen	519	Verbindl. ggü. Kreditinstituten	456
Zugänge Sachanlagen	2.268	**Aktivabnahmen:**	
./. aktivierte Eigenleistungen	–209	Wertpapiere	118
Zugänge Finanzanlagen	397	./. Abschreibungen auf Wertpapiere	–5
Zahlungsmittel	75	Abgänge immaterielles Anlagevermögen	9
Passivabnahmen:		Abgänge Sachanlagen	323
Anleihen	73	Abgänge Finanzanlagen	125
Dividende 01	203	**Erträge:**	
Veränderung Gewinnrücklagen (GuV)	256	Umsatzerlöse	35.986
./. Zunahme Gewinnrücklagen (Bilanz)	–256	+ Zunahme erhaltener Anzahlungen	176
Aufwendungen:		./. Zunahme Forderungen aus LuL	–631
Materialaufwand	21.484	Sonstige betriebliche Erträge	1.272
+ Zunahme geleisteter Anzahlungen	53	./. Zuschreibungen Finanzanlagen	–11
./. Zunahme Verbindl. aus LuL	–266		
+ Zunahme Vorräte	338		
+ Bestandsabbau fertiger und unfertiger Erzeugnisse	17		
Personalaufwand	9.832		
./. Zunahme Pensionsrückstellungen	–340		
Sonstige betriebliche Aufwendungen	3.447		
./. Zunahme sonstiger Rückstellungen	–829		
Zinsaufwendungen	103		
Steueraufwendungen	573		
+ Abnahme Steuerrückstellungen	115		
./. Abnahme aktiver latenter Steuern	–35		
Summe	37.818	Summe	37.818

Übersicht 54: Saldierung und Umgliederung der erweiterten (Brutto-)Bewegungsbilanz für das Geschäftsjahr 02

1.3.2.5.7 Umgliederung der Posten zur Kapitalflussrechnung

Gliederung nach DRS 21

Als letzter Schritt bei der Ermittlung der Kapitalflussrechnung sind die Posten der (Brutto-)Bewegungsbilanz nach Saldierung und Zuordnung entsprechend dem Gliederungsschema der Kapitalflussrechnung umzugliedern. Das vorliegende Beispiel orientiert sich an dem in DRS 21 hierfür vorgegebenen Mindestgliederungsschema (vgl. DRS 21, Anlage 1), das so auch für alle freiwillig bzw. verpflichtend erstellten Kapitalflussrechnungen in handelsrechtlichen Einzel- bzw. Konzernabschlüssen gilt (zum Geltungsbereich des Standards vgl. DRS 21.2 ff.). Die Darstellung der Kapitalflussrechnung erfolgt in Staffelform (vgl. DRS 21.21), wobei im Rahmen der Zuordnung und des Ausweises der Zahlungsströme getreu dem Aktivitätsformat in die Bereiche der laufenden Geschäftstätigkeit, der Investition und der Finanzierung untergliedert wird (vgl. DRS 21.15 f.). Als Finanzmittelfonds werden ausschließlich die Zahlungsmittel (Zahlungsmitteläquivalente liegen annahmegemäß nicht vor) abgegrenzt; die Fondsveränderung muss mit der Veränderung des entsprechenden Bilanzpostens übereinstimmen.

Gegenbeständerechnung (Ursachenrechnung)	**Bereich der laufenden Geschäftstätigkeit**		
		Einzahlungen von Kunden für den Verkauf von Erzeugnissen, Waren und Dienstleistungen	35.531
	./.	Auszahlungen an Lieferanten und Beschäftigte	–31.118
	+	Sonstige Einzahlungen, die nicht der Investitions- oder der Finanzierungstätigkeit zuzuordnen sind	1.261
	./.	Sonstige Auszahlungen, die nicht der Investitions- oder der Finanzierungstätigkeit zuzuordnen sind	–2.618
	./.	Ertragsteuerzahlungen	–653
	=	**Cashflow aus der laufenden Geschäftstätigkeit (1)**	**2.403**
	Investitionsbereich		
		Einzahlungen aus Abgängen von Gegenständen des immateriellen Anlagevermögens	9
	./.	Auszahlungen für Investitionen in das immaterielle Anlagevermögen	–519
		Einzahlungen aus Abgängen von Gegenständen des Sachanlagevermögens	323
	./.	Auszahlungen für Investitionen in das Sachanlagevermögen	–2.059
		Einzahlungen aus Abgängen von Gegenständen des Finanzanlagevermögens	125
	./.	Auszahlungen für Investitionen in das Finanzanlagevermögen	–397
	+	Einzahlungen aufgrund von Finanzmittelanlagen im Rahmen der kurzfristigen Finanzdisposition	113
	=	**Cashflow aus der Investitionstätigkeit (2)**	**–2.405**
	Finanzierungsbereich		
		Einzahlungen aus der Begebung von Anleihen und der Aufnahme von (Finanz-)Krediten	456
	./.	Auszahlungen aus der Tilgung von Anleihen und (Finanz-)Krediten	–73
	./.	Gezahlte Zinsen	–103
	./.	Gezahlte Dividenden an die Gesellschafter	–203
	=	**Cashflow aus der Finanzierungstätigkeit (3)**	**77**
Fonds-änderungs-nachweis	**Finanzmittelbereich**		
		Zahlungswirksame Veränderung des Finanzmittelfonds (Summe aus (1), (2), (3))	75
	+	Finanzmittelfonds am Anfang der Periode	918
	=	**Finanzmittelfonds am Ende der Periode**	**993**

Übersicht 55: Kapitalflussrechnung für das Geschäftsjahr 02 (direkte Methode zur Darstellung des Cashflows aus der laufenden Geschäftstätigkeit)

1.3.2.5.8 Darstellung des operativen Cashflows nach der indirekten Methode

Geringere Aussagekraft

Der Cashflow aus der laufenden Geschäftstätigkeit (operativer Cashflow) wurde in der obigen Kapitalflussrechnung nach der direkten Methode ermittelt. Alternativ kann auch die indirekte Darstellungsform gewählt werden, indem der operative Cashflow ausgehend vom Periodenergebnis, also dem Jahresüberschuss, und unter Einbeziehung verschiedener Korrekturposten berechnet wird. Diese Ausweistechnik ist insb. bei einer Integration in die zahlungsstromorientierte Kapitalflussrechnung weniger aussagekräftig als die direkte Methode, weil hier die zahlungswirksamen Vorgänge der laufenden Geschäftstätigkeit – im Gegensatz zu denen der Investitions- und der Finanzierungstätigkeit – gerade nicht ausgewiesen werden.

Die Darstellung des operativen Cashflows nach der indirekten Methode wird für das vorliegende Beispiel dennoch der Vollständigkeit halber demonstriert; für die Gliederung ist wiederum das in DRS 21 vorgegebene Mindestgliederungsschema maßgeblich (vgl. DRS 21, Anlage 1).

Bereich der laufenden Geschäftstätigkeit		
	Periodenergebnis	490
+	Abschreibungen auf Gegenstände des Anlagevermögens	1.516
./.	Zuschreibungen auf Gegenstände des Anlagevermögens	–11
+	Zunahme der Rückstellungen	1.169
+	Sonstige zahlungsunwirksame Aufwendungen	5
./.	Zunahme der Vorräte, der Forderungen aus LuL sowie anderer Aktiva, die nicht der Investitions- oder Finanzierungstätigkeit zuzuordnen sind	–1.231
+	Zunahme der Verbindlichkeiten aus LuL sowie anderer Passiva, die nicht der Investitions- oder der Finanzierungstätigkeit zuzuordnen sind	442
+	Zinsaufwendungen	103
+	Ertragsteueraufwendungen	35
./.	Ertragsteuerauszahlungen	–115
=	**Cashflow aus der laufenden Geschäftstätigkeit**	**2.403**

Übersicht 56: Darstellung des operativen Cashflows nach der indirekten Methode für das Geschäftsjahr 02

1.3.2.6 Analyse der Kapitalflussrechnung

Einblick in die zukünftige Finanzlage

Aufbauend auf dem vorhergehenden Beispiel einer extern ermittelten Kapitalflussrechnung ist diese nun bilanzanalytisch zu würdigen. Grds. soll mit Hilfe der Kapitalflussrechnung ein umfassender Einblick in die Liquiditätsströme der Berichtsperiode gewonnen werden, um weitergehende Aussagen über die Finanzlage des untersuchten Unternehmens zu formulieren. Zwar bildet die Kapitalflussrechnung die zahlungsorientierten Informationen der Vergangenheit ab, doch soll sie ebenso auch Erkenntnisse über die zukünftige Entwicklung der Finanzlage ermöglichen. Fundierte Vorhersagen über die finanzielle Entwicklung sind jedoch auf der Grundlage der Zahlungsströme eines einzelnen Geschäftsjahrs nicht möglich, sodass mehrere Geschäftsjahre im Zeitablauf zu untersuchen sind (auf diese Berechnung wurde im vorliegenden Beispiel verzichtet).

Möglichkeiten der Analyse

Die externe Analyse einer Kapitalflussrechnung kann grds. aus einer statischen Betrachtungsweise heraus (absolute Analyse) oder auf Basis von Zeit- und Branchenvergleichen vorgenommen werden. Während im erstgenannten Fall ausschließlich die Kapitalflussrechnung der betrachteten Berichtsperiode – etwa in Form einer Gegenüberstellung des operativen Cashflows mit dem Cashflow aus der Investitionstätigkeit oder durch Bildung verschiedener (relativer) Kennzahlen – ausgewertet wird, gehen Zeit- und Branchenvergleiche der Frage nach, ob »bei den einzelnen Werten der Kapitalflußrechnung signifikante Abweichungen zur Vergleichsperiode bzw. zur Struktur der Branche vorliegen« (Siener, F. (1998), S. 82). Liegen dem Bilanzanalysten Planrechnungen vor, können auch Plan- und Ist-Zahlen miteinander verglichen werden. In der Beurteilung der dynamischen Finanzlage des Untersuchungsobjekts sollten weiterhin möglicherweise vorliegende Sondereffekte, die nicht nachhaltig sind, und über das Zahlenwerk hinausgehende sonstige Informationen in die Interpretation der Ergebnisse einbezogen werden (vgl. Siener, F. (1998), S. 83).

Mit Blick auf die in Übersicht 55 dargestellte Kapitalflussrechnung des vorliegenden Beispielsachverhalts soll die sich ergebende Veränderung des Finanzmittelfonds anhand der drei in der Kapitalflussrechnung abgebildeten Cashflow-Bereiche »laufende Geschäftstätigkeit«, »Investition« und »Finanzierung« erklärt werden. Dabei ist neben der Höhe der einzelnen Ein- und Auszahlungen insb. die Entwicklung der Zahlungsmittelsalden – sowohl in den einzelnen Teilbereichen als auch im Verhältnis zueinander – betrachtungsrelevant:

Cashflow aus der laufenden Geschäftstätigkeit

(1) Der operative Cashflow ist ein Indikator der Finanzkraft und quantifiziert das Innenfinanzierungspotenzial eines Unternehmens. Er stellt den aus der laufenden Geschäftstätigkeit erwirtschafteten Zahlungsmittelsaldo dar, auf dessen Grundlage Investitionen, Schuldentilgungen und Ausschüttungen durchgeführt werden können. Mithin findet der operative Cashflow Eingang in die Berechnung weiterer Kennzahlen, wie z. B. der Investitionsdeckung oder des dynamischen Verschuldungsgrads (vgl. dazu bereits 3. Abschn., Kap. 3, 1.3.1.2.3). Um Liquiditätsengpässen oder gar Illiquidität vorzubeugen, sollte der operative Cashflow daher möglichst positiv sein. Überdies schränkt ein negativer operativer Cashflow mittelfristig die Dispositionsfreiheit des Unternehmens erheblich ein, da eine dauernde Unterdeckung der Finanzmittel im Bereich der laufenden Geschäftstätigkeit durch die (verstärkte) Bereitstellung von Liquidität aus dem Investitions- und Finanzierungsbereich (z. B. Desinvestitionen bzw. Aussetzen von geplanten Investitionen, zusätzliche Fremd- oder Eigenkapitalaufnahme) ausgeglichen werden muss.

Doch nicht allein die Höhe des finanziellen Überschusses bzw. Fehlbetrags der laufenden Geschäftstätigkeit ist betrachtungsrelevant, sondern auch innerhalb des Cashflow-Bereichs können wichtige Erkenntnisse gewonnen werden: Insb. anhand der Entwicklung der Umsatzeinzahlungen bzw. der Bestände an Vorräten und Forderungen aus Lieferungen und Leistungen (bei indirekter Darstellung des operativen Cashflows) lassen sich etwa strukturelle Schwächen im operativen Geschäft identifizieren (z. B. Zuwachs der Vorräte wegen nicht marktgerechter Produkte bzw. schwacher Auftragslage, Ansteigen des Kundenziels wegen Qualitätsmängeln) (vgl. stellvertretend Coenenberg, A. G. /Haller, A./Schultze, W. (2014), S. 1094; Gräfer, H./Schneider, G./Gerenkamp, T. (2012), S. 132).

Cashflow aus der Investitionstätigkeit

(2) Der Cashflow aus der Investitionstätigkeit ist i.d.R. negativ, da bei einem normalen Geschäftsverlauf – d.h. im Zuge des kontinuierlichen Unternehmenswachstums – die Investitionsauszahlungen die Desinvestitionseinzahlungen übersteigen sollten. Umgekehrt zeigt ein aus der Investitionstätigkeit verbleibender positiver Zahlungsmittelsaldo einen im Unternehmen betriebenen Substanzabbau an, der allerdings vielfältige Ursachen (z.B. durch Rationalisierung bedingte strategische Umstrukturierungen, umfassende Restrukturierungsmaßnahmen) haben kann.
Der Blick auf das Beispiel (vgl. Übersicht 55) fördert die Erkenntnis zutage, dass der vorliegende Zahlungsmittelfehlbetrag aus dem Investitionsbereich (2.405 GE) den aus der laufenden Geschäftstätigkeit erwirtschafteten Zahlungsmittelüberschuss (2.403 GE) in geringem Maße übersteigt. Mit anderen Worten: Es wurde (marginal) mehr investiert als verdient. So zeichnet die hier betriebene Erweiterung der Produktionskapazitäten (u.a. hohe Investitionsauszahlungen für Sachanlagen) für den vergleichsweise hohen Zahlungsmittelfehlbetrag aus dem Investitionsbereich verantwortlich.

Cashflow aus der Finanzierungstätigkeit

(3) In der Kapitalflussrechnung gibt die Darstellung des Finanzierungsbereichs Aufschluss über die Außenfinanzierungsaktivitäten des Unternehmens. Hier werden die Ein- und Auszahlungen aus der Kredit- sowie der Einlagenfinanzierung erfasst. Im Beispielsachverhalt hat eine zusätzliche Fremdkapitalaufnahme zu einem insgesamt positiven Zahlungsmittelsaldo aus dem Finanzierungsbereich (77 GE) geführt.

Veränderung des Finanzmittelfonds

(4) In der Gesamtschau ist eine zahlungswirksame Zunahme des Finanzmittelfonds i.H.v. 75 GE zu verzeichnen (positiver Gesamt-Cashflow in der betrachteten Periode). Grds. gilt dabei zu berücksichtigen, dass es nicht möglich ist, allein von der Veränderung des Zahlungsmittelsaldos (oder einer anderen Bestandsgröße) auf die finanzielle Entwicklung zu schließen, denn die Zu- oder Abnahme der liquiden Mittel an sich ist weder positiv noch negativ zu beurteilen. Erst die Untersuchung der Veränderung dieser Größe im Zeitablauf, ihrer absoluten Höhe sowie vor allem die Analyse der Ursachen der Veränderung ermöglichen ein Urteil über die finanzielle Entwicklung.
Weiterhin sollte der externe Analyst zur ansatzweisen Beurteilung der (zukünftigen) Liquiditätslage im Erläuterungsteil zur Kapitalflussrechnung bzw. dem gesamten Anhang nach weiteren Informationen, etwa über freie Kreditlinien oder Zahlungstermine, suchen (vgl. Bieg, H./Kußmaul, H. (2000), S. 350f.).

Ergebnis

(5) Der Auswertung der Kapitalflussrechnung ist die Maßgabe zugrunde zu legen, dass im Optimalfall die Investitionen, Schuldentilgungen und Ausschüttungen aus den eigens erwirtschafteten Finanzmitteln, also dem operativen Cashflow, finanziert werden; im schlechtesten Fall sind die genannten Aktivitäten nur infolge einer Neuaufnahme von Fremdmitteln durchführbar. »Dazwischen sind sehr verschiedene Schattierungen und Varianten möglich« (Gräfer, H./Schneider, G./Gerenkamp, T. (2012), S. 134); in diesen Bereich ist auch das Ergebnis der Analyse der in Übersicht 55 dargestellten Kapitalflussrechnung einzuordnen: Im untersuchten Geschäftsjahr konnten der durch das Unternehmenswachstum bedingte Investitionsbedarf, die Tilgung laufender Finanzschulden und vorzunehmende Ausschüttungen nicht vollständig durch den Cashflow aus der laufenden Geschäftstätigkeit finan-

ziert werden. Um das Defizit zu kompensieren, wurden zusätzliche Fremdmittel aufgenommen, sodass in Summe eine Zunahme des Finanzmittelfonds zu konstatieren war.

1.4 Kombinierte Ansätze

Ziel: Finanzielles Gleichgewicht

Wie bereits erwähnt, besteht das Kernanliegen erwerbswirtschaftlich geführter Unternehmen in dem Erreichen und Bewahren des finanziellen Gleichgewichts. Dieser Zustand liegt vor, wenn die finanziellen Dispositionen derart getroffen sind, dass der Betrieb jederzeit zahlungsfähig ist und zugleich sein Gewinnmaximum erreicht (vgl. WÖHE, G. ET AL. (2013), S. 27).

Da sich die maßgeblichen Zielgrößen »Erfolg« und »Liquidität« wechselseitig beeinflussen, müssen diese simultan geplant werden, um das finanzielle Gleichgewicht zu erreichen. Dieser Ansatz lässt sich indes allenfalls für einzelne isolierte Aktivitäten realisieren. Dagegen ist eine das gesamte (strategische) Investitionsprogramm eines Unternehmens umfassende Planung aus Komplexitätsgründen regelmäßig nicht durchführbar. Dieser Umstand macht es erforderlich, einen Bereich als Ausgangspunkt der strategischen Überlegungen festzulegen. Vor allem bei konservativ geführten Unternehmen ist dies der finanzwirtschaftliche Bereich. Bei der Gestaltung ihrer Finanzierungsstruktur orientieren sie sich an Bonitätsanforderungen, die den Erwartungen der Kapitalgeber gerecht werden.

Vorbild: Kriterien des BAV

Im Gegensatz zu den eindimensionalen vertikalen oder horizontalen Bilanzstrukturregeln finden dabei unterschiedliche Relationen Berücksichtigung, die jeweils bestimmte Anforderungen an die finanzielle Struktur des Unternehmens formulieren. Verbreitet orientieren sich diese Anforderungen an jenen Bonitätskriterien, die das frühere BUNDESAUFSICHTSAMT FÜR DAS VERSICHERUNGSWESEN (BAV) – heute: BUNDESANSTALT FÜR FINANZDIENSTLEISTUNGSAUFSICHT (BAFIN) – im Hinblick auf die Vermögensanlagetätigkeit von Versicherungsunternehmen zur Beurteilung von Schuldnerunternehmen entwickelt hat, denen Darlehen gewährt werden sollen (vgl. BAV (1975), S. 105; F. 44).

(F. 44)

1. Eigenkapital	$\geq$	$\frac{\text{Gesamtkapital}}{3}$
2. Eigenkapital	$\geq$	80 % des Anlagevermögens
3. Langfristiges Kapital	$\geq$	langfristiges Vermögen
4. Effektivverschuldung	$\leq$	3,5-facher operativer Cashflow

Als langfristiges Kapital gelten nach diesen Bonitätsregeln das Eigenkapital, die langfristigen Verbindlichkeiten und die Pensionsrückstellungen. Dem langfristigen Vermögen sind das Anlagevermögen und die langfristig gebundenen Teile des Umlaufvermögens (eiserner Bestand) zu subsumieren. Die Effektivverschuldung ist schließlich definiert als Summe der Verbindlichkeiten abzgl. der liquiden Mittel.

Mittlerweile sind die in F. 44 dargestellten Bonitätskriterien durch ein vom Gesamtverband der Deutschen Versicherungswirtschaft e. V. (GDV) herausgegebenes Beurteilungsverfahren abgelöst worden, den sog. »Grundsätzen für die Vergabe von Unternehmenskrediten durch Versicherungsgesellschaften – Schuldscheindarlehen«. Im Kern orientiert sich dieser Kreditleitfaden – der erstmals im Jahr 1992 veröffentlicht wurde und derzeit bereits in der 5., überarbeiteten und aktualisierten Aufl. vorliegt (vgl. ausführlich GDV (2013)) – ebenso an bestimmten Mindestanforderungen auf der Grundlage bilanzieller Kennzahlen.

Bayer-Formel

In etwas modifizierter Form haben die vorstehenden Bonitätsregeln ihren Niederschlag in der sog. »Bayer-Formel« gefunden (vgl. F. 45), die auf eine zwischen dem früheren BAV und der Bayer AG abgestimmte Negativerklärung zurückzuführen ist. Sie enthält jene für anlagesuchende Versicherungsunternehmen beurteilungsrelevanten Grenzwerte, bei deren Einhaltung die Bonität der damalig begebenen Bayer-Anleihe auch ohne dingliche Absicherung als gegeben unterstellt wurde (vgl. Loistl, O. (1986), S. 120 f.). Als eine spezielle Variante der goldenen Bilanzregel (vgl. 3. Abschn., Kap. 3, 1.2.4.2.1.1) besitzt die Bayer-Formel indes auch für andere Fälle Modellcharakter (vgl. Bieg, H./Kußmaul, H. (2000), S. 35).

(F. 45)

1. Eigenkapital	≥	70 % des Anlagevermögens
2. Eigenkapital + langfristiges Fremdkapital	≥	Anlagevermögen
3. Fremdkapital	≤	3,5-facher operativer Cashflow

Beurteilung

Ebenso wie die eindimensionalen horizontalen oder vertikalen Finanzierungsregeln garantieren auch die vorstehend dargestellten kombinierten Anforderungskriterien nicht zwangsläufig eine unter Liquiditätsgesichtspunkten optimale Finanzierungsausgestaltung. Die Gründe – insb. die unter Liquiditätsgesichtspunkten beschränkte Aussagefähigkeit des in sie einfließenden Zahlenmaterials aus dem handelsbilanziellen Jahresabschluss sowie die allenfalls ansatzweise Ausrichtung der Finanzierungsregeln auf die dynamische Liquidität des Unternehmens – wurden an anderer Stelle bereits ausführlich erörtert (vgl. 3. Abschn., Kap. 3, 1.1.3 und 1.2.2). Als »Spielregeln der Kreditierung« (Richter, F. (1999), S. 97) haben diese heuristischen Verfahren in der Praxis dennoch Bedeutung erlangt, indem sie die Verantwortlichen dazu bewegen, die Planung der Kapitalstruktur sowie der zu erzielenden Mindestrendite an diesen Vorgaben auszurichten.

Unter diesem Blickwinkel müssen sie auch aus bilanzanalytischer Sicht gewürdigt werden. Dabei sollte aus der Einhaltung der einzelnen Bonitätskriterien nicht ohne Weiteres (positiv) auf eine fristenkongruente Finanzierung und ordnungsgemäße Liquiditätsplanung geschlossen werden. Aussagekräftiger ist eher ihre Nichteinhaltung; sie sollte Anlass zu einer Ursachenforschung geben.

2. Analyse des Erfolgs

2.1 Grundlagen und Teilgebiete der Erfolgsanalyse

Ziel der Erfolgsanalyse

Erwerbswirtschaftlich geführte Unternehmen sind darauf gerichtet, Gewinne zu erzielen. Dieses Gewinnstreben dient dem Erhalt der Leistungsfähigkeit und soll ein Unternehmenswachstum ermöglichen. Darüber hinaus schafft es die Voraussetzungen für Ausschüttungen an die Gesellschafter. Die Beurteilung der nachhaltigen Gewinnerzielungsfähigkeit – allgemein auch als Ertragskraft bezeichnet – ist das Ziel der erfolgswirtschaftlichen Bilanzanalyse (vgl. Gräfer, H./Schneider, G./Gerenkamp, T. (2012), S. 27).

Grundlage der Analyse des Erfolgs eines Unternehmens ist regelmäßig der veröffentlichte Jahres- bzw. Konzernabschluss. Das von ihm gezeichnete Bild der wirtschaftlichen Verhältnisse kann allerdings nur als erster Ansatzpunkt für die Beurteilung des Unternehmens gesehen werden. Beurteilungskriterium der erfolgswirtschaftlichen Bilanzanalyse muss nämlich eine unter ökonomischen Gesichtspunkten definierte Erfolgsgröße sein. Das macht es u.a. erforderlich, gesellschafts- oder steuerrechtliche Einflüsse der Bilanzerstellung auszuschalten.

Gewinndefinition und -ermittlung

Vor der Analyse des Periodenerfolgs bzw. des Gewinns einer Unternehmung ist aus Sicht des Bilanzanalysten zunächst einmal zu klären, was betriebswirtschaftlich unter dem Begriff »Erfolg« bzw. »Gewinn« zu verstehen ist. Im Schrifttum finden sich bspw. folgende Gewinnbegrifflichkeiten: bilanzieller Gewinn, verursachter Gewinn, realisierter Gewinn, erzielter Gewinn, ausschüttbarer Gewinn, nomineller Gewinn, kalkulatorischer Gewinn. Diese Begriffe lassen sich teilweise unterschiedlichen Bereichen der Betriebswirtschaftslehre zuordnen.

Werden die beiden Begriffe »Erfolg« und »Gewinn« inhaltlich gleichgesetzt, steht und fällt eine Normierung der Begriffe, d.h. eine Gewinndefinition, mit der Beantwortung der Frage: »Was ist der *richtige* Gewinn?« (vgl. dazu Küting, K. (2006a), S. 1441 ff.; Küting, K./Reuter, M. (2007), S. 2549 ff.; Reuter, M. (2008), S. 47 ff.). Zu ihrer Beantwortung muss insb. auf Grundlagen der Bilanztheorien und damit auf die Zwecksetzung und Ziele der Bilanz (vgl. hierzu Stützel, W. (1967), S. 321 ff.; Küting, K./Lauer, P. (2011), S. 1985 ff.) zurückgegriffen werden.

Grundlagen der Bilanztheorien

Wird der bilanztheoretischen Literatur gefolgt, lassen sich als zwei grundlegende (klassische) Bilanzziele einerseits die Vermögensermittlung und andererseits die Erfolgsermittlung erkennen. Je nachdem, ob die Zielsetzung der Bilanzierung nur in der Vermögensermittlung, nur in der Erfolgsermittlung oder in beidem gesehen wird, handelt es sich um die statische, dynamische oder organische (dualistische) Bilanztheorie (vgl. Seicht, G. (1970), S. 158 f., m.w.N.; dazu auch Baetge, J./Kirsch, H.-J./Thiele, S. (2012), S. 12 ff.).

Nach der statischen Bilanztheorie wird in der jährlichen Bilanz das Vermögen des Kaufmanns ermittelt. Diese Vermögensbilanz dient zugleich der Gewinnermittlung, weil der Gewinn statisch aus der Bilanz als Reinvermögenszuwachs abgeleitet wird (vgl. Moxter, A. (1984), S. 5).

Im Gegensatz dazu geht die dynamische Bilanzauffassung von einem anderen Gewinnbegriff aus. Der Gewinn aus dynamischer Sichtweise wird aus der Erfolgsrechnung abgeleitet und stellt sich als Differenz von Aufwendungen und Erträgen dar. Es werden bei der Bilanzerstellung bestimmte Verzerrungen in der

Vermögensdarstellung in Kauf genommen, um einen aussagefähigeren Gewinn ermitteln zu können. Es kommt hier u. U. zur Aktivierung von Objekten, die erst in späteren Perioden ertragswirksam werden; abgestellt wird demnach bereits auf die Erwartung künftiger Erträge (vgl. Moxter, A. (1984), S. 31 ff., m. w. N.). Unabhängig von dem in der Literatur geführten Meinungsstreit, ob zwischen einer Reinvermögensänderung und dem Erfolg eine Kongruenz (sog. »Kongruenzprinzip«) besteht, lässt sich festhalten, dass »unter ›Gewinn‹ ein Mehr und unter ›Verlust‹ ein Weniger zu verstehen ist« (Seicht, G. (1970), S. 174).

Kongruenzprinzip

Unter Geltung des Kongruenzprinzips (vgl. hierzu Ordelheide, D. (1998a), S. 515 ff.; Busse von Colbe, W. (1992), S. 125 ff.; Küting, K. (2006a), S. 1441 ff.; Küting, K./Reuter, M. (2007), S. 2549 ff.; Küting, K./Reuter, M. (2008), S. 658 ff.; Reuter, M. (2008), S. 47 ff.) muss die Differenz zwischen Aufwendungen und Erträgen mit der Summe der einzelnen Reinvermögensänderungen identisch und damit – über die Totalperiode hinweg betrachtet – die Summe aller (nicht-gesellschafterbezogenen) Einnahmen abzgl. der Summe aller Ausgaben einer Unternehmung der Summe aller Periodenerfolge und somit dem Totalerfolg des Unternehmens entsprechen.

Gewinnkonzeption des HGB

Die Gewinnkonzeption des HGB ist gekennzeichnet von bestimmten Bilanzierungsprinzipien, allen voran dem Vorsichtsprinzip des § 252 Abs. 1 Nr. 4 HGB. Das daraus abgeleitete Realisations- und Imparitätsprinzip sowie das Anschaffungskostenprinzip führen dazu, dass im deutschen Handelsrecht grds. nur GuV-relevante Sachverhalte als ›Erfolgs‹-wirksam definiert sind und damit nur der Jahresüberschuss/-fehlbetrag der GuV als Periodenergebnis angesehen wird. Abgesehen von Anteilseignertransaktionen (Kapitalveränderungen und Ausschüttungen) und einigen wenigen Eigenkapitalveränderungen, die (noch) nicht über die GuV gebucht (›realisiert‹) wurden (z. B. bestimmte Effekte aus der Währungsumrechnung im Konzern), entspricht der als Ergebnis der GuV ermittelte Periodengewinn der Reinvermögens- und damit Eigenkapitalveränderung nach HGB (vgl. Bitz, M. et al. (2014), S. 38).

Nach HGB sind grds. alle nicht auf Einlagen oder Entnahmen beruhenden Reinvermögensänderungen Gewinn oder Verlust der Periode. Diese Konzeption entspricht damit am ehesten dem »clean surplus concept« der Finanzierungstheorie, bei dem alle Eigenkapitalveränderungen, die nicht auf Kapitaltransaktionen mit Eigentümern basieren, unabhängig von den ihnen zugrunde liegenden Sachverhalten in der GuV erfasst werden. Das Kongruenzprinzip wird damit eingehalten, weil der Totalerfolg eines Unternehmens trotz möglicher Gewinn- oder Verlustverlagerungen in andere Perioden unverändert bleibt (vgl. Coenenberg, A. G./Haller, A./Schultze, W. (2014), S. 508 ff.).

Internationale Gewinnkonzeption

Im Bereich der internationalen Rechnungslegungsnormen nach IFRS sind bei der Betrachtung der Reinvermögensänderung dahingegen u. U. auch Eigenkapitalveränderungen außerhalb der GuV und damit – nach klassischem HGB-Verständnis – ›Erfolgs‹-neutrale Komponenten zu berücksichtigen. Im Eigenkapital eines nach IFRS bilanzierenden Unternehmens können z. B. im Zusammenhang mit einer über die historischen Anschaffungs- oder Herstellungskosten hinausgehenden Fair Value-Bewertung nach IAS 16 oder IAS 38 sog. »Neubewertungsrücklagen« enthalten sein. Damit nähert sich die internationale Bilanzierung finanztheoretisch eher dem sog. »dirty surplus concept« an, bei dem nur die Erfolgskomponenten aus der gewöhnlichen Geschäftstätigkeit in der GuV Berücksichtigung finden. Andere Erfolgskomponenten, wie bspw. betriebsuntypische oder unregelmäßige, werden hingegen direkt im Eigenkapital erfasst, wodurch das Kongruenzprinzip durchbrochen wird (vgl. Coenenberg, A. G./Haller, A./Schultze, W. (2014), S. 510 ff.; in diesem Kontext auch Schildbach, T. (1999a), S. 1813 ff.; Deller, D. (2002)). Diese Konzeption führt dazu, dass es (mind.) zwei unterschiedliche ›Klassen‹ von Aufwendungen und Erträgen gibt (vgl. dazu Küting, K./Reuter, M. (2007), S. 2549 ff.; Reuter, M. (2008), S. 59).

Die grundlegenden Ursachen einer Eigenkapitalveränderung nach IFRS zeigt Übersicht 57 (vgl. Reuter, M. (2014), Rn. 18; auch Reuter, M. (2008), S. 57; Küting, K./Reuter, M. (2009a), Rn. 287).

<table>
<tr><td colspan="4">Eigenkapitalveränderungen der Periode (changes in equity)</td></tr>
<tr><td colspan="2">Gesamtergebnis
(comprehensive income)</td><td colspan="2" rowspan="2">Ergebnisneutrale
Veränderungen</td></tr>
<tr><td>GuV-wirksame
Veränderungen</td><td>GuV-neutrale
Veränderungen</td></tr>
<tr><td>Periodenergebnis
(profit or loss):
›Resultat der GuV‹</td><td>direkt im Eigenkapital erfasste Aufwendungen und Erträge
(other comprehensive income – OCI):
Sonstiges Ergebnis</td><td>Transaktionen mit Anteilseignern</td><td>retrospektive Anpassungen</td></tr>
</table>

Übersicht 57: Eigenkapitalveränderung nach IFRS

Other comprehensive income (OCI)

Die Aufwendungen und Erträge, die in der GuV Berücksichtigung finden, ergeben per Saldo das Periodenergebnis (profit or loss) und sind damit – im klassischen HGB-Verständnis – GuV-wirksam (sog. ›Resultat der GuV‹). Der Saldo aus den sonstigen Eigenkapitalveränderungen, die keine Zahlungsvorgänge mit Anteilseignern darstellen, ergibt das sog. »other comprehensive income« (OCI), das in der deutschen Übersetzung als »Sonstiges Ergebnis« bezeichnet wird. Die Abgrenzung zwischen der Zurechnung zum Periodenergebnis oder zum OCI folgt bis heute keiner theoretisch-konzeptionellen Überlegung, obwohl gerade dieser Punkt seit geraumer Zeit weitgehende Kritik – nicht zuletzt innerhalb des IASB selbst – ausgelöst hat (vgl. Sellhorn, T./Hahn, S./Müller, M. (2011), S. 1016). Die nach der Gewinnkonzeption der IFRS maßgebliche Erfolgsgröße, der ›IFRS-Gewinn‹ (vgl. Küting, K./Reuter, M. (2007), S. 2549 ff.; Reuter, M. (2008), S. 62), setzt sich somit aus den beiden Teilerfolgsgrößen der GuV- und der OCI-Rechnung zusammen. Damit müssen die einzelnen Bestandteile des OCI zum ›Resultat der GuV‹ hinzugerechnet werden, um die Reinvermögensänderung – vorbehaltlich Anteilseignertransaktionen und retrospektiver Anpassungen – zu erhalten. Oder anders formuliert: Der Gewinn bzw. das Ergebnis der Periode nach IFRS weicht von dem in der GuV ausgewiesenen Erfolg um die Eigenkapitalveränderungen des OCI ab (vgl. nur Reuter, M. (2008), S. 57, m. w. N.; Coenenberg, A. G./Haller, A./Schultze, W. (2014), S. 511 ff.; Pellens, B. et al. (2014), S. 174). Diese Unterteilung der Erfolgsgröße nach IFRS zeigt sich auch an der Regelung von IAS 1.10 i. V. m. IAS 1.81A ff., nach der im IFRS-Abschluss eine ›Gesamtergebnisrechnung‹ zu erstellen ist, die den ›klassischen‹ Periodenerfolg lt.

GuV nur noch als Zwischensumme enthält. Im Rahmen der Erfolgsanalyse – insb. bei einem normenübergreifenden Vergleich zwischen HGB- und IFRS-Bilanzierern – ist dieser grundlegende Unterschied zwischen beiden Erfolgskonzeptionen zwingend zu berücksichtigen.

Recycling

Weiterhin ist zu beachten, dass Teile der im OCI verbuchten Eigenkapitaländerungen zu einem späteren Zeitpunkt Auswirkungen auf das Periodenergebnis (profit or loss) haben können. So schlagen sich bspw. im OCI erfasste Währungsumrechnungsdifferenzen unter bestimmten Voraussetzungen (vgl. 5. Abschn., 5.4) GuV-wirksam und damit als Teil des GuV-Ergebnisses nieder. Diese in der Praxis als »Recycling« bezeichnete GuV-wirksame Erfassung zunächst im OCI zwischengespeicherter Eigenkapitaländerungen hat zwar keinen Einfluss auf die Höhe des Eigenkapitals, unterscheidet sich jedoch im Ausweis und somit in der damit verbundenen Kommunikation. Um mögliche Effekte aus der GuV-wirksamen Erfassung zwischengeparkter OCI-Bestandteile für die Jahresabschlussadressaten bereits a priori transparent zu machen, wurde mit IAS 1 (rev. 2011) die Ausweisvorschrift IAS 1.82A eingeführt, die eine Aufspaltung des OCI in recyclingfähige und nicht-recyclingfähige Komponenten fordert (vgl. für eine Übersicht der OCI-Komponenten in Abhängigkeit eines möglichen »Recycling« Sellhorn, T./Hahn, S./Müller, M. (2011), S. 1014).

Struktur ›IFRS-Gewinn‹

Die sich aus IAS 1.82A ergebende Struktur des ›IFRS-Gewinns‹ verdeutlicht Übersicht 58 (vgl. Pellens, B. et al. (2014), S. 173 ff.; zur terminologischen Definition der Erfolgsbegriffe Haller, A./Schlossgangl, M. (2003), S. 319).

<table>
<tr><td colspan="3">Gesamtergebnis
(comprehensive income): (›IFRS-Gewinn‹)</td></tr>
<tr><td>GuV-wirksame
Veränderungen</td><td colspan="2">GuV-neutrale
Veränderungen</td></tr>
<tr><td>Periodenergebnis
(profit or loss):
›Resultat der GuV‹</td><td colspan="2">direkt im Eigenkapital erfasste Aufwendungen und Erträge
(other comprehensive income – OCI):
Sonstiges Ergebnis</td></tr>
<tr><td></td><td>recyclingfähige
OCI-Komponenten</td><td>nicht-recyclingfähige
OCI-Komponenten</td></tr>
</table>

Übersicht 58: Struktur des ›IFRS-Gewinns‹

Vorsichtige Gewinndefinition

Wird – vor dem Hintergrund einer nachhaltigen Gewinnerzielungsabsicht der Unternehmung – einer vorsichtigen Gewinndefinition gefolgt, wird der Gewinnbegriff im betriebswirtschaftlichen Sinn durch den Geldbetrag bestimmt, der einem Unternehmen in einem Geschäftsjahr bei Erhaltung der Leistungsfähigkeit und Sicherung des künftigen (gleich bleibenden) Einkommens maximal entzogen werden kann. Er ist somit abhängig von der Konzeption der Unternehmenserhaltung bzw. von der Definition des Ertragswerts (vgl. bereits Wöhe, G. (1997), S. 350 ff.; Hauschildt, J. (1998), S. 288 ff.). Bei der Analyse erweist sich damit allerdings insb. das der Gewinnermittlung nach HGB zugrunde liegende Nominalwertprinzip als problematisch, aber auch das Prinzip der Anschaffungs- oder Herstellungskosten kann zum Ausweis erheblicher Scheingewinne führen. Die Analyse wird – unabhängig vom zugrunde liegenden Rechnungslegungsnormensystem – neben den durch die grds. Diskrepanz zwischen der handelsbilanziellen und der betriebswirtschaftlichen Bilanzauffassung verursachten Problemen gerade durch die Existenz umfangreicher (offener und verdeckter) Ansatz- und Bewertungswahlrechte sowie Ermessensspielräume zusätzlich erschwert (vgl. Brösel, G. (2014), S. 183 ff.; ausführlich dazu 2. Abschn., 1.4). Darüber hinaus kann auch das Verhältnis von Handels- und Steuerbilanz Einfluss auf den Gewinnbegriff nehmen.

Fazit zur Frage nach dem ›richtigen‹ Gewinn

Die Frage nach dem betriebswirtschaftlich ›richtigen‹ Gewinn kann nur in Abhängigkeit von dem jeweils zugrunde liegenden Bilanzzweck beantwortet werden (vgl. Küting, K. (2006a), S. 1441 ff.). Die aus dem Bilanzzweck abgeleiteten Bilanzierungsnormen sind der wichtigste Orientierungspunkt zur Ableitung der ›richtigen‹ Gewinngröße. Darüber hinaus nehmen noch die zugrunde liegende Substanzerhaltungskonzeption und ggf. das Verhältnis von Handels- und Steuerbilanz Einfluss auf die Bestimmung der Gewinngröße.

Sonstige Teilgebiete der Erfolgsanalyse

Neben der Ermittlung des tatsächlichen Unternehmenserfolgs steht insb. die Analyse der Erfolgsstruktur im Mittelpunkt des Interesses. Dabei geht es zum einen um die Betrachtung der verschiedenen Erfolgsquellen und -ursachen, zum anderen um die Untersuchung der Aufwands- und Ertragsstruktur. Die Betrachtung weiterer Kennzahlen in ihrer Bedeutung als Erfolgsindikatoren sowie die Durchführung verschiedenartiger Rentabilitäts-, Wertschöpfungs- und Gewinnschwellenanalysen sollen schließlich versuchen, zu einer möglichst umfassenden Erfolgsanalyse und einer fundierten Abschätzung der künftigen Ertragskraft zu gelangen (vgl. dazu Übersicht 59).

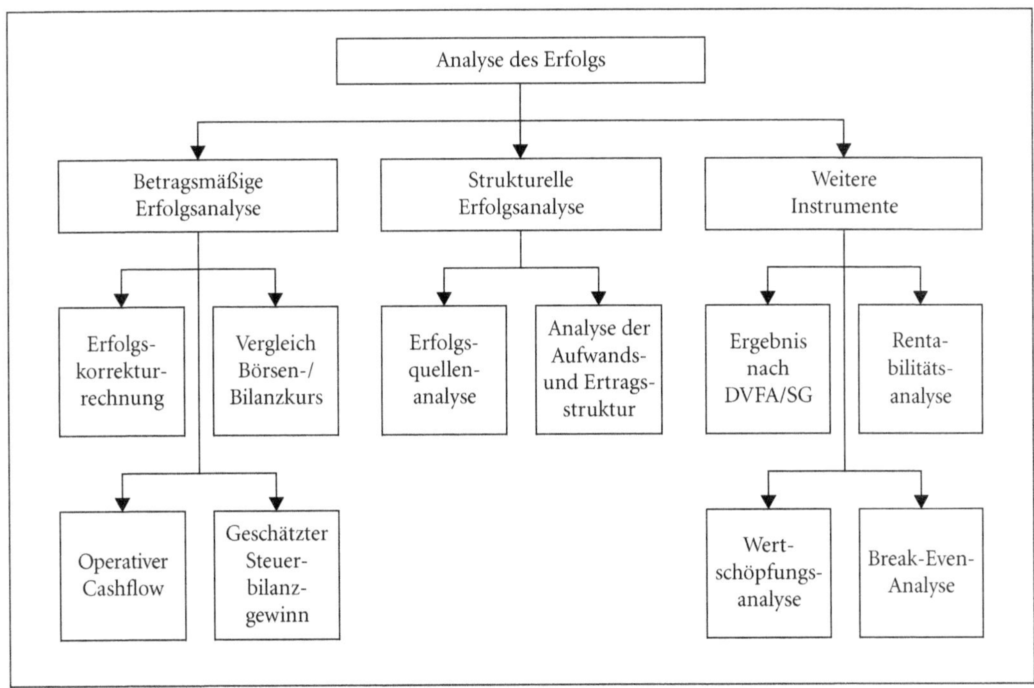

Übersicht 59: Teilgebiete der erfolgswirtschaftlichen Bilanzanalyse

2.2 Betragsmäßige Erfolgsanalyse

Begründung

Der im (Konzern-)Jahresabschluss eines Unternehmens ausgewiesene und veröffentlichte Erfolg kann u. U. erheblich von der tatsächlich erzielten Ergebnisgröße abweichen und ermöglicht somit keinen hinreichend genauen Einblick in die tatsächliche Ertragslage eines Unternehmens. Der Grund dafür ist in erster Linie in der Legung und Auflösung stiller Reserven zu sehen, die durch zielgerichtete Ausnutzung des bilanzpolitischen Instrumentariums erreicht werden können.

Vorgehensweise

Die betragsmäßige Erfolgsanalyse versucht, diese Differenz zwischen ausgewiesenem und tatsächlichem Periodenerfolg darzustellen und darauf aufbauend mit Hilfe der Anhanginformationen eine bereinigte Erfolgsgröße abzuleiten, die dem tatsächlich erwirtschafteten, also dem betriebswirtschaftlich ›richtigen‹ Unternehmenserfolg näher kommen soll. Dieser ›richtige‹ Periodenerfolg ist dadurch charakterisiert, dass die in der GuV erfassten Aufwendungen auch dem tatsächlich eingetretenen Werteverzehr entsprechen und die Erträge die zutreffend periodisierten Einnahmen widerspiegeln.

2.2.1 Grundsatzfragen der betragsmäßigen Erfolgsanalyse

2.2.1.1 Zum Verhältnis von ausgewiesenem und tatsächlichem Erfolg

Handelsbilanzielle Erfolgsgrößen

Das wesentliche Ziel der Erfolgsanalyse besteht in der Beurteilung der Ertragskraft des zu analysierenden Unternehmens, wobei die Ertragskraft die Fähigkeit widerspiegelt, in der Zukunft nachhaltig Gewinne zu erzielen (vgl. LACHNIT, L. (1987), S. 33; COENENBERG, A. G./HALLER, A./SCHULTZE, W. (2014), S. 1103 ff.). In der Rechnungslegung findet der Gewinn oder der Verlust – als Ausdruck des Erfolgs des betreffenden Geschäftsjahrs – seinen Niederschlag in der GuV grds. im Posten »Jahresüberschuss« oder »Jahresfehlbetrag«. Diese Größe vermittelt jedoch vielfach keinen zutreffenden Einblick in die Ertragslage des Unternehmens, welcher unter betriebswirtschaftlichen Gesichtspunkten überzeugen könnte. Der in der GuV ausgewiesene Periodenerfolg ist nämlich nicht identisch oder auch nur vergleichbar mit dem Gewinn, den die Gesellschaft in einer Periode tatsächlich erzielt hat (vgl. WÖHE, G. (1997), S. 328). Im Bereich der internationalen Bilanzierung sind darüber hinaus die im ›Sonstigen Ergebnis‹ (OCI) erfassten Wertänderungen zu betrachten und betriebswirtschaftlich zu würdigen (vgl. hierzu REUTER, M. (2008), S. 172 ff., m. w. N.).

Aussagefähigkeit

Der Jahresüberschuss als Saldogröße der Gewinn- und Verlustteile kann bereits um Ertragsteile der laufenden Periode gekürzt worden sein (z. B. Steuerzahlungen, Aufwendungen aus Verlustübernahme- oder Gewinnabführungsverträgen) oder Ertragsteile enthalten, die früheren Perioden (Steuererstattungen) oder anderen Unternehmen (Erträge aus Gewinnabführungen) zuzurechnen sind. Außerdem kann der Jahresüberschuss durch bilanzpolitische Gestaltungen in der Weise beeinflusst werden, dass der (Konzern-)Jahresabschluss keinen ausreichenden Einblick in die Ertragslage mehr zulässt (vgl. LEFFSON, U. (1984), S. 11; WÖHE, G. (1997), S. 328). Vielmehr kann der (Konzern-)Jahresabschluss durch eine gezielte Anwendung bilanzpolitischer Maßnahmen u. U. sogar zu Fehlschlüssen verleiten, weil durch die Bildung und Auflösung stiller Reserven nahezu alle vertikalen und horizontalen Bilanzkennzahlen in jeweils unterschiedlichem Ausmaß beeinflusst und damit verfälscht werden können.

Problematik der stillen Reserven

Die entscheidende Ursache, warum sich eine Kluft zwischen dem ausgewiesenen und dem tatsächlichen betriebswirtschaftlichen Erfolg eines Unternehmens ergeben kann, liegt in der Legung und Auflösung stiller Reserven. Sie wiederum sind – wie zu zeigen sein wird – untrennbar mit grundlegenden Fragen der Bilanzpolitik verbunden; denn letztlich sind sie größtenteils das Resultat des Einsatzes des bilanzpolitischen Instrumentariums (vgl. dazu bereits Küting, K. (2000a), S. 391 ff.; Küting, K. (2000a), S. 435 ff.; Küting, K./Reuter, M. (2005), S. 706 ff.).

Definition der stillen Reserven

Stille Reserven werden definiert als Differenz zwischen dem Buchwert und einem höheren Vergleichswert (z. B. dem Zeit- oder Wiederbeschaffungswert) von Vermögenswerten bzw. den Buchwerten und den niedrigeren tatsächlichen Werten von Schulden; sie sind – wie bereits aus der Bezeichnung hervorgeht – aus der Bilanz nicht ersichtlich. Sind die Vermögenswerte hingegen überbewertet – die Buchwerte überschreiten die Vergleichswerte – bzw. die Schulden mit einem Wert angesetzt, der unter dem tatsächlichen Wert liegt – die Buchwerte unterschreiten also die Vergleichswerte –, liegen stille Lasten vor. Dieser letztgenannte Fall dürfte jedoch regelmäßig nicht auftreten, weil die Bilanzierungsvorschriften eine Überbewertung der Aktivseite grds. nicht zulassen. Wenn fortan nur noch von stillen Reserven die Rede ist, gelten die Ausführungen jedoch auch für stille Lasten; allerdings mit umgekehrtem Vorzeichen.

Auswirkungen

Werden stille Reserven gelegt, wird der ausgewiesene Periodenerfolg – mit Ausnahme der sog. »Zwangsreserven« – rein buchungstechnisch gekürzt. Bei alleiniger Betrachtung des veröffentlichten Periodenerfolgs führt dies zu einer Unterschätzung der Ertragskraft. Eine Auflösung stiller Reserven spiegelt hingegen eine zu günstige Erfolgssituation wider; die Ertragskraft eines Unternehmens würde in diesem Fall also überschätzt (vgl. hierzu bereits Coenenberg, A. G. (1990a), S. 27).

Erfolgsglättung

Es kann so ein stiller Erfolgsausgleich – eine stille Erfolgsglättung – vorgenommen werden, ohne dass dies aus betreffendem Abschluss ersichtlich ist. Heinen (E. (1986), S. 311) spricht in diesem Zusammenhang zutreffend von einer »Manövriermasse der Gewinnpolitik« und Leffson (U. (1984), S. 11) weist auf die Möglichkeit hin, mit stillen Reserven das »Jahresergebnis nach Bedarf zu schönern oder zu verschlechtern«.

Periodisierungsproblem

Hier wird deutlich, dass stille Reserven ein Periodisierungsproblem darstellen. Es werden grds. die Erfolgsausweise von mind. zwei Perioden beeinflusst, weil die Bildung stiller Reserven regelmäßig auch eine Auflösung nach sich zieht. Charakteristisch für den Einsatz von Bilanzierungs- und Bewertungswahlrechten sowie von Ermessensspielräumen ist nämlich, dass der Totalgewinn eines Unternehmens prinzipiell nicht gesteuert werden kann. Eine bilanzpolitisch bedingte Erfolgskürzung führt also irgendwann zu einer bilanzpolitisch bedingten Erfolgserhöhung.

Zwangsreserven

Stille Reserven können in Zwangs-, Dispositions-, Ermessens- sowie Willkürreserven unterteilt werden (vgl. dazu Seicht, G. (1986), 283 f.; Schedlbauer, H. (1990), S. 137 f.; Küting, K. (1999)). Sog. »Zwangsrücklagen entstehen als Folge gesetzlicher Objektivierungen« (Baetge, J./Kirsch, H.-J./Thiele, S. (2007), S. 253), indem der Gesetzgeber bzw. Standardsetter den Ansatz über einen bestimmten Wert hinaus untersagt. So verbietet bspw. der deutsche Gesetzgeber bei einer Bilanzierung nach HGB grds. eine Überschreitung der Anschaffungs- oder Herstellungskosten und erzwingt damit die Legung stiller Reserven, wenn ein Vergleichswert – bspw. der Börsen-, Markt- oder beizulegende Wert – diese gesetzlich festgeschriebene absolute Wertobergrenze überschreitet. Es wird also deutlich, dass die Bildung dieser Art stiller Reserven außerhalb der Beeinflussbarkeit durch den Bilanzierenden liegt. Nach den internationalen Rechnungslegungsnormen gilt diese Feststellung indes nur eingeschränkt, zumal die IFRS für bestimmte Teile des Vermögens entweder eine Fair Value-Bewertung verpflichtend anordnen oder zumindest (optional) zulassen.

Dispositionsreserven

Dispositionsreserven entstehen durch die Anwendung legaler Bilanzpolitik, indem sich der Bilanzierende bei der Ausübung von Ansatz- und Bewertungswahlrechten für jene bilanzpolitischen Maßnahmen entscheidet, die zu niedrigeren Ansätzen des Vermögens oder zu höheren Ansätzen der Schulden führen. Dispositionsreserven werden dann gebildet, sofern dem »Bilanzierenden durch gesetzliche Ansatz- und Bewertungswahlrechte ein genau definierter Bilanzierungsfreiraum offensteht« (Heinhold, M. (1998), S. 676).

Ermessensreserven

Ermessensreserven, die in der Praxis die wohl wichtigste Rolle spielen, ergeben sich nicht unmittelbar aus dem Gesetz oder einem Standard. Sie resultieren vielmehr aus der Tatsache, dass eine vollständige Normierung sämtlicher ökonomischer Vorgänge praktisch nicht durchführbar ist. Darüber hinaus sind sie bspw. eine Konsequenz kaufmännischer Vorsicht als einer wesentlichen Grundnorm einer Bilanzierung nach HGB sowie mangelnder Informationen und der allgemeinen Ungewissheit über den Eintritt zukünftiger Ereignisse (vgl. Schedlbauer, H. (1990), S. 137; Pfleger, G. (1991), S. 35). In diesen Fällen bietet sich dem Bilanzierenden eine Bandbreite akzeptabler Wertansätze. Gerade in den Bereichen der Rückstellungsbemessung, der Aktivierung von Entwicklungskosten, dem Ansatz latenter Steuern auf steuerliche Verlustvorträge, der Festlegung von Nutzungsdauern von Anlagegütern oder der Bestimmung des Umfangs außerplanmäßiger Abschreibungen steht ein umfangreiches Potenzial zur Bildung von Ermessensreserven zur Verfügung. Das Ausmaß der im konkreten Fall gebildeten Ermessensreserven resultiert dabei aus einer individuellen Abschätzung des jeweiligen zukünftigen oder aber bereits eingetretenen Ereignisses.

Willkürreserven

Willkürreserven schließlich verfälschen eindeutig die Unternehmenslage, weil sie unabhängig vom tatsächlichen Wert des Vermögens gebildet werden; sie führen zu einer »vorsätzlich unrichtigen Wiedergabe der Vermögens- und Ertragslage« (Schedlbauer, H. (1990), S. 137) und sind allein vom »persönlichen Willen des Bilanzierenden … getragen« (Seicht, G. (1986), S. 284).

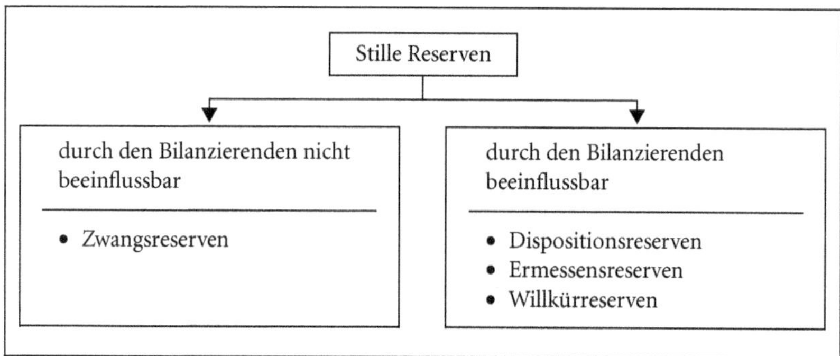

Übersicht 60: Systematik stiller Reserven

Gemeinsames Kennzeichen der drei zuletzt genannten Arten von stillen Reserven ist die Beeinflussbarkeit durch den Bilanzierenden. In ihrer Höhe – durch den Analysten erkennbar oder nicht – kann eine bewusste, zweckorientierte Steuerung des ausgewiesenen Periodenerfolgs gegeben sein.

Konsequenzen für die Erfolgsanalyse

Die Bildung stiller Reserven führt – wie gezeigt – grds. zu einem niedrigeren Erfolgsausweis, während die Auflösung regulär eine überhöhte Erfolgskraft widerspiegelt. Beide Vorgänge verfälschen die periodengerechte Darstellung der Ertragslage und erschweren somit eine zielgerichtete Bilanzanalyse. Eine zentrale Aufgabe der erfolgswirtschaftlichen Bilanzanalyse muss es deshalb sein, den Umfang der gebildeten und aufgelösten stillen Reserven so weit wie möglich zu erkennen, abzuschätzen und, soweit sie quantifizierbar sind, aus dem ausgewiesenen Periodenerfolg zu eliminieren.

Nur wenn dies gelingt, hat der Analyst die Chance, den tatsächlichen Periodenerfolg eines Unternehmens zu ermitteln. Damit steht und fällt eine aussagefähige Erfolgsanalyse, sodass letztlich die Ermittlungsprobleme stiller Reserven die zentrale Frage der Erfolgsanalyse schlechthin darstellen.

Bilanzpolitik und stille Reserven

Zwischen dem Ausmaß stiller Reserven und der Bilanzpolitik als einem Instrument zur bewussten, insb. im Hinblick auf die Unternehmensziele zweckorientierten Gestaltung des Vermögens-, Schulden- und Erfolgsausweises im (Konzern-)Jahresabschluss bestehen enge Verbindungen. Denn je mehr Gestaltungsmöglichkeiten dem Bilanzierenden eingeräumt werden, umso umfangreicher können auch stille Reserven gelegt und damit der Erfolgsausweis entsprechend beeinträchtigt werden. Konkret heißt dies: Je weniger Gestaltungsmöglichkeiten bestehen, umso geringer wäre die Kluft zwischen dem ausgewiesenen und dem tatsächlichen Erfolg.

2.2.1.2 Ausschluss stiller Reserven durch normative Vorgaben?

Die Möglichkeiten zur Bildung und Auflösung stiller Reserven sind unmittelbar abhängig von den Vorschriften zur Rechnungslegung. Denn das Ausmaß stiller Reserven wird ganz wesentlich dadurch bestimmt, inwieweit diese Vorschriften den Einsatz des bilanzpolitischen Instrumentariums ermöglichen (vgl. auch 2. Abschn.). Bei den Instrumenten zur Beeinflussung der Erfolgshöhe kann zwischen Wahlrechten und Ermessensspielräumen unterschieden werden (vgl. dazu 2. Abschn., 1.4).

Einfluss gesetzlicher bzw. normativer Vorschriften

Rechnungslegungsvorschriften können den bilanzpolitischen Spielraum eines Unternehmens einengen oder auch erweitern, indem sie die Anzahl der Wahlrechte und Ermessensspielräume verändern. Ausschließen können sie den bilanzpolitischen Handlungsspielraum jedoch nicht; denn es liegt gerade im Wesen der Ermessensspielräume begründet, die nur begrenzt regelbare ökonomische Tatbestände betreffen, dass sich überwiegend subjektive Momente insb. im Rahmen der Bewertung nicht eindeutig normieren lassen.

Anmerkung: Unter Bilanzpolitik wird an dieser Stelle lediglich die materielle Bilanzpolitik i. e. S. verstanden, d. h., Sachverhaltsgestaltung und formelle Bilanzpolitik finden keine Berücksichtigung (vgl. zu den Formen der bilanzpolitischen Instrumente 2. Abschn., 1.4).

Aus den bisherigen Überlegungen lassen sich insoweit nun folgende Ergebnisse ableiten:

Keine Willkürreserven

(1) Nach HGB und IFRS existieren grds. keine Regelungen, die Willkürreserven ermöglichen.

Korrektur der Zwangsreserven

(2) Da das HGB grds. auf dem Nominalwertprinzip beruht, treten Zwangsreserven in der HGB-Rechnungslegung unvermeidlich auf. Diese stillen Zwangsreserven – bspw. durch nicht unerhebliche Wertsteigerungen im Bereich langfristig gehaltener Immobilien – entstehen, ohne dass hierdurch eine zu hohe Aufwandsverrechnung erfolgt und damit die Ertragsfähigkeit unterschätzt würde. Über die Bildung stiller Zwangsreserven muss generell weder in der Bilanz noch im Anhang berichtet werden. Damit erübrigt sich auch die Frage, wie die Bildung dieser vom Gesetzgeber erzwungenen stillen Zwangsreserven im Rahmen der Erfolgsanalyse zu berücksichtigen ist.
Die Auflösung stiller Zwangsreserven hingegen tangiert die Erfolgsrechnung, indem – durch die Realisierung sog. »Buchgewinne« – die Ertragslage nunmehr verbessert wird. Über solche Vorgänge kann u. U. berichtet werden, wenn z. B. bei einem Verkauf von Vermögenswerten Preise erzielt werden, welche die ursprünglichen bzw. fortgeführten Anschaffungs- oder Herstellungskosten übersteigen.

Korrektur der Ermessensreserven

(3) Ermessensspielräume führen zu Ermessensreserven. Im Fall der Ermessensspielräume haben die subjektiven Momente stets von Neuem eine entscheidende Bedeutung, denn es ist jeweils eine neue und individuelle Einschätzung von Sachverhalten vorzunehmen. Diese Subjektivität der entsprechenden Bilanzierungs- oder Bewertungsentscheidungen ist unaufhebbar (vgl. Pfleger, G. (1991), S. 35).
Da sich Ermessensspielräume allein aufgrund der Subjektivität bestimmter Entscheidungen niemals gänzlich ausschließen lassen und über diese Tatbestände weder in der Rechnungslegung nach HGB noch bei einer Bilanzierung nach IFRS grds. betragsmäßig berichtet wird, entzieht sich dieser Bereich einer quantitativen bzw. betragsmäßigen Erfolgsanalyse. Davon unberührt bleibt natürlich eine möglichst weitgehende Einbeziehung solcher Tatbestände in eine qualitative Tendenzanalyse (vgl. in Ansätzen bereits Mayer, A. (1989), S. 187 f.; Gräfer, H./Schneider, D./Gerenkamp, T. (2012), S. 16 ff.; 4. Abschn., 4.).

Korrektur der Dispositionsreserven

(4) Damit verbleiben – von der Auflösung der Zwangsreserven abgesehen – für die Zwecke einer externen betragsmäßigen erfolgswirtschaftlichen Bilanzanalyse von den Teilkomponenten stiller Reserven allein die Dispositionsreserven. Ob es gelingt, die Höhe dieser Art von stillen Reserven zu erfassen, ist zunächst davon abhängig, ob im Anhang über die Ausnutzung bilanzpolitischer Wahlrechte überhaupt berichtet wird (vgl. dazu Schulte, K.-W. (1986), S. 1468 ff.; Coenenberg, A. G./Haller, A./Schultze, W. (2014), S. 1012).
Wenn eine Berichterstattung erfolgt, ist weiterhin vorauszusetzen, dass aufgrund entsprechender Angaben die Höhe der gebildeten oder aufgelösten stillen Reserven bekannt wird.

Die bisherigen Ausführungen haben gezeigt, dass sich wichtige Teilkomponenten der stillen Reserven bereits vom Grundsatz her einer bilanzanalytischen Identifikation verschließen. Wenn Bildung und Auflösung stiller Reserven als Ursache der Differenz zwischen ausgewiesenem und tatsächlichem Erfolg betrachtet wurden, kann allein aufgrund der bislang aufgezeigten Gründe die bestehende Kluft nicht gänzlich beseitigt, sondern – und auch das wird in den folgenden Ausführungen noch zu überprüfen sein – allenfalls vermindert werden.

Zusätzliche Restriktionen

Dieses vorläufige Ergebnis muss allerdings relativiert werden. Denn die bislang angestellten Überlegungen zur »Bilanzpolitik« bezogen sich auf ein vorgegebenes Mengengerüst der zu bilanzierenden und zu bewertenden Tatbestände. Sofern jedoch berücksichtigt wird, dass Bilanzpolitik über die Abbildungsebene hinaus auch mit Hilfe sachverhaltsgestaltender Maßnahmen (vgl. dazu 2. Abschn., 1.4) betrieben werden kann, indem das der Bilanzierung zugrunde liegende Mengengerüst ebenfalls zielorientiert beeinflusst wird, werden weitere (systembedingte) Grenzen einer zweckentsprechenden Erfolgsanalyse deutlich. Dies gilt umso mehr, als sachverhaltsgestaltende Maßnahmen einen erheblichen Einfluss auf den Erfolgsausweis nehmen können und in aller Regel – zumindest in exakter Höhe – nicht aus dem (Konzern-)Jahresabschluss ersichtlich sind.

Merksätze

1. Der im (Konzern-)Jahresabschluss ausgewiesene Periodenerfolg vermittelt nur bedingt einen Einblick in die wirkliche Ertragslage eines Unternehmens.
2. Die Kluft zwischen ausgewiesenem und tatsächlichem betriebswirtschaftlichem Erfolg ist in erster Linie durch die Legung und Auflösung stiller Reserven bedingt. Stille Reserven sind dabei i. d. R. das Resultat des Einsatzes des bilanzpolitischen Instrumentariums.
3. Die Legung stiller Reserven führt zu einer Unterschätzung der Ertragskraft; die Auflösung hingegen spiegelt eine zu günstige Erfolgssituation wider.
4. Stille Reserven lassen sich unterteilen in Zwangs-, Dispositions-, Ermessens- und Willkürreserven, wobei sich lediglich die drei letztgenannten Kategorien durch den Bilanzierenden beeinflussen lassen.
5. Die Möglichkeiten zur Bildung und Auflösung stiller Reserven stehen in unmittelbarem Zusammenhang mit den Rechnungslegungsvorschriften. Aufgrund des grds. Nominalwert- und Anschaffungskostenprinzips des HGB treten Zwangsreserven teilweise unvermeidlich auf. Ermessensreserven entstehen aus Ermessensspielräumen infolge der praktischen Unmöglichkeit einer vollständigen Normierung der ökonomischen Wirklichkeit und lassen sich daher nicht quantifizieren. Allein die Dispositionsreserven aus Wahlrechten, bei denen eine Informationspflicht ausgelöst wird, können in eine betragsmäßige Analyse einbezogen werden.

2.2.2 Erfolgskorrekturrechnung

Quantitative Bereinigung

Der theoretisch dargelegte Zusammenhang zwischen Bilanzpolitik und stillen Reserven soll nunmehr in einer Bereinigungsrechnung seinen Niederschlag finden, deren Resultat dem tatsächlich erwirtschafteten Periodenerfolg näher kommen soll als der im (Konzern-)Jahresabschluss ausgewiesene Erfolg. Grds. können hier in einem ersten Schritt nur solche stillen Reserven berücksichtigt werden, deren Bildung und Auflösung betragsmäßige Angabepflichten im Anhang erfordern. Dies ist tatsächlich aber nur bei der Ausschöpfung einer sehr begrenzten Anzahl bilanzpolitischer Parameter der Fall.

Sonstige Bereinigungsmöglichkeiten

Darüber hinaus muss der externe Analyst entscheiden, ob er in einem zweiten Schritt eine weitergehende Bereinigung vornehmen will. Dabei handelt es sich um solche Sachverhalte, die zwar auf die Höhe des ausgewiesenen Periodenerfolgs einen unmittelbaren und betragsmäßig feststellbaren Einfluss haben, die jedoch nur einzelfallbezogen, aber keineswegs pauschal als Möglichkeit zur Bildung oder Auflösung von stillen Reserven interpretiert werden können.

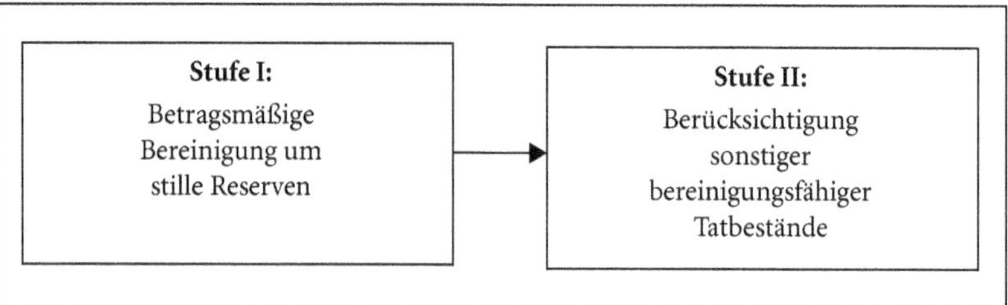

Übersicht 61: Abfolge der Erfolgskorrekturrechnung

2.2.2.1 Stufe I: Betragsmäßige Bereinigung um stille Reserven

Ausgangspunkt

Ausgangspunkt der betragsmäßigen Erfolgsanalyse sollte ein Periodenerfolg vor Ertragsteuern sein. Für diese Vorgehensweise sprach in der Vergangenheit die Problematik des nach Gewinnverwendungsstrategien (Thesaurierung, Ausschüttung) differenzierten (gespaltenen) Körperschaftsteuersatzes in Deutschland. Inzwischen lässt sich dies nur noch mit der angestrebten Vergleichbarkeit von Unternehmen unterschiedlicher Rechtsformen sowie ausländischen Unternehmen begründen. Zum ausgewiesenen Periodenerfolg wird daher zuerst der ertragsabhängige Steueraufwand addiert.

2.2.2.1.1 Änderung von Ansatz- und Bewertungsmethoden

Bildung stiller Reserven

Die auf den vorangegangenen (Konzern-)Jahresabschluss angewendeten Ansatz- und Bewertungsmethoden sind grds. beizubehalten (sog. »Stetigkeitsgebot«). Gleichwohl kann/muss in begründeten Ausnahmefällen bzw. wenn die Änderung aufgrund eines überarbeiteten Gesetzes, Standards oder einer Interpretation erforderlich ist oder dazu führt, dass der Abschluss zuverlässigere und relevantere Informationen über die Auswirkungen von Geschäftsvorfällen, sonstigen Ereignissen oder Bedingungen auf die Vermögens-, Finanz- oder Ertragslage oder Cashflows des Unternehmens vermittelt, von der Vorgehensweise in Vorperioden abgewichen werden (vgl. § 246 Abs. 3 HGB und § 252 Abs. 1 Nr. 6 HGB i. V. m. § 252 Abs. 2 HGB bzw. IAS 8.13 ff.). In bestimmten Fällen kann die Vermutung naheliegen, dass damit die Bildung stiller Reserven verbunden ist.

Grundsätzliche Informationspflicht

Eine Änderung von Bilanzierungs- und Bewertungsmethoden führt gem. § 284 Abs. 2 Nr. 3 HGB und nach IAS 8.28 ff. zu einer Informationspflicht über den entsprechenden Einfluss auf die Vermögens-, Finanz- und Ertragslage. Während diese nach HGB sowohl qualitativ als auch quantitativ ausgestaltet werden kann, muss nach IFRS neben der Erläuterung der Art der Änderung auch der entsprechende Anpassungsbetrag angegeben werden. Ob nun verbale Angaben ausreichen oder ob auch nach HGB direkt oder indirekt Beträge bzw. prozentuale Angaben zu machen sind, hängt letztlich von der Auswirkung der entsprechenden Methodenabweichung ab (vgl. WP-Handbuch (2012), Kap. F, Rn. 731).

Umgehungsmöglichkeit

Darüber hinaus kann es im Zweifel insb. bei einer HGB-Bilanzierung durchaus im Ermessen des Bilanzierenden liegen, zu beurteilen, ob nun tatsächlich eine berichtspflichtige Methodenänderung bei gleichen oder ähnlichen Sachverhalten bzw. art- und funktionsgleichen Vermögenswerten und Schulden vorliegt oder ob allein der Einzelbewertungsgrundsatz zur Anwendung gelangt. Die Auslegung dieses oftmals vorhandenen Ermessensspielraums determiniert in diesen Fällen also die grds. Anwendbarkeit bzw. Umgehungsmöglichkeit der Informationsvorschrift des § 284 Abs. 2 Nr. 3 HGB.

Korrektur

Konkret können selbstverständlich nur diejenigen Methodenänderungen in die Bereinigungsrechnung einfließen, zu denen betragsmäßige Angaben seitens der Unternehmen erfolgen. Inwieweit einzelne Methodenänderungen aber tatsächlich zur Bildung bzw. Auflösung stiller Reserven führen können, ist nur im Einzelfall zu entscheiden. So kann bspw. der Wechsel von der degressiven zur linearen Abschreibung gerade der Angleichung an den tatsächlichen Wertminderungsverlauf gerecht werden.

2.2.2.1.2 Anwendung von Bewertungsvereinfachungsverfahren im Vorratsvermögen

Vereinfachungsregelung

Als Vereinfachungsregelung zum allgemein vorherrschenden Grundsatz der Einzelbewertung erlauben das HGB wie auch die IFRS die Anwendung sog. »Bewertungsvereinfachungsverfahren« für bestimmte Vermögenswerte des Vorratsvermögens. Besondere Bedeutung kommt dabei den Verbrauchsfolgeverfahren zu. Während nach § 256 Abs. 1 HGB grds. sowohl das Lifo- als auch das Fifo-Verfahren zulässig sind (vgl. Zündorf, H. (2009), S. 112), kann nach IAS 2.25 ff. auf das Fifo-Verfahren sowie die Durchschnittsmethode zurückgegriffen werden. Diese Verfahren können zu Wertansätzen führen, die vom Stichtagswert einzeln bewerteter Vermögenswerte mehr oder weniger stark abweichen. Insb. bei starken Preisschwankungen sind diese Verfahren geeignet, durch gezielten bilanzpolitischen Einsatz den Erfolgsausweis zu beeinflussen und damit stille Reserven zu legen (vgl. Leonardi, H. (1990), S. 94).

Informationsvorschrift

§ 284 Abs. 2 Nr. 4 HGB verlangt für den Fall einer erheblichen Abweichung die Angabe eben dieser Beträge, bei denen es sich allein um stille Reserven handeln kann, denn das strenge Niederstwertprinzip im Umlaufvermögen verhindert eine zu stillen Lasten führende Überbewertung auf der Aktivseite. Die Erläuterungsvorschrift dient somit der Aufdeckung von gebildeten Bewertungsreserven (vgl. WP-Handbuch (2012), Kap. F, Rn. 739), die mit Hilfe einer Vergleichsrechnung zu ermitteln sind. Zweck dieser Vorschrift kann es dagegen nicht sein, evtl. vorhandene Zwangsreserven offen zu legen, selbst wenn der Vergleichswert über den Anschaffungskosten liegt. Denn betrachtet werden soll lediglich die Bewertungssituation bei Nichtanwendung der Vereinfachungsverfahren.

Auslegungsspielraum

Schwierigkeiten bei der Feststellung, ob eine Betragsangabe zu erfolgen hat, bereitet der unbestimmte Rechtsbegriff des ›erheblichen Unterschieds‹, weil es der Gesetzgeber versäumt hat, diesen näher zu definieren. Überdies muss nach h. M. für die Auslösung der Berichtspflicht die Wesentlichkeit für die zu bewertende Gruppe erfüllt sein (vgl. Adler, H./Düring, W./Schmaltz, K. (1995), § 284 HGB, Rn. 155). Es müssen somit nicht alle stillen Reserven angegeben werden, sondern nur diejenigen, deren Bildung bzw. Auflösung zu einem erheblichen Unterschied führen und damit eine Betragsangabe auslösen. Zudem liegt keine Angabepflicht vor, wenn ein Börsen- oder Marktpreis nicht feststellbar ist.

Korrektur

Das Bereinigungsschema berücksichtigt die jeweiligen Veränderungen des angegebenen Unterschiedsbetrags zum Vorjahresausweis. Eine Erhöhung bedeutet die Bildung stiller Reserven, eine Verminderung dagegen deren Auflösung. Trotz des großen Potenzials zur Bildung stiller Reserven bei der Vorratsbewertung kann eine Bereinigung des Periodenerfolgs vor ertragsabhängigen Steuern tatsächlich nur in wenigen Einzelfällen erfolgen (vgl. Treuarbeit (1990), Rn. 133 ff.).

2.2.2.1.3 Verzicht auf die Passivierung von Rückstellungen für Pensionen und ähnliche Verpflichtungen (nur HGB)

Unterdeckung

Bei Bilanzierung nach HGB gewährt Art. 28 Abs. 1 Satz 1 EGHGB für sog. »Altzusagen auf Pensionen und Anwartschaften auf Pensionen« ein Passivierungswahlrecht. Ein ebensolches Wahlrecht besteht danach generell für mittelbare Pensionsverpflichtungen und Anwartschaften sowie für ähnliche unmittelbare oder mittelbare Verpflichtungen. Der externe Analyst kann aus der Bilanz nicht erkennen, ob für diese Altzusagen oder sonstige mit einem Passivierungswahlrecht ausgestattete Pensions- oder ähnliche Verpflichtungen tatsächlich in voller Höhe Rückstellungen gebildet wurden. Zur Vermeidung eines verfälschten Vermögensausweises verpflichtet Art. 28 Abs. 2 EGHGB Kapitalgesellschaften zur Angabe des Unterschiedsbetrags, der sich aus der Differenz zwischen einer fiktiven Passivierung und dem ausgeübten Wahlrecht zur Nicht-Passivierung ergibt. Vergleichbare Wahlrechte hinsichtlich der (Nicht-)Passivierung von Pensionsverpflichtungen existieren im internationalen (IFRS-)Kontext nicht.

Korrektur

Hinsichtlich der betragsmäßigen Erfolgsanalyse ergibt sich aus dem gewährten Passivierungswahlrecht nach HGB im Falle einer Nicht-Passivierung folgende Korrekturmöglichkeit: Die Pensionsrückstellungen sind i. H. der Unterdeckung in der Bilanz zu niedrig ausgewiesen, folglich werden stille Lasten gelegt. Jener Aspekt kann im Zuge der Bereinigung des Periodenerfolgs ohne Weiteres mit berücksichtigt werden, weil es sich bei diesen stillen Lasten streng genommen um ›Dispositionsreserven mit negativem Vorzeichen‹ handelt.

Die Unterdeckung ist im Anhang betragsmäßig auszuweisen, wobei zur Bestimmung dieser Größe dieselben Bewertungskriterien zugrunde zu legen sind wie bei der Passivierung der unmittelbaren Pensionsrückstellungen (vgl. bereits IDW HFA 2 (1988), S. 405; auch Höfer, R. (2010), Rn. 654). Der Vergleich mit dem Vorjahreswert ermöglicht die Berechnung eindeutiger Jahresbeträge, die dann in die Bereinigungsrechnung Eingang finden können.

2.2.2.1.4 Zwischenergebnis: Bereinigungsrechnung

Begrenzte Korrekturmöglichkeiten

Die Analyse der gesetzlichen bzw. normativen Anhanginformationen, die betragsmäßige Angaben erforderlich machen können, hat gezeigt, dass auch in diesem Zusammenhang dem Bilanzierenden unterschiedliche Möglichkeiten zur Verfügung stehen, die Periodenerfolgsbeeinflussung durch die Existenz stiller Reserven darzustellen. Wo Gesetz oder Standards lediglich verbale Beschreibungen verlangen, finden sich für eine Analyse oftmals nur begrenzt brauchbare Angaben. Daneben eröffnet die Auslegung unbestimmter Rechtsbegriffe dem Bilanzersteller vielerorts weitere Ermessensspielräume.

Vorschlag für eine Bereinigungsrechnung

Vor diesem Hintergrund muss der Vorschlag der nachfolgenden Bereinigungsrechnung gesehen werden. Sie führt nicht zum tatsächlichen Periodenerfolg, sondern kann allenfalls tendenzielle Aussagen hinsichtlich der tatsächlichen Ertragslage ermöglichen.

	Jahresüberschuss/Jahresfehlbetrag gem. § 275 Abs. 2 Nr. 20 HGB; § 275 Abs. 3 Nr. 19 HGB
+	Steuern vom Einkommen und Ertrag
+	Erhöhung der stillen Reserven aus der Änderung von Bilanzierungs- und Bewertungsmethoden (§ 284 Abs. 2 Nr. 3 HGB)*
./.	Verminderung der stillen Reserven aus der Änderung von Bilanzierungs- und Bewertungsmethoden (§ 284 Abs. 2 Nr. 3 HGB)*
+	Erhöhung der stillen Reserven aus Bewertungsvereinfachungsverfahren bei Vorräten (§ 284 Abs. 2 Nr. 4 HGB)*
./.	Verminderung der stillen Reserven aus Bewertungsvereinfachungsverfahren bei Vorräten (§ 284 Abs. 2 Nr. 4 HGB)*
+	Verminderung der Unterdeckung bei den Pensionsrückstellungen gem. Art. 28 Abs. 1 EGHGB
./.	Erhöhung der Unterdeckung bei den Pensionsrückstellungen gem. Art. 28 Abs. 1 EGHGB
=	**Bereinigter Jahresüberschuss/-fehlbetrag I** (vor Steuern vom Einkommen und Ertrag)
* soweit betragsmäßig angegeben	

Übersicht 62: Berechnung des bereinigten Jahreserfolgs nach HGB

Keine vergleichbare Bereinigungsrechnung nach IFRS

Für IFRS-Abschlüsse lassen sich insoweit keine vergleichbaren Vorschläge für ein Bereinigungsschema machen, weil in diesem Rechnungslegungsnormensystem explizite Wahlrechte im Gegensatz zu faktischen Wahlrechten und Ermessensspielräumen nur eine untergeordnete Bedeutung spielen (vgl. dazu auch die Ausführungen unter 2. Abschn., 1.5).

2.2.2.2 Stufe II: Berücksichtigung sonstiger bereinigungsfähiger Tatbestände

Vergleichbarkeit von (Konzern-) Jahresabschlüssen

Auf dem Weg zur Ermittlung eines ›bereinigten Jahresüberschusses/-fehlbetrags II‹ sollen nun weitere bereinigungsfähige Tatbestände bzw. Veränderungen bestimmter Abschlussposten analytisch erfasst werden, denen nicht unmittelbar und ohne Weiteres der Charakter der Bildung oder Auflösung stiller Reserven zugeordnet werden kann. Sinnvoll erscheint eine Berücksichtigung derartiger Tatbestände, die im nur selten überprüfbaren Einzelfall stille Reserven beinhalten können, aber auch gerade im Hinblick auf eine anzustrebende Herstellung einer zwischenbetrieblichen Vergleichbarkeit von (Konzern-)Jahresabschlüssen von Interesse sind.

Die Anpassung veröffentlichter (Konzern-)Jahresabschlüsse durch die Eliminierung GuV-wirksamer Tatbestände soll dann sozusagen als Sekundärziel dienen, wenn aufgrund unzureichender Anhanginformationen evtl. vorhandene stille Reserven nur in einer groben Tendenz abgeschätzt werden können.

2.2.2.2.1 ›Vorsichtige‹ Bilanzanalyse

Je nach Zielsetzung der durchzuführenden Bilanzanalyse können bestimmte Bilanzposten, deren Bewertung vielfach relativ komplex und damit aus Sicht des externen Abschlusslesers mit einer erhöhten Unsicherheit behaftet ist, i. S. e. besonders ›vorsichtigen‹ Bilanzanalyse ebenfalls bereinigt werden. Zu denken ist hierbei vornehmlich an bilanzierte GoF, aktivierte Entwicklungskosten sowie aktive latente Steuern.

Erfolgt eine entsprechende Bereinigung um solche Bilanzposten, werden bei der Bilanzanalyse damit zwar mit erhöhter Unsicherheit behaftete Vermögenswerte (teilweise) eliminiert, künftige Nutzen- und damit verbundene Erfolgspotenziale jedoch (völlig) negiert. In der heutigen Technologie-, Dienstleistungs-, Informations- und Wissensgesellschaft haben derartige (meist immaterielle) Vermögenswerte allerdings zunehmend eine zentrale Bedeutung und determinieren wesentlich den (künftigen) Erfolg und damit den Wert von Unternehmen. Eine (vollständige) Negierung dieser Potenziale wird einer erfolgversprechenden Unternehmensbeurteilung und damit auch einer Bilanzanalyse i. d. R. nicht gerecht (vgl. in diesem Kontext auch 4. Abschn., 7.).

Die (vollständige) Eliminierung derartiger Bilanzposten als Ausfluss einer besonders ›vorsichtigen‹ Bilanzanalyse unterstellt eine zweifelhafte Werthaltigkeit einzelner Bilanzposten und negiert damit das im HGB geltende Vorsichtsprinzip bzw. die Vorschriften der IFRS zur regelmäßigen Werthaltigkeitsüberprüfung (Impairmenttest), die insb. die bestimmten Vermögenswerten immanente erhöhte Unsicherheit begrenzen sollen. Auch die unterschiedliche Bedeutung einzelner Vermögenswerte für bestimmte Geschäftstätigkeiten und in verschiedenen Branchen findet bei einer vollständigen Bereinigung solcher Posten keinen (regulär gebotenen) Eingang in die Bilanz- und Unternehmensanalyse.

Der Bilanzanalyst hat somit gründlich abzuwägen, ob und wenn ja, in welchem Umfang er sonstige bereinigungsfähige Sachverhalte in seine Analyse einfließen lässt. Die (vollständige) Bereinigung um vermeintlich die Vermögens-, Finanz- und Ertragslage zu positiv beeinflussende Bilanzposten kann ansonsten u. U. zu einem unzutreffenden, d. h. in diesem Fall zu negativ erscheinenden Ergebnis führen.

2.2.2.2.2 Disagio (nur HGB)

Wahlrecht nach HGB

Übersteigen die von einem Darlehensnehmer zur Erfüllung einer eingegangenen Verbindlichkeit zu leistenden Rückzahlungen die ihm zufließenden Beträge, darf der sich ergebende Differenzbetrag als Disagio gem. § 250 Abs. 3 Satz 1 HGB (als Rechnungsabgrenzungsposten) aktiviert werden.

Nichtaktivierung

Der Verzicht auf die Aktivierung dieses Rechnungsabgrenzungspostens, also die Verbuchung des Differenzbetrags als Aufwand der laufenden Periode, führt eindeutig zur Bildung stiller Reserven, wenn für die Beurteilung dieses Sachverhalts zugrunde gelegt wird, dass dieser Unterschiedsbetrag betriebswirtschaftlich als im Voraus gezahlter Zins zu betrachten ist (vgl. bereits Kropff, B. (1965), S. 248; auch Kropff, B./Thölke, U. (2005)). Daher wäre dieser Aufwand – wie nach den internationalen Rechnungslegungsnormen geboten – korrekterweise über die Laufzeit der Verbindlichkeit zu verteilen. Allerdings sind hierzu keine Anhangangaben nach HGB erforderlich; es verbleibt allein eine qualitative Auswertungsmöglichkeit dieses Sachverhalts.

Aktivierung

Wird indes berücksichtigt, dass i. H. des Disagios eine Verpflichtung auf das Unternehmen zukommt, der kein konkreter Gegenwert gegenübersteht, und es sich somit nicht um einen echten Vermögenswert handelt, ist wiederum die Bereinigung des ausgewiesenen Periodenerfolgs für den Fall der Aktivierung des Disagios ebenfalls zulässig.

Einheitliche Vorgehensweise

Es bleibt also dem Analysten überlassen, welche Wertung er bei Aktivierung bzw. Nichtaktivierung eines Disagios vornehmen möchte, jedoch bedarf es für

Zwecke einer unternehmensübergreifenden Vergleichbarkeit einer einheitlichen Vorgehensweise (vgl. zur Behandlung im Kontext einer gläubigerorientierten Strukturbilanz 3. Abschn., Kap. 2., 3.1.5).

2.2.2.2.3 Erweitertes Bereinigungsschema – individuelle Anpassungsmöglichkeiten

Bereinigungsschema bei ›vorsichtiger‹ Bilanzanalyse

Entschließt sich der externe Bilanzleser für eine ›vorsichtige‹ Beurteilung der dargestellten Sachverhalte, kann das erarbeitete Berechnungsschema folgendermaßen ergänzt werden:

	Bereinigter Jahresüberschuss/-fehlbetrag I
±	u. U. Verminderung/Erhöhung eines aktivierten GoF
±	u. U. Verminderung/Erhöhung aktivierter Entwicklungskosten
±	u. U. Verminderung/Erhöhung aktivierter latenter Steuern
±	Verminderung/Erhöhung eines aktivierten Disagios (nur HGB)
=	**Bereinigter Jahresüberschuss/-fehlbetrag II**

Übersicht 63: Erweiterung des Bereinigungsschemas

Pragmatische Vorgehensweise

Für diese Erweiterung des Bereinigungsschemas sollte sich ein externer Bilanzleser insb. dann entscheiden, wenn eine Eliminierung des Einflusses von tendenziell mit erhöhter Unsicherheit verbundenen Bilanzposten auf den ausgewiesenen Erfolg und damit eine besonders ›vorsichtige‹ Bilanzanalyse höher gewichtet wird als eine ungefähre Abschätzung evtl. vorhandener stiller Reserven sowie künftiger Nutzen- und Erfolgspotenziale aus diesen Posten.

Merksätze

1. Die betragsmäßigen Auswirkungen der Bilanzpolitik, d. h. die Bildung und Auflösung stiller Reserven, können – soweit diese aus Bilanz- und Anhanginformationen erkennbar sind – mittels einer Bereinigungsrechnung eliminiert werden.
2. Dieser bereinigte Periodenerfolg kommt dem tatsächlich erwirtschafteten Unternehmenserfolg vielfach näher als der ausgewiesene. Die Bereinigungsrechnung erfolgt in zwei Schritten.
3. Im ersten Schritt werden nur stille Reserven berücksichtigt, deren Bildung und Auflösung betragsmäßige Anhangangaben auslösen. Dies ist allerdings nur bei einer sehr begrenzten Anzahl bilanzpolitischer Parameter der Fall.
4. Im Hinblick auf eine ›vorsichtige‹ Bilanzanalyse können in einem zweiten Analyseschritt weitere GuV-wirksame Sachverhalte eliminiert werden.
5. Wegen der eingeschränkten Berichterstattung über die Bildung und Auflösung stiller Reserven sind dem aufgezeigten Analyseansatz enge Grenzen gesetzt.

2.2.3 Vergleich von Börsen- und Bilanzwert

Die bisherige Vorgehensweise zur Ermittlung des tatsächlichen wirtschaftlichen Erfolgs scheiterte überwiegend am Erfassungsproblem der stillen Reserven, sodass keine fundierten Aussagen über die tatsächliche Ertragskraft eines Unternehmens getroffen werden konnten.

Berücksichtigung des Börsenkurses

Fast täglich erfolgt aber eine Einschätzung und Bewertung von börsennotierten Unternehmen, sodass sich die Frage unmittelbar stellt, inwieweit die Börsenwerte in die externe Bilanzanalyse einfließen können/sollten (vgl. Gräfer, H./Schneider, G./Gerenkamp, T. (2012), S. 138 ff.). Die betragsmäßige Erfolgsanalyse nutzt die Kennzahl ›Börsenkurs‹ zum einen als Indikator für die Ertragskraft, insb. auch für das Vorhandensein etwaiger stiller Reserven, zum anderen ist der ›Börsenkurs‹ selbst Bestandteil mehrerer anderer Kennzahlen.

Kritik

Folgende kritische Bemerkungen sind bei der Anwendung des Börsenkurses für Zwecke der Bilanzanalyse vorwegzuschicken:

(1) Zunächst sind an der Börse ausschließlich AG und KGaA bzw. Gesellschaften mit vergleichbaren internationalen Rechtsformen notiert. Diese Gesellschaften machen quantitativ nur einen Bruchteil aller Unternehmen aus. Außerdem sind nicht alle börsenfähigen Unternehmen an der Börse gelistet.

(2) Fernerhin beeinflussen politische und steuerliche Gegebenheiten, Geldmarktfaktoren sowie einzelwirtschaftliche Vorgänge, wie Kapitalerhöhungen, Dividendenzahlungen und Optionsemissionen, das Kursniveau ebenso wie Spekulationen. Diese Einflüsse verhindern eine Kursbildung i. S. e. tatsächlichen, ausschließlich ertragsabhängigen Bewertung.

(3) Der Börsenkurs eines Unternehmens bringt grds. die Erwartungen der Kapitalmarktteilnehmer hinsichtlich zukünftiger Kursgewinne und Dividenden zum Ausdruck. Insb. die intensiver werdende theoretische Auseinandersetzung und somit die Unsicherheit über das tatsächliche Zustandekommen von Aktienkursen und ihren Aussagegehalt sowie die zu beobachtende Volatilität auf (internationalen) Kapitalmärkten erschweren jedoch den Einsatz des Börsenkurses als Element der Erfolgsanalyse (vgl. Shleifer, A. (2000); Behavioral Finance Group (2000)). In diesem Zusammenhang ist insb. auch auf das teilweise irrationale Verhalten von Kapitalmarktteilnehmern und die damit verbundenen (erheblichen) Fehlbewertungen hinzuweisen (vgl. zu diesem Themenkreis stellvertretend Weber, M. et al. (2000), S. 311 ff.).

Analyseverfahren

Daher kann der Börsenkurs nur sehr eingeschränkt als Indikator der Ertragskraft dienen. Dennoch sollen an dieser Stelle kurz die allgemein gebräuchlichen Analyseverfahren dargestellt werden.

Durch den Vergleich von Börsen- und Bilanzkurs können allenfalls vage Anhaltspunkte über den Umfang stiller Reserven gewonnen werden (vgl. Coenenberg, A. G./Haller, A./Schultze, W. (2014), S. 1113 f.):

(F. 46)

$$\text{Stille Reserven} = \text{Gezeichnetes Kapital} \times (\text{Börsenkurs ./. Bilanzkurs})$$

(F. 47)

$$\text{Börsenkurs} = \frac{\text{Aktienpreis}}{\text{(rechnerischer) Nennwert einer Aktie}}$$

(F. 48)

$$\text{Bilanzkurs} = \frac{\text{bilanzielles Eigenkapital}}{\text{(rechnerischer) Nennwert einer Aktie}}$$

Aussagekraft

Nach Coenenberg/Haller/Schultze spiegelt die Differenz zwischen Börsen- und Bilanzwert des gezeichneten Kapitals (vgl. F. 46) einen originären GoF wider, der den Betrag vorhandener stiller Reserven in einem weiten Sinne repräsentiert (vgl. Coenenberg, A. G./Haller, A./Schultze, W. (2014), S. 1114).

2.2.4 Operativer Cashflow als Erfolgsindikator

Finanz- und Erfolgsindikator

Der (operative) Cashflow ist grds. eine finanzwirtschaftliche Kennzahl (vgl. 3. Abschn., Kap. 3, 1.3.1), die eine Größe darzustellen versucht, die möglichst weitgehend von zahlungsunwirksamen Komponenten befreit ist. Es werden gleichzeitig aber auch Anstrengungen unternommen, den operativen Cashflow zur Beurteilung der gegenwärtigen und zukünftigen tatsächlichen Ertragskraft (sog. »Cash-Earnings-Kennzahl«) heranzuziehen (vgl. dazu auch Coenenberg, A. G./Haller, A./Schultze, W. (2014), S. 1114). In der Einschätzung des operativen Cashflows als Ertrags- und Erfolgsindikator sind die Meinungen in Theorie und Praxis jedoch wesentlich konträrer als bei seiner Beurteilung als Finanzindikator. Der theoretisch richtige Ansatzpunkt bei der Determinierung des operativen Cashflows als Erfolgsindikator ist dabei, dass – im Gegensatz zum ausgewiesenen (Konzern-)Jahresüberschuss – der operative Cashflow bewusste bilanzpolitische Steuerungen wenigstens teilweise ausschaltet (vgl. Behringer, S. (2010), S. 164; Perridon, L./Steiner, M./Rathgeber, A. W. (2012), S. 613).

Vorgehensweise

Es liegt mithin nahe, aus der dokumentierten Entwicklung des operativen Cashflows im zeitlichen Ablauf auf die Veränderungen des in abgelaufenen Perioden tatsächlich erwirtschafteten Erfolgs zu schließen, weil insb. auch jene Erfolgsbestandteile gezeigt werden, die bei der Bildung bzw. Auflösung von stillen Reserven in zu hohen Abschreibungen, Zuschreibungen oder auch Rückstellungen verborgen sind (vgl. in diesem Kontext auch Coenenberg, A. G./Haller, A./Schultze, W. (2014), S. 1115 ff.).

Unmittelbarer Erfolgsindikator: Restriktionen

Bei der Beurteilung des operativen Cashflows als Erfolgsindikator ist aber danach zu differenzieren, ob er als unmittelbarer oder als mittelbarer Erfolgsindikator eingesetzt werden soll sowie nach welchem Berechnungsschema er ermittelt wurde.

So sollte der operative Cashflow als unmittelbarer Erfolgsindikator nur mit erheblichen Einschränkungen eingesetzt werden:

Negierung echter Aufwands- und Ertragskomponenten

(1) Erfolg wird definiert als Differenz zwischen Ertrag und Aufwand. Der operative Cashflow jedoch negiert verschiedene Ertrags- und Aufwandskomponenten. Die nicht berücksichtigten Aufwandskomponenten überwiegen hierbei regelmäßig, sodass der Erfolgsindikator des operativen Cashflows vielfach zu einer zu optimistischen Einschätzung des Jahresergebnisses führt. So sind Abschreibungen und Rückstellungen als echte Aufwandskomponenten bei der Erfolgsermittlung grds. von den Erträgen zu subtrahieren und nur der über den objektiv, betriebswirtschaftlich erforderlichen Wertansatz hinausgehende Betrag ist als zusätzlicher Gewinn anzusetzen (vgl. Perridon, L./Steiner, M./Rathgeber, A. W. (2012), S. 613). Der operative Cashflow verbessert zwar die zwischenbetriebliche Vergleichbarkeit, da er weniger bilanzpolitischen Einflüssen zugänglich ist als Ertrags- und Aufwandsposten, aber er stellt dennoch keinen zutreffenden Erfolgsindikator dar (vgl. Lachnit, L. (1973), S. 59).

Finanzanalyse

(2) Mit der Berücksichtigung GuV-neutraler, zahlungsmittelerhöhender sowie zahlungsmittelverringernder Vorgänge gehen solche Größen in den operativen Cashflow ein, die lediglich finanzanalytisch von Bedeutung sind.

Mischposten

(3) Probleme bereitet des Weiteren die Behandlung verschiedener Erfolgsposten, die als bilanzielle Mischposten sowohl zahlungswirksame als auch zahlungsunwirksame Komponenten in sich vereinigen.

Zwischenbetrieblicher Vergleich

(4) Zudem treten im zwischenbetrieblichen Vergleich weitere Probleme beim unmittelbaren Vergleich unterschiedlich kapitalintensiver Unternehmen auf, wenn bspw. bei gleich hohem operativen Cashflow für die Anlageausgaben unterschiedliche Deckungsanforderungen existieren (vgl. bereits Busse von Colbe, W. (1976), Sp. 250) und die Cashflow-Kennzahl durch unterschiedliche Abschreibungsintensitäten beeinflusst wird.

Vergangenheitsbezug

(5) Auch Versuche, den (retrospektiv konzipierten) operativen Cashflow für die Abschätzung zukünftiger Erfolgschancen heranziehen zu wollen, sind mit Vorsicht zu bewerten. Obwohl der operative Cashflow als ein aus eigener Kraft erwirtschafteter finanzwirtschaftlicher Überschuss interpretiert werden kann, der daher gewisse Anhaltspunkte über die zukünftige Ertragskraft eines Unternehmens liefern könnte (vgl. dazu Coenenberg, A. G./Haller, A./Schultze, W. (2014), S. 1117 f.), sind doch die Schwächen einer Trendaussage durch reine Extrapolation hinreichend bekannt. Insb. wichtige, die Ertragslage eines Unternehmens bestimmende Einflussgrößen, wie die Qualität des Managements, die Auftragslage oder allgemeine Konjunktur- und branchenspezifische Wachstumserwartungen, lassen sich naturgemäß nur unzulänglich in die Betrachtung mit einschließen (vgl. Perridon, L./Steiner, M./Rathgeber, A. W. (2012), S. 614).

Mittelbarer Erfolgsindikator

Der operative Cashflow kann nach einer teilweise in der Literatur vertretenen Auffassung als mittelbarer (zusätzlicher) Erfolgsindikator, d. h. unter der Voraussetzung einer weitgehenden Komplementarität zwischen Finanz- und Ertragskraft, auch Aussagekraft als Erfolgsindikator erlangen. Der externe Bilanzanalyst sollte sich aber hierbei der besonderen Problematik der unterstellten Prämissen bewusst sein und daher jene Kennzahl lediglich ergänzend und mit besonderer Sorgfalt zusammen mit unmittelbaren Erfolgsindikatoren verwenden. Diese Hilfs- oder Indikatorfunktion des operativen Cashflows, so das Ergebnis empirischer Untersuchungen, kann jedoch unter bestimmten Umständen einen nicht unerheblichen Beitrag zur Erfolgsanalyse leisten (vgl. BAETGE, J./KIRSCH, H.-J./THIELE, S. (2004), S. 379ff.).

Modifikationen

Der als (mittelbarer) Erfolgsindikator verwendbare operative Cashflow kann durch bestimmte Modifikationen des finanzwirtschaftlichen Cashflows bestimmt werden (vgl. PERRIDON, L./STEINER, M./RATHGEBER, A. W. (2012), S. 613):

(1)		(operativer) Cashflow
	+	Steuern vom Einkommen und Ertrag
	=	(operativer) Cashflow vor Ertragsteuern
(2)		operativer Cashflow
	+	betriebsfremde Aufwendungen
	./.	betriebsfremde Erträge
	=	betriebsbedingter operativer Cashflow
(3)		operativer Cashflow
	+	außerordentliche Aufwendungen
	./.	außerordentliche Erträge
	=	ordentlicher operativer Cashflow

Trotz dieser Modifikationen sollte der (operative) Cashflow jedoch nur komplementär zu anderen Erfolgsindikatoren genutzt und nicht isoliert als einziger Erfolgsmaßstab verwendet werden.

2.2.5 Geschätztes Steuerbilanzergebnis als Erfolgsindikator

Zielsetzung

Im Gegensatz zur Handelsbilanz verfolgt die Steuerbilanz die Zielsetzung der periodenrichtigen Gewinnermittlung, die verhindern soll, dass es durch dispositionsbedingte Erfolgskorrekturen zu Steuerverschiebungen kommt. Die engeren Spielräume und Wahlrechte der Steuerbilanz führen damit zu einer Erfolgsgröße, die nicht so stark wie der handelsbilanzielle Erfolg durch bilanzpolitische Maßnahmen verzerrt ist. So liegt der Schluss von einem – im Vergleich zum handelsbilanziell ausgewiesenen Periodenerfolg – hohen Steueraufwand auf die Bildung stiller Reserven durchaus nahe; die umgekehrte Konstellation deutet hingegen auf die Auflösung derselben hin (vgl. SCHEDLBAUER, H. (1990), S. 147). Ziel der Schätzung des Steuerbilanzergebnisses ist es nun, diese Bewegungen der stillen Reserven zu quantifizieren und schließlich aus dem handelsbilanziellen Erfolg zu eliminieren.

Restriktionen

Der Steuerbilanzgewinn ist eine Größe, die dem externen Analytiker regelmäßig nicht zugänglich ist. Daher muss er aus der Handelsbilanz abgeleitet werden. Dennoch sollte die Aussage, dass dem Steuerbilanzergebnis eine größere analytische Relevanz beizumessen ist, insb. durch die Existenz einer Fülle von außerfiskalischen – wirtschaftspolitisch motivierten – Maßnahmen nicht unwesentlich relativiert werden.

Voraussetzungen

Die Ermittlung des Steuerbilanzgewinns durch den externen Analytiker ist an zwei Voraussetzungen geknüpft (vgl. COENENBERG, A. G. (2003), S. 1002):
(1) Der Ableitung muss ein proportionaler Steuertarif zugrunde liegen und
(2) die Höhe der tatsächlichen gewinnabhängigen Steuern muss bekannt sein.

Proportionaler Steuertarif

Aufgrund des progressiv ausgestalteten Einkommensteuertarifs können Einzelkaufleute und Personenhandelsgesellschaften die erste Ableitungsvoraussetzung i. d. R. nicht erfüllen, sodass diese Unternehmen in eine Analyse auf der Grundlage des Steuerbilanzgewinns meist nicht einbezogen werden können. Anwendbar ist diese Methode allerdings auf Kapitalgesellschaften, weil bei der Körperschaftsteuer infolge des proportionalen Tarifs von der Höhe der ertragsabhängigen Steuern grds. auf die Höhe des steuerpflichtigen Gewinns geschlossen werden kann.

Ertragsteueraufwand

Der tatsächliche Ertragsteueraufwand ist nach allen Rechnungslegungsnormen gesondert auszuweisen. Die zweite Voraussetzung ist somit regulär erfüllt. Im Rahmen der Ableitung des steuerpflichtigen Gewinns kann also direkt – unter alleiniger Korrektur um den etwaigen Einfluss latenter Steuern – von dem Posten »Steuern vom Einkommen und Ertrag« ausgegangen werden.

Kritische Beurteilung

Da diese Methode nur unter Berücksichtigung von im Zweifel eher als unrealistisch zu bezeichnenden Prämissen zu brauchbaren Erkenntnissen führt, ist die Bedeutung dieses Verfahrens hinsichtlich der Beurteilung der Ertragskraft eines Unternehmens äußerst kritisch zu betrachten. Denn regelmäßig führen im Zuge der Ableitung der Bemessungsgrundlage zahlreiche Hinzurechnungen und Kürzungen zu einer Veränderung der Steuerschuld, die für den externen Analytiker nicht erkennbar ist. So können bspw. steuerliche Verlustvorträge bzw. -rückträge den Steueraufwand beeinflussen, ohne aber in direktem Zusammenhang mit der tatsächlichen Ertragskraft zu stehen. Eine in diesem Sinne geminderte Steuerschuld führt zu einer Unterschätzung der Ertragskraft des Unternehmens. Entsprechendes gilt bei Vorliegen steuerfreier Einkünfte.

Daneben wird die Aussagekraft der Steuerbilanzergebnisschätzung insb. dadurch eingeschränkt, dass die Feststellung der Höhe des endgültigen Steueraufwands mitunter erst nach Betriebsprüfungen, die im Abstand von mehreren Jahren durchgeführt werden, möglich ist (vgl. Coenenberg, A. G. (2003), S. 1004). Steuervoraus- und -nachzahlungen behindern hier stets die genaue und periodengerechte Ermittlung des zutreffenden Steueraufwands. Diese Einflüsse lösen sich im Zeitablauf zwar regelmäßig auf, führen aber jeweils zu Unter- bzw. Überschätzungen der Ertragskraft des Unternehmens im betreffenden Geschäftsjahr. Auch Ergebnisabführungsverträge, steuerliche Organschaften und konzerninterne Gestaltungsmaßnahmen zur Gewinnverlagerung können diesbezüglich zu einer verzerrten Einschätzung führen.

Eingeschränkte Verwendung

Aus den dargelegten Gründen kann die Ableitung des Steuerbilanzgewinns zu Fehlschlüssen verleiten und ist folglich – wenn überhaupt – nur in sehr eingeschränktem Maße und dann allenfalls als ein Indikator für die Ertragskraft, die sich durchschnittlich während der Betrachtung eines längeren Zeitraums ergibt, einzusetzen.

2.2.6 Beurteilung der Möglichkeiten zur betragsmäßigen Erfolgsanalyse

Bedeutung der Anhangangaben

Die vorstehenden Ausführungen haben gezeigt, dass dem externen Analytiker relevante Informationen vielfach überhaupt nicht zur Verfügung stehen. In vielen Punkten ist er aufgrund nicht hinreichender und vager Angaben auf Näherungsverfahren zur Ableitung der tatsächlichen Ertragslage aus dem veröffentlichten

(Konzern-)Jahresabschluss angewiesen. Eine wichtige Rolle fällt im Rahmen der betragsmäßigen Erfolgsanalyse dem Anhang zu; denn – wenn überhaupt – können hieraus wichtige Rückschlüsse auf die individuelle Anwendung des bilanzpolitischen Instrumentariums – und damit auf die Bildung und Auflösung stiller Reserven – gezogen werden.

Tendenzanalyse

Bei der Analyse dieser Anhangangaben dürfen keine allzu großen Erwartungen geweckt werden. Einerseits gewährt der Gesetzgeber bzw. Standardsetter zahlreiche Gestaltungsfreiräume. Andererseits sind die Anhangangaben bzgl. der konkreten Ausnutzung dieser Freiräume nicht hinreichend geeignet, exakte Auswirkungen der daraus resultierenden Gestaltungsmaßnahmen erkennen zu können. Ganz abgesehen davon, dass viele Unternehmen eine im Zweifel restriktive Informationspolitik betreiben, sehen einzelne Bilanzierungsnormen keine quantitativen Angaben vor, sondern lassen lediglich eine Tendenzanalyse zu.

Merksätze

1. Neben der Entwicklung einer betragsmäßigen Ergebniskorrekturrechnung aus Bilanz- und Anhanginformationen bestehen Möglichkeiten, die Bildung und Auflösung stiller Reserven anhand verschiedener Bilanzierungs- und Bewertungsmaßnahmen tendenziell abzuschätzen.
2. Ein zusätzlicher Anhaltspunkt über den Umfang gebildeter stiller Reserven kann über einen Vergleich von Börsen- und Bilanzkurs des gezeichneten Kapitals gewonnen werden.
3. Der operative Cashflow als Erfolgsindikator führt bei isolierter Betrachtung zu unzulänglichen Ergebnissen, er sollte jedoch supplementär zu anderen Instrumenten der Erfolgsanalyse genutzt werden.
4. Der nach dem vollen Periodenerfolg bemessene Steuerbilanzgewinn ist durch steuerrechtliche Restriktionen grds. weniger stark durch Bilanzpolitik beeinflusst als der handelsbilanziell ausgewiesene Jahreserfolg. Die Schätzung eines Steuerbilanzergebnisses mit einer aussagekräftigen Indikatorwirkung scheitert jedoch an den erheblichen Ermittlungsschwierigkeiten.

2.3 Strukturelle Erfolgsanalyse

2.3.1 Erfolgsspaltung als Erfolgsquellenanalyse

2.3.1.1 Problemstellung und Zielsetzung der Erfolgsspaltung

Bedeutung

Der Erfolgs- oder Ergebnisspaltung kommt sowohl in der Theorie als auch in der Praxis eine hohe Bedeutung zu. Sie gilt neben der betragsmäßigen Erfolgsanalyse als das Kernstück der erfolgswirtschaftlichen Bilanzanalyse (vgl. bereits Lachnit, L. (1991), S. 773).

Zielsetzung

Aufgabe der Erfolgsspaltung ist es, den im Jahresabschluss ausgewiesenen Periodenerfolg nach unterschiedlichen Kriterien zu zerlegen, um auf diese Weise tiefere Einblicke in die Ertragssituation des Unternehmens zu gewinnen. Hierzu sollen die einzelnen Komponenten und Einflussfaktoren, die sich in den Ertrags- und Aufwandspositionen ausdrücken, offen gelegt werden. Im Mittelpunkt steht das Ziel, zur Abschätzung der zukünftigen Erfolgspotenziale ein Ergebnis zu ermitteln, das »bei konstanten Bedingungen der Umwelt auch künftig erzielbar ist« (Küting, K./Kuhn, U. (1992), S. 123). Das macht es erforderlich, die hoch aggregierte Größe »Jahreserfolg« möglichst genau in die nachhaltigen und nichtnachhaltigen (Erfolgs-)Bestandteile aufzuschlüsseln (vgl. Baetge, J./Bruns, C. (1996), S. 387). Über dieses prognoseorientierte Primärziel der Ermittlung einer nachhaltigen Erfolgsgröße hinaus kommt der Erfolgsspaltung weiterhin die Aufgabe zu, das Zustandekommen des in der GuV ausgewiesenen Jahreserfolgs unter verschiedenen Gesichtspunkten zu erklären.

Nachhaltig erzielbares Periodenergebnis

Nachhaltige Erfolgsbestandteile zeichnen sich dadurch aus, dass ihre Wiederkehr in der Zukunft erwartet werden kann. Demgegenüber fallen nicht-nachhaltige Erfolgsbestandteile unregelmäßig oder nur einmalig an bzw. enden in der betrachteten Periode. Sie sind der Grund dafür, dass der Jahreserfolg einer mehr oder weniger starken Volatilität unterliegen kann. Zur Beurteilung des Erfolgspotenzials eines Unternehmens kommt den nachhaltigen Bestandteilen eine zentrale Bedeutung zu. Sie werden in der Analyse weiter danach differenziert, ob sie aus betrieblich veranlassten oder aus betriebsfremden Aktivitäten des Unternehmens resultieren. Dieser Ansatz führt zu einer Aufspaltung des ermittelten Jahreserfolgs in ein ordentliches Betriebsergebnis, ein ordentliches Finanzergebnis (betriebsfremdes Ergebnis) und ein nicht-nachhaltiges (außerordentliches) Ergebnis. Im Gegensatz zur betragsmäßigen Erfolgsanalyse verzichtet die ›traditionelle‹ Erfolgsspaltung auf Ergebniskorrekturen bzw. -veränderungen. Es erfolgt lediglich eine Aufspaltung des in der GuV ausgewiesenen Periodenerfolgs der Gesellschaft.

Ausgangspunkt der Erfolgsspaltung

Den Ausgangspunkt der Erfolgsspaltung bildet rechnungslegungsunabhängig die GuV. Während diese nach HGB einen eigenständigen Abschlussbestandteil darstellt, ist die GuV nach IFRS Teil der Gesamtergebnisrechnung. Auch hinsichtlich der Detaillierung der Struktur unterscheiden sich beide Rechnungslegungssysteme. Während die GuV nach HGB in ihrer Struktur durch das Gliederungsschema des § 275 HGB sehr detailliert untergliedert wird (und dies sowohl nach dem GKV als auch UKV), kennen die Vorschriften nach IFRS nur rudimentäre Mindestanforderungen zur formalen Gestaltung der GuV (vgl. Küting, K./Pfitzer, N./Weber, C.-P. (2013), S. 187, m. w. N.).

Zudem bestehen vor allem im Kontext der IFRS neben den in die GuV einfließenden Aufwendungen und Erträgen auch GuV-neutrale Ergebnisbestandteile, die es ihrerseits – wenn auch nur in Teilen – bei Eintritt konkreter Tatbestände in die GuV zu überführen gilt (vgl. 3. Abschn., Kap. 3, 2.3.1.4).

2.3.1.2 Möglichkeiten der Erfolgsspaltung

Aufgliederung des Gesamterfolgs

Das Wesen der Erfolgsspaltung liegt in der Aufgliederung des Gesamterfolgs, insb. nach Erfolgsquellen und Leistungsbereichen, um auf der Grundlage dieser Analyse einen möglichst weitgehenden Einblick in die Einzelkomponenten zu erlangen. Darüber hinaus bildet die festgestellte Erfolgssituation – also die Ursachen und die Zusammensetzung des Unternehmenserfolgs – die Basis für die Beurteilung der zukünftigen Erfolgsentwicklung.

Ordnungskriterien

Im Einzelnen ist eine Aufspaltung vom Grundsatz her nach folgenden Kriterien möglich (vgl. bereits Küting, K. (1981), S. 529; Hauschildt, J. (1990), S. 190):

(1) Regelmäßigkeit:
Die Aufspaltung erfolgt in den ordentlichen (regelmäßigen, nachhaltigen) und den außerordentlichen (unregelmäßigen, unvorhersehbaren) Erfolg.

(2) Betriebsbezogenheit:
Es erfolgt eine Unterteilung des Erfolgs in betriebsbedingte (betriebliche) und betriebsfremde (außerbetriebliche) Erfolgskomponenten.

(3) Periodenbezogenheit:
Nach diesem Kriterium wird eine Unterteilung in periodenzugehörige (periodische) und periodenfremde (aperiodische) Erfolgsbestandteile vorgenommen.

(4) Erfolgswirksamkeit:
In Abhängigkeit von der Erfassung des Erfolgs kann unterschieden werden zwischen den GuV-wirksamen und den unmittelbar im Eigenkapital erfassten (GuV-neutralen) Ergebnisbestandteilen.

(5) Tätigkeitsbereiche:
Die Erfolgsspaltung kann sich weiterhin an Tätigkeitsbereichen orientieren, d. h. an sich deutlich abhebenden (betrieblichen) Organisationseinheiten (vgl. Niehus, R. J. (1982), S. 541). Die Tätigkeitsbereiche sind stark unternehmensindividuell geprägt und lassen sich bspw. organisatorisch, funktional, sachlich oder räumlich voneinander abgrenzen. Nach dem Bereichs- oder Objektprinzip können folgende Tätigkeitsbereiche gebildet werden:

   (a) Unternehmensfunktionen:
   Gem. des sog. »Bereichsprinzips« erfolgt die Erfolgsspaltung, indem die Erfolgsbeiträge einzelner Unternehmenssektoren (z. B. Beschaffung, Produktion, Verwaltung und Vertrieb) sichtbar gemacht werden.

   (b) Leistungsbereiche:
   Nach dem Objektprinzip erfolgt die Aufteilung bezogen auf nach Objekten ausgerichtete Entscheidungs- und Verantwortungsbereiche, wie Geschäftsbereiche, Sparten, Divisionen, Profit-Center, Produktgruppen oder Produkte.

(6) Regionen:
Es kann eine Aufspaltung nach örtlichen bzw. geographischen Merkmalen erfolgen, z. B. nach Erfolgsbeiträgen im In- und Ausland oder in bestimmte Regionen.

(7) Kundengruppen:
Diese Aufteilung der Erfolge richtet sich z. B. nach Groß- und Kleinabnehmern oder Groß- und Einzelhändlern.

(8) Ertragsarten:
Der Erfolg kann in den Umsatzerfolg, den Bestandserfolg und den Erfolg bei innerbetrieblichen Leistungen aufgespalten werden (vgl. Schnettler, A. (1961), S. 210).

(9) Kalkulationsgrößen:
Auch kann eine Aufspaltung des Erfolgs nach Kalkulationsgrößen, wie Deckungsbeiträgen, Fixkosten, Normal- bzw. Standardergebnis, Abweichungen etc., erfolgen (vgl. Ziolkowski, U. (1990), S. 161).

(10) Zahlungswirksamkeit:
Der Erfolg kann zudem in den zahlungswirksamen und den zahlungsunwirksamen Erfolg aufgespalten werden (vgl. HAUSCHILDT, J. (1990), S. 190).

(11) Inflationsbedingtheit:
Bei Vorliegen inflationärer Tendenzen beinhaltet das unter Beachtung des Prinzips der (nominellen) Kapitalerhaltung ermittelte Jahresergebnis sog. »Scheingewinnbestandteile«. Insofern könnte in Erwägung gezogen werden, den Jahreserfolg nach dem Kriterium der Inflationsbedingtheit aufzuspalten – und zwar in den ›echten‹ Umsatz- sowie den Preissteigerungserfolg.

(12) Steuerwirksamkeit:
Letztendlich kann der Erfolg auch in steuerwirksame und steuerunwirksame Bestandteile zerlegt werden.

Auch wenn außer Frage steht, dass für die Beurteilung der Erfolgssituation sämtliche der vorgestellten Ordnungskriterien interessante Erkenntnisse liefern könnten, so ist dennoch auch ohne weitere Erläuterungen unmittelbar einsichtig, dass für Zwecke der externen Analyse im Wesentlichen die ersten vier Strukturierungsvarianten von Bedeutung sind.

Hieran anknüpfend können Auswertungen nach einzelnen (Teil-)Kriterien der Ordnungskriterien fünf und sechs regelmäßig auf Grundlage der Segmentberichterstattung vorgenommen werden (vgl. 3. Abschn., Kap. 3, 2.3.1.7).

2.3.1.3 Erfolgsspaltung im HGB-Abschluss

2.3.1.3.1 Darstellung der Erfolgsspaltungskonzeption nach HGB

GuV nach § 275 HGB

Ausgangspunkt der Erfolgsspaltung nach HGB ist die GuV gem. § 275 HGB, die für Kapitalgesellschaften und Personenhandelsgesellschaften i. S. d. § 264a HGB verbindlich vorgeschrieben ist. Sie dokumentiert die an handelsrechtlichen Bilanzierungs- und Bewertungsgrundsätzen orientierte Gewinnentstehung. Der Jahresüberschuss (Jahresfehlbetrag) ist die in Übereinstimmung mit den gesetzlichen Vorschriften ermittelte Erfolgsgröße eines Geschäftsjahrs und kann – unter Berücksichtigung etwaiger Ausschüttungssperren – an die Gesellschafter ausgeschüttet und/oder den Rücklagen zugeführt werden.

Gliederung

Die Gliederung der GuV gem. § 275 HGB ist sowohl für das Gesamt- (GKV, Abs. 2) als auch Umsatzkostenverfahren (UKV, Abs. 3) erfolgsspaltungsorientiert aufgebaut (vgl. Übersicht 64).

Kriterium der Regelmäßigkeit

Der Jahresüberschuss wird explizit in das ›Ergebnis der gewöhnlichen Geschäftstätigkeit‹ (vgl. Posten 14 GKV, 13 UKV), das außerordentliche Ergebnis (vgl. Posten 17 GKV, 16 UKV) und in die Steuern vom Einkommen und Ertrag sowie sonstige Steuern (vgl. Posten 18 und 19 GKV, 17 und 18 UKV) aufgespalten. Die Zerlegung richtet sich an dem Kriterium der Regelmäßigkeit aus, indem der Erfolg in ordentliche (Ergebnis der gewöhnlichen Geschäftstätigkeit) und außerordentliche Erfolgskomponenten aufgespalten wird.

Geschäftstypische Erfolge

Das Ergebnis der gewöhnlichen Geschäftstätigkeit enthält alle Aufwendungen und Erträge, die i. w. S. als geschäftstypisch anzusehen sind. Dies sind sämtliche Aufwendungen und Erträge aus der Leistungs- und der Finanzsphäre des Unternehmens (vgl. LACHNIT, L. (1987), S. 51 f.).

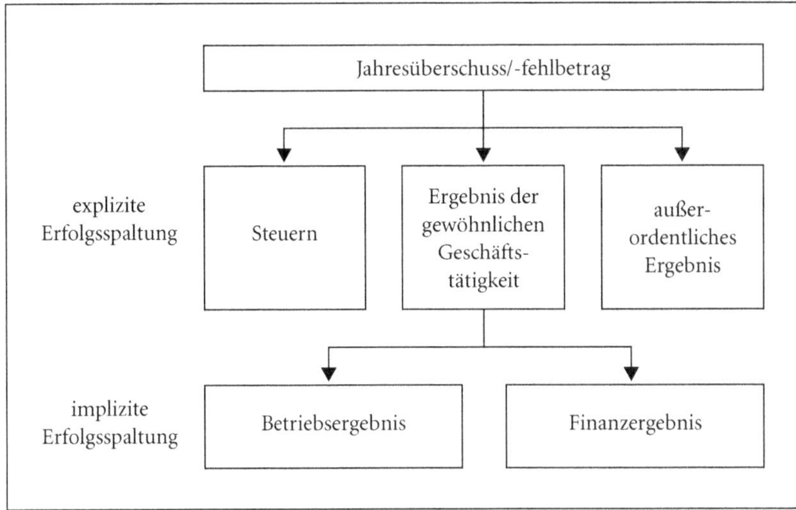

Übersicht 64: Erfolgsspaltungskonzept des HGB

Geschäftsuntypische Erfolge

Das außerordentliche Ergebnis umfasst alle nicht der zentralen operativen Tätigkeit eines Unternehmens zuzuordnenden Aufwendungen und Erträge, die nach den Kriterien der Ungewöhnlichkeit und der Seltenheit von ordentlichen Ergebnisbestandteilen abzugrenzen sind (sog. geschäftsuntypische Erfolge). Das Merkmal der Wesentlichkeit entscheidet nach h. M. nicht über eine Zuordnung zum außerordentlichen Ergebnis (vgl. Förschle, G./Peun, M. (2014), Rn. 220, m. w. N.). Damit ist sichergestellt, dass sämtliche und nicht nur die (wie auch immer abgegrenzten) wesentlichen Posten als außerordentliche Erfolgsbestandteile ausgewiesen werden.

Steuern

Die »Steuerposten« erfassen sämtliche Steueraufwendungen, getrennt nach ›Steuern vom Einkommen und Ertrag‹ sowie ›sonstige Steuern‹.

Kriterium der Betriebszugehörigkeit

Das Ergebnis der gewöhnlichen Geschäftstätigkeit wird anhand des vorgegebenen Gliederungsschemas implizit in das (ordentliche) Betriebsergebnis und das (ordentliche) Finanzergebnis aufgegliedert. Diese (weitergehende) Erfolgsspaltung richtet sich nach dem Kriterium der Betriebszugehörigkeit; der regelmäßig anfallende Erfolg wird in einen ordentlichen betrieblichen Erfolg (Betriebserfolg) sowie einen ordentlichen betriebsfremden Erfolg (Finanzerfolg) aufgespalten.

Konzept nach HGB

Im Einzelnen stellt sich das Erfolgsspaltungskonzept des HGB wie folgt dar:

<table>
<tr><th>Gesamtkostenverfahren
§ 275 Abs. 2 HGB</th><th>Umsatzkostenverfahren
§ 275 Abs. 3 HGB</th></tr>
<tr><td>1. Umsatzerlöse
2. Erhöhung oder Verminderung des Bestands an fertigen und unfertigen Erzeugnissen
3. Andere aktivierte Eigenleistungen
4. Sonstige betriebliche Erträge
5. Materialaufwand:
a) Aufwendungen für Roh-, Hilfs- und Betriebsstoffe und für bezogene Waren
b) Aufwendungen für bezogene Leistungen
6. Personalaufwand:
a) Löhne und Gehälter
b) Soziale Abgaben und Aufwendungen für Altersversorgung und für Unterstützung, davon für Altersversorgung
7. Abschreibungen:
a) auf immaterielle Vermögensgegenstände des Anlagevermögens und Sachanlagen
b) auf Vermögensgegenstände des Umlaufvermögens, soweit diese die in der Kapitalgesellschaft üblichen Abschreibungen überschreiten</td><td>1. Umsatzerlöse
2. Herstellungskosten der zur Erzielung der Umsatzerlöse erbrachten Leistungen
3. Bruttoergebnis vom Umsatz
4. Vertriebskosten
5. Allgemeine Verwaltungskosten
6. Sonstige betriebliche Erträge</td></tr>
<tr><td>8. Sonstige betriebliche Aufwendungen
= Betriebsergebnis</td><td>7. Sonstige betriebliche Aufwendungen
= Betriebsergebnis</td></tr>
<tr><td colspan="2">9./8. Erträge aus Beteiligungen,
davon aus verbundenen Unternehmen
10./9. Erträge aus anderen Wertpapieren und Ausleihungen des Finanzanlagevermögens,
davon aus verbundenen Unternehmen
11./10. Sonstige Zinsen und ähnliche Erträge,
davon aus verbundenen Unternehmen
12./11. Abschreibungen auf Finanzanlagen und auf Wertpapiere des Umlaufvermögens
13./12. Zinsen und ähnliche Aufwendungen,
davon an verbundene Unternehmen
= Finanzergebnis
14./13. Ergebnis der gewöhnlichen Geschäftstätigkeit
15./14. Außerordentliche Erträge
16/.15. Außerordentliche Aufwendungen
17./16. Außerordentliches Ergebnis
18./17. Steuern vom Einkommen und Ertrag
19./18. Sonstige Steuern
= Steuern
20./19. Jahresüberschuss/-fehlbetrag</td></tr>
</table>

Übersicht 65: Erfolgsspaltung der GuV nach § 275 HGB

Betriebsergebnis

Das Betriebsergebnis (vgl. Posten 1 bis 8 GKV, 1 bis 7 UKV) beinhaltet grds. alle Aufwendungen und Erträge, die aus dem eigentlichen Unternehmenszweck resultieren und demnach leistungsbedingt und typisch für den Jahreserfolg sind. Dieser Grundsatz ist jedoch insb. bei den Erfolgsbestandteilen der sonstigen betrieblichen Aufwendungen und Erträge kritisch zu überprüfen. Denn in der Praxis beinhalten diese Posten oftmals auch betriebsfremde Bestandteile, die dann zu neutralisieren sind. Zweck des Betriebsergebnisses ist es, den nachhaltig erzielbaren Erfolg des Unternehmens aus seiner eigentlichen Tätigkeit widerzuspiegeln und damit einen Anhaltspunkt zur Abschätzung des Erfolgspotenzials der Unternehmung zu liefern. Aus diesem Grund nimmt das Betriebsergebnis in der Unternehmensanalyse einen hohen Stellenwert ein.

Finanzergebnis

Das Finanzergebnis (vgl. Posten 9 bis 13 GKV, 8 bis 12 UKV), verschiedentlich auch als ordentliches betriebsfremdes Ergebnis oder Finanz- und Verbundergebnis bezeichnet, nimmt alle Aufwendungen und Erträge auf, die zwar zur regelmäßigen und gewöhnlichen Geschäftstätigkeit gehören, aber bestimmte Nebengeschäfte, wie bspw. Kapitalanlagen oder Finanzierungen, betreffen. Es steht mit dem eigentlichen Unternehmenszweck in keinem unmittelbaren Zusammenhang. Stattdessen handelt es sich überwiegend um Aufwendungen und Erträge aus Finanzanlagen bzw. -investitionen, die zwar regelmäßig anfallen (können), aber nicht betriebstypisch sind. Die Finanzanalyse misst diesem Erfolgsbestandteil daher tendenziell geringere Bedeutung bei als dem Betriebsergebnis (vgl. Hauschildt, J. (1990), S. 193). Inwieweit diese Einschätzung begründet ist, wird noch zu hinterfragen sein.

Das Betriebs- und das Finanzergebnis ergeben das im Posten 14 GKV bzw. 13 UKV ausgewiesene »Ergebnis der gewöhnlichen Geschäftstätigkeit«.

Identische Ergebnisse bei GKV und UKV

Unterschiede in der Höhe der aufgeführten Ergebnisse zwischen GKV und UKV ergeben sich im Regelfall nicht, da die Posten 9 bis 20 GKV bzw. 8 bis 19 UKV übereinstimmen. Unabhängig vom gewählten Gliederungsformat sind daher Betriebsergebnis, Finanzergebnis und außerordentliches Ergebnis nach GKV und UKV im Allgemeinen vergleichbar (vgl. Baetge, J./Fischer, T. (1988), S. 21; Küting, K./Reuter, M./Zwirner, C. (2003), S. 6629).

Ausnahmen: Aktivierung von Zinsen oder Betriebssteuern

Geringfügige Verschiebungen sind gleichwohl in Einzelfällen denkbar. Das gilt etwa dann, wenn Zinsen oder Betriebssteuern in die Herstellungskosten von aktivierten fertigen und unfertigen Erzeugnissen oder anderen aktivierten Eigenleistungen einbezogen werden: Unter der Prämisse, dass sämtliche Aufwandsarten im UKV umsatzbezogen ausgewiesen werden, stellt sich das Betriebsergebnis im GKV bei einer Bestandserhöhung im Jahr der Aktivierung um den Betrag der aktivierten Zinsen bzw. Betriebssteuern höher, das Finanzergebnis aber um die Zinsen und die sonstigen Steuern um die aktivierten Betriebssteuern niedriger dar als im UKV. Im Jahr des Verkaufs der betreffenden Erzeugnisse kehrt sich dieser Effekt um. Dann wird im GKV das Betriebsergebnis um den aktivierten Zins- bzw. Betriebssteueranteil niedriger und das Finanzergebnis bzw. der Posten »sonstige Steuern« höher ausgewiesen. Zu der aufgezeigten Verwerfung kommt es freilich nicht, wenn aus Vereinfachungsgründen die aktivierten Beträge an Zinsen oder Betriebssteuern mit dem Umsatzaufwand (vgl. Posten 2 UKV) verrechnet werden. Sonstige Steuern und Zinsen wären so – dem GKV vergleichbar – wiederum periodenbezogen ausgewiesen.

Weitere Ausnahmen

Eine weitere Abweichung kann sich – wie noch zu erläutern sein wird – beim Ausweis von unüblichen Abschreibungen auf Vermögensgegenstände des Umlaufvermögens (vgl. Posten 7b GKV) ergeben. Schließlich sind Unterschiede im Posten »sonstige betriebliche Aufwendungen« und im Posten »sonstige Steuern« möglich.

Eine Erfolgsspaltung nach den weiteren Kriterien – neben denen der Regelmäßigkeit und der Betriebszugehörigkeit – ist im Rahmen des HGB nicht ohne Weiteres möglich.

Periodenbezogenheit im HGB nicht durchgängig berücksichtigt

Die Aufspaltung des Jahreserfolgs in die aufgezeigten Teilergebnisse wird im HGB dadurch erschwert, dass das Kriterium der Periodenbezogenheit in der Gliederung des § 275 HGB keine Berücksichtigung erfährt. Die Zuweisung der Aufwendungen und Erträge zum ordentlichen Betriebs- bzw. Finanzergebnis und zum außerordentlichen Ergebnis erfolgt unabhängig davon, ob diese der abgelaufenen oder einer früheren Periode zuzurechnen sind. Erst durch Auswertung der Angaben nach § 277 Abs. 4 Satz 3 HGB lassen sich diese Erfolgskomponenten nach dem Kriterium der Periodenbezogenheit klassifizieren.

Außerordentliches Ergebnis

Von den im Ergebnis der gewöhnlichen Geschäftstätigkeit zusammengefassten ordentlichen Ergebnisbestandteilen zu unterscheiden ist das außerordentliche Ergebnis, zu dem mitunter außerplanmäßige Abschreibungen wegen Betriebsstilllegungen, Katastrophenschäden oder einmalige Zuschüsse, aber auch grds. Liquidations- und Bewertungserfolge zählen. Es handelt sich insb. um Aufwendungen oder Erträge, die nach ihrer Art und Höhe ungewöhnlich sind und/oder selten anfallen, also eher zufällig und keinesfalls regelmäßig zu erwarten sind (vgl. Gräfer, H./Schneider, G./Gerenkamp, T. (2012), S. 29). Unabhängig von der Schwierigkeit, unter betriebswirtschaftlichen Gesichtspunkten eine eindeutige Definition der außerordentlichen Ergebnisbestandteile abzuleiten, soll mit dieser Aufspaltung die Ermittlung extrapolationsfähiger Komponenten des Vergangenheitserfolgs (ordentliches Betriebs- und ordentliches betriebsfremdes Ergebnis) gewährleistet werden (vgl. Ballwieser, W. (1987), S. 60f.). Bei dieser Methode der prospektiven Erfolgsbeurteilung müssen allerdings gleich bleibende Umweltbedingungen vorausgesetzt werden.

›Außerordentlich‹ ist eng abzugrenzen

Die Abgrenzung des Begriffs ›außerordentlich‹ erfährt nach h. M. eine enge Abgrenzung, wenn auch eine Präzisierung durch den Gesetzgeber unterblieben ist. Die Regierungsbegründung stellt lediglich klar, dass aperiodische Erfolgsbestandteile nicht (notwendigerweise) zu den außerordentlichen Aufwendungen und Erträgen zählen (vgl. BT-Drucks. 10/317, S. 86), sodass diese auch, wenn nicht gar überwiegend, im Ergebnis der gewöhnlichen Geschäftstätigkeit enthalten sind. Die als außerordentlich zu klassifizierenden Sachverhalte müssen nach allgemeiner Auffassung ihrem Charakter nach in hohem Maße ungewöhnlich sein und dürfen darüber hinaus nur selten anfallen.

Tätigkeitsbereiche oder geographische Aspekte

Eine weitergehende Erfolgsspaltung nach Tätigkeitsbereichen oder geographischen Gesichtspunkten lässt der HGB-Abschluss regelmäßig nicht zu, da gem. § 285 Nr. 4 HGB i. V. m. § 288 HGB lediglich bei großen Kapitalgesellschaften und Personenhandelsgesellschaften i. S. d. § 264a HGB eine Aufgliederung der Umsatzerlöse, nicht aber der übrigen Aufwendungen und Erträge nach diesen Merkmalen erfolgen muss. Eine etwaige Segmentberichterstattung nach § 297 Abs. 1 Satz 2 HGB kann hier nur bedingt Abhilfe schaffen.

Aktuelle Entwicklungen

Im Hinblick auf die Erfolgsspaltungskonzeption nach HGB ist zu berücksichtigen, dass der Regierungsentwurf zum BilRUG bei der Definition der Umsatzerlöse vorsieht, die de lege lata bestehende Tatbestandsbeschränkung auf die »für die gewöhnliche Geschäftstätigkeit … typischen« Erzeugnisse, Waren und

Dienstleistungen aufzuheben (vgl. § 277 Abs. 1 HGB). Nunmehr wären alle Erlöse aus Erzeugnissen, Waren und Dienstleistungen – also auch solche, die bis dato unter den »sonstigen betrieblichen Erträgen« bzw. »außerordentlichen Erträgen« erfasst wurden – unter dem Posten »Umsatzerlöse« auszuweisen. In praxi werden hiervon bspw. Erlöse aus Miet- und Pachteinnahmen (etwa die Vermietung von Werkswohnungen), Schrottverkäufen, Verkäufen von überzähligen Roh-, Hilfs- und Betriebsstoffen oder Verkäufen an Personal (u. a. Kantinenerlöse) betroffen sein (vgl. Oser, P./Orth, C./Wirtz, H. (2014), S. 1879).

Neben der Neudefinition der Umsatzerlöse wird mit dem BilRUG weiterhin auch eine Streichung der Posten der außerordentlichen Erträge und Aufwendungen beabsichtigt. Bislang unter diesen Posten erfasste Sachverhalte müssten künftig in anderen, arten- bzw. geschäftsvorfallbezogenen Positionen der GuV ihren Niederschlag finden. Stattdessen sind gem. § 285 Nr. 31 HGB-E »jeweils der Betrag und die Art außerordentlicher Erträge und … Aufwendungen«, mithin Sachverhalte von außergewöhnlicher Größenordnung und/oder Bedeutung, im Anhang anzugeben (vgl. kritisch hierzu u. a. IDW (2014), S. 608 f.).

Die mit der intendierten Neuregelung einhergehende Vermengung von geschäftstypischen und -untypischen Sachverhalten im Posten »Umsatzerlöse« wird sich unmittelbar auf die zwischenbetriebliche Vergleichbarkeit sowie den Informationsgehalt der GuV auswirken. Im Ergebnis würde der Gesetzgeber die traditionelle Erfolgsspaltungskonzeption des HGB aufgeben. Ob auf Basis der verpflichtenden Anhanginformationen des § 285 Nr. 31 HGB-E eine Herleitung der traditionellen Erfolgsgrößen des HGB möglich sein wird, lässt sich zumindest ex ante nicht abschließend beurteilen.

2.3.1.3.2 Kritik an der Erfolgsspaltungskonzeption nach HGB

Die Problematik der am Gliederungsschema der GuV nach § 275 HGB orientierten Erfolgsspaltung liegt in folgenden Punkten begründet (vgl. auch Küting, K. (1997b), S. 701 f.):

(1) Indem das außerordentliche Ergebnis nach HGB überaus eng abgegrenzt ist und lediglich solche Erfolgskomponenten umfasst, die in hohem Maße ungewöhnlich für die geschäftlichen Aktivitäten des Unternehmens sind und darüber hinaus selten anfallen, verbleiben im Ergebnis der gewöhnlichen Geschäftstätigkeit zwangsläufig solche Aufwendungen und Erträge, die nur eines der beiden vorstehend genannten (restriktiven) Kriterien erfüllen. Zu denken ist etwa an bestimmte Liquidations- oder bilanzpolitisch motivierte Bewertungserfolge, die in der Praxis oftmals auch den sonstigen betrieblichen Aufwendungen und Erträgen zugeordnet werden.

Außerordentliches Ergebnis eng abgegrenzt

(2) Mit Lachnit (L. (1991), S. 775) ist zu kritisieren, dass der Gesetzgeber die angestrebte Erfolgsspaltung nach der Regelmäßigkeit nur unzureichend umgesetzt hat. Das zeigt nicht zuletzt der Posten Nr. 7b gem. § 275 Abs. 2 HGB (Abschreibungen auf Vermögensgegenstände des Umlaufvermögens, soweit diese die in der Kapitalgesellschaft üblichen Abschreibungen überschreiten). Die Platzierung dieses Postens innerhalb des Ergebnisses der gewöhnlichen Geschäftstätigkeit erscheint fragwürdig, da es sich bei den betreffenden Abschreibungen nur um solche handeln kann, die dem Grunde nach oder in ihrer Höhe in der betreffenden Kapitalgesellschaft nicht regelmäßig anfallen, aber dennoch nicht außerordentlich sind (vgl. Budde, A. (2013), Rn. 68).

Kriterium der Regelmäßigkeit nur unzureichend umgesetzt

Problematik der Sammelposten

(3) Aufgrund der engen Abgrenzung des außerordentlichen Ergebnisses ist eine eindeutige Aufschlüsselung der (Sammel-)Posten ›sonstige betriebliche Aufwendungen‹ und ›sonstige betriebliche Erträge‹ nach dem Kriterium der Regelmäßigkeit für Externe nicht möglich, da dort sowohl regelmäßige als auch unregelmäßige Erfolgsbestandteile ausgewiesen sein können. Auch vor diesem Hintergrund ist in Zweifel zu ziehen, dass das Ergebnis der gewöhnlichen Geschäftstätigkeit als nachhaltige Ergebnisgröße qualifiziert werden kann.
Zu kritisieren ist ferner die Vermischung von ordentlichen betrieblichen und betriebsfremden Erfolgskomponenten unter den in Rede stehenden Posten. Sie ist die Folge dessen, dass der Gesetzgeber mit den handelsrechtlichen GuV-Schemata keine explizite Erfolgsspaltung nach dem Merkmal der Betriebsbezogenheit verwirklicht hat. Mit Blick auf die dem Betriebsergebnis allgemein beigemessene Bedeutung muss es allerdings als Versäumnis des Gesetzgebers betrachtet werden, keine detaillierte betragsmäßige Aufgliederung der sonstigen betrieblichen Aufwendungen und Erträge verpflichtend vorgeschrieben zu haben.

Ausweis der sonstigen Steuern

(4) Als verunglückt zu beurteilen ist schließlich der Ausweis der ›sonstigen Steuern‹ an der in § 275 Abs. 2 und 3 HGB vorgeschriebenen Stelle. Unter materiell-inhaltlichen Gesichtspunkten sind die unter diesen Posten auszuweisenden gewinnunabhängigen Steuern (z. B. Verbrauchsteuern) dem Ergebnis der gewöhnlichen Geschäftstätigkeit bzw. dem Betriebsergebnis zuzuordnen (vgl. Budde, A. (2013), Rn. 99) und sollten daher auch an entsprechender Stelle ausgewiesen werden.

2.3.1.4 Erfolgsspaltung im IFRS-Abschluss

2.3.1.4.1 Darstellung der Erfolgsspaltungskonzeption nach IFRS

Erfolgskonzeption nach IFRS

Die Erfolgskonzeption und damit verbunden der Erfolgsbegriff und die Erfolgsspaltungskonzeption der IFRS unterscheiden sich von den vergleichbaren Vorschriften des HGB. Während im deutschen Handelsrecht grds. alle in die Erfolgsermittlung eingehenden Wertänderungen innerhalb der klassischen GuV erfasst werden, existiert bei der Erfolgskonzeption nach IFRS eine Alternative zur Erfassung bestimmter Wertänderungen.

GuV-neutrale Bestandteile

Neben den GuV-wirksamen Bestandteilen des Periodenergebnisses (Jahresüberschuss (profit) bzw. Jahresfehlbetrag (loss)) sehen einzelne Standards der IFRS für bestimmte Wertänderungen am Vermögen eine GuV-neutrale Erfassung vor (vgl. Pellens, B. et al. (2014), S. 174). Zu den wesentlichen Sachverhalten, deren Wertänderungen GuV-neutral erfasst werden, zählen (vgl. zur Bedeutung der GuV-neutral erfassten Wertänderungen bei DAX- und MDAX-Unternehmen Dobler, M./Dobler, S. (2012), S. 36 ff.):

(1) Wertänderungen aus der Bewertung der Sachanlagen und der immateriellen Vermögenswerte nach dem Neubewertungsmodell gem. IAS 16 bzw. IAS 38;
(2) versicherungsmathematische Gewinne und Verluste, resultierend aus der Bewertung leistungsorientierter Pensionsverpflichtungen (IAS 19);
(3) Fair Value-Änderungen bei als »zur Veräußerung verfügbar« klassifizierten Wertpapieren (IAS 39) bzw. finanziellen Vermögenswerten i. S. d. IFRS 9;
(4) Marktwertänderungen innerhalb des effektiven Teils eines Cashflow-Hedge (IAS 39/IFRS 9);

(5) nach IAS 21 berücksichtigte Differenzen aus der Währungsumrechnung ausländischer Abschlüsse wirtschaftlich selbstständiger Tochterunternehmen;
(6) Anpassungen von Rückstellungen für gewisse Entsorgungs- und Wiederherstellungsverpflichtungen (IFRIC 1);
(7) im Zuge der Equity-Bewertung von assoziierten und Gemeinschaftsunternehmen GuV-neutral erfasste Erfolgsbestandteile (IAS 28/IFRS 11);
(8) Adjustierungen der Eröffnungsbilanz aufgrund von Änderungen bisher angewandter Rechnungslegungsmethoden oder Fehlerkorrekturen (IAS 8);
(9) die (GuV-neutrale) Bildung und Auflösung latenter Steuern (IAS 12).

IFRS-Gewinn

Das Gesamtergebnis nach IFRS (total comprehensive income) besteht somit aus zwei Teilergebnissen. Dem Saldo sämtlicher GuV-wirksamer Aufwendungen und Erträge (profit or loss) und dem Saldo der GuV-neutral erfassten Wertänderungen, dem sog. »other comprehensive income (OCI)«, das in der deutschen Übersetzung als »sonstiges Ergebnis« bezeichnet wird (vgl. zur Bedeutung des OCI im Rahmen der Erfolgsbeurteilung auf Konzernebene 5. Abschn., 4.).

Recycling

Teile des zunächst GuV-neutralen OCI sind jedoch gem. der für die zugrunde liegenden Sachverhalte fixierten Folgebewertung bei Eintritt konkreter Tatbestände in die GuV umzugliedern. Mittels dieses – auch als »Recyling« bezeichneten – Vorgangs wird die zumindest temporär mögliche Durchbrechung des sog. »Kongruenzprinzips« (teilweise) korrigiert.

Kongruenzprinzip

Das Kongruenzprinzip stellt sicher, dass über die Totalperiode hinweg die Summe aller Aufwendungen und Erträge, ergo der Totalerfolg eines Unternehmens, der Summe dessen Ein- und Auszahlungen entspricht. Werden einzelne Wertänderungen jedoch nicht GuV-wirksam erfasst, sondern (zunächst) GuV-neutral (zwischen-)gespeichert, ist die Grundgleichung des Kongruenzprinzips (vorübergehend) nicht mehr erfüllt.

Darstellungsalternativen

Die Zweiteilung zwischen GuV-wirksamen und GuV-neutralen Wertänderungen innerhalb der Erfolgskonzeption der IFRS wird auch durch die Untergliederung der IFRS-Erfolgsrechnung (Gesamtergebnisrechnung) deutlich. »Ein Unternehmen kann eine integrierte Gesamtergebnisrechnung vorlegen, wobei der Gewinn oder Verlust und das sonstige Ergebnis in zwei Teilen ausgewiesen werden. ... Ein Unternehmen kann den Teil ›Gewinn oder Verlust‹ in einer gesonderten Gewinn- und Verlustrechnung darstellen. In diesem Fall (zweiteilige Gesamtergebnisrechnung) muss die gesonderte Gewinn- und Verlustrechnung unmittelbar vor dem Teil ›sonstiges Ergebnis‹, der mit dem Gewinn oder Verlust beginnt, dargestellt werden« (IAS 1.10A).

Single Statement Approach

Dem einteiligen (integrierten) Berichtsformat folgend, werden zuerst die im Periodenergebnis erfassten Aufwendungen und Erträge der GuV dargestellt. Das Periodenergebnis beschließt allerdings nicht den Abschlussbestandteil, wie dies nach HGB der Fall ist, sondern stellt lediglich eine Zwischensumme dar. Einerseits wird dadurch das für die Erfolgsanalyse zentrale Periodenergebnis als Erfolgsgröße berichtet, andererseits wird jedoch auch deutlich, dass der Erfolgsbegriff nach IFRS neben dem Saldo der GuV-wirksamen Aufwendungen und Erträge weitere Erfolgsbestandteile beinhaltet. Denn direkt an das Periodenergebnis anknüpfend, werden die Komponenten des OCI dargestellt, die gemeinsam mit dem Periodenergebnis im comprehensive income, dem IFRS-Gesamtergebnis, münden (sog. »single statement approach«).

Two Statements Approach

Alternativ kann ein Unternehmen auch dazu übergehen, das Periodenergebnis und das OCI in zwei unmittelbar aufeinander aufbauenden, aber dennoch getrennten Darstellung zu berichten (sog. »two statements approach«). Ausgangspunkt der Berichterstattung bildet in diesem Fall die Darstellung der GuV-wirksamen Erfolgsbestandteile in einer eigenständigen Rechnung (GuV). Das Periodenergebnis wird im Vergleich zur integrierten Darstellungsvariante weitaus prominenter ausgewiesen. Aufbauend auf dem Ergebnis der GuV werden in einer zweiten, sich direkt anschließenden Rechnung die im OCI verbuchten Wertänderungen berichtet und zum Gesamtergebnis verdichtet. Die Endsumme der GuV, das Periodenergebnis, fungiert als Basis der OCI-Rechnung und verknüpft beide Rechenwerke miteinander.

Bis heute dominiert in der IFRS-Bilanzierungspraxis deutscher Konzerne die Anwendung des beschriebenen two statements approach, obwohl rein materiell keine Unterschiede zwischen beiden Darstellungsalternativen bestehen. Mitunter dürfte hierfür auch die Bedeutung des Periodenergebnisses als zentraler Erfolgsmaßstab des HGB verantwortlich sein, dem mit dem hervorgehobenen Ausweis als Endgröße der GuV im two statements approach stärker Rechnung getragen wird als in einer integrierten Darstellung.

Auswirkungen des Erfolgsbegriffs auf die Erfolgsspaltung

Die Zweiteilung des Erfolgsbegriffs wirkt auch unmittelbar auf die Erfolgsspaltung innerhalb der internationalen Rechnungslegungsstandards. Denn anknüpfend an die Teilerfolgsgrößen »Periodenergebnis« und »OCI-Ergebnis« sehen die Normen des IAS 1 für die jeweiligen Bestandteile unterschiedliche Gliederungsstrukturen vor.

Erfolgsspaltung innerhalb der GuV

Den Mindestumfang an Gliederungsposten für den Teilbereich der GuV grenzt der nicht abschließende Katalog des IAS 1.82 i. V. m. den von einzelnen IFRS-Standards geforderten Angaben ab. Ein allgemeingültiges Gliederungsschema, vergleichbar mit § 275 HGB, existiert im IFRS-Regelwerk nicht, sodass der Bilanzierende hinsichtlich der Reihenfolge und Strukturierung des Mindestkatalogs an zu berichtenden Posten erhebliche Freiheitsgrade besitzt (vgl. Küting, K./Pfitzer, N./Weber, C.-P. (2013), S. 186).

GKV vs. UKV

Die im Periodenergebnis erfassten Aufwendungen können nach IFRS, je nachdem, welche Darstellungsform die verlässlicheren und relevanteren Informationen bietet, nach dem GKV oder dem UKV offen gelegt werden (vgl. IAS 1.99). Gliedert ein Unternehmen seine GuV nach dem UKV, sind im Anhang zusätzliche Information über die Art der Aufwendungen, einschließlich des Aufwands für planmäßige Abschreibungen und Leistungen an Arbeitnehmer anzugeben (vgl. IAS 1.104).

Unabhängig von der Wahl des GKV oder UKV sind gem. IAS 1.82 folgende Posten als Mindestumfang einer Untergliederung der GuV gesondert darzustellen:

- Umsatzerlöse;
- Gewinne und Verluste aus der Ausbuchung finanzieller Vermögenswerte, die zu fortgeführten Anschaffungskosten bewertet werden;
- Finanzierungsaufwendungen;
- Gewinn- und Verlustanteile an assoziierten und Gemeinschaftsunternehmen, die nach der Equity-Methode bilanziert werden;
- wenn ein finanzieller Vermögenswert in die Kategorie »zum beizulegenden Zeitwert bewertet« reklassifiziert wird, Gewinne oder Verluste, die sich aus einer Differenz zwischen dem früheren Buchwert und seinem beizulegenden Zeitwert zum Zeitpunkt der Reklassifizierung (wie in IFRS 9 definiert) ergeben;

- Steueraufwendungen;
- ein gesonderter Betrag für die Summe aufgegebener Geschäftsbereiche.

Ausweis nicht-beherrschender Gesellschafter

Ergänzend zu den aufgezählten Posten hat das bilanzierende Unternehmen das Periodenergebnis getrennt nach seiner Zugehörigkeit zu den Gesellschaftern des Mutterunternehmens und den nicht-beherrschenden Gesellschaftern (vgl. hierzu 5. Abschn., 3.1.2.2) zu berichten. Diese Aufschlüsselung hat darüber hinaus auch für das Gesamtergebnis zu erfolgen (vgl. IAS 1.81B).

Ausweisverbot außerordentlicher Posten

Abweichend von früheren Regelungen untersagt das IASB nunmehr ausdrücklich den Ausweis von außerordentlichen Posten (extraordinary items). Unter diesem Begriff waren Aufwendungen oder Erträge definiert, die aus Ereignissen oder Geschäftsvorfällen entstehen, die sich eindeutig von der gewöhnlichen Unternehmenstätigkeit abgrenzen und von denen daher nicht anzunehmen ist, dass sich diese regelmäßig, geschweigen denn häufig wiederholen (vgl. IAS 1.BC61). Das IASB begründet dieses Ausweisverbot mit dem Hinweis, alle Aufwendungen und Erträge einer Periode unterlägen dem normalen Geschäftsrisiko des berichtenden Unternehmens. Ein Ausweis in einer gesonderten Position sei daher nicht zu rechtfertigen (vgl. IAS 1.87).

Ergebnis aus nicht-fortgeführter Geschäftstätigkeit

Dahingegen besteht bei endenden Geschäftsaktivitäten i. S. v. discontinued operations nach IFRS 5 die Pflicht, deren Anteil am Periodenergebnis als Nachsteuergröße gesondert in der GuV darzustellen (vgl. IAS 1.82(ea)), da dieser Erfolgsbestandteil für eine nachhaltige Erfolgsgröße als nicht wertrelevant eingestuft werden muss. Denn für die Investitionsentscheidung der Jahresabschlussadressaten maßgebend ist der zukünftig erzielbare Erfolg des fortgeführten Geschäfts und nicht der Erfolgsbeitrag eingestellter bzw. zum Verkauf stehender und so deklarierter Geschäftsbereiche.

Angabepflichten

Zugleich sind nach IFRS 5.33(b) entweder in der GuV oder im Anhang folgende Informationen zur Zusammensetzung dieses Postens anzugeben:

- Erlöse, Aufwendungen sowie Gewinn oder Verlust vor Steuern des aufgegebenen Geschäftsbereichs, inkl. des zugehörigen Ertragsteueraufwands gem. IAS 12.81(h);
- der Gewinn oder Verlust, der bei der Bewertung mit dem beizulegenden Zeitwert abzgl. Veräußerungskosten oder bei der Veräußerung der Vermögenswerte oder Veräußerungsgruppe(n), die den aufgegebenen Geschäftsbereich darstellen, erfasst wurde, inkl. des zugehörigen Ertragsteueraufwands gem. IAS 12.81(h).

Aus analytischer Sicht ist von Bedeutung, dass das »Ergebnis aus nicht-fortgeführten Geschäftsbereichen« nicht sämtliche Aufwendungen und Erträge aus eingestellten Aktivitäten umfasst. Es bezieht sich ausschließlich auf aufzugebende bzw. aufgegebene Geschäftsbereiche. Bewertungs- oder Abgangserfolge bei sonstigen Vermögenswerten sind dagegen im Ergebnis der fortgeführten Geschäftstätigkeit zu erfassen (vgl. IFRS 5.37).

Ergebnis aus fortgeführter Geschäftstätigkeit

Für das Ergebnis der fortgeführten Geschäftsbereiche sehen die IFRS keine explizite Untergliederung i. S. d. Erfolgsspaltung vor. Aufgrund der vorgeschriebenen Mindestgliederung und der ergänzenden Angabepflichten in der GuV und im Anhang wird dieses Ergebnis jedoch regelmäßig in der Berichtspraxis in ein Betriebs- und Finanzergebnis aufgegliedert.

Betriebsergebnis

Ausgangspunkt des Betriebsergebnisses als Teilgröße des Periodenergebnisses sind die Umsatzerlöse, die auch im Mindestgliederungsschema des IAS 1.82 aufgeführt sind. Die Berücksichtigung der Umsatzerlöse impliziert nach deren Definition gem. IAS 18.7 bzw. IFRS 15 Appendix A und CF.4.29, dass diese im Rahmen der gewöhnlichen Geschäftstätigkeit anfallen. Sie sind also dem betrieblichen Bereich zuzuordnen und tragen die Vermutung der Wiederkehr in sich. Ebenfalls eindeutig dem Betriebsergebnis zuzuordnen sind die Veränderung des Bestands an fertigen und unfertigen Erzeugnissen, Aufwendungen für Roh-, Hilfs- und Betriebsstoffe, Zuwendungen an Arbeitnehmer und planmäßige Abschreibungen nach dem GKV (vgl. IAS 1.102) bzw. die Umsatzkosten, Vertriebskosten und Verwaltungsaufwendungen nach dem UKV (vgl. IAS 1.103). Die gesonderte Darstellung dieser Posten ist zwar nicht explizit durch die Mindestgliederungsvorschriften des IAS 1 erfasst, jedoch aufgrund des Erfordernisses zum gesonderten Ausweis für das Verständnis der Ertragslage relevanter Posten gem. IAS 1.85 indirekt geboten.

Sonstige Aufwendungen und Erträge

Neben den regelmäßig wiederkehrenden betrieblichen Aufwendungen und Erträgen existieren aber auch Aufwands- und Ertragsbestandteile, die grds. der betrieblichen Geschäftstätigkeit zuzurechnen sind, die aber kein Kerngeschäft darstellen und deren Eintritt nicht regelmäßig gegeben ist. Hierzu gehören bspw. außerplanmäßige Abschreibungen sowie die Wertaufholung dieser bei Vorräten oder Sachanlagen, die Auflösung oder Bildung von Restrukturierungsrückstellungen, Liquidationsgewinne oder -verluste bei Veräußerungen von Posten des Anlagevermögens (vgl. IAS 1.98), aber auch Bewertungseffekte im Kontext der zunehmenden Ausrichtung der IFRS an einer zeitwertorientierten Bewertung (vgl. zur Ausrichtung der IFRS in Richtung der Zeitwertbilanzierung Pellens, B. et al. (2008), S. 137; Küting, K./Pfitzer, N./Weber, C.-P. (2013), S. 132). Auch Posten, die nach Maßgabe von Altfassungen des IAS 1 als außerordentlich auszuweisen waren, sind nun unter die sonstigen Aufwendungen und Erträge zu fassen. IAS 1.97 schreibt allgemein, und somit auch für die in Rede stehenden Aufwands- und Ertragsposten, eine gesonderte Darstellung der Art und des Betrags vor, wenn diese für die Darstellung der Vermögens-, Finanz- und Ertragslage des Unternehmens wesentlich sind. Vielfach werden diese Aufwendungen und Erträge bei deutschen IFRS-Bilanzierern in Anlehnung an das HGB unter den (Rest-)Posten »sonstige betriebliche Aufwendungen/Erträge« subsumiert (vgl. exemplarisch BASF SE (2014), S. 144, 175 f.; Volkswagen AG (2014), S. 169, 206). Beide Posten erweisen sich daher oftmals als Konglomerat unterschiedlichster Erfolgsbestandteile. Das macht eine weitergehende Analyse ihrer Zusammensetzung unabdingbar, wobei der Unterscheidung zwischen sehr selten wiederkehrenden und unregelmäßig wiederkehrenden Erfolgsbestandteilen eine zentrale Bedeutung zukommt, die oftmals im Ermessen des Analysten liegt.

Finanzergebnis

Nach dem Wortlaut des IAS 1.82 sind neben den Umsatzerlösen, die mit den übrigen, o. g. Posten zum Betriebsergebnis zusammengefasst werden, lediglich die Finanzierungsaufwendungen sowie die Gewinn- und Verlustanteile an assoziierten und Gemeinschaftsunternehmen, die nach der Equity-Methode bilanziert werden, darzustellen. Der in den IFRS nicht definierte Begriff »Finanzierungsaufwendungen« umfasst bei wörtlicher Auslegung ausschließlich Aufwendungen, welche die Finanzierung eines Unternehmens betreffen. Zu den Hauptbestandteilen der unter den Finanzierungsaufwendungen zu erfassenden Geschäftsvorfällen zählen die Zinsaufwendungen aus Krediten und Darlehen, der

Zinsanteil aus Leasingverbindlichkeiten (finance lease), der Zinsanteil aus der Aufzinsung langfristiger Rückstellungen (z. B. Pensionsrückstellungen), Verluste aus der Abschreibung oder Ausbuchung von finanziellen Vermögenswerten sowie GuV-wirksame Fair Value-Änderungen bestimmter Finanzinstrumente und Sicherungsgeschäfte (vgl. Bischof, S. et al. (2012), Rn. 150; Coenenberg, A. G./Haller, A./Schultze, W. (2014), S. 572).

Durch das IFRIC wurde im Jahr 2004 klargestellt, dass auch Erträge aus der Finanzierungstätigkeit auszuweisen sind, und dieser Ausweis unsaldiert von den Finanzierungsaufwendungen zu erfolgen hat (vgl. IFRIC (2004), S. 4). Die auszuweisenden Erträge umfassen im Wesentlichen Zinserträge auf Bankeinlagen bzw. sonstige Ausleihungen und Forderungen, Dividendenerträge, Erträge aus der Amortisation von Disagios, Erträge aus der Abzinsung langfristiger Rückstellungen sowie Erträge aus der GuV-wirksamen Zuschreibung von Finanzanlagen (vgl. Coenenberg, A. G./Haller, A./Schultze, W. (2014), S. 572 f.).

Neben den Finanzierungsaufwendungen sind gem. IAS 1.82(c) auch die Gewinn- und Verlustanteile an assoziierten und Gemeinschaftsunternehmen, die nach der Equity-Methode bilanziert werden, eigenständig in der GuV darzustellen. Dieser Ausweis kann bspw. im Rahmen des Finanzergebnisses erfolgen (vgl. Franz Haniel & Cie. GmbH (2014), S. 64; Volkswagen AG (2014), S. 169). Gleichzeitig ist jedoch auch der Ausweis als Teil des Betriebsergebnisses häufig in der deutschen IFRS-Bilanzierungspraxis anzutreffen (vgl. BASF SE (2014), S. 144). Festzuhalten bleibt, dass Wertaufholungen bzw. Wertminderungen, die sich auf die Buchwerte der Anteile an assoziierten oder Gemeinschaftsunternehmen, die nach der Equity-Methode bilanziert werden, beziehen, nicht Gegenstand dieses GuV-Postens sein dürfen. Auch weitere Beteiligungserträge, hierzu zählen vor allem Erträge aus zu Anschaffungskosten bilanzierten Beteiligungen, sind nicht Bestandteil dieses Postens. Vielfach werden jene sonstigen Beteiligungserträge als eigenständige Unterkategorie des (übrigen) Finanzergebnisses ausgewiesen (vgl. bspw. BASF SE (2014), S. 152, 177; Volkswagen AG (2014), S. 169, 208).

Das bestehende Saldierungsverbot von Finanzierungsaufwendungen und -erträgen schließt nicht aus, beide Posten – oftmals in der Praxis noch ergänzt um das (sonstige) Beteiligungsergebnis – in der GuV mittels der Zwischensumme Finanzergebnis zusammenzuführen (vgl. Bischof, S. et al. (2012), Rn. 148) und im Anhang detailliert die einzelnen Bestandteile zu erläutern (vgl. bspw. SAP AG (2014), S. 162, 197).

Pro-Forma-Kennzahlen

Die bestehenden Freiheitsgrade im Kontext der Untergliederung der IFRS-GuV führen u. a. auch dazu, dass Unternehmen sog. »Pro-Forma-Kenngrößen«, insb. in Form der geläufigen Earnings-Before-Kennzahlen in die GuV integrieren (vgl. Hitz, J.-M./Jenniges, V. (2008), S. 237 f., m. w. N.). Als solche sind diejenigen Finanzkennzahlen zu definieren, die von den normierten Erfolgskennzahlen der zugrunde liegenden Rechnungslegungsnormen abweichen. Ursache des Abweichens ist regelmäßig die Bereinigung einmaliger, ungewöhnlicher, außerbetrieblicher oder nicht-zahlungswirksamer Aufwendungen und Erträge (vgl. Teitler-Feinberg, E. (2002), S. 191). Denn je nach Analyseziel ist es zielführender, bestimmte Aufwands- und Ertragsarten aus der Betrachtung zu isolieren.

Familie der Earnings-Before-Kennzahlen

Insb. die Kennzahlenausprägungen der Earnings-Before-Familie als Unterkategorie der Pro-Forma-Kennzahlen finden in der gegenwärtigen Berichterstattungs- und Analysepraxis vielfach Anwendung. Zu den gängigsten Earnings-Before-Kennzahlen in der Praxis zählen hierbei folgende Ausprägungen (vgl. für eine Übersicht der Earnings-Before-Kennzahlen in der nationalen und internationalen Rechnungslegung Küting, K./Heiden, M. (2003), S. 1545 f.).

- Earnings Before Interest, Taxes, Depreciation and Amortization (EBITDA);
- Earnings Before Interest and Taxes (EBIT);
- Earnings Before Taxes (EBT).

EBITDA

Das EBITDA beschreibt in seiner allgemeinen Definition als Erfolgsgröße die (nachhaltige) operative Leistungsfähigkeit eines Unternehmens vor Investitionsaufwendungen, die aus der Abnutzung und dem (planmäßigen) Werteverzehr langfristiger Sachanlagen und immaterieller Vermögenswerte resultieren.

EBIT

Wird neben den gewinnabhängigen Steuern auch (teilweise) das Zinsergebnis zum Periodenergebnis hinzugerechnet, führt dies zum EBIT. Diese Kennzahl dient dem Zweck, die operative Tätigkeit eines Unternehmens in einer steuer- und zinsneutralen Erfolgsgröße zu messen. Das EBIT bemisst die Fähigkeit eines Unternehmens, aus seiner operativen Geschäftstätigkeit Erträge zu erwirtschaften. Je nachdem, in welchem Umfang das Finanzergebnis bei der Berechnung des EBIT Berücksichtigung findet, ergeben sich unterschiedliche Analysemöglichkeiten. Eine vollumfängliche Hinzurechnung des Finanzergebnisses zum Periodenergebnis vor Steuern führt zu einer EBIT-Größe, die gänzlich von Ertragsbestandteilen der Finanzierung befreit ist. Sie stimmt mit dem handelsrechtlichen Betriebsergebnis überein (vgl. 3. Abschn., Kap. 3, 2.3.1.3.1).

EBT

Als EBT wird grds. das Periodenergebnis vor Abzug der gewinnabhängigen Steuern (Ertragsteuern) bezeichnet. Aufgrund ihrer gewinnsteuerlichen Neutralität eignet sich diese Erfolgsgröße insb. für rechtsform- oder steuersystemübergreifende Analysen. Rein rechentechnisch ergibt sich das EBT aus der Hinzurechnung der Ertragsteuern zum ausgewiesenen Periodenergebnis. Vielfach werden in der Praxis jedoch bereits auf Stufe des EBT einmalige, außerbetriebliche oder nicht-zahlungswirksame Erfolgsbestandteile korrigiert.

Kritische Würdigung

Die – auch als »EBITanei« (Lorson, P./Schedler, J. (2002), S. 274) bezeichnete – Vielzahl an EBIT-Kennzahlen in den Jahresabschlüssen bringt eine wachsende Unübersichtlichkeit in der Unternehmenspraxis mit sich. Vielfach sind die unternehmensintern ermittelten Kennzahlen für den externen Leser nicht nachvollziehbar, weil keinerlei Überleitungsrechnungen oder Erläuterungen angegeben sind. Abhängig von der unternehmensseitig verfolgten Zwecksetzung, kann die Publikation solcher Kennzahlen durchaus einen informationellen Mehrwert generieren (Informationszweck). Dies aber darf nicht darüber hinwegtäuschen, dass (insb. vor dem »Hintergrund geringer Regulierung) eine bewusst geschönte Darstellung der Kennzahlen irreführend auf die Anleger wirken« (Sellhorn, T./Hombach, K./Stier, C. (2014), S. 65) kann (Manipulationszweck). So kann es durchaus der Fall sein, dass hinter einer nach außen zwar gleich bezeichneten Kennzahl bei mehreren Unternehmen unterschiedliche Inhalte stehen. Somit wird also ein zwischenbetrieblicher und auch intertemporärer Vergleich einzelner Unternehmen erschwert, wenn nicht sogar gänzlich unmöglich gemacht (bzgl. des bilanzanalytischen Umgangs mit derlei Kennzahlen vgl. grundlegend auch Sellhorn, T./Hombach, K./Stier, C. (2014), S. 41 ff.).

Erfolgsspaltung innerhalb der OCI-Rechnung

Die sich an die GuV anschließende OCI-Rechnung unterliegt einer eigenständigen Erfolgsspaltungskonzeption. Gem. IAS 1.82A sind die Beträge des OCI in der betreffenden Periode nach ihrer Art unterteilt darzustellen und getrennt nach Posten, die entsprechend anderer IFRS später (nicht) aufwands- oder ertragswirksam umgegliedert (recycelt) werden, aufzugliedern. Ausschlaggebende Gliederungskriterien sind somit die Art der zugrunde liegenden Sachverhalte, d. h. eine Aufgliederung nach der im OCI zu erfassenden Einzelfälle, aber auch deren Folgebehandlung im Kontext des recycling. Weiterhin hat das berichtende Unternehmen im OCI-Teil der Gesamtergebnisrechnung oder auch im Anhang den auf die jeweiligen OCI-Bestandteile (einschließlich der Recycling-Beträge) entfallenden Betrag an Ertragsteuern anzugeben (vgl. IAS 1.90). Hierbei kann zwischen einer Vor- oder Nachsteuerdarstellung gewählt werden, wobei bei der Option der Vorsteuerdarstellung eine Aufteilung der Ertragsteuern auf die zukünftig in die GuV umgliederbaren Bestandteile und die nicht-recyclingfähigen Teile des OCI zu erfolgen hat (vgl. IAS 1.91). Gleichzeitig sind auch die in der Periode von der OCI-Rechnung in die GuV umgegliederten Beträge berichtspflichtig (vgl. IAS 1.92). Ein fixiertes Gliederungsschema für die geforderten Angaben beinhaltet das Regelwerk der IFRS aber auch im Kontext der OCI-Rechnung nicht. Zumindest werden in den IG des IAS 1 beispielhafte Gliederungsalternativen aufgezeigt. In der Praxis findet sich daher eine Fülle an unterschiedlichen, aber IFRS-konformen Darstellungsvarianten.

Übersicht 66 verdeutlicht am modifizierten Beispiel der OCI-Rechnung der Franz Haniel & Cie. GmbH eine mögliche Darstellungsalternative. Die Modifizierung bezieht sich ausschließlich auf die gewählten Bezeichnungen und die Fokussierung auf die Darstellung der OCI-Rechnung (vgl. zur Gesamtergebnisrechnung der Franz Haniel & Cie. GmbH (2014), S. 65).

Eigenkapitalveränderungsrechnung

Das sich aus dem Periodenergebnis und dem OCI zusammensetzende Gesamtergebnis (comprehensive income) repräsentiert den überwiegenden Teil der Eigenkapitalveränderung im Zeitablauf. Die noch verbleibende Eigenkapitalveränderung ergibt sich aufgrund von Kapitaltransaktionen mit den Gesellschaftern. Die Zwecksetzung einer Eigenkapitalveränderungsrechnung besteht nunmehr darin, als Überleitungsrechnung die Bewegungen der einzelnen Eigenkapitalbestandteile vom Periodenanfang zum Periodenende postenbezogen offen zu legen und somit die Veränderung der Eigenkapitalgröße vollständig zu erläutern.

Zwingend auszuweisen sind hierbei:

- das Gesamtergebnis der Periode, aufgeschlüsselt nach den Anteilen, die auf die Anteilseigner des Mutterunternehmens sowie die nicht-beherrschenden Gesellschafter (NCI) entfallen;
- die rückwirkenden Anwendungen oder Anpassungen i. S. d. IAS 8;
- für jeden Eigenkapitalbestandteil gesondert – und hier ausdrücklich für die Bestandteile »Gewinn oder Verlust«, »OCI« und »Kapitaltransaktionen mit Eigentümern« – eine Überleitung vom Buchwert zum Beginn der Periode auf den Buchwert zum Periodenende (vgl. IAS 1.106).

Die Überleitungsrechnung der einzelnen Eigenkapitalbestandteile vom Buchwert zu Periodenbeginn auf den Periodenendwert kann alternativ in der Eigenkapitalveränderungsrechnung oder eigenständig im Anhang dargelegt werden (vgl. IAS 1.106A). Gleichzeitig besteht dieses Ausweiswahlrecht auch für die in der Berichtsperiode an die Eigentümer ausgeschütteten Dividenden (vgl. IAS 1.107). Zu den einzeln überzuleitenden Eigenkapitalbestandteilen nach IAS 1.106 gehören

	2013	2012
Ergebnis nach Steuern	**267**	**–1.728**
GuV-neutrale Erfassung von Neubewertungskomponenten leistungsorientierter Versorgungspläne	–24	–124
Auf die GuV-neutrale Erfassung von Neubewertungskomponenten leistungsorientierter Versorgungspläne entfallende latente Steuern	–3	36
Neubewertungskomponenten leistungsorientierter Versorgungspläne	**–27**	**–88**
GuV-neutrale Erfassung der anteiligen, nicht in die GuV umzugliedernden OCI-Bestandteile von at-Equity bewerteten Beteiligungen	**6**	**–106**
Summe der nicht in die GuV umzugliedernden OCI-Bestandteile	***–21***	***–194***
GuV-neutrale Erfassung von Erträgen und Aufwendungen aus der Folgebewertung von derivativen Finanzinstrumenten	12	–34
Umgliederungsbetrag in die GuV	21	45
Auf die GuV-neutrale Folgebewertung von derivativen Finanzinstrumenten entfallende latente Steuern	–7	–3
Folgebewertung von derivativen Finanzinstrumenten	**26**	**8**
GuV-neutrale Erfassung von Erträgen und Aufwendungen aus der Folgebewertung von available for sale financial assets	3	–7
Umgliederungsbetrag in die GuV	–24	–11
Auf die GuV-neutrale Folgebewertung von available for sale financial assets entfallende latente Steuern	0	12
Folgebewertung von available for sale financial assets	**–21**	**–6**
GuV-neutrale Erfassung von Erträgen und Aufwendungen aus der Fremdwährungsumrechnung	–126	–21
Umgliederungsbetrag in die GuV	0	4
Effekte aus der Fremdwährungsumrechnung	**–126**	**–17**
GuV-neutrale Erfassung von Erträgen und Aufwendungen aus direkt im Eigenkapital at-Equity bewerteter Beteiligungen verbuchten Änderungen	–1	33
Umgliederungsbetrag in die GuV	0	18
Sonstiges Ergebnis von at-Equity bewerteten Beteiligungen	**–1**	**51**
Summe der in die GuV umzugliedernden OCI-Bestandteile	***–122***	***36***
Summe OCI	**–143**	**–158**
Davon entfallen auf nicht-beherrschende Gesellschafter	–64	–37
Davon entfallen auf die Gesellschafter der Franz Haniel & Cie. GmbH	–79	–121

Übersicht 66: Gliederung der OCI-Rechnung bezogen auf die verpflichtenden Angaben nach IAS 1 (in: Mio. EUR)

Auf die Gesellschafter des MU entfallendes Eigenkapital								NCI	Summe
	Gez. Kapital	*Kapitalrücklage*	*Gewinnrücklagen*	*Umrechnungsdifferenz*	*Finanzinstrumente (inkl. Hedging)*	*Neubewertungsrücklage*	*Zwischensumme*		
EK zum 31.12.t_1									
IAS 8									
Kapitalerhöhung									
Kapitalherabsetzung									
Dividendenzahlungen									
Gewinn und Verlust der Periode									
Sonstiges Ergebnis der Periode									
EK zum 31.12.t_2									

Übersicht 67: Darstellungsvariante einer IFRS-konformen Eigenkapitalveränderungsrechnung

mind. jede Kategorie des geleisteten Kapitals, der kumulierte Saldo jeder Kategorie des OCI und die Gewinnrücklagen (vgl. IAS 1.108).

Aus den gerade dargestellten Mindestanforderungen des IAS 1.106 ff. und unter Beachtung der als Beispiel dienenden Eigenkapitalveränderungsrechnung in den IG zu IAS 1 lässt sich die in Übersicht 67 aufgezeigte Darstellungsvariante einer IFRS-konformen Eigenkapitalveränderungsrechnung ableiten.

Bedeutung für die Erfolgsspaltung

In den Kontext der Erfolgsspaltung eingeordnet, stellt die Eigenkapitalveränderungsrechnung ein Instrument dar, überblicksartig die historische Entwicklung der einzelnen Eigenkapitalbestandteile, und hier im Besonderen der Gewinnrücklagen, zu analysieren. Mit Einführung der Berichtspflicht über die potenzielle GuV-Wirksamkeit der OCI-Bestandteile gem. IAS 1 (rev. 2011) besteht bei deren Integration in die Eigenkapitalveränderungsrechnung zudem die Möglichkeit, potenzielle GuV-Effekte ihrer Höhe nach zu quantifizieren. Jedoch geht einerseits die dazu notwendige Aufnahme des Ausweises der recyclingfähigen OCI-Bestandteile in der Eigenkapitalveränderungsrechnung nicht explizit aus den Standards hervor, andererseits bleibt auch der Eintrittszeitpunkt dieser Effekte eine für den externen Analysten unbestimmbare Größe (vgl. bspw. für eine die Berichterstattung über mögliche GuV-wirksame OCI-Bestandteile integrierende Eigenkapitalveränderungsrechnung Franz Haniel & Cie. GmbH (2014), S. 66, 96 f.).

2.3.1.4.2 Kritik an der Erfolgsspaltungskonzeption nach IFRS

Konzeptionslosigkeit

»Die konzeptionslose Erfassung von Erfolgskomponenten im other comprehensive income (OCI) im Regelwerk des IASB stellt die IFRS-Abschlussersteller und -adressaten vor gehörige Probleme« (Dobler, M./Dobler, S. (2012), S. 35). Zutreffender kann man die trotz bereits lange währender Kritik (vgl. u. a. HALLER, A./SCHLOSSGANGL, M. (2003), S. 319; ZÜLCH, H./FISCHER, D. (2007), S. 108; HETTICH, S. (2007), S. 10; SELLHORN, T./HAHN, S./MÜLLER, M. (2011), S. 1016; ZÜLCH, H./HÖLTKEN, M. (2014), S. 304) immer noch bestehenden Einzelfallregelungen der Tatbestände, die statt in der GuV im OCI abzubilden sind, nicht formulieren. Die dadurch entstehenden bilanzpolitischen Möglichkeiten eröffnen den IFRS-Bilanzierern ein weites Feld möglicher Eingriffe in die Steuerung des Jahresergebnisses. Bspw. sei hier auf die Zuordnung von Wertpapieren zur Kategorie »available-for-sale« hingewiesen. Diesen Umstand kann auch die mit IAS 1 (rev. 2011) eingeführte Information über die potenziell in die GuV umzugliedernden OCI-Beträge nicht verbessern. Denn die in diesem Kontext bestehenden Berichtspflichten quantifizieren – im besten Fall – die Höhe der potenziell GuV-wirksam werdenden OCI-Bestandteile, deren konkreter Eintritt bleibt jedoch für einen externen Jahresabschlussadressaten nicht bestimmbar.

Unabhängig von dieser uneinheitlichen Praxis beim Ausweis GuV-neutraler Gesamtergebnisbestandteile bleibt die Frage, wie diese in das traditionelle, auf die GuV fokussierte Konzept der Erfolgsspaltung einzubeziehen sind. Das im Folgenden dargestellte Konzept der betriebswirtschaftlichen Erfolgsspaltung (vgl. 3. Abschn., Kap. 3, 2.3.1.6) kann in diesem Kontext lediglich einen allgemeinen Bezugsrahmen für weitere Diskussionen liefern.

Fair Value-Orientierung führt zu Verwerfungen

Die zeitwertorientierte Bilanzphilosophie der IFRS hinterlässt in den Abschlüssen zuweilen »bizarre Verwerfungen« (HOFMANN, S. (2012), S. 22; vgl. zu möglichen Verwerfungen im Rahmen der Konzernbilanzierung 5. Abschn., 5.5) im Rahmen der Erfolgsdarstellung und bringt einen maßgeblichen Einfluss auf den Gewinnausweis und die Ergebnisvolatilität mit sich (vgl. PELLENS, B. ET AL. (2008), S. 137, 145).

Gliederungsschema

Des Weiteren existiert für die Gesamtergebnisrechnung und somit auch für deren Teilbereiche GuV und OCI-Rechnung kein allgemeingültiges Gliederungsschema. Vielmehr bestehen die Berichtspflichten aus Mindestposten, deren Anordnung aber grds. frei wählbar bleibt bzw. lediglich in Form von Beispielen seitens des IASB an die Abschlussersteller herangetragen wird. Postenzahl, -inhalt, -bezeichnung und -reihenfolge werden ausgesprochen flexibel gehalten, sodass der Erfolgsausweis in weiten Teilen im Ermessen des Bilanzierenden liegt. ZÜLCH resümiert gar: »Das Prinzip der Erfolgsspaltung ist einer IFRS-GuV unbekannt« (ZÜLCH, H. (2004), S. 154). In der Bilanzierungspraxis führen diese Freiheitsgrade zu teilweise deutlich unterschiedlichen Darstellungsformen, was den zwischenbetrieblichen Vergleich sichtlich erschwert. Vielfach gehen Unternehmen dazu über, Pro-Forma-Kennzahlen in die Erfolgsrechnung zu integrieren (vgl. HEIDEN, M. (2006), S. 357 ff.; HITZ, J.-M./JENNIGES, V. (2008), S. 219 ff.). Dies führt zu folgendem Ergebnis: »Anstelle von Transparenz und Vergleichbarkeit regiert ein babylonisches Sprachengewirr. Jeder Vorstand erzählt gewissermaßen sein eigenes Märchen vom Gewinn« (HOFMANN, S. (2012), S. 22).

Uneinheitliche Zuordnung von Ergebnisbestandteilen aus nicht-fortgeführten Aktivitäten

Die prinzipiell gerechtfertigte Kritik an IAS 1 muss jedoch teilweise relativiert werden, da nach den IFRS über Aufwendungen, Erträge und Ergebnis aus nicht-fortgeführten Geschäftsbereichen (discontinued operations nach IFRS 5) gesondert berichtet werden muss. Vor allem der auf nicht-fortgeführte Aktivitäten entfallende Gewinnanteil verdeutlicht dem externen Jahresabschlussadressaten den betriebswirtschaftlich als endend zu interpretierenden Teil des gegenwärtigen Periodenergebnisses. Für die Abschätzung einer nachhaltig erzielbaren Erfolgsgröße liefert dieser Sonderausweis daher wertvolle Informationen. Der externe Jahresabschlussadressat hat bei der Würdigung dieses Sonderausweises zwingend zu berücksichtigen, dass das »Ergebnis aus aufgegebenen Geschäftsbereichen« nicht sämtliche Aufwendungen und Erträge aus eingestellten Aktivitäten umfasst. Bewertungs- oder Abgangserfolge bei sonstigen Vermögenswerten, die nicht als »discontinued operation« zu werten sind, werden weiterhin im Ergebnis aus fortgeführten Geschäftsbereichen verbucht (vgl. zu dieser Thematik auch KÜTING, K./REUTER, M. (2007a), S. 1942 ff.; KESSLER, H./LEINEN, M. (2006), S. 558 ff., jeweils m. w. N.).

Keine Bestimmtheit zentraler Begriffe

Die Gliederung der GuV nach IFRS soll – analog zum HGB – dem Grundgedanken einer Erfolgsspaltung Rechnung tragen. »Aufwendungen werden unterteilt, um Erfolgsbestandteile, die sich bezüglich Häufigkeit, Gewinn- und Verlustpotenzial und Vorhersagbarkeit unterscheiden können, hervorzuheben« (IAS 1.101). Zu diesem Zweck soll die Darstellung gem. IAS 1.101 die Regelmäßigkeit der Erfolge erkennen lassen, das Erfolgspotenzial verdeutlichen und prognosetauglich sein. IAS 1 enthält jedoch weder Definitionen dieser Begriffe noch Erläuterungen, durch welche Maßnahmen dies sichergestellt ist. Das HGB-Kriterium der Betriebszugehörigkeit wird auch nur implizit berücksichtigt. Denn das IASB geht davon aus, dass grds. alle Aufwendungen und Erträge dem normalen Geschäftsrisiko des berichtenden Unternehmens unterliegen (vgl. IAS 1.BC60 ff.). Mit dieser Begründung ist eine gesonderte Position für außerordentliche Aufwendungen und Erträge nicht zu rechtfertigen. Vielfach werden sodann Geschäftsvorfälle, die unter dem Gesichtspunkt der Erfolgsspaltung nicht direkt der nachhaltigen betrieblichen Geschäftstätigkeit zuzuweisen sind, in der IFRS-Bilanzierungspraxis daher unter den Posten »sonstige betriebliche Aufwendungen« und »sonstige betriebliche Erträge« erfasst. Um den nachhaltig erzielbaren Erfolg zu quantifizieren, sind die Bestandteile dieser beiden Sammelposten daher eingehend zu analysieren.

Verlagerung der Informationen in den Anhang

Wesentliche Angaben im Kontext der Gesamtergebnisdarstellung können im IFRS-Recht alternativ im Anhang dargestellt werden. Eine Erfolgsspaltung nach IFRS kommt daher ohne eine Auswertung der Anhangangaben nicht aus (vgl. KIRSCH, H. (2007), S. 28 ff.). Der Nachteil einer Anhangangabe ggü. einem offenen Ausweis in der Gesamtergebnisrechnung ist darin zu sehen, dass die gewünschten Informationen – aufgrund der Fülle an Erläuterungen – weniger schnell und zudem nur mit erheblich mehr Aufwand zu finden sind. Grds. einschränkend auf den Umfang der zu berichtenden Informationen bzgl. der Aufwands- und Ertragssituation wirkt hier IAS 1.97. Nach dessen Wortlaut hat ein Unternehmen nur dann Art und Betrag von Aufwands- und Ertragspositionen gesondert anzugeben, wenn diese wesentlich sind. »Unabhängig von der Wesentlichkeit der Posten sind Wertminderungsaufwendungen, Wertaufholungen, Bewertungs- und Veräußerungsergebnisse der zur Veräußerung klassifizierten langfristigen Vermögenswerte und der Effekt aus der Anpassung von Schätzungen ebenfalls separat anzugeben« (KIRSCH, H. (2011), S. 208).

2.3.1.5 Vergleich der Erfolgsspaltungskonzeptionen nach HGB und IFRS

Unterschiede

Vergleicht man die Erfolgsspaltungskonzeptionen nach HGB und IFRS, sind folgende Unterschiede festzuhalten, die insb. für einen zwischenbetrieblichen Vergleich von Unternehmen, die nach unterschiedlichen Rechnungslegungskonzepten bilanzieren, von Bedeutung sind:

- Während nach HGB Aufwendungen und Erträge fast ausschließlich ihren Niederschlag in der GuV finden, existieren im IFRS-Recht Einzelfallregelungen, die eine GuV-neutrale Verbuchung der Wertänderungen bestimmter Sachverhalte vorsehen und somit eine zweite (Teil-)Erfolgskategorie, das OCI, schaffen.
- Der Mindestumfang der Erfolgsrechnungen beider Normensysteme unterscheidet sich in seinem Detaillierungsgrad. Während das HGB ein ausführliches und allgemeingültiges Schema vorgibt, verlangen die IFRS lediglich ein Grobgerüst ohne feste Reihenfolge der Posten, das unternehmensindividuell – je nach Relevanz bzw. Wesentlichkeit der Posten – angepasst werden soll. Diese Flexibilität der Ausgestaltung der Gesamtergebnisrechnung nach IFRS – und dort insb. der GuV – kann den zwischenbetrieblichen Vergleich beeinträchtigen und ggf. sogar unmöglich machen. In der IFRS-Bilanzierungspraxis deutscher Konzerne hat sich allerdings bislang das Gliederungsschema des § 275 HGB weitgehend als Best-Practice-Regel durchgesetzt. Etwaige Modifikationen betreffen i. d. R. Anpassungen nach § 265 HGB, wie etwa die Aufnahme von Pro-Forma-Kennzahlen.
- Während nach HGB das außerordentliche Ergebnis gesondert gezeigt werden muss, dürfen derartige Erfolgsbestandteile nach IFRS nicht mehr eigenständig ausgewiesen werden und sind dem betrieblichen Bereich zuzuordnen. Damit verändern sich die Struktur der Erfolgsrechnung und in der Folge auch verschiedene Kennzahlen, die sich auf Teilerfolgsgrößen beziehen. Der einzige Posten, der nach IFRS separat auszuweisen ist und außerordentliche Erfolgsbestandteile i. S. d. HGB aufweisen kann, ist das Ergebnis aus nicht-fortgeführten Aktivitäten.
- Dadurch, dass die IFRS kein gewachsenes Rechnungslegungsrecht – wie das HGB – sind und zudem einer starken Änderungsdynamik unterliegen, beinhalten einzelne Standards höhere Inkonsistenzen und größere definitorische Ungenauigkeiten als das HGB, die es in einer weiterführenden Überarbeitung zu eliminieren gilt (vgl. zur Änderungsdynamik des IFRS-Rechts sowie den damit verbundenen Problemfeldern Küting, K./Pfitzer, N./Weber, C.-P. (2013), S. 146 ff.).

Merksätze

1. Primärziel der Erfolgsspaltung ist die Ermittlung einer nachhaltig erzielbaren (ordentlichen, regelmäßigen) Erfolgsgröße. Traditionell wird dazu der ausgewiesene Jahreserfolg in ein ordentliches Betriebsergebnis, ein ordentliches (betriebsfremdes) Finanzergebnis und ein außerordentliches Ergebnis aufgespalten. Diese Untergliederung soll dem externen Jahresabschlussadressaten eine Schätzung künftiger Erträge auf Basis des ermittelten Erfolgs ermöglichen.
2. Beide Varianten der GuV nach § 275 HGB (GKV und UKV) sind im vorstehenden Sinne erfolgsspaltungsorientiert aufgebaut. Nach IFRS liefert das Mindestgliederungsschema des IAS 1.82 lediglich Ansatzpunkte für eine rudimentäre Erfolgsspaltung.
3. Weder eine GuV, die nach handelsrechtlichen Normen erstellt ist, noch eine IFRS-Gesamtergebnisrechnung können für sich genommen die Zielsetzung der Erfolgsspaltung vollständig erfüllen. Um das Ergebnis eines Unternehmens in nachhaltige und nicht-nachhaltige Bestandteile aufzugliedern, sind sowohl nach HGB als auch IFRS Korrekturen der gesetzlich

vorgesehenen Gliederungsschemata notwendig, sei es mit Hilfe freiwilliger und gesetzlich vorgeschriebener Zusatzangaben in der GuV oder im Anhang.

2.3.1.6 Betriebswirtschaftliche Erfolgsspaltung

2.3.1.6.1 Darstellung der betriebswirtschaftlichen Erfolgsspaltung

Traditionelles betriebswirtschaftliches Erfolgsspaltungskonzept

Das traditionelle betriebswirtschaftliche Erfolgsspaltungskonzept erhebt den Anspruch, ein aus der Betriebstätigkeit ableitbares, regelmäßig anfallendes Ergebnis zu ermitteln, das Rückschlüsse auf das nachhaltige Erfolgspotenzial eines Unternehmens zulässt. Um diesem Anspruch zu entsprechen, ist das betriebswirtschaftliche Erfolgsspaltungskonzept (primär) an den Kriterien der Regelmäßigkeit und der Betriebszugehörigkeit ausgerichtet.

Das nach diesen Kriterien ermittelte nachhaltige Ergebnis ist jedoch als absolute Erfolgsgröße nur bedingt aussagefähig. Es gewinnt zusätzlich an Erklärungskraft, wenn eine Beziehung zu anderen Unternehmensgrößen, wie z. B. Umsatzerlöse oder Eigenkapital, hergestellt wird. Diese Ansätze der relativen Kennzahlenbildung werden in den weiteren Abschnitten dieses Lehrbuchs erörtert. Doch auch relative Kennzahlen liefern nur dann einen Mehrwert an Information, wenn die eingehenden Komponenten, wie bspw. die Erfolgsgröße, vergleichbar sind (vgl. ausführlich Küting, K. (1997b), S. 693 ff.).

In Übersicht 68 ist die traditionelle betriebswirtschaftliche Erfolgsspaltungskonzeption dargestellt:

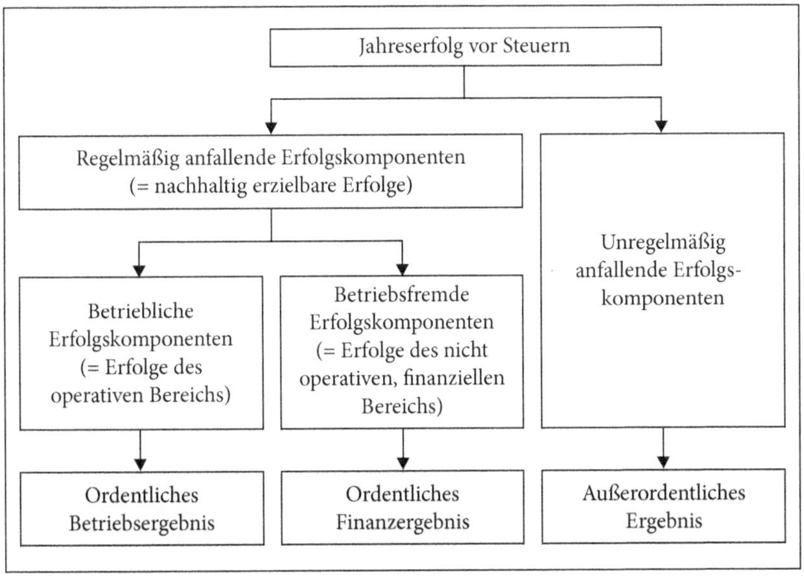

Übersicht 68: Betriebswirtschaftliches Erfolgsspaltungskonzept

Die traditionelle betriebswirtschaftliche Erfolgsspaltung unterteilt den Jahreserfolg vor Steuern analog zum Gliederungsschema des HGB in das ordentliche (nachhaltige) Ergebnis einerseits und das außerordentliche Ergebnis andererseits.

In Abhängigkeit von der Herkunft des ordentlichen Ergebnisses unterscheidet sie ein Betriebs- und Finanzergebnis.

Abgrenzung des außerordentlichen Ergebnisses

Anders als die Rechnungslegungsvorschriften, die das außerordentliche Ergebnis eng abgrenzen (HGB) bzw. nicht kennen (IFRS), sind nach dem betriebswirtschaftlichen Ansatz eine Vielzahl von Aufwendungen und Erträgen als außerordentlich zu klassifizieren. Als Leitlinie für die Abgrenzung dient hier allein das Ziel der Erfolgsspaltung, die im Geschäftsjahr angefallenen Erfolgsbestandteile in (vermutlich) wiederkehrende und unregelmäßig oder einmalig anfallende einzuteilen, um Rückschlüsse auf das nachhaltige Erfolgspotenzial eines Unternehmens ziehen zu können. Dieses Anliegen erfordert es, das betriebliche und betriebsfremde Ergebnis der GuV auf solche Bestandteile zu untersuchen, deren regelmäßige Wiederkehr nicht erwartet werden kann.

Die nicht nachhaltigen Bestandteile des Jahreserfolgs lassen sich in vier Kategorien unterteilen:

Bewertungserfolge

(1) Bewertungserfolge:
Hierzu zählen insb. außerplanmäßige Abschreibungen im Anlagevermögen sowie Rückstellungsauflösungen. Zum außerordentlichen Ergebnis sind Bewertungserfolge nur zuzurechnen, wenn sie nicht regelmäßig anfallen. Aus diesem Grund gehören etwa Erfolge aus der Fair Value-Bewertung des Handelsbestands an Finanzinstrumenten nicht hierher. Sie sind Teil des ordentlichen Finanzergebnisses, da grds. von ihrer Regelmäßigkeit auszugehen ist.

Liquidationserfolge

(2) Liquidationserfolge:
Sie umfassen Erfolge aus dem Abgang langfristiger materieller, immaterieller oder finanzieller Vermögenswerte bzw. von Schulden (z. B. im Fall eines Rückkaufs ausgegebener Anleihen unter ihrem Nennwert). Nach IFRS ist zudem der (Entkonsolidierungs-)Erfolg aus aufgegebenen Geschäftsbereichen Teil der Liquidationserfolge.

Periodenfremde Erfolge

(3) (Sonstige) Periodenfremde Erfolge:
Als periodenfremd gelten Erfolge, die in einer früheren Periode erfasste Aufwendungen oder Erträge korrigieren. Sie sind i. d. R. das Ergebnis zwischenzeitlich gewonnener besserer Erkenntnisse oder eingetretener Sachverhaltsentwicklungen. Beispiele hierfür sind Aufstockungen von Pensionsrückstellungen wegen einer nachträglichen Zusageerhöhung oder einer gestiegenen durchschnittlichen Lebenserwartung, Zuführungen zu einer Rückstellung wegen Schadenersatzverpflichtung aufgrund eines zu Lasten des Bilanzierenden ergangenen erstinstanzlichen Urteils oder der Erfolgsbeitrag aus der sofortigen Aufwandsverrechnung eines Disagios im Falle einer Darlehensaufnahme. Die Kategorie der periodenfremden Erfolge weist Überschneidungen mit den Liquidations- und Bewertungserfolgen auf. So sind Abgangserfolge bei Anlagegütern im Regelfall Ausdruck einer in der Vergangenheit nicht zutreffend erfassten planmäßigen Abschreibung, Rückstellungsauflösungen die Folge einer zunächst zu vorsichtigen Einschätzung passivierungspflichtiger Risiken.

Sonstige unregelmäßige Erfolge

(4) Sonstige unregelmäßige Erfolge:
Einer Fortschreibung in die Zukunft entziehen sich auch alle sonstigen unregelmäßigen Erfolge, die den vorstehenden Kategorien nicht zurechenbar sind. Hierunter sind bspw. Erträge aus der Vereinnahmung von Zuschüssen und Zulagen zu fassen (vgl. auch Lachnit, L. (1991), S. 776). Auch realisierte Kursgewinne aus Fremdwährungsgeschäften wird man hierzu rechnen müssen, sofern derartige Geschäfte nur vereinzelt vorkommen.

Nachhaltiges außerordentliches Ergebnis

Die vorstehende Systematik nimmt zunächst einmal in Kauf, dass allein aufgrund ihrer Einstufung als Bewertungs-, Liquidations- oder periodenfremder Erfolg auch solche Erfolge als außerordentlich klassifiziert werden, die mit einer gewissen Regelmäßigkeit wiederkehren. Das kann bspw. für Erfolge aus Anlageabgängen oder außerplanmäßige Abschreibungen im langfristigen Vermögen gelten. Erfolge aus Anlageabgängen sind insb. dann als nachhaltig einzustufen, wenn die Verkaufstransaktionen über längere Zeiträume regelmäßig zu beobachten sind. Um ihrem nachhaltigen Charakter Rechnung zu tragen, ist in Erwägung zu ziehen, diese im ordentlichen Betriebsergebnis zu belassen, da sie den extrapolationsfähigen Vergangenheitserfolg nicht verfälschen, sondern im Gegenteil die Qualität der Prognose eher verbessern. Diese Verfahrensweise sollte aber auf solche Erfolgsbestandteile begrenzt bleiben, für die klare Indizien einer regelmäßigen Wiederkehr vorliegen. In allen anderen Fällen ist eine Umgliederung der Erfolge in das außerordentliche Ergebnis zu favorisieren. Das bedeutet indes nicht, dass ihr etwaiger nachhaltiger Charakter gänzlich unbeachtet bleibt. Schließlich sollte auch das außerordentliche Ergebnis einer weitergehenden Analyse unterzogen werden. Das schließt die Prüfung mit ein, inwieweit diese Ergebniskategorie einen gewissen Bodensatz an nachhaltig erzielten (und damit für die Zukunft ggf. erneut zu erwartenden) regelmäßigen Erfolgen beinhaltet.

Abgrenzungsschwierigkeiten

Wie bereits erwähnt, sind die Grenzen zwischen den einzelnen Unterkategorien des außerordentlichen Ergebnisses fließend. Dementsprechend ist eine eindeutige Klassifizierung einzelner Vorgänge als ›Bewertungserfolg‹, ›Liquidationserfolg‹ oder ›(sonstiger) periodenfremder Erfolg‹ nicht immer möglich. Mit Blick auf das übergeordnete Ziel der betriebswirtschaftlichen Erfolgsspaltung ist dies aber auch nicht notwendig, da es letztendlich nur darum geht, die unregelmäßig anfallenden Erfolge vom (ordentlichen) Betriebs- und Finanzergebnis zu trennen.

Außerordentliches Ergebnis als Teilmenge

Aufgrund der skizzierten Vorgehensweise, diese außerordentlichen Erfolge durch Analyse der betrieblichen und betriebsfremden Erfolge zu isolieren, liegt es nahe, das außerordentliche Ergebnis i. S. d. Erfolgsspaltung nicht als dritte Kategorie neben dem betrieblichen und betriebsfremden Ergebnis, sondern als eine Teilmenge dieser Größen anzusehen. Das eröffnet zugleich die Möglichkeit einer genaueren Analyse des außerordentlichen Ergebnisses in Abhängigkeit von der Herkunft der darin erfassten Erfolgsbestandteile. So werden sowohl das betriebliche und das betriebsfremde als auch das außerordentliche Ergebnis auf die Felder der Erfolgsmatrix nach HGB (vgl. Übersicht 69) verteilt. Auf diese Weise lassen sich Auswertungen zur Betriebszugehörigkeit durch die Queraddition der Spalten und zur Regelmäßigkeit des Erfolgs durch die Längsaddition der Zeilen vornehmen.

Verfeinerung der Abgrenzung nach IFRS

Nach IFRS lässt sich diese Abgrenzung des außerordentlichen Ergebnisses weiter verfeinern. Den Ansatzpunkt hierfür liefern der Sonderausweis der Erfolge aus nicht-fortgeführten Geschäftsbereichen (sog. »discontinued operations«) nach IFRS 5 in der Gesamtergebnisrechnung sowie die erläuternden Informationen, die zu dieser Größe im Anhang darzustellen sind. Diese Informationen lassen es zu, das außerordentliche Ergebnis weitergehend in ein unregelmäßiges und ein endendes Ergebnis aufzuschlüsseln. Dahinter steht die Überlegung, dass die unregelmäßigen Ergebnisbestandteile zwar nicht nachhaltig sind, ihre gelegentliche Wiederkehr dennoch nicht auszuschließen ist. Im längerfristigen Zeitvergleich lässt sich daher zwar nicht für einzelne Bestandteile, aber ggf. für die unregelmäßigen Erfolge als Ganzes möglicherweise ein Bodensatz ermitteln, mit dessen Anfall auch in der Zukunft zu rechnen ist. Das gilt nicht für den Erfolg aus nicht-fort-

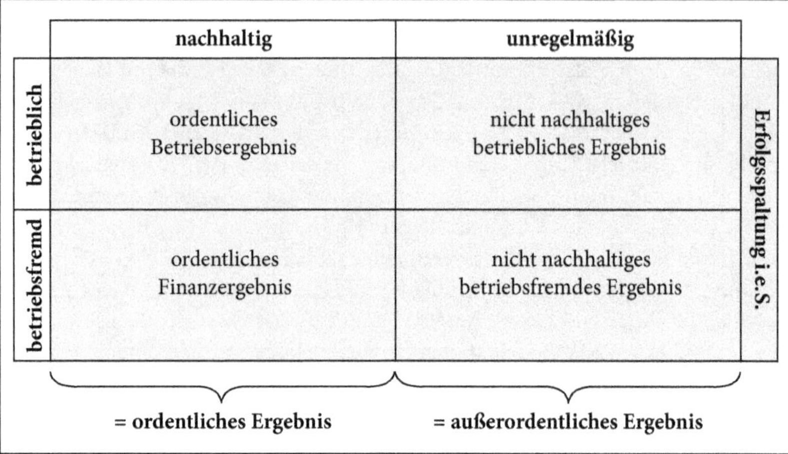

Übersicht 69: Betriebswirtschaftliche Erfolgsspaltung i. e. S.

geführten Geschäftsaktivitäten i. S. d. IFRS 5 (= endendes Ergebnis), der infolge der Aufgabe der betreffenden Aktivitäten allenfalls noch für eine kurze Zeit anfallen wird. Integriert man diese Überlegungen in die obige Übersicht, ergibt sich das nachfolgend dargestellte, erweiterte Schema der betriebswirtschaftlichen Ergebnisspaltung i. e. S. Erfolge, die nach IFRS als endend klassifiziert werden, sind nach HGB aufgrund der i. d. R. nicht vorhandenen Information Bestandteil des unregelmäßigen betrieblichen oder betriebsfremden Ergebnisses. Sollte die Berichterstattung nach HGB ausnahmsweise die entsprechenden Informationen zur Verfügung stellen, ist das Schema für die erweiterte betriebswirtschaftliche Ergebnisspaltung i. e. S. auch nach HGB anwendbar.

	nachhaltig	**unregelmäßig**	**endend**	
betrieblich	ordentliches Betriebsergebnis	nicht nachhaltiges betriebliches Ergebnis	endendes betriebliches Ergebnis	**Erfolgsspaltung i. e. S.**
betriebsfremd	ordentliches Finanzergebnis	nicht nachhaltiges betriebsfremdes Ergebnis	endendes betriebsfremdes Ergebnis	
	= ordentliches Ergebnis	**= außerordentliches Ergebnis**		

Übersicht 70: Erweiterte betriebswirtschaftliche Ergebnisspaltung i. e. S.

OCI

In den bisherigen Überlegungen zur Entwicklung eines aussagekräftigen betriebswirtschaftlichen Erfolgsspaltungsschemas war der Blick ausschließlich auf die GuV und die dort erfassten Aufwendungen und Erträge gerichtet. Insb. IFRS-Abschlüsse liefern darüber hinaus zusätzliche Informationen über die im Geschäftsjahr entstandenen bzw. bis zum Abschlussstichtag aufgelaufenen direkt im Eigenkapital erfassten Erfolgsbestandteile. Angesprochen sind jene Effekte, die unter Umgehung der GuV in die (Teil-)Erfolgsgröße »other comprehensive income« (OCI) eingehen (vgl. 3. Abschn., Kap. 3, 2.3.1.4.1). Wegen des strengen Anschaffungswertprinzips sieht das HGB den Ausweis derartiger, unrealisierter Erfolge i. d. R. nicht vor. Eine Ausnahme gilt für Differenzen aus der Fremdwährungsumrechnung von Abschlüssen in die Berichtswährung sowie für Methodenänderungen und (wesentliche) Fehlerkorrekturen. Unter dem Blickwinkel der Erfolgsspaltung liegt die Bedeutung dieser unrealisierten Erfolge darin, dass sie möglicherweise Hinweise auf sich künftig realisierende Erfolge liefern. Das legt es nahe, sie in Analysen zur Prognose der Ertragskraft mit einzubeziehen (vgl. auch Coenenberg, A. G./Deffner, M./Schultze, W. (2005), S. 442). So sind nach IAS 1 (rev. 2011) die verschiedenen OCI-Bestandteile danach aufzuspalten, ob sie einen künftigen Umgliederungseffekt auf die GuV (recycling) haben können oder nicht (vgl. IAS 1.82A). Zusätzlich sind die Umgliederungsbeträge der laufenden Periode anzugeben (vgl. IAS 1.92 ff.). Mit Hilfe dieser Angaben lassen sich zwar mögliche GuV-Effekte der OCI-Bestandteile in Bezug auf die Höhe quantifizieren, deren zeitlicher Eintritt ist aus externer Sicht jedoch nicht abschätzbar.

Die Erweiterung der betriebswirtschaftlichen Erfolgsspaltung i. e. S. um diese bisher unrealisierten, aber potenziell realisierbaren Erfolge führt zu einer Gesamterfolgsspaltung, wie sie in Übersicht 71 dargestellt ist. Sie geht davon aus, dass die unrealisierten Erfolge einerseits nach der Regelmäßigkeit ihres Anfalls in nachhaltige, unregelmäßige und endende, andererseits in Bezug auf die Betriebszugehörigkeit in betriebliche und betriebsfremde Erfolge unterteilt werden können. Inwieweit sich für die daraus ergebenden sechs Erfolgskategorien Anwendungsfälle in den Standards finden, werden die weiteren Ausführungen zeigen.

	nachhaltig	**unregelmäßig**	**endend**	
betrieblich	nachhaltiges, unrealisiertes betriebliches Ergebnis	nicht nachhaltiges, unrealisiertes betriebliches Ergebnis	unrealisiertes, endendes betriebliches Ergebnis	**Gesamterfolgsspaltung**
betrieblich	ordentliches Betriebsergebnis	nicht nachhaltiges betriebliches Ergebnis	endendes betriebliches Ergebnis	**Erfolgsspaltung i. e. S.** / **Gesamterfolgsspaltung**
betriebsfremd	ordentliches Finanzergebnis	nicht nachhaltiges betriebsfremdes Ergebnis	endendes betriebsfremdes Ergebnis	**Erfolgsspaltung i. e. S.** / **Gesamterfolgsspaltung**
betriebsfremd	nachhaltiges, unrealisiertes betriebsfremdes Ergebnis	nicht nachhaltiges, unrealisiertes betriebsfremdes Ergebnis	unrealisiertes, endendes betriebsfremdes Ergebnis	**Gesamterfolgsspaltung**
	= ordentliches Ergebnis	**= außerordentliches Ergebnis**		

Übersicht 71: Betriebswirtschaftliche Gesamterfolgsspaltung

2.3.1.6.2 Ermittlung des ordentlichen Betriebsergebnisses

Zunächst gilt es, das ordentliche Betriebsergebnis zu ermitteln. Ausgangspunkt hierzu bildet das Gliederungsschema des § 275 HGB. Das erscheint deshalb gerechtfertigt, weil eine Vielzahl deutscher IFRS-Bilanzierer den Aufbau ihrer GuV an diesem Schema ausrichten. Es wird ergänzt um jene nach HGB nicht explizit vorgesehenen Posten, die eine GuV nach IAS 1.82 mind. aufweisen muss. Erweitert man die Betriebsergebnisrechnung ferner um solche Aufwendungen und Erträge, über die im Anhang nach HGB und IFRS gesondert zu berichten ist, ergibt sich das in Übersicht 72 dargestellte Schema.

Gesamtkostenverfahren	**Umsatzkostenverfahren**
Umsatzerlöse ± Erhöhung oder Verminderung des Bestands an fertigen und unfertigen Erzeugnissen + Andere aktivierte Eigenleistungen + Sonstige betriebliche Erträge (./. Bewertungserfolge (z. B. Zuschreibungen)) (./. Liquidationserfolge (z. B. Erträge aus Anlageabgängen)) (./. andere periodenfremde Erfolge (z. B. Versicherungsentschädigungen für Schadensfälle in Vorjahren)) (./. sonstige, nicht nachhaltige Erfolge (z. B. Erträge aus Zuschüssen)) ./. Materialaufwand ./. Personalaufwand (./. Zinsanteil des Zuführungsbetrags zu den Pensionsrückstellungen) ./. Abschreibungen auf immaterielle Vermögensgegenstände des Anlagevermögens und Sachanlagen (./. außerplanmäßige Abschreibungen) ./. Sonstige betriebliche Aufwendungen (./. Liquidationserfolge (z. B. Verluste aus Anlagenabgängen)) (./. andere periodenfremde Erfolge (z. B. Zuführungen zu Pensionsrückstellungen wegen veränderter biometrischer Daten)) (./. sonstige nicht nachhaltige Aufwendungen (z. B. Gründungskosten)) ./. Sonstige Steuern (./. Steuernachzahlungen) (+ Steuererstattungen)	Umsatzerlöse ./. Herstellungskosten der zur Erzielung der Umsatzerlöse erbrachten Leistungen ./. Vertriebskosten ./. Allgemeine Verwaltungskosten (./. in den Funktionskosten erfasste Bewertungserfolge) (./. in den Funktionskosten erfasste Liquidationserfolge) (./. in den Funktionskosten erfasste andere periodenfremde Erfolge) (./. in den Funktionskosten erfasste sonstige, nicht nachhaltige Erfolge) + Sonstige betriebliche Erträge (./. nicht in den Funktionskosten erfasste Bewertungserfolge) (./. nicht in den Funktionskosten erfasste Liquidationserfolge) (./. nicht in den Funktionskosten erfasste andere periodenfremde Erfolge) (./. nicht in den Funktionskosten erfasste sonstige, nicht nachhaltige Erfolge) ./. Sonstige betriebliche Aufwendungen (./. nicht in den Funktionskosten erfasste Bewertungserfolge) (./. nicht in den Funktionskosten erfasste Liquidationserfolge) (./. nicht in den Funktionskosten erfasste andere periodenfremde Erfolge) (./. nicht in den Funktionskosten erfasste sonstige, nicht nachhaltige Erfolge) ./. Sonstige Steuern (./. Steuernachzahlungen) (+ Steuererstattungen)
= **Ordentliches Betriebsergebnis**	= **Ordentliches Betriebsergebnis**

Übersicht 72: Ermittlung des ordentlichen Betriebsergebnisses

Die nachfolgenden Darlegungen beleuchten einige ausgewählte Fragestellungen bei der Ableitung des betriebswirtschaftlich abgegrenzten Betriebsergebnisses.

Jahresüberschuss vor Ertragsteuern als Ausgangspunkt

Aus betriebswirtschaftlicher Sicht ist strittig, ob der Erfolgsanalyse ein Ergebnis vor oder nach gewinnabhängigen Steuern zugrunde gelegt werden soll. Für die hier gewählte Variante, die den Jahreserfolg vor Steuern zum Ausgangspunkt nimmt, sprechen zum einen Ermittlungsgründe. Wollte man die gewinnabhängigen Steuern berücksichtigen, so müsste man zunächst die einzelnen Teilergebnisse vor Steuern ermitteln und dann die Steuern entsprechend ihres Anfalls, hilfsweise proportional, auf das Betriebs-, Finanz- und außerordentliche Ergebnis verteilen. Jedoch ergeben sich nicht nur Probleme bei der Zurechnung der Steuern auf die einzelnen Ergebnisse, sondern auch bei der periodengerechten Ermittlung des Steueraufwands (vgl. Gräfer, H./Schneider, G./Gerenkamp, T. (2012), S. 33).

Zum anderen gewährleistet dieser Ansatz die Vergleichbarkeit von Unternehmen unterschiedlicher Rechtsformen, die divergierenden Steuerbelastungen ausgesetzt sind, und Vergleiche mit ausländischen Unternehmen, deren Besteuerungsgrundlagen sich von den inländischen unterscheiden. Insofern liefert nur der Jahresüberschuss vor Steuern eine vergleichbare Basis – über Rechtsformen- und Ländergrenzen hinweg – und Anhaltspunkte für den nachhaltig erzielbaren Erfolg eines Unternehmens (vgl. Hauschildt, J. (1990), S. 196 f.).

Sonstige Steuern im Betriebsergebnis

Als sonstige Steuern sind nach h. M. sämtliche Steuern auszuweisen, die nicht ertragsabhängig sind. Als zulässig zu erachten ist wohl aber auch der Ausweis der sog. »Kostensteuern« unter den sonstigen betrieblichen Aufwendungen (vgl. Posten 8 GKV). Im UKV hingegen ist eine Zuordnung der sonstigen Steuern zu den Funktionsbereichen grds. zulässig (vgl. Adler, H./Düring, W./Schmaltz, K. (1995), § 275 HGB, Rn. 202, 232 f.). Da der Posten »sonstige Steuern« (Posten 19 GKV, 18 UKV) – falls ausgewiesen – jedoch überwiegend oder sogar ausschließlich die sog. »Kostensteuern« enthält, die den Charakter von betrieblichem Aufwand haben, sollten sie konsequenterweise dem Betriebsergebnis zugeordnet werden.

Aufgrund des separaten Ausweises der sonstigen Steuern in der GuV nach HGB kann die hier präferierte Umgliederung für Zwecke der Erfolgsspaltung problemlos durchgeführt werden.

Unter IFRS stellt sich diese Frage nicht. Hier werden die sonstigen Steuern nicht gesondert, sondern in den zugehörigen Aufwandsposten oder in den sonstigen Aufwendungen ausgewiesen. Eine Umgliederung für Zwecke der Erfolgsspaltung ist damit entbehrlich.

Periodenfremde Steuern

Sofern in den sonstigen Steuern Steuererstattungen oder Steuernachzahlungen enthalten sind, sind diese als periodenfremde Erfolge dem außerordentlichen Ergebnis zuzurechnen.

Problematik der Mischposten

Besondere Aufmerksamkeit ist bei der Erfolgsspaltung den Posten »sonstige (betriebliche) Aufwendungen« und »sonstige (betriebliche) Erträge« zu widmen. Sie beinhalten eine Vielzahl inhaltlich divergierender Sachverhalte, die somit auch ganz unterschiedlichen Teilergebnissen des Erfolgsspaltungskonzepts zuzurechnen sind. In einem ersten Schritt ist zu prüfen, inwieweit sich durch Auswertung der Anhangangaben die in diesen Posten enthaltenen Bewertungserfolge, Liquidationserfolge, sonstige periodenfremde Erfolge und andere nicht nachhaltige Erfolge erkennen und quantifizieren lassen. Das wird im Regelfall nur bedingt möglich sein. Für den verbleibenden Betrag stellt sich sodann die Frage, nach welchen Kriterien er i. S. d. Erfolgsspaltung zerlegt werden kann.

Erläuterungspflicht für periodenfremde Erfolge

Einen ersten Ansatzpunkt für die Aufteilung der sonstigen (betrieblichen) Erfolge liefert § 277 Abs. 4 Satz 3 HGB. Danach sind periodenfremde Aufwendungen und Erträge, die nicht zugleich außerordentlich sind, im Anhang hinsichtlich ihres Betrags und ihrer Art zu erläutern. Diese Erläuterungspflicht beschränkt sich auf solche Beträge, die für die Beurteilung der Ertragslage nicht von untergeordneter Bedeutung sind, wobei eine Angabe der Größenordnung ausreichend ist. Solchermaßen erläuterungspflichtige Erfolgsbestandteile können zwar in verschiedenen Posten enthalten sein, in erster Linie finden sie sich jedoch unter den sonstigen betrieblichen Aufwendungen und Erträgen.

Beispiele

Unter die periodenfremden Ergebnisbestandteile i.S.d. HGB fallen z.B. Steuernachzahlungen bzw. -erstattungen, aber auch Teile der Liquidations- (Buchgewinne und -verluste aus der Veräußerung von Gegenständen des Anlagevermögens) sowie Bewertungserfolge (z.B. Erträge aus der Auflösung von Rückstellungen, Erträge aus der Herabsetzung von Pauschalwertberichtigungen auf Forderungen) (vgl. ADLER, H./DÜRING, W./SCHMALTZ, K. (1995), § 277 HGB, Rn. 87).

Die IFRS sehen keine explizite Angabe der periodenfremden Erfolge vor. Nach IAS 1.97 sind allerdings weitergehend sämtliche Aufwendungen und Erträge der Art und Höhe nach zu berichten, die für das Unternehmen wesentlich sind.

Liquidations- und Bewertungserfolge

Wie erwähnt, sind im betriebswirtschaftlichen Sinne – in Übereinstimmung mit der Praxis – nicht alle Liquidations- und Bewertungserfolge zwingend aus dem Betriebsergebnis zu eliminieren. Solche Bestandteile, die nachweislich regelmäßig anfallen, wie Aufwendungen oder Erträge aus Anlagenverkäufen im Rahmen periodisch wiederkehrender Ersatzbeschaffungs- oder Erweiterungsinvestitionen oder regelmäßig anfallende Rückstellungsauflösungen, können zur Ableitung einer nachhaltigen Erfolgsgröße im ordentlichen Betriebsergebnis belassen werden, da sie zwar zeitverschoben, aber regelmäßig anfallen.

Pauschale Zuordnung zum außerordentlichen Ergebnis

Wenn die Praxis die periodenfremden Ergebnisbestandteile dessen ungeachtet überwiegend pauschal dem außerordentlichen Ergebnis zurechnet, so ist dies i.d.R. damit zu erklären, dass dem externen Analysten lediglich die Angaben aus dem Geschäftsbericht zu periodenfremden Bestandteilen zur Verfügung stehen, die eine zutreffende Beurteilung hinsichtlich der Nachhaltigkeit der betreffenden Vorgänge in vielen Fällen nicht erlauben.

Damit stellt sich die oben erwähnte zweite Frage, wie jene sonstigen (betrieblichen) Aufwendungen und Erträge zu behandeln sind, für die keine betragsmäßigen Angaben vorliegen, die eine Zuordnung zum nachhaltigen oder außerordentlichen Ergebnis erlauben.

Imparitätische Behandlung

Bei der Beantwortung dieser Frage muss das Augenmerk in erster Linie der Abgrenzung des Betriebsergebnisses gelten, da dieses als Indikator für den nachhaltigen Betriebserfolg dienen soll. In der Literatur wird z.T. eine imparitätische Behandlung vorgeschlagen, die die sonstigen betrieblichen Aufwendungen dem Betriebsergebnis und die sonstigen betrieblichen Erträge dem außerordentlichen Ergebnis zurechnet (vgl. bereits BAETGE, J./FISCHER, T. (1988), S. 6).

Vermeidung eines zu hohen ordentlichen Betriebsergebnisses

Eine solche pauschale Zuordnung dieser sog. »Sammelposten der Erfolgsrechnung« verhindert lediglich die Ermittlung eines zu hohen ordentlichen Betriebsergebnisses. Ein aussagekräftiges Betriebsergebnis und damit eine verlässliche Indikation zur Höhe des nachhaltig anfallenden Ergebnisses erhält man auf diese Weise aber nicht. Vertretbar erscheint diese Vorgehensweise allein aus Vorsichtsgründen; in aller Regel führt die pauschale imparitätische Spaltung der sonstigen (betrieblichen) Aufwendungen und Erträge zu einem ›nach unten verzerrten‹ Betriebserfolg (vgl. Lachnit, L. (1991), S. 777 f.).

Betriebsfremde Ergebnisbestandteile

Neben den (unregelmäßigen) periodenfremden Aufwendungen und Erträgen sind weitere unregelmäßige und betriebsfremde (dem Finanzergebnis zuzuordnende) Vorgänge aus den sonstigen (betrieblichen) Aufwendungen und Erträgen zu eliminieren. Betriebsfremde Ergebnisbestandteile, wie Kursgewinne, sind allerdings nur bei freiwilligen Angaben seitens der Unternehmen eliminierungsfähig. Einschränkend ist darauf hinzuweisen, dass Kursgewinne oder Ähnliches dem außerordentlichen Ergebnis zuzuordnen wären, sofern sie unregelmäßig anfallen. Auch hier ist eine Korrektur aus externer Sicht grds. nicht möglich.

Zuschreibungen

Zuschreibungen zu Vermögensgegenständen des Anlagevermögens, die unter den sonstigen (betrieblichen) Erträgen auszuweisen sind, sind als Bewertungserfolge ebenfalls in das außerordentliche Ergebnis umzugliedern. Die entsprechenden Beträge können entweder dem Anhang oder dem Anlagespiegel entnommen werden. Entsprechende Angabepflichten sehen auch die IFRS vor (vgl. z. B. IAS 16.73; IAS 36.126; IAS 38.118). Im Handelsrecht stellt sich hier allerdings das Problem einer möglichen Doppeleliminierung: Sofern ein Unternehmen seine aperiodischen Erträge in einem Betrag angibt und darunter auch die Zuschreibungen subsumiert, kann dies dazu führen, dass einmal die periodenfremden Erträge und weiterhin die Zuschreibungen lt. Anlagespiegel aus dem Betriebsergebnis herausgerechnet werden. Zuschreibungen auf Gegenstände des Umlaufvermögens werden dagegen nicht offen ausgewiesen.

Außerplanmäßige Abschreibungen auf das Anlagevermögen

Einen weiteren Sonderfall in der Erfolgsspaltung stellen die außerplanmäßigen Abschreibungen des Anlagevermögens dar, für die sowohl nach HGB (vgl. § 277 Abs. 3 Satz 1 HGB) als auch nach IFRS (vgl. IAS 36.126, 36.130 ff.) eine gesonderte Angabepflicht besteht. Da sie einen tatsächlich eingetretenen Werteverzehr bei Vermögenswerten zum Ausdruck bringen, die i. d. R. operativ genutzt werden, sind sie unter dem Aspekt der Betriebsbezogenheit dem Betriebsergebnis zuzurechnen. Allerdings werden sie im Allgemeinen nicht regelmäßig anfallen. Von daher bilden sie keinen Bestandteil des nachhaltig erzielbaren Ergebnisses und sollten grds. nicht zum ordentlichen Betriebsergebnis gerechnet werden. Insofern wird hier dem Kriterium der nachhaltigen Erzielbarkeit der Vorzug gegeben, da primäres Ziel der Erfolgsspaltung die Ermittlung eines nachhaltig erzielbaren – also regelmäßig zu erwartenden – Ergebnisses ist.

Unübliche Abschreibungen auf das Umlaufvermögen

Einzugehen ist weiterhin auf den Posten »Abschreibungen auf Vermögensgegenstände des Umlaufvermögens, soweit diese die in der Kapitalgesellschaft üblichen Abschreibungen überschreiten« (Posten 7b GKV). Bereits die Aufnahme dieses Postens in die Betriebsergebnisrechnung der GuV erscheint konzeptionell bedenklich (vgl. Budde, A. (2013), Rn. 67). Insb. ist fraglich, wie die unüblichen Abschreibungen als ein Teil des Ergebnisses der gewöhnlichen Geschäftstätigkeit von den außerordentlichen Aufwendungen abzugrenzen sein sollen. Von daher wäre eine Zuordnung zum außerordentlichen Ergebnis überzeugender gewesen. Unter dem Blickwinkel der Erfolgsspaltung liegt diese Umgliederung jedenfalls nahe.

Unterschiede UKV/GKV

Unter dem Aspekt der zwischenbetrieblichen Vergleichbarkeit ist diese Behandlung jedoch nicht unproblematisch, da die Umgliederung der unüblichen Abschreibungen auf das Umlaufvermögen die Vergleichbarkeit zwischen GuV nach dem GKV und UKV stören kann. Schließlich ist dieser Posten im UKV unbekannt. Dort können unübliche Abschreibungen funktionsorientiert in allen Aufwandsposten enthalten sein. Auch ein gesonderter Ausweis unter den sonstigen betrieblichen oder den außerordentlichen Aufwendungen ist möglich. Nur im letzten Fall lässt sich durch die Umgliederung der unüblichen Abschreibungen gem. GKV eine vergleichbare Ergebnisspaltung wie im UKV erreichen. In allen anderen Fällen liegt es mit Blick auf die zwischenbetriebliche Vergleichbarkeit dagegen nahe, auf eine Umgliederung zu verzichten.

Geringe praktische Bedeutung

Andererseits sind die unüblichen Abschreibungen nach den Kriterien der Betriebsbezogenheit und der Regelmäßigkeit eindeutig dem außerordentlichen Ergebnis zuzuordnen und somit dem außerordentlichen Erfolg beizumessen. Aus Sicht der Praxis relativiert sich diese Zuordnungsfrage allerdings deutlich, da die unüblichen Abschreibungen nur selten ausgewiesen werden (vgl. Treuarbeit (1990a), Rn. 404).

Nach IFRS ergibt sich keine vergleichbare Problematik, da diese einen entsprechenden Sonderausweis nicht kennen.

Zinsanteil der Pensionsrückstellungen

Neben den sonstigen betrieblichen Aufwendungen und Erträgen kann auch der im GKV ausgewiesene Posten »Personalaufwand« betriebsfremde Komponenten enthalten. HGB-Bilanzierer wenden zur Ermittlung der Pensionsrückstellungen in der Handelsbilanz mehrheitlich die »projected unit credit«-Methode an (vgl. Höfer, R. (2010), Rn. 681 ff.). Die jährlichen Zuführungsbeträge zu den Pensionsrückstellungen setzen sich im Wesentlichen zusammen aus dem Aufwand für die in der Berichtsperiode zusätzlich erdiente Alterversorgungsanwartschaft und der Verzinsung der zu Periodenbeginn gebildeten Rückstellung. Der Zinsanteil stellt hierbei die Verzinsung der am Beginn des Geschäftsjahrs vorhandenen Pensionsrückstellungen und damit eine Vergütung für die Kreditierung des erworbenen Anspruchs bis zur Fälligkeit der Versorgungszahlung dar. Dieser Zinsanteil ist gem. § 277 Abs. 5 Satz 1 HGB unter den Zinsen und ähnlichen Aufwendungen auszuweisen (vgl. u. a. Isele, H. (2011), Rn. 143 ff.).

Bei der Ausweisfrage für den der Rückstellung jährlich zuzuführenden Zinsanteil stellt sich dahingegen nach den IFRS die Frage, unter welcher Position der Zinsanteil auszuweisen ist, da IAS 19 insoweit keine Vorgaben enthält.

Betriebswirtschaftlich stellt diese Zinskomponente keinen Personalaufwand, sondern Zinsaufwand dar: Der Zinsanteil des Zuführungsbetrags ist der Preis dafür, dass sich das Unternehmen des Finanzierungsinstruments ›Pensionsrückstellungen‹ bedient. Pensionsverpflichtungen gleichen einem langfristig gewährten Darlehen, das die Belegschaftsangehörigen ihrem Unternehmen zeitlich begrenzt zur Verfügung stellen und das aus erwirtschafteten Betriebsmitteln gebildet worden ist. Der Unterschied zwischen dieser Form der Kreditgewährung und sonstigen verzinslich gewährten Darlehen liegt darin, dass die Zinszahlungen nicht periodisch zu entrichten sind, sondern ratierlich dem Fremdkapital hinzuaddiert werden und damit Bestandteil des später zu leistenden Erfüllungsbetrags werden. Unter betriebswirtschaftlichen Aspekten ist daher – wie auch entsprechend der handelsrechtlichen Vorschrift des § 277 Abs. 5 Satz 1 HGB – der Zinsanteil des Zuführungsbetrags zu den Pensionsrückstellungen als Zinsaufwand in das Finanzergebnis umzugliedern.

Keine Berücksichtigung unrealisierter Erfolge

Das in Übersicht 71 dargestellte Schema der betriebswirtschaftlichen Gesamterfolgsspaltung beschränkt sich zur Beurteilung der nachhaltigen Ertragskraft eines Unternehmens nicht auf eine Analyse der GuV-wirksam erfassten Erfolge. Einzubeziehen sind in die Betrachtung vielmehr auch solche, im Eigenkapital erfassten Wertänderungen am Vermögen, deren Wiederkehr mit guten Gründen erwartet werden kann. Die derzeitigen Anwendungsfälle für eine GuV-neutrale Erfassung von Erfolgen im Eigenkapital wird man allerdings – soweit sie für Zwecke der Erfolgsspaltung überhaupt relevant sind – ausnahmslos unter das außerordentliche Ergebnis subsumieren müssen. Damit erübrigt sich an dieser Stelle eine Auseinandersetzung mit dieser Thematik.

2.3.1.6.3 Ermittlung des ordentlichen Finanzergebnisses

Das ordentliche Finanzergebnis lässt sich – unabhängig von der Aufstellung des Abschlusses nach HGB oder IFRS – nach folgendem Schema ermitteln:

	Erfolge aus der Bewertung von Anteilen an assoziierten und Gemeinschaftsunternehmen nach der Equity-Methode
+	Erträge aus Beteiligungen
+	Erträge aus anderen Wertpapieren und Ausleihungen des Finanzanlagevermögens
±	Erträge/Aufwendungen aus als Finanzanlage gehaltenen Immobilien, soweit nicht dem außerordentlichen Ergebnis zurechenbar
+	Erträge aus Gewinngemeinschaften, Gewinnabführungsverträgen und Teilgewinnabführungsverträgen
+	Sonstige Zinsen und ähnliche Erträge
+	Betriebsfremde Erträge (z. B. Kursgewinne)
./.	Aufwendungen aus Verlustübernahme
./.	Zinsen und ähnliche Aufwendungen (+ Zinsanteil des Zuführungsbetrags zu den Pensionsrückstellungen)
./.	Betriebsfremde Aufwendungen (z. B. Kursverluste)
=	**Ordentliches Finanzergebnis**

Übersicht 73: Ermittlung des ordentlichen Finanzergebnisses

Abgeführte Gewinne und Erträge aus Verlustübernahme

Das Finanzergebnis nach HGB enthält Bestandteile, die bei wirtschaftlicher Betrachtung nicht zu diesem gezählt werden dürfen und daher im Zuge der betriebswirtschaftlichen Erfolgsspaltung auszusondern sind. Hierzu gehören einerseits die aufgrund einer Gewinngemeinschaft oder eines (Teil-)Gewinnabführungsvertrags abgeführten Gewinne, die – anders als nach § 277 Abs. 3 Satz 2 HGB vorgesehen – keine Aufwendungen der Gesellschaft, sondern Gewinnverwendung darstellen. Andererseits sind Erträge aus Verlustübernahmen nicht als »selbst erwirtschaftete Erträge des Unternehmens, sondern [als, d. Verf.] Verlustdeckungen durch ein anderes Unternehmen« (LACHNIT, L. (1991), S. 780) zu charakterisieren.

Entsprechend diesem Charakter sind die betreffenden Posten nicht in eine andere Ergebniskategorie umzugliedern, sondern bei der Aufschlüsselung des Jahreserfolgs zu ignorieren. Ist bspw. ein Unternehmen zur Abführung seines gesamten Gewinns verpflichtet, bildet jener Betrag den Ausgangspunkt der Erfolgsspaltung, der unter dem Posten ›abgeführter Gewinn‹ ausgewiesen wird und letztlich als Substitut für den ansonsten ohne Vorliegen eines Gewinnabführungsvertrags ausgewiesenen Jahresüberschuss betrachtet werden kann. Gleiches gilt – mit anderem Vorzeichen – für den unter dem Posten ›Erträge aus Verlustübernahme‹ erfassten Betrag.

Erträge aus Gewinnabführung und Aufwendungen aus Verlustübernahme

Die korrespondierenden Posten ›Erträge aus Gewinngemeinschaften oder (Teil-)Gewinnabführungsverträgen‹ respektive ›Aufwendungen aus Verlustübernahme‹ verbleiben danach – wie Übersicht 73 zeigt – innerhalb des Finanzergebnisses (vgl. auch COENENBERG, A. G./HALLER, A./SCHULTZE, W. (2014),

S. 1127 f.), da diese bei wirtschaftlicher Betrachtungsweise den Erfolg bzw. Misserfolg des eingesetzten Kapitals repräsentieren.

Innerhalb der IFRS existiert eine mit § 277 Abs. 3 Satz 2 HGB vergleichbare Regelung nicht. Erträge aus Gewinngemeinschaften, Gewinnabführungsverträgen und Teilgewinnabführungsverträgen sowie Aufwendungen aus Verlustübernahmen sind entsprechend ihrem Charakter als Teil der Gewinnverwendung zu zeigen (vgl. Coenenberg, A. G./Haller, A./Schultze, W. (2014), S. 1127 ff.). Für die Erfolgsspaltung ergibt sich damit keine Besonderheit.

Erträge aus Beteiligungen

Allerdings kann sich eine Zuordnung dieser Posten wie auch der ›Erträge aus Beteiligungen‹ (Posten 9 GKV, 8 UKV) und der ›Erfolge aus der Bewertung von Anteilen an assoziierten Unternehmen und Joint Ventures nach der Equity-Methode‹ (vgl. IAS 1.82(c)) zum Finanzergebnis aus einem anderen Blickwinkel heraus als problematisch erweisen: nämlich dann, wenn ein Unternehmen einzelne Funktionen rechtlich ausgliedert oder auf Tochterunternehmen überträgt, z. B. durch Gründung von rechtlich selbstständigen Vertriebs- oder FuE-Gesellschaften. Eine Zurechnung dieser Erträge aus eigentlich betrieblichen Funktionsbereichen zum Finanzergebnis beeinträchtigt die Vergleichbarkeit mit Unternehmen, die diese betrieblichen Funktionen nicht ausgegliedert bzw. übertragen haben. Die aus diesem Grund zu erwägende Zurechnung zum Betriebsergebnis ist jedoch aufgrund des Sammelausweises der Erträge sämtlicher Beteiligungen in der Praxis nicht durchführbar. Stellt das die Anteile haltende Unternehmen einen Konzernabschluss auf, wird sie sich allerdings auch weitgehend erübrigen. In diesem Fall fließen nämlich die Aufwendungen und Erträge aus Tochter- und quotal konsolidierten Gemeinschaftsunternehmen unmittelbar in die Konzern-GuV ein.

Abschreibungen auf Finanzanlagen und Wertpapiere des Umlaufvermögens: Grundsatz

In konsequenter Anwendung des Kriteriums des regelmäßigen Auftretens sollte eine pauschale Zuordnung des Postens ›Abschreibungen auf Finanzanlagen und auf Wertpapiere des Umlaufvermögens‹ zum außerordentlichen Ergebnis erfolgen. Eine differenzierte Behandlung in Abhängigkeit der jeweiligen Abschreibungsursachen, wie sie etwa Lachnit (L. (1991), S. 780) offenkundig präferiert, dürfte bei einer externen Analyse aufgrund unzureichender Informationen regelmäßig scheitern.

Investment Property

Bei nach IFRS bilanzierenden Unternehmen gehören Erfolge aus zu Anlagezwecken gehaltenen Immobilien regelmäßig zum betriebsfremden Erfolg. Das gilt uneingeschränkt allerdings nur dann, wenn diese Vermögenswerte nach dem Anschaffungskostenmodell bewertet werden. Entscheidet sich das Unternehmen für die GuV-wirksame Fair Value-Bewertung dieser Immobilien, liegt eine Zuweisung der Bewertungserfolge zum außerordentlichen Ergebnis näher (so auch Coenenberg, A. G./Deffner, M./Schultze, W. (2005), S. 440). Dafür spricht vor allem ihr unregelmäßiger Anfall.

Zu beachten ist allerdings, dass durch diese Behandlung die Vergleichbarkeit mit einem HGB-Abschluss verloren geht. Darin sind Erfolge aus Immobilien stets im Betriebsergebnis erfasst. Eine Umklassifizierung wird i. d. R. an fehlenden Anhangangaben scheitern.

Zinsen und ähnliche Aufwendungen

Diskussionswürdig erscheint auch die Behandlung der Zinsen und ähnlicher Aufwendungen im Rahmen der Erfolgsspaltung. Betriebswirtschaftlich mag man argumentieren, das aufgenommene Fremdkapital diene der Erzielung des Betriebserfolgs und damit seien die darauf entfallenden Zinsen dem Betriebsergebnis zuzuordnen. Diese Verfahrensweise ist indes aus zwei Gründen abzulehnen:

(1) Der Zinsaufwand der GuV enthält lediglich die Fremdkapitalzinsen. Für eine zutreffende Abgrenzung des Betriebsergebnisses müsste jedoch das gesamte betriebsnotwendige Kapital, unabhängig davon, ob es sich um Eigen- oder Fremdkapital handelt, verzinst werden. Die Problematik einer entsprechenden Berechnung der kalkulatorischen Eigenkapitalzinsen im Rahmen einer externen Analyse liegt auf der Hand.

(2) Würde man dessen ungeachtet das Betriebsergebnis mit Fremdkapitalzinsen belasten, wirkte sich die Art der Finanzierung auf die Höhe des Betriebsergebnisses aus. Um diesen Effekt auszuschalten, bleibt nur die Umgliederung in eine andere Ergebniskategorie oder eine Ausgliederung aus dem Jahresüberschuss.

»Gewinn vor Steuern und Zinsen«

Einer derartigen Ausgliederung, wie sie von Hauschildt (J. (1990), S. 196) vorgenommen wird, der einen »Gewinn vor Steuern und Zinsen« ermittelt und die Zinsaufwendungen in voller Höhe zum Jahresüberschuss hinzuaddiert, liegt die Intention zugrunde, bei Betriebsvergleichen den Einfluss unterschiedlicher Finanzierungsformen auf die (operative) Leistungsfähigkeit des Betriebs zu eliminieren. Im Rahmen der hier angestrebten Erfolgsspaltung, die dem Postulat der Unveränderbarkeit des Jahresüberschusses entsprechen soll, werden die Fremdkapitalzinsen jedoch ihrem (pagatorischen) Charakter entsprechend als typischer betrieblicher Aufwand bei der Ermittlung des Finanzergebnisses berücksichtigt, wohingegen Eigenkapitalzinsen als kalkulatorische Erfolgsgröße nicht berücksichtigt werden, da sie nicht zu Auszahlungen führen.

2.3.1.6.4 Ermittlung des außerordentlichen Ergebnisses

Das außerordentliche Ergebnis beinhaltet neben dem nach HGB gesondert auszuweisenden Posten »außerordentliches Ergebnis« sämtliche aus dem Betriebs- oder Finanzergebnis herausgerechneten Bestandteile. Im Einzelnen ermittelt sich das außerordentliche Ergebnis im betriebswirtschaftlichen Sinne wie folgt:

	nicht nachhaltiges betriebliches Ergebnis
=	unregelmäßige betriebliche Erträge
./.	unregelmäßige betriebliche Aufwendungen
+	**nicht nachhaltiges betriebsfremdes Ergebnis**
=	unregelmäßige betriebsfremde Erträge
./.	unregelmäßige betriebsfremde Aufwendungen
+	**endendes betriebliches Ergebnis**
=	endende betriebliche Erträge
./.	endende betriebliche Aufwendungen
+	**endendes betriebsfremdes Ergebnis**
=	endende betriebsfremde Erträge
./.	endende betriebsfremde Aufwendungen
+	**nicht nachhaltiges unrealisiertes Ergebnis**
=	nicht nachhaltige unrealisierte Erträge
./.	nicht nachhaltige unrealisierte Aufwendungen
=	**außerordentliches Ergebnis**

Übersicht 74: Ermittlung des außerordentlichen Ergebnisses

Bestandteile des außerordentlichen Ergebnisses

Die Staffelrechnung ermittelt das außerordentliche Ergebnis getrennt für den GuV-wirksamen und den GuV-neutralen Bestandteil. Die GuV-wirksamen Elemente werden weiterhin nach Betriebszugehörigkeit (betriebliche und betriebsfremde außerordentliche Erfolge) sowie nach Regelmäßigkeit (nachhaltige, unregelmäßige und endende außerordentliche Erfolge) unterschieden. Im Gegensatz dazu verzichtet das Schema auf eine (grds. mögliche) Aufschlüsselung der GuV-neutralen Aufwendungen und Erträge entsprechend der betriebswirtschaftlichen Gesamterfolgsspaltung (vgl. Übersicht 71). Der Grund hierfür liegt in der geringen Anzahl der unmittelbar im Eigenkapital zu erfassenden Vermögensänderungen. Sie sollten einzeln in der Staffelrechnung aufgeführt werden.

Saldierungsverzicht

Eine weitere Besonderheit der Ermittlung des außerordentlichen Ergebnisses liegt im Verzicht auf eine Saldierung von Aufwendungen und Erträgen. Dieser Vorgehensweise liegt der Gedanke zugrunde, dass gerade krisengefährdete Unternehmen zum einen besonders hohe außerordentliche Aufwendungen haben und zum anderen versuchen werden, ihren Misserfolg durch Mobilisierung außerordentlicher Erträge zu kompensieren (vgl. bereits Hauschildt, J./Grenz, T./Gemünden, H.G. (1985), S. 885). Die Bruttodarstellung kann Hinweise auf derartige Bestrebungen geben.

Bedeutung unrealisierter Erfolge

Wie bereits oben erwähnt, kommt für sämtliche nach HGB und IFRS derzeit denkbaren unrealisierten Erfolge – soweit sie überhaupt in der Erfolgsspaltung zu berücksichtigen sind – ausschließlich eine Zurechnung zum außerordentlichen Ergebnis in Betracht. Gänzlich außen vor bleiben von den aufgezeigten Anwendungsfällen die Differenzen aus der Umrechnung von Fremdwährungsabschlüssen (in die Berichtswährung) sowie die Auswirkungen der Abgrenzung latenter Steuern. Letzteres ist mit der favorisierten Nachsteuerbetrachtung zu begründen. Die Umrechnungsdifferenzen aus der Währungsumrechnung sind deshalb auszublenden, weil ihnen keine unmittelbare Indikatorfunktion im Hinblick auf künftige Erfolge zukommt. Sie realisieren sich bilanziell nur im Falle eines Verkaufs der ausländischen Einheit. Der daraus resultierende Erfolg bemisst sich allerdings nicht nach dem umgerechneten Stichtagswert der zu dieser Einheit gehörenden Vermögenswerte und Schulden, sondern nach dem in Berichtswährung erzielten Verkaufserlös für die Sachgesamtheit (im Ergebnis wie Coenenberg, A.G./Deffner, M./Schultze, W. (2005), S. 443; Werner, T./Padberg, T./Kriete, T. (2005), S. 55).

Wertänderungen bei available for sale-Finanzinstrumenten

Eindeutig dem betriebsfremden unrealisierten Ergebnis zuzurechnen sind die im Eigenkapital erfassten Fair Value-Änderungen von available for sale-Finanzinstrumenten. Die Charakterisierung als außerordentlich rechtfertigt sich aus der Tatsache, dass es sich um bloße Bewertungserfolge handelt, die vom Unternehmen nicht beeinflusst werden können. Diese sind nicht nachhaltiger Natur, sondern unterliegen im Regelfall den allgemeinen Marktschwankungen.

Cashflow-Hedge

Eine differenzierte Beurteilung erfordern die unrealisierten Erfolge aus Derivaten, die Teil eines Cashflow-Hedges sind. Sie sind aufgrund ihres aperiodischen Charakters als außerordentlich zu klassifizieren. Gerade aus diesem Grund werden sie im Eigenkapital erfasst. Diese Behandlung dient dazu, sie in jener Periode GuV-wirksam werden zu lassen, in der sich die gegenläufigen Erfolge aus den abgesicherten Cashflows realisieren. Nicht eindeutig zu entscheiden ist aus externer Sicht im Allgemeinen die Frage, ob sie betrieblicher oder betriebsfremder Natur sind. Ihre Beantwortung erfordert nähere Informationen darüber, ob die Derivate zur Absicherung von operativen Geschäften oder von Finanztransaktionen eingesetzt werden.

Versicherungs-mathematische Gewinne und Verluste

Ähnlich stellt sich die Situation im Hinblick auf die unrealisierten versicherungsmathematischen Gewinne und Verluste aus der Bewertung von Pensionsverpflichtungen und dem ihrer Deckung dienenden Planvermögen dar. Sie können vielfältige Ursachen haben (vgl. IAS 19.128). Z. T. gehen sie auf Schätzfehler in Bezug auf den aus einer Pensionsverpflichtung zu erfassenden Personalaufwand zurück. Insoweit kommt ihnen betrieblicher Charakter zu. Dagegen wird man jenen Anteil, der auf die Auswirkungen einer Änderung des Diskontierungssatzes und auf Abweichungen zwischen dem geschätzten und tatsächlichen Ertrag des Planvermögens zurückgeht, als betriebsfremd einstufen müssen.

2.3.1.6.5 Kritische Würdigung der betriebswirtschaftlichen Konzeption der bilanziellen Erfolgsspaltung

Weite Auslegung von ›außerordentlich‹

Der Fokus des betriebswirtschaftlichen Erfolgsspaltungskonzepts liegt auf der Ermittlung eines Ergebnisses, das einerseits betrieblich und andererseits regelmäßig anfällt. Der Anspruch der Nachhaltigkeit macht es erforderlich, das außerordentliche Ergebnis tendenziell weit, jedenfalls deutlich weiter als etwa nach der Begriffsdefinition des § 277 Abs. 4 Satz 1 HGB abzugrenzen. Als außerordentlich gelten danach nicht nur jene Erfolge, die außerhalb der gewöhnlichen Geschäftstätigkeit anfallen. Zu eliminieren sind aus dem (ordentlichen) Betriebsergebnis vielmehr sämtliche Bewertungserfolge, Liquidationserfolge, (nicht nachhaltige) aperiodische Erfolge und andere Erfolge, deren regelmäßige Wiederkehr nicht erwartet werden kann.

Anwendungs-schwierigkeiten

Die Ausführungen haben gezeigt, dass eine solche Erfolgsspaltung, so überzeugend sie auch in der Theorie ist, auf erhebliche Anwendungsschwierigkeiten bei der praktischen Durchführung stößt. Diese Schwierigkeiten sind im Wesentlichen auf zwei Umstände zurückzuführen (vgl. nur Küting, K. (1997)):

(1) zum einen auf – nicht nur praktische – Abgrenzungsprobleme zwischen ordentlichem betrieblichem Erfolg (Betriebsergebnis) und ordentlichem betriebsfremdem Erfolg (Finanzergebnis) und
(2) zum anderen auf – überwiegend praktische – Abgrenzungsprobleme bei der Charakterisierung einzelner Aufwands- und Ertragskomponenten als ›außerordentlich‹.

Abgrenzung Betriebs- und Finanzergebnis

Die Unterteilung des nachhaltigen Erfolgs in einen Betriebs- und Finanzerfolg im Lichte der in der Praxis zu beobachtenden Unternehmensentwicklung vom Ein- hin zum heterogenen Mehrproduktunternehmen bzw. -konzern erscheint auch in der theoretischen Abgrenzung zweifelhaft (vgl. auch Lachnit, L./Ammann, H. (1995), S. 1281 ff.). Hier hat die Praxis die Theorie bereits überholt, indem sie Finanzgeschäften die gleiche Aufmerksamkeit zukommen lässt wie anderen Geschäften. Längst wird der Finanzierungsvorgang als integrierter Bestandteil der betrieblichen Unternehmenstätigkeit gesehen.

Management-Holding

Völlig ad absurdum geführt wird die Einteilung in Betriebs- und Finanzergebnis – zumindest auf Einzelabschlussebene – bei sog. »Management-Holdinggesellschaften«, da bei diesen (im Normalfall) keine operative Geschäftstätigkeit im eigentlichen Sinne vorliegt. Tatsächlich muss bei diesen Unternehmen das Finanzergebnis der GuV als Betriebsergebnis gedeutet werden.

Erweiterung der Unternehmenstätigkeit

Weiterhin ist zu beachten, dass Beteiligungen an verbundenen Unternehmen nur noch in Ausnahmefällen als reine Finanzinvestition betrachtet werden. Vielmehr steht damit die gezielte horizontale oder vertikale Erweiterung der Unternehmenstätigkeit im Vordergrund. Besonders unter diesem Aspekt erscheint die Aufteilung in ein Betriebs- und Finanzergebnis – zumindest für den Einzelabschluss – fraglich. Daher sollte dem Aspekt der Regelmäßigkeit des erzielten Ergebnisses mehr Aufmerksamkeit geschenkt werden (vgl. dazu Lachnit, L. (1991), S. 776), indem die Ermittlung eines ordentlichen Ergebnisses, bestehend aus Betriebs- und Finanzergebnis, primäres Ziel der Erfolgsspaltung wird.

Finanzerträge als ordentliche Erfolgsbestandteile?

Gerade vor diesem Hintergrund sollte allerdings die mehr oder minder pauschale Qualifizierung von Finanzerträgen als (im weitesten Sinne) ordentliche Erfolgsbestandteile kritisch beurteilt werden. Gelangt bspw. ein in hohem Maße durch unregelmäßige bzw. außerordentliche Sachverhalte beeinflusster Jahreserfolg zur Ausschüttung und wird dieser bei dem zu analysierenden Unternehmen entsprechend seiner Beteiligungsquote vereinnahmt, dann ist auch dieser Erfolgsbestandteil zwangsläufig in entsprechender Höhe verzerrt. Insb. wenn der Erfolgsspaltung der Einzelabschluss zugrunde liegt, besteht für den Analysten die Notwendigkeit, auch die von den ›Beteiligungsgesellschaften‹ erwirtschafteten Jahreserfolge in entsprechender Weise zu untersuchen.

Fehlende Angabepflichten

Die zweite Problematik, die Charakterisierung von außerordentlichen Aufwands- und Ertragskomponenten, kann ebenfalls noch nicht als (abschließend) gelöst betrachtet werden. Insb. nach HGB lassen unzureichende Erläuterungen zur GuV – etwa aufgrund der eher dürftigen Vorgaben des Gesetzes oder infolge der wenig transparenten Berichterstattung durch die Unternehmen – es vielfach fraglich erscheinen, ob die außerordentlichen Erfolgskomponenten zutreffend und in ausreichendem Maße bereinigt werden können. Die IFRS schaffen in diesem Punkt insoweit eine Abhilfe, als sie Angaben zur Art und Höhe aller wesentlichen Aufwendungen und Erträge fordern (vgl. IAS 1.97). Wird diese Forderung streng ausgelegt, liefert der IFRS-Abschluss eine solide Grundlage für die Separierung der außerordentlichen Erfolge.

Beeinträchtigung durch Bilanzpolitik

Nach HGB ergibt sich ferner das – bereits eingangs angesprochene – Problem, dass die Einflüsse angewandter Bilanzpolitik im Rahmen der ›traditionellen‹ Erfolgsspaltung grds. nicht berücksichtigt werden. Es liegt auf der Hand, dass das Betriebsergebnis, bspw. in Abhängigkeit der Bewertung der unmittelbaren Pensionsverpflichtungen oder unfertigen und fertigen Erzeugnisse, z. T. erheblich variieren kann. Insofern ist insb. die zwischenbetriebliche Vergleichbarkeit der im Zuge der Erfolgsspaltung abgeleiteten Teilergebnisse kritisch zu beurteilen. Auch in diesem Punkt erweist sich die Rechnungslegung nach IFRS der des HGB aus analytischer Sicht teilweise überlegen.

Restriktive Prämisse

Abschließend gilt es noch einmal in Erinnerung zu rufen, dass das ordentliche (Betriebs- und Finanz-)Ergebnis lediglich unter der restriktiven Prämisse konstanter Umweltbedingungen als nachhaltig beurteilt werden kann. Angesichts eines dynamischen Wirtschaftsgeschehens muss die Realitätsnähe dieser Prämisse in Zweifel gezogen werden. In jedem Fall besteht für den Analysten die Notwendigkeit zu überprüfen, ob und inwieweit von einer Fortgeltung der den Erfolgsentstehungsprozess determinierenden unternehmensin- und -externen Rahmenbedingungen ausgegangen werden kann.

Beurteilung

Insgesamt bleibt festzuhalten, dass die Erfolgsanalyse mittels der Erfolgsspaltung nicht unerhebliche Probleme aufwirft, die bislang – zumindest im Rahmen der externen Analyse – weder in der Theorie noch in der Praxis zufriedenstellend gelöst werden konnten. Die mittels der Erfolgsspaltung gewonnenen Erkenntnisse sind – wie die vorstehenden Ausführungen zeigen – mit der gebotenen Vorsicht zu interpretieren. Ihre Bedeutung erhalten sie letztlich nur im Gesamtzusammenhang mit den durch die Anwendung der sonstigen Instrumente der Erfolgsanalyse gewonnenen Erkenntnissen über die Ertragslage bzw. Ertragskraft eines Unternehmens.

Merksätze

1. Auch die traditionelle Erfolgsspaltung nach rein betriebswirtschaftlichen Gesichtspunkten unterscheidet zwischen einem nachhaltig erzielbaren (ordentlichen) Erfolg und einem nicht nachhaltigen (außerordentlichen) Erfolg. Ersterer wird in ein Betriebs- und ein Finanzergebnis unterteilt. Der zentrale Unterschied zu der insb. im Gliederungsschema des § 275 HGB angelegten Erfolgsspaltung besteht in der deutlich weiteren Abgrenzung der außerordentlichen Vorgänge.
2. Als außerordentliche Erfolgskomponenten werden nach dem betriebswirtschaftlichen Konzept nachfolgende (betriebliche oder betriebsfremde) Vorgänge bezeichnet:
   - Bewertungserfolge,
   - Liquidationserfolge,
   - (sonstige) periodenfremde Erfolge,
   - andere, nicht regelmäßig anfallende Erfolge.

   Die Zuweisung der ersten drei Arten von Erfolgen beruht auf der typisierenden Annahme, dass mit ihrer regelmäßigen Wiederkehr nicht zu rechnen ist. Kann diese Vermutung im Einzelfall widerlegt werden, sind die betreffenden Erfolge dem ordentlichen Ergebnis zuzurechnen.
3. Zuordnungsprobleme ergeben sich vornehmlich aus dem Mischcharakter der Posten »sonstige (betriebliche) Erträge« und »sonstige (betriebliche) Aufwendungen«. Die Klassifizierung der darin erfassten Aufwendungen und Erträge im Hinblick auf die Merkmale der Regelmäßigkeit und der Betriebszugehörigkeit kann nur gelingen, wenn das Unternehmen entsprechende Informationen im Anhang zur Verfügung stellt.
4. Insb. nach HGB verhindern unzureichende Angabepflichten wie auch eine restriktive Informationspolitik vielfach eine aussagekräftige Aufspaltung der Erfolgskomponenten. Die aus diesem Grund erforderliche pauschale Zuordnung bestimmter Größen – wie z. B. der sonstigen betrieblichen Aufwendungen und Erträge, Abschreibungen auf Finanzanlagen oder Zinsaufwendungen und -erträge – zu den einzelnen Ergebnisteilen kann nicht zu befriedigenden Lösungen führen.
5. Aufgrund der Notwendigkeit, sämtliche wesentliche Aufwendungen und Erträge ihrer Art und Höhe nach im Anhang anzugeben, sowie des gesonderten Ausweises der Erfolge aus aufgegebenen Geschäftsbereichen erlauben die IFRS eine deutlich aussagefähigere Erfolgsspaltung. Das gilt sowohl für die Abgrenzung des ordentlichen Ergebnisses vom außerordentlichen Ergebnis als auch für die weitergehende Analyse der nicht nachhaltigen Erfolgskomponenten. Ergänzende Anhaltspunkte zur Beurteilung des Erfolgspotenzials eines Unternehmens können schließlich die im Eigenkapital erfassten unrealisierten Erfolge liefern.

6. Unabhängig vom zugrunde liegenden Rechnungslegungskonzept besteht ein generelles Manko der bilanziellen Erfolgsspaltung darin, dass sie von der Ergebnissituation in der Vergangenheit auf die Zukunft schließen will. Um diese Prognose abzusichern, bedarf es einer detaillierten Analyse des allgemeinen Umfelds, in dem das Unternehmen tätig ist. Darüber hinaus sind die Erkenntnisse der weiteren Teilbereiche der Erfolgsanalyse in diese Projektion mit einzubeziehen.

2.3.1.7 Segmentberichterstattung

2.3.1.7.1 Grundlagen und Konzeptionen

Zielsetzung und Aufgabe

Entscheidungsrelevante Informationen über die wirtschaftliche Lage sind insb. bei diversifizierten und internationalisierten Unternehmen bzw. Konzernen aus den Rechenwerken der Bilanz und der Erfolgsrechnung für eine Bilanzanalyse kaum verfügbar. Ursächlich hierfür ist die bei der Jahresabschlusserstellung notwendige Aggregation von Daten auf die Ebene der rechnungslegenden Einheit (Unternehmen bzw. Konzern). Danach sind (Detail-)Informationen von einzeln abgrenzbaren – wirtschaftlich bedeutsamen – Teilbereichen (sog. »Segmente«) nicht mehr ersichtlich. Eben diesen Informationsverlust zu begrenzen ist die Aufgabe der Segmentberichterstattung. Sie soll den Abschlussadressaten einen Einblick in die wirtschaftliche Lage von Unternehmen bzw. Konzernen durch die Bereitstellung disaggregierter Informationen, bspw. zu Vermögen und Ergebnis der einzelnen Segmente, gewähren. Zur Erfüllung der Informationsfunktion ist daher eine Untergliederung der Geschäftsaktivitäten notwendig, um den einzelnen Gruppen von Jahresabschlussadressaten (insb. versierten Investoren) entscheidungsrelevante Informationen bereitstellen zu können (vgl. Ernst, E./Gassen, J./Pellens, B. (2009), S. 29 ff.). Auf dieser (Dis-)Aggregationsebene ist der Bilanzanalyst grds. besser in der Lage, die unterschiedlichen Chancen und Risiken einzelner Unternehmensaktivitäten sowie deren Beiträge zur Entwicklung des Gesamtgebildes zu beurteilen. Relativierend ist anzumerken, dass die Tiefe des eröffneten Einblicks von der Größe des jeweiligen Unternehmens bzw. Konzerns abhängig ist und auch über Segmente vergangenheitsorientiert zu berichten ist.

Normen und Gesetze

Nach HGB besteht keine Verpflichtung zur Erstellung einer Segmentberichterstattung (mit Ausnahme der Aufgliederung der Umsatzerlöse nach § 285 Nr. 4 HGB bzw. § 314 Abs. 1 Nr. 3 HGB), jedoch kann diese sowohl für den Einzelabschluss (vgl. § 264 Abs. 1 Satz 2 HGB) als auch für den Konzernabschluss (vgl. § 297 Abs. 1 Satz 2 HGB) auf freiwilliger Basis erfolgen. Demgegenüber fordern die Normen der IFRS die Offenlegung einer Segmentberichterstattung für den (Konzern-)Abschluss kapitalmarktorientierter Unternehmen. Im Vergleich zu Art. 4 der IAS-Verordnung wird nach IFRS 8 die Abgrenzung des Begriffs kapitalmarktorientiert weiter gezogen, da auch nicht-organisierte Märkte (z. B. OTC-Märkte) als öffentliche Märkte i. S. d. Standards definiert werden (vgl. Haller, A. (2010), Rn. 22). Nicht-kapitalmarktorientierte Unternehmen, die auf freiwilliger Basis nach IFRS berichten, sind nicht zwingend zur Offenlegung einer Segmentberichterstattung nach IFRS 8 verpflichtet. Und dies, obwohl grds. die Annahme gelten sollte, dass ähnliche Informationsinteressen seitens der Kapitalgeber bestehen (vgl. Fey, G./Mujkanovic, R. (1999), S. 266). Berichtet jedoch ein nichtkapitalmarktorientiertes Unternehmen freiwillig nach IFRS, sind Segmentinformationen auch nur dann als solche zu bezeichnen, wenn diese den Anforderungen des IFRS 8 genügen (vgl. IFRS 8.4).

Inhaltliche Ausgestaltung nach HGB

Entgegen den IFRS wird innerhalb des HGB die inhaltliche Ausgestaltung der Segmentberichterstattung nicht konkretisiert. HGB-Bilanzierer, die fakultativ eine Segmentberichterstattung offen legen, müssen daher auf die Anwendungshilfe des DRS 3 zurückgreifen. Neben dieser allgemeinen Anwendungsleitlinie des DRS 3 existieren darüber hinaus für Kreditinstitute und Versicherungsunternehmen mit DRS 3–10 bzw. DRS 3–20 branchenspezifische Normen.

Bedeutung für Bilanzanalyse

Die Segmentberichterstattung nach den beschriebenen Rechnungslegungsnormen eröffnet dem Bilanzanalysten auf disaggregierter Ebene einen differenzierteren Einblick, insb. im Bereich der Erfolgsquellenanalyse, aber auch der Aufwands- und Ertragsstrukturanalyse (vgl. 3. Abschn., Kap. 3, 2.3.2) sowie der Rentabilitätsanalyse (vgl. 3. Abschn., Kap. 3, 2.4.2). Hierbei bieten sich im Besonderen zwischenbetriebliche und intertemporale Vergleiche an, die einerseits sich im Zeitablauf wandelnde Kernaktivitäten offen legen, andererseits Unternehmenseinheiten ähnlicher Branchen innerhalb von Konzernstrukturen vergleichbar machen. Im Bereich der Bilanzanalyse stellen die berichteten Segmentinformationen daher einen wichtigen Teilbereich innerhalb der Erfolgsanalyse dar. Denn mittels der Segmentinformationen lässt sich eine zukunftsorientierte Bewertung einzelner Geschäftsaktivitäten anhand möglicher Chancen und Risiken, aber auch hinsichtlich des bereits bestehenden und zukünftig zu erwartenden Erfolgsbeitrags vornehmen.

Weiterhin enthalten Geschäftsberichte zudem freiwillige Darstellungen von (unternehmenswertorientierten) Kapitalrenditekonzepten (vgl. 4. Abschn., 5.) in einer mit der Segmentberichterstattung übereinstimmenden Disaggregation.

Alternative Konzeptionen

Für die Interpretation der veröffentlichten Segmentdaten und folglich für die Bilanzanalyse von entscheidender Bedeutung sind zwei konzeptionelle Aspekte:

1. Welches Verfahren liegt der Segmentabgrenzung konkret zugrunde: der sog. »management approach« oder »risk and reward approach«?
2. Wie werden die Segmentinformationen letztlich erhoben: gem. des sog. »autonomous entity approach« oder »disaggregation approach«?

Verfahren der Segmentabgrenzung

Im Rahmen des »management approach«, der schließlich IFRS 8 zugrunde liegt, determiniert die interne Organisations- und Berichtsstruktur die Segmentabgrenzung. Demnach sollen den externen Abschlussadressaten solche Informationen zugänglich gemacht werden, auf deren Grundlage der sog. »chief operating decision maker« (z. B. Vorstandsvorsitzender) unternehmerische Entscheidungen trifft. Erfolgt demgegenüber die Segmentabgrenzung gem. des »risk and reward approach«, weisen die in einem Segment zusammengefassten Unternehmensaktivitäten ein möglichst homogenes Chancen- und Risikoprofil auf und unterscheiden sich diesbezüglich deutlich von anderen Segmenten. Beide Ansätze können zu einer übereinstimmenden Segmentabgrenzung führen. Hinreichende Voraussetzung hierfür ist, dass die interne Organisations- und Berichtsstruktur der Chancen- und Risikostruktur der Unternehmensaktivitäten nachgebildet wurde.

Konzeptioneller Unterschied

Dieser konzeptionelle Unterschied ist für die externe Analyse von besonderer Bedeutung. So ist im Falle des »management approach« von einer Offenlegung jener Daten auszugehen, die für Managementzwecke als entscheidungsnützlich angesehen werden. Dadurch können sich Bilanzanalysten die »Brille des Managements« aufsetzen und auf deren Verlässlichkeit vertrauen, zumal die gegebenen Informationen zum Berichtsjahr im Rahmen der Abschlussprüfung oder eines Enforcementverfahrens anhand interner Unterlagen nachprüfbar sind. Erfolgte aber im Berichtsjahr eine Umstrukturierung, ist die Ermittlung und Prüfung der Vergleichsangaben zu Vorjahren hingegen mit Unsicherheiten und großem Aufwand verbunden, weshalb die jeweiligen Normen – unter restriktiven Voraussetzungen – regelmäßig entsprechende Befreiungsmöglichkeiten vorsehen. Auch die zwischenbetriebliche Vergleichbarkeit leidet unter der Übernahme der Managementsichtweise, da unternehmensindividuelle Charakteristika nur in sehr seltenen Fällen bei Vergleichsunternehmen anzutreffen sind.

Beim »risk and reward approach« hingegen wird extern vorgegeben, was für die Investoren – als primär relevante Adressaten des Jahresabschlusses – entscheidungsnützlich ist. Daraus ergibt sich, dass die Prinzipien der externen Objektivierung, Vorsicht und zwischenbetrieblichen Vergleichbarkeit deutlich höher als beim »management approach« gewichtet werden. Nachteilig gegenüber diesem subjektiv geprägten Ansatz ist allerdings der höhere Erstellungsaufwand, sofern die beiden Ansätze zu unterschiedlichen Segmentabgrenzungen führen.

Autonomous Entity Approach vs. Disaggregation Approach

Die Differenzierung von Segmentberichten nach dem Merkmal der Erhebung der Segmentinformationen mündet in der Unterscheidung zwischen dem sog. »autonomous entity approach« und dem sog. »disaggregation approach«. Ersterer basiert auf der Fiktion der wirtschaftlichen Unabhängigkeit der einzelnen Segmente, wonach die Segmentinformationen – nicht nur im Rahmen einer Kombination mit dem »management approach« – zweckgerecht auszuwählen und zu bewerten sind. Demgegenüber erfolgt beim »disaggregation approach« eine Aufgliederung der konsolidierten Daten auf die einzelnen Segmente. Dadurch bleibt die Nähe zum Konzernabschluss insb. auch hinsichtlich der einheitlichen Anwendung von Rechnungslegungsmethoden im Abschluss und im Segmentbericht gewahrt. Beiden Ansätzen ist gemein, dass die Segmentinformationen nach Eliminierung von Beziehungen innerhalb eines Segments (Konsolidierung von Intrasegmentbeziehungen) und vor Eliminierung von Beziehungen zwischen den einzelnen Segmenten (keine Konsolidierung von Intersegmentbeziehungen) offenzulegen sind.

2.3.1.7.2 Disaggregationsmodell nach DRS 3

Zweitstufiges Modell bei der Segmentabgrenzung

Bei der Bestimmung der operativen Segmente folgt DRS 3 auf einer ersten Ebene dem oben beschriebenen management approach. Demnach werden grds. die Kriterien zugrunde gelegt, »nach denen die Unternehmensleitung Teileinheiten des Unternehmens bestimmt, die sie ihrer wirtschaftlichen Beurteilung und ihren operativen Entscheidungen insbesondere auch im Hinblick auf die Ressourcenallokationen zugrundelegt« (DRS 3.9). Die Erläuterungen hierzu folgen sodann dem risk and reward approach. »Die Segmentierung ergibt sich somit aus der internen Organisations- und Berichtsstruktur des Unternehmens. Dabei wird unterstellt, dass die Strukturierung auf die unterschiedlichen Chancen und Risiken der Aktivitäten des Unternehmens abstellt« (DRS 3.10). Nach dieser Vorgehensweise wird sich i.d.R. eine produktorientierte oder eine geographische Segmentierung herausbilden. Es kann aber auch der Fall eintreten, dass beide nebeneinander bestehen. Gleichzeitig ist zu beachten, dass nicht alle identifizierten Segmente auch berichtspflichtig sind. So können operative Segmente, die »im Verhältnis zueinander homogene Chancen und Risiken aufweisen« zu einem berichtspflichtigen Segment zusammengefasst werden (vgl. DRS 3.13 f. (auch Zitat)).

Bilanzierungs- und Bewertungsmehoden des Jahresabschlusses

Nach DRS 3 hat die Segmentberichterstattung auf Basis der gleichen Bilanzierungs- und Bewertungsmethoden zu erfolgen, die auch im externen Abschluss zur Anwendung gelangen (vgl. DRS 3.19). Dies entspricht dem im Vorherigen dargestellten disaggregation approach, da die Jahresabschlussdaten auf die Segmente heruntergebrochen werden. Im Einzelnen heißt dies, dass es die für das jeweilige Segment ausgewiesenen Vermögens- und Schuldpositionen bzw. Aufwendungen und Erträge nach einheitlichen Bilanzierungs- und Bewertungsgrundsätzen zu ermitteln gilt, wiederum mit dem Ziel, eine »intersegmentäre und zwischenbetriebliche Vergleichbarkeit zumindest für Unternehmen einer Branche zu ermöglichen« (Currle, M./Lutz, B. (2000), S. 264). Vermögensgegenstände und Schulden, die von mehreren Segmenten gemeinsam genutzt werden, sind auf die Segmente aufzuteilen. Zudem ist gem. DRS 3.37 eine Überleitung der in der Segmentberichterstattung berichteten Werte auf die Jahresabschlussdaten darzustellen.

2.3.1.7.3 Disaggregationsmodell nach IFRS 8

Operative Segmente

Nach IFRS 8 beziehen sich die Berichtspflichten im Kontext der Segmentberichterstattung auf operative Segmente als Teilbereiche eines Unternehmens, bei denen die Kriterien lt. IFRS 8.5(a) bis (c) erfüllt sind. Demnach ist ein Geschäftssegment ein Unternehmensbestandteil,

(a) der Geschäftstätigkeiten betreibt, im Zuge derer Umsatzerlöse erwirtschaftet werden und bei denen Aufwendungen anfallen können (inkl. Umsatzerlöse und Aufwendungen im Zusammenhang mit Geschäftsvorfällen mit anderen Bestandteilen desselben Unternehmens),
(b) dessen Betriebsergebnisse regelmäßig von der verantwortlichen Unternehmensinstanz im Hinblick auf Entscheidungen über die Allokation von Ressourcen zu diesem Segment und die Bewertung seiner Ertragskraft überprüft werden und
(c) für den separate Finanzinformationen vorliegen.

Unternehmens-individuelle Kriterien

Diese Aufzählung von Eigenschaften dient nicht der abschließenden Bewertung von Geschäftssegmenten, da unternehmensindividuelle Faktoren einen anderen Kriterienkatalog erforderlich machen können. IFRS 8.8 stellt daher auf allgemeinere Kriterien ab, die u. a. die Wesensart der Geschäftstätigkeiten jedes Bereichs, das Vorhandensein eines Entscheidungsträgers oder die dem Aufsichtsorgan vorgelegten Informationen als Beurteilungsmaßstab umfassen.

Entscheidungsträger

Das Vorhandensein eines Entscheidungsträgers (chief operating decision maker) stellt bei der Identifizierung von Geschäftssegmenten nach IFRS 8 ein entscheidendes Kriterium dar. Dies basiert auf der Annahme, dass Unternehmensbereiche, die einen wesentlichen Anteil zum Gesamtergebnis des Unternehmens beitragen, durch ein eigenes Management gesteuert werden. Die Definition des Entscheidungsträgers erfolgt hierbei unter funktionalen Gesichtspunkten. Dieser kann einerseits sowohl gegenüber dem Hauptentscheidungsträger des Unternehmens (bspw. CEO) berichtspflichtig sein, andererseits auch selbst die oberste Berichtsinstanz für das jeweilige Geschäftssegment verkörpern (vgl. etwa Baetge, J./Kirsch, H.-J./Thiele, S. (2011), S. 480).

Vollumfängliche Ausrichtung nach dem Management Approach

Im Standard wird explizit darauf verwiesen, dass auch Teilbereiche, deren Geschäftstätigkeit sich in der Gründungsphase befindet, als operatives Segment zu identifizieren sind. Dies gilt auch in Fällen, in denen Umsatzerlöse erst zukünftig erwirtschaftet werden (vgl. IFRS 8.5). Somit wird mit der Regelung seitens des IASB eine (*noch*) konsequentere Ausrichtung an den internen Organisations- und Berichtsstrukturen verfolgt (vgl. PELLENS, B. ET AL. (2014), S. 908). Daneben greifen die kodifizierten Regelungen unmittelbar auf die intern verwendeten Bilanzierungsmethoden ebenso wie Ansatz- und Bewertungsgrundsätze zurück. Diese Verlagerung hin zu einer an internen Steuerungsgrößen ausgerichteten Segmentierung erfolgt mittels der Begründung, dass für das Management entscheidungsrelevante Segmentinformationen auch für den externen Jahresabschlussadressaten von Relevanz sein können und ihm die Möglichkeit bieten, die Geschäftsaktivitäten des Unternehmens aus dem Blickwinkel des steuernden Organs zu betrachten (vgl. IFRS 8.BC10 ff.). Darüber hinaus wird sowohl eine zeitnähere – i. S. e. Fast-Close-Ansatzes (vgl. hierzu KÜTING, K./SCHEREN, M. (2010), S. 1900) – als auch eine kostengünstigere Ermittlung der geforderten Segmentdaten ermöglicht. Gleichwohl wird jedoch eine starke Einschränkung der zwischenbetrieblichen Vergleichbarkeit in Kauf genommen, die sich aus der Heterogenität der angewandten internen Steuerungsgrößen ableitet.

Aggregation von operativen Segmenten zu Berichtssegmenten

Nach IFRS 8.12 ist ein Zusammenfassen von operativen Segmenten möglich, wenn eine Überschneidung hinsichtlich der wirtschaftlichen Merkmale in den folgenden, kumulativ zu erfüllenden Kriterien besteht:

- Art der Produkte und Dienstleistungen;
- Art der Produktionsprozesse;
- Art oder Gruppe der Kunden, für die Produkte und/oder Dienstleistungen erbracht werden;
- Vertriebsmethoden ihrer Produkte oder der Erbringung von Dienstleistungen;
- falls erforderlich, Art der regulatorischen Rahmenbedingungen, z. B. im Bank- oder Versicherungswesen oder bei öffentlichen Versorgungsbetrieben.

Erläuternd wird angeführt, dass bei Vorliegen von korrespondierenden langfristigen Durchschnittsbruttomargen eine vergleichbare wirtschaftliche Tätigkeit angenommen werden kann (vgl. IFRS 8.12).

Quantitative Schwellenwerte

Dem Wesentlichkeitsgrundsatz folgend gilt ein einzeln abgegrenztes oder zusammengefasstes operatives Segment nach IFRS 8.13 als separat berichtspflichtig, sofern mind. eine der nachstehenden quantitativen Wesentlichkeitsschwellen überschritten wird:

(a) Der ausgewiesene Umsatzerlös, inkl. der Verkäufe an externe Kunden und Verkäufe oder Transfers zwischen den Segmenten, beträgt mind. 10 % der zusammengefassten in- und externen Umsatzerlöse aller Geschäftssegmente.

(b) Der absolute Betrag seines ausgewiesenen Gewinns oder Verlusts entspricht mind. 10 % des höheren der beiden nachfolgenden absoluten Werte:
  - des aggregiert ausgewiesenen Gewinns jener Geschäftssegmente, die keinen Verlust gemeldet haben;
  - des zusammengefassten ausgewiesenen Verlusts aller Geschäftssegmente, die einen Verlust gemeldet haben.

(c) Die Vermögenswerte des Geschäftssegments haben einen Anteil von mind. 10 % an den kumulierten Aktiva aller Geschäftssegmente.

Darüber hinaus können operative Segmente, die keinen der dargelegten quantitativen Schwellenwerte tangieren, durch die Geschäftsführung bzw. das Management fakultativ als berichtspflichtig eingestuft werden, falls so den Jahresabschlussadressaten entscheidungsnützliche Informationen zugänglich gemacht werden können. Eine Aggregation von Geschäftssegmenten, welche die quantitativen Schwellenwerte einzeln unterschreiten, ist nur zulässig, wenn die bereits o.g. wirtschaftlichen Merkmale mehrheitlich erfüllt sind (vgl. IFRS 8.14).

Um dem Jahresabschlussadressaten eine möglichst umfassende Darstellung der einzelnen Geschäftstätigkeiten des Unternehmens zu gewähren, müssen nach IFRS 8.15 mind. 75% aller externen Umsatzerlöse, deren definitorische Abgrenzung sich aus dem Ertragsbegriff nach IAS 18.7 (bzw. IFRS 15 Appendix A) ableitet, mittels der operativen und berichtspflichtigen Segmente abgebildet werden. Unterschreiten die primär abgegrenzten operativen Segmente diese 75%-Grenze, so müssen bisher aufgrund der quantitativen Schwellenwerte auch als nicht-berichtspflichtig deklarierte Geschäftssegmente einbezogen werden.

Überleitung der Segmentdaten auf die Jahresabschlussgrößen

Nach IFRS 8 besteht grds. keine Kongruenz der Segmentdaten zu den der Abschlusserstellung zugrunde gelegten Bilanzierungs- und Bewertungsmethoden. Stattdessen sind die Wertansätze für die Segmentberichterstattung – wiederum in konsequenter Umsetzung des management approach – nach den gleichen Grundsätzen zu ermitteln, wie sie bei der internen Berichterstattung zur Anwendung gelangen. So zeichnet sich etwa im Rahmen der Erfolgsdarstellung innerhalb der segmentierten Berichterstattung eine Hinwendung zu Pro-Forma-Ergebnisgrößen, bspw. einem Segment-EBIT oder -EBITDA, ab (vgl. Blase, S./Müller, S./Reinke, J. (2013), S. 722). Da hierdurch i.d.R. der Bezug zwischen den Segmentinformationen und den korrespondierenden (Konzern-)Abschlussposten verloren geht, kommt der Überleitungsrechnung (sog. »reconciliation«) gem. IFRS 8.28 eine besondere Bedeutung zu.

2.3.1.7.4 Segmentinformationen nach DRS 3 und IFRS 8

Angabepflichten je Berichtssegment

Nachstehende Übersicht 75 stellt die auszuweisenden Segmentinformationen nach den einzelnen Rechnungslegungsnormen dar (in Anlehnung an: Alvarez, M. (2002), S. 2058).

Segmentdaten	DRS 3 operative Segmente	IFRS 8 operative Segmente
Segmentumsatzerlöse/-erträge mit externen Kunden	•	•[1]
Intersegmentäre Umsatzerlöse	•	•[1]
Segmentergebnis	•	•
Segmentabschreibungen	•	•[1]
Andere nicht-zahlungswirksame Posten	•	•[1]
Segmentergebnisbeiträge aus at-Equity bewerteten Beteiligungen	•	•[1]
Erträge aus sonstigen Beteiligungen des Segments	•	
Zinsaufwendungen und -erträge	•[1]	•[1]
Ertragsteuern	•[1]	•[1]
Wesentliche Aufwendungen und Erträge nach IAS 1.97 f.		•[1]
Segmentvermögen	•	•[1]
Buchwerte von at-Equity bewerteten Beteiligungen		•[2]
Bestimmte Segmentinvestitionen	•	•[2]
Segmentschulden	•	•[2]
Überleitungsrechnung	•	•
Zusätzliche unternehmens- bzw. segmentbezogene Daten	**Unterneh-mensebene**	**Unterneh-mensebene**
Umsatzerlöse mit externen Kunden	•[3]	•[3]
Vermögen	•[3]	•[4]
Investitionen	•[3]	
Dominante Kunden	•	•
Sonstige Angaben und Berichtspflichten		
Vorjahresangaben	•	•
Durchbrechung der Stetigkeit	•	•
Produkte und Dienstleistungen je Segment	•	•
Verrechnungspreise für intersegmentäre Transaktionen	•	•
Bestimmungsfaktoren der Segmentabgrenzung	•	•
Zusammensetzung der anzugebenden Segmente	•	•
Zusammenfassung von Geschäftsfeldern mit unterschiedlichen Chancen und Risiken	•	
Ermittlung der Segmentdaten	•	•
Wesentliche Posten der Überleitungsrechnung	•	•
Unterschiede aufgrund von Methodenänderungen	•	•

[1] Angabe nur erforderlich, falls Position Bestandteil des berichtenden Segmentergebnisses bzw. Segmentvermögens ist.
[2] Angabe nur erforderlich, falls die interne Steuerung auf der Vermögensgröße basiert.
[3] Angaben sind jeweils für Produktbereiche und geographische Regionen darzustellen, sofern die anzugebenden Segmente nicht produktorientiert bzw. regional abgegrenzt sind.
[4] Angabe nur für geographische Regionen im Falle nicht geographisch abgegrenzter operativer Segmente.

Übersicht 75: Synoptische Darstellung der Segmentinformationen nach DRS 3 und IFRS 8

2.3.1.7.5 Fallstudie

Beispiel: Bayer-Konzern

Auf der Grundlage der Geschäftsberichte des Bayer-Konzerns für die Jahre 2005, 2006 und 2007 werden nachfolgend die allgemeinen Möglichkeiten einer bilanzanalytischen Auswertung der Segmentangaben vorgestellt. Die im Folgenden dargestellten Analysen sind auch für aktuelle Geschäftsjahre weiterhin gültig, da die benötigten Segmentdaten sowohl nach DRS 3 als auch IFRS 8 zu berichten sind. Für umfangreiche Analysen der Vermögens- und Finanzlage werden regelmäßig nur unzureichende Informationen auf Segmentebene veröffentlicht. Demzufolge konzentrieren sich die weiteren Ausführungen auf die Analyse der segmentspezifischen Erfolgslage.

In der Übersicht 76 werden die Umsatzrentabilitäten auf Basis des EBIT für die Jahre 2005, 2006 und 2007 ermittelt.

Segment	Umsatzerlöse			EBIT			Umsatzrentabilität		
	2005	2006	2007	2005	2006	2007	2005	2006	2007
	Mio. EUR	Mio. EUR	Mio. EUR	Mio. EUR	Mio. EUR	Mio. EUR	%	%	%
HealthCare									
Pharma	4.125	7.529	10.364	475	563	741	11,52	7,48	7,15
Consumer Health	3.950	4.253	4.551	448	750	823	11,34	17,63	18,08
CropScience									
Crop Protection	4.944	4.703	4.831	532	384	537	10,76	8,17	11,12
Environmental Science/ Bio Science	1.035	1.062	1.051	158	200	119	15,27	18,83	11,32
MaterialScience									
Materials	2.851	2.950	3.057	514	289	100	18,03	9,80	3,27
Systems	6.751	7.374	7.576	736	703	942	10,90	9,53	12,43
Überleitung	1.045	1.085	955	-349	-127	-108	–	–	–
Konzern	24.701	28.956	32.385	2.514	2.762	3.154	10,18	9,54	9,74

Übersicht 76: Umsatzerlöse, EBIT und Umsatzrentabilitäten der Segmente des Bayer-Konzerns

Entwicklung der Umsatzrentabilitäten

Die Entwicklung der Umsatzrentabilitäten fällt in den einzelnen Segmenten sehr unterschiedlich aus. Nur im Bereich Consumer Health kommt es zu einer kontinuierlichen Steigerung im Drei-Jahres-Zeitraum, während die Umsatzrentabilität im Bereich »Materials« sprunghaft und im Pharma-Segment deutlich abnimmt. In den übrigen Teilbereichen des Bayer-Konzerns ist keine eindeutige Tendenz festzustellen. Hervorzuheben ist weiterhin, dass die segmentspezifischen Rentabilitäten des Bereichs Environmental Science/Bio Science und des Bereichs »Consumer Health« in allen drei Perioden über dem Durchschnittswert des Konzerns liegen.

Entwicklung von Umsatz und EBIT

Die Übersicht 77 stellt die relativen Umsatz- und EBIT-Anteile der Segmente des Bayer-Konzerns im Vergleich dar und ermöglicht damit sowohl eine jahresbezogene Analyse segmentspezifischer Beiträge zu den Konzernumsatzerlösen bzw. zum Konzern-EBIT als auch eine vergleichende Analyse beider Größen im Zeitablauf.

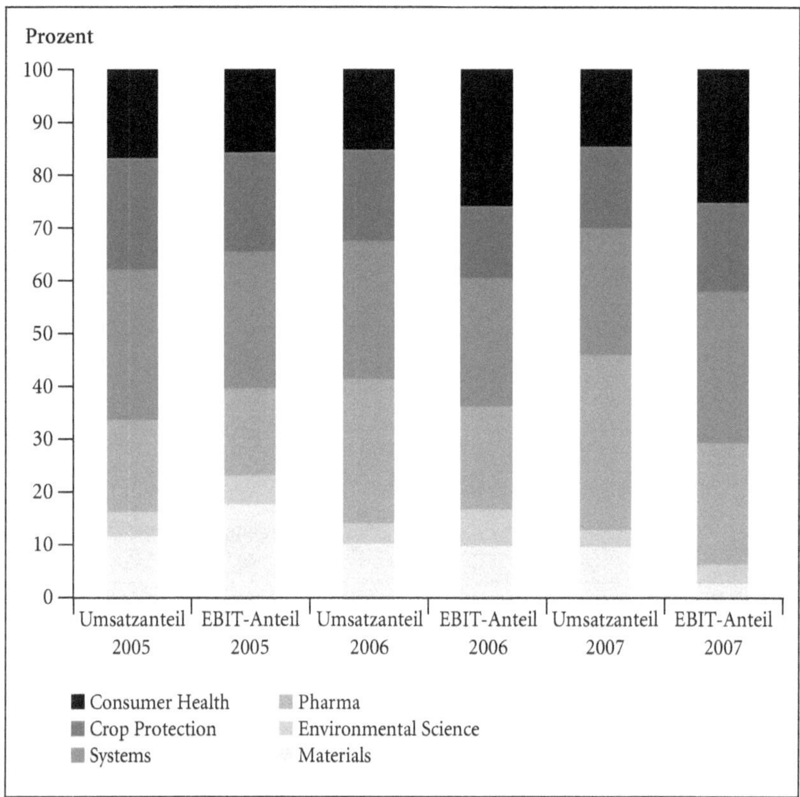

Übersicht 77: Umsatzerlös- und EBIT-Anteile der Segmente des Bayer-Konzerns

Der Bereich Pharma kann beispielsweise von 2005 (17,4 %) bis 2007 (32,9 %) kontinuierlich die Umsatzerlöse um 15,5 % steigern und erzielt in den Jahren 2006 (27 %) und 2007 (36 %) die größten Anteile am Konzernumsatz, während der Bereich »Systems« im Jahr 2005 noch das umsatzstärkste Segment bildet (28,5 %).

Die Entwicklung der relativen EBIT-Anteile weist im Zeitablauf größere Schwankungen auf. Wie schon im Jahr 2005 (25,7 %) ist das Segment Systems nach einem Rückgang in 2006 (24,3 %) im Jahr 2007 mit 28,8 % in besonderem Maße am wirtschaftlichen Erfolg des Konzerns beteiligt. Lediglich im Jahr 2006 erreicht das Segment Consumer Health mit 25,9 % einen höheren EBIT-Anteil. Positiv hervorzuheben ist die Entwicklung des Bereichs Pharma. Dort steigt der EBIT-Anteil von 16,6 % in 2005 beständig über 19,5 % (2006) auf 22,7 % im Jahr 2007 an. Den größten Zuwachs innerhalb eines Jahres verzeichnet der Bereich Consumer Health mit 10,3 % zwischen den Jahren 2005 (15,6 %) und 2006 (25,9 %), um dann in 2007 mit 25,2 % das Vorjahresniveau in etwa zu halten. Eine kritische Entwicklung deutet sich in Bezug auf den Geschäftsbereich Materials an. Kann das Segment im Jahr 2005 noch 17,5 % zum Konzernergebnis beitragen, so sinkt der EBIT-Anteil 2007 auf nur noch 3,1 %. Auch der Umsatzanteil fiel von 12 % (2005) auf 9,7 % (2007).

Intersegment- und Gesamtentwicklung

Insgesamt ist die Entwicklung des Gesamtkonzerns im Zeitraum 2005 bis 2007 positiv. Die Umsatzerlöse steigen um 7.684 Mio. Euro und das EBIT um 640 Mio. Euro, wobei nahezu alle Segmente zu dieser positiven Entwicklung beitragen. Von besonderer Bedeutung hierbei ist das Segment Pharma mit einem Zuwachs von 6.239 Mio. Euro von 2005 bis 2007. Negativ fällt auf, dass

- der Bereich Crop Protection einen absoluten Umsatzrückgang um 113 Mio. Euro zu verzeichnen hat,
- das Segment Materials eine drastische Einbuße beim EBIT um 414 Mio. Euro erfährt und
- die EBIT-Größe bei Bio Science um 39 Mio. Euro sinkt.

Die Entwicklung der segmentspezifischen Umsatzrentabilitäten im Vergleich zum Konzern-EBIT-Anteil kann alternativ wie in Übersicht 78 dargestellt werden:

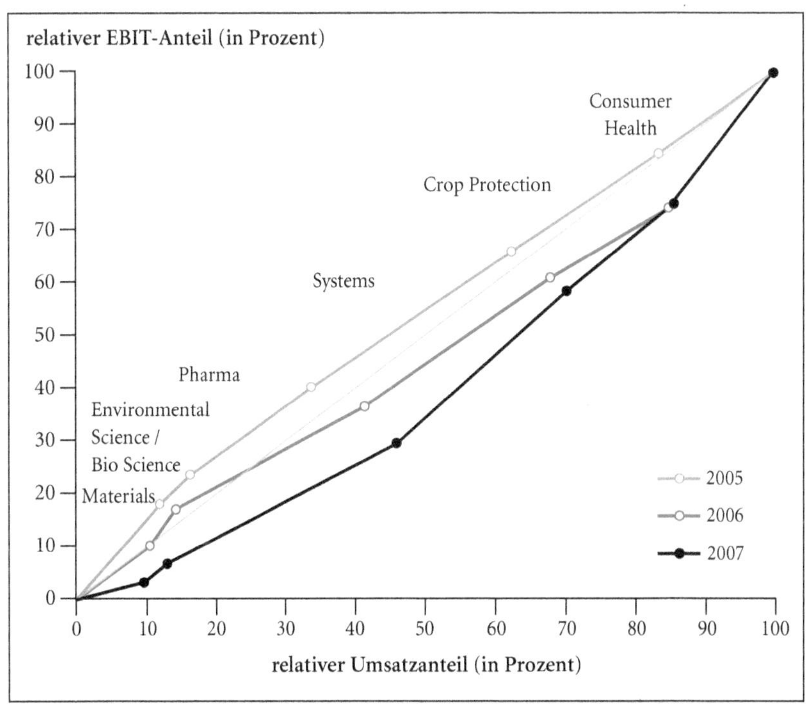

Übersicht 78: Intersegmentanalyse des Bayer-Konzerns für die relativen EBIT- und Umsatzanteile

Bei der graphischen Darstellung wird die Reihenfolge der Segmente aus Übersicht 77 beibehalten. Es ist deutlich ersichtlich, dass sich die Graphen der Jahre 2005, 2006 und 2007 in unmittelbarer Nähe der eingezeichneten Diagonalen befinden. Dies ist ein Zeichen dafür, dass die Umsatzrentabilitäten der Segmente und die dazugehörigen EBIT-Anteile nahezu gleichmäßig zunehmen. Im Jahr 2007 steigt der relative Umsatzanteil stärker als der Ergebnisanteil an. Erreicht ein Segment einen – im Vergleich zum EBIT-Anteil – überproportionalen (unterproportionalen) Umsatzanteil, so liegt der Wert unterhalb (oberhalb) der Winkelhalbierenden.

Analyse der Investitionspolitik

Bisher standen primär vergangenheitsorientierte Kennzahlen im Mittelpunkt der Analyse. Für (potenzielle) Investoren ist hingegen eine stärker zukunftsgerichtete Analyse der Investitionspolitik eines Konzerns von Bedeutung. Hierzu können aus den in der Segmentberichterstattung zu veröffentlichenden Informationen nachstehende Kennzahlen wie folgt ermittelt werden (vgl. COENENBERG, A.G. (2001), S. 595 ff.):

(F. 49)

$$\text{Segmentinvestitionsgrad} = \frac{\text{Segmentinvestitionen}}{\text{Segment-Cashflow oder Segment-EBITDA}}$$

(F. 50)

$$\text{Segmentwachstumsquote} = \frac{\text{Segmentinvestitionen}}{\text{Segmentabschreibungen}}$$

Segmentinvestitionsgrad

Der Segmentinvestitionsgrad gibt an, in welchem Umfang die von einem Segment erwirtschafteten Cashflows (alternativ kann für den Segment-Cashflow auch näherungsweise das Segment-EBITDA zugrunde gelegt werden) zur Finanzierung der Investitionen in das bilanzierungsfähige langfristige Segmentvermögen beitragen. Ein Wert größer 1 signalisiert dem Bilanzanalysten, dass die segmentinternen Cashflows zur Finanzierung der Segmentinvestitionen nicht ausreichen, sondern ein zusätzlicher Finanzierungsbedarf an Cashflows aus anderen Segmenten oder an Mittelaufnahmen vom Kapitalmarkt besteht.

Segmentwachstumsquote

Die Segmentwachstumsquote misst die Entwicklung eines Unternehmensbereichs. Werte größer (kleiner) 1 indizieren ein Wachstum (Schrumpfen).

Portfolioanalyse der Investitionstätigkeit

Werden die Segmentwachstumsquote auf der Abszisse und der Segmentinvestitionsgrad auf der Ordinate eines Koordinatensystems abgetragen, so entsteht – in Anlehnung an das Marktanteils-Marktwachstums-Portfolio der Boston Consulting Group – die in der Übersicht 79 abgebildete Positionierungsmatrix.

Segmentspezifische Investitionstätigkeit

Der obere linke Quadrant ist den sog. »Poor Dogs« vorbehalten. Aufgrund der Kombination einer Segmentwachstumsquote von kleiner als 1 (schrumpfendes Segment) mit einem Segmentinvestitionsgrad von größer als 1 (finanzierungsbedürftiges Segment) verdienen die Poor Dogs im Rahmen der Analyse besondere Beachtung, insb. dann, wenn das Management – entgegen der naheliegenden Erwartung (Normstrategie) – keine Veräußerungsstrategie verfolgt.

Im unteren linken Quadranten anzusiedelnde Geschäftsbereiche werden als sog. »Cash Cows« bezeichnet. Charakteristisch ist eine Segmentwachstumsquote kleiner 1, in Kombination mit einem Investitionsgrad, der ebenfalls kleiner als 1 ist. Insofern erwirtschaftet eine Cash Cow einen positiven Segment-Cashflow und kann somit zur Finanzierung von Investitionen in anderen Segmenten, wie »Question Marks«, beitragen. Vielfach wird mit Cash Cows eine Abschöpfungsstrategie verfolgt, sodass die Segmentinvestitionen die Segmentabschreibungen (deutlich) unterschreiten.

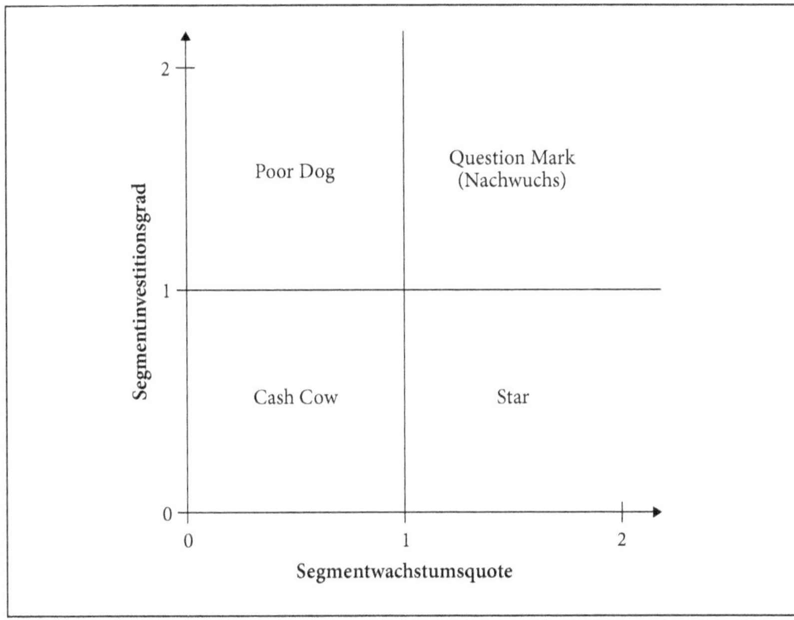

Übersicht 79: Portfolio zur Analyse der segmentspezifischen Investitionstätigkeit in Konzernen bzw. diversifizierten Unternehmen

Der untere rechte Quadrant weist die sog. »Stars« aus. Diese Geschäftsbereiche wachsen (Segmentwachstumsquote > 1) und erwirtschaften gleichwohl positive Cashflows, die u. a. für Investitionen anderer Segmente oder für Dividendenzahlungen verfügbar sind. Stars sind für die zukünftige wirtschaftliche Situation eines Unternehmens bzw. Konzerns von großer Bedeutung.

Stark wachsende Segmente, die zur Finanzierung ihres Wachstums zusätzliche finanzielle Mittel benötigen (oberer rechter Quadrant), werden als »Question Marks« bzw. Nachwuchs bezeichnet. Jene Segmente können ein großes wirtschaftliches Potenzial aufweisen. Allerdings besteht eine hohe Unsicherheit, ob die getätigten Investitionen durch zukünftige Cashflows gedeckt werden können. Insoweit sollte der Bilanzanalyst in jedem Fall den verbalen Erläuterungen zu diesen Unternehmensbereichen im Lagebericht und/oder Anhang besondere Beachtung schenken.

Entwicklung des Portfolios

In Übersicht 80 ist das Portfolio des Bayer-Konzerns für die Jahre 2005, 2006 und 2007 abgebildet, wobei die »Kreisgrößen« in Abhängigkeit der Brutto-Cashflows die Größe der einzelnen Segmente widerspiegeln. Zur Veranschaulichung der aktuelleren Daten sind hierin die Werte des Geschäftsjahrs 2007 mit einer dicken Linie gekennzeichnet. Die jeweiligen Vorjahreswerte sind durch die segmentspezifische Musterung erkennbar.

Auf den ersten Blick ist ersichtlich, dass sich sämtliche Segmente des Bayer-Konzerns im Zeitraum 2005 bis 2007 in den beiden unteren Quadranten der Matrix befinden und somit einen Investitionsgrad kleiner 1 aufweisen. Jeder Geschäftsbereich ist folglich in der Lage, die bilanzierungsfähigen bereichsspezifischen Investitionen durch intern generierte Cashflows zu finanzieren und darüber hinaus freie finanzielle Mittel zu erwirtschaften.

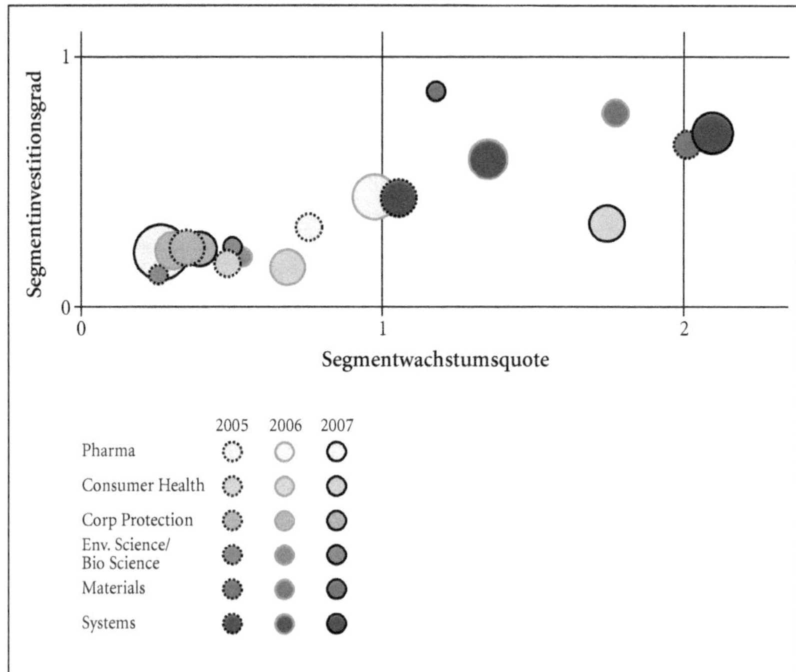

Übersicht 80: Portfolio der Segmente des Bayer-Konzerns

Betrachtet man die Entwicklung der einzelnen Bayer-Segmente genauer, so lassen sich grds. drei Tendenzen erkennen: die Geschäftsbereiche

1. verändern ihre Position im Zeitablauf kaum;
2. entwickeln sich zum »Star« oder
3. zur »Cash Cow«.

Im Detail können folgende Aussagen getroffen werden:

Das Segment Crop Protection entwickelt sich im Drei-Jahres-Vergleich nur geringfügig – die Cash-Cow-Position wird gehalten. Ähnlich verhält es sich mit dem Segment Environmental Science/Bio Science. Bemerkenswert ist die Entwicklung des Teilbereichs Pharma. In 2006 noch nahe einer Star-Position angesiedelt, weisen die Segmentwachstumsquote von 0,26 und der Segmentinvestitionsgrad von 0,21 diesen Bereich zwischenzeitlich als klare Cash Cow aus. Auffällig sind zudem noch folgende Tendenzen: Der deutliche Anstieg der Abschreibungen im Zeitablauf von 188 Mio. Euro in 2005 um mehr als das Siebenfache auf 1.367 Mio. Euro im Jahr 2007 geht einher mit einem deutlichen Zuwachs beim Cashflow von 449 Mio. Euro (2005) über 1.086 Mio. Euro (2006) auf 1.685 Mio. Euro (2007).

Eine umgekehrte Richtung nimmt hingegen das Segment Consumer Health. Aus einer Cash-Cow-Position in den Jahren 2005 und 2006 entwickelt es sich im Jahr 2007 zu einem Star. Verantwortlich hierfür sind im betrachteten Zeitraum sowohl die Segmentwachstumsquote als auch der Segmentinvestitionsgrad. Neben den Cashflows nehmen vor allem die Investitionen zu. Dies lässt auf eine hohe zukünftige Bedeutung für die wirtschaftliche Entwicklung des Bayer-Konzerns schließen. Auch der Teilbereich Systems bewegt sich von einer Position »zwischen den Stühlen« im Jahr 2005 auf eine Star-Position zu. Die ansteigende Segmentwachstumsquote, der zunehmende Investitionsgrad – dieser steigt auf den Spitzenwert 2,09 – sowie eine deutliche Zunahme der Investitionen (338–471–685) unterstreichen den strategischen Wert dieses Geschäftsbereichs deutlich.

Der Bereich Materials schließlich hat die entgegengesetzte Entwicklung aus dem Quadranten der Stars in das Feld der Cash Cows genommen. Sowohl die Cashflows (473–364–237) als auch die Investitionen gehen im Analysezeitraum zurück. Da dieser Trend bei den Investitionen weniger ausgeprägt ist als in Bezug auf die Cashflows, ist der Segmentinvestitionsgrad in den Jahren 2005 bis 2007 angestiegen. Jedoch deuten die stark verminderte Segmentwachstumsquote von 2,01 (2005) auf 1,18 (2007) sowie der bereits erwähnte rückläufige Cashflow auf eine abnehmende zukünftige Bedeutung dieses Segments hin.

2.3.2 Analyse der Aufwands- und Ertragsstruktur

2.3.2.1 Vorbemerkungen

Analyseziel

Ziel der Aufwands- und Ertragsstrukturanalyse ist es, mit Hilfe von Strukturkennzahlen die maßgebenden Aufwands- und Ertragskomponenten des Erfolgs zu identifizieren. Im Fokus der Betrachtung stehen hierbei die das Gesamtergebnis und das ordentliche Betriebsergebnis beeinflussenden Aufwendungen und Erträge.

In Kombination mit der Ergebnisquellenanalyse dient die Analyse der Aufwands- und Ertragsstruktur der Zielsetzung, das Zustandekommen des Gesamtergebnisses vollumfänglich zu erklären, um auf Basis der aus der Analyse abgeleiteten Erfolgs- und Risikofaktoren die nachhaltig mögliche Ertragskraft eines Unternehmens zu prognostizieren.

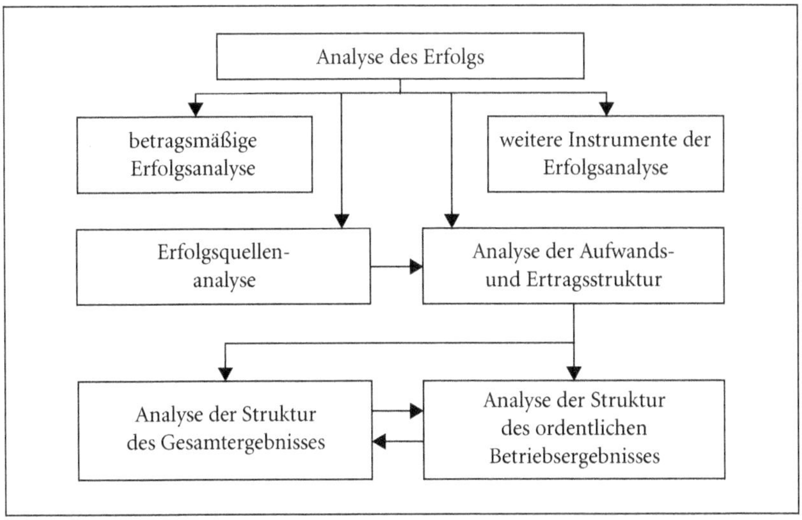

Übersicht 81: Stellung der Aufwands- und Ertragsstrukturanalyse im Rahmen der Erfolgsanalyse

Die bedeutsamsten Kennzahlen, die z. B. bei Soll-Ist- oder Betriebsvergleichen zur Anwendung gelangen, werden im Folgenden bezogen auf eine GuV nach dem Gesamtkostenverfahren (GKV) erörtert, bevor exemplarisch auf Besonderheiten des Umsatzkostenverfahrens (UKV) einzugehen ist. Bei der Interpretation der jeweiligen Kennzahlen wird grds. unterstellt, dass diese nicht nur für eine Periode ermittelt werden, sondern vielmehr deren Aussagefähigkeit durch einen Zeitvergleich fundiert wird.

2.3.2.2 Analyse der Aufwands- und Ertragsstruktur beim Gesamtkostenverfahren

Drei Erfolgsarten

Im Rahmen der Erfolgsspaltung wird ein bilanzanalytisches Gesamtergebnis vor Steuern vom Einkommen und Ertrag (EE-Steuern/Ertragsteuern) ermittelt, das sich additiv aus ordentlichem Betriebsergebnis (auch: ordentliches betriebliches Ergebnis), Finanzergebnis (auch: ordentliches betriebsfremdes Ergebnis) und außerordentlichem Ergebnis zusammensetzt. Hieran anknüpfend ist für Zwecke der Analyse der Struktur des Gesamtergebnisses zunächst der Anteil dieser drei Erfolgsarten am Gesamtergebnis vor EE-Steuern zu bestimmen:

(F. 51)

$$\frac{\text{ordentliches Betriebsergebnis}}{\text{Gesamtergebnis vor EE-Steuern}}$$

(F. 52)

$$\frac{\text{Finanzergebnis}}{\text{Gesamtergebnis vor EE-Steuern}}$$

(F. 53)

$$\frac{\text{außerordentliches Ergebnis}}{\text{Gesamtergebnis vor EE-Steuern}}$$

Interpretation der Kennzahlen

Geht man davon aus, dass insb. ein hoher prozentualer Anteil des Erfolgs aus dem eigentlichen Betriebszweck die Voraussetzung für eine günstige Prognose der Ertragskraft ist (vgl. nur Coenenberg, A. G./Haller, A./Schultze, W. (2014), S. 1144 f.), so wird der Strukturkonstanz des Verhältnisses von F. 51 und der Summe aus F. 52 und F. 53 eine besondere Bedeutung beizumessen sein. Demnach ist normativ grds. ein konstant hoher bzw. weiter steigender Wert der Kennzahl F. 51 zu fordern. Denn je größer der während eines Analysezeitraums von mehreren Perioden ermittelte Anteil des ordentlichen Betriebsergebnisses ist, umso höher ist die Wahrscheinlichkeit, dass der eigentliche Betriebszweck auch zukünftig die Basis des Unternehmenserfolgs bilden wird.

Ein Vergleich der Anteile des ordentlichen Betriebsergebnisses mit den aufsummierten Kennzahlen F. 52 und F. 53 zeigt zugleich, inwieweit das Gesamtergebnis durch (partielle) Kompensationen von Veränderungen des ordentlichen Betriebsergebnisses aus dem finanziellen und nicht-ordentlichen Bereich zustande gekommen ist. Wird z. B. im Rahmen der Erfolgsspaltung festgestellt, dass das Betriebsergebnis im Zeitablauf gestiegen ist, dann wird diese Aussage durch eine derartige strukturelle Ertragsanalyse ergänzt. Hier wird ersichtlich, ob dieser Anstieg gemessen am Gesamtergebnis über- oder unterproportional ist.

Ordentliches Ergebnis als Grundlage der Ertragskraftprognose

Sinnvoller als diese Fokussierung auf das (ordentliche) Betriebsergebnis erscheint allerdings, einen konstant hohen bzw. steigenden Anteil des gesamten bilanzanalytisch als ›ordentlich‹ klassifizierten Ergebnisses zu postulieren, mithin auf aggregiertem Niveau die Kennzahl F. 54 zur Grundlage einer Prognose der Ertragskraft zu machen. Denn in Bezug auf die Prognose der Ertragskraft eines Unternehmens muss grds. auf die Ordentlichkeit bzw. die Regelmäßigkeit abgestellt werden; dagegen gilt es im Hinblick auf die Nachhaltigkeit, das Finanzergebnis dem ordentlichen Betriebsergebnis gleichzustellen. Auf die entsprechenden Ausführungen zur Erfolgsspaltung wird verwiesen (vgl. 3. Abschn., Kap. 3, 2.3.1).

(F. 54)

$$\frac{\text{ordentliches Betriebsergebnis + Finanzergebnis}}{\text{Gesamtergebnis vor EE-Steuern}}$$

Ertragsstrukturanalyse

Im Folgenden werden die zentralen Kennzahlen erörtert, die zum Zwecke einer detaillierten Analyse gebildet werden, um das Zustandekommen des ordentlichen betrieblichen Ergebnisses im Hinblick auf dessen Ertrags- und Aufwandskomponenten zu untersuchen. Jeweils abhängig vom unternehmensindividuellen Produktions- und Absatzprogramm, muss zunächst die ertragsseitige Struktur des ordentlichen Betriebsergebnisses erforscht werden. Der realisierbare Detailliertheitsgrad der externen Jahresabschlussanalyse wird allerdings i. d. R. durch den Umfang der Berichterstattung begrenzt. So können aufgrund von (freiwilligen) Anhangangaben die Erfolgsträger (Produktarten bzw. Sparten) wie folgt ermittelt werden:

(F. 55)

$$\frac{\text{Umsatzerlöse je Produktgruppe bzw. Sparte}}{\text{Gesamtumsatzerlöse}}$$

Im Hinblick auf die bedeutsamsten Sparten sind sodann spezifische Erfolgs- bzw. Risikofaktoren zu eruieren. Hierzu kann z. B. auf Informationen über branchenspezifische Entwicklungstendenzen auf den Absatz- und Beschaffungsmärkten, über vermutete Veränderungen der gesetzlichen Rahmenbedingungen sowie gesamtwirtschaftliche Tendenzen zurückgegriffen werden.

Kennzahlen zur Untersuchung der Absatzmärkte

Erfolgschancen und -risiken, die aus den geographischen oder nationalen Besonderheiten der bearbeiteten Absatzmärkte resultieren, können aufbauend auf Kennziffern wie

(F. 56)

$$\text{Auslandsabhängigkeit} = \frac{\text{Auslandsumsatzerlöse}}{\text{Gesamtumsatzerlös}}$$

(F. 57)

$$\begin{array}{l}\text{Auslandsabhängigkeit}\\ \text{einer Sparte}\end{array} = \frac{\text{Auslandsumsatzerlöse einer Sparte}}{\text{Spartenumsatzerlöse insgesamt}}$$

einer Analyse zugänglich gemacht werden. So ist die Prognose der Erfolgskraft eines Unternehmens, das in starkem Maße exportabhängig ist, ggf. allgemein unter Berücksichtigung politischer und wirtschaftlicher Unsicherheiten sowie speziell der Wechselkursschwankungen bzw. der zu erwartenden Veränderungen der Währungsparitäten zu relativieren.

Gesamtleistung

Einen Einblick anderer Art in die Erfolgsstruktur bietet die Kennzahl F. 58. Deren Nennergröße »Gesamtleistung« setzt sich additiv aus den Posten Umsatzerlöse, Bestandsveränderungen und andere aktivierte Eigenleistungen zusammen. Diese klassische Gesamtleistungsgröße kann u. U. auch um solche Bestandteile der sonstigen betrieblichen Erträge erweitert werden, die im Rahmen der Erfolgsspaltung als ordentliche betriebliche Erfolgskomponenten klassifiziert werden.

(F. 58)

$$\frac{\text{Umsatzerlöse}}{\text{Gesamtleistung}}$$

Interpretation der Kennzahl

Der Quotient F. 58 bringt zum Ausdruck, welcher Teil der erstellten marktbestimmten und internen Leistungen im Untersuchungszeitraum über den Markt vergütet wurde. Die Verfolgung dieser Kennzahl im Zeitablauf ist insb. insofern relevant, als die betrieblichen Aufwendungen (Personalkosten, Materialkosten, Abschreibungen, Zinsen etc.), die zur Erstellung der Gesamtleistung in Kauf genommen wurden, letztlich aus den Umsatzerlösen (und den sonstigen ordentlichen betrieblichen Erfolgskomponenten) zu bestreiten sind. I. d. R. lässt sich die Kennzahl F. 58 lediglich im Zeit- oder im Betriebsvergleich sinnvoll interpretieren.

Variation der Nennergröße

Häufig wird der Kennzahl F. 58 die Bedeutung beigemessen, Absatzprobleme oder Lagerverkäufe bzw. auf- oder abgebaute Erlöspotenziale transparent werden zu lassen. Hierzu ist es jedoch sachgerechter, den Umfang des Nenners auf die absatzmarktorientierten Leistungen zu beschränken:

(F. 59)

$$\frac{\text{Umsatzerlöse}}{\text{Umsatzerlöse + Bestandsveränderungen}}$$

Allerdings werden derartige Interpretationsmöglichkeiten dieser Kennziffer nicht zuletzt dadurch begrenzt, dass abgesetzte Leistungen mit Absatzpreisen und Bestandsveränderungen mit bilanzpolitisch gestaltbaren Herstellungskosten angesetzt werden.

Variation der Zählergröße

Eine modifizierte Berechnungsmöglichkeit der Kennzahl F. 58 besteht darin, statt der Umsatzerlöse eine um den Materialaufwand gekürzte Gesamtleistungsgröße, den sog. »Rohertrag« oder auch Bruttowertschöpfung, im Zähler einzusetzen:

(F. 60)

$$\frac{\text{Rohertrag}}{\text{Gesamtleistung}}$$

Setzt man vom Rohertrag weitergehend den Abschreibungsaufwand ab, so erhält man die Kennzahl

(F. 61)

$$\frac{\text{Rohertrag ./. Abschreibungen}}{\text{Gesamtleistung}}$$

die grds. als

(F. 62)

$$\frac{\text{Nettowertschöpfung}}{\text{Produktionswert}}$$

interpretiert werden kann. Durch die Bildung der Kennzahlen F. 60 und F. 61 wird sukzessive der Anteil der Nettowertschöpfung an der Bruttowertschöpfung (Gesamtleistung) des zu analysierenden Unternehmens entwickelt. Hierdurch wird bereits der Übergang zur Aufwandsstrukturanalyse vollzogen, da aus dem Quotienten F. 62 eine Aussage über die relative Wertschöpfung des analysierten Unternehmens abgeleitet werden kann. Die als Wertschöpfungsquote bezeichnete Kennzahl aus F. 62 drückt aus, welcher Teil der Gesamtleistung auf die unternehmenseigene Wertschöpfung zurückzuführen ist. Somit lässt sich zumindest indikativ die Fertigungstiefe eines Unternehmens bestimmen (vgl. Coenenberg, A. G./Haller, A./Schultze, W. (2014), S. 1185).

Aufwandsstrukturanalyse

Zentrale Kennzahlen der Aufwandsstrukturanalyse sind die Material-, die Personal- und die Kapitalintensität. Mit deren Bildung wird das Ziel verfolgt, auf einer hohen Aggregationsstufe eine Aussage über die Produktionsverhältnisse zu treffen, die Bedeutung der Produktionsfaktoren Arbeit, Werkstoffe und Betriebsmittel herauszuarbeiten und im Rahmen einer Prognose der Ertragskraft des zu analysierenden Unternehmens Erwartungen über zukünftige Faktorpreisverhältnisse berücksichtigen zu können.

Zur Analyse der Produktionsverhältnisse und deren Veränderungen sind die Verschiebungen zwischen folgenden Kennzahlen zu betrachten, bei denen die jeweiligen Aufwandskategorien ins Verhältnis zur (klassischen) Gesamtleistungsgröße zu setzen sind:

(F. 63)

$$\text{Materialintensität} = \frac{\text{Materialaufwand}}{\text{Gesamtleistung}}$$

(F. 64)

$$\text{Personalintensität} = \frac{\text{Personalaufwand}}{\text{Gesamtleistung}}$$

(F. 65)

$$\text{Kapitalintensität} = \frac{\text{Abschreibungen des Geschäftsjahrs auf Sachanlagen}}{\text{Gesamtleistung}}$$

Interpretation der Kennzahl Materialintensität

Hohe Werte der Kennzahl »Materialintensität« (auch: Materialaufwandsquote) charakterisieren aufgrund des damit verbundenen hohen Anteils an fremdbezogenen Materialien die Produktionsverhältnisse im Hinblick auf eine geringe Fertigungstiefe. Sie lassen zugleich auf eine tendenziell höhere produktionswirtschaftliche sowie absatzpolitische Flexibilität schließen, zumal das Risiko von Beschäftigungsschwankungen teilweise auf die Zulieferer verlagert wird. Eine niedrige Materialintensität bedeutet demnach im Grunde eine hohe Fertigungstiefe. Der daraus resultierende Vorteil eines hohen Grads an Liefersicherheit wird i. d. R. mit einer höheren Inflexibilität erkauft.

Unter Wirtschaftlichkeitsaspekten ist die Kennzahl F. 63 wie folgt zu interpretieren: Steigt (sinkt) die Materialintensität im Zeitablauf, so müssen die Einstandspreise stärker gestiegen (gesunken) sein als die Verkaufspreise, wenn man von einer gleichbleibenden Wirtschaftlichkeit ausgeht und von der Bildung (Auflösung) stiller Reserven im Vorratsvermögen absieht.

Ist allerdings erkennbar, dass Schwankungen der Beschaffungspreise unmittelbar an die Kunden weitergegeben werden, dann könnte gefolgert werden, dass die Veränderungen der Kennzahl F. 63 aus einem veränderten, d. h. wirtschaftlicheren oder unwirtschaftlicheren Betriebsgebaren resultieren.

Zusammenfassend ist somit festzuhalten, dass auf den Zähler der Materialintensität vier Einflussfaktoren einwirken: der Umfang der Vorfertigung (Vorleistungen), die Produktionstiefe, das Preisniveau der bezogenen Materialien und die Wirtschaftlichkeit des Betriebsablaufs.

Interpretation der Kennzahl Personalintensität

Die Kennzahl »Personalintensität« – auch: Personalaufwandsquote – stellt ein grobes Maß der Erfolgsabhängigkeit von der Entwicklung der Personalkosten dar. Um diese insb. bei personalintensiven Unternehmen tiefergehend zur Prognose der Ertragskraft zu analysieren, bietet es sich an, die Kennziffer F. 64 um die Anzahl der im Analysezeitraum durchschnittlich beschäftigten Personen/Mitarbeiter zu erweitern,

(F. 66)

$$\frac{\text{Personalaufwand/durchschnittlich Beschäftigte}}{\text{Gesamtleistung/durchschnittlich Beschäftigte}}$$

wodurch man zu folgender Formel gelangt:

(F. 67)

$$\text{Personalintensität} = \frac{\text{Lohnniveau}}{\text{Arbeitsproduktivität}}$$

Demnach können festgestellte Veränderungen der Personalintensität einerseits durch das Verhältnis von durchschnittlichem Lohnniveau und Arbeitsproduktivität erklärt werden. Andererseits kann unter Rückgriff auf durchschnittlich zu erwartende Lohn-, Gehalts- oder Sozialaufwandserhöhungen in Verbindung mit branchenüblich geschätzten Produktivitätssteigerungen eine Prognose der zukünftigen Personalintensität vorgenommen werden. Allerdings ist – abgesehen von den für die Materialintensität angedeuteten Aussagegrenzen – die Aussagefähigkeit dieser Kennzahl insb. dann fragwürdig, wenn verstärkt auf das Instrument des Personalleasing zurückgegriffen wird.

Ergänzende Kennzahlen

Ergänzend zur Kennzahl »Personalintensität« können folgende Kennzahlen herangezogen werden:

(F. 68)

$$\frac{\text{Lohnniveau}}{\text{Pro-Kopf-Umsatzerlöse}}$$

(F. 69)

$$\frac{\text{Lohnniveau}}{\text{Pro-Kopf-Rohertrag}}$$

Diese Kennzahlen erhält man ausgehend von der Kennziffer F. 64 durch Erweiterung um die Anzahl der durchschnittlich beschäftigten Personen, wenn man statt der Gesamtleistung alternativ die Umsatzerlöse oder den Rohertrag als Nennergröße verwendet, wobei der Rohertrag die um den Materialaufwand korrigierte Gesamtleistungsgröße repräsentiert (vgl. F. 60). Die aus diesen Kennzahlen zu ziehende Schlussfolgerung lautet: Je höher die sich ergebenden Werte im Zeitablauf sind, umso schwächer ist tendenziell die Ertragskraft des Unternehmens.

Für die Gegenüberstellung der Kennzahlen F. 68 und F. 69 im Rahmen des Betriebsvergleichs kann eine derartige Schlussfolgerung allerdings nur dann gezogen werden, wenn vergleichbare Produktionsbedingungen vorliegen. Somit ist diesbezüglich zu fordern, dass es sich zumindest um Unternehmen der gleichen Branche handeln sollte. Bei relativ personalintensiven Produktionsverfahren sind die erörterten Kennzahlen zwangsläufig höher als bei relativ kapitalintensiven, ohne dass eine unterschiedliche Ertragskraft gegeben sein muss.

Interpretation der Kennzahl Kapitalintensität

Insb. vor dem Hintergrund der derzeitigen Wettbewerbssituation werden in nahezu allen Branchen Anstrengungen unternommen, um Rationalisierungspotenziale auszuschöpfen. Während die Entwicklung der Personalintensität nur einen indirekten Einblick in den Fortschritt derartiger Bemühungen liefert, schlagen sich die mit der Rationalisierung oftmals verbundenen Investitionen in das Anlagevermögen unmittelbar in der Kennzahl Kapitalintensität (auch: Abschreibungsaufwandsquote) nieder. Zu beachten ist jedoch, dass trotz der bestehenden gesetzlichen Vorgaben, der Abschreibungsaufwand durch bilanzpolitische Maßnahmen weiterhin beeinflussbar ist.

Eine längerfristige Beurteilung der Ertragskraft kann auch durch einen Zeitvergleich der Entwicklung der Kennzahl »Steuerquote«

(F. 70)

$$\text{Steuerquote} = \frac{\text{EE-Steuern}}{\text{Umsatzerlöse}}$$

vorgenommen werden, wobei im Zähler lediglich die angabepflichtigen Ertragsteuern Berücksichtigung finden sollten, die aus dem Ergebnis der gewöhnlichen Geschäftstätigkeit resultieren. Denn andernfalls tangieren Bewertungs- oder Liquidationserfolge die Ertragsteuerbelastung. Werden jedoch ausschließlich die auf die gewöhnliche Geschäftstätigkeit entfallenden Ertragsteuern in die Analyse einbezogen, dann signalisieren im Zeitablauf steigende Werte dieser Kennzahl c.p. eine Wirtschaftlichkeitssteigerung.

2.3.2.3 Besonderheiten der Analyse der Aufwands- und Ertragsstruktur beim Umsatzkostenverfahren

Erstellt das zu analysierende Unternehmen eine GuV nach dem Umsatzkostenverfahren (UKV), so sind die Möglichkeiten der Strukturanalyse des ordentlichen Betriebsergebnisses grds. beschränkt.

Gesamtleistung nur approximativ ermittelbar

So kann die Gesamtleistung, die gem. dem Entsprechungsprinzip z. B. als Nenner der Personal-, Material- oder Kapitalintensität (Kennzahlen F. 63 bis F. 65) grds. ggü. den Umsatzerlösen vorzuziehen ist, nur approximativ bestimmt werden. Denn die anderen aktivierten Eigenleistungen sowie die Bestandsveränderungen an fertigen und unfertigen Erzeugnissen werden bei dieser Form der GuV nicht mehr explizit ausgewiesen. Da sie vielmehr unter Zuhilfenahme der Bilanzen aufeinander folgender Geschäftsjahre geschätzt werden müssen, ist die Nennergröße der Intensitätskennzahlen mit z. T. erheblichen Verzerrungen behaftet, sodass ihr Maßgrößencharakter grds. in Frage zu stellen ist. Folglich ist bei Vorliegen einer GuV nach dem UKV der Berechnungsform der Kennzahlen F. 63 bis F. 65 auf Basis der Umsatzerlöse der Vorzug zu geben.

Variation der Kennzahlen zur Analyse der Produktionsverhältnisse

Bei der Erörterung der bilanzanalytischen Möglichkeiten auf der Grundlage des GKV wurde dargelegt, dass mit der Berechnung der Material-, Personal- und Kapitalintensität das Ziel verfolgt wird, die Strukturkonstanz bzw. -veränderungen dieser Kennzahlen herauszuarbeiten. Dieses kann beim UKV – trotz z. T. abweichender Ausweisform – auch erreicht werden: Die Zählergrößen sind entweder verpflichtend im Anhang anzugeben (Personal- und Materialaufwand) oder im Anlagespiegel direkt ausgewiesen (Abschreibungen des Geschäftsjahrs auf Sachanlagen). Entsprechend lassen sich Kennzahlen wie

(F. 71)

$$\frac{\text{Materialaufwand}}{\text{Personalaufwand}}$$

(F. 72)

$$\frac{\text{Personalaufwand}}{\text{Abschreibungsaufwand}}$$

direkt bilden und im Zeitablauf verfolgen. Auf diese Weise lassen sich auch vergleichbare Aussagen wie bei der Analyse einer GuV nach dem GKV über die Produktionsverhältnisse ableiten. So kann aus den Kennzahlen F. 71 und F. 72 geschlossen werden, ob ein material-, fertigungs- oder kapitalintensiver Herstellungsprozess gegeben ist. Die zeitreihenanalytische Verfolgung der Kennzahl F. 72 kann Aufschluss darüber geben, inwieweit Automatisierungs- bzw. Rationalisierungsbemühungen fortgeschritten sind.

Voraussetzungen für eine sachgerechte Interpretation

Damit die Kennzahlen F. 71 und F. 72 sachgerecht im Hinblick auf die Struktur des ordentlichen betrieblichen Ergebnisses bzw. im Hinblick auf die Ertragskraft interpretiert werden können, müssen folgende Voraussetzungen gegeben sein: Es dürfen in den Zeitvergleich nur solche Perioden Eingang finden, für die eine in etwa gleich hohe Gesamtleistung bzw. ein annähernd gleich hoher Umsatz gegeben ist, wobei sicherzustellen ist, dass zwischenzeitlich keine Verlagerungen des betrieblichen Tätigkeitsbereichs eingetreten sind. Weiterhin ist empfehlenswert, die jeweils abgeleiteten Interpretationen im Rahmen eines Betriebsvergleichs zu untermauern, in den es insb. solche Vergleichsunternehmen einzubeziehen gilt, deren Produktionsverhältnisse dem externen Analysten hinreichend bekannt sind.

Weitere Kennzahlen zur Aufwandsstrukturanalyse

Um bei Vorliegen einer GuV nach dem UKV einen weitergehenden Einblick in die Aufwandsstruktur zu erhalten, sind folgende Intensitätskennzahlen zu bilden, die periodenbezogen die Bedeutung der jeweiligen Funktionsbereiche illustrieren, um im Zeitablauf eingetretene Veränderungen der betrieblichen Schwerpunkte zu erkennen:

(F. 73)

$$\text{Herstellungsintensität} = \frac{\text{Herstellungskosten}}{\text{Umsatzerlöse}}$$

(F. 74)

$$\text{Vertriebsintensität} = \frac{\text{Vertriebskosten}}{\text{Umsatzerlöse}}$$

(F. 75)

$$\text{Verwaltungsintensität} = \frac{\text{Verwaltungskosten}}{\text{Umsatzerlöse}}$$

Unterstellt man, dass der Begriffsinhalt bzw. die Berechnungsmethoden der Herstellungskosten sowie die unternehmensindividuellen Schlüssel, mit deren Hilfe die Kostenarten auf die Herstellungskosten und die verbleibenden Funktionsbereiche aufgeteilt werden, periodenübergreifend beibehalten werden, liefern die aufgezeigten Kennzahlen folgende Informationen:

Interpretation der Kennzahl Herstellungsintensität

Die Herstellungsintensität zeigt, wie hoch der prozentuale Anteil der Herstellungskosten je ein Euro Umsatz ist. Steigt (sinkt) dieser Prozentsatz, so ergibt sich hieraus eine Verschlechterung (Verbesserung) der Ergebnissituation. Die Aussagefähigkeit dieser Kennzahl ist im Rahmen des Betriebsvergleichs hingegen beschränkt. Denn der Umfang des Postens der Herstellungskosten ist nach HGB teilweise mit Wahlrechten belegt (vgl. § 255 Abs. 2, 3 HGB). Im Gegensatz hierzu gibt es nach den Regelungen der IFRS keine Wahlbestandteile bei der Bestimmung der Herstellungskosten. Die Umsatzkosten enthalten auch hier die produktionsbezogenen Vollkosten, die den bilanzierten Herstellungskosten entsprechen (vgl. Coenenberg, A. G./Haller, A./Schultze, W. (2014), S. 112). Lediglich die Hinzurechnung von Fremdkapitalkosten unterliegen bestimmten Voraussetzungen (vgl. IAS 23.8 ff.). Können diese der Herstellung eines sog. »qualifizierten Vermögenswerts« direkt zugeordnet werden, so sind diese als Teil der Herstellungskosten zu aktivieren.

Interpretation der Kennzahlen Vertriebs- bzw. Verwaltungsintensität

Ein Anstieg der Vertriebsintensität lässt auf überproportionale Marketing- und Vertriebsanstrengungen schließen. Deren Ursachen können Absatzprobleme oder erhebliche Neuprodukteinführungen sein. Eine Verminderung der Verwaltungsintensität lässt vermuten, dass erfolgreiche Rationalisierungsanstrengungen in diesem Bereich unternommen wurden.

Die Berechnung der FuE-Intensität

Kennzahl FuE-Intensität

(F. 76)

$$\text{FuE-Intensität} = \frac{\text{FuE-Kosten}}{\text{Umsatzerlöse}}$$

setzt voraus, dass die benötigten Angaben zu den Forschungs- und Entwicklungskosten (FuE) dem Jahresabschluss des Unternehmens zu entnehmen sind.

Nach HGB muss das zu analysierende Unternehmen hierzu von dem Aktivierungswahlrecht der Entwicklungskosten nach § 248 Abs. 2 Satz 1 HGB Gebrauch machen. Denn im Fall einer Aktivierung von Entwicklungskosten ist nach § 285 Nr. 22 bzw. § 314 Nr. 14 HGB der Gesamtbetrag der Forschungs- und Entwicklungskosten des Geschäftsjahrs sowie der davon auf die selbst geschaffenen immateriellen Vermögensgegenstände des Anlagevermögens entfallende Betrag im Anhang offenzulegen.

Nach IFRS unterscheidet man bei der Bilanzierung der Ausgaben aus FuE explizit zunächst zwischen einer Forschungs- und einer Entwicklungsphase (vgl. IAS 38.52). Während Ausgaben im Forschungsbereich nicht aktiviert werden dürfen, müssen Entwicklungskosten bei kumulativer Erfüllung der Kriterien des IAS 38.57 aktiviert werden (vgl. dazu 3. Abschn., Kap. 3, 1.2.3.1.2.2). Die Summe der Ausgaben für FuE, die in der Berichtsperiode zu einem Aufwand geführt haben, ist ebenfalls anzugeben (vgl. IAS 38.126).

Die Aktivierung von Entwicklungskosten wird insb. von solchen Unternehmen verfolgt, die noch nicht lange am Markt aktiv sind, tendenziell eher Verluste erwirtschaften und deren Wertschöpfung oftmals maßgeblich auf immateriellen Werten basiert (vgl. Eierle, B./Wencki, S. (2014), S. 1036). Bezogen auf die Bilanzierungspraxis deutscher Unternehmen ist zu beobachten, dass die hierunter fallenden Aufwendungen für Grundlagenforschung, angewandte Forschung und experimentelle Entwicklung, insb. von Unternehmen der Chemiebranche, getrennt ausgewiesen werden (vgl. Lück, W. (2003), Rn. 93 ff.) und vergleichsweise häufig Unternehmen der Branchen »Information und Kommunikation« das Aktivierungswahlrecht ausüben (vgl. Eierle, B./Wencki, S. (2014), S. 1036).

2.3.2.4 Zusammenfassung der Ergebnisse

Keine eindeutige Interpretation der Kennzahlen möglich

Es ist festzuhalten, dass im Rahmen der Analyse der Aufwands- und Ertragsstruktur in Anknüpfung an die Ergebnisse der Erfolgsquellenanalyse eine Vielzahl von Kennzahlen errechnet werden kann (vgl. Übersicht 82). Diese sind i. d. R. nicht eindeutig interpretierbar, da Verzerrungen durch bilanzpolitische Maßnahmen nicht ausgeschlossen werden können und das dem externen Bilanzanalysten zugängliche Analysematerial den Detailliertheitsgrad der realisierbaren Untersuchungen z. T. erheblich begrenzt. Gleichwohl können sowohl auf der Grundlage des GKV als auch des UKV zahlreiche Facetten der betrieblichen Tätigkeit beleuchtet und zumindest Entwicklungstendenzen aufgezeigt werden, die für die Prognose der Ertragskraft eines Unternehmens von zentraler Bedeutung sein können.

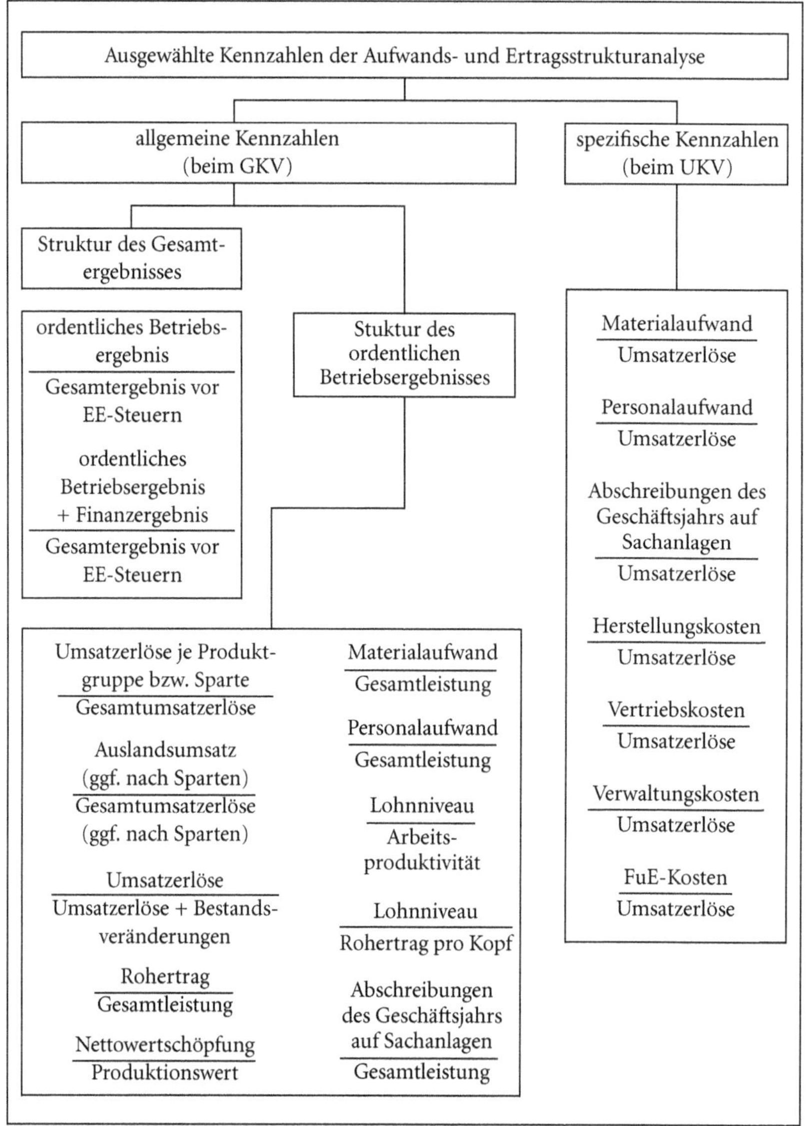

Übersicht 82: Ausgewählte Kennzahlen der Aufwands- und Ertragsstrukturanalyse

Merksätze

1. Mit Hilfe der Aufwands- und Ertragsstrukturanalyse werden der anteilige Beitrag der Ergebnisquellen zum Gesamtergebnis sowie einzelne Erfolgsquellen anhand von Strukturkennzahlen untersucht.
2. Neben der Bestimmung des Anteils des ordentlichen betrieblichen, des ordentlichen betriebsfremden und des außerordentlichen Ergebnisses am Gesamtergebnis vor Steuern vom Einkommen und Ertrag erfolgt auch eine Erörterung zentraler Kennzahlen, mit deren Hilfe die Aufwands- und Ertragskomponenten des ordentlichen betrieblichen Ergebnisses untersucht werden.

3. Erstellt das zu analysierende Unternehmen die GuV auf der Grundlage des UKV, so sind die Möglichkeiten der Strukturanalyse des ordentlichen Betriebsergebnisses grds. beschränkt.
4. Obwohl die errechneten Kennzahlen im Regelfall nicht eindeutig interpretierbar sind, können dennoch Entwicklungstendenzen aufgezeigt werden, die für die Prognose der Ertragskraft eines Unternehmens von immenser Wichtigkeit sein können.

2.4 Weitere ausgewählte Instrumente der Erfolgsanalyse

2.4.1 Ergebnis je Aktie

2.4.1.1 Vorbemerkung

Bedeutung

Die Kennzahl »Ergebnis je Aktie« (earnings per share (EPS)) ist als eine der gängigsten Größen für aktuelle und potenzielle Anleger zu beurteilen, da sie – in Beziehung zum Börsenkurs gesetzt – eine einfache und schnelle Überprüfung der Preiswürdigkeit von Aktien erlaubt. Diese Tatsache ist insb. auch darauf zurückzuführen, dass grds. sowohl für IFRS-Bilanzierer als auch für Unternehmen, deren Jahresabschluss der Securities and Exchange Commission (SEC) vorzulegen ist, die Pflicht besteht, EPS-Kennzahlen offenzulegen. Abweichend hiervon besteht nach HGB keine Pflicht zur Veröffentlichung von Ergebnis je Aktie-Kennzahlen im Rahmen des Jahresabschlusses. Lediglich im Fall eines Unternehmenserwerbs sieht DRS 4.56 für die erwerbende Gesellschaft die Angabepflicht eines solchen Ergebnisses vor, sofern die erworbene Gesellschaft börsennotiert ist. Allerdings existiert mit dem sog. »Ergebnis je Aktie nach DVFA/SG« ein in Deutschland allgemein akzeptierter Standard zur Ermittlung des Ergebnisses je Aktie.

2.4.1.2 Grundlagen zur Kennzahl »Ergebnis je Aktie«

2.4.1.2.1 Begriffsinhalt

Verschiedene Ausgestaltungsformen

Betreffende Kennzahl ist wesentlich komplexer, als deren Bezeichnung und Bildungsgesetz dies zunächst suggerieren. Tatsächlich kann auch nicht von ›der‹ Kennzahl »Ergebnis je Aktie« gesprochen werden. So werden in der US-amerikanischen wie auch internationalen Rechnungslegung nach IFRS explizit mehrere Zähler- und Nennervarianten der EPS unterschieden (vgl. Küting, K./Bender, J./Eidel, U. (1998), S. 258 ff.; Pellens, B. et al. (2014), S. 886 ff.). Über diese für die externe Rechnungslegung relevanten Varianten hinaus, finden insb. in der Aktienanalyse – als Hauptanwendungsgebiet dieser Kennzahl – weitere spezifische Ausgestaltungsformen Anwendung. Zur Verdeutlichung des mehrdeutigen Begriffsinhalts wird insoweit auch im anglo-amerikanischen Schrifttum von ›EPS-figures‹ (vgl. bereits Jones, C. P. (2007), S. 404), mithin von Ergebnis je Aktie-Kennzahlen, gesprochen.

Basisdefinition

Gewissermaßen als Grundausprägung jener Kennzahl lässt sich die folgende – an die Daten des Jahresabschlusses anknüpfende – Basisdefinition formulieren:

(F. 77)

$$\text{Ergebnis je Aktie} = \frac{\text{Jahresüberschuss/-fehlbetrag}}{\text{Anzahl der Aktien}}$$

Die IFRS definieren als basic EPS (unverwässertes Ergebnis) folgende Basisgleichung (vgl. IAS 33.10):

(F. 78)

$$\text{Basic EPS} = \frac{\text{Ergebnisanteil der Stammaktionäre des Mutterunternehmens}}{\text{gewichtete durchschnittliche Zahl der innerhalb der Berichtsperiode im Umlauf befindlichen Stammaktien}}$$

Beide Definitionen führen dann zum gleichen Ergebnis, sofern keine Anteile nicht-beherrschender Gesellschafter existieren, das Unternehmen keine nicht-fortgeführten Aktivitäten nach IFRS 5 ausweist, sich das Grundkapital lediglich aus Stammaktien zusammensetzt, das Unternehmen keine eigenen Aktien hält und die Anzahl der sich im Umlauf befindlichen Aktien in der Berichtsperiode konstant geblieben ist.

2.4.1.2.2 Anwendungsbereiche

Anwendungsbereiche

Üblicherweise werden zwei Bereiche unterschieden, in denen das Ergebnis je Aktie zur Anwendung gelangt: einerseits in der externen Bilanzanalyse zur Beurteilung der (Eigenkapital-)Rentabilität eines Unternehmens und andererseits in der fundamentalen Aktienanalyse zur Beurteilung der Anlagewürdigkeit einzelner Aktien (vgl. statt vieler Coenenberg, A. G./Haller, A./Schultze, W. (2014), S. 1152 ff.).

Beurteilung der Ertragskraft im Rahmen der externen Bilanzanalyse

Hinsichtlich der Verwendung des Ergebnisses je Aktie als eine spezifische Kennzahl zur Beurteilung der Eigenkapitalrentabilität bzw. der Ertragskraft bestehen allerdings im Schrifttum erhebliche Bedenken, die sich vordergründig auf die mangelnde zeitliche und zwischenbetriebliche Vergleichbarkeit dieser Kennzahl beziehen. Tatsächlich ist aber das Ergebnis je Aktie aufgrund seiner Konzeption für die in Rede stehende Aufgabe ungeeignet. Vergleicht man die oben dargestellte Basisdefinition des Ergebnisses je Aktie mit der üblicherweise verwendeten Definition der

(F. 79)

$$\text{EK-Rentabilität} = \frac{\text{(korrigierter) Jahresüberschuss}}{\text{(bilanzielles bzw. bilanzanalytisches) Eigenkapital}}$$

Aussagegrenzen

wird unmittelbar deutlich, dass das Ergebnis je Aktie nicht dem sog. »Entsprechungsprinzip der Kennzahlenbildung« (vgl. SCHNETTLER, A. (1960), S. 421 ff.) genügt. Bezogen auf Rentabilitätskennzahlen muss danach die im Zähler berücksichtigte Erfolgsgröße mit »Hilfe der im Nenner aufgeführten Kapitalteile entstanden sein« (DZIEMBOWSKI, H. v./MERTENS, P. (1962), S. 194). Erwirtschaftet wird aber der Jahreserfolg unter Einsatz des gesamten Eigenkapitals und nicht nur des Grundkapitals. Als (eine) Konsequenz spiegelt ein in zeitlicher bzw. zwischenbetrieblicher Hinsicht höheres/niedrigeres Ergebnis je Aktie nicht notwendigerweise eine höhere/niedrigere Eigenkapitalrentabilität wider, sondern ist u. U. allein das Ergebnis einer unterschiedlichen Eigenkapitalstruktur – bei identischer Höhe von Jahreserfolg und (Gesamt-)Eigenkapital. Dies verdeutlicht das nachfolgende Beispiel:

	Situation 1	**Situation 2**	**Situation 3**
Grundkapital	25 Mio. EUR	50 Mio. EUR	75 Mio. EUR
Rücklagen	75 Mio. EUR	50 Mio. EUR	25 Mio. EUR
Eigenkapital	100 Mio. EUR	100 Mio. EUR	100 Mio. EUR
Jahresüberschuss	15 Mio. EUR	15 Mio. EUR	15 Mio. EUR
EK-Rentabilität	15 %	15 %	15 %
Gewinn je Aktie (Nominalwert 50,– EUR)	30,– EUR	15,– EUR	10,– EUR

Übersicht 83: Ergebnis je Aktie in verschiedenen Situationen

Beurteilung der Anlagewürdigkeit im Rahmen der Aktienanalyse

Angesichts dieser und weiterer Aussagegrenzen gilt das Ergebnis je Aktie als ein »ambiguous measure of performance« (LEV, B. (1974), S. 18). Das eigentliche Anwendungsgebiet dieser Kennzahl wird aufgrund dessen auch nicht in der Rentabilitäts-, sondern vielmehr in der fundamentalen Aktienanalyse – als Bestandteil der dort verwendeten Ansätze zur vergleichenden Aktienbeurteilung, insb. mittels der Price Earnings Ratio (Kurs-Gewinn-Verhältnis) – gesehen. Die Price Earnings Ratio setzt den Börsenkurs in Beziehung zum Ergebnis je Aktie und gibt an, mit welchem Vielfachen der zugrunde gelegten Erfolgsgröße eine Aktie an der Börse bewertet wird. Dabei deutet eine niedrige Price Earnings Ratio – vereinfacht formuliert – auf eine vergleichsweise preiswerte, eine hohe Price Earnings Ratio auf eine vergleichsweise teure Kapitalanlage hin.

(F. 80)

$$\text{Price Earnings Ratio} = \frac{\text{Börsenkurs}}{\text{Gewinn je Aktie}}$$

Überwiegend wird die Price Earnings Ratio für Anlageentscheidungen dergestalt genutzt, dass die zu einem bestimmten Zeitpunkt und für eine bestimmte Aktie ermittelte Price Earnings Ratio mit einer früheren und/oder mit der Price Earnings Ratio anderer Unternehmen der gleichen oder einer ähnlichen Branche verglichen wird (vgl. Perridon, L./Steiner, M./Rathgeber, A. W. (2012), S. 234). Weiterhin kann die ermittelte Kennzahl der branchendurchschnittlichen Price Earnings Ratio oder der Price Earnings Ratio eines bestimmten Aktienmarkts bzw. eines (mehr oder minder) repräsentativen Marktquerschnitts gegenübergestellt werden.

2.4.1.3 Grundlagen und Rahmenbedingungen der Ergebnisbereinigung nach dem DVFA/SG-Konzept

2.4.1.3.1 Zielsetzung und Notwendigkeit der Ergebnisbereinigung

Historie

Obgleich die EPS in der US-amerikanischen Finanz- bzw. Aktienanalyse auf eine lange Tradition zurückblicken können, begann in Deutschland erst Anfang/Mitte der 1960er-Jahre eine intensivere Auseinandersetzung mit jener Kennzahl. In deren Mittelpunkt stand insb. der Aussagewert des Jahreserfolgs für Fragen der Aktienanalyse. Nachdem die DVFA und die SG jeweils unabhängig voneinander Vorschläge zur Ergebnisbereinigung bzw. zur Ermittlung eines Ergebnisses je Aktie unterbreitet hatten, entschlossen sie sich zur Entwicklung einer gemeinsamen Empfehlung, dem ›Ergebnis nach DVFA/SG‹, die seit 2000 in der dritten Fassung vorliegt (vgl. zur historischen Entwicklung ausführlich Küting, K./Weber, C.-P. (2004), S. 270 ff.). Mit dem Einzug der internationalen Rechnungslegungsvorschriften in die deutsche Bilanzierungslandschaft hat die lediglich auf freiwilliger Basis bestehende Berichterstattung des DVFA/SG-Ergebnisses zwar in den letzten Jahren deutlich abgenommen, jedoch bietet das DVFA/SG-Ergebnis gerade für die unternehmensinterne Ermittlung einer bereinigten Erfolgsgröße eine – insb. auch für HGB-Bilanzierer – standardisierte und somit auch vergleichbare Ausgangsbasis.

Ziele der Ermittlung des Ergebnisses je Aktie nach DVFA/SG

Indem die Ermittlung des Ergebnisses je Aktie nach DVFA/SG erklärtermaßen primär dem Ziel einer vergleichenden Aktienkursbeurteilung mittels der Price Earnings Ratio dient, wird hiermit zugleich die ›übergeordnete‹ Zielsetzung bzw. das Hauptziel der Ergebnisbereinigung vorgegeben: die Ermittlung einer Erfolgsgröße (bezogen auf eine einzelne Aktie), die materiell für eine vergleichende Aktienbeurteilung geeignet ist. Naturgemäß muss eine solche übergeordnete Zielsetzung durch die Vorgabe von Unter- bzw. Subzielen operationalisiert werden. Konkret streben DVFA/SG an, ein um »Sondereinflüsse bereinigtes Jahresergebnis darzustellen, das besser als das ausgewiesene geeignet ist, auf möglichst vergleichbarer Basis

- den Ergebnistrend eines Unternehmens im Zeitablauf aufzuzeigen,
- als Ausgangsposition für die Abschätzung der zukünftigen Ergebnisentwicklung zu dienen,
- Vergleiche des wirtschaftlichen Erfolges zwischen verschiedenen Unternehmen zu ermöglichen« (Busse von Colbe, W. et al. (1996), S. 3).

Hieraus lässt sich unmittelbar ableiten, dass DVFA/SG mit ihrem Bereinigungskonzept die Ermittlung einer zeitlich und zwischenbetrieblich vergleichbaren Erfolgsgröße verfolgen. Durch eine weitgehende Berücksichtigung von Gemeinsamkeiten in den Rechnungslegungsvorschriften des HGB und der IFRS soll auch die Vergleichbarkeit zwischen Unternehmen verbessert werden, die nach unterschiedlichen Normensystemen bilanzieren. Unklar bleibt allerdings die (dritte) Zielsetzung ›Gewinnung einer Ausgangsposition für die Approximation der zukünftigen Ergebnisentwicklung‹. Sinnvoll kann sie nur so interpretiert werden, dass eine unter c. p.-Bedingungen nachhaltig zu erwartende Erfolgsgröße zu ermitteln ist.

2.4.1.3.2 Zu bereinigende Sachverhalte und Ausgangspunkt der Ergebnisbereinigung

Abschließender Katalog der zu bereinigenden Sondereinflüsse

Um eine einheitliche Vorgehensweise bei der Bereinigung des um latente Steuereffekte angepassten Konzernjahreserfolgs zu unterstützen, haben DVFA/SG einen abschließenden Katalog der zu bereinigenden Sondereinflüsse definiert. Eine negative Abgrenzung erfährt er durch die Aufzählung der nicht zu bereinigenden Sachverhalte.

Grundsatz der Wesentlichkeit

Auf die Durchführung der Bereinigungsmaßnahmen kann verzichtet werden, wenn der Bereinigungssaldo geringer ist als der zehnte Teil des um latente Steuern angepassten Konzernerfolgs. Ist er größer, so sind die aus den Sondereinflüssen resultierenden Aufwendungen bzw. Erträge zwingend mit ihrem vollen Betrag unter Berücksichtigung ertragsteuerlicher Wirkungen anzusetzen.

Besonderheiten bei bestimmten Unternehmensverträgen

Besonderheiten ergeben sich bei Vorliegen bestimmter aktienrechtlicher Unternehmensverträge, namentlich bei (Teil-)Gewinnabführungs- und Gewinngemeinschaftsverträgen. Verpflichtet sich z. B. eine Aktiengesellschaft vertraglich zur Abführung ihres gesamten Gewinns nach § 291 Abs. 1 Satz 1 AktG, führt dies im Regelfall dazu, dass die GuV einen Jahreserfolg i. H. v. Null ausweist, obwohl ein beträchtlicher Gewinn oder Verlust erwirtschaftet worden sein kann. Da der ausgewiesene Jahreserfolg hier nicht die tatsächliche Ertragslage des abführenden Unternehmens widerspiegelt, kann er auch nicht Ausgangspunkt der Ergebnisbereinigung sein. Stattdessen ist (grds.) auf jene Beträge zurückzugreifen, die in den Posten ›aufgrund eines Gewinnabführungsvertrags abgeführte Gewinne‹ bzw. ›Erträge aus Verlustübernahme‹ enthalten sind. Allerdings können hier spezifische Korrekturen notwendig werden, wenn das abführende Unternehmen zugleich eine Organgesellschaft ist und – entgegen der vorherrschenden Praxis – eine Weiterbelastung der vom Organträger übernommenen Steuern unterbleibt. Da das Ergebnis nach DVFA/SG als eine Größe nach ertragsabhängigen Steuern ermittelt wird, muss bei dieser Konstellation ein Ansatz fiktiver Ertragsteuern erfolgen.

Konzernabschluss als Ausgangspunkt der Ergebnisbereinigung

Ausgangspunkt der Ergebnisbereinigung ist im Normalfall der Konzernabschluss bzw. der dort ausgewiesene Konzernjahreserfolg (vgl. 5. Abschn., 5.5). Dies setzt naturgemäß voraus, dass das betreffende Unternehmen zur Erstellung eines Konzernabschlusses verpflichtet ist oder diesen auf freiwilliger Basis erstellt und veröffentlicht.

2.4.1.3.3 Ergebnis nach DVFA/SG als ›Netto-Erfolgsgröße‹

Ergebnis je Aktie nach Steuern

Vorstehend wurde erwähnt, dass das Ergebnis (je Aktie) nach DVFA/SG als eine Erfolgsgröße nach ertragsabhängigen Steuern ermittelt wird, was insb. angloamerikanischen Standards entspricht. Es ist aber zu betonen, dass im Schrifttum (zu Recht) Bedenken ggü. einer derartigen Konzeption bestehen (vgl. die Nachweise bei Bender, J. (1996), S. 128 ff.).

Berücksichtigung tatsächlicher und latenter Steuern

Zu den zu berücksichtigenden Steuern zählen sowohl die tatsächlichen als auch die latenten Ertragsteuern. Letztere werden von Konzernen, die nach IFRS bilanzieren, in vollem Umfang berücksichtigt. Bei vielen deutschen Konzernen, die ihren Abschluss nach den Regeln des HGB erstellen, wurde demgegenüber in der Vergangenheit auf einen vollständigen Ansatz aktiver latenter Steuern verzichtet (vgl. zu den Änderungen der Konzeption zur Abgrenzung latenter Steuern nach BilMoG KÜTING, K./SEEL, C. (2009), S. 922ff.). Ihre vollständige Berücksichtigung im Ergebnis nach DVFA/SG ist erwünscht, aus Gründen der Praktikabilität jedoch – mit Ausnahme von latenten Steuern auf Rückstellungen und Verluste – nicht zwingend. Wird im Konzernabschluss eine Rückstellung gebildet, die steuerrechtlich nicht angesetzt werden darf, so sind im Rahmen der Ermittlung des Ergebnisses nach DVFA/SG aktive latente Steuern zu berücksichtigen. Auch auf Verluste sind latente Steuererträge im Ergebnis nach DVFA/SG anzusetzen, wenn die Verluste mit hoher Wahrscheinlichkeit in den folgenden Perioden ausgeglichen werden. Die Schätzung der zukünftigen Steuerentlastung ist jährlich zu überprüfen. Ändert sie sich, so ist der latente Steueranspruch entsprechend GuV-wirksam zu korrigieren (vgl. BUSSE VON COLBE, W. ET AL. (2000), S. 9ff.).

Steuerauswirkungen sind im Rahmen der Ermittlung des Ergebnisses nach DVFA/SG auch bei der Bereinigung von Sondereinflüssen zu berücksichtigen. Die Korrektur des um latente Steuern angepassten Jahreserfolgs hat deshalb nur i.H. der um ihre tatsächlichen oder latenten Steuerauswirkungen bereinigten Aufwendungen und Erträge zu erfolgen. Mit anderen Worten: Es muss die ertragsteuerliche Wirksamkeit der Erfolgskomponenten festgestellt werden.

Das Beispiel in Übersicht 84 dient der Verdeutlichung der vorstehenden Ausführungen (modifiziert entnommen aus: BUSSE VON COLBE, W. ET AL. (2000), S. 21).

Konzernerfolg Ertragsteuern (25 %)[1] Konzernerfolg nach Ertragsteuern	100 – 25 75	Im Konzernerfolg sind aus Sondereinflüssen resultierende Erträge i.H.v. 160 enthalten, die zu bereinigen sind. In Abhängigkeit davon, ob zukünftig laufende Gewinne zu erwarten sind (Fall 1) oder nicht (Fall 2), ermittelt sich das Ergebnis nach DVFA/SG wie folgt:
Fall 1:		
Konzernerfolg nach Ertragsteuern		75
Zu bereinigender Ertrag		–160
Korrektur des Steuereffekts		+ 25
Zwischensumme		– 60
Latente Steuerentlastung (25 % von 60)		+ 15
Ergebnis nach DVFA/SG		– 45
Fall 2:		
Konzernerfolg nach Ertragsteuern		75
Zu bereinigender Ertrag		–160
Korrektur des Steuereffekts		+ 25
Zwischensumme		– 60
Latente Steuerentlastung		0
Ergebnis nach DVFA/SG		– 60

[1] Steuersatz versteht sich ohne die Berücksichtigung der Gewerbesteuer und des Solidaritätszuschlags

Übersicht 84: Beispiel zur Berücksichtigung von Steuerauswirkungen bei der Ermittlung des Ergebnisses nach DVFA/SG

Bereinigungen, die inländische (deutsche) Abschlüsse betreffen, sind i.d.R. auf Basis des einheitlichen Steuersatzes für Gewinne vorzunehmen. Die Gewerbesteuer bemisst sich nach dem von der jeweiligen Gemeinde festgelegten Hebesatz. Auf Bereinigungspositionen bei ausländischen Abschlüssen sind die jeweils geltenden landesspezifischen Ertragsteuersätze anzuwenden. Entstehen Schwierigkeiten bei der Zuordnung von Bereinigungspositionen auf einzelne Länder, so kann der durchschnittliche Konzernsteuersatz (vgl. hierzu 5. Abschn., 3.2.2) zugrunde gelegt werden (vgl. Busse von Colbe, W. et al. (2000), S. 21 f.).

Steuersatz

2.4.1.3.4 Ermittlung des Ergebnisses je Aktie nach DVFA/SG

Bereinigungsschritte

Die einzelnen Bereinigungsschritte zur Ermittlung des Ergebnisses je Aktie nach DVFA/SG lassen sich vereinfacht als Checkliste wie folgt darstellen (vgl. Busse von Colbe, W. et al. (2000), S. 69):

(1) Ausgewiesener Konzernjahresüberschuss/-fehlbetrag (Konzernerfolg)
(2) Anpassungen des Konzernerfolgs aufgrund von Änderungen des Konsolidierungskreises
(3) Latente Steuerabgrenzung
(4) = Angepasstes Konzernergebnis
(5) Bereinigungspositionen in den Aktiva
(6) Bereinigungspositionen in den Passiva
(7) Bereinigung nicht eindeutig zuordnungsfähiger Sondereinflüsse
(8) Fremdwährungseinflüsse
(9) Zusammenfassung der zu berücksichtigenden Bereinigungen
(10) = DVFA/SG-Konzernergebnis für das Gesamtunternehmen
(11) Ergebnisanteile Dritter
(12) DVFA/SG-Konzernergebnis für Aktionäre des Mutterunternehmens
(13) Anzahl der zugrunde zu legenden Aktien
(14) = Ergebnis nach DVFA/SG je Aktie (Basisergebnis)
(15) Adjustiertes Ergebnis nach DVFA/SG je Aktie bei Veränderungen des gezeichneten Kapitals nach dem Bilanzstichtag
(16) Voll verwässertes Ergebnis nach DVFA/SG je Aktie.

Als zusätzliche Information kann das DVFA/SG-Konzernergebnis für Aktionäre des Mutterunternehmens (Nr. 12) vor Abschreibungen auf den GoF angegeben werden. D. h., die Abschreibungen auf den GoF sind unter Abzug der auf sie berücksichtigten Ertragsteuerminderungen dem DVFA/SG-Konzernergebnis für Aktionäre des Mutterunternehmens (Nr. 12) hinzuzurechnen (vgl. zu den Bereinigungsmaßnahmen im Einzelnen Busse von Colbe, W. et al. (2000), S. 33 ff. sowie Küting, K./Weber, C.-P. (2004), S. 278 ff.).

Ergebnis je Aktie bei Existenz nichtbeherrschender Gesellschafter

Wie die Checkliste verdeutlicht, führen die einzelnen Bereinigungen zunächst zum Ergebnis nach DVFA/SG für das Gesamtunternehmen. Obschon diese (absolute) Größe für sich genommen im Rahmen einer Erfolgsanalyse verwendet werden könnte, zielen DVFA/SG primär auf die Ermittlung eines Ergebnisses je Aktie zum Zwecke einer vergleichenden Aktienkursbeurteilung mittels der Price Earnings Ratio ab. Folglich muss das Ergebnis nach DVFA/SG in einem zweiten Schritt in ein Ergebnis je Aktie übergeleitet werden. Im Konzernabschluss kann diese Überleitung jedoch nicht einfach im Wege einer Division des Ergebnisses nach DVFA/SG durch die Anzahl der durchschnittlich dividendenberechtigten Aktien des Mutterunternehmens erfolgen. Dies ergibt sich bereits aus der Tatsache, dass der ausgewiesene Konzernjahreserfolg auch den Gewinn beinhaltet, der den sog. nicht-beherrschenden Gesellschaftern zusteht. Folglich muss für die Ermittlung des Ergebnisses je Aktie

- der diesem Gesellschafterstamm zustehende (bereinigte) Gewinn vom Ergebnis nach DVFA/SG in Abzug gebracht bzw.
- der auf die anderen Gesellschafter entfallende (bereinigte) Verlust dem Ergebnis nach DVFA/SG hinzugerechnet werden.

Berücksichtigung bereinigungswürdiger Sachverhalte

Wenn vorstehend der Begriff ›bereinigt‹ in Klammern hinzugefügt wurde, steht dahinter die Überlegung, dass eine einfache Korrektur des Ergebnisses nach DVFA/SG um die Erfolgsanteile Dritter dann nicht sachgerecht ist, wenn diese (ebenfalls) durch bereinigungswürdige Sachverhalte beeinflusst wurden.

Berücksichtigung bedingt ausstehender Aktien

Im Fall bedingt ausstehender Aktien, bspw. aufgrund von Wandelanleihen oder Optionsrechten, sehen DVFA/SG zusätzlich die Ermittlung eines ›voll verwässerten‹ Ergebnisses je Aktie vor (vgl. Busse von Colbe, W. et al. (2000), S. 61 ff.).

2.4.1.3.5 Beurteilung des DVFA/SG-Bereinigungskonzepts

Eine eindeutige Beurteilung des von DVFA/SG entwickelten Bereinigungskonzepts erweist sich insofern als schwierig, als hierbei – wie bereits angedeutet wurde – die spezifischen Rahmenbedingungen in Deutschland nicht außer Acht gelassen werden dürfen.

Aussagegrenzen

Dass es auf der Grundlage des geltenden Bilanzrechts und vor dem Hintergrund des zunehmenden Einflusses internationaler Rechnungslegungsnormen notwendig ist, den ausgewiesenen (Konzern-)Jahreserfolg für aktienanalytische Zwecke aufzubereiten, dürfte völlig unstreitig sein. Ebenso dürfte nicht ernsthaft bestritten werden, dass eine Ergebnisbereinigung, die sich bei ihren Maßnahmen konsequent an den gesetzlich geforderten Abschlussinformationen orientiert, zu keiner hinreichend vergleichbaren und nachhaltigen Erfolgsgröße (je Aktie) gelangen kann. Insb. gilt dies für den Konzernabschluss. Reuter (E. (1988), S. 300) bemerkt insoweit auch zutreffend, dass eine aussagefähige Konzernabschlussanalyse ohne die »Anreicherung mit internen Daten« nicht zu erwarten ist.

Verwendung unternehmensinterner Daten

Nach hier vertretener Auffassung ist es folgerichtig, dass die Ergebnisbereinigung nach DVFA/SG konzeptionell auf die Verwendung unternehmensinterner Daten ausgerichtet ist. Damit steht es allerdings auch im freien Ermessen der Unternehmen, jenes Ergebnis (nach DVFA/SG) offenzulegen bzw. eine Ermittlung durch Dritte zu ermöglichen. Eine weitere unerwünschte Konsequenz ist darin zu sehen, dass unternehmensseitig veröffentlichte Ergebnisse je Aktie bzgl. ihrer ›methodischen Richtigkeit‹ nur ansatzweise überprüft werden können. Die im Zweifel zu konstatierende ›stärkere Position‹ der Unternehmen wirkt sich indes bereits bei der Konzeption von Bereinigungsmaßnahmen aus. Augenscheinlich wird dies, wenn sich DVFA/SG bei ihrer Normbilanzierung an dem in der Praxis dominierenden Bilanzierungsverhalten orientieren. Unstreitig müssen DVFA/SG einen Balanceakt zwischen dem ›theoretisch Richtigen‹ sowie dem ›praktisch Durchsetzbaren‹ bewältigen.

Subjektive Beeinflussung

Auch nach der Veröffentlichung der dritten Fassung besteht bei der Ermittlung des Ergebnisses nach DVFA/SG ein nicht zu vernachlässigender Bereich subjektiver Einschätzungen. Zwar erfolgt neben einer abschließenden Aufzählung der zu bereinigenden Sondereinflüsse auch die erforderliche Subsumtion einzelner

Geschäftsvorfälle sowie die Festlegung der Höhe des jeweils zu korrigierenden Betrags (z. B. im Rahmen der Rückstellungsbewertung); dennoch entziehen sie sich vielfach (zwangsläufig) einer intersubjektiven Vereinheitlichung.

Prognostische Aussagekraft

Jedenfalls ist dem Ergebnis nach DVFA/SG für aktienanalytische Zwecke der Vorzug vor dem ausgewiesenen (Konzern-)Jahreserfolg zu geben. Insb. erweist sich das Ergebnis nach DVFA/SG ggü. dem (Konzern-)Jahreserfolg unter Vergleichbarkeitsgesichtspunkten überlegen, zumal bei der Ergebnisbereinigung zentrale bilanzpolitische Aktionsparameter ausgeschaltet werden. Indem das DVFA/SG-Ergebnis in begrenztem Umfang von nicht nachhaltigen, unregelmäßigen Erfolgskomponenten ›befreit‹ ist, kann ihm – wenn auch auf einem niedrigen Niveau – (relativ gesehen), eine höhere prognostische Aussagekraft (Nachhaltigkeit) attestiert werden.

Gleichwohl ist vor einer unreflektierten Anwendung dieser Kennzahl zu warnen. Insb. ist auf zwei Aspekte hinzuweisen. Grds. gilt, dass in einem dynamischen Wirtschaftsgeschehen die prognostische Aussagekraft einer vergangenheitsbezogen ermittelten Erfolgsgröße begrenzt ist. Zu einer mehr oder minder differenzierten Erfolgsprognose besteht daher letztlich keine Alternative. Es ist aber auch zu bedenken, dass noch zahlreiche bilanzpolitische Gestaltungsmöglichkeiten – vor allem auf Konzernabschlussebene – existieren, die im DVFA/SG-Konzept nicht erfasst sind und – mit einem vertretbaren Arbeitsaufwand – auch gar nicht erfasst werden können. Wenn Ehrt (R. (1995), S. 161) betont, dass die Unternehmen in ihrem bilanzpolitischen Kalkül berücksichtigen, ob eine »Maßnahme bei der Bereinigung gemäß DVFA/SG-Schema wieder zurückzunehmen« ist, dann tritt die in Rede stehende Problematik offen zutage.

Merksätze

1. Die Kennzahl »Ergebnis je Aktie« ist eine der gängigsten Größen für aktuelle und potenzielle Anleger sowie Analysten, da sie – in Beziehung zum Börsenkurs gesetzt – eine einfache und schnelle Überprüfung der Preiswürdigkeit von Aktien erlaubt.
2. Nach HGB besteht im Gegensatz zu den internationalen Rechnungslegungsnormen keine vergleichbare Berichtspflicht zur Offenlegung einer standardisierten Ergebnis je Aktie-Kennzahl.
3. Da der ausgewiesene (Konzern-)Jahreserfolg nach HGB nicht den Anforderungen der Aktienanalyse hinsichtlich Vergleichbarkeit und Nachhaltigkeit entspricht, haben DVFA/SG ein Konzept zu seiner Aufbereitung entwickelt.
4. Die DVFA/SG-Empfehlung enthält einen abschließenden Katalog der zu bereinigenden Sondereinflüsse.
5. Faktisch stellt das Ergebnis nach DVFA/SG eine nur unternehmensintern ermittelbare Erfolgsgröße dar.

2.4.1.4 Ergebnis je Aktie im internationalen Bereich

Bedeutung

Das Ergebnis je Aktie (earnings per share (EPS)) stellt eine zentrale Kennzahl im Sprachgebrauch der internationalen Finanzmärkte dar. »Mit Hilfe dieser Informationen soll der Adressat in die Lage versetzt werden, die Ertragskraft eines Unternehmens (*performance*) sowohl im Zeitablauf als auch mit anderen Unternehmen besser vergleichen zu können« (Pellens, B./Gassen, J./Strzyz, A. (2010),

Rn. 1). Der Informationsgewinn aus Sicht der Adressaten entsteht bei der EPS-Größe durch das Herunterbrechen des den Aktionären des Mutterunternehmens zustehenden GuV-Ergebnisses (im Folgenden als Periodenergebnis bezeichnet) auf die einzelne (Stamm-)Aktie (vgl. Bonse, A./Jannett, S. (2007), S. 739).

Welcher Stellenwert dieser Kennzahl für aktuelle und potenzielle Anleger beizumessen ist, kommt mittelbar auch darin zum Ausdruck, dass insb. in jenen Ländern, in denen eine investororientierte Rechnungslegung anglo-amerikanischer Prägung anzutreffen ist, zumeist eine Verpflichtung zur Offenlegung einer standardisierten EPS-Kennzahl als Bestandteil des (Konzern-)Jahresabschlusses besteht. Entsprechend ist auch die (durch Standards reglementierte) Ermittlung des Ergebnisses je Aktie der Prüfung und Feststellung der Ordnungsmäßigkeit durch den Abschlussprüfer unterworfen.

IFRS

IAS 33 regelt die Berechnung und Offenlegung der EPS-Kennzahl im Normensystem der IFRS. Demnach sind börsennotierte Unternehmen und Unternehmen, deren (potenzielle) Stammaktien sich im Zulassungsverfahren einer Wertpapierbörse befinden, zur Angabe des Ergebnisses je Aktie verpflichtet. Diese Angabepflicht gilt nicht nur für den Jahresabschluss, sondern im Fall der Pflicht zur Zwischenberichterstattung auch für die Quartals- und Halbjahresfinanzberichterstattung nach IFRS (vgl. IAS 34.11). Offen gelegt werden müssen dabei für jede Art von Stammaktien sowohl ein unverwässertes (basic EPS) als auch ein verwässertes Ergebnis je Aktie (diluted EPS).

Grundformel

Die Grundformel der EPS-Kennzahl, die sich aus dem Quotienten von Periodenergebnis und Anzahl der Stammaktien ergibt, stellt sich auf den ersten Blick als simple Division dar. Erst auf den zweiten Blick wird deutlich, dass bei den Eingangsgrößen Abgrenzungsprobleme auftreten, die das Ergebnis deutlich beeinflussen können. Insb. bei der Abgrenzung der einzubeziehenden Anzahl an (Stamm-)Aktien bestehen Schwierigkeiten. Insoweit richtet sich der Fokus des IAS 33 auch auf die Berechnung dieser Nennergröße (vgl. IAS 33.1).

Unverwässertes Ergebnis

Bei der Berechnung des unverwässerten Ergebnisses ist der den Stammaktionären des Mutterunternehmens zustehende Gewinn oder Verlust (Zähler) durch die gewichtete durchschnittliche Anzahl der innerhalb der Berichtsperiode im Umlauf gewesenen Stammaktien (Nenner) zu dividieren (vgl. IAS 33.10).

Die in das unverwässerte Ergebnis je Aktie einfließende Gewinngröße bezieht sich ausschließlich auf das auf die Aktionäre des Mutterunternehmens entfallende Periodenergebnis (profit or loss). Damit unberücksichtigt bleiben zum einen die Erfolgsbestandteile des OCI, auch wenn diese – zumindest teilweise – in Folgeperioden in das Periodenergebnis eingehen können (vgl. zur damit verbundenen Problematik und dem Abstellen auf eine EPS-Kennzahl auf Basis des Gesamtergebnisses Pellens, B. et al. (2014), S. 888 f.). Zum anderen sind die auf die Vorzugsaktionäre entfallenden Erfolgsbestandteile vom Periodenergebnis in Abzug zu bringen (vgl. IAS 33.12 ff.). Sofern ein Unternehmen/Konzern sog. »discontinued operations« nach IFRS 5 ausweist, hat zudem ein getrennter Ausweis der EPS-Kennzahlen für das fortgeführte und nicht-fortgeführte Geschäft zu erfolgen (vgl. IAS 33.9). Während der Ausweis der EPS-Kennzahlen für die fortgeführten Geschäftsaktivitäten zwingend in der Gesamtergebnisrechnung zu erfolgen hat, und dort im Abschlussbestandteil der GuV, besteht ein Wahlrecht, das auf aufgegebene Geschäftsbereiche bezogene unverwässerte und verwässerte Ergebnis je Aktie im Anhang darzustellen (vgl. IAS 33.68).

Die in die EPS-Kennzahl einzubeziehende Aktienanzahl bemisst sich aus dem gewichteten Durchschnitt sämtlicher, in einer Periode ausstehenden bzw. im Umlauf befindlichen Stammaktien (vgl. IAS 33.19 ff.). Neuemissionen führen zu einer Erhöhung der Aktienanzahl im Verhältnis ihres Gewichtungsfaktors (vgl. dazu auch Brösel, G. (2014), S. 214), wohingegen Aktienrückkäufe eine entsprechende Minderung mit sich bringen (vgl. Coenenberg, A. G./Haller, A./Schultze, W. (2014), S. 600). Als Stammaktie definiert IAS 33.5 ein Eigenkapitalinstrument, das allen anderen Arten von Eigenkapitalinstrumenten, z. B. Vorzugsaktien, nachgeordnet ist. Unterschiedliche Arten von Stammaktien können bspw. durch differierende Dividendensätze begründet sein, ohne dass eine der beiden Aktiengattungen vorrangig bedient werden muss (vgl. IAS 33.A13(b)).

Verwässertes Ergebnis

In Ergänzung des unverwässerten Ergebnisses dient die Darstellung des verwässerten Ergebnisses je Aktie der Abschätzung möglicher Verwässerungseffekte infolge potenzieller Stammaktien. Daher werden neben den bereits im Umlauf befindlichen Stammaktien sog. potenzielle Stammaktien, die bspw. in Form von Wandelanleihen und -schuldverschreibungen, Aktienoptionen oder künftigen Bezugsrechten vorliegen können, der Nennergröße hinzuaddiert. Dem Jahresabschlussadressaten soll durch diese »Als-ob-Darstellung« die zukünftig zu erwartende Ertragslage je Aktie verdeutlich werden. Bezogen auf das zur Berechnung des verwässerten Ergebnisses je Aktie einzubeziehende Periodenergebnis bedeutet dies, die auf die potenziellen Stammaktien entfallenden Nachsteuerwirkungen aus Dividenden oder sonstigen Posten, die bei der Berechnung des unverwässerten Ergebnisses je Aktie in Abzug gebracht werden, berücksichtigen zu müssen.

Beispiel

Berechnung des unverwässerten Ergebnisses je Aktie nach IFRS	
Das den Aktionären des Mutterunternehmens zustehende Periodenergebnis (in: EUR)	5.000
Gewichtete durchschnittliche Anzahl an Stammaktien – unverwässert	2.500
Ergebnis je Aktie – unverwässert (in: EUR)	**2,00**

Berechnung des verwässerten Ergebnisses je Aktie nach IFRS	
Das den Aktionären des Mutterunternehmens zustehende Periodenergebnis (in: EUR)	5.000
Gewichtete durchschnittliche Anzahl an Stammaktien – unverwässert	2.500
Potenzielle Stammaktien (Optionen)	1.500
Anzahl der Stammaktien, die mittels der eingenommen Zahlungsmittel aus der Optionsausübung zum Periodendurchschnittskurs zurückgekauft werden können (1.500 × 30/40)	–1.125
Gewichtete durchschnittliche Anzahl an Stammaktien nach Verwässerung	2.875
Ergebnis je Aktie – verwässert (in: EUR)	**1,74**

Periodendurchschnittskurs der Stammaktie (in: EUR)	40,00
Ausübungskurs der Optionen (in: EUR)	30,00

Übersicht 85: Beispiel zur Ermittlung der EPS-Kennzahlen nach IFRS

Das in Übersicht 85 zusammengefasste Beispiel verdeutlicht die Ermittlung des unverwässerten und verwässerten Ergebnisses je Aktie nach IFRS im Fall von bestehenden Aktienoptionen.

Das unverwässerte Ergebnis je Aktie i. H. v. 2,00 Euro (= 5.000/2.500) ermittelt sich aus dem Quotienten des den Aktionären des Mutterunternehmens zustehenden Periodenergebnisses (5.000) und der gewichteten durchschnittlichen Anzahl an Stammaktien (2.500).

Dagegen sind in die Ermittlung des verwässerten Ergebnisses auch potenzielle Stammaktien in Gestalt der bestehenden Optionen mit einzubeziehen. In obigem Bespiel existieren 1.500 Optionen zu einem Ausübungskurs von 30 Euro je Option. Unter der Annahme, dass alle Optionen ausgeübt werden, fließen dem Unternehmen finanzielle Mittel i. H. v. 45.000 Euro zu. Entsprechend der sog. »treasury stock method« (vgl. IAS 33.45 ff. i. V. m IE5) werden die zufließenden finanziellen Mittel annahmegemäß verwendet, um den Verwässerungseffekt mittels Aktienrückkäufen einzudämmen. Im vorliegenden Fall können mittels der zufließenden 45.000 Euro 1.125 Stammaktien zum Periodendurchschnittskurs i. H. v. 40 Euro zurückgekauft werden, sodass im Ergebnis 375 »neue« Stammaktien verwässernd auf das Ergebnis je Aktie einwirken. Die gewichtete durchschnittliche Anzahl an Stammaktien nach Verwässerung beträgt somit 2.875 (= 2.500 + 375). Dies wiederum führt zu einem verwässerten Ergebnis je Aktie i. H. v. 1,74 Euro.

2.4.2 Analyse der Rentabilität

2.4.2.1 Einleitung

Bedeutung

Von den in der Literatur vorgeschlagenen und in der Praxis präferierten Kennzahlen stellen die Rentabilitätskennzahlen wohl den interessantesten Ansatzpunkt zur Kennzeichnung der Fähigkeit eines Unternehmens dar, Gewinne zu erwirtschaften. Denn die relative Betrachtung der Erfolgsgrößen, wie sie durch die Rentabilitätskennzahlen erfolgt, ist bei weitem aussagekräftiger als der Rückgriff auf absolute Werte, da zwischenbetriebliche Vergleiche und auch Soll-Ist-Vergleiche erst auf dieser relativen Basis möglich werden (vgl. Gräfer, H./Schneider, G./Gerenkamp, T. (2012), S. 60 ff.). Infolgedessen kann die Rentabilität als erstrangiger Indikator für die Ertragskraft einer Unternehmung bzw. als entscheidende wirtschaftliche Kennzahl für externe Jahresabschlussadressaten bewertet werden (vgl. Schulz-Merin, O. (1956), S. 97).

Bedeutung hat die Rentabilitätskennzahl jedoch nicht nur im Rahmen der Bilanz- und Finanzanalyse. Vielmehr wird sie auch im Kontext der Investitionsrechnung sowie als Planungs- und Steuerungsinstrument eingesetzt.

Verhältnis von Produktivität, Wirtschaftlichkeit und Rentabilität

Gemeinsam mit den Kennzahlen der Produktivität und der Wirtschaftlichkeit wird die Rentabilität auch als Kennzahl der Zielerreichung oder des Zielerreichungsgrads verstanden (vgl. Löffelholz, J. (1976), Sp. 4461 ff.); alle drei Kennzahlen werden auch als Erscheinungsformen des Rationalprinzips charakterisiert (vgl. Hahn, O. (1997), S. 50 ff.).

(1) Die Produktivität – als eine Erscheinungsform der technischen Rationalität – wird ganz allgemein als das Verhältnis der Ausbringungsmenge zu den Einsatzmengen der Produktionsfaktoren definiert. Von der Produktivitätskennzahl unterscheidet sich die Rentabilität dadurch, dass in die erste Rechnung nur Mengengrößen eingehen, während bei der Rentabilität lediglich Wertgrößen Berücksichtigung finden.

(2) Die Wirtschaftlichkeit oder Ökonomität – auch als leistungswirtschaftliche Rationalität bezeichnet – ist das Verhältnis von Ertrag und Aufwand oder von Leistung und Kosten. Aber auch die beiden nachfolgenden Definitionen sind in der Literatur zu finden.

(F. 81)

$$\text{Kostenorientierte Wirtschaftlichkeit} = \frac{\text{Gesamtkosten}}{\text{Produktionsmenge}}$$

(F. 82)

$$\text{Erlösorientierte Wirtschaftlichkeit} = \frac{\text{Gesamterlöse}}{\text{abgesetzte Menge}}$$

(3) Die Rentabilität wird auch als finanzwirtschaftliche Rationalität charakterisiert. Sie setzt eine Erfolgsgröße in Relation zu einer Kapitalgröße oder zu den Umsatzerlösen.

Es ist in diesem Zusammenhang darauf hinzuweisen, dass sich nach langen Diskussionen die genannten Definitionen der Begriffe Produktivität, Wirtschaftlichkeit und Rentabilität allgemein durchgesetzt haben.

2.4.2.2 Begriff der Rentabilität

Definitionen

Ganz allgemein definieren Coenenberg/Haller/Schultze ((2014), S. 1151) Rentabilität als »Beziehungszahl, bei der eine Ergebnisgröße zu einer dieses Ergebnis maßgebend bestimmenden Einflussgröße in Relation gesetzt wird«. Oder – wie Gräfer/Schneider/Gerenkamp ((2012), S. 60) formulieren: »Die Rentabilität wird durch eine Beziehungszahl gemessen, die eine den Erfolg darstellende Größe zu einer anderen Größe in Relation setzt, von der vermutet wird, dass sie wesentlich zur Erzielung des Erfolges beigetragen hat«. Damit drückt die so ermittelte Relation eine (wertmäßige) »Ergiebigkeit (Effizienz) der Bezugsgröße aus« (Bea, F. X. (1993), Sp. 1717).

Als Bezugsgrößen zum Ergebnis bzw. Erfolg kommen dabei insb. in Betracht:

- das Kapital in den verschiedensten Dimensionen;
- die Umsatzerlöse.

Je nach Wahl der Bezugsgröße ist sodann entweder von Kapitalrentabilität (z. B. Gewinn/Kapital) oder von Umsatzrentabilität (z. B. Gewinn/Umsatzerlöse) bzw. Gewinnspanne die Rede ist.

Vorteile der relativierten Analyse

Die relativierte Analyse des Erfolgs, die anhand einer Rentabilitätskennzahl durchgeführt wird, hat ggü. der Beurteilung absoluter Erfolgsgrößen folgende Vorteile:

(1) Das Anspruchsniveau – als das Kriterium für die Interpretation errechneter Analysewerte – wird besonders bei der Erfolgsanalyse zumeist prozentual ausgedrückt (vgl. Brösel, G. (2014), S. 204). Typisch hierfür ist z. B. die Aus-

drucksweise, dass das Kapital oder die Investition eine Rendite von mind. X % erbringen muss.

(2) Nicht so sehr die absolute Erfolgsgröße, sondern vielmehr erst der Bezug zu einer hiermit in Verbindung stehenden Einflussgröße besitzt eine befriedigende Aussagefähigkeit. Denn der Erfolg oder Misserfolg unternehmerischer Betätigung lässt sich nicht durch den Vergleich der absoluten Gewinn- und Verlustgrößen beurteilen, sondern die Praktikabilität der Rentabilitätsanalyse besteht gerade in der Relativierung dieser Größen, die aus den Rentabilitätsausdrücken resultiert (vgl. Henseler, E. (1979), S. 181).

(3) Ein weiterer Vorteil ergibt sich daraus, dass für die Beurteilung der Ertragslage eines Unternehmens prinzipiell ein Vergleich der Ergebnisse des zu analysierenden Unternehmens mit branchendurchschnittlichen Ergebnissen oder den Ergebnissen einzelner Vergleichsunternehmen erforderlich ist. Besitzen Untersuchungs- und Vergleichsobjekt aber unterschiedliche Betriebsgrößen, müssen zur Gewährleistung der Vergleichbarkeit die zu vergleichenden Ergebnisziffern mit Hilfe von Rentabilitätskennzahlen relativiert werden (vgl. Coenenberg, A. G./Haller, A./Schultze, W. (2014), S. 1151).

2.4.2.3 Gestaltungsmöglichkeiten der Rentabilitätsanalyse

Varianten der Rentabilitätsanalyse

Die Gestaltungsmöglichkeiten der Rentabilitätsanalyse sind vielfältig:

(1) Vom Grundsatz her kann sie sowohl auf der Basis einer absoluten als auch einer relativierten Ergebnisgröße vorgenommen werden. Als absolute Größe gibt die Rentabilität an, welcher Überschuss des Ergebnisses über den Einsatz in einer Abrechnungsperiode erwirtschaftet wurde. Ist diese Differenz positiv, d. h., weist das Unternehmen einen Gewinn aus, so ist es (im positiven Sinne) rentabel (vgl. Kosiol, E. (1960), Sp. 4644). Da absolute Ergebnisgrößen regelmäßig eine geringere Aussagefähigkeit besitzen, wird hier bei der Rentabilitätsanalyse – wie allgemein üblich – allein auf relativierte Ergebnisgrößen abgestellt.

(2) Die Rentabilitätsanalyse kann entweder die ganze Unternehmung berücksichtigen oder aber sich nur auf Teilbetriebe, Abteilungen, Produktionsbereiche, Produkte oder wie bei der Investitionsrechnung auf die Vorteilhaftigkeit von Projekten beziehen. In der Praxis besitzt die spartenorientierte Rentabilitäts-/Kapitalergebnisrechnung – insb. in den Großunternehmen – als Instrument der Unternehmensführung eine nicht zu vernachlässigende Bedeutung (vgl. Küting, K. (1985)).

(3) Weiterhin kann im Rahmen der Investitionsrechnung mit Hilfe der statischen und dynamischen Rentabilitätsrechnung die Vorteilhaftigkeit einzelner Investitionsobjekte beurteilt werden (objektbezogene Rentabilitätsrechnung).

(4) Die Rechnungen können sich auf monatliche, jährliche oder noch längerfristige Zeiträume beziehen. I. d. R. stellt die Rentabilitätsrechnung – auch in der Praxis – auf jährliche Messungen ab.

(5) Die Rentabilitätsanalyse kann sich sowohl mit Plan- als auch mit Istgrößen beschäftigen und damit sowohl zukunfts- als auch vergangenheitsbezogen sein. Leffson spricht in diesem Zusammenhang von »Vergangenheitsrentabilität oder erwarteter Rentabilität« (Leffson, U. (1984), S. 33).

(6) Die Rentabilitätsanalyse kann als interne oder externe Kennzahlenrechnung gestaltet werden. Während die interne Analyse, die auf wesentlich umfangreichere und detailliertere Informationen zurückgreifen kann, die Rentabi-

litätskennzahl im Rahmen einer Kapitalergebnisrechnung vorwiegend als innerbetriebliches Steuerungs-, Kontroll- oder Planungsinstrument betrachtet, haben Rentabilitätskennziffern im Rahmen der externen Analyse, die i. d. R. nur auf veröffentlichtem Zahlenmaterial basiert, insb. Bedeutung für den aktuellen oder potenziellen Kapitalanleger.

(7) Eine Kennzahlenrechnung kann des Weiteren sowohl als inner- bzw. zwischenbetriebliche Vergleichsrechnung (Unternehmens- oder Betriebsvergleich) aufgemacht als auch in Form eines Zeit- bzw. Soll-Ist-Vergleichs (Normvergleich) ausgestaltet werden.

(8) Die Rentabilitätsanalyse kann auf der Basis einer einzelnen Rentabilitätskennzahl oder aber eines gesamten Kennzahlensystems aufgebaut werden. Da in der überwiegenden Anzahl der in Literatur und Wirtschaftspraxis anzutreffenden Kennzahlensysteme an der Spitze der Kennzahlenpyramide eine Rentabilitätskennzahl – und hier in aller Regel die Gesamt- oder Eigenkapitalrentabilität – steht, ist die oberste Ebene der Kennzahlensysteme fast uneingeschränkt nach den Unternehmenszielen der Gewinn- und Rentabilitätsmaximierung ausgerichtet (vgl. Henseler, E. (1979), S. 33). Das Rentabilitätskennzahlensystem stellt damit den Inbegriff eines Kennzahlensystems dar.

2.4.2.4 Grundsatzfragen der Rentabilitätsanalyse

Pagatorische vs. kalkulatorische Erfolgsgrößen

(1) Bei der Ermittlung der in die Rentabilitätskennzahl eingehenden Erfolgsgröße können dem Grunde nach pagatorische oder kalkulatorische Erfolgsgrößen aus der Kosten- und Leistungsrechnung verwendet werden. Beim kalkulatorischen Erfolg als Differenz von Leistungen und Kosten gehen – im Gegensatz zur pagatorischen Rechnung – kalkulatorische Zinsen, Unternehmerlohn und Mieten in vollem Umfang in die Kosten ein. Kalkulatorische Rentabilitäten können sich an der realen Kapitalerhaltung orientieren und haben daher nach Kosiol »meist den höheren Aussagewert« (Kosiol, E. (1960), Sp. 4645).

In der Vergangenheit wurde in der (externen) Rentabilitätsanalyse überwiegend von pagatorischen Größen ausgegangen, während kalkulatorische Werte insb. der spartenorientierten Rentabilitätsanalyse (Kapitalergebnisrechnung) zugrunde gelegt wurden. Im Zuge der Internationalisierung der Rechnungslegung hat hier jedoch eine Umorientierung stattgefunden. Diese wurde unter den Stichworten Konvergenz bzw. Harmonisierung von internem und externem Rechnungswesen diskutiert. Hintergrund ist, dass der Input für die Steuerungsrechnung für unternehmerische Geschäftseinheiten, wie Konzernunternehmen, Regionen, Sparten usw., zunehmend nicht mehr aus dem Datensatz des internen, sondern des externen Rechnungswesens gespeist wird (vgl. Coenenberg, A.G. (1995); Dirrigl, H. (1998); Küting, K./Lorson, P. (1998); Küting, K./Lorson, P. (1998a); Küting, K./Lorson, P. (1999)).

Bilanzgewinn vs. Jahresüberschuss

(2) Wenn in der Literatur üblicherweise als Zählergröße der Rentabilitätskennzahl die Größen »Ergebnis« oder »Gewinn« angeführt werden, können diese unterschiedlich definiert sein:

- Zunächst kann auf den Posten »Bilanzgewinn« (§ 268 Abs. 1 HGB) abgestellt werden, der im Regelfall – und von rechentechnischen Spitzenbeträgen abgesehen – den auszuschüttenden Betrag darstellt. Wird dieser

Ausschüttungsbetrag als Erfolgsgröße gewählt, geben die hierbei ermittelten Rentabilitätsgrößen Auskunft über erzielte Renditen. Sie liefern dem Teilhaber eine Information über die tatsächliche Verzinsung des Eigenkapitals (vgl. Bea, F.X. (1993), Sp. 1720).

- Üblicherweise wird jedoch als Zählergröße der sog. »pagatorische« Gewinn herangezogen. Hierunter ist der Jahresüberschuss zu verstehen, wie er in der GuV ausgewiesen wird. Unabhängig von der jeweiligen Gewinnverwendungspolitik wird die Rentabilitätskennzahl hier als Ertrags- bzw. Erfolgsindikator betrachtet. Es wird die Ansicht vertreten, dass auf den Jahresüberschuss abgestellt werden sollte, denn diese Größe spiegelt, wenn auch teilweise mit erheblichen Einschränkungen, noch am ehesten den Periodenerfolg wider. Die Zählergröße der Rentabilität enthält als Stromgröße somit alle Aufwands- und Ertragskomponenten, wie sie im Rahmen der sog. »Ergebnisentstehungsrechnung« aufgeführt werden.

Einbeziehung von Steuern

(3) Bei der Bestimmung der Ergebnisgröße ist weiterhin die Frage zu beantworten, ob diese Größe vor oder nach gewinnabhängigen (Ertrag-)Steuern herangezogen werden sollte. Sollen körperschaftsteuerpflichtige Gesellschaften mit Personenhandelsgesellschaften verglichen werden, ist, um vergleichbare Rentabilitätsaussagen zu erhalten, von unversteuerten Ergebnisgrößen auszugehen. Generell gilt in diesem Zusammenhang, dass die Einbeziehung von Steuern aufgrund von Steuernachzahlungen, Steuerrückerstattungen und unterschiedlichen Steuersätzen die Aussagefähigkeit erheblich beeinträchtigen und zu Interpretationsfehlern führen kann.

Jahresüberschuss als Komponente

(4) Die Rentabilitätsrechnung soll die Verzinsung des eingesetzten Kapitals ermitteln. Da der Jahresüberschuss nicht während des gesamten Jahrs an der Gewinnerzielung beteiligt war, ist es strittig, ob und in welcher Höhe er in die Rentabilitätsrechnung einzubeziehen ist. Vereinfachungslösungen bestehen darin, den Jahresüberschuss in voller Höhe zu berücksichtigen oder ihn lediglich hälftig einzubeziehen, ausgehend von der vereinfachenden Prämisse, dass im Laufe des Berichtsjahrs eine stetige Gewinnakkumulation stattgefunden hat (vgl. Leffson, U. (1984), S. 68).

Behandlung des nicht eingezahlten gezeichneten Kapitals

(5) Ist das gezeichnete Kapital nicht in voller Höhe eingezahlt, ist es unstrittig, die nicht eingeforderten Beträge nicht in die Rentabilitätsanalyse einzubeziehen. Strittig ist, wie die eingeforderten, aber noch nicht eingezahlten Beträge zu berücksichtigen sind. Die eingeforderten, aber noch nicht eingezahlten Einlagen auf das gezeichnete Kapital sind nach § 272 Abs. 1 HGB unter den Forderungen auszuweisen und entsprechend zu bezeichnen. Daher sind diese im Fall ihrer Einbringbarkeit auch in der Kapitalgröße zu berücksichtigen. Unter Vorsichtsgesichtspunkten kann jedoch auch hier vereinfachend auf das eingeforderte Kapital abgestellt werden.

2.4.2.5 Ausgewählte Kennzahlen der Rentabilitätsanalyse

Ein Blick in die einschlägige Literatur zeigt, dass eine Vielzahl unterschiedlichster Rentabilitätskennzahlen zur Diskussion gestellt wird. Nachfolgend werden die wichtigsten Kennzahlen vorgestellt.

2.4.2.5.1 Kapitalrentabilität

Bedeutung

Der gebräuchlichste Maßstab für die Rentabilitätsbeurteilung ist die Kapitalgröße. Dies erklärt auch, dass regelmäßig eine Kapitalrentabilität gemeint ist, wenn der Begriff »Rentabilität« ohne Angabe der Beziehungszahl verwendet wird. Die Kapitalrentabilität stellt die Beziehung zwischen dem erzielten Erfolg und dem eingesetzten Kapital her und spiegelt somit die Verzinsung des investierten Kapitals wider. In der US-amerikanischen Literatur wird der entsprechende Quotient »Income/Capital« mitunter auch als Capital Yield, Rate of Return oder als Return on Capital bezeichnet.

Der Begriff »Return on Investment« (ROI) wird unterschiedlich verwendet. Einerseits wird dieser Begriff mit der Gesamtkapitalrentabilität gleichgesetzt. Andererseits wird mit dem ROI eine Erweiterung der Gesamtkapitalrentabilität zu einem Kennzahlensystem bzw. einer Kennzahlenhierarchie verbunden (vgl. Hahn, D. (1976), Sp. 3421) sowie auf eine unternehmensinterne und häufig spartenbezogene Unternehmensanalyse abgestellt.

2.4.2.5.1.1 Gesamtkapitalrentabilität

Begriff

Die Gesamtkapitalrentabilität gibt an, wie viel Cent Kapitalentgelt jeder investierte Euro der Bilanzsumme in der betrachteten Rechnungsperiode erwirtschaftet hat. Die Gesamtkapitalrentabilität beziffert somit die relative Fähigkeit eines Unternehmens, mit dem vorhandenen Kapital Gewinne zu erzielen, ohne eine Unterscheidung des eingesetzten Kapitals zwischen Eigen- und Fremdkapital vorzunehmen. Die in die Gesamtkapitalrentabilität eingehende Kapitalgröße wird somit nicht nach ihrer Herkunft aufgespalten, sondern das Kapital in seiner Gesamtheit bildet die Bezugsgröße der Kennzahl (vgl. Brösel, G. (2014), S. 205). Die Finanzierungsstruktur (Relation Eigen- zu Fremdkapital) einer Unternehmung hat daher keinen Einfluss auf diese Rentabilitätsgröße.

Berechnung der Nennergröße

Als Gesamtkapitalgröße wird die Bilanzsumme aus der Strukturbilanz im Nenner der Rentabilitätskennzahl verwendet. Ändert sich die Kapitalgröße im Untersuchungszeitraum, kann den Berechnungen vereinfachend das arithmetische Mittel aus Periodenanfangs- und -endbestand des Kapitaleinsatzes zugrunde gelegt werden. Es gilt dann:

(F. 83)

$$\text{Kapitaleinsatz} = \frac{\text{Kapitalanfangsbestand} + \text{Kapitalendbestand}}{2}$$

In der Analysepraxis wird regelmäßig – ebenfalls vereinfachend – der Kapitalendbestand herangezogen.

Berechnung der Zählergröße

Eine Eliminierung des Einflusses der Finanzstruktur erfolgt zudem dadurch, dass im Zähler neben dem Jahresüberschuss auch die Fremdkapitalzinsen berücksichtigt werden. Während der Jahresüberschuss für die Gewinnverwendung zur Verfügung steht, haben Fremdkapitalzinsen, die als pagatorische Kosten auch steuerrechtlich abzugsfähig sind, diesen als Aufwendungen zuvor gekürzt.

Da die Fremdkapitalzinsen, die mithin das Äquivalent zum in der Unternehmung arbeitenden Fremdkapital darstellen (vgl. Hofmann, R. (1977), S. 81), ebenfalls durch das investierte Kapital erwirtschaftet worden sind, müssen sie konsequenterweise zum Jahresüberschuss hinzuaddiert werden, denn ansonsten wäre ein Vergleich zwischen Unternehmen mit unterschiedlichen Relationen von

Eigen- und Fremdkapital nicht sinnvoll (vgl. PERRIDON, L./STEINER, M./RATHGEBER, A.W. (2012), S. 618). Die Summe aus Jahresüberschuss/Jahresfehlbetrag und Fremdkapitalzinsen wird auch als Kapitalgewinn (KG) bezeichnet.

KERN begründet die Notwendigkeit der Addition von Fremdkapitalzinsen zum Jahreserfolg mit dem Hinweis, dass die »Rentabilität des Gesamtkapitals zum Ausdruck bringen soll, welche Rendite ein Unternehmen erwirtschaftet hätte, wenn sämtliche Kapitalteile ... Eigenkapital gewesen wären« (KERN, W. (1960), S. 19). Darüber hinaus trägt die Berücksichtigung der Fremdkapitalzinsen im sog. »Kapitalgewinn« der Forderung Rechnung, dass nur sich entsprechende Größen zueinander in Beziehung gesetzt werden dürfen.

Leasing, Mieten und Abzugskapital als Sonderprobleme

Allerdings kann dieser Forderung nicht vollständig entsprochen werden. Sonderprobleme ergeben sich etwa in den Bereichen (vgl. KÜTING, K. (1985), S. 18)

- Miete und Leasing, falls das Leasingobjekt nicht beim Leasingnehmer bilanziert wird, und
- (formal) unverzinsliches Fremdkapital (regelmäßig auch behandelt als sog. »Abzugskapital«).

Sieht man etwa Miet- und Leasingverhältnisse als Ausdruck von Fremdfinanzierung an, müsste hieraus sowohl eine Erhöhung der Zähler- als auch der Nennergröße abgeleitet werden. Im Hinblick auf das formal unverzinsliche Fremdkapital sind z. B. bei »konditionierten Lieferantenbeziehungen ... die ›versteckten Zinsanteile‹ ... in den Brutto-Nettokonditionen der Lieferanten enthalten« (VELLMANN, K. (1989), Rn. 668). Daher wäre grds. eine Zählerkorrektur geboten, auf die wegen fehlender Quantifizierbarkeit meist verzichtet wird. Die als Reaktion auf das Fehlen der angeführten Fremdkapitalzinsen regelmäßig praktizierte »Reduzierung des Gesamtkapitals um das Abzugskapital zerstört das Konzept der Gesamtkapitalrendite« (VELLMANN, K. (1989), Rn. 668), da das Gesamtkapital nunmehr aus Eigenkapital und formal zinspflichtigem Fremdkapital besteht.

Formel

Die Formel für die Gesamtkapitalrentabilität lautet allgemein wie folgt:

(F. 84)

$$\text{Gesamtkapitalrentabilität (GKR)} = \frac{\text{Jahresüberschuss/Jahresfehlbetrag} + \text{Fremdkapitalzinsen}}{\text{Gesamtkapital}}$$

Indem die Fremdkapitalzinsen einerseits als eigenständige Teilkomponente die Zählergröße der Rentabilitätskennzahl erhöhen, aber andererseits zuvor die andere Teilkomponente der Zählergröße vermindern, wirken sie sich letztlich insgesamt nicht auf den Dividenden der Rentabilitätsgröße aus. Infolgedessen wird bei einer Maximierung der Gesamtkapitalrentabilität keine Rücksicht auf die Finanzierungsstruktur genommen, d. h., die Höhe der Fremdkapitalzinsen spielt keine Rolle. Hierdurch kann die Situation eintreten, dass trotz einer gestiegenen Gesamtkapitalrentabilität die Fremdkapitalzinsen einen negativen Einfluss auf das Jahresergebnis haben und die Gefahr einer zumindest bilanziellen Überschuldung ansteigt.

Falls auf die Ermittlung einer Gesamtkapitalrentabilität nach Ertragsteuern abgestellt und zugleich eine vollständige Eigenfinanzierung fingiert werden soll, wäre die Formel F. 84 geringfügig um das Steuerschild (tax shield) der Fremdkapitalzinsen zu modifizieren. Hintergrund ist die Überlegung, dass unter der Fiktion einer vollständigen Eigenfinanzierung der Betrag der Fremdkapitalzinsen, der bei der steuerlichen Gewinnermittlung nicht geltend gemacht werden kann, nunmehr als Eigenkapitalzinsen anzusehen wäre. Insofern hat auch der darauf entfallende Betrag der Steuern vom Einkommen und Ertrag rein fiktiven Charakter.

(F. 85)

$$GKR_{\text{bei vollständiger Eigenfinanzierung}} = \frac{\text{Jahresüberschuss/Jahresfehlbetrag} + \text{Fremdkapitalzinsen} \times (1-s)}{\text{Gesamtkapital}}$$

Die Gesamtkapitalrentabilität in Formel F. 85 lässt sich wiederum in die Kennzahl »Return on Net Assets« (RONA) transformieren. Hierzu gilt es, im Zähler einen Bezug zur gewöhnlichen Geschäftstätigkeit herzustellen und im Nenner neben dem Eigenkapital das verzinsliche Fremdkapital einzusetzen.

Erweiterung

Wird die Gesamtkapitalrentabilität im Zähler und im Nenner um die Umsatzerlöse erweitert, kann diese Kennzahl in zwei Teilkomponenten zerlegt werden:

(F. 86)

$$GKR = \frac{\text{Kapitalgewinn (KG)}}{\text{Gesamtkapital (GK)}} = \frac{\text{Kapitalgewinn}}{\text{Umsatzerlöse}} \times \frac{\text{Umsatzerlöse}}{\text{Gesamtkapital}}$$

Die Teilkomponente »Kapitalgewinn/Umsatzerlöse« wird dabei als Umsatzrentabilität (Umsatzgewinnrate) und die Teilkomponente »Umsatzerlöse/Gesamtkapital« als Kapitalumschlag bezeichnet. Das Produkt aus Umsatzrentabilität und Kapitalumschlag stellt damit eine Beziehung zwischen den ›magischen‹ Bezugsgrößen des unternehmerischen Erfolgs, nämlich dem Gewinn, den Umsatzerlösen und dem Kapitaleinsatz, her (vgl. Klinger, K. (1966), S. 234).

Rentabilitätskurven-Diagramm

Übersicht 86 enthält ein sog. »Rentabilitätskurven-Diagramm«. Die vier Iso-Rentabilitätskurven zeigen alle möglichen Kombinationen von Umsatzrentabilität und Kapitalumschlag, die zu einer gleich hohen Gesamtkapitalrentabilität führen. Infolgedessen kann sich die Gesamtkapitalrentabilität trotz abnehmenden Kapitalumschlags erhöhen, sofern der negative Einfluss des sinkenden Kapitalumschlags durch eine gesteigerte Umsatzrentabilität überkompensiert wird (et vice versa) (vgl. Hahn, D. (1976), Sp. 3421).

Während auf einer einzigen Iso-Rentabilitätskurve die Gesamtkapitalrentabilität (GKR) gleich hoch ist, nehmen die Rentabilitäten zu, je weiter die jeweilige Kurve vom Koordinatenursprung entfernt ist.

Einsatzmöglichkeiten

Das Instrument des Rentabilitätskurvendiagramms kann für die verschiedensten Zwecke eingesetzt werden. So zeigt die Isoquante in Übersicht 87 einen ROI von 20 %. Die dunkle Fläche verdeutlicht, dass die aufgeführten Punkte S_1 bis S_3 ein angestrebtes Ziel – ROI von 20 % – nicht erreicht haben, während die Punkte

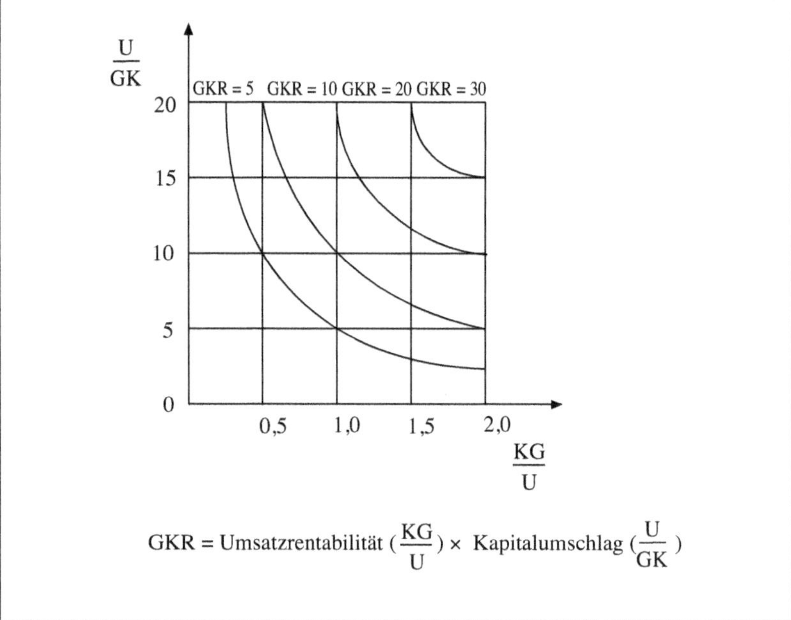

Übersicht 86: Iso-Rentabilitätskurven

S_4 bis S_{10} einen höheren ROI als 20 % repräsentieren. Diese Punkte S_1 bis S_{10} können den Zielerreichungsgrad einzelner Sparten, Artikel oder Konzernunternehmen darstellen, sodass sich der Analyst in kurzer Zeit einen Überblick über die Beurteilungsobjekte verschaffen kann.

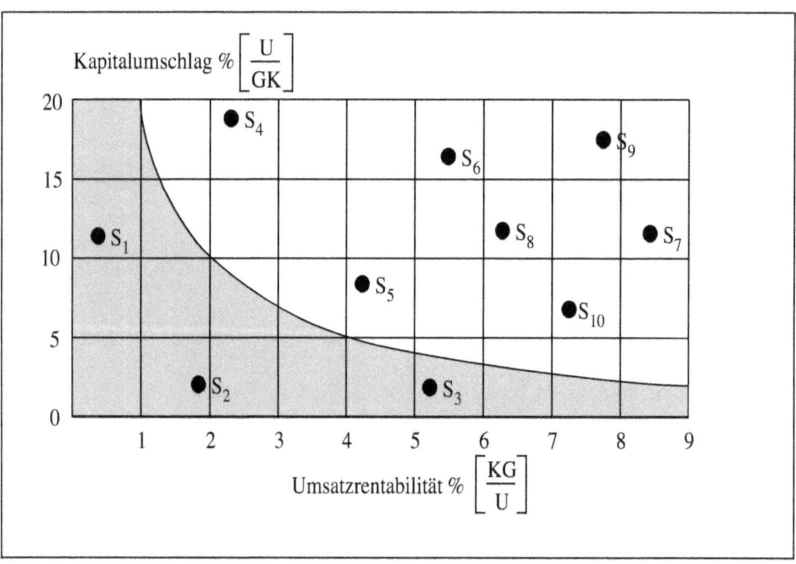

Übersicht 87: Kombination von Kapitalumschlag und Umsatzrentabilität bei einem Ziel-ROI von 20 %

Aussagefähigkeit

Vielfach stellt sich derart auch die interne Sichtweise auf Geschäftsbereiche im Zusammenhang mit unternehmenswertorientierten Kapitalrenditesystemen dar (vgl. hierzu insgesamt 4. Abschn., 5.). Die Geschäftsbereiche werden etwa daran gemessen, ob sie im Drei-Jahres-Durchschnitt in der Lage sein werden, eine konzerneinheitliche Mindestrendite zu erwirtschaften. Kritisch ist hierzu allerdings anzumerken, dass die Fixierung einer unternehmensweiten Mindestrendite in einer diversifizierten wirtschaftlichen Einheit nicht dazu führen darf, die individuellen Chancen und Risiken der einzelnen Geschäftsfelder außer Acht zu lassen. Daher werden etwa bei der rentabilitäts- bzw. unternehmenswertorientierten Auswertung von Segmentberichterstattungen den jeweiligen Rentabilitäten auch segmentspezifische Kapitalkosten gegenübergestellt (vgl. Coenenberg, A.G./ Mattner, G.R. (2000)).

Hinsichtlich grds. Defizite der ROI-Kennzahl im Zusammenhang mit einer unternehmenswertorientierten Unternehmenspolitik wird auf die Ausführungen unter 4. Abschn., 5.3.4 verwiesen.

2.4.2.5.1.2 Eigenkapitalrentabilität

Begriff

Die Maximierung der Eigenkapitalrentabilität stellt die eigentliche Zielgröße der erwerbswirtschaftlich orientierten Unternehmung dar. Diese Kennzahl setzt den Jahresüberschuss/Jahresfehlbetrag in Beziehung zum Eigenkapital und bringt somit die Verzinsung des von den Anteilseignern investierten Kapitals zum Ausdruck (vgl. Hahn, D. (1969), S. 178).

Bedeutung

Die Eigenkapitalrentabilität stellt insb. für (potenzielle) Anleger von Risikokapital die entscheidende Kennzahl dar und beeinflusst dementsprechend stark die (Eigen-)Kapitalbeschaffung eines Unternehmens. Ganz allgemein gilt, dass die Entwicklung der Eigenkapitalrentabilität für die Beurteilung der Unternehmen bzgl. ihrer Fähigkeit, Gewinne zu erzielen, zu investieren und Risiken zu tragen, von beträchtlicher Bedeutung ist (vgl. Baatz, E. (1983), S. 780).

Des Weiteren zeigt ein Vergleich der (Eigen-)Kapitalverzinsung in einem bestimmten Unternehmen mit der Rendite alternativer Anlageformen (Opportunitätskosten) dem investitionswilligen Anleger, welche Investition letztlich für ihn die günstigste ist.

Formeln

Es gilt die Grundgleichung:

(F. 87)

$$\text{Eigenkapitalrentabilität (EKR)} = \frac{\text{Jahresüberschuss/Jahresfehlbetrag}}{\text{Eigenkapital}}$$

Wird diese Formel im Zähler und im Nenner sowohl um die Umsatzerlöse (U) als auch um das Gesamtkapital (GK) erweitert, ergibt sich folgendes Zwischenergebnis (vgl. Chmielewicz, K. (1982), S. 323 f.):

(F. 88)

$$\text{EKR} = \frac{\text{G}}{\text{EK}} = \frac{\text{G}}{\text{U}} \times \frac{\text{U}}{\text{GK}} \times \frac{\text{GK}}{\text{EK}}$$

Durch eine einfache Umformung kann auch geschrieben werden:

(F. 89)

$$\text{EKR} = \frac{\underset{(\text{G/U})}{\text{Umsatzrentabilität}} \times \underset{(\text{U/GK})}{\text{Gesamtkapitalumschlag}}}{\underset{(\text{EK/GK})}{\text{Eigenkapitalquote}}}$$

Aus Formel F. 89 wird der Zusammenhang zwischen den Größen der Umsatzrentabilität, des Gesamtkapitalumschlags und der Eigenkapitalquote deutlich erkennbar. Eine Erhöhung der Eigenkapitalrentabilität kann erreicht werden durch
(1) eine höhere Umsatzrentabilität,
(2) einen höheren Gesamtkapitalumschlag,
(3) eine niedrigere Eigenkapitalquote.

Einfluss der Finanzierungsstruktur

Während die Finanzierungsstruktur auf die Höhe der Gesamtkapitalrentabilität keinen Einfluss hat, wird die Eigenkapitalrentabilität durch das Verhältnis von Eigen- und Fremdkapital mitbestimmt. Es gilt hier der Zusammenhang (vgl. HECKER, R. (1975), S. 180f.): Liegt die Gesamtkapitalrentabilität über dem Zinssatz für Fremdkapital, ist die Eigenkapitalrentabilität umso höher, je höher der Anteil des Fremdkapitals am Gesamtkapital ist (sog. »Leverage-Effekt«). Wird jedoch die Differenz zwischen der Gesamtkapitalrentabilität und dem Fremdkapitalzins durch einen steigenden Fremdkapitalzins und/oder Rückgang der Rentabilität aufgezehrt, tritt die umgekehrte Situation ein.

Beispiel: Leverage-Effekt

Es sollen nunmehr die beiden bislang erörterten Rentabilitätskennzahlen an einem konkreten Beispiel dargestellt und die Beziehungen zwischen beiden Größen aufgezeigt werden.

Ausgegangen wird von den nachfolgenden Zahlenangaben:

	Jahresüberschuss vor Fremdkapitalzinsen	1.200.000
./.	Fremdkapitalzinsen	200.000
=	Jahresüberschuss	1.000.000

Das Gesamtkapital (GK) beträgt 12.000.000; es unterteilt sich in Eigenkapital (EK) i.H.v. 8.000.000 und Fremdkapital (FK) i.H.v. 4.000.000. Der Verschuldungsgrad als Quotient von Fremd- und Eigenkapital beläuft sich somit auf 0,5.

Auf dieser Grundlage errechnen sich die Gesamt- und die Eigenkapitalrentabilität wie folgt:

$$\text{Gesamtkapitalrentabilität (GKR)} = \frac{1.000.000 + 200.000}{8.000.000 + 4.000.000} = 10{,}0\,\%$$

$$\text{Eigenkapitalrentabilität (EKR)} = \frac{1.000.000}{8.000.000} = 12{,}5\,\%$$

Wird der Zinssatz für das Fremdkapital mit i (= 5 %) bezeichnet, kann der Zusammenhang zwischen beiden Rentabilitätsgrößen wie folgt demonstriert werden:

$$\begin{aligned} EKR &= \frac{GK \times GKR \text{ ./. } i \times FK}{EK} \\ &= \frac{12.000.000 \times 0{,}1 \text{ ./. } 0{,}05 \times 4.000.000}{8.000.000} \\ &= 12{,}5\,\% \end{aligned}$$

oder

$$\begin{aligned} EKR &= GKR + \frac{FK}{EK} \times (GKR \text{ ./. } i) \\ &= 0{,}1 + 0{,}5 \times (0{,}1 \text{ ./. } 0{,}05) = 12{,}5\,\% \end{aligned}$$

Schlussfolgerungen

Daraus folgt:

(1) Die Eigenkapitalrentabilität kann so lange gesteigert werden, wie der Zinssatz für Fremdkapital unter der Gesamtkapitalrentabilität liegt (Leverage-Effekt).

(2) Wird ein vom Verschuldungsgrad unabhängiger Zinssatz für Fremdkapital unterstellt, ergibt sich eine lineare Abhängigkeit zwischen der Eigenkapitalrentabilität und dem Verschuldungsgrad.

Graphisch kann der Leverage-Effekt wie folgt dargestellt werden. Dabei wird von der Prämisse ausgegangen, dass der Zinssatz für Fremdkapital (i) unter der Gesamtkapitalrentabilität (r_{GKR}) liegt.

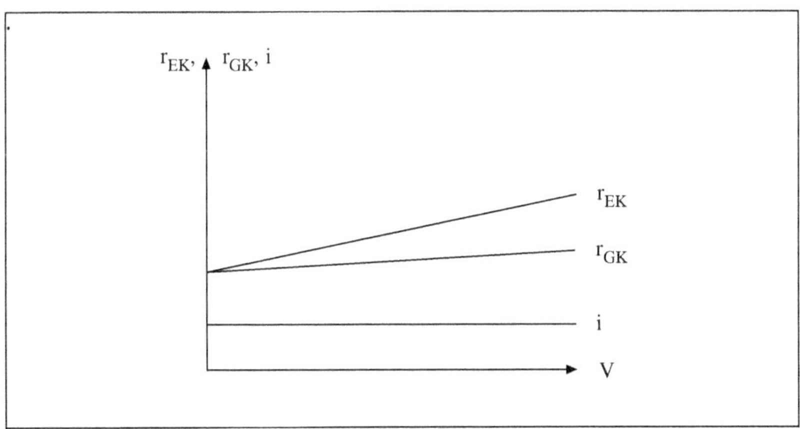

Übersicht 88: Leverage-Effekt

Verschuldungsgrad (V) = FK/EK; r_{EK} = Eigenkapitalrentabilität; r_{GK} = Gesamtkapitalrentabilität; i = Zinssatz für Fremdkapital

2.4.2.5.2 Umsatz- und Betriebsrentabilität

2.4.2.5.2.1 Umsatzrentabilität

Formeln

Der Begriff Umsatzrentabilität wird in der Literatur in zweifacher Weise gedeutet:

(F. 90)

$$\text{Umsatzrentabilität I} = \frac{\text{Jahresüberschuss/Jahresfehlbetrag}}{\text{Umsatzerlöse (Gesamtleistung)}}$$

(F. 91)

$$\text{Umsatzrentabilität II} = \frac{\text{Betriebserfolg (ordentliches Betriebsergebnis)}}{\text{Umsatzerlöse (Gesamtleistung)}}$$

Der Kennzahl F. 90 haftet der Nachteil an, dass zwischen Jahresergebnis und Umsatzerlösen (Gesamtleistung) kein direkter Kausalzusammenhang besteht. Denn mit dem Beteiligungsergebnis, den Zinsen sowie den sonstigen betrieblichen Aufwendungen und Erträgen wirken umsatzunabhängige Einflüsse auf das Jahresergebnis. Liegt der Fokus der Analyse auf der gewöhnlichen Geschäftstätigkeit des Unternehmens und soll deren Rentabilität bewertet werden, so ist die Umsatzrentabilität auf Basis des ordentlichen Betriebsergebnisses (F. 91) zu ermitteln. Denn es »leuchtet sicher ein, dass der ordentliche Betriebserfolg als Bezugsgröße zweckmäßiger ist. Der Jahresüberschuss kann allenfalls als Vereinfachung hingenommen werden, wenn es zu aufwendig ist, das operative Ergebnis zu ermitteln« (Gräfer, H./Schneider, G./Gerenkamp, T. (2012), S. 62).

Hinsichtlich der Ermittlung des ordentlichen Betriebsergebnisses wird auf die detaillierten Ausführungen unter 3. Abschn., Kap. 3, 2.3.1.6.2 verwiesen.

2.4.2.5.2.2 Betriebsrentabilität

Begriff

Die Betriebsrentabilität – auch Betriebskapitalrentabilität genannt – ist ein Maß für die nachhaltige, relative Ertragskraft eines Unternehmens, die bei der Verfolgung des Betriebszwecks erzielt werden kann (vgl. Brösel, G. (2014), S. 208). Während im Zähler das im Zusammenhang mit der Umsatzrentabilität bereits definierte ordentliche Betriebsergebnis erscheint, um zufällige Schwankungen der Erfolgsgröße auszuschließen, wird im Nenner das betriebsnotwendige Vermögen aufgeführt. Es gilt somit:

(F. 92)

$$\text{Betriebsrentabilität} = \frac{\text{ordentliches Betriebsergebnis}}{\text{betriebsnotwendiges Vermögen}}$$

Da das betriebsnotwendige Vermögen für den externen Analysten nicht ohne Weiteres aus der Bilanz ersichtlich ist, kann lediglich eine indikative Abgrenzung nach dem Kriterium der überwiegenden Zugehörigkeit erfolgen. Das nachfolgende Ermittlungsschema zeigt die Ermittlung des betriebsnotwendigen Vermögens anhand des genannten Kriteriums schematisch auf:

Gesamtvermögen
./. Finanzanlagen
./. Sonstige Vermögenswerte
./. Wertpapiere

= Betriebsnotwendiges Vermögen

Ein derart ermitteltes betriebsnotwendiges Vermögen weist zumindest Ungenauigkeiten auf. Im Vergleich zur Berechnung der Gesamt- bzw. Eigenkapitalrentabilität besteht daher ein zusätzliches Fehlerpotenzial, sodass die Kennzahl der Betriebsrentabilität mit erheblicher Vorsicht zu betrachten ist (vgl. Brösel, G. (2014), S. 210).

2.4.2.5.2.3 EBIT- und EBITDA-Rentabilität

Analyseziel

Der Fokus der EBIT- und EBITDA-Rentabilität, die auch als EBIT- bzw. EBITDA-Margen bezeichnet werden, liegt auf der Beurteilung der operativen Geschäftstätigkeit eines Unternehmens anhand des relativen Anteils der jeweiligen Erfolgsgröße an den Umsatzerlösen.

Während die Erfolgsgröße »EBITDA« die Leistungsfähigkeit eines Unternehmens vor Investitionsaufwendungen in Form von Abschreibungen und Wertminderungen auf das Sach- und immaterielle Anlagevermögen bemisst, gehen diese Abschreibungen in das EBIT ein. Unberücksichtigt bleiben jedoch auch hier – zumindest teilweise – die Aufwendungen und Erträge aus der Finanzierungstätigkeit eines Unternehmens (vgl. ausführlich zu den Begriffen EBIT, EBITDA und der Abgrenzung der einfließenden Faktoren 3. Abschn., Kap. 3, 2.3.1.4.1). Da die Beurteilung der operativen Leistungsfähigkeit von Unternehmen unterschiedlicher Größe auf Basis absoluter Werte nicht zielführend ist, wird in der Praxis mittels der EBIT- und EBITDA-Rentabilität die operative Leistungsfähigkeit in Relation zu den erzielten Umsatzerlösen bemessen.

Die EBIT-Marge gibt an, wie viel Prozent der Umsatzerlöse als EBIT erwirtschaftet wurden.

Formeln

(F. 93)

$$\text{operative (EBIT-)Marge} = \frac{\text{EBIT}}{\text{Umsatzerlöse}}$$

(F. 94)

$$\text{operative (EBITDA-)Marge} = \frac{\text{EBITDA}}{\text{Umsatzerlöse}}$$

Demgegenüber gibt die EBITDA-Marge an, welcher Anteil der Umsatzerlöse vor Abzug der Investitionsaufwendungen in Form von Abschreibungen auf das Sach- und immaterielle Anlagevermögen verbleibt. Oder anders formuliert: Wie hoch der Anteil des operativen Erfolgs an den Umsatzerlösen ist, bevor die Abschreibungen auf Sachanlagen und immaterielle Vermögenswerte in Abzug gebracht werden. Eine positive EBITDA-Rentabilität und deren positive Entwicklung im

Zeitablauf gelten daher in der Analysepraxis als Gradmesser zur Beurteilung der Funktionsfähigkeit des Geschäftsmodells (vgl. HEIDEN, M. (2006), S. 371).

EBITDA als Approximation des operativen Cashflows

Da das EBITDA eine Erfolgsgröße darstellt, die nur wenige Aufwandskomponenten berücksichtigt – die erfassten Aufwendungen sind dabei ausschließlich dem Bereich der operativen Geschäftstätigkeit zuzuordnen – und diese überwiegend zahlungswirksam sind (vgl. hierzu 3. Abschn., Kap. 3, 2.3.1.4.1), dient das EBITDA in der Analysepraxis der Approximation des operativen Cashflows. Die EBITDA-Marge gilt daher auch als Maß, inwieweit es dem Unternehmen gelungen ist, aus den erzielten Umsatzerlösen Zahlungsmittelüberschüsse zu erwirtschaften. Sie wird auch als operative Marge bezeichnet und stellt einen zentralen unternehmenswertbeeinflussenden Faktor (sog. »Wertgenerator«) dar.

2.4.2.5.3 Cashflowbezogene Rentabilitäten

Anstelle einer Erfolgsgröße kann auch der operative Cashflow in die Zählergröße der Rentabilität einbezogen werden. Demnach ergeben sich die folgenden modifizierten Rentabilitätskennzahlen (vgl. HARRMANN, A. (1986), S. 2616):

Formeln

(F. 95)

$$\text{Eigenkapitalrentabilität}_{mod} = \frac{\text{operativer Cashflow}}{\text{Eigenkapital}}$$

(F. 96)

$$\text{Gesamtkapitalrentabilität}_{mod} = \frac{\text{operativer Cashflow} + \text{Fremdkapitalzinsen}}{\text{Gesamtkapital}}$$

(F. 97)

$$\text{Cashflow-Rendite} = \frac{\text{operativer Cashflow}}{\text{Gesamtkapital}}$$

Im Zuge der Erstellung der Cashflow-Rechnung ist der Jahresüberschuss/-fehlbetrag um die zahlungsunwirksamen Aufwendungen und Erträge zu bereinigen. Daraus resultiert ein operativer Cashflow, der i. d. R. höher ist als der Periodenerfolg, weil zwar die auszahlungsunwirksamen Abschreibungen zum operativen Cashflow hinzuaddiert werden, die mit ihnen korrespondierenden Investitionen jedoch keine Berücksichtigung erfahren. Infolgedessen ist auch die daraus abgeleitete Rentabilität i. d. R. höher als eine aus dem Periodenerfolg resultierende (vgl. EGGER, A. (1998), S. 605 f.). Dieser Nachteil kann durch das Abstellen auf den sog. »Free Cashflow« behoben werden. Im Vergleich zur Größe des operativen Cashflows werden bei der Berechnung des Free Cashflows sowohl die Einzahlungen aus Desinvestitionen als auch die Auszahlungen für Investitionen berücksichtigt (vgl. BALLWIESER, W./HACHMEISTER, D. (2013), S. 141).

2.4.2.5.4 Marktwertbezogene Rentabilitäten

Der Fokus der Aktionäre bzw. Eigenkapitalgeber liegt im Besonderen auf der Verzinsung ihres eingesetzten Kapitals. Eine Möglichkeit zur Beurteilung der Verzinsung des eingesetzten Kapitals bietet die Eigenkapitalrentabilität. Diese bemisst die Verzinsung auf Basis des Buchwerts des Eigenkapitals und stellt diesem den darauf entfallenden Anteil am Jahresergebnis gegenüber. Um jedoch die tatsächliche Verzinsung des eingesetzten Kapitals eines Investors zu ermitteln, ist als Bezugsgröße der tatsächlich gezahlte Kaufpreis (Marktwert des Eigenkapitals) heranzuziehen. Gleichzeitig besteht die Verzinsung der Aktionäre nicht nur aus dem auf deren Anteil entfallenden Jahresergebnis, sondern auch aus einem möglichen Wertzuwachs ihres anteiligen Marktwerts am Eigenkapital. **Fokus der Aktionäre**

Die folgenden Kennzahlen »Price Earnings Ratio« (auch Kurs-Gewinn-Verhältnis), »Dividendenrendite« und »Aktienrendite« stellen unterschiedliche Ausprägungen von Rentabilitätskennzahlen dar, deren gemeinsame Bezugsgröße das marktbewertete Eigenkapital ist, die sich indes – aufgrund unterschiedlicher Analyseziele – hinsichtlich der in Relation gesetzten Verhältnisgröße unterscheiden. **Marktwert des Eigenkapitals**

2.4.2.5.4.1 Price Earnings Ratio

Die Price Earnings Ratio, auch Kurs-Gewinn-Verhältnis genannt, ist eine reziproke Rentabilitätskennzahl, deren Analysefokus auf der Relation zwischen Gewinn und investiertem Kapital des Eigenkapitalgebers liegt. Sie gibt an, zum Wievielfachen des Periodenerfolgs pro Aktie dieses Papier gehandelt bzw. bewertet wird, und ist wie folgt definiert: **Begriff**

(F. 98)

$$\text{Price Earnings Ratio} = \frac{\text{Preis je Aktie}}{\text{Gewinn je Aktie}}$$

Daraus folgern GRÄFER/SCHNEIDER/GERENKAMP ((2012), S. 140) zutreffend: Je »höher die Price-Earnings-Ratio ist, desto ›teurer‹ ist das jeweilige Papier, desto kleiner ist die kurzfristig realisierte Rendite, bzw. umso länger dauert es, bis der Kaufpreis durch Gewinne amortisiert wird«. Insoweit ist es verständlich, wenn diese Größe regelmäßig auch im Rahmen von Preiswürdigkeitsprüfungen eine besondere Berücksichtigung erfährt. So können mit Hilfe branchendurchschnittlicher Price Earnings Ratios Aussagen über eine angemessene Price Earnings Ratio des zu analysierenden Unternehmens getroffen werden. Wird diese Norm-Price Earnings Ratio mit dem Gewinn je Aktie multipliziert, stellt das Produkt eine Indikation des angemessenen Preises je Aktie des Unternehmens dar (vgl. COENENBERG, A. G./HALLER, A./SCHULTZE, W. (2014), S. 1157). **Bedeutung**

2.4.2.5.4.2 Dividendenrendite

Diese Kennzahl gibt Auskunft über die effektive Verzinsung des in Aktien angelegten Kapitals und ist für den Kapitalanleger insb. zum Vergleich mit alternativen Anlagemöglichkeiten von Bedeutung. Als Dividende je Aktie wird der für das Geschäftsjahr ausgeschüttete oder zur Ausschüttung vorgesehene Betrag angesetzt (vgl. COENENBERG, A. G./HALLER, A./SCHULTZE, W. (2014), S. 1159 f.). **Begriff**

(F. 99)

$$\text{Dividendenrendite} = \frac{\text{Dividende je Aktie}}{\text{Börsenkurs}}$$

Für denjenigen, der bereits Anteile besitzt, ist der Kaufkurs maßgebend, zu dem der Anteilseigner das Papier tatsächlich erworben hat, während der potenzielle Kapitalanleger auf die jeweils aktuellen Börsenkurse zurückgreift.

2.4.2.5.4.3 Aktienrendite

Begriff

Die Aktienrendite setzt das Jahresergebnis in Beziehung zu dem in Aktien investierten Kapital, sodass die Aktienrendite angibt, wie hoch das in Aktien des zu analysierenden Unternehmens angelegte Kapital auf Basis des Periodenerfolgs verzinst wurde (vgl. BUCHNER, R. (1981a), S. 95).

Obwohl zum gleichen Ergebnis führend, wird die Aktienrendite in der Literatur unterschiedlich definiert. Nach einer ersten Definition lautet der Quotient (vgl. BUSSE VON COLBE, W. (1976a), Sp. 396):

(F. 100)

$$\text{Aktienrendite} = \frac{\text{Jahresüberschuss/Jahresfehlbetrag}}{\text{Börsenkurs} \times \text{Aktienzahl}}$$

Eine weitere Definition ist die folgende (vgl. BUCHNER, R. (1981a), S. 95):

(F. 101)

$$\text{Aktienrendite} = \frac{(\text{Jahresüberschuss/Jahresfehlbetrag}) \times \text{Nennwert}}{\text{Grundkapital} \times \text{Aktienpreis}}$$

Der Zusammenhang zwischen beiden Formeln ergibt sich aus der Erweiterung der Formel F. 100 mit dem Nennwert je Aktie. Das Produkt aus Nennwert je Aktie und Aktienanzahl führt zum Grundkapital.

Merksätze

1. Die Rentabilität erfährt als Indikator für die (relative) Ertragskraft eines Unternehmens entscheidende praktische Bedeutung im Rahmen der Bilanz- und Erfolgsanalyse; daneben werden Rentabilitätskennzahlen aber auch als Instrument der Investitionsrechnung sowie als Planungs- und Steuerungsinstrument eingesetzt.
2. Die Rentabilität stellt eine Beziehungszahl dar, bei der eine Ergebnisgröße zu einer dieses Ergebnis maßgebend beeinflussenden Größe in Relation gesetzt wird.
3. Die mit Hilfe der Rentabilitätskennzahl durchgeführte relativierte Analyse des Erfolgs hat ggü. der Beurteilung absoluter Erfolgsgrößen verschiedene Vorteile, insb. jedoch die Vergleichbarkeit von Unternehmen unterschiedlicher Größen.

4. Die Rentabilitätsanalyse kann in vielfältiger Weise (aus-)gestaltet werden, insb. als spartenorientierte Rentabilitäts-/Kapitalergebnisrechnung, inner- bzw. zwischenbetriebliche Vergleichsrechnung oder Kennzahlensystem.
5. Im Vorfeld der Rentabilitätsanalyse sind indes hinsichtlich der Bestimmung der Zähler- (pagatorische oder kalkulatorische Größe, Definition des Ergebnisses etc.) und Nennergröße (Behandlung des nicht eingeforderten Kapitals) einige Grundsatzfragen zu klären.
6. Als bedeutsamste Kennzahlen der Rentabilitätsanalyse gelten die Kapitalrentabilität sowie rein marktwertbezogene Größen, wie das Price Earnings Ratio oder die Dividendenrendite.
7. Für Zwecke der Messung der operativen Leistungsfähigkeit eines Unternehmens können sowohl die Umsatzrentabilität als auch die EBITDA-Marge herangezogen werden.

2.4.3 Wertschöpfungsanalyse

2.4.3.1 Vorbemerkungen

Bedeutung

Wertschöpfungsrechnungen werden in der betriebswirtschaftlichen Literatur sowie in der Unternehmenspraxis überwiegend als Instrument der externen Unternehmensberichterstattung angesehen und dürften in diesem Zusammenhang auch ihre größte Verbreitung erlangt haben. Weiterhin werden Wertschöpfungsrechnungen im Rahmen der internen Unternehmensanalyse verwendet. Schließlich stellen sie bzw. die auf ihrer Grundlage ermittelten Kennzahlen ein beachtliches Instrument der externen Bilanzanalyse dar.

Die nachfolgenden Ausführungen fokussieren zunächst eine Wertschöpfungsrechnung auf Basis der Vorschriften des HGB. Auf Besonderheiten bei nach IFRS-Normen erstellten Abschlüssen wird anschließend in einem gesonderten Gliederungspunkt (vgl. 3. Abschn., Kap. 3, 2.4.3.3.2) eingegangen.

2.4.3.2 Grundlagen der Wertschöpfungsrechnung

Im Rahmen der Volkswirtschaftlichen Gesamtrechnung(en) ist die Nettowertschöpfung eines (Produktions-)Unternehmens definiert als dessen Beitrag zum Nettoinlandsprodukt zu Faktorkosten (vgl. Statistisches Bundesamt (1995), S. 60; überdies grundlegend Bofinger, P. (2011), S. 300 ff.; Mankiw, N. G./Taylor, M. P. (2012), S. 593 ff.).

Berechnung der Nettowertschöpfung

Ausgangsgröße für die Ermittlung der Nettowertschöpfung ist der Produktionswert, der sich aus dem Wert der Verkäufe von (Handels-)Waren und Dienstleistungen, dem Wert der Bestandsveränderungen an halbfertigen und fertigen Erzeugnissen und dem Wert der selbst erstellten Anlagen ergibt. Vom Produktionswert sind die Vorleistungen (Wert der Waren und Dienstleistungen, die von anderen in- und ausländischen Wirtschaftseinheiten bezogen und in der Betrachtungsperiode im Zuge der Produktion verbraucht wurden) und die Abschreibungen auf das reproduzierbare Anlagevermögen in Abzug zu bringen.

Die »Nettowertschöpfung ist daher – vereinfacht formuliert – als derjenige reale Güterzuwachs zu verstehen, den der volkswirtschaftliche Gütervorrat durch den Unternehmungsprozeß erfahren hat« (Kosiol, E. (1976), S. 1012).

Real- und nominalgüterwirtschaftliche Seite

Wie die Definition der Wertschöpfung im Rahmen der Volkswirtschaftlichen Gesamtrechnungen verdeutlicht, besitzt die Wertschöpfungsgröße eine real- und nominalgüterwirtschaftliche Seite, denn sie repräsentiert für ein Unternehmen sowohl das dort erzeugte Gütereinkommen als auch das ebenda entstandene Geldeinkommen. Die Wertschöpfung ist somit ein »zweiseitiger Begriff« (LEHMANN, M.R. (1954), S. 11).

Die Ermittlung der einzelwirtschaftlichen Wertschöpfung anhand des erzeugten Gütereinkommens wird im Schrifttum als subtraktive oder reale Methode bzw. als Entstehungsrechnung bezeichnet, die Ermittlung anhand des erzielten Geldeinkommens als additive oder personale Methode bzw. als Verteilungsrechnung, wobei letzterer Begriff jedoch missverständlich ist. Denn die nominalgüterwirtschaftliche Seite der Nettowertschöpfungsgröße ist definiert als Summe der in einem Unternehmen entstandenen Erwerbs- und Vermögenseinkommen. Diese Größe ist allerdings zu unterscheiden von der Summe der von einem Unternehmen verteilten Erwerbs- und Vermögenseinkommen (inkl. der Saldogröße ›unverteilter Gewinn‹ vor direkten Steuern), die sich bei Unternehmen mit eigener Rechtspersönlichkeit als Saldo aus dem Beitrag zum Nettoinlandsprodukt zu Faktorkosten sowie den empfangenen und verteilten Erwerbs- und Vermögenseinkommen ergibt (vgl. BARTELS, H. (1960), S. 334 f.).

Uneinheitliche Terminologie

Abschließend sei noch darauf hingewiesen, dass in der Betriebswirtschaftslehre zahlreiche terminologisch sowie inhaltlich abweichende Definitionen der einzelwirtschaftlichen Wertschöpfung existieren; diese Tatsache erklärt sich aus der Vielzahl von unterschiedlichen Aussagezielen, die mit einzelwirtschaftlichen Wertschöpfungsrechnungen verfolgt werden. Zu Recht weist WYSOCKI darauf hin, dass es ›die‹ betriebswirtschaftliche Wertschöpfungsrechnung nicht gibt (vgl. WYSOCKI, K. v. (1981), S. 106), zumal differierende Aussageziele grds. auch unterschiedlich abgegrenzte Ermittlungsbereiche, Ausgangsrechnungen sowie Rechengrößen bedingen (vgl. WEBER, H.K. (1980), S. 21 ff.).

Dennoch lässt sich in allgemeinster Form die einzelwirtschaftliche Wertschöpfungsgröße anhand der Entstehungs- und Verteilungsrechnung unter expliziter Berücksichtigung des Faktors »Staat« wie folgt ermitteln:

Entstehungsrechnung		Verteilungsrechnung	
			Arbeitseinkommen
	Gesamtleistung	+	Kapitaleinkommen
./.	Vorleistungen	+	Gemeineinkommen (Steuern)
=	Wertschöpfung	=	Wertschöpfung

Übersicht 89: Einzelwirtschaftliche Wertschöpfungsgröße

2.4.3.3 Wertschöpfungsrechnungen als Instrument der erfolgswirtschaftlichen Bilanzanalyse

Umfassende Erfolgsgröße

Die aus der Wertschöpfungsrechnung abgeleitete Größe stellt eine ggü. den traditionell (eigen-)kapitalorientierten Erfolgsgrößen erweiterte, umfassende Erfolgsgröße dar. Denn das »Charakteristikum der Wertschöpfungsrechnung liegt in einer Ausdehnung des Erfolgsbegriffs. Neben den Eigenkapitalerträgen gehören auch Fremdkapitalerträge, Gemeinerträge (Steuern) und Arbeitserträge zum Erfolg« (COENENBERG, A.G./HALLER, A./SCHULTZE, W. (2014), S. 1176).

Insofern wird auch die besondere Stellung der Wertschöpfungsrechnung im Rahmen der erfolgswirtschaftlichen Bilanzanalyse deutlich. Deren klassische Instrumente, wie z. B. die betragsmäßige Erfolgsanalyse, die Erfolgsquellenanalyse sowie die Rentabilitätsanalyse, stellen ganz überwiegend einen eigenkapitalorientierten Erfolgsbegriff in den Mittelpunkt der Betrachtung.

Vorteile

Als Vorteil von Wertschöpfungsrechnungen für erfolgswirtschaftliche Zeit- und Unternehmensvergleiche wird einerseits genannt, dass die Entscheidung über das Verhältnis von Eigen- und Fremdfinanzierung für die Wertschöpfung – im Gegensatz zum ausgewiesenen Jahreserfolg – unerheblich ist (vgl. Pohmer, D./Kroenlein, G. (1970), Sp. 1919). Andererseits werde durch die Berücksichtigung der Steuern in der Wertschöpfungsgröße gewährleistet, dass sich diese neutral hinsichtlich einer unterschiedlichen Steuer- und Dividendenpolitik verhält (vgl. Beier, J./Schlossarek, G. (1980), S. 1134).

Ordentliche betriebliche Wertschöpfung

In Gesamtdarstellungen zur externen Bilanzanalyse hat sich weitgehend ein Ansatz zur Konzeption einer Wertschöpfungsrechnung als Instrument der erfolgswirtschaftlichen Bilanzanalyse durchgesetzt. Dieser Ansatz ist dadurch gekennzeichnet, dass in der Wertschöpfungsgröße nur die aus betrieblich-produktionswirtschaftlichen Aktivitäten stammenden Erfolgskomponenten berücksichtigt werden. Eine derart ermittelte Wertschöpfungsgröße lässt sich auch als (ordentliche) betriebliche Wertschöpfung charakterisieren (vgl. Brösel, G. (2014), S. 198). Soweit die Ermittlung der ordentlichen betrieblichen Wertschöpfung keine systembedingten Abweichungen erfordert, greift dieser Ansatz auf die Erkenntnisse der traditionellen Ergebnisquellenanalyse zur Abgrenzung und Ermittlung eines ordentlichen betrieblichen Ergebnisses zurück. Gleichwohl lassen spezifische Fragen der Ausgestaltung und deren Begründung deutlich volkswirtschaftliche Bezüge erkennen.

Unternehmenswertschöpfung

Im Weiteren wird jedoch einem abweichenden Ansatz gefolgt, der dadurch charakterisiert ist, dass die ordentliche betriebliche Wertschöpfungsgröße im Rahmen der Entstehungsrechnung lediglich eine – wenn auch explizit hervorgehobene – Zwischengröße darstellt (vgl. nur Reichmann, T./Lange, C. (1980), S. 518 ff.). Endgröße ist vielmehr die sog. »Unternehmenswertschöpfung«, die sich im Rahmen der hier präferierten Konzeption aus der Summe von ordentlicher betrieblicher, ordentlicher betriebsfremder und außerordentlicher Wertschöpfung ergibt (vgl. Brösel, G. (2014), S. 200). Kennzeichen dieser Konzeption ist daher eine Entstehungsrechnung, die die Quellen der Unternehmenswertschöpfung zu erkennen gibt und Aussagen über die Nachhaltigkeit jener Bestandteile zulässt.

2.4.3.3.1 Konzeption einer erfolgsspaltungsorientierten Wertschöpfungsrechnung auf Basis der Vorschriften des HGB

Ausgangspunkt: GuV

Basis jeder Wertschöpfungsrechnung im Rahmen der externen Bilanzanalyse ist grds. die veröffentlichte GuV. Allerdings impliziert deren Verwendung nicht notwendigerweise die Durchführung einer Wertschöpfungsrechnung auf Basis von Aufwendungen und Erträgen. Ebenso könnte versucht werden, auf der Grundlage der GuV sowie unter Auswertung von Bilanz und Anhang zumindest näherungsweise eine Wertschöpfungsrechnung auf der Grundlage von Einnahmen und Ausgaben bzw. Einzahlungen und Auszahlungen durchzuführen. In diesem Fall wäre die Wertschöpfungsrechnung aber als Instrument der finanzwirtschaftlichen Bilanzanalyse einzuordnen.

Einschränkungen

Wertschöpfungsrechnungen lassen sich jedoch aus der handelsrechtlichen GuV nur näherungsweise ableiten, da Form und Aufbau der offenlegungspflichtigen Ergebnisrechnung anderen Zielsetzungen (u.a. ist die handelsrechtliche GuV zunächst einmal absatzorientiert) folgen und einige Posten sowohl wertschöpfungsrelevante als auch wertschöpfungsirrelevante Komponenten beinhalten (vgl. Coenenberg, A. G./Haller, A./Schultze, W. (2014), S. 1177).

Zusätzliche Probleme ergeben sich im Rahmen der externen erfolgswirtschaftlichen Bilanzanalyse, wenn die veröffentlichte GuV auf der Grundlage des Umsatzkostenverfahrens (UKV) gem. § 275 Abs. 3 HGB erstellt wird, da bspw. Bestandsveränderungen lediglich näherungsweise über die Bilanz ermittelt werden können und daher keine Trennung fertiger und unfertiger Erzeugnisse möglich ist.

Die weiteren Ausführungen fokussieren daher eine GuV nach HGB auf der Grundlage des Gesamtkostenverfahrens (GKV) für große Kapitalgesellschaften oder Personenhandelsgesellschaften i. S. d. § 264a HGB. Dabei steht insb. die Entstehungsrechnung und hier konkret die Ermittlung der ordentlichen betrieblichen Wertschöpfung im Vordergrund. Im Anschluss daran wird auf einige zentrale Probleme bei Verwendung einer GuV auf der Grundlage des UKV eingegangen, wobei auf eine gesonderte Betrachtung der Entstehungs- und Verteilungsrechnung verzichtet wird.

2.4.3.3.1.1 Gesamtkostenverfahren

2.4.3.3.1.1.1 Entstehungsrechnung

Berechnung des Produktionswerts

Auf der Grundlage des GKV ergibt sich der Produktionswert als Näherungslösung aus der Summe der Posten »Umsatzerlöse«, »Erhöhung oder Verminderung des Bestands an fertigen und unfertigen Erzeugnissen«, »andere aktivierte Eigenleistungen« und den zur ordentlichen betrieblichen Wertschöpfung zurechenbaren Teilen des Postens »sonstige betriebliche Erträge«.

Probleme des Auffangpostens »sonstige betriebliche Erträge«

Schwierigkeiten bestehen im Rahmen der externen Analyse bei der Ermittlung der wertschöpfungsrelevanten Bestandteile innerhalb der sonstigen betrieblichen Erträge, da es sich bei diesem Posten »um einen ›Auffangposten‹ (bzw. ›Sammelposten‹) für alle Erträge [handelt, d. Verf.], die nicht entspr. § 275 Abs. 2 oder sonst. Vorschriften … in anderen Posten bzw. an anderer Stelle gesondert auszuweisen sind« (Budde, A. (2013), Rn. 38). Dem Produktionswert zugerechnet werden die unter den sonstigen betrieblichen Erträgen auszuweisenden regelmäßig anfallenden Erlöse aus betriebsleistungsfremden Umsätzen, wie z. B. Miet- und Pachteinnahmen, Patent- und Lizenzgebühren u. Ä. Demgegenüber sind die gleichfalls unter dem Posten »sonstige betriebliche Erträge« auszuweisenden sog. »Liquidations- und Bewertungserfolge« (z. B. Erträge aus dem Abgang von Gegenständen des Anlagevermögens, Erträge aus der Herabsetzung der Pauschalwertberichtigungen zu Forderungen, Erträge aus der Auflösung von Rückstellungen) bei der Ermittlung einer ordentlichen (betrieblichen) Wertschöpfungsgröße nicht zu berücksichtigen.

Zuschreibungen

Auch die Zuschreibungen des Geschäftsjahrs zu Gegenständen des Anlagevermögens als möglicher Teil der sonstigen betrieblichen Erträge sind keinesfalls dem Produktionswert hinzuzurechnen. Diese können jedoch relativ einfach dem Anlagespiegel entnommen werden (vgl. § 268 Abs. 2 HGB).

Übrige Bewertungs- und Liquidationserfolge

Demgegenüber erweist sich eine Eliminierung der übrigen Bewertungs- sowie Liquidationserfolge als problematisch.

Wenn üblicherweise im Zusammenhang mit der Eliminierung von Liquidations- und Bewertungserfolgen auf die Anhangangabe gem. § 277 Abs. 4 Satz 3 HGB verwiesen wird, bedarf dies insofern einer Präzisierung, als hier eine Angabepflicht nicht aus der unmittelbaren Eigenschaft dieser Erträge (bzw. Aufwendungen) als Liquidations- und Bewertungserfolge resultiert, sondern aus ihrer Eigenschaft als überwiegend periodenfremde Erträge (bzw. Aufwendungen). Eine Angabepflicht nach § 277 Abs. 4 Satz 3 i. V. m. § 277 Abs. 4 Satz 3 HGB besteht allerdings nur dann, wenn die aperiodischen Aufwendungen und Erträge »für die Beurteilung der Ertragslage nicht von untergeordneter Bedeutung sind«. In diesem Fall sind die aperiodischen Aufwendungen und Erträge hinsichtlich ihres Betrags und ihrer Art zu erläutern. Nach überwiegender Meinung besteht jedoch keine Verpflichtung zur Angabe von Beträgen, vielmehr genügt eine verbale Beschreibung des Verhältnisses des Teilpostens zum Gesamtposten (vgl. Förschle, G./Peun, M. (2014), Rn. 226).

Zuschüsse und Zulagen

Zudem können in den sonstigen betrieblichen Erträgen auch (sofort) GuV-wirksam vereinnahmte Zuschüsse und Zulagen der Öffentlichen Hand enthalten sein. Sofern auf freiwilliger Basis der Betrag der GuV-wirksam vereinnahmten Zuschüsse und Zulagen angegeben wird, sollte deren Behandlung in Abhängigkeit der Einordnung der sonstigen Steuern als Näherungsgröße zu den indirekten Steuern i. S. d. Volkswirtschaftlichen Gesamtrechnungen erfolgen.

Soweit die verfügbaren Informationen bzgl. der übrigen Bewertungs- und Liquidationserfolge sowie der Zuschüsse und Zulagen der Öffentlichen Hand für eine exakte Quantifizierung nicht ausreichend sind, sollte von einer Hinzurechnung der sonstigen betrieblichen Erträge zum Produktionswert abgesehen werden. Durch diese Vorgehensweise wird gewährleistet, dass der Produktionswert nicht zu hoch ausgewiesen wird.

Subtraktion der Vorleistungen

Vom Produktionswert als Ausgangsgröße sind die Vorleistungen zu subtrahieren. Zu diesen gehören grds. der Posten Nr. 5 gem. § 275 Abs. 2 HGB und die planmäßigen Abschreibungen auf die immateriellen Vermögenswerte des Anlagevermögens und Sachanlagen.

Außerplanmäßige Abschreibungen

Unter dem Gesichtspunkt der Regelmäßigkeit bzw. Nachhaltigkeit stellen außerplanmäßige Abschreibungen auf die immateriellen Vermögenswerte und die Sachanlagen gem. § 253 Abs. 3 HGB, für die gem. § 277 Abs. 3 Satz 1 HGB eine Angabepflicht besteht, keinen Bestandteil der unternehmerischen Tätigkeit dar. Sie werden daher bei der Ermittlung der ordentlichen betrieblichen Wertschöpfung eliminiert. Entsprechend werden auch jene Abschreibungen auf das Umlaufvermögen, welche die in der Kapitalgesellschaft üblichen Abschreibungen überschreiten (vgl. § 275 Abs. 2 Nr. 7b HGB), bei der Ermittlung einer ordentlichen betrieblichen Wertschöpfungsgröße nicht berücksichtigt (vgl. auch Küting, K./Dawo, S. (1999), S. 241 f.).

Behandlung der sonstigen betrieblichen Aufwendungen

Weiterhin ist der Produktionswert um die sonstigen betrieblichen Aufwendungen zu kürzen, soweit die hierunter ausgewiesenen, regelmäßig anfallenden Aufwendungen Vorleistungscharakter haben, so z. B. Gebühren jeglicher Art, Mieten und Pachten, Beratungs- und Prüfungskosten. Ein Abzug vom Produktionswert sollte daher grds. unter vorheriger Eliminierung der Bewertungs- und Liquidationsverluste in Betracht kommen. Auf die entsprechenden Ausführungen zu den sonstigen betrieblichen Erträgen wird verwiesen. Gleichwohl erscheint auch ein pauschaler Abzug vom Produktionswert dann gerechtfertigt, wenn die verfügbaren Informationen für eine Eliminierung der Bewertungs- und Liquidationsverluste nicht ausreichend sein sollten. Dadurch wird sichergestellt, dass die ordentliche betriebliche Wertschöpfung nicht zu hoch ausgewiesen wird.

Aufsichtsratsvergütungen und Aufwendungen für Fremdpersonal

Nach h. M. sind die in den sonstigen betrieblichen Aufwendungen enthaltenen und gesondert im Anhang angabepflichtigen Vergütungen für Mitglieder des Aufsichtsrats, eines Beirats oder einer ähnlichen Einrichtung (vgl. § 285 Nr. 9 HGB) herauszurechnen und der Verteilungsseite als Arbeitserträge zuzuordnen (vgl. z. B. Coenenberg, A. G./Haller, A./Schultze, W. (2014), S. 1179). Demgegenüber sind die in den sonstigen betrieblichen Aufwendungen enthaltenen Aufwendungen für im Unternehmen eingesetztes Fremdpersonal als Vorleistungen anzusehen (vgl. Neubauer, W. (1968), S. 27), auch wenn es in Einzelfällen für zwischenbetriebliche Vergleiche sinnvoller wäre, jene Aufwendungen nicht als Vorleistungen zu behandeln.

Betriebssteuern

Eine weitere Korrektur im Zusammenhang mit den sonstigen betrieblichen Aufwendungen kann sich ergeben, wenn die Betriebssteuern nicht unter dem Posten »sonstige Steuern«, sondern unter dem Posten »sonstige betriebliche Aufwendungen« ausgewiesen werden. Für die Bilanzanalyse sind in diesem Fall unter Rückgriff auf betragsmäßige Angaben die Betriebssteuern aus den sonstigen betrieblichen Aufwendungen herauszurechnen und bei den sonstigen Steuern zu berücksichtigen.

Sonstige Steuern

Umstritten ist die Berücksichtigung der unter dem Posten Nr. 19 auszuweisenden »sonstigen Steuern« als Abzugsposten im Rahmen der Entstehungsrechnung. Die unter diesem Bilanzposten ausgewiesenen Steuerarten sind weitgehend identisch mit jenen Steuerarten, die den indirekten Steuern i. S. d. Volkswirtschaftlichen Gesamtrechnungen zuzuordnen sind (z. B. Grundsteuer, KFZ-Steuer, Verbrauchsteuern). Eine Gleichsetzung der sonstigen Steuern mit den indirekten Steuern i. S. d. Volkswirtschaftlichen Gesamtrechnungen erscheint daher zulässig.

Grds. sind die sonstigen Steuern nicht als Vorleistungen zu betrachten, da Steuern Geldleistungen sind, die nicht eine Gegenleistung für besondere Leistungen darstellen (vgl. § 3 Abs. 1 AO). Daher werden hier die sonstigen Steuern nicht als Abzugsposten behandelt, sondern im Rahmen der Verteilungsrechnung den Gemeinerträgen zugerechnet. Dies geschieht nicht zuletzt, um eine möglichst vollständige Erfassung der Gemeinerträge im Rahmen der Verteilungsrechnung zu gewährleisten. Jedoch wird auch eine Behandlung der sonstigen Steuern als Abzugsposten in der Entstehungsrechnung immer damit zu begründen sein, dass eine Erstellung der Wertschöpfungsrechnung in größtmöglicher Anlehnung an die Vorgehensweise der amtlichen Statistik angestrebt wird.

Endgröße

Als Endgröße der bis zu dieser Stelle durchgeführten Wertschöpfungsrechnung ergibt sich die ordentliche betriebliche Wertschöpfungsgröße.

Behandlung des sog. »Restbetrags«

Abweichend von dem üblicherweise im Rahmen der externen Bilanzanalyse vorgeschlagenen Ansatz wird hier jedoch

(1) im Rahmen der Entstehungsrechnung der sog. »Restbetrag« – als Saldogröße der weder für die Ermittlung der betrieblichen Wertschöpfungsgröße noch für die Verteilungsrechnung relevanten Aufwendungen und Erträge – berücksichtigt, der je nach Vorzeichen der ordentlichen betrieblichen Wertschöpfungsgröße hinzuzurechnen oder von dieser zu subtrahieren ist und zur Unternehmenswertschöpfung überleitet;
(2) dieser Restbetrag in die Bestandteile ordentliche betriebsfremde und außerordentliche Wertschöpfung aufgegliedert und gem. dem nachfolgend dargestellten Schema in Übersicht 90 ermittelt.

Entstehungsrechnung		Posten des GKV oder sonstige Quelle
	Umsatzerlöse	Nr. 1
±	Erhöhung/Verminderung des Bestands an fertigen und unfertigen Erzeugnissen	Nr. 2
+	Andere aktivierte Eigenleistungen	Nr. 3
+	Sonstige betriebliche Erträge ohne:	Nr. 4
	* Liquidations- und Bewertungserträge	§ 277 Abs. 4 Satz 3 HGB (Anlagespiegel)
=	Produktionswert (brutto)	
./.	Materialaufwand	Nr. 5
./.	Abschreibungen auf immaterielle Vermögensgegenstände des Anlagevermögens und Sachanlagen	Nr. 7a
+	Außerplanmäßige Abschreibungen auf immaterielle Vermögensgegenstände und das Sachanlagevermögen gem. § 253 Abs. 3 Satz 3 HGB	§ 277 Abs. 3 Satz 1 HGB
./.	Sonstige betriebliche Aufwendungen ohne:	Nr. 8
	* Liquidations- und Bewertungsverluste	§ 277 Abs. 4 Satz 3 HGB
	* Vergütungen an die Mitglieder des Aufsichtsrats, eines Beirats …	§ 285 Nr. 9a und b HGB
	* hier ausgewiesene Betriebssteuern	(Anhang)
= (I)	Ordentliche betriebliche Wertschöpfung	
	Erträge aus Beteiligungen, davon aus verbundenen Unternehmen	Nr. 9
+	Erträge aus anderen Wertpapieren und Ausleihungen des Finanzanlagevermögens, davon aus verbundenen Unternehmen	Nr. 10
+	Sonstige Zinsen und ähnliche Erträge, davon aus verbundenen Unternehmen	Nr. 11
= (II)	Ordentliche betriebsfremde Wertschöpfung	
	Außerordentliche Erträge	Nr. 15
+	Liquidations- und Bewertungserträge	§ 277 Abs. 4 Satz 3 HGB
./.	Außerordentliche Aufwendungen	Nr. 16
./.	Liquidations- und Bewertungsverluste	§ 277 Abs. 4 Satz 3 HGB
./.	Alle bisher nicht berücksichtigten Abschreibungen:	
	• Abschreibungen auf Finanzanlagen und auf Wertpapiere des Umlaufvermögens	Nr. 12
	• ›Unübliche‹ auf Vermögensgegenstände des Umlaufvermögens	Nr. 7b
= (III)	Außerordentliche Wertschöpfung	
(I) + (II) + (III) = Unternehmenswertschöpfung		

Übersicht 90: Entstehungsrechnung basierend auf dem GKV-Schema des HGB

Begründung

Für diese Vorgehensweise sprechen mehrere Gründe:

(1) Durch die hier vorgeschlagene erfolgsspaltungsorientierte Wertschöpfungsrechnung können die für die erfolgswirtschaftliche Bilanzanalyse als zentral zu erachtenden Größen der ordentlichen betrieblichen Wertschöpfung sowie die der Unternehmenswertschöpfung dem Berechnungsschema unmittelbar entnommen werden.

(2) Übereinstimmend mit der h. M. (vgl. z. B. ALBACH, H. (1978), S. 626; KELLER, M. (1977), S. 1716) wird hier die Ansicht vertreten, dass als Grundlage und Endgröße der Verteilungsrechnung nur die Unternehmenswertschöpfung in Betracht kommen kann. Die Berücksichtigung des Restbetrags im Rahmen der Entstehungsrechnung trägt dieser Tatsache Rechnung. Denn »erst dieser … Rechenschritt führt zu dem Betrag, der periodisch verteilbares und immer auch irgendwie verteiltes Unternehmenseinkommen darstellt« (WEDELL, H. (1976), S. 209).

(3) Weitergehend erscheint eine Aufgliederung des Restbetrags in die Bestandteile ordentliche betriebsfremde und außerordentliche Wertschöpfung auch sinnvoll und zweckmäßig, um zu einer aussagefähigeren Analyse der Unternehmenswertschöpfung zu gelangen. Denn anhand der erfolgsspaltungsorientiert aufgebauten Entstehungsrechnung werden, wie LANGE (C. (1989), S. 243) zutreffend formuliert, die »Entstehungsquellen der Wertschöpfung im Sinne des Unternehmenseinkommens sowie die Nachhaltigkeit der Wertschöpfung deutlich«.

2.4.3.3.1.1.2 Verteilungsrechnung

Im Rahmen der Verteilungsrechnung ergibt sich die Unternehmenswertschöpfung als Summe aus Arbeits-, Gemein-, Fremd- und Eigenkapitalerträgen.

Arbeitserträge

Die Arbeitserträge bestimmen sich als Summe aus Löhnen und Gehältern, sozialen Abgaben sowie den Aufwendungen für Altersversorgung und können dem Posten Nr. 6 gem. § 275 Abs. 2 HGB entnommen werden. Weiterhin sind den Arbeitserträgen die Vergütungen an die Mitglieder des Aufsichtsrats, eines Beirats oder einer ähnlichen Einrichtung zuzuordnen.

In Einzelfällen können auch in dem Posten »außerordentliche Aufwendungen« Bestandteile enthalten sein, die sachlich den Arbeitserträgen zuzuordnen sind, so z. B. Aufwendungen aufgrund eines Sozialplans wegen einer Betriebsschließung. Eine Korrekturmöglichkeit kann in solchen Fällen u. U. aus der Angabepflicht gem. § 277 Abs. 4 Satz 2 HGB resultieren.

Gemeinerträge

Die Gemeinerträge ergeben sich aus der Summe der Posten Nr. 18 »Steuern vom Einkommen und Ertrag« sowie Nr. 19 »sonstige Steuern«. Für die Ermittlung der sonstigen Steuern kann jedoch ein Rückgriff auf den Posten Nr. 19 des GKV nicht ausreichend sein. So wurde schon auf die Einbeziehung der Betriebssteuern unter den Posten »sonstige betriebliche Aufwendungen« hingewiesen. Weiterhin wird es in der Literatur als zulässig erachtet und teilweise in der Praxis auch so gehandhabt, bestimmte branchentypische Verbrauchsteuern, wie z. B. die Mineralöl-, Bier-, Tabak- und Branntweinsteuer, nicht unter dem Posten Nr. 19 auszuweisen, sondern sie offen von dem Posten »Umsatzerlöse« abzusetzen (vgl. FÖRSCHLE, G./PEUN, M. (2014), Rn. 66). In diesem Fall sind die offen von den Umsatzerlösen abgesetzten Verbrauchsteuern den unter dem Posten Nr. 19 ausgewiesenen sonstigen Steuern hinzuzurechnen.

Soweit auf freiwilliger Basis der Betrag der unter dem Posten »sonstige betriebliche Erträge« GuV-wirksam vereinnahmten Zuschüsse und Zulagen der Öffentlichen Hand angegeben wird, ist dieser als Abzugsposten innerhalb der Gemeinerträge zu berücksichtigen.

Fremdkapitalerträge

Als Fremdkapitalerträge sind die unter dem Posten »Zinsen und ähnliche Aufwendungen« auszuweisenden Aufwendungen anzusehen.

Eigenkapitalerträge

Als Eigenkapitalertrag ist schließlich der Posten »Jahresüberschuss/Jahresfehlbetrag« anzusehen, wobei jedoch alternativ auch die Möglichkeit besteht, die Ergebnisverwendungsrechnung zu berücksichtigen.

	Verteilungsrechnung	**Posten des GKV oder sonstige Quellen**
	Arbeitserträge:	
	Personalaufwand	Nr. 6a f.
+	Vergütungen an die Mitglieder des Aufsichtsrats, eines Beirats ...	§ 285 Nr. 9a f. HGB
	Gemeinerträge:	
	Steuern vom Einkommen und Ertrag	Nr. 18
+	Sonstige Steuern	Nr. 19
+	Evtl. offen von den Umsatzerlösen abgesetzte Verbrauchsteuern	Nr. 1
+	Evtl. unter den sonstigen betrieblichen Aufwendungen ausgewiesene Betriebssteuern	(Anhang)
	Fremdkapitalerträge:	
	Zinsen und ähnliche Aufwendungen	Nr. 13
	Eigenkapitalerträge:	
±	Jahresüberschuss/Jahresfehlbetrag	Nr. 20
=	Unternehmenswertschöpfung	

Übersicht 91: Verteilungsrechnung basierend auf dem GKV-Schema des HGB

2.4.3.3.1.2 Besonderheiten bei Verwendung des Umsatzkostenverfahrens

Konzeption

Kennzeichnend für das UKV ist, dass die Aufwendungen des betrieblichen Bereichs nach Funktionsbereichen (Herstellung, Verwaltung, Vertrieb) aufgespalten werden und dass eine Angleichung der ausgewiesenen Aufwendungen, an das Mengengerüst des Absatzes bzw. der Umsatzerlöse erfolgt. Konkret heißt dies, dass lediglich die auf die erzielten Umsatzerlöse entfallenden Aufwendungen in der GuV offen gelegt werden. Aufwendungen, die im Zusammenhang mit Bestandsveränderungen und aktivierten Eigenleistungen stehen, werden nicht in der GuV gezeigt. Da jedoch für die Ermittlung der Wertschöpfungsgröße u. a. Informationen über die Höhe der Bestandsveränderungen an fertigen und unfertigen Erzeugnissen, den Wert der anderen aktivierten Eigenleistungen, den Materialaufwand, die Höhe der Abschreibungen sowie den Personalaufwand benötigt werden, ist das UKV konzeptionell nicht als Grundlage von Wertschöpfungsrechnungen geeignet.

Rückgriff auf Bilanz- und Anhangangaben

Dieser Nachteil des UKV wird teilweise dadurch kompensiert, dass spezifische Angaben aus Bilanz und Anhang entnommen werden können. So finden sich die Abschreibungen auf die immateriellen Vermögenswerte sowie auf die Sachanlagen im Anlagespiegel. Weiterhin können der Material- und Personalaufwand des Geschäftsjahrs dem Anhang entnommen werden, wobei in Deutschland allerdings nur große Kapitalgesellschaften und Personenhandelsgesellschaften i. S. d. § 264a HGB dazu verpflichtet sind, beide Größen offenzulegen.

Unlösbare Probleme

Für den externen Bilanzanalysten ergeben sich ohne freiwillige Angaben seitens des Unternehmens durch die Anwendung des UKV nicht zu lösende Probleme, insb. in nachfolgenden Bereichen:

Andere aktivierte Eigenleistungen

(1) Ermittlung der Höhe der anderen aktivierten Eigenleistungen:
Diese Größe kann ohne zusätzliche Informationen seitens des Unternehmens nicht durch den externen Bilanzanalysten ermittelt werden.

Bestandsveränderungen

(2) Ermittlung der Höhe der Bestandsveränderung an fertigen und unfertigen Erzeugnissen:
Zwar kann grds. die Höhe der Bestandsveränderung durch eine Differenzenbildung der betreffenden Bilanzposten (Aktiva B. I. 2 und 3) zu Beginn und zum Ende des Geschäftsjahrs ermittelt werden. Während sich für den Bilanzposten »unfertige Erzeugnisse, unfertige Leistungen« keine Schwierigkeiten ergeben, treten bei den »fertigen Erzeugnissen« jedoch Probleme auf, weil diese zusammen mit den Waren ausgewiesen werden. Da Bestandsveränderungen auf Waren dem Materialaufwand zuzurechnen sind, müsste für eine präzise Ermittlung der Bestandsveränderungen der fertigen Erzeugnisse dieser Bilanzposten in fertige Erzeugnisse und Waren aufgespalten werden können.

Sonstige Steuern

(3) Ermittlung der sonstigen Steuern:
Bei Anwendung des UKV besteht für die sog. »Kosten«- oder »Betriebssteuern« die Möglichkeit, diese entweder unter dem Posten »sonstige Steuern« gem. § 275 Abs. 3 Nr. 18 HGB auszuweisen oder aber den Funktionsbereichen »Herstellung«, »Vertrieb« und »allgemeine Verwaltung« zuzuordnen (vgl. WP-Handbuch (2012), Kap. F, Rn. 653). Wird im Falle einer Zuordnung zu den Funktionsbereichen lediglich die Art des Ausweises im Anhang angegeben und erfolgt keine betragsmäßige Angabe, kann der externe Analyst den Betrag der sonstigen Steuern nicht exakt ermitteln.

Zinsaufwendungen

(4) Ermittlung der Zinsaufwendungen:
Analog zum alternativen Ausweis von Kosten- oder Betriebssteuern besteht grds. auch für die Zinsaufwendungen die Möglichkeit eines Ausweises unter dem Posten Nr. 12 gem. § 275 Abs. 3 HGB oder aber einer Zuordnung zu den Posten Nr. 2, 4 und 5 (vgl. Adler, H./Düring, W./Schmaltz, K. (1995), § 275 HGB, Rn. 249). Auch hier erfordert eine Ermittlung der Zinsaufwendungen eine betragsmäßige Angabe seitens des Unternehmens.

Sonstige betriebliche Aufwendungen

(5) Sonstige betriebliche Aufwendungen:
Der Posten »sonstige betriebliche Aufwendungen« im UKV umfasst üblicherweise jene Aufwendungen, die nicht den einzelnen Funktionsbereichen Herstellung, Verwaltung oder Vertrieb zugeordnet werden. Somit können, wie Gräfer (H. (1994), S. 238) zutreffend ausführte, »wertschöpfungsrelevante Teile wie Gebühren, Beiträge usw. auf die einzelnen Funktionsbereiche verteilt sein, und deshalb nicht in die Vorleistungen einbezogen werden«.

Unübliche Abschreibungen

(6) »Unübliche« Abschreibungen auf Vermögensgegenstände des Umlaufvermögens:
Im Gegensatz zum GKV (vgl. § 275 Abs. 2 Nr. 7b HGB) sieht das UKV keinen gesonderten Posten für die den üblichen Betrag der Abschreibungen über-

schreitenden Teil vor. Generell sind beim Umsatzkostenverfahren Abschreibungen auf Gegenstände des Umlaufvermögens (außer Wertpapiere) funktional unter den Posten Nr. 2, 4, 5 sowie 7 auszuweisen (vgl. Budde, A. (2013), Rn. 143). Eine Aussonderung der unüblichen Abschreibungen bei der Ermittlung der ordentlichen betrieblichen Wertschöpfung ist somit auf der Grundlage des UKV nicht möglich.

Fazit

Die Ausführungen zeigen, dass die Durchführung der Wertschöpfungsrechnung auf der Grundlage des UKV mit wesentlich größeren Schwierigkeiten und damit häufig auch Ungenauigkeiten behaftet ist als die Durchführung auf der Grundlage des GKV. Inwieweit sich hieraus jedoch betragsmäßig relevante Abweichungen ergeben, kann nicht generell beantwortet werden. Ansonsten kann zur grds. Vorgehensweise, unter Berücksichtigung der aufgeführten Besonderheiten, auf die in den Übersichten 90 und 91 dargestellten Ermittlungsschemata verwiesen werden.

2.4.3.3.2 Konzeption einer erfolgsspaltungsorientierten Wertschöpfungsrechnung auf Basis der Vorschriften der IFRS

Veränderte Rahmenbedingungen

Mit der Internationalisierung der Rechnungslegung ging auch eine Veränderung der Rahmenbedingungen für die Wertschöpfungsanalyse einher. Reinhart (A. (1999), S. 212 ff.) nennt als Hauptproblem die Tatsache, dass dem Analysten bei IFRS-Abschlüssen häufig der Datenzugang zu bestimmten Positionen fehlt bzw. der Anteil an Mischpositionen, die aus einer höheren Datenaggregation als nach HGB resultieren, bei nach internationalen Vorschriften erstellten Abschlüssen wesentlich höher ist (vgl. auch Reinhart, A. (1998), S. 383 ff.).

Problemfelder

Probleme treten bei einem IFRS-Abschluss im Zusammenhang mit der Entstehungsrechnung auf, da die internationalen Vorschriften für bestimmte zur Ermittlung der Wertschöpfung notwendige Größen, keine Angabepflichten vorsehen (vgl. Coenenberg, A. G./Haller, A./Schultze, W. (2014), S. 1181 f.). Dies gilt bspw. für die sonstigen Steuern: Diese müssen im IFRS-Abschluss nicht gesondert erfasst werden und sind daher u. U. dem externen Analysten nicht bekannt, sodass sie in der Entstehungsrechnung folglich auch nicht korrigiert werden können. Weiterhin gibt es bei Anwendung des UKV in der GuV – anders als im HGB – auch keine Angabepflicht für den Materialaufwand. Als problematisch erweist sich zudem die Bestimmung der Bewertungs- und Liquidationserfolge, die regelmäßig in den »sonstigen Erträgen« respektive »anderen Aufwendungen« des IFRS-Abschlusses enthalten sind und aufgrund des Fehlens von speziellen Erläuterungspflichten aus diesen Mischposten meist nicht eliminiert werden können. Stammen die Bewertungs- und Liquidationsgewinne bzw. -verluste jedoch aus wesentlichen Transaktionen, müssen sie gesondert angegeben werden (vgl. IAS 1.97). Das in Übersicht 90 dargestellte Ermittlungsschema für die Entstehungsrechnung ist somit in einem Abschluss, der nach den Normen der IFRS erstellt ist, nur eingeschränkt anwendbar.

Erstellung der Verteilungsrechnung

Für die Erstellung der Verteilungsrechnung hingegen sind auch in einem IFRS-Abschluss alle notwendigen Daten (direkt oder indirekt) enthalten (vgl. Coenenberg, A. G./Haller, A./Schultze, W. (2014), S. 1182). In Anlehnung an das Schema in Übersicht 91 lassen sich dem internationalen Abschluss Arbeitserträge, Gemeinerträge sowie Kapitalerträge entnehmen.

Insgesamt betrachtet gilt also, dass die »IAS-Abschlußanalyse wesentlich umfangreicheren Unwägbarkeiten ausgesetzt wird, als dies bei einer externen Analyse von HGB-Abschlüssen der Fall ist« (Reinhart, A. (1999), S. 215).

2.4.3.3.3 Anwendungsmöglichkeiten und Anwendungsprobleme

Analyseziele

Im Rahmen der externen wie internen Bilanzanalyse werden Wertschöpfungsgrößen als (Bestandteil von) Kennzahlen im Hinblick auf die verschiedensten Analyseziele ermittelt (vgl. hierzu auch Weber, H.K. (1999), Rn. 91 ff.), so z.B.

- für die Analyse der Einkommensverteilung,
- für die Beurteilung der Produktivität,
- als Maßgröße für die Leistungskraft eines Unternehmens,
- für den »Vergleich der betrieblichen Wertschöpfungsentwicklung mit der gesamtwirtschaftlichen Einkommensentwicklung« (Gräfer, H. (1994), S. 230),
- für die »Ermittlung der Wertschöpfungsquote zur Analyse der Fertigungstiefe« (Coenenberg, A.G./Haller, A./Schultze, W. (2014), S. 1185),
- als Maß für Unternehmensgröße, -wachstum und -konzentration.

Ziel bestimmt Konzept der Wertschöpfung

Das zentrale Problem jeder Gesamtdarstellung zum Bereich Wertschöpfungsrechnung liegt darin begründet, sich für ein bestimmtes Konzept einer Wertschöpfungsrechnung bzw. einer Wertschöpfungsgröße entscheiden zu müssen, obwohl »Fragen zur Umgrenzung des Ermittlungsbereichs oder zur Anwendung von Ermittlungstechniken ... in ihrer Beantwortung abhängig vom verfolgten Rechnungsziel« (Wedell, H. (1976), S. 207) sind.

Exemplarisch sei auf die aussagezielabhängige Behandlung der Abschreibungen hingewiesen.

Bei den in der Literatur zur Wertschöpfungsrechnung nach HGB und in der Praxis gemeinhin diskutierten Wertschöpfungsgrößen handelt es sich ganz überwiegend um Nettowertschöpfungsgrößen, d.h. Wertschöpfungsgrößen nach Abzug von Abschreibungen.

Betriebs- bzw. Unternehmensgrößenmessung

Für Zwecke der Betriebsgrößen- bzw. Unternehmensgrößenmessung sowie der Wachstumsmessung sollte jedoch auf eine Wertschöpfungsgröße vor Abzug der Abschreibungen abgestellt werden. Diese Vorgehensweise erscheint insb. im Hinblick auf zwischenbetriebliche Vergleiche sinnvoll, um auf diesem Wege die Einflüsse einer personal- oder aber kapitalintensiven Leistungserstellung zu vermeiden. Denn der Einwand, dass der Automatisierungsgrad und die Personalintensität die Wertschöpfung des Unternehmens determinieren (vgl. Wenzel, B. (1978), S. 132), gilt in erster Linie für die Nettowertschöpfung.

Messung der Leistungskraft

Anders muss dagegen bei der Messung der Leistungskraft eines Unternehmens, verstanden als die Messung des »Wertauftriebs, der in einem Zeitraum auf der Grundlage fremdbezogener Ausgangswerte (Güter und Dienste) durch Maßnahmen und Tätigkeiten ... im Unternehmen herbeigeführt wurde« (Wedell, H. (1976), S. 207), vorgegangen werden. Für diese Messung ist die Verwendung einer Nettowertschöpfungsgröße erforderlich, da ansonsten durch den Verzicht auf die Einbeziehung des Abschreibungsaufwands in die Wertschöpfungsgröße bestimmte Vorleistungen anderer Perioden und/oder Unternehmungen nicht eliminiert werden (vgl. Pohmer, D./Kroenlein, G. (1970), Sp. 1920).

Fazit

Die Ausführungen verdeutlichen, dass sich der Analyst nicht der Aufgabe entledigen kann, die in der Literatur im Wesentlichen für die HGB-Vorschriften diskutierten Berechnungsschemata einzelfall- und aussagezielbezogen zu modifizieren, will er nicht Gefahr laufen, Größen zu ermitteln und zu analysieren, die für die von ihm verfolgten Ziele nicht adäquat sind. Dies bedeutet zugleich, dass er i. d. R. mit einem einzigen (starren) Schema nicht auskommen wird.

Im Vergleich zum klassischen Ansatz stellt die hier diskutierte erfolgsspaltungsorientierte Wertschöpfungsrechnung im Rahmen der erfolgswirtschaftlichen Bilanzanalyse ein vergleichsweise flexibles Instrument dar.

Merksätze

1. Wertschöpfungsrechnungen werden sowohl als externes Informationsinstrument als auch im Rahmen der internen und externen Bilanzanalyse genutzt.
2. In der Betriebswirtschaftslehre existieren zahlreiche terminologisch und inhaltlich voneinander abweichende Definitionen der einzelwirtschaftlichen Wertschöpfungsrechnung.
3. Die aus der Wertschöpfungsrechnung abgeleitete Größe stellt ggü. den traditionell (eigen-)kapitalorientierten Erfolgsgrößen eine erweiterte, umfassende Erfolgsgröße dar. Zu unterscheiden ist unter HGB-Gesichtspunkten u. a. zwischen der ordentlichen betrieblichen Wertschöpfung und einer erweiterten Wertschöpfungsgröße, der Unternehmenswertschöpfung.
4. Ausgangspunkt einer (extern erstellten) Wertschöpfungsrechnung nach HGB ist grds. die veröffentlichte GuV. Im Rahmen der Entstehungsrechnung wird zunächst der Produktionswert ermittelt, von dem anschließend die Vorleistungen subtrahiert werden. Dabei bereitet die Eliminierung der nicht wertschöpfungsrelevanten Komponenten z. T. erhebliche Probleme. Der sog. »Restbetrag« wird in die ordentliche betriebsfremde und die außerordentliche Wertschöpfung aufgegliedert und leitet die ordentliche betriebliche Wertschöpfung in die Unternehmenswertschöpfung über.
5. Im Rahmen der Verteilungsrechnung ergibt sich die Unternehmenswertschöpfung als Summe aus Arbeits-, Gemein-, Fremd- sowie Eigenkapitalerträgen.
6. Besondere Schwierigkeiten bereitet die Ermittlung der Wertschöpfungsgröße, wenn die GuV auf der Grundlage des UKV erstellt wird.
7. Um zu einer zieladäquaten Wertschöpfungsgröße zu gelangen, muss der Bilanzanalyst seine Berechnungen einzelfall- und aussagezielbezogen gestalten.
8. Bei einem nach IFRS erstellten Abschluss treten Probleme im Zusammenhang mit der Entstehungsrechnung auf, da die internationalen Vorschriften für relevante Werte im Rahmen der Wertschöpfungsrechnung keine Angabepflichten vorsehen. Für die Erstellung der Verteilungsrechnung hingegen sind auch in einem IFRS-Abschluss alle notwendigen Daten (direkt oder indirekt) enthalten.

2.4.4 Break-Even-Analyse

2.4.4.1 Vorbemerkungen

Die Break-Even-Analyse (Cost-Volume-Profit-Analysis, Deckungspunkt- oder Gewinnschwellenanalyse bzw. Gewinnpunktrechnung) repräsentiert als Kosten- und Leistungsmodell im Rahmen einer betriebsanalytischen Vorausschaurechnung aus interner Sicht ein Instrument zur Abschätzung des kostenstrukturellen Risikos im leistungswirtschaftlichen Bereich (vgl. SCHÄR, J. (1923); SCHWEITZER, M./TROSSMANN, E. (1998); LORSON, P./SCHWEITZER, M. (2008), Rn. 1024 ff.). In Analogie hierzu kann sie als Aufwands- und Ertragsmodell auch bei der erfolgswirtschaftlichen Bilanzanalyse zur Diagnose der Ertragskraft eines Unternehmens aus externer Sicht zum Einsatz gelangen (vgl. LORSON, P. (1992); BRÖSEL, G. (2014), S. 202 ff.; COENENBERG, A. G./HALLER, A./SCHULTZE, W. (2014), S. 1186 ff.).

2.4.4.2 Break-Even-Analyse als Kosten- und Leistungsmodell

2.4.4.2.1 Break-Even-Analyse im Einproduktunternehmen

Aufgabe

Die Break-Even-Analyse dient der Ermittlung desjenigen Punkts, an dem die Umsatzerlöse aller Erzeugnisse gleich den gesamten Periodenkosten sind. Dieser aus einer Kombination von Absatzmengen, Preisen und Kosten ermittelte Punkt wird als Break-Even-Punkt, (Vollkosten-)Deckungspunkt, Nutz- respektive Gewinnschwelle oder als Toter Punkt bezeichnet. Er gibt die kritische Absatzmenge bzw. den kritischen Umsatz an, welche(n) ein Unternehmen mind. erreichen muss, um bei gegebenen Marktpreisen und konstanten Grenzkosten in die Gewinnzone zu gelangen. Dabei knüpft die Break-Even-Analyse an die Grundsätze einer Deckungsbeitragsrechnung an.

Break-Even-Punkt

Im Einproduktunternehmen stellt sich eine Deckungspunktanalyse relativ problemlos dar, sofern die Kosten in beschäftigungsfixe und beschäftigungsabhängige Bestandteile aufgespalten worden sind. Formelmäßig errechnet sich die Kennzahl Break-Even-Punkt (x_{krit}) wie folgt (vgl. WÖHE, G./DÖRING, U. (2013), S. 864):

(a) Gewinn = 0

(b) Umsatz = Kosten

(c) Preis × Menge = (variable Stückkosten × Menge) + fixe Kosten

(d) Fixkosten = x_{krit} × (Preis ./. variable Stückkosten)

(F. 102)

$$x_{krit} = \frac{\text{Fixkosten}}{\text{Stückdeckungskosten}}$$

Die Bestimmungsgleichung F. 102 bringt zum Ausdruck, dass eine Unternehmung genau dann ihre gesamten Kosten durch die Umsatzerlöse deckt, wenn die Menge abgesetzt wird, die dem Quotienten aus fixen Kosten und Deckungsbeitrag je Absatzmengeneinheit entspricht. Diese kritische Absatzmenge ist allerdings bereits in einem Einproduktunternehmen nur unter restriktiven Voraussetzungen eindeutig bestimmbar (vgl. KERN, W. (1978), S. 373; HEIGL, A. (1989), S. 128 f.).

Graphisch lassen sich Break-Even-Analysen in den drei in Übersicht 92 wiedergegebenen gleichwertigen Varianten durchführen. Dabei entsprechen Variante 1, Variante 2 und Variante 3 den Gleichungen (b), (d) und (a). Das skizzierte Grundmodell kann in andere Formen der Berechnung kritischer Werte überführt werden (vgl. bereits HABERSTOCK, L. (1982), S. 155 f.), von denen folgende hervorzuheben sind:

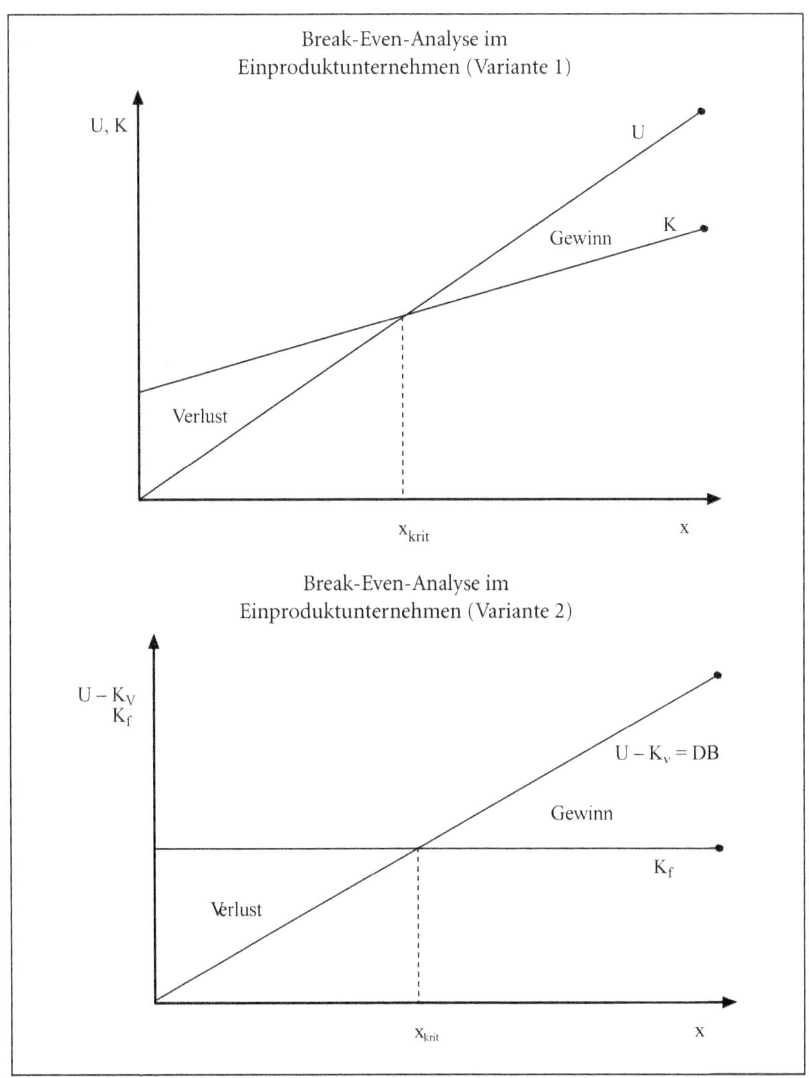

Übersicht 92: Varianten des Grundmodells der Break-Even-Analyse im Einproduktunternehmen

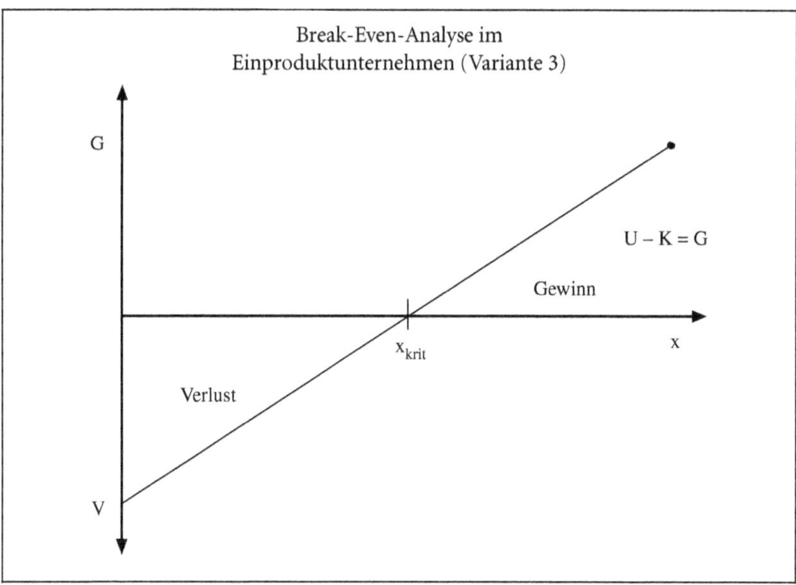

Übersicht 92: Varianten des Grundmodells der Break-Even-Analyse im Einproduktunternehmen (Forts.)

Sicherheitskoeffizient

(1) Es kann eine Sicherheitsspanne (Sicherheitsabstand oder -koeffizient) bestimmt werden, indem die Differenz zwischen der kritischen Absatzmenge und einer gegebenen, in der Gewinnzone liegenden Absatzmenge gebildet wird. Diese bringt quasi als ›Risikomaß‹ zum Ausdruck, welche Absatzmengen- bzw. Umsatzrückgänge ein Unternehmen verkraften kann, bevor es in die Verlustzone gerät (vgl. auch F. 103).

Unhealthy Point

(2) Durch Vorgabe eines auszuschüttenden Gewinns, der als additive Komponente der Fixkosten zu berücksichtigen ist, lässt sich der sog. »Unhealthy Point« berechnen, welcher den erforderlichen »Mindestumsatz für jede volle Ausschüttung einer geplanten Dividende« (KERN, W. (1978), S. 374) repräsentiert.

2.4.4.2.2 Break-Even-Analyse im Mehrproduktunternehmen

In Mehrproduktunternehmen (vgl. mitunter SCHWEITZER, M./TROSSMANN, E. (1998), S. 124 ff., 173 ff.; LORSON, P./SCHWEITZER, M. (2008), Rn. 1235 ff.) stellen sich die der rechnerischen Bestimmung des Break-Even-Punkts zugrunde liegenden Gleichungen in Analogie zu (c) bzw. (d) wie folgt dar:

(e)	Summe der Umsätze nach Erzeugnisarten	=	Summe der nach Erzeugnissen differenzierten variablen Kosten + Fixkosten
(f)	Fixkosten	=	Summe der Deckungsbeiträge der jeweiligen Erzeugnisarten

Abweichende Berechnungsmethoden

Die Gleichung (f), nach der die Deckungsbeiträge aller Erzeugnisarten insgesamt gleich den zu deckenden fixen Kosten sein müssen, ist jedoch nicht mehr eindeutig lösbar (vgl. KILGER, W. (1962), S. 95 f.). Gleichwohl kann die kritische Absatzmenge dadurch bestimmt werden, dass durch Festhalten der Mengenrelationen des geplanten Absatzmixes über alle Erzeugnisarten hinweg ermittelte durchschnittliche Planpreise und proportionale Plankosten je Absatzmixmengeneinheit errechnet werden. Auf Basis dieser Vorgehensweise ist die kritische Absatzmenge (x^*_{krit}) wie folgt bestimmbar (vgl. KILGER, W./ PAMPEL, J. R./VIKAS, N. (2012), S. 579):

(F. 103)

$$x^*_{krit} = \frac{\text{Fixkosten}}{\text{durchschnittlicher (fiktiver) Stückdeckungsbeitrag}}$$

Das gleiche Ergebnis kann auch dadurch gewonnen werden, dass auf den Umsatz abgestellt wird. Der Quotient aus fixen Kosten und der auf die Summe der Umsätze bezogenen Deckungsbeiträge der geplanten Absatzmengen ergibt dann den kritischen Umsatz (Umsatz_{krit}) (vgl. F. 104). Bei der so ermittelten Umsatzhöhe entsprechen die Umsatzerlöse den Fixkosten. Der Break-Even-Umsatz ergibt sich als Verhältnis aus Fixkosten und durchschnittlichem Deckungsbeitrag je Euro Umsatz.

(F. 104)

$$\text{Umsatz}_{krit} = \frac{\text{Fixkosten}}{\dfrac{\text{Summe der Erzeugnisartendeckungsbeiträge}}{\text{Gesamtumsatzerlöse}}}$$

Graphische Darstellung

Die Break-Even-Analyse lässt sich auch im Mehrproduktunternehmen graphisch durchführen. Übersicht 93 zeigt die zu Übersicht 92 analogen graphischen Ermittlungsweisen des Kostendeckungspunkts. Dabei wurde bei den mit 1 (2) indizierten Funktionen unterstellt, dass die Erzeugnisse in der Reihenfolge abnehmender (steigender) Deckungsbeiträge abgesetzt werden können. In Abhängigkeit der Absatzstruktur erhält man je einen kritischen Wert. Die beiden über den ›Optimistic Path‹ respektive den ›Pessimistic Path‹ ermittelten Werte liegen symmetrisch um den kritischen Wert, der sich ergibt, wenn man unterstellt, dass die Mengenstruktur des Absatzprogramms, wie sie sich am Ende der (Plan-)Periode darstellt, auch die typische intraperiodische Absatzstruktur repräsentiert. Die auf dieser Prämisse beruhenden Funktionen (›Central Paths‹) sind in der Darstellung der Varianten 1b (K*, U*), 2 (DB*) und 3 (G*) in Übersicht 93 enthalten.

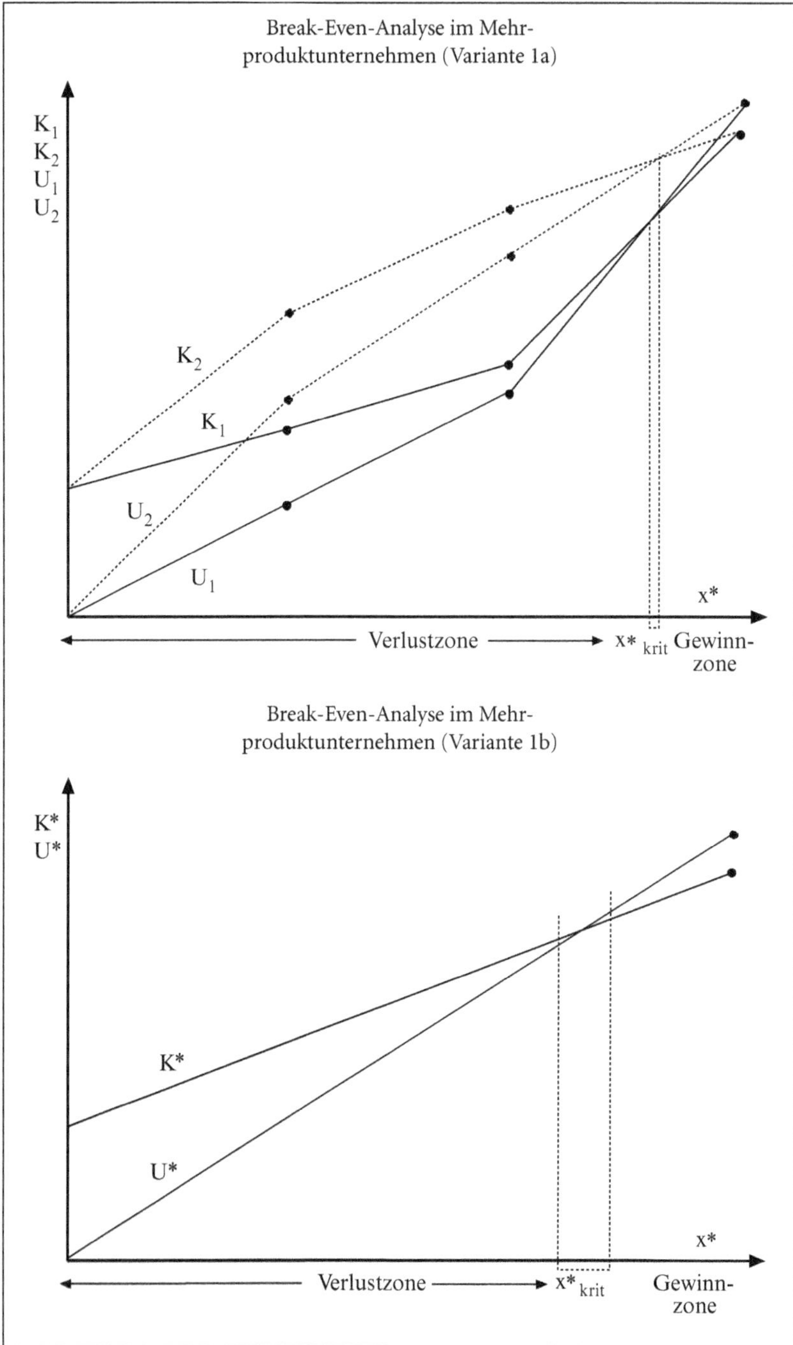

Übersicht 93: Varianten des Grundmodells der Break-Even-Analyse im Mehrproduktunternehmen

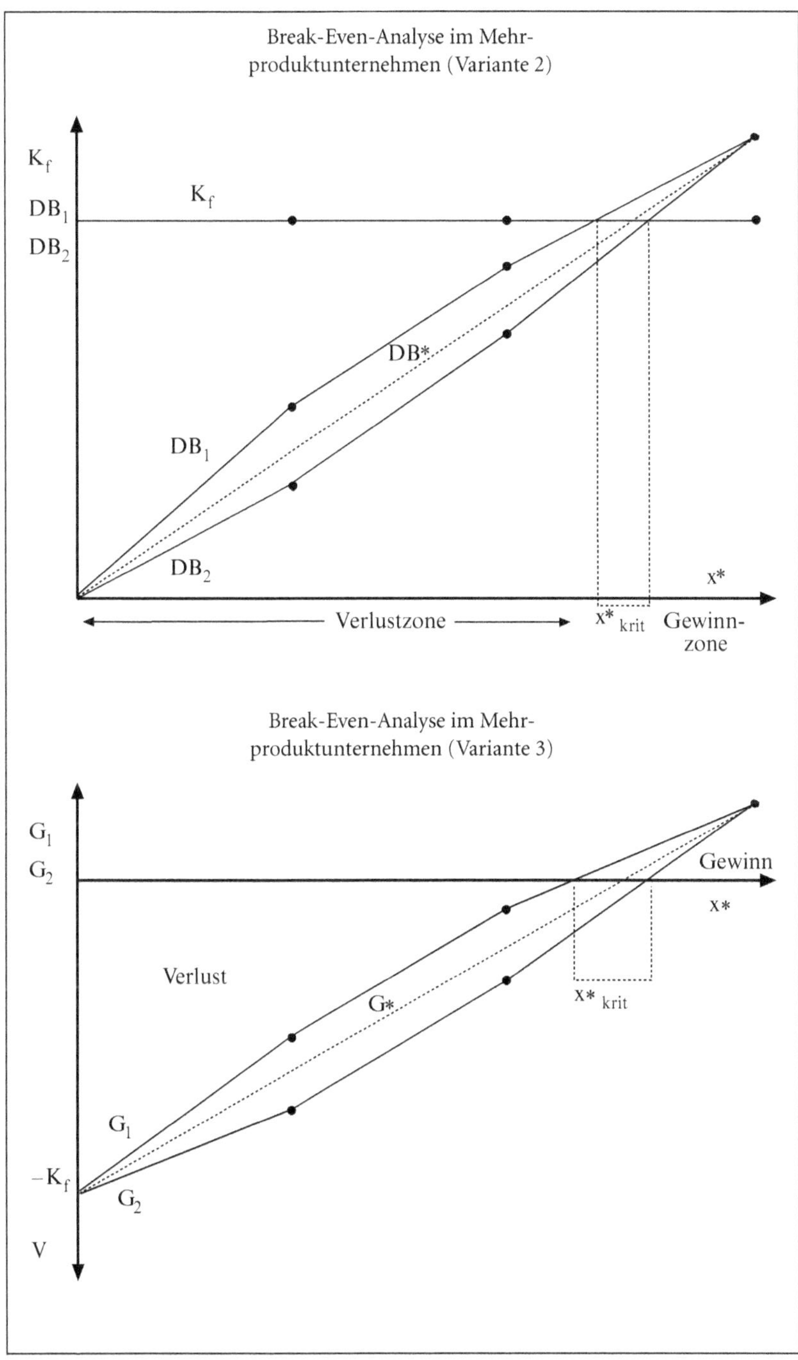

Übersicht 93: Varianten des Grundmodells der Break-Even-Analyse im Mehrproduktunternehmen (Forts.)

Sicherheitskoeffizient

Wie angedeutet, kann eine Break-Even-Analyse in (Ein- und) Mehrproduktunternehmen auch – nach zuvor bestimmter kritischer Umsatzhöhe – zur Überprüfung herangezogen werden, mit welcher Sicherheit davon ausgegangen werden kann, dass in der Planperiode tatsächlich ein Gewinn entsteht. Zu diesem Zweck wird der Sicherheitskoeffizient S (vgl. F. 105) errechnet, der zum Ausdruck bringt, um wie viel Prozent die (in Geldeinheiten ausgedrückte) geplante Absatzmenge ($Umsatz_{plan}$) in Form des Istabsatzes der betreffenden Periode c. p. sinken kann (steigen muss), damit kein Verlust entsteht, sofern sich ein positiver (negativer) Wert für S ergibt. Der Sicherheitskoeffizient kann in gleicher Form ex post bestimmt werden, indem der Plan- durch den Istumsatz substituiert wird.

(F. 105)

$$\text{Sicherheitskoeffizient} = \frac{\text{Umsatzerlöse}_{plan} \text{ ./. } \text{Umsatzerlöse}_{krit}}{\text{Umsatzerlöse}_{plan}}$$

Break-Even-Punkt-Erreichung

Eine sinnvolle Ergänzung findet die Berechnung der Sicherheitsspanne durch eine laufende Kontrolle des Periodenabsatzes bei Break-Even-Punkt-Erreichung (BEV) (vgl. Reichmann, T. (2011), S. 147 ff.), die den bislang erzielten Istabsatz in Prozent des kritischen Absatzvolumens ausdrückt (vgl. F. 106). Übersicht 94 zeigt ein Beispiel eines für die laufende Erfolgskontrolle konzipierten Charts.

(F. 106)

$$\text{BEV} = \frac{\text{kumulierter Istabsatz}}{\text{kritischer Absatz}}$$

Gewinnreagibilität

Weiterhin bietet es sich zur Ergänzung der Logik der Break-Even-Analyse an, als Risikogröße zusätzlich die Gewinnreagibilität zu ermitteln (vgl. F. 107).

(F. 107)

$$\text{Gewinnreagibilität} = \frac{\text{Summe Deckungsbeiträge}}{\text{Gewinn}}$$

Dieser Koeffizient bringt zum Ausdruck, um wie viel Prozent sich das Ergebnis verändert, wenn das Absatzvolumen um 1 % steigt oder sinkt. Jedoch sind die so ermittelten Werte nur bei geringfügigen Absatzänderungen aussagekräftig. Verändert sich die Absatzmenge bspw. um 10 %, steigen bei konstanter Absatzstruktur und konstanten Kapazitäten (Fixkosten) Nenner und Zähler um den gleichen absoluten Betrag, während die relative Veränderung der Zählergröße hinter der der Nennergröße zurückbleibt. Denn in der Gewinnzone wächst der Gewinn relativ betrachtet schneller als die kumulierten Deckungsbeiträge, was in einer niedrigeren Gewinnreagibilität zum Ausdruck kommt. Folglich bringen niedrige positive Werte dieser Kennzahl ein geringes leistungswirtschaftliches Risiko zum Ausdruck.

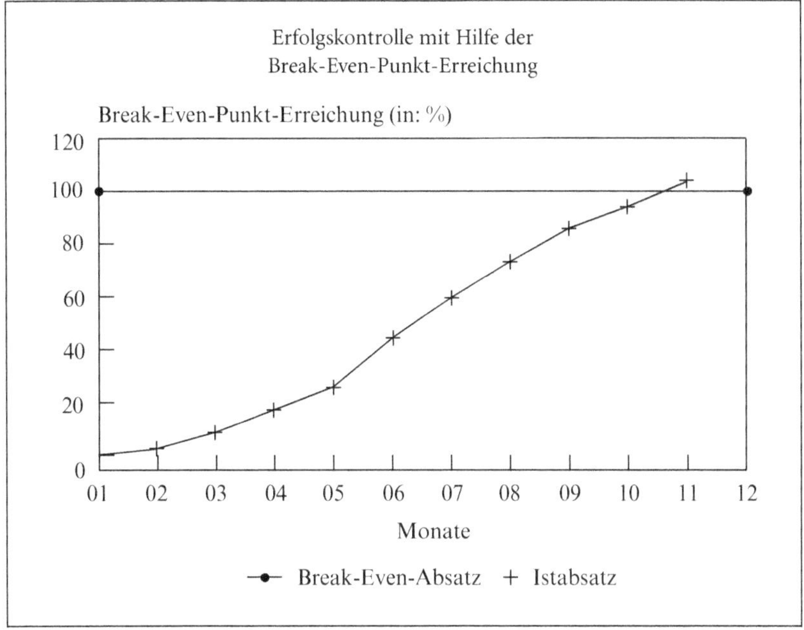

Übersicht 94: Beispiel eines Kontroll-Charts zur Break-Even-Punkt-Erreichung

2.4.4.3 Break-Even-Analyse als Aufwands- und Ertragsmodell

2.4.4.3.1 Vorbemerkungen

Externe Erfolgsanalyse

Die Bilanzanalyse repräsentiert eine Methode zur Informationsverarbeitung mit dem Ziel, Jahresabschlüsse im Hinblick auf bestimmte Informationsziele eines oder mehrerer Unternehmen aufzubereiten und interpretierend zu beurteilen. Diesbezüglich kommt der Break-Even-Analyse die Aufgabe zu, einen quantitativen Einblick in die Ertragslage eines Unternehmens zu ermöglichen (quantitative, externe erfolgswirtschaftliche Jahresabschlussanalyse). Die Möglichkeiten und Grenzen dieses Instruments zur Abschätzung des leistungswirtschaftlichen Risikos in Mehrproduktunternehmen sollen am Beispiel von zwei alternativen Ermittlungsschemata erörtert werden. Ziel ist es jeweils, eine Gewinnschwelle aus den Angaben des Geschäftsberichts zu approximieren. Dies ist im Rahmen der Bilanzanalyse insb. dann relevant, wenn während des laufenden Geschäftsjahrs Umsatzzahlen monatlich veröffentlicht werden. Denn dann kann der externe Analyst unter Rückgriff auf die für das Vorjahr bestimmte Gewinnschwelle sowohl die monatsbezogenen Sicherheitskoeffizienten (durch Erweiterung mit dem Faktor 1/12) bestimmen, als auch die Break-Even-Punkt-Erreichung verfolgen (vgl. die F. 105 und F. 106).

Umsatzabweichung

Werden keine monatlichen Umsatzzahlen bekannt gegeben, so verbleibt dem externen Analysten alternativ die Möglichkeit der Berechnung der Umsatzabweichung (vgl. F. 108).

(F. 108)

$$\text{Umsatzabweichung} = \frac{\text{Umsatzerlöse}_{\text{Ist}} \text{ ./. } \text{Umsatzerlöse}_{\text{krit}}}{\text{Umsatzerlöse}_{\text{krit}}}$$

Bei einer positiven Umsatzabweichung ist folgende Schlussfolgerung zu ziehen: Die zukünftige Gewinnerwirtschaftung ist umso nachhaltiger einzuschätzen, je höher der Betrag der Umsatzabweichung ist.

2.4.4.3.2 Varianten der Ermittlung des Break-Even-Punkts

Variante 1: Variable Kosten

Die folgenden Erörterungen der Alternativen zur Bestimmung des Break-Even-Punkts basieren auf einer gem. § 275 Abs. 2 HGB erstellten GuV. Die Variante 1 der als externes Aufwands- und Ertragsmodell im Rahmen der erfolgswirtschaftlichen Bilanzanalyse zu realisierenden Break-Even-Analyse beruht auf dem Kerngedanken, die variablen Kosten durch den korrigierten Materialaufwand zu approximieren. Dazu ist der im GKV ausgewiesene Materialaufwand um diejenigen angabepflichtigen Komponenten zu bereinigen, die keinesfalls den Charakter variabler Kosten aufweisen. Diese Korrektur erweist sich einerseits aus Gründen der somit ggü. der Ausweistechnik invarianten Ermittlung von Gewinnschwellen grds. als sachgerecht, andererseits misslingt der Versuch, eine Rechengröße »Materialaufwand« zu gewinnen, die eine echte Teilmenge der tatsächlichen variablen Kosten darstellt. Denn i. d. R. enthält der so bestimmte Materialaufwand auch Aufwendungen des neutralen Bereichs.

Fixkosten

Alle verbleibenden betriebsbedingten Aufwendungen repräsentieren als Restaufwand die Fixkosten. Im Einzelnen handelt es sich um die folgenden Posten: Personalaufwendungen, Abschreibungen auf die immateriellen Vermögenswerte und die Sachanlagen, sonstige betriebliche Aufwendungen ohne Liquidations- und Bewertungsverluste sowie sonstige Steuern.

Hierauf aufbauend gem. F. 109 ist der kritische Umsatzerlös ($\text{Umsatzerlöse}_{\text{krit}}$) analog zu Formel F. 104 zu bestimmen:

(F. 109)

$$\text{Umsatzerlöse}_{\text{krit}} = \frac{\text{Restaufwand}}{1 \text{ ./. } \dfrac{\text{Materialaufwand}}{\text{Umsatzerlöse}}}$$

Variante 2

Wesentlich einfacher gestaltet sich die Berechnung des kritischen Umsatzes nach der Variante 2, die auf eine Kostenspaltung verzichtet. Demnach sind die gesamten betriebsbedingten Aufwendungen als Summe der unkorrigierten Posten Nr. 5 bis 8 sowie Nr. 19 der GuV i. S. d. GKV zu bestimmen. Diese sind – entsprechend der der Break-Even-Punkt-Berechnung zugrunde zu legenden Ausgangsgleichung (b) – betragsmäßig gleich der kritischen Umsatzhöhe.

2.4.4.3.3 Grundsätzliche Überlegungen zur Lage der Break-Even-Punkte

Beurteilung der Variante 2

Im Folgenden wird untersucht, wie die geschätzte Gewinnschwelle ggü. der ›wahren‹ Gewinnschwelle des zu approximierenden Kosten- und Leistungsmodells systematisch verzerrt wird. Dabei erweist sich vom Grundsatz her die Beurteilung der Variante 2 als relativ einfach. Es ist lediglich einzelfallbezogen überschlägig zu prüfen, ob die Gesamtkosten größer oder kleiner sind als die betriebsbedingten Aufwendungen. Letztere enthalten nämlich keine kalkulatorischen Kosten, wohl aber den nicht als Kosten verrechneten Zweckaufwand und z. T. rein neutrale Aufwendungen. Kommt man zu dem Ergebnis, dass vermutlich die zugrunde gelegten betriebsbedingten Aufwendungen die Gesamtkosten übersteigen, wird der Break-Even-Umsatzerlös zu hoch geschätzt. In diesem Fall kann man aus positiven Werten der Umsatzabweichung auf ein geringes leistungswirtschaftliches Risiko schließen. Im umgekehrten, wahrscheinlicheren Fall (Kosten > Aufwendungen) sollte den Ergebnissen der Break-Even-Analyse mit großer Vorsicht begegnet werden, denn dann wird der durch die Umsatzerlöse zu deckende Fixkostenbetrag zu niedrig, d. h. bilanzanalytisch unvorsichtig, geschätzt.

Prämissen zur Beurteilung der Variante 1

Die Beurteilung der Lage des Break-Even-Punkts bei Variante 1 stellt sich weitaus schwieriger dar. Dazu sollen zunächst einige Prämissen gesetzt werden:

(1) Die in der Formel F. 109 verwendeten Umsatzerlöse (U) entsprechen betragsmäßig der kostenrechnerischen Umsatzgröße (Leistungen). Diese Prämisse erscheint relativ unproblematisch. Jedoch ist zu beachten, dass auch der Inhalt des Postens »Umsatzerlöse« komplex sein kann und nicht nur die aus dem Verkauf von Fertigerzeugnissen und Handelswaren erzielten (kostenrechnerisch als Leistungen zu betrachtenden) Erlöse umfasst (vgl. Budde, A. (2013), Rn. 32).

(2) Die Summe aus Materialaufwand (MA) und Restaufwand (RA) der GuV ist betragsmäßig gleich der Summe der in der Kostenrechnung erfassten Gesamtkosten. Diese Prämisse wird i. d. R. verletzt sein. Denn die betrieblich bedingten Aufwendungen enthalten einerseits z. B. keine kalkulatorischen Kosten, wie kalkulatorische Abschreibungen, Eigenkapitalzinsen, Wagniskosten, Mietkosten usw. Andererseits können – ggf. in beträchtlichem Umfang – in den Material- und Restaufwendungen auch solche Aufwendungen enthalten sein, die dem neutralen Bereich zuzurechnen sind. Somit ergibt sich grds. abweichend von der gesetzten Prämisse folgende Ausgangssituation: Übersteigt die Summe der nicht zu berücksichtigenden (neutralen) Aufwendungen die Summe der zu berücksichtigenden kalkulatorischen Kosten, so werden die Break-Even-Umsatzerlöse bilanzanalytisch zu vorsichtig bzw. zu hoch geschätzt und umgekehrt.

(3) Der korrigierte Materialaufwand als Schätzwert der variablen Kosten liegt grds. unter dem Betrag der variablen Kosten, da er die direkten Fertigungslöhne bspw. unbeachtet lässt. Folglich weicht er in Abhängigkeit der Fertigungstiefe und der individuellen Unternehmenssituation von der zu schätzenden Größe um einen absoluten Betrag A nach unten ab. Damit wird der Fall ausgeschlossen, dass die neutralen Komponenten des Materialaufwands die direkten Fertigungslohnkosten übersteigen.

Kombination der Prämissen

Aus einer Kombination der Prämissen (2) und (3) ergibt sich aufbauend auf Formel F. 109 nachstehende Ausgangssituation der Gewinnschwellenberechnung (vgl. F. 110), wobei K_v die gesamten variablen und K_f die gesamten fixen Kosten bezeichnen und K_v ./. A bzw. K_f + A den Materialaufwand (MA) respektive den Restaufwand (RA) repräsentieren.

(F. 110)

$$\text{Umsatzerlöse}_{krit} = \frac{K_f + A}{1 \;./.\; \frac{K_v \;./.\; A}{U}} = \frac{U \times (K_f + A)}{U \;./.\; K_v + A}$$

Eine genauere Betrachtung zeigt zunächst, dass sich für die kritischen Umsatzerlöse aufgrund der praktisch relevanten Nennerkonstellationen ($U > K_v + A$) positive Werte ergeben. Weiterhin ist zu konstatieren, dass die zu geringe Schätzung der variablen Kosten durch den Materialaufwand den Divisor und zugleich den Zähler erhöht. Das Ausmaß der Gesamtwirkung variiert jedoch mit der individuellen Kostenstruktur als dem Verhältnis von variablen zu fixen Kosten des zu analysierenden Unternehmens. Die Ausgangsdaten einer (überschlägigen) Abschätzung des Kostenstruktureinflusses zeigt Übersicht 95. Dabei werden die Gesamtkosten jeweils konstant mit 100 und A mit 10 (= direkter Fertigungslohnkostenanteil an den Gesamtkosten von 10 %) angenommen. Setzt man weiterhin für die Umsatzerlöse alternativ 120, 150, 200, 300 und 400 ein, ergibt sich, dass die Schätzung des Kostendeckungspunkts von dem ›wahren‹ Break-Even-Punkt um 2,3 % bis 45,6 % abweicht.

K_f	20	30	40	50	60	70	80
K_v	80	70	60	50	40	30	20
R_A	30	40	50	60	70	80	90
M_A	70	60	50	40	30	20	10

Übersicht 95: Alternativ zugrunde gelegte Kostenstrukturen

Ergebnisse

Verallgemeinernd lassen sich folgende Schlussfolgerungen ziehen:

(1) Bei betragsmäßig hohen Umsatzwerten, die die Gesamtkostensumme übersteigen, nimmt der Schätzfehler zu. Folglich wird die Güte der Schätzung bei Unternehmen, die hohe Jahresüberschüsse erwirtschaften, einerseits zwar betragsmäßig wesentlich schlechter, andererseits jedoch bilanzanalytisch wesentlich vorsichtiger sein als bei solchen Unternehmen, die weniger profitabel im abgelaufenen Geschäftsjahr gewirtschaftet haben. Das Urteil des die Break-Even-Analyse verwendenden Analysten muss also auf ein geringes leistungswirtschaftliches Risiko lauten, sofern die kritischen Umsatzerlöse kleiner als die ausgewiesenen Umsatzerlöse sind (Fall A). Hingegen kann der Analyst sich kein spontanes Urteil erlauben, wenn die Break-Even-Umsatzerlöse nicht erreicht werden (Fall B).

(2) Der Fehler fällt umso geringer aus, je höher der Fixkostenanteil an den Gesamtkosten ist. Daraus resultiert, dass die Schätzung des Deckungspunkts durch die in der Praxis zu verzeichnende Abnahme des Anteils variabler Kosten begünstigt wird. Für den angesprochenen Fall A (Gewinnzone erreicht) kann damit bei zusätzlicher Unterstellung eines geringen Fixkostenanteils die

Schlussfolgerung gezogen werden, dass die Gewinnschwelle viel zu hoch geschätzt wird. Demgegenüber ist für den Fall B (Gewinnzone verfehlt) davon auszugehen, dass sich bei einem hohen Fixkostenanteil die geschätzte Gewinnschwelle in relativer Nähe der tatsächlichen befindet.

Zugleich ist aus der Formel F. 110 ersichtlich, dass sich die Lage des errechneten Break-Even-Umsatzes mit der Höhe der (als variable Kosten zu betrachtenden, aber im Materialaufwand unberücksichtigten) direkten Fertigungslöhne verändert. Je geringer c. p. die Lohnquote liegt, umso geringer wird der Schätzfehler et vice versa.

Die Richtung der hier interessierenden Verzerrung kann sich dann umkehren, wenn für die Umsatzerlöse Werte eingesetzt werden, die unter den Gesamtkosten liegen. So unterschätzt man bei Unterstellung der in Übersicht 95 wiedergegebenen Kostenstrukturen und für U = 90 den ›wahren‹ Break-Even-Punkt um 1,5 % (relativ hoher Fixkostenanteil) bis 25 % (relativ geringer Fixkostenanteil).

Beurteilung der Variante 1

Zusammenfassend lässt sich in Bezug auf die Eignung der Variante 1 als Instrument der erfolgswirtschaftlichen Break-Even-Analyse unter den hier gesetzten Prämissen keine eindeutige, d. h. keine allgemeingültige Aussage treffen. Vielmehr sind folgende Fälle zu unterscheiden:

(1) Übersteigen die in die Rechnung einfließenden neutralen Aufwendungen die kalkulatorischen Kosten in ihrer Summe, werden die Break-Even-Umsatzerlöse zu hoch und somit zu vorsichtig bestimmt. Diese systematische Verzerrung wird tendenziell verstärkt, wenn die variablen Kosten durch den Materialaufwand zu niedrig geschätzt werden. Ergo wird in zahlreichen Fällen die prozentuale Zunahme des Dividenden höher sein als diejenige des Divisors. Dann tritt der Fall ein, dass kein leistungswirtschaftliches Risiko bestehen muss, obgleich bilanzanalytisch der Break-Even-Punkt nicht erreicht wird.

(2) Verhält es sich hingegen dergestalt, dass die Differenz aus neutralen Aufwendungen und kalkulatorischen Kosten negativ ist, wird die Gewinnschwelle zu optimistisch/niedrig geschätzt, während die Unterschätzung der variablen Kosten durch den Materialaufwand diese Wirkung insb. bei hohen durchschnittlichen Stückdeckungsbeiträgen und direkten Fertigungslohnanteilen an den Produktkosten überkompensieren kann. Gleichwohl darf nicht stillschweigend in jedem Fall von einer (Über-)Kompensation ausgegangen werden.

Notwendige Vorinformationen

Somit ist dem externen Analysten zu empfehlen, unternehmensspezifisch folgende Fragen zu beantworten, bevor eine Schätzung der Gewinnschwelle im Rahmen einer erfolgswirtschaftlichen Bilanzanalyse nach der Variante 1 vorgenommen wird:

(1) Welche Bedeutung kommt vermutlich den neutralen Aufwendungen zu?

(2) Von welchem Fixkostenanteil ist auszugehen?

(3) Wie hoch sind die durchschnittlichen Gewinnmargen der jeweils zu betrachtenden Branche(n)?

(4) Welchen durchschnittlichen Anteil haben die direkten Fertigungslöhne an den Produktkosten?

Gewinnschwelle

In jedem Fall ist zu berücksichtigen, dass selbst für günstig vermutete Konstellationen die errechenbare Gewinnschwelle lediglich einen groben Anhaltspunkt bzgl. der Lage des ›wahren‹ Break-Even-Punkts liefern kann. Dies ergibt sich bereits aus den allgemeinen Prämissen der Break-Even-Analyse, die insb. bei Mehrproduktunternehmen Interpretationsschwierigkeiten mit sich bringen und damit zugleich den Nutzen relativieren, den ein externer Analyst aus der Ermittlung dieses Punkts und darauf aufbauender Kennzahlen ziehen kann.

2.4.4.3.4 Zahlenbeispiel

Ergebnisse

Führt man die Berechnung des Break-Even-Punkts auf der Grundlage der Varianten 1 und 2 anhand eines fiktiven Geschäftsberichts durch, kann sich ein Resultat wie das in Übersicht 96 gezeigte ergeben (vgl. weiterhin zu einem Zahlenbeispiel für eine Break-Even-Analyse in Mehrproduktunternehmen Mensch, G. (1999), S. 242 ff.). Dabei führt Variante 1 jeweils zu einem höheren Kostendeckungspunkt als Variante 2. Zugleich ist es unmöglich, die Lage des ›wahren‹ Break-Even-Punkts abzuschätzen, da im gewählten Beispiel der alle Interpretationen zulassende Fall der Nichterreichung der Gewinnschwelle eingetreten ist.

Variante 1

Es lässt sich für Variante 1 nur ausführen, dass bei übereinstimmender Höhe der Summe aus Rest- und Materialaufwand sowie der Gesamtkosten aufgrund der in Bezug auf die gesamten betriebsbedingten Aufwendungen (= Gesamtkosten) niedrigen Umsatzgröße der ›wahre‹ Break-Even-Punkt unterschätzt wird. Diese systematische Komponente wird dadurch verstärkt, dass der Anteil der variablen Kosten relativ hoch ist. Dem wirkt, multiplikativ verstärkt durch die absolute Höhe der Umsatzerlöse, entgegen, dass der Anteil der Personal- an den Gesamtaufwendungen bei ca. 15 % liegt. Welcher Prozentsatz hiervon auf die direkten Fertigungslohnkosten, die als variable Kosten den Materialaufwand erhöhen müssten, entfällt, kann ergänzend z. B. aus dem Verhältnis von Arbeitern zu Angestellten geschätzt werden.

Variante 2

Bei der Beurteilung des Ergebnisses von Variante 2 ist zu bedenken, dass in den insgesamt berechneten betriebsbedingten Aufwendungen auch neutrale Aufwendungen enthalten sein können, die bei Variante 1 eliminiert werden. Sofern diese die nicht aufwandsgleichen Teile der Gesamtkosten übersteigen, liegt die ermittelte Gewinnschwelle über der ›wahren‹. Andernfalls wird die Gewinnschwelle zu niedrig geschätzt.

Posten der GuV	**Variante 1**		**Variante 2**	
	02	01	02	01
Materialaufwand	5.656,6	6.059,6	5.656,6	6.059,6
Personalaufwand	1.173,5	1.133,2	1.173,5	1.133,4
Abschreibungen	korr. 186,4	163,7	201,2	199,6
so. betr. Aufwand	korr. 707,4	689,1	717,6	700,6
so. Steuern	15,7	15,0	15,7	15,0
Break-Even-Umsatz	7.826,4	8.141,3	7.764,6	8.108,0
Umsatzabweichung	(–) 5,3 %	(–) 1,3 %	(–) 1,8 %	(–) 0,91 %

Übersicht 96: Break-Even-Analyse am Beispiel eines fiktiven Einzelabschlusses

Bevorzugung einer Variante?

Insgesamt kann keiner der Varianten zur Bestimmung des Break-Even-Punkts der Vorzug gegeben werden. Insofern erscheint es gleichrangig, nach welcher der beiden Varianten ein externer Analyst den Break-Even-Punkt letztlich errechnet. Gleichwohl können sich hieraus im Ergebnis z.T. gravierende Unterschiede ergeben, denn nach Variante 2 befindet sich das betreffende Unternehmen in beiden betrachteten Perioden in der Nähe der Gewinnschwelle, während sich seine Situation nach Variante 1 deutlich verschlechtert hat. Aber es erscheint theoretisch weniger angreifbar, auf die vorgeschlagene Aufwandsspaltung in fix und variabel zu verzichten und nach näherer Betrachtung relevanter Einflussfaktoren (z.B. Höhe der neutralen Aufwendungen, des Umfangs des Lagerauf- und -abbaus sowie der organisatorischen Veränderungen) das gefundene Ergebnis einzuordnen.

2.4.4.4 Schlussbemerkungen

Der Grundgedanke von Break-Even-Analysen, den Wert zu ermitteln, von dem an eine Unternehmung voraussichtlich einen Gewinn erzielt, ist augenscheinlich von großer Relevanz für die Praxis. So können die anschaulichen, komplexe Zusammenhänge simplifizierenden Break-Even-Analysen in der praktischen Anwendung vielfältig ausgestaltet und durch (ihrer Logik folgende) Kennzahlen ergänzt werden. Da deren Verwendung bereits in Einproduktunternehmen bei interner Ermittlung restriktiven Voraussetzungen unterliegt, sollte ihre Interpretation im Rahmen der erfolgswirtschaftlichen Bilanzanalyse mit besonderer Vorsicht erfolgen, da keine eindeutige Aussage über die Güte der vorgeschlagenen Varianten gemacht werden kann. Somit ist auch vor einer zu optimistischen Nutzung des ermittelbaren Sicherheitskoeffizienten bzw. der Umsatzabweichung zu warnen.

Merksätze

1. Im Rahmen der Break-Even-Analyse erfolgt die Ermittlung desjenigen Punkts, an dem die Umsatzerlöse aller Erzeugnisse gleich den gesamten Periodenkosten sind. Der ermittelte Punkt wird als Break-Even-Punkt bezeichnet und gibt die kritische Menge bzw. den kritischen Umsatz an, welche(n) ein Unternehmen mind. erzielen muss, damit es bei gegebenen Marktpreisen und konstanten Grenzkosten keinen Verlust erwirtschaftet.
2. Während der Break-Even-Punkt (x_{krit}) schon im Einproduktunternehmen nur unter restriktiven Voraussetzungen eindeutig bestimmbar ist, kann der kritische Umsatz im Mehrproduktunternehmen nur unter zusätzlichen Prämissen, die den Absatzmix betreffen, ermittelt werden.
3. Durch die Ermittlung eines Sicherheitskoeffizienten, der Break-Even-Punkt-Erreichung sowie der Gewinnreagibilität erfährt die Break-Even-Analyse eine sinnvolle Ergänzung.
4. Die Break-Even-Analyse findet als Aufwands- und Ertragsmodell auch im Rahmen der externen erfolgswirtschaftlichen Bilanzanalyse zur Beurteilung der Ertragslage anhand der Angaben des Geschäftsberichts Anwendung. Dabei wird in einer ersten Variante versucht, die zur Bestimmung des kritischen Umsatzes erforderliche Kostenspaltung in variable und fixe Kosten durch den korrigierten Material- und Restaufwand zu approximieren. Die zweite Variante verzichtet auf eine Kostenspaltung und geht

von jener kritischen Umsatzhöhe aus, die sich als Summe der unkorrigierten betriebsbedingten Aufwendungen der GuV ergibt.

5. Die Interpretation der Break-Even-Analysen sollte im Kontext der erfolgswirtschaftlichen Bilanzanalyse mit besonderer Vorsicht erfolgen, zumal letztlich keine eindeutige Aussage über die Güte der Varianten 1 und 2 getroffen werden kann.

2.5 Beurteilung der Erfolgsanalyse

Fehlinterpretationen

Die Ausführungen dürften verdeutlicht haben, dass einer aussagefähigen Erfolgsanalyse wesentliche Hindernisse entgegenstehen. Dem Bemühen des externen Analysten, den wahren (tatsächlichen) oder den ›betriebswirtschaftlich richtigen‹ Jahreserfolg zu ermitteln, sind nach wie vor grundlegende Grenzen gesetzt. Daher ist der These von Ziolkowski (U. (1990), S. 188) »zuzustimmen, daß der absolut ›richtige‹ Erfolg, d.h. die ›blaue Blume‹ des Finanzanalysten, für aktive Unternehmen nicht gefunden werden kann«, auch wenn sich der Analyst mit den ausgefeiltesten Sonderrechnungen darum bemüht. Im Gegenteil: Diese Sonderrechnungen können u.U. bei einem ungeschulten Adressaten den irrigen Eindruck erwecken, den richtigen Erfolg ermittelt zu haben, und dann zu Fehlinterpretationen verleiten.

4. Abschnitt: Moderne Ansätze der Bilanzanalyse

1. Bilanzanalyse mit Hilfe statistischer Verfahren der Diskriminanzanalyse

1.1 Einführung

Historischer Abriss

Obgleich die Diskriminanzanalyse üblicherweise den neueren Ansätzen der Bilanzanalyse zugerechnet wird, kann die Nutzbarmachung mathematisch-statistischer Verfahren für die Bilanzanalyse – zumindest in den USA – auf eine vergleichsweise lange Tradition zurückblicken (vgl. RÖSLER, J. (1986), S. 41 ff.). So erfolgten erste einfache Untersuchungen bereits im Jahre 1930. Als maßgebend für alle späteren Untersuchungen sind jedoch insb. die Arbeiten von BEAVER (W. H. (1965)) und ALTMAN (E. I. (1967)) aus den 1960er Jahren anzusehen. In Deutschland schließlich haben mathematisch-statistisch gestützte Analyseverfahren vor allem seit den 1980er Jahren zunehmende theoretische wie praktische Bedeutung erlangt. Neben der Kritik an der traditionellen Bilanzanalyse führte insb. auch die stark zunehmende Zahl an Insolvenzen zu Beginn der 1980er und 1990er Jahre zu einer Suche nach geeigneten Systemen zur frühzeitigen Identifikation von Unternehmenskrisen (vgl. PFEIFER, A. (1998), S. 27).

1.2 Anwendungsfeld der Krisendiagnose

1.2.1 Krisenbegriff

Finanzwirtschaftliche Rahmenbedingungen

Die Unternehmen sind stets rasanten Entwicklungen des Wirtschaftslebens ausgesetzt. Insb. die hohe Anzahl an Unternehmensinsolvenzen ist ein Indiz dafür, dass viele Unternehmen den erschwerten finanzwirtschaftlichen Rahmenbedingungen nicht gewachsen sind.

Definitorische Abgrenzung des Begriffs »Krise«

Vor dem Hintergrund der (finanz-)wirtschaftlichen Situation in den vergangenen Jahren hat sich der Begriff »Krise« im Sprachgebrauch unserer Gesellschaft manifestiert und sowohl umgangssprachlich als auch in der gehobenen Sprache von Politik und Wirtschaft zu einem Modewort entwickelt. Das Wort »Krise« entstammt dem altgriechischen Begriff »Krisis«, der eine »Situation [beschreibt, d. Verf.], die Handlungsbedarf hervorruft bzw. notwendig macht« (ZÖLLER, M. (2006), Rn. 2). Bei der Verwendung des Krisenbegriffs kann zunächst hinsichtlich der Anzahl bzw. des Umfangs der betroffenen Unternehmen differenziert werden. So treten einerseits sog. »überbetriebliche Krisen« auf, die eine bzw. mehrere Branchen (»Branchenkrisen«), die Gesamtwirtschaft, eine Gesellschaft oder ein ganzes Staatswesen betreffen (vgl. KRYSTEK, U. (1979), S. 3). Andererseits kann der Begriff »Krise« auch ein einzelnes Unternehmen fokussieren. In diesem Zusammenhang wird von einer »einzelgesellschaftlichen Krise« bzw. einer »Unternehmenskrise« gesprochen (vgl. zu den verschiedenen Begrifflichkeiten der Krise Küting, K./Kaiser, T. (1994), S. 4). Eine Unternehmenskrise stellt sich als eine existenzielle Bedrohung dar. Der Begriff der Unternehmenskrise wird im Schrifttum auf vielfältige Arten interpretiert. Insb. im Insolvenzrecht wird der Krisenbegriff als Eintritt der Insolvenzantragsvoraussetzungen nach den §§ 17 bis 19 InsO, nämlich Zahlungsunfähigkeit, drohende Zahlungsunfähigkeit sowie Überschuldung definiert (vgl. dazu insb. Weber, C.-P./Küting, P./Eichenlaub, R. (2014), S. 1009 ff.). Auch das Strafrecht knüpft in § 283 Abs. 1 StGB an den insolvenzrechtlichen Krisenbegriff an. Die Rechtsprechung des BGH sieht – in Anlehnung an das Eigenkapitalersatzrecht gem. § 32a GmbHG a. F. – als Krisenkriterium ferner die Kredit- und Überlassungswürdigkeit vor.

Kein einheitlicher betriebswirtschaftlicher Krisenbegriff

Nichtsdestotrotz hat sich in der Betriebswirtschaftslehre generell keine einheitliche Definition herausgebildet (vgl. u. a. Bauer, J. (2013), Rn. 6). Die überwiegende Anzahl der Literaturvertreter sieht die Unternehmenskrise im Kern als einen Prozess bzw. eine Situation an, der bzw. die ohne das Ergreifen geeigneter Maßnahmen das Unternehmen in seinem Bestand gefährden und schließlich zu einer Insolvenz führen kann (vgl. Wilden, P. (2014), Rn. 2; WP-Handbuch (2014), Kap. L, Rn. 25). Mit zunehmender Dauer einer krisenhaften Entwicklung nimmt einerseits die Gefährdung durch eine Unternehmenskrise zu und andererseits die Handlungsfähigkeit der Betroffenen ab (vgl. Küting, K./Lauer, P. (2010), S. 271). »Je früher die Symptome erkannt werden, desto größer sind die Chancen, Fehlentwicklungen bei einem Unternehmen zu korrigieren ...« (Hauschildt, J. (2000), S. 2). Einem frühzeitigen Erkennen der Krisensymptome und -ursachen kommt daher eine entscheidende Bedeutung zu (vgl. Scheffler, E. (1993), S. 1570). Der Auffassung von Witte, wonach nicht alle »unerwünschten und bewältigungsbedürftigen Probleme des Unternehmens als Krise zu bezeichnen« (Witte, E. (1981), S. 12) sind, ist zwar zuzustimmen, allerdings ist eine Einschränkung des Krisenbegriffs auf eine tatsächlich bestehende »Existenzbedrohung« als zu eng abzulehnen. Rüsen fasst die wesentlichen Elemente einer Unternehmenskrise wie folgt zusammen (vgl. Rüsen, T. A. (2009), S. 47 mit Verweis auf die Arbeiten von Krystek, U. (1987); David, S. (2001) und Müller, R. (1986)):

- ungewollte, endogen oder exogen hervorgerufene Existenzgefährdung eines Unternehmens;
- Ungewissheit über den Ausgang der Gefährdung, da sowohl eine Insolvenz als auch die Bewältigung der Krise möglich sind;
- zeitliche Begrenzung und entsprechende prozessuale Sichtweise der Unternehmenskrise;
- begrenzte Steuerungsmöglichkeit des Krisenverlaufs und daher hohe Anforderungen an die Unternehmensführung;
- sich verschärfender Zeit- und Entscheidungsdruck im Verlauf der Krise.

1.2.2 Krisendiagnose

1.2.2.1 Phasen einer Unternehmenskrise

Die Feststellung, ob eine Krise vorliegt, hat grds. nach dem sich ergebenden Gesamtbild der wirtschaftlichen und finanziellen Situation – quantitativ und qualitativ – für jedes Unternehmen im Einzelfall zu erfolgen. Der Grad der Bedrohung eines Unternehmens wird durch das erreichte Stadium einer eingetretenen Krise gekennzeichnet (vgl. Crone, A. (2014), S. 4). Das IDW unterscheidet hierbei in IDW S 6 zwischen sechs verschiedenen Krisenphasen: der Stakeholderkrise, der Strategiekrise, der Produkt- und Absatzkrise, der Erfolgskrise, der Liquiditätskrise und der Insolvenzreife (vgl. hierzu IDW S 6 (2012); zu den einzelnen Krisenphasen erläuternd Hess, H./Gross, P. (2013), Rn. 72 ff.). In der Literatur werden daneben verschieden detaillierte Unterteilungen nach Phasen vorgenommen, wobei regelmäßig zumindest von drei zu differenzierenden Krisenstadien ausgegangen wird (vgl. u. a. Müller, R. (1982), S. 25 ff.).

(1) Strategiekrise:
Als charakteristisch für die strategische Krise kann grds. eine Verschlechterung der Wettbewerbsposition eines Unternehmens bei meist noch fehlendem direktem monetären Einfluss auf das Unternehmensergebnis angesehen werden. Die Auswirkungen der strategischen Krise werden erst in der Zukunft deutlich, wodurch diese oftmals von der Unternehmensführung nicht erkannt wird (vgl. Zöller, M. (2006), Rn. 4). Eine strategische Krise beginnt häufig mit der Gefährdung der Erfolgspotenziale eines Unternehmens, die im Allgemeinen als Voraussetzung für die Erzielung von Vermögenszuwächsen charakterisiert werden (vgl. Crone, A. (2014), S. 6 f.). Bspw. durch Änderungen der Nachfrage, veränderte Kostenstrukturen, falsch eingeschätzte Marktsituationen, Fehlinvestitionen oder Managementfehler steuert das Unternehmen in Richtung Unternehmenskrise (vgl. Zöller, M. (2006), Rn. 4). Crone sieht als kennzeichnend für die strategische Krise an, dass die »für den (zukünftigen) Unternehmenserfolg relevanten wesentlichen Tätigkeiten gestört sind« (Crone, A. (2014), S. 6).

(2) Operative Krise bzw. Ergebniskrise:
Die operative (Ergebnis-)Krise ist durch einen erheblichen Rückgang der Gewinne oder durch entstehende Verluste gekennzeichnet, die beginnen, das Eigenkapital des Unternehmens sukzessive aufzubrauchen (vgl. Bauer, J. (2013), Rn. 12). Ohne das Ergreifen angemessener Maßnahmen endet diese Entwicklung zwangsläufig in einer bilanziellen Überschuldung. Zwar kann ein Unternehmen in diesem Krisenstadium noch über ausreichende Eigenkapitalmittel und Liquidität verfügen, sodass nicht zwingend bereits die akute Gefahr einer Insolvenz gegeben sein muss, allerdings benötigt das Unternehmen für eine nachhaltige Sanierung oftmals bereits Hilfe durch die Zuführung frischen Kapitals von Dritten (vgl. IDW S 6 (2012), Rn. 75).

(3) Liquiditätskrise:
Charakteristisch für die Liquiditätskrise ist die »unzureichende Generierung eines positiven Zahlungsstroms aus der laufenden Geschäftstätigkeit, häufig gepaart mit einer krisenverschärfenden Finanzierungsstruktur« (Beck, M. (2009), S. 266). Neben einer zunehmenden akuten Gefahr der Zahlungsunfähigkeit werden insb. auch ungedeckte (und evtl. überfällige) Zahlungsverpflichtungen sowie das Ausschöpfen der Kreditlinien angeführt. Bauer führt aus, dass oftmals erst in diesem Stadium die Krise »bewusst wird mit der Folge, dass erst in dieser Krisenstufe und damit häufig zu spät versucht wird, Maßnahmen zur Rettung des Unternehmens zu ergreifen« (Bauer, J. (2013), Rn. 13). Mit anderen Worten: »Mit Eintritt der Liquiditätskrise ist das Unternehmen in seiner Existenz erhöht gefährdet« (Hess, H./Gross, P. (2013), Rn. 82).

1.2.2.2 Feststellung einer Unternehmenskrise

Krisenfrüherkennung

Um das Bestehen einer Unternehmenskrise zu erkennen und geeignete Gegenmaßnahmen zur Verhinderung einer letztendlich möglichen Insolvenz zu ergreifen, ist das frühzeitige Erkennen von Krisensymptomen und der wesentlichen Ursachen unabdingbar (vgl. Bauer, J. (2013), Rn. 41). Neben der rechtzeitigen Feststellung der Unternehmenskrise ist auch deren Einordnung in die vorangehend dargestellten Krisenstadien von entscheidender Bedeutung, um in der jeweiligen konkreten Krisensituation angemessene Maßnahmen zur Überwindung der Krise einleiten zu können und Fehlentscheidungen zu vermeiden (vgl. Crone, A. (2014), S. 4). Zwar gilt die Prognose von Unternehmenskrisen aufgrund derer häufig multikausalen Induktion und Abhängigkeit sowohl von endogenen als auch exogenen Einflüssen als äußerst schwierig, allerdings kann durch eine ständige Analyse der Unternehmenslage eine möglichst frühzeitige Krisendiagnose erreicht werden (Vgl. Kihm, A. (2006), Rn. 21).

Überwachungssystem

Je nach Größe und Komplexität des Unternehmens kann die Implementierung eines umfassenden Krisenfrüherkennungssystems sinnvoll sein, sei es mit dem Ziel, bestandsgefährdende Risiken frühzeitig aufzudecken und/oder entsprechende präventive Maßnahmen rechtzeitig einleiten zu können (vgl. WP-Handbuch (2000), Kap. P, Rn. 1 ff.). Nach h. M. sollte ein solches aus den drei Elementen »Controlling«, »Internes Überwachungssystem« und »Frühwarnsystem« i. e. S. bestehen (vgl. Wolf, K. (2002), S. 1729; Lück, W. (1998), S. 9). Unabhängig von der Einführung eines solch umfassenden Krisen- bzw. Risikofrüherkennungssystems kann für jedes Unternehmen die Analyse des handelsbilanziellen Jahresabschlusses als wesentliche Erkenntnisquelle für die Unternehmensführung einen bedeutenden Beitrag zum frühzeitigen Erkennen von Krisensymptomen leisten. Da eine objektivierte Feststellung einer Krise quantifizierbare Größen erfordert, ist eine Aufbereitung der Daten des Rechnungswesens in Form von Kennzahlen notwendig, die zu einem Kennzahlensystem zur Krisenfrüherkennung verdichtet werden sollten (vgl. Hess, H./Gross, P. (2013), Rn. 89 f.). Die Krisenfrüherkennung ist eine zentrale Aufgabe der (internen) Jahresabschlussanalyse (vgl. Küting, K. (2005b), S. 224). Für eine möglichst frühe Erkennung eintretender Negativtrends ist es besonders bedeutsam, dynamische Analyseinstrumente heranzuziehen, welche die Unternehmensentwicklung über mehrere Perioden hinweg einbeziehen. Ferner sind für eine interne Kennzahlenanalyse zur frühzeitigen Krisenidentifikation und dem Erkennen negativer Trends Kennzahlen zur Erfolgs- und Finanzlage von besonderer Bedeutung (vgl. Littkemann, J./Krehl, H. (2000), S. 32). Neben der klassischen Kennzahlenanalyse können auch modernere Ansätze zur Prognose der Unternehmensentwicklung sowie zur Früherkennung von Krisen im Unternehmen genutzt werden. Insb. die bereits in der externen Bilanzanalyse, vor allem im Rahmen von Kreditwürdigkeitsprüfungen, verbreiteten Methoden der Diskriminanzanalyse können dabei (mitsamt Nutzung sog. »Neuronaler Netze«) wichtige Erkenntnisse liefern (vgl. hierzu ausführlich 4. Abschn., 2.).

Kennzahlen werden durch Unternehmensstrategie bedingt

Das Frühwarnsystem sollte auf Indikatoren zurückgreifen, die frühzeitig eine negative Entwicklung ankündigen. Welche Indikatoren bzw. Kennzahlen im Detail von den Verantwortlichen des Finanzbereichs oder der Unternehmensleitung zusätzlich zu anderen Berichten, wie z. B. einem Liquiditätsplan, als Signale herangezogen werden, sollte von der individuellen Unternehmensstrategie abhängen (vgl. Hauschildt, J. (2002), S. 1004 ff.). In einer Gesamtbetrachtung sollte einzelfallbedingt stets eine Kombination vielfältiger Kennzahlen unter Berücksichtigung der jeweiligen strategischen Unternehmensplanung beurteilt werden. Nachfolgend sind beispielhaft in ein Frühwarnsystem einzubeziehende und zu analysierende Kennzahlen aufgelistet (an dieser Stelle sei nochmals betont, dass die Auswertung von Kennzahlen in ihrer Gesamtheit für jeden Einzelfall individuell beurteilt werden muss und das dementsprechend ermittelte Ergebnis rein indikatorischen Charakter besitzt):

- Eigenkapitalquote (vgl. 3. Abschn., Kap. 3, 1.2.3.2.1);
- Goldene Bilanzregel (vgl. 3. Abschn., Kap. 3, 1.2.4.2.1.1);
- Kundenziel (vgl. 3. Abschn., Kap. 3, 1.2.3.1.3.1);
- Umschlagsdauer des Vorratsvermögens (vgl. 3. Abschn., Kap. 3, 1.2.3.1.3.2).

Liquiditätsmanagement

Analysen der Unternehmensinsolvenzen decken immer wieder Defizite der Unternehmensführung im Finanzmanagement auf (vgl. Rautenstrauch, T./Müller, C. (2006), S. 1616). Die Zahlungsunfähigkeit eines Unternehmens, mithin nicht in der Lage zu sein, fällige Zahlungspflichten zu erfüllen, ist vielfach die Hauptursache von Unternehmensinsolvenzen. Daneben existiert für juristische Personen und ihnen gleichgestellte Personengesellschaften i. S. d. § 264 a HGB im Falle der insolvenzrechtlichen Überschuldung ein weiterer obligatorischer Insolvenztatbestand (vgl. Weber, C.-P./Küting, P./Eichenlaub, R. (2014), S. 1014 ff.). Wird Liquiditätsengpässen nicht rechtzeitig und durch das rasche Einleiten finanzwirtschaftlicher Anpassungsmaßnahmen entgegengewirkt, droht folglich Zahlungsunfähigkeit, ergo die Pflicht zur Beantragung eines Insolvenzverfahrens. Daher gewinnt insb. in Krisenzeiten das Liquiditätsmanagement vermehrt an Bedeutung, da es vor allem in Krisensituationen eine Unterstützung zur nachhaltigen Liquiditätssicherung darstellen kann und hierdurch zudem die Möglichkeit besteht, eine sich anbahnende Liquiditätskrise rechtzeitig zu erkennen. Insb. das Zurückgreifen auf zahlungsstrombasierte Daten gewährleistet, im Gegensatz zu ggf. bilanzpolitisch beeinflussten Werten der Bilanz und GuV bzw. Gesamtergebnisrechnung, eine solide Liquiditätsplanung und Krisenprognose (vgl. zur Bedeutung eines Liquiditätsmanagements in der Krise Küting, K./Rösinger, A./Mojadadr, M. (2010), S. 628).

Unbefriedigende Antwort

Zwar haben sich – rückblickend – bereits mehrere Arbeiten (vgl. mitunter Baetge, J./Dossmann, C./Kruse, A. (2000), S. 179) mit dem Krisenphänomen beschäftigt (vgl. Maus, K. H. (2009)), jedoch wurde nicht zuletzt mit Blick auf die jüngsten Erfahrungen der Vergangenheit (Stichwort: Finanzmarktkrise) evident, dass die traditionelle Bilanzanalyse zur Krisenerkennung und -prävention bzw. zum Krisenverlauf keine befriedigende Antwort geben konnte. Vor diesem Hintergrund ist die betriebswirtschaftliche Bilanzanalyse aufgefordert, sich stärker als bisher mit den gesamtwirtschaftlichen Rahmenbedingungen – und insb. mit der Konjunkturlage – zu verzahnen (vgl. zu Entwicklungstendenzen der Bilanzanalyse Küting, K./Lam, S./Mojadadr, M. (2010), S. 2289 ff.).

1.3 Kritik an der klassischen Kennzahlenanalyse

Allgemeines Ziel der Bilanzanalyse

Die Abschlussanalyse mit Hilfe mathematisch-statistischer Verfahren setzt an den Kritikpunkten der traditionellen Bilanzanalyse zur Gesamtbeurteilung von Unternehmen an. Ziel der Bilanzanalyse allgemein ist es, aussagefähigere

»Informationen über die ökonomische Lage und die Zukunftsaussichten eines Unternehmens [zu, d. Verf.] erhalten, als sie die ursprünglichen Zahlen der Jahresabschlussrechnung liefern« (GRÄFER, H./SCHNEIDER, G./GERENKAMP, T. (2012), S. 4).

Kennzahlen (-system)

Dies geschieht üblicherweise mit Hilfe von Kennzahlen und Kennzahlensystemen. Kennzahlen sind hoch verdichtete Maßgrößen, die in einer komprimierten Form komplexe Strukturen und Prozesse abbilden, um so einen möglichst schnellen und umfassenden Überblick über die wirtschaftliche Lage eines Unternehmens zu gewinnen (vgl. REICHMANN, T. (2006), S. 19). Die herkömmliche Bilanzanalyse besteht dann darin, durch Zeit-, Betriebs- und Soll-Ist-Vergleiche Informationen über die Entwicklung des Unternehmens zu erlangen.

Offene Fragestellungen

Im Vordergrund steht die verdichtete Informationsvermittlung, um einen verbesserten Einblick in die wirtschaftliche Lage des Unternehmens zu erhalten. Dabei werden differenzierte Partialanalysen zur Beurteilung von Liquidität, Finanzierung, Erfolg, Investitionstätigkeit etc. durchgeführt. Anschließend sind die Ergebnisse der Partialanalysen durch den Analysten zu einem Gesamtbild des Unternehmens zusammenzufassen (vgl. GRÄFER, H./SCHNEIDER, G./GERENKAMP, T. (2012), S. 23). Jedoch lässt die traditionelle Bilanzanalyse bei der Gesamtbeurteilung von Unternehmen, insb. zur Früherkennung von Unternehmenskrisen, folgende Fragen unbeantwortet (vgl. BAETGE, J./HUß, M./NIEHAUS, H.-J. (1987), S. 64 f.):

(1) Welche der vielen denkbaren Kennzahlen zeigen zuverlässig und frühzeitig negative Unternehmensentwicklungen an?
(2) Wie viele dieser geeigneten Kennzahlen sind für eine Urteilsbildung zu berücksichtigen?
(3) Wie können diese Kennzahlen zu einem Gesamtindikator der Unternehmensentwicklung zusammengefasst werden und ab welchem Wert eines solchen Gesamtindikators wird eine mögliche Unternehmensgefährdung angezeigt?

Ausweg: Statistische Verfahren

Durch Anwendung statistischer Verfahren und die Verarbeitungsmöglichkeit großer Datenmassen durch leistungsfähige DV-Systeme versucht man, diese Mängel der traditionellen Bilanzanalyse zu beseitigen. Als statistische Verfahren kommen dabei insb. verschiedene Verfahren im Rahmen einer Diskriminanzanalyse in Frage, die Kennzahlen im Hinblick auf ihre Eignung zur Insolvenzdiagnose und -prognose bzw. zur Früherkennung von Unternehmenskrisen analysieren und bei multivariaten Verfahren zu einem Gesamtbeurteilungsindikator verknüpfen (vgl. BAETGE, J./KIRSCH, H.-J./THIELE, S. (2004), S. 535 ff.).

1.4 Kurzdarstellung der Ziele und Anwender

Ziele

Obgleich die statistische Bilanzauswertung seit mehreren Jahrzehnten existiert, haben sich deren Ziele bis heute kaum geändert und können folgendermaßen zusammengefasst werden (vgl. RÖSLER, J. (1988), S. 103):

(1) Die Ursachen des unternehmerischen Misserfolgs sollen identifiziert und systematisiert werden;

(2) Krisenanzeichen sollen frühzeitig durch die Erfassung von Charakteristika »gescheiterter« Unternehmen und Vergleich mit denen »gesunder« Unternehmen erkannt werden;
(3) die Beurteilung von Unternehmen soll auf einer vergleichbaren, objektiven, systematischen, lückenlosen und überschneidungsfreien Basis erfolgen.

Anwender

In Deutschland fanden bzw. finden statistische Jahresabschlussanalysen auf der Basis der multivariaten Diskriminanzanalyse u.a. Verwendung bei der Deutschen Bundesbank (vgl. Blochwitz, S./Eigermann, J. (2000)), beim Deutschen Sparkassen- und Giroverband, bei der Bayerischen Vereinsbank AG (vgl. Baetge, J./Huß, M./Niehaus, H.-J. (1986), S. 606), der Baden-Württembergischen Bank AG (vgl. Hüls, D. (1995)) sowie bei der Allgemeinen Kreditversicherung AG (vgl. Feidicker, M. (1992)).

Der breiten Anwendung durch Bilanzanalytiker entziehen sich die Verfahren allerdings, weil entweder die Repräsentativität des Datenmaterials nicht gegeben ist oder aber die in die Diskriminanzfunktion aufgenommenen Kennzahlen respektive deren Gewichtungsfaktoren (Diskriminanzkoeffizienten) nicht veröffentlicht werden. Der Grund für deren Nicht-Veröffentlichung, insb. bei Untersuchungen von oder in Zusammenarbeit mit Unternehmen, liegt erstens an dem erheblichen Aufwand von Untersuchungen mit repräsentativem Datenmaterial und den damit verbundenen Kosten; zweitens wird versucht Know-how zu bewahren; drittens soll verhindert werden, dass die »Abschlußersteller erfahren, wie sie sich eventuell durch Bilanzmanipulationen in die Gruppe der ›guten‹ Unternehmen hinein manipulieren können« (Baetge, J./Huß, M./Niehaus, H.-J. (1986), S. 606). Dennoch werden bspw. in der Kreditwirtschaft auch Gemeinschaftslösungen zur Verbesserung angewandter Ratingverfahren diskutiert (vgl. Bächstädt, K.-H./Bauer, C./Geldermann, A. (2004), S. 579, m.w.N.). Viertens birgt die unreflektierte Anwendung dieser Verfahren durch Dritte die Gefahr, Unternehmen i.S.e. sog. »Self-Fulfilling-Prophecy« zu gefährden (vgl. Hauschildt, J. (2000a), S. 133 f.; hierzu auch Wilden, P. (2014), Rn. 25). Und fünftens ist festzustellen, dass selbst die Veröffentlichung des einer multivariaten Diskriminanzanalyse zugrunde gelegten umfangreichen Kennzahlenkatalogs für den externen Analysten infolge seiner – insb. unter Wirtschaftlichkeitsgesichtspunkten – schweren Überschau- und Interpretierbarkeit kaum zusätzliche Erkenntnisse enthält (vgl. Baetge, J./Kirsch, H.-J./Thiele, S. (2004), S. 546 f.).

1.5 Ansatz der Diskriminanzanalyse

Anwendungsgebiete

Die Diskriminanzanalyse ist ein mathematisch-statistischer Ansatz zur Analyse von Gruppenunterschieden, der es ermöglicht, zwei oder mehr Gruppen hinsichtlich einer oder simultan hinsichtlich mehrerer Merkmalsvariablen zu untersuchen (vgl. Backhaus, K. et al. (2011), S. 188). Dahingehend wird sie bspw. in der Kreditwirtschaft verwendet, um solvente »Kreditnehmer im Kreditgeschäft von solchen zu unterscheiden, die in Zahlungsschwierigkeiten kommen könnten« (Gräfer, H./Schneider, G./Gerenkamp, T. (2012), S. 155). Insb. lässt sich mit der Diskriminanzanalyse die Frage beantworten, durch welche Merkmalsausprägungen Gruppenunterschiede erklärt werden können. Von besonderer praktischer Bedeutung ist jedoch das zweite Anwendungsgebiet der Diskriminanzanalyse – die Klassifizierung, die mit der folgenden Fragestellung verbunden ist: In welche Gruppe ist ein Element, dessen Gruppenzugehörigkeit nicht bekannt ist, aufgrund seiner Merkmalsausprägungen einzuordnen? Deutlich wird, dass die Beantwortung der zweiten Frage die Beantwortung der ersten voraussetzt. Die Beantwortung der ersten Frage erfordert schließlich, dass Daten von Elementen mit bekannter Gruppenzugehörigkeit vorliegen.

Festlegung einer Test- und Kontrollgruppe

Ausgangspunkt der Diskriminanzanalyse im Rahmen der Jahresabschlussanalyse ist daher eine Grundgesamtheit von Unternehmen, die anhand eines vorgegebenen Kriteriums (z. B. Auftreten einer Insolvenz in einem bestimmten Jahr oder Zeitraum) in zwei Gruppen eingeteilt wird. Aus diesen beiden Teilmengen werden zwei Stichproben gezogen: Eine Testgruppe von Unternehmen, die insolvent geworden sind, und eine (zumeist gleichgroße) Kontrollgruppe von solvent gebliebenen Unternehmen. Letztere Gruppe entspricht entweder den insolventen Unternehmen in Größe und Branchenzugehörigkeit (Matched Sample), ohne dass auf das Kriterium der ökonomischen Gesundheit geachtet wird (vgl. Hauschildt, J. (2000a), S. 122f.), oder sie wird zufällig aus der Gruppe der »gesunden« Unternehmen gezogen.

Aus den Jahresabschlussdaten der Unternehmen der Test- und Kontrollgruppe werden vorher festgelegte Kennzahlen ermittelt.

Weitere Vorgehensweise

In Abhängigkeit von dem zugrunde gelegten Verfahren der Diskriminanzanalyse ergibt sich dann die weitere Vorgehensweise. Für die im Weiteren betrachteten Verfahren sind die folgenden – sehr vereinfacht dargestellten – Schritte durchzuführen: Zunächst wird heuristisch oder analytisch überprüft, durch welche Kennzahlen(-werte) sich die Unternehmen der Test- und Kontrollgruppe voneinander unterscheiden. Sodann wird – je nach Verfahren – die Kennzahl oder Kennzahlenkombination ermittelt, die zu der bestmöglichen richtigen Zuordnung der untersuchten Unternehmen in eine der beiden Gruppen führt. Diese Zuordnung erfolgt mit einem für die Kennzahl oder Kennzahlenkombination festzulegenden Trennwert (Cut-off-Point). Um das Verfahren praktisch einzusetzen, muss getestet werden, ob eine Anwendung des gefundenen (linearen) Trennkriteriums auf bislang noch nicht einbezogene Unternehmen ex post und zukünftig ex ante erfolgreich verläuft (vgl. Baetge, J. (1980), S. 655).

Die so beschriebene Diskriminanzanalyse kann entweder univariat, also mit einer einzigen Kennzahl, bivariat, d. h. mit zwei Kennzahlen, oder multivariat mit mehreren Kennzahlen erfolgen.

Merksätze

1. Mit Hilfe statistischer Verfahren der Diskriminanzanalyse sollen Kennzahlen auf ihre Eignung zur Früherkennung von Unternehmensrisiken analysiert und bei den bi- und multivariaten Verfahren zu einem Gesamtbeurteilungsindikator verknüpft werden.
2. Obwohl die Verfahren der Diskriminanzanalyse grds. ein Instrument der externen Bilanzanalyse darstellen, entziehen sie sich aus verschiedenen Gründen der breiten Anwendung durch externe Bilanzanalytiker.
3. Im Rahmen der Jahresabschlussanalyse wird mit Hilfe der Diskriminanzanalyse ermittelt, durch welche Merkmalsausprägungen Unterschiede (z. B. Solvenz/Insolvenz) zwischen mehreren Gruppen (Test- und Kontrollgruppe von Unternehmen) erklärt werden können. Je nach Verfahren wird die jeweilige Kennzahl/Kennzahlenkombination ermittelt, die zu der

bestmöglichen zutreffenden Klassifizierung von Unternehmen zu einer der beiden Gruppen führt. Diese Zuordnung erfolgt mit einem für die jeweilige Kennzahl/Kennzahlenkombination festzulegenden Trennwert (Cut-off-Point).

1.6 Univariate Diskriminanzanalyse

Im Rahmen der univariaten Diskriminanzanalyse wird jede Kennzahl einzeln auf ihre Trennfähigkeit der beiden Gruppen untersucht (vgl. Hauschildt, J. (2000a), S. 121). Die Klassifikation von Unternehmen erfolgt mit derjenigen Kennzahl, die zum besten Trennergebnis führt.

Cut-off-Point

Bei kardinal skalierten Klassifikationsmerkmalen – wie Bilanzkennzahlen – wird mittels heuristischer Suchverfahren ein sog. »Cut-off-Point« ermittelt, der beide Gruppen bestmöglich, d. h. mit der geringsten Zahl von Fehlklassifikationen, trennt (vgl. Thomas, K. (1983), S. 82). Eine Fehlklassifikation liegt vor, wenn Unternehmen falsch eingeordnet werden, also entweder tatsächlich »schlechte« Unternehmen fälschlicherweise als »gut« (Fehler 1. Art, sog. »α-Fehler«) oder tatsächlich »gute« Unternehmen fälschlicherweise als »schlecht« (Fehler 2. Art, sog. »β-Fehler«) klassifiziert werden (vgl. nur Baetge, J./Huß, M./Niehaus, H.-J. (1986), S. 610).

Anforderungen an Kennzahlen

Aus Gründen der Vergleichbarkeit sollten stets Verhältniskennzahlen eingesetzt werden, da diese im Gegensatz zu absoluten Werten weniger durch eine divergierende Größe des jeweiligen Unternehmens beeinflusst werden (vgl. Pfeifer, A. (1998), S. 50). Ferner gilt es eine eindeutige Definition der Kennzahlen zugrunde zu legen, die u. a. auf einem einheitlichen Gliederungsschema des Jahresabschlusses beruht (vgl. Burger, A. (1995), S. 271 f.). Um Fehlinterpretationen zu vermeiden, sollte von Kennzahlen abgesehen werden, bei denen Zähler und Nenner gleichzeitig negative Beträge aufweisen, da derart bspw. im Rahmen der Berechnung der Eigenkapitalrentabilität im Falle einer bilanziellen Überschuldung bei gleichzeitigem Ausweis eines Verlusts ein positiver Kennzahlenwert ermittelt würde (vgl. Niehaus, H.-J. (1987), S. 73). Außerdem eignen sich solche Kennzahlen besonders, die hinsichtlich der ausgewählten Klassifikationskriterien stark differieren (vgl. Pfeifer, A. (1998), S. 51).

Beaver (W. H. (1966), S. 100) hat erstmals eine univariate Diskriminanzanalyse im Rahmen der von ihm angestrebten Insolvenzprognose vorgenommen. Er selbst vermutete schon, dass eine Analyse auf der Grundlage von multivariaten Verfahren zu besseren Ergebnissen führe, konnte aber in eigenen Untersuchungen keine befriedigenden Ergebnisse erzielen.

Mängel der univariaten Diskriminanzanalyse

Die univariate Diskriminanzanalyse weist folgende Mängel auf:

(1) Durch Einzelbetrachtung von Kennzahlen können lediglich Teilaspekte des im Jahresabschluss abgebildeten Informationspotenzials dargestellt werden (vgl. Gebhardt, G. (1980), S. 242). Völlig zu Recht wird betont, dass der Versuch, einzelne Kennzahlen zum Zwecke der Prognose von Unternehmenskrisen einzusetzen, zwangsläufig an der Komplexität des zu prognostizierenden Ereignisses scheitern muss: »Krisen ereignen sich nämlich aus dem Zusammenwirken mehrerer Ursachen. Und jede dieser Ursachen wird of-

fenkundig durch eine arteigene Kennzahl signalisiert« (HAUSCHILDT, J./LEKER, J. (1995), S. 259).

(2) Das eine Unternehmenskrise hervorrufende vielschichtige Zusammenspiel verschiedener Ursachen ist nicht zwingend aus dem Jahresabschluss ablesbar. Vielmehr spielen hier insb. auch strategische, nicht finanzielle Faktoren eine große Rolle (vgl. HEIDEN, M./GARNIER, S. v./WEISS, H.-J. (2000), S. 50ff.). Diese qualitativen Frühwarnindikatoren finden i. d. R. keinen Eingang in die externe Unternehmensrechnung. Die Individualität dieser Faktoren sowie die Schwierigkeiten in der Erforschung von Insolvenzursachen stellen weiteres Störpotenzial der (univariaten) Diskriminanzanalyse dar (vgl. HAUSCHILDT, J. (2000)).

(3) Die Beziehungen der Kennzahlen untereinander werden vernachlässigt. Dies bedeutet, dass mehrere Variablen, die einzeln betrachtet unbedeutend waren, sich gegenseitig so verstärken, dass sie im Ergebnis bedeutsamer sind als einzelne, zunächst als besonders trennfähig betrachtete Variablen. Umgekehrt können jedoch auch Variablen, die in der univariaten Betrachtung sehr bedeutsam waren, sich in ihrer gemeinsamen Wirkung gegenseitig abschwächen und so gerade keine oder nur eine geringe Indikatorwirkung haben. Solche verstärkenden oder abschwächenden Effekte können mittels univariater Analysen nicht herausgearbeitet werden (vgl. HAUSCHILDT, J. (2000a), S. 133f.).

(4) Führen die Klassifikationsergebnisse einzelner Kennzahlen zu unterschiedlichen Ergebnissen, besteht das Dilemma, die divergierenden Teilurteile zu einem tragfähigen und empirisch verlässlichen Gesamturteil zusammenzufassen (vgl. BAETGE, J. (1989), S. 797).

Beispiel

Das folgende Beispiel zur zweimaligen univariaten Trennung, d. h. der unabhängigen Klassifikation anhand zweier Kennzahlen, soll diesen Zusammenhang verdeutlichen.

Gegeben seien in Übersicht 97 die Rentabilität sowie die Fremdkapitalquote für eine aus zwölf solventen (Unternehmen 13–24) und zwölf insolventen (Unternehmen 1–12) Unternehmen bestehende Stichprobe.

Unternehmen	Rentabilität (%)	FK-Quote (%)	insolvent
1	1,2	65	ja
2	1,4	44	ja
3	2,2	51	ja
4	2,1	90	ja
5	3,1	62	ja
6	3,9	75	ja
7	4,3	82	ja
8	4,5	67	ja
9	5,7	39	ja
10	6,9	81	ja
11	7,5	91	ja
12	8,1	62	ja

Unternehmen	Rentabilität (%)	FK-Quote (%)	insolvent
13	1,8	55	nein
14	2,2	11	nein
15	3,7	22	nein
16	4,2	35	nein
17	5,2	31	nein
18	5,3	51	nein
19	7,0	39	nein
20	6,9	71	nein
21	8,0	51	nein
22	9,2	72	nein
23	10,0	41	nein
24	10,2	57	nein

Übersicht 97: Stichprobe zur Diskriminanzanalyse

Trennung mittels Rentabilität

Zunächst soll eine den Gesamtfehler minimierende Klassifikation der Unternehmen mittels der Kennzahl »Rentabilität« vorgenommen werden. Dabei wird davon ausgegangen, dass die Rentabilität bei insolvenzgefährdeten Unternehmen im Durchschnitt geringer ist als bei solventen (vgl. HÜLS, D. (1995), S. 25). Gesucht ist also der Rentabilitätswert x, für den die Klassifikationsregel ›Unternehmen mit einer Rentabilität kleiner x sind als insolvenzgefährdet zu klassifizieren, Unternehmen mit einer Rentabilität größer x sind als solvent zu klassifizieren‹ fehlerminimal auf die Stichprobe angewendet werden kann. »Bei der univariaten Diskriminanzanalyse wird der kritische Trennwert üblicherweise durch ›probieren‹ gefunden« (HÜLS, D. (1995), S. 23).

Übersicht 98 zeigt die Fehlerzahl für verschiedene Trennwerte auf. Sie macht deutlich, dass eine Rentabilität von 5 % einen optimalen Trennwert darstellt, dass also bei keinem anderen Trennwert eine geringere Gesamtfehlerzahl erzielt werden kann.

Trennung mittels Fremdkapitalquote

Für eine univariate Trennung anhand der Kennzahl »Fremdkapitalquote« unter Zugrundelegung der Hypothese, dass diese Quote bei insolvenzgefährdeten Unternehmen im Durchschnitt höher ist als bei solventen, zeigt Übersicht 99,

Trennung bei einer Rentabilität von	falsch klassifiziert		
	insolvent	solvent	gesamt
1 %	12	0	12
2 %	10	1	11
3 %	8	2	10
4 %	6	3	9
5 %	4	4	8
6 %	3	6	9
7 %	2	7	9
8 %	1	8	9
9 %	0	9	9
10 %	0	10	10

Übersicht 98: Univariate Trennung mittels Rentabilität

Trennung bei einer Fremdkapitalquote von	falsch klassifiziert		
	insolvent	solvent	gesamt
10 %	0	12	12
20 %	0	11	11
30 %	0	10	10
40 %	1	7	8
50 %	2	6	8
60 %	3	2	5
70 %	7	2	9
80 %	8	0	8
90 %	10	0	10
100 %	12	0	12

Übersicht 99: Univariate Trennung mittels Fremdkapitalquote

dass ein optimaler Trennwert bei 60 % liegt. Nach der daraus resultierenden Klassifikationsregel sind somit Unternehmen, deren Fremdkapitalquote über 60 % liegt, als insolvenzgefährdet und Unternehmen mit einer Fremdkapitalquote kleiner 60 % als solvent zu klassifizieren.

Graphische Darstellung

Übersicht 100 stellt die Ergebnisse graphisch dar:

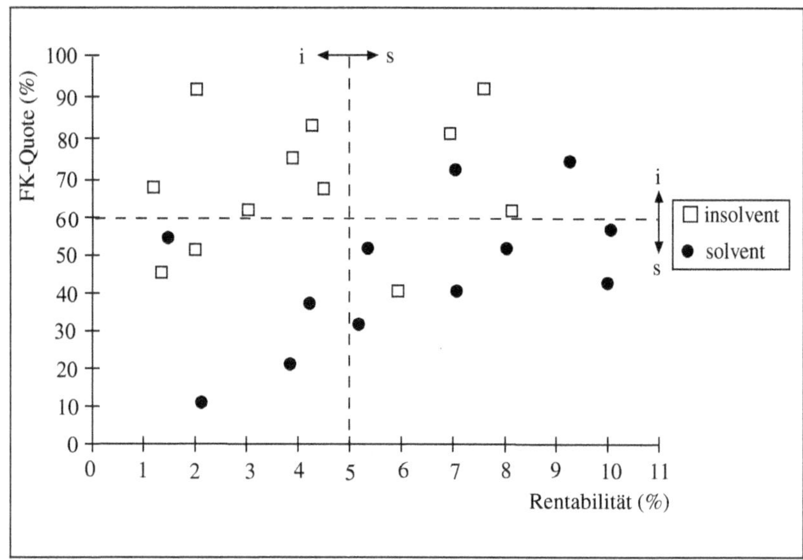

Übersicht 100: Zweimalige univariate Trennung

Ergebnis

Das Ergebnis der zweimaligen univariaten Trennung zeigt, dass die Trennfähigkeit beider Kennzahlen einzeln betrachtet keine hinreichend gute Klassifikation erlaubt.

Rentabilität: Hier werden insgesamt acht Unternehmen falsch klassifiziert. Dabei verdeutlichen die Übersichten 98 und 100, dass vier Fehler 1. Art (α-Fehler) auftreten, d. h., vier tatsächlich insolvente Unternehmen werden unzutreffend als solvent eingestuft (in Übersicht 100 □ rechts der senkrechten Trenngeraden); der Fehler 2. Art (β-Fehler) tritt ebenfalls viermal auf, d. h., vier tatsächlich solvente Unternehmen werden als insolvent eingestuft (in Übersicht 100 ● links der senkrechten Trenngeraden).

Fremdkapitalquote: Hier werden insgesamt fünf Unternehmen falsch klassifiziert. Dabei tritt der Fehler 1. Art dreimal (in Übersicht 100 □ unter der waagerechten Trenngeraden) und der Fehler 2. Art zweimal (in Übersicht 100 ● über der waagerechten Trenngeraden) auf.

Damit können mittels der Kennzahl »Rentabilität« nur ca. 67 % sowie im Falle der Fremdkapitalquote ca. 79 % der Unternehmen der Stichprobe richtig klassifiziert werden. Bei einer Anwendung dieser Klassifikationen auf andere Unternehmen dürften die Quoten i. d. R. noch wesentlich niedriger liegen.

Problem divergierender Teilurteile

Betrachtet man die Unternehmen im unteren linken und oberen rechten Quadranten des Koordinatensystems der Übersicht 100 wird die bereits angesprochene Problematik einander widersprechender Teilurteile unmittelbar deutlich. Denn die in den beiden Quadranten befindlichen Unternehmen werden jeweils nach der einen Kennzahl als ›solvent‹, nach der anderen Kennzahl hingegen als ›insolvent‹ beurteilt. »Dieses Dilemma der Widersprüchlichkeit ergibt sich bei jedem Urteil über ein Unternehmen mit Hilfe der univariaten Klassifikation von zwei oder mehr Kennzahlen, deren Hypothesen gegenläufig sind, wenn für jede Kennzahl mit einem eigenen Trennwert gearbeitet wird« (Hüls, D. (1995), S. 26). Diese Problematik kann nur durch eine Verknüpfung der Kennzahlen zu einem einzigen Trennwert überwunden werden (vgl. Baetge, J./Kirsch, H.-J./Thiele, S. (2004), S. 545). Diesen Weg beschreitet die nachfolgend darzustellende multivariate Diskriminanzanalyse.

1.7 Multivariate Diskriminanzanalyse

1.7.1 Darstellung des statistischen Verfahrens

Begriff und Verfahren

»Multivariate Diskriminanzanalysen sind Verfahren, die simultan mehrere Kennzahlenverteilungen analysieren sowie eine Klassifikationsregel mit mind. zwei Kennzahlen berechnen« (Niehaus, H.-J. (1987), S. 86). Dabei lassen sich folgende Verfahren unterscheiden (vgl. Feidicker, M. (1992), S. 134):

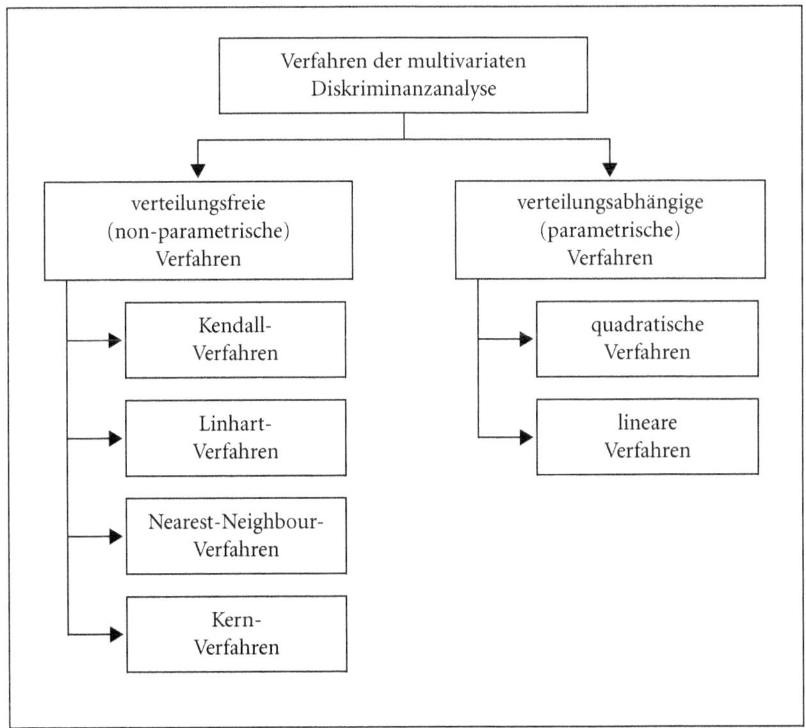

Übersicht 101: Verfahren der multivariaten Diskriminanzanalyse

Im Folgenden soll lediglich die lineare multivariate Diskriminanzanalyse dargestellt werden, da verschiedene empirische Studien gezeigt haben, dass diese trotz der nicht immer erfüllten theoretischen Bedingungen der Normalverteilung und der Varianz-Homogenitäts-Annahme (vgl. Baetge, J. (2002), S. 2282) in aller Regel zu besseren Trennergebnissen führt als verteilungsunabhängige oder quadratische Diskriminanzanalyseverfahren. Dieses Verfahren hat sich dann auch in der Praxis für Kreditwürdigkeitsprüfungen (von Firmenkunden) weitgehend durchgesetzt.

Lineare Diskriminanzanalyse

Lineare Diskriminanzanalyse bedeutet, dass die verwendeten – und entsprechend ihrer statistischen Bedeutung gewichteten – Kennzahlen lediglich additiv oder subtraktiv, also linear zu einer Gesamtkennzahl, dem Diskriminanzwert, verbunden werden.

Mit Hilfe eines schrittweisen Suchverfahrens lässt sich die Kombination von Kennzahlen finden, welche die Klassifikation in Gruppen ›guter‹ und ›schlechter‹ Unternehmen am trennschärfsten durchführt.

Die allgemeine Formel lautet:

(F. 111)

$$D = -a_0 + a_1 \times x_1 + a_2 \times x_2 + \ldots + a_m \times x_m$$

Jede Einzelkennzahl (x_1 bis x_m) wird entsprechend ihrer Bedeutung für die Früherkennung von Unternehmenskrisen mit ihrem jeweiligen Gewichtungs-(Diskriminanz-)koeffizienten (a_1 bis a_m) multipliziert. Die Summe aus den gewichteten Kennzahlen ergibt zusammen mit dem absoluten Glied ($-a_0$), das den Trennwert auf den Wert 0 festlegt, den Diskriminanzwert (D).

Klassifikationsregel

Die Klassifikationsregel lautet in diesem Fall (wenn gilt: D steigt mit abnehmender Insolvenzgefahr): Ein Unternehmen mit einem Wert unter 0 wird als ›schlechtes‹, mit einem Wert über 0 als ›gutes‹ Unternehmen klassifiziert.

Bivariate Diskriminanzanalyse

Die Ermittlung der Diskriminanzfunktion sowie die Bestimmung des Trennwerts können für den Fall der bivariaten Diskriminanzanalyse, also der Trennung unter gleichzeitiger Berücksichtigung zweier Kennzahlen, vereinfacht in Fortführung des unter 4. Abschn., 1.6 dargestellten Beispiels verdeutlicht werden. Dabei wird zur Vereinfachung ohne weitere Prüfung davon ausgegangen, dass die unter 4. Abschn., 1.7.2.2 zu erläuternden Voraussetzungen zur Anwendung der multivariaten Diskriminanzanalyse erfüllt sind.

Zu ermitteln ist die Funktion:

(F. 112)

$$D = a \times x + b \times y$$

wobei x die verwendete Rentabilitätskennziffer und y die Fremdkapitalquote bezeichnet.

Die Koeffizienten a und b können dabei nach FOSTER (G. (1986), S. 518 f.) wie folgt ermittelt werden:

$$a = \frac{\sigma_y^2 \times d_x - \sigma_{xy} \times d_y}{\sigma_x^2 \times \sigma_y^2 - \sigma_{xy} \times \sigma_{xy}} \qquad b = \frac{\sigma_x^2 \times d_y - \sigma_{xy} \times d_x}{\sigma_x^2 \times \sigma_y^2 - \sigma_{xy} \times \sigma_{xy}}$$

σ_x^2 = (Stichproben)Varianz von $x = \frac{1}{n-1} \times \sum_{i=1}^{n} (x_i - \bar{x})^2$

σ_y^2 = (Stichproben)Varianz von $y = \frac{1}{n-1} \times \sum_{i=1}^{n} (y_i - \bar{y})^2$

σ_{xy} = (Stichproben)Kovarianz von x und $y = \frac{1}{n-1} \times \sum_{i=1}^{n} (x_i - \bar{x}) \times (y_i - \bar{y})$

d_x = Differenz zwischen dem Mittelwert von x für Gruppe 1 (insolvente Unternehmen) und dem Mittelwert von x für Gruppe 2 (solvente Unternehmen)
d_y = Differenz zwischen dem Mittelwert von y für Gruppe 1 (insolvente Unternehmen) und dem Mittelwert von y für Gruppe 2 (solvente Unternehmen)
x_i = Ausprägungen der Kennzahl x
y_i = Ausprägungen der Kennzahl y
$\bar{x}$ = arithmetisches Mittel der Kennzahl x
$\bar{y}$ = arithmetisches Mittel der Kennzahl y
n = Zahl der Unternehmen in der Stichprobe

Übersicht 102: Ermittlung der Koeffizienten für den Fall der bivariaten Diskriminanzanalyse

Ermittlung der bivariaten Diskriminanzfunktion

Hierbei ergeben sich unter Verwendung der Daten aus dem Beispiel unter 4. Abschn., 1.6 folgende Ergebnisse:
σ_x^2 = 7,61384
σ_y^2 = 437,78080
σ_{xy} = 7,41341
d_x = 4,24167–6,14167 = –1,9
d_y = 67,41667–44,66667 = 22,75
a = –0,30518
b = 0,05713
D = $-0{,}30518 \times x + 0{,}05713 \times y$

Auf Basis der unter 4. Abschn., 1.6 getroffenen Hypothesen über das Verhältnis der durchschnittlichen Rentabilität und Fremdkapitalquote zwischen insolventen und solventen Unternehmen lässt sich die Hypothese ableiten, dass der Diskriminanzwert D im Durchschnitt bei solventen Unternehmen niedriger ist als bei insolventen Unternehmen.

Ermittlung des Trennwerts

Berechnet man diese Funktion für alle Unternehmen der Stichprobe, lässt sich anschließend – wie im Fall der univariaten Diskriminanzanalyse – durch Probieren ein optimaler Trennwert zur Minimierung des Gesamtfehlers (optimale $\alpha\beta$-Fehlerkombination) ermitteln.

Trennung bei einem Diskriminanzwert von	falsch klassifiziert		
	insolvent	solvent	gesamt
4	11	0	11
3	8	0	8
2	2	1	3
1	1	4	5
0	0	10	10

Übersicht 103: Trennwertbestimmung bei bivariater Analyse

Die Verwendung anderer Trennwerte kann dabei die Klassifikationsleistung nicht verbessern.

Klassifikationsregel

Die Klassifikationsregel für diese Diskriminanzfunktion lautet: Ein Unternehmen mit einem Wert unter 2 wird als solvent, mit einem Wert über 2 als insolvent klassifiziert (durch eine Erweiterung der Funktion um die Konstante 2 lässt sich der Trennwert auf 0 festlegen).

Graphische Darstellung

Übersicht 104 stellt die ermittelte Diskriminanzfunktion graphisch dar:

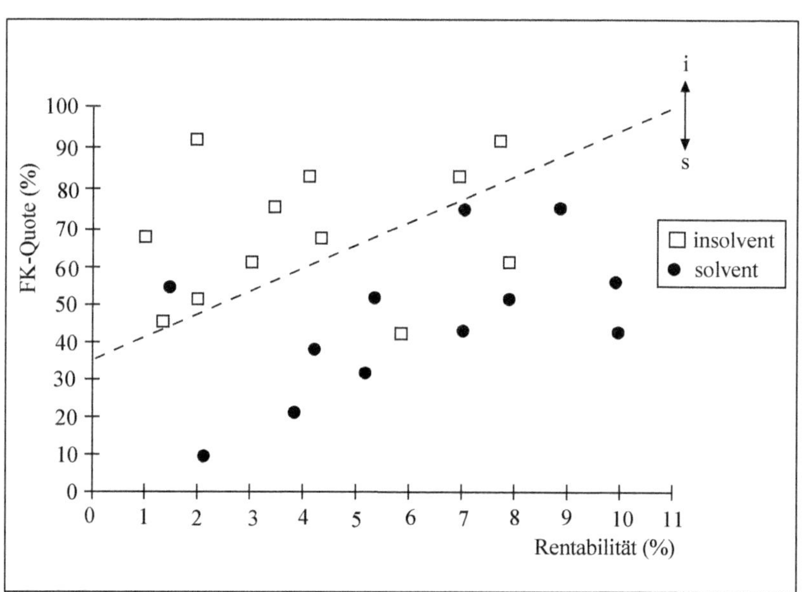

Übersicht 104: Bivariate Trennung

Ergebnis

Im Vergleich zur zweifachen univariaten Diskriminanzanalyse nimmt die Zahl der Fehlklassifikationen deutlich ab. In dem konkreten Beispiel werden lediglich drei Unternehmen fehlklassifiziert. Dabei verdeutlichen die Übersichten 103 und 104, dass zwei Fehler 1. Art auftreten, d. h. zwei tatsächlich insolvente Unternehmen unzutreffend als solvent eingestuft werden (in Übersicht 104 □ unter der Trenngeraden); der Fehler 2. Art tritt einmal auf, d. h., ein tatsächlich solventes Unternehmen wird als insolvent eingestuft (in Übersicht 104 ● über der Trenngeraden).

Bestmögliche Klassifikation

In verschiedenen großzahligen empirischen Untersuchungen im deutschsprachigen Raum hat sich gezeigt, dass eine bestmögliche Klassifikation von Unternehmen in die Kategorien ›gute‹ und ›schlechte‹ Unternehmen in einer Kombination von drei bzw. vier Kennzahlen gelingt (vgl. BAETGE, J. (1989), S. 801 f.; FEIDICKER, M. (1992), S. 158 ff.).

Nach den in der Literatur durchgeführten Bestandsaufnahmen der empirischen Untersuchungen gehören zum Kern der immer wieder auftretenden Kennzahlen jeweils ein Renditemaß und eine Kapitalstrukturkennzahl. Die Untersuchungen bei der DEUTSCHEN BUNDESBANK und der BAYERISCHEN VEREINSBANK ermittelten jeweils eine Kennzahl zur Rentabilität, eine zur Kapitalstruktur und eine zum Kapitalrückfluss. In den meisten Fällen hat eine Kennzahl des Verschuldungsgrads bzw. die Eigenkapitalquote die mit Abstand größte Bedeutung (vgl. BAETGE, J. (1989), S. 804). HAUSCHILDT (J. (2000a), S. 121) führt die in Übersicht 105 dargestellten Kennzahlen als in vielen Untersuchungen bedeutsam auf:

1. Gesamtkapitalrentabilität $= \dfrac{\text{Jahresüberschuss + Steuern + Zinsen}}{\text{Gesamtkapital}}$

2. Gesamtkapitalumschlag $= \dfrac{\text{Umsatzerlöse}}{\text{Gesamtkapital}}$

3. Fremdkapitalquote $= \dfrac{\text{Fremdkapital}}{\text{Gesamtkapital}}$

4. Liquiditätskennzahl $= \dfrac{\text{Umlaufvermögen}}{\text{kurzfristiges Fremdkapital}}$

5. Entschuldungsgrad $= \dfrac{\text{operativer Cashflow}}{\text{Fremdkapital}}$

Übersicht 105: Charakteristische Kennzahlen der multivariaten Diskriminanzanalyse

Ergänzend sei hier auf die Untersuchung von HÜLS hingewiesen, die seinerzeit als Kooperationsprojekt zwischen dem INSTITUT FÜR REVISIONSWESEN DER WESTFÄLISCHEN WILHELMS-UNIVERSITÄT, Münster, und der damaligen BADEN-WÜRTTEMBERGISCHEN BANK AG entstand. Hierbei ergaben sich im Vergleich zu den bisherigen am INSTITUT FÜR REVISIONSWESEN durchgeführten Untersuchungen z. T. deutlich abweichende Ergebnisse. Hervorzuheben ist zunächst, dass die von HÜLS ermittelten beiden ›besten‹ Diskriminanzfunktionen sechs bzw. sieben Kennzahlen umfassen. Bemerkenswert erscheint überdies, dass für die betreffenden Diskriminanzfunktionen »keine Dominanz der Eigenkapitalquote« (HÜLS, D. (1995), S. 243) festgestellt werden konnte. Und schließlich muss überraschen, dass nur eine einzige (bank-)intern ermittelbare Kennzahl in eine der beiden Diskriminanzfunktionen Eingang fand, während es sich bei den übrigen Kennzahlen um solche handelte, die auch im Rahmen der externen Bilanzanalyse ermittelt werden können.

1.7.2 Vorgehensweise empirischer Untersuchungen

Die Vorgehensweise bei empirischen Untersuchungen soll nachfolgend exemplarisch anhand des gemeinsamen Projekts des INSTITUTS FÜR REVISIONSWESEN und der ALLGEMEINEN KREDITVERSICHERUNG AG in groben Zügen skizziert werden (vgl. hierzu ausführlich BAETGE, J./BEUTER, H. B./FEIDICKER, M. (1992), S. 749 ff.; FEIDICKER, M. (1992)). Soweit nichts anderes vermerkt wird, beziehen sich die weiteren Ausführungen auf diese beiden Quellen.

1.7.2.1 Ziel und Aufbau der Untersuchung

Zielsetzung

Zielsetzung des in Rede stehenden Projekts war es, durch den Einsatz der multivariaten Diskriminanzanalyse im Zuge der Jahresabschlussanalyse bessere Bonitätsurteile zu erzielen. Darüber hinaus sollte die Effizienz der Kreditwürdigkeitsprüfung erhöht werden. Im Einzelnen wurden folgende (Unter-)Ziele verfolgt:

- Früherkennung von krisenhaften Unternehmensentwicklungen,
- Entlastung der Kreditwürdigkeitsprüfung,
- Verbesserung der Qualität der Kreditentscheidung,
- Risikoreduktion und -steuerung.

Aufbau der Untersuchung

In ihrem Grundaufbau lässt sich die Untersuchung von FEIDICKER schematisch wie folgt darstellen (vgl. BAETGE, J./HÜLS, D./UTHOFF, C. (1994), S. 323):

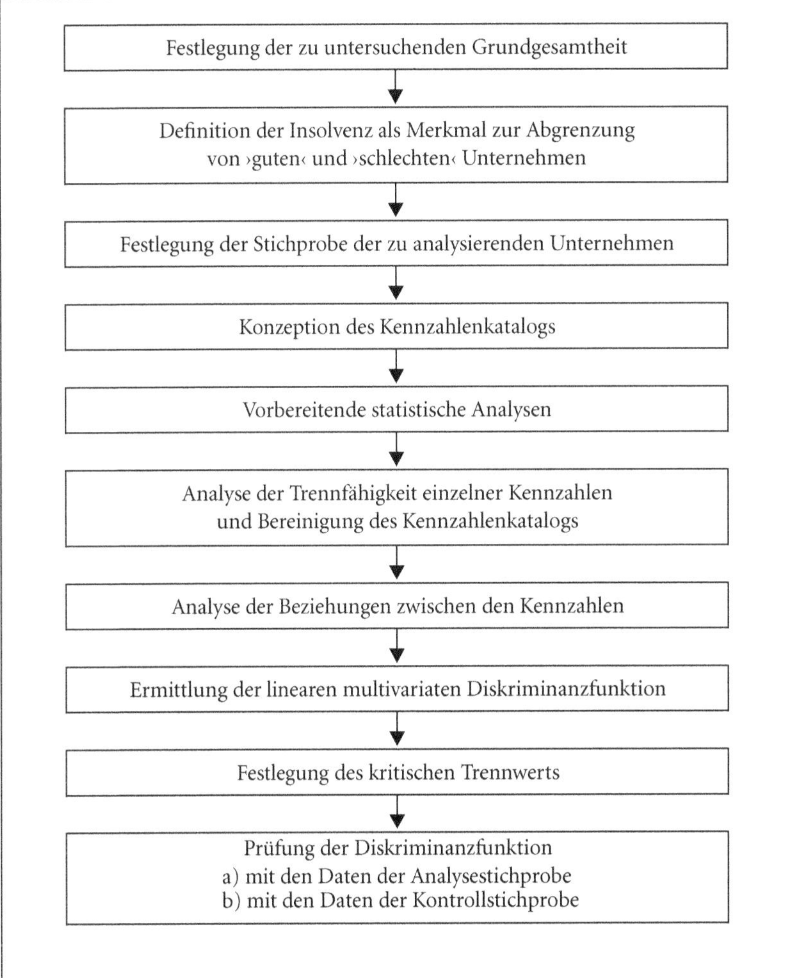

Übersicht 106: Untersuchungsaufbau

Grundgesamtheit

Für seine Untersuchung stand Feidicker eine Grundgesamtheit von insgesamt 8.129 Unternehmen (davon 7.474 solvente und 655 insolvente) zur Verfügung, wobei lediglich solche Unternehmen berücksichtigt wurden,

- für die ein endgültiger und vollständiger Jahresabschluss (Handels- oder Steuerbilanz) vorlag,
- deren Gesamtleistung in jedem Jahr mehr als 500.000 DM betrug,
- die nicht staats- oder konzernabhängig und keine Kreditinstitute oder Versicherungen waren.

Nicht einbezogen wurden des Weiteren eindeutige Betrugsfälle, bei denen die Jahresabschlüsse aufgrund von Manipulationen nicht die tatsächliche wirtschaftliche Lage widerspiegelten.

Definition von ›insolvent‹

Als ›insolvent‹ (›schlecht‹) wurden Unternehmen bezeichnet, wenn ein Konkurs oder Vergleich vorlag oder wenn gegen Einzelunternehmer eine Haftanordnung zur Abgabe einer eidesstattlichen Versicherung vorlag. Ebenfalls als ›insolvent‹ wurden Unternehmen gekennzeichnet, wenn ein Scheck- oder Wechselprotest bekannt oder ein außergerichtliches Moratorium (Stundungsvergleich) einberufen wurde. Durch die Verwendung dieser spezifischen Merkmale sollte erreicht werden, dass die Gruppentrennung nicht von Tatbeständen abhängt, die mehr oder weniger im subjektiven Ermessen des jeweiligen Entscheidungsträgers lagen.

Einschränkung

Von den Unternehmen der Grundgesamtheit wurden nur solche für die weiteren statistischen Analysen ausgewählt, für die jeweils mind. drei aufeinander folgende Jahresabschlüsse vorlagen. Berücksichtigung fanden hierbei lediglich Jahresabschlüsse nach AktG 1965, da zum damaligen Auswertungszeitpunkt nicht genügend Jahresabschlüsse nach HGB zur Verfügung standen (demgegenüber wurden in der Untersuchung von HÜLS ausschließlich Jahresabschlüsse nach HGB verwendet; vgl. HÜLS, D. (1995), S. 16). Ausgesondert wurden fernerhin solche Jahresabschlüsse ›insolventer‹ Unternehmen, die nicht einen bestimmten mind. erforderlichen bzw. höchstens zulässigen zeitlichen Abstand zum Datum der ›Insolvenz‹ aufwiesen.

Vergleichsgruppe

Hiernach verblieben in der Untersuchung noch 112 ›insolvente‹ Unternehmen. Als Vergleichsgruppe wurde sodann aus der Grundgesamtheit der ›solventen‹ Unternehmen eine Zufallsstichprobe von gleichfalls 112 Unternehmen gezogen, für die ebenso drei aufeinander folgende Jahresabschlüsse vorliegen mussten. Insb. um zu gewährleisten, dass die mit den Daten der Stichprobe ermittelte Diskriminanzfunktion auf die Unternehmen der Grundgesamtheit übertragen werden kann, wurde anschließend die Repräsentativität der Untersuchungsstichprobe bzgl. Größe, Rechtsform und Branche überprüft (vgl. zu den Ergebnissen FEIDICKER, M. (1992), S. 52 ff.).

Kennzahlenkatalog

Nach der Abgrenzung der in die Untersuchung einzubeziehenden Unternehmen musste in einem nächsten Schritt der Kennzahlenkatalog konzipiert werden. Da es sich bei der multivariaten Diskriminanzanalyse um ein kennzahlengestütztes Analyseinstrument handelt, hängt die Qualität der Untersuchungsergebnisse naturgemäß in entscheidendem Maße davon ab, welche Kennzahlen verwendet werden. Ausgangspunkt der Untersuchung war ein Katalog von 73 Kennzahlen, wobei lediglich Verhältniszahlen berücksichtigt wurden. Für alle diese Kennzahlen musste sich eine eindeutige Arbeitshypothese dergestalt bilden lassen, dass die Kennzahlenwerte der ›insolventen‹ Unternehmen im Durchschnitt kleiner bzw. größer sind als die Kennzahlenwerte der ›solventen‹ Unternehmen. Hierbei gilt zu beachten, dass sich in Abhängigkeit der für die jeweilige Kennzahl formulierten (und durch geeignete statistische Verfahren verifizierten) Arbeitshypothese das Vorzeichen für den zugehörigen Diskriminanzkoeffizienten bestimmt.

1.7.2.2 Statistische Voranalysen

Voraussetzungen

Eine erfolgreiche Anwendung der multivariaten Diskriminanzanalyse ist an verschiedene Voraussetzungen gebunden, die mit Hilfe diverser statistischer Tests und Verfahren im Zuge der Analyse überprüft werden müssen. Die Verletzung einer oder mehrerer dieser Bedingungen kann dazu führen, dass die ermittelte Diskriminanzfunktion (bereits bei der Stichprobe) zu suboptimalen Trennergebnissen führt und sich hinsichtlich ihrer Übertragbarkeit auf die Unternehmen der Kontrollgruppe als instabil erweist (vgl. KLECKA, W. R. (1998); auch LACHENBRUCH, P. A. (1975), S. 40). Die Ermittlung einer optimal trennenden Diskriminanzfunktion ist u. a. regelmäßig davon abhängig, ob es sich um normalverteilte, trennfähige und unabhängige Kennzahlen handelt.

Normalverteilte Kennzahlen

(1) Normalverteilte Kennzahlen:
Prinzipiell fordert die Ermittlung einer optimalen linearen multivariaten Diskriminanzfunktion, dass die einbezogenen Kennzahlen multivariat normalverteilt sind. Da aber zum Zeitpunkt dieser vorbereitenden statistischen Analyse noch nicht bekannt ist, welche Kennzahlen letztlich in der Diskriminanzfunktion enthalten sind und multivariat normalverteilt sein müssen, werden in aller Regel – als Näherungslösung – nur Tests zur Überprüfung der univariaten Normalverteilung durchgeführt. Diese Vorgehensweise muss vor dem (statistischen) Hintergrund gesehen werden, dass die univariate Normalverteilungsannahme eine notwendige Bedingung für die multivariate Normalverteilungsannahme ist (vgl. BLEYMÜLLER, J. (2012), S. 127 ff.).
Wie bei verschiedenen anderen Untersuchungen auch (vgl. HÜLS, D. (1995), S. 120, m. w. N.), zeigten die von FEIDICKER durchgeführten Tests zur Überprüfung der (univariaten) Normalverteilung, dass die Normalverteilungsannahme bei sehr vielen Kennzahlen zurückgewiesen werden musste – und dies, obwohl bereits im Vorfeld sog. »Ausreißer«, d. h. extrem hohe oder extrem niedrige Kennzahlenwerte, eliminiert wurden. Indes gilt die lineare multivariate Diskriminanzanalyse – verschiedenen Untersuchungen zufolge – als sehr robust ggü. der Verletzung der Normalverteilungsannahme (vgl. auch BAETGE, J. (2002), S. 2282). Ihre Anwendung führte in zahlreichen Fällen zu gleich guten oder sogar besseren »Klassifikationsergebnissen als die schwerer beschaffbaren oder umständlicher zu handhabenden nonparametrischen Verfahren oder parametrischen Alternativen« (GEMÜNDEN, H. G. (2000), S. 156 f.; vgl. auch HÜLS, D. (1995), S. 253 ff.).

Trennfähige Kennzahlen

(2) Trennfähige Kennzahlen:
Im Rahmen der (linearen multivariaten) Diskriminanzanalyse sollten grds. nur solche Kennzahlen verwendet werden, die trennfähig sind, d. h., deren Kennzahlenwerte im Zeitablauf bei ›solventen‹ Unternehmen im Durchschnitt größer oder kleiner sind als bei ›insolventen‹ Unternehmen. Die Prüfung der univariaten Trennfähigkeit kann bspw. mit Hilfe graphischer oder analytischer Mittelwertvergleiche (z. B. t-Test, Median-Test) erfolgen. Hierbei werden die Mittelwerte aller Kennzahlen jeweils für mehrere einzelne Jahre vor Eintritt der ›Insolvenz‹ für beide Analysegruppen ermittelt und gegenübergestellt. Die Mittelwerte dürfen sich bei einer graphischen Analyse nicht überschneiden. Anderenfalls kann die jeweils formulierte Arbeitshypothese nicht aufrechterhalten werden. Typisch für den graphischen Mittelwertvergleich (bei gut trennenden Kennzahlen) sind die sog. »Trompetenbilder«, die dadurch charakterisiert sind, dass die betreffenden Kennzahlenwerte für ›solvente‹ und ›insolvente‹ Unternehmen mit zunehmender zeitlicher Nähe zum Insolvenzzeitpunkt auseinanderlaufen.
Die ausschließliche Verwendung von solchen Kennzahlen, deren Mittelwerte sich in keinem der betrachteten Jahre (in der Untersuchung von FEIDICKER: drei Jahre) überschneiden, ist darin begründet, dass letztlich eine einzige Diskriminanzfunktion ermittelt werden soll, die innerhalb eines bestimmten Zeitraums vor Eintritt der ›Insolvenz‹ eine zuverlässige Klassifizierung von Unternehmen erlaubt (vgl. BURGER, A. (1995), S. 290). Mit anderen Worten: Will man den Eintritt eines Negativ-Ereignisses ›prognostizieren‹, müssen

während eines bestimmten Zeitraums durchgängig interpretierbare Kennzahlen verwendet werden, da a priori nicht bekannt ist, in welchem Jahr vor dem möglichen Negativ-Ereignis man sich befindet.

In der hier betrachteten Untersuchung von FEIDICKER wurden drei Kennzahlen aufgrund der Ergebnisse des graphischen Mittelwertvergleichs ausgeschlossen. Darüber hinaus mussten elf weitere Kennzahlen ausgeschlossen werden, deren Zähler – aufgrund der spezifischen Erfassung der Jahresabschlüsse durch die ALLGEMEINE KREDITVERSICHERUNG AG – bei über 25 % der untersuchten Unternehmen den Wert »Null« aufwies. Für die weiteren Analysen standen damit noch 59 (von ursprünglich 73) Kennzahlen zur Verfügung.

Unabhängige Kennzahlen

(3) Unabhängige Kennzahlen:

Die meisten der in empirischen Untersuchungen verwendeten Kennzahlen sind mehr oder minder hoch korreliert, da sie aus gleichen oder ähnlichen Größen im Zähler und Nenner gebildet werden und darüber hinaus über Aktiva und Passiva einerseits und Aufwendungen und Erträge andererseits miteinander verbunden sind (vgl. GEBHARDT, G. (1980), S. 251). Werden hoch korrelierte Kennzahlen in einer Diskriminanzfunktion verbunden, »können sie zu ökonomisch nicht sinnvollen Diskriminanzkoeffizienten führen und dadurch einen zu starken Einfluß auf die Diskriminanzergebnisse nehmen sowie die Fehlerschätzung für eine ermittelte Diskriminanzfunktion verzerren« (NIEHAUS, H.-J. (1987), S. 109). Zur Vermeidung dieser nachteiligen Effekte ist es daher vonnöten, die Korrelationen der in die Diskriminanzfunktion aufzunehmenden Kennzahlen zu limitieren. Eine Auswahl weitgehend unabhängiger Kennzahlen kann bspw. mit Hilfe der Korrelations-, Faktoren- oder Clusteranalyse erfolgen (vgl. HÜLS, D. (1995), S. 149; auch ZENTES, J./ SWOBODA, B. (2001), S. 303, 158f., 76f.).

Im Rahmen der von FEIDICKER durchgeführten Clusteranalyse (vgl. TIETZ, B. (1993), S. 449ff.) konnten sieben relativ homogene Kennzahlengruppen (Cluster) – Kapitalstruktur, Liquidität, Finanzkraft, Rentabilität, Kapitalumschlag, kurzfristige Verschuldung und Zahlungsverhalten – ermittelt werden, denen die meisten der untersuchten Kennzahlen zugeordnet werden konnten. Diese Ergebnisse stehen im Einklang mit verschiedenen älteren (faktoranalytischen) und jüngeren Untersuchungen (vgl. die Nachweise bei FEIDICKER, M. (1992), S. 128; HÜLS, D. (1995), S. 159). Insofern scheint sich die Vermutung zu bestätigen, dass das Informationspotenzial des (HGB-)Jahresabschlusses durch ca. sechs bis acht Kennzahlengruppen annähernd abgedeckt wird (vgl. auch BAETGE, J. (2002), S. 2285).

1.7.2.3 Anwendung der multivariaten Diskriminanzanalyse

Auswahl der Kennzahlen

Ausgehend von der Zielsetzung der in Rede stehenden Untersuchung, krisenhafte Unternehmensentwicklungen frühzeitig zu erkennen, wurde die multivariate Diskriminanzanalyse auf der Grundlage der Kennzahlenwerte drei Jahre vor der ›Insolvenz‹ durchgeführt. Dabei sollte die Ermittlung der Diskriminanzfunktion auf den Ergebnissen der Clusteranalyse aufbauen. Entsprechend wurden die Kennzahlen nach der sog. »Methode der schrittweisen Vorwärtsauswahl« (›stepwise forward selection‹) ausgewählt: In einem ersten Schritt wurde die univariat trennfähigste Kennzahl berücksichtigt. Anschließend wurden alle Kennzahlen des Clusters, dem die betreffende Kennzahl angehört, von der weiteren Analyse ausgeschlossen. Sodann wurde die (zweite) Kennzahl bestimmt, die gemeinsam mit der ersten die besten Trennergebnisse erzielt. Hiernach wurden ebenfalls alle anderen Kennzahlen des betreffenden Clusters ausgeschlossen. Dieses Procedere wiederholte sich so lange, bis die Klassifikationsergebnisse durch die Aufnahme weiterer Kennzahlen in die Diskriminanzfunktion nicht mehr verbessert werden konnten. Die besten Klassifikationsergebnisse wurden mit vier Kennzahlen erzielt, wobei die Kennzahl zur Eigenkapitalquote mit 32,4 % den größten Trennbeitrag erbrachte. Nicht minder von Bedeutung erwies sich mit 29,5 % eine Rentabilitätskennziffer. Die beiden anderen Kennzahlen gehörten den Clustern ›Zahlungsverhalten‹ und ›kurzfristige Verschuldung‹ an.

Klassifikationsergebnisse

Anhand dieser Diskriminanzfunktion wurden zunächst die Unternehmen der Stichprobe klassifiziert (vgl. Übersicht 107):

		Klassifiziert als	
	Jahr	›solvent‹	›insolvent‹
Tatsächlich insolvente Unternehmen (112 pro Jahr)	t–3	18,8 %	81,2 %
	t–2	12,5 %	87,5 %
	t–1	3,6 %	96,4 %
Tatsächlich solvente Unternehmen (112 pro Jahr)	t–3	73,2 %	26,8 %
	t–2	72,3 %	27,7 %
	t–1	69,7 %	30,3 %

Übersicht 107: Klassifikationsergebnisse von Jahresabschlüssen der Stichprobe

Wie der Übersicht 107 zu entnehmen ist, konnten bereits drei Jahre vor Eintritt der ›Insolvenz‹ über 80 % der ›insolventen‹ Unternehmen zutreffend klassifiziert werden. Mit zunehmender zeitlicher Nähe zum Insolvenzzeitpunkt stieg der Anteil der richtig klassifizierten ›insolventen‹ Unternehmen. Auffällig ist andererseits der relativ hohe Anteil der falsch klassifizierten ›solventen‹ Unternehmen. Indes haben die Erfahrungen aus der praktischen Anwendung der Diskriminanzanalyse gezeigt, dass Fehler 2. Art durch eine anschließende Detailanalyse relativ schnell entdeckt und aufgeklärt werden können (vgl. Baetge, J./Niehaus, H.-J. (1989), S. 154).

Entscheidend für die Beurteilung der Trenngüte einer Diskriminanzfunktion sind nun allerdings weniger die Klassifikationsergebnisse der Stichprobe, sondern vielmehr die »Fehlerraten bei der Klassifikation bisher unbekannter Unternehmen« (Baetge, J./Beuter, H. B./Feidicker, M. (1992), S. 760). Um diese feststellen zu können, bildete Feidicker eine Validierungsstichprobe von in der Stichprobe nicht enthaltenen Jahresabschlüssen nach AktG 1965. Hierbei ergaben sich die in Übersicht 108 wiedergegebenen Klassifikationsergebnisse:

	Jahr	Klassifiziert als ›solvent‹	Klassifiziert als ›insolvent‹
526 Jahresabschlüsse tatsächlich insolventer Unternehmen	t–3	14,2 %	85,8 %
	t–2	9,2 %	90,8 %
	t–1	10,6 %	89,4 %
5.340 Jahresabschlüsse tatsächlich solventer Unternehmen	1983	65,6 %	34,4 %
	1984	61,8 %	38,2 %
	1985	60,0 %	40,0 %
	1986	62,6 %	37,4 %

Übersicht 108: Klassifikationsergebnisse der Validierungsstichprobe von Jahresabschlüssen nach AktG (1965)

Abschließend wurde von Feidicker ferner überprüft, inwieweit die auf der Grundlage von Jahresabschlüssen nach AktG 1965 ermittelte Diskriminanzfunktion auf Jahresabschlüsse nach HGB übertragen werden kann. Hierbei zeigten sich wider Erwarten relativ gute Klassifikationsergebnisse (vgl. Übersicht 109).

	Jahr	Klassifiziert als ›solvent‹	Klassifiziert als ›insolvent‹
214 Jahresabschlüsse tatsächlich insolventer Unternehmen	t–2	10,4 %	89,6 %
	t–1	5,8 %	94,2 %
1.150 Jahresabschlüsse tatsächlich solventer Unternehmen	t–3	73,2 %	26,8 %
	t–2	72,3 %	27,7 %
	t–1	69,7 %	30,3 %

Übersicht 109: Klassifikationsergebnisse der Stichprobe von Jahresabschlüssen nach HGB (1985)

1.7.3 Kritik an der multivariaten Diskriminanzanalyse

Abschließend soll auf einige ausgewählte, in der Literatur geäußerte Kritikpunkte eingegangen werden, die noch nicht bei der Beschreibung der Verfahren und der praktischen Vorgehensweise vorgetragen wurden (vgl. u.a. GEMÜNDEN, H.G. (2000); SCHNEIDER, D. (1985); HAUSCHILDT, J./LEKER, J. (1995), S. 262f.).

Theoriedefizit

Der wohl wichtigste Kritikpunkt wird gemeinhin im Theoriedefizit zur Erklärung von Unternehmenskrisen gesehen. Konkret entzündet sich diese Kritik an dem »Umstand, daß Unternehmen einer Klassifikationsgruppe zugeordnet werden, ohne sich Gedanken über den theoretischen Zusammenhang zwischen einem Unternehmensereignis ... einerseits und Ausprägungen von Kennzahlen aus Jahresabschlüssen andererseits zu machen« (BURGER, A. (1995), S. 334f.). Insofern sieht sich auch die Unternehmensklassifikation mittels der multivariaten Diskriminanzanalyse dem Vorwurf ausgesetzt, es handele sich hierbei um eine Black Box.

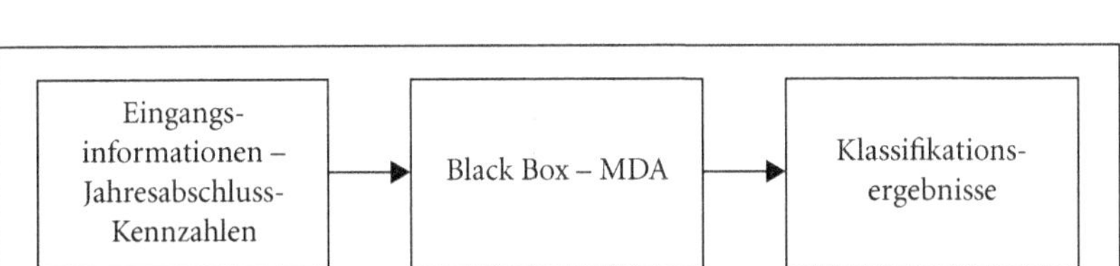

Übersicht 110: Black Box der Unternehmensklassifikation

Bislang ist eine betriebswirtschaftlich überzeugende Erklärung der mittels der Diskriminanzanalyse vorgenommenen Kennzahlenverknüpfungen ebenso wenig gelungen wie eine theoretische Fundierung der in den verschiedenen empirischen Untersuchungen gewonnenen Ergebnisse (vgl. BURGER, A. (1995), S. 335). Selbst die Befürworter der multivariaten Diskriminanzanalyse leugnen nicht, dass mittels dieses Verfahrens die »Ursachen einer Insolvenzgefährdung nicht erkannt, sondern nur Symptome gemessen werden« (BAETGE, J./BEUTER, H.B./FEIDICKER, M. (1992), S. 753) können. Insofern kann die multivariate Diskriminanzanalyse auch keine Entscheidungshilfe dahin gehend liefern, ob »Maßnahmen des Krisenmanagements noch erfolgreich eingesetzt werden können« (HAUSCHILDT, J./LEKER, J. (1995), S. 263).

Befürworter des Verfahrens sehen in einer Weiterentwicklung der multivariaten Diskriminanzanalyse, dem Ratingsystem RiskCalc™ Germany, einem auf dem Verfahren der Logistischen Regression basierenden Ansatz, einen Lösungsweg. Mit ihrer Hilfe können neben der Identifikation der gruppenspezifischen Unterschiede auch Veränderungen der Wahrscheinlichkeiten der Gruppenzugehörigkeit ermittelt werden (vgl. BACKHAUS, K. ET AL. (2011), S. 250; BAETGE, J. (2002), S. 2284). Der Logistischen Regressionsanalyse liegt die Annahme der Existenz einer zufälligen, abhängigen Variablen (die Gefahr einer Insolvenz) zugrunde, welche die Werte 1 = ›insolvenzgefährdet‹ und 0 = ›nicht insolvenzgefährdet‹ annehmen kann. Es wird untersucht, mit welcher Wahrscheinlichkeit ein Unternehmen als insolvenzgefährdet eingestuft wird, die Variable also den Wert 1 annimmt. Ferner besteht die Annahme der Abhängigkeit der Insolvenzgefährdung von den Jahresabschlusskennzahlen (vgl. SCHEWE, G./LEKER, J. (2000),

S. 171). SCHEWE/LEKER ((2000), S. 178) bemerken, dass die »Regressionsanalyse sehr viel besser als die Diskriminanzanalyse geeignet erscheint, Unternehmen aufgrund von Jahresabschluß-Kennzahlen zu klassifizieren«. Im Rahmen des auf dem Verfahren der Logistischen Regression basierenden Ratingsystems RiskCalc™ Germany, das auf neun ausgewählte Kennzahlen der Vermögens-, Finanz- und Ertragslage zurückgreift (vgl. hierzu ausführlich 4. Abschn., 3.2), soll die Möglichkeit einer detaillierten Ursachenanalyse helfen, einer drohenden Unternehmenskrise frühzeitig entgegenzuwirken (vgl. BAETGE, J. (2002), S. 2283 ff.).

Die mangelnde theoretische Fundierung ist nun aber keineswegs ein Spezifikum der multivariaten Diskriminanzanalyse. Letztlich gilt dieser Kritikpunkt für nahezu alle Verfahren der Jahresabschlussauswertung zur Krisenerkennung und weitergehend – nach Auffassung von SCHNEIDER (D. (1989), S. 633) – für die Bilanzanalyse insgesamt.

Zeitliche Instabilität von Diskriminanzfunktionen

Ein weiterer Kritikpunkt an der multivariaten Diskriminanzanalyse lautet, die im Zuge der jeweiligen Untersuchungen abgeleiteten Diskriminanzfunktionen seien aufgrund ihres Vergangenheitsbezugs lediglich eingeschränkt zur Klassifikation in der ex ante-Betrachtung einsetzbar. Unstreitig ist, dass auf historischen Jahresabschlüssen beruhende Diskriminanzfunktionen nicht bedenkenlos in die Zukunft übertragen werden können (vgl. BAETGE, J./BEUTER, H. B./FEIDICKER, M. (1992), S. 753). Denn dies würde eine Konstanz jener Einflussgrößen voraussetzen, die auf das konkret verfolgte Analyseziel, wie bspw. die Beurteilung der Unternehmensbonität, einwirken. Hiervon kann aber in der Realität wohl kaum ausgegangen werden. Insofern bedarf es einer fortlaufenden Überprüfung der zeitlichen Stabilität der ermittelten Diskriminanzfunktion. Zeigt sich hierbei eine signifikante Zunahme an Fehlklassifikationen, muss eine Aktualisierung (Neuberechnung) der Diskriminanzfunktion unter Einbeziehung von aktuellen Jahresabschlüssen erfolgen.

Beeinträchtigung durch Bilanzpolitik

Wie für nahezu alle kennzahlengestützten Instrumente der Bilanzanalyse stellt die bilanzpolitische Einflussnahme auf den Jahresabschluss ein nicht zu unterschätzendes Problem für die multivariate Diskriminanzanalyse dar. Insb. wenn die Diskriminanzfunktion auf nur einigen wenigen und darüber hinaus unkorrigierten Kennzahlen beruht, kann durch gezielte bilanzpolitische Maßnahmen Einfluss auf den Diskriminanzwert und damit bspw. auf die Bonitätsbeurteilung genommen werden. Zur Ermittlung aussagekräftiger, trennscharfer Diskriminanzfunktionen ist die sorgfältige Bereinigung des Jahresabschlusses um bilanzpolitische Einflüsse unabdingbar (vgl. auch BAETGE, J. (2002), S. 2284). Auf die Schwierigkeiten einer solchen externen Aufbereitung wird an verschiedenen Stellen dieses Buchs hingewiesen. Bemerkenswert erscheint in diesem Zusammenhang die Feststellung von HÜLS (D. (1995), S. 243), dass die von ihr ermittelten ›besten‹ Diskriminanzfunktionen – im Vergleich zu denen von NIEHAUS und FEIDICKER – u. a. aufgrund der »gleichmäßigeren und wegen der Vielzahl der Kennzahlen ... geringeren Trennbeiträge nicht mehr so anfällig sind gegen bilanzpolitische Gestaltungsmaßnahmen«.

Keine Einbeziehung von Konzernunternehmen

Schließlich ist noch auf folgenden Aspekt hinzuweisen. In den empirischen Untersuchungen von NIEHAUS (BAYERISCHE VEREINSBANK AG), von FEIDICKER (ALLGEMEINE KREDITVERSICHERUNG AG) und von HÜLS (BADEN-WÜRTTEMBERGISCHE BANK AG) wurden konzernabhängige Unternehmen nicht berücksichtigt. Schätzungen gehen davon aus, dass der Konzernierungsgrad von Aktiengesellschaften – gemessen am Grundkapital – über 90 % beträgt und auch ein erheblicher Teil der Gesellschaften mit beschränkter Haftung konzernverbunden ist (vgl. Ordelheide, D. (1987), S. 975). Ob, wie bspw. in der Untersuchung von Niehaus, generell die multivariate Diskriminanzfunktion auf Konzernunternehmen angewandt werden kann (vgl. Baetge, J./Niehaus, H.-J. (1989), S. 157), ist zumindest fraglich, denn Unternehmen, die im Konzernverbund stehen, können besonders im Hinblick auf die Liquiditätslage nicht mit wirtschaftlich unabhängigen Unternehmen verglichen werden (vgl. auch Baetge, J. (2002), S. 2284). Konzernunternehmen können ihre Liquiditätslage am Abschlussstichtag durch konzerninterne Mittelverlagerungen erheblich verbessern und damit die Ergebnisse der Diskriminanzanalyse verfälschen. Auch bedeutet ein negativer Diskriminanzwert nicht automatisch eine Leistungsstörung, da andere Konzernunternehmen – auch ohne direkte rechtliche Verpflichtung – unterstützend eingreifen können, z. B. um ihr eigenes positives Image nicht zu verlieren.

1.8 Schlussbemerkung

Der Traum des Analytikers, mit »Hilfe einer einzigen Kennzahl – die aus mehreren Komponenten zusammengesetzt sein mag – eine Prognose der Zahlungsfähigkeit und Rentabilität der Unternehmung … liefern zu können« (Leffson, U. (1984), S. 175), ist auch mit der Entwicklung der multivariaten Diskriminanzanalyse nicht erfüllt worden (a. A. Baetge, J. (2002), S. 2281). Eine solche ›Wunderkennzahl‹ der Bilanzanalyse zu entwickeln, bleibt auch weiterhin der unerreichbare Wunschtraum der Analytiker. Dennoch weisen moderne Bilanzanalyseverfahren, wie die Diskriminanzanalyse, einen vielversprechenden Weg.

Eine Erhöhung der Aussagekraft der bislang vorwiegend auf finanziellen Daten beruhenden multivariaten Diskriminanzanalyse wird in jüngerer Zeit durch die Integration qualitativer Daten angestrebt (vgl. Eigermann, J. (2001)). Dabei werden bspw. auch die Ergebnisse eines qualitativen Analyseansatzes – wie das noch darzustellende Saarbrücker Modell – zu integrieren versucht (vgl. Blochwitz, S./Eigermann, J. (2000), S. 58 ff.).

Seitens der Deutschen Bundesbank wurde die erzielte Verbesserung durch ein solches Vorgehen, d. h. die Senkung der Fehlklassifikationen durch Einbezug der Ergebnisse des Saarbrücker Modells, mit über 5 % angegeben (vgl. Blochwitz, S./Eigermann, J. (1999), S. 18 ff.).

Merksätze

1. Im Rahmen der univariaten Diskriminanzanalyse wird jede Kennzahl einzeln auf ihre Trennfähigkeit der beiden Gruppen untersucht. Eine Klassifikation von Unternehmen wird anhand der Kennzahl vorgenommen, welche die wenigsten Fehlklassifikationen (Fehler 1. und/oder 2. Art) aufweist.
2. Die univariate Diskriminanzanalyse weist einige Mängel auf, von denen insb. das Auftreten von divergierenden Teilurteilen durch unterschiedliche Klassifikationsergebnisse einzelner Kennzahlen zu nennen ist.
3. Multivariate Diskriminanzanalysen sind Verfahren, die simultan diverse Kennzahlenverteilungen analysieren und eine Klassifikationsregel durch Verknüpfung von mind. zwei Kennzahlen zu einem Gesamtbeurteilungsindikator ermitteln.

4. Zum Kern der üblicherweise in Diskriminanzfunktionen berücksichtigten Kennzahlen gehören i. d. R. ein Renditemaß und eine Kapitalstrukturkennzahl.

2. Bilanzanalyse mit Hilfe Künstlicher Neuronaler Netze

2.1 Einführung

Künstliche Neuronale Netze im Kontext der Bilanzanalyse

Künstliche Neuronale Netze sind Verfahren der künstlichen Intelligenz, denen insb. seit den Achtzigerjahren verstärkte Aufmerksamkeit geschenkt wird. Auch für ökonomische Fragestellungen werden sie seit einiger Zeit zunehmend eingesetzt. Durch ihre Nutzung im Bereich der Jahresabschlussanalyse wird insb. versucht, die mit der multivariaten Diskriminanzanalyse erzielten Ergebnisse zu übertreffen. Insofern stellt die Bonitätsanalyse das bisher dominierende bilanzanalytische Einsatzgebiet von Künstlichen Neuronalen Netzen dar. Im Gegensatz zur linearen Trennung durch die Diskriminanzfunktion wird durch den Einsatz Künstlicher Neuronaler Netze im Rahmen der Bilanzanalyse eine nicht-lineare Trennung vorgenommen, die zu einer verbesserten Fehlerminimierung führen soll (vgl. Baetge, J./Kirsch, H.-J./Thiele, S. (2004), S. 552 ff.).

2.2 Fähigkeiten und Anwendungsgebiete Künstlicher Neuronaler Netze

Charakteristische Fähigkeiten

(Künstliche) »Neuronale Netze sind dann einsetzbar, sofern eine unscharfe Informationsverarbeitung vorliegt, die oft als hochdimensionale nichtlineare Abbildung beschreibbar ist« (Kinnebrock, W. (1994), S. 11). Ihre Eignung, derartige Probleme zu lösen, ergibt sich daraus, dass sie drei Fähigkeiten aufweisen:

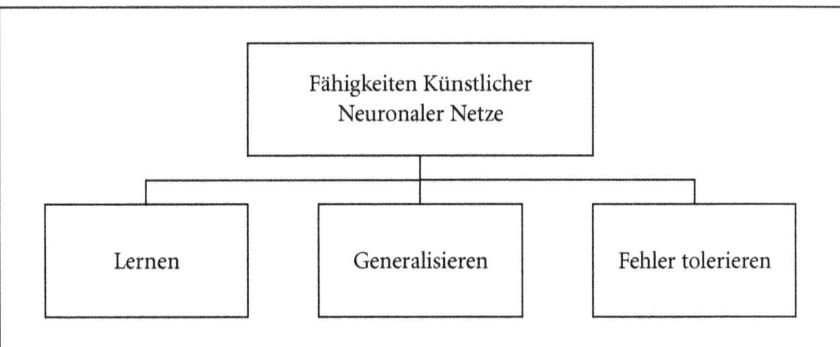

Übersicht 111: Fähigkeiten Künstlicher Neuronaler Netze

Diese Eigenschaften ermöglichen es, grundlegende Zusammenhänge (Muster) einer Grundgesamtheit auf Basis einer Stichprobe zu lernen und dieses Muster bei anderen Elementen der Grundgesamtheit wiederzuerkennen, auch wenn das Muster durch spezifische Charakteristika dieses Elements verdeckt wird.

Einsatzgebiete

Die Einsatzmöglichkeiten von Künstlichen Neuronalen Netzen sind nicht nur in der Betriebswirtschaft (vgl. CORSTEN, H./MAY, C. (1996)) vielfältig. Zu den Aufgaben, die mit neuronalen Ansätzen bereits gelöst wurden oder an deren Lösung gearbeitet wird, gehören u. a. (vgl. KINNEBROCK, W. (1994), S. 103):

- Sprachgenerierung und -analyse,
- Erstellung von Prognosen,
- Regeln und Steuern,
- Muster- und Zeichenerkennung,
- Datenkompression und -aufbereitung,
- Unterhaltung (Spiele, Musikkomposition).

Finanzwirtschaftliche Einsatzgebiete

Auch zahlreiche finanzwirtschaftliche Fragestellungen sind charakterisiert durch eine »hohe Anzahl von Einflußfaktoren, die nicht-lineare Interdependenzen aufweisen und vor einem Zeithorizont instabil sind, d. h. durch zufällige Einflüsse (›Rauschen‹) ... überlagert werden« (BAUER, W./FÜSER, K./SCHMIDTMEIER, S. (1997), S. 283). Sie gehören damit zu dem Problemtyp, für dessen Lösung der Einsatz von Künstlichen Neuronalen Netzen geeignet ist (vgl. so auch ENDRES, K. (2001), S. 372). Dementsprechend haben Künstliche Neuronale Netze in der jüngeren Vergangenheit bei verschiedenartigsten Problemen Anwendung gefunden. Zu diesen Einsatzgebieten gehören u. a.:

- Aktienkursprognose (vgl. BRAUN, S. (1994), S. 194 ff., m. w. N.),
- Zinsprognose (vgl. PODDIG, T. (1994), m. w. N.),
- Wechselkursprognose (vgl. REHKUGLER, H./PODDIG, T. (1990)),
- Beurteilung langfristiger Anleihen (vgl. PYTLIK, M. (1995), S. 211 f., m. w. N.),
- Kreditwürdigkeitsprüfung im Privatkundengeschäft (vgl. etwa REHKUGLER, H./SCHMIDT-VON RHEIN, A. (1993)),
- Bestimmung von Einzelwertberichtigungen auf Forderungen (vgl. BAUER, W./FÜSER, K./SCHMIDTMEIER, S. (1997), S. 281 ff.),
- Klassifizierung von Jahresabschlüssen (vgl. PYTLIK, M. (1995), S. 215 ff.).

2.3 Grundlagen Künstlicher Neuronaler Netze

2.3.1 Biologische Grundlagen

Menschliches Gehirn als Vorbild

Künstliche Neuronale Netze arbeiten nach dem Vorbild des menschlichen Gehirns, indem sie versuchen, dessen biologisches neuronales Netz zu simulieren. Ein Überblick über den Aufbau und die Funktionsweise des menschlichen Gehirns bildet daher eine Grundlage für das Verständnis der Arbeitsweise von Künstlichen Neuronalen Netzen (vgl. im Folgenden KINNEBROCK, W. (1994), S. 11 ff.; KRAUSE, C. (1993), S. 36 ff.; PYTLIK, M. (1995), S. 147 ff.).

Biologische Neuronen

Die elementaren Verarbeitungseinheiten des menschlichen Gehirns sind in der Hirnrinde befindliche Nervenzellen, die als Neuronen bezeichnet werden. Jedes dieser Neuronen besteht simplifizierend aus den Elementen »Zellkörper«, »Dendriten«, »Axon« und »Synapsen«. Übersicht 112 zeigt schematisch den Aufbau eines solchen Neurons.

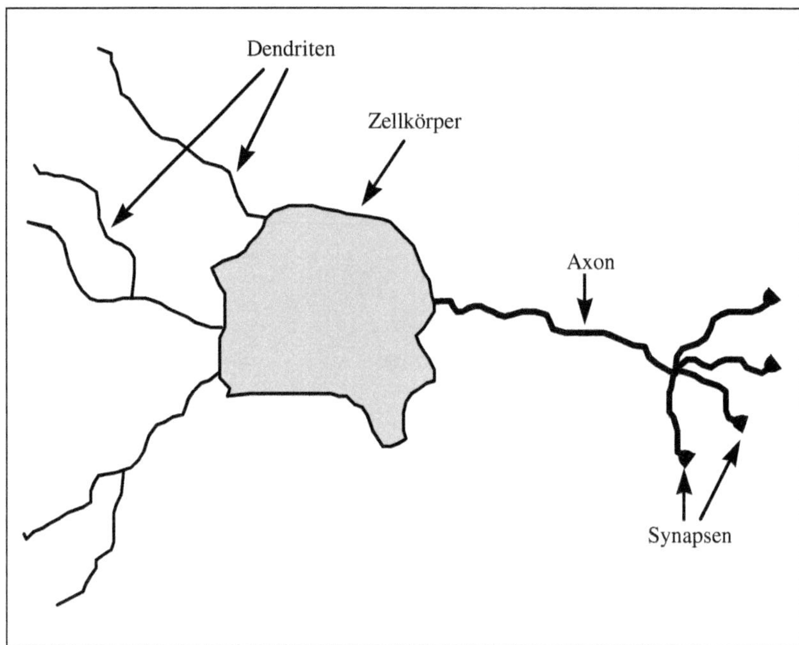

Übersicht 112: Aufbau eines biologischen Neurons

Die Dendriten stellen Eingangskanäle dar, über die das Neuron elektrische Signale von anderen Neuronen empfängt. Im Zellkörper werden diese Eingangssignale zu einem »Gesamtreiz« addiert. Überschreitet dieser einen bestimmten Schwellwert, »feuert« das Neuron, d.h., es sendet über sein als Ausgangskanal fungierendes Axon einen elektrischen Impuls aus. Das Axon ist an seinen verästelten Enden zu Knöpfchen, den Synapsen, verdickt. In ihnen wird der durch das Axon ankommende Impuls auf chemischem Wege je nach Typ der Synapse entweder verstärkt (excitatorische Synapse) oder gehemmt (inhibitorische Synapse) und nach dieser Veränderung an die Dendriten anderer Neuronen, mit denen die Synapsen verbunden sind, weitergegeben. Wird daher ein Signal auf seinem Weg von einem vorgelagerten zu einem nachfolgenden Neuron durch eine excitatorische Synapse geleitet, erhöht sich die Wahrscheinlichkeit, dass der Schwellwert des nachfolgenden Neurons überschritten wird und dieses Neuron ebenfalls feuert. Entsprechend mindert eine inhibitorische Synapse diese Wahrscheinlichkeit.

Synapsen können ihre excitatorische oder inhibitorische Wirkung im Zeitablauf verändern, wobei diese Veränderung durch Lernprozesse erfolgt. »Das Wissen eines Nervensystems wird durch die synaptische Verbindungsstärke von Nervenzellen gespeichert« (Krause, C. (1993), S. 38).

Biologische neuronale Netze

Das menschliche Gehirn besteht aus ca. 10–100 Milliarden Neuronen, von denen jedes über ca. 1.000 Dendriten ca. 10.000 Verbindungen zu benachbarten Neuronen besitzt. Somit enthält ein menschliches neuronales Netz ca. 10^{14} bis 10^{16} Verbindungen. Die Leistungsfähigkeit des Gehirns resultiert dabei weniger aus der Verarbeitungsgeschwindigkeit und -kapazität der einzelnen Neuronen, sondern vielmehr daraus, dass zahlreiche »Neuronen simultan aktiv sind und miteinander kommunizieren« (Schöneburg, E./Hansen, N./Gawelczyk, A.

(1992), S. 13), ergo eine hochgradig parallele Informationsverarbeitung stattfindet. »Da auch für anspruchsvolle Denkleistungen der Abruf der Informationen sehr schnell erfolgt, müssen die Informationen räumlich verteilt gespeichert sein, damit der Zugriff auf alle Daten zur gleichen Zeit erfolgen kann« (PYTLIK, M. (1995), S. 151).

2.3.2 Künstliche Neuronen

Simulation biologischer Neuronen

Dem (idealtypischen) Aufbau biologischer neuronaler Netze folgend, setzen sich auch Künstliche Neuronale Netze aus miteinander verbundenen Neuronen zusammen. Diese künstlichen Neuronen, auch Units genannt, stellen ein mathematisches Modell zur Simulation der Funktionsweise natürlicher Neuronen dar. Übersicht 113 zeigt die graphische Darstellung eines künstlichen Neurons (vgl. BAETGE, J./BAETGE, K./KRUSE, A. (1999), S. 1373f.; KRAUSE, C. (1993), S. 40).

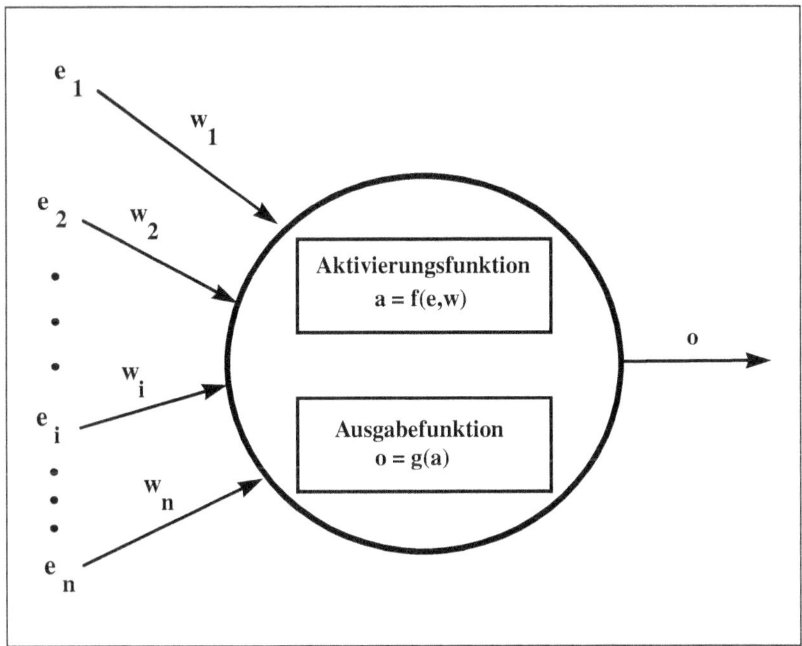

Übersicht 113: Aufbau eines künstlichen Neurons

Funktionsweise künstlicher Neuronen

Entsprechend dem Informationsfluss in biologischen neuronalen Netzen erhält das künstliche Neuron die Signale e_1 bis e_n von anderen Neuronen. Die Veränderung dieser Signale durch Synapsen wird durch die Multiplikation der Eingangssignale mit den Gewichten w_1 bis w_n simuliert. Dabei entsprechen positive Gewichte den excitatorischen Synapsen und negative Gewichte den inhibitorischen Synapsen. Wie auch im biologischen Neuron werden die gewichteten Eingangssignale in der Unit zu einem Gesamtreiz zusammengefasst. Dies geschieht mittels einer Aktivierungsfunktion. In Abhängigkeit des Ergebnisses, das auch als Aktivierungszustand bezeichnet wird (vgl. PYTLIK, M. (1995), S. 159), bestimmt die Ausgabefunktion sodann, welchen Wert die Unit an andere Neuronen weitergibt.

Aktivierungsfunktion

In der Praxis sind verschiedene Aktivierungs- und Ausgabefunktionen gebräuchlich. Die am häufigsten verwendete Aktivierungsfunktion ist jedoch die gewichtete Summe der Eingangssignale, die sich mit Bezug auf Übersicht 113 folgendermaßen ausdrücken lässt:

(F. 113)

$$a = \sum_{1}^{n} w_i \times e_i$$

Ausgabefunktion

Als Ausgabefunktionen können sowohl lineare als auch nicht-lineare Funktionen dienen. Jedoch kann ein Künstliches Neuronales Netz nur dann in den Eingangsinformationen enthaltene nicht-lineare Strukturen erkennen, wenn nicht-lineare Ausgabefunktionen zum Einsatz kommen (vgl. Rehkugler, H. (1996), S. 572). Die am häufigsten eingesetzte Ausgabefunktion ist die Sigmoidfunktion (vgl. Schöneburg, E./Hansen, N./Gawelczyk, A. (1992), S. 93). Sie berechnet für jeden Aktivitätszustand einen Ausgabewert zwischen 0 und 1 und lässt sich graphisch wie folgt darstellen:

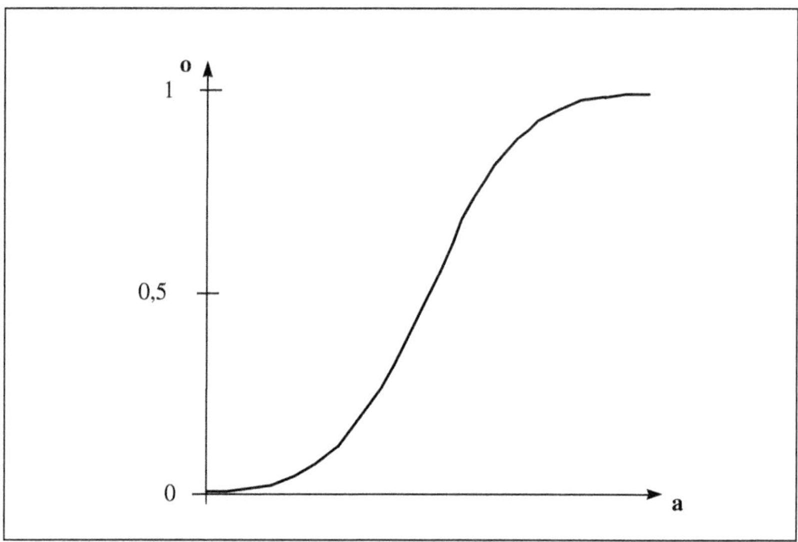

Übersicht 114: Sigmoidfunktion

Alternative Ausgabefunktionen sind z. B. Sinus-Funktionen sowie der Tangens-Hyperbolicus.

2.3.3 Topologien Künstlicher Neuronaler Netze

Verbindung der Neuronen zu einem Netz

Analog zum biologischen Vorbild, erwächst ein Künstliches Neuronales Netz durch eine Vernetzung einer Vielzahl von Units (vgl. Rehkugler, H./Kerling, M. (1995), S. 311), die entlang der zwischen ihnen bestehenden Verbindungen Informationen austauschen. Die Anordnung der Neuronen in einem Künstlichen Neuronalen Netz sowie die Art der zwischen ihnen bestehenden Verbindungen wird als Topologie bezeichnet.

Geschichtete Netze

In den meisten Topologien Künstlicher Neuronaler Netze bilden jeweils ein oder mehrere Neuronen eine sog. »Schicht« (Layer), von denen ein Künstliches Neuronales Netz i. d. R. mehrere enthält. Derartige Künstliche Neuronale Netze werden daher auch als geschichtete Netze bezeichnet. In Abhängigkeit von den Aufgaben, welche die Units einer Schicht übernehmen, lassen sich drei verschiedene Arten von Schichten unterscheiden:

- Eingabeschicht (Input Layer): Die Neuronen dieser Schicht (Input-Units) dienen lediglich der Informationsaufnahme aus der Umwelt und nehmen i. d. R. keine eigenständige Informationsverarbeitung vor (vgl. Pytlik, M. (1995), S. 158). Die Zahl der in dieser Schicht angeordneten Input-Units richtet sich nach der Zahl der Merkmale, die in das Künstliche Neuronale Netz eingespeist werden.
- Ausgabeschicht (Output Layer): Die auf dieser Schicht angeordneten Neuronen (Output Units), deren »Anzahl durch die gleichzeitig zu prognostizierenden Zielvariablen bestimmt wird« (Rehkugler, H./Kerling, M. (1995), S. 311), übernehmen die Aufgabe, die Ergebnisse des Künstlichen Neuronalen Netzes an die Umwelt weiterzugeben. Sie nehmen daneben jedoch auch an der eigentlichen Informationsverarbeitung teil.
- Zwischenschicht (Hidden Layer): Von dieser Schichtart können eine oder mehrere zwischen der Ein- und der Ausgabeschicht angeordnet sein. Es existieren jedoch auch Künstliche Neuronale Netze ohne Zwischenschichten. Die auf einer derartigen Schicht angeordneten Neuronen (Hidden Units) sind nicht mit der Außenwelt verbunden und dienen allein der Informationsverarbeitung. Ihre Anzahl wird »maßgeblich durch die Komplexität der zu lösenden Problemstellung geprägt« (Rehkugler, H./Kerling, M. (1995), S. 311).

Die verschiedenen Netztypen werden häufig durch die Anzahl ihrer Schichten klassifiziert (z. B. dreilagiges Netz). Dabei erfolgt die Benennung jedoch nicht einheitlich, da insb. die Eingabeschicht nicht in allen Darstellungen zu Künstlichen Neuronalen Netzen Verwendung findet. Im Folgenden wird diese Art der Bezeichnung dergestalt verwendet, dass sämtliche Schichten mitgezählt werden und somit ein dreilagiges Netz neben der Ein- und Ausgabeschicht (auch) über eine Zwischenschicht verfügt.

Nicht geschichtete Netze

Neben den geschichteten Netztopologien existieren auch solche, bei denen keine Gruppierung der Neuronen vorliegt. Derartige Netze haben jedoch bei finanzwirtschaftlichen Anwendungen bisher keine den geschichteten Netzen entsprechende Bedeutung erlangt und sollen daher nicht weitergehend behandelt werden.

Verschiedene Arten von Verbindungen

Die Neuronen eines Künstlichen Neuronalen Netzes können auf unterschiedliche Weise miteinander verbunden werden. Nach der Art dieser Verbindungen lassen sich mit den Feed-Forward-Netzen und den Feed-Backward-Netzen zwei verschiedene Modelltypen unterschieden (vgl. JERSCHENSKY, A. (1998), S. 163 ff.; REHKUGLER, H. (1996), S. 572; PYTLIK, M. (1995), S. 165).

Feed-Forward-Netze

Feed-Forward-Netze (rückkopplungsfreie Netze) sind dadurch charakterisiert (vgl. LOHRBACH, T. (1994), S. 27), dass

- nur Verbindungen zwischen Neuronen verschiedener Schichten bestehen, also Neuronen einer Schicht nicht miteinander verbunden sind und
- ein Informationsfluss nur in eine Richtung, nämlich von der Eingabeschicht über evtl. vorhandene Zwischenschichten zur Ausgabeschicht möglich ist.

Übersicht 115 zeigt beispielhaft ein Feed-Forward-Netz, das fünf verschiedene Informationen aus der Außenwelt aufnimmt, über ein Hidden Layer (mit drei Hidden Units) verfügt und lediglich ein eindimensionales Ergebnis liefert.

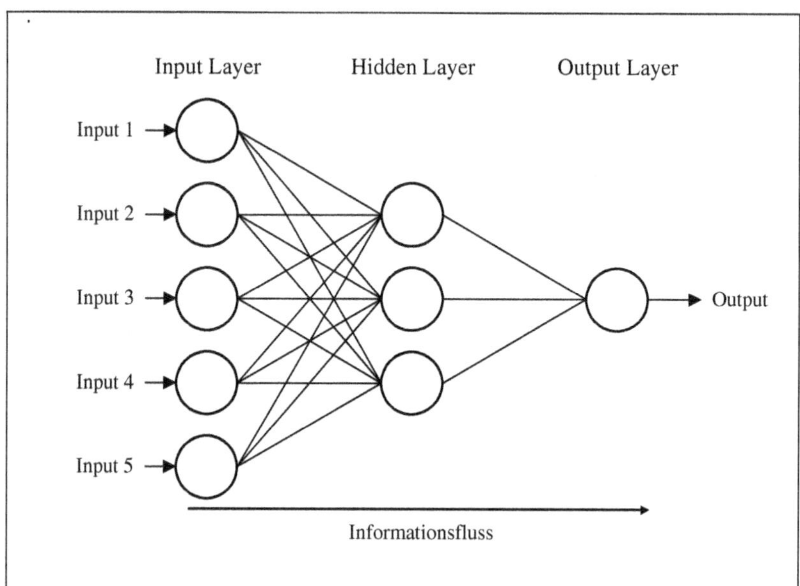

Übersicht 115: Aufbau eines dreilagigen Feed-Forward-Netzes

Feed-Backward-Netze

Bei Feed-Backward-Netzen (rückgekoppelte Netze) können im Gegensatz dazu

- Verbindungen auch zwischen Neuronen einer Schicht bestehen,
- Informationen über die Verbindungen in beide Richtungen fließen und somit ein Neuron auch an Units, von denen es selbst ein Signal erhält, eigene Signale weitergeben. In derartigen Netzen ist es sogar möglich, dass ein Neuron sein eigenes Ausgangs- wiederum als Eingangssignal verwendet.

Einsatz der Netzmodelle

Keines der beiden Netzmodelle ist dem anderen bei allen Problemstellungen überlegen. Trotzdem werden in der Praxis Feed-Forward-Netze häufiger eingesetzt. Dies liegt u. a. daran, dass die Ergebnisse dieser Netze meistens leichter nachzuvollziehen sind, sie einen geringeren Rechen- und Zeitaufwand erfordern und somit schneller Lösungen erreichen (vgl. PYTLIK, M. (1995), S. 165). Auch im Rahmen der Bilanzanalyse finden insb. Feed-Forward-Netze Anwendung (vgl. BURGER, A./SCHELLBERG, B. (1994), S. 870).

2.3.4 Lernprozesse

Lernvorgang

Bevor ein Künstliches Neuronales Netz eine Aufgabe lösen kann, muss es die zugrunde liegenden Zusammenhänge gelernt haben. Dazu werden dem Netz vor seinem eigentlichen Einsatz in einer Lern- bzw. Trainingsphase Beispieldatensätze präsentiert. Analog zu natürlichen neuronalen Netzen, die durch eine Veränderung der synaptischen Aktivität lernen, erfolgt das Lernen in Künstlichen Neuronalen Netzen durch eine Veränderung der Verbindungsgewichte.

Überwachtes Lernen

Das in betriebswirtschaftlichen Einsätzen von Künstlichen Neuronalen Netzen am häufigsten angewendete Lernverfahren ist das sog. »Überwachte Lernen« (supervised learning). Dabei werden dem Netz neben den Eingabewerten der Beispieldatensätze auch deren erwünschte bzw. optimale Ausgabewerte präsentiert. Dies bedeutet, dass dem neuronalen Netz stets gleichzeitig ein vollständig spezifiziertes Eingabemuster und das erwünschte bzw. optimale, vollständig spezifizierte Ausgabemuster für die Eingabe zur Verfügung stehen (vgl. Zell, A. (2000), S. 93). Aufgrund der Existenz eines externen Lehrers bzw. Trainers werden auch die Begriffe »Training«, »Trainingsdaten«, »Trainingsprozesse« usw. verwendet (vgl. Crone, S. F. (2010), S. 191). »Das Ziel des Lernvorgangs besteht darin, eine solche Verbindungsstruktur zwischen den Neuronen aufzubauen, die von den präsentierten Eingabedatensätzen möglichst genau die zugehörigen Ausgabedatensätze ableitet« (Baetge, J. et al. (1994), S. 338). Dazu werden für die Verbindungsgewichte i. d. R. zunächst zufällig ausgewählte Werte gesetzt. Das Netz vergleicht den damit erzielten Ausgabewert (Ist-Wert) mit dem vorgegebenen richtigen Ausgabewert (Soll-Wert) und modifiziert ausgehend vom Ausgabeneuron rückwärtsgerichtet die Verbindungsgewichte, bis die Differenz zwischen Ist- und Soll-Wert minimiert ist. Die Veränderung der Verbindungsgewichte erfolgt dabei nach einer Korrekturformel, dem sog. »Lernalgorithmus«. Wegen der rückwärtsgerichteten Anpassung der Verbindungsgewichte werden derart lernende Netze auch als »Backpropagation-Netze« bezeichnet.

Overlearning

Da Künstliche Neuronale Netze bei diesem Lernverfahren die dem zu lösenden Problem zugrunde liegenden Zusammenhänge aus den Beispieldatensätzen lernen, besteht die Gefahr, dass das Netz nicht nur allgemein gültige Strukturen, sondern auch spezifische Gegebenheiten der Trainingsdaten lernt, die für die Grundgesamtheit nicht charakteristisch sind. Ein derart übertrainiertes Künstliches Neuronales Netz versagt, wenn ihm ein bislang unbekannter Datensatz präsentiert wird, da es seine Generalisierungsfähigkeit verloren hat. Diesem Problem des Overlearning, auch Overfitting, wird begegnet, indem man den Lernvorgang immer wieder unterbricht und anhand einer von den Beispieldatensätzen verschiedenen Kontrollstichprobe überprüft, ob sich die Fehlerquote für diese Stichprobe weiter verbessert hat (vgl. Baetge, J./Ströher, T. (2005), S. 160 f.). »Fängt in dieser Kontrollgruppe der Zuordnungsfehler wieder an, zu steigen, wird der Lernvorgang abgebrochen, weil das Netz offenbar beginnt, ›Unsinn‹ zu lernen« (Rehkugler, H. (1996), S. 251).

Andere Lernverfahren

Neben dem überwachten Lernen können Künstliche Neuronale Netze auch nach zwei anderen Verfahren lernen (vgl. Krause, C. (1993), S. 56 ff.; Pytlik, M. (1995), S. 168 ff.):

- Bewertetes Lernen (graded/reinforced learning): Hier werden dem Künstlichen Neuronalen Netz nicht die gewünschten Sollwerte präsentiert; stattdessen wird ihm lediglich mitgeteilt, wie gut der erzielte Ist-Wert war.

- Unüberwachtes Lernen (self-organized/unsupervised learning): Dem Künstlichen Neuronalen Netz werden keine Ausgabe- oder Performance-Daten offeriert. Es existiert demnach keine zugehörige erwünschte oder optimale Sollausgabe zu den Eingabedatensätzen. Der »Lernalgorithmus versucht durch Selbstorganisation selbstständig Gruppen bzw. Cluster statistisch ähnlicher Eingabevektoren zu identifizieren und diese auf Gruppen benachbarter Neuronen abzubilden« (Crone, S. F. (2010), S. 191).

2.3.5 Parameter Künstlicher Neuronaler Netze

Typen- und Variantenvielfalt

Die vorstehenden Ausführungen haben bereits verdeutlicht, dass es »das« Künstliche Neuronale Netz nicht gibt, sondern zahlreiche Parameter zu einer Vielzahl mannigfaltiger Netzwerktypen bzw. -varianten führen. Optimale Ergebnisse im Rahmen einer Anwendung von Künstlichen Neuronalen Netzen können lediglich durch »systematisches Testen verschiedener Parametereinstellungen« (Krause, C. (1993), S. 102) erzielt werden. Beschränkt man sich auf geschichtete Netze, sind die wichtigsten dieser Parameter:

Die wichtigsten Parameter geschichteter neuronaler Netze

- der Netztyp: Zur Verfügung stehen Feed-Forward- und Feed-Backward-Netze;
- die Zahl der Zwischenschichten: Es kann auf Zwischenschichten vollständig verzichtet werden oder aber eine oder mehrere dieser Hidden Layer eingefügt werden;
- die Zahl der Neuronen in jeder Schicht: Sie ist lediglich für die Ein- (durch die Zahl der Merkmalsarten der dem Künstlichen Neuronalen Netz präsentierten Datensätze) sowie Ausgabeschicht (durch die Zahl der erwarteten Ergebnisse je Datensatz) festgelegt;
- die für die einzelnen Neuronen zu wählenden Aktivierungs- und Outputfunktionen (vgl. 4. Abschn., 2.3.3);
- das anzuwendende Lernverfahren (vgl. 4. Abschn., 2.3.4);
- die Lernregel, die für eine Anpassung der Gewichte sorgt, sowie die Zahl der Lernschritte, die so zu wählen ist, dass kein Overfitting eintritt.

2.4 Vorgehensweise empirischer Untersuchungen

Nachdem die Vorgehensweise empirischer Untersuchungen zum Einsatz der Diskriminanzanalyse anhand eines Kooperationsprojekts zwischen dem Institut für Revisionswesen der Universität Münster und der Allgemeinen Kreditversicherung AG dargestellt wurde (vgl. 4. Abschn., 1.7.2), soll der Einsatz von Künstlichen Neuronalen Netzen nachfolgend exemplarisch anhand einer Studie erläutert werden, die auf der Basis des identischen Datenmaterials Künstliche Neuronale Netze zur Kreditwürdigkeitsprüfung einsetzte und die Klassifikationsergebnisse mit denen der Diskriminanzanalyse verglich (vgl. Krause, C. (1993)). Die folgenden Ausführungen beziehen sich auf diese Quelle.

2.4.1 Aufbau der Untersuchung

Die Untersuchung von KRAUSE lässt sich schematisch wie folgt darstellen:

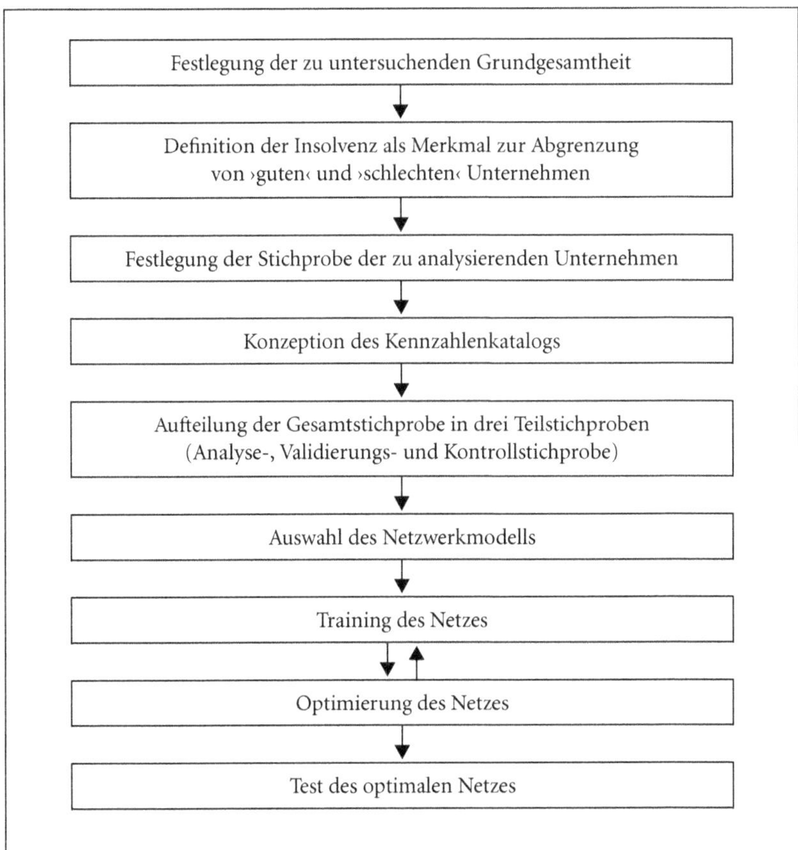

Übersicht 116: Untersuchungsaufbau

Datenmaterial und Kennzahlenkatalog

Um die Ergebnisse der Untersuchung mit denen der Studie von FEIDICKER vergleichen zu können, wurde auf die gleiche Grundgesamtheit, Stichprobe und den gleichen Kennzahlenkatalog zurückgegriffen (vgl. 4. Abschn., 1.7.2.1).

Aufteilung der Stichprobe

Im Rahmen der Untersuchung von FEIDICKER wurde das Datenmaterial zweigeteilt, um anhand einer Analysestichprobe die Diskriminanzfunktion zu ermitteln und anhand einer Validierungsstichprobe die Klassifikationsleistung der Funktion zu messen. Beim Einsatz von Künstlichen Neuronalen Netzen bedarf es jedoch einer weiteren Teilstichprobe, anhand derer zur Vermeidung des Overfitting-Effekts der Zeitpunkt bestimmt werden soll, zu dem der Lernprozess abgebrochen werden muss. Zu diesem Zweck wurde die Validierungsstichprobe von FEIDICKER durch Zufallsauswahl in eine Test- und eine Validierungsstichprobe aufgeteilt. Die Analysestichprobe wurde hingegen im Vergleich zu besagter Untersuchung unverändert gelassen.

Auswahl des Netzwerkmodells

Krause (C. (1993), S. 103) setzte in seiner Untersuchung zwei verschiedene Typen Künstlicher Neuronaler Netze ein. Dabei verwendete er mit dem Backpropagation-Netz zunächst ein überwacht lernendes Feed-Forward-Netz, das »primär zur Prognose geeignet ist, sich aber auch bei Klassifikationsproblemen einsetzen läßt«. Daneben testete er ein speziell für Klassifikationsaufgaben geeignetes sog. »Counterpropagation-Netz«, das zwar ebenfalls zu den Feed-Forward-Netzen gehört, jedoch insb. durch unüberwachte Lernprozesse in mind. einer Zwischenschicht charakterisiert ist.

2.4.2 Training und Optimierung des Backpropagation-Netzes

Ausgangstopologie

Ausgangspunkt der Untersuchung von Krause war ein dreilagiges Backpropagation-Netz. Da diesem Netz zunächst nur die vier Kennzahlen präsentiert werden sollten, die in der nach Feidicker optimalen Diskriminanzfunktion enthalten waren, enthielt die Eingabeschicht vier Neuronen. Für die Ausgabeschicht wurde nur ein Neuron benötigt, da das Künstliche Neuronale Netz lediglich einen Ausgabewert (0 für solvent, 1 für insolvent) erzeugen musste. Auch die Zwischenschicht wurde zunächst nur mit einem Neuron besetzt. Jedes Neuron der Eingabe- und Zwischenschicht war mit jedem Neuron der folgenden Schicht verbunden. Als Ausgabefunktion wurde für alle zu verarbeitenden Neuronen eine Sigmoid-Funktion festgelegt.

Lernphase und Netzoptimierung

Diesem Künstlichen Neuronalen Netz wurden im Rahmen der Lernphase die 672 Datensätze der Analysestichprobe präsentiert. Dabei wurde dem Netz, da es ja überwacht lernte, auch jeweils mitgeteilt, ob es sich um solvente oder insolvente Unternehmen handelt. Zunächst wurden 1.000 Lernschritte zugelassen, d.h., dass dem Netz alle Datensätze einmal und ein Teil der Datensätze ein zweites Mal dargeboten wurden, damit es die Zusammenhänge zwischen Ein- und erwünschten Ausgabedaten erlernt. Danach erfolgte eine Prüfung, wie gut das Netz auf Basis des in diesen 1.000 Durchläufen Gelernten klassifizieren kann. Dazu wurden dem Netz die Eingabedaten der Teststichprobe präsentiert und bestimmt, wie hoch die Fehlerquote bei der Klassifizierung dieser Datensätze ist.

Anschließend wurden die bisher in dem Netz gespeicherten Informationen gelöscht und die Datensätze der Analysestichprobe erneut präsentiert, diesmal jedoch nicht in 1.000, sondern in 2.000 Lernschritten. Erneut wurden nach dieser Lernphase anhand der Teststichprobe die Klassifikationsgenauigkeit des Künstlichen Neuronalen Netzes ermittelt, um zu vergleichen, ob die Veränderung der Lernschrittzahl zu einer Verbesserung oder Verschlechterung der Klassifikationsleistung geführt hat. Zur Herstellung einer Vergleichbarkeit der erzielten Ergebnisse wurden diese so modifiziert, dass der Alpha-Fehler (Klassifikation von insolventen Unternehmen als solvent) konstant bei 8,75 % lag und somit nur noch der Beta-Fehler (Klassifikation von solventen Unternehmen als insolvent) verglichen werden musste (vgl. diesbezüglich auch Baetge, J./Baetge, K./Kruse, A. (1999a), S. 1628 f.; Baetge, J./Manolopoulos, P.R. (1999), S. 352 ff.).

Nach dem gleichen Optimierungsverfahren wurde in der Folge u.a. schrittweise ermittelt, mit welcher Lernregel, welcher Ausgabefunktion, welcher Zahl von Schichten und Neuronenanzahl in den verschiedenen Schichten eine optimale Klassifikationsleistung erzielt werden kann. Dabei wurde u.a. festgestellt, dass sich die Klassifikationsleistung durch die Erhöhung der Neuronenzahl in der Zwischenschicht sowie durch das Einfügen weiterer Zwischenschichten nicht verbessern lässt.

Veränderung der Eingabedaten

Da bisher nur die Merkmalsausprägungen der vier Kennzahlen der optimalen Diskriminanzfunktion (nach Feidicker) als Eingabedaten verwendet wurden, kann die erzielte Klassifikationsleistung nur als Ergebnis eines Künstlichen Neuronalen Netzes mit vorgeschalteter Diskriminanzanalyse interpretiert werden. Um feststellen zu können, welche Klassifikationsergebnisse das Künstliche Neuronale Netz mit weniger aufwendigen Vorarbeiten erzielen kann, wurden daher Teile der bisherigen Untersuchung wiederholt, dem Netz nunmehr jedoch die Ausprägungen aller 73 Kennzahlen des Kennzahlenkatalogs präsentiert.

2.4.3 Training und Optimierung des Counterpropagation-Netzes

Geringerer Aufwand bei der Netzoptimierung

Die grundsätzliche Vorgehensweise der Netzoptimierung unterscheidet sich bei Counterpropagation-Netzen nicht von der oben beschriebenen Backpropagation. Aufgrund der Spezifika des Counterpropagation-Netzes sind indes weniger Parameter zu testen. Da Counterpropagation-Netze schneller zu trainieren sind als ein Backpropagation-Netz, war es außerdem nicht erforderlich, zunächst eine Netzwerkoptimierung auf Basis von nur vier Kennzahlen durchzuführen. Es konnte daher sofort das für die Verarbeitung von 73 Kennzahlen optimale Künstliche Neuronale Netz ermittelt werden. Um jedoch einen weitestgehenden Vergleich zu ermöglichen, wurde auch untersucht, wie gut ein Counterpropagation-Netz mit den vier Kennzahlen der Diskriminanzanalyse klassifizieren kann.

2.4.4 Ergebnisse der Untersuchung

Ergebnisbestimmung

Da sowohl die Analyse- als auch die Teststichprobe im Rahmen der Optimierung der Künstlichen Neuronalen Netze zur Anwendung kamen, sind diese beiden Stichproben zur Bestimmung der Klassifikationsleistung der Künstlichen Neuronalen Netze bei bisher unbekannten Datensätzen nicht verwendbar. Daher wurden – als letzter Schritt der Untersuchung – für die verschiedenen Varianten der Künstlichen Neuronalen Netze (Back- und Counterpropagation mit 4 und 73 Kennzahlen) die Klassifikationsergebnisse auf Basis der Validierungsstichprobe ermittelt. Diese wurden wiederum so modifiziert, dass der Alpha-Fehler konstant bei 8,75% lag. Der gleichen Modifikation wurden die Klassifikationsergebnisse der Diskriminanzfunktion von Feidicker unterworfen, um feststellen zu können, ob mit Künstlichen Neuronalen Netze bessere Ergebnisse erzielt werden können.

Übersicht 117 verdeutlicht die entsprechenden Ergebnisse. Dabei bezeichnet D die Diskriminanzfunktion von Feidicker; BP-4 und BP-73 die Backpropagation-Netze mit 4 und 73 Kennzahlen sowie CP-4 und CP-73 die entsprechenden Counterpropagation-Netze:

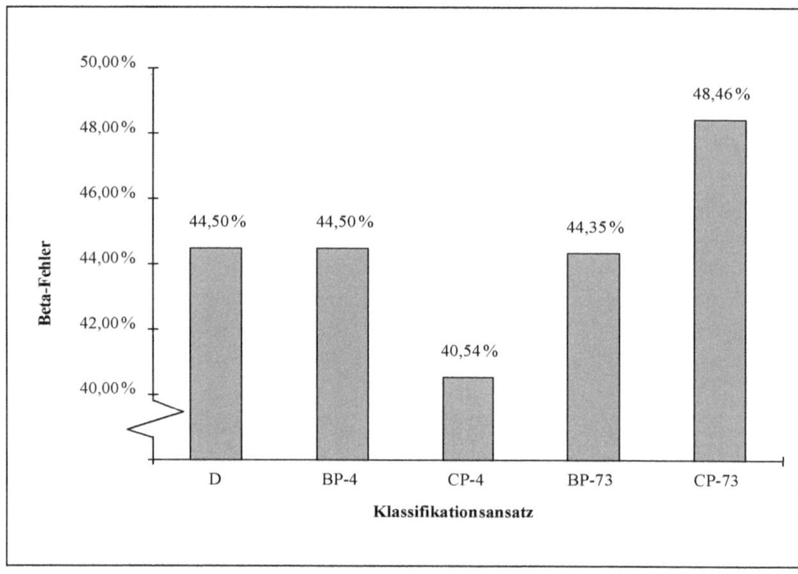

Übersicht 117: Klassifikationsergebnisse von Diskriminanzanalyse und Künstlichen Neuronalen Netzen

Überlegenheit gegenüber der Diskriminanzanalyse

Die Ergebnisse zeigen, dass
(1) die Klassifikationsleistung der Diskriminanzanalyse mit Künstlichen Neuronalen Netzen übertroffen werden kann;
(2) das verwendete Backpropagation-Netz ohne Vorauswahl der Kennzahlen etwas besser zu klassifizieren vermag als die Diskriminanzanalyse;
(3) durch einen auf Basis der Ergebnisse der Diskriminanzanalyse erfolgenden Einsatz eines Counterpropagation-Netzes die Klassifikationsleistung ggü. der reinen Diskriminanzanalyse deutlich verbessert werden kann;
(4) das Counterpropagation-Netz (ohne statistische Vorarbeiten) keine guten Klassifikationsergebnisse liefern kann.

Nachfolgende Untersuchungen konnten den Beta-Fehler – unter Verwendung alternativer Datensätze – bei einem konstanten Alpha-Fehler von 8,75 % von 40 % über 33 % auf 32 % reduzieren (vgl. Baetge, J. (2002), S. 2283).

2.5 Beurteilung von Künstlichen Neuronalen Netzen

Leistungsfähiges Instrument

Die Ergebnisse der Untersuchung von Krause konnten – wie auch andere ähnlich geartete Untersuchungen (vgl. z. B. Pytlik, M. (1995)) – zeigen, dass Künstliche Neuronale Netze bei der Klassifikation von Jahresabschlüssen ein sehr »leistungsfähiges Instrument« (Krause, C. (1993), S. 213) sind. Trotz der zumeist besseren Klassifikationsleistung sind Künstliche Neuronale Netze der multivariaten Diskriminanzanalyse nicht in allen Punkten überlegen. Vielmehr »haben beide Verfahren spezifische Stärken und Schwächen für den praktischen Einsatz zur Früherkennung von Unternehmenskrisen« (Erxleben, K. et al. (1992), S. 1257). Zu diesen Vor- und Nachteilen gehören (vgl. Erxleben, K. et al. (1992), S. 1257 f.; Pytlik, M. (1995), S. 288 ff.):

Vorteile bei kleinen Datenmengen

Die multivariate Diskriminanzanalyse ist an bestimmte methodische Anwendungsvoraussetzungen gebunden. So müssen die verwendeten Kennzahlen normalverteilt, trennfähig und unabhängig sein. Zahlreiche Untersuchungen zeigen zwar, dass diese Prämissen bei großen Datenmengen weniger restriktiv wirken und derart ermittelte Diskriminanzfunktionen zufriedenstellend trennen können, obwohl diese Voraussetzungen teilweise verletzt waren. Da jedoch Künstliche Neuronale Netze ohne derartige Voraussetzungen auskommen, sind diese im Gegensatz zur multivariaten Diskriminanzanalyse auch dann einsetzbar, wenn die zur Verfügung stehende Datenmenge gering ist.

Vorteile bei Unschärfen

Weil Künstliche Neuronale Netze im vorliegenden Sinne vornehmlich dann einsetzbar sind, wenn eine »unscharfe Informationsverarbeitung vorliegt« (Kinnebrock, W. (1994), S. 103), können sie auch (Fuzzy-)Datensätze verarbeiten, deren Merkmalsausprägungen unvollständig und teilweise fehlerhaft sind (vgl. Baetge, J./Heitmann, C. (2000)). Dagegen ist die multivariate Diskriminanzanalyse nicht robust gegen derartige Mängel des zugrunde liegenden Datenmaterials, weshalb sie höhere Ansprüche an dessen Aufbereitung stellt. Eine interessante Neuentwicklung stellt in diesem Zusammenhang die kombinierte Neuro-Fuzzy-Analyse dar (vgl. Heitmann, C. (2002)).

Vorteile bei qualitativen Daten

Da Künstliche Neuronale Netze im Gegensatz zur multivariaten Diskriminanzanalyse qualitative Daten einfacher verarbeiten können, kann bei ihrem Einsatz auf eine weitere Informationsbasis zurückgegriffen werden. Eine Berücksichtigung qualitativer Daten der Jahresabschlüsse, aber auch aus sonstigen Quellen, dürfte die Klassifikationsleistung Künstlicher Neuronaler Netze noch weiter verbessern und sich damit deutlicher von der Leistungsfähigkeit der Diskriminanzanalyse abheben.

Kombination mit Saarbrücker Modell

Hierzu werden in jüngerer Vergangenheit bspw. auch die Ergebnisse qualitativer Analyseansätze – wie etwa die des noch darzustellenden Saarbrücker Modells – in entsprechende Untersuchungen zu integrieren versucht (vgl. stellvertretend Blochwitz, S./Eigermann, J. (2000a)). Problematisch erscheint jedoch, dass die allgemeine Berücksichtigung qualitativer Daten nur sehr subjektiv erfolgen kann, denn es existieren »keine ›Grundsätze ordnungsmäßiger Recherche‹ wie die Grundsätze ordnungsmäßiger Buchführung« (Baetge, J./Kirsch, H.-J./Thiele, S. (2004), S. 588).

Bilanzbonitätsklassifikation

Im Zuge der Internationalisierung der Rechnungslegung hat sich die Forschung auch der Entwicklung sog. »Bilanzbonitätsklassifikatoren« für Abschlüsse nach internationalen Rechnungslegungsnormen zugewandt. Hierbei zeigt bspw. die umfangreiche Analyse von Glormann, dass die Klassifikationsleistung eines Künstlichen Neuronalen Netzes durch Rechnungslegungsinformationen nach US-GAAP nicht zwingend gesteigert wird. Die These, dass die wirtschaftliche Lage eines Unternehmens anhand eines US-GAAP-Abschlusses besser beurteilt werden kann als auf Basis eines HGB-Abschlusses konnte von Glormann nicht bestätigt werden (vgl. Glormann, F. (2001), S. 312).

Entwicklung nur durch Spezialisten

Insb. wenn man auf aufwendige Vorarbeiten zur Überprüfung der Anwendungsvoraussetzungen verzichtet, können lineare (multivariate) Diskriminanzfunktionen ohne größere Probleme ermittelt werden. »Bereits ein mathematisch interessierter PC-Anwender kann sich nach einer kurzen Einarbeitung in ein Statistikprogramm an die Arbeit machen, eine Diskriminanzfunktion zu entwickeln« (Pytlik, M. (1995), S. 289). Dagegen erfordern Künstliche Neuronale Netze einen vergleichsweise längeren Entwicklungsprozess, weshalb es für einen nicht mit Künstlichen Neuronalen Netzen vertrauten Anwender schwieriger ist, zu brauchbaren Ergebnissen zu gelangen.

Fazit

Auch der Einsatz Künstlicher Neuronaler Netze wird das sich im Rahmen der Bilanzanalyse stellende Prognoseproblem nicht vollumfänglich lösen können. Ihr Einsatz kann jedoch dabei helfen, die Unsicherheit von aus Jahresabschlüssen gezogenen Rückschlüssen auf die momentane und zukünftige Unternehmenssituation zu vermindern.

Merksätze

1. Künstliche Neuronale Netze stellen mathematische Modelle zur Simulation der Funktionsweise des menschlichen Gehirns dar. Sie setzen sich aus miteinander vernetzten künstlichen Neuronen, sog. »Units«, zusammen.
2. Die wichtigste Eigenschaft von Künstlichen Neuronalen Netzen ist ihre Fähigkeit zu lernen, zu tolerieren und Fehler zu ignorieren. Dadurch können Künstliche Neuronale Netze anhand von Beispieldatensätzen Muster erlernen und diese bei anderen Datensätzen erkennen, auch wenn sie dort im Verborgenen vorliegen.
3. Bei der Arbeit mit Künstlichen Neuronalen Netzen sind eine Trainings- und eine Verarbeitungsphase zu unterscheiden. Zunächst lernt das Netz anhand einer Trainingsstichprobe die interessierenden Zusammenhänge. Anschließend können dem Netz bisher unbekannte Datensätze präsentiert werden, für die es die erwarteten Ausgabewerte ermittelt.
4. Es existieren zahlreiche verschiedene Arten von Künstlichen Neuronalen Netzen, die sich u.a. in ihrem Aufbau, ihrer Verarbeitungsrichtung und ihrer Lerntechnik unterscheiden.
5. Im Rahmen der Jahresabschlussanalyse werden Künstliche Neuronale Netze insb. im Bereich der Kreditwürdigkeitsprüfung eingesetzt und darauf untersucht, ob sie bessere Ergebnisse als die multivariate Diskriminanzanalyse liefern können. Bisherige Untersuchungen legen eine tendenzielle Überlegenheit der Künstlichen Neuronalen Netze nahe.
6. Erfolgskritisch ist im Rahmen des Einsatzes Künstlicher Neuronaler Netze insb. die Netzwerkoptimierung, d.h. die Ermittlung des für die jeweilige Problemstellung optimalen Netzes.

3. Scoring-Verfahren

Scoring-Verfahren werden im Rahmen der Bilanzanalyse zur systematischen Beurteilung von Unternehmen angewandt, wobei sich die Gesamtbeurteilung aus der gewichteten Summe von Teilbeurteilungen zusammensetzt. Das Scoring-Modell wird anhand des RSW-Verfahrens erläutert, das eine Analysemethode zur Beurteilung börsennotierter Aktiengesellschaften darstellt (vgl. dazu im Folgenden insb. SCHMIDT, R. (1990); BADEN, K. (1992), S. 92 ff.) Abschließend wird das auf der Linearen Regression basierende sog. »RiskCalc™ Germany« als weiteres Scoring- bzw. Rating-Modell vorgestellt.

3.1 RSW-Verfahren

3.1.1 Grundlagen

Historie

Das RSW-Verfahren wurde ursprünglich am INSTITUT FÜR BETRIEBSWIRTSCHAFTSLEHRE DER UNIVERSITÄT KIEL unter der Leitung von SCHMIDT entwickelt. Traditionell wurde dieser Unternehmenstest deutscher Aktiengesellschaften in der Zeitschrift Manager Magazin veröffentlicht – erstmals im Jahr 1987. Der Untersuchungsumfang betrug damals 304 deutsche Aktiengesellschaften der Branchen »Industrie«, »Handel« und »Verkehr«. Zwischenzeitlich wurden allerdings in einer von SCHMIDT an der Universität Halle erweiterten Fassung jenes Verfahrens die 500 größten börsennotierten deutschen Aktiengesellschaften sämtlicher Wirtschaftszweige in die Untersuchung einbezogen und die diesbezüglichen Ergebnisse publiziert.

Scoring-Modell

Das Beurteilungsverfahren basiert auf der Anwendung von sechs Kennzahlen, von denen jeweils zwei Kennzahlen den Analysedimensionen bzw. -gegenständen Rendite, Sicherheit und Wachstum zugeordnet werden können (RSW-Verfahren). Die Kennzahlen werden mit Hilfe statistischer Verfahren zu einem Gesamtwert verdichtet und vergleichbar gemacht (Scoring-Modell). Diese Ergebnisse bilden sodann die Grundlage für die Bestimmung der Rangliste der Gesellschaften.

Analysedimensionen

Die Durchführung dieses Verfahrens dient dem Ziel, »neue vergleichbare Informationen über die deutschen Börsengesellschaften zur Verfügung« (SCHMIDT, R./WILHELM, W. (1987), S. 246) zu stellen, die auf der Grundlage veröffentlichter Daten errechnet werden und für den Interessenten weitgehend nachvollziehbar sind. Dabei wird hinsichtlich des Untersuchungsgegenstands bzw. der Auswahl der verwendeten Kennziffern insb. die Interessenlage der Aktionäre berücksichtigt.

3.1.2 Darstellung des Verfahrens

Umfang

Bei der Untersuchung werden die Börsengesellschaften in vier Gruppen – Industrie-, Handels- und Verkehrsgesellschaften, Banken und Versicherungen, Verwaltungsgesellschaften sowie Börsenneulinge des jeweiligen Jahres (seit 1990 aufgenommene und getrennt behandelte Kategorie) – eingeteilt. 1994 wurde der

Unternehmenstest um die Analyse der Börsenkursentwicklung für die Performancemessung erweitert. Wesentlich bleibt im fundamentalen Teil allerdings, dass das Verfahren so konstruiert ist, dass eine branchenübergreifende Vergleichbarkeit der einbezogenen Unternehmen gewährleistet werden soll und es überdies durch den Verzicht auf einen Börsenwertfaktor auch auf Nichtbörsenunternehmen angewendet werden kann (vgl. auch Demmer, C. et al. (1988), S. 130; Baden, K. (1992), S. 107).

Analyse des Konzernabschlusses

Grundlage der fundamentalen Analyse sind die durch die handelsrechtliche Rechnungslegung publizierten Unternehmensdaten. Ausgewertet wird regelmäßig – soweit aufgestellt bzw. veröffentlicht – der Konzernabschluss der Gesellschaft.

Gewichtung

Der hohen Bedeutung der Renditeaspekte im Zuge einer Unternehmensbeurteilung trägt das RSW-Verfahren insofern Rechnung, als die Dimension »Rendite« im Rahmen des Gesamt-Score vierfach gewertet wird, während »Sicherheit« und »Wachstum« mit dem Gewichtungsfaktor 1 in die Gesamtrechnung eingehen.

Innerhalb der einzelnen Analysedimensionen erfahren die beiden jeweils verwendeten Kennzahlen ebenfalls eine unterschiedliche Gewichtung. Die erste Kennzahl, die als standardisierte Messgröße auf alle Unternehmen angewendet wird und damit gleichsam eine Verbindung zwischen den verschiedenen Branchengruppen herstellt, wird mit dem Faktor 2 gewichtet. Die zweite Kennzahl ist dagegen branchengruppenspezifisch ausgestaltet und fließt mit ihrem einfachen Wert in die Rechnung ein.

Zeitvergleich

Bezogen auf den Zeitvergleich, der bei sämtlichen Unternehmen die Renditekennzahlen über die letzten drei (Gruppe: Industrie/Handel/Verkehr und Verwaltungsgesellschaften) bzw. fünf (Banken und Versicherungen) Jahre berechnet, findet zusätzlich eine Gewichtung zugunsten der aktuelleren Werte statt. Dadurch wird betont, dass nicht zwangsläufig eine möglichst starke prozentuale Steigerung der Rentabilität, sondern vielmehr das Erreichen und Halten einer vergleichsweise hohen Rendite im Vordergrund steht.

Gesamt-Score

Als vorläufiges Ergebnis erhält man den in den Übersicht 118 und 119 schematisch dargestellten Gesamt-Score (vgl. Schmidt, R. (1990), S. 71; Baden, K. (1992), S. 108), der als einfache Messzahl angibt, inwiefern ein untersuchtes Unternehmen unter expliziter Berücksichtigung branchentypischer Besonderheiten vom Durchschnitt aller Unternehmen abweicht. Dieser Gesamt-Score bildet sodann die Grundlage für die Beurteilung der Angemessenheit der zu einem bestimmten Stichtag in Form des festgestellten Börsenkurses ausgedrückten Bewertung eines getesteten Unternehmens. Damit sind zumindest Tendenzaussagen darüber möglich, ob der jeweilige Aktienkurs unter fundamentalen Gesichtspunkten (zu) niedrig, angemessen oder (zu) hoch ist.

Standardisierungskreis	**Teilkomponenten**	**Gewicht**	**Hauptkomponenten**	**Gewicht**	**Resultat**
Alle Unternehmen	Eigenkapitalrendite	0,444	Rendite	0,666	RSW-Score
Industrie, Handel und Verkehr Verwaltungsgesellschaften Geschäftsbanken Hypothekenbanken Schaden- und Rückversicherer Lebensversicherer	Betriebsrendite	0,222			
Industrie, Handel und Verkehr Verwaltungsgesellschaften Banken und Versicherungen	Eigenkapitalquote	0,111	Sicherheit	0,167	
Industrie, Handel und Verkehr Verwaltungsgesellschaften Geschäftsbanken Hypothekenbanken Schaden- und Rückversicherer Lebensversicherer	Liquiditätsquote	0,056			
Alle Unternehmen	Bilanzsummenwachstum	0,111	Wachstum	0,167	
Industrie, Handel und Verkehr Verwaltungsgesellschaften Banken und Versicherungen	Betriebliches Wachstum	0,056			

Übersicht 118: Aufbau des RSW-Verfahrens

Berechnungsweise

Der RSW-Score ergibt sich – wie bereits angedeutet – als Gesamtwert der Abweichung des getesteten Unternehmens vom Durchschnitt der Branchengruppe. Hierzu wird für jede Kennzahl des Verfahrens das gewichtete Verhältnis der positiven oder negativen Abweichung vom Mittelwert der Vergleichsgruppe (Branche) zur Standardabweichung der jeweiligen Branchengruppe errechnet. Aus der Kumulation dieser Teilkomponenten wird sodann der Gesamt-Score abgeleitet. Die konkrete Berechnungsweise verdeutlicht Übersicht 119 (vgl. SCHMIDT, R. (1990), S. 71 f.). Danach wird eine Gesellschaft umso besser bewertet, je größer letztlich die positive Abweichung ihrer Kennzahlenwerte vom Durchschnitt der Vergleichs-(Branchen-)gruppe ist und umgekehrt.

$$RSW_{i,b} = \frac{x_{k(b),i} \,./.\, \bar{x}\,(VG(b,k))}{s\,(VG(b,k))} = g_k$$

$RSW_{i,b}$	RSW-Score des Unternehmens i, das zur Branchengruppe bzw. Branche b gehört
k	Laufindex für Kennzahlentyp
$x_{k(b),i}$	Wert der für die Branchengruppe bzw. Branche b definierten Kennzahl des Typs k bei dem Unternehmen i (in: %)
(VG(b, k))	Mittelwert für den Kennzahlentyp k (berechnet über alle Unternehmen, die für die Branchengruppe bzw. Branche b die Vergleichsgruppe bei dem Typ k bilden)
s (VG(b, k))	Wert der Standardabweichung des Kennzahlentyps k (berechnet über alle Unternehmen, die für die Branchengruppe bzw. Branche b die Vergleichsgruppe bei dem Typ k bilden)
g_k	Gewicht der standardisierten Kennzahl des Typs k

Übersicht 119: Berechnungsweise des RSW-Score

3.1.3 Definition der Kennzahlen

Branchenabhängigkeit

Die Aufwendigkeit des RSW-Verfahrens drückt sich insb. in der sehr differenzierten branchenabhängigen Definition der verwendeten Kennzahlen aus (vgl. dazu ausführlich Schmidt, R. (1991), S. 32 ff.). Zwar werden für sämtliche untersuchten Unternehmen die Kennzahlen »Eigenkapitalrentabilität«, »Eigenkapitalquote« und »Bilanzsummenwachstumsrate« herangezogen, allerdings erfahren selbst diese Größen einige branchenspezifische Modifikationen. Für jede Gruppe unterschiedlich definiert ist jeweils die zweite Kennzahl aus den Bereichen »Rendite«, »Sicherheit« und »Wachstum«.

So wird bspw. die sog. »Betriebsrendite« in der Branche »Industrie, Handel und Verkehr« als Cashflow-Rendite durch das Verhältnis von operativem Cashflow zu Umsatzerlösen ausgestaltet, während für »Banken und Versicherungen« bestimmte branchenspezifische Ertragsgrößen in der Betriebsrendite zueinander ins Verhältnis gesetzt werden. Für »Verwaltungsgesellschaften« hingegen fungiert – aufgrund fehlender Umsatzerlöse – die Gesamtkapitalrentabilität vor Steuern und Zinsen als zweite Renditekennzahl. Auch in der Dimension der Wachstumskennzahlen wird ein differenziertes Vorgehen gewählt. Als zusätzlicher Indikator für das künftige Leistungspotenzial dienen im Bereich »Industrie, Handel und Verkehr« die Umsatzerlöse, bei »Verwaltungsgesellschaften« das Anlagevermögen und bei »Banken und Versicherungen« der Bruttoertrag (Zins-, Provisions- und Beteiligungserträge) bzw. die Bruttobeiträge.

Vereinfachungen

Branchenspezifische Besonderheiten durch die Einrichtung unterschiedlicher Standardisierungskreise, zahlreiche Kennzahlenmodifikationen ebenso wie letztlich der Auswertungsumfang zwingen verständlicherweise zu einigen Vereinfachungen bei der Analyse, insb. bei der Definition einzelner Kennzahlen. So wird im Rahmen der Ermittlung des in der Analyse verwendeten Eigenkapitals das bilanzielle Eigenkapital allein um einen nicht durch Eigenkapital gedeckten Fehlbetrag (vgl. 3. Abschn., Kap. 3, 1.2.3.2.1.3) und ohne eine eventuelle Differenzierung um ausstehende Einlagen gekürzt. Auf sonstige Aufbereitungsmaßnahmen, wie sie zur Erstellung eine Strukturbilanz erforderlich sind, wird hier gänzlich verzichtet. Dies kann im Zweifel zu einer Beeinträchtigung der Vergleichbarkeit der in die Analyse einbezogenen Unternehmen führen und letztlich auch Einfluss auf die Bildung der Rangfolge nehmen.

Um einen tieferen Einblick in die Definitionen der Kennzahlen des RSW-Verfahrens zu erhalten, sind in Übersicht 120 (vgl. SCHMIDT, R. (1991), S. 32 ff.; BADEN, K. (1992), S. 112) beispielhaft sämtliche Kennzahlen der Branchengruppe »Industrie, Handel und Verkehr« mit den jeweiligen Anwendungszeiträumen und etwaigen Gewichtungsfaktoren dargestellt.

Renditekennzahl 1		Jahresüberschuss/Jahresfehlbetrag	
	+	Steuern vom Einkommen und Ertrag	
	+	Abgeführte Gewinne	
	./.	Erträge aus Verlustübernahme	
Eigenkapitalrendite	=	———————————	× 100
		Bilanzielles Eigenkapital	
	./.	Nicht durch Eigenkapital gedeckter Fehlbetrag	
	./.	Ausstehende Einlagen	
über die letzten 3 Jahre zum Geschäftsjahresende berechnet und 3:2:1 gewichtet			
Renditekennzahl 2		Ergebnis der gewöhnlichen Geschäftstätigkeit	
	+	Sonstige Steuern	
	+	Beteiligungsergebnis	
	./.	Zinsergebnis	
	+	Finanzabschreibungen	
Betriebsrendite	=	———————————	× 100
		Umsatzerlöse	
über die letzten 3 Jahre zum Geschäftsjahresende berechnet und 3:2:1 gewichtet			
Sicherheitskennzahl 1		Bilanzielles Eigenkapital	
	./.	Nicht durch Eigenkapital gedeckter Fehlbetrag	
	./.	Ausstehende Einlagen	
Eigenkapitalquote	=	———————————	× 100
		Bilanzsumme	
	./.	Nicht durch Eigenkapital gedeckter Fehlbetrag	
	./.	Ausstehende Einlagen	
zum Ende des letzten Geschäftsjahrs			
Sicherheitskennzahl 2		Wertpapiere des Umlaufvermögens	
	+	Schecks	
	+	Kassenbestand	
	+	Bundesbank- und Postgiroguthaben	
	+	Guthaben bei Kreditinstituten	
Liquiditätsquote	=	———————————	× 100
		Bilanzsumme	
	./.	Nicht durch Eigenkapital gedeckter Fehlbetrag	
	./.	Ausstehende Einlagen	
zum Ende des letzten Geschäftsjahrs			

Übersicht 120: Kennzahlen des RSW-Verfahrens für die Branchengruppe »Industrie, Handel und Verkehr«

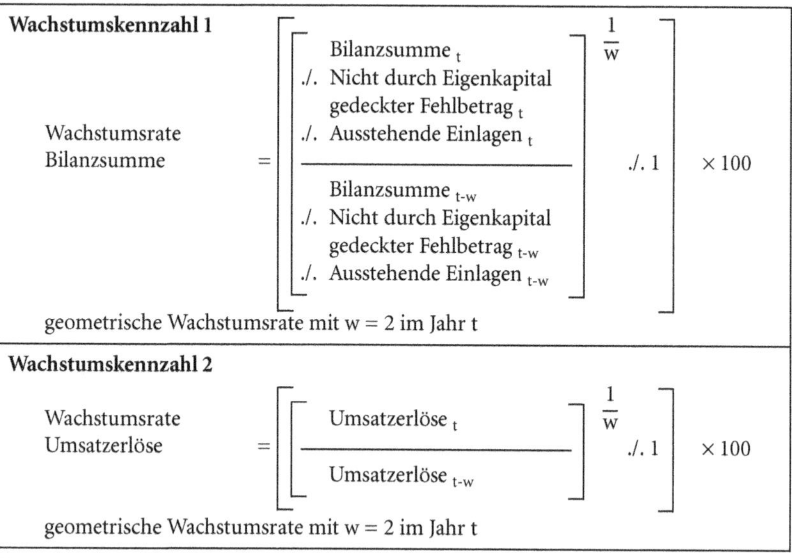

Wachstumskennzahl 1

$$\text{Wachstumsrate Bilanzsumme} = \left[\left[\frac{\text{Bilanzsumme}_t \;./.\; \text{Nicht durch Eigenkapital gedeckter Fehlbetrag}_t \;./.\; \text{Ausstehende Einlagen}_t}{\text{Bilanzsumme}_{t-w} \;./.\; \text{Nicht durch Eigenkapital gedeckter Fehlbetrag}_{t-w} \;./.\; \text{Ausstehende Einlagen}_{t-w}}\right]^{\frac{1}{w}} ./.\ 1\right] \times 100$$

geometrische Wachstumsrate mit w = 2 im Jahr t

Wachstumskennzahl 2

$$\text{Wachstumsrate Umsatzerlöse} = \left[\left[\frac{\text{Umsatzerlöse}_t}{\text{Umsatzerlöse}_{t-w}}\right]^{\frac{1}{w}} ./.\ 1\right] \times 100$$

geometrische Wachstumsrate mit w = 2 im Jahr t

Übersicht 120: Kennzahlen des RSW-Verfahrens für die Branchengruppe »Industrie, Handel und Verkehr« (Forts.)

3.1.4 Aktien-Rating auf der Grundlage des RSW-Verfahrens

Das RSW-Verfahren ist grds. ein Analyseansatz zur Untersuchung des vergangenen Unternehmensgeschehens bzw. -erfolgs. Da sich neben zukünftigen Ertragsentwicklungsmöglichkeiten des Unternehmens sowie sonstigen Faktoren insb. auch der vergangene Erfolg im Börsenkurs widerspiegelt, erscheint es durchaus interessant, die Ergebnisse der RSW-Unternehmensrangfolge mit der Börsenkapitalisierung zu vergleichen.

Kategorien

Aufbauend auf dem Gesamt-Score des RSW-Verfahrens wird seit 1988 ein Aktien-Rating vorgenommen, das die in die Untersuchung einbezogenen Börsengesellschaften hinsichtlich ihres Aktienkurses fünf Kategorien zwischen ›sehr niedrig‹ und ›sehr hoch‹ zuordnet.

Korrelation zwischen RSW-Score und Aktienkurs

Dieses Aktien-Rating-Verfahren (vgl. dazu Schmidt, R. (1990), S. 74 f.; Baden, K. (1992), S. 140 f., 223 ff.) stellt nach Ausschluss von Ausreißern auf der Basis einer Korrelationsanalyse einen statistisch gesicherten – allerdings lockeren – Zusammenhang zwischen dem RSW-Score und dem jeweiligen Aktienkurs fest. Demnach weisen Unternehmen mit einem hohen RSW-Score i. d. R. auch einen relativ hohen Börsenkurs auf et vice versa. Der durchschnittliche Zusammenhang zwischen beiden Werten wird mittels einer linearen Regression quantifiziert. Prozentuale Divergenzen von dieser Regressionsgeraden bezeichnen schließlich die Klassifikationsbandbreiten (Rating-Klassen), denen die getesteten Gesellschaften zugeordnet werden.

Ziel

Ziel dieses Verfahrens ist es nicht, Kauf- oder Verkaufsempfehlungen auszusprechen; vielmehr soll der Aktienkurs der einzelnen Gesellschaft hinsichtlich seiner Angemessenheit in Relation zu den übrigen untersuchten Unternehmen überprüft werden.

3.1.5 Wichtige Ergebnisse des RSW-Verfahrens sowie des Aktien-Ratings

Die wesentlichen Ergebnisse des RSW-Verfahrens sowie des Aktien-Ratings auf der Grundlage des RSW-Scoring lassen sich folgendermaßen zusammenfassen (vgl. Baden, K. (1992), S. 260 ff.):

(1) Es konnte festgestellt werden, dass zwischen den einzelnen Analysedimensionen – Rendite, Sicherheit und Wachstum – eine positive Korrelation besteht. Unter Renditegesichtspunkten erfolgreiche Unternehmen haben gleichzeitig eine hohe Eigenkapitalausstattung (eine hohe Rendite bedingt also nicht ein steigendes Risiko) und weisen ebenso Wachstumsstärke auf. Indes sollte bei der Untersuchung auf keine der Dimensionen verzichtet werden.

(2) Die höchste Erklärungskraft hinsichtlich der Aktienkurse besitzt die gewichtete Eigenkapitalrendite. Über alle Branchengrenzen hinweg war der deutlichste Zusammenhang mit der Entwicklung der Kurse bei dieser Kennzahl zu konstatieren. Ex post konnte also die dem RSW-Verfahren zugrunde liegende hohe Gewichtung der Eigenkapitalrendite (44,4 %) gestützt werden. Dieser interdependente Zusammenhang besteht auch für die Sicherheits- und Wachstumskennziffern bei Unternehmen der Branchen »Industrie«, »Handel« und »Verkehr«. Bei den Unternehmen sämtlicher Branchen konnte schließlich über die Jahre ein gesicherter Zusammenhang zwischen dem Gesamt-Score und dem Aktienkurs festgestellt werden.

(3) Auch bleiben die Ergebnisse des RSW-Verfahrens bzw. Ratings nicht ohne Einfluss auf die Kursbildung an der Börse. Zwar waren deutliche Kursreaktionen nicht zu verzeichnen, jedoch konnte eine tendenzielle Verarbeitung der Informationen des Aktien-Ratings an der Börse festgestellt werden.

3.1.6 Kritik

Neben dem mit hinlänglich bekannten Mängeln behafteten veröffentlichten Jahresabschluss als Analysegrundlage sowie der bereits angesprochenen Problematik der Definition der verwendeten Kennzahlen konzentriert sich die Kritik am RSW-Verfahren als Unternehmensbeurteilungsmodell insb. auf zwei Punkte:

(1) Auswahl und Eignung der Kennzahlen für die Urteilsbildung;

(2) Gewichtung der Kennzahlen innerhalb des Beurteilungsmodells.

Subjektivität

Diese beiden Kritikpunkte lassen sich mit dem allgemeinen Einwand der Subjektivität bei der Bestimmung der Beurteilungskomponenten beschreiben. Dieser Einwand ist umso bedeutsamer, je stärker die Rangfolgebildung der betreffenden Gesellschaften gerade von der Gewichtung einzelner Kriterien (Eigenkapitalrendite zu 44,4 % im Gesamt-Score von sechs Kennzahlen) abhängig ist. Dennoch lässt sich die Subjektivität innerhalb der Konstruierung eines Scoring-Modells, die im RSW-Verfahren durch die Offenlegung sämtlicher Teilkomponenten allerdings weitgehend nachvollziehbar ist, ebenso wenig vermeiden wie bei der Auswahl der Entscheidungskriterien durch einen externen Analysten. Und im Grunde leistet das RSW-Verfahren auf transparente Weise auch nichts anderes als das, was ein externer Analyst zu erreichen versucht: ein subjektiv geprägtes, zusammenfassendes – sachverständiges – Urteil über ein Unternehmen.

3.2 Rating-Modell RiskCalc™ Germany

Entwicklungshistorie

Initiiert von der Baetge & Partner GmbH & Co. KG, wurde das Rating-Modell RiskCalc™ Germany im Jahr 2001 als Gemeinschaftsprojekt mit Oliver Wyman & Company sowie Moody's KMV entwickelt und in den Folgejahren weiter modifiziert. Dieses Modell, das auf dem Verfahren der Logistischen Regression basiert, gliedert sich in die folgenden drei – sukzessiv abzuarbeitenden – Schritte (vgl. Baetge, J. (2002), S. 2284):

Vorgehensweise

In einem ersten Schritt wurden über 200 Kennzahlen, univariat hinsichtlich ihrer Eignung zwischen solventen und insolvenzgefährdeten Unternehmen zu trennen, überprüft und die Vergleichbarkeit der Werte dieser Kennzahlen durch geeignete mathematische Transformationen sichergestellt (vgl. Baetge, J./Melcher, T./Thun, C. (2008), S. 308). Anhand mathematisch-statistischer Verfahren wurde in einem zweiten Schritt die für die Differenzierung zwischen solventen und insolvenzgefährdeten Unternehmen relevanten Kennzahlen bis auf neun reduziert, die derart zu einem logistischen Modell vereinigt wurden, dass die Kombination dieser verbliebenen Kennzahlen eine sehr hohe Trennfähigkeit hinsichtlich solventer und insolvenzgefährdeter Unternehmen aufweist. Im Anschluss wurde die optimale Gewichtung der neun Kennzahlen ermittelt (vgl. hierzu Kocagil, A. E./Glormann F./Escott P. (2001), S. 8). In einem dritten Schritt wurden sodann die mit Hilfe dieses Modells ermittelten Werte (sog. »Scorewerte«) in Ausfallwahrscheinlichkeiten (Probabilities of Default, kurz: PD) transformiert, welche für jede Ratingklasse den Prozentsatz der Unternehmen angeben, bei denen in dieser Klasse später tatsächlich eine Insolvenz auftrat (vgl. Baetge, J. (2002), S. 2284). Das Modell differenziert in Abhängigkeit der Ausfallwahrscheinlichkeit zwischen 13 Ratingklassen, die mit Aa3 bis B3 bezeichnet werden, wobei den ersten sieben Ratingklassen eine 1-Jahres-Ausfallwahrscheinlichkeit von weniger als 0,73 % zugeordnet ist. Derart klassifizierte Unternehmen wird eine – für inländische Unternehmen – gute und überdurchschnittliche Bonität zugesprochen (vgl. Baetge, J./Melcher, T./Thun, C. (2008), S. 308 ff.).

Informationsbereiche

Die neun verwendeten Kennzahlen des Modells entstammen sieben Informationsbereichen des Jahresabschlusses: Kapitalbindungsdauer, Verschuldung, Kapitalstruktur, Finanzkraft, Rentabilität, Aufwandsstruktur und Wachstum (vgl. Baetge, J. (2002), S. 2284). Die nachfolgende Übersicht 121 (modifiziert entnommen aus: Baetge, J./Melcher, T./Thun, C. (2008), S. 309) zeigt die verwendeten Kenzahlen und die Zusammenhänge des vorangehend dargestellten RiskCalc™ Germany-Modells überblickartig.

Informationsbereich	Kennzahlen
Kapitalbindung	Kapitalbindungsdauer
Verschuldung	Fremdkapitalstruktur Nettoverschuldungsquote bzw. Liquidität
Kapitalstruktur	Eigenkapitalquote
Finanzkraft	Finanzkraft
Rentabilität	EBITD-ROI Umsatzrentabilität
Produktivität	Personalaufwandsquote
Wachstum	Umsatzwachstum

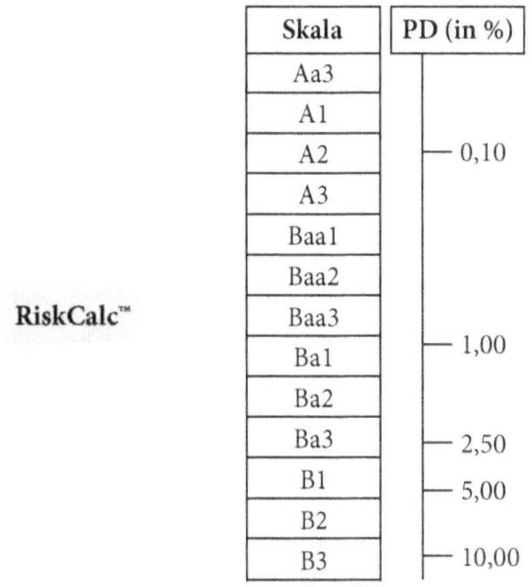

RiskCalc™

Skala	PD (in %)
Aa3	
A1	
A2	0,10
A3	
Baa1	
Baa2	
Baa3	
Ba1	1,00
Ba2	
Ba3	2,50
B1	5,00
B2	
B3	10,00

Übersicht 121: Kennzahlen und Zusammenhang des RiskCalc™ Germany-Modells

Merksätze

1. Das RSW-Verfahren ist ein Analyseansatz zur Beurteilung börsennotierter Gesellschaften, die dazu in vier Branchengruppen eingeteilt werden. Es basiert auf der Anwendung von sechs Kennzahlen mit den Dimensionen »Rendite«, »Sicherheit« und »Wachstum«. Die Kennzahlen werden mit Hilfe statistischer Verfahren zu einem Gesamtwert verdichtet und vergleichbar gemacht.
2. Innerhalb jeder Analysedimension ist die erste Kennzahl als eine durchgehend standardisierte Messgröße ausgestaltet, die auf alle Unternehmen angewendet wird. Die zweite Kennzahl ist dagegen branchengruppenspezifisch definiert.
3. Besondere Gewichtungsfaktoren rücken innerhalb des Gesamt-Score die Renditekennziffern insgesamt und jeweils die ersten Kennzahlen der einzelnen Dimensionen in den Vordergrund. Damit kommt der Eigenkapitalrendite eine entscheidende Bedeutung zu.
4. Aufbauend auf dem Gesamt-Score des RSW-Verfahrens, das die Rangfolge der untersuchten Gesellschaften bestimmt, wird zusätzlich ein Aktien-Rating vorgenommen. Denn mittels Korrelationsanalysen kann ein statistisch gesicherter Zusammenhang zwischen RSW-Score und dem jeweiligen Aktienkurs festgestellt werden.
5. Das Rating-Modell RiskCalc™ Germany basiert auf dem Verfahren der Logistischen Regression und stellt einen Ansatz dar, um Unternehmen in Abhängigkeit ihrer Insolvenzgefährdung zu klassifizieren.
6. Hierfür wird aus der Kombination von neun ausgewählten Kennzahlen aus sieben Informationsbereichen des Jahresabschlusses ein entsprechender Gesamt-Score gebildet. Dieser Wert wird in eine Ausfallwahrscheinlichkeit transformiert, wonach ein Unternehmen in die dieser Wahrscheinlichkeit zugeordnete Ratingklasse eingestuft wird.
7. Jede der 13 bestehenden Ratingklassen ist durch eine bestimmte Aussage über Bonität des Unternehmens und das Investitionsrisiko für potenzielle Investoren charakterisiert.

4. Qualitative Bilanzanalyse

Analyse der verbalen Berichterstattung

Die traditionelle Bilanzanalyse bediente sich vorwiegend der Kennzahlenbildung und des Kennzahlenvergleichs und kann daher als Kennzahlenrechnung charakterisiert werden, die sich auf die Auswertung quantitativer Daten beschränkt. Demgegenüber hat die Analyse qualitativer Informationen – insb. der verbalen Berichterstattung in Anhang und Lagebericht, aber auch der sonstigen verbalen Berichterstattung im Geschäftsbericht – lange Zeit nur eine untergeordnete Rolle gespielt, obwohl sich gerade auch in der verbalen Berichterstattung ein wichtiges Analysepotenzial verbirgt. Die qualitative Bilanzanalyse erschließt durch die verstärkte Auswertung des Anhangs und des Lageberichts wichtige Elemente der Unternehmensbeurteilung.

4.1 Kritik an der traditionellen Kennzahlenrechnung

Grenzen der Kennzahlenrechnung

Wenngleich Kennzahlen in der betrieblichen Praxis ein wichtiges und nicht wegzudenkendes Hilfsmittel darstellen, werden gewichtige Argumente gegen sie vorgetragen (vgl. dazu ausführlich 3. Abschn., Kap. 1, 4.). So wird darauf hingewiesen, dass die Daten der Kennzahlenrechnung in doppelter Weise veraltet und unvollständig sind. Darüber hinaus stellen Kennzahlen zwangsläufig ein vereinfachtes Abbild des Unternehmensgeschehens dar und können leicht fehlinterpretiert werden.

Die wichtigste Grenze der traditionellen Kennzahlenrechnung ist schließlich darin zu sehen, dass die Daten der Abschlussanalyse »in wesentlichen Teilen bilanzpolitische(m) Ermessen des Rechnungslegenden ausgesetzt« (Buchner, R. (1981a), S. 109) und damit das »Ergebnis subjektiver Wertungsprozesse« (Nahlik, W. (1984), S. 217) sind. Sie können bilanzpolitisch durch unterschiedliche Ausnutzung von Bilanzierungs- und Bewertungswahlrechten sowie Ermessensspielräumen erheblich beeinflusst werden, ohne dass der externe Bilanzanalyst die Auswirkungen dieser Maßnahmen ausreichend quantifizieren kann. Dabei gilt folgender Zusammenhang zwischen Bilanzpolitik und Kennzahlenrechnung: Je mehr bilanzpolitische Gestaltungsmöglichkeiten bestehen, umso schwieriger wird eine zutreffende Bilanzanalyse – und umso engere Grenzen sind der traditionellen Kennzahlenrechnung gesetzt.

4.2 Bedeutung des Anhangs für die Bilanzanalyse

Ausgangspunkt: Zwecksetzung der Rechnungslegung

Die Rechnungslegung verfolgt den Zweck, einen möglichst sicheren Einblick in die Vermögens-, Finanz- und Ertragslage zu vermitteln. Die Bilanz und Erfolgsrechnung tragen diesem Zweck insofern Rechnung, als sie auf der Grundlage von Zahlenangaben Aufschluss über bestimmte quantitative Größen des Unternehmens geben. Dem Bilanzleser bleibt es vorbehalten, diese Größen auszuwerten und zu interpretieren, um auf diesem Weg Einblick in die tatsächliche Größe, Struktur und wirtschaftliche Lage des Unternehmens zu erhalten.

Die nach bestimmten Bilanzierungsgrundsätzen erfassten sowie nach Maßgabe vorgegebener Prinzipien strukturierten art- und wertmäßigen Angaben in der Bilanz und Erfolgsrechnung reichen jedoch allein nicht aus, um diese zentrale Aufgabe befriedigend zu lösen, weil beide Rechenwerke aufgrund ihrer »mathematisch abstrakten Natur« (Walb, H.-H. (1938), S. 13) zahlreiche Fragen bereits vom Grundsatz her nicht beantworten (können).

Basis- oder Überbrückungsfunktion

Die Lücke zwischen den mathematisch abstrakten Angaben in der Bilanz und Erfolgsrechnung einerseits sowie der Forderung nach einem möglichst sicheren Einblick in die Vermögens-, Finanz- und Ertragslage andererseits zu schließen, ist Aufgabe des Anhangs und des Lageberichts. Die nachfolgenden Darlegungen stellen zwar grds. allein auf den Anhang ab und lassen den Lagebericht zunächst außer Betracht. Jedoch lassen sich die meisten Überlegungen analog auf den Lagebericht übertragen. Letzterem kommt in erster Linie im Rahmen der semiotischen Bilanzanalyse (vgl. 4. Abschn., 4.6) eine zentrale Bedeutung zu.

Weitere Einzelfunktionen

Die erwähnte Basis- oder Überbrückungsfunktion des Anhangs, die insgesamt im Zusammenhang mit der Erfüllung der allgemeinen Informationsfunktion des (Konzern-)Jahresabschlusses zu sehen ist, wird durch mehrere Einzelfunktionen spezifiziert (vgl. Russ, W. (1986), S. 19 ff.; Kupsch, P. (2004), Rn. 10 ff.).

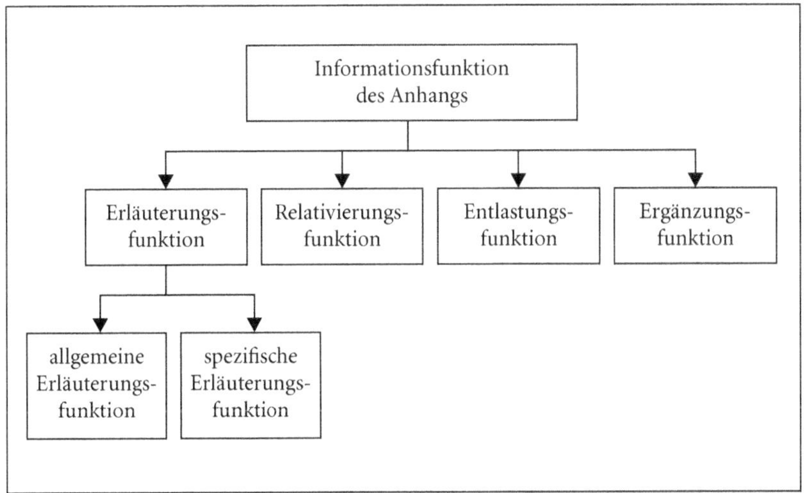

Übersicht 122: Funktionen des Anhangs

Erläuterungsfunktion

(1) Der Anhang erläutert Bilanz und Erfolgsrechnung, indem er
   (a) durch postenübergreifende (Zusatz-)Informationen das durch die Bilanz und Erfolgsrechnung vermittelte Bild präzisiert und veranschaulicht (allgemeine Erläuterungsfunktion),
   (b) »Angaben, Darstellungen, Aufgliederungen und Begründungen« (Forster, K.-H. (1982), S. 1578) zu einzelnen Bilanz- und Erfolgsrechnungsposten vermittelt (spezifische Erläuterungsfunktion).

Relativierungsfunktion

(2) Da Anhangangaben eine veränderte Beurteilung von Daten der Bilanz oder Erfolgsrechnung zur Folge haben können, kommt ihnen die Funktion zu, eine »Relativierung der Beurteilung der ausgewiesenen Vermögens-, Finanz- und Ertragslage« (Kupsch, P. (2004), Rn. 13) zu ermöglichen. Die Relativierungsfunktion des Anhangs sowie das mit ihr verfolgte Ziel einer besseren

Vergleichbarkeit von (Konzern-)Jahresabschlüssen wird besonders deutlich bei Angaben zu den angewandten Bilanzierungs- und Bewertungsmethoden sowie der Berichtspflicht bei Änderung der Bilanzierungs- und Bewertungsmethoden.

Korrekturfunktion

Wenn Bilanz und Erfolgsrechnung aufgrund besonderer Umstände ein den tatsächlichen Verhältnissen entsprechendes Bild der Vermögens-, Finanz- und Ertragslage nicht vermitteln, erweitert sich die Relativierungsfunktion des Anhangs zu einer Korrekturfunktion. Dies ist nicht in dem Sinne zu verstehen, dass mit dem Anhang in den Rechenwerken enthaltene Fehler korrigiert werden sollen.

Schutzfunktion

Da eine Relativierung des durch Bilanz und Erfolgsrechnung vermittelten Bilds unverzichtbar sein kann, »um die schutzwürdigen Informationsinteressenten vor Fehleinschätzungen und Fehlentscheidungen zu bewahren« (Selchert, F.W. (1987), S. 14), kommt dem Anhang insofern auch eine Schutzfunktion zu.

Entlastungsfunktion

(3) Durch zahlreiche Ausweiswahlrechte, die eine Darstellung bestimmter Informationen alternativ in den Rechenwerken oder im Anhang ermöglichen, werden die Rechenwerke von Detailangaben entlastet. In dem Zusammenhang übernimmt der Anhang eine Entlastungsfunktion.

Ergänzungsfunktion

(4) Schließlich enthält der Anhang auch »nicht bilanzierungsfähige Sachverhalte, die den Jahresabschlußadressaten zur ergänzenden Beurteilung der wirtschaftlichen Lage des Unternehmens zur Verfügung gestellt werden« (Kupsch, P. (2004), Rn. 17). Insofern ergänzt der Anhang Bilanz und Erfolgsrechnung insb. um Sachverhalte, die nicht quantifizierbar sind und daher nur verbal dargestellt werden können.

4.3 Gegenstand und Teilbereiche der qualitativen Bilanzanalyse

Schlüsselrolle des Anhangs

Die Ausführungen zur Bedeutung des Anhangs dürften gezeigt haben, dass dieser eine »Schlüsselrolle im Rahmen der Informationsvermittlung« (Russ, W. (1986), S. 19) einnimmt, weil Bilanz und Erfolgsrechnung erst dann ihren »rechten Sinn erhalten, wenn zu der zahlenmäßigen Darstellung die wortmäßige Erklärung tritt« (Walb, H.-H. (1938), S. 13). Eine Bilanzanalyse, die sich lediglich auf die Auswertung der numerischen Daten aus Bilanz und Erfolgsrechnung beschränkt, schließt damit einen nicht unwesentlichen Teil der Informationen aus der Betrachtung aus und läuft Gefahr, durch eine bloße Kennzahlenarithmetik zu falschen Schlussfolgerungen zu gelangen.

Gegenstand

Die Aufhebung der für die traditionelle Bilanzanalyse charakteristischen Beschränkung auf die numerischen Daten des (Konzern-)Jahresabschlusses ist das Anliegen der qualitativen Bilanzanalyse. Ihr Gegenstand ist die ergänzende Untersuchung der verbalen Berichterstattung in Anhang und Lagebericht, womit sie berücksichtigt, dass gerade diese »Berichterstattung ein enormes Analysepotential [birgt, d. Verf.], das es mit geeigneten Methoden zu heben gilt« (Werner, U. (1990), S. 370).

Teilbereiche

Diese qualitative Bilanzanalyse kann in zwei Teilbereiche untergliedert werden (vgl. Übersicht 123). Der erste Teilbereich untersucht den Einsatz des bilanzpolitischen Instrumentariums und versucht dadurch, über die Klassifizierung der zielgerichteten Anwendung der einzelnen Parameter zusätzliche Rückschlüsse auf die tatsächliche Unternehmenslage zu ziehen.

Der zweite Teilbereich soll als semiotische Bilanzanalyse bezeichnet werden (vgl. 4. Abschn., 4.6). Hier wird den Fragen nachgegangen, ob

(1) der Grad der Bestimmtheit von Aussagen (vage vs. eindeutige Informationen) weitere Rückschlüsse zulässt (syntaktische Ebene),
(2) die präferierte Wortwahl – auch im Unternehmens- und Zeitvergleich – der Analyse neue Informationen zur Verfügung stellt (semantische Ebene),
(3) die Intensität der freiwilligen Berichterstattung zusätzliche Erkenntnisse bringt (pragmatische Ebene), und
(4) inwieweit die Verwendung grafischer Darstellungen für Zwecke der Verhaltensbeeinflussung instrumentalisiert wird (visuelle Ebene).

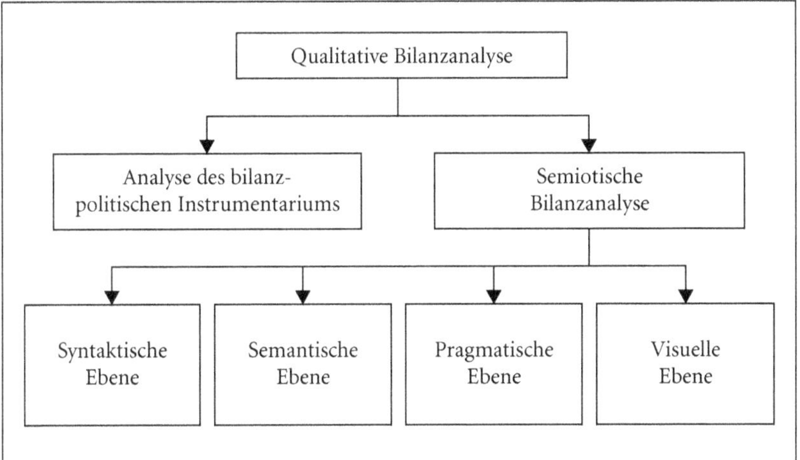

Übersicht 123: Teilbereiche der qualitativen Bilanzanalyse

Schwierigkeiten bei der Analyse qualitativer Informationen

Die klassische Bilanzanalyse bezieht nahezu ausschließlich quantitative Größen in die Betrachtung ein und greift nur in Ausnahmefällen auf qualitative Informationen zurück. Der Grund dafür ist wohl in erster Linie in den Schwierigkeiten zu suchen, die sich bei der Analyse qualitativer Informationen ergeben:

(1) Während für die Erstellung der Bilanz und Erfolgsrechnung eine (Mindest-) Gliederung sowie die Bezeichnung und der Inhalt einzelner Posten durch Gesetz oder Standards vorgegeben sind, gibt es solche Zugriffs- und Analyseerleichterungen für die verbale Berichterstattung vielfach nicht.
(2) Im Gegensatz zu den zumindest formal reglementierten numerischen Daten sind qualitative Informationen aufgrund ihrer »syntaktischen, semantischen und pragmatischen Beziehungen nicht unmittelbar miteinander vergleichbar« (Werner, U. (1990), S. 370).
(3) Durch die bestehenden Ausweiswahlrechte wird die Vergleichbarkeit der Anhangangaben »in formeller Hinsicht gestört« (Russ, W. (1986), S. 22).
(4) Die Intensität der freiwilligen Berichterstattung ist oftmals nicht nur Gegenstand, sondern zugleich auch Bestimmungsfaktor der Möglichkeiten der qualitativen Bilanzanalyse.

Merksätze

1. Die qualitative Bilanzanalyse bezieht die Informationen des Anhangs und Lageberichts – vor allem der verbalen Berichterstattung – in eine umfassende Unternehmensbeurteilung mit ein. Insb. die Abschlusserläuterungen im Anhang bergen ein enormes Analysepotenzial.
2. Gegenstand der qualitativen Bilanzanalyse ist zum einen die Untersuchung des Einsatzes der Bilanzpolitik sowie zum anderen die Auswertung der verbalen Berichterstattung durch die Instrumente der semiotischen Bilanzanalyse.

4.4 Analyse des bilanzpolitischen Instrumentariums

Rückschlüsse aus der angewandten Bilanzpolitik

Im Rahmen der Analyse des bilanzpolitischen Instrumentariums (vgl. hierzu 2. Abschn.) als Teilbereich der qualitativen Bilanzanalyse wird versucht, über die Klassifizierung der zielgerichteten Anwendung bilanzpolitischer Mittel zusätzliche Rückschlüsse auf die tatsächliche Unternehmenslage zu ziehen. Damit wird der Tatsache Rechnung getragen, dass durch die unterschiedliche Ausnutzung bilanzpolitischer Möglichkeiten das Bilanzbild enorm beeinflusst werden kann, ohne dass die Auswirkungen dieser Maßnahmen für einen externen Bilanzanalysten hinreichend quantifizierbar sind.

Typisches Bilanzierungs- und Bewertungsverhalten

Zwar gibt es Anstrengungen, auch im Rahmen der quantitativen Bilanzanalyse die Auswirkungen eines zweckorientierten Einsatzes des bilanzpolitischen Instrumentariums zu berücksichtigen (vgl. 3. Abschn., Kap. 3, 2.2.2). Das Ziel der Analyse der Bilanzpolitik geht jedoch über den Versuch der Quantifizierung der Auswirkungen des Einsatzes des bilanzpolitischen Gestaltungsspielraums hinaus. Vielmehr sollen aus der tendenziellen Beeinflussungsrichtung der Abschlussdaten Indikatoren für eine zutreffendere Unternehmensbeurteilung gewonnen werden. Dieser Vorgehensweise liegt die Annahme zugrunde, dass in Abhängigkeit von einer bestimmten wirtschaftlichen Unternehmenslage ein typisches Bilanzierungs- und Bewertungsverhalten als Ausdruck zielorientierter Bilanzpolitik (wieder-)erkennbar ist.

Suche nach erfolgsbeeinflussenden Maßnahmen

Die Analyse des bilanzpolitischen Instrumentariums kann hierbei in drei Schritte unterteilt werden. Zunächst wird insb. durch die Auswertung der Anhangangaben nach Hinweisen gesucht, ob in der betrachteten Periode in erster Linie erfolgsverbessernde oder -verschlechternde (= reservebildende) Maßnahmen angewendet wurden. Allerdings werden sich nur in Ausnahmefällen Zahlenangaben finden lassen, sodass sich der Analyst in aller Regel mit verbalen Angaben zur angewandten Bilanzpolitik begnügen und auf dieser Grundlage seine Schlussfolgerungen ziehen muss.

Suche nach Bewertungswechseln

Anschließend sollte untersucht werden, ob sich die (Bilanzierungs- und) Bewertungsmethoden ggü. dem Vorjahr geändert haben. Ist ein (von der Unternehmensleitung unabhängig von zwingenden Änderungen der anzuwendenden Bilanzierungsvorschriften frei gewählter) Methodenwechsel festzustellen, gilt es zu prüfen, ob dieser ergebnisverbessernde oder -verschlechternde Auswirkungen nach sich zog. Dabei ist zu beachten, dass Bewertungswechsel mit ergebnisverbessernder Wirkung besonders häufig im Fall einer Unternehmenskrise auftreten. Auch für diese Analyse stellen die Anhangangaben meist das alleinige Informationspotenzial dar.

Ursachenanalyse

In einem dritten Schritt sollte der externe Analyst nach Gründen suchen, warum ein Unternehmen gerade diese festgestellten bilanzpolitischen Instrumente eingesetzt oder sein bilanzpolitisches Verhalten im Zeitablauf geändert hat. Dabei ist von nachfolgenden Hypothesen auszugehen, die sich auch in der Praktikerregel niederschlagen, wonach – unter der Annahme beabsichtigter Gewinnglättung (vgl. zum sog. »earnings management« bspw. Heiden, M. (2006), S. 162ff.) – »gute Bilanzen meist besser und schlechte Bilanzen meist noch schlechter sind, als sie zumindest auf den ersten Blick aussehen« (Clemm, H. (1989), S. 360):

(1) Jene Unternehmen, welche die bilanzpolitischen Instrumente eindeutig so einsetzen, dass ein möglichst geringer Jahresüberschuss erzielt wird (= konservative Bilanzierung), weisen tatsächlich vielfach eine (weit) bessere Vermögens-, Finanz- und Ertragslage auf, als sie im offiziellen Rechenwerk abgebildet wird.
(2) Jene Unternehmen, bei denen die Wahlrechte und Ermessensspielräume stets so ausgenutzt werden, dass ein möglichst hoher Jahresüberschuss erzielt wird (= progressive Bilanzierung), weisen tatsächlich oft eine (weit) schlechtere Vermögens-, Finanz- und Ertragslage auf, als sie im offiziellen Rechenwerk abgebildet wird.
(3) Jene Unternehmen, die über ihre Bilanzierung nur vage und nicht eindeutig informieren und darüber hinaus ihre Berichterstattung über den Einsatz des bilanzpolitischen Instrumentariums auf den gesetzlichen bzw. normativen Pflichtrahmen begrenzen, beabsichtigen möglicherweise, die Analyse der tatsächlichen Unternehmenslage zu verschleiern.

Analyse der formellen Bilanzpolitik

Ergänzt werden sollte diese Untersuchung der materiellen Bilanzpolitik durch eine Analyse der formellen Bilanzpolitik, denn die Annahme liegt nahe, dass einer ungünstigen Unternehmenslage durch eine entsprechende Gestaltung von vertikalen Vermögens-, Kapital- oder Erfolgsstrukturen durch existierende Gliederungswahlrechte entgegengewirkt wird. Dies kann auch durch eine restriktive Informationspolitik in Form undifferenzierter oder ungenauer verbaler Erläuterungen bestimmter Abschlussposten oder berichtspflichtiger Sachverhalte geschehen.

Auch wenn der Überprüfung der Qualität der formellen Bilanzpolitik sicherlich kein eigenständiger Aussagewert zugesprochen werden sollte, kann sie dennoch gerade im Hinblick auf eine Validierung der aus der Analyse der materiellen Bilanzpolitik gewonnenen Erkenntnisse durchaus nützlich sein.

Einschränkung

Eine Analyse des bilanzpolitischen Instrumentariums sollte jedoch berücksichtigen, dass ein eindeutiger Zusammenhang zwischen dem festgestellten Einsatz der bilanzpolitischen Instrumente und der Vermögens-, Finanz- und Ertragslage des Unternehmens nur mit erheblichen Einschränkungen hergestellt werden kann. Zu unterschiedlich sind die zahlreichen unternehmenspolitischen Zielsetzungen, die im jeweiligen Einzelfall unternehmensspezifisch und im Zeitablauf eine unterschiedliche Gewichtung erfahren können.

Differenzierte unternehmenspolitische Ziele

Gerade in Zeiten angespannter wirtschaftlicher Verhältnisse können gleichbleibend hohe Ausschüttungsforderungen der Anteilseigner der Notwendigkeit einer angemessenen stillen oder offenen Gewinnthesaurierung gegenüberstehen (vgl. Clemm, H. (1989), S. 360). Ebenso kann im Jahresabschluss nach HGB in bestimmten Situationen das Ziel der Beeinflussung der Kreditwürdigkeit zu unlösbaren Konflikten mit einer beabsichtigten Minimierung des steuerpflichtigen

Gewinns führen. Insb. durch die hier vorhandene Überlagerung der Zielsetzung der Bilanz durch steuerliche Zwecke (Maßgeblichkeit) wird im HGB-Jahresabschluss eine eindeutige Interpretation erschwert. Fernerhin können Konflikte zwischen angestrebten Bilanzkennzahlen entstehen, wenn z. B. eine bestimmte Mindesteigenkapitalquote erreicht werden und der Periodenerfolg gleichzeitig eine vorgegebene Höhe nicht überschreiten soll, mithin eine simultane Realisierung dieser Ziele nicht möglich ist.

4.5 Zusammenführung von quantitativer Bilanzanalyse und Analyse des bilanzpolitischen Instrumentariums: Das Saarbrücker Modell

4.5.1 Ziel des Ansatzes

Synthese von qualitativer und quantitativer Analyse

Ausgangspunkt des Saarbrücker Modells zur Unternehmensbeurteilung, das am Institut für Wirtschaftsprüfung an der Universität des Saarlandes entwickelt wurde, ist die Erkenntnis, dass die qualitative Bilanzanalyse die (traditionelle) quantitative Ausrichtung zwar nicht ersetzen kann, aber zur Ergänzung der klassischen Kennzahlenrechnung zwingend erforderlich ist. Erklärtes Ziel dieses Ansatzes ist es daher, durch eine Synthese von qualitativer und quantitativer Analyse der veröffentlichten Jahresabschlussdaten zu einer zutreffenderen Beurteilung der untersuchten Unternehmen zu gelangen, als dies allein mit Kennzahlen möglich wäre. Es erfolgt demnach eine Integration qualitativer Ansätze in die klassische Kennzahlenrechnung, indem die angewandte Bilanzpolitik mit in die Unternehmensbeurteilung einbezogen wird. Damit nimmt dieser Ansatz zweifellos eine »besondere Stellung unter den Verfahren zur Unternehmensbeurteilung« (Baden, K. (1994), S. 132) ein.

Auf der Grundlage des Saarbrücker Modells werden jährlich am Centrum für Bilanzierung und Prüfung (bis 2009 vom Institut für Wirtschaftsprüfung) an der Universität des Saarlandes die Geschäftsberichte von in Deutschland börsennotierten Unternehmen ausgewertet. Durch die sich stetig wandelnden Rahmenbedingungen im Bereich der Rechnungslegung waren in der Vergangenheit immer wieder Anpassungen erforderlich. Zum einen musste der fortschreitenden Internationalisierung der Rechnungslegung am Kapitalmarkt in Deutschland Rechnung getragen werden (vgl. hierzu nur Zwirner, C. (2007), S. 260 ff.), zum anderen waren die im Rahmen des Bilanzrechtsmodernisierungsgesetzes (BilMoG) eingetretenen Änderungen zu berücksichtigen.

4.5.2 Quantitativer Teil

Ermittlung der Ertragsstärke

Im quantitativen Teil des Saarbrücker Modells erfolgt eine Beurteilung der Ertragsstärke der Unternehmen anhand eines Scoring-Verfahrens. Dieses basiert auf den Kennzahlen der Eigenkapitalquote, des Return on Investment (ROI), der operativen Cashflowrendite sowie des operativen Cashflows im Verhältnis zum Gesamtkapital. Die Vergleichbarkeit der Kennzahlen wird mittels Adjustierung der berichteten (Konzern-)Jahresabschlussgrößen erzielt.

$$\text{Eigenkapitalquote (EQ)} = \frac{\text{korrigiertes Eigenkapital}}{\text{korrigiertes Gesamtkapital}}$$

$$\text{Return on Investment (ROI)} = \frac{\text{korrigierter Jahresüberschuss}}{\text{korrigiertes Gesamtkapital}}$$

$$\text{Operativer Cashflow zu Umsatzerlösen (CFU)} = \frac{\text{operativer Cashflow}}{\text{Nettoumsatzerlöse}}$$

$$\text{Operativer Cashflow zu Gesamtkapital (CFK)} = \frac{\text{operativer Cashflow}}{\text{korrigiertes Gesamtkapital}}$$

Übersicht 124: Kennzahlen des Saarbrücker Modells

Die Inputgrößen der dargestellten Kennzahlen werden wie folgt berechnet (vgl. zur früheren Berechnungsweise und Wertung der einzelnen Kennzahlen die Vorauflagen Küting, K./Weber, C.-P. (2009), S. 424 ff.; Küting, K./Weber, C.-P. (2004), S. 416 f. sowie zum konkreten Einsatz des Saarbrücker Modells Küting, K./Boecker, C. (2003), S. 97 ff., m. w. N.):

	Operativer Cashflow lt. Kapitalflussrechnung
+	ggf. darin enthaltene Zinsauszahlungen
–	ggf. darin enthaltene Zinseinzahlungen
=	**korrigierter operativer Cashflow**
	Eigenkapital lt. Bilanz
–	Ausstehende Einlagen auf das gezeichnete Kapital
+	70 % des Sonderpostens für Zuwendungen
–	Dividendenausschüttung des Mutterunternehmens
=	**korrigiertes Eigenkapital**
	Bilanzsumme
–	Ausstehende Einlagen auf das gezeichnete Kapital
=	**korrigiertes Gesamtkapital**
	Jahresüberschuss vor Steuern vom Einkommen und Ertrag
+	Zinsaufwendungen
=	**korrigierter Jahresüberschuss**

Übersicht 125: Bestandteile der Kennzahlen im Saarbrücker Modell

Rückgriff auf Kapitalflussrechnung

Hinsichtlich der Berechnung des korrigierten operativen Cashflows ist anzumerken, dass die in den älteren Vorauflagen dargestellte Vorgehensweise (vgl. u. a. Küting, K./Weber, C.-P. (2009), S. 424) nur dann zur Anwendung gelangt, wenn der untersuchte handelsrechtliche Jahresabschluss keine testierte Kapitalflussrechnung enthält. Durch die Änderung im Zuge des BilMoG trifft dies nur noch für nicht-kapitalmarktorientierte Kapitalgesellschaftschaften sowie diesen gleichgestellte Personenhandelsgesellschaften zu, die keinen Konzernabschluss aufzustellen haben. Enthält der Jahresabschluss eine testierte Kapitalflussrechnung, wird zur Kennzahlenberechnung auf den darin enthaltenen operativen Cashflow unter Korrektur der ggf. berücksichtigten Zinszahlungen abgestellt. Die Zwecksetzung der Bereinigung der im operativen Cashflow enthaltenen Zinszahlungen besteht in der Vereinheitlichung der zu vergleichenden Datenbasis, da gem. der für die Erstellung der Kapitalflussrechnung jeweils maßgebenden Normen des IAS 7 bzw. auch DRS 2 – anders als nach DRS 21 – Zinszahlungen entweder im Bereich der operativen oder finanziellen Tätigkeit ausgewiesen werden können.

Einzelscore je Kennzahl

Zur Ermittlung des Gesamtscores wird zunächst der Ausprägung jeder Kennzahl eine Punktzahl zugeordnet. Die Punktzahlen wurden nach Maßgabe langjähriger Erfahrungswerte festgelegt und sind der folgenden Tabelle zu entnehmen:

Verdichtung zu einem gleichgewichteten Gesamtscore

Ausprägung Kennzahl				Punktzahl
EQ	ROI	CFU	CFK	
EQ ≤ 5	ROI ≤ 1	CFU ≤ 2	CFK ≤ 1	0
5 < EQ ≤ 12	1 < ROI ≤ 3	2 < CFU ≤ 5	1 < CFK ≤ 3	25
12 < EQ ≤ 19	3 < ROI ≤ 5	5 < CFU ≤ 8	3 < CFK ≤ 5	50
19 < EQ ≤ 26	5 < ROI ≤ 7	8 < CFU ≤ 11	5 < CFK ≤ 7	75
26 < EQ ≤ 33	7 < ROI ≤ 9	11 < CFU ≤ 14	7 < CFK ≤ 9	100
33 < EQ ≤ 40	9 < ROI ≤ 11	14 < CFU ≤ 17	9 < CFK ≤ 11	125
40 < EQ ≤ 47	11 < ROI ≤ 13	17 < CFU ≤ 20	11 < CFK ≤ 13	150
47 < EQ ≤ 55	13 < ROI ≤ 15	20 < CFU ≤ 23	13 < CFK ≤ 15	175
55 < EQ ≤ 70	15 < ROI ≤ 17	23 < CFU ≤ 26	15 < CFK ≤ 17	200
70 < EQ ≤ 85	17 < ROI ≤ 19	26 < CFU ≤ 29	17 < CFK ≤ 19	225
EQ > 85	ROI > 19	CFU > 29	CFK > 19	250

Übersicht 126: Punktzahlen im Saarbrücker Modell

In dem nun folgenden Schritt werden die für die einzelnen Kennzahlen ermittelten Einzelscores durch Addition zu einem Gesamtscore aggregiert. Alle Kennzahlen fließen dabei gleichgewichtet in den Gesamtscore ein.

$$GP = P_{EQ} + P_{ROI} + P_{CFU} + P_{CFK}$$

GP = Gesamtpunktzahl
P_{EQ} = Punktzahl für die Eigenkapitalquote
P_{ROI} = Punktzahl für den Return on Investment
P_{CFU} = Punktzahl für operativen Cashflow zu Umsatzerlösen
P_{CFK} = Punktzahl für operativen Cashflow zu Gesamtkapital

Übersicht 127: Ermittlung der Gesamtpunktzahl im Saarbrücker Modell

Ertragsstärkeklassen

Anhand des so ermittelten Gesamtscores erfolgt eine Einstufung in eine von fünf durch langjährige Erfahrungswerte gebildete Ertragsstärkeklassen.

Ausprägung der Gesamtpunktzahl	Ertragsstärkeklasse
GP ≤ 250	außergewöhnlich ertragsschwach
250 < GP ≤ 400	unterdurchschnittlich ertragsstark
400 < GP ≤ 600	durchschnittlich ertragsstark
600 < GP ≤ 800	überdurchschnittlich ertragsstark
800 < GP ≤ 1.000	außergewöhnlich ertragsstark

Übersicht 128: Ertragsstärkeklassen im Saarbrücker Modell

4.5.3 Qualitativer Teil

Idee und historische Entwicklung

Neben dem quantitativen Teil gliedert sich auch der qualitative Teil des Saarbrücker Modells in mehrere Teilschritte auf. Vor BilMoG stand hierbei die Analyse des umfassenden bilanzpolitischen Instrumentariums, insb. der Bilanzansatz- und Bewertungswahlrechte, im Vordergrund (vgl. Küting, K./Weber, C.-P. (2009), S. 426 ff.). In einem ersten Schritt wurde auf Basis empirischer Analysen die typische Wahlrechtsausübung deutscher Unternehmen bestimmt. Dieses als ›Normbilanzierung‹ bezeichnete typische Bilanzierungsverhalten diente in einem zweiten Schritt als Vergleichsmaßstab für die Beurteilung des Bilanzierungsverhaltens einzelner Unternehmen. Abweichungen von der ermittelten Normbilanzierung wurden in Abhängigkeit ihres Einflusses auf die Ertragslage in ergebnisverbessernde (progressive Bilanzpolitik) und reservebildende Maßnahmen (konservative Bilanzpolitik) unterschieden. Sodann wurde mittels einer gesamtheitlichen Betrachtung analysiert, ob eine bestimmte Strategie ›ausschließlich‹, ›eindeutig überwiegend‹ oder ›überwiegend‹ praktiziert wurde. Konnte anhand der Häufigkeit der Ausprägungen keine eindeutige Präferenz der einen oder anderen Bilanzierungsstrategie festgestellt werden, wurde dies als ›nicht eindeutig‹ klassifiziert. Je nach Zuordnung eines Unternehmens zu den dargestellten Kategorien konnte aufgrund von heuristischen Erfahrungswerten davon ausgegangen werden, dass im Falle einer konservativeren Bilanzierungsstrategie die ermittelten Kennzahlen in Wirklichkeit noch besser sind, während progressiver bilanzierende Unternehmen im Zweifel einer kritischeren Beurteilung zu unterziehen sind.

Änderungen im Zuge des BilMoG

Durch die Reformen des BilMoG und der damit einhergehenden Reduktion bis dato noch existenter Wahlrechte hat sich der Fokus des qualitativen Teils des Saarbrücker Modells verändert. Von der Vielzahl damals noch zulässiger Bilanzansatzwahlrechte verblieben nach BilMoG (vgl. auch Küting, K. (2009), S. 86 ff.) lediglich noch

Ansatzwahlrechte

- das Aktivierungswahlrecht für ein Disagio (vgl. § 250 Abs. 3 HGB),
- das Passivierungswahlrecht gem. Art. 28 Abs. 1 EGHGB sowie
- die Möglichkeit, auf die Aktivierung eines etwaigen Aktivüberhangs latenter Steuern zu verzichten (vgl. § 274 Abs. 1 Satz 2 HGB).

Zudem hat der Gesetzgeber unter Kosten-Nutzen-Aspekten das Wahlrecht geschaffen, selbst erstellte immaterielle Vermögensgegenstände des Anlagevermögens i. H. der Entwicklungskosten aktivieren zu dürfen (vgl. § 248 Abs. 1 Satz 1 HGB; überdies Küting, K./Ellmann, D. (2009), S. 274 ff.).

Bewertungsoptionen

Auch im Kontext der Bewertungswahlrechte hat das BilMoG zu Änderungen geführt. So wurde die handelsrechtliche Wertuntergrenze der Herstellungskosten an die steuerrechtliche Wertuntergrenze angepasst. Die vor BilMoG als Wahlrechte ausgestalteten Gesamtkostenbestandteile der Material- und Fertigungskosten einerseits sowie des Werteverzehrs des Anlagevermögens andererseits sind nunmehr zwingend als Pflichtbestandteile in die Herstellungskosten einzubeziehen (vgl. Zündorf, H. (2009), S. 105 f.). Lediglich für angemessene Teile der Kosten der allgemeinen Verwaltung sowie entsprechende Aufwendungen für soziale Einrichtungen des Betriebs, freiwillige soziale Leistungen und die betriebliche Altersversorgung besteht ein Aktivierungswahlrecht, soweit diese auf den Zeitraum der Herstellung entfallen (vgl. § 255 Abs. 2 HGB). Obgleich Fremdkapitalzinsen nicht zu den Herstellungskosten gehören, erlaubt § 255 Abs. 3 HGB explizit auch ihre Einbeziehung in die Dotierung des Zugangswerts, wobei die Inanspruchnahme dieser Bewertungshilfe an zwei Voraussetzungen geknüpft ist: Das Fremdkapital, für das die Zinsen anfallen, muss zur Finanzierung der Herstellung aufgewendet werden (sachlicher Bezug), und die Fremdkapitalzinsen müssen auf den Zeitraum der Herstellung entfallen (zeitlicher Bezug).

Folgebewertung

Zuvor noch existente Abschreibungswahlrechte, namentlich Abschreibungen

- bei vorübergehender Wertminderung bestimmter Vermögensgegenstände des Anlagevermögens,
- nach vernünftiger kaufmännischer Beurteilung oder
- aufgrund steuerrechtlicher (Sonder-)Vorschriften,

sind im Zuge des BilMoG entweder beschränkt oder gänzlich gestrichen worden (vgl. Zündorf, H. (2009), S. 107 ff.). Weiterhin Bestand haben jedoch die bereits vor BilMoG schon gewährten Freiheitsgrade betreffend die Zulässigkeit alternativer Abschreibungsverfahren. Denn nach dem Wortlaut des § 253 Abs. 3 Satz 1 HGB sind die Anschaffungs- oder Herstellungskosten von Vermögensgegenständen des Anlagevermögens, deren Nutzung zeitlich begrenzt ist, um planmäßige Abschreibungen zu vermindern. »Der Plan muss die Anschaffungs- oder Herstellungskosten auf die Geschäftsjahre verteilen, in denen der Vermögensgegenstand voraussichtlich genutzt werden kann« (§ 253 Abs. 3 Satz 2 HGB). Insoweit gelten sowohl zeit- (lineare, degressive, progressive) als auch leistungsbezogene Abschreibungen sowie eine Kombination aus beiden grds. (nach wie vor) als GoB-konform (vgl. Baetge, J./Kirsch, H.-J./Thiele, S. (2012), S. 260 ff.).

Komponentenansatz (IDW)

Überdies besteht mit dem sog. »Komponentenansatz« des IDW ein nicht unerheblicher Ermessensspielraum hinsichtlich der handelsrechtlichen Abschreibungsbasis. Gem. RH 1.016 kann die Komponente einer Sachanlage, die die Eigenschaften eines physischen Austauschs, der Separierbarkeit und der Wesentlichkeit aufweist, eigenständig aktiviert werden (vgl. IDW HFA (2009), Rn. 5). Auch wenn dieses »Anwendungswahlrecht« (Hommel, M./Rössler, B. (2009), S. 2530) in Bezug auf die Aktivierung von wesentlichen, separierbaren und physisch substituierbaren Einzelkomponenten einer Sachanlage auf den ersten Blick zunächst recht eindeutig erscheint, bestehen in der praktischen Umsetzung allerdings ungelöste Zweifelsfragen. So erfüllen Inspektionen und Großreparaturen nach Ansicht des HFA die genannten (Aktivierungs-)Eigenschaften nicht (vgl. IDW HFA (2009), Rn. 7). Während dieser Auffassung für den Teilbereich »Inspektionen« zuzustimmen ist, wird das generelle Verbot des Komponentenansatzes bei Großreparaturen in der Literatur kritisch hinterfragt. Denn »Instandsetzungsmaßnahmen an einer Sachanlage können den Ersatz und/oder die Ausbesserung von Bestandteilen enthalten. Darunter fallen sowohl reine Arbeitsleistungen als auch der physische Austausch von Komponenten« (Linder, T. A. (2011), S. 1243). Im Falle des physischen Austauschs von separierbaren wesentlichen Komponenten im Zuge einer Großreparatur besteht somit nach dem Wortlaut des RH 1.016 ein innerer Konflikt. Je nach Auslegung, ob und wenn ja, in welcher Höhe Komponenten einer Sachanlage im Rahmen einer Großreparatur aktivierungsfähig sind oder nicht, kann der Bilanzierende unmittelbar auf die

Ertragslage und daher mittelbar auch auf die Eigenkapitalausstattung eines Unternehmens einwirken. Ungeachtet bilanzrechtlicher Bedenken an der GoB-Konformität, stellt der »IDW-Komponentenansatz [damit, d. Verf.] gewissermaßen ›wider Willen‹ ein Auffangbecken für einen Teil der Großreparaturen dar, für die vor dem BilMoG Aufwandsrückstellungen nach § 249 Abs. 2 a. F. gebildet werden konnten« (LINDER, T. A. (2011), S. 1243).

Bewertungsvereinfachungsverfahren

Weitere – durch das BilMoG vollzogene – Änderungen ergaben sich in Bezug auf die Vereinfachungsverfahren zur Bewertung des Vorratsvermögens. So sind mit Blick auf die Sammelbewertungsverfahren neben der sog. »Durchschnittsmethode« nur noch die Lifo- und Fifo-Methode als eine bestimmte Verbrauchsfolge fingierende Verfahren zulässig (vgl. § 256 HGB). Unangetastet dagegen blieben die Fest- und Gruppenbewertung (vgl. § 240 Abs. 3 f. HGB) ebenso wie die retrograde Wertermittlung (vgl. diesbezüglich auch KÜTING, K. (2009a), S. 116 f.).

Idealtypische ›HGB-Normbilanzierung‹ (nach BilMoG)

Eine unter theoretischen Aspekten abgeleitete (idealtypische) ›HGB-Normbilanzierung‹ unter Berücksichtigung sämtlicher im Zuge des BilMoG Einzug gehaltener Änderungen könnte sich wie folgt darstellen:

1.	Entwicklungskosten selbst geschaffener immaterieller Vermögensgegenstände des Anlagevermögens werden nicht aktiviert.
2.	Bewertungseinheiten i. S. d. § 254 HGB werden nicht gebildet.
3.	Ein GoF aus der einzelgesellschaftlichen Rechnungslegung wird regelmäßig über fünf Jahre abgeschrieben.
4.	Ansatz der Herstellungskosten erfolgt mit der handelsrechtlichen Wertuntergrenze.
5.	Fremdkapitalzinsen werden nicht in die Herstellungskosten einbezogen.
6.	Die Abschreibung auf bewegliche Vermögensgegenstände des Anlagevermögens wird nach der gebrochenen Abschreibungsmethode vorgenommen (mithin erst geometrisch-degressiv, dann linear).
7.	Es werden weder außerordentlich kurze noch außerordentlich lange Nutzungsdauern bei der Abschreibungsermittlung zugrunde gelegt.
8.	Geringwertige Wirtschaftsgüter (GWG) werden sofort abgeschrieben.
9.	Verzicht auf die Anwendung der Lifo-Methode; allerdings zunehmende Tendenz erkennbar.
10.	Verzicht auf die Anwendung der Festbewertung.
11.	Keine Vornahme von Bewertungswechseln im Zeitablauf.
12.	Im Rahmen der Langfristfertigung findet die Completed-Contract-Methode Anwendung.
13.	Im Rahmen der einzelgesellschaftlichen Rechnungslegung werden keine aktiven latenten Steuern erfasst.
14.	Pensionsverpflichtungen werden in voller Höhe passiviert.
15.	Verzicht auf die Anwendung des IDW-Komponentenansatzes.

Übersicht 129: Idealtypisches Bilanzierungsverhalten von HGB-Bilanzierern nach BilMoG

Progressive vs. konservative Bilanzierungspolitik

Die auf Basis von theoretischen Überlegungen und Erfahrungswerten abgeleitete idealtypische deutsche Normbilanzierung (nach BilMoG) muss sich erst in den kommenden Jahren bestätigen. Weitergehende Änderungen werden sich zudem aus dem Bilanzrichtlinie-Umsetzungsgesetz (BilRUG) ergeben. Ausgehend von diesem (idealtypischen) Vergleichsmaßstab lassen sich jedoch bereits heute Erscheinungsformen/Indikatoren deduzieren, die (tendenziell) eher einer progressiven bzw. konservativen Bilanzierungsstrategie zuzurechnen sind. Diese werden in den Übersichten 130 und 131 durch entsprechende – subjektiv gewichtete – Kennzeichnungen dargestellt. Fernerhin wird bei der Analyse des gewählten Bilanzierungsverhaltens zwischen der generellen Wirkungsweise einerseits sowie der Ergebnisbeeinflussung in der laufenden Berichtsperiode andererseits unterschieden.

Beispiel: § 248 Abs. 2 Satz 1 HGB

Zuvor werden jedoch am konkreten Beispiel des Aktivierungswahlrechts für Entwicklungskosten selbst geschaffener immaterieller Vermögensgegenstände des Anlagevermögens die einzelnen Teilschritte im Rahmen des qualitativen Teils des Saarbrücker Modells dargestellt. Aktuelle empirische Studien zum Aktivierungsverhalten von HGB-Bilanzierern belegen, dass lediglich eine kleine Minderheit der analysierten Unternehmen Entwicklungskosten im HGB-Abschluss aktiviert (vgl. etwa BDI/EY/DHBW (2011), S. 11 f.; überdies Eierle, B./Wencki, S. (2014), S. 1030, 1036, jeweils m. w. N.). Als Normbilanzierung erscheint auf den ersten Blick somit der Verzicht auf die Aktivierung von Entwicklungskosten für selbst erstellte immaterielle Vermögensgegenstände des Anlagevermögens schlüssig. Die Berücksichtigung der Charakteristika der aktivierenden Unternehmen allerdings führt zu einem diversifizierteren Ergebnis, schließlich verfügen sie vielfach über vergleichbare Unternehmenseigenschaften, vornehmlich in Bezug auf die Rechtsform, Ergebnissituation und Branche (vgl. bspw. Eierle, B./Wencki, S. (2014), S. 1036). Insoweit sollte anstelle eines allgemeingültigen Standards im Kontext der ›Normbilanzierung‹ bei der Aktivierung von Entwicklungskosten ein branchenspezifischer Standard gelten, der die aus den empirischen Studien gewonnenen Erkenntnisse adäquat berücksichtigt. Als ein solcher kann hierbei die Aktivierungsquote der Entwicklungskosten (vgl. 3. Abschn., Kap. 1, 1.2.3.1.2.2) dienen. Ausgehend von einer branchenspezifischen Aktivierungsquote sind Unternehmen, die Entwicklungskosten für selbst erstellte immaterielle Vermögensgegenstände in einem geringeren Umfang aktivieren als der Branchendurchschnitt, der Kategorie ›konservativer‹ Bilanzierer zuzurechnen, wohingegen Unternehmen mit einer im Vergleich zum Branchendurchschnitt höheren Aktivierungsquote tendenziell eher ›progressiv‹ bilanzieren.

Erscheinungsformen/Indikatoren progressiver Bilanzpolitik	Wertung	
	generelle Auswirkung	Auswirkung in der lfd. Periode
1. Verzicht auf die Passivierung von Fehlbeträgen von Pensionsrückstellungen	– – –	
2. Aktivierungsquote der Entwicklungskosten oberhalb des Branchenstandards	– –	
3. Bewertung der Herstellungskosten zur handelsrechtlichen Wertobergrenze	–	
4. Einbeziehung der Fremdkapitalzinsen in die Herstellungskosten	–	
5. Keine Sofortabschreibung geringwertiger Wirtschaftsgüter (GWG)	– –	
6. Vornahme von Bewertungswechseln, die den Jahreserfolg positiv beeinflussen		–/– –
7. Festlegung ungewöhnlich langer Nutzungsdauern (im Vergleich zu Vorjahren und Branchenstandards)		–
8. Wesentliche Verminderung der sonstigen Rückstellungen (sofern > 10 % des Jahresüberschusses)		–
9. Wesentliche Erhöhung der Erträge aus Anlageabgängen im Vergleich zum Vorjahr (> 30 %) unter besonderer Berücksichtigung der Abgänge von Grund und Boden sowie des Finanzanlagevermögens		–
10. Vornahme von Sale-and-Lease-back-Geschäften		– – –
11. Wesentliche Verminderung der sonstigen betrieblichen Aufwendungen im Vergleich zum Vorjahr (> 30 % und sofern > 10 % des Jahresüberschusses)		–
12. Wesentliche Erhöhung der außerordentlichen Erträge im Vergleich zum Vorjahr (> 30 % und sofern > 5 % des Jahresüberschusses)		–
13. Ausnahmsweise Anwendung der Teilgewinnrealisierung bei Langfristfertigung	– –	
14. Planmäßige Abschreibung eines GoF bei einer Nutzungsdauer > 5 Jahre	–	
15. Summe der sonstigen finanziellen Verpflichtungen und Haftungsverhältnisse		
a) der nächsten fünf Jahre übersteigt das Eigenkapital	–	
b) des Folgejahrs übersteigt 25 % des Eigenkapitals	–	
16. Anwendung des IDW-Komponentenansatzes im Hinblick auf Großreparaturen und Generalüberholungen	– –	

Übersicht 130: Checkliste zur Bilanzierungs- und Bewertungspolitik für ausgewählte Sachverhalte – Analyse von Varianten der progressiven Bilanzpolitik nach HGB

Erscheinungsformen/Indikatoren konservativer Bilanzpolitik	Wertung	
	generelle Auswirkung	**Auswirkung in der lfd. Periode**
1. Verzicht auf den Ausweis aktiver latenter Steuern	+	
2. Verminderung des Betrags aktiver latenter Steuern		++
3. Aktivierungsquote der Entwicklungskosten unterhalb des Branchenstandards	+	
4. Bewertung der Herstellungskosten zur handelsrechtlichen Wertuntergrenze	+	
5. Gruppenbewertung nach Maßgabe des § 240 Abs. 4 HGB (sofern gleichzeitig im Anhang eine Angabe gem. § 284 Abs. 2 Nr. 4 HGB getätigt wird)	+	
6. Anwendung fiktiver Verbrauchsfolgen, insb. der Lifo-Methode (wenn zugleich im Anhang eine Angabe gem. § 284 Abs. 2 Nr. 4 HGB erfolgt)	+	
7. Anwendung der Festbewertung	+	
8. Zunahme der sonstigen Rückstellungen um mehr als 20 % ohne konkrete Erläuterung der Gründe	++	
9. Wertpapiere des Umlaufvermögens sowie flüssige Mittel betragen		
a) 5 % der Bilanzsumme	+	
b) 10 % der Bilanzsumme	++	
c) 15 % der Bilanzsumme	+++	

Übersicht 131: Checkliste zur Bilanzierungs- und Bewertungspolitik für ausgewählte Sachverhalte – Analyse von Varianten der konservativen Bilanzpolitik nach HGB

›Normbilanzierung‹ nach IFRS?

Eine den vorherigen Ausführungen entsprechende ›Normbilanzierung‹ kann im Kontext der IFRS nicht abgeleitet werden, zumal hier nicht nur zumeist faktische (verdeckte) Wahlrechte vorzufinden sind, sondern auch ein im Vergleich zum HGB ungleich größeres Potenzial an Ermessensspielräumen vorherrscht (vgl. hierzu Küting, K. (2006), S. 2753 ff.; Küting, K./Pfitzer, N./Weber, C.-P. (2013), S. 180). Daher können für IFRS-Abschlüsse nur einzelne Bilanzierungssachverhalte identifiziert werden, die tendenziell Aufschlüsse über eine eher progressive bzw. konservative Bilanzierungsstrategie geben (können). Da diese Bilanzierungssachverhalte – wie etwa der Umfang an aktivierten Entwicklungskosten für selbst erstellte immaterielle Vermögenswerte nach IAS 38 – teilweise noch sehr stark durch branchenspezifische Besonderheiten geprägt sind, ist die Definition eines allgemeingültigen Vergleichsmaßstabs zur Ableitung einer progressiven bzw. konservativen Bilanzierungsweise im Normengefüge der IFRS nicht möglich.

Merksätze

1. Bilanzpolitik und Bilanzanalyse sind interdependente Prozesse, die füreinander sowohl Ausgangspunkt als auch Grenze darstellen.
2. Bei einer Bilanzierung nach HGB ist in Abhängigkeit von einer bestimmten Unternehmenslage ein typisches Bilanzierungs- und Bewertungsverhalten als Ausdruck zielorientierter Bilanzpolitik zu erwarten. Ein solches lässt sich nach IFRS nicht allgemeingültig bestimmen, weil hier die Ausübung der vorhandenen faktischen (verdeckten) Wahlrechte und Ermessensspielräume i. d. R. dem Jahresabschlussleser verborgen bleibt und offene Wahlrechte nur vereinzelt in den Standards vorgesehen sind. Jedoch lassen sich auch in der internationalen Rechnungslegung branchentypische Verhaltensweisen hinsichtlich der Ausübung von Wahlrechten und Ermessensspielräumen nachweisen.
3. Unter der Annahme beabsichtigter Gewinnglättung sind ›gute Bilanzen‹ meist besser und ›schlechte Bilanzen‹ meist schlechter zu beurteilen, als sie zumindest auf den ersten Blick erscheinen.
4. Die Analyse der Bilanzpolitik versucht in erster Linie, Hinweise auf die Bildung bzw. Auflösung stiller Reserven zu geben.
5. Das Saarbrücker Modell stellt ein Verfahren zur Unternehmensbeurteilung dar, das quantitative Aspekte mit einer qualitativen Analyse der angewandten Bilanzpolitik kombiniert. Kernbereich dieses Modells bildet ein gleichgewichteter Gesamtscore zur Messung der Ertragsstärke des analysierten Unternehmens im Vergleich mit anderen Unternehmen.

4.6 Semiotische Bilanzanalyse

Begriff

Die Semiotik ist ganz allgemein die Lehre von den sprachlichen Zeichen und damit auch der menschlichen Sprache (vgl. Thiel, H. (1974), S. 62). Auf die Bilanzanalyse bezogen beschäftigt sich dieser Ansatz mit der Form der verbalen Berichterstattung (i. w. S.). Wie bereits erwähnt, wird dabei im Rahmen einer Inhaltsanalyse den Fragen nachgegangen, ob

(1) aus dem Präzisionsgrad der Aussagen zusätzliche Informationen gewonnen werden können (syntaktische Ebene),
(2) der Grad der freiwilligen Berichterstattung bestimmte Rückschlüsse erlaubt (pragmatische Ebene),
(3) die präferierte Wortwahl zusätzliche Erkenntnisse gewinnen lässt (semantische Ebene), und
(4) inwieweit die Verwendung grafischer Darstellungen für Zwecke der Verhaltensbeeinflussung instrumentalisiert wird (visuelle Ebene).

Als Instrument der Bilanzanalyse sind Inhaltsanalysen einerseits national und international etabliert (vgl. etwa Beattie, V./McInnes, B./Fearnley, S. (2004), S. 205 ff.; Beretta, S./Bozzolan, S. (2008), S. 333 ff.) und werden andererseits bis in die jüngste Zeit hinein weiterentwickelt (vgl. etwa Grüning, M. (2011), S. 485 ff.; Türr, H. (2010)).

4.6.1 Syntaktische Ebene

Präzisionsgrad der Berichterstattung

Im Rahmen der Berichterstattung hat jeder Bilanzierende einen erheblichen Gestaltungsspielraum. Der Gesetzgeber sowie die Standardsetter schreiben vor Geltung von DRS 20 nur in den wenigsten Fällen exakt vor, wie eine Informationsvermittlung konkret vorzunehmen ist. Somit hat der Bilanzierende i. d. R. eine Bandbreite akzeptabler Formen der Berichterstattung und damit einen Ermessensspielraum, den gesetzlichen bzw. normativen Forderungen zur Abschlusserläuterung nachzukommen. Genau an diesem Punkt setzt die syntaktische Ebene der qualitativen Bilanzanalyse an. Sie versucht, aus dem Präzisionsgrad der Berichterstattung zusätzliche Informationen zu gewinnen.

Nach dem Präzisionsgrad der Informationen kann zwischen Punktaussagen, Intervallaussagen, komparativen Aussagen, qualitativen Aussagen und nicht zu klassifizierenden Aussagen unterschieden werden (vgl. Sorg, P. (1988), S. 384; Brösel, G./Neuland, J. (2013), S. 337 ff.; überdies die Praxisbeispiele bei Hütten, C. (2000), S. 31).

Kategorie	Ausprägung
Punktaussagen	Angabe einer exakten Zahl bzw. eines Veränderungsmaßstabs (Absatz 500 Mio. EUR)
Intervallaussagen	zahlenmäßige Bereichsangabe (Absatz zwischen 500 und 510 Mio. EUR)
Komparative Aussagen	größer – kleiner/steigt – sinkt (Absatz wird steigen)
Qualitative Aussagen	gut – schlecht/groß – klein (Absatz wird gut sein)
Nicht zu klassifizierende Aussagen	»Wir werden uns wieder um Absatz bemühen.«

Übersicht 132: Präzisionsgrad von Aussagen

Verständlichkeit und Überprüfbarkeit der Aussagen

In aller Regel kann davon ausgegangen werden, dass die exakteste Informationsvermittlung mit einer Punktaussage vorgenommen werden kann. Mit einem abnehmenden Präzisionsgrad geht gleichzeitig eine Beeinträchtigung der intersubjektiven Verständlichkeit und speziell auch eine abnehmende Überprüf- und Kontrollierbarkeit der Informationsvermittlung einher (vgl. Rückle, D. (1984), S. 62). Dies gilt jedoch für bestimmte (insb. prognostische) Aussagen nur eingeschränkt (vgl. Hütten, C. (2000), S. 313 ff.).

Strebt der Bilanzierende eine möglichst präzise Informationsvermittlung an, sollten weiche Formulierungen wie ›wesentlich‹, ›wenig‹, ›erheblich‹ oder ›leicht rückläufig‹ gänzlich vermieden oder nur dann »benutzt werden, wenn sich aus dem Gesamtzusammenhang eine sinnvolle Aussage ergibt« (Lück, W. (2003), Rn. 25).

Annahmen

Vor diesem Hintergrund geht die syntaktische Ebene der Bilanzanalyse von den beiden folgenden Grundannahmen aus:

Präzise Berichterstattung

(1) Je präziser (exakter) die Berichterstattung ist, umso eher entspricht die tatsächliche Unternehmenslage auch der abgebildeten Situation.

(2) Je unpräziser (vager) die Berichterstattung ist, umso eher will das bilanzierende Unternehmen ein Bild von der Unternehmenslage vermitteln, das von den tatsächlichen Gegebenheiten abweicht.

Unpräzise Berichterstattung

Es muss natürlich berücksichtigt werden, dass bestimmte qualitative Aussagen, die insb. zukünftige Entwicklungen betreffen, nicht in Punktaussagen zu fassen sind. Gerade bei Prognosen besteht ein »Austauschverhältnis zwischen Sicherheit und Genauigkeit« (Baetge, J./Fischer, T./Paskert, D. (1989), S. 42) der Aussagen. Daher muss im Wege einer Angemessenheitsprüfung für den einzelnen Berichtssachverhalt ein ›maximaler‹ Präzisionsgrad festgelegt werden.

Bewertung

Eine unpräzise (vage) Berichterstattung kann sowohl die konservative als auch die progressive Bilanzpolitik begleiten. D.h., dass diese Berichterstattung gleichermaßen von Unternehmen präferiert werden kann, deren Vermögens-, Finanz- und Ertragslage als extrem gut oder extrem schlecht zu bezeichnen ist. In beiden Fällen will sich der Bilanzierende mit einer ›weichen‹ Informationsvermittlung der Öffentlichkeit anders darstellen, als es der Realität entspricht.

Kombinierter Einsatz der Instrumente

Welche Situation tatsächlich gegeben ist und welche bilanzpolitische Strategie der Bilanzierende im Einzelfall verfolgt, kann die syntaktische Ebene nur in Verbindung mit anderen Analysemethoden der qualitativen und quantitativen Bilanzanalyse ermitteln. Auch hier wird deutlich, dass eine möglichst aussagefähige Bilanzanalyse sich nicht allein auf eine einzelne methodische Vorgehensweise beschränken sollte, sondern vielmehr den gleichzeitigen Einsatz der unterschiedlichsten Ansätze erforderlich macht. DRS 20 hat diesbezüglich die Situation für Konzernlageberichte deutscher Mutterunternehmen ab dem Geschäftsjahr 2013 verändert.

4.6.2 Pragmatische Ebene

Grad der freiwilligen Berichterstattung

Der Gesetzgeber sowie die Standardsetter schreiben nur einen Mindestrahmen (sog. »Pflichtangaben«) der Berichterstattung vor. Diese Pflichtangaben können um freiwillige Angaben ergänzt werden, die dann in Deutschland bei der großen sowie mittelgroßen Kapitalgesellschaft und Personenhandelsgesellschaft i.S.d. § 264a HGB der Prüfungspflicht durch den Abschlussprüfer unterliegen. Die Grenze der freiwilligen Berichterstattung ist lediglich dann zu ziehen, wenn der Kern der Berichterstattung hierdurch verwässert oder verschleiert würde, wodurch das Prinzip der ›Klarheit und Übersichtlichkeit‹ (vgl. § 243 Abs. 2 HGB) verletzt wird (vgl. Oser, P./Holzwarth, J. (2011), Rn. 4). Auch die einzelnen IFRS-Standards beinhalten wiederum Pflichtangaben für die verbale Berichterstattung. Diese sollen einen »true and fair view«, d.h. die Darstellung der tatsächlichen Vermögens-, Finanz- und Ertragslage, gewährleisten. Darüber hinaus sind weitere freiwillige Angaben des Bilanzierenden grds. jederzeit möglich.

Beispiel

Zu diesen fakultativen Angaben können u.a. zählen:

- Kapitalflussrechnungen (in Jahresabschlüssen nach HGB von anderen Unternehmen als den Pflichterstellern gem. § 264 Abs. 1 HGB),
- Segmentberichterstattungen (in Jahres- und Konzernabschlüssen nach HGB und freiwilligen IFRS-Abschlüssen nicht börsennotierter Unternehmen),
- Nachhaltigkeitsberichte (vgl. dazu ausführlich Kajüter, P. (2014), S. 229ff.),
- Management-Commentary (vgl. etwa Fink, C./Kajüter, P. (2011), S. 177ff.),

- Substanzerhaltungsrechnungen,
- Wertschöpfungsrechnungen,
- Gewinn pro Aktie nach DVFA/SG,
- Erweiterung der Rückstellungsdarstellung im HGB-Gliederungsschema oder durch Aufnahme eines Rückstellungsspiegels in den Anhang.

Strategien

Beschränkt sich der Bilanzierende lediglich auf den Mindestrahmen der Berichterstattung, spricht vieles dafür, dass er kein besonderes Interesse an einer möglichst informativen Darstellung verfolgt. Er will über den gesetzlichen bzw. normativen Pflichtrahmen hinaus keinen zusätzlichen Einblick in die Vermögens-, Finanz- und Ertragslage gewähren. Ihm ist daran gelegen, bestimmte Informationen zur Unternehmenslage und der von ihm angewandten Bilanzpolitik unklar zu lassen.

Die Strategie, auch freiwillige Angaben in die Berichterstattung aufzunehmen, könnte so gedeutet werden, dass der Bilanzierende eine informative Darstellung anstrebt. Er ist bemüht, über den gesetzlichen bzw. normativen Pflichtrahmen hinaus, einen zusätzlichen Einblick in die Unternehmenslage und die von ihm gewählte Bilanzpolitik zu gewähren. Freiwillige Informationen können tendenziell so gedeutet werden, dass die abgebildete Unternehmenslage eher der Realität entspricht als im Fall der Beschränkung auf den gesetzlichen bzw. normativen Mindestrahmen. Alternative (anders gerichtete) Interpretationen lauten: »Es soll der Eindruck einer überdurchschnittlichen informativen Berichterstattung gemacht werden« oder »Die Richtung einer Bilanzanalyse soll beeinflusst werden« (sog. »Priming«).

Annahmen

Zwischen der pragmatischen und syntaktischen Ebene der qualitativen Bilanzanalyse bestehen enge Querverbindungen, denn die Grenze zwischen beiden Ebenen ist nicht immer exakt zu ziehen. Ganz allgemein erscheinen zwei Grundannahmen plausibel:

(1) Je unpräziser ein Unternehmen berichtet und je weniger freiwillige Informationen vermittelt werden, umso eher kann davon ausgegangen werden, dass das Unternehmen ein anderes Bild vermitteln möchte, als es der tatsächlichen Unternehmenslage entspricht. Liegt diese Situation vor, ist die Aufgabe des Bilanzanalysten erschwert und es ist besondere Vorsicht bei der Auswertung der Informationen geboten.

(2) Je präziser ein Unternehmen berichtet und je mehr freiwillige Informationen vermittelt werden, umso eher dürfte die abgebildete Unternehmenslage der Realität nahe kommen. Die Aufgabe des Analysten wird erleichtert, denn hier entfällt die Schwierigkeit, dass er sich – basierend auf Vermutungen und Annahmen – erst einmal ein Bild zeichnen muss, das der tatsächlichen Unternehmenslage möglichst nahe kommt.

Wiederum sollte jedoch zur Vermeidung von Fehlurteilen einerseits darauf hingewiesen werden, dass bestimmte Sachverhalte unternehmerischen Geschehens nicht exakt zu beschreiben sind. Andererseits ist denkbar, dass durch bestimmte freiwillige Informationen oder eine umfangreiche und damit vielleicht auch unverständliche Berichterstattung gerade von einer negativen Unternehmenslage abgelenkt werden soll.

4.6.3 Semantische Ebene

Präferierte Wortwahl

Bei der Analyse von verbalen Angaben können die traditionellen Analysemethoden nicht nutzbar gemacht werden. Da einerseits Unternehmen auch mit der Form der verbalen Berichterstattung ihre unternehmenspolitischen Zielsetzungen durchsetzen wollen und andererseits auch danach bewertet werden, »wie sie sich darstellen oder auch nicht darstellen« (Werner, U. (1990a), S. 1014), liegt es nahe, auch die verbale Berichterstattung in die Bilanzanalyse einzubeziehen.

Annahmen

Ausgehend von den Grundannahmen, dass

(1) derselben Sachverhaltsbeschreibung von mehreren Adressaten unterschiedliche Bedeutungen beigemessen werden können,

(2) derselbe Sachverhalt in gewissen Grenzen von mehreren Personen unterschiedlich dargestellt werden kann, ohne dass die verschiedenen Beschreibungen als sachlich falsch zu bezeichnen wären,

können damit z. T. wesentliche semantische Bedeutungsverzerrungen herbeigeführt werden, die bis zur bewussten Manipulation mittels Sprache einzustufen sind. Vor diesem Hintergrund setzt sich die semantische Ebene der Bilanzanalyse mit den Beziehungen zwischen den Wörtern und ihren Bedeutungen auseinander (vgl. auch Brösel, G./Neuland, J. (2013), S. 339ff.).

Inhaltsanalyse

Eine Auswertung kann mit Hilfe der Inhaltsanalyse vorgenommen werden (vgl. Zentes, J./Swoboda, B. (2001), S. 225f.). Diese Vorgehensweise, die sich hier primär als eine Sprachanalyse darstellt, kann ihrerseits wieder in die Wortanalyse, Satzanalyse, textlinguistische Analyse, Stilanalyse und rhetorische Analyse unterteilt werden. Hier könnte z. B. abgestellt werden auf die Fragen

(1) nach der bewussten Auswahl bestimmter Wörter, Wortgruppen oder -felder als Teil der Wortanalyse; dabei wird als Wortfeld eine Gruppe von Wörtern bezeichnet, für die Folgendes gilt:
   - alle Wörter müssen einer Wortklasse angehören;
   - jedes Wort muss mit allen Wörtern der Gruppe mind. einen (und zwar ein und denselben) Teilinhalt gemeinsam haben;

(2) nach einem gezielten Einsatz sprach-, sach- und mitteilungswirksamer Mittel;

(3) des bewussten Gebrauchs rhetorischer Mittel, um die Wirkung des Texts zu intensivieren.

Vorgehensweise

Konkret könnte im Rahmen der semantischen Bilanzanalyse die einfachste Gewichtung der verbalen Berichterstattung hinsichtlich ihrer Bedeutung mit dem einfachen Auszählen der Buchstaben, Wörter bzw. Wortfelder und Druckzeilen bzgl. eines Sachverhalts vorgenommen werden. Das bloße Auszählen im Rahmen einer statischen Analyse kann hierbei mit einem Zeit- oder Unternehmensvergleich gekoppelt werden.

Analyse bestimmter Wortfelder

Eine differenzierte Auswertung besteht in der Klassifikation von Textelementen nach einem bestimmten Schema, wobei die Aussagefähigkeit dieser Vorgehensweise abhängig ist von einer problemadäquaten Definition des Kategorienschemas. Ein einfaches Kategorienschema könnte z. B. darin bestehen, bestimmte Wortfelder in die Kategorien ›negative Äußerungen oder Wertungen‹ (z. B. ›beeinträchtigt‹, ›Rückgang‹, ›verschlechtern‹) bzw. ›positive Äußerungen oder Wertungen‹ (bspw. ›erfolgreich‹, ›Steigerung‹, ›verbessern‹) einzuteilen (vgl. ferner Schmidt, R. (1981), S. 372). Eine Analyse der verbalen Berichterstattung könnte dahingehend erfolgen, wie häufig ganz generell positive oder negative Wertungen vorgenommen werden oder ob sich eine absolute oder relative Veränderung in den einzelnen Klassifikationskategorien ergeben hat.

Die Feststellung relativer Wortfeldhäufigkeiten oder aber die Veränderung der Wortfeldkategorien im Zeitablauf könnte z. B. so interpretiert werden, dass Unternehmen über bestimmte Sachverhalte bewusst nicht oder aber einseitig und insofern lediglich tendenziell berichten wollen. So konnte schon Werner (U. (1990), S. 375) feststellen, dass alle von ihr untersuchten Unternehmen, bei denen Krisen offenbar wurden, deren Thematisierung in der Berichterstattung vermeiden. Folglich liegt in diesem Fall ein vergleichsweise geringer Anteil wortfeld- und damit zielspezifischer Wortformen vor.

Zeitvergleich

Ein nächster Ansatzpunkt zur Analyse könnte darin bestehen festzustellen, wie derselbe Sachverhalt im Zeitablauf bewertet wird. So kann die Erfolgslage z. B. mit ›ausgezeichnet‹, ›ausreichend‹, ›unbefriedigend‹ u. Ä. bewertet werden. Ergeben sich hier im Zeitvergleich verschiedene Beurteilungen, dürfte davon auszugehen sein, dass der Berichterstatter bewusst eine unterschiedliche Wertung vornehmen will, die dann auch in die Bilanzanalyse aufgenommen werden sollte.

Schließlich könnte untersucht werden, in welcher Weise das zu analysierende Unternehmen eine Beurteilung bestimmter Sachverhalte und hier ganz besonders der erzielten eigenen Kennzahlenwerte vornimmt. Sollte festgestellt werden, dass allgemein als überdurchschnittlich gut zu bezeichnende Tatbestände durchweg in ein schlechteres Licht gerückt werden, spricht vieles dafür, dass das berichtende Unternehmen bewusst eine Abwertung vornehmen will. Entsprechend ist eine durchweg als überzogen positiv zu beurteilende Wertung als bewusste Schönfärberei zu bezeichnen.

4.6.4 Visuelle Ebene

Bedeutung von Finanzgrafiken

Finanzinformationen, seien es Bestands-, Strom- oder rein kapitalmarktspezifische Größen, grafisch aufzubereiten, stellt – wie dies ein Blick in die Geschäftsberichte deutscher (Mutter-)Unternehmen zeigt – keine Seltenheit (mehr) dar (vgl. dazu wie auch im Folgenden grundlegend und ausführlich Sellhorn, T./ Hombach, K./Stier, C. (2014), S. 89 ff., m. w. N.). Ob in Gestalt des Skizzierens von Entwicklungen im Zeitablauf oder in Form zeitpunktbezogener Allokationen, das Darstellungsspektrum scheint unerschöpflich. So gehören etwa die Präsentation der Umsatz-, Ergebnis- und Aktienkursentwicklung ebenso zum Standardrepertoire wie die typischerweise nach Segmenten und/oder Regionen aufgefächerte Umsatzverteilung.

Vorteile

Dabei weist der (auf den Bilanzanalysten stimulierend wirkende) Einsatz von Finanzgrafiken nicht nur Vorteile auf. Je nach konkreter Ausgestaltung – Säulen-, Balken-, Kurven- oder Kreisdiagramm,

- lockern sie zwar den Fließtext auf,
- gestatten eine schnellere Informationsverarbeitung, und
- bleiben im Vergleich zu reinen Text- und (tabellarischen) Zahlendarstellungen längere Zeit präsent (vgl. Geßler, J. R. (1993), S. 18 f.).

Nachteile

Gleichwohl birgen solch visualisierte Darstellungen ausgewählter Sachverhalte auch Nachteile. So ist es nicht von der Hand zu weisen, dass Grafiken dazu verwandt werden, um bewusst anderweitige Sachverhalte/Ereignisse zu kaschieren oder von weitaus relevanteren Textpassagen abzulenken. Überdies ist nicht selten zu beobachten, dass die Aussagefähigkeit von grafischen Darstellungen leidet, weil der Grundsatz »weniger ist oft mehr« ins Gegenteil verkehrt wird. Die Folge sind überladene, mit zu vielen Details aufwartende Grafiken, die ihrerseits wiederum – bewusst oder unbewusst – dazu führen (können), dass der Blick für das Wesentliche verloren geht. Ungeachtet der Tatsache, dass die betreffenden Sachverhalte dadurch u. U. nicht mehr korrekt bzw. neutral wiedergegeben werden, besteht darüber hinaus die Gefahr, dass der Grafikersteller die visuelle Wahrnehmung durch den Adressaten gezielt zu manipulieren versucht (vgl. Geßler, J. R. (1993), S. 25 ff.).

Manipulationsmöglichkeiten

Ob und inwieweit die Neutralität einer Grafik beeinträchtigt ist, bestimmt sich mit Beattie/Jones ((1992), S. 1 f.) danach (vgl. auch Sellhorn, T./Hombach, K./Stier, C. (2014), S. 101 ff.),

- welche Grafiken überhaupt Verwendung finden bzw. wie diese letztlich konkret ausgestaltet sind (Kriterium der Selektivität (selectivity)),
- ob die betreffenden Zahlen im exakten Verhältnis zu den repräsentierten Zahlen stehen bzw. die grafischen Elemente maßstabsgetreu skaliert projiziert werden (Kriterium der Bemessungsverzerrung (measurement distortion)), und
- wie figurativ der spezifische Sachverhalt präsentiert, ergo ggf. mit oder ohne Hervorhebungen oder etwa 3D-Effekten gearbeitet wird (Kriterium der Präsentationserweiterung (presentational enhancement)).

Analytische Behandlung

Vor diesem Hintergrund sollte der Bilanzanalyst im Umgang mit grafisch aufbereiteten Finanzinformationen ganz generell Vorsicht walten lassen (vgl. auch Sellhorn, T./Hombach, K./Stier, C. (2014), S. 119 f.). So bietet es sich zunächst unter Selektivitätsgesichtspunkten an, unter Zuhilfenahme »älterer« Geschäftsberichte zu verifizieren, ob eine bestimmte, im aktuellen Bericht enthaltene Grafik auch bereits in der Vergangenheit entsprechend Berücksichtigung fand (et vice versa). Ebenso ließen sich mit Hilfe eines solchen intertemporalen Vergleichs etwaige Änderungen hinsichtlich der konkreten Ausgestaltung identifizieren. Auch bzgl. der beiden anderen Kriterien – »Bemessungsverzerrung« und »Präsentationserweiterung« – sollte man sich nicht (nur) vom ersten Eindruck leiten lassen; schließlich können Grafiken auch mit elementaren Konstruktionsmängeln behaftet sein und damit – wie etwa im Falle von übertriebenen [(z. T. sinnentstellenden), d. Verf.] Stauchungen und Dehnungen« (Sellhorn, T./Hombach, K./Stier, C. (2014), S. 120) – verzerrend wirken. Fernerhin besteht zudem die Möglichkeit, auf eigens konzipierte Abbildungen und Auswertungen zurückzugreifen. Neben der Tatsache, diese auch für Zwecke zwischenbetrieblicher Unternehmensvergleiche (Benchmarking) einsetzen zu können, bietet dies u. a. die »Vorteile, dass sich eine Manipulation durch den Ersteller der Grafik ausschließen lässt und dass die Ausgestaltungsform der Grafik, z. B. durch Auswahl der Länge des betrachteten Zeitraums, eigenständig bestimmt werden kann« (S. 122).

4.7 Fazit

Analysepotenzial

»Unternehmen suchen ihre Ziele durch Interaktionen mit der Umwelt zu erreichen. Die Rechnungslegung fungiert hierbei als zweckorientierte Beschreibung des Unternehmensgeschehens« (Werner, U. (1990a), S. 1014) auf normativer oder freiwilliger Basis. Während der quantitative Teilbereich der externen Rechnungslegung seit jeher als Gegenstand der Bilanzanalyse betrachtet wurde, indem insb. auf der Grundlage von Kennzahlen und Kennzahlensystemen ein möglichst weitgehender Einblick in die Vermögens-, Finanz- und Ertragslage angestrebt wurde, hat die Analyse der verbalen Berichterstattung bislang nur eine untergeordnete Bedeutung erlangt, obwohl sich gerade auch dort ein nicht zu unterschätzendes Analysepotenzial verbirgt.

Vor diesem Hintergrund wurde aufgezeigt, welche Wechselbeziehungen zwischen der Bilanzanalyse und der Bilanzpolitik sowie der hiermit verbundenen Berichterstattung bestehen. Der Bilanzanalyst darf diese Beziehungen nicht negieren, will er nicht von vornherein wichtige Informationen zur Unternehmensbeurteilung ausschließen.

Ergänzung(en)

Die qualitative Bilanzanalyse kann die traditionelle quantitative Ausrichtung naturgemäß nicht ersetzen; vielmehr sollten beide Analysemethoden gleichzeitig eingesetzt werden. Teilweise wird – etwa bei der Deutschen Bundesbank (vgl. Blochwitz, S./Eigermann, J. (2000)) – der Versuch unternommen, mit dem Saarbrücker Modell qualitativ gewonnene Erkenntnisse zum Bilanzierungsverhalten von Unternehmen in einen erweiterten diskriminanzanalytischen Ansatz zur Unternehmensbeurteilung zu integrieren. Durch die Kombination dieser beiden bilanzanalytischen Ansätze soll die Aussagekraft der früher vorwiegend auf Finanzdaten gestützten Diskriminanzanalyse erhöht werden.

IT-Einsatz in der Bilanzanalyse

Auch in der Bilanzanalyse ist der Einsatz von modernen Informationstechnologien nicht mehr wegzudenken. Die Auswertung von Jahresabschlüssen wird dadurch erleichtert und beschleunigt, der effiziente Einsatz von Jahresabschlussdatenbanken, Expertensystemen und komplexen Analyseansätzen erst ermöglicht (vgl. dazu auch 4. Abschn., 6.).

Merksätze

1. Die semiotische Bilanzanalyse untersucht und beurteilt die verbale Form der Berichterstattung im veröffentlichten Jahresabschluss eines Unternehmens. Sie unterteilt sich in die syntaktische, pragmatische, semantische und visuelle Ebene.
2. Gegenstand der semiotischen Bilanzanalyse ist die Untersuchung folgender Parameter:
   (1) Präzisionsgrad der Aussagen;
   (2) Grad der freiwilligen Berichterstattung;
   (3) präferierte Wortwahl (insb. Wortfeldanalyse);
   (4) Art und Weise der Verwendung von Finanzgrafiken.
3. Die qualitative Bilanzanalyse kann die traditionelle Kennzahlenrechnung nicht ersetzen. Vielmehr sollten beide Analysemethoden gleichzeitig eingesetzt werden.

5. Externe unternehmenswertorientierte Performancemessung

5.1 Zielsetzung dieses Kapitels

Shareholder Value und Markt für Unternehmenskontrolle

Spätestens seit Anfang der 1990er Jahre wird im deutschsprachigen Raum verstärkt das Shareholder-Value-Konzept diskutiert (vgl. zu einem Überblick etwa Lorson, P. (1999) und (2004); Weiss, H.-J./Heiden, M. (2000)). Dessen Promotoren waren nicht zuletzt die Hauptakteure und die Meinungsführer auf dem US-amerikanischen Kapitalmarkt. Sie haben ihren Einfluss dafür genutzt, dass die Zielsetzung der Unternehmenswertsteigerung Eingang in das Zielsystem zumindest der großen börsennotierten Kapitalgesellschaften findet. Dies wurde durch Auswertung von Kapitalmarkt- und Rechnungslegungsdaten mit spezifischen Verfahren erreicht.

Im Rahmen der Bilanzanalyse kann ein Urteil über die explizite oder implizite Shareholder-Value-Orientierung bzw. Unternehmenswertschaffung eines Unternehmens grds. auf zwei (miteinander kombinierbaren) Wegen gefällt werden: standardisiert mit individuellen Methoden oder nicht standardisiert anhand der unternehmensseitig genutzten Methoden. Der erste (zweite) Ansatz führt zu einer besseren Vergleichbarkeit der Unternehmen unter Inkaufnahme von Problemen bei der Informationsbeschaffung (et vice versa).

Daher ist dieses Kapitel relativ breit angelegt und dient der Einführung in die Grundlagen einer solchen Analyse. Es wird auf Begriffliches und Handwerkliches eingegangen, aber auch auf fundamentale Gedankengänge und Zusammenhänge (vgl. auch Küting, K./Heiden, M./Lorson, P. (2000)).

5.2 Grundsätzliches zum Shareholder-Value-Konzept aus externer Sicht

Performance und Performancemessung

Unter Shareholder Value versteht man den Wert eines Unternehmens für die Anteilseigner insgesamt. Er wird auch als Marktwert des Eigenkapitals bezeichnet. Das Anliegen der Befürworter des Shareholder-Value-Konzepts ist es, dass dieser Betrag durch Unternehmenswertsteigerungen und Dividenden langfristig angemessen verzinst wird.

Der englische Begriff »Performance« steht im Shareholder-Value-Konzept für zwei Dinge, die gleichzeitig gemessen werden sollen: Unternehmenserfolg und Managementleistung bzw. -erfolg.

Die Angemessenheit einer rechnerisch erzielten Rendite – etwa einer Aktie – bestimmt sich im Wesentlichen danach, ob dem Zeitwert des Geldes Rechnung getragen und das von den Investoren zu tragende Risiko kompensiert wird.

Aktionärsrendite

Die Rendite, die ein Aktionär dadurch erzielt, dass er die Aktie eines Unternehmens ein Jahr gehalten hat, kann (überschlägig) anhand der Kursänderung der Aktie (K), der vereinnahmten Dividende (D) und des Kapitaleinsatzes, d. h. des Kurses zu Beginn der betrachteten Periode, bestimmt werden.

(F. 114)

$$R_t = \frac{D_t + (K_t - K_{t-1})}{K_{t-1}}$$

mit: R_t Aktionärsrendite nach Ablauf der Periode t (auch: Aktienrendite)
D_t in der Periode t vereinnahmte Dividende
K_t Kurs am Ende der Periode t
t Periodenindex (t = 1, 2, …, T)

Für einen Aktionär, der mittels F. 114 den Erfolg seines Investments überprüft, steht die Anlageentscheidung jedes Jahr aufs Neue auf dem Prüfstand. Weiterhin muss er die erzielte Rendite (R_t) beurteilen. Fällt R_t mind. gleich hoch aus wie (niedriger aus als) sein Renditeanspruchsniveau, wird der Anleger zufrieden (unzufrieden) sein.

Relevant für die Bestimmung eines individuellen Anspruchsniveaus (einer individuellen Mindestverzinsungserwartung) sind

- die Risiko-Nutzen-Funktion,
- die ohne Risiko des Kapitalverlusts erzielbare Rendite,
- das übernommene Kapitalrisiko sowie
- branchenübliche Aktienrenditen.

Kernanliegen

Kernanliegen des Shareholder-Value-Konzepts ist, dass die Aktionäre im langfristigen Mittel eine angemessene Verzinsung ihres Kapitaleinsatzes erzielen, die ihre langfristigen (Opportunitäts-)Kosten deckt (sog. »Management-Konzeption« nach Lorson, P. (2004), S. 97 ff., 128 ff.). Allerdings fällt die Operationalisierung dieses Anliegens nicht leicht. So gestaltet sich bereits die Nachrechnung aus externer Sicht schwierig. Namentlich sind etwa Verfahren zur Bestimmung des angemessenen Verzinsungsniveaus (über alle Anteilseigner hinweg) und zur Ableitung einer Rendite im längerfristigen Durchschnitt nicht unumstritten. Dabei kann ein solches Shareholder-Value-Kalkül im Grunde weitgehend objektiviert auf reiner Ist-Datenbasis i. S. v. realisierten Aktienkursen und geleisteten Dividendenzahlungen durchgeführt werden.

Innerer Unternehmenswert und Fundamentalanalyse

Weitaus problematischer gestaltet sich die vergleichbare Rechnung, die auf den sog. »inneren Unternehmenswert« ausgerichtet ist, den ein Unternehmen (auf einem effizienten Kapitalmarkt) haben müsste. Seine Ermittlung fällt etwa in den Bereich der fundamentalen Aktienanalyse, die ihrerseits enge Bezüge zur Bilanzanalyse aufweist.

Der innere Wert einer Aktie wird auch als sog. »fairer« (angemessener) Aktienkurs bezeichnet. Dahinter steht die Erwartung, dass der tatsächliche Börsenwert eines Unternehmens (Aktienkurs) um den inneren Unternehmenswert (fairen Aktienkurs) schwankt und sich diesem letztlich annähert. Ein Unternehmen gilt demnach als fair bewertet, wenn sich innerer Wert und Börsenwert entsprechen. Liegt Ersterer niedriger (höher), wird gewöhnlicherweise eine Unterbewertung (Überbewertung) vermutet.

Externe Wertlückenanalyse

Aus externer Sicht (Bilanzanalyse, fundamentale Aktienanalyse) wird auf den Abstand zwischen dem (approximierten) inneren Wert eines Unternehmens und dessen Börsenwert (Marktkapitalisierung) sowie auf die potenziell (für möglich gehaltene) sowie effektive (eingetretene) Entwicklung des inneren Unternehmenswerts abgestellt. Divergenzen zwischen Unternehmenswerten, wie die zwischen einem potenziellen und einem tatsächlichen inneren Wert, werden im Zusammenhang mit dem Shareholder-Value-Konzept als »Wertlücken« bezeichnet (vgl. nur COPELAND, T. E./KOLLER, T./MURRIN, J. (2002), S. 45 ff.; LORSON, P. (2004), S. 86 ff., 244 f.).

Qualitative Analyse

Die quantitative Analyse bedarf einer ergänzenden Beurteilung der nachhaltigen Unternehmenswertorientierung. Qualitative Symptome, ob und inwieweit die Rahmenbedingungen für ein unternehmenswertorientiertes Verhalten gegeben sind, können die Antworten auf die nachstehenden Fragen liefern:

- Ist das Interesse des Topmanagements an der Unternehmenswertsteigerung durch (geeignete) Gestaltungen und Gewichtungen variabler Gehaltsbestandteile gegeben (z. B. durch Aktien-(options-)programme)?
- Werden Renditeziele angemessen ermittelt (und kommuniziert)?
- Wird das Konzept der Unternehmenswertorientierung ganzheitlich verfolgt sowie über alle Ebenen der Unternehmenshierarchie (z. B. mittels Balanced Scorecards) durchgesetzt?
- Werden Projekte auf der Grundlage dynamischer Verfahren der Investitionsrechnung beurteilt?
- Sind die Voraussetzungen geschaffen, um bei Ausbleiben lukrativer Investitionsmöglichkeiten flexibel Kapitalrückzahlungen an die Anteilseigner vornehmen zu können (z. B. durch Aktienrückkaufprogramme)?
- Ist sichergestellt, dass Teilbereiche des Unternehmens, wie Sparten, Divisionen, Produktlinien oder Segmente, die eine Rendite unterhalb ihrer risikoangepassten Kapitalkosten erzielen, identifiziert werden können und dass die Bereitschaft dazu besteht, (zukünftig) derartige Quersubventionen (weitgehend) zu vermeiden?

Mögliche Datengrundlagen für den gebotenen externen Blick auf das Unternehmensführungs-, Unternehmenssteuerungs- und Controllingsystem sowie auf die Offenheit der Informationspolitik der Unternehmen können Unternehmenspublikationen, wie Broschüren, Geschäftsberichte, Auftritte von Unternehmensvertretern auf sog. »Managementseminaren«, Auskünfte der Investor-Relations-Abteilungen, Roadshows und Analystentreffen, sein.

Fazit

Eine am Shareholder-Value-Konzept orientierte Analyse eines Unternehmens (sog. »Analysten-Konzeption« nach LORSON, P. (2004), S. 99 f., 128 ff.) erfordert insoweit:

- die retrospektive Ermittlung der Aktionärsrendite,
- deren Vergleich mit einer angemessenen Aktionärsrendite bzw. risikoadäquaten Kapitalkosten,
- die externe Ermittlung und Prognose eines angemessenen (inneren) Unternehmenswerts,
- eine Einschätzung über die Unternehmenswertorientierung des Führungs-, Steuerungs- und Controllingsystems eines Unternehmens.

Balanced Scorecard

Neben einer allgemeinen Beurteilung der Wertorientierung des Managements ist speziell die zielkonforme und nachvollziehbare Umsetzung unternehmenswertorientierter Strategien auf allen Unternehmensebenen aus interner bzw. externer Sicht von wachsender Bedeutung für die externe Performancemessung. Dies erfordert die konsistente und mehrdimensionale Ableitung von individuellen, geschäftsfeldbezogenen Strategien aus der Unternehmensvision über die einzelnen Planungs- und Organisationshierarchien hinweg. Diesbezüglich wird in der Unternehmenspraxis nicht selten auf das von Kaplan/Norton entwickelte Balanced-Scorecard-Instrumentarium (BSC) zurückgegriffen (vgl. Brunner, J./Roth, P. (1999), S. 51 f.; Horváth, P. et al. (1999), S. 308; überdies Weber, J./Schäffer, U. (1998), S. 347 ff., m. w. N.). Hierbei handelt es sich um ein ausgewogenes mehrdimensionales System von quantitativen und qualitativen Kennzahlen, die über Instrumentalrelationen verbunden sind und der Ausrichtung dezentraler Entscheidungen an den jeweils verfolgten Strategien dienen. Kennzeichnend sind die vier Aufbauprinzipien: Mehrdimensionalität, Strategieorientierung, Instrumentalprinzip und Ausgewogenheit (vgl. Friedl, B. (2013), S. 281; Sure, M./Haselgruber, B. (1999), S. 4).

Aufbau der BSC: Finanzperspektive steht im Zentrum

Mittels der BSC wird die Unternehmensleistung regelmäßig gleichzeitig aus mehreren Perspektiven gemessen, wie Finanzen, Kunden, Lernen und Entwicklung sowie die Sicht auf die internen Geschäftsprozesse. Jede Perspektive kann als Teilleistung eines Verantwortungsbereichs begriffen werden, die jeweils durch vier Parameterkategorien definiert wird: Zielkriterien, Ergebnisgrößen (Kennzahlen zur Messung dieser Zielkriterien), dem Verantwortungsbereich vorgegebene Kennzahlenwerte sowie Treibergrößen, mit denen die Zielerreichung zu gestalten ist. Im Zentrum dieses Ansatzes steht die finanzielle Perspektive, die ihrerseits die Ergebnisse vergangener Leistungen (»lag indicators«) widerspiegelt, während die übrigen Perspektiven die Leistungstreiber zukünftiger Leistungen reflektieren (»lead indicators«). Jede eingehende Messgröße sollte somit die komplexen Ursache-Wirkungs-Beziehungen zwischen den Perspektiven verdeutlichen und in einem kausalen Zusammenhang zu den finanziellen Zielen stehen (vgl. Kaplan, R. S./Norton, D. P. (1997), S. 28 ff.). Reine Korrelationsbeziehungen sind nicht ausreichend (vgl. Schneiderman, A. M. (1999), S. 10). Somit stellen die Finanzziele die Endziele der in den anderen Perspektiven zu erreichenden Zwischenziele dar (vgl. Weber, J./Schäffer, U. (1998), S. 343). Allerdings garantiert selbst eine theoretisch fundierte Zielgrößenauswahl keinen Anwendungserfolg i. S. e. gesteigerten Unternehmensperformance (vgl. Kaplan, R. S./Norton, D. P. (1992), S. 77 f.), was u. a. an der gewählten Unternehmensstrategie oder an externen überlagernden Einflussfaktoren liegen könnte.

BSC als Instrument der Performancemessung

Mit der BSC können sowohl der Unternehmenserfolg als auch die für den Erreichungsgrad der Unternehmensziele verantwortliche Managementleistung gemessen werden. Zudem fördert ihre Nutzung ein unternehmensweites gemeinsames Strategieverständnis (vgl. Kaplan, R. S./Norton, D. P. (1996), S. 77), insb. wenn aus der BSC des Top Managements im Rahmen eines Kaskadierungsprozesses abgeleitete, ebenenspezifische BSCs auf verschiedenen Verantwortungsebenen zum Einsatz kommen. Darüber hinaus lassen sich die noch vorzustellenden Shareholder-Value-Konzepte unmittelbar mit der BSC kombinieren. So kann eine Shareholder-Value-Kennzahl (EVA, ROCE, CfROI u. Ä.) als Spitzenkennzahl der Finanzperspektive dienen. Über Kennzahlenhierarchien lässt sich diese finanzielle Kennzahl auf Basisgrößen, z. B. Jahresabschlussgrößen, herunter brechen. Anschließend gilt es, die Treiber dieser Größen in den einzelnen BSC-Perspektiven zu bestimmen und als Zielgrößen in der BSC zu verankern (vgl. Matheis, M./Schalch, O. (1999), S. 38 ff.).

BSC und externe Bilanzanalyse

Die exemplarisch benannten vier Perspektiven bilden den Rahmen für eine BSC-Anwendung. Sie sind unternehmensindividuell ausgestaltbar. So sind bspw. die Aufnahme weiterer Stakeholder-Perspektiven oder eine separate Sicht auf das Risikomanagement denkbar. Wie aus der nachfolgenden Übersicht 133 deutlich wird, ist die unternehmensinterne Anwendung der BSC aus externer Sicht nur schwer nachzuvollziehen, da nur wenige Unternehmen in ihren Geschäftsberichten über die Anwendung und Inhalte berichten. Ein Anwendungsbeispiel bildet die Kommunikation des Performance-Konzepts (Value-Based-Management-Konzept) für unternehmensexterne Adressaten (vgl. nur DEUTSCHE BANK AG (2001), S. 12ff.; KLINGEBIEL, N. (2000); MAUL, K.-H./MENNINGER, J. (2000); LORSON, P. (2001)). Verbesserte externe Anwendungsbedingungen werden sich dann einstellen, wenn der Anteil der Berichterstattung über die Unternehmensstrategie quantitativ und qualitativ ausgeweitet wird (vgl. KAPLAN, R.S./NORTON, D.P. (1993), S. 141). Einen wichtigen Impuls liefert das Internet als Instrument der Investor Relations (vgl. KÜTING, K./DAWO, S./HEIDEN, M. (2001), S. 111ff.; WEISS, H.-J./HEIDEN, M. (2001)).

	BALANCED SCORECARD		
»Wie sollen wir gegenüber unseren Shareholdern auftreten, um entscheidend Erfolg zu haben?«	**Finanzwirtschaftliche Perspektive** • Wachstum • Rentabilität • Unternehmenswert (DCf) • usw.	**Betriebsablaufinterne Perspektive** • Zykluszeiten • Qualitäten • Fertigungszeiten • Produktivität • usw.	»Welchen Geschäftsprozess müssen wir beherrschen, um unsere Shareholder zufriedenzustellen?«
»Wie sollen wir gegenüber unseren Kunden auftreten, um unsere Vision zu erreichen?«	**Kundenperspektive** • Service • Qualität • Preis • usw.	**Innovations- und Wissensperspektive** • durchschnittliches Produktalter • anteiliger Umsatz ›junger‹ Produkte • usw.	»Wie werden wir unsere Fähigkeit zum Wandel und zur Verbesserung aufrechterhalten, um unsere Vision zu erreichen?«

Übersicht 133: Balanced Scorecard in der externen Performancemessung

Veröffentlichte Informationen über die BSC-Anwendung liefern somit wertvolle Anhaltspunkte für den externen Bilanzanalysten. Schließlich kann das BSC-Schema dem (externen) Betrachter als qualitativer Orientierungsrahmen dienen. So soll die BSC auch einen Beitrag zur Bewältigung der folgenden laufenden (strategischen) Managementprozesse leisten (vgl. KAPLAN, R.S./NORTON, D.P. (1997), S. 10f.), deren Umsetzungsgrad durch den Analysten abgeschätzt werden könnte:

- Formulierung und Umsetzung von Unternehmensvision und -strategie;
- in- und externe Kommunikation und Verknüpfung strategischer Ziele sowie konkreter operativer Maßnahmen;
- Planung und Festlegung strategischer Ziele sowie Abstimmung zwischen verschiedenen Unternehmensbereichen;
- Verbesserung von strategischem Feedback und Lernen zur Einleitung eines kontinuierlichen Verbesserungsprozesses der vorausgegangenen Schritte.

Die weiteren Ausführungen sind – mehr oder minder ideal(isiert)en – Konzepten zur Ermittlung des Unternehmenswerts aus externer Sicht, den praktischen Ansatzpunkten zur Ermittlung risikoangepasster Eigenkapitalkosten und den approximativ aus externer Sicht nachvollziehbaren Managementkonzepten zur Unternehmenswertorientierung gewidmet.

Merksätze

1. Ziel des Shareholder-Value-Konzepts ist es, langfristig eine angemessene Verzinsung des den Anteilseignern zustehenden Unternehmenswerts zu erreichen.
2. Die Performancemessung im Shareholder-Value-Konzept dient der Beurteilung von Unternehmenserfolg und Managementleistung. Hierbei ist vornehmlich auf eine Mehr-Jahres-Betrachtung abzustellen. Jahresbezogene Messungen besitzen lediglich eine vorübergehende bzw. vergleichende informative Funktion.
3. Als Vergleichsmaßstab der Performancemessung gelten die risikoadäquaten Renditeforderungen der Aktionäre, die als Eigenkapitalkosten interpretiert werden.
4. Die Nachrechnung aus externer Sicht kann entweder auf Basis von realisierten Aktienkursen und geleisteten Dividendenzahlungen durchgeführt werden oder auf den sog. »inneren Unternehmenswert« ausgerichtet sein.
5. Ein Vergleich von »innerem« Unternehmenswert und Börsenwert kann Wertlücken i. S. d. Shareholder-Value-Konzepts verdeutlichen. Ergänzend können qualitative Kriterien zur Beurteilung der Wertorientierung des Managements herangezogen werden.

5.3 Ansatzpunkte zu einer externen Unternehmensbewertung

5.3.1 Kapitalmarkttheoretische Bewertungsmodelle unter Sicherheit

Vier bewertungsrelevante Äquivalenzbeziehungen

Auf der Grundlage von Fisher's (I. (1930)) Investitionstheorie, wonach unternehmerische Investitions- und individuelle Konsumentscheidungen unabhängig voneinander gefällt werden können (sog. »(Fisher-)Separationstheorem«; vgl. auch Eichberger, J./Harper, I. R. (1997), S. 145), hat Williams (J. B. (1939)) ein grundlegendes Modell zur Unternehmensbewertung durch Ermittlung des Barwerts der Dividenden formuliert. Dieser Bewertungsansatz wurde insb. von Miller/Modigliani unter restriktiven Prämissen, zu denen eine im Zeitablauf konstante Diskontierungsrate zählt, in äquivalente Bewertungsformeln transformiert. Demnach lässt sich der Unternehmenswert alternativ modellieren als Barwert der Dividenden, der freien Cashflows, der Erträge nach Verzinsung des durch Investitionen gebundenen Kapitals sowie als Wert relativ zu den Wachstumsmöglichkeiten des Unternehmens (vgl. hierzu grds. Miller, M. H./Modigliani, F. (1961); fernerhin Hesse, T. (1996), S. 29 ff.; Rocke, R./Nelles, M. (2000)). Hierbei wird sukzessive der Übergang von der reinen kapitalmarktbezogenen Aktionärssicht zu den Implikationen für das Management vollzogen.

Formal hat der Bewertungsansatz Barwert der Dividenden folgende Gestalt:

Barwert der Dividenden

(F. 115)

$$UW_0 = \sum_{t=0}^{\infty} \frac{D_t}{(1+i)^{t+1}}$$

mit: UW_0 Unternehmenswert am Ende von Periode 0
D_t in t (nachschüssig) gezahlte Dividende für jene Aktionäre, die an den zukünftigen Kapitalerhöhungen nicht teilnehmen
i Diskontierungssatz, der analog zur Aktionärsrendite R_t (s. o.) ermittelt wird

Aus der Sicht eines Aktionärs sind Dividenden und Aktienkursgewinne die Determinanten des (Gleichgewichts-)Preises, den er für eine Aktie zu zahlen bereit ist. Dabei entspricht der Aktienkurs in jedem Zeitpunkt dem Barwert des hiermit verbundenen Dividendenstroms diskontiert mit der angemessenen Aktienrendite. Sind die künftigen Dividendenzahlungen konstant, lässt sich der Unternehmenswert vereinfachend mit der Formel der ewigen nachschüssigen Rente (sog. »Rentenfall«) bestimmen:

(F. 116)

$$UW_0 = \frac{\text{Gesamtbetrag der Dividendenausschüttung}}{i}$$

Formal hat der Bewertungsansatz Barwert der freien Cashflows folgende Gestalt:

Barwert der freien Cashflows

(F. 117)

$$UW_0 = \sum_{t=0}^{\infty} \frac{FCf_t}{(1+i)^{t+1}}$$

$$= \sum_{t=0}^{\infty} \frac{X_t - I_t}{(1+i)^{t+1}}$$

mit: FCf_t Freier Cashflow: Cashflow nach Erweiterungs- und Ersatzinvestitionen
X_t Cashflow vor Erweiterungs- und nach Ersatzinvestitionen (= »Gewinn«, falls gilt: Abschreibungen = Ersatzinvestitionen)
I_t Erweiterungsinvestitionen

Ein Unternehmen kann nur die freien Cashflows ausschütten. Diese werden ausgehend vom sog. »Brutto-Cashflow« (= Zahlungsmittelüberschuss, der nicht für Auszahlungen im laufenden Geschäftsbetrieb benötigt wird) ermittelt, indem dieser um das gesamte Investitionsvolumen für die Erhaltung und Verbesserung der Wettbewerbsposition gekürzt wird. Auch ein externer Analyst kann diesen

Bewertungsansatz nutzen. Er benötigt hierzu Einblicke in die Bestimmungsfaktoren von Cashflow (sog. »Wertgeneratoren«; vgl. etwa 4. Abschn., 5.4.2) und die Investitionspolitik eines Unternehmens, die er etwa durch Auswertung oder Erstellung einer Kapitalflussrechnung gewinnen kann.

Diese Bewertungsüberlegung hat verstärkt und variantenreich als sog. »DCf-Methode« Eingang in die betriebliche Praxis gefunden (vgl. 4. Abschn., 5.3.3).

Barwert modifizierter Erträge

Formal stellt sich dieser Bewertungsansatz als Barwert der Erträge nach Verzinsung der Investitionen (Barwert modifizierter Erträge) dar:

(F. 118)

$$UW_0 = \sum_{t=0}^{\infty} \frac{1}{(1+i)^{t+1}} \times \left[X_t - i \times \sum_{\tau=0}^{t-1} I_\tau\right]$$

mit: τ Periodenindex

Demnach verursachen Kapitalbindungen – i. H. der in Vorjahren vorgenommenen Investitionen – im Unternehmen Opportunitätskosten i. H. der Aktionärsrendite. Die Verzinsung stellt das periodenbezogene Entgelt für eine zeitlich verzögerte Auszahlung dar.

In jüngerer Zeit erfreut sich diese Bewertungstechnik unter Stichworten wie Lücke- bzw. Preinreich/Lücke-Theorem (vgl. nur Lücke, W. (1955) sowie Küpper, H.-U. (2013), S. 202 ff., 275 ff., 425), »Residualgewinnkonzept« oder »Market Value Added« großer Popularität (vgl. hierzu auch IDW S1 (2008)).

Unternehmenswert relativ zur Nullwachstumsoption

Der Unternehmenswert relativ zur Nullwachstumsoption stellt sich formal wie folgt dar:

(F. 119)

$$UW_0 = \frac{X_0}{i} + \sum_{t=0}^{\infty} \frac{1}{(1+i)^{t+1}} \times I_t \times \frac{i_t^* - i}{i}$$

$$= \frac{X_0}{i} + BW_0^{WM}$$

mit: i_t^* interner Zinssatz der Erweiterungsinvestition in t

BW_0^{WM} Barwert der Wachstumsmöglichkeiten (WM) in Zeitpunkt t = 0

Ausgangspunkt dieses Bewertungsmodells ist die Überlegung, dass eine Unternehmung auf Dauer erhalten werden soll. Mithin kann angenommen werden, dass alle im Bewertungszeitpunkt investierten Mittel auch zukünftig benötigt und durch Ersatzinvestitionen bereitgestellt werden. Ökonomisch sinnvoll ist dies allerdings nur, wenn sie angemessen verzinst werden. Insofern repräsentiert der erste Summand den Barwert der Annuität, die ein Unternehmen erwirtschaften würde, wenn es nur Ersatzinvestitionen vornimmt und somit nur das Unternehmen als langfristige Einkommensquelle der Anteilseigner erhält. Der zweite Summand steht für den Barwert der zukünftig erwarteten Investitionsmöglichkeiten.

Sie tragen ausschließlich in dem Fall zu einer Unternehmenswerterhöhung bei, wenn ihre Rendite (interner Zins) höher ist als der Kalkulationszins.

Hieraus ergeben sich als Implikationen für das Management: Die Fortführung und Erhaltung bestehender Engagements sind nur sinnvoll, wenn diese eine angemessene Verzinsung abwerfen. Erweiterungsinvestitionen, mithin Unternehmenswachstum, sind nur in solchen Bereichen bzw. in Form solcher Projekte anzustreben, die eine Überrendite (sog. »positiver Spread«; $i^*-i>0$) erwarten lassen.

Im Rahmen der externen Unternehmensbewertung lässt sich dieses Modell am ehesten qualitativ auswerten, indem bspw. Tendenzaussagen zu folgenden Bereichen getroffen werden: Ist die Wettbewerbsposition in den Kerngeschäftsfeldern so gefestigt, dass sie auf Dauer wirtschaftlich erhalten werden kann? Gibt es lukrative Wachstumsmöglichkeiten in angestammten oder in neuen Geschäftsfeldern? Wie werden diese Chancen genutzt?

Zwei Vereinfachungen des Bewertungsmodells relativ zur Nullwachstumsoption haben in der Literatur besondere Beachtung gefunden: das Modell konstanten unendlichen Wachstums (vgl. Gordon, M. J. (1959)) sowie das des konstanten, zeitlich begrenzten Wachstums (vgl. Fruhan, W. E. (1979); Malkiel, B. G. (1963); im Folgenden auch Hesse, T. (1996), S. 34):

Weitere Wachstumsmodelle

Das Bewertungsmodell bei unterstelltem konstanten, unendlichen Wachstum (auch Gordon-Growth-Model) ist folgendermaßen definiert:

(F. 120)

$$UW_0 = \frac{D_0}{i - g}$$

mit: g Wachstumsrate des Ergebnisses

Hierbei handelt es sich um jene Formel, die in der Literatur zur Unternehmensbewertung meist dann diskutiert wird, wenn es darum geht, den Fortführungswert zu bestimmen, und hierbei entschieden werden soll, ob eine nominale oder inflationsbereinigte Rechnung vorzunehmen ist. Letztlich basiert diese Entscheidung auf der Einschätzung, ob es dem Unternehmen auf Dauer gelingen wird, das Wachstum der Einzahlungsüberschüsse über der Inflationsrate zu halten.

Abschließend ist nun das Bewertungskalkül nach dem Modell des konstanten, zeitlich begrenzten Wachstums zu charakterisieren:

(F. 121)

$$\begin{aligned} UW_0 &= \frac{X_0}{i} + I \times \frac{i_t^* - i}{i} \times T \times \frac{1}{1+i} \\ &= \frac{X_0}{i} + BW_0^{WM^*} \end{aligned}$$

mit: T Ende des Zeitraums der Erzielung von Überrenditen (durch Wettbewerbsvorteile)

$BW_0^{WM^*}$ Barwert der Wachstumsmöglichkeiten (WM) von 0 bis T im Zeitpunkt $t = 0$

In Übereinstimmung mit der Praxis wird modelliert, dass die für die Erzielung von Überrenditen notwendigen Wettbewerbsvorteile im Zeitablauf erodieren. Schließlich steigt mit dem Ausmaß an Überrenditen zunächst die sog. »Konkurrenzgefahr« und damit die Zahl der Anbieter vergleichbarer Leistungen. Deshalb nähern sich in aller Regel die individuellen Unternehmens- bzw. Geschäftsfeldrenditen im Zeitablauf dem Branchendurchschnitt an. Sobald sie der angemessenen Rendite entsprechen, bleibt der Unternehmenswert konstant. Mit anderen Worten: Die zu erwartende Unternehmenswertsteigerung ist umso größer, je mehr investiert wird, je länger ein positiver Spread erzielbar ist und je höher diese Überrendite ausfällt.

Merksätze

1. Kapitalmarkttheoretische Bewertungsmodelle unter Sicherheit modellieren den Unternehmenswert alternativ als Barwert der Dividenden, der freien Cashflows, der Erträge nach Verzinsung des durch Investitionen gebundenen Kapitals sowie als Wert relativ zu den Wachstumsmöglichkeiten des Unternehmens.
2. Die Auswertung einer Kapitalflussrechnung kann dem externen Bewerter Einblicke in die Bestimmungsfaktoren des Cashflows ermöglichen.
3. Im Zuge der Shareholder-Value-Orientierung gewinnen die Bewertungsansätze Barwert der Erträge und Verzinsung der Investitionen an Bedeutung.
4. Der Bewertungsansatz relativ zur Nullwachstumsoption lässt unmittelbar einen Schluss auf Normstrategien seitens des Managements zu. Zwar lassen sich die Inputfaktoren (zumindest) aus externer Sicht nicht quantifizieren, womöglich aber qualitativ approximieren.
5. Die Modelle mit unendlichem bzw. zeitlich begrenztem Wachstum stellen Vereinfachungen des Bewertungsmodells relativ zur Nullwachstumsoption dar. Hierbei ist die zu erwartende Unternehmenswertsteigerung positiv abhängig vom Investitionsvolumen sowie der Höhe der konstant erzielbaren Überrendite (mitsamt des zugehörigen Zeitraums).

5.3.2 Zum Nutzen der klassischen Bewertungsmodelle für die externe Performancemessung

Datenprobleme

Offenkundig tritt bei der Verwendung der allgemein gehaltenen Bewertungsmodelle durch unternehmensexterne Analysten jeweils ein – verschieden schwerwiegendes – Datenproblem auf (vgl. auch Lorson, P. (2005), S. 235 ff.). Die jeweilige Approximation an den inneren Unternehmenswert wird mehr oder minder grob ausfallen.

Allerdings dürfen diese Tatsachen den externen Analysten nicht davon abhalten, eigene Kalküle anzustrengen. Auftretende Bewertungsschwierigkeiten und pragmatisch zu lösende Probleme sind bei dem Verständnis der Geschäftstätigkeit des zu bewertenden Unternehmens hilfreich. Ihr Nutzen besteht auch darin, dass die richtigen Fragen gestellt werden können.

Externe Ermittlung des Barwerts der Wachstumsoptionen

Rocke/Nelles stellen einen Ansatz zur Ermittlung des optionalen Anteils bei Unternehmenswerten vor (vgl. Rocke, R./Nelles, M. (2000), S. 605 f.). Sie gehen vom Barwertmodell relativ zum Nullwachstum aus. Dabei wird der Aktienkurs (die Marktkapitalisierung) als Summe aus einer wachstumsunabhängigen und einer wachstumsabhängigen Komponente erklärt. Erstere kann als ewige nachschüssige Rente aus dem aktuellen Ergebnis je Aktie bestimmt werden (EPS-Term). Letztere repräsentiert den gesuchten Barwert der Wachstumsoptionen, der auf eine Aktie entfällt. Eine allgemeinere Modellspezifikation besteht darin, den »EPS-Term« als Barwert des Unternehmens im unveränderten Konzept anzusehen und als ewige nachschüssige Rente gem. dem Flow-to-Equity-Konzept zu ermitteln. Aus dieser Beziehung leiten ROCKE/NELLES ein externes Schätzmodell für den optionalen Anteil des Unternehmenswerts durch Einsetzen des aktuellen Börsenkurses (multipliziert mit der Anzahl der Aktien) und Auflösen nach dem Barwert der Wachstumsoptionen her. Letztlich wird – wie beim Intellectual Capital Statement – auf die Differenz zwischen Börsenwert und festgehaltenem Marktwert des Eigenkapitals abgestellt und der Saldo als vom Analysten zu hinterfragender Optionswert (der Wachstumsmöglichkeiten) interpretiert.

(F. 122)

$$
\begin{aligned}
BW_0^{M^{**}} &= S_0 - \frac{EPS_0}{\text{Gesamtkapitalkostensatz}} \\
&= S_0 - UW_0 \\
&= S_0 - \frac{\text{FCf nach Zinsen}_0}{\text{Eigenkapitalkostensatz}}
\end{aligned}
$$

Leitlinien einer externen Analyse

Grds. sind vier Leitlinien bei einer Unternehmensbewertung beachtenswert:

- Getrennte Bewertung von betrieblichem und nicht betrieblichem Bereich.
- Strukturierung des Bewertungszeitraums in mind. zwei Phasen, die unterschiedlich genau geplant werden sollen, wobei die gewählte Einteilung unternehmenswertrelevant sein kann (vgl. ERNST, D./SCHNEIDER, S./THIELEN, B. (2012), S. 92 f.).
- Transparenz hinsichtlich der Mehrwertigkeit des inneren Unternehmenswerts und lückenlose Dokumentation von Bewertungsprämissen (vgl. etwa ERNST, D./SCHNEIDER, S./THIELEN, B. (2012), S. 98 ff.).
- Verstehen des Bewertungsobjekts: Es sind die Historie des Unternehmens intensiv zu erforschen, Vergangenheitsdaten zu bereinigen, Vorhaben zu eruieren und zu hinterfragen sowie das Wettbewerbsumfeld gezielt zu durchleuchten (vgl. mitunter BIEG, H./KUßMAUL, H. (2009), S. 315; BRUNS, C. (1998), S. 49 ff.).

Bewertung im Nichtsicherheitsfall

Im Unsicherheitsfall sind zum Bewertungszeitpunkt nur noch die Wahrscheinlichkeitsverteilungen der zukünftigen Dividenden oder Cashflows bekannt. Zur Bewertung eines risikobehafteten Zahlungsstroms existieren drei Verfahren, die zwei Gruppen zugeordnet werden können (vgl. insb. BALLWIESER, W. (1990), S. 167 ff.; BALLWIESER, W./HACHMEISTER, D. (2013), S. 75 ff.; KÜMMEL, J. (2002)).

Alternativen

SFAC 7 ebenso wie IAS 36 stellen dem sog. »traditionellen Ansatz« (Traditional Approach) den erwarteten Cashflow-Ansatz (Expected Cashflow Approach) ggü. Beim traditionellen Ansatz wird ein einziger Cashflow-Satz – der wahrscheinlichste – mit einem risikoadjustierten Zinssatz diskontiert. Beim Expected-Cashflow-Ansatz hingegen werden Cashflows diskontiert, die aus der Verdichtung unterschiedlicher Sätze von Cashflows entstehen. Dieser Ansatz kann alternativ mittels des Sicherheitsäquivalenz- oder Erwartungswertmodells umgesetzt werden (vgl. auch Bieg, H./Kußmaul, H. (2009), S. 317):

- Diskontierung einer Zeitreihe von Sicherheitsäquivalenten mit einem risikolosen Zins oder
- Diskontierung von Erwartungswerten mit einem risikoadäquaten Zins.

Bei konsistenter Anwendung sind alle Verfahren kapitalwertäquivalent. Indes werden dem tradierten Ansatz bei vertraglichen Cashflows Anwendungsvorteile zuerkannt und bei nicht vertraglichen Cashflows Anwendungsnachteile bescheinigt. Unter den Verfahren der erwarteten Cashflows ist das Sicherheitsäquivalenzverfahren in der Praxis wenig verbreitet. Weiterhin haftet ihm zu Unrecht der Ruf der Scheingenauigkeit an. Formal stellt sich die Lösung für das Expected-Value-DCf-Modell wie folgt dar:

(F. 123)

$$UW_0 = E\left(\sum_{t=0}^{\infty} \frac{FCf_t}{(1+i)^{t+1}}\right) = \sum_{t=0}^{\infty} \frac{E(FCf_t)}{(1+i')^{t+1}}$$

mit:
- E Erwartungswert auf der Grundlage eines bestimmten Sets an Informationen
- i' risikoadäquater Zins, der allerdings nicht über alle Perioden konstant sein muss

Beim Traditional Approach wird man statt des Erwartungswerts des Cashflows zum Zeitpunkt t den jeweils wahrscheinlichsten Cashflow mit dem risikoadäquaten Zins diskontieren. Dieser aber muss entsprechend noch das Risiko, dass der tatsächliche Cashflow vom diskontierten abweichen kann, abdecken.

Die folgende Übersicht 134 illustriert die Vorgehensweise bei der alternativen Anwendung der Risikozuschlags- und Sicherheitsäquivalenzmethode anhand eines Projekts im Drei-Perioden-Fall. Hierbei wurden sowohl die Risikozuschläge als auch die Sicherheitsäquivalente analytisch bestimmt.

Ausgangssituation: Zum Zeitpunkt t_0 sind folgende Daten bekannt:

- Risikoloser Zins (r_j) 4,00 %
- Rendite der risikoäquivalenten Alternativanlage 9,04 %
- Unternehmenssteuersatz (Ertragsteuer) 0 %
- Erforderliche Anschaffungsauszahlung 300.000 GE
- Fremdfinanzierungsanteil 0 %
- Erwartete Cashflows t_1: 250.000 GE t_2: 350.000 GE t_3: 400.000 GE

Nach der **Risikozuschlagsmethode** ergeben sich folgende Rechenschritte zum Nettokapitalwert (NKW)

- Ermittlung des Risikozuschlags (z) der Alternativanlage

$$z = 0{,}0904 - 0{,}04 = 0{,}0504$$

- Ermittlung des Nettokapitalwertes (NKW) des Projektes:
- $\text{NKW} = -300.000 + \frac{250.000}{(1+(0{,}4+0{,}0504))} + \frac{350.000}{(1+(0{,}4+0{,}0504))^2} + \frac{400.000}{(1+(0{,}04+0{,}0504))^3} = 532.179{,}16$

Den übereinstimmenden Kapitalwert erhält man auch bei konsistenter Anwendung der **Sicherheitsäquivalenzmethode:**

- Ermittlung der Sicherheitsäquivalente (SÄ) **in allgemeiner Form** als Lösung der Gleichung:

$$\frac{1}{(1+(r_j+z))} = \frac{1-SÄ}{(1+r_i)}$$

SÄ für t = 1 und t = n:

$$SÄ = 1 - \frac{1+r_j}{(1+(r_j+z))} \quad \text{und} \quad SÄ_n = 1 - \frac{(1+r_j)^n}{(1+(r_j+z))^n}$$

- Ermittlung der Sicherheitsäquivalente (SÄ) und des Nettokapitalwerts (NKW) **im Beispiel:**

$$SÄ_1 : \left(1 - \frac{(1{,}04)}{(1+(0{,}04+0{,}0504))}\right) \times 250.000 = 11.555{,}39$$

$$SÄ_2 : \left(1 - \frac{(1{,}04)^2}{(1+(0{,}04+0{,}0504))^2}\right) \times 350.000 = 31.607{,}35$$

$$SÄ_3 : \left(1 - \frac{(1{,}04)^3}{(1+(0{,}04+0{,}0504))^3}\right) \times 400.000 = 52.941{,}66$$

$$\text{NKW} = -300.000 + \frac{(250.000 - 11.555{,}39)}{1{,}04} + \frac{(350.000 - 31.607{,}35)}{1{,}04^2} + \frac{(400.000 - 52.941{,}66)}{1{,}04^3} = 532.179{,}16$$

Anmerkung:
Der Risikozuschlag kann praktisch auf der Grundlage des noch zu kennzeichnenden CAPM ermittelt werden. In diesem Fall wären die Ausgangsdaten wie folgt zu modifizieren:

- Rendite des Marktportfolios (R_m) 8,50 %
- ß-Faktor des Projektes (ß) 1,12

Ermittlung des Risikozuschlags (z) der Alternativanlage: $z = (0{,}085 - 0{,}04) \times 1{,}12 = 0{,}0504$

Übersicht 134: Ermittlung von Barwerten nach der Risikozuschlags- und Sicherheitsäquivalenzmethode

Die folgende Übersicht 135 illustriert vereinfachend die Barwertäquivalenz einer Diskontierung von Erwartungswerten und einer Diskontierung von unsicheren Cashflows.

Ausgangssituation: Zum Zeitpunkt t_0 sind folgende Daten bekannt:

Szenario	**1**	**2**	**3**	**Erwartungswert**
Wahrscheinlichkeit (%)	50	35	15	n. a.
Cashflow in t_1	70	55	95	68,5
Cashflow in t_2	85	60	120	81,5

Um Unsicherheit bzgl. Höhe und Zeitpunkt bereinigter Zins: 2,5 %

Wertermittlung nach der **Erwartungswertmethode** ***(Expected Value Approach):***

$$\frac{68,5}{1,025} + \frac{81,5}{1,025^2} = 144,4$$

Wertermittlung nach der **Zuschlagsmethode** ***(Traditional Approach):***

$$\frac{70}{1 + i_{risikoangepasst}} + \frac{85}{(1 + i_{risikoangepasst})^2} = 144,4$$

$$i_{risikoangepasst} \approx 4,7\,\%$$

Übersicht 135: Ermittlung von Barwerten gem. Expected Value sowie Traditional Approach

Merksätze

1. Aufgrund von Prämissenverletzungen und Datenproblemen gestaltet sich die Anwendung klassischer Bewertungsmodelle in der externen Performancemessung schwierig. Die aus der Auseinandersetzung mit dem Bewertungsobjekt entstehenden Erkenntnisse rechtfertigen jedoch entsprechende Anwendungsversuche.
2. Vier Leitlinien der Unternehmensbewertungslehre sollten vor Durchführung eigener Berechnungen beachtet werden: Getrennte Bewertung von betrieblichem und nicht betrieblichem Bereich, Einteilung des Bewertungszeitraums in Phasen unterschiedlicher Genauigkeit, Transparenz bzgl. der Mehrwertigkeit des inneren Unternehmenswerts, Verstehen des Bewertungsobjekts.
3. Im Unsicherheitsfall stehen grds. drei Methoden zur Bewertung eines risikobehafteten Zahlungsstroms zur Wahl:
   - Der traditionelle Ansatz einer Diskontierung des wahrscheinlichsten vertraglichen Cashflows mit einem risikoangepassten Zins.
   - Die sicherheitsäquivalente Transformation der Erwartungswerte nicht vertraglicher Cashflows in einen Kapitalwert unter Nutzung des risikolosen Zinses.
   - Die Diskontierung von Erwartungswerten nicht vertraglicher Cashflows mit einem risikoadäquaten Zins.

5.3.3 Grundformen einer DCf-Bewertung unter Unsicherheit

In Literatur und Praxis werden unterschiedliche Konzepte der Diskontierung freier geplanter Cashflows diskutiert, die auch Steuern vom Einkommen und Ertrag im Kontext von Fremdfinanzierung berücksichtigen (vgl. im Folgenden VOLPERT, V. (1989), S. 87 ff., 191 ff.; überdies GÜNTHER, T. (1997), S. 104 ff., m. w. N.; KUßMAUL, H. (1999); LORSON, P. (1999), S. 1338 f.; LORSON, P. (2004), S. 189 ff.; LORSON, P./PFIRMANN, A./TESCHE, T. (2014)).

Eine erste Einteilung der Verfahren orientiert sich an dem Wert, der sich durch die Kapitalisierung des unsicheren Zahlungsstroms aus dem Leistungsbereich ergibt:

Equity-Methode (Flow to Equity)

- Bei Anwendung der Equity-Methode wird unmittelbar der Unternehmenswert (Marktwert des Eigenkapitals) errechnet. Man spricht hier auch von der Nettokapitalisierung eines eigenkapitalgeberbezogenen freien Cashflows mit Eigenkapitalkosten. Weil der Cashflow im Unterschied zu der folgenden Gruppe von DCf-Verfahren weder Zahlungen für die Tilgung noch für die Überlassung von Fremdkapital enthält, wird die Equity-Methode auch als Flow to Equity (FtE) bezeichnet.

(F. 124)

$$UW_0 = \sum_{t=0}^{\infty} \frac{\text{FCf nach Zinsen}_t}{(1 + \text{Eigenkapitalkostensatz})^t} + \text{Marktwert des nicht betriebsnotwendigen Vermögens}$$

Entity-Methoden

- Die Varianten der Entity-Methode zeichnen sich dadurch aus, dass zunächst ein Unternehmensgesamtwert bestimmt wird, der die Summe aus Marktwert des Eigenkapitals und Marktwert des Fremdkapitals repräsentiert. Weil der eigentliche Unternehmenswert durch dessen Verminderung um den Marktwert des Fremdkapitals ermittelt wird, spricht man auch vereinfacht von der Bruttokapitalisierung eines gesamtkapitalgeberbezogenen Cashflows – vor Abzug von Zahlungen für die Tilgung und Überlassung von Fremdkapital – mit gewogenen Gesamtkapitalkosten.

Die Entity-Methode lässt sich nun weiter dahingehend variieren, wie Steuerwirkungen (das sog. »Steuerschild des Fremdkapitals«) unter Wahrung der Barwertäquivalenz im Kalkül berücksichtigt werden.

Weighted Average Costs of Capital

- Im Konzept der Weighted Average Costs of Capital (WACC) wird das Steuerschild des Fremdkapitals nur im Kapitalkostensatz berücksichtigt. Hier wird mit einem Kapitalkostensatz diskontiert, der nach einer »Lehrbuchformel« (auch: »Textbook Formula«; s. u.) bestimmt worden ist.

(F. 125)

$$UW_0 = \sum_{t=0}^{\infty} \frac{\text{FCf vor Zinsen}_{\text{unverschuldet nach Steuern, t}}}{(1 + \text{Gesamtkapitalkostensatz}_{\text{mit Tax Shield}})^t}$$

$$+ \text{ Marktwert des nicht betriebsnotwendigen Vermögens}$$

$$- \text{ Marktwert des Fremdkapitals}$$

Total Cashflow

- Im Konzept des Total Cashflow (TCf) wird das Steuerschild des Fremdkapitals nur im Freien Cashflow berücksichtigt.

(F. 126)

$$UW_0 = \sum_{t=0}^{\infty} \frac{\text{FCf vor Zinsen}_{\text{unverschuldet nach Steuern, t}}}{(1 + \text{Gesamtkapitalkostensatz}_{\text{ohne Tax Shield}})^t}$$

$$+ \text{ Marktwert des nicht betriebsnotwendigen Vermögens}$$

$$- \text{ Marktwert des Fremdkapitals}$$

Adjusted Present Value

- Im Konzept des Adjusted Present Value (APV) werden zwei DCf-Werte bestimmt, eine sog. »finanzierungsunabhängige Komponente« (= Wert eines unverschuldeten Unternehmens), die in einem zweiten Schritt um eine finanzierungsabhängige Komponente (= Barwert der Steuervorteile aus der Fremdfinanzierung) zu erhöhen ist.

(F. 127)

$$UW_0$$

$$= \sum_{t=0}^{\infty} \frac{\text{FCf vor Zinsen}_{\text{unverschuldet nach Steuern, t}}}{(1 + \text{Eigenkapitalkosten eines unverschuldeten Unternehmens})^t}$$

$$+ \sum_{t=0}^{T} \frac{\text{Steuersatz} \times \text{Fremdkapitalkosten} \times FK_{t-1}}{\prod_{t'=0}^{t} (1 + \text{risikoadäquater Zins des Steuervorteils}_{t'})^t}$$

$$+ \text{ Marktwert des nicht betriebsnotwendigen Vermögens}$$

$$- \text{ Marktwert des Fremdkapitals}$$

Keine Variante ist eindeutig überlegen

Die Varianten des DCf-Konzepts führen unter restriktiven Prämissen, wie einer am Unternehmensgesamtwert orientierten Fremdfinanzierung, sowohl im Renten- als auch Nichtrentenmodell zu übereinstimmenden Unternehmenswerten (vgl. Hachmeister, D. (2000), S. 105 ff.; überdies Hering, T. (2000), S. 445 ff.; Schildbach, T. (2000); Lorson, P./Pfirmann, A./Tesche, T. (2014)). Alle Versuche, die Überlegenheit einzelner Ansätze dadurch zu belegen, dass die implizierten Finanzierungsprämissen mit Blick auf die Realität weniger kritisch seien, sind nicht verallgemeinerbar (vgl. zum Folgenden LORSON, P. (2004), S. 201 ff.). Allein die Einschätzung, dass das TCf-Verfahren deshalb unpraktikabel ist, weil seine Nutzung die Kenntnis des absoluten Fremdkapitalbestands künftiger Perioden erfordert, vermag zu überzeugen. Wenn eine Präferenz für

Zirkularitätsproblem

- das FtE-Konzept damit begründet wird, dass der Entity-Weg umständlich sei, wird übersehen, dass hierbei der Zeitpunkt der Zahlungen an die Fremdkapitalgeber bekannt sein muss;
- das APV-Konzept damit begründet wird, dass es die Problematik der Zirkularität im WACC-Konzept vermeidet, wird übersehen, dass dieser Vorteil z. B. die Existenz eines gültigen Kapitalstrukturmodells voraussetzt. Anderenfalls kann aus beobachteten Eigenkapitalkosten verschuldeter Unternehmen kein Kapitalkostensatz eines unverschuldeten Unternehmens bestimmt werden;
- das WACC-Konzept mit seiner Einfachheit begründet wird, wird übersehen, dass hierbei das Zirkularitätsproblem dergestalt zu Tage tritt, dass zur Ermittlung des Marktwerts des Eigenkapitals das Rechenergebnis bereits bekannt sein muss, weil die Kapitalkosten mit den jeweiligen Marktwertrelationen gewichtet werden (vgl. etwa SCHWETZLER, B./DARIJTSCHUK, N. (1999)):

(F. 128)

$$\begin{aligned}\text{WACC} &= \text{Eigenkapitalkosten} \times \frac{\text{Marktwert EK}}{\text{Marktwert GK}} \\ &+ (1\ ./.\ \text{Steuersatz}) \times \text{Fremdkapitalkosten} \times \frac{\text{Marktwert FK}}{\text{Marktwert GK}}\end{aligned}$$

Allerdings lässt sich dieses Problem u. a. iterativ oder pragmatisch durch Rückgriff auf eine marktwertige Zielkapitalstruktur lösen (vgl. zu alternativen Lösungsvorschlägen DRUKARCZYK, J. (1998), S. 175; REICHMANN, T. (2011), S. 644 f., m. w. N.; MATSCHKE, M. J./BRÖSEL, G. (2013), S. 706; ERNST, D./ SCHNEIDER, S./THIELEN, B. (2012), S. 48 f.). Der Vorschlag, auf eine buchwertige Zielkapitalstruktur zurückzugreifen und bspw. normative Kapitalstrukturregeln oder auch die sog. »Bayer-Formel« zu bemühen, sind hingegen abzulehnen (vgl. RICHTER, F. (1999), S. 96 f. und unter 3. Abschn., Kap. 3, 1.4).

Letztlich basieren alle Bewertungskonzepte auf einer (idealen) MILLER/ MODIGLIANI-Welt und setzen bei Verwendung von im Zeitablauf konstanten Kapitalkosten zudem eine kapitalstrukturneutrale Finanzierung der Erweiterungsinvestitionen voraus. Ohne diese sehr restriktiven (und unrealistischen) Prämissen existiert keine Unternehmenswertäquivalenz bzw. Verfahrenskompatibilität, weshalb der Bewertungsansatz zu einem anderen Unternehmenswert führen müsste.

Merksätze

1. Die zwei Grundformen einer DCf-Bewertung unter Unsicherheit sind die Equity- und Entity-Methode. Während bei der Equity-Methode (hier: FtE-Methode) der Marktwert des Eigenkapitals unmittelbar (als Nettokapitalisierung) ermittelt wird, wählt die Entity-Methode den indirekten

Weg durch Subtraktion des Marktwerts des Fremdkapitals vom zuvor ermittelten Unternehmensgesamtwert (Bruttokapitalisierung).
2. Die Varianten der Entity-Methode lassen sich anhand der Berücksichtigung des Steuerschilds des Fremdkapitals einteilen in die Konzepte WACC, TCf und APV.
3. Alle DCf-Konzepte führen bei Beachtung strenger Prämissen zu gleichen Unternehmenswerten. Dabei ist eine generelle Überlegenheit eines Ansatzes nicht erkennbar.

5.3.4 Unzulänglichkeiten der herkömmlichen Performancemaße

Kritik an konventionellen Performancemaßen

Die Befürworter des Shareholder-Value-Ansatzes belegen meist empirisch, dass die herkömmlichen Maßstäbe unternehmerischen Erfolgs (nahezu) bedeutungslos für die Entwicklung der Eigentümerrendite sind (vgl. nur Rappaport, A. (1999), S. 15 ff. und auch Bühner, R. (1990), S. 13 ff.; überdies Lorson, P. (2004), S. 69 ff.). Im Einzelnen werden kritisiert:

- absolute Erfolgsgrößen des externen Rechnungswesens, wie Gewinne oder Jahresüberschüsse;
- in der Wirtschaftspresse dominierende finanzanalytische Performancemaße: Ergebnis je Aktie-Kennzahlen, wie Earnings per Share oder Ergebnis je Aktie nach DVFA/SG;
- relative Ein-Perioden-bezogene Performancemaße, die auf buchhalterischer Basis gebildet werden, wie Return on Investment (ROI), Return on Equity (ROE) oder verwandte Größen.

Dagegen wird angeführt, dass sie eine auf kurzfristige Erfolge ausgerichtete Unternehmensführung fördern und bewertungsabhängig, d. h. vom Management »gestaltbar« sind. Sie lassen den Zeitwert des Geldes und Risikoaspekte unberücksichtigt und sind zudem falsch geeicht bzw. kalibriert (vgl. nur Copeland, T./Koller, T./Murrin, J. (2002), S. 54).

Stattdessen wird dafür plädiert, die Erfolgsplanung und -messung auf dem Zukunftserfolgswert eines Unternehmens und dessen Veränderung basieren zu lassen. Hiervon verspricht man sich Zukunftsorientierung, Langfristorientierung und Risikoadäquanz sowie (weitestgehende) Manipulationsfreiheit der Erfolgsgröße seitens des Managements. Als »Königsweg« der Unternehmenswertbestimmung gilt im Rahmen der unternehmenswertorientierten Unternehmensführung das auf der Kapitalwertmethode basierende Verfahren der Diskontierung geplanter freier Zahlungsmittelüberschüsse.

Die Anwendung der sog. »DCf-Verfahren« erfordert jedoch die Kenntnis bzw. die Ermittlung eines geeigneten Diskontierungsfaktors. Besondere Schwierigkeiten bereitet dabei die Bestimmung risikoadäquater Eigenkapitalkosten.

Merksätze

1. Die herkömmlichen Performancemaße werden aufgrund ihrer Kurzfristorientierung, Bewertungsabhängigkeit, ihrer fehlerhaften Kalibrierung und wegen fehlender Berücksichtigung von Risikoaspekten und des Zeitwerts des Geldes kritisiert.

2. Erfolgsmessung und -planung sollten auf dem Zukunftserfolgswert und dessen Veränderungen basieren, um Langfristorientierung, Risikoadäquanz und weitestgehende Manipulationsfreiheit durch das Management zu erreichen.
3. Die DCf-Verfahren, für die die Ermittlung eines geeigneten Diskontierungsfaktors von zentraler Bedeutung ist, erfüllen vorgenannte Anforderungen am ehesten.

5.3.5 Ansatzpunkte zur Ermittlung von risikoadäquaten Kapitalkosten

Kapitalkosten und Kapitalkostenkonzept

Den (risikoadäquaten) Gesamtkapitalkosten kommt eine besondere Bedeutung zur Bewertung unsicherer Zahlungsströme zu. Sie werden zum »Eichpunkt ökonomischer Erfolgsmessung« (Lorson, P. (1999), S. 1330) und dienen

- entweder als retrospektives Performancemaß der Beurteilung vergangener Investitionen, etwa i. S. e. Vergleichs von Mindest-Soll und Ist, oder
- in prospektiver Form (wertorientierter) Kapitalallokationsentscheidungen, etwa im Zuge von Planung und Steuerung.

Zu ihrer Ermittlung können zwei Wege beschritten werden:

- Bestimmung eines (extrapolationsfähigen) Durchschnitts der Vergangenheit oder
- Anpassung an eine (vorab bestimmte) Zielkapitalstruktur.

Das Kapitalkostenkonzept beruht auf der Idee der Kapitalbeschaffung auf anonymen Kapitalmärkten (vgl. Bufka, J./Schiereck, D./Zinn, K. (1999), S. 116).

5.3.5.1 Fremdkapitalkosten

Fremdkapitalkosten

Grds. zu unterscheiden sind die Ermittlung von Fremdkapitalkosten zum einen durch Auswertung bestehender Fremdkapitalien sowie der zugehörigen Verträge und zum anderen durch kapitalmarktorientiertes Vorgehen. Der ermittelte Zins muss jedoch um das sog. »Tax-Shield« korrigiert werden, da er nicht die Fremdkapitalkosten des Unternehmens, sondern die Renditeforderung der Fremdkapitalgeber widerspiegelt (vgl. zur Gefahr einer Doppelberücksichtigung Ernst, D./Schneider, S./Thielen, B. (2012), S. 84).

Die kapitalmarktorientierte Vorgehensweise ermittelt den Zinssatz, den die zu beurteilende Unternehmung am Fremdkapitalmarkt zu zahlen hätte. Analog zum noch zu behandelnden CAPM für die Eigenkapitalkosten ist ein unternehmensspezifischer Risikozuschlag (hier: Bonitätsaufschlag) zur Rendite einer risikolosen Anleihe zu ermitteln. Das Ausmaß der bonitätsspezifischen Korrektur kann sich etwa an den Ratingstufen und den damit korrespondierenden Bonitätsaufschlägen der Ratingagenturen Moody's und Standard & Poor's orientieren (vgl. Lorson, P. (1999), S. 1331; auch Arbeitskreis »Finanzierungsrechnung« (2005), S. 74 ff.). Ein Beispiel bildet die Vorgehensweise von DaimlerChrysler (vgl. Übersicht 136; Quelle: DaimlerChrysler (1999), S. 4).

Kapitalmarktbasierte Fremdkapitalkostenermittlung

	Risikofreier Zins (5 Jahre)	4,2 %
+	Kapitalbeschaffung und Bonitätsaufschlag (gem. Bonität des Konzerns, Rating)	+0,8 %
=	Fremdkapitalkosten	5,0 %
./.	Konzernsteuerrate (42 %)	–2,1 %
=	Verzinsungsanspruch der Finanzverbindlichkeiten	2,9 %

Übersicht 136: Kapitalmarktbasierte Fremdkapitalkostenermittlung bei DaimlerChrysler

Bei der analytischen Vorgehensweise hingegen errechnen sich die zukünftigen Fremdkapitalkosten als gewichteter durchschnittlicher Kapitalkostensatz der aufgenommenen bzw. aufzunehmenden Fremdkapitalformen. Die Auswertung vertraglicher Bestimmungen wird jedoch durch das Vorhandensein zahlreicher und verschiedenartiger Fremdkapitalarten erschwert. Zusätzlich müssen die impliziten Kapitalkosten, wie sie durch die Stellung von Kreditsicherheiten entstehen können, Berücksichtigung finden (vgl. Arbeitskreis »Finanzierung« (1996), S. 558 f.; Schwetzler, B. (2000), S. 94, 99 ff.).

Folgende Übersicht 137 zeigt eine stark vereinfachte Möglichkeit zur Ermittlung von pauschalisierten Fremdkapitalkosten (vgl. auch Arbeitskreis »Finanzierung« (1996), S. 559 ff., m. w. N.):

Analytische Fremdkapitalkostenermittlung

Fremdkapitalart	Ermittlung bzw. anzusetzende Kosten
Langfristiges Fremdkapital	Kapitalmarktorientierte Ermittlung
Pensionsrückstellungen	8–9 %
Kurzfristiges Fremdkapital	Durchschnittliche Kosten kurzfristiger Anlagen
Leasing/Miete	Kosten des langfristigen Fremdkapitals

Übersicht 137: Kosten von Fremdkapitalarten (vor Steuern)

Bei der Ermittlung der Kosten des kurzfristigen Fremdkapitals sind als sog. »Abzugskapital« zu berücksichtigen: Kurzfristige unverzinsliche Verbindlichkeiten (z. B. Verbindlichkeiten aus Lieferungen und Leistungen), kurzfristige Rückstellungen und Kundenanzahlungen, wobei deren Bodensatz vom Abzug auszunehmen ist. Da dieser dem Betrieb wie Eigenkapital nahezu unbefristet zur Verfügung steht, sind hierfür die Kosten des Eigenkapitals anzusetzen.

Merksätze

1. Kapitalkosten dienen entweder als retrospektives Performancemaß oder prospektiv als Entscheidungskriterium bei wertorientierter Kapitalallokation.
2. Grundgedanke des Kapitalkostenkonzepts ist die Betrachtung anonymer Kapitalmärkte, welche die Bedingungen der Kapitalbeschaffung in Form von Preis- und Renditeforderungen widerspiegeln.
3. Die Ermittlung von Fremdkapitalkosten kann kapitalmarktorientiert oder durch Auswertung (zukünftig) bestehender Fremdkapitalien erfolgen.

5.3.5.2 Eigenkapitalkosten

Eigenkapitalkosten

Die kapitalmarktorientierte Vorgehensweise zur Ermittlung der Eigenkapitalkosten basiert auf Modellen, die ursprünglich – als explikative Kapitalmarktmodelle – zur Herleitung von Gleichgewichtsrenditen bei Unsicherheit entwickelt wurden. Für Zwecke der Eigenkapitalkostenbetrachtung sind sie umzudeuten als Ansätze der gestaltenden Theorie zur Berechnung von Kapitalkostensätzen bei Unsicherheit (vgl. Perridon, L./Steiner, M./Rathgeber, A. W. (2012), S. 270 ff.). Nach einer Betrachtung von drei ausgewählten Modellen (Capital Asset Pricing Model, Consumption-based Capital Asset Pricing Model und Arbitrage Pricing Theory) wird eine mögliche Vorgehensweise für die praktische Berechnung risikoadäquater Eigenkapitalkosten dargestellt. Abschließend ist auf Ansätze zur Plausibilisierung der erzielten Ergebnisse einzugehen, die auch bei nicht börsennotierten Unternehmen bzw. Geschäftsbereichen Anwendung finden können.

5.3.5.2.1 Capital Asset Pricing Model (CAPM)

CAPM-Modellprämissen

Das CAPM wurde aus der Portfoliotheorie von Markowitz entwickelt. Das Modell unterstellt einen positiven linearen Zusammenhang zwischen Eigenkapitalkosten und dem Beta-Faktor eines Unternehmens, sofern dieser positiv ist. Relevante Prämissen für die Geltung dieses Zusammenhangs sind (vgl. allein Perridon, L./Steiner, M./Rathgeber, A. W. (2012), S. 271 f.): Die Kapitalmarktteilnehmer agieren auf einem vollkommenen Markt, d. h., die Existenz von Transaktionskosten, Steuern oder anderen Friktionen wird ausgeschlossen. Die Anzahl der beliebig teilbaren Wertpapiere ist den Marktteilnehmern bekannt. Letztere sind bei vollkommenem Wettbewerb als rational handelnde Nutzenmaximierer risikoaverse Preisnehmer. Ein höheres Risiko einer Kapitalanlage wird nur gegen Vergütung einer entsprechenden Risikoprämie in Kauf genommen. Da alle Marktteilnehmer über sämtliche Informationen verfügen, herrschen homogene Erwartungen bzgl. der als normalverteilt angenommenen Renditen, die somit durch ihre ersten beiden Verteilungsmomente (Erwartungswert μ und Varianz σ^2) vollständig charakterisiert sind. Die Marktteilnehmer haben jederzeit die Möglichkeit, Geld zu einem risikolosen Zinssatz (r_f) aufzunehmen bzw. anzulegen. Es gilt das Tobin-Separationstheorem: Investitionsentscheidung und individueller Grad der Risikoscheu sind unabhängig voneinander (vgl. Steiner, M./Bruns, C./Stöckl, S. (2012), S. 23). Gemeinsam mit der Prämisse homogener Erwartungen ergeben sich hieraus für alle Anleger – in ihrem Bemühen, unter Ausnutzung von Risikodiversifikationseffekten risikoeffiziente Portefeuilles zu bilden – gleiche Portefeuillestrukturen risikobehafteter Wertpapiere (Marktportefeuille). Erst im zweiten Schritt ihrer Anlageentscheidungen unterscheiden sich einzelne Investoren bei Aufteilung ihrer Mittel auf Marktportefeuille und risikolose Anlage. Risikoeffizient ist ein Portefeuille (P) dann, wenn

1. bei gleicher erwarteter Rendite (μ) keine Alternativanlage mit weniger Risiko (σ),
2. bei gleichem σ keine Alternativanlage mit höherem μ,
3. keine Alternative mit höherem μ und niedrigerem σ existiert.

Die Ausnutzung des Diversifikationseffekts führt im Gleichgewicht zur völligen Eliminierung des titelspezifischen (unsystematischen) Risikos. Der Anleger sieht sich nur noch mit dem Marktrisiko (systematisches Risiko) konfrontiert. Als problematisch erweist sich bei empirischen Untersuchungen oder den hier betrachteten Anwendungsfeldern die Auswahl eines Stellvertreterindex (vgl. EICHBERGER, J./HARPER, I. R. (1997), S. 87), zumal das Marktportefeuille, das in der Modellwelt alle denkbaren Kapitalanlageformen enthält (inkl. Grundstücke, Edelmetalle, Kunst, Humankapital u. Ä.), nur durch einen aufwendigen Mischindex modellnah nachgebildet werden kann (vgl. STEINER, M./KLEEBERG, J. (1991), S. 180). Die Zusammensetzung des gewählten Index sollte die Anlagemöglichkeiten des Investors widerspiegeln. Aus Konsistenzgründen ist ein übereinstimmender Stellvertreterindex für die Bestimmung der Marktrendite (Überrendite) und die Beta-Schätzung zu fordern.

Die Modellprämissen des CAPM sind sehr streng. Daher wird regelmäßig zu Recht auf die Gefahr ihrer Verletzung in der Realität hingewiesen (vgl. nur BIEG, H. (1999), S. 305). Gleichwohl wurde durch empirische Untersuchungen der Beweis erbracht, dass sie den praktischen und theoretischen Nutzen des CAPM auch im Vergleich zu realitätsnäheren Modellprämissen nicht schmälern (vgl. LINTNER, J. (1969), S. 347 ff.; KOCHERLAKOTA, N. (1996), S. 42 ff.).

Kapitalmarktlinie

Das beschriebene Szenario, das Ausgangsbasis für die Kapitalkostenermittlung ist, lässt sich graphisch wie folgt mit Hilfe der Kapitalmarktlinie veranschaulichen (vgl. Übersicht 138).

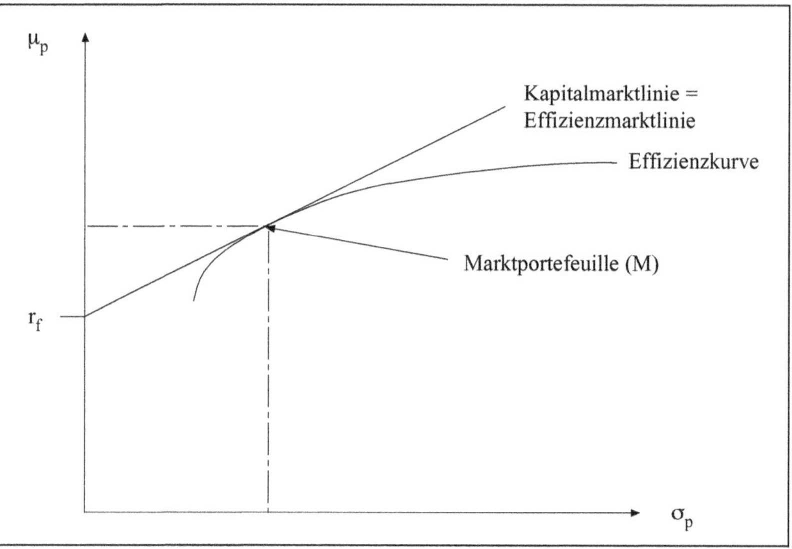

Übersicht 138: Kapitalmarktlinie

Aus bilanzanalytischer Sicht ist es nunmehr interessant, den Modellrahmen auf die Bewertung eines einzelnen im Marktportefeuille enthaltenden Wertpapiers anzuwenden. Es ergibt sich folgende CAPM-Gleichung für die ristikoadäquate Mindestrenditeforderung der Eigenkapitalgeber ($E(R_i)$) an eine Unternehmung i:

(F. 129)

$$E(R_i) = r_f + \beta_i \, [E(R_m) - r_f]$$

$$\text{mit: } \beta_i = \frac{Cov\ (R_i, R_m)}{\sigma^2\ (R_m)}$$

mit:	
$E(R_i)$	Mindestrenditeforderung der Eigenkapitalgeber an eine Unternehmung i
r_f	Rendite einer risikolosen Anlage
β_i	Beta-Faktor der Unternehmung i
R_m	Rendite des Marktportefeuilles
$Cov\ (R_i, R_m)$	Kovarianz von R_i und R_m
$\sigma^2(R_m)$	Varianz von R_m

Beta-Faktor

Der Beta-Faktor (systematisches Risiko), gemessen durch die Kovarianz als Maß für das gemeinsame Abweichungsverhalten der Wertpapierrendite und der Rendite des Marktportefeuilles von ihrer erwarteten Rendite und normiert durch die Varianz der Marktrendite, »bestimmt das Ausmaß der Veränderungen der Einzelrendite bei Veränderung der Marktrendite ... Eine Aktie mit einem Beta größer als 1 reagiert überproportional auf die Entwicklung der Marktrendite« (SERFLING, K./MARX, M. (1990), S. 368). Dabei wird nur das nicht diversifizierbare systematische Risiko (Marktrisiko) berücksichtigt. Für dessen Übernahme wird eine Risikoprämie gefordert, die sich aus der Multiplikation des Marktpreises des Risikos $[E(R_m) - r_f]$, dem Renditeunterschied zwischen der Renditeerwartung des Marktportefeuilles und dem risikolosen Zinssatz, multipliziert mit der Höhe des Risikos (β_i) ergibt. Graphisch ergibt sich die sog. »Security Market Line« (Wertpapierlinie), die Übersicht 139 zeigt.

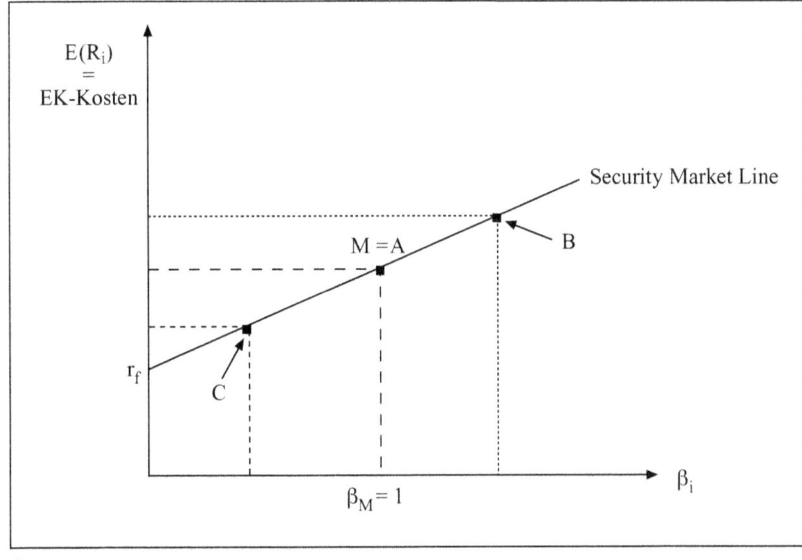

Übersicht 139: Security Market Line

Cuthbertson, K./Nitzsche, D. ((2004), S. 119) nehmen diesbezüglich folgende Einteilung vor:

- $\beta > 1$: aggressives Wertpapier: Renditen schwanken stärker als der Markt (Wertpapier B);
- $\beta = 1$: neutrales Wertpapier: Renditen schwanken vollständig wie der Markt (Wertpapier A);
- $\beta < 1$: defensives Wertpapier: Renditen schwanken schwächer als der Markt (Wertpapier C).

Trotz der zu Beginn der 1990er Jahre nach empirischen Untersuchungen aufkommenden massiven Kritik am CAPM (vgl. Fama, K. R./French, E. F. (1992), S. 427 ff.; Schneider, D. (1992), S. 526 ff.) bestätigen viele Untersuchungen den Erklärungsgehalt des CAPM für verschiedene nationale Kapitalmärkte und insb. den linearen Rendite-Risiko-Zusammenhang (vgl. Pogue, G. A./Solnik, B. H. (1974), S. 930 f.; Möller, H. P. (1988), S. 795 f.; Black, F. (1993), S. 17; Kothari, S. P./Shanken, J./Sloan, R. G. (1995), S. 185 ff.; Grundy, K./Malkiel, B. G. (1996), S. 43; Kim, D. (1997), S. 463 ff.; Loughran, T. (1997), S. 249 ff.). Folglich ist bzgl. der Gültigkeit des CAPM zwar eine gemischte, aber in der Tendenz eher positive Evidenz anzunehmen.

5.3.5.2.2 Consumption-based Capital Asset Pricing Model (CCAPM)

Consumption-based CAPM

Das CCAPM definiert das im Beta-Faktor erfasste investorenrelevante Risiko anders als das traditionelle CAPM, in dem das Risiko der Investoren in unerwarteten Vermögensänderungen liegt. In der Modellwelt des CCAPM hingegen stehen nicht die Unsicherheit über Aktienrenditen und dadurch entstehende Vermögensänderungen im Vordergrund, sondern vielmehr der direkte Zusammenhang zwischen unsicherer Rendite und unsicheren Konsummöglichkeiten der Anleger.

Die Wertpapieranlage dient einer festen Anzahl risikoscheuer, nutzenmaximierender Konsumenten zur Glättung ihres Konsumprofils im Zeitablauf bei gegebener hoher Zeitpräferenz. Mit Hilfe eines einzigen Konsumgutes wird die lebenslange Konsumnutzenfunktion, deren Eigenschaften und Implikationen für Zwecke der externen Bilanzanalyse unberücksichtigt bleiben können (vgl. hierzu Mehra, R./Prescott, E. C. (1985), S. 159; Kocherlakota, N. (1996), S. 42 ff.), maximiert. Eigenkapitalkostenschwankungen ergeben sich im Modell aus Käufen und Verkäufen von Wertpapieren zur Optimierung des intertemporalen Nutzens. Somit ergibt sich folgende Modellgleichung für die Eigenkapitalkosten des Unternehmens i:

(F. 130)

$$E(R_i) = r_f + \beta_i \, [E(R_m) - r_f] + e_{it}$$
$$\text{mit: } \beta_i = Cov(R_i, Ct) \, / \, \sigma^2(C_t), \; E(e_{it}) = 0$$

mit: e_{it} Störvariable des Wertpapiers i zum Zeitpunkt t, Residuum
C_t Wachstumsrate des aggregierten Pro-Kopf-Konsums zum Zeitpunkt t

Wie dargelegt, wird das Risiko der Wertpapieranlage durch die Kovarianz seiner Rendite mit der Wachstumsrate des Pro-Kopf-Konsums in Periode t ggü. der Vorperiode, normiert durch das Schwankungsverhalten des Pro-Kopf-Wachstums, ausgedrückt: das »Risiko nämlich, daß in Zeiten, in denen sowieso relativ viel konsumiert wird [... und der Grenznutzen zusätzlichen Konsums durch mehr disponibles Kapital gering ist, d. Verf.] genau dann viel mit der Anlage verdient wird« (HESSE, T. (1996), S. 61). Unternehmen, deren Aktien ein solches Verhalten aufweisen, werden durch Aktienverkäufe mit höheren Eigenkapitalkosten belastet. Unternehmen, deren Ausschüttungsverhalten sich antizyklisch zum allgemeinen Konsumklima verhält, haben in diesem Modell tendenziell niedrigere Eigenkapitalkosten.

Vergleich von CAPM und CCAPM

Ggü. dem CAPM weist das CCAPM den Vorteil auf, dass die Problematik der Auswahl eines Stellvertreterindex für das Marktportefeuille vermieden wird. Dieser Vorteil wird auf Kosten eigener modellspezifischer Anwendungsprobleme, wie der Messung des Konsums, erkauft (vgl. auch BREEDEN, D. T./GIBBONS, M. R./LITZENBERGER, R. H. (1989), S. 234; BREALEY, R. A./MYERS, S. C./ALLEN, F. (2008), S. 222 f.). Ob das CAPM oder das CCAPM einen höheren empirischen Erklärungsgehalt aufweist, scheint – soweit ersichtlich – noch nicht abschließend geklärt zu sein.

5.3.5.2.3 Arbitrage Pricing Theory (APT)

APT

Durch Aufspaltung des Beta-Faktors, der auch hier für das Marktrisiko steht, unterstellt die APT einen mehrfaktoriellen Renditegenerierungsprozess und basiert dabei auf weniger strengen Modellprämissen. Insb. die Normalverteilungsannahme wird vermieden. Dennoch ist die APT kein mehrfaktorielles CAPM, da sie eine andere Modellwelt beschreibt und als Alternative zum CAPM entwickelt wurde (vgl. ROSS, S. A. (1976), S. 341 ff.; BREALEY, R. A./MYERS, S. C./ALLEN, F. (2014), S. 205 f.). Die Arbitragefreiheitsannahme stellt als zentrale Prämisse die Voraussetzung für ein ständiges Marktgleichgewicht auf einem vollkommenen und informationseffizienten Kapitalmarkt dar. Die Investoren sind risikoscheue Nutzenmaximierer mit homogenen Erwartungen. Sie halten breit diversifizierte Portefeuilles ohne unsystematisches Risiko. Wie in der CAPM-Welt existiert ein risikoloser Zinssatz, zu dem Geld in unbeschränkter Höhe aufgenommen bzw. angelegt werden kann. Die Anzahl der Wertpapiere ist beschränkt, mind. aber so groß wie die Anzahl der APT-Risikofaktoren. Leerverkäufe sind uneingeschränkt zulässig. Die daraus resultierenden Duplikationsmöglichkeiten stellen eine Vereinfachung des CAPM dar, da auf ein allumfassendes Marktportefeuille verzichtet wird. Der Erwartungswert eines jeden Risikofaktors (b_{ik}) wird mit Null angenommen. Nur unerwartete Änderungen dieser Faktoren rufen Renditeschwankungen hervor. Aus den Prämissen ergibt sich folgende approximative Bewertungsgleichung:

(F. 131)

$$E(R_i) = r_f + \sum_{k=1(1)}^{K} \lambda_{ik} \times b_{ik} + e_1$$

$$\text{mit: } \lambda_{ik} = E(R_{ik}^0 - r_f); E(e_i) = 0$$

mit: λ_{ik} Risikoprämie des Wertpapiers i bzgl. des k-ten Risikofaktors
b_{ik} Sensitivität des Wertpapiers i bzgl. unerwarteter Änderung des k-ten Risikofaktors
e_i Störvariable des Wertpapiers i, Residuum
R_{ik}^0 Rendite eines Portefeuilles mit einer Sensitivität von 1 bzgl. des k-ten Risikofaktors und einer Sensitivität von Null bzgl. anderer Risikofaktoren

Der Eigenkapitalkostensatz des Unternehmens i ergibt sich aus dem risikolosen Zinssatz zzgl. einer Risikoprämie. Letztere setzt sich aus den mit den faktorbezogenen Sensitivitäten (b_{ik}) multiplizierten faktorspezifischen Risikoprämien (λ_{ik}) des Unternehmens zusammen. Die Faktorsensitivitäten stellen die unternehmensspezifische Reagibilität des Beteiligungstitels auf unerwartete Änderungen dieses Risikofaktors dar. Anzahl und Vorzeichen der APT-Faktoren werden theoretisch nicht vorgegeben. Ermittelbar sind die Risikofaktoren, auf die sich das systematische Risiko verteilt, aus ihrer Kovariabilität mit den Aktienrenditen (vgl. Peters, H.W. (1987), S. 38). Aus Vereinfachungsgründen sollte auf die Methode der Vorabspezifikation zurückgegriffen werden, d.h. auf die für einen Kapitalmarkt aussagekräftigste Kombination von Risikofaktoren aus der empirischen Literatur (vgl. Steiner, M./Nowak, T. (1994), S. 352 f.). Beispielhaft zeigt Übersicht 140 diejenigen Faktoren, deren unerwartete Veränderungen für die USA (vgl. Roll, R./Ross, S.A. (1984), S. 16) sowie Deutschland (vgl. Lockert, G. (1996), S. 220) empirisch herausgearbeitet wurden.

APT-Risikofaktoren

USA	Deutschland
• Inflationsrate • Niveau der industriellen Güterproduktion • Ausfallrisikoprämien am Aktienmarkt • Veränderungen der Zinsstrukturkurve	• Industrielle Nettoproduktion • Zinsstruktur am Rentenmarkt • DM/US-Dollar Wechselkurs • Inflationsrate • Terms of Trade

Übersicht 140: Empirisch ermittelte APT-Risikofaktoren

Bei Anwendung der Vorabspezifikation bleiben noch die unternehmensspezifischen Faktorrisikoprämien zu ermitteln, die in der Vergangenheit bei unerwarteten Veränderungen der Risikofaktoren vergütet wurden. Weiterhin ist eine Schätzung der Faktorsensitivitäten vorzunehmen. Beides erfolgt unter Rückgriff auf Vergangenheitsdaten (vgl. Copeland, T.E./Weston, F.J./Shastri, K. (2005), S. 178; Freygang, W. (1993), S. 234 f.). Tests von APT-Eigenkapitalkostenprognosen für auf den historischen Schätzzeitraum folgende Perioden verliefen erfolgreicher als Prognosen mit dem CAPM (vgl. stellvertretend GOLDENBERG, D./ROBIN, A. J. (1991), S. 183; GÜNTHER, T. (1997), S. 170, m. w. N.). »Um in der APT zu einer exakten Bewertung zu gelangen, sind allerdings restriktive Annahmen erforderlich, die stark den Prämissen des CAPM ähneln« (LOCKERT, G. (1998), S. 75).

In der Praxis der Eigenkapitalkostenermittlung spielt die APT – soweit ersichtlich – keine signifikante Rolle (vgl. BRUNER, R. F. ET AL. (1998), S. 17; MILLS, R. W. (2001), S. 37).

Merksätze

1. Für Zwecke der Eigenkapitalkostenermittlung werden gleichgewichtstheoretische Kapitalmarktmodelle für die Gestaltung von Kapitalkosten genutzt (gestaltende Kapitalkostentheorie).
2. Das CAPM unterstellt für positive Beta-Faktoren einen linearen Rendite-Risiko-Zusammenhang. Hierin fließt lediglich das nicht diversifizierbare Marktrisiko ein. Es determiniert das Schwankungsverhalten innerhalb des Marktportefeuilles.
3. Das CCAPM unterstellt unter Verzicht auf das Marktportefeuille einen direkten Zusammenhang zwischen unsicherer Rendite sowie unsicheren Konsummöglichkeiten.
4. Die APT nimmt einen mehrfaktoriellen Renditegenerierungsprozess an. Die Eigenkapitalkosten einer Unternehmung schwanken hier in Abhängigkeit von unerwarteten Veränderungen der jeweils – a priori unbekannten – Risikofaktoren. Zur praktischen Anwendung ist daher eine Vorabspezifikation vorzunehmen. Die APT ähnelt dem CAPM wegen differierender Prämissensets nur scheinbar.

5.3.5.3 Praktische Ermittlung von Eigenkapitalkosten mit dem CAPM

Ergänzende CAPM-Annahmen für praktikable Anwendung

Obgleich theoretisch aus Wahrscheinlichkeitsverteilungen zu ermitteln, wird deutlich werden, dass Vergangenheitsdaten den wichtigsten Input der Eigenkapitalkostenermittlung darstellen (vgl. BALLWIESER, W. (1995), S. 123). Die risikoangepassten Eigenkapitalkosten sind als der für den Planungszeitraum erwartete Wert zu ermitteln (vgl. LORSON, P. (1999), S. 1330). Dies ist insb. vor dem Hintergrund der zeitlichen Instabilität von Beta-Faktoren, z. B. durch Veränderung der Kapitalstruktur, ein nicht zu vernachlässigender Aspekt (vgl. LERBINGER, P. (1984), S. 291). Ein unternehmensseitig mit ökonometrischen Verfahren geschätzter Beta-Faktor kann mit Hilfe eines Strukturbruchtests auf seine Stabilitätseigenschaften untersucht werden (vgl. HEIDEN, M. (1998), S. 23 f.). Die hier dargestellte Vorgehensweise unterstellt einen als stabil getesteten Beta-Faktor (vgl. zum Umgang mit instabilen Beta-Faktoren ROSENBERG, B./RUDD, A. (1992), S. 83; ROSENBERG, B./RUDD, A. (2003); BLACK, A./WRIGHT, P./BACHMANN, J. E. (1998), S. 51; BRUNER, R. F. ET AL. (1998), S. 20 f.; COPELAND, T./KOLLER, T./MURRIN, J. (2002), S. 284 f.; SHALIT, H./YITZHAKI, S. (2002), S. 96).

Obwohl das CAPM für den Ein-Perioden-Fall definiert ist, kann es im Rahmen der (externen) Unternehmensbewertung im Mehrperiodenkontext angewandt werden. Dies erfordert die Einführung ergänzender Modellprämissen (vgl. SACH, A. (1995), S. 118; GÜNTHER, T. (1997), S. 168), oder es wird wie hier vereinfachend eine jährlich wiederkehrende Entscheidungs- bzw. Bewertungssituation unterstellt.

Datenquellen

Bei der praktischen Anwendung des CAPM im Rahmen der Eigenkapitalkostenermittlung erscheinen zwei grundsätzliche Verfahren denkbar. Einerseits können alle Komponenten der Gleichung unter Rückgriff auf makroökonomische Daten multivariat geschätzt werden, was zu einem erheblichen Mehraufwand in den Bereichen Datenbeschaffung und -pflege führen würde. Insb. die Beschaffung aussagekräftiger historischer Datensätze für die risikofreie Anlageform (auf Basis langfristiger öffentlicher Anlagen oder auf Basis von Zinsstrukturkurven; vgl. ERNST, D./SCHNEIDER, S./THIELEN, B. (2012), S. 51 ff., m. w. N.) bereitet Probleme. Andererseits können – wie Übersicht 141 (geringfügig modifiziert entnommen aus LORSON, P. (1999), S. 1330, m. w. N.) zeigt – alle Parameter aus externen Quellen gewonnen und in der CAPM-Gleichung zu risikoadäquaten Eigenkapitalkosten zusammengeführt werden.

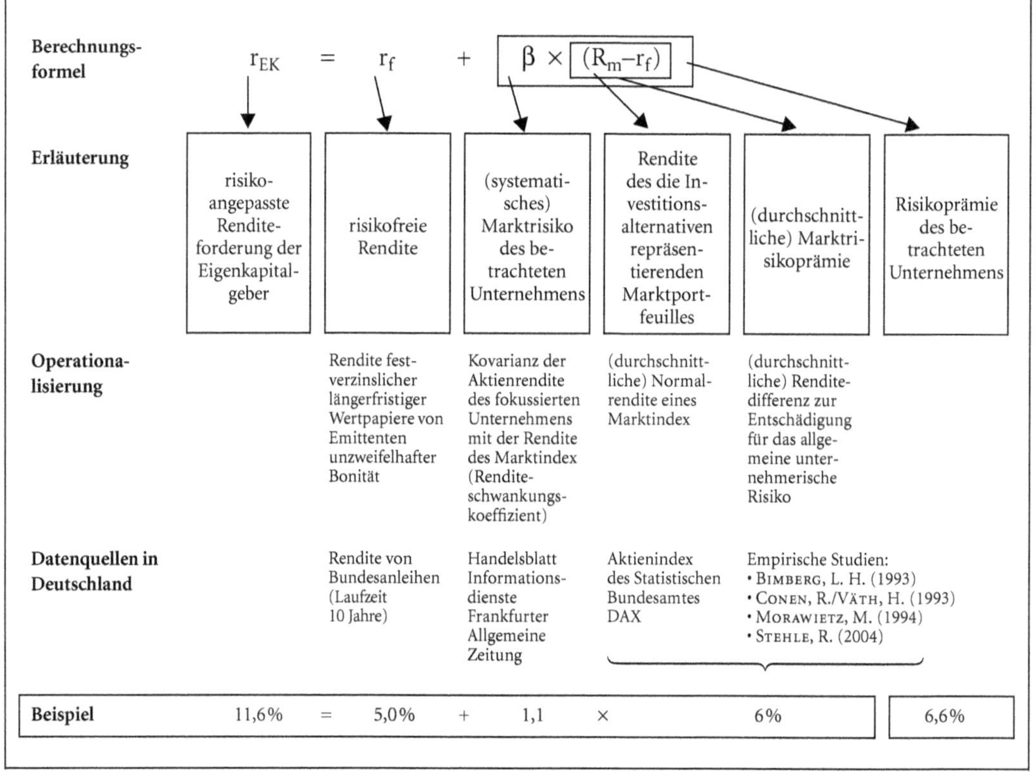

Übersicht 141: Eigenkapitalkostenermittlung auf Grundlage des CAPM

Aufgrund seiner zentralen Bedeutung sollte der Beta-Faktor aus möglichst vollständigen historischen Daten geschätzt werden. Nur so ist der Rendite-Risiko-Zusammenhang zwischen den Schwankungen des gewählten Markt-Index und den Eigenkapitalkosten der betrachteten Unternehmung bestmöglich zu erfassen. Als praktikables Schätzmodell bietet sich das Marktmodell als ex post-Regressionsgleichung an, die einen linearen Zusammenhang zwischen Eigenkapitalkosten und Marktportefeuille unterstellt (vgl. etwa BAETGE, J./KRAUSE, C. (1994), S. 439 f.; BRUNER, R. F. ET AL. (1998), S. 19 ff.):

Schätzung des Betawerts im Marktmodell

(F. 132)

$$R_i = a_i + b_i \times R_m + u_i$$
$$\text{mit: } E(u_i) = 0;\ \hat{\beta}_i = b_i$$

mit: a_i Regressionskonstante im Marktmodell für das Wertpapier i
b_i geschätzter Beta-Faktor des Marktmodells für das Wertpapier i

Nach kleineren Umformungen kann das Marktmodell im Gleichgewichtszustand in das CAPM überführt werden (vgl. BAUER, C. (1992), S. 27; ZIMMERMANN, P. (1997), S. 18 ff.).

Schätzung des Betawerts mit Zero-Beta-CAPM

In der Kapitalmarkttheorie liegt mit dem von BLACK entwickelten Zero-Beta-CAPM (vgl. BLACK, F. (1972), S. 444 ff.) ein weiteres Modell zur Berechnung von Eigenkapitalkosten vor. Im Gegensatz zum traditionellen CAPM substituiert das Zero-Beta-CAPM den risikolosen Zinssatz durch das sog. »Zero-Kovarianz-Portefeuille« (ZKV) (vgl. HUANG, C./LITZENBERGER, R. F. (1988), S. 69 ff.) und ist somit insb. geeignet zur Betrachtung von Märkten, auf welche die Annahmen bzgl. der risikofreien Anlage nicht zutreffen bzw. auf denen eine solche Anlageform gar nicht existent ist (z. B. Schwellenmärkte mit risikobehafteten Staatsanleihen). Die Verwendung des ZKV entspricht den theoretischen Anforderungen an eine risikolose Anlageform, wie fehlendes Ausfallrisiko und Unkorreliertheit mit anderen Kapitalanlagen (vgl. COPELAND, T./KOLLER, T./MURRIN, J. (2002), S. 266). Weitere CAPM-Prämissen bleiben unverändert. Ggü. dem vergleichsweise einfacheren Marktmodell erlaubt das Modell von BLACK heute – unter Ausnutzung ökonometrischer Softwarepakete – tiefergehende Analysemöglichkeiten und Plausibilisierungen. Für beide Modelle sind in Abhängigkeit von den jeweils einfließenden Daten vor den eigentlichen Beta-Schätzungen die in Übersicht 142 dargelegten Datenaufbereitungsmaßnahmen erforderlich (vgl. HEIDEN, M. (1998), S. 55 ff.).

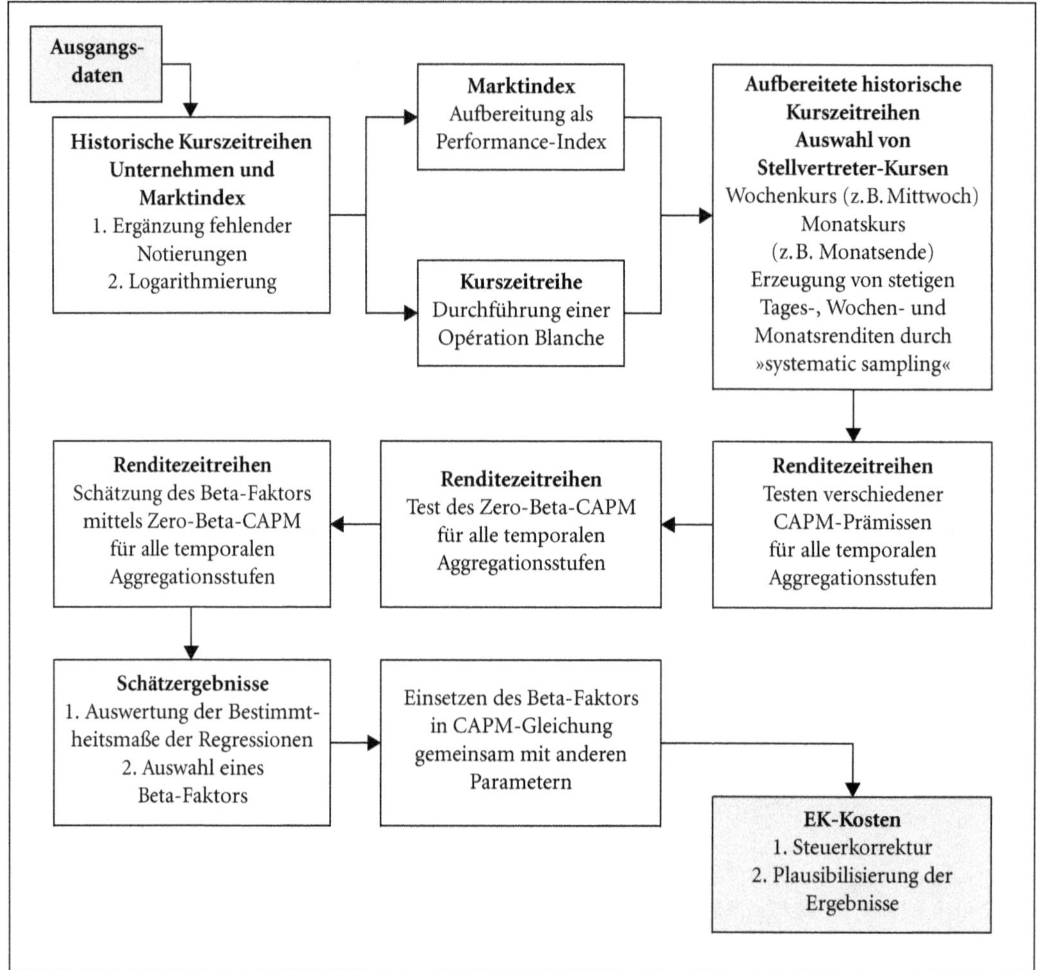

Übersicht 142: Möglicher Ablauf einer praktischen Ermittlung risikoadäquater Eigenkapitalkosten

Ablaufschema einer praktischen Eigenkapitalkostenberechnung

Ausgehend von den vorliegenden Finanzmarktdaten kann sich der Ablauf einer praktischen Ermittlung von Eigenkapitalkosten wie in Übersicht 142 gezeigt darstellen. Zunächst sind die aufgrund von Feiertagen u.Ä. fehlenden Kurse durch die Vortageskurse zu ersetzen, da die Notierung am entsprechenden Tag tatsächlich unverändert blieb. Diese Aufbereitungsmaßnahme beugt Problemen vor, da fehlende Zeitreihenelemente in vielen statistisch-ökonometrischen Softwarepaketen durch eine Null ersetzt werden. Durch die Bereinigung treten keine verzerrenden Negativrenditen auf. Die so vervollständigten Zeitreihen sollten anschließend logarithmiert werden, was eine (stetige) Renditeberechnung erleichtert (vgl. Campbell, J. Y./Lo, A. W./MacKinlay, C. C. (1997), S. 11). Der Markt-Index ist durch Bereinigung von Dividendenzahlungen und Bezugsrechtsgewährungen in einen sog. (Performance-)Index umzurechnen (vgl. Offenbächer, V./Schmitt, G. (1999), S. 242). Wegen der Komplexität dieser Maßnahme sollten die Daten bereits als Performance-Index (z. B. von der Deutsche Börse AG) extern beschafft werden. Analog sind in der logarithmierten Kurszeitreihe Dividendenzahlungen mittels einer »Opération Blanche« rückgängig zu machen. Beide Korrekturen erlauben die Betrachtung der wahren Wertentwicklung bzw. Renditeforderungen der Eigenkapitalgeber. Die Opération Blanche lässt erkennen, wie sich ein einmalig gewähltes Aktieninvestment im Laufe der Zeit sowohl wert- als auch mengenmäßig entwickelt. Es wird bei beliebiger Teilbarkeit der Wertpapiere unterstellt, dass Aktionäre alle ihnen zufließende Erträge direkt wieder anlegen (vgl. Loistl, O. (1996), S. 549 f.). Zur Betrachtung verschiedener temporaler Aggregationsniveaus sind entsprechende Stellvertreter-Kurse auszuwählen. Die gezielte Wahl des Mittwochskurses bzw. des Monatsendkurses dient der Vermeidung empirisch nachgewiesener, die Markteffizienz beeinträchtigender Wochentags-, Kalender- oder Feiertagseffekte (vgl. Gibbons, M. R./Hess, P. (1981), S. 592 f.; Frantzmann, H. J. (1987), S. 611 ff.; Agrawal, A./Tandon, K. (1994), S. 83 f.; Sanddorf-Köhle, W. (1996), S. 130 f.). Durch »systematic sampling« entstehen entsprechende Wochenkurs- und Monatskurszeitreihen (vgl. auch Shalit, H./Yitzhaki, S. (2002), S. 97). Für alle Aggregationsstufen sind stetige Renditezeitreihen zu berechnen. Die Betrachtung verschiedener temporaler Aggregationsniveaus wird durch die problematischen Eigenschaften hochfrequenter Finanzmarktdaten – etwa Tagesdaten – notwendig (vgl. Mandelbrot, B. (1963), S. 394 f.). Für die unterschiedlichen Renditezeitreihen sollten anschließend – hier beispielhaft – ausgewählte CAPM-Prämissen getestet werden. Diese Tests sollen verzerrte Schätzergebnisse aufgrund nicht theoriekonformer Dateneigenschaften weitgehend ausschließen. Obwohl die verschiedenen Zeitreihen die gleichen Eigenschaften aufweisen sollten, ist dies in der Praxis aufgrund verschiedener verzerrender Einflüsse oder Mängel in der Datenbasis nicht zwingend gewährleistet.

Die schwache Markteffizienzhypothese lässt sich mit Hilfe von Autokorrelationsfunktionen (grafisch) und des Ljung-Box-Tests (rechnerisch) überprüfen (vgl. Ding, Z./Granger, W. J./Engle, R. F. (1993), S. 85 ff.; Greene, W. H. (2008), S. 729 f.). Die zu testende Hypothese unterstellt, dass Informationen vergangener Kurse vollständig in den aktuellen Preisen enthalten sind (vgl. Brealey, R. A./Myers, S. C./Allen, F. (2014), S. 391). Die grafische Kontrolle der (partiellen) Autokorrelationsfunktion liefert erste Anhaltspunkte auf das Vorliegen von Heteroskedastizität bzw. von sog. »(G)ARCH-Effekten« (vgl. grundlegend Bollerslev, T. (1986), S. 301 ff.), die im Widerspruch zur Normalverteilungsannahme stehen. Eine zentrale CAPM-Annahme ist eben diese Normalverteilungsannahme, die eine vollständige Charakterisierung der Renditen durch die ersten beiden Momente der Verteilung erlaubt. Sie kann mittels des Kolmogorow-Smirnow-Tests kontrolliert werden (vgl. Büning, H./Trenkler, G. (1994), S. 61 ff.; Assenmacher, W./Kunert, A./Popp, S. (2001)) und erweist sich insb. für hochfrequente Finanzmarktdaten als sinnvolle Maßnahme, da hier aufgrund vorliegender sog. »Mandelbrotscher-Fakten« die Normalverteilungsannahme oft nicht erfüllt ist (vgl. Mandelbrot, B. (1963), S. 394 ff.). Grafisch kann hierbei vorab eine Kerndichteschätzung zur Hypothesenbildung beitragen und anschließend das Testergebnis veranschaulichen (vgl. Härdle, W./Müller, M. (1993), S. 16).

Erweist sich das Datenmaterial als qualitativ geeignet, kann man unternehmensspezifische Beta-Faktoren auf Tages-, Wochen- und Monatsbasis schätzen. Aufgrund der unterschiedlichen Eigenschaften von Finanzmarktdaten für unterschiedliche temporale Aggregationsstufen werden häufig in Abhängigkeit von den zugrunde gelegten Zeitreihen abweichende Beta-Faktoren errechnet.

Abschließend sollte auch das (Zero-Beta-)CAPM getestet werden. Aufgrund der Nichtbeobachtbarkeit des Marktportefeuilles kann hier letztendlich nur die Risikoeffizienz des Stellvertreterindex dahingehend überprüft werden, ob der betrachtete Markt-Index im Tangentialpunkt M der Kapitalmarktlinie (vgl. Übersicht 138) liegt (vgl. ROLL, R. (1977), S. 130).

Sofern nicht bei der Regression zur Beta-Schätzung schon ermittelt, sind dann die Bestimmtheitsmaße der Schätzungen zu errechnen (vgl. BAMBERG, G./BAUR, F./KRAPP, M. (2012), S. 41 f.). Auf Basis der Bestimmtheitsmaße kann eine Aggregationsstufe (ein Beta-Faktor) als Ausgangspunkt für die endgültige Eigenkapitalkostenbestimmung ausgewählt werden. Für die endgültige Berechnung kann derjenige Beta-Faktor ausgewählt werden, der über das höchste Bestimmtheitsmaß verfügt. Die verzerrenden und prämissenverletzenden Einflüssen unterliegenden Renditezeitreihen weisen tendenziell ein niedrigeres Bestimmtheitsmaß auf, welches ebenso wie der Betawert bei positivem »Intervalling Effect« mit temporaler Aggregation wächst. Dieser Effekt könnte auf Messfehler durch Marktfriktionen zurückzuführen sein (vgl. FRANTZMANN, H. J. (1990), S. 67 ff.; ZIMMERMANN, P. (1997), S. 99 ff.). Es zeigt sich, dass die verzerrenden Einflüsse mit wachsender temporaler Aggregation (und steigendem Bestimmtheitsmaß) abnehmen und gegen die Normalverteilung konvergieren (vgl. SANDDORF-KÖHLE, W. (1996), S. 218). Monatsdaten, evtl. sogar Jahresdaten, sind den hochfrequenten Tagesdaten i. d. R. vorzuziehen (vgl. BAETGE, J./KRAUSE, C. (1994), S. 442; BRUNER, R. F. ET AL. (1998), S. 20).

Nunmehr werden risikoadäquate Eigenkapitalkosten durch Einsetzen des ausgewählten Beta-Faktors zusammen mit vorab festgelegten Parametern in der CAPM-Gleichung bestimmt (vgl. etwa Übersicht 141). Die errechneten Ergebnisse sind anschließend zu plausibilisieren: Da der Beta-Faktor zukunftsorientiert angewandt werden soll, bietet es sich ungeachtet der Datenbasis an, seine Stabilität mit Hilfe eines Strukturbruchtests zu überprüfen (vgl. AMEMIYA, T. (1994), S. 304 ff.). Die Höhe der Eigenkapitalkosten kann mit den aus alternativen Verfahren (vgl. 4. Abschn., 5.3.5.4) resultierenden Ergebnissen verglichen werden. Hier kommt es auf die Vermeidung gravierender Unterschiede an (vgl. GÜNTHER, T. (1997), S. 173 ff.).

Abschließend gilt es sodann, das Ergebnis um steuerliche Einflüsse zu bereinigen (vgl. HEIDEN, M. (1998), S. 14 f.; HENSELMANN, K. (1999), S. 162 ff.; ERNST, D./SCHNEIDER, S./THIELEN, B. (2012), S. 112 ff.; ROOS, R./REBIEN, A. (2001), S. 177 f.; bezogen auf ausländische Anteilseigner, für die das früher in Deutschland gültige körperschaftsteuerliche Anrechnungsverfahren keine Anwendung fand, auch SACH, A. (1995), S. 74 f.; FREYGANG, W. (1993), S. 193; HERTER, R. N. (1994), S. 46 ff.)). Die geforderte Rendite der Anteilseigner, die ihre eigene steuerliche Situation bereits bei der Anlageentscheidung berücksichtigt haben, richtet sich auf eine Nettorendite nach Unternehmensertragsteuern. Es ist somit diejenige Vor-Steuer-Rendite zu ermitteln, die eine Unternehmung zu erwirtschaften hat, damit die Mindestrenditeforderung der Eigenkapitalgeber nach Unternehmensertragsteuern und persönlichen Steuern erfüllt wird.

Um die Feinheiten des deutschen Steuersystems (die unterschiedliche Besteuerung von Zinseinkünften, Dividenden und Kursgewinnen) abzubilden, kann auch das Tax-CAPM genutzt werden (vgl. hierzu nur IDW S1 (2008), Rn. 92, 118 ff.). Das sog. »Tax-CAPM« stellt eine Anpassung des CAPM-Modells unter Einbezug der persönlichen Einkommensteuer dar (vgl. BIEG, H./KUßMAUL, H.

(2009), S. 281). Ohne Berücksichtigung persönlicher Einkommensteuern ergibt sich der Unternehmenssteuersatz als Summe der einbezogenen Steuern (i. d. R. Gewerbeertrag- und Körperschaftsteuer inkl. Solidaritätszuschlag) (vgl. ERNST, D./SCHNEIDER, S./THIELEN, B. (2012), S. 118; überdies WP-HANDBUCH (2014), Kap. A., Rn. 327 ff.).

5.3.5.4 Alternative Ermittlungsansätze

Ergebnisplausibilisierung bzw. Beta-Faktoren für Geschäftsbereiche nicht börsennotierter Unternehmen

Zur Plausibilisierung der mit originären Kapitalmarktdaten erzielten Ergebnisse sowie zur Anwendung bei fehlender Kapitalmarktbasis werden in der Literatur eine Reihe von Verfahren vorgeschlagen, von denen einige nachstehend kurz skizziert werden (vgl. REICHMANN, T. (2011), S. 639 ff., m. w. N.). Das CAPM kann zur Plausibilisierung oder bei fehlender Börsennotierung in Form von sog. »Analogie«- oder »Analyseansätzen« genutzt werden. Während Erstere dadurch charakterisiert werden können, dass der Beta-Faktor durch Rückgriff auf Marktdaten vergleichbarer börsennotierter Gesellschaften ermittelt wird, ist für die Analyseansätze der Versuch kennzeichnend, das »Zustandekommen der Marktdaten zu analysieren, um so bewertungsrelevante Faktoren und deren Einfluß zu erkennen« (FREYGANG, W. (1993), S. 251). Hierzu werden zumeist aus dem betrieblichen Rechnungswesen – unter Verzicht auf bilanzanalytische Aufbereitungsmaßnahmen – solche Kennziffern herausgefiltert, die einen signifikanten Erklärungsbeitrag zum systematischen Risiko leisten (vgl. ARBEITSKREIS »FINANZIERUNG« (1996), S. 555 f.). Übersicht 143 fasst die Verfahren und ihre Ansätze zur Beta-Faktor-Ermittlung zusammen.

Verfahrensart	Verfahren	Beta-Faktor-Ermittlung
Analogieansätze	Pure Play Beta	Errechnet aus Beta-Faktor eines ausgewählten Referenzunternehmens
	Peer Group Beta	Durchschnittsbeta aus mehreren börsennotierten Unternehmen, die jedes für sich das Berechnungsobjekt möglichst gut approximieren
	Industry Beta	Arithmetisches Mittel der einzelnen in der Branche vertretenen Firmen-Betas
Analyseansätze	Earning Beta	Herleitung aus einer Gewinngröße des Jahresabschlusses
	Accounting Beta	Beta wird durch Regression ermittelt, bei der verschiedene Rechnungswesengrößen als Regressoren dienen
	Fundamental Beta	Beta-Schätzung mit Daten des Rechnungswesens, Branchendaten und weiteren signifikanten Erklärungsvariablen

Übersicht 143: Ermittlungsansätze für Beta-Faktoren bei fingierter Kapitalmarktbasis

Scoring-Verfahren

Weiterhin können sog. »qualitative Verfahren« in Form von Scoring-Verfahren zur Eigenkapitalkostenermittlung herangezogen werden. Scoring-Modelle lassen sich definieren als »Punktbewertungsverfahren, mit deren Hilfe Entscheidungssituationen ... in einzelne überschaubare Teilentscheidungen zerlegt und anschließend zu einer Gesamtentscheidung aggregiert werden. Dabei sind einzelne Kriterien [Markt, Wettbewerber, Produkte, Konzepte, Kostenstruktur u. Ä., d. Verf.] festzulegen, denen je nach Ausprägung Punkte zugeordnet werden. Die Punkte der einzelnen Kriterien werden dann über unterschiedliche Gewichtungen gewertet und ... zu einem Wert [(Nutzenwert), d. Verf.] addiert« (DAHMEN, A./JACOBI, P. (1998), S. 125 f.). Übersicht 144 (vgl. LEWIS, T. G. (1995), S. 86) zeigt das Kriterienraster der BOSTON CONSULTING GROUP, das zur Ableitung von Kapitalkosten einzelner Geschäftsbereiche im Rahmen des CfROI-Konzepts entwickelt wurde, in sich aber ein vollwertiges – und jederzeit anwendbares – qualitatives Verfahren darstellt.

Kriterien	**Ausprägung**						
	Geringes Risiko	**1**	**2**	**3**	**4**	**5**	**Hohes Risiko**
Kontrolle	Geringe externe Rendite-Einflüsse						Starke externe Rendite-Einflüsse
Markt	Stabil, ohne Zyklen						Dynamisch, zyklisch
Wettbewerber	Wenige, konstante Marktanteile						Viele, variable Marktanteile
Produkte/Konzepte	Langer Lebenszyklus, nicht substituierbar						Kurzer Lebenszyklus, substituierbar
Markteintrittsbarrieren	Hoch						Niedrig
Kostenstruktur	Geringe Fixkosten						Hohe Fixkosten
	Summe						

Übersicht 144: Kriterienraster zur Bestimmung des Geschäftsrisikos

Das Management hat das Kriterienraster nach einem Verfahrenskatalog auszufüllen und auszuwerten. Anschließend werden die Gesamtkapitalkosten für den betrachteten Geschäftsbereich angepasst (vgl. BUFKA, J./SCHIERECK, D./ZINN, K. (1999), S. 118 f.; GANZ, P. (1999), S. 75 ff.). Alternativ kann das vergleichsweise schwergängige Verfahren auch zur alleinigen Eigenkapitalkostenermittlung herangezogen werden (vgl. HEIDEN, M. (1998), S. 64 f.). Die Komplexität einer theoretisch korrekten Vorgehensweise beim Scoring-Verfahren sowie die Vielzahl möglicher praktischer Anwendungsfehler verdeutlichen den Schwierigkeitsgrad qualitativer Verfahren (vgl. auch WEBER, M./KRAHNEN, J./WEBER, A. (1995), S. 1622 ff.). Dennoch liegen auch ermutigende empirische Ergebnisse zum Erklärungsgehalt von Scoring-Verfahren vor, die eine Verfeinerung dieser Verfahren erwarten lassen (vgl. BUFKA, J./SCHIERECK, D./ZINN, K. (1999), S. 125 ff.).

Wie für den CfROI, so wurde auch für das EVA-Modell ein Eigenkapitalkostenkonzept für nicht börsennotierte Gesellschaften bzw. zur Plausibilisierung von Ergebnissen bereitgestellt. Verfahrenstechnisch stellt der Algorithmus, dessen einzelne Schritte nicht vollständig veröffentlicht wurden, eine Mischung aus Arbeitsschritten und Berechnungen dar, die bei der Berechnung eines Fundamental-Beta und eines Peer-Group-Beta durchgeführt werden (vgl. Stewart, G. B. (1991), S. 449 ff.).

Die Plausibilisierung von kapitalmarktorientiert abgeleiteten Eigenkapitalkosten durch Abgleich mit alternativen Ansätzen dient nicht nur der Überprüfung des Rechenergebnisses. Bezweckt werden kann auch eine Anpassung der gleichgewichtstheoretischen Eigenkapitalkosten an die Realität durch Einbezug von nicht berücksichtigten Risiken, wie unsystematisches Risiko, Fungibilitätsrisiko etc., mittels entsprechender Zuschläge. Hierbei sind Doppelberücksichtigungen dieser Risiken (bei der Cashflow- und der Kapitalkostenermittlung sowie bei funktional miteinander verknüpften Risiken) zu vermeiden (vgl. Ernst, D./Schneider, S./Thielen, B. (2012), S. 73 ff.). Diesbezüglich wird im Schrifttum zudem die Vornahme unternehmensindividueller Adjustierungen aufgrund besonderer Ausgangslagen (Branche, Unternehmensentwicklungsphase, Unternehmensgröße) intensiv diskutiert (vgl. z. B. Born, K. (2003); Peemöller, V. H. (2012); Schütte-Biastoch, S. (2011)).

5.3.5.5 Besonderheiten der Kapitalkostenermittlung im globalen Konzern

Grds. ist – wie dargelegt – derjenige (inländische) Vor-Steuer-Kapitalkostensatz zu ermitteln, der zu erzielen ist, damit die Renditeforderung der Anteilseigner nach Unternehmenssteuern erfüllt werden kann. Bei der Kapitalkostenermittlung im globalen Konzern ergeben sich folgende zu berücksichtigende Besonderheiten (vgl. im Folgenden auch Peemöller, V. H./Kunowski, S./Hillers, J. (1999), S. 626 ff.; Küting, K./Heiden, M. (2002), Sp. 290 f.; auch Arbeitskreis »Finanzierungsrechnung« (2005), S. 89 ff.):

Unvollkommene Doppelbesteuerungsabkommen

- Im Falle lückenhafter Doppelbesteuerungsabkommen zwischen zwei Ländern unterliegen die Zahlungen eines Tochterunternehmens sowohl der Quellensteuer im Ursprungsland als auch der inländischen Besteuerung. Dieser Sachverhalt ist neben den internationalen Substanz- und Ertragsteuern ergänzend zu berücksichtigen (vgl. Arbeitskreis »Finanzierung« (1996), S. 566).

Länderrisikoprämie

- Durch eine Länderrisikoprämie sind politische Faktoren zu erfassen, die zu erhöhten Eigenkapitalkosten führen können. Begründet wird die Notwendigkeit zu einer derartigen Korrektur z. B. durch eventuell auftretende Enteignungen, die Nichteinhaltung staatlicher Zusagen des Gastgeberlandes, Devisenkontroll- oder Devisentransferbeschränkungen. Berechnet werden kann die Länderrisikoprämie direkt durch Beobachtung am Kapitalmarkt oder durch Rückgriff auf entsprechende Sekundärdaten. Hat bspw. das Gastgeberland Staatsanleihen am Kapitalmarkt notieren lassen, so kann eine entsprechende Prämie aus der für diese Staatsanleihen erzielbaren Risikoprämie abgeleitet werden. Als Quellen für Sekundärdaten bieten sich die Analysen von BERI (Business Environment Risk Index) (vgl. Bleuel, H.-H./Schmitting, W. (2000), S. 88 ff.) oder das Ranking des Institutional Investor an. Denkbar ist auch die Ableitung eines entsprechenden Zuschlags aus den Versicherungsprämien, die von Versicherern politischer Risiken (Multilateral Investment Guarantee Investment Agency, Overseas Private Investment Corporation) erhoben werden (vgl. Arbeitskreis »Finanzierung« (1996), S. 567 f.).

Transaktionsrisiko

- Das in dreifacher Ausprägung auftretende Wechselkursrisiko (Translations-, Transaktions- und ökonomisches Risiko) ist lediglich in Form des Transaktionsrisikos explizit im Eigenkapitalkostensatz zu erfassen. Während nämlich das Translationsrisiko die bewertungsrelevanten Cashflows nicht beeinträchtigt, zählt dagegen das ökonomische Risiko zu den diversifizierbaren Risiken. »Das Transaktionsrisiko (transaction exposure) hat Einfluß auf den DM-Wert ausstehender Fremdwährungszahlungen. Daher sind auch die Renditeforderungen der Aktionäre an Hedging-Kosten (Kurssicherungskosten) oder an Wechselkursentwicklungen anzupassen. Zur Prognose von Wechselkursentwicklungen ist eine Anlehnung an die Kaufkraft- oder Zinsparitätentheorie grds. zweckmäßig« (KÜTING, K./LORSON, P. (1997), S. 24).

Merksätze

1. Die praktische Ermittlung risikoadäquater Eigenkapitalkosten mit dem CAPM gestaltet sich insb. aufgrund der vielfältigen Datenaufbereitungsmaßnahmen (inkl. prämissenverletzender Eigenschaften) als schwierig.
2. Der Beta-Faktor kann durch Regression mit Hilfe des Marktmodells von SHARPE oder im Zero-Beta-CAPM von BLACK geschätzt werden. Sofern nicht extern verfügbar, können auch Schätzungen der weiteren Summanden des CAPM durch Regressionen vorgenommen werden.
3. Die erzielten (Beta-)Schätzergebnisse sind zu plausibilisieren. Analogie- und Analyseansätze für Beta-Faktoren bei fingierter Kapitalmarktbasis oder qualitative Verfahren bieten sich als geeignete Methoden an. Die Plausibilisierungsansätze können als gleichwertige Ermittlungsverfahren bei nicht börsennotierten Unternehmen und für Geschäftsbereiche börsennotierter Unternehmen angewandt werden.
4. Bei der Kapitalkostenermittlung im globalen Konzern sind Besonderheiten durch unvollkommene Doppelbesteuerungsabkommen, spezifische Länderrisiken oder Wechselkursrisiken gesondert zu berücksichtigen.

5.4 Neuere Konzepte zur Performancemessung

5.4.1 Überblick

Propagierte Shareholder Value-Konzepte

Im Zusammenhang mit dem wertorientierten Management werden in jüngerer Zeit gleich mehrere Konzepte diskutiert. Hierbei lassen sich zunächst DCf-Konzepte und EVA- bzw. CVA-Konzepte unterscheiden. Da Ersteren bereits breiter Raum gewidmet wurde, bleiben die Ausführungen auf die Konzeption RAPPAPORTS beschränkt. Daneben verdiente allerdings auch der Ansatz von COPELAND/KOLLER/MURRIN besondere Beachtung. Anschließend werden das EVA- und das CVA-Konzept skizziert (vgl. LORSON, P. (1999); LORSON, P. (2004), S. 250 ff., 317 ff., 327 ff., 349 ff.; auch HOFFMANN, H./WÜEST, G. (1998); HOSTETTLER, S. (2002), S. 47 ff.; ARBEITSKREIS »FINANZIERUNGSRECHNUNG« (2005), S. 23 ff.; ARBEITSKREIS »INTERNES RECHNUNGSWESEN« (2010), S. 797 ff.).

5.4.2 DCf-Konzept nach Rappaport

Entity-Konzept

Als Shareholder Value (SV) bezeichnet Rappaport (A. (1999)) den Marktwert des Eigenkapitals. Er wird nach dem sog. »Entity-Konzept« (Bruttokapitalisierung) bestimmt:

(F. 133)

SV = Unternehmensgesamtwert
– Marktwert des verzinslichen Fremdkapitals

Der Unternehmensgesamtwert (UGW) setzt sich additiv aus drei Komponenten zusammen:

(F. 134)

UGW = Kapitalwert der nominal für fünf bis zehn Jahre geplanten Cashflows aus betrieblicher Tätigkeit
+ Barwert des Residualwerts [BW (FCf_{ewig})]
+ Barwert betriebszweckfremder Aktivität (des nicht betriebsnotwendigen Vermögens)

Wertgeneratorenformel

Zur Ermittlung der freien Cashflows im Planungszeitraum wird eine sog. »Wertgeneratorenformel« vorgeschlagen:

(F. 135)

$$FCf_t = S_{t-1} \times (1 + g_t) \times CfoS_t \times (1 - s_{Cf,t}) - S_{t-1} \times g_t \times (m_t^{AV} + m_t^{WC})$$

mit:

S	Umsatzerlöse
t	Periodenindex, t = 1, 2, 3 …, T
g	Wachstumsrate der Umsatzerlöse
CfoS	Cashflow on Sales (betriebliche Gewinnmarge bzw. Umsatzrendite)
s_{Cf}	Cashflow-bezogener Steuersatz des Unternehmens
m^{AV}	Erweiterungsinvestitionen in das Anlagevermögen bezogen auf den Mehrumsatz
m^{WC}	Erweiterungsinvestitionen in das Working Capital bezogen auf den Mehrumsatz

Die Operationalisierung der Komponenten der Wertgeneratorenformel ist im Schrifttum ausführlich diskutiert worden. So weist Reichmann darauf hin, dass die Cashflow-Marge und die Zusatzinvestitionen unter der (problematischen) Prämisse festzusetzen sind, dass die nominalen Abschreibungen den Erhaltungsinvestitionen entsprechen. Daher muss etwa dem technischen Fortschritt und der Inflation auf andere Weise Rechnung getragen werden (vgl. Reichmann, T. (2011), S. 646 ff., m. w. N.).

Die Anwendung der Wertgeneratorenformel kann mit durchschnittlichen Werten über den Planungszeitraum statt mit periodenspezifischen Werten – wie in F. 135 – erfolgen.

Ein anderes Anwendungsfeld für besagte Formel ist die Überprüfung des Rechenergebnisses auf kritische Margen und Prämissen anhand von Sensitivitätsanalysen. Weitere dort nicht enthaltene Werttreiber sind die Höhe der Kapitalkosten und die Dauer der Wertsteigerung bzw. die Lebensdauer der Strategie und damit die Länge des Planungszeitraums (T).

Residualwertermittlung

Der Residualwert – also der Gegenwartswert der betrieblichen Cashflows nach dem Planungszeitraum – ist je nach den getroffenen Annahmen als Liquidations- oder Fortführungswert zu ermitteln. Der kapitalisierte Residualwert wird als diskontierte ewige nachschüssige Rente des ab dem Zeitpunkt T+1 anfallenden ewigen Free Cashflows bestimmt.

(F. 136)

$$\begin{aligned} BW\,(FCf_{ewig}) &= \frac{FCf_{ewig}}{WACC} \times \frac{1}{WACC^{T}} \\ &= \frac{S_t \times CfoS_{ewig} \times (1 - s_{Cf,\,ewig})}{WACC} \times \frac{1}{WACC^{T}} \end{aligned}$$

Praktische Hinweise

Die Ermittlungsformel des Residualwerts unterstellt, dass das Niveau des freien Cashflows des letzten Planungsjahrs T gehalten werden kann und dass nach dem Planungszeitraum aufgrund erodierter Wettbewerbsvorteile keine Überrenditen, sondern nur noch die Kapitalkosten erwirtschaftet werden. Diese Prämisse gilt insb. auch für in diesen Zeitraum fallende Neuinvestitionen, die somit unternehmenswertneutral sind.

Der gewogene nominale Kapitalkostensatz ist im Konzept von Rappaport auf der Grundlage des CAPM (oder auch der APT) zu ermitteln.

Die Inputdaten zur Abschätzung von Unternehmenswert und Unternehmenswertänderungen können Unternehmensexterne (vergangenheitsorientiert) primär durch die Auswertung von Kapitalflussrechnung und GuV gewinnen. Sie sind sodann prospektiv zu modifizieren.

Shareholder Value Added und Value Return on Investment

Im Zentrum der Analyse steht die Ermittlung von Unternehmenswertänderungen. Diese werden als Shareholder Value Added (SVA) bezeichnet. Gemeint ist die Differenz aus zwei Unternehmenswerten zu verschiedenen Zeitpunkten. Diese kann zu dem Wertsteigerungsmaß des Value Return on Investment (VROI) verdichtet werden. Diese Kapitalwertrate wird in zwei Varianten ermittelt:

- als Gesamtrendite über den Planungszeitraum (vgl. RAPPAPORT, A. (1983), S. 35)

(F. 137)

$$\text{VROI} = \frac{\text{SVA (T)}}{\text{BW Erweiterungsinvestitionen}}$$

mit: SVA (T) Unternehmenswertsteigerung im Zeitraum t = 0 bis T

- oder als auf den Barwert bezogene durchschnittliche Rendite im Planungszeitraum, d. h. als geometrisches Mittel des (Gesamt-)VROI:

(F. 138)

$$\overline{\text{VROI}} = \sqrt[T]{1 + \frac{\text{SVA (T)}}{\text{BW Erweiterungsinvestitionsausgaben}}} - 1$$

mit: $\overline{\text{VROI}}$ durchschnittliche jährliche Unternehmenswertsteigerung im Zeitraum t = 0 bis T.

In letzterer – von RAPPAPORT nicht präsentierter – Form kann er als Maß der durchschnittlich erwarteten Überrendite über den WACC fungieren (vgl. auch GÜNTHER, T. (1997), S. 242; CRASSELT, N. (2001)). Ein Anwendungsbeispiel zur Unternehmensbewertung bzw. zur SVA-Berechnung enthält die folgende Übersicht 145 (vgl. FRIEDL, B. (2013), S. 275 ff.; LORSON, P. (2011), S. 324).

Daten:				
	Umsatzwachstumsrate	5 %	Neutrales Vermögen	600.000
	Gewinn-Marge	20 %	Marktwert Fremdkapital	4.000.000
	Gewinn-Steuersatz	60 %		
	Zusatzinvestitionsquote in AV und WC	35 %		
	Kapitalkosten	10 %		

Periode	**Umsatz** [GE]	**Gewinn** [GE]	**Gewinn nach Steuern** [GE]	**Umsatz-wachstum ggü. VJ** [GE]	**Zusatz-Inv. in AV + WC** [GE]	**FCf** [GE]	**disk. FCf** [GE]	**Restwert** [GE]
0	10.000.000	2.000.000	800.000					8.000.000
1	10.500.000	2.100.000	840.000	500.000	-175.000	665.000	604.545	
2	11.025.000	2.205.000	882.000	525.000	-183.750	698.250	577.066	
3	11.576.250	2.315.250	926.100	551.250	-192.938	733.163	550.836	
4	12.155.063	2.431.013	972.405	578.813	-202.584	769.821	525.798	
5	12.762.816	2.552.563	1.021.025	607.753	-212.714	808.312	501.898	10.210.253

	Barwert der freien Cashflows		2.760.143
	Restwert (Ende des Detailplanungszeitraums)	10.210.253	
	+ Barwert des Restwerts (Beginn des Detailplanungszeitraums)		6.339.763
	+ Marktwert des neutralen Vermögens		600.000
	– Marktwert des Fremdkapitals		– 4.000.000
(I)	= *nach-strategischer Shareholder Value*		**5.699.907**
	Barwert des Restwerts		8.000.000
	+ Marktwert des neutralen Vermögens		600.000
	– Marktwert des Fremdkapitals		– 4.000.000
(II)	= *vor-strategischer Shareholder Value*		**4.600.000**
= (I) – (II)	*Shareholder Value Added*		**1.099.907**
	Durchschnittliche Wertsteigerung		4,38%
	Value-Return-on-Investment		20,25%

BW Zus.Inv.
726.353

Übersicht 145: Ermittlung des SVA nach Rappaport

5.4.3 EVA-/MVA-Konzept nach Stewart

EVA als (wiederentdecktes) Periodenerfolgsmaß

Im Mittelpunkt des Verfahrens nach Stewart (vgl. Stewart, G.B. (1991) und auch Hostettler, S. (2002)) steht mit dem Economic Value Added (EVA) primär ein periodenbezogener Unternehmenswertänderungsindikator, der seinerseits nicht (zwangsläufig) gem. des Unternehmensbewertungsmodells zur Ermittlung des Barwerts der (modifizierten) Erträge nach Verzinsung der Investitionen genutzt werden muss.

Solche »Residualeinkommenskonzepte« (Residual Income Concept) (vgl. nur Karl, O. (1974)) werden nach Vellmann (K. (1989), S. 336, Rn. 652) etwa bei General Electric seit jeher genutzt. Als Residualeinkommen wird der Saldo aus Gewinn und Zinsen auf das zu Beginn einer Periode eingesetzte Kapital bezeichnet (vgl. auch Küting, K./Lorson, P. (1998b), Rn. 659 ff.).

Ermittlungsvarianten

EVA wird aus modifizierten Jahresabschlussdaten i. V. m. einem im Grunde nach dem CAPM zu bestimmenden nominalen Gesamtkapitalkostensatz abgeleitet. Zur Berechnung stehen zwei gleichwertige Verfahrensweisen zur Wahl:

- die Normalform:

(F. 139)

$$\begin{aligned} EVA_t &= \text{(bereinigter) Jahresüberschuss nach Steuern} \\ &\quad - \text{kalkulatorische Zinsen} \\ &= NOPaT_t - (EBV_{t-1} \times WACC) \end{aligned}$$

mit: NOPaT Net Operating Profit after Taxes
EBV Economic Book Value

- die sog. »Spread-Form«:

(F. 140)

$$EVA_t = \left(\frac{NOPaT_t}{EBV_{t-1}} - WACC \right) \times EBV_{t-1}$$

$$\text{bzw.} = (\text{Stewart's } R_t - WACC) \times EBV_{t-1}$$

Aufbereitung der Daten des Jahresabschlusses

Im Zuge der Aufbereitung der Jahresabschlussdaten sind insb. vier Arten von Korrekturen (sog. »Conversions«) an der durch die angewandten Rechnungslegungsnormen beeinflussten Datenbasis zur Ermittlung von NOPaT und EBV vorzunehmen (vgl. Hostettler, S. (2002), S. 97 ff.):

- Eliminierung von Einflüssen aus dem nicht betrieblichen Bereich;
- Korrekturen zum Zwecke der Erfassung aller offenen und versteckten Finanzierungsmittel (z. B. Leasing);
- Korrekturen zum Zwecke der Konsistenz des Steueraufwands;

- Korrekturen zum Zwecke der vollständigen Erfassung des Eigenkapitals, ergo Aufwertung um sog. »Equity Equivalents«, wie stille Reserven in Grundstücken usw.

Hieraus kann sich im Einzelfall ein Ermittlungsschema für EBV und NOPaT ergeben, wie es in Übersicht 146 (vgl. STEWART, G. B. (1991), S. 742, 744; GÜNTHER, T. (1997), S. 234 f.) oder Übersicht 147 gezeigt wird (geringfügig modifiziert entnommen aus: WEIßENBERGER, B. E. (2006), S. 264, 266).

Berechnungskomponenten

Economic Book Value (EBV)	Net Operating Profit after Taxes (NOPaT)
= Buchwert des Anlagevermögens + Buchwert des Umlaufvermögens – Nicht verzinsliche kurzfristige Verbindlichkeiten – Marktgängige Wertpapiere – Anlagen im Bau + Passivische Wertberichtigung auf Forderungen + Differenz aus Vorratsbewertung nach Lifo- und Fifo-Verfahren + Kumulierte Abschreibungen von derivativen GoF + Fiktiv aktivierte Miet- und Leasingaufwendungen + Fiktiv aktivierte FuE-Aufwendungen + Fiktiv aktivierte Vorlaufkosten	= Net Operating Profit (≈ Betriebsergebnis) + Erhöhung der Wertberichtigung auf Forderungen + Abschreibungen von derivativen GoF + Erhöhung der Differenz zwischen Vorratsbewertung nach Lifo ggü. dem Fifo-Verfahren + Erhöhung des Barwerts der FuE-Aufwendungen + Sonstige betriebliche Erträge + Erhöhung der sonstigen Rückstellungen – Zahlungswirksame Steuern (Fiktion: 100 %-ige Eigenfinanzierung) + Marktwertbildende Vorlaufkosten

Übersicht 146: Beispielhafte IFRS-Ermittlungsschemata für EBV und NOPaT (Variante 1)

EVA als (externes) Nachrechnungsinstrument

Es ist offensichtlich, dass aus externer Perspektive nicht alle der angeführten Korrekturen durchführbar sind (vgl. ausführlich LORSON, P. (2004), S. 367 ff.; LORSON, P. (2004a), S. 115 ff.). Allerdings gilt es nach STERN/STEWART als zweckmäßig, selbst bei interner Anwendung nur die zehn bedeutsamsten Bereinigungsschritte vorzunehmen. Die Praxis geht zuweilen noch grober vor und negiert zum Teil das Prämissenset, mit dem eine Kapitalwertäquivalenz begründet werden könnte (vgl. nur GRETH, M. (1998)).

In Übersicht 148 werden zur Illustration der Vielfalt an – auch aus externer Perspektive approximierbaren – Definitionen von EBV und NOPaT zwei Beispiele aus der Praxis angeführt (vgl. GRETH, M. (1998), S. 82, 85; K+S GRUPPE (2000), S. 72).

Jahresüberschuss/-fehlbetrag lt. GuV (IFRS)	
+/– »Ungewöhnliche« Aufwendungen/Erträge +/– Zinsaufwendungen/-erträge –/+ Beteiligungsertrag/-aufwand + Zinsanteil der Pensionsrückstellungen + Abschreibungen auf aktiviertes nicht betriebsnotwendiges Vermögen	Operating Conversion
+ Aufwendungen mit Investitionscharakter – Abschreibungen auf Aufwendungen mit Investitionscharakter	Shareholder Conversion
+ Miet- und Leasingaufwendungen – Abschreibungen auf fiktiv aktivierte Miet-/Leasingobjekte	Funding Conversion
–/+ Steuererhöhung/-senkung aus übrigen Conversions –/+ Steuererhöhung/-senkung aus der Bildung aktiver und passiver latenter Steuern	Tax Conversion
= **Net Operating Profit After Taxes**	

Vermögen (Bilanzsumme nach IFRS)	
–/+ Aktiviertes nicht betriebsnotwendiges Vermögen +/– »Ungewöhnliche« Aufwendungen/Erträge	Operating Conversion
– Unverzinsliche Verbindlichkeiten (Verbindlichkeiten aus LuL, Anzahlungen, kurzfristige Rückstellungen) + Fiktive Aktivierung von Miet-/Leasingobjekten – Abschreibungen auf fiktiv aktivierte Miet-/Leasingobjekte	Shareholder Conversion
+ Aktivierte Aufwendungen mit Investitionscharakter – Abschreibungen auf fiktiv aktivierte Aufwendungen mit Investitionscharakter	Shareholder Conversion
– Aktive latente Steuern	Tax Conversion
= **Invested Capital**	

Übersicht 147: Beispielhafte IFRS-Ermittlungsschemata für EBV und NOPaT (Variante 2)

ITT Industries Inc. (IIN)	**K+S-Gruppe**
Operatives Ergebnis lt. GuV + Zinsanteile in Leasingaufwendungen + Zinsanteile in Aufwendungen für Pensionen und ähnlichen Verpflichtungen + Erträge aus assoziierten Unternehmen[1] + Konzernumlage IIN[1] ./. Ertragsteuern	DVFA/SG-Ergebnis + Erträge aus der Auflösung passiver Unterschiedsbeträge + Zinsaufwand
= **Operatives Ergebnis nach Korrektur um Ertragsteuern (NOPaT)** ./. [»capital«[2] (EBV) × Kapitalkosten (in: %)]	= **NOPaT** ./. [Geschäftsvermögen[3] (EBV) × Kapitalkosten (in: %)]
= **EVA**	= **EVA**
[1] Umgliederung, die nur auf den Ebenen »Geschäftsbereich« und darunter vorgenommen wird [2] Bilanzielles Vermögen + Flüssige Mittel + Barwert künftiger Leasingverpflichtungen ./. Zinsfreie Verbindlichkeiten	[3] Bilanzsumme ./. Passivischer Unterschiedsbetrag ./. Verbindlichkeiten und Rückstellungen

Übersicht 148: EVA-Ermittlung in der Unternehmenspraxis

EVA wird zunehmend zur Beurteilung der aktuellen Marktkapitalisierung herangezogen. Hierzu wird der Market Value Added (MVA) als Barwert der geplanten und mit einem gesamtkapitalbezogenen Kapitalkostensatz diskontierten EVA-Werte (im Folgenden: MVA^{intern}) mit einer aus der Marktkapitalisierung ermittelten MVA-Größe (im Folgenden: $MVA^{Börse}$) abgeglichen (vgl. HOSTETTLER, S. (2002), S. 187). Der $MVA^{Börse}$ lässt sich als Marktwert des Unternehmens abzüglich des Geschäftsvermögens errechnen (vgl. JACQUET, D. (1997), S. 58 ff.). Aus der Gegenüberstellung dieser Größen lassen sich folgende Schlüsse ziehen, sofern die Werte zutreffend, d. h. unverzerrt ermittelt wurden:

Fall 1: $MVA^{intern} = MVA^{Börse}$: Das Unternehmen ist fair bewertet.
Fall 2: $MVA^{intern} > MVA^{Börse}$: Das Unternehmen ist unterbewertet.
Fall 3: $MVA^{intern} < MVA^{Börse}$: Das Unternehmen ist überbewertet.

Future Growth Value

Übersicht 149 (in Anlehnung an: HOSTETTLER, S. (1997), S. 185) deutet dieses Procedere an und enthält als weitere unternehmenswertorientierte Kennzahl den Future Growth Value (FGV). Hierbei handelt es sich – analog zum SVA – um den Barwert der künftigen EVA-Steigerungen in Bezug auf dessen Vorjahresniveau.

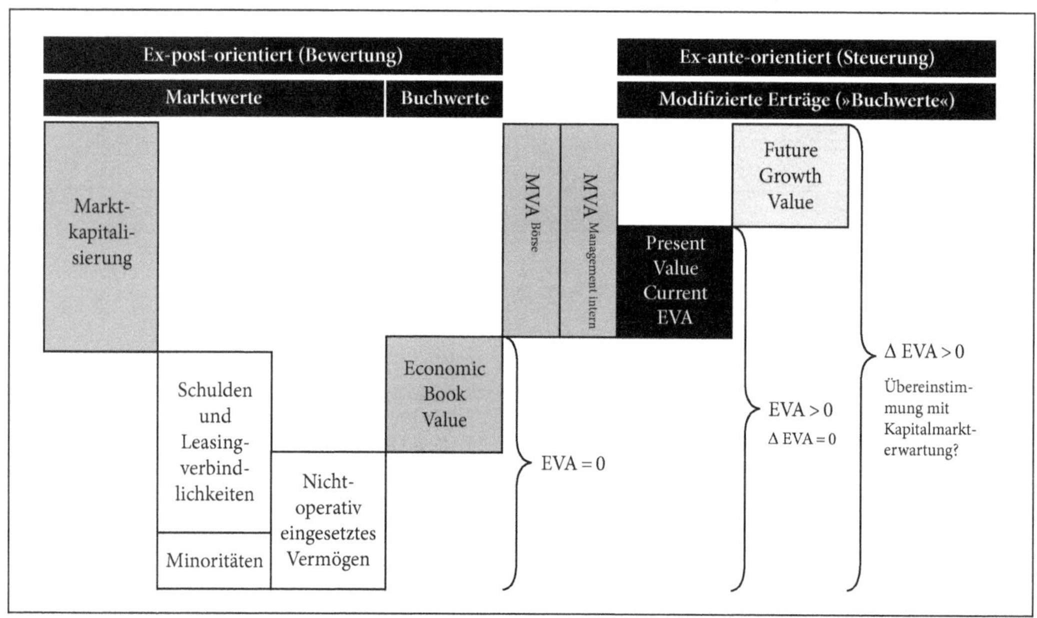

Übersicht 149: Zum Vergleich von Management- und Kapitalmarkterwartung im EVA-Konzept

Außerdem wird eine Refined EVA-Kennzahl (REVA) propagiert, welche die Kapitalbindung marktwertorientiert misst. REVA bedingt jedoch Unterinvestitionsanreize (Überinvestitionsreize) bei Projekten mit positivem (negativem) Kapitalwert (vgl. nur BAUSCH, A./WEIßENBERGER, B. E./BLOME, M. (2003)).

Schließlich wird empfohlen, statt eines herkömmlichen Wertbeitrags, wie EVA, die Managementperformance mittels des Residualerfolgs über die Verzinsung der Kapitalbindung mit den risikofreien Kapitalkosten (Earnings less Riskfree Interest Charge; ERIC) zu messen. Hierbei werden dem Management statt risikoangepasster Kapitalkosten risikofreie als Werthürde vorgegeben. Die daher regelmäßig höheren Residualerfolge müssen folglich im Hinblick auf eine ausreichende Risikokompensation entsprechend evaluiert werden (vgl. nur HEBERTINGER, M./SCHABEL, M. M. (2004)).

5.4.4 Exkurs: Intellectual Capital Statement

Intellectual Capital

Unter der Bezeichnung »Intellectual Capital« wird der MVA sukzessive in seine Komponenten aufgespalten. Das Intellectual Capital (IC) ergibt sich im Grunde als Saldo des Gesamtunternehmenswerts (Market Value) und Economic Book Value (vgl. auch COENENBERG, A. G. (2003a), S. 168 ff.). Das Intellectual Capital kann als eine grobe Approximation an den originären (langfristigen) Geschäftswert gelten. Es wird in einem ersten Schritt in die Komponenten »Human« und »Structural Capital« zerlegt. Anschließend wird das strukturelle Kapital aufgefächert in kunden- und organisationsbezogenes Kapital. Das organisationsbezogene Kapital wiederum setzt sich aus dem innovations- und prozessbezogenen Kapital zusammen. Übersicht 150 zeigt sowohl die Aufspaltung von MVA bzw. IC als auch die Gesamtschau der so herausgearbeiteten IC-Bestimmungsgrößen in Form des sog. »SKANDIA NAVIGATOR« auf (vgl. EDVINSSON, L./MALONE, M. S. (1998), S. 26, 28; LORSON, P./HEIDEN, M. (2002), S. 373 ff.).

Die isolierten IC-Bestandteile (Human Capital, kunden-, innovations- und prozessbezogenes Kapital) sind interpretierbar als eine Aggregationsvorschrift für jene Bereiche immaterieller Vermögenswerte, denen im Hinblick auf die IC- und damit die MVA-Schaffung besondere Bedeutung zukommt. Der SKANDIA NAVIGATOR betont das Zusammenwirken dieser Unternehmenswertdeterminanten und das Fehlen allein dominanter Faktoren. Ein Vergleich von SKANDIA NAVIGATOR und BSC deutet auf eine enge Verwandtschaft hin.

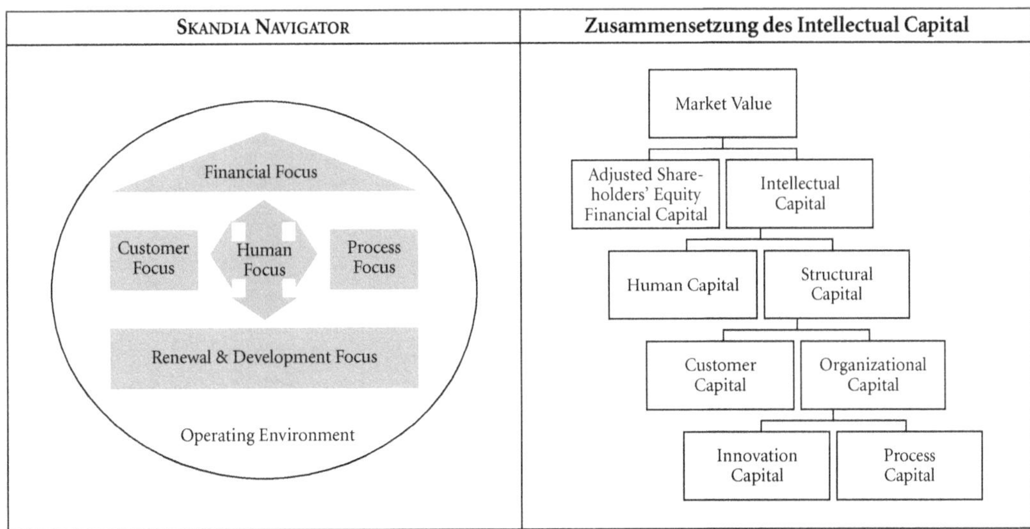

Übersicht 150: Intellectual Capital bei SKANDIA

Hinsichtlich des Nutzens des SKANDIA NAVIGATOR bzw. der IC-Darstellung aus der Perspektive eines externen Unternehmensanalysten ergibt sich zunächst die gleiche Einschätzung, wie sie in Bezug auf die BSC geäußert wurde. Sie ist als Denkraster hilfreich. Aber der Unternehmensexterne bleibt auf die Veröffentlichung entsprechender Informationen angewiesen.

Entsprechende (Selbst-)Darstellungen sind vergleichsweise selten, nehmen aber tendenziell zu. Externe Triebfedern dieser Entwicklung sind (vgl. auch COENENBERG, A.G. (2003a), S. 169ff. m.w.N.; DAWO, S./HEIDEN, M. (2001), S. 1717ff.):

- Autoren, die entsprechende Modifikationen im HGB fordern. So regte der bisher geltende DRS 5 (anders als der nun geltende DRS 20) eine Berichterstattung über die Unternehmenswertschaffung an;
- Autoren, die für die Veröffentlichung eines sog. »IC-Statement« auf freiwilliger Basis plädieren (vgl. BUSSE VON COLBE, W. (2000), S. 668f.; ARBEITSKREIS »IMMATERIELLE WERTE IM RECHNUNGSWESEN« (2001); MAUL, K.-H./MENNINGER, J. (2000), S. 530ff.; LORSON, P./HEIDEN, M. (2002), S. 377);
- die Abkopplungsthese. So sieht MOXTER (A. (1979)) die Unternehmen grds. als (de lege lata) zur Berichterstattung über immaterielle Vermögenswerte verpflichtet, die in der Bilanz fehlen, denn im »Einzelfall kann die Vernachlässigung des originären Geschäftswerts zu einem völlig irreführenden Bild der wirtschaftlichen Verhältnisse führen. ... Jedenfalls muß man sich bewusst sein, daß Rechnungslegung ihrer Schutzfunktion bei einer Geschäftswertvernachlässigung nur [sehr, d. Verf.] eingeschränkt gerecht werden kann« (MOXTER, A. (2000), S. 2143f.).

Auch bei einer IFRS-Bilanzierung wird die Vermögenslage objektivierungsbedingt unvollständig ausgewiesen, indem wichtige immaterielle Vermögenswerte nicht aktiviert werden dürfen. Wenn diese Lücke geschlossen werden soll, können auch IFRS-Anwender einen »Intellectual Capital Bericht« in den Lagebericht aufnehmen. Mangels gesetzlicher Vorgaben bieten bei dessen Konzeption bisher insb. die Ausführungen des ARBEITSKREISES »IMMATERIELLE WERTE IM RECHNUNGSWESEN« der SG Orientierung. Es gilt letztlich, ungeachtet ihrer Aktivierbarkeit, immaterielle Vermögenswerte zu definieren, zu identifizieren, zu kategorisieren und zu messen. Dabei ist auch auf die Strategien zum Management von Immaterialvermögen und dessen Werttreibern einzugehen. Bspw. könnten bei der Berichterstattung über das intellektuelle Kapital sieben Kategorien unterschieden werden: Humankapital (Human Capital), Kundenbeziehungen (Customer Capital), Lieferantenbeziehungen (Supplier Capital), Investor- und Kapitalmarktbeziehungen (Investor Capital), Organisations- und Verfahrensvorteile (Process Capital), Standortfaktor (Location Capital) und Innovationskapital (Innovation Capital).

Aktuell findet eine andere Klassifikation große Beachtung. Das International Integrated Reporting Council (IIRC) plädiert für eine Erläuterung des Geschäftsmodells in Bezug auf die nach sechs Kapitalarten (financial, manufactured, intellectual, human, social and relationship, natural capital) gegliederte Wertschaffung im Zeitablauf (vgl. IIRC-FRAMEWORK, Rn. 2.20ff.). Indes sind derartige Darstellungen in praxi vergleichsweise (noch) wenig verbreitet.

5.4.5 CfROI-/CVA-Konzept nach Lewis

CfROI als »dynamisches« Periodenerfolgsmaß

Im Rahmen des CfROI-Konzepts nach Lewis (T. G. (1995)) bzw. der Boston Consulting Group (BCG) wird aus Jahresabschlussdaten ein fiktives Investitionsprofil für ein Geschäftsfeld bestimmt und hieraus dessen realer interner Zins abgeleitet, der als Cashflow Return on Investment (CfROI) bezeichnet wird (vgl. grds. auch Kloock, J./Coenen, M. (1995); Lewis, T. G./Lehmann, S. (1992); Lehmann, S. (1995); Roos, A./Stelter, D. (1999); bzgl. jüngster Modifikationen Stelter, D. (1999) und Lorson, P. (2004), S. 327 ff., 338 ff.). Ein Geschäftsfeld gilt zunächst dann als rentabel i. S. v. unternehmenswertschaffend, wenn die Differenz (sog. »Spread«) aus CfROI und den realen risikoadäquaten Gesamtkapitalkosten ($WACC_r$) positiv ist. Im Gegensatz zu den bislang dargelegten Konzepten werden die gewichteten Kapitalkosten zum einen real (inflationsbereinigt) und zum anderen qualitativ bestimmt.

Berechnungskomponenten

Die Berechnung erfolgt sukzessiv: Bestimmung des Brutto-Cashflows, Ermittlung der Brutto-Investitionsbasis, Schätzung der Nutzungsdauer der abnutzbaren Sachanlagen (SA) und Bewertung der nicht abnutzbaren Aktiva (vgl. Übersicht 151; überdies Lorson, P. (2004), S. 330 mit Bezug auf Lewis, T. G. (1995), S. 41 ff.).

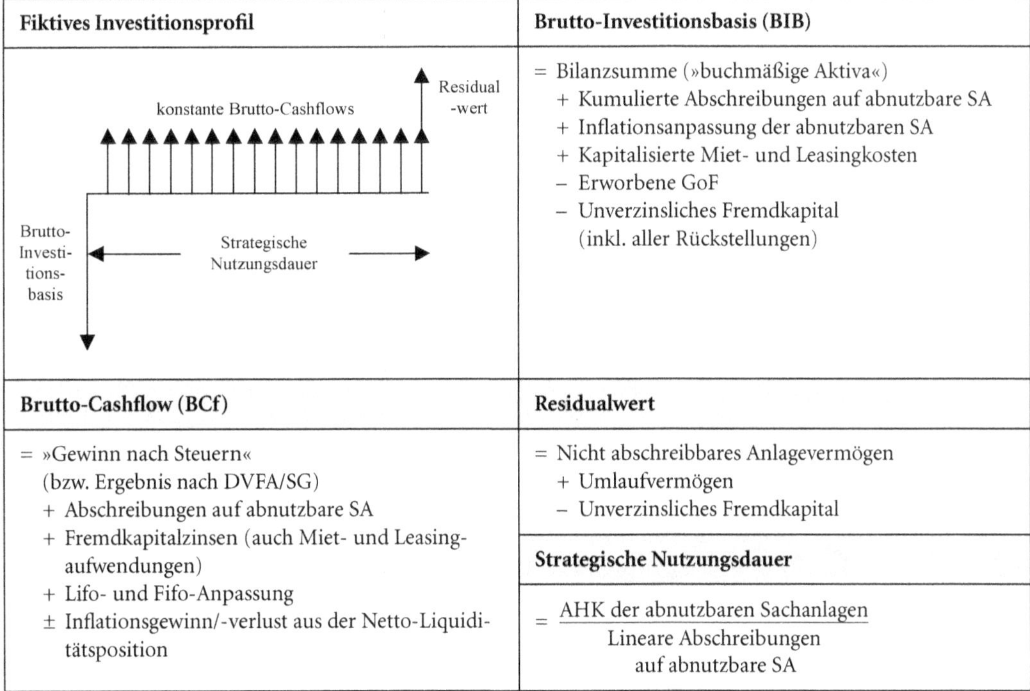

Fiktives Investitionsprofil	**Brutto-Investitionsbasis (BIB)**
	= Bilanzsumme (»buchmäßige Aktiva«) + Kumulierte Abschreibungen auf abnutzbare SA + Inflationsanpassung der abnutzbaren SA + Kapitalisierte Miet- und Leasingkosten – Erworbene GoF – Unverzinsliches Fremdkapital (inkl. aller Rückstellungen)
Brutto-Cashflow (BCf)	**Residualwert**
= »Gewinn nach Steuern« (bzw. Ergebnis nach DVFA/SG) + Abschreibungen auf abnutzbare SA + Fremdkapitalzinsen (auch Miet- und Leasingaufwendungen) + Lifo- und Fifo-Anpassung ± Inflationsgewinn/-verlust aus der Netto-Liquiditätsposition	= Nicht abschreibbares Anlagevermögen + Umlaufvermögen – Unverzinsliches Fremdkapital **Strategische Nutzungsdauer** $= \frac{\text{AHK der abnutzbaren Sachanlagen}}{\text{Lineare Abschreibungen auf abnutzbare SA}}$

Übersicht 151: Berechnungskomponenten und Investitionsprofil im CfROI-Konzept

Brutto-Investitionsbasis

Die Brutto-Investitionsbasis (BIB) repräsentiert ein Maß für das geschäftsfeldbezogene gebundene Gesamtkapital in heutigen Geldeinheiten. Die Wiederbeschaffungswertermittlung basiert auf dem (unvollständig umgesetzten) Proprietary Approach, wonach auf die Kaufkraft der Eigenkapitalgeber und nicht auf die Wiederbeschaffbarkeit der Vermögenswerte abgestellt wird (auch: Entity Approach; vgl. nur HESSE, T. (1996), S. 134 f.). Daher findet der Deflator des Bruttoinlandsprodukts hier Anwendung. Eine weitere Besonderheit der BIB besteht darin, dass alle Rückstellungen – explizit auch die Pensionsrückstellungen – mit in das Abzugskapital einbezogen, mithin als unverzinslich angesehen werden. Insoweit sind Rückstellungsbildungen bei der Ermittlung der Brutto-Cashflows analog zu zahlungswirksamen Aufwendungen zu behandeln (vgl. LEWIS, T.G. (1995), S. 61).

Brutto-Cashflow

Der analog zur BIB zu bestimmende (Nach-Steuer-)Brutto-Cashflow soll zu einer Bestimmung des internen Zinssatzes beitragen. Er ist (weitgehend) frei von Bewertungseinflüssen sowie der Altersstruktur des Geschäftsfelds. Er wird über die durchschnittliche Lebensdauer der abschreibbaren Aktiva (sog. »strategische Nutzungsdauer«) konstant gehalten und in der letzten Periode um den am Ende der Nutzungsdauer verbleibenden Residualwert erhöht.

Ermittlungsvarianten des Cash Value Added

Liegt der CfROI vor, kann die Veränderung des Unternehmenswerts (sog. »Cash Value Added« (CVA)) – ebenso wie beim EVA-Konzept – auf zwei Wegen ermittelt werden:

- nach der Normalform:

(F. 141)

$$\begin{aligned} CVA_t &= \text{(bereinigter) Jahresüberschuss} - \text{kalkulatorische Zinsen} \\ &= BCf_t - BIB_t \times WACC_t \end{aligned}$$

- nach der Spread-Form:

(F. 142)

$$CVA_t = (CfROI_t - WACC_t) \times BIB_t$$

»Unternehmenswert«-Steigerungslogik

Letztere Formel stellt auf die Differenz des erwirtschafteten und unter Risikogesichtspunkten mind. erforderlichen Brutto-Cashflows ab. Dazu wird auch die deutsche Bezeichnung »Unterschieds-Brutto-Cashflow (UBCF)« (MENN, B.-J. (1999), S. 646) gebraucht. Ein positiver UBCF ist eine notwendige – wenn auch nicht hinreichende – Bedingung für die Zielkompatibilität von »Kapitalwert«- und »CVA-Maximierung«. Allerdings gilt auch hier das bereits zu EVA bzw. zu FGV Ausgeführte. Unternehmenswertsteigernd wirken letztlich nur c.p. eine Steigerung des Spread und/oder ein Wachstum in Geschäftsfeldern mit einem positiven Spread. Beides bewirkt im CfROI-Modell eine Zunahme des sog. »Delta-Unterschieds-Brutto-Cashflow (DUB)« (MENN, B.-J. (1999), S. 646). Diesen Zusammenhang illustriert auch Übersicht 152 (vgl. ROOS, A./STELTER, D. (1999), S. 303).

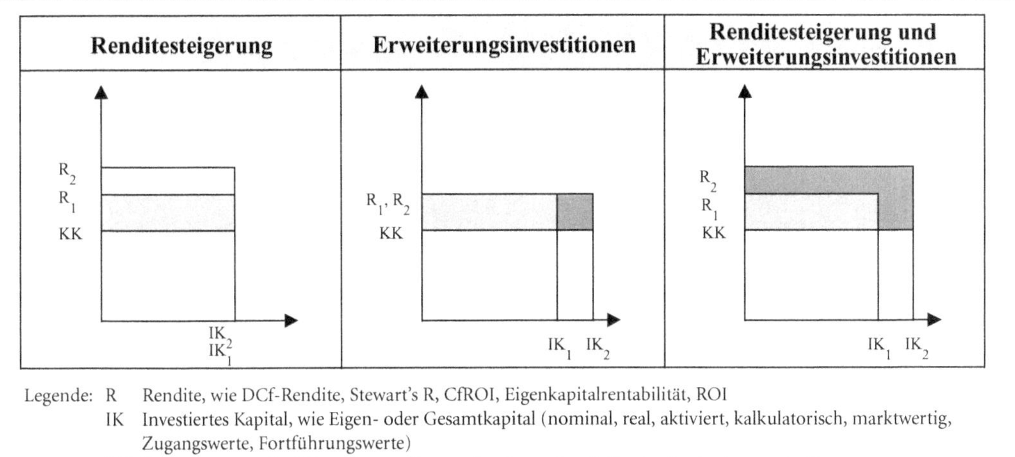

Legende: R Rendite, wie DCf-Rendite, Stewart's R, CfROI, Eigenkapitalrentabilität, ROI
IK Investiertes Kapital, wie Eigen- oder Gesamtkapital (nominal, real, aktiviert, kalkulatorisch, marktwertig, Zugangswerte, Fortführungswerte)
KK Kapitalkosten, wie risikoadäquate Eigen- oder Gesamtkapitalkosten (real oder nominal)
1, 2 Indizes für Ausgangs- und Folgesituation

Übersicht 152: Generelle »Unternehmenswert«-Steigerungsstrategien

Die Darstellungsweise wurde bewusst allgemein gehalten, da diese Modellvorstellung für jegliches Rendite- oder Rentabilitätskonzept nutzbar ist bzw. reklamiert wird. Damit soll allerdings nicht suggeriert werden, dass alle Konzepte zu entsprechenden Unternehmenswertsteigerungen führen oder gar gleichwertig sind.

CfROI-Varianten

In der Literatur werden sehr unterschiedliche CfROI-Konzepte präsentiert (vgl. nur Lewis, T. G. (1995); Menn, B.-J. (1995); Roos, A./Stelter, D. (1999); Stelter, D. (1999)). So wird u. a. ggf. auf eine Inflationsbereinigung verzichtet, langfristige Rückstellungen nicht als zinsloses Fremdkapital bzw. als zinslose geschäftsfeldspezifische Verbindlichkeiten eingeordnet, auf eine kalkulatorische Aktivierung bilanziell mit einem Aktivierungsverbot belegter immaterieller Investitionen verzichtet, – unklar definierte – (ökonomische) Abschreibungen (schlicht linear oder nach Hotelling, vgl. hierzu Eidel, U. (2000), S. 337 ff.) in Abzug gebracht oder statt der dynamischen Rechnung Wert auf die Definition einer statischen Kennzahl gelegt.

Besondere Beachtung verdient indes jene Variante, in deren Zentrum eine statische Residualgewinn-Kennzahl (CVA) steht und bei deren Berechnung eine ökonomische Abschreibung in Abzug gebracht wird. Dieser CVA ist der Überschuss des operativen betrieblichen Cashflows über eine ökonomische Abschreibung und die Kapitalkosten. Folglich gilt:

(F. 143)

$$\begin{aligned} CVA_t &= \text{(bereinigter) Jahresüberschuss} \\ &\quad - \text{ökonomische Abschreibung} \\ &\quad - \text{kalkulatorische Zinsen} \\ &= BCf_t - Ab_t^{\text{ökonomisch}} - BIB_t \times WACC_t \end{aligned}$$

wobei $Ab_t^{ökonomisch}$ in allen Perioden gleich hoch ist und durch Anwendung des Rückwärtsverteilungsfaktors (= Kehrwert des Kapitalwiedergewinnungsfaktors) auf den gesamten Abschreibungsbetrag (= Anschaffungskosten – Restwert am Ende der Nutzungsdauer) berechnet wird. Die ökonomische Abschreibung repräsentiert also jenen konstanten Betrag, der in jeder Periode der strategischen Nutzungsdauer zum Kalkulationszins angelegt werden müsste, damit der gesamte Wertverlust am Ende der strategischen Nutzungsdauer wieder bereitsteht.

(F. 144)

$$Ab_t^{ökonomisch} = (AHK^{abnutzbares\ Vermögen} - Restwert^{abnutzbares\ Vermögen}) \times \frac{WACC}{(1+WACC)^T - 1}$$

Dementsprechend ist der statische CfROI wie folgt definiert:

(F. 145)

$$CfROI_t = \frac{BCf_t - Ab_t^{ökonomisch}}{BIB_t}$$

Bei dieser CVA-Variante können die ökonomische Abschreibung und die Kapitalkosten in der praktischen Anwendung dazu verwendet werden, um ein Sollziel für den Brutto-Cashflow vorzugeben. Dieser Soll-Brutto-Cashflow lässt sich alternativ direkt dadurch ermitteln, dass der abnutzbare Teil des Vermögens mit Hilfe des Annuitätenfaktors auf die strategische Nutzungsdauer verteilt wird. Denn der so definierte Soll-Brutto-Cashflow ist der neue Eichpunkt. Nur wenn der Ist-Brutto-Cashflow höher ist, errechnen sich positive CVA-Werte.

CfROI als (externes) Nachrechnungsinstrument

Das Konzept des CfROI/CVA ist jahresabschlussbezogen. Es ist primär als Nachrechnungsinstrument konzipiert und grds. aus externer Perspektive approximativ nachvollziehbar. Es kann allerdings – ebenso wie das EVA-Konzept – auch zukunftsorientiert als Planungs- und Steuerungsinstrument genutzt werden. Im Gegensatz zum EVA-Konzept wird der CVA jedoch seltener durch die Verwendung von (Rest-)Buchwerten nach Abschreibung als zu verzinsende Kapitalbasis verzerrt als der EVA (vgl. Übersicht 153; modifiziert entnommen aus: STEINKE, K.-H./BEIßEL, J. (2004), S. 119).

Ausgangsdaten:

Anschaffungskosten	100 GE
Nutzungsdauer	4 Jahre
Konstanter Einzahlungsüberschuss	35 GE
Zinssatz	10 %
Lineare Abschreibung	25 GE
Ökonomische Abschreibung	

$$\frac{10\,\%}{(1 + 10\,\%)^4 - 1} \times 100\text{ GE} \approx 21{,}55\text{ GE}$$

$EVA_t = 35 - 25 - Kapitalbasis_t \times 0{,}1$
$CVA_t = 35 - 21{,}55 - Kapitalbasis_t \times 0{,}1$

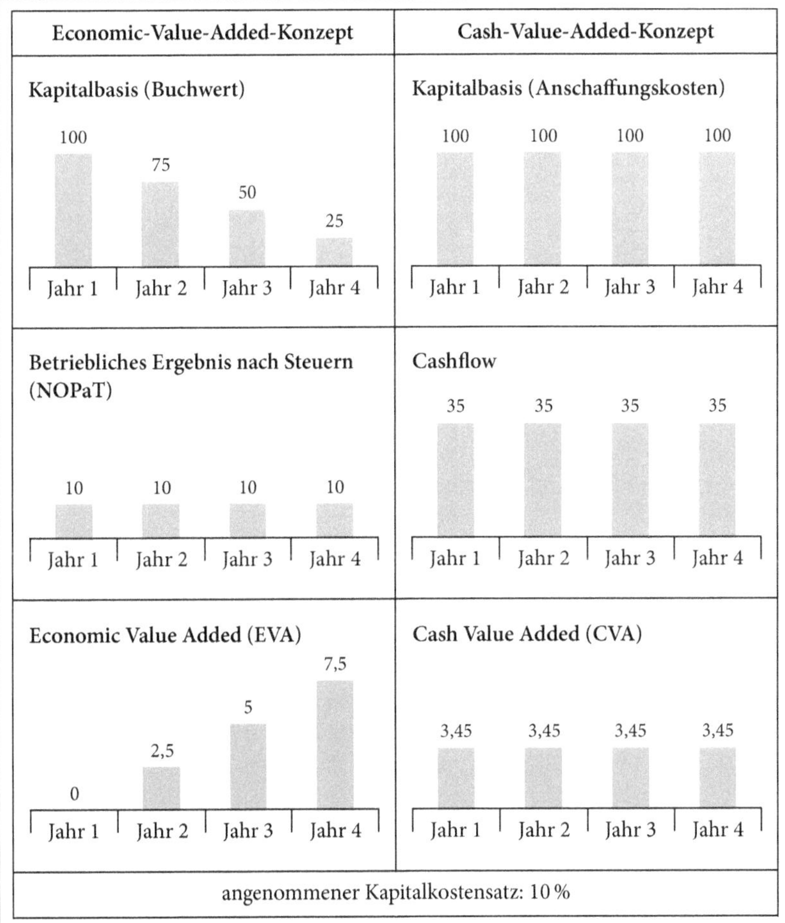

Anmerkung:
Überprüfung der Barwertkompatibilität gemäß dem PREINREICH/LÜCKE-Theorem:
MVA = C_0 (EVA_t; 10 %) = **10,945 ≠ 10,936** = C_0 (CVA_t; 10 %)

Übersicht 153: Einfluss des Buchwerteffekts auf EVA und CVA

Übersicht 154 enthält zwei Beispiele für CfROI-Konzepte in der Praxis (vgl. Claas KGaA (2000); VEBA (2000), S. 28):

CLAAS KGaA		VEBA	
	Ergebnis nach Steuern		Betriebsergebnis
+	Zinsaufwand	+	Betriebsergebniswirksamer Zinsaufwand
+	Miet- und Leasingaufwand	+	Kalkulatorischer Zinsaufwand für Pensions- und Entsorgungsrückstellungen
+/–	Abschreibungen	+	Abschreibungen auf immaterielle Vermögenswerte, Sachanlagen und Firmenwerte aus der Equity-Bewertung
+/–	Veränderung langfristiger Rückstellungen		
+/–	Sonstige betriebliche Erträge und Aufwendungen		
=	**Brutto-Cashflow**	=	**EBITDA**
./.	[Brutto-Investitionsbasis[1] × Kapitalkosten (in: %)]	./.	[Brutto-Investitionsbasis im Jahresdurchschnitt[2] × Kapitalkosten (in: %)]
=	**CVA**	=	**CVA**
	[1] Bilanzsumme + Kapitalisierte Miet- und Leasingaufwendungen ./. Steuerrückstellungen ./. Sonstige Rückstellungen ./. Verbindlichkeiten aus LuL ./. Sonstige Verbindlichkeiten + Gesellschafterdarlehen + Kumulierte Abschreibungen		[2] Bilanzsumme + Kumulierte Abschreibungen auf immaterielle Vermögenswerte, Sachanlagen und Firmenwerte aus der Equity-Bewertung + Bereinigung kumulierter Abschreibungen akquirierter Unternehmen = Bruttowert der Aktiva ./. Unverzinsliche Rückstellungen (nicht solche für Pensionen und Entsorgung) ./. Unverzinsliche Verbindlichkeiten (inkl. passiver RAP)

Übersicht 154: CfROI-Ermittlung in der Unternehmenspraxis

Das Beispiel der Claas KGaA ist hier aus zwei Gründen von besonderem Interesse. Erstens handelt es sich um ein mittelständisches Familienunternehmen, das sich einen Nutzen vom Shareholder-Value-Konzept verspricht. Zweitens ist die Umsetzung sehr eng an die Konzepte der Theorie angelehnt.

Schließlich zeigt der Vergleich der Praxisbeispiele zur EVA- und CVA-Berechnung die enge Verwandtschaft der beiden (propagierten) Shareholder-Value-Konzepte auf. Mithin kann die CVA-Größe auch in den Dienst einer Untersuchung gestellt werden, ob ein Unternehmen derzeit fair, über- oder unterbewertet ist. Die nachfolgende Übersicht 155 zeigt ein beispielhaftes IFRS-Ermittlungsschema zur Ermittlung von Brutto-Cashflow und Brutto-Investitionsbasis im CVA-Konzept (vgl. in enger Anlehnung an: Weißenberger, B. E. (2006), S. 287 f.). Im Unterschied zur EVA-Ermittlung wird bei Anwendung von CVA für eine Vernachlässigung der steuerlichen Einflüsse durch die optionalen Anpassungen plädiert, weil dies der Grundkonzeption von CVA entspräche (vgl. Weißenberger, B. E. (2011), S. 304 f.).

Jahresüberschuss/-fehlbetrag lt. GuV (IFRS)	
+/–	»Außerordentliche« (ungewöhnliche) Aufwendungen/Erträge
+/–	Zinsaufwendungen/-erträge
–/+	Beteiligungsergebnis
+	Zinsanteil der Pensionsrückstellungen
+	Abschreibungen auf aktiviertes nicht betriebsnotwendiges Vermögen
+/–	Ertragsteueraufwendungen/-erträge
=	**Bereinigtes operatives Ergebnis vor Ertragsteuern und Zinszahlungen**
+	Abschreibungen
+/–	Zuführung zu bzw. Auflösung von Pensionsrückstellungen
+	Miet- und Leasingaufwendungen
+	Aufwendungen mit Investitionscharakter
–/+	Ertragsteuerzahlungen auf das bereinigte operative Ergebnis vor Ertragsteuern und Zinszahlungen
=	**Brutto-Cashflow**

Vermögen (Bilanzsumme nach IFRS)	
–	Aktiviertes nicht betriebsnotwendiges Vermögen, wie Kasse, Wertpapiere, Beteiligungen
+/–	»Außerordentliche« (ungewöhnliche) Aufwendungen/Erträge
–	Unverzinsliche Verbindlichkeiten (Verbindlichkeiten aus LuL, Anzahlungen, kurzfristige Rückstellungen)
=	**Operatives Nettovermögen zu Buchwerten**
+	Kumulierte Abschreibungen auf betriebsnotwendiges Vermögen
+/–	Inflationsanpassung
+	Aktivierte Miet-/Leasingobjekte (zu AHK, d. h. inkl. kumulierter Abschreibungen)
+	Aktivierte Aufwendungen mit Investitionscharakter (zu AHK, d. h. inkl. kumulierter Abschreibungen)
–	Aktive latente Steuern
=	**Brutto-Investitionsbasis**

Übersicht 155: Beispielhaftes IFRS-Ermittlungsschema für Brutto-Cashflow und Brutto-Investitionsbasis im CVA-Konzept

5.4.6 EVA- versus CfROI-Konzept

Cashflow- vs. Buchhaltungsorientierung

»Beide Kennzahlenkonzepte lassen sich durch mannigfaltige Anpassungen aneinander annähern« (Roos, A./Stelter, D. (1999), S. 304). Weil die Unterschiede in der Praxis nicht groß sein müssen und eine Vielzahl an Konzeptvarianten existiert, wird hier auf eine Reihung der Konzepte verzichtet (vgl. aber Lorson, P. (2004), S. 349 ff.).

Fragwürdige Kalibrationslogik

Vorbehalte ggü. dem CfROI-Konzept nehmen zunächst Bezug auf die Problematik des Internen-Zinsfuß-Verfahrens. Aber auch die innere Kalibrationslogik des CfROI-Konzepts ist fragwürdig: Die Beurteilung des CfROI durch Vergleich mit marktabgeleiteten Gesamtkapitalkosten impliziert die Forderung, dass ein »Unternehmen mit seinem investierten Kapital einen Anteil an der Marktkapitalisierung der Börse hat, der seinem Brutto-Cashflow entspricht«. Dies »ist allerdings abenteuerlich, da der Wert ja durch die gesamten Zukunftsaussichten und nicht nur den Brutto-Cashflow der Periode bestimmt wird« (beide Zitate: Hesse, T. (1996), S. 160 f.). Letztere Kritik trifft auch das EVA-Konzept, welches als (Über-)Rentabilitätskennzahl r_t folgendes Aussehen hat (vgl. Dirrigl, H. (1998), S. 573):

(F. 146)

$$r_t = \frac{\text{Cashflow} - \text{Abschreibungen}}{\text{Restbuchwert}_{t-1}} - \text{WACC}$$

Gemeinsamer Nutzen

Letztlich liegen die Stärken beider Konzepte womöglich vor allem darin, dass sie eine intensive Beschäftigung mit dem Thema der Unternehmenswertorientierung fördern. Daneben spricht für ihre Nutzung in einem variablen Vergütungskonzept, dass sie an Größen des Jahresabschlusses anknüpfen und somit einer Objektivierung durch den Abschlussprüfer sowie einer externen Nachvollziehung grds. zugänglich sind.

5.4.7 DCf-Konzept versus EVA-/CfROI-Konzept

DCf-Konzept als strategisches Instrument

DCf-Konzepte sind zukunftsorientiert und stimmen mit den Vorstellungen der fundamentalen Unternehmensbewertung an den Kapitalmärkten überein. Ihre Kalibrationslogik ist stimmig. Nachteilig ist, dass sie als kompliziert und komplex gelten sowie einer Objektivierung (scheinbar) weniger leicht zugänglich sind. Daher wird ihnen vielfach sowohl als Grundlage einer variablen Managementvergütung als auch für eine externe Unternehmenswertbestimmung Skepsis entgegengebracht.

Wie gesehen, kann in Bezug auf EVA-/CVA-Konzepte (nahezu) spiegelbildlich argumentiert werden. Allerdings muss dabei anerkannt werden, dass sie vielfach explizit als operativere Konzepte einem langfristigen DCf-Konzept untergeordnet werden und dass sie faktisch für die Börsenbewertung nicht unwichtig sind (vgl. Gräfer, H./Ostmeier, V. (2000), S. 937).

Die Vorzüge der DCf-Konzepte liegen bei der Beurteilung langfristiger Fragestellungen sowie bei der Strategieunterstützung. Die Vorzüge von EVA sowie CfROI liegen bei kurzfristigen Fragestellungen und operativ(er)en Problemen. Schließlich sind letztere Konzepte auch leichter implementierbar. Daher ist es naheliegend, ein kombiniertes System mit einer Aufgabentrennung nach strategischem (ex ante) und operativem (ex post) Bereich zu fordern.

Wenn Barwertkalküle auf IFRS-Abschlüssen basieren, ist Folgendes zu beachten: Die Äquivalenz von Kalkülen auf Zahlungsstrombasis (z. B. durch Diskontierung von Dividenden) und auf Grundlage von modifizierten Erträgen, wie EVA bzw. CVA, oder von um Kapitalbindungskosten gekürzten Jahresüberschüssen gilt nicht, wenn die Bedingungen des Preinreich/Lücke-Theorems verletzt sind. Verletzungen des Kongruenzprinzips (sog. »Dirty Surplus«) resultieren bei IFRS-Abschlüssen aus dem Einbezug von Wertänderungen in die Kapitalwertbindung, die im Übrigen im Gesamteinkommen (other comprehensive income (OCI)) ausgewiesen sind, ohne (zwangsläufig) künftige Auszahlungen zu repräsentieren. Es handelt sich maßgeblich um Effekte aus der

- Umrechnung von Abschlüssen ausländischer Tochterunternehmen,
- Abbildung von jederzeit veräußerbaren Wertpapieren, Cashflow-Hedges, der GuV-neutralen Neubewertung von Sachanlagen und immateriellen Vermögenswerten,
- GuV-neutralen Verrechnung von versicherungsmathematischen Gewinnen und Verlusten aus leistungsorientierten Pensionsverpflichtungen,
- Erfassung von mit den jeweiligen Sachverhalten im Zusammenhang stehenden latenten Steuern.

Übersicht 156 (vgl. auch Wagenhofer, A. (2009), S. 599 f.) zeigt anhand eines einfachen Beispiels auf, dass eine Kapitalwertäquivalenz grds. besteht, aber nicht zuletzt aufgrund der benannten Effekte gestört werden kann.

Ausgangssituation:				
• Eigenkapital (= Kapitalbindung) zum 01.01.20X0:	4.000 GE			
• Zinssatz	8 %			
• Prognostizierte Ausschüttungen (GE)	20X1 1.000	20X2 900	20X3 1.000	20X4 bis ∞ 1.300
• Prognostizierte Gewinne (Jahresüberschüsse) [GE]	20X1 1.500	20X2 1.400	20X3 1.600	20X4 bis ∞ 1.300

Ermittlung von Unternehmenswerten

Periode	**Diskontierung von Dividenden**	**Diskontierung von modifizierten Erträgen**
20X1	$1.000 \times 1{,}08^{-1}$	$(1.500 - 4.000 \times 0{,}08) \times 1{,}08^{-1}$
20X2	$900 \times 1{,}08^{-2}$	$(1.400 - 4.500 \times 0{,}08)\ 1{,}08^{-2}$
20X3	$1.000 \times 1{,}08^{-3}$	$(1.600 - 5.000 \times 0{,}08) \times 1{,}08^{-3}$
20X4 ff.	$(1.300/0{,}08) \times 1{,}08^{-3}$	$(1.300 - 5.600 \times 0{,}08)/0{,}08 \times 1{,}08^{-3}$
Summe	**15.391,14**	**(11.391,14 + 4.000 =) 15.391,14**

Variante: Werte zur Veräußerung gehaltener Finanzinstrumente

• Beizulegender Zeitwert am 31.12.20X1	800 GE über Anschaffungskosten
• Beizulegender Zeitwert am 31.12.20X2	400 GE über Anschaffungskosten
• Veräußerungerlös in 20X3	0 GE

Ermittlung von Unternehmenswerten

Periode	**Diskontierung von Dividenden**	**Diskontierung von modifizierten Erträgen**
20X1	$1.000 \times 1{,}08^{-1}$	$(1.500 - 4.000 \times 0{,}08) \times 1{,}08^{-1}$
20X2	$900 \times 1{,}08^{-2}$	$(1.400 - 5.300 \times 0{,}08) \times 1{,}08^{-2}$
20X3	$1.000 \times 1{,}08^{-3}$	$(1.600 - 5.400 \times 0{,}08) \times 1{,}08^{-3}$
20X4 ff.	$(1.300\ /0{,}08) \times 1{,}08^{-3}$	$(1.300 - 5.600 \times 0{,}08)/0{,}08) \times 1{,}08^{-3}$
Summe	**15.391,14**	**(11.310,86 + 4.000 =) 15.310,86**

Übersicht 156: »Dirty Surplus« und Preinreich/Lücke-Theorem

Merksätze

1. Der als Shareholder Value bezeichnete Marktwert des Eigenkapitals wird im DCf-Konzept von Rappaport durch Anwendung der Entity-Methode ermittelt. Zur Cashflow-Ermittlung steht eine spezifische Wertgeneratorenformel zur Verfügung. Aus externer Sicht sind insb. Veränderungen von Wertgeneratorwerten im Hinblick auf Shareholder-Value-Änderungen interessant.
2. Residualeinkommenskonzepte, wie EVA und CVA, betrachten den Saldo aus einer durch Jahresabschlussdaten gewonnenen Erfolgsgröße und den Zinsen auf das eingesetzte Kapital.
3. Aus externer Sicht kann das Nachrechnungsinstrument EVA auch zukunftsorientiert durch Prognose von EVA-Steigerungsraten oder durch

Analyse der Größen MVA und FGV angewendet werden. Analoge Überlegungen treffen auf das CfROI-/CVA-Konzept zu.

4. Unter der Bezeichnung Intellectual Capital lässt sich der MVA – wie an der Beispielkonzeption der Firma Skandia dargestellt – in seine Komponenten aufspalten. Durch die Darstellung sämtlicher nicht aus der Bilanz ersichtlicher immaterieller Vermögenswerte werden dem externen Bilanzanalysten tiefergehende Analysen ermöglicht. In die gleiche Richtung weisen die aktuell intensiv diskutierten Vorschläge des IIRC.
5. Im Vergleich miteinander ist weder das EVA- noch das CVA-Konzept (eindeutig) überlegen. Beide Konzepte fördern die Auseinandersetzung mit der Unternehmenswertorientierung und eignen sich aufgrund ihrer externen Nachvollziehbarkeit als Grundlage (objektivierter) variabler Vergütungssysteme. Die »Belohnungsgrundlage« ist allerdings nicht zweifelsfrei unternehmenswertorientiert.
6. Extern schwerer nachvollziehbar und deshalb als extern objektivierte Entlohnungsbasis weniger geeignet, liegen die Vorzüge der DCf-Verfahren im Vergleich zum EVA- bzw. CVA-Konzept in ihrer theoretischen Stimmigkeit und Langfristorientierung.

5.5 Schlussbemerkungen

Grds. Plausibilität aller »propagierten« Shareholder-Value-Konzepte

Die Ausführungen haben gezeigt, dass die »modernen« Vorschläge zur unternehmenswertorientierten Performancemessung sehr verschieden sind. Sie können jeweils eine gewisse Plausibilität für sich in Anspruch nehmen, soweit die mehr oder minder restriktiven Prämissen (approximativ) eingehalten werden.

Der externe Finanzanalyst kann diese Ansätze als Rechenschemata – retrospektiv bzw. prospektiv – nutzen oder qualitativ auswerten (vgl. hierzu ausführlich Lorson, P. (2004), S. 367 ff.; Lorson, P. (2004a), S. 115 ff.). Zwischenzeitlich können Finanz- bzw. Bilanzanalysten komplette Studien zur (voraussichtlichen) Unternehmenswertentwicklung oder auch nur die notwendigen Inputfaktoren von Dienstleistern fremdbeziehen. Dies fördert einerseits die Rechenbarkeit der Verfahren auch bei begrenztem Kenntnisstand und schmaler Datenbasis. Andererseits fördert dies die Gefahr, dass die Einhaltung der Anwendungsprämissen und die dezidierte Analyse wertbestimmender Faktoren in den Hintergrund gedrängt werden. So gilt es, die erzielten Ergebnisse in regelmäßigen Abständen zu plausibilisieren und ggf. nach erfolgter Anpassung an neue Erkenntnisse zu aktualisieren. Für den Bereich der Kapitalkosten geht von der sich fortentwickelnden Aktien- und Kapitalmarktkultur und der damit einhergehenden Weiterentwicklung der theoretischen und empirischen Forschung ein positiver Einfluss auf die Datenbasis aus, welche die Anwendbarkeit der vorgestellten Verfahren erleichtert.

Ebenfalls positiv zu werten sind aus Sicht der externen Bilanzanalyse die beginnende (freiwillige) Veröffentlichung von BSC und Angaben zu den immateriellen Vermögenswerten – hier dargestellt am Beispiel des Intellectual Capital Statement, da so einerseits die Analysetätigkeit unterstützt wird sowie die Möglichkeiten und Qualität einer externen unternehmensorientierten Performancemessung andererseits zunehmen dürften.

Eine eindeutige Präferenz für eines der Verfahren zu entwickeln, fällt insb. angesichts der Tatsache schwer, dass die Konzepte in aller Regel auch in ein neues Gehaltsgefüge beim Management münden. Dann kommt ein innerer Konflikt auf, der schlagwortartig als »Objektivierung vs. theoretische Einsicht« gekennzeichnet werden kann. Daneben bieten alle Konzepte individuelle Werttreibersets, die sämtlich – mehr oder minder (heuristisch) – überwiegend in die richtige Richtung weisen.

Offenkundig reicht die Analyse rein finanzieller Daten den Adressaten der Rechnungslegung zur Unternehmensbeurteilung nicht aus. Aus diesem Grund veröffentlichen die Unternehmen zusätzlich eine Vielzahl von Informationen zu den Bereichen Corporate Governance, Compliance und Nachhaltigkeit. Dies erfolgt entweder in Erweiterung der Finanzberichterstattung (z.B. im Lagebericht) oder in Form von separaten Berichten (z.B. Nachhaltigkeitsberichte). Dabei geht die Praxis zumeist weit über die bestehenden Offenlegungsverpflichtungen hinaus. Durch die Berücksichtigung solcher Informationen und Unternehmensberichte – zusätzlich zu den Finanzberichten – wird die Bilanzanalyse zu einer Unternehmensanalyse weiterentwickelt.

6. eXtensible Business Reporting Language (XBRL)

6.1 Einführende Überlegungen

Fester Bestandteil der Bilanzanalyse ist die Aufbereitung der in einem (konsolidierten) Jahresabschluss veröffentlichten Daten hinsichtlich bestimmter Informationsziele (vgl. 1. Abschn., 1.1). Die Aufbereitung und Auswertung der Informationen ist grds. mit der systematischen Übertragung von Daten zwischen verschiedenen Informationsmedien verbunden, so z.B. das Überführen von in Papierform vorliegenden Jahresabschlussinformationen in eine Datenbank oder die manuelle Eingabe in ein Bilanzauswertungsschema. Bedenkt man die Fülle an Jahresabschlussinformationen, die einer strukturierten Übertragung und Aufbereitung bedürfen, so ist schnell nachvollziehbar, dass ein nicht unerheblicher Zeitaufwand für diesen Prozess verwendet werden muss. Es ist daher nur konsequent, diesen Teil der Bilanzanalyse durch den Einsatz von EDV zu optimieren.

Fehlende maschinelle Lesbarkeit

Ein wesentliches Hemmnis im EDV-Bereich für die Übertragung und strukturierte Aufbereitung ergibt sich aus dem Umstand, dass die traditionellen elektronischen Publikationsformate für Jahresabschlussinformationen keine Maschinenlesbarkeit aufweisen und demzufolge nicht unmittelbar ohne manuelle Aufbereitung elektronisch bearbeitet werden können. Durch Maschinenlesbarkeit von Jahresabschlussinformationen kann etwa ein Computerprogramm ohne menschliches Zutun gezielt die Höhe der Umsatzerlöse aus einem entsprechenden Dokument auslesen und weiterverarbeiten.

Industriestandard »XBRL«

Vor diesem Hintergrund werden die (aktuellen) Bestrebungen hin zu einer elektronischen, maschinenlesbaren Berichterstattung von Jahresabschlussinformationen als Wegbereiter für eine effizientere Form der Berichterstattung evident und nachvollziehbar. Die damit einhergehenden Effizienzüberlegungen adressieren hierbei nicht nur den zeitlichen Faktor, sondern umfassen gleichermaßen auch die Datenqualität, z. B. durch Vermeidung von manuellen Fehlern bei der Extrapolation von Informationen zwischen den diversen Schnittstellen. »XBRL« hat sich derweil diesbezüglich als ein weitbeachteter Industriestandard etabliert, der nachfolgend bzgl. Konzeption und Umsetzung näher beleuchtet werden soll (vgl. hierzu grundlegend auch Berger, O. (2012); ferner Eierle, B./Ojala, H./ Penttinen, E. (2014), S. 160 ff., jeweils m. w. N.).

6.2 Finanzberichterstattung mit »XBRL«

6.2.1 Aufbau und Funktionsweise

»XBRL« ist ein Industriestandard mit technischen Spezifikationen zur Kommunikation von Daten, dessen technische Basis primär auf der Metasprache »XML« (Extensible Markup Language) sowie verwandten Spezifikationen aufbaut. »XBRL« wurde speziell für die Kommunikation von Wirtschaftsinformationen (inkl. der Finanzberichterstattung) konzipiert und ist in der Nutzung gebührenfrei. Die Spezifikationen für »XBRL« werden von einem gemeinnützigen Konsortium entwickelt und sind modular aufgebaut (vgl. XBRL International Inc. (2014)). Für die Umschreibung der Funktionsweise wird beim Aufbau generell zwischen »Taxonomien« sowie sog. »Instanzen« unterschieden.

6.2.1.1 Taxonomie(n)

Für den Einsatz von »XBRL« im jeweiligen Anwendungsgebiet, z. B. in der Offenlegung von Jahresabschlussinformationen, bedarf es zunächst der Festlegung von Taxonomien. Solch eine »Taxonomie« kann im Kontext von »XBRL« – zunächst vereinfacht – als eine Form von Kontenrahmen betrachtet werden, in dem alle Abschlussposten und sonstigen Informationen für eine (XBRL-)Instanz hinterlegt werden. Für einen HGB-Jahresabschluss würden bspw. zumindest die einzelnen Abschlussposten von Bilanz und GuV gem. der Gliederungsvorgaben in §§ 266 bzw. 275 HGB in einer Taxonomie hinterlegt.

Taxonomieinhalt

Der Inhalt einer Taxonomie geht gleichwohl regelmäßig weit über die Definition von Abschlussposten im klassischen Sinne eines Kontenrahmens hinaus. So werden zusätzlich in einer Taxonomie für (Konzern-)Jahresabschlüsse auch verschiedenartige »Konten« hinterlegt, die die qualitativen und quantitativen Anhangangaben, allgemeine Angaben zum Bericht (z. B. Berichtsperiode und Berichtstyp) und dem berichtenden Unternehmen (z. B. Name, Sitz und Größe des Unternehmens) sowie weitere Datei- bzw. Dokumentinformationen für XBRL-Instanzen reflektieren. In aller Regel wird – je nach Aufbau der Taxonomie – der Datentyp für jedes Konto zwingend vorgeschrieben, z. B. numerische oder nicht-numerische Daten.

Lexikon aller Zuordnungsmöglichkeiten

Für die Bilanzanalyse ist zudem die Möglichkeit interessant, in einer Taxonomie für jedes Konto zusätzliche Kontextinformationen zu hinterlegen (z. B. Erläuterungen von Bilanzierungsvorschriften für Abschlussposten) oder auch die Konten untereinander semantisch zu verknüpfen. Auch lassen sich grds. sämtliche Informationen in »XBRL« mehrsprachig integrieren. Zudem ermöglichen neuere (XBRL-)Spezifikationen in einer Taxonomie prinzipiell auch die Hinterlegung von Darstellungsvorgaben und Berechnungslogiken für die Informationen in einer XBRL-Instanz. Im Kontext der Kommunikation von (konsolidierten) Jahresabschlüssen lässt sich eine Taxonomie daher auch als eine Art Lexikon aller Zuordnungsmöglichkeiten von Daten mit entsprechenden Kontextinformationen eines Rechnungslegungsstandards beschreiben (vgl. stellvertretend NUNNENKAMP, G./PAFFENHOLZ, M. (2010), S. 1143).

Taxonomieformen

»XBRL-Taxonomien« können grds. in eine geschlossene und in eine erweiterbare Form unterschieden werden. Im Gegensatz zu geschlossenen Taxonomien kann der Ersteller von XBRL-Instanzen bei der erweiterbaren Form die Taxonomie um zusätzliche Informationen ergänzen, z. B. zusätzliche Konten für weitere Abschlussposten festlegen. Die erweiterbare Form ist in der Berichterstattung von Jahresabschlussinformationen z. B. dann erforderlich, sofern – wie im Falle der IFRS oder US-GAAP – der zugrunde liegende Rechnungslegungsstandard keine »festen« Gliederungsvorgaben für die einzelnen Abschlussposten der Bilanz, GuV, Kapitalflussrechnung etc. vorgibt.

6.2.1.2 Instanz(en)

Die XBRL-Instanz enthält die zu kommunizierenden Daten, z. B. die Jahresabschlussinformationen eines Unternehmens, in maschinenlesbarer Form. Der Inhalt bestimmt sich durch die jeweils hinterlegten Konten in der mit der XBRL-Instanz verknüpften Taxonomie.

Strukturierte Hinterlegung von Daten

Der wichtigste Unterschied zwischen einer XBRL-Instanz und anderen elektronischen Berichtsformaten, z. B. einem pdf-Dokument, ergibt sich aus der strukturierten Hinterlegung von Daten und der Zuweisung von Kontextinformationen (oft auch als »tagging« umschrieben). In einer XBRL-Instanz wird z. B. für eine bestimmte quantitative Angabe die Kontextinformation maschinell lesbar hinterlegt, etwa dergestalt, dass die quantitative Angabe die Höhe der Umsatzerlöse für eine bestimmte Berichtsperiode in betreffender Währung für ein genau spezifiziertes Unternehmen darstellt. Computerprogramme können auf diese Information zugreifen und sie verarbeiten. Dadurch besteht die Möglichkeit, dass die Jahresabschlussinformationen für die Bilanzanalyse automatisch aus der XBRL-Instanz in die entsprechenden Analysemodelle, Datenbanken oder Tabellenkalkulationen geladen werden können, ohne dass es dabei einer zeitintensiven manuellen Übertragung und Aufbereitung bedarf.

Kombinationsmöglichkeiten

Zudem lassen sich XBRL-Instanzen – im Gegensatz zu traditionellen Berichtsformaten – mit entsprechender Software zu einem Bericht kombinieren. Jahresabschlüsse verschiedener Berichtsperioden können verknüpft eingelesen und dargestellt werden. Somit lassen sich Trendanalysen über mehrere Berichtsperioden innerhalb kürzester Zeit automatisch erstellen und weiterbearbeiten. Ebenso eröffnet dies zugleich die Möglichkeit, die Jahresabschlussinformationen von verschiedenen Unternehmen gemeinsam einzulesen, darzustellen und in der relativen Entwicklung der Vermögens-, Finanz- und Ertragslage unmittelbar miteinander zu vergleichen. Eine XBRL-Instanz ist maschinenlesbar. Allerdings bedarf es entsprechender Computerprogramme, um die enthaltenen Daten je nach Bedarf zu visualisieren bzw. anderweitig für den Nutzer aufzubereiten. Dies ist vergleichbar mit einer Spreadsheet-Datei, die erst mit dem geeigneten Tabellenkalkulationsprogramm bearbeitet und genutzt werden kann.

6.2.2 Anwendungsgebiete

Da die XBRL-Spezifikationen grds. nicht nur auf die Finanzberichterstattung beschränkt sind, können die Anwendungsgebiete sehr breit gefächert sein. Exemplarisch seien hier stellvertretend die nachfolgenden (Teil-)Bereiche genannt:

- Finanzberichterstattung kapitalmarktorientierter (Mutter-)Unternehmen,
- regulatorische Berichterstattung im Umfeld von Finanzinstitutionen sowie Zentralbanken,
- Steuererklärungen (E-Bilanz) und
- statistische Meldungen.

In Deutschland gelangt »XBRL« vornehmlich für Zwecke der Steuerdeklaration zur Anwendung. So sind gem. § 5b EStG alle bilanzierungspflichtigen Unternehmen verpflichtet, den Inhalt der Bilanz sowie der GuV nach amtlich vorgeschriebenem Datensatz durch Datenfernübertragung zu übermitteln (vgl. grundlegend auch Kußmaul, H./Weiler, D. (2010), S. 607 ff.; Kußmaul, H./Ollinger, C./Weiler, D. (2012), S. 131 ff.; Herzig, N./Schäperclaus, J. (2013), S. 1 ff., jeweils m. w. N.). Darüber hinaus ist »XBRL« ein akzeptiertes Einreichungsformat bei der gesetzlich vorgeschriebenen Offenlegung des (Konzern-)Jahresabschlusses (inkl. Lageberichts) im Bundesanzeiger (vgl. § 325 HGB). Ebenso findet »XBRL« seine Anwendung bei der elektronischen Einreichung von bankaufsichtsrechtlichen Meldungen. Dagegen ist eine freiwillige internetbasierte Berichterstattung von Finanzinformationen auf XBRL-Basis speziell bei deutschen Unternehmen weniger verbreitet.

6.3 Einfluss von »XBRL« auf die Finanzberichterstattung

Einfluss auf die Berichterstattung

Der Inhalt einer jeden Berichterstattung richtet sich stets nach der jeweiligen Zwecksetzung. »XBRL« als eine EDV-Sprache zur Kommunikation von Informationen wird daher grds. nicht den Informationsbedarf ändern. Gleichwohl wird diskutiert, inwiefern die Form der Informationskommunikation sowie die neuen Möglichkeiten der automatischen Aufbereitung durch »XBRL« die Finanzberichterstattung beeinflussen kann (vgl. Wagenhofer, A. (2003), S. 276). Jüngste Forderungen nach einer stärkeren Berücksichtigung der technischen Möglichkeiten durch den Einsatz von EDV bzgl. effektiver und effizienter Kommunikation von Finanzinformationen sind derweil auch im Umfeld der Fortentwicklung von Rechnungslegungsstandards anzutreffen (vgl. mitunter EFRAG/ANC/FRC (2012), S. 64, mit der Forderung nach entsprechender Berücksichtigung von »XBRL« bei der Entwicklung eines Rahmenkonzepts für Anhangangaben im Jahresabschluss).

Auswirkungen der elektronischen Berichterstattung

Der verstärkte Einsatz elektronischer Berichterstattung und die Möglichkeiten einer – zu einem gewissen Grad – automatisierten Aufbereitung von Informationen könnten dazu führen, dass quantitativen Informationen in der Finanzberichterstattung eine noch größere Bedeutung zukommt, zumal diese im Gegensatz zu qualitativen Ausführungen einfacher auszuwerten sind (vgl. Wagenhofer, A. (2003), S. 266). Des Weiteren ist eine elektronische Berichterstattung nicht an physische Grenzen in Papierform gebunden. Seitenformat, Zeilen- oder Seitenumbrüche sind in aller Regel bei einer elektronischen Berichterstattung mittels »XBRL« nicht existent. Ausweisfragen in der Rechnungslegung, ob z. B. eine weitere Untergliederung von Abschlussposten in der Bilanz oder im Anhang eines Jahresabschlusses vorzunehmen ist, könnten ebenso an Bedeutung verlieren. Mit Blick auf die Fortentwicklung von Rechnungslegungsstandards könnte diese Form von Berichterstattung zudem den Druck erhöhen, Bilanzierungswahlrechte zu minimieren, um auf diese Weise einen höheren Automatisierungsgrad bei der Aufbereitung von Jahresabschlussinformationen zu erzielen.

Uniformität der Berichterstattung?

Zudem könnte der Einsatz elektronischer Berichterstattung den Bedarf an einer stärkeren Standardisierung der Ausweisvorgaben bis hin zur Uniformität der Offenlegung begründen. Uniforme Ausweis- und Darstellungsvorgaben sind mit einer elektronischen Berichterstattung regelmäßig leichter umzusetzen. Berichtsformen, die dem Ersteller eine hohe Flexibilität einräumen, sind im Umfeld elektronischer Berichterstattung oft ungleich schwieriger automatisch zu verarbeiten. Ein allgemeiner Trend hin zur uniformen Finanzberichterstattung lässt sich allerdings derzeit nicht beobachten. Dennoch existieren im regulatorischen Berichtsumfeld Beispiele, die eine uniforme Berichterstattung vor dem Hintergrund der Vergleichbarkeit begründen und den Einsatz elektronischer Berichterstattung mittels »XBRL« ermöglichen (vgl. etwa EBA (2014), mitsamt korrespondierender XBRL-Taxonomie, vgl. EBA (2014a)).

6.4 Herausforderungen der elektronischen Berichterstattung

Neben den Vorteilen einer Berichterstattung auf Basis von »XBRL« ergeben sich auch neue Herausforderungen und Fragestellungen für die Finanzberichterstattung. Diese sind nicht notwendigerweise auf die Spezifikationen von »XBRL« restringiert, sondern entstehen generell für eine elektronische, maschinenlesbare Berichterstattung von Finanzinformationen.

6.4.1 Datenqualität und Prüfung

Verlässlichkeit der Datenqualität

Eine gewichtige Herausforderung für die elektronische Berichterstattung stellt die Verlässlichkeit der Datenqualität dar. So wird generell (schlüssig) argumentiert, dass ein Vorteil der elektronischen Berichterstattung durch »XBRL« die Erhöhung der Datenqualität durch die Vermeidung von manuellen Übertragungsfehlern und redundanten Datenerfassungen darstellt. Diese Argumentation setzt gleichwohl voraus, dass die originäre elektronische Datenquelle verlässlich ist und die Daten richtig und vollständig im maschinenlesbaren Format bereitstellt.

Verbindliche Prüfungshandlungen notwendig

Der Prozess und Umfang der Überprüfung, ob und inwieweit dies der Fall ist, erscheint noch weitgehend ungeklärt. Dies wird insb. daran deutlich, dass es gegenwärtig noch keinen generellen, international verbreiteten Prüfungsstandard für die elektronische Berichterstattung von Jahresabschlussinformationen gibt. Die International Standards on Auditing (ISA) erfordern keine Prüfungshandlungen bzgl. der Erstellung von XBRL-Daten im Rahmen der Abschlussprüfung (vgl. IAASB (2010), S. 4). Die Forderung nach einer verbindlichen Prüfung XBRL-basierter Daten im Rahmen der Finanzberichterstattung ist gleichwohl latent (vgl. stellvertretend CFA Institute (2009), S. 7).

Die klassische Form der Prüfung von Jahresabschlussinformationen bezieht sich auf den aufgestellten Abschluss in Papierformat und ist de lege lata lediglich ein statisches Dokument. Ein Abschluss auf Basis von »XBRL« ist grds. auch ein statischer Bericht, wenngleich er aufgrund der unterschiedlichen Darstellungs- bzw. Auswertungsmöglichkeiten einen eher dynamisch geprägten Charakter aufweist (vgl. Nunnenkamp, G./Paffenholz, M. (2010), S. 1150). Zudem ist der für Computerprogramme erkennbare Inhalt von XBRL-Instanzen für den Abschlussprüfer in seiner »Rohform« nur bedingt lesbar. Es bedarf insoweit geeigneter Computerprogramme, um die Abschlussdaten in XBRL-Instanzen zu visualisieren.

Plausibilitätstests für geschlossene Taxonomien

Das Problem der Datenqualitätsprüfung bei der Erstellung von XBRL-Instanzen ist weniger relevant, sofern es sich um eine geschlossene, nicht erweiterbare Taxonomie handelt und die Berichterstattung vorwiegend uniform in Gestalt von »Templates« erfolgt. Für diese Berichtsszenarios mit nicht erweiterbaren Taxonomien lassen sich in aller Regel geeignete Plausibilitätstests entwickeln, sei es bzgl. der Richtig- und Vollständigkeit der Daten oder hinsichtlich einer entsprechenden Visualisierung.

Problem bei erweiterten Taxonomien

Ungleich schwieriger ist die Prüfung von XBRL-Dokumenten in Berichtsszenarios, in denen der Berichtersteller Taxonomien individuell erweitern kann bzw. vor dem Hintergrund der Anforderungen von Rechnungslegungsstandards erweitern muss. Die Erfahrung der US-amerikanischen Securities and Exchange Commission (SEC) mit der Finanzberichterstattung von kapitalmarktorientierten Unternehmen auf Basis von »XBRL« mit erweiterbaren Taxonomien deutet zumindest auf einen Verbesserungsbedarf der Datenqualität hin (vgl. zu laufenden Untersuchungen SEC (2014)). Dies hat auch das American Institute of Certified Public Accountants (AICPA) zum Anlass genommen, allgemeine Prinzipien und Kriterien zu entwickeln, die Erstellern von XBRL-Instanzen helfen sollen, die Datenqualität zu erhöhen (vgl. AICPA (2012)). Jene Vorgaben richten sich gleichwohl primär an Ersteller, die XBRL-Instanzen bei der SEC einreichen.

6.4.2 Vergleichbarkeit und Detaillierungsgrad

Explizite und faktische Wahlrechte

Ein wesentlicher Bestandteil der Bilanzanalyse bei der Aufbereitung von Jahresabschlussinformationen ist die Beurteilung von Bilanzpolitik, die in erster Linie – ungeachtet der Nutzung etwaiger Ermessensspielräume – aus der Ausübung von expliziten und/oder faktischen Wahlrechten resultiert (vgl. 2. Abschn., 1.4). Für Zwecke der Bilanzanalyse bedarf es daher der Auswertung von allen relevanten Informationen, insb. die Auswertung von Anhangangaben hinsichtlich der Inanspruchnahme von expliziten Wahlrechten bei Ansatz, Bewertung und Ausweis. Für »XBRL« ergibt sich in diesem Zusammenhang die Frage, ob und inwieweit die verschiedenartigen Wahlrechte vor dem Hintergrund erhöhter Transparenz zu berücksichtigen sind. Als ein einfaches Beispiel hierfür kann die Fragestellung angeführt werden, ob das Saldierungswahlrecht für aktive und passive latente Steuern gem. § 274 Abs. 1 Satz 3 HGB unterschiedliche Konten in einer XBRL-Taxonomie erfordert, ergo es u. U. nicht separate Konten für saldierte und unsaldierte Abschlussposten einzurichten gilt.

Detaillierungsgrad

Fernerhin stellt sich für die Finanzberichterstattung mittels »XBRL« die Frage, wie detailliert die Konten in einer Taxonomie mit Blick auf die Datenvergleichbarkeit aufzschlüsseln sind. So gestaltet sich der Detaillierungsgrad für Jahresabschlussinformationen bzgl. der Bilanz, GuV und Kapitalflussrechnung zunächst relativ einfach: Jeder Abschlussposten entspricht einem Konto in der Taxonomie. Für Anhangangaben im Jahresabschluss oder Angaben im Lagebericht erscheint die konzeptionelle Frage nach dem Detaillierungsgrad in einer Taxonomie weitaus weniger trivial: Reicht ein Konto für den gesamten Anhang oder sind vor dem Hintergrund einer intendierten Vergleichbarkeit auch die diversen Anhangangaben, z. B. Diskontierungszinssätze, planmäßige Abschreibungsdauer, Überleitungsrechnungen etc., mit individuellen Konten in der Taxonomie zu hinterlegen? Für die Rechnungslegung lässt sich diese Frage hinsichtlich der Erstellung einer Taxonomie nur eindeutig beantworten, soweit durch den Gesetzgeber bzw. Standardsetter diesbezüglich konkrete Vorgaben erfolgen. Das IASB veröffentlicht etwa eine Taxonomie, welche die Anforderungen der IFRS widerspiegeln (IFRS-Taxonomie). Allerdings ist diese lediglich Empfehlungscharakter besitzende Taxonomie nicht Bestandteil der (endorsed) IFRS.

Freiheitsgrade

Zusätzlich zur Frage nach dem Detaillierungsgrad die Aufschlüsselung separater Informationen betreffend ergeben sich aus der Spezifikation von »XBRL« weitere Herausforderungen mit Blick auf die Vergleichbarkeit von Daten. So bestimmen die Spezifikationen von »XBRL« grds. die Syntax für die Taxonomie und die korrespondierenden XBRL-Instanzen, indes verbleiben naturgem. viele Freiheitsgrade bzgl. des Datenmodells einer Taxonomie. Diese Freiheitsgrade haben zur Folge, dass in praxi vielfach verschiedene Datenmodelle – oft auch als »Taxonomie-Architektur« bezeichnet – angewendet werden und miteinander konkurrieren. In der Konsequenz führt dies dazu, dass XBRL-Instanzen nicht unmittelbar als »kompatibel« gelten. Dieses Problem wurde für die Finanzberichterstattung mittels »XBRL« relativ frühzeitig identifiziert und entsprechende Empfehlungen als Teil der XBRL-Spezifikationen veröffentlicht (vgl. XBRL International Inc. (2005)). Gleichwohl berücksichtigen diese Empfehlungen nicht zwischenzeitlich entwickelte Zusatzspezifikationen, sodass hier ein gewisser Überarbeitungs- und Harmonisierungsbedarf notwendig erscheint.

6.4.3 Visualisierung

Datenvisualisierung

Eine weitere Herausforderung für »XBRL« besteht in der Datenvisualisierung einer XBRL-Instanz (oft auch als »rendering« bezeichnet). Da »XBRL« zunächst primär für den Datenaustausch entwickelt wurde und nicht für die visuelle Ausgabe von Daten, gab es in logischer Konsequenz keine klaren Vorgaben in den Spezifikationen. Die Visualisierung und Verarbeitung ist in aller Regel der Software überlassen, die die XBRL-Instanzen weiterverarbeitet und die strukturiert vorliegenden Daten entsprechend aufbereitet. Dies hat jedoch zur Folge, dass es keine einheitlichen Vorgaben gibt, wie bspw. Jahresabschlüsse auf Basis von »XBRL« darzustellen sind. In praxi führt dies dazu, dass die Visualisierung von XBRL-Instanzen sehr heterogen ausfallen kann und letztlich von den eingesetzten Computerprogrammen abhängig ist. Visualisierungsvorgaben sind daher oftmals durch Zusatzvorgaben im entsprechenden Anwendungsbereich hinterlegt; diese fallen aber selbst nicht unter die XBRL-Spezifikation.

Zusatzspezifikation

Das Fehlen spezifischer Visualisierungsvorgaben wurde zunehmend als eine Schwäche von »XBRL« betrachtet. Deshalb wurde eine zusätzliche Spezifikation für »XBRL« entwickelt, die es zumindest ermöglichen soll, die Darstellung von XBRL-Daten in Tabellenform in einer Taxonomie einheitlich zu hinterlegen (vgl. XBRL International Inc. (2014a)). Da diese Zusatzspezifikation noch relativ neu ist, muss sich erst noch zeigen, inwiefern dadurch der Bedarf nach einer besseren Visualisierung von XBRL-Instanzen bedient werden kann. Ob sie darüber hinaus in der Lage ist, bestehende – nicht-standardisierte – Lösungen zur Darstellung in verschiedenen Einsatzgebieten abzulösen, bleibt abzuwarten.

6.5 Fazit

Vorteile

Für die Bilanzanalyse kann die elektronische Kommunikation und Berichterstattung mittels »XBRL« einen erheblichen Effizienzvorteil bei der notwendigen Aufbereitung der Informationen darstellen. Die Vorteile werden insb. in der geringeren Fehleranfälligkeit sowie einer Kostenersparnis bei der gezielten Aufbereitung einer Vielzahl von Daten gesehen.

Erhöhung der Verwertbarkeit von Informationen

Der Inhalt einer Berichterstattung richtet sich grds. an der Zwecksetzung aus. »XBRL« als Spezifikation zur Datenkommunikation generiert zwar keinen Bedarf an neuen Informationen, kann aber gleichwohl die Benutz- und Verwendbarkeit der zu berichtenden Informationen (deutlich) erhöhen.

Herausforderungen in der XBRL-Entwicklung

Durch den Einsatz von »XBRL« ergeben sich für die Rechnungslegung neue Fragestellungen und Herausforderungen. Speziell die Frage nach dem Detaillierungsgrad im Kontext der »maschinellen« Vergleichbarkeit von Informationen sowie die Gewährleistung der Datenqualität bei der Offenlegung mittels »XBRL« stehen hierbei im Vordergrund. Zugleich dürfte es für die künftige Fortentwicklung unabdingbar sein, den Fokus nicht nur allein auf einheitliche Datenmodelle für XBRL-Taxonomien zu richten, sondern auch die Visualisierung der Daten in XBRL-Instanzen zu standardisieren.

7. Ausweitung der Bilanz- zur Unternehmensanalyse

7.1 Einführende Überlegungen

»Old Economy«

Seit Jahren beschäftigt sich die traditionelle Bilanzanalyse mit der Frage, wie der (Konzern-)Jahresabschluss eines Unternehmens angemessen und qualifiziert zu beurteilen ist. Fokussiert waren diese Überlegungen in der Vergangenheit zumeist auf Unternehmen der sog. »Old Economy«, also bspw. auf Unternehmen aus den Bereichen der industriellen Fertigung und des Handels. Für diese Zielgruppe wurde die Bilanzanalyse – wie in diesem Buch dargestellt – im Zeitablauf fortentwickelt und verfeinert.

Im Laufe der Zeit haben sich allerdings immer mehr Dienstleistungsunternehmen etabliert und die Bedeutung von Zählen, Messen und Wiegen hat auch bei der Analyse im Bereich der Industrie und des Handels abgenommen. Moderne Industrie- und Handelsunternehmen partizipieren heute oftmals entlang der gesamten Wertschöpfungskette. Darüber hinaus hat die zunehmende Internationalisierung der Rechnungslegung dazu geführt, dass eine rein auf Kennzahlen basierende Bilanzanalyse zu keinem zufriedenstellenden Ergebnis mehr führt und vielfach eine Analyse der verbalen Berichterstattung hin zu einer Einzelfallbetrachtung nötig wird.

»New Economy«

Außerdem hat sich international auch ein Markt für die Kapitalbeschaffung junger Unternehmen herausgebildet. Wie nicht zuletzt das Platzen der New Economy-Blase gezeigt hat, ist das finanzielle Engagement in diesen Unternehmen mit besonderen Risiken behaftet. Eine adäquate Analyse der auftretenden Chancen und Risiken ist vor diesem Hintergrund von besonderer Bedeutung.

Der nachfolgende Gliederungspunkt dient der Darstellung der Besonderheiten, die junge, dynamisch wachsende Unternehmen auszeichnen, und der damit untrennbar verbundenen Notwendigkeit, die traditionelle Bilanzanalyse an neue Erfordernisse anzupassen. Dabei wird der Schwerpunkt auf die Darstellung einer die tradierte Bilanzanalyse ergänzenden Unternehmensanalyse gelegt. Aus den aufgezeigten Besonderheiten lässt sich dann erkennen, inwieweit eine erfolgversprechende Bilanzanalyse auch bei Unternehmen der Old Economy um grundsätzliche Fragestellungen, wie Branchen-, Marktstellungs- und Geschäftsmodellanalyse, ausgeweitet werden sollte.

7.2 Unternehmensanalyse bei jungen, dynamisch wachsenden Unternehmen

7.2.1 Charakteristika

Junge, dynamisch wachsende Unternehmen, die insb. in den technologieorientierten Wirtschaftszweigen der sog. »New Economy« anzusiedeln sind, lassen sich in mehrfacher Hinsicht von den Unternehmen der Old Economy abgrenzen (vgl. Küting, K. (2002)).

Dauer der wirtschaftlichen Existenz

Als herausragendes Merkmal dieser Unternehmen ist die (verhältnismäßig) kurze Existenz, sowohl in rechtlicher als auch insb. in wirtschaftlicher Hinsicht, anzuführen (vgl. Hayn, M. (2003), S. 15 ff.). Damit untrennbar verbunden ist die Tatsache, dass sich Organisation, Rechnungswesen und Investor Relations-Abteilung noch im Aufbau befinden und dem ständigen Zwang zur Anpassung an die Bedürfnisse des Unternehmens unterliegen. In vielen Fällen muss daher davon ausgegangen werden, dass das Hauptaugenmerk junger Unternehmen auf die laufende Geschäftstätigkeit gerichtet ist und nicht auf deren adäquate Abbildung in der Bilanz. Auch stehen vergangenheitsbezogene Daten in aller Regel nicht zur Verfügung bzw. sind als Ausgangspunkt einer zukunftsorientierten Beurteilung des Unternehmens nicht geeignet. Denn in einem Unternehmen, welches erst seit kurzem existiert und am Wirtschaftsgeschehen teilnimmt, ist eine hervorgehobene Bedeutung von Sondereinflüssen und einmaligen Ereignissen zu beobachten. Sei es nun der Börsengang, der Aufbau neuer Produktionszweige oder die Expansion ins Ausland, alle genannten Faktoren beeinflussen einmalig und i. d. R. in einem nicht unwesentlichen Maße die Lage des Unternehmens. Bei der Analyse der Geschäftszahlen ist folglich aufgrund dieser Sonderfaktoren eine prospektive Betrachtung nur stark eingeschränkt möglich.

Betätigungsfeld

Ein weiteres Merkmal dieser (jungen) Unternehmen stellt die Auswahl des Marktsegments dar, in dem sie tätig sind. Obwohl es auch in der Old Economy kontinuierlich zu Neugründungen von Unternehmen kommt, ist ein echter Boom an Neugründungen vor allem in zukunftsweisenden Branchen mit neuen, innovativen Produkten zu verzeichnen. Beispielhaft seien die folgenden Branchen angeführt:

- Biotechnologie,
- Informationstechnologie,
- Neue (soziale) Medien und
- Telekommunikation.

Der besondere Vorteil dieser Bereiche für Neugründungen ist in den noch relativ niedrigen Markteintrittsbarrieren zu sehen, die sich vor allem damit begründen lassen, dass sich hier die Technologie in einem frühen Entwicklungsstadium befindet und so kaum ein Unternehmen bisher eine technologische Vormachtstellung herausarbeiten konnte. Auch zeigt das konjunkturabhängige, aber fortwährende Auftreten junger Unternehmen mit neuen Geschäftsmodellen, dass noch immer unbearbeitete Nischen auszumachen sind, in denen junge Unternehmen Fuß fassen können. Gleichzeitig befindet sich das Geschäftsumfeld in einem permanenten dynamischen Wandlungsprozess.

Wachstumsaussichten und Risikosituation

Verbunden mit der jungen wirtschaftlichen Existenz und der Ansiedelung in wachstumsstarken Marktsegmenten zeigt sich unmittelbar ein weiteres essenzielles Merkmal dieser Unternehmen. Sie weisen einen sehr dynamischen Geschäftsverlauf sowie ein überproportionales Wachstum auf. Ein Unternehmen kann dann als dynamisch angesehen werden, wenn es »nicht nur einem einmaligen, sondern nahezu kontinuierlichen Veränderungsprozessen unterliegt« (Hayn, M. (2003), S. 18). Diese Veränderungsprozesse werden häufig nicht in einem stetigen Verlauf anzutreffen sein, sondern vielfach in einzelnen Sprüngen, wodurch auch Perioden mit negativem Wachstum eingeschlossen sind. Für die Beurteilung der Zukunftschancen eines jungen Unternehmens ist, gerade bei Berücksichtigung der relativ kurzen Existenz, auf das zukünftige Wachstum und nicht auf das tatsächliche Wachstum in der Vergangenheit abzustellen. Allerdings sind derartige Wachstumschancen auch mit korrespondierenden Risiken behaftet. Hier ist insb. auf die kurzen Produktlebenszyklen und das hohe Maß an Spezialisierung zu verweisen, durch die sich die Unternehmen der New Economy auszeichnen (zum Begriff der New Economy vgl. Behr, G. (2000), S. 1115).

Ökonomische Merkmale

Aus diesen Überlegungen lassen sich unter ökonomischen Gesichtspunkten weitere besondere Wesensmerkmale dieser Unternehmen ableiten (vgl. Behr, G./Gusinde, P. (1999), S. 153 ff.; Volk, G. (2000), S. 871).

- Aufgrund der schnellen Entwicklung ihres Umfelds sind die Unternehmen gezwungen, neue Technologien zu entwickeln und umgehend zur Marktreife zu führen. Es wird versucht, über hohe FuE-Aufwendungen die eigene Position am Markt zu verbessern. Deutliche Anlaufverluste sind daher nicht zu vermeiden.
- Die notwendige Spezialisierung beschränkt die Unternehmen auf wenige innovative Produkte. Der Erfolg des Unternehmens ist somit vom Erfolg einzelner Produkte abhängig.
- Von diesen Unternehmen werden in vielen Fällen nicht in erster Linie materielle, sondern immaterielle Güter produziert.

- Häufig sind die Unternehmen stark durch ihre Gründer geprägt und von diesen abhängig, weil die Geschäftsidee nur unter Inanspruchnahme des Know-hows der Gründer verwirklicht werden kann. Für den externen Analysten ist die tatsächliche Bedeutung der Gründer für den Fortbestand des Unternehmens allerdings kaum zu beurteilen.
- Die Ausbildung und Innovationskraft der Mitarbeiter ist für den Erfolg des Unternehmens ausschlaggebend. Eine ausreichende Rekrutierung geeigneter Mitarbeiter ist daher von essenzieller Bedeutung. Auch hier stehen den Analysten kaum aussagekräftige Informationen zur Verfügung, die eine hinreichende Beurteilung dieses Faktors erlauben würden.

Diese Charakteristika zeigen, dass in Aufbau und Struktur der Geschäftstätigkeit dieser Unternehmen erhebliche Abweichungen zu den etablierten Unternehmen der Old Economy festzustellen sind.

7.2.2 Besonderheiten in Bezug auf die bilanzielle Abbildung der Geschäftstätigkeit

Immaterielle Vermögenswerte

Während bei Industrieunternehmen traditionell die Sachanlagen einen Großteil des Vermögens binden, sind die Sachanlagen junger Unternehmen häufig auf die IT-Ausstattung beschränkt. Unter Berücksichtigung der Bedeutung, die immateriellen Vermögenswerten für ein Unternehmen der New Economy zukommt (vgl. Küting, K. (2000), S. 674; Pellens, B./Fülbier, R. U. (2000), S. 35 ff.), muss der bilanziellen Behandlung dieser Werte besondere Aufmerksamkeit gezollt werden. Abhängig von dem Betätigungsfeld der Unternehmen werden immaterielle Werte geschaffen, die – soweit sie überhaupt Eingang in die Bilanz finden – auch einen Großteil der Bilanzsumme ausmachen können, bspw.

- Software,
- Rechte und Lizenzen sowie
- Entwicklungskosten.

Unabhängig von den konkreten Regelungen zu Ansatz und Bewertung immaterieller Vermögenswerte lassen sich die folgenden Grundfragen formulieren, die auch in der Bilanzanalyse berücksichtigt werden sollten (vgl. Pellens, B./Fülbier, R. U. (2000), S. 40 ff.; Fülbier, R. U./Honold, D./Klar, A. (2000), S. 835; Hayn, S./Waldersee, G. G. (2014), S. 142 ff.):

Ansatz und Bewertung des immateriellen Vermögens

(1) Liegt ein – wie auch immer gearteter – bilanzierungsfähiger Vermögenswert vor?
Für den Ansatz immaterieller Werte stellt sich die Frage der Abgrenzbarkeit von anderen materiellen und immateriellen Werten sowie der Greifbarkeit. Es ist zu untersuchen, wann ein bilanzierungsfähiger, abgrenzbarer Vermögenswert geschaffen wurde und wann sich nur eine Erhöhung des nicht greifbaren Unternehmenswerts ergeben hat.

(2) Zu welchem Zeitpunkt ist ein Vermögenswert zu bilanzieren?
Eine Aktivierung kann erst zu einem Zeitpunkt in Betracht kommen, zu dem sich ein Vermögenswert hinreichend konkretisiert hat. Speziell bei Grundlagenforschung ist ein potenzieller Nutzen naturgemäß mit großen Unsi-

cherheiten behaftet und der Eintritt eines möglichen Nutzens liegt noch in ferner Zukunft.

(3) Wie ist dieser Vermögenswert zu bewerten?
Bei selbst erstellten immateriellen Werten ist es meist nicht möglich, Vergleichsgrößen zur Bewertung heranzuziehen. Auch ist häufig eine eigenständige Veräußerbarkeit nicht gegeben, ein objektiver Marktpreis somit kaum zu bestimmen.

(4) Sind Aktivierungsverbote oder -wahlrechte zu beachten?
§ 248 HGB sieht für bestimmte Aufwendungen ein Aktivierungsverbot vor. Nach § 248 Abs. 2 HGB i. V. m. § 255 Abs. 2a HGB existiert ein Aktivierungswahlrecht für Entwicklungskosten. Gem. IAS 38.54 ist die Aktivierung von Forschungskosten unzulässig, eine Aktivierung von Entwicklungskosten dagegen bei Vorliegen der Voraussetzungen des IAS 38.57 geboten.

Unter Berücksichtigung dieser besonderen Problematik ist es offensichtlich, dass immaterielle Werte im Vergleich zu materiellen Vermögenswerten einem erheblich höheren Unsicherheitsgrad hinsichtlich Ansatz und Bewertung in der Bilanz unterliegen (vgl. Glade, H. J. (1991), S. 264). Darüber hinaus sind sie in aller Regel nicht beleihungsfähig. Diesen besonderen Tatbeständen muss auch im Rahmen der Bilanzanalyse Rechnung getragen werden.

Zu beachten ist allerdings, dass die Frage einer Aktivierung von immateriellen Werten lediglich ein Periodisierungsproblem darstellt. Wurden Aufwendungen für die Herstellung immaterieller Werte unmittelbar als Aufwand der Periode verbucht, finden diese Aufwendungen ebenso Niederschlag in der Erfolgsrechnung wie Abschreibungen für aktivierte Vermögenswerte, die den Erfolg späterer Perioden mindern. Trotzdem handelt es sich bei den immateriellen Vermögenswerten um einen strategischen Erfolgsfaktor, der weiter an Bedeutung gewinnt und dementsprechend bei jeder Unternehmensbeurteilung zu berücksichtigen ist.

Bedeutung des GoF

Aber nicht nur aktivierte Software, Lizenzen und andere Rechte sind zu den immateriellen Vermögenswerten zu rechnen, sondern auch der GoF. Viele junge Unternehmen können durch den Börsengang ihre Eigenkapitalbasis stark verbessern. Durch den Zufluss an liquiden Mitteln ist es den Unternehmen möglich, Beteiligungen zu erwerben, wobei in aller Regel auch ein GoF in der Bilanz zugeht. Der GoF ist die Differenz zwischen dem Kaufpreis der Anteile eines Unternehmens und dem zu Zeitwerten angesetzten (anteiligen) bilanziellen Reinvermögen. Dieser (Residual-)Wert stellt bei den jungen Unternehmen, die nicht ausschließlich organisch wachsen, sondern ihr Wachstum durch Unternehmensübernahmen vorantreiben (externes Unternehmenswachstum), häufig eine nicht zu vernachlässigende Größe dar (vgl. Küting, K. (2000), S. 675).

Die »ökonomische Substanz« (Sellhorn, T. (2000), S. 888) eines GoF bedarf einer genauen Überprüfung. Zum einen kann sich der GoF aus sehr heterogenen Komponenten zusammensetzen, die sowohl positive als auch negative Auswirkungen auf den Wert haben können. Zum anderen spiegeln sich im GoF Zukunftserwartungen wider, die nicht unerheblichen Unsicherheiten unterliegen (vgl. Küting, K. (2005a), S. 2757 ff.; Küting, K. (2011), S. 1681).

Unsicherheit immaterieller Werte

In den Bilanzen junger, dynamisch wachsender Unternehmen kommt immateriellen Vermögenswerten eine herausragende Bedeutung zu. Die Bestimmung des Vermögens unterliegt dadurch einem erheblich höheren Unsicherheitsfaktor als dies bei vielen traditionellen Unternehmen der Fall ist. Für die Bilanzanalyse ist eine adäquate Einschätzung des immateriellen Vermögens zur Beurteilung der gegenwärtigen und Prognose der zukünftigen Unternehmenslage insoweit unabdingbar.

Rechnungslegungskonventionen

Die Mehrzahl der jungen Unternehmen ist in Branchen tätig, die sich erst in den letzten Jahren entwickelt haben. Dementsprechend konnten sich für diese Branchen noch keine verfestigten Rechnungslegungskonventionen herausbilden. Denn solange Literatur und Rechtsprechung noch nicht zu einer gesicherten Meinung hinsichtlich einzelner Bilanzierungsfragen gefunden haben, wird die Praxis den zur Verfügung stehenden Ermessensspielraum heterogen ausnutzen. Es besteht daher die Gefahr, dass durch eine interessengeleitete Auslegung der Normen – unter Inanspruchnahme aller gegebenen Ermessensspielräume – ein unternehmensübergreifender Vergleich unmöglich gemacht wird.

Die Rechnungslegung junger, dynamisch wachsender Unternehmen unterliegt somit einer erhöhten Unsicherheit, die sich sowohl aus der besonderen und neuen Struktur der Geschäftstätigkeit als auch aus den noch nicht verfestigten Konventionen zur Rechnungslegung ergibt. Eine auf der Rechnungslegung aufbauende Bilanzanalyse muss sich mithin der daraus resultierenden Unsicherheit bewusst sein.

7.2.3 Abgrenzung zur klassischen Bilanzanalyse

Informationen nicht finanzieller Art

Insb. aufgrund der häufig fehlenden Gewinne und der ausbleibenden Zahlungsmittelrückflüsse rücken die klassischen Methoden der Bilanzanalyse (vgl. dazu 3. Abschn.) bei den Unternehmen der New Economy in den Hintergrund. Um ein Unternehmen in seiner Komplexität beurteilen zu können, ist ein ausschließlicher Fokus auf die finanziellen Daten nicht ausreichend, weil zunehmend Informationen nicht finanzieller Art an Bedeutung gewinnen. Hierzu zählen insb. Mitarbeiter, als Ausdruck des Humankapitals eines Unternehmens, Kunden- und Lieferantenbeziehungen, strategische Allianzen oder auch interne Organisationsstrukturen. Diese aus Unternehmenssicht wertbestimmenden Faktoren wurden in der Berichterstattung der Unternehmen in der Vergangenheit nur sehr eingeschränkt oder überhaupt nicht abgedeckt. Aufgrund der Notwendigkeit zur Offenlegung entscheidungsrelevanter Informationen im Rahmen der internationalen Rechnungslegung sowie durch die Verstärkung der Informationsfunktion des handelsrechtlichen (Konzern-)Jahresabschlusses im Zuge des BilMoG, rückt diese Entwicklung auch vermehrt in den Fokus des ansonsten primär auf die Vermittlung periodischer und historischer Daten ausgerichteten Rechnungswesens. Dies ist aber nicht nur eine Besonderheit der New Economy, sondern tritt gleichermaßen auch bei Unternehmen der Old Economy (zunehmend) auf (vgl. Küting, K. (2000b)).

Vor diesem Hintergrund ist es notwendig, dass neben der klassischen Bilanzanalyse mit ihren Komponenten der erfolgs- und finanzwirtschaftlichen Analyse ein weiteres Instrumentarium zur Anwendung gelangt, welches zusätzliche Informationen bereitstellt. Dieses darf sich nicht allein auf die Auswertung des (Konzern-)Jahresabschlusses beschränken, sondern muss neben allen anderen verfügbaren Unternehmensinformationen auch eine strategische Unternehmensanalyse beinhalten (vgl. Küting, K. (2002), S. 12 ff.).

Eine strategische Bilanz- und Unternehmensanalyse (vgl. dazu Coenenberg, A. G./Haller, A./Schultze, W. (2014), S. 1195 ff.) beinhaltet eine Branchen-, Marktstellungs- und Geschäftsmodellanalyse. Sie deckt sowohl Fragen nach den unternehmensspezifischen Stärken und Schwächen im Wettbewerb als auch hinsichtlich der Chancen und Risiken, denen ein Unternehmen in seinem Umfeld ausgesetzt ist, ab. Dabei wird versucht, in den Fällen die Informationsdefizite auszugleichen, in denen aus dem (Konzern-)Jahresabschluss bzw. Geschäftsbericht keine unmittelbaren Erkenntnisse hervorgehen.

Strategische Analyse

Überblickartig lassen sich die Komponenten einer strategischen Unternehmensanalyse wie folgt abbilden:

<table>
<tr><th colspan="3">Strategische Analyse</th><th colspan="2">Bilanzanalyse</th></tr>
<tr><td>Branchen-analyse</td><td>Marktstellungs-analyse</td><td>Geschäftsmodell-analyse</td><td>Erfolgswirtschaftliche Bilanzanalyse</td><td>Finanzwirtschaftliche Bilanzanalyse</td></tr>
<tr><td colspan="5">Unternehmensanalyse</td></tr>
</table>

Übersicht 157: Komponenten einer strategischen Unternehmensanalyse

7.2.4 Branchenanalyse

Die Branchenanalyse beinhaltet die Identifizierung der strukturellen Merkmale einer Branche, aus denen sich die Stärke der Wettbewerbskräfte und letztlich die Rentabilität einer Branche ergeben. Ein Unternehmen ist in seinem Umfeld einer Vielfalt an sozialen, ökonomischen und regulatorischen Kräften ausgesetzt, die Auswirkungen auf das unternehmerische Handeln haben. Um einen etwaigen Strukturwandel innerhalb des Unternehmensumfelds rechtzeitig zu erkennen, müssen die exogenen Einflussfaktoren und Rahmenbedingungen, welche die Strategie innerhalb einer Branche bestimmen, identifiziert werden (vgl. Keuper, F. (2001), S. 256). Ausschlaggebend für den Erfolg oder Misserfolg eines Unternehmens sind demnach die Strategie und Fähigkeit, mit diesen externen Kräften umzugehen. Die Intensität des Wettbewerbs innerhalb einer Branche wurzelt in der ökonomischen Struktur einer Branche, die sich durch verschiedene Triebkräfte des Branchenwettbewerbs bestimmt.

Triebkräfte des Branchenwettbewerbs

Die Wettbewerbskräfte einer Branche setzen sich aus der Rivalität unter den bestehenden Unternehmen, der Gefahr der Substitution durch Ersatzprodukte, der Verhandlungsstärke von Kunden und Lieferanten sowie der Bedrohung durch neue Konkurrenten zusammen (vgl. Porter, M. E. (2013), S. 37 ff.). Die kombinierte Stärke dieser Wettbewerbskräfte bestimmt die Wettbewerbsintensität und Rentabilität einer Branche und determiniert die Strategie eines Unternehmens. Hierbei ist zu unterscheiden zwischen der durch die Stärke der Wettbewerbskräfte vorgegebenen Struktur einer Branche und kurzfristigen Faktoren, die den Wettbewerb und die Rentabilität innerhalb einer Branche beeinflussen. Zu letztgenannten Einflüssen zählen insb. konjunkturelle Schwankungen, Streiks, Materialknappheit oder auch Nachfragespitzen.

Um sich einen besseren Überblick über eine Branche verschaffen zu können, bietet sich eine Zerlegung und Strukturierung einer Branche in einzelne Teilbranchen an (vgl. Küting, K. (2000), S. 604). Am Beispiel der Internetbranche kann dementsprechend zwischen Unternehmen unterschieden werden, die Internet-Infrastruktur bereitstellen, Unternehmen, die internetbasierte Softwarelösungen anbieten, solchen Unternehmen, die Internet-Serviceleistungen vertreiben, und Unternehmen, deren Geschäftsmodell der Handel über das Internet darstellt. Für jede einzelne Teilbranche wird anhand branchenspezifischer Faktoren das zukünftige Marktpotenzial, welches sich insb. im Kundenpotenzial niederschlägt, bestimmt. Aus der Abschätzung des Kundenpotenzials, welches bspw. aus dem Kundenerreichungsgrad und der Kundenreichweite abzulesen ist, können u. a. Rückschlüsse auf das zukünftige Branchenwachstum gezogen werden.

7.2.5 Marktstellungsanalyse

Im Rahmen der Marktstellungsanalyse werden Informationen über die Stellung des Unternehmens im Markt gewonnen. Die Marktstellungs- oder auch Lageanalyse stellt somit die Ausgangsbasis zur Bestimmung der voraussichtlichen Leistungspotenziale eines Unternehmens dar (vgl. Hayn, M. (2003), S. 243). Diese beinhaltet die Identifizierung der wirtschaftlichen Lage eines Unternehmens, welche sich insb. in der Nachfrage nach den vom Unternehmen hergestellten Produkten und in der Konkurrenzsituation in einer spezifischen Branche niederschlägt.

Abstrahierend vom Produkt geht es aber auch um eine Beschreibung des relevanten Markts, mit dem Ziel, dessen Attraktivität und Zukunftspotenzial abschätzen zu können. Hierbei spielen Faktoren wie die Kundenstruktur oder die Kaufkraft der Kunden, aber auch die etablierten und potenziellen Wettbewerber in einer Branche sowie deren jeweilige Wettbewerbsvor- und -nachteile eine große Rolle (vgl. Behr, G./Kind, A. (1999), S. 69).

Stärken und Schwächen der Konkurrenz

Das Ziel dieser Analyse besteht in der Identifizierung der Inhalte und Erfolgspotenziale der strategischen Schritte eines jeden Wettbewerbers und damit der Schaffung der unternehmensseitigen Möglichkeit, sich in diesem Umfeld optimal zu positionieren.

Das erfolgreiche Wirtschaften eines Unternehmens setzt voraus, dass es den Wettbewerbsvorteil, den es ggü. der Konkurrenz hat, ausbaut respektive maximiert. Ein erfolgreiches Umsetzen der Wettbewerbsvorteile eines Unternehmens beinhaltet das Wissen über die eigene Position im Markt und – abgeleitet daraus – über die Marktstellung der Mitbewerber. Dabei generiert ein Unternehmen einen Wettbewerbsvorteil ggü. seinen Konkurrenten, wenn der Wert, den es für seine Kunden schafft, die Kosten der Wertschöpfung für das Unternehmen übersteigt.

Wertkette nach Porter

Zur Identifizierung der unternehmensspezifischen Wettbewerbsvorteile schuf Porter das Instrumentarium der Wertkette (vgl. Porter, M. E. (2014), S. 61 ff.). Grundlage dieser Wertkette stellt nicht die Unternehmung in ihrer Gesamtheit dar, sondern die isoliert zu betrachtenden strategischen Aktivitäten eines Unternehmens. Jede einzelne strategische Aktivität eines Unternehmens stellt dabei einen Teilbeitrag dar, der für die Unternehmung als Ganzes zu untersuchen ist, ob im Vergleich zur Konkurrenz kostengünstiger und damit effizienter gewirtschaftet wird und somit ein Wettbewerbsvorteil besteht. Die Wertaktivitäten eines Unternehmens werden somit als Bausteine von Wettbewerbsvorteilen verstanden, die isoliert auf ihr Kundenzufriedenheitspotenzial untersucht werden müssen, da sich in diesem der Wettbewerbsvorteil eines Unternehmens niederschlägt.

Die Stärken und Schwächen eines Unternehmens im Vergleich zu seiner Konkurrenz determinieren die Wettbewerbsvorteile und damit den wirtschaftlichen Erfolg. Dabei ist zu beachten, dass bei einem Vergleich nur solche Wettbewerber in die Betrachtung mit einfließen, die hinsichtlich ihrer Struktur und Geschäftstätigkeit vergleichbar sind. In einem weiteren Zusammenhang können die Stärken und Schwächen eines Unternehmens durch eine Analyse der Triebkräfte des Branchenwachstums untersucht werden, wie sie bei der Branchenanalyse dargestellt wurden. Diese allgemeine Betrachtung reicht aber i. d. R. nicht aus, um einen umfassenden und tiefen Einblick in ein Konkurrenzunternehmen zu erhalten.

Betrachtung einzelner Faktoren

Bei der näheren Betrachtung der Stärken und Schwächen eines Konkurrenzunternehmens sollte auf folgende Faktoren besonderer Wert gelegt werden (vgl. Porter, M. E. (2014)):

- Produkte:
  Wie sieht die Breite und Tiefe des Produktprogramms des Konkurrenten im Vergleich zum eigenen Portfolio aus und welchen Ruf genießen die Produkte der Konkurrenz in den einzelnen Marktsegmenten?
- Händler/Vertrieb:
  Wie ist es um die Abdeckung und die Qualität der Vertriebskanäle der Konkurrenz bestellt? Wie verhält es sich mit deren Fähigkeit, diese Kanäle zu pflegen und auszubauen?
- Marketing/Verkauf:
  Welchen Ausbildungsstand und welche Fähigkeiten besitzt das Verkaufspersonal? Wie sehen die Fähigkeiten der Wettbewerber in puncto Marktforschung und -entwicklung konkret aus?
- Verfahren:
  In diesem Bereich wird das technologische Niveau von Anlagen und Ausrüstungen hinterfragt. Wie verhält es sich mit der Flexibilität von Anlagen und Ausrüstungen und wie ist es um deren Neuheitsgrad bestellt? Was ist zum Standort der Konkurrenzunternehmen zu sagen, einschließlich der dort herrschenden Arbeits- und Transportkosten? Wie sind der Zugang und die Kostenseite der benötigten Rohstoffe zu beurteilen?
  Des Weiteren spielen hier Fragen nach dem Alleinbesitz von Know-how und dem Vorhandensein exklusiver Patentrechte oder Lizenzverträge eine Rolle. Dieser Themenkomplex ist in der New Economy von besonderer Bedeutung. Hier ist z. B. an die Softwarebranche und die immense Bedeutung der Lizenzierung von Softwarelösungen zu denken.
- Forschung und Technik:
  In diesem Bereich wird analysiert, ob die Konkurrenz die Fähigkeit zur Selbstdurchführung des FuE-Prozesses hat. Dieser Bereich umfasst neben der Produkt- und Verhaltensforschung auch die Grundlagenforschung sowie die verschiedenen Stadien der Entwicklung und der Nachahmung.
- Gesamtkosten:
  Hier wird die relative Gesamtkostensituation eines Konkurrenzunternehmens analysiert, insb. sollten Kostenvorteile, die ein Konkurrent aufgrund von Größenvorteilen oder anderen Faktoren hat, näher untersucht werden.
- Finanzielle Stärke:
  Wie ist die finanzielle Situation des Konkurrenzunternehmens einzuschätzen? Wie hoch ist der operative Cashflow und wie verhält es sich mit der Fremd-

kapitalquote? Wie sind die Möglichkeiten des Unternehmens einzuschätzen, zukünftig zusätzliche Mittel am Kapitalmarkt aufnehmen zu können? In diesen Bereich fällt auch die Einstufung der Fähigkeiten des Finanzmanagements. Inwieweit gelingt es dem Management, neue Mittel zu akquirieren?
- Organisation:
  Wie ist das betrachtete Konkurrenzunternehmen im Vergleich zum eigenen Unternehmen organisiert? Lässt sich aus dem Organisationsaufbau eine Stimmigkeit mit der verfolgten Strategie ableiten?
- Allgemeine Managementfähigkeit:
  Wie sind die Führungsqualitäten des Managements des Konkurrenzunternehmens einzuschätzen? Wie sind die Altersstruktur und der Ausbildungsstand der Unternehmenslenker und wie sind deren Flexibilität und Anpassungsfähigkeit an neuartige Entwicklungen einzuschätzen?
- Konzernportfolio:
  Wie ist die Struktur des Konzerns aufgebaut und wie sind die Fähigkeiten des Konzerns einzuschätzen, Geschäftseinheiten kurzfristig zu ergänzen oder abzustoßen?

Die genannten Faktoren sind eine erste Hilfestellung für die Einstufung eines Konkurrenten hinsichtlich seines Stärken- und Schwächenprofils. Es muss dabei klar herausgearbeitet werden, welche Fähigkeiten ein Konkurrent in jedem seiner Funktionsbereiche hat: In welchen Bereichen liegt sein Hauptwettbewerbsvorteil, in welchen Bereichen schneidet der Konkurrent am schlechtesten ab und worin liegen die Gründe für das jeweilige Abschneiden? Von entscheidender Bedeutung sind die Erfahrungen und Ergebnisse, die sich aus der Positionierung eines Konkurrenten für das eigene Unternehmen gewinnen lassen.

SWOT-Analyse

Eine weitergehende Analyse muss sich aber mit den Fähigkeiten eines Unternehmens auseinandersetzen, um seine Kernkompetenzen zu verfolgen und seine Wachstumsfähigkeiten optimal auszubauen. Vorstellbar ist hier die Vornahme einer SWOT-Analyse (Strengths, Weaknesses, Opportunities, Threats-Analyse), die neben der Erarbeitung eines externen Chancen- und Risikoprofils auch eine endogene Stärken- und Schwächen-Analyse beinhaltet (vgl. MEFFERT, H./BURMANN, C./KIRCHGEORG, M. (2012), S. 240 ff.). Solch eine Analyse ist dabei im Bereich der Geschäftsmodellanalyse einzuordnen.

Neben der Orientierung an den Kernkompetenzen der Konkurrenten ist des Weiteren auch die Wachstumsfähigkeit der Unternehmen bzgl. der Betriebskapazitäten, Fertigungsmöglichkeiten und Personalakquisition zu untersuchen. Aus der Untersuchung dieser Faktoren lassen sich Rückschlüsse auf die zukünftige Entwicklung der Konkurrenten ziehen und evtl. Mängel zum eigenen Vorteil nutzen.

Ein weiteres Merkmal für die Zukunftsfähigkeit von Konkurrenzunternehmen ist deren Anpassungsfähigkeit an exogene Ereignisse. Wie verhält sich ein Konkurrent hinsichtlich technologischer Veränderungen, die bestehenden Produktionsstätten veralten lassen, einer Rezession oder sonstiger überraschend auftretender Schwankungen im Absatzbereich? Dies betrifft auch die Frage, inwieweit ein Unternehmen in der Lage ist, sich auf einen intensiveren Kostenwettbewerb, die Einführung neuer Produkte seitens der Konkurrenz oder eine erhebliche Ausweitung der Marketingaufwendungen innerhalb der Branche einzustellen.

Anpassungsfähigkeit

Die Möglichkeit, flexibel auf exogene Schocks zu reagieren, ist insb. vom Verhältnis der fixen zu den variablen Kosten abhängig. Ein großer Fixkostenblock erhöht die Reaktionszeit auf Veränderungen und vermindert die Anpassungsfähigkeit des Konkurrenzunternehmens, aber auch des eigenen Unternehmens. Diese Flexibilität wird auch von den überschüssigen Produktionskapazitäten eines Unternehmens bestimmt und davon, wie diese für veränderte Rahmenbedingungen eingesetzt werden können (vgl. Porter, M. E. (2013), S. 110f.).

Ein weiterer Analysepunkt im Rahmen der Konkurrentenanalyse ist die Frage, wie dauerhaft ein Unternehmen in der Lage ist, schlechte Marktphasen zu überstehen, während derer die Ertrags- ebenso wie Cashflowsituation unter Druck geraten könnten. Diese Durchhaltefähigkeit ist von solchen Faktoren wie den Liquiditätsreserven, dem Verhalten der Manager untereinander, aber auch von dem Druck abhängig, der seitens der Financial Community auf das Unternehmen ausgeübt wird.

7.2.6 Geschäftsmodellanalyse

Das Wirtschaftsgeschehen der New Economy zeichnet sich durch eine immense Dynamik aus, welche durch neuartige Geschäftsmodelle und Organisationskonzepte der Unternehmen getragen wird. Für die neu geschaffenen Geschäftsmodelle existieren i. d. R. noch keine langjährigen Erfahrungswerte, sodass diese neben großen Chancen auch erhebliche Risiken bergen. Es gibt bei den Unternehmen der New Economy aufgrund ihrer kurzen Lebensdauer und der inhärenten Dynamik ihres Wettbewerbs-, Technologie- und Kundenumfelds keine etablierten und bewährten Analyseverfahren, die deren Geschäftsprozesse umfassend abdecken. Aus diesem Grund ist es erforderlich, neben der Branchen- und Marktstellungsanalyse auch eine Geschäftsmodellanalyse durchzuführen, welche die Logik und Zukunftsfähigkeit des Geschäftsmodells einer eingehenden Überprüfung unterzieht.

Market Due Diligence

Zu denken ist hierbei an die Durchführung einer sog. »Market Due Diligence«. Im Rahmen einer solchen Studie wird eine Unternehmensbewertung aus Markt- und Kundensicht durchgeführt. Finanzdaten der Unternehmen sind bei dieser Betrachtung unbeachtlich. Faktoren wie der Unternehmensstandort, aber auch bestehende Beteiligungen sowie ein Screening des Unternehmensumfelds inkl. des inhärenten Marktrisikos spielen bei dieser Analyse die entscheidende Rolle.

7.2.6.1 Prognoseschwierigkeiten in der New Economy

Bei der Bewertung von Unternehmen der New Economy wird ein externer Analyst vor erhebliche Prognoseschwierigkeiten gestellt. Diese manifestieren sich zum einen in der mangelnden Anwendbarkeit von Trendextrapolationsverfahren, weil die Unternehmen oftmals erst seit kurzer Zeit existieren und somit lange Zeitreihen nicht zur Verfügung stehen, die Aufschluss über die Gewinnsituation der Vergangenheit geben. Außerdem wurden i. d. R. noch keine nachhaltigen Erfolge erzielt, denen aber aufgrund einer als überaus aussichtsreich eingeschätzten Zukunftstechnologie optimistische Gewinnerwartungen gegenüberstehen könnten. Trendextrapolationsverfahren, welche auf geschätzten Gewinnen basieren, sind somit immanent mit einem erheblichen Unsicherheitsfaktor behaftet und geben in Zeiten sich schnell verändernder Rahmenbedingungen wenig Indikatoren für die Unternehmensentwicklung (vgl. SEBASTIAN, K.-H./OLBRICH, M. (2000), S. 72).

Problematik der Erfolgsprognosen

Im Internet-Segment der New Economy werden Erfolgsprognosen zusätzlich durch die schwierige Vorhersage der Entwicklung sowohl der Quantität der Internetnutzer als auch ihres zukünftigen Nutzungsverhaltens bestimmt. Ursächlich für die hohe Unsicherheit in der Nutzerprognose ist die sich rapide verändernde Zusammensetzung der Nutzerschaft des Internets. Dies bedeutet, dass die in den Anfängen klar strukturierte Gruppe der Internetnutzer zusehends durch neu hinzukommende Gesellschaftsgruppen ergänzt und somit heterogener wird. Diese Heterogenität hat zur Folge, dass die Interessenlagen der Nutzer im Zeitablauf stark variieren und mit ihnen ihre Gewohnheiten, Präferenzen und damit einhergehend deren Zahlungsbereitschaften (vgl. SEBASTIAN, K.-H./OLBRICH, M. (2000), S. 73).

Ein weiterer Grund für die Prognoseproblematik besteht in der schwierig abzuschätzenden Reaktion des Wettbewerbs auf Schritte des Unternehmens. Die New Economy besteht insb. im Internet-Segment nicht aus einem tradierten Kreis von Wettbewerbern. Neben der Schwierigkeit, den Kreis der Wettbewerber einzugrenzen, ist es im Internet auch nicht möglich, eine regionale Abgrenzung vorzunehmen, weil örtliche Unterschiede immer weniger eine Rolle spielen.

Auch die Abschätzung der Rahmenbedingungen des Internets birgt weiterhin erhebliche Unsicherheiten. Dies betrifft nach wie vor auch steuerliche und juristische Fragestellungen. Beispielhaft sei hier der Einfluss einer Änderung der gesetzlichen Öffnungszeiten für die Wettbewerbssituation der E-Commerce-Unternehmen, mithin derjenigen Unternehmen, die den elektronischen Handel von Waren betreiben, genannt.

7.2.6.2 Vorgehensweise bei einer Geschäftsmodellanalyse

In einem ersten Schritt müssen die Erfolgsfaktoren herausgearbeitet werden, die über den Erfolg oder Misserfolg einer Geschäftstätigkeit entscheiden (vgl. WEISS, H.-J. (2000), S. 216 ff.). So sind bspw. bei Unternehmen aus dem Internet-Segment der New Economy die finanzielle Stärke eines Unternehmens, der Marktanteil, der Bekanntheitsgrad, die Breite des angebotenen Sortiments, aber auch der Portalcharakter seiner Webseiten sowie die Einfachheit der Nutzung durch Kunden ausschlaggebend. Des Weiteren spielen Faktoren wie die Schlüssigkeit der unternehmerischen Strategie sowie die Höhe der Eintrittsschranken in ein spezifisches Marktsegment eine große Rolle.

Der Abgleich der Erfolgsdeterminanten in einem Marktsegment mit den Erfolgspotenzialen eines spezifischen Geschäftsmodells erlaubt es, etwaige Schwächen im Geschäftsaufbau und drohende Risiken im Geschäftsumfeld eines Unternehmens zu identifizieren und die zukünftige Stellung des Unternehmens im Wettbewerb zu prognostizieren (vgl. SEBASTIAN, K.-H./OLBRICH, M. (2000), S. 74).

Durchführung einer Geschäftsmodellanalyse

Eine Geschäftsmodellanalyse sollte aber neben der reinen Betrachtung des Geschäftsmodells auch weitere Faktoren in die Beurteilung einbeziehen. Hier ist bspw. an die Bedeutung des Managements für die weitere Entwicklung des Unternehmens zu denken. Die Erfahrung, der Ausbildungsstand und die Motivationskünste des Managements sind häufig richtungsweisend für den Erfolg eines Unternehmens. Ein Indikator für die Verwurzelung des Managements mit dem Unternehmen ist in der Kapitalbeteiligung des Leitungsorgans zu sehen, zumal diese auch nach außen die finanzielle Übernahme von Risiko durch das Management verdeutlicht (vgl. Behr, G./Kind, A. (1999), S. 68). Der Wert eines Unternehmens der New Economy wird i. d. R. weitgehend durch immaterielle Größen bestimmt. Deren Erfassung, insb. des Know-hows und der Erfolgspotenziale im FuE-Bereich, nimmt dabei einen entscheidenden Stellenwert ein (vgl. Fülbier, R. U./Honold, D./Klar, A. (2000), S. 842 f.).

Bei der Überprüfung des Geschäftsmodells ist der Schwerpunkt darauf zu legen, ob das angebotene Produkt Kundenbedürfnisse befriedigt sowie den Qualitätsansprüchen der Kunden genügt. Zu denken ist hierbei an die Entwicklung eines Fragebogens, der über die Kundenansprüche sowie die Kundenzufriedenheit nach Geschäftsabschluss Auskunft gibt. Ein weiterer wichtiger Punkt für die zukünftige Entwicklung eines Unternehmens ist der Anspruch, dass das gesamte Leistungssystem sowie das Produkt nicht durch Wettbewerber ohne Weiteres imitierbar sein dürfen. Zu diesem Screening gehört auch die Beurteilung des Marketingkonzepts sowie der Vertriebswege (vgl. Behr, G./Kind, A. (1999), S. 68 f.).

7.3 Zunehmende Bedeutung einer umfassenden Unternehmensanalyse

Die Ausführungen haben gezeigt, dass aufgrund der zunehmenden Internationalisierung der Rechnungslegung, der weiter steigenden Bedeutung von immateriellen Vermögenswerten und den besonderen Charakteristika junger Unternehmen ein alleiniges Abstellen auf die klassische Bilanzanalyse lediglich zu unvollständigen Ergebnissen führen kann, weil eine Vielzahl von relevanten Faktoren nicht in die Betrachtung einfließen würde. Es ist daher notwendig, im Rahmen einer ganzheitlichen Unternehmensanalyse auf eine Kombination verschiedener Analysemodelle zu rekurrieren. Neben die erfolgs- und finanzwirtschaftliche Bilanzanalyse sollte zu diesem Zweck eine sog. »strategische Analyse« treten.

Die strategische Analyse, die die Branchen-, Marktstellungs- und Geschäftsmodellanalyse beinhaltet, sollte im Rahmen einer umfassenden Bilanz- und Unternehmensanalyse zunehmend fokussiert und ausgebaut werden.

Merksätze

1. Durch die Zunahme von nach internationalen Rechnungslegungsvorschriften erstellten Abschlüssen deutscher Unternehmen und die zu beobachtende Tendenz einer weiter steigenden Bedeutung von immateriellen Vermögenswerten für die Wertschöpfung der Unternehmen erscheint eine rein auf Kennzahlen basierende Bilanzanalyse als nicht mehr ausreichend. Eine erfolgversprechende Bilanzanalyse wird sich immer mehr zu einer ›kleinen‹ Unternehmensbewertung und damit -analyse hin entwickeln müssen. Diese Erkenntnis lässt sich insb. an jungen, dynamisch wachsenden Unternehmen aufzeigen.
2. Junge, dynamisch wachsende Unternehmen unterscheiden sich in wesentlichen Punkten von etablierten Unternehmen. Diese Unterschiede sind insb. durch die folgenden Charakteristika geprägt:
   - die Dauer der wirtschaftlichen Existenz,
   - das Betätigungsfeld,

- die Wachstumsaussichten,
- die besondere Risikosituation und
- die Ausrichtung auf Hochtechnologie-Märkte und die damit verbundene Spezialisierung.

3. Die Besonderheiten in Aufbau und Struktur der Geschäftstätigkeit beeinflussen auch die Rechnungslegung junger Unternehmen.
4. Aufgrund der Charakteristika der jungen Unternehmen ist die Aussagekraft der traditionellen finanziellen Bilanzanalyse nur sehr eingeschränkt. Aus diesem Grund muss es im Zuge einer Unternehmensanalyse auch zur Anwendung einer strategischen Analyse kommen.
5. Die strategische Analyse beinhaltet neben einer Branchen- und Marktstellungsanalyse auch eine Geschäftsmodellanalyse.
6. Die Branchenanalyse identifiziert die Wettbewerbskräfte innerhalb einer Branche, die Marktstellungsanalyse untersucht die Stärken und Schwächen der Wettbewerber in einem spezifischen Marktsegment, um so die Positionierung des Unternehmens im Markt zu bestimmen, und die Geschäftsmodellanalyse setzt sich umfassend mit den Erfolgspotenzialen des Geschäftsmodells eines Unternehmens auseinander, um so Aussagen über die Zukunftsfähigkeit eines Unternehmens liefern zu können.

5. Abschnitt: Besonderheiten der Konzernbilanzanalyse

1. Zur Notwendigkeit der Konzernrechnungslegung und der Konzernbilanzanalyse

Bedeutung der Konzernrechnungslegung

Durch die Liberalisierung des Welthandels, einhergehend mit der Öffnung neuer Märkte, hat der internationale Strom an Kapital, Waren und Dienstleistungen in den letzten Dekaden stetig zugenommen (vgl. SEEL, C. (2013), S. 1, m. w. N.). Die Unternehmen versuchen sowohl Chancen als auch Herausforderungen, die aus der Globalisierung resultieren, vermehrt durch Kooperationen zu meistern. Der Konzern stellt dabei – als alternative Ausprägungsform unternehmerischer Zusammenarbeit – die wohl wichtigste Erscheinungsform eines Unternehmenszusammenschlusses dar (vgl. SCHUBERT, W./KÜTING, K. (1981), S. 239 ff.).

Konzernbegriff

Ein Konzern besteht aus Unternehmen, die zwar rechtlich selbstständig, wirtschaftlich indes (vollständig) voneinander abhängig sind. Obgleich unter ökonomischen Gesichtspunkten als »Unternehmung« bezeichnet, ist der Konzern gleichwohl in Deutschland keine rechtliche Einheit, sondern vielmehr (nur) ein rein fiktives Gebilde (vgl. KÜTING, K. (2010), S. 177; KÜTING, P. (2012), S. 11, m. w. N.). Im Rahmen des Einheitsgrundsatzes – kodifiziert in § 297 Abs. 3 HGB sowie IFRS 10 Appendix A – wird davon ausgegangen, dass die einzelnen Konzernunternehmen fiktiv ihren Rechtsmantel verlieren, ihnen insoweit lediglich der Charakter unselbstständiger Betriebsstätten zufällt. Damit wird das Konstrukt »Konzern« qua Fiktion zu einem Einheitsunternehmen aufgewertet (vgl. weiterführend KÜTING, K./WEBER, C.-P. (2012), S. 83 ff.). EMMERICH bezeichnet den »Konzern« demzufolge zutreffend als Verbindung mehrerer rechtlich selbstständiger Unternehmen zu einer wirtschaftlichen Gesamteinheit (vgl. EMMERICH, V. (2013), Rn. 5).

Aussagefähigkeit

Der konsolidierte Abschluss stellt in diesem Kontext die Zusammenfassung der Einzelabschlüsse rechtlich selbstständiger Unternehmen dar, die indes wirtschaftlich von einer übergeordneten Einheit dominiert werden (vgl. COENENBERG, A. G./HALLER, A./SCHULTZE, W. (2014), S. 610). Durch die wirtschaftliche Abhängigkeit der einzelnen Konzernunternehmen voneinander können die einzelgesellschaftlichen Abschlüsse mittels gezielter Transaktionen nahezu beliebig bilanzpolitisch strukturiert werden, ohne dass damit gleichzeitig eine Verletzung fundamentaler Bilanzierungsgrundsätze einhergeht. Denn in den jeweiligen Einzelabschlüssen werden die Beziehungen zu den anderen Konzernunternehmen wie Beziehungen zu konzernfremden Dritten behandelt, die tatsächlich bestehende wirtschaftliche Abhängigkeit untereinander wird dabei negiert (vgl. KÜTING, K. (2010), S. 178; KÜTING, K./WEBER, C.-P. (2012), S. 99). So kann die Aussagefähigkeit der Einzelabschlüsse einzelner Konzernunternehmen durch konzernbilanzpolitische Maßnahmen vollständig verzerrt und damit signifikant beeinträchtigt werden (vgl. etwa KÜTING, P. (2012), S. 79 ff.).

Zweckpluralismus

Die Aufgabe des Konzernabschlusses besteht mithin darin, das Ergebnis der ökonomischen Aktivitäten so zu zeigen, wie es sich – unter Ausschaltung aller konzerninternen Beziehungen – für eine »rechtlich aufgegliederte, wirtschaftliche Einheit« (Eggenschwiler, W. A. (1984), S. 10) tatsächlich darbietet. Wenngleich der Konzern mangels eigenständiger Rechtssubjektivität de lege lata weder die formalrechtliche Basis der Ausschüttungsbemessung noch die zivilrechtliche Anspruchsgrundlage der Besteuerung darstellt, ihm mithin lediglich das Primat der Informationsfunktion zugebilligt wird, sind an ihn gleichwohl eine Fülle an materiellen Konsequenzen geknüpft, sei es auf regulatorischer, einzelvertraglicher oder rein faktischer Basis (vgl. stellvertretend Küting, P. (2012), S. 81 ff., m. w. N.).

Konzernierungsgrad

Die Konzernrechnungslegung hat aus dem Blickwinkel der Bilanzanalyse in den letzten Jahren vornehmlich aus zwei Gründen eine erkennbare Aufwertung erfahren (vgl. Küting, K./Weber, C.-P. (2012), S. 114 ff.). So ist einerseits aufgrund der angesprochenen Internationalisierung der Kreis derjenigen Unternehmen stetig gewachsen, die einen Konzernabschluss verpflichtend erstellen müssen oder diesen freiwillig erstellen. Scheffler (E. (2005), S. V) konstatierte bereits im Jahr 2005, dass »heute fast jedes große oder mittelständische Unternehmen in einen Konzern eingebunden ist.« Theisen (M. R. (2000), S. 21) führt diesbezüglich aus, dass »rund 90 % der deutschen Aktiengesellschaften und wohl weit mehr als die Hälfte der deutschen Personenhandelsgesellschaften« in Konzern- oder konzernähnlichen Verbindungen stehen. Andererseits ist festzuhalten, dass die jeweiligen Einzelabschlüsse – aufgrund der angesprochenen Negierung existenter Konzernverbindungen – deutlich an Aussagekraft eingebüßt haben.

Vor diesem Hintergrund ist nachvollziehbar, dass sich die Abschlussadressaten zunehmend auf die konsolidierten Zahlen konzentrieren, während der Einzelabschluss gleichzeitig an Bedeutung verliert. Dies gilt längst nicht mehr nur für diejenigen Unternehmen, für die der Konzernabschluss, sei es aufgrund der internationalen Ausrichtung oder der Inanspruchnahme von Kapitalmärkten, zum »eigentlichen Abschluß« (Busse von Colbe, W. (1987), S. 204) geworden ist. Auch mittelständische Mutterunternehmen sehen sich einer verstärkten Nachfrage nach konsolidierten Abschlusszahlen ausgesetzt.

Notwendigkeit der Konzernbilanzanalyse

Nicht zuletzt hat diese Entwicklung zu einer wesentlichen Aufwertung der Konzernbilanzanalyse geführt. Es entspricht der internationalen Praxis, dass die »Unternehmen in erster Linie nach ihrem Konzern- bzw. Weltabschluß analysiert und beurteilt werden« (Piltz, K. (1990), S. 7); denn wer »Bilanzanalyse betreibt, handelt fahrlässig, wenn er den Konzernabschluß aus der Betrachtung herausläßt« (Reuter, E. (1988), S. 285; vgl. auch Riebell, C. (1999), S. 13). Diese Ansicht wird ebenfalls von der Deutschen Vereinigung für Finanzanalyse und Asset Management (DVFA) sowie der Schmalenbach-Gesellschaft für Betriebswirtschaft (SG) geteilt, die das Ergebnis nach DVFA/SG (vgl. Busse von Colbe, W. et al. (2000); überdies bereits Küting, K./Bender, J./Eidel, U. (1998), Rn. 506 ff.) auf konsolidierter Grundlage ermitteln.

Um die Analyse eines Konzernabschlusses indes adäquat vornehmen zu können, muss sich der externe Bilanzanalyst der konzernspezifischen Besonderheiten bewusst sein, die nachfolgend dargestellt werden sollen.

Merksätze

1. Die Notwendigkeit einer konsolidierten Rechnungslegung resultiert aus der Erkenntnis, dass einzelgesellschaftliche Abschlüsse rechtlich selbstständiger, wirtschaftlich jedoch in einen übergeordneten Risikoverbund integrierter Unternehmen prinzipiell nur eine äußerst eingeschränkte Aussagefähigkeit besitzen.
2. Um der Gefahr einer nahezu völligen Aussagelosigkeit von Einzelabschlüssen zu begegnen, ist es erforderlich, sämtliche der zwischen den verbundenen Unternehmen existierenden güter- und finanzwirtschaftlichen Verflechtungsstrukturen im Rahmen einer »Quasi-Einzelbilanz« aller zum Konzerngefüge gehörenden Betriebe zu eliminieren.
3. Wer insoweit Bilanzanalyse betreibt, handelt fahrlässig, wenn er den Konzernabschluss bei seiner Analyse negiert.

2. Abgrenzung des Konsolidierungskreises

Konsolidierungskreis i. e. S. und i. w. S.

Die Abgrenzung zwischen Unternehmen, die einem Konzernverbund angehören, und am Markt unabhängig agierenden Unternehmen wäre einstufig, wenn es, so wie es im Aktienrecht nach § 18 AktG der Fall ist, lediglich Unternehmensverbindungen gäbe, die durch eine – als unteilbar geltende – einheitliche Leitung bzw. Beherrschung geprägt sind (vgl. nur Busse von Colbe, W. et al. (2010), S. 59). Bei einer solch einstufigen Differenzierung existierten demnach in einem Konzernabschluss nur Konzern- und Nicht-Konzernunternehmen (vgl. Küting, K./Seel, C./Strauß, M. (2011), S. 175). Tatsächlich aber gestaltet sich der Übergang zwischen »Beherrschung« auf der einen Stufe und der Unabhängigkeit am Markt auf der anderen Stufe fließend (vgl. Küting, K./Weber, C.-P. (2012), S. 173).

Stufenkonzeption

Diesem Umstand trägt die sog. »Stufenkonzeption« der Konzernrechnungslegung Rechnung. Abhängig von der Intensität der Gesellschaftsverbindung, unterscheiden sowohl das HGB als auch die IFRS vier alternative Kategorien wirtschaftlicher Anteilnahme, die infolge des unterschiedlichen Einflussgrads der Berichtseinheit anhand verschiedener Methoden im Konzernabschluss abgebildet werden müssen (vgl. Ebeling, R. M./Ernst, S. (2011), Rn. 2 ff.). Hierbei unterscheidet man regelmäßig zwischen dem Konsolidierungskreis i. e. S., der nur das Mutterunternehmen mitsamt seiner Tochterunternehmen umfasst, und dem Konsolidierungskreis i. w. S., unter den es zusätzlich auch gemeinschaftliche Kooperationen sowie assoziierte Unternehmen zu subsumieren gilt. Ebenfalls zu dieser fiktiv erweiterten Einheit gehören die »sonstigen« Beteiligungsunternehmen. Allerdings zählen sie nicht (mehr) zum Konsolidierungskreis i. w. S., da sie im Vergleich zur einzelgesellschaftlichen Rechnungslegung keine besondere Berücksichtigung erfahren (vgl. Küting, K./Weber, C.-P. (2012), S. 173 ff.).

Tochterunternehmen

Nach § 290 Abs. 1 HGB liegt ein Mutter-Tochter-Verhältnis dann vor, wenn ein (Mutter-)Unternehmen auf ein anderes (Tochter-)Unternehmen unmittelbar oder mittelbar einen beherrschenden Einfluss ausüben kann (Generalnorm). Der Begriff des »beherrschenden Einflusses« ist dabei gesetzlich nicht definiert, allerdings ist aus der Gesetzesbegründung zu schließen, dass hierunter – in Anlehnung an die vormals gültige Definition des IAS 27.4 – die bloße Möglichkeit zu

verstehen ist, die Finanz- und Geschäftspolitik eines Unternehmens dauerhaft bestimmen zu können, um daraus Nutzen zu ziehen (vgl. BT-Drucks. 16/12407, S. 89 f.; Lietz, G./Watrin, C. (2010), S. 898 ff.). Da es hierbei nicht erforderlich ist, dass der beherrschende Einfluss auch tatsächlich ausgeübt wird, bedarf es zudem im Falle sog. (nachhaltiger) Präsenzmehrheiten der Prüfung, ob und ggf. inwieweit ein auf solch faktischer Grundlage beruhender beherrschender Einfluss geltend gemacht werden kann (vgl. speziell zu diesem Themenkreis auch Küting, P. (2009a), S. 73 ff., m. w. N.).
Konkretisiert durch die »konzerntypischen Rechte« (Busse von Colbe, W. (1985), S. 764) des § 290 Abs. 2 HGB, ist stets (unwiderlegbar) dann von einem Mutter-Tochter-Verhältnis auszugehen, sofern ein Mutterunternehmen

(1) ggf. kraft einer mit anderen Anteilseignern abgeschlossenen Vereinbarung über mehr als die Hälfte der Stimmrechte verfügen kann (Nr. 1);
(2) die Möglichkeit besitzt, die Mehrheit der Mitglieder des die Finanz- und Geschäftspolitik bestimmenden Verwaltungs-, Leitungs- oder Kontrollorgan zu bestellen oder abzuberufen (Nr. 2), oder
(3) gem. einer statutarischen oder anderweitigen vertraglichen Vereinbarung die Finanz- und Geschäftspolitik eines Tochterunternehmens bestimmen kann (Nr. 3).

Zweckgesellschaften

Ergänzt wird diese – in das übergeordnete Konzept des beherrschenden Einflusses integrierte – »bilanzrechtliche Relationsbeschreibung« (Küting, K./Grau, P./Seel, C. (2010), S. 36) durch eine rein ökonomische Betrachtungsweise. So liegt gem. § 290 Abs. 2 Nr. 4 HGB auch dann ein beherrschender Einfluss vor, wenn einem (Mutter-)Unternehmen die Mehrheit der Chancen und Risiken aus der Tätigkeit einer sog. Zweck-/Objektgesellschaft (»special purpose entity«) zusteht. Typischerweise eine rechtliche Eigenständigkeit aufweisend, verfolgen sie in aller Regel ein konkretes, eng definiertes Ziel, wie z. B. die Verbriefung von Forderungen oder das Vermieten von Sachanlagen. Dabei sind sie meist durch eine niedrige Eigenkapitalausstattung mit geringer Beteiligung des Initiators gekennzeichnet, wobei dieser jedoch etwaige (wirtschaftliche) Risiken und Chancen überproportional trägt (grundlegend dazu auch Küting, K./Mojadadr, M. (2009), S. 73 ff.). Entlehnt der vormals international einschlägigen Vorschrift des SIC-12, soll durch eine solch ökonomische Betrachtung letztlich gewährleistet werden, dass die seit jeher eine Herausforderung darstellende Einbeziehung sog. off-balance-sheet-Vertragskonstellationen in den Vollkonsolidierungskreis nicht mittels formalrechtlicher Gestaltungen umgangen wird.

»Potenzielle« Stimmrechte

Ferner sind bei der Beurteilung des Beherrschungstatbestands ggf. sog. »potenzielle« Stimmrechte zu berücksichtigen. Hierbei handelt es sich bspw. um Optionsanleihen, Wandelschuldverschreibungen, Anteilskaufoptionen oder ähnliche Instrumente, deren Ausübung/Umwandlung typischerweise weitere Stimmrechte an einem Unternehmen gewähren. Derartige potenzielle Stimmrechte sind indikativ zu berücksichtigen, sofern der Inhaber jener (potenziellen) Stimmrechte (finanz-)wirtschaftlich dazu in der Lage ist, diese auch rechtstatsächlich auszuüben (vgl. DRS 19.75).

Neufassung des Control-Konzepts nach IFRS 10

War die Abgrenzung des Konsolidierungskreises (i. e. S.) nach IFRS in der Vergangenheit nach Maßgabe des IAS 27 (ggf. i. V. m. SIC-12) vorzunehmen, hat sich die Beurteilung, ob und inwieweit letztlich ein Mutter-Tochter-Verhältnis gegeben ist, fortan nach den Vorgaben des IFRS 10 zu richten. Die damit verbundene

Neufassung beherrschungsrelevanter Tatbestände soll eine einheitliche Rechtsanwendung gewährleisten sowie missbräuchliche Unternehmenskonstruktionen mit Zweckgesellschaften verhindern. Die bislang existente Zweiteilung zwischen »gewöhnlichen« Unternehmen einerseits und Zweckgesellschaften andererseits wurde zugunsten eines einheitlichen Konzepts für alle Unternehmen aufgegeben (vgl. Küting, K./Mojadadr, M. (2011), S. 273 f.). Gem. IFRS 10.6 beherrscht ein ›investor‹ einen ›investee‹, wenn der »Investor variablen Rückflüssen aus der Verbindung mit dem Investee ausgesetzt ist bzw. die Rechte an diesen hat, und gleichzeitig die Möglichkeit besitzt, diese Rückflüsse durch seine Beherrschungsmöglichkeit über den Investee zu beeinflussen«. Dabei ist das Vorliegen eines Control-Verhältnisses nach IFRS 10.7 an drei kumulativ zu erfüllende Voraussetzungen geknüpft: Das Mutternehmen (investor)

(1) verfügt über die Macht, die Entscheidungen hinsichtlich der relevanten Aktivitäten zu treffen (power),
(2) ist variablen Rückflüssen aus der Verbindung zu seinem Tochterunternehmen (investee) ausgesetzt bzw. besitzt Rechte daran (variable returns) und
(3) kann die Entscheidungsmacht dergestalt nutzen, um die Höhe der variablen Rückflüsse zu beeinflussen (link between power and variable returns).

Im Gegensatz zu den Vorschriften des HGB ist es hierbei entscheidend, dass die »Entscheidungsmacht« vermittelnden Rechte in der Terminologie des IFRS 10 substanziellen Charakter besitzen, ergo unter Berücksichtigung der gegebenen Umstände auch tatsächlich durchgesetzt werden können, sei es in Gestalt von (potenziellen) Stimmrechten, Rechten aus sonstigen vertraglichen Vereinbarungen oder einer wie auch immer gearteten Kombination aus beherrschungsrelevanten Tatbeständen (vgl. ausführlich zur Würdigung des Control-Konzepts nach IFRS 10 Küting, K./Mojadadr, M. (2011), S. 273 ff.; Erchinger, H./Melcher, W. (2011), S. 1229 ff.).

Behandlung im Konzernabschluss

Tochterunternehmen sind, sofern für diese kein Einbeziehungswahlrecht existiert, nach der Methode der Vollkonsolidierung in den Konzernabschluss einzubeziehen. Dies bedeutet, dass unabhängig von der Existenz nicht-beherrschender Gesellschafter die Posten der Bilanz, der GuV bzw. Gesamtergebnisrechnung und der Kapitalflussrechnung des betreffenden Tochterunternehmens vollständig in den konsolidierten Abschluss zu übernehmen sind. Alle bestehenden konzerninternen Salden, Aufwendungen und Erträge sind entsprechend des Einheitsgrundsatzes vollständig zu eliminieren. Von besonderen Tatbeständen, wie einer ggf. notwendig werdenden Bilanzierung nach Maßgabe des IFRS 5 oder den Neuerungen sog. Investmentgesellschaften (vgl. IFRS 10.31 f.) betreffend, abgesehen, gilt dieser Grundsatz für HGB und IFRS gleichermaßen.

Wahlrechte

Nach HGB bestehen zur Vollkonsolidierungspflicht für Tochterunternehmen nach § 296 HGB verschiedene Ausnahmen. Die bedeutsamste dürfte hierbei der Verzicht auf die Einbeziehung infolge der Unwesentlichkeit eines Tochterunternehmens für die Darstellung der Vermögens-, Finanz- und Ertragslage sein (vgl. § 296 Abs. 2 HGB). Eine solche Beurteilung erfordert jedoch sowohl nach HGB als auch IFRS stets eine Gesamtbetrachtung. Selbst wenn mehrere Tochterunternehmen – isoliert betrachtet – jeweils von untergeordneter Bedeutung sind, können sie zusammengenommen gleichwohl als »wesentlich« zu qualifizieren sein. Fernerhin braucht ein Tochterunternehmen nicht einbezogen zu werden, sofern die (nachhaltige) Ausübung der dem Mutterunternehmen zustehenden Rechte mit erheblichen und dauerhaften Beschränkungen behaftet ist (vgl. Abs. 1 Nr. 1) oder die für die Aufstellung des Konzernabschlusses benötigten Informationen nicht ohne unverhältnismäßig hohe Kosten oder (zeitliche) Verzögerungen zu erhalten sind (vgl. Nr. 2). Schließlich existiert ein Einbeziehungswahlrecht für denjenigen Fall, dass die Anteile an einem Tochterunternehmen ausschließlich mit Weiterveräußerungsabsicht gehalten werden (vgl. Nr. 3). Nach IFRS dagegen bestehen keine expliziten Einbeziehungswahlrechte. Aber auch hier kann mit Verweis auf den sämtliche Bereiche der (konsolidierten) Rechnungslegung durchdringenden Wesentlichkeitsgrundsatz (vgl. IAS 8.8) auf eine entsprechende Einbeziehung verzichtet werden, sofern das »Weglassen« aus Konzernsicht insgesamt von untergeordneter Bedeutung ist. Während nach HGB für nicht einbezogene Tochterunternehmen grds. die Anwendung der Equity-Methode zu prüfen ist, greifen in einem solchen Fall nach IFRS die Bewertungsregeln des IAS 39 (bzw. künftig: IFRS 9).

Gemeinschaftsunternehmen

Gemeinschaftsunternehmen stellen eine Form der wirtschaftlichen Zusammenarbeit zwischen zwei oder mehreren voneinander unabhängigen (Partner-) Unternehmen dar, die sich darin niederschlägt, dass ein Unternehmen gemeinsam gegründet oder erworben wird, mit dem Ziel, Aufgaben im gemeinsamen Interesse der betreffenden Partnerunternehmen auszuführen. Bei der Abgrenzung des Konsolidierungskreises ist darauf abzustellen, dass das Mutterunternehmen direkt oder indirekt über ein einbezogenes Tochterunternehmen ein anderes Unternehmen gemeinsam mit einem oder mehreren nicht in den Konzernabschluss einbezogenen Unternehmen führt (vgl. Küting, K./Weber, C.-P. (2012), S. 183).

Gesetzliche Kodifizierung

Nach deutschem Handelsrecht finden sich die Regelungen zu den Gemeinschaftsunternehmen in § 310 HGB. Des Weiteren existiert eine Empfehlung des DRSC, die sich in Gestalt des DRS 9 im Wesentlichen mit den Bestimmungen des § 310 HGB deckt. International dagegen hat sich (auch) die Bilanzierung gemeinschaftlicher Kooperationen mit Verabschiedung des sog. »Konsolidierungspakets« grundlegend geändert. War für die Abbildung derartiger Aktivitäten in der Vergangenheit IAS 31 (ggf. i. V. m. SIC-13) einschlägig, hat sich deren bilanzielle Erfassung fortan nach IFRS 11 zu richten.

Differenzierungsnotwendigkeit

Gemeinschaftsunternehmen werden regelmäßig auch als «Joint Ventures« bezeichnet. Allerdings wird unter dem Terminus »Joint Venture« nach neuem internationalen Verständnis eine besondere Ausprägungsform der Kooperation verstanden. So werden unter den Oberbegriff »Joint Arrangement« nach IFRS 11 – in Abhängigkeit von den Rechten und Pflichten der Parteien – zwei Typen gemeinschaftlicher Vereinbarungen subsumiert:

(1) Gemeinschaftliche Tätigkeiten (»joint operations«): Die Parteien besitzen – in juristischer oder wirtschaftlicher Hinsicht – Rechte an den einzelnen Vermögenswerten und Pflichten für die Schulden der betreffenden Aktivitäten (vgl. IFRS 11.15).
(2) Gemeinschaftsunternehmen (»joint ventures«): Die Parteien haben lediglich einen Anspruch auf das Nettovermögen einer rechtlich selbstständigen Einheit (vgl. IFRS 11.16).

Die Abgrenzung von Gemeinschaftsunternehmen unterscheidet sich nach beiden Rechtskreisen grundlegend. Im Gegensatz zu IFRS 11 handelt es sich bei einer gemeinschaftlichen Führung i. S. d. § 310 HGB um ein faktisches Verhältnis. Die bloße Möglichkeit mehrerer Parteien, gemeinsam Beherrschung auszuüben, genügt insoweit nicht; vielmehr haben die betreffenden Parteien ihren Einfluss tatsächlich geltend zu machen. Während darüber hinaus die Bilanzierungsvorschriften des HGB an die rechtliche Form der Kooperation anknüpfen, ergo die Existenz einer rechtlich selbstständigen Einheit voraussetzen, sind nach IFRS jeweils die Rechte und Pflichten der Parteien ausschlaggebend.

HGB

§ 310 HGB fordert, dass für ein Gemeinschaftsunternehmen der Tatbestand der Unternehmenseigenschaft erfüllt sein muss. Ein Unternehmen ist allgemein gegeben, wenn – in funktionaler Hinsicht – eine rechtlich selbstständige Wirtschaftseinheit vorliegt, die mittels einer nach außen in Erscheinung tretenden Organisation Interessen wirtschaftlicher Art verfolgt (vgl. u.a. Sigle, H. (1998), Rn. 15; BT-Drucks. 16/12407, S. 89). Die Rechtsform ist demnach für den Unternehmensbegriff unbeachtlich. Als Gemeinschaftsunternehmen kommt insb. eine Personenhandels- oder Kapitalgesellschaft in Betracht.

IFRS

Die rechtliche Form der Kooperation ist für die Art und Weise der bilanziellen Abbildung nach IFRS 11 von grundlegender, indes nicht hinreichender Bedeutung. Entscheidend sind vielmehr die Rechte und Pflichten der Parteien, die in einem ggf. mehrstufigen Prüfverfahren zu identifizieren sind (vgl. Küting, K./Weber, C.-P. (2012), S. 184f.). Für die Kategorisierung einer gemeinschaftlichen Vereinbarung entweder als »joint venture« oder als »joint operation« ist es nach IFRS 11 nicht entscheidend, ob diese über eine rechtlich selbstständige Einheit strukturiert wird. Das »Vorliegen eines gesonderten Rechtskörpers als eine von den Partnern getrennte Vermögens- und Finanzstruktur, der zugleich Träger der gemeinsamen Aktivitäten ist, hat alleinig für die Kategorisierung einer gemeinschaftlichen Tätigkeit keine Bedeutung« (Wirth, J. (2012), S. 41). IFRS 11 führt einen Katalog an wirtschaftlich geprägten Kriterien auf, welcher eine (mittelbare) Zurechnung des Gesellschaftervermögens der gemeinschaftlichen Vereinbarung auf die beteiligten Parteien implizieren und somit dazu führen kann, dass die gemeinschaftliche Aktivität trotz Organisation in einer rechtlich selbstständigen Einheit eine gemeinschaftliche Tätigkeit darstellt. Die Würdigung hat demnach unter Berücksichtigung der Rechtsform der zu betrachtenden Einheit, der Regelungen in der vertraglichen Vereinbarung der Parteien sowie anhand weiterer Fakten und Umstände zu erfolgen (vgl. IFRS 11.17 und weiterführend Seel, C. (2013), S. 209ff.).

Behandlung im Konzernabschluss

Nach § 310 HGB besteht ein Wahlrecht, Gemeinschaftsunternehmen anteilsmäßig bzw. quotal in den Konzernabschluss einzubeziehen. Wird von diesem Wahlrecht kein Gebrauch gemacht, sind betreffende Anteile nach Maßgabe der Equity-Methode zu bewerten. Dem Bilanzierenden steht damit ein nicht unbeachtlicher bilanzpolitischer Gestaltungsspielraum zur Verfügung. Differenzierter, obgleich nicht weniger ermessensbehaftet, verhält es sich in Bezug auf die IFRS, auch wenn das vormals in IAS 31.38 statuierte Wahlrecht die Quotenkonsolidierung betreffend durch IFRS 11 – zumindest formell – abgeschafft wurde. Soweit sich gemeinschaftliche Vereinbarungen als Gemeinschaftsunternehmen qualifizieren, sind sie verpflichtend in Übereinstimmung mit IAS 28 nach Maßgabe der Equity-Methode zu bilanzieren. Liegt dagegen eine gemeinschaftliche Tätigkeit vor, sind die damit verbundenen Aktiva und Passiva mitsamt korrespondierender Erfolgskomponenten (ggf. anteilig) in die Abschlüsse der Partnerunternehmen zu übernehmen. Konzeptionell und in der Wirkung ist diese Abbildungsmethodik mit der klassischen Quotenkonsolidierung vergleichbar (vgl. Pellens, B. et al. (2014), S. 816).

Ausnahmetatbestand

Darüber hinaus existiert speziell für at-Equity zu bewertende Gemeinschaftsunternehmen i. S. d. IFRS 11 eine Ausnahme, sofern deren Anteile von sog. Kapitalanlagegesellschaften gehalten werden. In diesem Fall dürfen die betreffenden Anteile alternativ zur Equity-Methode nach den Vorschriften des IAS 39 bzw. IFRS 9 GuV-wirksam zum beizulegenden Zeitwert (fair value) bewertet werden (vgl. IFRS 11.24 i. V. m. IAS 28.18).

Assoziierte Unternehmen

Assoziierte Unternehmen zeichnen sich nach beiden hier betrachteten Rechtskreisen durch das Vorliegen eines »maßgeblichen Einflusses« aus. Dabei stellt der »maßgebliche Einfluss« eine schwierig zu ermittelnde Einflussart dar, zumal eine trennscharfe definitorische Abgrenzung kaum möglich ist (vgl. etwa Küting, K./Köthner, R./Zündorf, H. (1998), Rn. 15; Lüdenbach, N. (2014c), Rn. 16). Im Gegensatz zu Tochter- und Gemeinschaftsunternehmen, kann auf ein assoziiertes Unternehmen lediglich – in vergleichsweise schwächerer Form – ein maßgeblicher (»significant«) Einfluss ausgeübt werden. Nach dieser Negativabgrenzung muss eine Einflussnahme auf ein assoziiertes Unternehmen derart möglich sein, dass auf der einen Seite die finanz- und geschäftspolitischen Entscheidungen des Beteiligungsunternehmens – ohne die vorliegende Unternehmensbeziehung – nicht in der Weise getroffen worden wären, und auf der anderen Seite keine Möglichkeit besteht, die Finanz- und Geschäftspolitik determinieren zu können. Schwierigkeiten bereitet dabei insb. die Abgrenzung eines maßgeblichen Einflusses (gem. der Stufenkonzeption) nach »unten« im Vergleich zu einer einfachen Finanzbeteiligung (vgl. Brune, J. W. (2013), Rn. 64).

Um ein Assoziierungsverhältnis zu begründen, muss ein maßgeblicher Einfluss nach HGB tatsächlich ausgeübt werden, wohingegen es für Zwecke der IFRS bereits genügt, dass ein solcher Einfluss geltend gemacht werden kann. Beiden hier betrachteten Rechtskreisen ist jedoch gemein, dass ein maßgeblicher Einfluss vermutet wird, sofern ein Konzernunternehmen (investor) direkt oder indirekt an einem anderen Unternehmen mind. 20 % der Stimmrechte hält (vgl. § 311 Abs. 1 Satz 2 HGB; IAS 28.5). Im Umkehrschluss wird damit letztlich (zunächst) unterstellt, dass kein maßgeblicher Einfluss vorliegt, wenn weniger als 20 % der Stimmrechte eines Unternehmens gehalten werden. Aufgrund der z. T. als willkürlich kritisierten Festlegung dieser Schwelle (vgl. exemplarisch Küting, K./Köthner, R./Zündorf, H. (1998), Rn. 68 ff.) besteht nach HGB und IFRS sowohl ober- als auch unterhalb dieser 20 %-Schwelle eine widerlegbare Vermutung. DRS 8.3 ebenso wie IAS 28.6 führen diesbezüglich Indikatoren auf, anhand derer sich das Vorliegen eines maßgeblichen Einflusses – unabhängig von der Beteiligungshöhe – feststellen lässt (vgl. weiterführend Küting, K./Weber, C.-P. (2012), S. 194 ff.).

Behandlung im Konzernabschluss

Assoziierte Unternehmen sind im konsolidierten Abschluss grds. (normenübergreifend) im Wege der Equity-Methode abzubilden, es sei denn, betreffendes assoziiertes Unternehmen ist für die Vermittlung eines den tatsächlichen Verhältnissen entsprechenden Bilds der Vermögens-, Finanz- und Ertragslage von insgesamt untergeordneter Bedeutung. Ebenso wie im Kontext des IFRS 11 sieht auch IAS 28 eine Befreiungsvorschrift für solche (assoziativen) Beteiligungen vor, die von sog. Kapitalanlagegesellschaften gehalten werden. Statt sie nach Maßgabe der Equity-Methode abzubilden, dürfen sie alternativ nach den Vorschriften des IAS 39 (bzw. künftig: IFRS 9) GuV-wirksam zum beizulegenden Zeitwert bewertet werden (vgl. IAS 28.18), wobei überdies mit IAS 28.19 auch die Möglichkeit einer gesplitterten Behandlung eröffnet wird. Danach gilt: Werden in einem Konzern Anteile an einem assoziierten Unternehmen von einer Kapitalanlagegesellschaft mit Exit-Strategie (Börsengang, Veräußerung etc.) gehalten, andere Teile jedoch von einem oder mehreren »normalen« Tochterunternehmen mit gewöhnlicher Halteabsicht, ist betreffende Beteiligung nicht mehr zwangsläufig als eine Einheit zu betrachten. So lässt IAS 28 diesbezüglich zu, die von einer Kapitalanlagegesellschaft gehaltenen Anteile in Übereinstimmung mit IAS 39 bzw. IFRS 9 zum beizulegenden Zeitwert zu bewerten, wohingegen dann auf den verbleibenden Restanteil die Equity-Methode Anwendung zu finden hat.

Konsequenzen für die Bilanzanalyse

Die Abgrenzung des Konsolidierungskreises birgt aufgrund einer Vielzahl von unbestimmten Rechtsbegriffen, Ermessensentscheidungen und Wahlrechten ein hohes bilanzpolitisches Potenzial. Dies gilt vornehmlich für die Einbeziehungsproblematik von Zweckgesellschaften, die sich aufgrund der besonderen Strukturierung des Konzernverhältnisses regelmäßig nur schwerlich als voll zu konsolidierende Tochterunternehmen identifizieren lassen. Ob hier allen voran die Vorschriften des IFRS 10 geeignet sind, derartigen Konstrukten entgegenzuwirken, darf angesichts der Fülle an unbestimmten Rechtsbegriffen sowie der weitreichenden Ermessens- und Ausgestaltungsspielräume arg bezweifelt werden. Aber auch die Bestimmung und Behandlung »normaler« Tochterunternehmen, gemeinschaftlicher Kooperationen sowie assoziierter Unternehmen kann bilanzpolitisch motiviert sein.

Es sei diesbezüglich auf folgende Punkte ausdrücklich hingewiesen:

»Off-balance-sheet«-Finanzierung

(1) Nicht einbezogene Tochterunternehmen (und hier insb. Zweckgesellschaften) werden regelmäßig zur »off-balance-sheet«-Finanzierung instrumentalisiert. Hierzu werden durch spezifische Vertragsgestaltungen die Vorschriften, bspw. zur Ausbuchung finanzieller Verbindlichkeiten im Rahmen von ABS-Transaktionen, unterlaufen und dadurch die Darstellung der Eigenkapitalsituation ggf. (künstlich) verbessert. Auch wenn die (Neu-)Regelung des § 290 Abs. 2 Nr. 4 HGB hier als Basis für eine sachgerechte Lösung angesehen werden kann (vgl. BDI/EY/DHBW (2011), S. 44 ff.), so darf dies nicht darüber hinwegtäuschen, dass auch künftig, insb. durch den sehr abstrakt gehaltenen Gesetzeswortlaut, eine konsistente Auslegung derartiger Sachverhalte verhindert wird und daher auch das sachverhaltsgestaltende Moment – bspw. durch gesellschafts-, schuldrechtliche und/oder andere vertragliche Vereinbarungen der involvierten Parteien – nicht gänzlich ausgeschaltet werden kann (so im Ergebnis auch Mojadadr, M. (2013), S. 220 ff.; entsprechend Küting, K./Mojadadr, M. (2013), S. 142 ff., mit Bezugnahme auf die internationale Norm des IFRS 10).

Verbesserung der dargestellten Ertragslage

(2) Durch Transaktionen mit nicht einbezogenen Tochterunternehmen kann die Darstellung der Ertragslage verbessert werden, indem Gewinne vorgetäuscht oder der Zeitpunkt der Umsatzerlösrealisierung vorgezogen wird, sodass in letzter Konsequenz eine – grds. gebotene – Eliminierung jenes Vorgangs vermieden wird.

Defizitäre Unternehmen

(3) Die Nichteinbeziehung defizitärer Tochter- oder Gemeinschaftsunternehmen bzw. der Verzicht auf die Anwendung der Equity-Methode lässt etwaige Verluste von Beteiligungsunternehmen (vorerst) unberücksichtigt.

Unterschiedliche Einbeziehungsformen

(4) Die Anwendung der Voll- oder Quotenkonsolidierung mündet im Gegensatz zur Equity-Methode in einer vollständigen bzw. anteiligen Einbeziehung aller Vermögensgegenstände/-werte und Schulden sowie Aufwendungen und Erträge. Dies kann bisweilen mit z. T. erheblichen Auswirkungen auf wich-

tige Bilanzkennzahlen verbunden sein (vgl. auch DUSEMOND, M. (1997), S. 1781 ff.; KÜTING, K./WEBER, C.-P. (2012), S. 610 f.; FUCHS, M./STIBI, B. (2011), S. 1451 ff.).

Weiterveräußerungsabsicht

(5) Werden Anteile an einem Tochterunternehmen ausschließlich mit Weiterveräußerungsabsicht gehalten, kann – anders als nach IFRS, die für solch einen Fall eine Bilanzierung nach Maßgabe des IFRS 5 vorsehen – auf eine Einbeziehung verzichtet werden (vgl. § 296 Abs. 1 Nr. 3 HGB). Aufgrund dieses Wahlrechts »besteht allerdings die Gefahr, dass Konzerne die Regelung zu bilanzpolitischen Zwecken oder Ergebnisverlagerungen missbrauchen (können)« (PFAFF, D. (2013), Rn. 39).

Das der Abgrenzung des Konsolidierungskreises inhärente (hohe) bilanzpolitische Potenzial beruht nicht zuletzt auf der Tatsache, dass Argumentation und Beweggründe des Bilanzierenden für Außenstehende – trotz z. T. ausufernder Anhangangaben – nur schwer zu erkennen und die damit jeweils verbundenen Implikationen auf den Konzernabschluss häufig nicht abzuschätzen sind.

Merksätze

1. Die Abgrenzung des Konsolidierungskreises, also die Qualifikation einzelner Unternehmen als Tochterunternehmen, gemeinschaftliche Kooperationen oder assoziierte Unternehmen, eröffnet dem Bilanzierenden vielfach aufgrund der Vielzahl von unbestimmten Rechtsbegriffen, Ermessensentscheidungen und Wahlrechten ein hohes Maß an bilanzpolitischen Freiheitsgraden.
2. Insb. die in § 290 Abs. 2 Nr. 4 HGB statuierte Einbeziehungspflicht von Zweckgesellschaften sowie der – nicht näher spezifizierte – Terminus des »beherrschenden Einflusses« tragen dazu bei, dass derweil auch einem nach Maßgabe des HGB aufgestellten Konzernabschluss ein dem Normengefüge der IFRS vergleichbares bilanzpolitisches Gestaltungsinstrumentarium innewohnt.
3. Die daraus resultierenden Auswirkungen auf die Darstellung der (konsolidierten) Vermögens-, Finanz- und Ertragslage lassen sich von außen nur schwer bzw. überhaupt nicht abschätzen.
4. Mit Verabschiedung des sog. Konsolidierungspakets (IFRS 10 ff.) wurde die durch das BilMoG beabsichtigte Annäherung der nationalen Konsolidierungsvorschriften an die internationalen Gepflogenheiten konterkariert.

3. Konsolidierungsmaßnahmen im Rahmen der Konzernrechnungslegung

3.1 Auswirkungen einzelner Konsolidierungsmaßnahmen auf die Erstellung der Konzernstrukturbilanz

3.1.1 Maßgeblichkeit des Rechtsrahmens des Mutterunternehmens sowie Neuausübung von Wahlrechten

Einheitsfiktion

Sofern – wie in der Konsolidierungspraxis üblich – der Konzernabschluss unter dem Primat der Einheitsfiktion derivativ aus den Einzelabschlüssen der einzubeziehenden Unternehmenskategorien entwickelt wird, bedarf es nicht nur der Vereinheitlichung des Abschlussstichtags, sondern des Weiteren auch der Einheitlichkeit der Abschlussinhalte. Dies stellt zum einen sicher, dass eine Konsolidierung überhaupt erst sachgerecht durchgeführt werden kann; zum anderen wird die Aussagekraft eines konsolidierten Abschlusses dergestalt erhöht, als er insoweit nicht zu einem vollkommen uninterpretierbaren Konglomerat unterschiedlichster Bilanzierungsnormen avanciert. In praxi wird diesem Gedanken mehrheitlich durch das Abfassen konzernweit vereinheitlichter Konzernrichtlinien Rechnung getragen (vgl. grundlegend auch Küting, K./Scheren, M. (2010)), in denen nicht nur die Ansatz-, Bewertungs- und Ausweisgrundsätze, sondern überdies auch klar formulierte Vorgaben zur einheitlichen Ausübung von Wahlrechten und Ermessensspielräumen festgeschrieben sind.

Pflicht zur Anpassung an den Rechtsrahmen des Mutterunternehmens

Sowohl nach HGB als auch nach IFRS ist der Rechtsrahmen des Mutterunternehmens für den Konzernabschluss maßgeblich. Dies bedeutet, dass alle Einzelabschlüsse, die in den Konzernabschluss eingehen, nach den gleichen Normen aufgestellt sein müssen wie der Konzernabschluss des Mutterunternehmens. Dies setzt ggf. eine parallele Buchhaltung bei den einzelnen Konzernunternehmen voraus. Die Anpassung an die Ansatz-, Bewertungs- und Ausweismethoden findet dabei nicht erst auf konsolidierter Ebene statt, sondern erfolgt – ebenso wie die nachfolgend zu betrachtende Neuausübung etwaiger Wahlrechte – durch Modifikation der originären Handelsbilanz – HGB- oder IFRS-HB I – und ist somit der eigentlichen Konsolidierung vorgelagert. Man spricht diesbezüglich auch von der Erstellung der sog. HGB- oder IFRS-HB II, die es (auch) in den Folgeperioden jeweils entsprechend fortzuführen gilt.

Pflicht zur Vereinheitlichung von Wahlrechten

Neben der Anpassung an den Rechtsrahmen des Mutterunternehmens ist die Ausübung der Wahlrechte zu vereinheitlichen. Während sich die Verpflichtung zur Neuausübung von Wahlrechten nach § 308 Abs. 1 Satz 1 HGB auf Bewertungswahlrechte beschränkt und die Vereinheitlichung von Ansatzwahlrechten gem. § 300 Abs. 2 Satz 2 HGB in das Ermessen des Bilanzierenden gestellt ist, fordert IFRS 10.B87 die kongruente Anwendung der gesamten »accounting policy«.

Freiwillige Neuausübung (HGB)

Nach HGB können fernerhin alle Wahlrechte im Zuge der Konsolidierung auch auf freiwilliger Basis neu ausgeübt werden (vgl. §§ 300 Abs. 2, 308 HGB). Dies eröffnet dem Mutterunternehmen einen erheblichen konzernbilanzpolitischen Bewertungsspielraum. Danach kann ein bestimmter Bewertungssachverhalt im Einzelabschluss völlig anders als im Rahmen der konsolidierten Rechnungslegung behandelt werden. Entscheidend ist, dass sich der Bilanzierende innerhalb des Rechtsrahmens des Mutterunternehmens bewegt (vgl. ausführlich KÜTING, K./WEBER, C.-P. (2012), S. 240 ff.).

IFRS

Nach IFRS ist die fakultative Neuausübung von Wahlrechten nicht explizit geregelt. Allerdings ist zu beachten, dass jedes deutsche Konzernunternehmen weiterhin verpflichtet ist, einen HGB-Einzelabschluss aufzustellen; ein darüber hinaus als Basis für die Einbeziehung in einen IFRS-Konzernabschluss erstellter IFRS-Einzelabschluss ist insofern per se als IFRS-HB II anzusehen. Zwar existiert nach IFRS 10.B87 auch im Rahmen der IFRS-Rechnungslegung die Verpflichtung, vergleichbare Sachverhalte im Konzernabschluss einheitlich abzubilden, eine Maßgeblichkeit eines – ohnehin nach § 325 Abs. 2a HGB nur freiwillig erstellten – IFRS-Einzelabschlusses besteht indes nicht. Demnach können auch im Bereich der IFRS-Rechnungslegung die einzelnen Wahlrechte und Ermessensspielräume unabhängig von ihrer Anwendung im Einzelabschluss bei der Erstellung des IFRS-Konzernabschlusses neu ausgeübt werden.

Konsequenzen für die Bilanzanalyse

Durch die Anpassung an den Rechtsrahmen des Mutterunternehmens und die Neuausübung von Ansatz-, Bewertungs- und Ausweiswahlrechten kann das Werte- und Mengengerüst – und damit auch das bilanzielle Reinvermögen – im Vergleich zu den (einzelgesellschaftlichen) Originärbilanzen der einbezogenen Unternehmen erheblich beeinflusst werden. Darüber hinaus kann nicht zuletzt dadurch zugleich Einfluss auf das Jahresergebnis sowie den (Rein-)Vermögensausweis genommen werden.

Erkennbarkeit der Anpassung des Wertansatzes

Im Konzernabschluss sind diese Adjustierungen nicht ohne Weiteres erkennbar; es sei denn, die Konzerne berichten (freiwillig) darüber. Obwohl auf der Grundlage einer Neubewertung u. U. ein signifikanter Einfluss auf die Darstellung der Unternehmenslage genommen werden kann, besitzt der externe Analyst vielfach nicht die erforderlichen Informationen, um die Auswirkungen dieser Korrekturen des Wertansatzes hinreichend erkennen und quantifizieren zu können. Damit sind der externen Konzernbilanzanalyse systembedingt deutliche Grenzen gesetzt.

3.1.2 Kapitalkonsolidierung und kapitalkonsolidierungsähnliche Verfahren

3.1.2.1 Grundlagen

Anhand des unten stehenden Beispiels sollen die allgemeine Problematik und der Zweck der Kapitalkonsolidierung auch im Hinblick auf die Fragestellungen der Konzernbilanzanalyse erläutert werden.

Beispiel

Das Unternehmen A weist zum 31.12.01 nachfolgende Bilanz aus (vgl. im Folgenden KÜTING, K./WEBER, C.-P./ZÜNDORF, H. (1990), S. 63 ff.):

Bilanz von A zum 31.12.01			
Aktiva	600	gez. Kapital	400
		Rücklagen	200

Am 01.01.02 soll Unternehmen A sämtliche Vermögensgegenstände/-werte auf das neu gegründete Unternehmen B übertragen. Dabei erwirbt das Unternehmen A sämtliche Anteile an B zu pari, sodass das gesamte Vermögen von A durch die Beteiligung an B repräsentiert wird. Die Bilanzen von A und B haben nach diesem konzerninternen Vorgang folgendes Aussehen:

Bilanz von A zum 01.01.02			
Anteile an verbundenen Unternehmen	600	gez. Kapital Rücklagen	400 200

Bilanz von B zum 01.01.02			
Aktiva	600	gez. Kapital	600

Addiert man die Wertgrößen der Bilanzen von A und B am 01.01.02 und vergleicht das Resultat mit der Bilanz von A zum 31.12.01, zeigt sich, dass die Addition der Werte der Einzelabschlüsse zu einer Verdopplung sowohl der Aktiva als auch der Passiva führt, obgleich weder das Vermögen noch das Kapital insgesamt betrachtet eine Änderung erfahren haben.

Summenbilanz von A und B zum 01.01.02			
Anteile an verbundenen		gez. Kapital	
Unternehmen	600	– von A	400
Aktiva	600	– von B	600
		Rücklagen	
		– von A	200

Der geschilderte konzerninterne Vorgang führt somit bei einer alleinigen Summation der Einzelabschlusswerte zu einer ›Aufblähung‹ beider Bilanzseiten. Im Zuge der (Kapital-)Konsolidierung ist daher dieser konzerninterne Vorgang in der Weise rückgängig zu machen, dass die »Anteile an verbundenen Unternehmen« gegen das »gezeichnete Kapital« des Tochterunternehmens aufgerechnet werden, um den wirtschaftlich nicht gerechtfertigten Doppelausweis zu verhindern.

Notwendigkeit der Aufrechnung

Die Notwendigkeit dieser Aufrechnung ergibt sich auch aus der Überlegung, dass es sich bei dem »Beteiligungskonto und den Konten des Eigenkapitals der Tochtergesellschaft um Spiegelbildkonten handelt. Sie repräsentieren beide … das gleiche Recht an dem betreffenden Unternehmen und seinen Geschäftsergebnissen« (Dreger, K.-M. (1969), S. 51). Der Sachverhalt, dass der Buchwert der Anteile an verbundenen Unternehmen einerseits und das damit zu verrechnende gezeichnete Kapital (inkl. etwaiger Rücklagen) andererseits gleich hohe Werte aufweisen, dürfte den Ausnahmefall darstellen. Übersteigt der Buchwert der Anteile an verbundenen Unternehmen die entsprechenden Werte des Eigenkapitals, verbleibt auf der Aktivseite eine verrechnungsbedingte Residualgröße, die als sog. »derivativer« Geschäfts- oder Firmenwert (GoF) zu aktivieren ist. Im umgekehrten Fall – Wert des Eigenkapitals > Buchwert der Anteile – entsteht ein (sog. »passivischer«) Unterschiedsbetrag auf der Passivseite. Hierbei regeln § 301 Abs. 3 HGB bzw. IFRS 3.32 ff. abschließend die relevante Ausweisfrage.

»Share Deal«

Ausschließlich beim sog. »share deal«, mithin bei der (entgeltlichen) Übertragung von Anteilen am Eigenkapital eines Unternehmens, besteht die Notwendigkeit einer Konzernrechnungslegung, zumal nur diese Form von Unternehmenszusammenschlüssen wegen der fortbestehenden rechtlichen Selbstständigkeit der einzelnen Unternehmen zum Konzernierungstatbestand führt. Dagegen ist im Falle des Erwerbs von Sachgesamtheiten (»asset deal«) die Übertragung des (bilanziellen) Reinvermögens bereits im Einzelabschluss abzubilden. Die weiteren Ausführungen fokussieren daher ausschließlich Unternehmenserwerbe in Form eines »share deal«.

Einzelerwerbsfiktion

Erfolgt der Unternehmenszusammenschluss im Wege eines »share deal«, so ist die Kapitalkonsolidierung mithilfe der sog. »Erwerbsmethode« durchzuführen. Regelungen finden sich hierzu im deutschen Handelsrecht in den §§ 301, 307 und 309 HGB, nach internationalen Normen in IFRS 10.B86 sowie IFRS 3. Der Erwerbsmethode (»acquisition method«) liegt die Fiktion zugrunde, dass der Konzern im Erwerbszeitpunkt bzw. im Zeitpunkt der erstmaligen Einbeziehung des Tochterunternehmens deren einzelne Vermögensgegenstände/-werte und Schulden übernommen hat. Man spricht hierbei von der sog. Einzelerwerbsfiktion. Danach müssen sowohl Bilanzinhalt als auch Bilanzwerte des hinzuerworbenen Unternehmens neu bestimmt werden. Insofern werden im Kontext der Konsolidierung nicht die Buchwerte der einzelnen Posten des erworbenen Tochterunternehmens zugrunde gelegt, sondern die Anschaffungswerte, die aus Konzernsicht bzw. aus der Perspektive des obersten Mutterunternehmens zu ermitteln sind. Von den (tatsächlichen) historischen Anschaffungskosten unterscheiden sich die neuen, aus Konzernsicht zutreffenden Anschaffungskosten dadurch, dass (vgl. Küting, K./Weber, C.-P. (2012), S. 284),

- ein Anschaffungsvorgang fingiert wird,
- der Wert der übertragenen Gegenleistung (≈ Anschaffungskosten) nicht aus der Sicht des Tochterunternehmens, sondern aus der Perspektive des Erwerbers ermittelt wird und
- sie auf einen späteren Zeitpunkt, nämlich den Erstkonsolidierungszeitpunkt bezogen sind.

Wertfindung

Im Einklang mit der der Erwerbsmethode zugrunde liegenden Fiktion hat die Bewertung der übernommenen Vermögensgegenstände/-werte und Schulden mit dem beizulegenden Zeitwert (fair value) zu erfolgen. Wie die Wertfindung im Einzelnen stattzufinden hat, regelt der deutsche Gesetzgeber nicht. Nach IFRS 3.B28 ff. bestehen dagegen detaillierte Leitlinien zur Wertfindung.

Durch die Kapitalkonsolidierung mittels Erwerbsmethode werden die Buchwerte der übernommenen Vermögensgegenstände/-werte und Schulden durch die zutreffenden Anschaffungskosten bzw. beizulegenden Zeitwerte aus Konzernsicht substituiert. Zentraler Aspekt dieser Methode ist demnach die Transformation der Buchwerte der einzelnen Vermögensgegenstände/-werte und Schulden in Tagesbeschaffungswerte. Die Differenz zwischen den niedrigeren (bzw. höheren) Buchwerten der einzelnen Vermögensgegenstände/-werte und Schulden und den höheren (bzw. niedrigeren) Tagesbeschaffungswerten derselben ist als stille

Reserve (bzw. stille Last) zu interpretieren (vgl. Küting, K./Weber, C.-P. (2012), S. 284 f.). Insoweit kann das »purchase accounting« auch als Offenlegung und Fortführung der stillen Reserven bzw. Lasten interpretiert werden, die der Erwerber mit dem Kauf der Anteile über die Anschaffungskosten vergütet hat. Besondere Bedeutung kommt in diesem Kontext dem GoF bzw. passivischen Unterschiedsbetrag zu, der als eine Art »Mischposten« jene mit dem Erwerb verbundene Werttreiber vergütet, die selbst nicht die Bedingungen zur Aktivierung als Vermögensgegenstand/-wert bzw. Passivierung als Schuld erfüllen.

Differenzierungsnotwendigkeit

Wie die Kapitalkonsolidierung im Einzelnen durchzuführen ist, und wie evtl. auftretende Unterschiedsbeträge zu verrechnen sind, ist davon abhängig, ob es sich bei den einzubeziehenden Unternehmenskategorien um Tochterunternehmen, gemeinschaftliche Kooperationen oder assoziierte Unternehmen handelt.

3.1.2.2 Vollkonsolidierung

Vollkonsolidierung (bei Existenz konzernfremder Dritter)

Tochterunternehmen (TU) werden auf der Grundlage der Vollkonsolidierung in den konsolidierten Abschluss einbezogen. Auch dann, wenn das Mutterunternehmen (MU) nicht sämtliche Anteile an betreffendem Konzernunternehmen hält, mithin andere, nicht-beherrschende Gesellschafter beteiligt sind, werden die einzelbilanziell erfassten Vermögensgegenstände/-werte, Verbindlichkeiten usw. in voller Höhe in den Konzernabschluss übernommen. Handelsrechtlich ist zum Erstkonsolidierungszeitpunkt für Tochterunternehmen, als Variante der Erwerbsmethode, die (vollständige) Neubewertungsmethode verpflichtend anzuwenden. Nach IFRS kann zwischen derselben und der sog. Full Goodwill-Methode (vgl. 5. Abschn., 5.2.3) gewählt werden. Zusammenfassend lässt sich der Ablauf der Kapitalkonsolidierung nach Maßgabe der (vollständigen) Neubewertungsmethode wie folgt skizzieren (modifiziert entnommen aus: Kessler, H./ Strickmann, M. (2008), S. 914):

(1) **Vollständige Neubewertung des betreffendem TU zuzurechnenden Vermögens:**
Bei der Neubewertungsmethode erfolgt neben der Anpassung an die konzerneinheitlichen Ansatz- und Bewertungsmethoden in der HGB- bzw. IFRS-HB II eine zusätzliche Modifikation der Einzelabschlusswerte des TU, indem die stillen Reserven und Lasten bereits in einer der eigentlichen Konsolidierung vorgelagerten »Handelsbilanz (HB) III« vollumfänglich aufgedeckt werden. Dabei erfolgt keine Differenzierung zwischen dem Anteil des MU und dem Anteil nicht-beherrschender Gesellschafter. Die aufgedeckten stillen Reserven und Lasten sind in den Folgeperioden um sich ergebende Wertänderungen GuV-wirksam fortzuführen. I. H. der aufgedeckten stillen Reserven und Lasten ist eine sog. »Neubewertungsrücklage« zu bilden, die im weiteren Verlauf aufzulösen ist (vgl. Punkt (3) und Punkt (6)).

(2) **Überführung der neu bewerteten Vermögensgegenstände/-werte und Schulden in den Summenabschluss:**
Die neu bewerteten Vermögensgegenstände/-werte und Schulden aller vollkonsolidierten TU werden zusammen mit denen des MU in den sog. Summenabschluss übernommen. Dieser ergibt sich durch Queraddition aller einzubeziehenden und zuvor entsprechend adjustierten Handelsbilanzen (= HGB- bzw. IFRS-HB III).

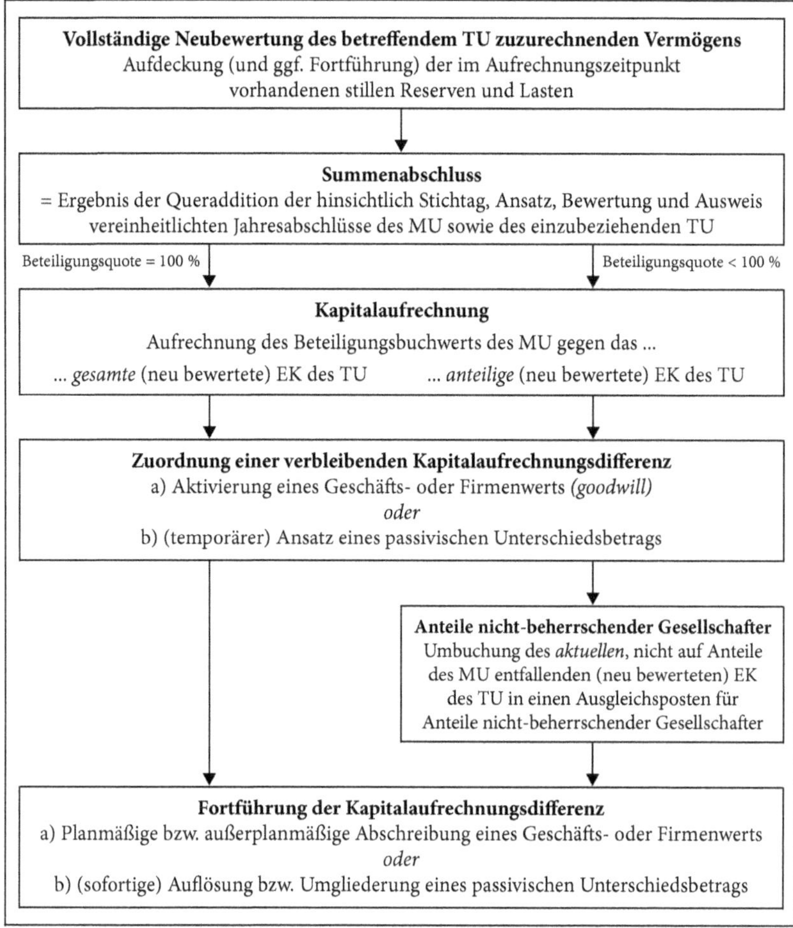

Übersicht 158: Ablauf der Kapitalkonsolidierung nach der Neubewertungsmethode

(3) **Verrechnung der Beteiligung mit dem anteiligen Eigenkapital (EK) und Bestimmung eines Unterschiedsbetrags:**
Die dem MU zuzurechnende Beteiligung an betreffendem TU wird dem auf die Beteiligung entfallenden anteiligen (neu bewerteten) EK des TU zum Zeitpunkt der Erstkonsolidierung gegenübergestellt und verrechnet. Das zu verrechnende anteilige EK schließt die in der HB III gebildete Neubewertungsrücklage mit ein. Stehen sich Beteiligung und zu verrechnendes anteiliges (neu bewertetes) EK nicht wertgleich ggü., entsteht ein Unterschiedsbetrag.

(4) **Bestimmung eines Geschäfts- oder Firmenwerts (GoF) bzw. eines passivischen Unterschiedsbetrags:**
Verbleibt nach der Verrechnung mit dem anteiligen (neu bewerteten) EK eine aktivische Differenz, stellt diese sowohl nach HGB als auch nach IFRS einen GoF dar. Übersteigt das anteilige (neu bewertete) EK den Beteiligungsbuchwert zum Erstkonsolidierungszeitpunkt, so entsteht ein passivischer (bzw. negativer) Unterschiedsbetrag.

(5) **Fortführung einer verbleibenden Kapitalaufrechnungsdifferenz:**
Abhängig vom jeweils zugrunde liegenden Normverständnis, ist ein aus der Kapitalaufrechnung resultierender GoF in den Folgeperioden unterschiedlich zu behandeln (vgl. 5. Abschn., 5.2.1). Während er nach HGB – ergänzt um bei Anlassbezug vorzunehmende außerplanmäßige Wertberichtigungen – grds. planmäßig über seine Nutzungsdauer abzuschreiben ist, versteht er sich nach IFRS als vollwertiger Vermögenswert (vgl. IFRS 3 Appendix A; IAS 36.81), den es mangels bestimmbarer Nutzungsdauer jährlich (indikatorgestützt) nach Maßgabe des IAS 36 auf seine Werthaltigkeit hin zu überprüfen und ggf. außerplanmäßig wertzuberichtigen gilt. Wie dagegen mit einem auf der Passivseite auszuweisenden Unterschiedsbetrag zu verfahren ist, richtet sich nach § 309 Abs. 2 HGB bzw. IFRS 3.34 i. V. m. IFRS 3.36 (vgl. 5. Abschn., 5.2.2).

(6) **Bildung eines Ausgleichspostens für Anteile nicht-beherrschender Gesellschafter:**
Existieren nicht-beherrschende Gesellschafter, ist i. H. der restlichen Anteile ein sog. Ausgleichsposten zu bilden, der genau diese verbleibende Restbeteiligung jener nicht-beherrschenden Gesellschafter am identifizierbaren – jeweils vollständig neu zu bewertenden – Nettovermögen entsprechend repräsentiert. Gem. § 307 Abs. 1 Satz 1 HGB bzw. IFRS 10.22 ist dieser, auf jenen Gesellschafterstamm entfallende aggregierte Kapitalanteil separat innerhalb des (Konzern-)EK auszuweisen. Ebenfalls gesondert abzubilden ist der auf sie entfallende Anteil am (Gesamt-)Jahresergebnis des betreffenden TU (vgl. § 307 Abs. 2 HGB; IAS 1.81B). Dabei partizipieren sie auch i. H. ihres Anteils an den aufgedeckten stillen Reserven und Lasten sowie den hierauf entfallenden Aufwendungen und Erträgen. Abhängig davon, ob der »purchased« (vgl. § 301 HGB; IFRS 3.32) oder »full goodwill approach« (vgl. IFRS 3.19) zur Anwendung gelangt, ergeben sich ferner unterschiedliche Effekte auf die Dotierung des Ausgleichspostens.

Eigenkapitalbestandteil(e)

Soweit die nicht-beherrschenden Gesellschafter am Kapital und an den Rücklagen beteiligt sind, handelt es sich nach HGB und IFRS um Eigenkapitalbestandteile. Bilanzrechtlich stellen die Kapital- und Rücklagenanteile dieses Gesellschafterstamms somit Eigenkapital des Konzerns dar.

Analytische Behandlung

Aus bilanzanalytischer Sicht sollte die Zuordnung der Anteile nicht-beherrschender Gesellschafter zum Eigen- oder Fremdkapital von der Frage abhängen, ob das Eigenkapital für Zwecke einer rentabilitäts- oder liquiditätsorientierten Sichtweise herangezogen wird. Wird die finanzwirtschaftliche Perspektive eingenommen, also primär die Frage in den Vordergrund gestellt, welche Mittel dem Konzern langfristig ohne konkrete, ggf. vertraglich fixierte Rückzahlungsverpflichtung zur Verfügung stehen, so sollten die Anteile nicht-beherrschender Gesellschafter als Teil des Eigenkapitals Eingang in die darauf aufbauende Analyse finden. Wird indes im Rahmen rentabilitätsorientierter Analysen die Perspektive der Eigentümer des Mutterunternehmens eingenommen bzw. im Kontext einer Shareholder-Value-Perspektive die Eigenkapitalrendite bestimmt, wäre eine Zuordnung jener Anteilsgattung zum Eigenkapital nicht (mehr) sachgerecht und sollte daher keinen Eingang in das bilanzanalytische Eigenkapital finden (vgl. COENENBERG, A. G./HALLER, A./SCHULTZE, W. (2014), S. 1044).

Gewinn- und Verlustanteile

Bei den Anteilen nicht-beherrschender Gesellschafter am Gewinn handelt es sich um kurzfristiges Fremdkapital, zumal ihr Gewinnanteil typischerweise auch (zeitnah) an sie ausgekehrt wird. Im Rahmen der Erstellung der Konzernstrukturbilanz sind diese Anteile daher entsprechend vom Eigen- in das Fremdkapital umzugliedern. Dagegen haben die den nicht-beherrschenden Gesellschaftern zugewiesenen Verlustanteile als negative Eigenkapitalkomponenten den auf sie entfallenden Kapitalanteil schon gekürzt und sind insoweit aus Sicht der Bilanzanalyse bereits zutreffend behandelt worden.

3.1.2.3 Quotenkonsolidierung

Quotale Einbeziehung

Bei der Quotenkonsolidierung werden die Vermögensgegenstände und Schulden lediglich auf Basis der dem Mutterunternehmen direkt oder indirekt gehörenden Kapitalanteile einbezogen. Die Quotenkonsolidierung abstrahiert somit völlig von den Kapitalanteilen anderer Partnerunternehmen. Der Ausgleichsposten für die Anteile nicht-beherrschender Gesellschafter entfällt daher bereits konzeptionsbedingt. Ansonsten finden im Zuge der Quotenkonsolidierung die gleichen Konsolidierungsvorschriften wie bei der Erwerbsmethode Anwendung. Infolgedessen lassen sich die dort abgeleiteten Zuordnungsregeln analog auf die bilanzanalytische Behandlung von mittels der Quotenkonsolidierung einbezogenen Gemeinschaftsunternehmen (i. S. d. § 310 HGB) übertragen. Die IFRS sehen dagegen eine quotale Einbeziehung nur für gemeinschaftliche Tätigkeiten (joint operations) i. S. d. IFRS 11.15 vor. In Abhängigkeit der vertraglich geregelten Rechte und Pflichten kann sich hierbei eine von der klassischen Quotenkonsolidierung abweichende Einbeziehungsmethodik ergeben (vgl. hierzu ausführlich Weber, C.-P. et al. (2014), S. 241 ff.).

Saldierung der Unterschiedsbeträge

In der Bilanzierungspraxis werden in aller Regel die aktivischen Unterschiedsbeträge aus der Vollkonsolidierung mit denen aus der Quotenkonsolidierung zusammengefasst. Sie werden damit als ein einziger Posten ausgewiesen. Selbiges gilt – zumindest im Kontext des HGB – für etwaige passivische Unterschiedsbeträge.

3.1.2.4 Equity-Methode

Equity-Methode

Bei der Equity-Methode erfolgt eine Fortschreibung der Beteiligung um die sich nach dem Erwerb ergebenden anteiligen Änderungen im Eigenkapital des Beteiligungsunternehmens. Bei der Ermittlung dieser Eigenkapitaländerungen ist die Sichtweise des Konzerns maßgeblich. Dies setzt im Erwerbszeitpunkt eine partielle Kapitalkonsolidierung voraus. Bzgl. der Bestimmung eines sich hierbei ergebenden Unterschiedsbetrags wird zwischen der handelsrechtlich nach § 312 Abs. 1 HGB anzuwendenden Buchwert- und der Neubewertungsmethode, die nach IAS 28.32 vorgeschrieben ist, unterschieden. Ein sich ergebender aktivischer Unterschiedsbetrag ist normenübergreifend nach Maßgabe der sog. »Ein-Zeilen-Konsolidierung« zu behandeln. Übersteigt dagegen das anteilig neu bewertete Nettovermögen die Anschaffungskosten, ist der daraus resultierende negative Unterschiedsbetrag nach IAS 28.32(b) – entgegen der die Zugangsbewertung auf die Anschaffungskosten beschränkenden Regelung des § 312 HGB – unmittelbar bereits im Rahmen der erstmaligen Anwendung ertragswirksam bzw. anteilserhöhend zu vereinnahmen (vgl. grundlegend wie ausführlich dazu Küting, K./Seel, C. (2011), S. 1005 ff.).

HGB

Bei Anwendung der »one-line-consolidation« wird ein sich im Zuge der erstmaligen Anwendung der Equity-Methode ergebender Unterschiedsbetrag nicht in einem eigenen Bilanzposten ausgewiesen, sondern stellt einen Teil des Beteiligungsbuchwerts dar. Lediglich im ersten Jahr der Anwendung ist nach § 312 Abs. 1 Satz 2 HGB die Höhe des Unterschiedsbetrags zwischen dem Buchwert und dem anteiligen Eigenkapital des assoziierten Unternehmens im Konzernanhang anzugeben (dies schließt die Höhe eines darin ggf. enthaltenen GoF bzw. passivischen Unterschiedsbetrags mit ein); eine weitere Differenzierung nach stillen Reserven und Lasten ist nicht erforderlich.

IFRS

Entsprechende Berichtspflichten kennt IAS 28 nicht. Indessen sind nach IFRS 12.20 ff. umfangreiche Angaben zu assoziierten Unternehmen verpflichtend zu tätigen, die ihrerseits über die Anhangberichterstattung des HGB deutlich hinausgehen; eine zum HGB vergleichbare Angabe des Unterschiedsbetrags zum Zeitpunkt der erstmaligen Einbeziehung ist nach IFRS allerdings nicht vorgesehen (vgl. Küting, K./Weber, C.-P. (2012), S. 587).

Analytische Behandlung

Im Rahmen der Bewertung assoziierter Unternehmen sind vornehmlich die stillen Reserven und Lasten in den Wertansätzen der mittels der Equity-Methode einbezogenen Unternehmen sowie ein etwaiger GoF von besonderer Bedeutung. Sowohl nach der handelsrechtlich vorgesehenen Buchwert- als auch der gem. IAS 28 – für assoziierte und Gemeinschaftsunternehmen (joint ventures) – anzuwendenden Neubewertungsmethode sind diese jedoch impliziter Bestandteil des Beteiligungsbuchwerts und nur aus einer statistischen Nebenrechnung zur partiellen Konsolidierung ersichtlich. Weder die stillen Reserven und Lasten noch ein etwaiger GoF werden somit gesondert in der Konzernbilanz ausgewiesen; auch sind keine betragsmäßigen Angaben erforderlich, sodass diese im Rahmen der Bilanzanalyse nicht ermittelt werden können. So zumindest, wenn der Auffassung gefolgt wird, dass ein sich ergebender Unterschiedsbetrag nach HGB lediglich im Falle der erstmaligen Anwendung im Konzernanhang anzugeben ist. Dies kann aus der Konzeption des § 312 HGB heraus geschlossen werden, der in Abs. 1 im Gegensatz zu den Abs. 2 und 4 ff. »nur« die Zugangsbewertung regelt (ganz in diesem Sinne auch die Auffassung in der Regierungsbegründung zum BilMoG, wonach der »Unterschiedsbetrag zwischen dem Buchwert und dem zum beizulegenden Zeitwert im Erwerbszeitpunkt bewerteten anteiligen Eigenkapital … im Konzernanhang anzugeben ist«, BT-Drucks. 16/10067, S. 85; vgl. auch Hoffmann, W.-D./Lüdenbach, N. (2014), § 312 HGB, Rn. 14)). Indes werden im einschlägigen Schrifttum auch andere Auffassungen vertreten, welche die Angabepflicht nicht auf das Jahr der erstmaligen Equity-Anwendung beschränkt sehen, sondern auch in den Folgejahren eine Angabe aller Unterschiedsbeträge mitsamt zugehöriger GoF respektive passivischer Unterschiedsbeträge als verpflichtend erachten (vgl. z. B. Knorr, L./Seidler, H. (2013), Rn. 46 f.). Nach IFRS sind diese Angaben nicht erforderlich.

3.1.3 Zwischenergebniseliminierung

Einheitsgrundsatz

Die grds. Pflicht zur Vornahme einer Zwischenergebniseliminierung ist ebenfalls Ausfluss der in § 297 Abs. 3 HGB bzw. IFRS 10 Appendix A verankerten Einheitsfiktion. In der einzelgesellschaftlichen Rechnungslegung einbeziehungspflichtiger Unternehmen werden Geschäftsvorfälle mit anderen konzernverbundenen Unternehmen nicht anders behandelt als Beziehungen zu konzernfremden Dritten. Jedenfalls hat sich auch die (einzel-)bilanzielle Erfassung von positiven wie auch negativen Ergebnisbeiträgen aus innerkonzernlichen Lieferungen und Leistungen an den aus einzelgesellschaftlicher Sicht zu beachtenden Ertragsrealisierungsprinzipien zu orientieren. Diese besagen im Kern, dass Ergebnisbeiträge erst dann als verwirklicht gelten, sofern betreffende Lieferungen und Leistungen den Sprung zum Absatzmarkt geschafft haben. Übertragen auf die ökonomische Einheit »Konzern« bedeutet dies, dass etwaige innerkonzernliche Lieferungs- und Leistungsbeziehungen simplifizierend zunächst GuV-neutral zu behandeln sind (vgl. § 304 HGB; IFRS 10.B86(c) als maßgebliche Rechtsgrundlagen). Aus dem Blickwinkel einer fingierten Einheitsunternehmung handelt es sich bei derartigen Transaktionen um (noch) nicht realisierte Umsatzgeschäfte, die sich erst dann auf das konsolidierte Jahresergebnis auswirken dürfen, sofern sie – über die Konzerngrenze hinweg – eine entsprechende Wertbestätigung am Markt erfahren haben.

Eliminierung und Realisierung konzerninterner Erfolge

Im Zuge der Konsolidierung sind daher konzerninterne Erfolge (sog. »Zwischenergebnisse«) zu eliminieren, sodass die Aufgabe darin besteht, Zwischenergebnisse im Rahmen der Konsolidierung zu neutralisieren und erst im Zeitpunkt ihrer endgültigen Realisierung durch einen Verkauf an konzernfremde Dritte zu verrechnen. Neben Zwischengewinnen, die bspw. bei einer innerkonzernlichen Veräußerung bestimmter Vermögensgegenstände/-werte mit Gewinnaufschlag entstehen, können auch sog. »Zwischenverluste« auftreten. Sie sind dann gegeben, wenn innerkonzernliche Verrechnungspreise so niedrig angesetzt wurden, dass willkürlich stille Reserven gelegt und damit Verluste ausgewiesen werden, die aus Konzernsicht überhaupt nicht entstanden sind. Es können daher Aufwertungen erforderlich werden, die dann Gegenstand der Zwischenergebniseliminierung sind.

Quotenkonsolidierung und Equity-Methode

Ebenso wie im Falle der Vollkonsolidierung ist auch bei einer quotalen Einbeziehung eine Zwischenergebniseliminierung vorzunehmen, wobei etwaige Zwischenergebnisse hierbei stets nur i. H. des Konzernanteils zu eliminieren sind. Differenzierter dagegen verhält es sich in Bezug auf die Equity-Methode. Folgt man der h.M., sind Zwischenergebnisse nach HGB lediglich bei sog. »upstream«-Transaktionen – und dies wahlweise anteilig *oder* vollständig (vgl. aber BMJV (2015), S. 92) – zu eliminieren (vgl. Adler, H./Düring, W./Schmaltz, K. (1995), § 312 HGB, Rn. 153 f.; kritisch dazu Winkeljohann, N./Lewe, S. (2014), Rn. 85 mit entsprechendem Bezug auf DRS 8.30). Begründet wird diese Auffassung mit dem in § 312 Abs. 5 Satz 3 HGB enthaltenen Verweis auf die für Konzernunternehmen relevante Eliminierungsvorschrift des § 304 HGB. Danach wird nur für solche Vermögensgegenstände eine Zwischenergebniseliminierung verlangt, die auch in den Konzernabschluss einbezogen werden. Während dies bei »upstream«-Transaktionen der Fall ist, werden die gelieferten Vermögensgegenstände bei »downstream«-Transaktionen beim assoziierten Unternehmen und damit nicht im konsolidierten Abschluss ausgewiesen. Nach IAS 28.28 sind Zwischenergebnisse hingegen im Rahmen der Equity-Methode unabhängig von der Lieferungs- bzw. Leistungsrichtung stets anteilig zu eliminieren (vgl. mit Zweifeln an der Praktikabilität Wüstemann, J./Küting, P. (2011a), Rn. 181), sofern sich der zu transferierende Vermögenswert nicht als ein Geschäftsbetrieb i.S.d. IFRS 3 qualifiziert (vgl. auch IAS 28.30; überdies Pellens, B. et al. (2014), S. 838 ff., m.w.N.).

Analytische Behandlung

Zwischengewinne kürzen in voller Höhe den entsprechenden Wertansatz, während Zwischenverluste betreffenden Ansatz aufstocken. Demgegenüber darf nicht die gesamte Höhe der Zwischengewinne bzw. -verluste Einfluss auf den Konzernjahreserfolg nehmen. Vielmehr ist die Konsolidierungsregel zu beachten, dass der Konzernjahreserfolg nur um die Veränderung der Zwischengewinne bzw. -verluste ggü. dem Vorjahr zu korrigieren ist. Somit gilt:

(1) für Zwischenverluste:

Jahresüberschuss der Summen-GuV
\+ neu entstandene Zwischenverluste aus der Betrachtungsperiode
./. aus Vorperioden stammende und in der Betrachtungsperiode abgebaute Zwischenverluste

---

= Konzernjahreserfolg

Das aber muss zum gleichen Ergebnis wie nachfolgende Rechnung führen:

Jahresüberschuss der Summen-GuV
\+ Zunahme der Zwischenverluste ggü. dem Vorjahr
./. Abnahme der Zwischenverluste ggü. dem Vorjahr

= Konzernjahreserfolg

(2) für Zwischengewinne:

Jahresüberschuss der Summen-GuV
./. neu entstandene Zwischengewinne aus der Betrachtungsperiode
\+ aus Vorperioden stammende und in der Betrachtungsperiode abgebaute Zwischengewinne

---

= Konzernjahreserfolg

Das aber muss zum gleichen Ergebnis wie nachfolgende Rechnung führen:

Jahresüberschuss der Summen-GuV
./. Zunahme der Zwischengewinne ggü. dem Vorjahr
\+ Abnahme der Zwischengewinne ggü. dem Vorjahr

= Konzernjahreserfolg

Zwischenergebnis nach dem Stand am Ende des Vorjahrs

Wie die Zwischenergebnisse nach dem Stand am Ende des Vorjahrs zu verrechnen sind, wird weder im Gesetz noch in den einschlägigen Standards geregelt und in der Konsolidierungspraxis vollkommen unterschiedlich gehandhabt. Häufig werden diese Beträge in den Ergebnisvortrag eingestellt oder aber mit den Gewinnrücklagen verrechnet. In praxi scheint sich die Verrechnung mit den Gewinnrücklagen als gängige Methode durchgesetzt zu haben (vgl. KÜTING, K. (2010), S. 177 ff.). Ohne weitere Informationen auf freiwilliger Basis existiert für den externen Analysten bei dieser Vorgehensweise keine Möglichkeit, die Auswirkungen aufgrund einer vorgenommenen Zwischenergebniseliminierung nachzuvollziehen.

Werden allerdings die Zwischenergebnisse nach dem Stand am Ende des Vorjahrs in einen spezifischen Ausgleichsposten aus der Erfolgskonsolidierung eingestellt, so wäre für Zwecke der Analyse ein aktivischer Ausgleichsposten gegen das Eigenkapital aufzurechnen, während ein etwaiger passivischer Ausgleichsposten als Eigenkapitalkomponente zu betrachten wäre. Ggf. ließe sich ferner auch noch danach differenzieren, welche aus dieser Konsolidierungsmaßnahme resultierenden Eigenkapitalwirkungen allein auf die nicht-beherrschenden Gesellschafter entfallen.

3.1.4 Schuldenkonsolidierung

Einheitsgrundsatz

Ausgehend von der Fiktion der wirtschaftlichen Einheit kann ein Konzern keine Forderungen und Verbindlichkeiten ggü. sich selbst haben. Werden in den Einzelbilanzen der Konzernunternehmen Forderungen oder Verbindlichkeiten ggü. Konzernunternehmen ausgewiesen, ist dieser Ausweis auf die rechtliche Selbstständigkeit der Konzernunternehmen zurückzuführen. Eine bloße Summation der Einzelabschlusswerte würde der Einheitsfiktion insofern nicht gerecht, als dann im konsolidierten Abschluss Vorgänge dargestellt würden, die vom Standpunkt des Konzerns nicht denkbar sind. Forderungen und Verbindlichkeiten ggü. verbundenen Unternehmen sind daher im Zuge der Konsolidierung zu eliminieren (vgl. § 303 HGB; IFRS 10.B86(c)).

Aufrechnungsdifferenzen

Im Rahmen der Schuldenkonsolidierung können sich (echte) Aufrechnungsdifferenzen ergeben, wenn sich Forderungen und Verbindlichkeiten nicht in gleicher Höhe gegenüberstehen. Dies ist z. B. dann der Fall, wenn im Einzelabschluss eine ungewisse Forderung abgeschrieben wurde, während die korrespondierende Verbindlichkeit weiterhin in voller Höhe ausgewiesen wird oder rein konzerninterne Rückstellungen gebildet wurden.

Konsolidierung

Auf den Konzernjahreserfolg darf nicht die gesamte Aufrechnungsdifferenz, sondern nur die Veränderung der GuV-wirksamen Aufrechnungsdifferenz im Vergleich zum Vorjahr Einfluss nehmen. Die Aufrechnungsdifferenz nach dem Stand am Ende des Vorjahrs ist in den Ergebnisvortrag oder einen eigenen Ausgleichsposten aus der Schulden- bzw. Erfolgskonsolidierung einzustellen. Eine weitere Verrechnungstechnik besteht darin, die Differenz nach dem Stand am Ende des Vorjahrs mit den Gewinnrücklagen zu verrechnen.

Quotenkonsolidierung und Equity-Methode

Ebenso wie im Falle der Vollkonsolidierung ist auch bei einer quotalen Einbeziehung eine Schuldenkonsolidierung vorzunehmen, wobei eine Aufrechnung hierbei (normenübergreifend) stets nur i. H. des Konzernanteils zu erfolgen hat. Dagegen besteht für nach Maßgabe des § 312 HGB at-Equity bewertete Unternehmen (auch künftig) – anders als nach IFRS (vgl. den Generalverweis des IAS 28.26; ferner BAETGE, J./KIRSCH, H.-J./THIELE, S. (2013), S. 372) – keine vergleichbare Notwendigkeit. Gleichwohl dürfte die Vornahme einer Schuldenkonsolidierung – ungeachtet der systemimmanent auftretenden konsolidierungstechnischen Probleme (vgl. nur WÜSTEMANN, J./KÜTING, P. (2011a), Rn. 153) – regelmäßig schon allein an dem zu geringen Einfluss auf die Beschaffbarkeit notwendiger Informationen scheitern.

Analytische Behandlung

Wird ein eigener Ausgleichsposten ausgewiesen, dürfte dies in aller Regel eine passivische Differenz sein (Verbindlichkeiten > Forderungen). Eine derartige Differenz ist dem Eigenkapital hinzuzurechnen, während eine aktivische Differenz mit dem Eigenkapital zu saldieren ist. Wurde die Aufrechnungsdifferenz in den Ergebnisvortrag eingestellt oder mit den Gewinnrücklagen verrechnet, sind keine weiteren Aufbereitungsmaßnahmen im Rahmen der Strukturbilanz erforderlich. Existierten darüber hinaus nicht-beherrschende Gesellschafter, wäre es ferner mit Blick auf deren gesondert innerhalb des Konzerneigenkapitals auszuweisenden Anteil sachgerecht, ihnen die Eigenkapitalwirkungen aus jener Konsolidierungsmaßnahme anteilig zuzurechnen.

3.1.5 Aufwands- und Ertragskonsolidierung

Ergebnisübernahmen

Ebenso wie bei allen anderen Konsolidierungsmaßnahmen sind – aufgrund des normenübergreifend Gültigkeit besitzenden Einheitsgrundsatzes – auch bei der sich aus den jeweiligen Einzelerfolgsrechnungen zusammensetzenden Summen-GuV wiederum entsprechende Korrekturen vonnöten. In der konsolidierten (Gesamt-)Ergebnisrechnung sind nur solche Aufwendungen und Erträge zu erfassen, die aus Transaktionen mit konzernfremden Dritten resultieren. Die Konzern-GuV ist so zu erstellen, als sei der Konzern ein Einheitsunternehmen. Da in den Einzelabschlüssen die Aufwendungen und Erträge aus rein einzelgesellschaftlicher Sicht erfasst werden, bilden sie auch Aufwendungen und Erträge aus innerkonzernlichen Lieferungs- und Leistungsbeziehungen ab. Aus Konzernsicht gelten Erträge (z.B. Umsatzerlöse) allerdings erst dann als realisiert, wenn sie die Konzerngrenze überschritten haben. Umsatzerlöse aus innerkonzernlichen Beziehungen – sog. »Innenumsatzerlöse« – müssen im Konzernabschluss eliminiert werden (vgl. § 305 HGB; IFRS 10.B86(c)). Neben der Konsolidierung der Innenumsatzerlöse sind insb. auch Ergebnisse aus Ergebnisübernahmen sowie GuV-wirksame Ab- und Zuschreibungen auf Anteile an konsolidierten Unternehmen zu korrigieren (vgl. ausführlich Küting, K./Weber, C.-P. (2012), S. 547 ff.; ferner Wüstemann, J./Küting, P. (2011a), Rn. 216 ff., jeweils m.w.N.).

Im Rahmen der Aufwands- und Ertragskonsolidierung müssen die Ergebnisübernahmen von konsolidierten Konzernunternehmen besonders berücksichtigt werden. Im Falle des Bestehens von Ergebnisübernahmeverträgen erfolgt eine Übertragung des Periodenergebnisses zwischen mind. zwei Unternehmen jeweils in derselben Periode, in der es entsteht. Da Aufwendungen und Erträge, die aus solchen Verträgen resultieren, grds. in gleicher Höhe entstehen, können sie direkt gegeneinander aufgerechnet werden (vgl. Küting, K./Weber, C.-P. (2012) S. 563).

Phasenverschobene Vereinnahmung

Werden Beteiligungserträge im Jahr der Erwirtschaftung durch das Tochterunternehmen bei dem Mutterunternehmen vereinnahmt, ohne dass ein Ergebnisübernahmevertrag besteht, so ist der »Beteiligungsertrag der empfangenden Gesellschaft aus dem summierten Abschluß zu eliminieren und der Jahresüberschuß noch in diesem Jahr … entsprechend zu senken« (Busse von Colbe, W./Ordelheide, D. (1984), S. 291; vgl. des Weiteren auch Busse von Colbe, W. et al. (2010), S. 467 ff.), um eine Doppelerfassung in der Konzern-GuV zu vermeiden. Gleiches gilt für den Ausgleich eines Verlusts beim Tochter- durch das Mutterunternehmen.

Sofern dagegen die Beteiligungsergebnisse zeit- bzw. phasenverschoben vereinnahmt werden, wird der gleiche Betrag sowohl im Jahr der Entstehung als auch im Jahr der Vereinnahmung in der Summen-GuV dokumentiert, obgleich aus Konzernsicht nur der erste Fall zulässig ist. Dieses Problem verschärft sich mit zunehmender Anzahl an Konzernstufen; denn hier könnte der Konzernerfolg – je nach Konzernstruktur – gleich mehrfach verfälscht werden.

Um den Konzernerfolg zutreffend auszuweisen, muss der Abschlussposten »Beteiligungsertrag« im Jahr der Vereinnahmung des Gewinns vermindert werden. Während diese Konsolidierungsregel unstrittig ist, wird die Frage unterschiedlich beantwortet, wo die entsprechende Gegenbuchung vorzunehmen ist; Entsprechend verhält es sich für die ebenfalls gebotene Konsolidierung von Beteiligungsverlusten.

Quotenkonsolidierung und Equity-Methode

Dabei stellt sich die Frage der Aufwands- und Ertragskonsolidierung nicht nur in Bezug auf die Vollkonsolidierung, sondern betrifft mitunter auch jene Unternehmen, die lediglich eine quotale Berücksichtigung im Konzernabschluss erfahren. Konkret bedeutet dies, dass die in die Summen-GuV zu übernehmenden Ergebnisbeiträge nur anteilig in die konsolidierte Ergebnisrechnung einfließen dürfen. Eine Ausnahme gilt dagegen für die generell lediglich i. H. des Konzernanteils zu erfassenden Beteiligungserträge. Sie sind in voller Höhe gegen das anteilige Ergebnis der betreffenden Kooperation aufzurechnen. Für im Wege der Equity-Methode abzubildende (assoziierte) Unternehmen scheidet hingegen eine Aufwands- und Ertragskonsolidierung aus, zumal die betreffenden Aufwendungen und Erträge konzeptionsbedingt nicht in die konsolidierte Ergebnisrechnung zu übernehmen sind (vgl. auch Kessler, H./Strickmann, M. (2008), Rn. 2760). Gerade weil sich die entsprechenden (Ergebnis-)Effekte bei Anwendung der Equity-Methode konzeptionsbedingt quasi von allein einstellen, ist der Generalverweis des IAS 28.26 auf die korrespondierenden Vorschriften zur Vollkonsolidierung damit faktisch bedeutungslos.

Analytische Behandlung

Einzelne Konzerne stellen Beteiligungsergebnisse in den Ergebnisvortrag ein oder wählen die Konzernrücklagen als Gegenposition. Denkbar wäre es aber auch, einen eigenen Abschlussposten für vereinnahmte Vorjahresergebnisse oder einen Ausgleichsposten aus der Erfolgskonsolidierung einzufügen. Insb. in tief gestaffelten Konzernen könnte dieser Posten Werte annehmen, die oftmals den Jahreserfolg des Konzerns (mehrfach) übersteigen. Insofern kommt der Zuordnung dieses Postens in der Strukturbilanz eine große Bedeutung zu. Nach dem Charakter des Ausgleichspostens ist die Größe unstrittig dem Eigenkapital des Konzerns zuzurechnen; schließlich handelt es sich hierbei um Gewinngrößen, die den Konzernbereich (noch) nicht verlassen haben und insoweit als ›Quasi-Thesaurierung‹ zu betrachten sind.

3.1.6 Währungsumrechnung

Weltabschlussprinzip

Ungeachtet der Frage, welches Normengefüge – HGB oder IFRS – letztlich zur Anwendung gelangt, haben Mutterunternehmen weiterhin § 298 Abs. 1 i. V. m. § 244 HGB zu befolgen und damit ihren konsolidierten Abschluss in Euro aufzustellen. Angesichts der Tatsache, dass in aller Regel kein eigenständiges (originäres) Konzernbuchwerk existiert, in dem die aus Sicht eines Konzerns in Fremdwährung angefallenen Transaktionen unmittelbar umgerechnet werden, sind die einbeziehungspflichtigen Einzelabschlüsse ausländischer (Teil-)Einheiten, soweit sie auf fremde Währung lauten, für Zwecke der konsolidierten Rechnungslegung in die Berichtswährung des Konzerns umzurechnen. Dabei stellt sich jene Umrechnungsproblematik nicht nur in Bezug auf die Vollkonsolidierung, sondern betrifft vielmehr auch die Einzelabschlüsse quotal zu konsolidierender sowie im Wege der Equity-Methode im Konzernabschluss abzubildender Unternehmen.

Nach HGB müssen im Einzelabschluss auf fremde Währung lautende Vermögensgegenstände und Schulden mit einer Laufzeit von mehr als einem Jahr am Abschlussstichtag zum Devisenkassamittelkurs umgerechnet werden (vgl. § 256a HGB). Im Konzernabschluss gilt es die Aktiva und Passiva ebenfalls mit dem Devisenkassamittelkurs umzurechnen, wobei der Umrechnung des Eigenkapitals historische Kurse zugrunde zu legen sind. Bei der Umrechnung der GuV gelangen dagegen Durchschnittskurse zur Anwendung (sog. »modifizierte« Stichtagskursmethode; vgl. auch § 308a HGB). **HGB**

Für nach IFRS berichtende Unternehmen bildet dagegen IAS 21 die Grundlage für eine ggf. notwendig werdende Währungsumrechnung. Mittels welcher Methode die betreffenden Abschlüsse schließlich umzurechnen sind, richtet sich nach der Intensität der gesamten ökonomischen Beziehungen zum Mutterunternehmen. Da ein einheitliches Umrechnungsverfahren, welches pauschal auf alle ökonomischen Gegebenheiten anwendbar ist, nicht existiert, ist für jedes der betreffendem Konzernverbund angehörigen Unternehmen dessen funktionale Währung zu bestimmen. Verallgemeinert kann dabei unter Bezugnahme auf die in IAS 21.11 genannten Faktoren in aller Regel davon ausgegangen werden, dass ein weitgehend autonom agierendes (Konzern-)Unternehmen zumeist eine eigene, von der Konzernberichtswährung abweichende funktionale Währung aufweist. Umgekehrt verhält es sich bei ausländischen (Teil-)Einheiten, die einen integralen Bestandteil der Tätigkeit des Mutterunternehmens darstellen. In jenen Fällen dürfte die funktionale Währung regelmäßig mit der des Mutterunternehmens übereinstimmen. Nach Maßgabe dieser gebotenen Differenzierung kombiniert das Konzept der funktionsspezifischen Währungsumrechnung methodisch die Anwendung der Zeitbezugsmethode auf der einen und der modifizierten Stichtagskursmethode auf der anderen Seite (vgl. grundlegend hierzu auch GASSEN, J. ET AL. (2007), S. 171 ff., m. w. N.). **IFRS**

So theoretisch richtig und überzeugend die nach IAS 21 vorzunehmende Differenzierung auch ist, die Realität zeichnet ein anderes Bild. Wenngleich sich die Bestimmung der funktionalen Währung stets am Gesamtbild der tatsächlichen Verhältnisse zu orientieren hat, darf dies keineswegs darüber hinwegtäuschen, dass die Auslegung der im Kriterienkatalog des IAS 21.9 ff. exemplarisch aufgeführten Faktoren letztlich eines Frage des subjektiven Ermessens ist. Insoweit ist es nicht verwunderlich, dass die gebotene Gesamtwürdigung wegen der leichteren praktikableren Handhabung der modifizierten Stichtagskursmethode in praxi mehrheitlich zugunsten der Selbständigkeit ausfällt. Nahezu durchweg findet sich in den einschlägigen Konzernabschlüssen die vorrangig aus Kosten-Nutzen-Abwägungen abgeleitete – empirisch belegte – Behauptung, dass sämtliche – als wesentlich zu erachtende – Auslandsgesellschaften ihre Geschäfte allesamt in ihrer Landeswährung betreiben (vgl. etwa LÜDENBACH, N. (2014), Rn. 31 f.).

Umrechnungsdifferenzen

Die Veränderung der Wechselkurse im Zeitablauf einerseits, also z. B. zwischen zwei Bilanzstichtagen, sowie die Verwendung unterschiedlicher Kurse (historischer Kurs bzw. Stichtagskurs) bei der Umrechnung der einzelnen Abschlussposten andererseits führen zwangsläufig zu Währungsumrechnungsdifferenzen, die im umgerechneten Abschluss berücksichtigt werden müssen, zumal andernfalls ein Bilanzausgleich nicht möglich wäre. Nach der modifizierten Stichtagskursmethode werden Währungsumrechnungsdifferenzen GuV-neutral direkt im Eigenkapital verbucht, während diese nach der Zeitbezugsmethode sofort unmittelbar GuV-wirksam erfasst werden (vgl. statt vieler Wüstemann, J./Küting, P. (2011), Rn. 53 ff.). § 308a HGB stellt bei zwingender Anwendung der modifizierten Stichtagskursmethode klar, dass die entsprechenden GuV-neutralen Differenzen innerhalb des konzernbilanziellen Eigenkapitals nach den Rücklagen unter dem Posten »Eigenkapitaldifferenz aus Währungsumrechnung« auszuweisen sind. Entsprechendes gilt für die IFRS (vgl. IAS 21.39(c)). Gerade durch diesen separaten Ausweis wird es dem Analysten (erst) ermöglicht, die Wirkungsintensität der Währungskursschwankungen auf das Eigenkapital erkennbar zu machen (vgl. Küting, K./Mojadadr, M. (2009a), S. 486).

Analytische Behandlung

Da die aus der stichtagskursbezogenen Währungsumrechnung entstehenden Umrechnungsdifferenzen – ohne Tangierung der GuV – unmittelbar gesondert innerhalb des konzernbilanziellen Eigenkapitals erfasst werden, resultiert daraus – je nach Vorzeichen – entweder eine Minderung oder Erhöhung des Konzerneigenkapitals. Insoweit sind für Zwecke der Strukturbilanzerstellung keine weiteren Aufbereitungsmaßnahmen notwendig. Existierten darüber hinaus nichtbeherrschende Gesellschafter, ist der auf sie entfallende Anteil an der Umrechnungsdifferenz dem gleichnamigen Ausgleichsposten zuzuführen und entsprechend fortzuschreiben (vgl. § 307 Abs. 1 HGB; DRS 7.7; IAS 21.41).

3.2 Steuerinduzierte Besonderheiten im Konzern

3.2.1 Latente Steuern

Temporary-Konzept

Ebenso wie im Kontext des Normengefüges der IFRS, folgt auch das HGB bzgl. der Abgrenzung latenter Steuern dem international vorherrschenden (bilanzorientierten) »temporary differences-concept«. Ungeachtet etwaiger Auswirkungen auf die (Gesamt-)Ergebnisrechnung, zielt diese Konzeption ausschließlich auf diejenigen – durch Ansatz-, Bewertungs- und/oder Konsolidierungsmaßnahmen bedingten – Bestandsdifferenzen ab, die sich jeweils ergeben, indem der in der handelsrechtlichen (Konzern-)Bilanz ausgewiesene Buchwert mit dem für Zwecke der Ertragbesteuerung zugrunde liegenden Wertansatz verglichen wird (vgl. 3. Abschn., Kap. 2, 3.1.6, 4.1.5). Diese (temporären) Wertansatzdifferenzen sollen nachfolgend einer konzernspezifischen Betrachtung unterzogen werden.

Steuerabgrenzung im Konzern

Neben den bereits auf einzelgesellschaftlicher Ebene gebildeten Steuerlatenzen bedarf es regelmäßig auch auf konsolidierter Ebene der Abgrenzung latenter Steuern, sei es bedingt durch die Anpassung der Einzelabschlüsse an den für den Konzern maßgeblichen Ansatz- und Bewertungsrahmen (inkl. ggf. notwendig werdender Währungsumrechnung), die – u. U. quotal – durchzuführenden Konsolidierungsmaßnahmen, wie Kapitalkonsolidierung, Zwischenergebniseliminierung, Schulden- und Beteiligungsertragskonsolidierung, oder die Vornahme anderweitiger Bewertungsmaßnahmen (Equity-Methode):

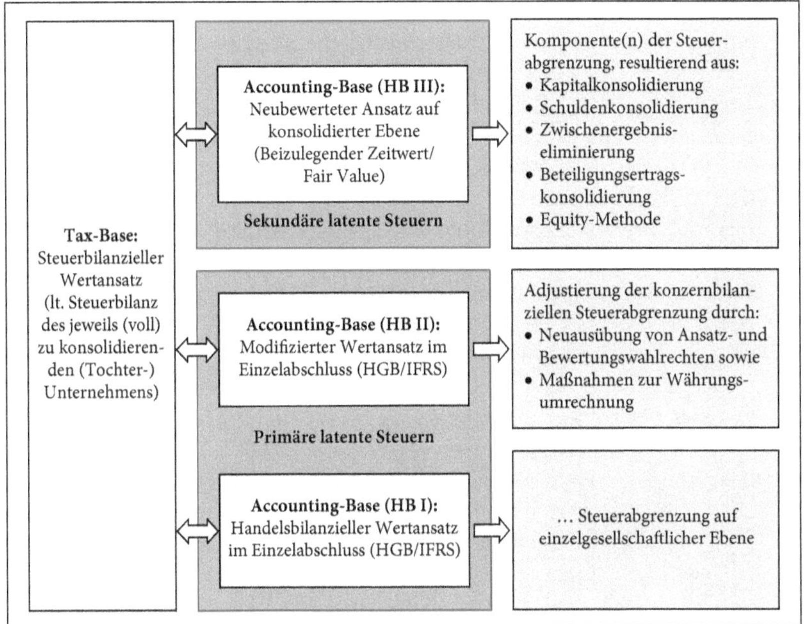

Übersicht 159: Ebenen der Steuerabgrenzung nach HGB und IFRS

Charakter latenter Steuern

Differenziert nach den Ebenen des Anfalls, werden die aus den Einzelabschlüssen übernommenen ebenso wie die aus den konsolidierungsvorbereitenden Maßnahmen resultierenden Steuerlatenzen auch als »primäre«, die im Zuge der Konsolidierung entstehenden als »sekundäre« latente Steuern bezeichnet (vgl. etwa Küting, K./Seel, C. (2009a), S. 524). Der Gesetzgeber beschränkt die Berücksichtigung latenter Steuern in § 306 HGB auf solche Konsolidierungsmaßnahmen, die im Vierten Titel des Zweiten Unterabschnitts – mithin in den §§ 300 bis 307 HGB unter der Bezeichnung »Vollkonsolidierung« – geregelt sind. Eine vergleichbare Restriktion existiert innerhalb der IFRS nicht.

Sowohl nach HGB als auch nach IFRS ist es für die Steuerabgrenzung unerheblich, zu welchem Zeitpunkt sich die (temporären) Differenzen mit der entsprechenden Steuerwirkung umkehren. Somit werden auch Steuern auf solche Wertunterschiede erfasst, die sich in ferner Zukunft oder gar erst im Falle der Liquidation ausgleichen. Beispielhaft für derartige »quasi-permanente« Differenzen seien hier steuerlich nicht anerkannte Abschreibungen auf Beteiligungen oder Grundstücke genannt. Keine latenten Steuern sind auf sog. »permanente« Differenzen abzugrenzen, die sich in zukünftigen Perioden nicht wieder umkehren, wie z. B. im Falle steuerfreier Beteiligungserträge oder nicht abzugsfähiger Betriebsausgaben. In diesem Zusammenhang ist zu beachten, dass die Bildung und Auflösung latenter Steuern immer in »Abhängigkeit der Ergebniswirksamkeit« (Ruhnke, K./Schmidt, S./Seidel, T. (2005), S. 88) des jeweiligen Sachverhalts, der für die »Entstehung respektive Abbau der temporären Differenz verantwortlich zeichnet, zu erfolgen hat. Damit teilen latente Steuern das Schicksal der temporären Differenz, auf der ihr Ansatz basiert« (Zwirner, C. (2007), S. 374).

Mit Blick auf die einschlägige Norm des § 306 HGB sind bzgl. der Steuerabgrenzung insb. nachfolgende Konsolidierungsspezifika beachtlich (vgl. ausführlich dazu auch Küting, K./Weber, C.-P. (2012), passim; des Weiteren Grottel, B./Larenz, S. K. (2014), Rn. 11 ff.):

Kapitalkonsolidierung

(1) Kapitalkonsolidierung: Sowohl nach § 306 HGB als auch gem. IAS 12.19 stellen die bei der Erstkonsolidierung im Rahmen der Kaufpreisallokation GuV-neutral aufgedeckten stillen Reserven und Lasten latenzierungspflichtige Sachverhalte dar, zumal die betreffenden konzernbilanziellen Wertansätze von denen in der Steuerbilanz des betreffenden Konzernunternehmens divergieren und damit aus Sicht des Konzerns zukünftige Steuerbe- respektive -entlastungen zur Folge haben. Während insoweit die Aufdeckung stiller Reserven (typischerweise) zu einer Bildung passivischer Steuerlatenzen führt, zieht die Berücksichtigung stiller Lasten für gewöhnlich aktivische Steuerlatenzen nach sich. Weil die Bildung bzw. Auflösung stets in Abhängigkeit der Ergebniswirksamkeit zu erfolgen hat, ist die Steuerlatenzierung im Erstkonsolidierungszeitpunkt GuV-neutral vorzunehmen. Die Auflösung dagegen hat in den Folgeperioden – analog zur GuV-wirksamen Behandlung der jeweils zugrunde liegenden Bestandsdifferenz – immer GuV-wirksam zu erfolgen. Für einen im Zuge der Erstkonsolidierung entstandenen GoF (bzw. nach HGB auch negativen Unterschiedsbetrag) sind nach beiden Rechtskreisen keine latenten Steuern abzugrenzen (vgl. kritisch hierzu Küting, P. (2009), S. 2053 ff., m. w. N.), so dass wiederum gilt: »Ein positiver Saldo aus aktiven und passiven latenten Steuern führt zu einer Verminderung (Erhöhung), ein negativer Saldo zu einer Erhöhung (Verminderung) des [GoF, d. Verf.] (negativen Unterschiedsbetrags)« (vgl. Küting, K./Seel, C. (2009a), S. 526 (auch Zitat)).

Schuldenkonsolidierung

(2) Aus den anderweitigen Konsolidierungs- und Eliminierungsmaßnahmen erwachsende Bestandsdifferenzen können ebenfalls eine Abgrenzung latenter Steuern bedingen. Dies gilt im Falle der Schuldenkonsolidierung dann, sofern sich bei der Aufrechnung konzerninterner Schuldbeziehungen temporäre Differenzen ergeben, die infolge divergierender Bewertungen von Aktiva und Passiva als »echte« Aufrechnungsdifferenzen zu qualifizieren sind. Beispielhaft sei hier der Fall genannt, dass eine zweifelhaft gewordene Forderung außerplanmäßig abgeschrieben wurde, wohingegen die korrespondierende Verpflichtung nach wie vor zum Erfüllungsbetrag bilanziert wird. Grds. gilt: Liegen aktivische Aufrechnungsdifferenzen vor, so hat dies die Bildung aktiver latenter Steuern zur Folge, da die im Summenergebnis ausgewiesenen Ertragsteuern einen einzelgesellschaftlich bereits versteuerten Ertrag beinhalten, der indes aus Konzernsicht (noch) nicht als realisiert anzusehen ist. Spiegelbildlich verhält es sich im Falle passivisch induzierter Aufrechnungsdifferenzen: Dadurch, dass die effektive Steuerbelastung aus Sicht des Konzerns i. H. der bereits auf einzelgesellschaftlicher Ebene steuerlich geltend gemachten (abzugsfähigen) Aufwendungen zu niedrig ausgewiesen wurde, bedarf es einer Korrektur durch eine entsprechende (passivische) Steuerlatenz.

Zwischenergebniseliminierung

(3) Zwischenergebniseliminierung: Bei einem Zwischengewinn/-verlust fallen die (fortgeführten) Konzernanschaffungs- oder -herstellungskosten eines innerkonzernlich veräußerten Vermögensgegenstands/-werts und die (fortgeführten) Anschaffungskosten jener Position(en) in der HB des erwerbenden (Tochter-)Unternehmens in aller Regel auseinander, da der entsprechende

Wertansatz in der Konzernbilanz um etwaige Zwischenergebnisse zu bereinigen ist. Jedoch werden die korrespondierenden Steuerwerte der zu transferierenden Vermögensgegenstände/-werte durch ebenjene Konsolidierungsmaßnahme regelmäßig nicht tangiert. Insoweit kommt im Rahmen dieser Eliminierungsmaßnahme eine Steuerabgrenzung stets dann in Betracht, sofern hierdurch eine temporäre Differenz entsteht bzw. der Höhe nach verändert wird. Hierbei gilt folgender Beziehungszusammenhang: Eliminierungspflichtige Zwischengewinne führen in aller Regel zu einer Entstehung bzw. Veränderung einer abzugsfähigen temporären Differenz, wohingegen eliminierungspflichtige Zwischenverluste regelmäßig eine zu versteuernde temporäre (Bestands-)Differenz verkörpern.

Beteiligungsertragskonsolidierung

(4) Beteiligungsertragskonsolidierung: Prinzipiell gilt, dass die klassische Aufwands- und Ertragskonsolidierung aufgrund ihrer Ergebnisneutralität regelmäßig zu keinen zeitlichen Verwerfungen zwischen Konzern- und Steuerbilanz führt, mithin keine Abgrenzung latenter Steuern notwendig macht. Besonderheiten können sich indes bei der Berücksichtigung sog. konzerninterner phasenverschobener Gewinnausschüttungen ergeben, welche allgemeinhin unter die Aufwands- und Ertragskonsolidierung (i. w. S.) subsumiert werden.

Equity-Methode

(5) Equity-Methode: Temporäre Differenzen können sich grds. auch aus der Anwendung der Equity-Methode ergeben. Da sie jedoch in den §§ 311 f. HGB – und somit außerhalb des Vierten Titels des HGB – geregelt ist, die im Konzernabschluss vorzunehmende Steuerabgrenzung nach § 306 HGB sich aber ausschließlich auf die Maßnahmen der Voll- (und Quoten-)Konsolidierung bezieht, kann eine Pflicht zur Abgrenzung (sekundärer) latenter Steuern aus § 306 HGB nicht abgeleitet werden. Stattdessen ist eine ggf. notwendig werdende Steuerabgrenzung nach § 274 i. V. m. § 298 HGB angezeigt, mit der Folge, dass – anders als seitens des DRSC gefordert (vgl. DRS 18.25) – lediglich für passive latente Steuern eine Ansatzpflicht existiert. Gegen eine fakultative Anwendung der strengeren Vorschriften des § 306 HGB bestehen jedoch keine Bedenken (vgl. aber § 312 Abs. 5 Satz 3 HGB-E). Nach IFRS dagegen ergibt sich aus IAS 12 eine unmittelbare Pflicht zur Bildung latenter Steuern auf Wertunterschiede, die sich aus der Anwendung der Equity-Methode ergeben. Diesbezüglich können dem Grunde nach dieselben Divergenzen zwischen HB und Steuerbilanz auftreten wie im Zuge der Kapitalkonsolidierung. Ursächlich dafür sind in erster Linie die im Rahmen der Kapitalaufrechnung GuV-neutral anteilig aufzudeckenden stillen Reserven und Lasten sowie deren GuV-wirksame Fortschreibung. Allerdings erfolgt die anteilige Ermittlung hierbei ausschließlich in einer statistischen Nebenrechnung. Die dort (konzeptionsbedingt) abzugrenzenden latenten Steuern finden als solche keinen unmittelbaren Eingang in den konsolidierten Abschluss, sondern gehen implizit mit in den sukzessiv fortzuschreibenden Equity-Buchwert ein. Bzgl. der Zwischenergebniseliminierung – sofern sie überhaupt vorgenommen wird – ergeben sich ebenfalls keine Unterschiede zur Vorgehensweise bei der Vollkonsolidierung.

»Outside basis-Differenzen«

(6) »Outside basis-Differenzen« (Sondertatbestand): Derartige, verdeckt auftretende (zeitliche) Differenzen betreffen im Gegensatz zu den vorstehend beschriebenen klassischen »inside basis-Differenzen« ausschließlich die Ebene des Mutterunternehmens. Die damit unweigerlich einhergehende Perspek-

tivverschiebung macht es erforderlich, den Fokus zwecks Antizipation zusätzlicher (Komplementär-)Steuereffekte auf die Ebene des die Beteiligung jeweils haltenden Mutterunternehmens zu richten. »Outside basis-Differenzen« liegen aus Sicht des in der Konzernstruktur hierarchisch höher angesiedelten Anteilseigners immer dann vor, sofern der steuerliche Beteiligungsbuchwert im Falle eines voll bzw. quotal zu konsolidierenden Unternehmens von dem anteiligen Nettovermögen des betreffenden Tochter- bzw. Gemeinschaftsunternehmens abweicht; dies gilt gleichermaßen für die konzernbilanzielle Behandlung assoziierter Unternehmen. Ursächlich dafür ist die Tatsache, dass sich das anteilige Nettovermögen der – wie auch immer in den Konzernabschluss – einzubeziehenden Unternehmen durch Gewinnthesaurierungen oder als Folge einer vorzunehmenden Währungsumrechnung verändert, der steuerbilanzielle Beteiligungsbuchwert von diesen Entwicklungen jedoch unberührt bleibt. Mittels der Bilanzierung latenter Steuern auf diese Art von Differenzen werden insoweit diejenigen Implikationen abzubilden versucht, die in naher Zukunft auf Ebene des Mutterunternehmens zu tatsächlichen Ertragsteuerbe- oder -entlastungen führen, sei es durch eine (fingierte) Veräußerung der betreffenden Beteiligung oder aufgrund konzerninterner phasenverschobener Gewinnausschüttungen. Im Gegensatz zu IAS 12.39 bzw. IAS 12.44 sind derartige Differenzen nach HGB jedoch – unter bewusster Inkaufnahme konzeptioneller Unstimmigkeiten – explizit qua § 306 Abs. 4 HGB vom Anwendungsbereich der Steuerabgrenzung ausgeschlossen.

Währungsumrechnung

(7) Währungsumrechnung (als »integraler« Bestandteil der Kapitalkonsolidierung): Gem. § 308a HGB hat die Umrechnung ausländischer Abschlüsse mittels der modifizierten Stichtagskursmethode zu erfolgen. Danach werden sämtliche Bilanzpositionen bis auf das Eigenkapital zu Stichtagskursen umgerechnet, so dass unter Berücksichtigung des zum Durchschnittskurs umzurechnenden Jahresergebnisses regelmäßig ein Differenzbetrag entsteht, den es in der (Konzern-)Bilanz – innerhalb des Eigenkapitals – GuV-neutral in den Posten »Eigenkapitaldifferenz aus Währungsumrechnung« einzustellen gilt. Es liegt in der Natur dieser transformationsbedingten Umrechnungsdiffenzen begründet, dass es in diesem Fall nach HGB keiner Abgrenzung latenter Steuern bedarf, zumal es hierzu an einem entsprechenden Steuerwert, dem dieser Buchwert zur Dotierung latenter Steuern gegenüberzustellen ist, mangelt. Dagegen kann sich die stichtagskursbezogene Währungsumrechnung nach IAS 12 sehr wohl auf der Ebene des Mutterunternehmens auswirken. Denn: Währungskursdifferenzen, die aus der Veränderung des Stichtagskurses ggü. den jeweiligen historischen Kursen resultieren, reflektieren schließlich diejenigen Beträge, die das jeweils zu betrachtende (Tochter-)Unternehmen im Falle einer Liquidation zu Buchwerten (in der Berichtswährung) ausschütten könnte. Zwecks Dotierung dieser Art von temporären »outside basis-Differenzen« kann es demnach u. U. – je nach Vorzeichen – zusätzlich geboten sein, das Nettovermögen des betreffenden (Tochter-)Unternehmens dem beim Mutterunternehmen geführten Steuerwert jener Anteile gegenüberstellen zu müssen.

Verlustvorträge

Ferner kann es u. U. (normenübergreifend) erforderlich sein, latente Steuern – je nach Ebene ihres Anfalls – auch auf steuerliche Verlustvortäge sowie andere »Kuriositäten« (Schildbach, T. (1998), S. 939), wie Zinsvorträge und Steuergutschriften, abgrenzen zu müssen. Um dabei der latenten Gefahr der Aktivierung sog. Nonvaleurs zu begegnen, wird der Prognosehorizont – anders als nach IAS 12 – gem. § 274 Abs. 1 Satz 4 HGB auf einen Zeitraum von fünf Jahren begrenzt. Nichtsdestotrotz verbleibt ein nicht unerhebliches Maß an bilanzpolitischem Gestaltungspotenzial. Je weiter die Gewinn- bzw. Erfolgsprognose in die Zukunft reicht, desto höher ist naturgemäß der Grad der Unsicherheit bzgl. einer realistischen Verwertbarkeit solcher ökonomischen Vorteile. Es obliegt – trotz zeitlicher Restriktion – weitgehend dem subjektiven Ermessen des Bilanzierenden, zu beurteilen, ob und inwieweit aus der steuerrechtlich vorgesehenen Verlustverrechnungsmöglichkeit (§§ 10d EStG, 8c KStG) tatsächlich künftige Steuerentlastungen resultieren. Darüber hinaus ist zu bedenken, dass das Risiko einer späteren Wertberichtigung derartiger aktiver Steuerlatenzen billigend inkauf genommen wird: Bleibt die mit der Aktivierung suggerierte zukünftige Ertragsituation aus, ergibt sich zusätzlich zu den entstandenen Verlusten ein außerplanmäßiger Wertberichtigungsbedarf, der das (Konzern-)Ergebnis gleich in zweifacher Hinsicht (negativ) belastet und damit das »bedrohte (Konzern-)Unternehmen endgültig in den Abgrund reißt« (Schildbach, T. (1998), S. 945).

Ausweis

Analog zu § 274 Abs. 1 Satz 3 HGB besteht für die (sekundären) aktiven und passiven latenten Steuern in § 306 HGB ein Saldierungswahlrecht, demzufolge die latenten Steuern entweder in einer Größe saldiert (Nettoausweis) oder auf der Aktiv- und Passivseite unverrechnet (Bruttoausweis) ausgewiesen werden dürfen. Eine Zusammenfassung der primären und sekundären latenten Steuern ist ebenfalls zulässig, so dass im Extremfall gar keine Steuerlatenzen mehr ausgewiesen werden (müssen). Solch eine umfassende Saldierungsoption ist den IFRS hingegen grds. fremd (vgl. aber IAS 12.74).

Für einen Aktivüberhang an latenten Steuern, der aus dem Einzelabschluss oder der Adjustierung an den Ansatz- und Bewertungsrahmen des Konzerns resultiert, besteht nach § 274 HGB ein Ansatzwahlrecht. Auf Ebene des Konzernabschlusses besteht dagegen nach § 306 HGB sowohl für den Aktiv- als auch Passivüberhang eine Ansatzpflicht. Nach IFRS sind grds. keine Ansatzwahlrechte vorgesehen. Unabhängig von der Ausübung des Ansatzwahlrechts hat die Bewertung der jeweiligen Steuerlatenzen umfassend zu jedem Bilanzstichtag zu erfolgen (vgl. Petersen, K./Zwirner, C. (2009), S. 20f.; überdies § 314 Abs. 1 Nr. 22 HGB-E).

Analytische Behandlung

Besaßen aktive wie passive latente Steuern nach HGB in der Vergangenheit »in erster Linie Abgrenzungscharakter« (Adler, H./Düring, W./Schmaltz, K. (1995), § 274 HGB, Rn. 11), gelten sie derweil als »Sonderposten eigener Art« (BT-Drucks. 16/10067, S. 67), den es wiederum in der Bilanz – je nach Vorzeichen – gem. § 298 i. V. m. § 266 HGB unter den Rechnungsabgrenzungsposten auszuweisen gilt. Nach IFRS dagegen wird diesen – in der angelsächsischen Terminologie auch als »deferred tax assets« bzw. »deferred tax liabilities« bezeichneten – Positionen die Eigenschaft eines Vermögenswerts respektive einer Schuld zugeprochen, die von allen übrigen Bilanzpositionen gesondert auszuweisen sind (vgl. IAS 1.54). Um die Zusammensetzung des handelsrechtlichen Steueraufwands – bestehend aus tatsächlich gezahlten und latenten Steuern – in der (Konzern-)GuV transparent zu machen, sind die aus der Bildung bzw. Auflösung latenter Steuern resultierenden Aufwendungen und Erträge unter dem Posten »Steuern vom Einkommen und Ertrag« durch einen ›davon‹-Vermerk gesondert zu kennzeichnen (vgl. §§ 298 i. V. m. §§ 274 Abs. 2, 275 HGB). Von der Notwendigkeit, nach IFRS zusätzlich zwischen GuV-wirksam und -neutral entstandenen Steuereffekten differenzieren zu müssen, abstrahiert, verhält es sich im internationalen Kontext entsprechend – und zwar unabhängig davon, ob der sog. »single« oder der (tradierte) »two statement approach« zur Anwendung gelangt (vgl. IAS 1.10A i.V.m. IAS 1.90f.).

Aus bilanzanalytischer Sicht kann es daher – wie zuvor bereits für den Einzelabschluss beschrieben (vgl. 3. Abschn., Kap. 2, 3.1.6, 4.1.5) – empfehlenswert sein, einen angesetzten Aktivüberhang im Rahmen der Strukturbilanzerstellung zu eliminieren. Dabei ist allerdings zu beachten, dass die Aktivierungspflicht für die sekundären latenten Steuern bzgl. dieser zu einer besseren Vergleichbarkeit führt. Prinzipiell ist unabhängig von einer Korrektur der divergierende und gleichermaßen höchst umstrittene Vermögens- und Schuldcharakter jener Positionen im Zuge der Bilanzanalyse zu berücksichtigen. Der Unsicherheit hinsichtlich künftiger Erträge trägt die im HGB implementierte Ausschüttungssperre für einen ausgewiesenen Aktivüberhang Rechnung (vgl. § 268 Abs. 8 HGB; des Weiteren Küting, K. et al. (2011a), S. 1ff.).

3.2.2 Konzernsteuerquote

3.2.2.1 Definition, Funktion(en) und praktischer Stellenwert

Bedeutungszuwachs

Wohl nur wenige aus dem (Konzern-)Jahresabschluss deduzierte Kennziffern haben in den zurückliegenden Jahren derart an Bedeutung gewonnen wie die Konzernsteuerquote. Noch vor wenigen Jahren aufgrund ihrer nach wie vor anhaftenden konzeptionellen Schwächen mehr oder weniger (un-)bewusst aus den Lehrbüchern zur jahresabschlussorientierten Bilanz-/Kennzahlenanalyse verbannt, hat sie sich derweil zu einer der wichtigsten Analysekennziffern des Kapitalmarktpublikums entwickelt (vgl. etwa Herzig, N./Dempfle, U. (2002), S. 1; ablehnend Göttsche, M./Brähler, G. (2009), S. 918ff., die auf Basis statistischer Verfahren und Expertenbefragung zu einer abweichenden Einschätzung gelangen). Schenkt man der in diesem Kontext seitens PricewaterhouseCoopers (PwC) durchgeführten Studie Glauben, so handelt es sich bei jenem Steuerbelastungsindikator sogar um den zweitrelevantesten steuerbezogenen Tagesordnungspunkt auf der Hauptversammlung kapitalmarktorientierter (Mutter-)Unternehmen (vgl. PwC (2009), S. 38f.). Primärer Hintergrund dürfte dabei ihr unmittelbarer Einfluss auf die – um Steuern bereinigte – (Rentabilitäts-)Kennzahl »Ergebnis je Aktie« (vgl. 3. Abschn., Kap. 3, 2.4.1) sein, die sich – empirisch belegt (vgl. Swenson, C. W. (1999), S. 1503ff.) – aus Sicht der Investoren/Kapitalgeber mit einer bereits marginalen Reduktion der Konzernsteuerquote (signifikant) erhöhen lässt (vgl. stellvertretend Herzig, N. (2003), S. 80).

Funktionen

Wenngleich diesem »Key Performance Indicator« (Hürlimann, D. (2008), S. 155) in Theorie und Praxis gleichermaßen verschiedenste Funktionen zugeschrieben werden (vgl. statt vieler Meyer, M. et al. (2010), S. 261f., m.w.N.), dürfte sie doch in erster Linie dazu dienen, mittels intertemporärer Vergleiche einen (externen) Einblick in die Effizienz einer entscheidungsorientiert betriebenen (Konzern-)Steuerpolitik zu erhalten. Jedoch auch für das Finanzmanagement ebenso wie für die (Konzern-)Steuerabteilung ist sie – auch und speziell vor dem Hintergrund der Erarbeitung von Steueroptimierungskonzepten im Rahmen einer grenzenüberschreitenden Konzernsteuerplanung – eine zweifellos bedeutsame und inzwischen wohl nicht mehr wegzudenkende Kontroll- und Steuerungsgröße. Inwiefern sie – wie im Schrifttum vereinzelt gefordert – zudem dazu geeignet ist/wäre, als eine Art Anreizinstrument (incentive) zu fungieren, ergo den variablen Teil der Vergütung von Verantwortlichen der Steuerabteilung an jener Größe festzumachen, hängt letztlich maßgeblich davon ab, ob und inwieweit die Steuerabteilung überhaupt in strategische (konstitutive) Unternehmensentscheidungen eingebunden ist/wird und damit Einfluss auf die Höhe jener (beeinflussbaren) Quote nehmen kann.

Definition

Die nach handelsrechtlichen Grundsätzen (HGB) nicht explizit geforderte Konzernsteuerquote (effective tax rate) ist nach internationalem (IFRS-)Verständnis definiert als Quotient aus Steuerergebnis und Konzernjahresergebnis vor Steuern (vgl. IAS 12.86). Das im Zähler jenes Bruchs darzustellende Steuerergebnis setzt sich dabei aus den laufenden und latenten Steueraufwendungen respektive Steuererträgen zusammen. Formelhaft dargestellt, ergibt sich damit für die Berechnung dieser Kennzahl folgendes Bild:

(F. 145)

$$\text{Konzernsteuerquote} = \frac{\text{tatsächlicher + latenter Steueraufwand bzw. Steuerertrag (Konzern)}}{\text{Jahresergebnis vor Ertragsteuern (Konzern)}}$$

Einschränkungen

Nicht zuletzt der »mehrdimensionalen Zielsetzung« (Sureth, C./Halberstadt, A./Bischoff, D. (2009), S. 54) geschuldet, lassen sich bereits an der grds. Ausgestaltung dieses »Allzweckanalyseinstruments« (Meyer, M. et al. (2010), S. 264) erste Einschränkungen der einleitend skizzierten Funktionen erkennen. Ebenso wie andere Kennziffern ist auch die Konzernsteuerquote vergangenheits- und jahresabschlussorientiert. Ergo kann lediglich eine Beurteilung der vergangenen steuerlichen Performance eines Unternehmens/Konzerns vorgenommen werden. Inwiefern dies Prognosecharakter für die künftige steuerliche Leistung sowie für die zu erwartenden Nachsteuerrenditen entfalten kann, sei dahingestellt. Indes sollte sich jeder Bilanz-/Finanzanalyst stets darüber bewusst sein, dass er lediglich eine Abbildung bereits zurückliegender Gegebenheiten auf Grundlage einer zeitraumbezogenen Betrachtung des betreffenden Unternehmens/Konzerns erhält. Die Konzernsteuerquote, die sich hierzulande zwischenzeitlich – ausgehend von einem recht hohen Niveau Ende der 1980er Jahre (1989: 50,1 %) – dem internationalen Niveau von rund 30 % weitgehend angenähert hat (vgl. Spengel, C. (2005), S. 181 ff.; Eitzen, B. v./Dahlke, J. (2008), S. 6, jeweils m. w. N.), spiegelt mithin weder die zukünftige laufende Steuerbelastung eines Unternehmens/Konzerns (hinreichend) wider, noch können etwa zweckadäquate Aussagen über die unterjährige Allokation der Steuerbelastung auf Basis dieses Quantifizierungsmaßstabs getroffen werden. Gleichwohl lässt sie sich als »Schritt zu einer Rationalisierung der Informationsverarbeitung verstehen, auch wenn dies im Ergebnis nicht alle Verzerrungen beseitigt« (Becker, J./Fuest, C./Spengel, C. (2006), S. 740) und damit »fast zwingend eine Erwartungslücke« (Müller, R. (2002), S. 1686) verbleibt.

3.2.2.2 Aussagefähigkeit und Implikationen jener Kennzahl

Vergangenheitsorientierung

So ist es auch wenig verwunderlich, dass die Kritik an der Aussagefähigkeit der Konzernsteuerquote nach wie vor nicht abebbt. Hierbei werden neben grds. Einwänden zudem auch eher pragmatische Vorbehalte gegen jene Kennzahl vorgebracht. Denn: Die Steuerquote wird konzeptionsbedingt auf Basis bereits realisierter Unternehmensdaten ermittelt, weshalb jene Größe lediglich eine rein vergangenheitsorientierte Durchschnittssteuerbelastung repräsentiert. Schon allein die Tatsache, die konzernweit gezahlten Steuern (inkl. latenter Steuern) auf das gesamte Jahresergebnis eines Konzerns beziehen zu müssen, führt systemimmanent dazu, dass sich die auf rein nationale Investitionen bzw. einzelne Standorte entfallende (Effektiv-)Steuerbelastung nicht mehr isolieren lässt und demzufolge auch keine geeignete Maßgröße zur Beurteilung der steuerlichen Standortattraktivität darstellt (vgl. dazu wie auch im Folgenden nur SPENGEL, C. (2005), S. 179 f.). Dagegen spricht laut SPENGEL auch die unvollständige Einbeziehung der die Effektivbelastung jeweils determinierenden Einflussfaktoren (Steuerarten, Steuersysteme, Bemessungsgrundlagen und Steuersätze). Insoweit gilt: Sähe man in den nominellen bzw. tariflichen Ertragsteuersätzen – isoliert betrachtet – die eigentlichen (zentralen) Steuertreiber, bei denen es sich infolge des Einbezugs von (Konzern-)Unternehmen mit Sitz in verschiedenen Staaten regelmäßig um sog. »Mischsteuersätze« handelt, so wird deutlich, dass eine zwischenstaatliche wie auch zwischenbetriebliche Vergleichbarkeit jener Kennziffer nur durch zusätzliche Angaben im (Konzern-)Anhang gewährleistet werden kann.

Berücksichtigte Steuerarten

Zugleich ergeben sich erhebliche Konsequenzen für die traditionellen Bereiche der betrieblichen (Konzern-)Steuerplanung. Zu nennen ist hier insb. zunächst die Tatsache, dass bei der Ermittlung der Konzernsteuerquote lediglich Ertragsteuern berücksichtigt werden (dürfen). Anderweitige Steuerarten, wie etwa Verkehr- und Substanzsteuern finden hingegen keinen Niederschlag, obgleich sie – wie dies mitunter bei konzerninternen Umstrukturierungen der Fall ist bzw. sein kann – z. T. signifikante Auswirkungen auf die Steuerbelastung nach sich ziehen (können).

Verlust- und Zinsvorträge

Außerdem ist neben der Steuerbilanzpolitik auch das weite Feld der steuerlichen Zins-/Verlustverwertungspolitik betroffen. Denn: Soweit Zins- und/oder Verlustvorträge im Entstehungsjahr zur Aktivierung latenter Steuern führen, löst der spätere Abbau von Zins-/Verlustvorträgen infolge der gleichzeitigen Auflösung latenter Steuern einen Steueraufwand aus, der seinerseits wiederum die Minderung des tatsächlichen Steueraufwands infolge der Zins-/Verlustnutzung durch einen entsprechenden (latenten) Steueraufwand zur Folge hat (vgl. nur SPENGEL, C. (2005), S. 180; MEYER, M. ET AL. (2010), S. 263 ff.).

Pragmatische Gegenargumente

Dagegen fokussieren sich die pragmatischen Gegenargumente auf die Schwierigkeiten bei der Informationsbeschaffung (vgl. HANNEMANN, S./PEFFERMANN, P. (2003), S. 727 f.), die Anreize zu kurzfristigen und riskanten Steuerplanungsstrategien (vgl. HERZIG, N. (2003), S. 87) sowie den limitierten Einfluss der Steuerabteilung auf die Höhe der Konzernsteuerquote, zumal deren Nenner – das Vorsteuerergebnis – maßgebend vom (regelmäßig nicht beeinflussbaren) operativen Erfolg der einzelnen (Teil-)Einheiten eines Konzerns abhängig ist (vgl. statt vieler KRÖNER, M./BENZEL, U. (2008), S. 1093 ff.).

Konzernsteuerquote als dynamische Größe

Anders als in praxi oftmals angenommen, kann zusammenfassend festgestellt werden, dass es sich bei der Konzernsteuerquote gleichwohl um keine fixe Größe handelt (vgl. KUHN, S./RÖTHLISBERGER, R./NIGLI, S. (2003), S. 636 ff.); vielmehr ist sie dynamisch und insoweit abhängig von der Höhe des operativen Ergebnisses, Zins- und Verlustvorträgen sowie Änderungen im Steuertarif (vgl. in dieser Hinsicht nur Sureth, C./Halberstadt, A./Bischoff, D. (2009), S. 53). Wenngleich es den Regelfall darstellt, dass einem Steueraufwand ein positives Vorsteuerergebnis gegenübersteht (vgl. nachstehende – den Banken- und Versicherungssektor ausklammernde und um etwaige Effekte aus sog. »nicht-fortgeführten Aktivitäten« bereinigte – DAX-30-Auswertung), so sind gleichermaßen auch Fallkonstellationen denkbar, bei denen entweder ein negatives Ergebnis mit einem Steueraufwand (so etwa für das Geschäftsjahr 2013 bei der RWE AG) bzw. Steuerertrag (ebenfalls für das Geschäftsjahr 2013: Lanxess AG, ThyssenKrupp AG) oder aber – wie im Falle der Infineon Technologies AG für das Geschäftsjahr 2012 beobachtbar – ein positives Ergebnis mit einem Steuerertrag korrespondiert (vgl. diesbezüglich ferner Eitzen, B. v./Dahlke J. (2008), S. 4 f.; Richter, F. (2012), S. 12 ff.).

Berichtspflichtiges (Konzern-) Mutterunternehmen (IFRS)	**Geschäftsjahr 2013**			**Geschäftsjahr 2012**		
	Ergebnis [vor Steuern]	**(Ertrag-) Steuern**	**Steuerquote** (%)	**Ergebnis** [vor Steuern]	**(Ertrag-) Steuern**	**Steuerquote** (%)
Adidas AG	1.134	344	30,34	851	327	38,43
BASF SE	6.713	1.540	22,94	5.977	910	15,23
Bayer AG	4.207	1.021	24,27	3.176	723	22,76
Beiersdorf AG	815	272	33,37	713	259	36,33
BMW AG	7.913	2.573	32,52	7.803	2.692	34,50
Continental AG	2.459	450	18,30	2.687	698	25,98
Daimler AG	10.139	1.419	14,00	8.116	1.286	15,85
Deutsche Lufthansa AG	545	219	40,18	1.296	91	7,02
Deutsche Post AG	2.572	361	14,04	2.209	447	20,24
Deutsche Telekom AG	2.128	924	43,42	(–) 6.374	(–) 1.516	23,78
E.ON SE	3.206	703	21,93	3.274	698	21,32
FMC AG & Co. KGaA	1.375	455	33,09	1.509	475	31,48
Fresenius SE & Co. KGaA	2.407	669	27,79	2.391	659	27,56
HeidelbergCement AG	1.081	233	21,55	592	152	25,68
Henkel AG & Co.KGaA	2.172	547	25,18	2.018	492	24,38
Infineon Technologies AG	306	23	7,52	431	(–) 1	(–) 0,23
K+S AG	549	133	24,23	763	197	25,82
Lanxess AG	(–) 239	(–) 71	29,70	660	151	22,88
Linde AG	1.794	364	20,29	1.734	393	22,66
Merck KGaA	1.389	180	12,96	709	130	18,34
RWE AG	(–) 1.487	956	(–) 64,29	2.230	526	23,59
SAP AG	4.396	1.071	24,36	3.796	993	26,16
Siemens AG	5.843	1.630	27,90	6.636	1.994	30,05
ThyssenKrupp AG	(–) 1.648	(–) 59	3,58	(–) 4.414	(–) 79	1,79
Volkswagen AG	12.428	3.283	26,42	25.487	3.606	14,15

Übersicht 160: Effektivsteuerbelastung im DAX-30 (Zahlenangaben in: Mio. EUR)

Ursachen

Hierbei gilt es mit HERZIG für Zwecke der Bilanzanalyse insb. mit Blick auf die zuletzt genannten Konstellationen kritisch zu hinterfragen, ob und inwieweit überhaupt ein erklärbarer – intersubjektiv nachvollziehbarer – Zusammenhang zwischen Zähler- und Nennergröße existiert (vgl. HERZIG, N. (2003), S. 83ff.). Ungeachtet dieser möglichen – durch unterschiedliche Vorzeichen im Zähler und Nenner induzierten – Fallkonstellationen kann es sich überdies sogar dergestalt verhalten, dass Konzernsteuerquoten einen Wert von über 100% annehmen. Ausweislich der im Geschäftsjahr 2001 publizierten Konzernabschlüsse reichte etwa die Bandbreite jener Quoten von (–) 256% (Commerzbank AG) bis zu (+) 158% (Münchener Rückversicherungs-Gesellschaft AG). Als mögliche Ursachen für derlei überschießende Quoten lassen sich mitunter anführen:

- (konzerninterne) Unternehmensumwandlungen,
- wesentliche Beteiligungsveräußerungen, die gem. § 8b KStG zu 95% von der Körperschaftsteuer freigestellt oder aus anderen Gründen steuerbegünstigt sind sowie
- steuerlich nicht abzugsfähige Firmenwertabschreibungen.

Discontinued Operations

Handelt es sich bei dem zu analysierenden (konsolidierten) Abschluss um einen, der – obligatorisch oder fakultativ – nach Maßgabe der von der EU legitimierten (endorsed) IFRS aufgestellt wurde, gilt es u. U. zusätzlich zu berücksichtigen, dass infolge des verbindlich vorgeschriebenen Nettoausweises Steuereffekte aus sog. »aufgegebenen Geschäftsbereichen« (IFRS 5) aus den Ertragsteueraufwendungen in die gesondert auszuweisende Rubrik »discontinued operations« umgegliedert werden (müssen). Derartige Ertragsteueraufwendungen sind je nach Zielsetzung der Analyse auch bei der Ermittlung der Konzernsteuerquote einzubeziehen oder aber (gänzlich) zu vernachlässigen.

3.2.2.3 Ausgewählte Einflussfaktoren auf die Konzernsteuerquote

Steuerplanung

Die Höhe der Konzernsteuerquote wird – wie nachstehend ersichtlich – durch diverse Einflussfaktoren (sog. »Treiber«) determiniert. Hierbei sind mit KUHN/RÖTHLISBERGER/NIGGLI Kenntnisse über die kurz- und langfristig wirkenden Einflussgrößen auf die Konzernsteuerquote eine unabdingbare Voraussetzung für eine erfolgreiche (wertmaximierende) Steuerplanung (vgl. KUHN, S./RÖTHLISBERGER, R./NIGGLI, S. (2003), S. 642f.; ferner auch die grundlegenden Ausführungen bei KRÖNER, M./BECKENHAUB, C. (2008) und MAMMEN, A. (2011), S. 190ff.). Aus Sicht der für das Management der Konzernsteuerquote jeweils Verantwortlichen dürften dabei vor allem die durch steuergestalterische Maßnahmen beeinflussbaren Treiber im Fokus ihrer Analyse stehen, namentlich:

Beeinflussbare Treiber

- Nutzung bzw. umstrukturierungsbedingte Aufrechterhaltung von Verlustvorträgen;
- Reduktion von Quellensteuerbelastungen;
- Nutzung von Steuergutschriften sowie etwaigen Steueranrechnungsbeträgen;
- Ausnutzen des internationalen Steuer-(tarif-)gefälles durch Funktions- und Gewinnverlagerungen in sog. »Niedrigsteuerländer«;
- Nutzung steuerlicher Subventionen und Lenkungsbeiträge;
- Zusammensetzung/Gestaltung des (Voll-)Konsolidierungskreises;
- Sicherung aktivischer latenter Steuerguthaben;
- Implementierung eines geeigneten tax reporting.

In welchem Ausmaß die Steuerabteilung letztlich maßgeblichen Einfluss auf die einzelnen Treiber der Steuerquote nehmen kann, ist mitunter wiederum – vorbehaltlich der in aller Regel nicht beeinflussbaren Treiber, wie etwa

Nicht beeinflussbare Treiber

- die Höhe des operativen Ergebnisses,
- das (ertrag-)steuerliche und wirtschaftliche Umfeld,
- steuerfreie Erträge,
- das Bestehen von Informationsdivergenzen zwischen Steuer- und Rechnungswesenabteilung sowie
- die Nichtabziehbarkeit singulärer Betriebsausgaben –

davon abhängig, ob und inwieweit die Steuerabteilung in strategische (konstitutive) Unternehmensentscheidungen eingebunden ist/wird (bzgl. etwaiger (legaler) Maßnahmen zur Optimierung/Senkung der Konzernsteuerquote vgl. jeweils m. w. N. Meyer, M. et al. (2010), S. 275 ff. sowie Serg, O. (2006), passim).

3.2.2.4 Bedeutung latenter Steuern für die Konzernsteuerquote

Herstellung eines sachlichen Zusammenhangs

Intention der Konzernsteuerquote ist es, einen sachlichen Zusammenhang zwischen (Konzern-)Jahresergebnis und Steueraufwand herbeizuführen. Durch die zusätzliche Berücksichtigung latenter Steuern wird jener Zusammenhang nicht nur gestärkt (vgl. Herzig, N./Dempfle, U. (2002), S. 4); vielmehr wird dadurch die Steuerquote als Analysekennziffer überhaupt erst aussagefähig (vgl. etwa Endres, D. (2004), S. 165). Wenn sich die (Gesamt-)Steuerbelastung eines Konzerns – wie vorstehend beschrieben – aus der Summation der tatsächlichen und latenten Steuern ermittelt, werden konzeptionsbedingt prinzipiell sämtliche steuerlichen Implikationen einer Transaktion in derselben Periode erfasst wie betreffende Transaktion selbst, wenngleich die (Ertrag-)Steuern erst in einer späteren Periode ggü. der jeweiligen Steuerbehörde geschuldet werden. Aufgrund dieses (kompensatorischen) Effekts laufen steuerliche Gestaltungen, die i. S. e. gesamtkonzernbezogen betriebenen Steuerbarwertminimierung lediglich eine Reduktion der tatsächlichen Steuerbelastung zum Gegenstand haben, ins Leere. Sie beeinflussen nicht etwa die Höhe jener Kennzahl, zumal eine Minderung des tatsächlichen Steueraufwands mit einer entsprechenden Erhöhung des latenten Steueraufwands einhergeht et vice versa (vgl. nur Herzig, N. (2003a), S. 443 ff.). Da die Konzernsteuerquote insoweit weder auf das zeitliche Vorziehen von Aufwendungen noch auf das Verlagern von Erträgen in spätere Perioden reagiert, kann sie letztlich lediglich durch die (legale) Beeinflussung ihrer Treiber (vgl. 5. Abschn., 3.2.2.3) nachhaltig verändert werden.

Reagibilitätseffekt

Während dieser kompensatorische Effekt (vgl. auch Kuhn, S./Röthlisberger, R./Nigli, S. (2003), S. 638; Mammen, A. (2011), S. 164 ff.) latenter Steuern folglich die Volatilität der ausgewiesenen Konzernsteuerquote der Höhe nach begrenzt, verhält es sich in Bezug auf den zweiten – ebenfalls durch die Berücksichtigung latenter Steuern induzierten – sog. »Reagibilitätseffekt« (vgl. Eitzen, B. v./Dahlke, J. (2008), S. 7 f.) tendenziell eher umgekehrt. Da latente Steuern nach dem (bilanzorientierten) Temporary-Konzept mit demjenigen Steuersatz zu bewerten sind, der im Zeitpunkt der Umkehr der temporären Differenz zu erwarten ist, können Steuersatzänderungen z. T. sogar signifikante Effekte in Bezug auf die Konzernsteuerquote bewirken. Sinkt der für die Bewertung latenter Steuern maßgebliche kombinierte – (unternehmensindividuelle) – Steuersatz, etwa wie im Rahmen der Unternehmensteuerreform 2008 von durchschnittlich 39,6 % auf rund 30 % (bei Kapitalgesellschaften), so gilt es bekanntlich sämtliche aus dieser dann erforderlich werdenden Neubewertung resultierenden Effekte in exakt derjenigen Periode zu erfassen, in der die Steuersatzänderung verabschiedet worden ist.

Steuerliche Überleitungsrechnung

Um derartige (Steuerlatenz-)Effekte letztlich in all ihrem Ausmaß transparent, mithin isolier- und kommunizierbar, zu machen, bedarf es in diesem Sinne einer zusätzlich nach Maßgabe des IAS 12.81(c) zu erstellenden Überleitungsrechnung (tax reconciliation), die speziell darüber Aufschluss geben soll(te), warum der (durchschnittliche) effektive Steuersatz vom tatsächlich anzuwendenden Steuersatz abweicht. Anders formuliert: »Dadurch, dass von einem Referenz-Steuerergebnis auf das effektive IFRS-Steuerergebnis überzuleiten ist, wird letztlich in der Steuerüberleitungsrechnung nach IAS 12 ›von‹ erwarteten Ertragsteuern ›auf‹ erwartete Ertragsteuern übergeleitet« (Elprana, K. (2007), S. 208; vgl. überdies grundlegend Lienau, A. (2006), S. 208 ff. ebenso wie Schlarmann, B. (2011), S. 70 ff.); ähnlich die Auffassung in der Regierungsbegründung zum BilMoG, nach der es i. S. e. umfassenden Information der Abschlussadressaten unerlässlich sein dürfte, auch nach HGB den ausgewiesenen Steueraufwand/-ertrag in einer gesonderten Rechnung auf den erwarteten Steueraufwand/-ertrag überzuleiten (vgl. BT-Drucks. 16/10067, S. 68; DRS 18.67).

Foreign tax rate differentials

Immerhin werden auf diese Weise für die Kapitalmarktteilnehmer wichtige zukünftige Steuereffekte bereits heute antizipiert und kommuniziert, sodass die Höhe der Konzernsteuerquote durchaus zweckdienliche Anhaltspunkte für etwaige entry- wie auch exit-Entscheidungen zu liefern vermag. Die aktuelle Diskussion um das Steuergebaren namhafter US-amerikanischer IT- und Social Media-Konzerne in (ausländischen) Jurisdiktionen wie Irland, Luxemburg oder den Niederlanden mag hier als Beleg dafür dienen, welcher Stellenwert in diesem Zusammenhang Effekten aus »foreign tax rate differentials« beizumessen ist. So weist etwa die Google Inc. für das Berichtsjahr 2013 bei einem erwartetem Steueraufwand von 5,076 Mrd. US-Dollar eine steuersatzbedingte Minderung des erwarteten Steueraufwands von 2,494 Mrd. US-Dollar aus. Dadurch reduziert sich letztlich – isoliert betrachtet – der erwartete Steueraufwand von 35 % auf 17,8 % des (Vorsteuer-)Ergebnisses aus fortgeführter Geschäftstätigkeit (vgl. Google Inc. (2013), S. 79), »primarily as a result of proportionately more earnings realized in countries that have lower statutory tax rates« (ebenda, S. 35). »Bei sachgerechter Ermittlung stellt die Steuersatzabweichung damit einen ziemlich verlässlichen Gradmesser dafür dar, in welchem Umfang ein Unternehmen von dem internationalen Steuergefälle profitiert« (Meyer, M. (2013), S. 2358).

Diskontierungsverbot

Problematisch in diesem Kontext ist jedoch das normenübergreifend vorherrschende Diskontierungsverbot für latente Steuern (vgl. § 274 Abs. 2 Satz 1 HGB; IAS 12.53 f.). Zwar werden etwa Steuersatzänderungen bereits heute berücksichtigt, wann sie jedoch de facto Wirkung entfalten, wird indes nicht angezeigt. Somit lassen sich auch hier weitere Einschränkungen der Aussagefähigkeit hinsichtlich jener Kennzahl feststellen. Es ist zwar (grds.) zu begrüßen, dass durch die Berücksichtigung latenter Steuern künftige Steuereffekte zeitlich vorweggenommen werden, allerdings sind ökonomisch sinnvolle Interpretationen dieser Effekte nur schwerlich möglich, sofern die Umkehrung eines temporären Effekts im nächsten Geschäftsjahr mangels Diskontierung faktisch gleichgesetzt wird mit der Umkehrung eines temporären Effekts zu »Sankt Nimmerlein« (Schildbach, T. (1998), S. 944).

Ausnahmeregelung beim Ansatz eines GoF

Konzeptionelle Schwächen weist die bilanzorientierte Abgrenzungskonzeption latenter Steuern ferner auch mit Blick auf die normenübergreifend Gültigkeit besitzende Ausnahmeregelung (vgl. § 306 Satz 3 HGB; IAS 12.15(a)) bzgl. des erstmaligen Ansatzes eines aus einem sog. »share deal« resultierenden GoF auf (grundlegend wie kritisch dazu auch Küting, P. (2009), S. 2053 ff.). Denn: Wird – wie dies bis dato (noch) der Fall ist – auf die Bildung respektive ratierliche Auflösung einer passivischen Steuerlatenz verzichtet, jene Residualgröße mithin net-of-tax bewertet, wird deutlich, dass, sofern die steuerliche Nicht-Abzugsfähigkeit der Firmenwertabschreibung nicht durch eine entsprechende Steuerlatenz berücksichtigt wird, das Verhältnis zwischen Konzernjahresergebnis (vor Steuern) und effektivem Steueraufwand nicht der tatsächlichen durchschnittlichen Ertragsteuerbelastung entspricht. Wenngleich die (Netto-)Ergebnisbelastung durch die planmäßige (HGB) respektive außerplanmäßige (IFRS) Amortisation des GoF unabhängig von der Bildung und Auflösung der darauf (sachgerechterweise) zu bildenden passivischen Steuerlatenz zu sehen ist, würde dennoch erst durch sie ein der tatsächlichen Quote entsprechendes Verhältnis zwischen effektivem Steueraufwand und Konzernjahresergebnis erreicht (so im Ergebnis wohl auch Busse von Colbe, W./Falkenhahn, G. (2005), S. 16 f.).

Liquiditätswirkung

Ebenso gilt es (abschließend) mit Blick auf die Steuerlatenzrechnung darauf hinzuweisen, dass eine allzu starke Fixierung auf jene Kennzahl als einzige aussagekräftige Kennziffer der Steuerbelastung eines Unternehmens/Konzerns einen weiteren, wichtigen Faktor außer Acht lässt: Steuerzahlungen stellen immer auch Liquiditätsabflüsse dar. Dies kann – wie es die Höhe der Konzernsteuerquote u. U. prima facie suggeriert – konzeptionsbedingt dazu führen, dass in nicht allzu naher Zukunft ein deutlich höherer zahlungswirksamer Steueraufwand zu verzeichnen ist, der eben nicht (mehr) durch einen entsprechenden (zahlungsunwirksamen) latenten Steuerertrag kompensiert bzw. nivelliert wird. Eine Vernachlässigung dieses Cashflow-Aspekts könnte mithin darin münden, dass betreffende (Konzern-)Unternehmung ihre zukünftigen Liquiditätsabflüsse systematisch unterschätzt, was gerade und insb. mit Blick auf die jüngste Vergangenheit schnell zu Zahlungsschwierigkeiten führen kann/könnte. Insoweit ist Meyer et al. beizupflichten, wenn sie anregen, bei der Analyse der (Konzern-) Steuerbelastung dringend zwischen der Konzernsteuerquote, die auch zahlungsunabhängige Größen berücksichtigt und der sog. »Cash-Steuerquote«, die letztlich nur die tatsächlich zahlungswirksamen Steuern bekundet, zu unterscheiden (vgl. Meyer, M. et al. (2010), S. 266 f. mit entsprechendem Verweis auf Hannemann, S./Peffermann, P. (2003), S. 733).

3.3 Exkurs: Zur (Nicht-)Abzugsfähigkeit von Finanzierungsaufwendungen im Lichte der Zinsschrankenregelung (§§ 4h EStG, 8a KStG)

Besteuerungsfolgen

Sofern Bilanzanalyse in dem hier verstandenen Sinne als die Aufbereitung (Verdichtung) sowie die Auswertung erkenntniszielorientierter Unternehmensinformationen mittels Kennzahlen(-systemen) aufgefasst wird, kann und darf sich eine erkenntniszielgeleitete (Konzern-)Bilanzanalyse nicht mehr nur allein auf den handelsrechtlich vorgegebenen Rechtsrahmen beschränken. Vielmehr muss sich ein Bilanz-/Finanzanalyst zudem stets darüber bewusst sein, dass mit Implementierung der sog. »Zinsschrankenregelung« erstmalig Besteuerungsfolgen an die externe (konsolidierte) Rechnungslegung geknüpft worden sind und somit ferner auch steuerrechtlich motivierte Überlegungen unmittelbar Relevanz für die zielorientierte Gestaltung konsolidierter (HGB-/IFRS-)Abschlüsse entfalten (können); eine Art »neue Dimension ... der Bilanzpolitik« (Brösel, G. (2014), S. 73). Danach sind bilanzpolitische Gestaltungsmaßnahmen nicht mehr nur vor dem Hintergrund der Vermittlung entscheidungsnützlicher (Kapitalmarkt-)Informationen, sondern gleichermaßen auch im Lichte steuerlicher Einflüsse zu würdigen, namentlich der Sicherstellung respektive der Optimierung des Betriebsausgabenabzugs von Zinsaufwendungen. Dies gilt umso mehr, als dass konzernverbundenen Unternehmen letztlich – die Zielsetzung in Gestalt der Vermeidung einer Steuermehrbelastung vorausgesetzt – regelmäßig nur die Möglichkeit verbleibt, sich durch den Nachweis einer konzerntypischen Eigenkapitalquote von der prinzipiell für sie mit (erheblichen) Liquiditätsnachteilen verbundenen Zinsabzugsbeschränkung zu exkulpieren.

Bezugsgröße

Wenngleich dabei in diesem Zusammenhang auch der zielorientierten Gestaltung der (konzerninternen) Finanzierungsstrukturen, der Erhöhung des steuerlichen EBITDA-Volumens sowie der Überprüfung bzw. Neuordnung (ertrag-)steuerlicher Organkreise (vgl. lediglich Hoffmann, W.-D. (2010), Rn. 530 ff.) eine nicht zu unterschätzende Bedeutung beizumessen ist, dürfte der eigentliche Blick doch primär auf die wohl relevanteste Kennziffer der (vertikalen) Kapitalstrukturanalyse (vgl. 3. Abschn., Kap. 3, 1.2.3.2) zu richten sein: die Eigenkapitalquote (EKQ). Denn: Ohne Zweifel durch die Gesamtheit des jeweils – sowohl auf einzelgesellschaftlicher wie auch auf konsolidierter Ebene – zur Verfügung stehenden bilanzpolitischen Instrumentariums beeinflussbar, ist sie letztlich diejenige und insoweit maßgebende Bezugsgröße, mittels derer sich besagter Eigenkapitalvergleich (u. U.) erfolgreich durchführen lässt. Hierbei gilt mit Köster der Grundsatz, dass Wahlrechte ebenso wie Ermessensspielräume, die jeweils eine Erhöhung (Verminderung) der EKQ bewirken, als optimal i. S. d. Zinsschranke anzusehen sind, sofern sich deren Auswirkungen auf (Konzern-)Betriebsebene stärker (schwächer) niederschlagen als auf konsolidierter Ebene (vgl. Köster, O. (2007), S. 2282).

3.3.1 Skizze der Wirkungsweise und Ausnahmetatbestände

Verfassungsrechtliche Bedenken

Mit der – mit zweifellos erheblichen verfassungs- (vgl. mitunter Hey, J. (2007), S. 1305; Köhler, S. (2007), S. 602) wie europarechtlichen (vgl. Führich, G. (2007), S. 341 ff.; Homburg, S. (2007), S. 723 ff.) Bedenken behafteten – Einführung von § 4h EStG sowie der Änderung des § 8a KStG durch das Unternehmensteuerreformgesetz 2008 hat der deutsche Steuergesetzgeber – vom Regelungstatbestand des § 12 Abs. 1 f. REITG einmal abgesehen – erstmalig eine unmittelbare Relevanz von (konsolidierten) IFRS-Abschlüssen für die (Ertrag-)Besteuerung in Deutschland geschaffen (grundlegend dazu auch Hoffmann, W.-D. (2008) sowie Bohn, A. (2009), S. 33 ff.). Ob und inwieweit dieses Zinsschrankenkonstrukt allerdings in seiner bisherigen Form Bestand haben wird, ist angesichts der plausiblen verfassungsrechtlichen Kritik überaus fraglich. Sollte das BVerfG den ernstlichen Zweifeln des BFH an der Verfassungsmäßigkeit der Zinsschrankenregelung folgen (vgl. BFH (2013)), ist nicht ausgeschlossen, dass die nachfolgend dargestellte Funktionsweise der Zinsabzugsbeschränkung entweder pro futuro oder gar rückwirkend für nichtig erklärt wird.

Beurteilung der steuerlichen Abzugsfähigkeit

Fallen in einem (konzernverbundenen) Betrieb Zinsaufwendungen für aufgenommenes Fremdkapital an, ist für die – idealtypisch nach Maßgabe nachstehender Darstellung (modifiziert entnommen aus: MEYER, M. ET AL. (2010), S. 123 f.) – vorzunehmende Beurteilung ihrer steuerlichen Abzugsfähigkeit zunächst ein entsprechender Vergleich mit der Höhe der Zinserträge des gleichen Geschäfts-/Wirtschaftsjahrs vorzunehmen:

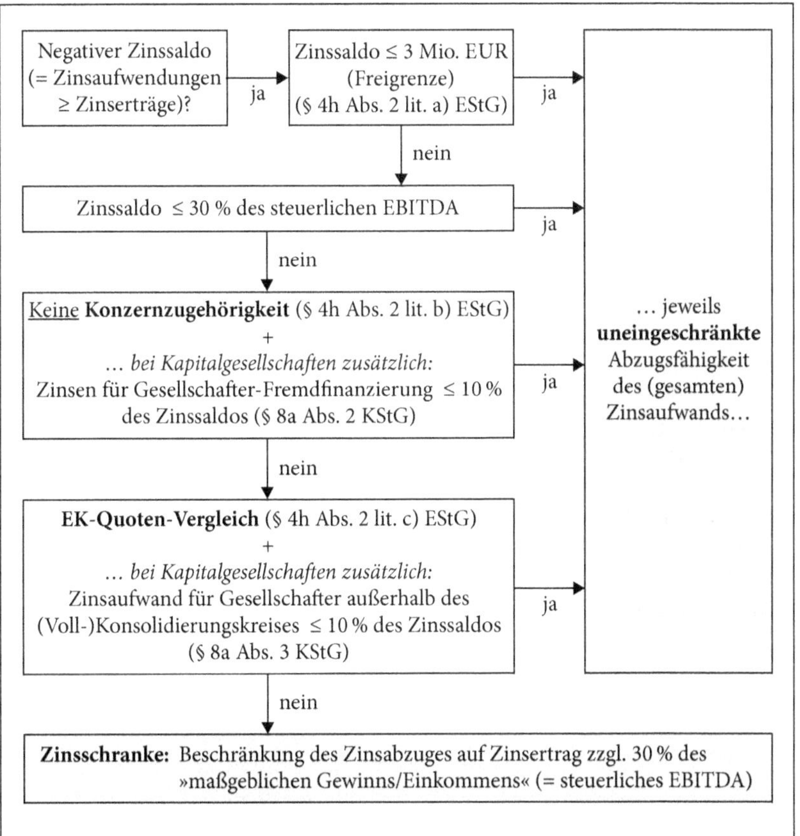

Übersicht 161: Schematische Darstellung der Zinsschrankenregelung (§§ 4h EStG, 8a KStG)

Zinsabzugsfähigkeit

Unterschreiten jene (Zins-)Aufwendungen die korrespondierenden Zinserträge zzgl. einer Freigrenze von 3 Mio. Euro, so sind diese in voller Höhe (uneingeschränkt) abzugsfähig. Übersteigen hingegen die Zinsaufwendungen den Zinsertrag zzgl. der Freigrenze, dürfen diese – über den Zinsertrag hinausgehenden – (Netto-)Zinsaufwendungen lediglich bis zur Höhe von 30 % des verrechen- und auf fünf Wirtschaftsjahre vortragbaren steuerlichen EBITDA (vgl. § 4h Abs. 1, 3 EStG; fernerhin auch die Ausführungen bei: SEILER, C. (2014), Rn. 9 ff.) abgezogen werden, es sei denn, es lässt sich

(1) in der Terminologie des § 4h Abs. 2 Satz 1 lit. b) EStG der Tatbestand eines sog. »konzernfreien Betriebs« (= Konzernklausel) belegen oder

(2) es greift die Befreiungsmöglichkeit i. S. d. sog. »Escape-Klausel«, wonach es für Zwecke der (uneingeschränkten) Zinsabzugsfähigkeit nachzuweisen gilt, dass die Eigenkapitalquote des zu betrachtenden (Konzern-)Betriebs die Eigenkapitalquote des betreffenden Konzerns um nicht mehr als zwei Prozentpunkte unterschreitet.

Besonderheiten für Körperschaften

Für Kapitalgesellschaften – bzw. allgemeiner: Körperschaften – sind dabei zusätzlich die restriktiven Regelungen des § 8a KStG zu beachten, wonach diese lediglich dann keiner Zinsabzugsbeschränkung unterliegen, sofern keine schädliche Gesellschafter-Fremdfinanzierung i. S. d. § 8a Abs. 3 KStG vorliegt (vgl. diesbezüglich nur Ganssauge, K./Mattern, O. (2008), S. 213 ff.). Führen die vorstehend skizzierten Regelungen dazu, dass Zinsaufwendungen in einem Veranlagungszeitraum nicht (vollständig) abgezogen werden dürfen, können diese gleichwohl in späteren Geschäftsjahren zu einem entsprechenden Abzug genutzt werden (sog. »Zinsvortrag«, vgl. § 4h Abs. 1 EStG). Durch diese Vortragsmöglichkeit gehen zwar formal keine steuerlich abzugsfähigen Aufwendungen verloren; gleichwohl besteht für betreffende Unternehmen aufgrund des zu berücksichtigenden Zinseffekts auf Steuerzahlungen ein erheblicher (bilanzpolitischer) Anreiz, Zinsaufwendungen so früh wie möglich geltend zu machen.

Gestaltung der Eigenkapitalquote

Abstrahiert vom Tatbestand einer schädlichen Gesellschafter-Fremdfinanzierung, lässt sich damit der eigentliche Problemkreis jener Regelung – zumindest in Bezug auf konzernverbundene Betriebe – auf den vielfach bereits zitierten Befreiungstatbestand des § 4h Abs. 2 Satz 1 lit. c) EStG reduzieren, wonach die Abzugsfähigkeit von Zinsaufwendungen de facto nichts anderes darstellt als eine Funktion des Verhältnisses von Einzel- und Konzernabschluss. Für betroffene Unternehmen rückt infolgedessen primär die Gestaltung der Eigenkapitalquoten in den Fokus der Betrachtung, »bestenfalls ohne dass notwendigerweise die wirtschaftliche Situation des Unternehmens z. B. durch Kapitalstrukturmaßnahmen geändert werden muss« (Krüger, H./Thiere, M. (2007), S. 472).

3.3.2 Eigenkapitaltest des § 4h Abs. 2 Satz 1 lit. c) EStG

3.3.2.1 Steuerlicher vs. handelsrechtlicher Konzernbegriff

Konzernzugehörigkeit eines Betriebs

Für den nach Maßgabe des § 4h Abs. 2 Satz 1 lit. c) EStG vorzunehmenden Eigenkapitalquotenvergleich ist zunächst erheblich, ob ein »Betrieb« nicht oder lediglich anteilsmäßig zu einem Konzern gehört (lit. b)) oder aber, ob er i. S. v. lit. c) einem Konzern (voll) zuzurechnen ist. Die Frage, wann ein Betrieb i. S. d. Zinsschranke als konzernzugehörig zu werten ist, lässt sich dabei vorrangig mittels § 4h Abs. 3 Satz 5 EStG beantworten. Danach ist in erster Linie maßgebend, ob betreffender Betrieb nach Maßgabe der für den Eigenkapitalvergleich jeweils zugrunde gelegten Rechnungslegungsstandards konsolidiert wird bzw. zumindest konsolidiert werden könnte. Die begriffliche Anknüpfung an diesen – nicht näher spezifizierten – Betriebsbegriff ist nicht ganz unproblematisch, zumal jene Terminologie nicht zwangsläufig mit der des für den Eigenkapitalvergleich jeweils maßgeblichen Bilanzierungsverständnisses deckungsgleich ist. Grds. sind nach handelsrechtlichem Verständnis ausschließlich wirtschaftlich unselbstständige (Legal-)Einheiten – sog. »Tochterunternehmen« (§§ 290 HGB; 11 PublG; IFRS 10.5 ff.) – in den Konzernabschluss einzubeziehen. Zwar wird die steuerliche Einheit »Betrieb« mit diesem Verständnis in aller Regel übereinstimmen; zwingend ist dies indes keineswegs. Erst recht sind handelsrechtlich keine – steuerlich motivierten – Organkreise zu konsolidieren, die § 15 Satz 1 Nr. 3 Satz 2 KStG aber gerade für Zwecke der Zinsschranke als einen solchen Betrieb fingiert.

Potenzielle Konsolidierungsfähigkeit maßgebend

Gem. § 4h Abs. 3 Satz 5 EStG ist für die Beurteilung, ob und inwieweit ein Betrieb als konzernzugehörig zu betrachten ist, die potenzielle Konsolidierungsfähigkeit maßgebend, ergo der nach den jeweils einschlägigen Bilanzierungsnormen größtmögliche Konsolidierungskreis. Insoweit müssen respektive werden steuer- und handelsrechtlicher (Voll-)Konsolidierungskreis nicht zwangsläufig deckungsgleich sein. Ursächlich dafür ist zum einen die Tatsache, dass handelsrechtlich in Anspruch genommene Einbeziehungs- bzw. Konsolidierungswahlrechte steuerlich keine Wirkung entfalten, sodass solche (Tochter-)Unternehmen für Zwecke der Zinsschranke gleichwohl als konzernzugehörig gelten.

Konzerntatbestände

Darüber hinaus setzt der Tatbestand der Konzernzugehörigkeit i. S. d. § 4h EStG nicht einmal voraus, dass bei einer übergeordneten Einheit überhaupt eine handelsrechtliche Pflicht zur Erstellung eines (Teil-)Konzernabschlusses besteht. Selbst wenn kein (fingierter) Konzerntatbestand in Gestalt eines Subordinationsverhältnisses (vgl. § 4h Abs. 3 Satz 5 EStG) gegeben ist, bedeutet dies nicht, dass u. U. nicht ein sog. »Gleichordnungskonzern« vorliegen kann. Vorausgesetzt, die Finanz- und Geschäftspolitik eines Betriebs kann – dem handelsrechtlichen Verständnis diametral entgegenstehend – mit einem oder mehreren anderen Betrieben einheitlich bestimmt werden (vgl. § 4h Abs. 3 Satz 6 EStG), kann somit für Zwecke der Zinsschranke ein Konzern auch selbst dann vorliegen, wenn eine natürliche Person an der Spitze eines Konzerns steht und die Beteiligungen an den beherrschten Rechtsträgern im Privatvermögen gehalten werden; dem gleichgestellt sind – ausweislich des zu jener Regelung ergangenen BMF-Schreibens – Fallkonstellationen, in denen sog. »rein vermögensverwaltende Gesellschaften« an der Spitze eines Konzerns stehen (vgl. BMF (2008), S. 14 (dortige Rn. 60)).

Regelungsunschärfen

Regelungsunscharf verhält es sich indes nicht nur in Bezug auf den ggü. dem handelsrechtlichen Begriffsverständnis (vermeintlich) deutlich erweiterten steuerlichen Konzernbegriff; so ist insb. ebenfalls auslegungsbedürftig, was letztlich unter dem Terminus »nicht oder nur anteilsmäßig« zu verstehen ist. Z. T. wurde in der Vergangenheit erwogen, jene Formulierung hätte zur Folge, dass für nicht im 100 %-igen Anteilsbesitz stehende vollkonsolidierungspflichtige Tochterunternehmen kein Eigenkapitalvergleich notwendig sein würde. Richtigerweise sollen durch diese Wendung allerdings lediglich nicht (voll-)konsolidierte Betriebe ausgenommen werden. Als konzernzugehörig gelten mithin (lediglich) all jene Betriebe, die entweder vollkonsolidiert werden oder aber zumindest – ebenso wie sich dies im willkürhaft anmutenden Falle sog. »Zweckgesellschaften« regelmäßig darbietet – vollkonsolidiert werden könnten. Alle anderen einbeziehungspflichtigen Unternehmenskategorien (namentlich: gemeinschaftliche Kooperationen, assoziierte Unternehmen sowie schlichte Finanzbeteiligungen) gelten demnach zu Recht – dem handelsrechtlichen Einheitsgrundsatz folgend (§ 297 Abs. 3 Satz 1 HGB; IFRS 10 Appendix A) – nicht als konzernzugehörig i. S. d. überaus komplexen Vorschrift (vgl. BMF (2008), S. 14 (dortige Rn. 61)).

3.3.2.2 Regelungsimmanente Maßgeblichkeit konsolidierter Abschlüsse für Zwecke der Besteuerung konzernverbundener (Teil-)Einheiten

Maßgeblichkeit der IFRS

Lässt sich ein Betrieb – nach den vorstehend skizzierten Vorschriften – als konzernzugehörig qualifizieren: maßgeblich ist jeweils stets die Ebene des obersten Mutterunternehmens (vgl. Hennrichs, J. (2007), S. 2103), so ist § 4h Abs. 2 Satz 1 lit. c) EStG vom Grundsatz her einschlägig und ein Eigenkapitalvergleich vorzunehmen. Die EKQ eines Konzerns – (normenübergreifend) verstanden als das Verhältnis des konzernbilanziellen Eigenkapitals (inkl. sämtlicher Anteile sog. »nicht-beherrschender Gesellschafter«) zur Konzernbilanzsumme – bemisst sich hierbei nach Maßgabe desjenigen Konzernabschlusses, der den jeweiligen Betrieb umfasst. Dabei ist dem Dickicht der Diktion des § 4h Abs. 2 EStG, dessen schieres Volumen sich schon allein auf sage und schreibe 17 Sätze beläuft, zu entnehmen, dass für Zwecke des Eigenkapitaltests grds. auf nach Maßgabe der IFRS erstellte Abschlüsse rekurriert werden soll(t)e. Der Wortlaut jener Vorschrift lässt indessen offen, ob sich die Zinsschrankenregelung auf die Gesamtheit der vom IASB erlassenen (original) oder aber – wie dies unter verfassungsrechtlichen Gesichtspunkten unabdingbar geboten wäre (vgl. Küting, K./Weber, C.-P./Reuter, M. (2008), S. 1604; Hennrichs, J. (2007), S. 2103) – auf die von der EU legitimierten (endorsed) IFRS bezieht.

Überleitungsrechnung

Sofern keine konsolidierten IFRS-Abschlüsse zu erstellen sind und während der letzten fünf Jahre auch nicht zu erstellen waren, können alternativ nach dem nationalen Handelsrecht eines EU-Mitgliedstaats erstellte Abschlüsse für den Eigenkapitaltest herangezogen werden. Sollte auch hier keine Verpflichtung dazu bestehen, lässt die Escape-Klausel zudem nach den Normen des US-amerikanischen Standardsetters FASB aufgestellte Konzernabschlüsse als Vergleichsmaßstab zu. Während diese relativ weit gefasste Vorschrift zumindest auf den ersten Blick anwenderfreundlich erscheint, hat dies bei Lichte besehen (vgl. etwa Krüger, H./Thiere, M. (2007), S. 472f.) gleichwohl – insb. bei international stark verflochtenen Konzernen – vielfach zur Folge, parallel Überleitungsrechnungen erstellen zu müssen, die gerade für die einzelnen Betriebe mit erheblichen Zusatzbelastungen verbunden sein dürften.

Modifikationen

Des Weiteren stellte sich zumindest bis dato mangels gesetzlicher Konkretisierung die Frage, ob der konsolidierte Abschluss eines Mutterunternehmens für Zwecke der Besteuerung unverändert zugrunde gelegt werden kann oder ob er ggf. mit Blick auf die beschriebenen Besonderheiten des steuerlichen Konsolidierungskreises zu modifizieren ist. Erst der Anwendungserlass des BMF vom 04. Juli 2008 bezog zu dieser zentralen – überaus kontrovers diskutierten – Frage Stellung, wonach nunmehr explizit klargestellt wird, dass bestehende Konzernabschlüsse dem Grunde nach unverändert für den Eigenkapitalvergleich herangezogen werden sollen, sofern sie gem. den §§ 291 f. und § 315a HGB befreiende Wirkung besitzen (vgl. BMF (2008), S. 16 (dortige Rn. 72)). Sie müssen demnach nicht um diejenigen als konzernzugehörig geltenden Betriebe ergänzt werden, die zulässigerweise – etwa nach § 296 HGB – nicht in den Konsolidierungskreis einbezogen wurden. Hingegen sind – entgegen mehrheitlich zu Recht geäußerter Bedenken – sog. »Verbriefungszweckgesellschaften« für Zwecke der Eigenkapitalermittlung ebenso aus dem Konzernabschluss »herauszurechnen« wie Gemeinschaftsunternehmen, für die das Wahlrecht auf anteilsmäßige Konsolidierung ausgeübt worden ist (§ 310 HGB); eine ggf. erfolgte Quotenkonsolidierung ist rückgängig zu machen. Entsprechend dürfte es sich dem Vernehmen nach bei gemeinschaftlichen Tätigkeiten (joint operations) i. S. d. IFRS 11.15 verhalten.

Korrespondenzprinzip

Die Finanzverwaltung statuiert damit ein sog. »Korrespondenzprinzip«, welches von der Vorstellung geleitet ist, dass ein Betrieb, der nicht als konzernzugehörig i. S. d. Zinsschranke gilt, bei der Ermittlung der Eigenkapitalquote konsequenterweise keine Berücksichtigung finden soll (vgl. Hageböke, J./Stangl, I. (2008), S. 202). Dieses, sich daraus ergebende »Herausrechnen« nicht konzernzugehöriger Betriebe war bereits in der Gesetzesbegründung angelegt und wurde im Schrifttum größtenteils – zu Recht – dezidiert abgelehnt (vgl. etwa Ganssauge, K./Mattern, O. (2008), S. 218; Hennrichs, J. (2007), S. 2103 f.). Des Weiteren bleibt fraglich, wie speziell mit Unternehmensverhältnissen zu verfahren ist, die – wie im Falle assoziierter Unternehmen (§ 311 f. HGB; IAS 28) und Gemeinschaftsunternehmen (joint ventures; IFRS 11.16) – im Wege der Equity-Methode abgebildet werden, zumal (auch) der Anwendungserlass keinerlei Hilfestellung zu der unweigerlich auftretenden Frage bietet, wie dieses »Herausrechnen« technisch überhaupt erfolgen soll. Zwar ließe sich dies – ökonomisch sinnvoll – dadurch erreichen, dass das Konzerneigenkapital um das Nettovermögen und die Konzernbilanzsumme um das Gesamtvermögen des jeweiligen Unternehmens gekürzt wird (vgl. stellvertretend Heintges, S./Kamphaus, C./Loitz, R. (2007), S. 1263); solch ein umfassendes Eliminierungsgebot lässt sich jedoch weder aus § 4h Abs. 2 Satz 1 lit. b) noch aus Abs. 3 Satz 5 f. EStG ableiten, weshalb es nach Auffassung des IDW eines solchen – ohnehin wirtschaftlich nicht vertretbaren – »Herausrechnens« nicht bedarf (vgl. IDW (2010), Rn. 9 f.).

3.3.2.3 Ermessensbehaftete Ermittlung der Eigenkapitalquote konzernzugehöriger (Teil-)Einheiten

Einheitlichkeit der Abschlüsse

Noch umfangreicher und komplexer gestalten sich dagegen die auf Betriebsebene ebenfalls zwingend vorzunehmenden Modifikationen hinsichtlich des Eigenkapitals respektive der Bilanzsumme (vgl. grundlegend dazu auch etwa Ganssauge, K./Mattern, O. (2008), S. 268 ff. sowie IDW (2010), Rn. 38 ff.). Das Gesetz ordnet diesbezüglich eine Art Einheitlichkeit der jeweiligen Abschlüsse an: Damit sich die Eigenkapitalquoten miteinander vergleichen lassen, sollen deshalb auf Konzern- wie auch auf Betriebsebene dieselben Rechnungslegungsstandards zugrunde gelegt werden. Daraus folgt wiederum, dass auch auf Ebene eines einzelnen Betriebes die (endorsed) IFRS dann relevant werden (können), sofern dies die maßgebenden Standards auf (oberster) Konzernebene sind. Eine Suggestion, die mit Recht als »ungewöhnlich« (Heintges, S./Kamphaus, C./Loitz, R. (2007), S. 1261) bezeichnet worden ist und sich mit Hennrichs – freilich konstellationsabhängig – faktisch als eine »steuerlich induzierte Obliegenheit zur Bilanzierung nach IFRS auf Betriebsebene« (Hennrichs, J. (2007), S. 2105) qualifizieren lässt.

Anpassung an die Regelungen der obersten Konzernebene

Wird auf Ebene des Betriebs nicht nach denselben Rechnungslegungsstandards bilanziert wie dies auf oberster Konzernebene der Fall ist, so ist die EKQ des betreffenden Betriebs in einer auf Grundlage der für den jeweils maßgebenden konsolidierten Abschluss geltenden Regularien zu erstellenden Überleitungsrechnung zu ermitteln. Wie eine solche – zwingend einer prüferischen Durchsicht zu unterziehende (vgl. kritisch dazu Küting, K./Weber, C.-P./Reuter, M. (2008), S. 1606 ff.; Lüdenbach, N./Hoffmann, W.-D. (2007), S. 639 f.) – Überleitungsrechnung letztlich auszusehen hat, verbleibt indes offen. Namentlich ist unklar, ob und in welchem Umfang jener Rechnung ein erläuternder Anhang oder sonstige Berichtselemente beizufügen sind. Zwar dürften sich bei Betrieben, die in einen nach Maßgabe der (endorsed) IFRS aufgestellten Konzernabschluss eingebunden sind, dadurch Erleichterungen ergeben, dass für Konsolidierungszwecke auf Ebene des betreffenden (Tochter-)Unternehmens ohnehin bereits eine sog. »(IFRS-)HB II« unter Beachtung konzerneinheitlicher Bilanzierungsgrundsätze aufgestellt wird. Aber selbst dann dürften in praxi regelmäßig Abweichungen auftreten, da einzelne (bilanzierungsrelevante) Sachverhalte im Rahmen der Erstellung des Konzernabschlusses nicht zwangsläufig auch betreffendem (Tochter-) Unternehmen zugerechnet werden (müssen) oder können (zumal aus Konzernsicht letztlich lediglich relevant ist, dass sie überhaupt erfasst werden). Ferner dürften sich weitere Schwierigkeiten dadurch ergeben, dass steuerliche Organschaftsverhältnisse i. S. d. Zinsschranke als jeweils ein (fingierter) Betrieb gelten. Eine solche – vom Steuergesetzgeber diesbezüglich angeordnete – Aufstellung eines mehrere singuläre Unternehmen umfassenden (Einzel-)Abschlusses ist jedoch weder nach IFRS noch nach HGB vorgesehen, was letztlich vielfach zur Folge haben dürfte, im Fall von Organschaftsverhältnissen zusätzlich einen »Einzelabschluss eigener Art« (GANSSAUGE, K./MATTERN, O. (2008), S. 267) aufstellen zu müssen, der seinerseits wiederum nicht zwangsläufig dem (legalen) Teilkonzernverständnis nach HGB bzw. IFRS entsprechen wird/muss (so wohl auch HOFFMANN, W.-D. (2010), Rn. 210).

Ausübung von Wahlrechten

Zwar schreibt § 4h Abs. 2 Satz 4 EStG hinsichtlich der auf Betriebsebene vorzunehmenden Modifikationen vor, dass – zur grds. Wahrung der Vergleichbarkeit und (wohl auch tendenziellen) Ausschaltung bilanzpolitischer Maßnahmen – Wahlrechte im Einzel- und Konzernabschluss gleich auszuüben sind. Gleichwohl besteht durch diese Regelung auch weiterhin für einzelne Unternehmen die – im Rahmen der durch die jeweiligen Rechnungslegungsvorschriften zulässige – Möglichkeit, Wahlrechte »frei« zu nutzen (vgl. KÜTING, K./WEBER, C.-P./REUTER, M. (2008), S. 1607 ff.; GANSSAUGE, K./MATTERN, O. (2008), S. 267; LÜDENBACH, N./HOFFMANN, W.-D. (2007), passim). Folglich erwächst daraus – unternehmens-/konzernübergreifend und damit im Kontext der Gleichheit der Besteuerung betrachtet – ein höchst kritisch zu wertendes Potenzial an Ungleichbehandlung bei der Bemessung der Ertragbesteuerung in Deutschland.

Eigenkapitalbestimmung

Einzelne konzeptionelle Ungereimtheiten bei der Eigenkapitalbestimmung nach unterschiedlichen Bilanzierungsnormen scheint der Gesetzgeber dabei erkannt zu haben. So verlangt § 4h Abs. 2 Satz 4 EStG etwa zwecks Vermeidung der im Kontext der IFRS aufgrund nationaler gesellschaftsrechtlicher Vorschriften auftretenden Schwierigkeiten bei der Eigenkapitalabgrenzung, dass mind. das nach handelsrechtlichen Vorschriften auszuweisende Eigenkapital beim Eigenkapitaltest zugrunde zu legen ist (kritisch dazu SCHULZ, S. (2008), S. 2050). Daraus folgt, dass im Falle des Vergleichs von nach IFRS erstellten Einzel- und Konzernabschlüssen u. U. effektiv nicht das nach IFRS ausgewiesene bzw. auszuweisende Eigenkapital maßgebend ist, sondern ggf. ein eigenes für jene Regelung zu ermittelndes steuerliches IFRS-/HGB-Eigenkapital. Dieser Eindruck einer lediglich prinzipiellen Maßgeblichkeit von IFRS-Abschlüssen für die Befreiungsvorschrift von der Zinsschranke wird dabei von den in § 4h Abs. 2 Satz 5 EStG vorgeschriebenen Modifikationen zum Eigenkapital hinsichtlich eines auf den betreffenden Betrieb entfallenden GoF, hälftigen Sonderpostens mit Rücklageanteil, stimmrechtsloser Eigenkapitalien sowie bestimmter Einlagen noch verstärkt. Die Betrachtung des nachstehenden Berechnungsschemas für das nach Maßgabe des § 4h EStG zu ermittelnde Eigenkapital zeigt deutlich, dass es sich bei jener Größe – je nach Einzelfall – um einen signifikant von dem nach IFRS-Statuten auszuweisenden Eigenkapital abweichenden Wert handeln kann:

Eigenkapital lt. Jahres-/Einzelabschluss des Betriebs	
+	im Konzernabschluss enthaltener Firmenwert, soweit er auf den Betrieb entfällt
+	50 % des Sonderpostens mit Rücklageanteil (§ 273 HGB)
±	Substitution der einzelgesellschaftlichen Wertansätze von Vermögensgegenständen und Schulden durch die im Konzernabschluss ausgewiesenen Werte
./.	Stimmrechtslose Eigenkapitalien (Ausnahme: Vorzugsaktien)
./.	Anteile an anderen konzernverbundenen Unternehmen
./.	Einlagen, die innerhalb von sechs Monaten vor dem Stichtag geleistet wurden und denen entsprechende Entnahmen oder Ausschüttungen gegenüberstehen
±	ggf. im Konzernabschluss enthaltenes Sonderbetriebsvermögen

Übersicht 162: Ermittlung des Eigenkapitals im Rahmen der Zinsschrankenregelung

Ausgewählte Problembereiche

An dieser Stelle soll zur Sensibilisierung hinsichtlich der im jeweiligen Einzelfall auftretenden Problembereiche auf einzelne Aspekte besonders hingewiesen werden. Unter dem Primat, dass die für den Eigenkapitalvergleich erforderlich werdenden Korrekturen von Eigenkapital (vgl. Rn. 75 f.) und Bilanzsumme (vgl. Rn. 76) des Konzernabschlusses und/oder des Betriebs außerhalb des jeweiligen Abschlusses in einer gesonderten Nebenrechnung vorzunehmen sind (vgl. BMF (2008), S. 15 f. (dortige Rn. 71)), ergeben sich insb. durch die gebotene Hinzurechnung eines auf den Betrieb entfallenden GoF konzeptionelle Ungereimtheiten, die sich nur schwerlich beheben lassen. Zwar sind – ausweislich des hierzu ergangenen Anwendungserlasses – neben dem GoF auch alle anderen Vermögensgegenstände und Schulden, inkl. Rückstellungen, Bilanzierungshilfen, Rechnungsabgrenzungsposten u. Ä., sofern sie im Konzernabschluss enthalten sind, richtigerweise mit den dort abgebildeten Werten anzusetzen (vgl. BMF (2008), S. 16 (dortige Rn. 73)); diese Verwaltungsregel findet indes keine gesetzliche »Stütze« (Schulz, S. (2008), S. 2049 f.) in § 4h EStG; vielmehr ordnet der Gesetzeswortlaut die Ermittlung des Betriebseigenkapitals auf Basis des Einzelabschlusses und nicht des Konzernabschlusses an und erteilt damit eingehend der konzeptionell gebotenen Anwendung eines sog. – sowohl nach IFRS als auch nach HGB – unzulässigen »push-down accounting« eine Absage (zum derzeitigen Diskussionsstand im Schrifttum vgl. stellvertretend Schulz, S. (2008), S. 2049 f.). Erschwerend kommt hinzu, dass im Fall des zur Anwendung gelangenden Normensystems der IFRS für Zwecke des nach Maßgabe des IAS 36.80 vorzunehmenden Impairmenttests der GoF jeweils sog. »zahlungsmittelgenerierenden Einheiten« (ZMGE) zugeordnet werden muss und damit die bewertungstechnische Betrachtung jener Residualgröße – sofern die ZMGE-Struktur nicht mit der der jeweiligen Betriebsstruktur übereinstimmt – zur Erfüllung von IFRS- und steuerrechtlichen Pflichten regelmäßig auseinanderfallen dürfte (so auch Küting, K./Weber, C.-P./Reuter, M. (2008), S. 1605).

Steuerrechtliche Sonderfälle

Überdies sind im Bereich der IFRS prinzipiell keine rein steuerrechtlich motivierten Abschlussposten zulässig; Sonderposten mit Rücklageanteil sind hier gänzlich unbekannt. Auch die im Zuge des BilMoG vorgenommene Streichung von § 273 HGB führt insoweit zur Bedeutungslosigkeit jener Anpassungsmaßnahme. Die Korrektur um die Hälfte jenes Postens läuft somit ins Leere, ist jedoch noch für sog. »Altfälle« maßgebend; eine Gleichbehandlung von nach IAS 20 ggf. auszuweisenden (Sonder-)Posten für Zuwendungen sieht die Vorschrift des § 4h EStG hingegen nicht vor, woraus sich weitere Ungleichbehandlungen aufgrund der Heranziehung unterschiedlicher Normensysteme ergeben (vgl. etwa Küting, K./Weber, C.-P./Reuter, M. (2008), S. 1605; Schulz, S. (2008), S. 2050).

Konzeptionelle Unstimmigkeiten

Konzeptionelle Unstimmigkeiten sind indes nicht nur hinsichtlich der u. U. gebotenen Modifikation des Eigenkapitals, sondern gleichermaßen auch in Bezug auf die ggf. der Höhe nach ebenfalls zu korrigierende Bilanzsumme auszumachen. So ist die Bilanzsumme gem. § 4h Abs. 2 Satz 6 EStG lediglich um Kapitalforderungen zu kürzen, die nicht (mehr) im konsolidierten Abschluss enthalten sind und denen (verzinsliche) Verbindlichkeiten in mind. gleicher Höhe gegenüberstehen. Ausweislich der Regierungsbegründung soll(te) diese Kürzung letztlich gewährleisten, dass Fremdkapital eines Betriebs, welches einem anderen Konzernunternehmen zur Verfügung gestellt wird, nicht die EKQ des betreffenden Betriebs belastet (vgl. BT-Drucks. 16/4841, S. 49). Der Gesetzeswortlaut stellt jedoch lediglich auf Kapitalforderungen, mithin Kapitalüberlassungen in Geld, und nicht – wie konzeptionell geboten – auf die Gesamtheit sämtlicher zu konsolidierender Forderungen ab. So lange aber konzerninterne Forderungen und Verbindlichkeiten – ungeachtet ihrer Natur – auf Konzernebene im Rahmen der Schuldenkonsolidierung (richtigerweise) eliminiert werden, dies aber auf Betriebsebene größtenteils nicht nachvollzogen wird, würde dadurch nicht nur der eigentliche Regelungszweck des Gesetzes konterkariert; auch dürfte diese künstliche »Bilanzaufblähung« (Pawelzik, K. U. (2008), S. 2440) auf Betriebsebene regelmäßig das Nichtbestehen des Eigenkapitaltests zur Folge haben. So erscheint es denn – auch und speziell mangels näherer gesetzlicher Konkretisierung(en) – durchaus legitim und sachgerecht, i. S. d. gebotenen Gleichnamigkeit und Vergleichbarkeit der EKQ die »Bilanzsumme des Betriebes nicht nur um Kapitalforderungen, sondern [vielmehr, d. Verf.] um sämtliche Konzernforderungen zu kürzen« (IDW (2010), Rn. 86).

3.3.3 Implikationen der Zinsschranke auf das (Tax-)Accounting eines Konzerns

Zielorientierte Gestaltung konsolidierter Abschlüsse

Ungeachtet der Tatsache, dass die verfassungsrechtlichen Bedenken an der Einschränkung steuergestaltender Fremdfinanzierungen i. S. d. §§ 4h EStG, 8a KStG so alt sind wie das Gesetz selbst, hat das Zinsschrankenkonstrukt nicht nur im Schrifttum und in der Rechtsprechung, sondern auch in der unternehmerischen Praxis sichtbare Spuren hinterlassen. So ist offensichtlich, dass die zuvor genannten Aspekte in Gestalt offener Zweifels- und Abgrenzungsfragen unmittelbar auch Relevanz entfalten für die zielorientierte Gestaltung konsolidierter Abschlüsse. Oder anders formuliert: »Wichtigste bilanzpolitisch motivierte Gestaltung vor dem Bilanzstichtag ist der Aufbau der Konzernstruktur« (Lüdenbach,

N./Hoffmann, W.-D. (2007), S. 641). Ginge man gar so weit, die (erfolgreiche) Inanspruchnahme der Escape-Klausel als vorrangige (steuerliche) Zielsetzung anzusehen, so besteht zweifellos die latente Gefahr der Herausbildung einer neuen Art »Maßgeblichkeit« der Steuerbilanz für die handelsrechtliche Konzernrechnungslegung. Zu Recht werfen Küting/Weber/Reuter daher – auch und speziell mit Blick auf die derzeitigen Entwicklungen auf europäischer Ebene – die Frage auf, ob dem konsolidierten Abschluss – nach welchen Normen er letztlich auch immer aufgestellt sein mag – neben seiner inhärenten Informationsfunktion nicht faktisch auch bereits eine Art »Steuerbemessungsfunktion« innewohnt (vgl. Küting, K./Weber, C.-P./Reuter, M. (2008), passim).

Interdependente Beziehung zwischen Verlust- und Zinsvorträgen

Des Weiteren sind auch diejenigen Effekte nicht von der Hand zu weisen, die sich aus dem interdependenten Wirkungszusammenhang zwischen Zins- und Verlustvorträgen ergeben (vgl. dazu grundlegend und ausführlich Brähler, G./Brune, P./Heerdt, T. (2008), S. 289 ff.). Denn faktisch bewirkt die Zinsschranke – nicht zuletzt aufgrund der konzeptionell gebotenen Berücksichtigung latenter Steuern – ein höchst komplexes Nebeneinander unterschiedlichster »Verlustvorträge« (Heintges, S./Kamphaus, C./Loitz, R. (2007), S. 1265). Beide Arten von (Verlust-)Vorträgen sind mit Blick auf die Bilanzierung latenter Steueransprüche stets isoliert voneinander zu beurteilen. Soweit beide – »operativer« Verlust- und »Zinsvortrag« (detailliert dazu Herzig, N./Bohn, A. (2007), S. 5 ff.) – als werthaltig zu klassifizieren sind, unterliegen diese jeweils in entsprechender Höhe der Steuerlatenzierung. Dass sich hierbei (idealtypisch) keinerlei Auswirkungen auf die Höhe der Konzernsteuerquote (vgl. 5. Abschn., 3.2.2) ergeben, liegt letztlich darin begründet, dass der durch die Zinsschranke induzierte höhere Steueraufwand (eines Konzerns) durch einen entsprechenden (latenten) Steuerertrag für betreffenden Zinsvortrag nivelliert wird (ebenso Herzig, N./Bohn, A. (2007), S. 5). Soweit indes ein Unternehmen/Konzern bei der eigenen Analyse – auch und speziell im Lichte der in § 8c KStG kodifizierten Verlustabzugsbeschränkung, die gleichermaßen auch für einen etwaigen Zinsvortrag Gültigkeit besitzt (vgl. § 8a Abs. 1 Satz 3 KStG) – feststellt, dass eine normenübergreifend gebotene Verlässlichkeit über die Entstehung zukünftiger Ergebnisse etwa nur über einen Zeitraum von zehn Jahren möglich ist, mithin von keiner temporären, sondern vielmehr permanenten Belastung ausgegangen werden muss, wäre dieser Planungshorizont gleichsam auch für die Zinsschranke maßgeblich. Insofern können mit einem konstatierten Zinsvortrag sehr wohl (signifikante) Auswirkungen auf die Höhe der Konzernsteuerquote verbunden sein (vgl. nur Herzig, N./Lochmann, U./Liekenbrock, B. (2008), S. 598 f.).

Merksätze

1. Sowohl nach HGB als auch IFRS hat die Abbildung des in den jeweiligen Konzernabschluss eingehenden Mutterunternehmens mitsamt all seiner einzubeziehenden Tochterunternehmen dergestalt zu erfolgen, als handele es sich dabei um eine wirtschaftliche Einheit. Dies wiederum macht es erforderlich, die aufsummierten Einzelabschlusswerte der einzubeziehenden Unternehmen in der Weise zu korrigieren, dass die Auswirkungen der innerkonzernlichen Beziehungen im Wege der Konsolidierung eliminiert werden. Wie dabei im jeweiligen Einzelfall konkret zu verfahren ist, richtet sich nach der Qualifikation der betreffenden Unternehmensverbindung.

2. Bereits durch die gebotene Anpassung an den Rechtsrahmen des Mutterunternehmens sowie die Neuausübung etwaiger Wahlrechte kann das Werte- und Mengengerüst – und damit auch das bilanzielle Reinvermögen – im Vergleich zu den (einzelgesellschaftlichen) Originärbilanzen der einbezogenen Unternehmen erheblich beeinflusst werden.
3. Abseits der zuvor beschriebenen Aufbereitungsmaßnahmen, die auch bereits auf einzelgesellschaftlicher Ebene vorzunehmen sind, müssen zur Erstellung einer konzernspezifischen Strukturbilanz weitere Korrekturen durchgeführt werden.
4. Soweit nicht-beherrschende Gesellschafter am Kapital und an den Rücklagen beteiligt sind, handelt es sich nach HGB und IFRS bilanzrechtlich um Eigenkapitalbestandteile. Aus bilanzanalytischer Sicht sollte die Zuordnung jener Anteile zum Eigen- oder Fremdkapital von der Frage abhängen, ob das Eigenkapital für Zwecke einer rentabilitäts- oder liquiditätsorientierten Sichtweise herangezogen wird.
5. Neben den bereits auf einzelgesellschaftlicher Ebene gebildeten Steuerlatenzen bedarf es regelmäßig auch auf konsolidierter Ebene einer (bilanzorientierten) Abgrenzung latenter Steuern, sei es bedingt durch die Anpassung der Einzelabschlüsse an den für den Konzern maßgeblichen Ansatz- und Bewertungsrahmen, die – u. U. quotal – durchzuführenden Konsolidierungsmaßnahmen, wie Kapitalkonsolidierung, Zwischenergebniseliminierung, Schulden- und Beteiligungsertragskonsolidierung, oder die Vornahme anderweitiger Bewertungsmaßnahmen (Equity-Methode). Der bedeutsamste Unterschied zwischen den beiden hier betrachteten Rechtskreisen liegt darin, dass nach IFRS zusätzlich zu den berücksichtigungspflichtigen »inside basis-Differenzen« grds. auch auf sog. »outside basis-Differenzen« latente Steuern abzugrenzen sind.
6. Kontrastierend zur tradierten Bilanzpolitik spielen bei der Steuerbilanzpolitik rein publizitätspolitische Maßnahmen grds. keine Rolle; vielmehr steht das Ziel im Vordergrund, die (effektive) Steuerbelastung zu reduzieren. Neben der (klassischen) Steuerbarwertminimierung gilt hierbei auch die Optimierung der Konzernsteuerquote (effective tax rate) derweil als zentraler Bestandteil einer entscheidungsorientiert betriebenen (Konzern-)Steuerpolitik.
7. Fernerhin kann und darf sich eine erkenntniszielgeleitete (Konzern-)Bilanzanalyse nicht mehr nur allein auf den handelsrechtlich vorgegebenen Rechtsrahmen beschränken. So muss sich ein Finanzanalyst zudem stets darüber bewusst sein, dass mit Implementierung der sog. »Zinsschrankenregelung« zugleich erstmalig Besteuerungsfolgen an die externe (konsolidierte) Rechnungslegung geknüpft worden sind und damit überdies rein steuerrechtlich motivierte Überlegungen auch unmittelbar Relevanz für eine zielorientierte Gestaltung konsolidierter (IFRS-)Abschlüsse entfalten (können).

4. Zum Schwierigkeitsgrad der Konzernbilanzanalyse

Anspruchsniveau

Aufgrund der zahlreichen Gestaltungsmöglichkeiten, verbunden mit der »bewussten und im Hinblick auf die Konzernziele zweckorientierten Beeinflussung des Konzernabschlusses im Rahmen des rechtlich Zulässigen« (SCHELD, G. A. (1994), S. 33), sollte das »Anspruchsniveau an die Analyse von publizierten Konzernjahresabschlüssen ... keinesfalls zu hoch gesteckt werden. Exakte Ergebnisse sind, ohne Anreicherung mit internen Daten, nicht zu erwarten« (REUTER, E. (1988), S. 300; zum Begriff der Bilanzpolitik als integraler Bestandteil der Konzernpolitik vgl. ferner SCHEREN, M. (1993), S. 21 ff.; KLEIN, H.-D. (1989), S. 17 ff.; GRETH, M. (1996), S. 27 ff.; WOHLGEMUTH, F. (2007), S. 49 f.).

So ist die Konzernbilanzanalyse mit vielerlei Schwierigkeiten verbunden, zumal ihr nicht zuletzt durch das »bewusste Gestalten des Konzernabschlußbilds« (SCHEREN, M. (1998), Rn. 294) systembedingte Grenzen gesetzt sind. Auf zwei Sachverhalte soll in diesem Zusammenhang besonders hingewiesen werden:

Konzernkonzept

(1) Verstanden als »Abschluß über die Einflußsphäre des Konzerns« (EISELE, W./RENTSCHLER, R. (1989), S. 311), werden im Konzernabschluss neben Tochterunternehmen zugleich »Unternehmen der Konzernperipherie« (ZÜND, A. (1988), S. 82) erfasst. Weder Gemeinschaftsunternehmen bzw. gemeinschaftliche Vereinbarungen noch assoziierte Unternehmen gelten als Bestandteile der wirtschaftlichen Einheit »Konzern« (i. e. S.). Dass sie als Unternehmensverbindungen eigener Art gleichwohl Berücksichtigung finden, liegt darin begründet, der »Grauzone zwischen Markt und Unternehmung erfolgsrechnerische Konturen zu geben« (ORDELHEIDE, D. (1989), S. 393).

Unterschiedliche Konsolidierungstechniken

Diese drei Unternehmensgruppen werden auf konsolidierter Ebene im Wege unterschiedlicher Konsolidierungs- bzw. Bewertungstechniken abgebildet. Zudem abhängig von der jeweiligen Ausprägungsform sowie der Inanspruchnahme etwaig gewährter Wahlrechte, weiß der Analyst regelmäßig nicht, in welchem Umfang die einzelnen Aktivitäten berücksichtigt wurden; stattdessen geht das gesamte Konsolidierungsergebnis in eine einzige Endspalte der Bilanz ein. Neben dieser Vermischung einzelner Konsolidierungseffekte tritt ergänzend der konzernbilanzielle Ausweis weiterer Beteiligungen, auch der der nicht gesondert konsolidierten Anteile an verbundenen Unternehmen.

Bilanzpolitik

(2) Zwischen der Bilanzpolitik und der Bilanzanalyse besteht eine enge Wechselbeziehung in der Weise, dass mit einer Zunahme der bilanzpolitischen Gestaltungsmöglichkeiten die Aussagefähigkeit der Bilanzanalyse gleichzeitig abnimmt et vice versa (vgl. auch 2. Abschn., 2.). Vor dem Hintergrund der zunehmenden Anwendung der IFRS für Zwecke der konsolidierten Rechnungslegung (vgl. ZWIRNER, C. (2007a), S. 50 f.) sowie dem Befund, dass die bilanzpolitischen Maßnahmen im Rahmen der IFRS-Normen zu einer zusätzlichen Erschwernis im Bereich der Bilanzanalyse führen (vgl. etwa KÜTING, K./REUTER, M. (2005), S. 706 ff.; KÜTING, K. (2006), S. 2757 ff.), muss diesem Punkt besondere Beachtung geschenkt werden.

Umfangreiche Gestaltungsmöglichkeiten

Der Konzernabschluss ermittelt sich derivativ aus den Einzelabschlüssen der einzelnen Konzernunternehmen. Insofern besteht das für den Einzelabschluss attestierte bilanzpolitische Potenzial gleichermaßen auch für den Konzernabschluss.

Möglichkeiten zur Gestaltung ergeben sich hierbei unmittelbar im Zuge der Erstellung des Einzelabschlusses oder der Aufstellung der sog. »HB II«. Darüber hinaus birgt der Konsolidierungsprozess selbst zusätzliches Potenzial, gestaltend in die Darstellung des Abschlusses einzuwirken. Auf nachfolgende Punkte soll besonders hingewiesen werden:

Instrumente

(1) Das dem Einzelabschluss inhärente bilanzpolitische Instrumentarium kann vollständig auch für Konzernabschlusszwecke eingesetzt werden, und zwar unabhängig von der Handhabung auf einzelgesellschaftlicher Ebene, sodass ein und derselbe Sachverhalt im Einzel- und Konzernabschluss unterschiedlich dargestellt werden kann. Auf diese Abkopplungsmöglichkeit, die auch als sog. »zweigleisige Bilanzierungsstrategie« bezeichnet wird, weist der Gesetzgeber in § 300 Abs. 2 Satz 2 HGB – anders als nach IFRS – explizit hin. Allerdings sind Ansatz-, Bewertungs- und Ausweiswahlrechte für gleiche Sachverhalte im Rahmen des Konzernabschlusses stets einheitlich auszuüben (sog. »innerperiodische Stetigkeit«). Ferner wird durch die sog. »interperiodische Stetigkeit« bestimmt, dass existierende Wahlrechte bei der Konzernabschlusserstellung zwar neu ausgeübt werden dürfen, diese aber hinsichtlich ihrer (Nicht-)Inspruchnahme einer »Bindungswirkung ... in zeitlicher Hinsicht« (Bieg, H./Kußmaul, H./Waschbusch, G. (2012), S. 284) unterliegen (vgl. überdies grundlegend Küting, K./Tesche, T. (2009), S. 1491 ff.).

Ungeklärte Konsolidierungsfragen

(2) Zahlreiche wichtige Konsolidierungsfragen sind im Gesetz bzw. in den einschlägigen Standards nicht (abschließend) geklärt. Gleichwohl werden bei der Diskussion all jener offenen Fragen die unterschiedlichsten Techniken diskutiert, einhergehend mit der Unterbreitung einer Vielzahl alternativer Lösungsoptionen, die – z. T. fernab jedweder deduktiver Normauslegung – dann für sich betrachtet jeweils als gesetzes- bzw. normenkonform erachtet werden. Als diesbezüglich überaus kritisch zu werten, ist die im Schrifttum vermehrt vorzufindende Forderung, im Falle etwaiger, im HGB nicht explizit geregelter Sachverhalte, die IFRS unreflektiert als (vermeintlich) zweckadäquaten Auslegungsmaßstab heranzuziehen.

Unbestimmte Rechtsbegriffe

(3) In diversen Vorschriften verwendet der Gesetzgeber bzw. Standardsetter sog. »unbestimmte Rechtsbegriffe«, wie »geringe oder besondere Bedeutung« bzw. »wesentliche oder nachhaltige Beeinträchtigung«. Derartige – nicht näher spezifizierte – Termini sind recht häufig vorzufinden und eröffnen damit einen nicht geringen Interpretationsspielraum. Ebenso fraglich kann im Einzelfall die Beurteilung eines »beherrschenden Einflusses« sein. Im Rahmen der IFRS-Rechnungslegung ist insb. dem Bereich der Ermessensspielräume, die sich vielfach außerhalb des seitens der Bilanzanalyse identifizierbaren bilanzpolitischen Potenzials bewegen, Bedeutung zuzurechnen.

Konsequenzen

Nicht zuletzt diese drei Gründe haben dazu geführt, dass die »Konsolidierung« – (auch) angesichts des ihr innewohnenden bilanzpolitischen Gestaltungspotenzials – mehr darstellt als eine bloße Anwendung von Konsolidierungs- und Bewertungstechniken. Flankiert von Zweifeln bzgl. einer praktischen Umsetzbarkeit sowie einer nicht abebbenden Kritik an der derweil zu verzeichnenden Komplexität, wird damit die externe Unternehmensbeurteilung »im zwischenbetrieblichen Vergleich problematischer« (Müller, H. (1988), S. 40). Darüber hinaus wird der Schwierigkeitsgrad der Bilanzanalyse ganz generell erhöht (vgl. kritisch hierzu Küting, K. (2012b), S. 302). Auch Staks (H. (1988), S. 325) weist auf diese Problematik hin, wenn er anmerkt, dass die Vielzahl von Gestaltungsmöglichkeiten nicht nur einer transparenten Berichterstattung entgegensteht, sondern überdies auch zu einer mangelnden Vergleichbarkeit konsolidierter Abschlüsse führt.

Möglichkeiten und Grenzen

An den Analysten konsolidierter Abschlüsse werden daher hohe Anforderungen gestellt. Zwar scheint das bilanzanalytische Instrumentarium zur Analyse von ›Weltabschlüssen‹ dem zur Analyse von Einzelabschlüssen durchaus gleichwertig zu sein, doch muss bedacht werden, dass sowohl das Analyseobjekt als auch der Anwendungsbereich um einiges komplexer sind (vgl. etwa REUTER, E. (1988), S. 285). Dennoch »scheinen Kennzahlenvergleiche für die analytische Praxis unentbehrlich« (REUTER, E. (1988), S. 297); ebenso »wie die einzelgesellschaftliche Bilanzanalyse ist auch die Konzernbilanzanalyse als Zeit-, Unternehmens- und Soll-Ist-Vergleich durchführbar« (KÜTING, K./WEBER, C.-P. (1998), Rn. 397). Dass darüber hinaus (neben Bilanz, GuV, Anhang und Lagebericht) – internationalen Gepflogenheiten folgend (vgl. IAS 1.10) – eine Kapitalflussrechnung sowie ein Eigenkapitalspiegel verpflichtend zu erstellen sind (vgl. § 297 Abs. 1 Satz 1 HGB), vermag die Datenbasis externer Analysten sicherlich zu verbessern; dies gilt umso mehr, sollte zudem von der (fakultativen) Möglichkeit der Erweiterung des Konzernabschlusses um eine – gem. IFRS 8 verpflichtend aufzustellende – Segmentberichterstattung i. S. d. § 297 Abs. 1 Satz 2 HGB Gebrauch gemacht werden. Schließlich sei betont, dass die (sukzessive) Streichung etwaiger expliziter Wahlrechte, so, wie zuletzt im Zuge des BilMoG (vgl. grundlegend dazu PETERSEN, K./ZWIRNER, C. (2009), S. 1 ff.) geschehen, die Transparenz und Vergleichbarkeit einer konsolidierten Berichterstattung durchaus zu erhöhen vermag (vgl. PETERSEN, K./ZWIRNER, C. (2008), S. 1).

Merksätze

1. Mit den der Konzernabschlusserstellung allesamt inhärenten bilanzpolitischen Gestaltungsmaßnahmen geht gleichzeitig eine erhöhte Komplexität der Bilanzanalyse einher.
2. Als Objekte der Konzernbilanzpolitik gelten hierbei – neben den Einzelabschlüssen und den daraus abgeleiteten »HB-II« – die Konsolidierung sowie der konsolidierte Abschluss (mitsamt Lagebericht) selbst.
3. Dem Abschlussersteller werden weitreichende konzernbilanzpolitische ebenso wie konsolidierungstechnische Handlungsspielräume gewährt. In diesem Kontext führt auch die Loslösung von Einzel- und Konzernabschluss, also die Möglichkeit zu einer eigenständigen Bilanzpolitik, zu nicht zu unterschätzenden Schwierigkeiten bei der bilanzanalytischen Aufbereitung konsolidierter Abschlüsse.
4. Speziell im Rahmen der IFRS-Rechnungslegung ist insb. dem Bereich der Ermessensspielräume, die sich vielfach außerhalb des seitens der Bilanzanalyse identifizierbaren bilanzpolitischen Potenzials bewegen, Bedeutung zuzurechnen. Nicht zuletzt dadurch werden auch (zwischenbetriebliche) Vergleichsrechnungen, wie bspw. Unternehmensvergleiche, erheblich erschwert.

5. Ausgewählte Problemfelder der Konzernbilanzanalyse

5.1 Einführung

Ausgewählte Einzelaspekte

Mit zunehmender Bedeutung der konsolidierten Rechnungslegung rücken auch die unterschiedlichen Regelungen des HGB sowie der IFRS vermehrt in den Fokus der (Konzern-)Bilanzanalyse. Gerade in bilanzanalytisch wesentlichen Bilanzierungsfeldern sehen die beiden Rechenwerke z.T. signifikant voneinander abweichende Regelungen vor. Dies erschwert nicht nur einen zwischenbetrieblichen Unternehmensvergleich; auch müssen dem externen Bilanzanalysten die konzernbilanzpolitischen Möglichkeiten, mit denen jeweils beide Normengefüge aufwarten, bewusst sein. Dies umfasst insb. die z.T. (hoch-)komplexen Regeln für bestimmte zentrale Bereiche der Konzernbilanzierung (vgl. ferner auch KÜTING, K. (2012a), S. 2821 ff.), so z.B. die Fortschreibung eines aktivischen bzw. passivischen Unterschiedsbetrags, die Behandlung statuswahrender bzw. -verändernder Erwerbs- und Veräußerungsvorgänge oder auch die Aussagefähigkeit des Konzernjahreserfolgs. Die divergierenden Vorschriften besitzen teilweise einen erheblichen Einfluss auf relevante Kennzahlen und sollen daher im Folgenden dargestellt werden, um den Blick des externen Analysten auf derartige Sachverhalte zu schärfen.

5.2 Unterschiedsbetrag aus der Kapitalkonsolidierung

5.2.1 Bedeutung des Geschäfts- oder Firmenwerts

GoF: Naturell und Bedeutung

Der derivative GoF (auch: Goodwill) ergibt sich im Rahmen der Erwerbsmethode als rechentechnischer Unterschied zwischen der bewirkten Gegenleistung (≈ Anschaffungskosten) und dem (anteilig) übernommenen – in der Neubewertungsbilanz (HB III) ermittelten – Reinvermögen. Er entsteht, sofern in die Anschaffungskosten – neben dem Marktwert des akquirierten (Tochter-)Unternehmens – weitere vom Erwerber identifizierte Synergien, Wachstumspotenziale oder ein Kapitalisierungsmehrwert eingehen (vgl. KÜTING, K./PFITZER, N./WEBER, C.-P. (2013), S. 252 f.; IFRS 3.BC316). Der Erwerber vergütet mithin bestimmte Gewinnchancen oder -hoffnungen (vgl. BFH (1957), S. 442; GRÄFER, H./SCHNEIDER, G./GERENKAMP, T. (2012), S. 120), namentlich den »Mehrwert, der einem Unternehmen über die sonstigen aktivierten Wirtschaftsgüter (abzüglich Schulden) innewohnt« (BFH (1958), S. 330). Somit gilt festzuhalten: Der GoF ist ein Konglomerat von immateriellen Werttreibern, die sich nicht soweit konkretisieren lassen, als dass sie die Voraussetzungen für eine eigene, gesonderte Bilanzierung erfüllen (vgl. KÜTING, K. (2013), S. 1795; ferner KÜTING, P. (2012), S. 209 ff., m.w.N.).

HGB

Aufgrund der heterogenen Zusammensetzung war der GoF und sein bilanzieller Charakter in der Literatur lange Zeit umstritten, was auch die in der Vergangenheit bestandenen divergierenden Behandlungsmöglichkeiten begründete (vgl. hierzu KÜTING, K./WEBER, C.-P. (2009), S. 518 f.). Seit dem BilMoG wird der entgeltlich erworbene GoF handelsrechtlich gem. § 309 Abs. 1 i.V.m. § 246 Abs. 1 HGB als zeitlich begrenzt nutzbarer Vermögensgegenstand angesehen und ist daher zwingend über seine Nutzungsdauer planmäßig – und bei Bedarf auch außerplanmäßig – abzuschreiben.

IFRS

Nach Auffassung des IASB stellt der GoF einen immateriellen Vermögenswert mit einer unbestimmten Nutzungsdauer dar, der zumindest jährlich auf seine Werthaltigkeit zu prüfen und insoweit nur bei Bedarf außerplanmäßig abzuschreiben ist. Genau wie bei immateriellen Vermögenswerten ohne bestimmte Nutzungsdauer, ist ein Werthaltigkeitstest ferner auch immer bei spezifischen Anzeichen auf eine Wertminderung durchzuführen (vgl. IAS 36.90).

Saldierung mit dem Eigenkapital?

Soweit ein GoF in der Vergangenheit als ein abnutzbarer Vermögensgegenstand betrachtet wurde, stellten die GuV-neutrale Verrechnung eines GoF mit dem Eigenkapital sowie die GuV-wirksame Rücknahme in der laufenden Periode erfasster Abschreibungen den pragmatischsten Ansatz in der Konzernbilanzanalyse dar. Dieser Ansatz entsprach dem GoF als »Bilanzierungshilfe«. Eine solche Vorgehensweise konfligiert jedoch mit der nun geltenden Qualifikation als Vermögensgegenstand und ignoriert, dass dieser Zahlungen des Managements an externe Dritte aus dem Vermögen der Anteilseigner darstellt, deren Angemessenheit erst noch durch in späteren Perioden zu erwirtschaftende Nutzenzuflüsse zu rechtfertigen ist. Dies setzt voraus, dass Wertminderungen des GoF GuV-wirksam erfasst werden (müssen). Auf eine Saldierung des GoF mit dem Eigenkapital ist vor diesem Hintergrund bei der Konzernbilanzanalyse insoweit zu verzichten (vgl. auch schon Küting, K. (2005a), S. 2757 ff.). Eine andere Vorgehensweise würde – bei Vorliegen wirtschaftlich gerechtfertigter und rentierlicher Akquisitionen – nicht nur zu einem verzerrten, sondern – aufgrund der im Einzelfall herausragenden Stellung dieses Bilanzpostens – sogar zu einem falschen Bild der Unternehmenslage führen.

Zu beachten ist, dass sich der Posten »Geschäfts- oder Firmenwert« in der Konzernbilanz aus mehreren (Teil-)Komponenten zusammensetzen kann. So können in diesem Posten zum einen in den Einzelabschlüssen der einbezogenen Unternehmen aktivierte Beträge enthalten sein, die nach Maßgabe des § 300 Abs. 2 HGB bzw. IFRS 10.B87 in den Konzernabschluss übernommen wurden; zum anderen nimmt der Posten all jene (Rest-)Unterschiedsbeträge auf, die aus den verschiedenen Varianten der Anwendung der Kapitalkonsolidierung resultieren.

Empirische Untersuchungen

Empirische Untersuchungen der deutschen Konsolidierungspraxis verdeutlichen immer wieder (vgl. exemplarisch Küting, K. (2011), S. 1676 ff., m.w.N.) die Bedeutung, die diese Bilanzposition mittlerweile in der Unternehmenspraxis eingenommen hat. Der GoF stellt insoweit eine der größten »Hürden bei einer sachgemäßen Beurteilung der wirtschaftlichen Lage von Konzernen« (Lachnit, L./Müller, S. (2003), S. 542 f.) dar. Vor allem, da dieser Posten in nicht seltenen Fällen das jeweilige Konzernbilanzbild in entscheidendem Maße prägen kann, sind die korrespondierenden Auswirkungen auf die Vermögens-, Finanz- und Ertragslage eines Konzerns aus dem Blickwinkel der Bilanzanalyse mit umso größerer Sorgfalt zu würdigen. Denn grds. unterliegt der GoF einem gewissen Werteverzehr, der fallweise beträchtliche Größenordnungen annehmen kann, sodass ein z.T. erhebliches Risikopotenzial hinsichtlich der Ertragskraft und der Eigenkapitalausstattung eines Konzerns gegeben ist (vgl. Lachnit, L./Müller, S. (2003), S. 549; ferner auch die Diskussion bei Schürmann, C. (2014)). Vor diesem Hintergrund besteht ein potenzieller Anreiz für das berichterstattende Management, die in den Normensystemen bestehenden Freiheiten bei der Bilanzierung – im Speziellen bei der Folgebewertung – des GoF in den Dienst der Bilanzpolitik zu stellen, um die laufenden Belastungen für die Ergebnishöhe und das Eigenkapital in Grenzen zu halten und so wichtige Unternehmenskennzahlen positiv zu beeinflussen (vgl. CBP (2014), S. 2). Kuhner führt an, dass es sich bei den GoF »regelmäßig um enorm hohe Beträge handelt, die potenzielle Hebelwirkung bilanzpolitischer Missbräuche [dementsprechend, d. Verf.] auf die Erfolgsziffern also besonders groß ist« (Kuhner, C. (2014), S. 22).

Die Fortschreibung des GoF erfolgt nach den nationalen und internationalen Rechnungslegungsvorschriften auf unterschiedliche Weise. Die sich daraus ergebenden Bilanzbilder und -relationen divergieren somit regelmäßig.

5.2.1.1 Folgebewertung nach HGB

HGB

Wie bereits ausgeführt, gilt der GoF im deutschen Handelsrecht gem. § 309 Abs. 1 i. V. m. § 246 Abs. 1 HGB qua Fiktion als abnutzbarer Vermögensgegenstand, der in der Folge planmäßig über seine voraussichtliche Nutzungsdauer zu amortisieren ist (vgl. § 309 Abs. 1 i. V. m. § 253 Abs. 3 HGB).

Eine planmäßige Fortschreibung des GoF bedingt die Aufstellung eines Abschreibungsplans, in dem vor Abschreibungsbeginn die Grundlagen – wie bspw. die voraussichtliche Nutzungsdauer oder Abschreibungsmethode – für die Ermittlung der jährlichen Abschreibungsbeträge fixiert werden. Den allgemeinen Grundsätzen für die handelsrechtliche Folgebewertung folgend, hat sich die Abschreibungsmethode an den wirtschaftlichen und betriebsindividuellen Umständen des abzuschreibenden Vermögensgegenstands zu orientieren. Da jedoch bereits die Ermittlung der einzelnen Komponenten, aus denen sich der GoF zusammensetzt, erhebliche Schwierigkeiten bereitet, gestaltet sich die Bestimmung des Wertverlaufs umso schwieriger, wenn nicht gar unmöglich (vgl. Küting, K./Weber, C.-P. (2012), S. 368).

I. d. R. dürfte der GoF nach der linearen Abschreibungsmethode fortgeschrieben werden (vgl. Adler, H./Düring, W./Schmaltz, K. (1995), § 309 HGB, Rn. 23). Eine gesetzliche Fixierung auf eine fünfjährige Abschreibungsdauer besteht jedoch nicht, auch wenn es dem »Vorsichtsprinzip … entsprochen [hätte, d. Verf.], Abschreibungsdauer und Abschreibungsverfahren zu pauschalieren« (Moxter, A./Engel-Ciric, D. (2014), S. 491). Sofern der Bilanzierende jedoch eine betriebliche Abschreibungsdauer des GoF von mehr als fünf Jahren wählt, hat er diese nach § 314 Abs. 1 Nr. 20 HGB anzugeben und entsprechend zu begründen. Ein bloßer Verweis auf die typisierte Abschreibungsdauer von 15 Jahren i. S. d. § 7 Abs. 1 Satz 3 EStG ist hierfür allerdings nicht ausreichend (vgl. BT-Drucks. 16/10067, S. 70). Nach DRS 4.33 können als allgemeine Anhaltspunkte Kriterien wie Branchenstabilität, Produktlebenszyklen, Veränderungen der Absatz- und Beschaffungsmärkte, Vertragslaufzeiten oder das Verhalten der Wettbewerber herangezogen werden. Die Beurteilung der voraussichtlichen Nutzungsdauer muss indes immer den spezifischen Einzelfall würdigen, in dessen Kontext dieser entstanden ist. Es gilt allerdings zu berücksichtigen, dass eine exakte Bestimmung der Nutzungsdauer eines GoF die Zerlegung dieser Residualgröße in ihre Einzelbestandteile bedingen würde (vgl. Küting, K./Weber, C.-P. (2012), S. 368). »Die Nutzungsdauer eines so heterogen zusammengesetzten Werts wie des derivativen Firmenwerts zu schätzen, dürfte in den meisten Fällen reine Willkür sein« (Wöhe, G. (1980), S. 98; vgl. zudem BMJV (2015), S. 70, wonach im Rahmen des BilRUG (vgl. § 253 Abs. 3 Satz 4 HGB-E) aus eben diesem Grund »vorgeschlagen wird, den höchstzulässigen Abschreibungszeitraum auf zehn Jahre festzulegen«).

Empirische Studie

Eine empirische Studie des »Centrum für Bilanzierung und Prüfung an der Universität des Saarlandes« aus dem Jahr 2014 untersuchte anhand einer exemplarischen Stichprobe von 115 randomisiert ausgewählten HGB-Konzernabschlüssen des Jahres 2012 die Abschreibungspolitik in Bezug auf den bilanzierten GoF (vgl. für die nachfolgenden Ausführungen die Ergebnisse bei CBP (2014), S. 1 ff.). Dabei wurde unter Berücksichtigung der sog. Altfälle, bei denen noch regelmäßig auf die steuerliche Abschreibungsdauer von 15 Jahren zurückgegriffen wurde, eine durchschnittliche betriebsgewöhnliche Nutzungsdauer des GoF von 10,93 Jahren ermittelt. Abstrahiert man wiederum von diesen Altfällen, ließ sich für GoF, die nach dem 01.01.2010 aktiviert wurden, eine durchschnittliche Nutzungsdauer von 7,13 Jahren nachweisen.

Des Weiteren wurde untersucht, welche Kriterien für die Rechtfertigung einer längeren Nutzungsdauer im Anhang angegeben worden sind. Hierbei wurde neben dem Kriterium der geschäftswertbildenden Faktoren (28 %) sowie der Nachhaltigkeit der Kundenbeziehungen (24 %) die jeweils erwartete wirtschaftliche Nutzungsdauer (20 %) als Begründung für eine längere Abschreibungsfrist (> 5 Jahre) genannt. Überdies tätigten 7 % der Konzerne keine Angaben im Anhang, obgleich dem GoF eine mehr als fünf Jahre umfassende Nutzungsdauer attestiert wurde. Schließlich galt es mit Blick auf die von den untersuchten Konzernen praktizierte (ausbaufähige) Berichterstattung der Frage nachzugehen, ob die im Einzelfall durchgeführte Festlegung der Nutzungsdauer dem Bilanzadressaten unter Objektivierungsgesichtspunkten überhaupt vermittelbar ist. Da in der Vergangenheit keine vergleichbare Berichtspflicht bestand, sich mithin die Entscheidungsfindung vollständig in einem für den Bilanzadressaten nicht nachvollziehbaren Umfeld vollzog, kann auch die nunmehr verpflichtend vorgeschriebene Angabe der zugehörigen Gründe nicht über das unveränderte Ausmaß des dahinter liegenden bilanzpolitischen Ermessensspielraums hinwegtäuschen. Dabei darf die Tatsache nicht negiert werden, dass die berichterstattenden Konzerne konkrete Anhaltspunkte – wenn auch nur in knappen Ein- oder Zweizeilern verpackt – angeben, um die unter Würdigung des Einzelfalls vorzunehmende Nutzungsdauerbestimmung durch nachvollziehbare Kriterien zu belegen. Dies ändert indes nichts an der Tatsache, dass die »praktische Nutzungsdauerbestimmung des Firmenwerts dem allgemeinen Vorwurf der Scheinquantifizierung und -plausibilisierung ausgesetzt ist« (CBP (2014), S. 7).

Analytische Behandlung

Dem externen Bilanzadressaten ist es in diesem Kontext nur schwer möglich, die Plausibilität der festgelegten Abschreibungszeiträume zu überprüfen. Vielmehr muss er sich auf die vom Unternehmen – z. T. rudimentär – dargelegten Begründungen verlassen, um die Werthaltigkeit dieser Position analysieren zu können. Hierbei muss der Bilanzleser insb. beachten, dass sich Konzerne ohne ausreichendes Ertragspotenzial – z. B. aufgrund des dauerhaften Ausbleibens der mit dem GoF antizipierten Synergieeffekte – mittelfristig aufgrund der Ergebnisbelastungen durch die Firmenwertabschreibungen dem Risiko einer deutlichen Verschlechterung der EKQ gegenübersehen. Dies gilt umso mehr, wenn der betragsmäßige Umfang des GoF dem des bilanzierten Eigenkapitals nahezu entspricht oder diesen sogar übersteigt. Auch negative Auswirkungen auf die Einhaltung von Financial Covenants (vgl. exemplarisch dazu Zeyer, F. (2011), S. 364 f.; überdies die (IFRS-spezifischen) Nachweise bei Pellens et al. (2014a)) wären mithin nicht (mehr) auszuschließen.

5.2.1.2 Folgebewertung nach IFRS

IFRS

Der GoF wird in der IFRS-Rechnungslegung als Vermögenswert klassifiziert, der nicht – wie nach HGB – planmäßig abzuschreiben, sondern jährlich (indikatorgestützt) auf seine Werthaltigkeit hin zu überprüfen ist (sog. »impairment-only approach«). Nach Ansicht des IASB spiegelt die planmäßige Abschreibung des GoF nicht den tatsächlichen Werteverzehr wider und vermittelt demzufolge keine entscheidungsnützlichen Informationen (vgl. IFRS 3.BC140 (2004)). Analog zu allen anderen immateriellen Vermögenswerten mit unbegrenzter Nutzungsdauer ist er insoweit mindestens einmal jährlich einem Werthaltigkeitstest nach Maßgabe des IAS 36 zu unterziehen, wobei die zeitliche Durchführung nicht auf den Bilanzstichtag fallen muss (vgl. IAS 36.96). Die grundlegende methodische Vorgehensweise verdeutlicht nachstehende Übersicht 163:

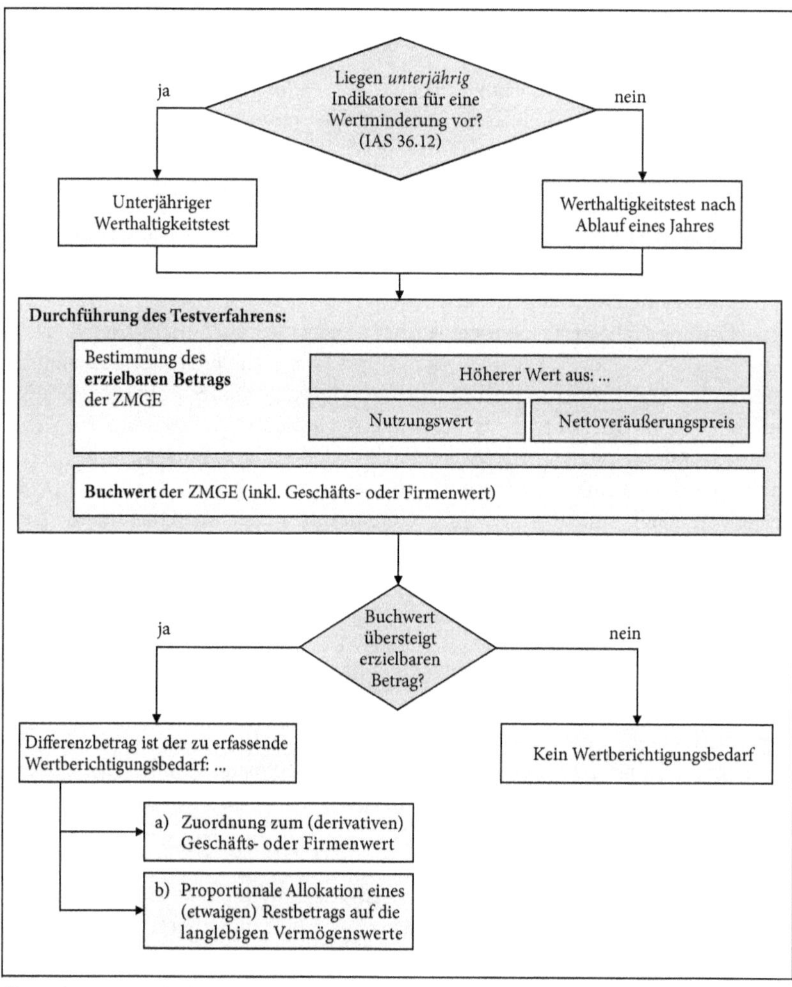

Übersicht 163: Methodische Vorgehensweise beim Impairment-Test nach IAS 36

Werthaltigkeitstest nach IAS 36

Im Rahmen des Werthaltigkeitstests nach IAS 36 stehen dem berichtenden Management eine Vielzahl bilanzpolitischer Stellschrauben zur Verfügung, die dem externen Bilanzanalysten im Rahmen seiner Analyse bewusst sein müssen. Aufgrund der hohen betragsmäßigen Bedeutung von GoF in den Konzernabschlüssen deutscher Unternehmen ist dem Werthaltigkeitstest im Kontext der Firmenwertbilanzierung ein besonderes Augenmerk zu schenken. Ist der GoF bereits aufgrund seines Charakters ein Vermögenswert mit viel Subjektivität (vgl. Küting, K./Pfitzer, N./Weber, C.-P. (2013), S. 254 f.), treten durch die Konzeption des Werthaltigkeitstests weitere umfangreiche subjektive Momente hinzu, wodurch die Goodwill-Bilanzierung nach IFRS in der Gesamtschau ein enormes bilanzpolitisches Potenzial aufweist. »Goodwill is a mix of many things, including the internally generated goodwill of the acquired company and the synergy that is expected from the business combination. Usually, there is real value there, but nobody knows exactly how much. Most elements of goodwill are highly uncertain and subjective and they often turn out to be illusory« (Hoogervorst, H. (2012)).

Abgrenzung der ZMGE

Als erste bilanzpolitische Stellschraube kann die Abgrenzung zahlungsmittelgenerierender Einheiten (ZMGE) identifiziert werden. Im deutschen Bilanzrecht nimmt der Einzelbewertungsgrundsatz eine zentrale Stellung ein (vgl. etwa Küting, K./Eichenlaub, R. (2011), S. 1195 ff.; Fülbier, R. U./Kuschel, P./Selchert, F. W. (2010), Rn. 59 ff.); er gilt grds. uneingeschränkt im Rahmen der Zugangs- und der Folgebewertung. Dieser eherne Grundsatz stellt sicher, dass »Wertminderungen einzelner Vermögensgegenstände … nicht mit Wertsteigerungen, die bei anderen Vermögensgegenständen eingetreten sind, kompensiert werden« (Adler, H./Düring, W./Schmaltz, K. (1995), Rn. 48) dürfen. Dieser aus dem Vorsichtsprinzip deduzierte Fundamentalgrundsatz dient der Objektivierbarkeit von Wertansätzen (vgl. Baetge, J./Kirsch, H.-J./Thiele, S. (2012), S. 128).

Abkehr vom Einzelbewertungsgrundsatz

Mit dem Werthaltigkeitstest gem. IAS 36 kommt es in der IFRS-Rechnungslegung zu einer weitreichenden Abkehr vom Einzelbewertungsgrundsatz. So hat die Werthaltigkeitsüberprüfung immer dann auf aggregierter (ZMGE-)Ebene zu erfolgen, wenn die betreffenden Vermögenswerte keine eigenen Mittelzuflüsse generieren, die weitestgehend unabhängig von den Mittelzuflüssen anderer Vermögenswerte oder Gruppen von Vermögenswerten sind (vgl. IAS 36.66). In der unternehmerischen Praxis zeigt sich, dass eine unmittelbare Zurechnung von Cashflows auf einzelne Vermögenswerte nur in seltenen Ausnahmefällen möglich ist (vgl. Zülch, H./Stork-Wersborg, T. (2012), S. 500). Folgerichtig bestimmt IAS 36.81, dass ein GoF in einer mehrschichtigen Struktur von ZMGE regelmäßig nur Gruppen von ZMGE zugeordnet werden kann und somit auf einer höheren Ebene (sog. »firmenwerttragende« ZMGE) als die mit ihm zugegangenen Vermögenswerte und Schulden zu führen ist (vgl. IAS 36.80).

Die – sehr abstrakt wirkende – Abgrenzungskonzeption von ZMGE aus IAS 36.68 orientiert sich in der praktischen Umsetzung typischerweise an den Unternehmensteilbereichen der internen Steuerung (vgl. überdies Crasselt, N./Pellens, B./Rowoldt, M. (2014), S. 2092 ff.), wobei das maximal zulässige Aggregationsniveau solcher firmenwerttragenden Einheiten nicht größer sein darf als ein nach Maßgabe des IFRS 8 zu bestimmendes »Geschäftssegment« (vgl. IAS 36.80(b)).

Bilanzpolitisches Potenzial

Kennzeichnend für die Bildung von ZMGE ist insofern die Ausrichtung am sog. »management approach« (vgl. stellvertretend KIRSCH, H.-J./KOELEN, P./ KÖHLING, K. (2010), S. 200). Eine ausschließlich bilanzpolitisch motivierte Definition bzw. Abgrenzung von ZMGE zur Kaschierung von Wertberichtigungsbedarfen scheidet grds. aus (vgl. WIRTH, J. (2005), S. 17 f.), auch wenn sich die Überprüfung des Nutzen- und Synergiepotenzials in praxi überwiegend an der Mindestrichtschnur des IAS 36.80(b) orientiert (vgl. BRAUN, R. (2009), S. 178 ff.; PELLENS, B. ET AL. (2005), S. 11 f.). Darüber hinaus zeigt ein Blick in die Unternehmenslandschaft, dass eine einmal fixierte ZMGE-Struktur durchaus signifikanten Änderungen unterliegen kann. So ist es denkbar, dass die bisherigen internen Steuerungs- und Überwachungsstrukturen wegen geänderter konzernpolitischer Zielsetzungen einer vom status quo abweichenden Definition bedürfen; andererseits ist es mit BRAUN auch nicht von der Hand zu weisen, dass rein »bilanzpolitische Gründe aufgrund der höheren Bedeutung des Goodwill für diese Teilgruppe ebenso Motivation für eine Umstrukturierung bzw. Änderung des internen Reporting-Prozesses sein könnten« (BRAUN, R. (2009), S. 181). Exemplarisch sei diesbezüglich auf die Möglichkeit hingewiesen, einzelne GoF einer »ggf. sehr ertragsstarken [ZMGE zuzuweisen, d. Verf.], nur um eine Wertberichtigung zu vermeiden«; Entsprechendes gilt mit Blick auf die in jedweder Hinsicht ermessensbehaftete Aggregation von einzelnen ZMGE, mittels derer der ansonsten bestehende »Impairmentbedarf durch das Zusammenlegen einer ertragsschwachen mit einer überproportional ertragsstarken [ZMGE, d. Verf.] ›verdeckt‹ werden kann« (ZÜLCH, H./ERDMANN, M.-K./GEBHARDT, R. (2007), S. 403 (beide Zitate); vgl. auch HOMMEL, M. (2001), S. 1946).

Buchwertabgrenzung

Sind die Geschäftsfelder identifiziert, die für Zwecke der externen Berichterstattung als ZMGE fungieren, ist in einem weiteren Schritt festzulegen, welche langlebigen (konzernbilanziell erfassten) Vermögenswerte den Wertschöpfungsprozessen und damit den ZMGE zugeordnet werden. Neben den direkt zuordenbaren Vermögenswerten (vgl. IAS 36.76) sind in die Buchwertabgrenzung auch gemeinschaftlich genutzte langlebige Vermögenswerte (corporate assets) einzubeziehen. Darunter sind einerseits Einrichtungen zu verstehen, die keine eigenen Zahlungsmittelströme erzeugen, sondern vielmehr lediglich die operativen Einheiten unterstützen (vgl. IAS 36.100). Andererseits ist hierunter auch gemeinschaftlich von mehreren ZMGE genutztes Produktivvermögen (Fertigungsstraßen, Patente, Transportflotten etc.) zu subsumieren.

Corporate Assets

Für eine Zuteilung von gemeinschaftlich genutzten Vermögenswerten zu einzelnen ZMGE sind einerseits eine detaillierte Identifizierung von gemeinschaftlich genutzten Vermögenswerten und andererseits eine Analyse der jeweiligen Lieferungs- und Leistungsverflechtungen notwendig (vgl. KÜTING, K. (2013), S. 1799 f.). Über ein geeignetes Zuordnungsverfahren sind diese Vermögenswerte auf diejenigen ZMGE zu allozieren, die letztlich einen Nutzen aus betreffendem »asset« ziehen (vgl. IAS 36.102(a)).

Gem. des Standards soll die Zuweisung von »corporate assets« grds. auf Ebene der kleinstmöglichen ZMGE erfolgen, auf der eine sachgerechte Zuordnung sichergestellt ist. Anderenfalls werden ZMGE so lange zusammengefasst, bis eine Zuordnung möglich ist. Für die praktische Umsetzung der Norm wird offenkundig, dass gerade die Allokation solcher »assets« mit deutlichem Ermessen auf Seiten des Bilanzierenden behaftet ist (vgl. etwa MÜLLER, R./REINKE, J. (2009), S. 527 f.), auch wenn es im Zeitablauf den Stetigkeitsgrundsatz (vgl.

IAS 36.72) zu beachten gilt und eine Änderung in der Allokation sachlich begründet sein muss.

Berücksichtigung von Schulden?

Grds. nicht in die Buchwertabgrenzung mit einzubeziehen sind die Buchwerte bilanziell erfasster Schulden, es sei denn, dass der erzielbare Betrag (recoverable amount; vgl. IAS 36.74) nicht ohne die Berücksichtigung von Schulden bestimmt werden kann (vgl. IAS 36.76(b)). Eine wesentliche Ausnahme von diesem Grundsatz wird durch IAS 36.79 geschaffen. Danach ist es zulässig, Schulden im Rahmen der Buchwertabgrenzung zu berücksichtigen, sofern der erzielbare Betrag nicht als Entity-, sondern als Equity-Value ermittelt wird. »In practice, this method is likely to be adopted widely« (PwC (2002), S. 268 f.).

Geschäfts- oder Firmenwert

Als wesentliche Stellschraube bei der Buchwertabgrenzung gilt die Berücksichtigung des GoF selbst. Nach der Zugangsbilanzierung gem. IFRS 3 wird dieser für Zwecke der Folgebilanzierung auf die (einzelnen) Wertschöpfungsprozesse verteilt (vgl. IAS 36.80). Die Folgebilanzierung nach IAS 36 ist durch das Verständnis des GoF als vergüteter Kapitalisierungsmehrwert einerseits sowie die aus der Integration des Akquisitionsobjekts ggf. entstehenden Synergieeffekte andererseits geprägt (vgl. Wirth, J. (2005), S. 208 ff.). Im Erwerbszeitpunkt eines Tochterunternehmens oder einer betrieblichen Teileinheit ist ein erworbener GoF den ZMGE eines Konzerns, die Nutzen aus dem Unternehmenszusammenschluss ziehen werden, zuzuordnen. Im Zusammenhang mit dem Erwerb eines Tochterunternehmens ist daher ein aus der betreffenden Transaktion entstehender GoF dahingehend zu untersuchen, bei welcher im Konzern existierenden oder ggf. neu entstehenden ZMGE dieser zukünftig Nutzen entfalten wird. Demnach erfolgt mit IAS 36 eine Loslösung der Goodwill-Bilanzierung von einer einzelerwerbsorientierten Fortschreibung, wie sie typisch für die deutsche handelsrechtliche Konzernrechnungslegung ist. Im Fokus der Werthaltigkeitsüberprüfung steht dementsprechend nicht der einzelne Erwerbsvorgang. Es wird vielmehr überprüft, ob mit der eingeschlagenen Akquisitionsstrategie für eine firmenwerttragende ZMGE ein Unternehmenswert geschaffen werden konnte, der den Wert des diesem Geschäftsbereich zugeordneten Nettovermögens (inkl. GoF) überschreitet. Diese Loslösung von einer einzelerwerbsorientierten Firmenwertbilanzierung wird konsequent bis zur Berücksichtigung von GoF bei Veräußerungs- und Umstrukturierungsvorgängen umgesetzt (vgl. grundlegend wie ausführlich dazu auch Wirth, J. (2005), S. 342 ff. sowie Küting, P. (2012), S. 212 ff., jeweils m. w. N.).

Kompensationseffekt

Durch die Allokation von Geschäfts- oder Firmenwerten auf ZMGE werden nicht mehr einzelne Akquisitionsmaßnahmen auf ihre Vorteilhaftigkeit getestet. Je nach Abgrenzung der ZMGE können somit – aus Sicht des einzelnen Akquisitionsobjekts – Fehlinvestitionen kaschiert werden. Hierbei gilt: Je größer die einem Werthaltigkeitstest zu unterziehende ZMGE ist, desto eher werden Wertverluste einer Teileinheit durch positive Wertbeiträge einer anderen Teileinheit ausgeglichen. Mit anderen Worten: Der Umfang der damit unweigerlich eintretenden, ob ihres kompensierenden Charakters auch als »Saldierungskissen« (Lüdenbach, N./Hoffmann, W.-D. (2004), S. 1073) bezeichneten »Quersubventionierung« (Pellens, B. et al. (2005), S. 13) korreliert unmittelbar mit der Größe der jeweils gebildeten (firmenwerttragenden) ZMGE.

Erzielbarer Betrag

Zwecks Validierung, ob das einem Wertschöpfungsprozess zugeordnete Nettovermögen über die im Management eingeschlagene Strategie am Markt wiedererlangt werden kann, ist der Buchwert der jeweiligen ZMGE (inkl. des ihr (anteilig) zugerechneten GoF) dem erzielbaren Betrag gegenüberzustellen. Dabei ist letzterer definiert als der höhere Wert aus Nettoveräußerungspreis und Nutzungswert (vgl. IAS 36.74). Eine damit im Zeitablauf möglicherweise einhergehende Substitution des derivativen durch den nicht ansatzfähigen originären GoF (sog. backdoor capitalization) stillschweigend akzeptierend, folgt die Ermittlung jenes Korrektur- bzw. Vergleichsmaßstabs methodisch den allgemeinen Grundsätzen der Unternehmensbewertung.

Nutzungswert

Der Nutzungswert stellt in praxi die übliche Ausprägung des erzielbaren Betrags dar (vgl. die Ergebnisse bei Küting, K. (2012), S. 1937), welcher über ein Unternehmensbewertungsverfahren auf der Grundlage der internen Planungsrechnungen zu ermitteln ist. Seine Ermittlung erfordert – entgegen der Vorgaben für den Nettoveräußerungspreis – einen Eingriff in die unternehmerische Planungsrechnung, zumal IAS 36 einschränkende Vorschriften, insb. hinsichtlich der Berücksichtigung von Erweiterungsinvestitionen und Restrukturierungen, beinhaltet. Diese Korrekturen müssen im Zeitablauf sinnvoll verzahnt und fortgeschrieben werden, was in der Unternehmenspraxis – gerade in komplexen Konzernstrukturen – regelmäßig nur schwer möglich ist. Sowohl die Ermittlung des Nettoveräußerungspreises als auch des Nutzungswerts basieren i. d. R. auf den betrieblichen Planungsrechnungen. Eine solche Bezugnahme ist zu begrüßen, da hierdurch die subjektiven Elemente des Testverfahrens eingeschränkt werden, was wiederum auch deutlich positive Effekte auf die (Konzern-)Bilanzanalyse nach sich zieht. Gleichwohl ist zu betonen, dass eine externe Überprüfung lediglich sicherstellen kann, dass das eingehende Datenmaterial tatsächlich die Steuerungsentscheidungen des Managements widerspiegelt. Ob indes die Annahmen der Planungsrechnung tatsächlich realistische Annahmen verkörpern oder mehr als eine »gute Portion Hoffnung« darstellen, kann aus externer Sicht nicht validiert werden. Gerade in Krisenzeiten besteht somit die Möglichkeit, die subjektiven Momente der Planung in den Dienst der Bilanzpolitik zu stellen.

Emessensspielräume

Die Inputfaktoren der Bewertungsmethoden stellen zweifellos wohl die zentrale Stellschraube des Werthaltigkeitstests dar, sodass in der Bewertungspraxis »unvermeidbare Ermessensspielräume und Gestaltungspotentiale größten Umfangs« (Ballwieser, W./Küting, K./Schildbach, T. (2004), S. 529) auftreten. So existieren bei den Bewertungsmodellen u. a. bei den folgenden Parametern Ermessensspielräume, die dem externen Bilanzanalysten bekannt sein müssen (vgl. Küting, K. (2013), S. 1800 f.):

- Höhe, Anfall und Eintrittswahrscheinlichkeiten zukünftiger Cashflows,
- Wachstumsrate der Cashflows über den Detailplanungszeitraum hinaus,
- marktgestützte Kapitalstruktur zur Ermittlung des Diskontierungszinssatzes,
- Fremdkapitalzinssätze,
- Betafaktor(en),
- laufzeitabhängiger Basiszinssatz und Marktrisikoprämie.

Wertberichtigungsbedarf

Ist der erzielbare Betrag wertmäßig geringer als der Buchwert der betreffenden ZMGE, so ist vorrangig der jener Bewertungseinheit zugewiesene GoF außerplanmäßig wertzuberichtigen. Ein ggf. verbleibender Wertberichtigungsbedarf ist unter Beachtung gewisser Restriktionen den übrigen in den Anwendungsbereich des IAS 36.2 ff. fallenden (langlebigen) Vermögenswerten jener Einheit buchwertproportional zuzuweisen (vgl. IAS 36.104 ff.; IAS 36.C5).

Interner Wertausgleich durch originären GoF

Für die praktische Umsetzung des Werthaltigkeitstests ist zu konstatieren, dass seitens der Analysten ggü. den Abschlussinformationen das Vertrauen vorhanden sein muss, dass der Abschlussersteller tatsächlich einen zutreffenden Einblick in die Vermögens-, Finanz- und Ertragslage zu vermitteln beabsichtigt und nicht die mit dem Werthaltigkeitstest einhergehenden Freiheitsgrade für eine bilanzpolitisch motivierte Gestaltung einsetzt. Dies gilt nicht zuletzt vor dem Hintergrund der auch als »Portfolio-, Kompensations- oder Substitutionseffekt« bezeichneten (werthaltigkeitstestbedingten) Vermengung von originären und derivativen Firmenwertkomponenten.

Management Approach

Garant für eine hochwertige Unternehmensinformation ist auf den ersten Blick die Ausrichtung des Werthaltigkeitstests am »management approach«. Die damit verbundenen subjektiven Elemente sollen dergestalt ausgefüllt werden, dass die Intentionen des steuernden Managements abgebildet werden. Dies gilt sowohl für die Abgrenzung der ZMGE, die Zuordnung von Vermögenswerten (inkl. GoF) und Schulden, die Ermittlung des erzielbaren Betrags als auch für die Verteilung etwaiger Wertminderungen auf die einzelnen Vermögenskategorien. Unterstellt man, dass sich in der Goodwill-Bilanzierung nach IAS 36 die Einschätzungen des Managements aus der internen Steuerungsrechnung unverfälscht widerspiegeln, führt die Konzeption des Werthaltigkeitstests tatsächlich zu einer guten (transparenten) Kapitalmarktinformation. Gerade in Krisenzeiten ist jedoch fraglich, ob diese positive Grundeinstellung aufrechtzuerhalten ist. Vor allem die subjektiven Elemente der Planungsrechnung, die auch nur schwerlich einer geeigneten Überwachung durch den Abschlussprüfer zugänglich sind, können Krisensymptome kaschieren. So ist es denn auch wenig verwunderlich, dass sich der »impairment-only approach« seit jeher und völlig zu Recht vielfacher Kritik ausgesetzt sieht (vgl. stellvertretend Scheren, M./Scheren, T. (2014), S. 86ff., Baetge, J./Dittmar, P./Klönne, H. (2014), S. 9ff., jeweils m.w.N.).

Empirische Studien

Zahlreiche emprische Studien belegen, dass Goodwill-Impairments – wenn überhaupt – nur in äußerst geringem Umfange vorgenommen wurden und auch nach wie vor werden. Bedenklich stimmen insb. die von Küting im Rahmen seiner empirischen Analyse gewonnenen Erkenntnisse aus dem Jahre 2013. Trotz der Tatsache, dass der GoF das Bilanzbild vieler deutscher Konzerne beherrscht, wurde im Jahr 2012 lediglich 1,68 % des gesamten wertmäßigen Goodwill aller untersuchten (DAX-)Konzerne wertgemindert. Würde die Rechnung sogar ohne die Deutsche Telekom AG aufgemacht, deren Impairmentabschreibung sich auf 72,98 % des gesamten Abschreibungsvolumens belief, verringerte sich der Wert gar auf 0,49 %. Das wiederum ergäbe eine »rein theoretische rechnerische Nutzungsdauer« von 59,9 bzw. 204,1 Jahren, je nach dem, ob die außerplanmäßige Abschreibung der Deutsche Telekom AG berücksichtigt wird (vgl. Küting, K. (2013), S. 1800ff.). Dies weckt naturgemäß »Zweifel an dem, was da als Vermögenswert aktiviert ist« (Ballwieser, W. (2014), S. 146) und gibt all denjenigen Kritikern Recht, die sich für eine Abkehr von diesem Integrationskonzept stark machen und zugleich für die Wiedereinführung einer planmäßigen Abschreibung auf Basis einer typisierten Nutzungsdauer plädieren. »Bei aller berechtigten Kritik an der Unterstellung einer bestimmten Nutzungsdauer und eines planmäßigen Verbrauchs des Goodwill erscheint die Vorstellung, er unterliege gar keinem Werteverzehr und sei ›everlasting‹ mindestens ebenso unglaubwürdig« (Thormann, B. (2014), S. I). »If history is any guide, [the impairment-only approach, d. Verf.] is likely to last for a few years until its shortcomings are demonstrated by some future accounting scandal. At that point, whoever is setting standards at that time will no doubt revert to one of the previous treatments of goodwill. And so the wheel will continue to turn« (Paterson, R. (2002), S. 101).

Analytische Behandlung

Auch wenn derzeit die Kritik an jener Impairment-Konzeption, sei es von akademischer, praktischer oder institutioneller Seite, immer lauter wird, ist mit einer Entscheidung hinsichtlich Fortbestand oder Abschaffung nicht vor Beedingung des sog. »Post Implementation Review« zu IFRS 3 zu rechnen. Für Zwecke interperiodischer Vergleiche gilt es daher (nach wie vor), durch geeignete Anpassungsmaßnahmen eine Entschärfung des dem »impairment only«-Ansatz inhärenten bilanzpolitischen Potenzials herbeizuführen. So sollten einmalige, außerordentlich hohe Abschreibungen, die das Management etwa im Zuge einer »big bath«-Strategie vornimmt und durch die in der Vergangenheit unterlassene Abschreibungen nachgeholt oder Polster für zukünftige Perioden geschaffen werden, auf zurückliegende und ggf. künftige Perioden entsprechend verteilt werden. Darüber hinaus sollte für aus Unternehmenzusammenschlüssen resultierende GoF ungeachtet der Vornahme etwaiger außerplanmäßiger Wertkorrekturen eine typisierte Nutzungsdauer unterstellt, mithin so getan werden, als unterlägen sie – wie nach HGB – einem planmäßigen Werteverzehr. Dies wird in aller Regel zur Folge haben, das ausgewiesene Konzernjahresergebnis zusätzlich um fingierte (planmäßige) GoF-Abschreibungen korrigieren zu müssen.

5.2.2 Passivischer Unterschiedsbetrag

Ursachen und Charakter

Im Zuge der Aufrechnung des Buchwertansatzes der Anteile an einem Tochterunternehmen mit dem darauf entfallenden anteiligen Eigenkapital kann auch der Fall eines verbleibenden passivischen Unterschiedsbetrags auftreten. Maßgeblicher Aufrechnungszeitpunkt ist der Zeitpunkt, zu dem das Unternehmen Tochterunternehmen geworden ist (vgl. Petersen, K./Zwirner, C. (2008), S. 24). Resultiert der passivische Unterschiedsbetrag aus einer Fehlbewertung (bspw. einer Überbewertung des erworbenen Vermögens bzw. einer Unterbewertung der erworbenen Schulden), so besitzt er den Charakter einer Wertberichtigung. In derartigen Fällen sind die betroffenen Vermögensgegenstände/-werte und Schulden um diese stillen Lasten zu bereinigen.

Neben solchen Bewertungsfehlern kann ein passivischer Unterschiedsbetrag auch grds. folgende Ursachen haben, die ihrerseits wiederum jeweils dessen spezifischen Charakter begründen:

(1) Rückstellungsähnlicher Fremdkapitalcharakter, sofern zukünftige negative Ertragserwartungen (sog. »badwill«) bereits im Kaufpreis antizipiert oder etwa Wertberichtigungen bei betreffendem Tochterunternehmen nicht hinreichend berücksichtigt wurden (vgl. § 309 Abs. 2 Nr. 1 HGB);

(2) Eigenkapitalcharakter, wenn er a) auf einem überaus günstigen Kauf (sog. »lucky buy« oder auch »bargain purchase«) beruht (Abs. 2 Nr. 2 HGB) oder aber die Einbeziehung des betreffenden Tochterunternehmens nicht auf den Wertverhältnissen zum Erwerbszeitpunkt, sondern vielmehr auf Wertverhältnissen zu einem späteren Abschlussstichtag basiert.

Insofern präsentiert sich jener passivische Unterschiedsbetrag in aller Regel als eine höchst heterogene Mischgröße aus zahlreichen Einflüssen. Sog. »unechte«, rein »technische« (Welling, M./Lewang, K. (2011), S. 2737) Unterschiedsbeträge, die aufgrund von vor der Erstkonsolidierung bei betreffendem Tochterunternehmen durchgeführten Gewinnthesaurierungen beruhen, werden dabei nicht von der Norm des § 309 Abs. 2 HGB erfasst. Da es sich hierbei um während der Konzernzugehörigkeit erwirtschaftete Gewinne handelt, bedarf es nach h. M. zum erstmaligen Einbeziehungszeitpunkt einer sofortigen GuV-neutralen Umgliederung in die (Konzern-)Gewinnrücklagen (vgl. Küting, K./Weber, C.-P. (2012), S. 375 f.; überdies Förschle, G./Hoffmann, K. (2014), Rn. 30; Adler, H./Düring, W./Schmaltz, K. (1995), § 301 HGB, Rn. 135; a. A. Hoffman, W.-D./Lüdenbach, N. (2014), § 309 HGB, Rn. 20).

Behandlung nach HGB

Der Ausweis eines negativen Unterschiedsbetrags erfolgt gem. § 301 Abs. 3 HGB auf der Passivseite nach dem Eigenkapital in einem gesonderten Posten »Unterschiedsbetrag aus der Kapitalkonsolidierung«. Nach dem Gesetzeswortlaut ist ein Ausweis zwischen dem Eigen- und dem Fremdkapital oder sogar im Fremdkapital denkbar. Die Gesetzesbegründung schränkt die Ausweismöglichkeiten jedoch dahingehend ein, dass ein solcher negativer Unterschiedsbetrag unabhängig von seinem bilanziellen Charakter konsequent zwischen dem Eigen- und Fremdkapital auszuweisen ist (vgl. BT-Drucks. 16/10067, S. 81 f.).

Die GuV-wirksame Auflösung eines passivischen Unterschiedsbetrags ist nach § 309 Abs. 2 HGB nur unter bestimmten Voraussetzungen möglich. Trotz des Wortlauts »darf nur« ist davon auszugehen, dass er bei Erfüllung der genannten Kriterien verpflichtend aufzulösen ist (vgl. Küting, K./Weber, C.-P. (2012), S. 376). Ein »badwill« ist prinzipiell erst dann aufzulösen, wenn die erwarteten negativen Zukunftserwartungen eintreten (vgl. § 309 Abs. 2 Nr. 1 HGB; DRS 4.40). Somit »kann die passive Differenz wie ein Zuschuß zur Verbesserung der Ertragslage« (Havermann, H. (1978), S. 434) angesehen werden. Bei einem »lucky buy« ist der passivische Unterschiedsbetrag gem. § 309 Abs. 2 Nr. 2 HGB aufzulösen, wenn er einem realisierten Gewinn entspricht.

Aktuelle Entwicklungen

Dass auch § 309 HGB durch den am 07.01.2015 vom BMJV vorgelegten Regierungsentwurf eines Bilanzrichtlinie-Umsetzungsgesetzes (BilRUG) Änderungen erfahren wird, ist wahrscheinlich. Statt wie bisher nach einzelnen Fallkonstellationen zu differenzieren, soll eine »Übertragung … künftig immer dann möglich und sinnvoll [sein, d. Verf.], wenn die [GuV-wirksame, d. Verf.] Vereinnahmung den allgemeinen Bewertungsgrundsätzen und -methoden entspricht« (BMJV (2015), S. 91; vgl. auch § 309 Abs. 2 HGB-E). Ob und inwieweit sich mit diesem »Freifahrtschein« etwas an der gängigen Konsolidierungspraxis ändern wird, darf doch – bei aller vorausgegangener und berechtigter Kritik (vgl. stellvertretend Oser, P./Orth, C./Wirtz, H. (2014), S. 1882 f.) – sehr bezweifelt werden.

Behandlung nach IFRS

Das IASB unterstellt, dass ein ordentlicher Kaufmann sein Nettovermögen unter gewöhnlichen Umständen nicht unter dessen beizulegendem Zeitwert verkaufen würde. Resultiert aus der Kapitalaufrechnung gem. IFRS 3.34 im äußerst seltenen Ausnahmefall ein negativer Unterschiedsbetrag (excess), liegt nach Ansicht des IASB ein günstiger Kauf (sog. »bargain purchase«) vor. Gleichwohl können auch andere Gründe für die Existenz eines solchen Unterschiedsbetrags ursächlich sein. Einerseits kann sowohl das übernommene Nettovermögen als auch die übertragene Gegenleistung fehlerhaft berechnet worden sein; andererseits, weil den spezifischen, vom postulierten Fair Value-Prinzip abweichenden Vorschriften geschuldet, kann das Nettovermögen (regelkonform) auch unterhalb des beizulegenden Zeitwerts angesetzt worden sein. Um all jenen Umständen im Einzelfall adäquat Rechnung zu tragen, bedarf es zunächst einer nochmaligen Überprüfung (reassessment) sämtlicher konzernbilanzieller Wertansätze; dabei erstreckt sich dieses Postulat nicht nur auf das übernommene Nettovermögen, sondern gleichermaßen auch auf den Ansatz und die Bewertung der übertragenen Gegenleistung. Erst dann, fände der negative Unterschiedsbetrag nach dieser – auch als bloßen »formalen Akt« (Küting, K. (2012a), S. 2829) kritisierten – nochmaligen Überprüfung seine finale Bestätigung, ist er bereits im Erwerbszeitpunkt unmittelbar ertragswirksam zugunsten des beherrschenden Gesellschafters aufzulösen.

Eventualverpflichtungen

Besonderes Augenmerk ist hierbei auf etwaige identifizierbare Eventualverpflichtungen zu richten. »Aufgrund der nur schwer möglichen Objektivierung und Überprüfbarkeit sind die in die Kaufpreisallokation eingehenden Eventualverbindlichkeiten ein nicht unerhebliches Gestaltungsmittel zur betragsmäßigen Beeinflussung eines als Ertrag zu vereinnahmenden negativen Unterschiedsbetrags ... Werden Eventualverbindlichkeiten in geringerem Umfang passiviert als die damit verbundenen negativen werttreibenden Faktoren in das Kaufpreiskalkül eingegangen sind«, kann dies dazu »verleiten, den eigentlichen Zweck dieser Vorschrift ... aus den Augen zu verlieren und stattdessen massiv Bilanzkosmetik zu betreiben« (Küting, K./Wirth, J. (2006), S. 151 (beide Zitate)).

Analytische Behandlung

Die handelsrechtliche Vorgehensweise zum Ausweis und zur Behandlung des passivischen Unterschiedsbetrags entsprechend seines bilanziellen Charakters eröffnet dem Bilanzierenden über zahlreiche Ermessensentscheidungen Raum zur bilanzpolitischen Gestaltung. Neben der Ausweisfrage, die mitunter Auswirkungen auf diverse Kennzahlen hat, ist insb. auf die Möglichkeit, über passivische Unterschiedsbeträge Ertragsreserven für schlechte Zeiten zu legen, hinzuweisen. Diese sog. »cookie jar reserves« können dann vom Management bei Bedarf gewinnerhöhend aufgelöst werden. Dies dürfte auch ein Hauptgrund dafür sein, dass ein passivischer Unterschiedsbetrag nach IFRS sofort GuV-wirksam zu verrechnen ist.

HGB

Ein nach HGB bilanzierter passivischer Unterschiedsbetrag ist entsprechend obiger Ausführungen seinem Charakter nach im Rahmen der Bilanzanalyse entweder dem Eigen- oder Fremdkapital zuzuordnen. Da betreffender Posten ebenso wie wesentliche Veränderungen ggü. dem Vorjahr gem. § 301 Abs. 3 Satz 2 HGB im (Konzern-)Anhang detailliert zu erläutern sind, kann anhand dieser Informationen auch eine entsprechende Zuordnung vorgenommen werden.

IFRS

Dass sich derlei Zuordnungsempfehlungen für Zwecke einer Berichterstattung nach IFRS erübrigen, liegt darin begründet, passivische Unterschiedsbeträge nach nochmaliger Überprüfung (reassessment) unmittelbar bei erstmaliger Erfassung GuV-wirksam auflösen zu müssen.

5.2.3 Full Goodwill-Methode nach IFRS

Wahlrecht nach IFRS

Während für US-GAAP-Bilanzierende seit 2008 jeglicher Goodwill aus einem Unternehmenszusammenschluss in Form eines Full Goodwill auszuweisen ist (vgl. ASC 805–20–30–1), bleibt es IFRS-Anwendern selbst überlassen, ob sie weiterhin von einer beteiligungsproportionalen Firmenwertbilanzierung – im Folgenden als »Purchased Goodwill-Methode« bezeichnet – Gebrauch machen oder mit dem »ubiquitären Tabu« (Busse von Colbe, W./Falkenhahn, G. (2005), S. 12) brechen, und den GoF auch auf die nicht-beherrschenden Gesellschafter hochrechnen (vgl. IFRS 3.32 i. V. m. IFRS 3.19; überdies exemplarisch Pawelzik, K. U. (2009), S. 277 f.). Der Unterschied zwischen beiden Methoden besteht in der Bewertung des Anteils nicht-beherrschender Gesellschafter. Während jener Anteil im Falle der Purchased Goodwill-Methode auf der Grundlage des neu bewerteten Nettovermögens ermittelt wird, gilt es betreffenden Anteil im Rahmen der Full Goodwill-Methode mit dem beizulegenden Zeitwert (fair value) zu bewerten. Das bestehende Wahlrecht ist das Ergebnis einer Kompromisslösung, die allerdings dem vom IASB propagierten Ziel, bilanzpolitische Möglichkeiten auszuschalten, um auf diese Weise die Vergleichbarkeit der Abschlüsse zu erhöhen, deutlich entgegensteht.

Anteile nicht-beherrschender Gesellschafter

Die Full Goodwill-Methode schließt eine Bewertung der jenem Gesellschafterstamm zuzurechnenden Anteile auf der Grundlage der Anschaffungskosten des beherrschenden Gesellschafters explizit aus, zumal darin ggf. eine Kontrollprämie (control premium) enthalten sein kann (vgl. lediglich IFRS 3.B44). Die nicht-beherrschenden Gesellschafter würden dahingegen einen derartigen Zuschlag für ihren Anteil, mit dem kein beherrschender Einfluss verbunden ist, wohl kaum aufbringen. Ebenso wenig können sie in Ermangelung eines kontrollierenden Einflusses das »Nettovermögen des Tochterunternehmens dergestalt in die Wertschöpfungsstrukturen integrieren, dass Synergiepotenziale entstehen« (Küting, K./Weber, C.-P./Wirth, J. (2008), S. 141). Dabei kann der beizulegende Zeitwert des Anteils der nicht-beherrschenden Gesellschafter idealerweise aus einem Börsenpreis abgeleitet werden. Da aber in der Mehrzahl der Fälle solch ein öffentlich notierter Preis nicht direkt am Markt beobachtbar sein wird (dies gilt insb. für GmbH-Anteile sowie für Anteile an Personenhandelsgesellschaften), hat der Erwerber in jenen (Regel-)Fällen ersatzweise auf geeignete zahlungsstromorientierte Bewertungstechniken/-verfahren (Dividenden-DCf etc.) zurückzugreifen (vgl. mitunter Küting, K./Pfitzer, N./Weber, C.-P. (2013), S. 256 ff.; überdies Küting, K./Cassel, J. (2014), S. 460 f.).

Würdigung

Es bleibt festzuhalten, dass dieses Konzept allenfalls nur im Zugangszeitpunkt als konzeptionell stimmig zu beurteilen ist. Dadurch, dass der GoF nicht explizit auf die beiden Gesellschafterstämme verteilt und gesondert fortgeschrieben, sondern vielmehr als eine Einheit betrachtet wird, treten insb. in den Folgeperioden konzeptionsbedingt äußerst fragwürdige Bilanzierungseffekte zutage, wodurch mehr Unklarheiten geschaffen als beseitigt werden. Abgesehen von der ermessensbehafteten Zuordnung zu den einzelnen firmenwerttragenden ZMGE, betrifft dies vornehmlich Fragen des Impairmenttests; schließlich gilt es dann auch sicherzustellen, dass bei der buchhalterischen Erfassung einer konstatierten Wertminderung eine nach den einzelnen Gesellschafterstämmen differenzierende Allokation des Wertberichtigungsbedarfs erfolgt (vgl. IAS 36.C6 f.; überdies Küting, K./Weber, C.-P./Wirth, J. (2008), S. 144 ff.). Entsprechend verhält es sich

– zumindest was die Komplexität und konzeptionellen Unstimmigkeiten betrifft – auch in Bezug auf die bilanzielle Behandlung von GoF im Kontext von (konzerninternen) Umstrukturierungs- (vgl. Küting, P. (2012), S. 220ff.) und Entkonsolidierungsvorgängen (vgl. Wirth, J. (2005), S. 291ff.).

Bilanzpolitisches Potenzial

Fällt die Entscheidung zugunsten der Full Goodwill-Methode aus, ist es dem Bilanzierenden möglich, im Einzelfall den Eigenkapitalausweis im Konzern positiv zu beeinflussen. Gelingt es ihm im Rahmen der Bewertung einen Gesamtunternehmenswert nachzuweisen, der deutlich über seinen geleisteten (anteiligen) Anschaffungskosten liegt, so findet dieser »Wertunterschied« unmittelbar Eingang in den Ausgleichsposten für nicht-beherrschende Gesellschafter und damit in das konzernbilanzielle Eigenkapital (vgl. etwa Zwirner, C./Künkele, K.P. (2010), S. 254f.). Mit anderen Worten: Durch die Bewertung der Anteile nicht-beherrschender Gesellschafter zum Fair Value steigt auf der Aktivseite die Höhe des ausgewiesenen Goodwill, was sich analog auf der Passivseite in einer höheren Dotierung des gleichnamigen Ausgleichspostens und damit unmittelbar in einem betragsmäßig höheren Eigenkapitalausweis widerspiegelt.

Effekte auf Kennzahlen

Ob die damit einhergehenden Eigenkapitaleffekte – wie vielfach unterstellt – positive Auswirkungen auf die Unternehmensbeurteilung haben, ist dabei nicht nur von der Qualifikation des GoF selbst, sondern gleichermaßen von der Frage abhängig, ob und inwieweit die Anteile nicht-beherrschender Gesellschafter bilanzanalytisch als Eigenkapitalbestandteil gewertet werden. Da der GoF schon per se als »unsicherer« Vermögenswert gilt (vgl. Wulf, I. (2009), S. 732), wird dieser (auch) im Rahmen der computergestützten Kennzahlen-/Bonitätsanalyse regelmäßig (weiterhin) mit dem Eigenkapital verrechnet (vgl. Haller, A./Löffelmann, J.V./Etzel, B. (2009), S. 220ff.). Überdies ist zu beachten, dass bereits unmittelbar in der auf das Erwerbsjahr folgenden Berichtsperiode i.d.R. keine Informationen mehr darüber vorliegen, welcher Anteil des GoF den nicht-beherrschenden Gesellschaftern zuzurechnen ist bzw. welcher Anteil letztlich auf den Konzern entfällt, was wiederum mitunter zu einer signifikanten Fehlbeurteilung führen kann (vgl. auch Küting, K. (2012a), S. 2828).

Verlustpotenzial

Auch im Hinblick auf künftige Werthaltigkeitstests dürfte sich eine (weitere) betragsmäßige Erhöhung des Goodwill eher negativ auswirken, zumal damit zeitgleich das Abschreibungs- und Verlustpotenzial ansteigt. Die Anwendung der Full Goodwill-Methode erscheint daher aus den genannten Gründen immer dann sinnvoll, wenn das Wertminderungs- bzw. Verlustpotenzial seitens des steuernden Managements als eher gering eingeschätzt und zugleich ein hohes konzernbilanzielles Eigenkapital gewünscht wird (vgl. Pawelzik, K.U. (2009), S. 277; Wulf, I. (2009), S. 732; Zwirner, C./Künkele, K.P. (2010), S. 255).

Anteilsbesitz weniger als 100%

Dabei bietet sich die Anwendung der Full Goodwill-Methode insb. dann an, sollte es bei einem Anteilsbesitz von weniger als 100% beabsichtigt sein, betreffende Beteiligung in einer der Folgeperioden unter Wahrung der Kontrolle aufzustocken. Schließlich kann das erwerbende (Mutter-)Unternehmen auf diese Weise bereits im Erwerbszeitpunkt die angesprochenen (positiven) Eigenkapitaleffekte bewirken. Würde dann in einer der darauf folgenden Perioden eine weitere Anteilstranche erworben, hätte dies qua ihrer einheitstheoretischen Prägung (vgl. Küting, P. (2012), S. 102f.) zur Folge, jene Anteilsveränderung in Übereinstimmung mit IFRS 10.B96 als Transaktion unter Eigentümern darstellen zu müssen (vgl. 5. Abschn., 5.3.2). Dadurch kann das beherrschende (Mutter-)Unternehmen wiederum eine betragsmäßig stärkere Belastung des konzernbilanziellen Eigenkapitals vermeiden, sofern die erbrachte Gegenleistung den erworbenen Buchwert der (relativen) Anteile nicht-beherrschender Gesellschafter übersteigt.

Zur Verdeutlichung der angesprochenen Effekte sei nachfolgendes Beispiel angeführt: **Beispiel**

Prämissen des Sachverhalts:
Das Unternehmen A entschließt sich zum 01.01.01, eine 80%-ige Beteiligung an Unternehmen B, das seinerseits einen Geschäftsbetrieb (business) i.S.d. IFRS 3 darstellen möge, zu erwerben. Der Kaufpreis für diese 80%-ige Anteilstranche belaufe sich auf 1.000 GE. Das vollständig neu bewertete Nettovermögen von B betrage 600 GE; darin sind stille Reserven im sonstigen Vermögen von 400 GE enthalten. Im Rahmen eines Unternehmensbewertungsverfahrens wird der Fair Value der Anteile nicht-beherrschender Gesellschafter annahmegem. mit 400 GE beziffert. Zum 01.01.02 fasst Unternehmen A den Entschluss, auch die verbleibende 20%-ige Tranche noch zu akquirieren. Der Kaufpreis hierfür betrage 600 GE. Zur Vereinfachung sei angenommen, dass die Unternehmen A und B im Betrachtungszeitraum keine Gewinne erwirtschaften. Auf die Abgrenzung latenter Steuern sei aus Praktikabilitätsgründen verzichtet.

Vorgehensweise zum 01.01.01

Variante 1: Purchased Goodwill-Methode

Zur Verdeutlichung der konzernbilanziellen Effekte wird ausgehend vom Summenabschluss, in den neben dem Einzelabschluss des (Mutter-)Unternehmens A auch der von (Tochter-)Unternehmen B nach Aufdeckung der stillen Reserven (IFRS-HB III) eingeht, die Konzernbilanz entwickelt.
Mit Buchungssatz (1) wird die Kapitalkonsolidierung auf Basis des 80%-igen Anteils vorgenommen. Es entsteht ein Goodwill i.H.v. 520 GE. Sodann erfolgt mit Buchungssatz (2) die Dotierung der Anteile nicht-beherrschender Gesellschafter i.H. ihres Anteils von 20% (= 120 GE). Hieraus resultiert eine Konzernbilanzsumme von 3.720 GE sowie ein konzernbilanzielles Eigenkapital (inkl. der Anteile nicht-beherrschender Gesellschafter) i.H.v. 2.120 GE.

01.01.01 [in: GE] *(purchased goodwill method)*	**A**	**B**	**Summe**	**Soll**	**Haben**	**Konzern**
Anteile an B	1.000	0	1.000		(1) 1.000	0
Geschäfts- oder Firmenwert	0	0	0	(1) 520		520
sonstige VW	1.000	800	1.800			1.800
Bank/Kasse	600	800	1.400			1.400
Aktiva	**2.600**	**1.600**	**4.200**			**3.720**
gez. Kapital	1.000	200	1.200	(1) 160 (2) 40		1.000
Gewinnrücklagen	1.000	0	1.000			1.000
Neubewertungsrücklage	0	400	400	(1) 320 (2) 80		0
Anteile nicht-beherrschender Gesellschafter	0	0	0		(2) 120	120
Verbindlichkeiten	600	1.000	1.600			1.600
Passiva	**2.600**	**1.600**	**4.200**			**3.720**

Übersicht 164: Purchased Goodwill-Methode zum 01.01.01

Variante 2: Full Goodwill-Methode

Analog zur Vorgehensweise bei der Purchased Goodwill-Methode erfolgt auch hier mit den Buchungssätzen (1) und (2) die Kapitalkonsolidierung bzw. die entsprechende Dotierung des Ausgleichspostens für Anteile nicht-beherrschender Gesellschafter. Darüber hinaus ist es dieser Methode immanent, auch den mithilfe eines Unternehmensbewertungsverfahrens ermittelten Fair Value der Anteile nicht-beherrschender Gesellschafter i. H. v. 400 GE berücksichtigen zu müssen. Verhält es sich wie im vorliegenden Fall dergestalt, dass dieser den mit 120 GE dotierten Ausgleichsposten übersteigt, ist diese verbleibende Differenz i. H. v. 280 GE – wie mit Buchungssatz (4) nachvollzogen – goodwillerhöhend einzubuchen. Danach weist der GoF insgesamt nunmehr einen Wert i. H. v. 800 GE auf. Die sich aus diesen beiden alternativen Methoden jeweils ergebenden (Eigenkapital-)Effekte verdeutlicht Übersicht 168.

01.01.01 [in: GE] *(full goodwill method)*	**A**	**B**	**Summe**	**Soll**	**Haben**	**Konzern**
Anteile an B	1.000	0	1.000		(1) 1.000	0
Geschäfts- oder Firmenwert	0	0	0	(1) 520 (3) 280		800
sonstige VW	1.000	800	1.800			1.800
Bank/Kasse	600	800	1.400			1.400
Aktiva	**2.600**	**1.600**	**4.200**			**4.000**
gez. Kapital	1.000	200	1.200	(1) 160 (2) 40		1.000
Gewinnrücklagen	1.000	0	1.000			1.000
Neubewertungsrücklage	0	400	400	(1) 320 (2) 80		0
Anteile nicht-beherrschender Gesellschafter	0	0	0		(2) 120 (3) 280	400
Verbindlichkeiten	600	1.000	1.600			1.600
Passiva	**2.600**	**1.600**	**4.200**			**4.000**

Übersicht 165: Full Goodwill-Methode zum 01.01.01

Vorgehensweise zum 01.01.02

Variante 1: Purchased Goodwill-Methode

Zunächst wird mit den Buchungssätzen (1) und (2) die Erstkonsolidierung zum 01.01.01 wiederholt und damit die Bilanzidentität hergestellt. Sodann erfolgt mit Buchungssatz (3) die Berücksichtigung der hinzuerworbenen Anteilstranche. Nach IFRS 10.B96 ist dieser Erwerb als Transaktion unter Eigentümern abzubilden, mit der Folge, die Anteile nicht-beherrschender Gesellschafter (= 120 GE) gegen den Kaufpreis i. H. v. 600 GE aufzurechnen, und die sich hieraus ergebende Differenz (= 480 GE) zu Lasten der Kapitalrücklage verbuchen zu müssen. Da aber die Konsolidierungspraxis hier typischerweise einen anderen Weg beschreitet, und derartige Residualeffekte – stattdessen unmittelbar mit den Gewinnrücklagen verrechnet, fungiert dieses »heterogene Sammelbecken« (Küting, K. (2010), S. 184) auch hier nachstehend als Auffangtatbestand.

01.01.02 [in: GE] *(purchased goodwill method)*	**A**	**B**	**Summe**	**Soll**	**Haben**	**Konzern**
Anteile an B	1.600	0	1.600		(1) 1.000 (3) 600	0
Geschäfts- oder Firmenwert	0	0	0	(1) 520		520
sonstige VW	1.000	800	1.800			1.800
Bank/Kasse	0	800	800			800
Aktiva	**2.600**	**1.600**	**4.200**			**3.120**
gez. Kapital	1.000	200	1.200	(1) 160 (2) 40		1.000
Gewinnrücklagen	1.000	0	1.000	(3) 480		520
Neubewertungsrücklage	0	400	400	(1) 320 (2) 80		0
Anteile nicht-beherrschender Gesellschafter	0	0	0	(3) 120	(2) 120	0
Verbindlichkeiten	600	1.000	1.600			1.600
Passiva	**2.600**	**1.600**	**4.200**			**3.120**

Übersicht 166: Purchased Goodwill-Methode zum 01.01.02

Variante 2: Full Goodwill-Methode

Entsprechend zur Vorgehensweise bei der Purchased Goodwill-Methode wird auch hier in einem ersten Schritt zunächst die Erstkonsolidierung nachvollzogen (vgl. Buchungssätze (1) bis (3)). Darauf aufbauend wird die erworbene Anteilstranche i. H. v. 20 % nach Maßgabe des IFRS 10.B96 als Transaktion unter Eigentümern abgebildet, ergo die hingegebene Gegenleistung i. H. v. 600 GE mit dem Posten für Anteile nicht-beherrschender Gesellschafter verrechnet (vgl. Buchungssatz (4)). Da dieser Posten indes konzeptionsbedingt einen höheren Wert aufweist als unter Anwendung der beteiligungsproportionalen Variante, ergibt sich eine wertmäßig geringere Differenz zwischen hingegebener Gegenleistung und dem Ausgleichsposten für Anteile nicht-beherrschender Gesellschafter, die es hier wiederum gegen die Gewinnrücklagen zu verbuchen gilt. Hieraus resultiert eine Konzernbilanzsumme von 3.400 GE sowie ein konzernbilanzielles Eigenkapital i. H. v. 1.800 GE.

01.01.02 [in: GE] *(full goodwill method)*	**A**	**B**	**Summe**	**Soll**	**Haben**	**Konzern**
Anteile an B	1.600	0	1.600		(1) 1.000 (4) 600	0
Geschäfts- oder Firmenwert	0	0	0	(1) 520 (3) 280		800
sonstige VW	1.000	800	1.800			1.800
Bank/Kasse	0	800	800			800
Aktiva	**2.600**	**1.600**	**4.200**			**3.400**
gez. Kapital	1.000	200	1.200	(1) 160 (2) 40		1.000
Gewinnrücklagen	1.000	0	1.000	(4) 200		800
Neubewertungsrücklage	0	400	400	(1) 320 (2) 80		0
Anteile nicht-beherrschender Gesellschafter	0	0	0	(4) 400	(2) 120 (3) 280	0
Verbindlichkeiten	600	1.000	1.600			1.600
Passiva	**2.600**	**1.600**	**4.200**			**3.400**

Übersicht 167: Full Goodwill-Methode zum 01.01.02

Fazit:
Die Effekte, die sich aus dem Erwerb einer weiteren Anteilstranche ergeben, verdeutlicht nachstehende Übersicht 168. Es wird ersichtlich, dass durch die Anwendung der Full Goodwill-Methode ein bilanzmäßig höherer Goodwill entsteht, sofern der Fair Value der Anteile nicht-beherrschender Gesellschafter höher bewertet wird, als das ihnen anteilsmäßig zustehende Reinvermögen. Zudem wirkt sich der Erwerb der weiteren Anteilstranche bedingt durch die Fair Value-Bewertung jenes Anteils weniger stark auf das konzernbilanzielle Eigenkapital aus.

01.01.01 [in: GE]	**Purchased Goodwill-Methode**	**Full Goodwill-Methode**	**Delta**	
			absolut	*relativ*
Geschäfts- oder Firmenwert	520	800	280	53,8 %
Konzernbilanzielles Eigenkapital	2.120	2.400	280	13,2 %
gez. Kapital	*1.000*	*1.000*	0	0,0 %
Gewinnrücklagen	*1.000*	*1.000*	0	0,0 %
Anteile nicht-beherrschender Gesellschafter	*120*	*400*	280	233,3 %
Bilanzsumme	3.720	4.000	280	7,5 %
01.01.02 [in: GE]	**Purchased Goodwill-Methode**	**Full Goodwill-Methode**	**Delta**	
			absolut	*relativ*
Geschäfts- oder Firmenwert	520	800	280	53,8 %
Konzernbilanzielles Eigenkapital	1.520	1.800	280	18,4 %
gez. Kapital	*1.000*	*1.000*	*0*	0,0 %
Gewinnrücklagen	*520*	*800*	280	53,8 %
Anteile nicht-beherrschender Gesellschafter	*0*	*0*	*0*	n. a.
Bilanzsumme	3.120	3.400	280	9,0 %

Übersicht 168: Purchased vs. Full Goodwill – Synoptische Darstellung wahlrechtsausübungsbedingter Effekte auf ausgewählte Bilanzpositionen

5.3 Anteilsveränderungen an konsolidierten Unternehmen

5.3.1 Vorbemerkungen

Statuswechsel

Die Qualität der Einflussnahme auf ein anderes Unternehmen kann sich im Zeitablauf verändern. Dementsprechend kann sich auch die Klassifikation der Art der Unternehmensverbindung ändern. Es liegt dann ein sog. »Statuswechsel« vor, wonach betreffende Unternehmensverbindung dann jeweils neu zu beurteilen ist. Ein Unternehmen schreitet demnach in der Stufenkonzeption von einer Stufe auf eine andere hinab bzw. hinauf, wobei wiederum auch mehrere Stufen übersprungen werden können (vgl. Küting, K./Seel, C./Strauß, M. (2011), S. 176). Ein solcher Statuswechsel wird i. d. R. durch eine Änderung der Beteiligungshöhe, zumeist infolge eines zusätzlichen Anteilserwerbs bzw. -verkaufs, hervorgerufen, kann aber durchaus auch ohne eine korrespondierende Veränderung der Anteilshöhe angezeigt sein. Festzuhalten bleibt, dass ein Statuswechsel immer eine Änderung der Konsolidierungs- bzw. Bewertungsmethode nach sich zieht. Es wird eine sog. »Übergangskonsolidierung« erforderlich. Darunter werden sämtliche

Konsolidierungsmaßnahmen verstanden, die aus Konzernsicht aufgrund einer Veränderung der Einflussnahme und einem damit implizierten Statuswechsel eine Anpassung der Abbildungsform notwendig machen (vgl. HAYN, B. (2013), Rn. 1). Die Übergangskonsolidierung gestaltet sich hierbei als eine kombinierte Ent- und Erstkonsolidierung. Je nachdem, ob die Intensität der Einflussnahme zu- oder abnimmt, liegt eine Übergangskonsolidierung mit Auf- oder Abwärtswechsel vor (vgl. WÜSTEMANN, J./KÜTING, P. (2011a), Rn. 140).

Statuswahrende Transaktionen

Ebenfalls unter den Begriff »Anteilsveränderungen« zu subsumieren sind solche Transaktionen, durch die der konzernbilanzielle Status i. S. d. Stufenkonzeption gewahrt bleibt. Beispielhaft sei hier der in praxi regelmäßig auftretende Fall von sich innerhalb des Vollkonsolidierungskreises vollziehenden (sukzessiven) Beteiligungstransaktionen genannt, im Zuge derer ein Konzern als realwirtschaftliche Einheit weder durch den Hinzuerwerb von Anteilen an einem bereits vollkonsolidierten Tochterunternehmen noch durch eine den Status der Konzerneigenschaft aufrechterhaltende Anteilsveräußerung verändert wird. Je nach zugrunde gelegtem Rechtskreis, ergeben sich (auch) hier hinsichtlich der konzernbilanziellen Abbildung z. T. signifikante Unterschiede, die nachfolgend unter bilanzanalytischen Gesichtspunkten gewürdigt werden sollen.

5.3.2 Statuswahrende Anteilsveränderungen bei Tochterunternehmen

HGB

Im HGB existiert seit jeher keine konkrete Regelung, wie Anteilsveränderungen, die keinen Statuswechsel zur Folge haben, abzubilden sind (vgl. hierzu bereits HAYN, B. (1999), S. 136 ff., 351 ff.). Ob derartige Maßnahmen letztlich als Erwerbs- bzw. Veräußerungsvorgang oder eine reine Eigenkapitaltransaktion abzubilden sind, hängt letztlich allein davon ab, ob dem HGB eher eine interessen- oder einheitstheoretische Prägung attestiert wird (vgl. KÜTING, K./WEBER, C.-P. (2012), S. 408; überdies SENGER, T./EWELT-KNAUER, C./HOEHNE, F. (2012), S. 83 ff.). Für eine interessentheoretische Prägung spricht die in § 308a Satz 4 HGB verankerte Vorgabe, zuvor GuV-neutral verbuchte Währungsumrechnungsdifferenzen selbst im Falle eines »teilweisen Ausscheidens« eines bei gleichzeitigem Verbleib des Tochterunternehmens im Vollkonsolidierungskreis i. H. der Abgangsquote – anders als nach IAS 21.48C – GuV-wirksam auflösen zu müssen (vgl. KÜTING, P. (2012), S. 102 f.; KÜTING, K./PFITZER, N./WEBER, C.-P. (2013), S. 250). Die neu hinzuerworbene bzw. abgehende Anteilstranche wäre damit als ein separater tranchenweiser Erwerbs- bzw. Veräußerungsvorgang aufzufassen. Kontrastierend hierzu wird es aber auch für zulässig erachtet, solche Transaktionen als GuV-neutrale Kapitalvorgänge abzubilden (vgl. DUSEMOND, M./WEBER, C.-P./ZÜNDORF, H. (1998), Rn. 196; sogar eine Präferenz dafür FÖRSCHLE, G./DEUBERT, M. (2014), Rn. 208).

Erst- und Entkonsolidierung (HGB)

Ungeachtet dessen wäre es trotz einer zunehmenden Phalanx anders lautender Stimmen nach hier vertretener Auffassung sachgerecht(er), im Falle einer solchen Anteilsaufstockung eine eigene tranchenweise Erstkonsolidierung vorzunehmen. Ob und inwieweit es dafür einer partiellen oder gar vollständigen Neubewertung bedarf – die Alternative bestände darin, die »historischen« Konzernbuchwerte zugrunde zu legen, ist umstritten. Bedenkt man indes, dass der Erwerber in seinem Kaufpreiskalkül den zukünftig auf ihn entfallenden zusätzlichen Anteil am Nettovermögen vergütet, spricht vieles dafür, nicht nur das derzeitige konzernbilanzielle Reinvermögen, sondern auch während der Konzernzugehörigkeit entstandene stille Reserven und Lasten zu berücksichtigen (vgl. auch Wirth, J. (2009), S. 379 ff.). Indessen sind mehrheitswahrende Anteilsabstockungen im Kontext des HGB mehr oder weniger unstreitig als Veräußerungsvorgang abzubilden (vgl. DRS 4.47 f.). Für die abgehende Anteilstranche ist eine partielle (GuV-wirksame) Entkonsolidierung vorzunehmen; das auf sie entfallende (buchhalterische) Nettovermögen ist dem Ausgleichsposten für Anteile nicht-beherrschender Gesellschafter zuzuführen (vgl. Küting, K./Pfitzer, N./Weber, C.-P. (2013), S. 211).

IFRS

Dagegen sind derartige (sukzessive) Anteilsveränderungen nach IFRS als rein GuV-neutrale Eigenkapitaltransaktionen zu behandeln (vgl. IFRS 10.B96). Charakteristisches Merkmal jener »nur die Struktur der Eigenkapitalkonten« (Weber, C.-P. (1991), S. 181) betreffenden Form der bilanziellen Abbildung ist es, dass das konzerninterne Werte- und Mengengerüst c. p. konstant bleibt. »Mit anderen Worten: Abgesehen von dem damit in aller Regel verbundenen (liquiditätswirksamen) Mittelab- bzw. -zufluss unterliegen sämtliche der bislang konzernbilanziell erfassten Vermögenswerte und (Eventual-)Schulden weder dem Grunde noch der Höhe nach einer Modifikation ihrer bisherigen Wertansätze« (Küting, P. (2012), S. 65). Es erfolgt insofern lediglich eine innerkonzernliche »Verschiebung« (Hayn, B. (1999), S. 136) der bis dato vorherrschenden Anteilsverhältnisse zu Lasten respektive zugunsten der – ggf. noch verbleibenden – nicht-beherrschenden Gesellschafter. Sind etwa die Anschaffungskosten der Beteiligung höher als das anteilige Eigenkapital, hat der beherrschende Gesellschafterstamm i. H. des Differenzbetrags ein Agio bezahlt, welches GuV-neutral als Eigenkapitalminderung zu erfassen ist. Selbiges gilt mit umgekehrtem Vorzeichen für den Fall, dass die Anschaffungskosten der Beteiligung geringer sind als das anteilige Eigenkapital. Es werden zum »Zeitpunkt des weiteren Tranchenerwerbs keine neuen stillen Reserven/Lasten aufgedeckt bzw. kein neuer Goodwill/negativer Unterschiedsbetrag ermittelt, wenngleich unzweifelhaft mit diesem weiteren Erwerbsschritt synergetische Überlegungen verbunden sind. Bei Licht betrachtet kommt es mit dieser Regelung zu einer Renaissance der erfolgsneutralen Goodwill-Verrechnung« (Küting, K. (2012a), S. 2824).

Analytische Behandlung

Aus bilanzanalytischer Sicht wirken sich die beiden divergierenden methodischen Vorgehensweisen – Erwerbs- oder Kapitalvorgang – unterschiedlich auf die für die Analyse relevanten Kennzahlen aus. Wird der Erwerb einer weiteren Anteilstranche i. S. e. Erwerbsvorgangs aufgefasst, erhöht dies, sofern die Anschaffungskosten das erworbene, neu bewertete anteilige Nettovermögen übersteigen, den GoF. Im umkehrten Fall dagegen (Anschaffungskosten < (anteiliges) Nettovermögen) verbliebe die Notwendigkeit, einen passivischen Unterschiedsbetrag nach Maßgabe des § 309 Abs. 2 HGB behandeln zu müssen. Dass damit – je nach Vorzeichen – u. U. signifikante Effekte auf zentrale Kennzahlen bewirkt werden (können), darf vor allem im Rahmen der Vermögens- sowie Kapitalstrukturanalyse nicht außer Acht gelassen werden; Entsprechend verhält es sich in Bezug auf die konzernbilanzielle Abbildung etwaiger Teilabgänge und der damit vornehmlich einhergehenden (anteiligen) Reduktion eines auf den veräußerten Anteil ggf. noch entfallenden GoF. Wird indes eine derartige Transaktion – wie nach IFRS – als Kapitalvorgang abgebildet, bleibt zwar das bilanzierte Werte- und Mengengerüst sowohl dem Grunde als auch der Höhe nach c. p. unberührt; dennoch kann und wird das konzernbilanzielle Nettovermögen i. d. R. strukturellen Änderungen unterliegen: Sofern die Anschaffungskosten den Wert des dotierten Ausgleichspostens für Anteile nicht-beherrschender Gesellschafter übersteigen (= Agio), ist diese Differenz eigenkapitalmindernd zu Lasten der Kapitalrücklage zu verbuchen. Spiegelbildlich verhält es sich im Falle eines Disagios, ergo die geleisteten Anschaffungskosten – verglichen mit dem Wert der erworbenen Anteile nicht-beherrschender Gesellschafter – betragsmäßig geringer sind. Speziell in diesem (IFRS-)Kontext sollte vor allem der Kapitalstruktur- und Rentabilitätsanalyse besondere Beachtung geschenkt werden.

Beispiel

Zur Verdeutlichung der erläuterten Thematik sei folgender Sachverhalt unterstellt:

Prämissen des Sachverhalts:
Am 01.01.01 erwirbt Unternehmen A 80% der Anteile an Unternehmen B zu einem Kaufpreis von 2.000 GE. Anschaffungsnebenkosten seien annahmegem. nicht angefallen. Unternehmen B qualifiziert sich fortan als vollkonsolidierungspflichtiges Tochterunternehmen i. S. d. § 290 HGB bzw. IFRS 10. Es werden bei B stille Reserven im immateriellen Vermögen i. H. v. 1.000 GE identifiziert. Ebenso wie nach HGB soll ein etwaiger GoF auch nach IFRS beteiligungsproportional bilanziert werden. Zum 01.01.02 fasst Unternehmen A den Entschluss, auch die restlichen 20% der Anteile an Unternehmen B noch zu akquirieren (Anschaffungskosten: 1.000 GE). Aus Praktikabilitätsgründen sei angenommen, dass die beiden Unternehmen kostendeckend operieren, weshalb auf die gesonderte Darstellung einer (Gesamt-)Ergebnisrechnung verzichtet wird. Zudem sei zwecks Verdeutlichung der relevanten Effekte auf das Konzernbilanzbild von der ansonsten gebotenen Abschreibung stiller Reserven (dies inkludiert für Zwecke des HGB auch den GoF) ebenso abstrahiert wie der Steuerlatenzierung.

Vorgehensweise zum 01.01.01 (HGB/IFRS)
Die zum Erstkonsolidierungszeitpunkt 01.01.01 seitens des (Mutter-)Unternehmens A aufzustellende Konzernbilanz ergibt sich, indem die stark verkürzten (konsolidierungsfähigen) Einzelabschlüsse wie folgt konsolidiert werden. Ausgehend

01.01.01 [in: GE]	**A**	**B**	**Summe**	**Soll**	**Haben**	**Konzern**
Anteile an B	2.000	0	2.000		(1) 2.000	0
Geschäfts- oder Firmenwert	0	0	0	(1) 400		400
immaterielle VW/VG	0	1.000	1.000			1.000
sonstige VW/VG	1.000	1.000	2.000			2.000
Bank/Kasse	600	1.000	1.600			1.600
Aktiva	**3.600**	**3.000**	**6.600**			**5.000**
gez. Kapital	2.000	1.000	3.000	(1) 800 (2) 200		2.000
Gewinnrücklagen	1.000	0	1.000			1.000
Neubewertungsrücklage	0	1.000	1.000	(1) 800 (2) 200		0
Anteile nicht-beherrschender Gesellschafter	0	0	0		(2) 400	400
Verbindlichkeiten	600	1.000	1.600			1.600
Passiva	**3.600**	**3.000**	**6.600**			**5.000**

Übersicht 169: Vorgehensweise zum 01.01.01 (HGB/IFRS)

vom Summenabschluss, in den neben dem Einzelabschluss von A auch der von (Tochter-)Unternehmen B nach Aufdeckung der stillen Reserven (HB III) eingeht, wird mit Buchungssatz (1) die Kapitalkonsolidierung auf Basis des 80%-igen Anteils vorgenommen. Es entsteht ein Goodwill i. H. v. 400 GE. Sodann erfolgt mittels Buchungssatz (2) die Dotierung des Ausgleichspostens für Anteile nicht-beherrschender Gesellschafter i. H. v. 400 GE.

Vorgehensweise nach IFRS zum 01.01.02

Zum 01.01.02 erwirbt Unternehmen A – wie dargestellt – weitere 20% der Anteile an (Tochter-)Unternehmen B zu einem Kaufpreis von 1.000 GE. Dieser Anteilserwerb ist in Übereinstimmung mit IFRS 10.B96 als Kapitaltransaktion unter Eigentümern abzubilden. Es erfolgt mit den Buchungssätzen (1) und (2) wiederum zunächst die Wiederholung der Erstkonsolidierung zur Herstellung der Bilanzidentität. Sodann gilt es mittels Buchungssatz (3) der Vorschrift des IFRS 10.B96 entsprechend Rechnung zu tragen: Es hat eine Reallokation des bisher den nicht-beherrschenden Gesellschaftern zugeordneten Reinvermögens i. H. v. 400 GE stattzufinden. Da die für jenen Tranchenerwerb geleisteten Anschaffungskosten betragsmäßig höher sind als das anteilig hinzuerworbene (buchhalterische) Eigenkapital, gilt es diesen Differenzbetrag i. H. v. 600 GE unmittelbar eigenkapitalmindernd zu berücksichtigen. Theoretisch richtig wäre es in diese Fällen, sich für Verbuchungszwecke diesbezüglich der Kapitalrücklage zu bedienen; die Konsolidierungspraxis beschreitet hier freilich einen anderen Weg, indem sie derartige Auf- bzw. Abgelder – wie ebenfalls nachstehend praktiziert – mit den Gewinnrücklagen verrechnet.

01.01.02 [in: GE]	A	B	Summe	Soll	Haben	Konzern
Anteile an B	3.000	0	3.000		(1) 2.000 (3) 1.000	0
Geschäfts- oder Firmenwert	0	0	0	(1) 400		400
immaterielle VW		900	900			900
sonstige VW	1.000	1.000	2.000			2.000
Bank/Kasse	0	1.000	1.000			1.000
Aktiva	**4.000**	**2.900**	**6.900**			**4.300**
gez. Kapital	2.000	1.000	3.000	(1) 800 (2) 200		2.000
Gewinnrücklagen	1.000	0	1.000	(3) 600		400
Neubewertungsrücklage	0	1.000	1.000	(1) 800 (2) 200		0
Anteile nicht-beherrschender Gesellschafter	0	0	0	(3) 400	(2) 400	0
Verbindlichkeiten	1.000	900	1.900			1.900
Passiva	**4.000**	**2.900**	**6.900**			**4.300**

Übersicht 170: Vorgehensweise zum 01.01.02 (IFRS)

Vorgehensweise nach HGB zum 01.01.02

Verglichen mit der Vorgehensweise nach IFRS besteht nach HGB ein zentraler Unterschied in der buchhalterischen Verarbeitung des Erwerbs der zusätzlichen Anteile. Danach gilt es zunächst in einem ersten Schritt, im Rahmen einer adjustierten Neubewertungsbilanz zum Zeitpunkt des Erwerbs der zusätzlichen Anteilstranche ggf. weitere potenzielle stille Reserven und Lasten bei Unternehmen B zu identifizieren. Annahmegem. werden wiederum stille Reserven im immateriellen Vermögen i. H. v. 1000 GE lokalisiert, die ihrerseits i. H. der erworbenen Anteilstranche anteilig in den Summenabschluss zu übernehmen sind. Die Wertentwicklung im Zeitablauf verdeutlicht nachstehende Übersicht 171.

Neubewertungsbilanz B [in: GE]	**Buchwerte 01.01.01**	**Zeitwerte 01.01.01**	**Buchwerte 01.01.02**	**Zeitwerte 01.01.02**	**Stille Reserven 01.01.02**
immaterielle VG	0	1.000	900	1.900	1.000
sonstige VG	1.000	1.000	1.000	1.000	0
Bank/Kasse	1.000	1.000	1.000	1.000	0
Aktiva	**2.000**	**3.000**	**2.900**	**3.900**	**1.000**
gez. Kapital	1.000	1.000	1.000	1.000	0
Gewinnrücklagen	0	0	0	0	0
Neubewertungsrücklage	0	1.000	1.000	2.000	1.000
Verbindlichkeiten	1.000	1.000	900	900	0
Passiva	**2.000**	**3.000**	**2.900**	**3.900**	**1.000**

Übersicht 171: Buch- und Zeitwerte zu den jeweiligen Erwerbszeitpunkten

Sodann erfolgt auf Grundlage dieses modifizierten Summenabschlusses die Konsolidierung. Analog zur Vorgehensweise nach IFRS wird dabei mit den Buchungssätzen (1) und (2) zunächst die Erstkonsolidierung wiederholt und damit die Bilanzidentität hergestellt. Dem unmittelbar nachgelagert, ist dann für Zwecke des bilanziellen Nachvollzugs der Anteilsaufstockung eine eigene tranchenweise Erstkonsolidierung vorzunehmen (vgl. nachstehende Buchung (3), mittels derer die geleisteten Anschaffungskosten mit dem anteilig auf sie entfallenden neu bewerteten Nettovermögen aufgerechnet werden). Es entsteht ein zusätzlicher Goodwill i. H. v. 400 GE.

01.01.02 [in: GE]	**A**	**B**	**Summe**	**Soll**	**Haben**	**Konzern**
Anteile an B	3.000	0	3.000		(1) 2.000 (3) 1.000	0
Geschäfts- oder Firmenwert	0	0	0	(1) 400 (3) 400		800
immaterielle VG	0	1.100	1.100			1.100
sonstige VG	1.000	1.000	2.000			2.000
Bank/Kasse	0	1.000	1.000			1.000
Aktiva	**4.000**	**3.100**	**7.100**			**4.900**
gez. Kapital	2.000	1.000	3.000	(1) 800 (2) 200		2.000
Gewinnrücklagen	1.000	0	1.000			1.000
Neubewertungsrücklage	0	1.200	1.200	(1) 800 (2) 200 (3) 200		0
Anteile nicht-beherrschender Gesellschafter	0	0	0	(3) 400	(2) 400	0
Verbindlichkeiten	1.000	900	1.900			1.900
Passiva	**4.000**	**3.100**	**7.100**			**4.900**

Übersicht 172: Vorgehensweise zum 01.01.02 (HGB)

Fazit:
Es zeigt sich, dass die unterschiedliche buchhalterische Abbildung eines kontrollwahrenden zusätzlichen Anteilserwerbs gerade auf die im Rahmen der Bilanzanalyse relevanten Bilanzpositionen höchst unterschiedliche Werteffekte besitzt (vgl. Übersicht 173). Während sich das konzernbilanzielle Eigenkapital nach IFRS fortan auf 2.400 GE beläuft, mithin aufgrund der Abbildung als Kapitalvorgang ggü. dem Erstkonsolidierungszeitpunkt um 1.000 GE gesunken ist, wird nach HGB – bedingt durch die Abbildung als Erwerbsvorgang – ein Konzerneigenkapital i. H. v. 3.000 GE ausgewiesen, was wiederum ggü. dem 01.01.01 eine wertmäßige »Einbuße« von lediglich 400 GE bedeutet. Erklären lässt sich die zwischen HGB und IFRS letztlich auszumachende Differenz (= 600 GE) im Eigenkapitalausweis dadurch, dass es aufgrund der nach HGB gebotenen tranchenweisen Erstkonsolidierung – neben der anteiligen (= 1.000 × 0,2) Berücksichtigung zwischenzeitlich neu entstandener stiller Reserven (200 GE) – auch einen zusätzlich, speziell auf diese Tranche entfallenden GoF i. H. v. 400 GE zu aktivieren galt.

Entwicklung der relevanten Bilanzpositionen [in: GE]	**Kapitalvorgang 01.01.02**	**Erwerbsvorgang 01.01.02**	**Delta**	
			absolut	*relativ*
Geschäfts- oder Firmenwert	400	800	400	100,0 %
Konzernbilanzielles Eigenkapital	2.400	3.000	600	25,0 %
gez. Kapital	*2.000*	*2.000*	0	0,0 %
Gewinnrücklagen	*400*	*1.000*	600	150,0 %
Anteile nicht-beherrschender Gesellschafter	*0*	*0*	0	n. a.
Bilanzsumme	4.300	4.900	600	14,0 %

Übersicht 173: Synoptischer Vergleich zwischen Erwerbs- und Kapitalvorgang

5.3.3 Statusändernde Anteilsveränderungen

Aufwärtswechsel: Sukzessiver Erwerb

Führt der Hinzuerwerb von Anteilen dazu, ein bislang als bloße Finanzbeteiligung (assoziiertes oder Gemeinschaftsunternehmen) qualifiziertes Unternehmen nunmehr aufgrund der Erlangung der Beherrschungsmöglichkeit voll konsolidieren zu müssen, so ist der Tatbestand eines sukzessiven Unternehmenserwerbs erfüllt, mit der Folge, eine sog. »Übergangskonsolidierung« (mit Aufwärtswechsel) vornehmen zu müssen. Charakteristisch für derartige Transaktionen ist es, dass der Erwerber bereits im Vorfeld (Alt-)Anteile gehalten hat, die ihm künftig in der Gesamtschau zusammen mit dem Erwerb eines weiteren Anteilspakets die Möglichkeit einer beherrschenden Einflussnahme auf das akquirierte (Tochter-)Unternehmen vermitteln (vgl. etwa Cassel, J. (2012), S. 112).

IFRS

Unabhängig davon, ob diese (Alt-)Anteile zuvor eine Behandlung nach IAS 39 bzw. IFRS 9, IAS 28 oder IFRS 11 erfahren haben, sind diese fortan stets zum beizulegenden Zeitwert (fair value) zu bewerten (vgl. IFRS 3.42) und dementsprechend mit in die Dotierung der übertragenen Gegenleistung einzubeziehen (vgl. IFRS 3.32(iii)). Fingiert wird insoweit eine Erlangung der Verfügungsmacht an betreffendem Tochterunternehmen gegen Barzahlung für die neuen Anteile und Tausch der Altanteile zum beizulegenden Zeitwert (vgl. Lüdenbach, N. (2014b), Rn. 153). Weicht der beizulegende Zeitwert (fair value) der Altanteile im Erwerbszeitpunkt vom zuletzt dotierten konzernbilanziellen Wertansatz ab, ist der Differenzbetrag GuV-wirksam zu erfassen. Die bilanzielle Abbildung ist demnach durch einen vollständigen Neustart geprägt (vgl. etwa WÜSTEMANN, J./KÜTING, P. (2011a), Rn. 142ff.); bisherige Effekte der bilanziellen Einbeziehung werden in Gänze eliminiert (vgl. KÜTING, K. (2012a), S. 2826). Als Argument für diese Vorgehensweise wird seitens des IASB geltend gemacht, dass die Erlangung der Kontrolle über die Vermögenswerte und Schulden eines Tochterunternehmens ein so bedeutsames ökonomisches Ereignis darstellt, das eine grundlegende Abkehr von der bisherigen Bilanzierung und damit einhergehend eine vollständige Neubewertung des Reinvermögens notwendig macht (vgl. IFRS 3.BC384).

HGB

Eine Neubewertung der Altanteile sieht das HGB im Falle eines sukzessiven Anteilserwerbs dagegen nicht vor. Die erstmalige Einbeziehung eines Tochterunternehmens hat gem. § 301 Abs. 2 Satz 1 HGB auf der Grundlage der Wertverhältnisse zu dem Zeitpunkt zu erfolgen, zu dem betreffendes Unternehmen Tochterunternehmen geworden ist (vgl. KÜTING, K./PFITZER, N./WEBER, C.-P. (2013), S. 248f.). Werden zusätzliche Anteile an einem bereits at-Equity einbezogenen Unternehmen erworben, stellt der Equity-Wertansatz im Zeitpunkt des Übergangs auf die Vollkonsolidierung die (fingierten) Anschaffungskosten für jene Beteiligungstranche dar (vgl. etwa KÜTING, K./SEEL, C. (2011), S. 1012f.; FÖRSCHLE, G./DEUBERT, M. (2014), Rn. 225f.; KLAHOLZ, E./STIBI, B. (2009), S. 297f.; DRS 8.33). Dem Grunde nach entsprechend wäre zu verfahren, müsste infolge des Erwerbs einer weiteren Anteilstranche von einer Quoten- auf die Vollkonsolidierung übergegangen werden. Hierbei bietet es sich aufgrund des nach § 252 Abs. 1 Nr. 1 i.V.m. § 298 Abs. 1 HGB geforderten Bilanzzusammenhangs an, als Anschaffungskosten der Alttranche das anteilig darauf entfallende Reinvermögen – bewertet zu Konzernbuchwerten – anzusetzen (vgl. FÖRSCHLE, G./DEUBERT, M. (2014), Rn. 230f.). Demzufolge kann bei der Folgekonsolidierung auf die separate »Fortführung der Zusatzbewertungen und Unterschiedsbeträge für die verschiedenen Tranchen verzichtet werden« (FÖRSCHLE, G./DEUBERT, M. (2014), Rn. 128; sinngemäß auch ADLER, H./DÜRING, W./SCHMALTZ, K. (1995), § 301 HGB, Rn. 122). Da für die Aufrechnung des neu bewerteten Eigenkapitals jeweils der Wertansatz der dem Mutterunternehmen gehörenden Anteile maßgeblich ist, entspricht dieser im Falle eines sukzessiven Erwerbs i.d.R. den kumulierten (ggf. fortgeführten) Anschaffungskosten betreffender Beteiligung. Im Gegensatz zu den IFRS gestaltet sich die Erstkonsolidierung nach HGB damit – entsprechend der zugrunde liegenden Fiktion eines Anschaffungsvorgangs – GuV-neutral.

Aperiodische Erfolgseffekte

Abhängig vom zugrunde liegenden Rechtskreis können bzw. werden damit in aller Regel höchst unterschiedliche Auswirkungen auf das jeweilige Bilanzbild verbunden sein. Durch die nach IFRS zwingend geforderte Neubewertung der Altanteile sowie die Eliminierung bisheriger (Alt-)Effekte schlägt sich ein solcher Erwerbsvorgang unmittelbar GuV-wirksam nieder. Kann im Rahmen eines Unternehmensbewertungsverfahrens ein Wert ermittelt werden, der dazu führt, dass die bereits gehaltene Anteilstranche einen Fair Value aufweist, der den bisherigen Buchwert übersteigt, so spiegelt sich diese Entwicklung in Gestalt sog. (buchhalterischer) Einmaleffekte unmittelbar in der konsolidierten (Gesamt-)Ergebnisrechnung wider, ohne jedoch dabei zahlungswirksam zu werden. Die Folge sind »phänomenale Gewinneffekt[e]«, die »mit dem regulären Geschäftsverlauf so gut wie gar nichts zu tun haben« (HOFMANN, S. (2012), S. 22 (beide Zitate)), zugleich aber mitunter einen erheblichen Effekt auf die relevanten Rentabilitätskennzahlen besitzen (können), und insoweit für Zwecke der Bilanzanalyse einer mehrperiodigen Betrachtung unterzogen werden sollten.

Abwärtswechsel: Verlust der Beherrschung

Verliert ein Mutterunternehmen durch die partielle Veräußerung von (Kapital-)Anteilen oder sonstigen Auswirkungen die Möglichkeit zur Beherrschung eines seiner Tochterunternehmen, so ist für den Fall, dass eine Restbeteiligung verbleibt, ein Wechsel der bisher angewandten Konsolidierungsmethode zwingend geboten (vgl. Wüstemann, J./Küting, P. (2011a), Rn. 145 ff.). IFRS 10.25(b) schreibt diesbezüglich vor, die nach dem Verlust der Verfügungsmacht im Konzern verbleibenden Anteile nach den einschlägigen Regelungen des IAS 39 bzw. IFRS 9 bilanzieren zu müssen, sofern nicht der Tatbestand anderweitiger Unternehmensverhältnisse gegeben ist. Führen erst mehrere aufeinanderfolgende – ökonomisch indes zusammengehörige – Transaktionen zu einem (endgültigen) Verlust der Beherrschungsmöglichkeit, so sind jene singulären Transaktionen grds. als eine Einzige zu betrachten (vgl. IFRS 10.B97).

IFRS

Analog zur Vorgehensweise bei einem sukzessiven Erwerb, stellt auch ein Anteilsverkauf, im Zuge dessen der Veräußerer zwar die Möglichkeit der Beherrschung verliert, gleichwohl jedoch eine bestimmte Anteilstranche zurückbehält, einen GuV-wirksamen Vorgang i. S. d. IFRS 10 dar. Schließlich erwächst aus der vormaligen Mutter-Tochter- eine neue Beteiligungsbeziehung, die nach Auffassung des IASB einen solchen Neustart rechtfertigt. Die »Mutter-Tochter-Beziehung wird durch eine Beziehung zwischen Anteilseigner und Beteiligungsunternehmen abgelöst, die sich von Ersterer erheblich unterscheidet. Aus diesem Grund wird die neue Beziehung … zum Zeitpunkt des Verlusts der Beherrschung erstmalig angesetzt und bewertet« (IFRS 10.BCZ182). Anders formuliert: Da die hinter der Beteiligung stehenden Vermögenswerte und Schulden seitens des Mutterunternehmens fortan nicht mehr beherrscht werden können (vgl. Küting, K./Pfitzer, N./Weber, C.-P. (2013), S. 251), ergibt sich die Notwendigkeit, für das aus dem Vollkonsolidierungskreis ausscheidende Tochterunternehmen zunächst eine vollständige GuV-wirksame Entkonsolidierung vornehmen zu müssen, wenngleich sich dieser realwirtschaftliche Veräußerungsvorgang mit seinem Veräußerungserlös lediglich auf die veräußerte Tranche bezieht.

Dotierung des »neuen« Wertansatzes

Damit sich Leistung und Gegenleistung hinsichtlich der prozentualen Bezugsbasis entsprechen, ist jedoch bei der Ermittlung des Entkonsolidierungserfolgs zu beachten, dass sämtliche »Anteile, die [… das Mutterunternehmen, d. Verf.] am ehemaligen Tochterunternehmen behält, zu dem zum Zeitpunkt des Verlusts der Beherrschung gültigen beizulegenden Zeitwert« (IFRS 10.25(b)) anzusetzen sind. Damit stellt nicht (mehr) der anteilige Abgangswert die Wertbasis für die konzernbilanzielle Fortführung der verbleibenden Anteile dar; vielmehr wird ein »Erwerb« der verbleibenden Anteile zum Fair Value fingiert, der seinerseits zudem Ausgangspunkt bzw. Zugangswert für die künftige Einbeziehung markiert. Erfolgt etwa ein Übergang von der Vollkonsolidierung auf die Equity-Methode, so ist im Zeitpunkt des Kontrollverlusts eine neue Kaufpreisallokation nach Maßgabe des IAS 28 vorzunehmen (vgl. IAS 28.26 i. V. m. IAS 28.32). Mithin hat der Verlust einer alleinigen Beherrschung bilanziell eine GuV-wirksame Neubewertung der (Alt-)Anteile zum beizulegenden Zeitwert zur Konsequenz. Diese »Fiktionen weichen in ihrer Abbildung deutlich von den pagatorisch abgesicherten realwirtschaftlichen Vorgängen« (Küting, K. (2012a), S. 2825) ab.

HGB

Dem HGB ist – wie bereits zuvor an anderer Stelle ausgeführt – eine GuV-wirksame Neubewertung der Altanteile fremd. Auch hier ist zunächst fraglich, ob aufgrund des Statuswechsels eine erneute Bewertung der Anteile zum beizulegenden Zeitwert geboten oder gar erforderlich ist. Eine Zeitwertbewertung hat jedoch nur dann zu erfolgen, sofern erstmals ein maßgeblicher Einfluss (bzw. eine gemeinschaftliche Beherrschung) auf das assoziierte (bzw. gemeinschaftlich geführte) Unternehmen vorliegt, sprich vor dem Erwerb nicht bereits Anteile gehalten wurden. Wenn aber der gemeinsamen Führung i. S. v. § 310 Abs. 1 HGB oder dem maßgeblichen Einfluss i. S. v. § 311 Abs. 1 HGB bereits ein Beherrschungsverhältnis i. S. d. § 290 Abs. 1 Satz 1 HGB vorausgegangen ist, bedarf es anlässlich solch eines Statuswechsels keiner erneuten Zeitwertbewertung des verbleibenden Reinvermögens (so bereits KÜTING, K./HAYN, B. (1997), S. 1948 f.; ferner DEUBERT, M./KLÖCKER, A. (2010), S. 576). Diese Verfahrensweise deckt sich auch mit den Ausführungen in DRS 4.49, die ebenfalls eine GuV-neutrale Übergangskonsolidierung empfehlen. Damit wird das aus der Zeit der Vollkonsolidierung noch verbleibende Reinvermögen (bestehend aus den (fortgeführten) Konzernbuchwerten, inkl. eines GoF bzw. passivischen Unterschiedsbetrags), soweit es anteilig auf die im Konzern verbleibenden Anteile entfällt, fortgeführt. Die eigentliche Übergangskonsolidierung gestaltet sich somit für die verbleibende Anteilstranche grds. GuV-neutral.

Analytische Behandlung

Es zeigt sich auch im Kontext der Übergangskonsolidierung mit Abwärtswechsel, dass beide Regelwerke einen solchen Vorgang jeweils unterschiedlich behandelt wissen wollen. Während die IFRS sich (auch) in diesem Kontext qua ihrer Fair Value-Ideologie zunehmend vom Grundsatz der Pagatorik entfernen, zeichnet sich die – dem Leitbild der Erfolgsneutralität von Anschaffungsvorgängen folgende – Behandlung derartiger Transaktionen nach HGB durch einen sehr hohen Grad an Objektivierbarkeit aus. Dies gilt es wiederum im Rahmen der Analyse konsolidierter Abschlüsse entsprechend zu berücksichtigen, zumal beide Vorgehensweisen divergierende Effekte auf das jeweilige Bilanzbild besitzen. Während die im Rahmen der GuV-wirksamen Übergangskonsolidierung nach IFRS postulierte Neubewertung von Altanteilen (auch) unmittelbar auf die (Gesamt-)Ergebnisrechnung durchschlägt, tangiert die zwingend GuV-neutral abzubildende Übergangskonsolidierung nach HGB ausschließlich die Bilanz als solche.

Beispiel

Es ergeben sich dabei in Abhängigkeit der jeweiligen Rechnungslegungsvorschriften unterschiedliche bilanzanalytische Effekte, die nachfolgend anhand eines Beispiels verdeutlicht werden sollen:

Prämissen des Sachverhalts:

Zum 01.01.01 erwirbt Unternehmen A 40 % der Anteile an Unternehmen B zu einem Kaufpreis von 2.000 GE. B qualifiziert sich fortan sowohl nach IAS 28 als auch § 311 HGB als assoziiertes Unternehmen, mit der Folge, es in den seitens A aufzustellenden Konzernabschluss at-Equity einbeziehen zu müssen. Für Zwecke der gebotenen Neubewertung der dem assoziierten Unternehmen B zuzurechnenden Vermögensgegenstände/-werte und Schulden sei unterstellt, dass sich die Buch- und Zeitwerte der Höhe nach entsprechen. Im Zeitraum 01.01.01 bis 31.12.01 ergeben sich anteilige, auf den Konzern entfallende (GuV-wirksame) Eigenkapitaleffekte i. H. v. 100 GE (= 250 GE × 0,4). Zum 01.01.02 fasst Unternehmen A den Entschluss, auch die verbleibenden 60 % der Anteile noch zu akquirieren. Der Kaufpreis hierfür betrage 6.000 GE. Gleichbedeutend damit ergibt sich die Notwendigkeit, Unternehmen B aufgrund der Erlangung der Beherrschungsmöglichkeit künftig als Tochterunternehmen i. S. d. § 290 HGB bzw. IFRS 10 vollkonsolidieren zu müssen. Dabei wurden im Zuge der Kaufpreisallokation zum 01.01.02 stille Reserven im immateriellen Vermögen i. H. v. 1.000 GE identifiziert. Der Fair Value der Altanteile wurde im Rahmen eines Unternehmensbewertungsverfahrens ermittelt und betrage annahmegem. 4.000 GE. Auf die Abgrenzung latenter Steuern sei aus Praktikabilitätsgründen verzichtet.

Vorgehensweise zum 31.12.01 (HGB/IFRS)

Ungeachtet der Frage, welches Rechnungslegungsregime zugrunde gelegt wird, gilt es zunächst, den einzelgesellschaftlichen Beteiligungsbuchwert um die anteiligen, auf das Mutterunternehmen A entfallenden Eigenkapitalveränderungen des Unternehmens B fortzuführen. Dies geschieht mittels Buchungssatz (1), indem der Equity-Buchwert um die anteiligen Eigenkapitaleffekte, die lt. Prämisse 100 GE betragen, GuV-wirksam erhöht wird.

31.12.01 [in: GE]	**A**	**B**	**Summe**	**Soll**	**Haben**	**Konzern**
Umsatzerlöse	5.000	0	5.000			5.000
Herstellungskosten	5.000	0	5.000			5.000
Ergebnis aus at-Equity bewerteten Beteiligungen	0	0	0		(1) 100	100
div. Aufwendungen	0	0	0			0
Jahresüberschuss	**0**	**0**	**0**		*100*	**100**
Anteile an B	2.000	0	2.000	(1) 100		2.100
Geschäfts- oder Firmenwert	0	0	0			0
immaterielle VW/VG	0	0	0			0
sonstige VW/VG	1.000	0	1.000			1.000
Bank/Kasse	600	0	600			600
Aktiva	**3.600**	**0**	**3.600**			**3.700**
gez. Kapital	2.000	0	2.000			2.000
Gewinnrücklagen	1.000	0	1.000			1.000
Neubewertungsrücklage	0	0	0			0
Jahresüberschuss	0	0	0		*100*	100
Anteile nicht-beherrschender Gesellschafter	0	0	0			0
Verbindlichkeiten	600	0	600			600
Passiva	**3.600**	**0**	**3.600**			**3.700**

Übersicht 174: Vorgehensweise zum 31.12.01 (HGB/IFRS)

Vorgehensweise nach IFRS zum 01.01.02

Durch den zusätzlichen entgeltlichen Erwerb der weiteren 60 % der Anteile qualifiziert sich Unternehmen B fortan als ein voll zu konsolidierendes Tochterunternehmen. Erfolgt der Beherrschung vermittelnde Erwerbsvorgang entgeltlich, so ist in Übereinstimmung mit IFRS 3.32 neben der vollständigen Neubewertung des Reinvermögens zusätzlich eine GuV-wirksame Bewertung der bereits gehaltenen Anteilstranche zum beizulegenden Zeitwert angezeigt; die bisherigen Effekte der bilanziellen Einbeziehung gilt es insoweit vollständig zu eliminieren.

Ausgehend vom Summenabschluss, in den neben dem Einzelabschluss des (Mutter-)Unternehmens A auch der von (Tochter-)Unternehmen B nach Aufdeckung der stillen Reserven (HB III) eingeht, bedarf es zunächst für Zwecke der Herstellung der Bilanzidentität einer entsprechenden Adjustierungsbuchung (1), um den einzelbilanziellen Beteiligungsbuchwert zwecks Nachvollzugs bisheriger Eigenkapitalveränderungen auf den jeweils aktuellen Equity-Wertansatz zuzuschreiben. Sodann erfolgt die gebotene Übergangskonsolidierung in Gestalt einer kombinierten Ent- und Erstkonsolidierung. Mit Buchungssatz (2) wird die dafür notwendige Entkonsolidierung vorgenommen, indem der Equity-Buchwert i. H. v. 2.100 GE GuV-wirksam ausgebucht wird. Darauf aufbauend wird der Zeitwert der Altanteile i. H. v. 4.000 GE GuV-wirksam eingebucht (vgl. Buchung (3)) und erhöht den Gesamtwert der Beteiligung an Unternehmen B, der sich einerseits aus der kontrollerlangenden Anteilstranche i. H. v. 6.000 GE sowie dem Fair Value der Altanteile andererseits zusammensetzt. Es ergibt sich im Zuge dieser Übergangskonsolidierung ein GuV-wirksamer Effekt aus der Bewertung der Altanteile i. H. v. 1.900 GE (siehe Zeile »Ergebnis aus at-Equity bewerteten Beteiligungen«). Die schließlich auf Basis der Wertverhältnisse zum 01.01.02 vorzunehmende Erstkonsolidierung wird alsdann mit Buchungssatz (4) nachvollzogen. Es entsteht ein Goodwill i. H. v. 8.000 GE.

01.01.02 [in: GE]	**A**	**B**	**Summe**	**Soll**	**Haben**	**Konzern**
Umsatzerlöse	5.000	1.000	6.000			6.000
Herstellungskosten	5.000	1.000	6.000			6.000
Ergebnis aus at-Equity bewerteten Beteiligungen	0	0	0	(2) 2.100	(3) 4.000	1.900
div. Aufwendungen	0	0	0			0
Jahresüberschuss	**0**	**0**	**0**	*2.100*	*4.000*	**1.900**
Anteile an B	8.000	0	8.000	(1) 100 (3) 4.000	(2) 2.100 (4) 10.000	0
Geschäfts- oder Firmenwert	0	0	0	(4) 8.000		8.000
immaterielle VW	0	1.000	1.000			1.000
sonstige VW	1.000	1.000	2.000			2.000
Bank/Kasse	2.200	1.000	3.200			3.200
Aktiva	**11.200**	**3.000**	**14.200**			**14.200**
gez. Kapital	2.000	1.000	3.000	(4) 1.000		2.000
Gewinnrücklagen	1.000	0	1.000		(1) 100	1.100
Neubewertungsrücklage	0	1.000	1.000	(4) 1.000		0
Jahresüberschuss	0	0	0	*2.100*	*4.000*	1.900
Anteile nicht-beherrschender Gesellschafter	0	0	0			0
Verbindlichkeiten	8.200	1.000	9.200			9.200
Passiva	**11.200**	**3.000**	**14.200**			**14.200**

Übersicht 175: Vorgehensweise zum 01.01.02 (IFRS)

Vorgehensweise nach HGB zum 01.01.02

Anders als nach IFRS, ist nach HGB ein solcher sukzessiver Anteilserwerb als rein GuV-neutraler Anschaffungsvorgang abzubilden. Dabei stellt der konzernbilanzielle Equity-Buchwert zum Zeitpunkt der Kontrollerlangung die (fingierten) Anschaffungskosten für jene Altanteile dar (vgl. Buchungssatz (1)); addiert zu den für die kontrollerlangende Tranche aufgewendeten Anschaffungskosten, bildet jener kumulierte Wertansatz den Ausgangspunkt für die auf Basis der Wertverhältnisse zum 01.01.02 vorzunehmende Erstkonsolidierung (vgl. Buchung (2)). Es entsteht ein Goodwill i. H. v. 6.100 GE.

01.01.02 [in: GE]	**A**	**B**	**Summe**	**Soll**	**Haben**	**Konzern**
Umsatzerlöse	5.000	1.000	6.000			6.000
Herstellungskosten	5.000	1.000	6.000			6.000
Ergebnis aus at-Equity bewerteten Beteiligungen	0	0	0			0
div. Aufwendungen	0	0	0			0
Jahresüberschuss	**0**	**0**	**0**			**0**
Anteile an B	8.000	0	8.000	(1) 100	(2) 8.100	0
Geschäfts- oder Firmenwert	0	0	0	(2) 6.100		6.100
immaterielle VG	0	1.000	1.000			1.000
sonstige VG	1.000	1.000	2.000			2.000
Bank/Kasse	2.200	1.000	3.200			3.200
Aktiva	**11.200**	**3.000**	**14.200**			**12.300**
gez. Kapital	2.000	1.000	3.000	(2) 1.000		2.000
Gewinnrücklagen	1.000	0	1.000		(1) 100	1.100
Neubewertungsrücklage	0	1.000	1.000	(2) 1.000		0
Jahresüberschuss	0	0	0			0
Anteile nicht-beherrschender Gesellschafter	0	0	0			0
Verbindlichkeiten	8.200	1.000	9.200			9.200
Passiva	**11.200**	**3.000**	**14.200**			**12.300**

Übersicht 176: Vorgehensweise zum 01.01.02 (HGB)

Fazit:
Mit den divergierenden methodischen Vorgehensweisen bei der Abbildung von Statuswechseln sind – wie dargelegt – höchst unterschiedliche Auswirkungen auf das konzernbilanzielle Abschlussbild verbunden. So wird etwa nach IFRS ein um 1.900 GE höheres Konzerneigenkapital ausgewiesen als nach HGB. Diese Differenz wiederum erklärt sich durch die nach IFRS geforderte GuV-wirksame Fair Value-Bewertung der Altanteile. Da dem HGB eine solche (GuV-wirksame) Neubewertung gänzlich fremd ist, bilden die Anschaffungskosten der neu hinzuerworbenen (Kontroll-)Tranche, erhöht um den Equity-Buchwert zum Zeitpunkt des Statuswechsels, die Ausgangsbasis für die vorzunehmende Erstkonsolidierung. Hierdurch entstand ein um 1.900 GE niedrigerer GoF als nach IFRS. Der Differenzbetrag lässt sich wiederum gänzlich auf die (GuV-wirksame) Neubewertung der Altanteile nach IFRS zurückführen.

5.4 Other Comprehensive Income und Währungsumrechnungsdifferenzen

Bestandteile des OCI

Nach IAS 1.81A ff. werden Eigenkapitaländerungen, die nicht aus Transaktionen mit den Eignern eines Unternehmens (mithin Ausschüttungen, Kapitaleinlagen und -rückzahlungen) resultieren, im Gesamtergebnis (comprehensive income) abgebildet, das sich seinerseits in den klassischen Gewinn/Verlust und das sog. sonstige Ergebnis (other comprehensive income; nachfolgend: OCI) gliedert. Während sämtliche OCI-Bestandteile zunächst unmittelbar über das OCI direkt im Eigenkapital gebucht und über die Neubewertungsrücklage abgeschlossen werden, sind nur bestimmte Elemente in den Folgeperioden wieder GuV-wirksam umzubuchen (sog. »recycling«). Wann Effekte jeweils im OCI zu erfassen sind, ergibt sich aus keinem übergeordneten bilanztheoretischen Konzept (vgl. Ballwieser, W. (2013), S. 44), sondern ist vielmehr den einzelnen IFRS-Standards zu entnehmen (bzgl. wesentlicher Sachverhalte, die eine Verbuchung im OCI auslösen, vgl. Abschn. 3, Kap. 3, 2.3.1.4). Eine eigenständige definitorische Abgrenzung GuV-neutral zu erfassender Ergebnisbestandteile wurde – trotz erheblicher Kritik aus der Praxis – seitens des IASB bisher mit Verweis auf den Fokus der durchgeführten Änderungen an IAS 1 unterlassen (vgl. IAS 1.IN18). Über ein konsistentes Gewinnkonzept verfügen die IFRS jedenfalls nicht (vgl. Dobler, M./Dobler, S. (2012), S. 35). Wenn insoweit Leibfried/Amann das »net income recognised directly in equity« als »quasi eine Schatten-GuV« (Leibfried, P./Amann, T. (2002), S. 197) bezeichnen, Holzer/Ernst von einem sog. »Income By-Pass« (Holzer, P./Ernst, C. (1999), S. 360) sprechen und Kerkhoff/Diehm von einer »semantisch irreführenden« (Kerkhoff, G./Diehm, S. (2005), S. 345) Darstellungsform reden, ist – wie Küting bereits im Jahre 2006 konstatierte – der Weg zur Bezeichnung einer »Erfolgsrechnung zweiter Klasse« (Küting, K./Wirth, J. (2003), S. 22) nicht mehr weit (vgl. Küting, K. (2006a), S. 1450).

»Recycling«

Da die einzelnen Standards im Zeitablauf – je nach Sachverhalt – einen unterschiedlichen Umgang mit den OCI-Bestandteilen vorsehen, wird hierbei auch zwischen nur temporären und permanenten Kongruenzverstößen unterschieden (vgl. Dobler, M. (2008), S. 262 f.). Während ein »Recycling« über die GuV etwa für bestimmte Währungsumrechnungsdifferenzen nach IAS 21 ebenso wie für als available-for-sale designierte Finanzinstrumente i. S. d. IAS 39 verpflichtend vorgesehen ist, unterliegen andere OCI-Komponenten – stellvertretend seien hier das Neubewertungsmodell nach IAS 16 bzw. IAS 38 sowie versicherungsmathematische Gewinne und Verluste i. S. d. IAS 19 genannt – einem Umgliederungsverbot (eine zusammenfassende Übersicht über die derzeit im OCI zu erfassenden Sachverhalte findet sich bei: Zülch, H./Höltken, M. (2014), S. 310). Dagegen sind dem HGB solche GuV-neutrale Eigenkapitalveränderungen aufgrund des ihm immanenten Kongruenzprinzips grds. fremd. Lediglich aus der stichtagskursbezogenen Währungsumrechnung resultierende Differenzen sind GuV-neutral im Eigenkapital zu bilanzieren, indes flankiert von der Notwendigkeit, sie spätestens beim vollständigen Ausscheiden GuV-wirksam wieder auflösen zu müssen (vgl. § 308a HGB). Damit verglichen, ergeben sich nach IFRS erhebliche Gestaltungspotenziale an der »Schnittstelle formaler und materieller Gewinnsteuerung sowie Verwerfungen bei der Abschlussanalyse« (Dobler, M./Dobler, S. (2012), S. 35).

Bedeutung des OCI für die Erfolgsanalyse

Eine von Coenenberg et al. im Jahr 2011 veröffentlichte empirische Untersuchung stellte fest, dass der Gesamtbetrag der im OCI erfassten Aufwendungen und Erträge für das Eigenkapital in den Umstellungsabschlüssen der Jahre 2005 bzw. 2005/2006 lediglich eine geringe Bedeutung besaß (vgl. dazu wie auch im Folgenden Coenenberg, A. G. et al. (2011), S. 141). Auch für den Erfolgsausweis konnte dem OCI keine signifikante Bedeutung beigemessen werden, wobei etwaige Währungsumrechnungsdifferenzen explizit keine Berücksichtigung erfahren haben, da sie ihrer Konzeption nach nicht als Erfolg (i. e. S.) zu werten seien. Küting/Reuter hingegen mahnen an, gerade aus der Perspektive einer erfolgsorientierten Analyse den Einfluss der OCI-Komponenten nicht zu unterschätzen. Im Rahmen ihrer (empirischen) Untersuchung, die auf einer Grundgesamtheit von 91 deutschen (Index-)Unternehmen aus dem Bereich Industrie, Handel und Dienstleistung basiert, stellten sie fest: »Die für die IFRS-Rechnungslegung typischen OCI-Beträge dürfen nicht vernachlässigt werden. Eine erfolgsbasierte Unternehmens- und Abschlussanalyse kann u. U. zu erheblichen Fehlinterpretationen führen, sofern lediglich auf die in der GuV erfassten Erträge und Aufwendungen abgestellt wird« (Küting, K./Reuter, M. (2009), S. 49). So wäre es den Abschlusserstellern möglich, über die OCI-Rechnung einen hohen Eigenkapitalverlust auszuweisen, dem in der eigentlichen (klassischen) GuV ein hoher Gewinn gegenübersteht. Auch Dobler/Dobler stellen in Bezug auf ihre empirische Analyse der OCI-Beträge fest, dass eine »generelle Vernachlässigung des OCI … nicht den Gegebenheiten der Rechnungslegungspraxis gerecht werden« (Dobler, M./Dobler, S. (2012), S. 37) würde. Dies gilt umso mehr, als die ausgewiesenen Beträge derweil regelmäßig das Gesamtergebnis in z. T. erheblichem Umfang determinieren. Abseits von Steuer- und Währungseffekten sind übergreifend Cashflow-Hedges, zur Veräußerung verfügbare Finanzinstrumente sowie versicherungsmathematischen Gewinne und Verluste nach ihrer Häufigkeit und betragsmäßig die bedeutsamsten OCI-Treiber (bzgl. deskriptiver Befunde für die deutsche Bilanzierungspraxis vgl. Sellhorn, T./Hahn, S./Müller, M. (2011), S. 1015 f.; Zülch, H./Höltken, M. (2014), S. 312 ff. sowie erst jüngst Hüttermann, K./Knappstein, J. (2014), S. 591 ff.).

Bedeutung des »Recycling« im Konzernabschluss

Abstrahiert von konsolidierungskreisspezifischen Sondereffekten sollte das bilanzanalytische Hauptaugenmerk auf die sich aus der Fremdwährungsumrechnung (potenziell) ergebenden Ergebniseffekte gerichtet sein. Schließlich stellen währungsbedingte Umrechnungsdifferenzen mit einem durchschnittlichen Anteil von 60,04 % am OCI den dominierenden Werttreiber des OCI aller im DAX 30 notierten Mutterunternehmen dar (vgl. nur Hüttermann, K./Knappstein, J. (2014), S. 593). Gem. der Vorgabe des IAS 21.48 sind die dort »temporär geparkten« (Richter, F. (2014), S. 297) Beträge dann in die GuV umzugliedern (reclassification adjustment), sofern betreffendes (Tochter-)Unternehmen vollständig aus dem Konsolidierungskreis ausscheidet; dies gilt sinngemäß für solche Fallkonstellationen, in denen der (bisherige) konzernbilanzielle Status eines einbeziehungspflichtigen Tochter-, Gemeinschafts- und/oder assoziierten Unternehmens aufgrund von beteiligungsquotenverändernden (Kapital-)Maßnahmen verloren geht (vgl. IAS 21.48A; überdies IAS 21.41 i. V. m. 21.48B f. für den konstellationsabhängigen Umgang mit etwaigen Anteilen nicht-beherrschender Gesellschafter). Gerade für Konzerne mit bedeutsamer Auslandstätigkeit kann eine solche – durch einen Statuswechsel oder eine Anteilsveräußerung unter Wahrung eines gemeinschaftlichen bzw. maßgeblichen Einflusses implizierte – vollständige bzw. beteiligungsproportionale Realisation von Fremdwährungseffekten z. T. erhebliche Auswirkungen auf das Jahresergebnis besitzen. Auch Dobler/Dobler mahnen zu einem sensiblen Umgang mit dem »Recycling« im Zuge der Ergebnisanalyse (vgl. Dobler, M./Dobler, S. (2012), S. 40).

Erfolgsspaltung

Diesen Gedanken unter dem Gesichtspunkt der Prognoserelevanz aufgreifend, statuiert IAS 1.82A, den Erfolg dahingehend aufspalten zu müssen, als es die einzelnen OCI-Positionen entsprechend ihrer zukünftigen Behandlung – recycling vs. non-recycling – jeweils gesondert auszuweisen gilt. Den Bilanzadressaten sollen auf diese Weise Informationen bereit gestellt werden, »anhand derer sie die Auswirkung solcher Umgliederungen auf den Gewinn und Verlust beurteilen können« (IAS 1.IN15).

Analytische Behandlung

Somit wird für den Jahresabschlussadressaten zumindest ersichtlich, ob und inwieweit die betreffenden OCI-Komponenten zukünftig einer GuV-wirksamen Reklassifizierung unterworfen sein werden oder nach wie vor dem non-recycling approach verhaftet sind. Jedoch bleibt die Problematik hinsichtlich der (temporären) Kongruenzverletzung weiterhin bestehen. Trotz der Fülle an vorgeschriebenen Detailangaben im Anhang wird auch weiterhin eine Würdigung der Qualität des ausgewiesenen (Jahres-)Ergebnisses und seiner Nachhaltigkeit selten möglich sein; dies gilt umso mehr, als auch künftig nicht ersichtlich sein wird, wann bzw. ob überhaupt eine Umgliederung der recyclingfähigen OCI-Komponenten in die GuV erfolgt. Da dem HGB solche Effekte – mit Ausnahme der Währungsumrechnungsdifferenzen – fremd sind, muss dieser grundlegende Unterschied zwischen HGB- und IFRS-Regelwerk bei der Erfolgsanalyse zwingend beachtet und entsprechend gewürdigt werden (vgl. auch Küting, K./Pfitzer, N./Weber, C.-P. (2013), S. 179f.).

5.5 Zur Aussagefähigkeit des Konzernergebnisses und der Gewinnrücklagen

Hypothetische Ergebnisgröße

»Die Analyse und Bewertung der nachhaltigen Gewinnerzielungsfähigkeit – allgemein als Ertragskraft bezeichnet – ist das Ziel der erfolgswirtschaftlichen Bilanzanalyse« (Küting, K./Pfitzer, N./Weber, C.-P. (2013), S. 165). Insoweit ist auch im Kontext der bilanzanalytischen Betrachtung eines Konzernabschlusses dem ausgewiesenen »Konzerngewinn/-verlust« besondere Beachtung zu schenken. Dafür bietet es sich in einem ersten Schritt an, diese hypothetische Ergebnisgröße dem einzelgesellschaftlichen Begriff des Jahresüberschusses/-fehlbetrags bzw. dem Bilanzgewinn/-verlust gegenüberzustellen.

Bilanzgewinn: Sinn und Zweck

Nach HGB wird im Rahmen der Ergebnisverwendungsrechnung der jeweilige Jahreserfolg eines Unternehmens – sprich der Jahresüberschuss bzw. -fehlbetrag – bis hin zum Bilanzgewinn/-verlust fortgeführt. Abhängig von den vorgenommenen Einstellungen in oder die Auflösung von bestehenden Rücklagen, steht der dann verbleibende Bilanzgewinn – vorbehaltlich etwaiger Gewinn- bzw. Verlustvorträge – allein den Gesellschaftern zur freien Disposition zur Verfügung (vgl. § 29 Abs. 1 f. GmbHG bzw. § 174 AktG). Je nach Beschluss kann dieser den Gesellschaftern/Aktionären in Form einer Ausschüttung oder zur anderweitigen Verwendung, bspw. einer Einstellung in die Rücklagen, offeriert werden. Ziel dieser Verwendungsrechnung ist es demnach, einerseits die »Darstellung der Rücklagenbewegung, so wie sie die auf- und feststellungsberechtigten Organe vorgenommen haben, sowie andererseits die Ermittlung des ausschüttungsfähigen und der Disposition der Gesellschafter unterliegenden Teils des erwirtschafteten Erfolgs« (Küting, K./Weber, C.-P. (2012), S. 616) transparent zu gestalten.

»Retained Earnings«

Den IFRS ist der Begriff des Bilanzgewinns mitsamt seiner rechtlichen Konsequenzen weitestgehend fremd. Hier werden (stattdessen) typischerweise sog. »Retained Earnings« ausgewiesen, die oftmals als Gewinnrücklagen bezeichnet werden, darüber hinaus aber auch einen möglichen Ergebnisvortrag oder das Periodenergebnis umfassen (können).

Originäre Gewinnverwendungsfunktion?

Es wird unmittelbar ersichtlich, dass das einzelgesellschaftliche Konzept der Ergebnisverwendungsrechnung weder gedanklich noch konzeptionell zum Konzernabschluss passt. Der Konzern stellt nur ein wirtschaftliches Gebilde dar, das keine eigene Rechtspersönlichkeit besitzt. Der Konzern hat auch keine Anteilseigner und nimmt keine Gewinnverwendung vor. Insofern kann dem Konzernabschluss, der die Vermögens-, Finanz- und Ertragslage einer rechtlich nicht existierenden Einheit »Konzern« abbilden soll, keine originäre oder unmittelbare Gewinnverwendungsfunktion zufallen. Ein auf konsolidierter Ebene dennoch ausgehend vom Konzernjahresüberschuss/-fehlbetrag abgeleiteter Gewinn/Verlust hat daher rein hypothetischen Charakter. Es müssten in diesem Fall Annahmen darüber getroffen werden, wie die fiktiven Gesellschaftsorgane des Konzerns eine fiktive Gewinnverwendung vorgenommen hätten. Darüber hinaus ist zu beachten, dass der Konzerngewinn/-verlust nicht mit dem (einzelgesellschaftlichen) Bilanzgewinn/-verlust vergleichbar ist. Der Bilanzgewinn stellt im handelsrechtlichen Sinne den verteilungsfähigen Gewinn dar. Er kann ausgeschüttet, aufgrund eines Beschlusses der entsprechenden Gremien den Rücklagen zugeführt oder in den Ergebnisvortrag eingestellt werden.

Reine Rechengröße ohne Erfolgsindikatorfunktion

Der Konzerngewinn dagegen ist eine reine Rechengröße, die u. a. durch Konsolidierungsmaßnahmen beeinflusst wurde. Darüber hinaus enthält er nur diejenigen Bestandteile, die auf den – durch die Mehrheitsgesellschafter repräsentierten – Konzern entfallen, zumal die auf die anderen (nicht-beherrschenden) Gesellschafter entfallenden Ergebnisbeiträge bereits unmittelbar zuvor nach Maßgabe des § 307 Abs. 2 HGB bzw. IAS 1.81B GuV-neutral umgegliedert worden sind (vgl. KÜTING, K./REUTER, M. (2007), S. 2550). Aus den genannten Gründen stellt der Konzerngewinn nicht jene Größe dar, die als Ausschüttungsbetrag den Konzern verlässt und damit als kurzfristiges Fremdkapital zu betrachten wäre. Ebenso wenig ist er als Erfolgsindikator geeignet.

Analytische Behandlung

Für Fragen der analytischen Behandlung sind daraus folgende Konsequenzen zu ziehen:

(1) Die Ausschüttung des Mutterunternehmens ist als kurzfristiges Fremdkapital zu betrachten, da dieser Betrag den Konzernbereich verlässt. Dabei muss der Ausschüttungsbetrag nicht identisch mit dem ausgewiesenen Bilanzgewinn des Mutterunternehmens sein.

(2) Bei den auf die anderen (nicht-beherrschenden) Gesellschafter bezogenen Gewinnanteilen handelt es sich um jene Ergebnisgrößen, die auf niedrigeren Konzernstufen auf die dort vorhandenen anderen Gesellschafter entfallen. Hier sollte davon ausgegangen werden, dass diese Beträge ebenfalls in aller Regel den Konzern als Ausschüttungsbeträge verlassen, weshalb (auch) sie – simplifizierend – in voller Höhe dem kurzfristigen Fremdkapital zugerechnet werden sollten.

Aussagefähigkeit

Ganz generell ist zu bemerken, dass die hypothetisch abgeleitete Rechengröße »Konzerngewinn/-verlust« keine eigenständige Funktion besitzt, sodass damit zugleich die Frage nach der Existenzberechtigung jener Größe aufgeworfen wird – dies umso mehr, da der nicht oder weniger geschulte Bilanzanalytiker mit dieser Größe einen Indikator für die Ertragslage des Konzerns verbinden könnte. Solch eine Indikatorfunktion kann der »Konzerngewinn/-verlust« nicht übernehmen; dazu ist diese Größe schlichtweg ungeeignet. Wenn Aussagen über die Ertragslage zu treffen sind, ist vielmehr – mit Einschränkungen – zunächst der (gesamte) »Konzernjahresüberschuss/-fehlbetrag« heranzuziehen. Des Weiteren müssen speziell mit Blick auf diejenigen Ergebnisbestandteile, die auf etwaige nicht-beherrschende Gesellschafter entfallen, weitergehende Rechnungen und Analysen vorgenommen werden.

Begriffsvielfalt

Darüber hinaus ist in den Konzernabschlüssen vieler Unternehmen eine zunehmende Begriffsvielfalt für das hier als »Konzernjahresüberschuss« respektive »Konzernjahresfehlbetrag« bezeichnete Ergebnis festzustellen. So monierten Küting/Reuter bereits in einer im Jahr 2007 durchgeführten Studie das in der Bilanzierungspraxis vorzufindende babylonische Sprachwirrwarr. Sie stellten fest, dass 54 der 124 untersuchten Unternehmen (= 43,5 %) als Begriffsbestandteil ihrer GuV-Erfolgsgröße explizit den Zusatz »Konzern« zur Verdeutlichung, dass es sich bei dem ausgewiesenen Betrag um eine Kennzahl auf konsolidierter Basis handelt, verwandten. Bei 64 Konzernen (= 51,6 %) wurde der handelsrechtliche Terminus »Jahresüberschuss« bzw. »Jahresfehlbetrag« gewählt, während nur acht Unternehmen (= 6,5 %) das Resultat ihrer Konzern-GuV als »Gewinn« bzw. »Verlust« bezeichneten. In 52 Fällen (= 41,9 %) gelangte das Wort »Ergebnis« zur Anwendung (vgl. Küting, K./Reuter, M. (2007), S. 2551 ff.). Eine solche Begriffsvielfalt ist auch heute so noch festzustellen. Der Ausweis von unterschiedlich bezeichneten Begrifflichkeiten stiftet bewusst oder unbewusst zusätzliche Verwirrung, zumal sich der Analyst nicht sicher sein kann, ob die unterschiedliche Begriffswahl in diesem Kontext implizit auch eine divergierende Behandlung gleichartiger Sachverhalte bedingt. Vollends fragwürdig wird die Aussagefähigkeit des »Konzerngewinns/-verlusts« dann, wenn eine wertmäßige Identität mit dem Bilanzgewinn/-verlust des obersten Mutterunternehmens gegeben ist. Hierzu ist zu bemerken, dass diese Identität durch spezifische Konsolidierungsmaßnahmen bewusst herbeigeführt werden kann. Gegen diese Maßnahmen können gewichtige Argumente vorgetragen werden, weshalb ganz grds. die Frage diskutiert werden sollte, ob dies überhaupt (noch) als zweckadäquat zu bezeichnen ist.

Analyse der Gewinnrücklagen

Das Problem einer zweckadäquaten Analyse stellt sich dem externen Bilanzanalysten auch für die im Konzern bilanzierten Gewinnrücklagen. Während dieser Posten aus einzelgesellschaftlicher Perspektive einen Rückschluss auf die Thesaurierungsfähigkeit bzw. -bereitschaft eines Unternehmens sowie auf dessen Ertragskraft in der Vergangenheit zulässt, verkommt er auf konsolidierter Ebene zu einem »heterogenen Sammelbecken« (Küting, K. (2010), S. 184) verschiedenartiger konsolidierungstechnischer Differenzen, da dieser Posten in praxi nahezu durchweg als Gegenkonto für die Verbuchung konsolidierungs- bzw. bewertungsbedingt auftretender Differenzen verwandt wird. Exemplarisch sei hier stellvertretend nur die buchhalterische Verarbeitung von aus Vorjahren resultierenden (eliminierungspflichtigen) Zwischengewinnen genannt. Weil diese konsolidierungstechnischen Differenzen gerade im Zeitablauf eine enorme Bedeutung erlangen (können), avancieren die konzernspezifischen Gewinnrücklagen zu einer nicht mehr »interpretationsfähigen Saldogröße verschiedenster Teilgrößen« (Küting, K. (2010), S. 184), die keine Aussage mehr über die Thesaurierungsbereitschaft oder die Innenfinanzierungsfähigkeit eines Unternehmens zulässt. Diese Aussage gilt für den HGB- als auch den IFRS-Konzernabschluss gleichermaßen.

Merksätze

1. Mit zunehmender Bedeutung der konsolidierten Rechenschaftslegung rücken auch die unterschiedlichen Regelungen des HGB sowie der IFRS vermehrt in den Fokus der (Konzern-)Bilanzanalyse. Gerade in bilanzanalytisch wesentlichen Bilanzierungsfeldern sehen die beiden Rechen-

werke z. T. signifikant voneinander abweichende Regelungen vor, die ihrerseits wiederum mit höchst divergierenden Effekten auf das konsolidierte Abschlussbild verbunden sind.

2. Dies erschwert nicht nur einen zwischenbetrieblichen Unternehmensvergleich; auch müssen dem externen Bilanzanalysten die konzernbilanzpolitischen Möglichkeiten, mit denen jeweils beide Normengefüge aufwarten, bewusst sein. Dies umfasst vor allem die z. T. hochkomplexen Vorschriften für bestimmte zentrale Bereiche der Konzernbilanzierung, so mitunter die Fortschreibung eines GoF bzw. passivischen Unterschiedsbetrags oder (auch) die Behandlung statuswahrender bzw. -verändernder Erwerbs- und Veräußerungsvorgänge.
3. Während sich ein GoF nach IFRS als immaterieller Vermögenswert (mit unbestimmter Nutzungsdauer) qualifiziert, gilt er nach HGB qua Fiktion als abnutzbarer Vermögensgegenstand. Im Zuge der (bilanziellen) Fortschreibung sollte für Zwecke eines interperiodischen Vergleichs das dem sog. »impairment-only approach« inhärente bilanzpolitische Potenzial durch geeignete Anpassungsmaßnahmen entschärft werden.
4. Ein nach Maßgabe des § 309 Abs. 2 HGB zu behandelnder negativer Unterschiedsbetrag ist im Zweifel dem Fremdkapital zuzuordnen. Nach IFRS dagegen wäre ein solcher passivischer Unterschiedsbetrag nach nochmaliger Überprüfung (reassessment) der Prämissen und Wertansätze unmittelbar ertragswirksam zu vereinnahmen.
5. Die Bedeutung des OCI sollte im Rahmen der (Konzern-)Bilanzanalyse keineswegs vernachlässigt werden, zumal es den Abschlusserstellern möglich ist, über dieses Rechenwerk einen hohen Eigenkapitalverlust auszuweisen, dem in der eigentlichen (klassischen) GuV ein hoher Gewinn gegenübersteht (et vice versa). Hierbei sollte das Hauptaugenmerk vornehmlich auf die sich aus der Fremdwährungsumrechnung (potenziell) ergebenden Ergebniseffekte gerichtet sein.
6. Der Posten »Konzerngewinn/-verlust« stellt eine durch spezifische Konsolidierungsmaßnahmen beeinflusste – z. T. gar bewusst herbeigeführte – Rechengröße dar, der keine eigenständige Analysefunktion zugesprochen werden sollte.

Literaturverzeichnis

Adelberg, A. H. (1979), Narrative Disclosures Contained in Financial Reports: Means of Communication or Manipulation, in: ABR 1979, S. 179–189.

Adelberg, A. H./Lewis, R. A. (1980), Financial Reports can be made more Interesting, in: JoA 1980, S. 44–50.

Adler, H./Düring, W./Schmaltz, K. (1995), Rechnungslegung und Prüfung der Unternehmen, Kommentar zum HGB, AktG, GmbHG, PublG nach den Vorschriften des Bilanzrichtlinien-Gesetzes, 6. Aufl., Stuttgart 1995 ff.

Adler, H./Düring, W./Schmaltz, K. (2002), Rechnungslegung nach internationalen Standards, Loseblatt, Stuttgart 2002 ff.

Agrawal, A./Tandon, K. (1994), Anomalies or illusions? Evidence from stock markets in eighteen countries, in: JoIMF 1994, S. 83–106.

AICPA (2012), Principles and Criteria for XBRL-Formatted Information, New York 2012.

Albach, H. (1978), Die Verteilung des Unternehmereinkommens, in: ZfB 1978, S. 626–631.

Altman, E. I. (1967), The Prediction of Corporate Bankruptcy: A Discriminant Analysis, University of California, Los Angeles 1967.

Alvarez, M. (2002), Segmentberichterstattung nach DRS 3 – Vergleich zu IAS 14 und SFAS 131, in: DB 2002, S. 2057–2063.

Amemiya, T. (1994), Introduction to Statistics and Econometrics, Cambridge 1994.

Amen, M. (2008), Die Kapitalflussrechnung, in: Schulze-Osterloh, J./Hennrichs, J./Wüstemann, J. (Hrsg.), Handbuch des Jahresabschlusses – Bilanzrecht nach HGB, EStG und IFRS, Abt. IV/3, Loseblatt, Köln 1984 ff.

Arbeitskreis »Finanzierung« der Schmalenbachgesellschaft – Deutsche Gesellschaft für Betriebswirtschaft e.V. (1990), in: Buchmann, R./Chmielewicz, K. (Hrsg.), Empfehlungen zur Ausgestaltung einer Finanzierungsrechnung, in: zfbf-Sonderheft 26/1990, Düsseldorf 1990.

Arbeitskreis »Finanzierung« der Schmalenbachgesellschaft – Deutsche Gesellschaft für Betriebswirtschaft e.V. (1996), Wertorientierte Unternehmenssteuerung mit differenzierten Kapitalkosten, in: zfbf 1996, S. 543–578.

Arbeitskreis »Finanzierungsrechnung« der Schmalenbach-Gesellschaft für Betriebswirtschaftslehre e. V. (2005), Wertorientierte Steuerung in Therorie und Praxis, in: zfbf-Sonderheft 53/2005, Düsseldorf/Frankfurt a. M. 2005.

Arbeitskreis »Immaterielle Werte im Rechnungswesen« der Schmalenbach-Gesellschaft für Betriebswirtschaftslehre e.V. (2001), Kategorisierung und bilanzielle Erfassung immaterieller Werte, in: DB 2001, S. 989–995.

Arbeitskreis »Internes Rechnungswesen« der Schmalenbach Gesellschaft für Betriebswirtschaft e.V. (2010), Vergleich von Praxiskonzepten zur wertorientierten Unternehmenssteuerung, in: zfbf 2010, S. 797–820.

Assenmacher, W./Kunert, A./Popp, S. (2001), Der Kolmogoroff-Smirnoff-Anpassungstest, in: WISU 2001, S. 1682–1688.

Atiyah, P. (1983), Lawyers and Rules: Some Anglo-American Comparisons, in: SMU Law Review 1983, S. 545–565.

Baatz, E. (1983), Die Gewinn- und Renditeentwicklung in der deutschen Wirtschaft, in: ZfB 1983, S. 774–792.

Bächstädt, K.-H./Bauer, C./Geldermann, A. (2004), Mit höherer Trennschärfe beim Rating Kosten sparen und Erträge steigern, in: ZfgK 2004, S. 576–580.

Backhaus, K. et al. (2011), Multivariate Analysemethoden. Eine anwendungsorientierte Einführung, 13. Aufl., Berlin u. a. 2011.

Baddock, B./Vrobel, S. (2001), What do you call Stammaktien, in: Handelsblatt vom 9./10. März 2001, S. K2.

Baden, K. (1992), Vergleichende Unternehmensbeurteilungen und Aktienkurse, Kiel 1992.

Baden, K. (1994), Alternative Ansätze zur Performance-Messung von Unternehmen, in: Höfner, K./Pohl, A. (Hrsg.), Wertsteigerungs-Management, Frankfurt a. M. 1994, S. 116–149.

Baetge, J. (1980), Früherkennung negativer Entwicklungen der zu prüfenden Unternehmung mit Hilfe von Kennzahlen, in: WPg 1980, S. 651–665.

Baetge, J. (1989), Möglichkeiten der Früherkennung negativer Unternehmensentwicklungen mit Hilfe statistischer Jahresabschlußanalysen, in: zfbf 1989, S. 792–811.

Baetge, J. (2002), Die Früherkennung von Unternehmenskrisen anhand von Abschlusskennzahlen – Rückblick und Standortbestimmung, in: DB 2002, S. 2281–2287.

Baetge, J. (2009), Verwendung von DCF-Kalkülen bei der Bilanzierung nach IFRS, in: WPg 2009, S. 13–23.

Baetge, J. et al. (1994), Bonitätsbeurteilung von Jahresabschlüssen nach neuem Recht (HGB 1985) mit Künstlichen Neuronalen Netzen auf der Basis von Clusteranalysen, in: DB 1994, S. 337–343.

Baetge, J./Baetge, K./Kruse, A. (1999), Grundlagen moderner Verfahren der Jahresabschlußanalyse, in: DStR 1999, S. 1371–1376.

Baetge, J./Baetge, K./Kruse, A. (1999a), Moderne Verfahren der Jahresabschlußanalyse: Das Bilanz-Rating, in: DStR 1999, S. 1628–1632.

Baetge, J./Ballwieser, W. (1978), Probleme einer rationalen Bilanzpolitik, in: BFuP 1978, S. 511–530.

Baetge, J./Beermann, T. (2000), Vergleichende Bilanzanalyse von Abschlüssen nach IAS/US-GAAP und HGB, in: BB 2000, S. 2088–2094.

Baetge, J./Beuter, H. B./Feidicker, M. (1992), Kreditwürdigkeitsprüfung mit Diskriminanzanalyse, in: WPg 1992, S. 749–761.

Baetge, J./Bruns, C. (1996), Erfolgsquellenanalyse, in: BBK 1996, Fach 19, S. 387–402.

BAETGE, J./COMMANDEUR, D./HIPPEL, B. (2013), Kommentierung des § 264 HGB, in: Küting, P./Pfitzer, N./Weber, C.-P. (Hrsg.), Handbuch der Rechnungslegung – Einzelabschluss. Kommentar zur Bilanzierung und Prüfung, 5. Aufl., Loseblatt, Stuttgart 2002 ff.

BAETGE, J./DITTMAR, P./KLÖNNE, H. (2014), Der Impairment-only Approach vor den Grundsätzen der internationalen Rechnungslegung, in: Dobler, M. et al. (Hrsg.), Rechnungslegung, Prüfung und Unternehmensbewertung, Festschrift zum 65. Geburtstag von Prof. Dr. Dr. h. c. Wolfgang Ballwieser, Stuttgart 2014, S. 1–22.

BAETGE, J./DOSSMANN, C./KRUSE, A. (2000), Krisendiagnose mit Künstlichen Neuronalen Netzen, in: Hauschildt, J./Leker, J. (Hrsg.), Krisendiagnose durch Bilanzanalyse, 2. Aufl., Köln 2000, S. 179–220.

BAETGE, J./FISCHER, T. (1988), Externe Erfolgsanalyse auf der Grundlage des Umsatzkostenverfahrens, in: BFuP 1988, S. 1–21.

BAETGE, J./FISCHER, T./PASKERT, D. (1989), Lagebericht – Aufstellung, Prüfung und Offenlegung, Stuttgart 1989.

BAETGE, J./HEITMANN, C. (2000), Creating a Fuzzy Rule-Based Indicator for the Review of Credit Standing, in: SBR 2000, S. 318–343.

BAETGE, J./HÜLS, D./UTHOFF, C. (1994), Bilanzbonitätsanalyse mit Hilfe der Diskriminanzanalyse nach neuem Bilanzrecht, in: Controlling 1994, S. 320–327.

BAETGE, J./HUß, M./NIEHAUS, H.-J. (1986), Die statistische Auswertung von Jahresabschlüssen zur Informationsgewinnung bei der Abschlußprüfung, in: WPg 1986, S. 605–613.

BAETGE, J./HUß, M./NIEHAUS, H.-J. (1987), Betriebswirtschaftliche Möglichkeit zur Erkennung einer drohenden Insolvenz, in: IDW (Hrsg.), Beiträge zur Reform des Insolvenzrechts, Düsseldorf 1987, S. 61–81.

BAETGE, J./KEITZ, I. v. (2010), Kommentierung des IAS 38, in: Baetge, J. et al. (Hrsg.), Rechnungslegung nach IFRS – Kommentar auf der Grundlage des deutschen Bilanzrechts, 2. Aufl., Loseblatt, Stuttgart 2002 ff.

BAETGE, J./KIRSCH, H.-J./THIELE, S. (2004), Bilanzanalyse, 2. Aufl. Düsseldorf 2004.

BAETGE, J./KIRSCH, H.-J./THIELE, S. (2007), Bilanzen, 9. Aufl., Düsseldorf 2007.

BAETGE, J./KIRSCH, H.-J./THIELE, S. (2011), Konzernbilanzen, 9. Aufl., Düsseldorf 2011.

BAETGE, J./KIRSCH, H.-J./THIELE, S. (2011a), Grundsätze ordnungsmäßiger Buchführung (Kap. 4), in: Küting, P./Pfitzer, N./Weber, C.-P. (Hrsg.), Handbuch der Rechnungslegung – Einzelabschluss. Kommentar zur Bilanzierung und Prüfung, 5. Aufl., Loseblatt, Stuttgart 2002 ff.

BAETGE, J./KIRSCH, H.-J./THIELE, S. (2012), Bilanzen, 12. Aufl., Düsseldorf 2012.

BAETGE, J./KIRSCH, H.-J./THIELE, S. (2013), Konzernbilanzen, 13. Aufl., Düsseldorf 2013.

BAETGE, J./KRAUSE, C. (1994), Die Berücksichtigung des Risikos bei der Unternehmensbewertung, in: BFuP 1994, S. 433–456.

BAETGE, J./MANOLOPOULOS, P. R. (1999), Bilanz-Ratings zur Beurteilung der Unternehmensbonität – Entwicklung und Einsatz des BBR Baetge-Bilanz-Rating® im Rahmen des Benchmarking, in: Die Unternehmung 1999, S. 351–371.

BAETGE, J./MELCHER, T./THUN, C. (2008), Bilanzratings bei der Vergabe hybrider Finanzinstrumente, in: Everling, O. (Hrsg.), Certified Rating Analyst, München 2008, S. 299–324.

Baetge, J./Niehaus, H.-J. (1989), Moderne Verfahren der Jahresabschlußanalyse, in: Baetge, J. (Hrsg.), Bilanzanalyse und Bilanzpolitik, Düsseldorf 1989, S. 139–174.

Baetge, J./Stellbrink, M./Janko, M. (2011), Kommentierung des § 317 HGB, in: Küting, P./Pfitzer, N./Weber, C.-P. (Hrsg.), Handbuch der Rechnungslegung – Einzelabschluss. Kommentar zur Bilanzierung und Prüfung, 5. Aufl., Loseblatt, Stuttgart 2002 ff.

Baetge, J./Ströher, T. (2005), Empirische Insolvenzforschung zur Beurteilung der Bestandsfestigkeit von Unternehmen, in: Burmann, C./Freiling, J./Hülsmann, M. (Hrsg.), Management von Ad-hoc-Krisen, Wiesbaden 2005, S. 151–169.

Baetge, J./Zülch, H. (2001), Fair Value Accounting, in: BFuP 2001, S. 543–562.

Baetge, J./Zülch, H. (2010), Rechnungslegungsgrundsätze nach HGB und IFRS (GoB), in: Schulze-Osterloh, J./Hennrichs, J./Wüstemann, J. (Hrsg.), Handbuch des Jahresabschlusses – Bilanzrecht nach HGB, EStG und IFRS, Abt. I/2, Loseblatt, Köln 1984 ff.

Ballwieser, W. (1987), Die Analyse von Jahresabschlüssen nach neuem Recht, in: WPg 1987, S. 57–68.

Ballwieser, W. (1989), Die Einflüsse des neuen Bilanzrechts auf die Jahresabschlußanalyse, in: Baetge, J. (Hrsg.), Bilanzanalyse und Bilanzpolitik, Düsseldorf 1989, S. 15–49.

Ballwieser, W. (1990), Unternehmensbewertung und Komplexitätsreduktion, 3. Aufl., Wiesbaden 1990.

Ballwieser, W. (1993), Bilanzanalyse, in: Chmielewicz, K./Schweitzer, M. (Hrsg.), Handwörterbuch des Rechnungswesens, 3. Aufl., Stuttgart 1993, Sp. 211–221.

Ballwieser, W. (1995), Aktuelle Aspekte der Unternehmensbewertung, in: WPg 1995, S. 119–129.

Ballwieser, W. (2013), IFRS-Rechnungslegung. Konzept, Regeln und Wirkungen, 3. Aufl., München 2013.

Ballwieser, W. (2014), Warum es (noch immer) lohnt, über Gewinnermittlung nachzudenken, in: DK 2014, S. 143–153.

Ballwieser, W./Hachmeister, D. (2013), Unternehmensbewertung: Prozess, Methoden und Probleme, 4. Aufl., Stuttgart 2013.

Ballwieser, W./Küting, K./Schildbach, T. (2004), Fair value – erstrebenswerter Wertansatz im Rahmen einer Reform der handelsrechtlichen Rechnungslegung?, in: BFuP 2004, S. 529–549.

Bamberg, G./Baur, F./Krapp, M. (2012), Statistik, 17. Aufl., München 2012.

Barckow, A./Glaum, M. (2004), Bilanzierung von Finanzinstrumenten nach IAS 39 (rev. 2004) – ein Schritt in Richtung Full Fair Value Model?, in: KoR 2004, S. 185–203.

Bartels, H. (1960), Das Kontensystem für die Volkswirtschaftlichen Gesamtrechnungen der Bundesrepublik Deutschland. Erster Teil: Das angestrebte Kontensystem, in: WiStat 1960, S. 317–344.

Bartram, W. (1989), Einblick in die Finanzlage eines Unternehmens aufgrund seiner Jahresabschlüsse, in: DB 1989, S. 2389–2395.

Baseler Ausschuss für Bankenaufsicht (2006), Internationale Konvergenz der Eigenkapitalmessung und Eigenkapitalanforderung, Basel 2006.

Baseler Ausschuss für Bankenaufsicht (2010), Guidance for national authorities operating the countercyclical buffer, Basel 2010.

Baseler Ausschuss für Bankenaufsicht (2011), Basel III: Ein globaler Regulierungsrahmen für widerstandsfähigere Banken und Bankensysteme, Basel 2011.

Baseler Ausschuss für Bankenaufsicht (2013), Global systemrelevante Banken: Aktualisierte Bewertungsmethodik und Anforderungen an die höhere Verlustabsorptionsfähigkeit, Basel 2013.

BASF SE (2014), Geschäftsbericht 2013, Ludwigshafen 2014.

Bauer, C. (1992), Das Risiko von Aktienanlagen, in: Steiner, M. (Hrsg.), Finanzierung, Steuern, Wirtschaftsprüfung, Bd. 15, Köln 1992.

Bauer, J. (1981), Zur Rechtfertigung von Wahlrechten in der Bilanz, in: BB 1981, S. 766–772.

Bauer, J. (1981a), Grundlagen einer handels- und steuerrechtlichen Rechnungslegungspolitik der Unternehmung, Wiesbaden 1981.

Bauer, J. (2013), Die GmbH in der Krise – Unternehmenssanierung, Insolvenzgesellschaftsrecht, 4. Aufl., Münster 2013.

Bauer, W./Füser, K./Schmidtmeier, S. (1997), Von der neuronalen Kreditwürdigkeitsprüfung zur neuronalen Einzelwertberichtigung, in: WPg 1997, S. 281–287.

Bausch, A./Weißenberger, B. E./Blome, M. (2003), Is market value-based residual income a superior performance measure compared to book value-based residual income?, Working Paper 1/2003, Gießen 2003.

BAV (1975), Rundschreiben R 2/75 vom 11.3.1975, in: Veröffentlichungen des Bundesaufsichtsamtes für das Versicherungswesen (BAV), S. 102–111.

Bayer AG (2014), Geschäftsbericht 2013, Leverkusen 2014.

BDI/EY/DHBW (2011), Das Bilanzrechtsmodernisierungsgesetz in der Praxis mittelständischer Unternehmen – Eine empirische Untersuchung der Konzernabschlüsse, Berlin 2011.

Bea, F. X. (1993), Rentabilität, in: Chmielewicz, K./Schweitzer, M. (Hrsg.), Handwörterbuch des Rechnungswesens, 3. Aufl., Stuttgart 1993, Sp. 1717–1728.

Beattie, V./Jones, M. J. (1992), The Communication of Information Using Graphs in Corporate Annual Reports, London 1992.

Beattie, V./McInnes, B./Fearnley, S. (2004), A methodology for analysing and evaluating narratives in annual reports: a comprehensive descriptive profile and metrics for disclosure quality attributes, Accounting forum, Bd. 28.2004, 3, S. 205–236.

Beaver, W. H. (1965), Financial Ratios as Predictors of Failure, University of Chicago 1965.

Beaver, W. H. (1966), Financial Ratios as Predictors of Failure, in: Empirical Research in Accounting: Selected Studies, in: JoAR 1966, S. 71–111.

Beck, M. (2009), Sanierungen und Krisenstadium, in: WPg 2009, S. 264–272.

Becker, B. et al. (2011), Basel III und mögliche Auswirkungen auf die Unternehmensfinanzierung, in: DStR 2011, S. 375–381.

Becker, J./Fuest, C./Spengel, C. (2006), Konzernsteuerquote und Investitionsverhalten, in: zfbf 2006, S. 730–742.

Beermann, T. (2001), Annäherung von IAS- an HGB-Abschlüsse für die Bilanzanalyse: die Aufbereitung der Daten aus IAS-Abschlüssen von Unternehmen mit Sitz in Deutschland zur besseren Vergleichbarkeit mit HGB-Abschlüssen, Stuttgart 2001.

Behavioral Finance Group (2000), Behavioral Finance – Idee und Überblick, in: FB 2000, S. 311–318.

Behr, G. (2000), Rechnungslegung und Bewertung in der New Economy, in: ST 2000, S. 1115–1124.

Behr, G./Gusinde, P. (1999), Besondere Anforderungen an die Rechnungslegung von Wachstumsunternehmen – Investororientierung als Erfolgsfaktor im Wachstumsprozess, in: ST 1999, S. 153–160.

Behr, G./Kind, A. (1999), Wie können junge Wachstumsunternehmen beurteilt werden?, in: ST 1999, S. 63–70.

Behrendt-Geisler, A./Weißenberger, B. E. (2012), Branchentypische Aktivierung von Entwicklungskosten nach IAS 38 – Eine empirische Analyse von Aktivierungsmodellen, in: KoR 2012, S. 56–66.

Behringer, S. (2010), Cash-Flow und Unternehmensbeurteilung. Berechnungen und Anwendungsfelder für die Finanzanalyse, 10. Aufl., Berlin 2010.

Beier, J./Schlossarek, G. (1980), Wertschöpfungs- und Finanzierungsrechnung (Teil I und II), in: DB 1980, S. 1129–1135 und S. 1177–1185.

Beisse, H. (1984), Zum Verhältnis von Bilanzrecht und Betriebswirtschaftslehre, in: StuW 1984, S. 1–14.

Bender, J. (1996), Grundsatzfragen der Ergebnisbereinigung nach DVFA/SG – Möglichkeiten und Grenzen der Ermittlung einer aktienanalytischen Erfolgsgröße, Stuttgart 1996.

Beretta, S./Bozzolan, S. (2008), Quality versus quantity: the case of forward-looking disclosure, in: JAAF 2008, S. 333–375.

Berger, O. (2012), Konzeption und Umsetzung einer elektronischen Finanzberichterstattung auf Basis der eXtensible Business Reporting Language, Hamburg 2012.

Bering, R. (1975), Prüfung der Deckungsstockfähigkeit von Industriekrediten durch das Bundesaufsichtsamt für das Versicherungswesen, in: ZfB 1975, S. 25–54.

Betriebswirtschaftlicher Ausschuss des Zentralverbandes der Elektrotechnischen Industrie e.V. (1989), ZVEI-Kennzahlensystem, 4. Aufl., Frankfurt a. M. 1989.

BFH (1957), BFH-Urteil vom 08.10.1957, I 86/57 U, in: BStBl. III 1957, S. 442.

BFH (1958), BFH-Urteil vom 15.04.1958, I 61/57 U, in: BStBl. III 1958, S. 330.

BFH (2013), Aussetzungsbeschluss I B 85/13 vom 18.12.2013, geändert durch Berichtigungsbeschluss vom 07.05.2014.

Bieg, H. (1983), Finanzierungsregeln, in: WiSt 1983, S. 491–496.

Bieg, H. (1999), Das Capital Asset Pricing Model (CAPM), in: StB 1999, S. 298–305.

Bieg, H./Kußmaul, H. (2000), Investitions- und Finanzierungsmanagement, Band III: Finanzwirtschaftliche Entscheidungen, München 2000.

Bieg, H./Kußmaul, H. (2009), Investition, 2. Aufl., München 2009.

Bieg, H./Kußmaul, H. (2009a), Finanzierung, 2. Aufl., München 2009.

Bieg, H./Kußmaul, H./Waschbusch, G. (2012), Externes Rechnungswesen, 6. Aufl., München 2012.

Bieker, M. (2007), Ende des Bilanzierungschaos in Sicht? – Stellungnahme zum Diskussionspapier »Fair Value Measurements« des IASB (Teil I), in: PiR 2007, S. 91–97.

Bischof, S. et al. (2012), Kommentierung des IAS 1, in: Baetge, J. et al. (Hrsg.), Rechnungslegung nach IFRS. Kommentar auf der Grundlage des deutschen Bilanzrechts, 2. Aufl., Loseblatt, Stuttgart 2002 ff.

Bitz, M. et al. (2014), Der Jahresabschluss – Nationale und internationale Rechtsvorschriften, Analyse und Politik, 6. Aufl., München 2014.

Bitz, M./Schneeloch, D./Wittstock, W. (2011), Der Jahresabschluss – Nationale und internationale Rechtsvorschriften, Analyse und Politik, 5. Aufl., München 2011.

Black, A./Wright, P./Bachmann, J. E. (1998), Shareholder Value für Manager: Konzepte und Methoden zur Steigerung des Unternehmenswertes, Frankfurt a. M./New York 1998.

Black, F. (1972), Capital Market Equilibrium with Restricted Borrowing, in: JoB 1972, S. 444–455.

Black, F. (1993), Beta and Return – Announcements of the death of beta seem premature, in: JoPM 1993, S. 8–18.

Blase, S./Müller, S./Reinke, J. (2013), Auswirkungen des management approach in IFRS 8 auf die Praxis der internen Segmentsteuerung, in: DStR 2013, S. 717–723.

Bleuel, H.-H./Schmitting, W. (2000), Konzeptionen eines Risikomanagements im Rahmen der internationalen Geschäftstätigkeit, in: Berens, W./Born, A./Hoffjan, A. (Hrsg.), Controlling international tätiger Unternehmen, Stuttgart 2000, S. 65–122.

Bleymüller, J. (2012), Statistik für Wirtschaftswissenschaftler, 16. Aufl., München 2012.

Blochwitz, S./Eigermann, J. (1999), Effiziente Kreditrisikobeurteilung durch Diskriminanzanalyse mit qualitativen Merkmalen, in: Eller, R./Gruber, W./Reif, M. (Hrsg.), Handbuch Kreditrisikomodelle und Kreditderivate, Stuttgart 1999, S. 3–22.

Blochwitz, S./Eigermann, J. (2000), Unternehmensbeurteilung durch Diskriminanzanalyse mit qualitativen Merkmalen, in: zfbf 2000, S. 58–73.

Blochwitz, S./Eigermann, J. (2000a), Krisendiagnose durch quantitatives Credit-Rating mit Fuzzy-Regeln, in: Hauschildt, J./Leker, J. (Hrsg.), Krisendiagnose durch Bilanzanalyse, 2. Aufl., Köln 2000, S. 240–267.

BMF (2008), Anwendungserlass zur Unternehmensteuerreform 2008 – Zinsschranke (§ 4h EStG, § 8a KStG) vom 04.07.2008.

BMJV (2015), Gesetzentwurf der Bundesregierung. Entwurf eines Gesetzes zur Umsetzung der Richtlinie 2013/34/EU des Europäischen Parlaments und des Rates vom 26. Juni 2013 über den Jahresabschluss, den konsolidierten Abschluss und damit verbundene Berichte von Unternehmen bestimmter Rechtsformen und zur Änderung der Richtlinie 2006/43/EG des Europäischen Parlaments und des Rates und zur Aufhebung der Richtlinien 78/660/EWG und 83/349/EWG des Rates (Bilanzrichtlinie-Umsetzungsgesetz – BilRUG) vom 07.01.2015.

Bofinger, P. (2011), Grundzüge der Volkswirtschaftslehre, 3. Aufl., München 2011.

Bohn, A. (2009), Zinsschranke und Alternativmodelle zur Beschränkung des steuerlichen Zinsabzugs, Wiesbaden 2009.

Bollerslev, T. (1986), Generalized autoregressive conditional heteroskedasticity, in: JoE 1986, S. 301–327.

Böning, D.-J. (1973), Zum Aussagewert von Cash-flow-Kennziffern. Eine kritische Stellungnahme, in: DB 1973, S. 437–440.

Bonse, A./Jannett, S. (2007), Gewinn je Aktie – Earnings per Share, in: DBW 2007, S. 739–743.

Born, K. (2003), Unternehmensanalyse und Unternehmensbewertung, Stuttgart 2003.

Born, K. (2008), Bilanzanalyse international. Deutsche und ausländische Jahresabschlüsse lesen und beurteilen, 3. Aufl., Stuttgart 2008.

Brähler, G./Brune, P./Heerdt, T. (2008), Die Auswirkungen der Zinsschranke auf die Aktivierung latenter Steuern, in: KoR 2008, S. 289–295.

Braun, R. (2009), Die Neuregelung des Firmenwerts nach IFRS, München 2009.

Braun, S. (1994), Neuronale Netze in der Aktienkursprognose, in: Rehkugler, H./ Zimmermann, H. G. (Hrsg.), Neuronale Netze in der Ökonomie – Grundlagen und finanzwirtschaftliche Anwendungen, München 1994, S. 131–207.

Brealey, R. A./Myers, S. C./Allen, F. (2008), Principles of Corporate Finance, 9. Aufl., New York 2008.

Brealey, R. A./Myers, S. C./Allen, F. (2014), Principles of Corporate Finance, 11. Aufl., New York 2014.

Breeden, D. T./Gibbons, M. R./Litzenberger, R. H. (1989), Empirical Tests of the Consumption-Oriented CAPM, in: JoF 1989, S. 231–262.

Brösel, G. (2014), Bilanzanalyse. Unternehmensbeurteilung auf der Basis von HGB- und IFRS-Abschlüssen, 15. Aufl., Berlin 2014.

Brösel, G./Neuland, J. (2013), Qualitative Bilanzanalyse – Anwendungsmöglichkeiten und -grenzen, in: StuB 2013, S. 335–341.

Brune, J. W. (2013), § 30. Unternehmensverbindungen, in: Bohl, W./Riese, J./ Schlüter, J. (Hrsg.), Beck'sches IFRS-Handbuch, 4. Aufl., München 2013.

Bruner, R. F. et al. (1998), Best Practices in Estimating the Cost of Capital: Survey and Synthesis, in: Financial Practice and Education 1998, S. 13–28.

Brunner, J./Roth, P. (1999), Performance-Management und Balanced Scorecard in der Praxis, in: io management 1999, S. 50–55.

Bruns, C. (1998), Unternehmensbewertung auf der Basis von HGB- und IAS-Abschlüssen – Rechnungslegungsunterschiede in der Vergangenheitsanalyse, Berlin 1998.

BT-Drucks. 10/317, Gesetzentwurf der Bundesregierung. Entwurf eines Gesetzes zur Durchführung der Vierten Richtlinie des Rates der Europäischen Gemeinschaften zur Koordinierung des Gesellschaftsrechts (Bilanzrichtlinie-Gesetz) mit Begründung vom 26.08.1983.

BT-Drucks. 10/4268, Beschlußempfehlung und Bericht des Rechtsausschusses (6. Ausschuß) zu dem von der Bundesregierung eingebrachten Entwurf eines Gesetzes zur Durchführung der Vierten Richtlinie des Rates der Europäischen Gemeinschaften zur Koordinierung des Gesellschaftsrechts (Bilanzrichtlinie-Gesetz) – Drucksache 10/317 – Entwurf eines Gesetzes zur Durchführung der Siebenten und Achten Richtlinie des Rates der Europäischen Gemeinschaften zur Koordinierung des Gesellschaftsrechts – Drucksache 10/3440 – vom 18.11.1985.

BT-Drucks. 16/10067, Gesetzentwurf der Bundesregierung. Entwurf eines Gesetzes zur Modernisierung des Bilanzrechts (Bilanzrechtsmodernisierungsgesetz – BilMoG) vom 30.07.2008.

BT-Drucks. 16/12407, Beschlussempfehlung und Bericht des Rechtsausschusses zu dem Gesetzentwurf der Bundesregierung – Drucksache 16/10067 – Entwurf eines Gesetzes zur Modernisierung des Bilanzrechts (Bilanzrechtsmodernisierungsgesetz – BilMoG) vom 24.03.2009.

BT-Drucks. 16/4841, Regierungsentwurf eines Gesetzes zur Reformierung der Unternehmensbesteuerung (2008) vom 27.03.2007.

Buchner, R. (1981), Bilanzanalyse und Bilanzkritik, in: Kosiol, E./Chmielewicz, K./Schweitzer, M. (Hrsg.), Handwörterbuch des Rechnungswesens, 2. Aufl., Stuttgart 1981, Sp. 194–205.

Buchner, R. (1981a), Grundzüge der Finanzanalyse, München 1981.

Buchner, R. (1985), Finanzwirtschaftliche Statistik und Kennzahlenrechnung, München 1985.

Budde, A. (2013), Kommentierung des § 275 HGB, in: Küting, P./Pfitzer, N./Weber, C.-P. (Hrsg.), Handbuch der Rechnungslegung – Einzelabschluss. Kommentar zur Bilanzierung und Prüfung, 5. Aufl., Loseblatt, Stuttgart 2002 ff.

Bufka, J./Schiereck, D./Zinn, K. (1999), Kapitalkostenbestimmung für diversifizierte Unternehmen, in: ZfB 1999, S. 115–131.

Bühner, R. (1990), Das Management-Wert-Konzept, Stuttgart 1990.

Büning, H./Trenkler, G. (1994), Nichtparametrische statistische Methoden, 2. Aufl., Berlin 1994.

Burgard, H. (1983), Empirische Bilanzforschung in der Praxis, in: zfbf 1983, S. 303–320.

Burger, A. (1995), Jahresabschlußanalyse, München/Wien 1995.

Burger, A./Schellberg, B. (1994), Rating von Unternehmen mit neuronalen Netzen, in: BB 1994, S. 869–872.

Busse von Colbe, W. (1976), Cash-Flow, in: Büschgen, H. (Hrsg.), Handwörterbuch der Finanzwirtschaft, Stuttgart 1976, Sp. 241–252.

Busse von Colbe, W. (1976a), Finanzanalyse, in: Büschgen, H. (Hrsg.), Handwörterbuch der Finanzwirtschaft, Stuttgart 1976, Sp. 384–401.

Busse von Colbe, W. (1983), A discussion of international issues in accounting standard setting, in: Bromwich, M./Hopwood, A. (Hrsg.), Accounting Standard Setting: An International Perspective, London 1983, S. 121–126.

Busse von Colbe, W. (1985), Der Konzernabschluß im Rahmen des Bilanzrichtlinien-Gesetzes, in: zfbf 1985, S. 761–782.

Busse von Colbe, W. (1987), Die neuen Rechnungslegungsvorschriften aus betriebswirtschaftlicher Sicht, in: zfbf 1987, S. 191–205.

Busse von Colbe, W. (1992), Gefährdung des Kongruenzprinzips durch erfolgsneutrale Verrechnung von Aufwendungen im Konzernabschluß, in: Moxter, A./Müller, H.-P. (Hrsg.), Rechnungslegung: Entwicklungen bei der Bilanzierung und Prüfung von Kapitalgesellschaften, Festschrift zum 65. Geburtstag von Prof. Dr. Dr. h.c. Karl-Heinz Forster, Düsseldorf 1992, S. 125–138.

Busse von Colbe, W. (1993), Kapitalflußrechnung, in: Chmielewicz, K./Schweitzer, M. (Hrsg.), Handwörterbuch des Rechnungswesens, 3. Aufl., Stuttgart 1993, Sp. 1074–1085.

Busse von Colbe, W. (2000), Ausbau der Konzernrechnungslegung im Lichte internationaler Entwicklungen, in: ZGR 2000, S. 651–673.

Busse von Colbe, W. et al. (1996), Ergebnis nach DVFA/SG. Gemeinsame Empfehlung, 2. Aufl., Stuttgart 1996.

Busse von Colbe, W. et al. (2000), Ergebnis je Aktie nach DVFA/SG. Gemeinsame Empfehlung, 3. Aufl., Stuttgart 2000.

Busse von Colbe, W. et al. (2010), Konzernabschlüsse. Rechnungslegung nach betriebswirtschaftlichen Grundsätzen sowie nach Vorschriften des HGB und der IAS/IFRS, 9. Aufl., Wiesbaden 2010.

Busse von Colbe, W./Falkenhahn, G. (2005), Neuere Entwicklung der Methoden der Kapitalkonsolidierung, in: Jander, H./Krey, A. (Hrsg.), Betriebliches Rechnungswesen und Controlling im Spannungsfeld von Theorie und Praxis – Festschrift für Prof. Dr. Jürgen Graßhoff zum 65. Geburtstag, Hamburg 2005, S. 3–29.

Busse von Colbe, W./Ordelheide, D. (1984), Konzernabschlüsse. Rechnungslegung für Konzerne nach betriebswirtschaftlichen Grundsätzen und gesetzlichen Vorschriften, mit Text und Erläuterung der 7. EG-Richtlinie, 5. Aufl., Wiesbaden 1984.

Campbell, J. Y./Lo, A. W./MacKinlay, C. C. (1997), The Econometrics of Financial Markets, Princeton 1997.

Carruthers, B. G./Espeland, W. N. (1991), Accounting for Rationality, Double Entry Bookkeeping and the Rhetoric of Economic Rationality, in: AJS 1991, S. 31–69.

Carsberg, B. (1996), The role and future plans of the international Accounting Standards Committee, in: Schruff, L. (Hrsg.), Bilanzrecht unter dem Einfluß internationaler Reformzwänge, Düsseldorf 1996, S. 41–60.

Cassel, J. (2012), Unternehmensbewertung im IFRS-Abschluss – Fair Value-Bewertung von Unternehmen und Sachgesamtheiten, Berlin 2012.

CBP (2014), Praxis der Firmenwertbilanzierung nach HGB – zugleich ein kritischer Vergleich mit dem Impairment-Only-Ansatz nach IFRS, in: DB 2014, S. 1–8.

CFA Institute (2009), eXtensible Business Reporting Language – A Guide for Investors, Charlottesville 2009.

Chatfield, M. (1977), A history of accounting thought, Huntington 1977.

Chmielewicz, K. (1982), Unternehmensanalyse mit Hilfe von Kennziffern: Rentabilität (I) und (II), in: WISU 1982, S. 271–275 und S. 323–331.

Chmielewicz, K./Caspari, B. (1985), Zur Problematik von Finanzierungsrechnungen, in: DBW 1985, S. 156–169.

Claas KGaA (2000), One step further. Value Based Management. Wertmanagement, Harsewinkel 2000.

Clemens, R. (2013), § 12. Eigenkapital, in: Bohl, W./Riese, J./Schlüter, J. (Hrsg.), Beck'sches IFRS-Handbuch, 4. Aufl., München 2013.

Clemm, H. (1989), Bilanzpolitik und Ehrlichkeits-(»true and fair view«-)Gebot, in: WPg 1989, S. 357–366.

Coenenberg, A. G. (1990), Vorwort zu Coenenberg, A. G. (Hrsg.), Bilanzanalyse nach neuem Recht, 2. Aufl., Landsberg a. L. 1990, S. 13–14.

Coenenberg, A. G. (1990a), Konzept der Bilanzanalyse und Probleme aufgrund des neuen Bilanzrechts, in: Coenenberg, A. G. (Hrsg.), Bilanzanalyse nach neuem Recht, 2. Aufl., Landsberg a. L. 1990, S. 15–31.

COENENBERG, A. G. (1995), Einheitlichkeit oder Differenzierung von internem und externem Rechnungswesen: Die Anforderungen der internen Steuerung, in: DB 1995, S. 2077–2083.

COENENBERG, A. G. (1997), Jahresabschluß und Jahresabschlußanalyse. Betriebswirtschaftliche, handels- und steuerrechtliche Grundlagen, 16. Aufl., Landsberg a. L. 1997.

COENENBERG, A. G. (2001), Segmentberichterstattung als Instrument der Bilanzanalyse, in: ST 2001, S. 593–606.

COENENBERG, A. G. (2003), Jahresabschluss und Jahresabschlussanalyse. Betriebswirtschaftliche, handelsrechtliche, steuerrechtliche und internationale Grundsätze – HGB, IAS/IFRS, US-GAAP, DRS, 19. Aufl., Stuttgart 2003.

COENENBERG, A. G. (2003a), Strategische Jahresabschlussanalyse – Zwecke und Methoden, in: KoR 2003, S. 165–177.

COENENBERG, A. G./DEFFNER, M./SCHULTZE, W. (2005), Erfolgsspaltung im Rahmen der erfolgswirtschaftlichen Analyse von IFRS-Abschlüssen, in: KoR 2005, S. 435–443.

COENENBERG, A. G. ET AL. (2011), Auswirkungen der Rechnungslegungsumstellung von HGB auf IFRS auf zentrale Kennzahlen der Jahresabschlussanalyse – Ergebnisse einer empirischen Untersuchung, in: KoR 2011, S. 133–142.

COENENBERG, A. G./HALLER, A./SCHULTZE, W. (2014), Jahresabschluss und Jahresabschlussanalyse. Betriebswirtschaftliche, handelsrechtliche, steuerrechtliche und internationale Grundlagen – HGB, IAS/IFRS, US-GAAP und DRS, 23. Aufl., Stuttgart 2014.

COENENBERG, A. G./MATTNER, G. R. (2000), Segment- und Wertberichterstattung in der Jahresabschlußanalyse – das Beispiel Siemens, in: BB 2000, S. 1827–1834.

COENENBERG, A. G./SCHMIDT, F. (1978), Die Kapitalflußrechnung als Ergänzungsrechnung des veröffentlichten Jahresabschlusses, in: ZfB 1978, S. 507–516.

COENENBERG, A. G./STRAUB, B. (2008), Rechenschaft versus Entscheidungsnützlichkeit: Harmonie oder Disharmonie der Rechnungszwecke?, in: KoR 2008, S. 17–26.

COENENBERG, M. (2000), Internationalisierung der Rechnungslegung und ihre Auswirkungen auf die Analyse der Vermögens- und Finanzlage von Kapitalgesellschaften: eine Untersuchung der kennzahlengestützten Analyse der Vermögens- und Finanzlage im internationalen Jahresabschluß von Kapitalgesellschaften unter Berücksichtigung der Bilanzierungsgrundlagen, der Berichterstattungspflichten und des bilanzpolitischen Gestaltungspotentials nach IAS im Vergleich zum HGB, Frankfurt a. M. 2000.

COPELAND, T. E./KOLLER, T./MURRIN, J. (2002), Unternehmenswert – Methoden und Strategien für eine wertorientierte Unternehmensführung, 3. Aufl., Frankfurt a. M. u. a. 2002.

COPELAND, T. E./WESTON, F. J./SHASTRI, K. (2005), Financial Theory and Corporate Policy, 4. Aufl., Boston 2005.

CORSTEN, H./MAY, C. (1996), Neuronale Netze in der Betriebswirtschaft – Anwendung in Prognose, Klassifikation und Optimierung, Wiesbaden 1996.

CRASSELT, N. (2001), Rappaports Shareholder Value Added: Eine Alternative zum Economic Value Added?, in: FB 2001, S. 165–171.

CRASSELT, N./PELLENS, B./ROWOLDT, M. (2014), Integration von in- und externem Rechnungswesen im Rahmen des Goodwill Impairment Test nach IAS 36, in: BB 2014, S. 2092–2096.

CRONE, A. (2014), Die Unternehmenskrise, in: Crone, A./Werner, H. (Hrsg.), Modernes Sanierungsmanagement, 4. Aufl., München 2014.

CRONE, S. F. (2010), Neuronale Netze zur Prognose und Disposition im Handel, Wiesbaden 2010.

CURRLE, M./LUTZ, B. (2000), Konzepte, Rechtsgrundlagen und Anforderungen an die Praxis, in: BiBu 2000, S. 259–267.

CUTHBERTSON, K./NITZSCHE, D. (2004), Quantitative Financial Economics, Stocks, Bonds and Foreign Exchange, 2. Aufl., Chichester 2004.

DAHMEN, A./JACOBI, P. (1998), Firmenkundengeschäft der Kreditinstitute, in: Bankakademie e.V. Frankfurt a. M. (Hrsg.), Kompendium bankbetrieblicher Anwendungsfelder, 2. Aufl., Frankfurt a. M. 1998.

DAIMLERCHRYSLER (1999), Steuerungsgrößen im DAIMLERCHRYSLER-Konzern, Stuttgart 1999.

DANERT, G. (1980), Bilanzstrukturen und Fremdfinanzierung – Ein Beitrag zu praktischen Fragen der Bilanzanalyse und Unternehmensplanung, in: zfbf 1980, S. 989–995.

DAVID, S. (2001), Externes Krisenmanagement aus Sicht der Banken, Wien 2001.

DAVIES, M. ET AL. (1997), UK-GAAP. Generally Accepted Accounting Practice in the United Kingdom, 5. Aufl., London 1997.

DAWO, S. (2003), Immaterielle Güter in der Rechnungslegung nach HGB, IAS/IFRS und US-GAAP – Aktuelle Rechtslage und neue Wege der Bilanzierung und Berichterstattung, Herne/Berlin 2003.

DAWO, S./HEIDEN, M. (2001), Entwicklungen zur Erfassung immaterieller Werte in der externen Berichterstattung – Neuorientierung durch die Verwendung kennzahlenbasierter Konzepte, in: DStR 2001, S. 1716–1724.

DELLER, D. (2002), Auswirkungen von Dirty Surplus Accounting auf Investitionspolitik und Unternehmenskennzahlen, Lohmar/Köln 2002.

DELLMANN, K./KALINSKI, R. (1986), Die Rechnungslegung zur Finanzlage der Unternehmung, in: DBW 1986, S. 174–187.

DEMMER, C. ET AL. (1988), 500 Börsenunternehmen im Test: Was deutsche Aktien wirklich wert sind, in: Manager Magazin 11/1988, S. 126–203.

DEUBERT, M./KLÖCKER, A. (2010), Das Verhältnis von Zeitbewertung und Zwischenergebniseliminierung bei der Übergangskonsolidierung nach BilMoG, in: KoR 2010, S. 571–577.

DEUTSCHE BANK AG (2001), Geschäftsbericht 2000, Frankfurt a. M. 2001.

DEUTSCHE BANK AG (2014), Deutsche Bank schließt Emission von zusätzlichem Tier-1-Kernkapital erfolgreich ab, abrufbar unter: https://www.db.com/ir/de/download/Adhoc_20_Mai_2014.pdf.

DEUTSCHE BUNDESBANK (2013), Die Umsetzung von Basel III in europäisches und nationales Recht, in: Monatsbericht der Deutschen Bundesbank, Juni 2013, S. 57–73.

DEUTSCHER SPARKASSEN- UND GIROVERBAND E. V. (2014), Diagnose Mittelstand 2014, abrufbar unter: www.dsgv.de/_download_gallery/Publikationen/Diagnose_Mittelstand_2014.pdf.

DING, Z./GRANGER, W. J./ENGLE, R. F. (1993), A long memory of stock market returns and a new model, in: JoEF 1993, S. 83–106.

Dirrigl, H. (1998), Wertorientierung und Konvergenz in der Unternehmensrechnung, in: BFuP 1998, S. 540–579.

Dobler, M. (2008), Auswirkungen des Wechsels der Rechnungslegung von HGB zu IFRS auf die Gewinnsteuerung, in: BFuP 2008, S. 259–275.

Dobler, M./Dobler, S. (2012), Other Comprehensive Income: Empirische Analyse von Ausmaß, Komponenten und Recycling in deutschen IFRS-Abschlüssen, in: IRZ 2012, S. 35–40.

Dohrn, M. (2004), Entscheidungsrelevanz des Fair-Value-Accounting am Beispiel von IAS 39 und IAS 40, Lohmar 2004.

Döring, U. (2008), Bilanzanalyse, in: Corsten, H./Gössinger, R. (Hrsg.), Lexikon der Betriebswirtschaftslehre, 5. Aufl., München 2008, S. 111–114.

Döring, U./Jacobs, D. (2004), Bilanzgewinn, in: Lück, W. (Hrsg.), Lexikon der Betriebswirtschaft, 6. Aufl., München/Wien 2004, S. 96.

Dreger, K.-M. (1969), Der Konzernabschluß, Wiesbaden 1969.

Drukarczyk, J. (1998), Unternehmensbewertung, 2. Aufl., München 1998.

Dürrhammer, W. W. (1980), Ernst Walbs Beitrag zur Bilanzlehre, in: zfbf 1980, S. 966–974.

Dusemond, M. (1997), Quotenkonsolidierung versus Equity-Methode, in: DB 1997, S. 1781–1785.

Dusemond, M./Kessler, H. (2001), Rechnungslegung kompakt. Einzel- und Konzernabschluß: HGB – IAS – US-GAAP, 2. Aufl., München/Wien 2001.

Dusemond, M./Weber, C.-P./Zündorf, H. (1998), Kommentierung des § 301 HGB, in: Küting, K./Weber, C.-P. (Hrsg.), Handbuch der Konzernrechnungslegung. Kommentar zur Bilanzierung und Prüfung, 2. Aufl., Stuttgart 1998.

Dziembowski, H. v./Mertens, P. (1962), Return on Investment. Eine Übersicht über seine Formen und die Verfahren seiner Berechnung, in: krp 1962, S. 193–199.

E. I. Du Pont de Nemours And Company (1959), Executive Committee, Control Charts, A Description of the Du Pont Chart System for Appraising Operating Performance, 3. Aufl., Wilmington 1959.

EBA (2014), Final Draft – Implementing Technical Standards on Disclosure of the Leverage Ratio under Article 451(2) of Regulation (EU) No. 575/2013, London 2014.

EBA (2014a), Consultation Paper – On XBRL Taxonomy (v2.1) related to Remittance of Supervisory Data under Regulation (EU) No. 575/2013, London 2014.

Ebeling, R. M./Ernst, S. (2011), Konsolidierungskreis, in: Böcking, H.-J. et al. (Hrsg.), Beck'sches Handbuch der Rechnungslegung, Kommentar, Loseblatt, München 1986/87, C 210.

Eberle, R. (2001), Finanzkennzahlen aus Sicht des Wirtschaftsprüfers, in: ST 2001, S. 167–172.

Edey, H. C./Panitpaki, P. (1956), British Company Accounting and the Law 1844–1900, in: Littleton A. C./Yamey B. S. (Hrsg.), Studies in the history of accounting, London 1956, S. 356–379.

Edvinsson, L./Malone, M. S. (1998), Intellectual Capital, London 1998.

EFRAG/ANC/FRC (2012), Discussion Paper – Towards a Disclosure Framework for the Notes, Brüssel 2012.

Eggenschwiler, W. A. (1984), Konzernpublizität, Bern 1984.

Egger, A. (1998), Rentabilität, in: Busse von Colbe, W. (Hrsg.), Lexikon des Rechnungswesens, 4. Aufl., München/Wien 1998, S. 603–606.

Ehrt, R. (1995), Die Einheitlichkeit der Bewertung im Konzern – Theorie und Konsolidierungswirklichkeit, in: Küting, K./Weber, C.-P. (Hrsg.), Das Rechnungswesen im Konzern. Intern – Extern, Stuttgart 1995, S. 153–174.

Eichberger, J./Harper, I. R. (1997), Financial Economics, Oxford 1997.

Eidel, U. (2000), Moderne Verfahren der Unternehmensbewertung und Performance-Messung. Kombinierte Analysemethoden auf der Basis von US-GAAP-, IAS- und HGB-Abschlüssen, 2. Aufl., Herne/Berlin 2000.

Eierle, B./Ojala, H./Penttinen, E. (2014), XBRL to enhance external financial reporting: Should we implement or not? Case Company X, in: JoAE 2014, S. 160–170.

Eierle, B./Wencki, S. (2014), Wird das handelsrechtliche Wahlrecht zur Aktivierung von Entwicklungskosten vom deutschen Mittelstand angenommen?, in: DB 2014, S. 1029–1036.

Eigermann, J. (2001), Quantitatives Credit-Rating unter Einbeziehung qualitativer Merkmale. Entwicklung eines Modells zur Ergänzung der Diskriminanzanalyse durch regelbasierte Einbeziehung qualitativer Merkmale, Sternenfels 2001.

Eisele, W./Rentschler, R. (1989), Gemeinschaftsunternehmen im Konzerabschluß, in: BFuP 1989, S. 309–324.

Eitzen, B. v./Dahlke, J. (2008), Bilanzierung von Steuerpositionen nach IFRS, Stuttgart 2008.

Elprana, K. (2007), Darstellung und kritische Würdigung der Konzernbilanzierung latenter Steuern nach IAS 12, Frankfurt a. M. 2007.

Emmerich, V. (2013), Kommentierung des § 18 AktG, in: Emmerich, V./Habersack, M. (Hrsg.), Aktien- und GmbH-Konzernrecht, 7. Aufl., München 2013.

Endres, D. (2004), Reduktion der Konzernsteuerquote durch internationale Steuerplanung, in: Oestreicher, A. (Hrsg.), Internationale Steuerplanung, Herne/Berlin 2004, S. 163–190.

Endres, K. (2001), Jahresabschlussanalyse mit Künstlichen Neuronalen Netzen und mit dem Working Capital – Beurteilung der wirtschaftlichen Lage von Unternehmen, insbesondere bei insolventen Unternehmen, in: FB 2001, S. 371–379.

Erchinger, H./Melcher, W. (2011), IFRS-Konzernrechnungslegung – Neuerungen nach IFRS 10, in: DB 2011, S. 1229–1238.

Ernst, D./Schneider, S./Thielen, B. (2012), Unternehmensbewertungen erstellen und verstehen. Ein Praxisleitfaden, 5. Aufl. München 2012.

Ernst, E./Gassen, J./Pellens, B. (2009), Verhalten und Präferenzen deutscher Aktionäre: Eine Befragung privater und institutioneller Anleger zu Informationsverhalten, Dividendenpräferenz und Wahrnehmung von Stimmrechten, in: Rosen, R. v. (Hrsg.), Studien des deutschen Aktieninstituts (Heft 42), Frankfurt a. M. 2009.

Erxleben, K. et al. (1992), Klassifikation von Unternehmen – ein Vergleich von Neuronalen Netzen und Diskriminanzanalyse, in: ZfB 1992, S. 1237–1262.

Euler, R. (1996), Das System der Grundsätze ordnungsmäßiger Bilanzierung, Stuttgart 1996.

Ewig, H. (2008), Auswirkungen der Rechnungslegungsnorm auf das Ratingergebnis, in: Everling, O. (Hrsg.), Certified Rating Analyst, Oldenburg 2008, S. 187–201.

Fama, E. F./French, K. R. (1992), The Cross-Section of Expected Stock Returns, in: JoF 1992, S. 427–465.

Feidicker, M. (1992), Kreditwürdigkeitsprüfung – Entwicklung eines Bonitätsindikators, Düsseldorf 1992.

Fey, G./Mujkanovic, R. (1999), Segmentberichterstattung im internationalen Umfeld, in: DBW 1999, S. 261–275.

Fink, C./Kajüter, P. (2011), Das IFRS Practice Statement »Management Commentary«, in: KoR 2011, S. 177–181.

Fink, C./Reuther, F. (2010), Bilanzpolitik als Mittel zur Gestaltung des Jahresabschlusses, in: Fink, C./Schultze, W./Winkeljohann, N. (Hrsg.), Bilanzpolitik und Bilanzanalyse nach neuem Handelsrecht, Stuttgart 2010, S. 3–26.

Fisher, I. (1930), The Theory of Interest, New York 1930.

Flaskämper, P. (1928), Theorie der Indexzahlen, Berlin/Leipzig 1928.

Förschle, G./Deubert, M. (2014), Kommentierung des § 301 HGB, in: Förschle, G. et al. (Hrsg.), Beck'scher Bilanz-Kommentar. Handels- und Steuerbilanz – §§ 238 bis 339, 342 bis 342e HGB mit IFRS-Abweichungen, 9. Aufl., München 2014.

Förschle, G./Hoffmann, K. (2014), Kommentierung des § 309 HGB, in: Förschle, G. et al. (Hrsg.), Beck'scher Bilanz-Kommentar. Handels- und Steuerbilanz – §§ 238 bis 339, 342 bis 342e HGB mit IFRS-Abweichungen, 9. Aufl., München 2014.

Förschle, G./Peun, M. (2014), Kommentierung des § 275 HGB, in: Förschle, G. et al. (Hrsg.), Beck'scher Bilanz-Kommentar. Handels- und Steuerbilanz – §§ 238 bis 339, 342 bis 342e HGB mit IFRS-Abweichungen, 9. Aufl., München 2014, S. 1176–1247.

Förschle, G./Usinger, R. (2014), Kommentierung des § 243 HGB, in: Förschle, G. et al. (Hrsg.), Beck'scher Bilanz-Kommentar. Handels- und Steuerbilanz – §§ 238 bis 339, 342 bis 342e HGB mit IFRS-Abweichungen, 9. Aufl., München 2014.

Förschle, G./Usinger, R. (2014a), Kommentierung des § 248 HGB, in: Förschle, G. et al. (Hrsg.), Beck'scher Bilanz-Kommentar. Handels- und Steuerbilanz – §§ 238 bis 339, 342 bis 342e HGB mit IFRS-Abweichungen, 9. Aufl., München 2014.

Forster, K.-H. (1982), Anhang, Lagebericht, Prüfung und Publizität im Regierungsentwurf eines Bilanzrichtlinien-Gesetzes (Teil I und II), in: DB 1982, S. 1577–1582 und S. 1631–1635.

Forster, K.-H. (1983), Bilanzpolitik und Bilanzrichtlinien-Gesetz – welche Freiräume bleiben noch?, in: BB 1983, S. 32–37.

Foster, G. (1986), Financial Statement Analysis, 2. Aufl., Englewood Cliffs 1986.

Franke, G./Hax, H. (2009), Finanzwirtschaft des Unternehmens und Kapitalmarkt, 6. Aufl., Berlin u. a. 2009.

Frantzmann, H. J. (1987), Der Montagseffekt am deutschen Aktienmarkt, in: ZfB 1987, S. 611–635.

Frantzmann, H. J. (1990), Zur Messung des Marktrisikos deutscher Aktien, in: zfbf 1990, S. 67–83.

Franz Haniel & Cie. GmbH (2014), Geschäftsbericht 2013, Duisburg 2014.

FREIBERG, J. (2014), § 8a. Bewertungen zum beizulegenden Zeitwert (fair value measurement), in: Lüdenbach, N./Hoffmann, W.-D./Freiberg, J. (Hrsg.), Haufe IFRS-Kommentar, 12. Aufl., Freiburg i. Br. 2014.

FREIDANK, C.-C. (1982), Zielsetzungen und Instrumente der Bilanzpolitik bei Aktiengesellschaften, in: DB 1982, S. 337–343.

FREYGANG, W. (1993), Kapitalallokation in diversifizierten Unternehmen: Ermittlung divisionaler Eigenkapitalkosten, Wiesbaden 1993.

FRIEDL, B. (2013), Controlling, 2. Aufl., Konstanz 2013.

FRUHAN, W. E. (1979), Financial Strategy – Studies in The Creation, Transfer and Destruction of Shareholder Value, Homewood 1979.

FUCHS, M./STIBI, B. (2011), IFRS 11 »Joint Arrangements« – lange erwartet und doch noch mit (kleinen) Überraschungen?, in: BB 2011, S. 1451–1455.

FÜHRICH, G. (2007), Ist die geplante Zinsschranke europarechtskonform?, in: IStR 2007, S. 341–345.

FÜLBIER, R. U./HONOLD, D./KLAR, A. (2000), Bilanzierung immaterieller Vermögenswerte – Möglichkeiten und Grenzen der Bilanzierung nach US-GAAP und IAS bei Biotechnologieunternehmen, in: RIW 2000, S. 833–844.

FÜLBIER, R. U./KUSCHEL, P./SELCHERT, F. W. (2010), Kommentierung des § 252 HGB, in: Küting, P./Pfitzer, N./Weber, C.-P. (Hrsg.), Handbuch der Rechnungslegung – Einzelabschluss. Kommentar zur Bilanzierung und Prüfung, 5. Aufl., Loseblatt, Stuttgart 2002 ff.

FÜSER, K./HEIDUSCH, M. (2002), Kriterien für ein Rating von Unternehmen des Maschinen- und Anlagenbaus, Stuttgart 2002.

FÜSER, K./RÖDEL, K. (2002), Basel II – Internes Rating mittels (quantitativer und) qualitativer Kriterien, in: DStR 2002, S. 275–282.

GANSSAUGE, K./MATTERN, O. (2008), Der Eigenkapitaltest im Rahmen der Zinsschranke (Teil I und II), in: DStR 2008, S. 213–219 und S. 267–270.

GANZ, P. (1999), Shareholder Value als Analyse- und Portfolioinstrument dargestellt anhand des PREMIUM-Konzeptes der Preussag AG, in: Bühner, R./Sulzbuch, K. (Hrsg.), Wertorientierte Steuerungs- und Führungssysteme. Shareholder Value in der Praxis, Stuttgart 1999, S. 67–93.

GASSEN, J. ET AL. (2007), Währungsumrechnung nach IFRS im Rahmen des Konzernabschlusses, in: KoR 2007, S. 171–180.

GAUMERT, U./GÖTZ, S./ORTGIES, J. (2011), Basel III – eine kritische Würdigung, in: Die Bank 2011, S. 54–60.

GDV (2013), Grundsätze für die Vergabe von Unternehmenskrediten durch Versicherungsgesellschaften – Schuldscheindarlehen, 5. Aufl., Berlin 2013, abrufbar unter: http://www.gdv.de/wp-content/uploads/2013/07/GDV_Kreditleitfaden_Juni_2013.pdf.

GEBHARDT, G. (1980), Insolvenzprognosen aus aktienrechtlichen Jahresabschlüssen. Eine Beurteilung der Reform der Rechnungslegung durch das Aktiengesetz 1965 aus der Sicht unternehmensexterner Adressaten, Wiesbaden 1980.

GEBHARDT, G. (1984), Kapitalflußrechnungen als Mittel zur Darstellung der »Finanzlage«, in: WPg 1984, S. 481–491.

GEHLHAUSEN, H. F./FEY, G./KÄMPFER, G. (2009), Rechnungslegung und Prüfung nach dem Bilanzrechtsmodernisierungsgesetz, Düsseldorf 2009.

GEMÜNDEN, H. G. (2000), Defizite der empirischen Insolvenzforschung, in: Hauschildt, J./Leker, J. (Hrsg.), Krisendiagnose durch Bilanzanalyse, 2. Aufl., Köln 2000, S. 144–164.

GEẞLER, J. R. (1993), Statistische Graphik, Basel u. a. 1993.

GIBBONS, M. R./HESS, P. (1981), Day of the Week Effects and Asset Returns, in: JoB 1981, S. 579–596.

GLADE, H. J. (1991), Immaterielle Anlagewerte in Handelsbilanz, Steuerbilanz und Vermögensaufstellung, Köln 1991.

GLAUM, M./MANDLER, U. (1996), Rechnungslegung auf globalen Kapitalmärkten – HGB, IAS und US-GAAP, Wiesbaden 1996.

GLEIẞNER, W. (2008), Entwicklung einer Ratingstrategie, in: Everling, O. (Hrsg.), Certified Rating Analyst, Oldenburg 2008, S. 407–424.

GLORMANN, F. (2001), Bilanzrating von US-GAAP-Abschlüssen, Düsseldorf 2001.

GOERDELER, R. (1989), Vergleich der Rechnungslegung, in: Macharzina, K./Welge, K. (Hrsg.), Handwörterbuch Export und Internationale Unternehmung, Stuttgart 1989, Sp. 1808–1817.

GOLDENBERG, D./ROBIN, A. J. (1991), The Arbitrage Pricing Theory and Cost-Of-Capital Estimation: The Case Of Electric Utilities, in: JoFR 1991, S. 181–196.

GOLLAND, F./GEHLHAAR, L. (2008), Mezzanine Kapital und dessen Bedeutung im Rahmen von Ratings, in: Everling, O. (Hrsg.), Certified Rating Analyst, Oldenburg 2008, S. 325–341.

GÖLLERT, K. (1984), Auswirkungen des Bilanzrichtlinien-Gesetzes auf die Bilanzanalyse, in: BB 1984, S. 1845–1853.

GÖLLERT, K. (2009), Problemfelder der Bilanzanalyse: Einflüsse des BilMoG auf die Bilanzanalyse, in: DB 2009, S. 1773–1778.

GÖLLERT, K./RINGLING, W. (1986), Bilanzanalyse nach dem Bilanzrichtlinien-Gesetz: Fallbezogener Kennzahlenvergleich, in: Die Bank 1986, S. 124–133.

GOOGLE INC. (2013), Form 10-K (Item 8), abrufbar unter: http://www.sec.gov.

GORDON, M. J. (1959), Dividends, Earnings and Stock Prices, in: RoES 1959, S. 99–105.

GÖTTSCHE, M./BRÄHLER, G. (2009), Die Bedeutung der Konzernsteuerquote für den Kapitalmarkt – Eine empirische Analyse der DAX-30-Unternehmen, in: WPg 2009, S. 918–925.

GRÄFER, H. (1981), Ziele, Instrumente und Grenzen der Bilanzpolitik, in: WiSt 1981, S. 353–358.

GRÄFER, H. (1990), Möglichkeiten der Bilanzanalyse, in: Küting, K./Weber, C.-P. (Hrsg.), Handbuch der Rechnungslegung. Kommentar zur Bilanzierung und Prüfung, 3. Aufl., Stuttgart 1990, I. Kap., Rn. 192–265.

GRÄFER, H. (1994), Bilanzanalyse. Eine Einführung mit Aufgaben und Lösungen, 6. Aufl., Herne/Berlin 1994.

GRÄFER, H. (1997), Bilanzanalyse. Mit Aufgaben, Lösungen und einer Fallstudie, 7. Aufl., Herne/Berlin 1997.

GRÄFER, H./OSTMEIER, V. (2000), Discounted Cash-flow, Cash-flow Return on Investment und Economic Value Added als Instrumente der wertorientierten Unternehmenssteuerung, in: BBK 2000, Fach 26, S. 923–938.

Gräfer, H./Schneider, G./Gerenkamp, T. (2012), Bilanzanalyse – Traditionelle Kennzahlenanalyse des Einzeljahresabschlusses – Kapitalmarktorientierte Konzernjahresabschlussanalyse – Mit zahlreichen Abbildungen, Aufgaben und Lösungen, 12. Aufl., Herne 2012.

Gray, S. J. (1988), Towards a theory of cultural influence on the development of accounting systems internationally, in: Abacus 1988, S. 1–15.

Greene, W. H. (2008), Econometric Analysis, 6. Aufl., Upper Saddle River 2008.

Grenz, T. (1987), Dimensionen und Typen von Unternehmenskrisen. Analysemöglichkeiten auf der Grundlage von Jahresabschlußinformationen, Frankfurt a. M./Bern/New York 1987.

Greth, M. (1996), Konzernbilanzpolitik, Wiesbaden 1996.

Greth, M. (1998), Managemententlohnung aufgrund des Economic Value Added (EVA), in: Pellens, B. (Hrsg.), Unternehmenswertorientierte Entlohnungssysteme, Stuttgart 1998, S. 69–100.

Großfeld, B. (1994), Bilanzziele und kulturelles Umfeld, in: WPg 1994, S. 795–803.

Großfeld, B. (1995), Vergleichendes Bilanzrecht, in: AG 1995, S. 112–119.

Großfeld, B. (1997), Language, writing and the law, in: European Review 1997, S. 383–399.

Grottel, B. (2014), Kommentierung des § 285 HGB, in: Förschle, G. et al. (Hrsg.), Beck'scher Bilanz-Kommentar. Handels- und Steuerbilanz – §§ 238 bis 339, 342 bis 342e HGB mit IFRS-Abweichungen, 9. Aufl., München 2014.

Grottel, B. (2014a), Kommentierung des § 289 HGB, in: Förschle, G. et al. (Hrsg.), Beck'scher Bilanz-Kommentar. Handels- und Steuerbilanz – §§ 238 bis 339, 342 bis 342e HGB mit IFRS-Abweichungen, 9. Aufl., München 2014.

Grottel, B./Krämer, A. (2014), (Teil-)Kommentierung des § 268 HGB, in: Förschle, G. et al. (Hrsg.), Beck'scher Bilanz-Kommentar. Handels- und Steuerbilanz – §§ 238 bis 339, 342 bis 342e HGB mit IFRS-Abweichungen, 9. Aufl., München 2014.

Grottel, B./Larenz, S. K. (2014), Kommentierung des § 306 HGB, in: Förschle, G. et al. (Hrsg.), Beck'scher Bilanz-Kommentar. Handels- und Steuerbilanz – §§ 238 bis 339, 342 bis 342e HGB mit IFRS-Abweichungen, 9. Aufl., München 2014.

Grünberger, D. (2014), IFRS 2014 – Ein systematischer Praxisleitfaden, 12. Aufl., Herne 2014.

Grundy, K./Malkiel, B. G. (1996), Reports of Beta's Death Have Been Greatly Exaggerated, in: JoPM 1996, S. 36–45.

Grüning, M. (2011), Artificial Intelligence Measurement of Disclosure (AIMD), in: EAR 2011, S. 485–519.

Guhr, H.-M. (1972), Gewinn und Cash Flow als Bewertungskriterien, in: Siebert, G./Büschgen, H. E. (Hrsg.), Aktienanalyse, Frankfurt a. M. 1972, S. 26–53.

Günther, T. (1997), Unternehmenswertorientiertes Controlling, München 1997.

Gutenberg, E. (1962), Unternehmensführung: Organisation und Entscheidungen, Wiesbaden 1962.

Haberstock, L. (1982), Grundzüge der Kosten- und Erfolgsrechnung, 3. Aufl., Hamburg 1982.

Hachmeister, D. (2000), Der Discounted Cash Flow als Maß der Unternehmenswertsteigerung, 4. Aufl., Frankfurt a. M. 2000.

HAGEBÖKE, J./STANGL, I. (2008), Zur Konzernfreiheit von assoziierten Unternehmen im Rahmen der Zinsschranke, in: DB 2008, S. 200–202.

HAHN, D. (1969), Ergebnisorientierte Planungsrechnung mehrgliedriger Unternehmungen auf der Basis des »Return on Investment« ROI, in: ZfO 1969, S. 177–192.

HAHN, D. (1976), Return on Investment, in: Grochla, E./Wittmann, W. (Hrsg.), Handwörterbuch der Betriebswirtschaft, 4. Aufl., Stuttgart 1976, Sp. 3420–3428.

HAHN, O. (1971), Die Wahlkriterien finanzwirtschaftlicher Entscheidungen, in: Hahn, O. (Hrsg.), Handbuch der Unternehmensfinanzierung, München 1971, S. 121–172.

HAHN, O. (1997), Allgemeine Betriebswirtschaftslehre, 3. Aufl., München 1997.

HAIL, L. (2002), Kennzahlenanalyse, in: ST 2002, S. 53–66.

HALL, S. ET AL. (2011), Basel III – Handlungsdruck baut sich auf: Implikationen für Finanzinstitute, abrufbar unter: http://www.kpmg.com/DE/de/Documents/Basel-3-FRM-2011-KPMG.pdf.

HALLER, A. (1994), Die Grundlagen der externen Rechnungslegung in den USA unter besonderer Berücksichtigung der rechtlichen, institutionellen und theoretischen Rahmenbedingungen, 4. Aufl., Stuttgart 1994.

HALLER, A. (1998), Immaterielle Vermögenswerte – Wesentliche Herausforderungen für die Zukunft der Unternehmensrechnung, in: Möller, H. P. et al. (Hrsg.), Rechnungswesen als Instrument für Führungsentscheidungen, Festschrift für Adolf G. Coenenberg zum 60. Geburtstag, Stuttgart 1998, S. 561–596.

HALLER, A. (2000), Wesentliche Ziele und Merkmale US-amerikanischer Rechnungslegung, in: Ballwieser, W. (Hrsg.), US-amerikanische Rechnungslegung: Grundlagen und Vergleiche mit dem deutschen Recht, 4. Aufl., Stuttgart 2000, S. 1–27.

HALLER, A. (2010), IFRS 8 – Geschäftssegmente (operating segments), in: Baetge, J. et al. (Hrsg.), Rechnungslegung nach IFRS: Kommentar auf der Grundlage des deutschen Bilanzrechts, 2. Aufl., Loseblatt, Stuttgart 2002 ff.

HALLER, A./LÖFFELMANN, J. V./ETZEL, B. (2009), BilMoG und Adressatenbedürfnisse – Empirische Erkenntnisse über die Einschätzung von Kreditinstituten, in: KoR 2009, S. 216–226.

HALLER, A./SCHLOSSGANGL, M. (2003), Notwendigkeit einer Neugestaltung des Performance Reporting nach International Accounting (Financial Reporting) Standards – Konzeptionelle und empirische Evidenz, in: KoR 2003, S. 317–327.

HALLER, A./WALTON, P. (2000), Jahresabschlußanalyse im internationalen Kontext, in: Haller, A./Raffournier, B./Walton, P. (Hrsg.), Unternehmenspublizität im internationalen Wettbewerb, Stuttgart 2000, S. 3–72.

HANNEMANN, S./PEFFERMANN, P. (2003), IAS-Konzernsteuerquote – Begrenzte Aussagekraft für die Performance eines Konzerns, in: BB 2003, S. 727–733.

HÄRDLE, W./MÜLLER, M. (1993), Nichtparametrische Glättungsmethoden in der alltäglichen statistischen Praxis, in: ASA 1993, S. 9–31.

HÄRLE, D. (1961), Finanzierungsregeln und ihre Problematik, Wiesbaden 1961.

HÄRLE, D. (1970), Finanzierungsregeln und Liquiditätsbeurteilung, in: Janberg, H. (Hrsg.), Finanzierungshandbuch, 2. Aufl., Wiesbaden 1970, S. 89–110.

HARRMANN, A. (1986), Cash-flow-Ermittlung, Bedeutung und Aussagefähigkeit, in: DB 1986, S. 2612–2616.

Harrmann, A. (1988), Bilanzanalyse für die Praxis unter Berücksichtigung moderner Kennzahlen und Einbeziehung der neuen Rechnungslegung (BiRiLiG), 3. Aufl., Herne/Berlin 1988.

Hartmann-Wendels, T. (1986), Cash-Flow, in: WISU 1986, S. 472–478.

Hartmann, B. (1985), Angewandte Betriebsanalyse, 3. Aufl., Freiburg i. Br. 1985.

Hauschildt, J. (1971), Entwicklungslinien der Bilanzanalyse, in: zfbf 1971, S. 335–351.

Hauschildt, J. (1988), Bilanzanalyse, Bilanzkritik und Bilanzpolitik, in: Albers, W. et al. (Hrsg.), Handwörterbuch der Wirtschaftswissenschaften, Stuttgart 1988, S. 659–670.

Hauschildt, J. (1990), Erfolgsspaltung: Ermittlungsmöglichkeiten und empirischer Test, in: Coenenberg, A. G. (Hrsg.), Bilanzanalyse nach neuem Recht, 2. Aufl., Landsberg a. L. 1990, S. 189–208.

Hauschildt, J. (1992), Bilanzanalyse, computergestützte, in: Coenenberg, A. G./ Wysocki, K. v. (Hrsg.), Handwörterbuch der Revision, 2. Aufl., Stuttgart 1992, Sp. 278–283.

Hauschildt, J. (1996), Erfolgs-, Finanz- und Bilanzanalyse – Analyse der Vermögens-, Finanz- und Ertragslage von Kapital- und Personengesellschaften, 3. Aufl., Köln 1996.

Hauschildt, J. (1998), Gewinn, in: Busse von Colbe, W./Pellens, B. (Hrsg.), Lexikon des Rechnungswesens, 4. Aufl., München/Wien 1998, S. 288–290.

Hauschildt, J. (2000), Unternehmenskrisen – Herausforderungen an die Bilanzanalyse, in: Hauschildt, J./Leker, J. (Hrsg.), Krisendiagnose durch Bilanzanalyse, 2. Aufl., Köln 2000, S. 1–17.

Hauschildt, J. (2000a), Vorgehensweise und Ergebnisse der statistischen Insolvenzdiagnose, in: Hauschildt, J./Leker, J. (Hrsg.), Krisendiagnose durch Bilanzanalyse, 2. Aufl., Köln 2000, S. 119–141.

Hauschildt, J. (2002), Krisendiagnose durch Bilanzanalyse, in: Krimphove, D./ Tytko, D. (Hrsg.), Praktiker-Handbuch Unternehmensfinanzierung, Stuttgart 2002, S. 1004–1017.

Hauschildt, J./Grenz, T./Gemünden, H. G. (1985), Entschlüsselung von Unternehmenskrisen durch Erfolgsspaltung, in: DB 1985, S. 877–885.

Hauschildt, J./Leker, J. (1995), Bilanzanalyse unter dem Einfluß moderner Analyse- und Prognoseverfahren, in: BFuP 1995, S. 249–268.

Hauschildt, J./Rösler, J./Gemünden, H. G. (1984), Der Cash Flow – Ein Krisensignalwert?, in: DBW 1984, S. 353–370.

Havermann, H. (1978), Methoden der Bilanzierung von Beteiligungen (einschließlich der »Equity«-Methode), in: IDW (Hrsg.), Rechnungslegung und Prüfung in internationaler Sicht, Düsseldorf 1978, S. 405–442.

Hawkins, D. F./Hawkins, B. A. (1986), The Effectiveness of the Annual Report as a Communication Vehicle, Morristown 1986.

Hayn, B. (1999), Konsolidierungstechnik bei Erwerb und Veräußerung von Anteilen, Berlin 1999.

Hayn, B. (2013), § 38. Fragen der Übergangskonsolidierung, in: Bohl, W./Riese, J./Schlüter, J. (Hrsg.), Beck'sches IFRS-Handbuch, 4. Aufl., München 2013.

Hayn, M. (2003), Bewertung junger Unternehmen, 3. Aufl., Herne/Berlin 2003.

Hayn, S./Waldersee, G. G. (2014), IFRS und HGB im Vergleich. Synoptische Darstellung für den Einzel- und Konzernabschluss, 8. Aufl., Stuttgart 2014.

HEBERTINGER, M./SCHABEL, M. M. (2004), Werterzielung deutscher Unternehmen, Frankfurt a. M. 2004.

HECKER, R. (1975), Ein Kennzahlensystem zur externen Analyse der Ertrags- und Finanzkraft von Industriegesellschaften, Frankfurt a. M./Zürich 1975.

HEIDEMANN, C. (2005), Die Kaufpreisallokation bei einem Unternehmenszusammenschluss nach IFRS 3, Düsseldorf 2005.

HEIDEN, M. (1998), Ansatzpunkte zur praktischen Ermittlung risikoadäquater Eigenkapitalkosten. Unveröffentlichte Diplomarbeit am Institut für Wirtschaftsprüfung, Saarbrücken 1998.

HEIDEN, M. (2006), Pro-forma-Berichterstattung – Reporting zwischen Information und Täuschung, Berlin 2006.

HEIDEN, M./GARNIER, S. v./WEISS, H.-J. (2000), Wertsteigerung durch Frühwarnsysteme, Lebensmittel-Zeitung vom 25.02.2000, S. 50–52.

HEIGL, A. (1989), Controlling – Interne Revision, 2. Aufl., Stuttgart 1989.

HEINEN, E. (1976), Grundfragen der entscheidungsorientierten Betriebswirtschaftslehre, München 1976.

HEINEN, E. (1986), Handelsbilanzen, 12. Aufl., Wiesbaden 1986.

HEINHOLD, M. (1998), Stille Rücklagen, in: Busse von Colbe, W./Pellens, B. (Hrsg.), Lexikon des Rechnungswesens. Handbuch der Bilanzierung und Prüfung, der Erlös-, Finanz-, Investitions- und Kostenrechnung, 4. Aufl., München/Wien 1998, S. 674–677.

HEINTGES, S./KAMPHAUS, C./LOITZ, R. (2007), Jahresabschluss nach IFRS und Zinsschranke, in: DB 2007, S. 1261–1266.

HEITMANN, C. (2002), Beurteilung der Bestandsfestigkeit von Unternehmen mit Neuro-Fuzzy, Frankfurt a. M. 2002.

HELBLING, C. (2000), Cash Flow und Finanzplanung, in: ST 2000, S. 869–880.

HENI, B. (2009), Cashflow-Analyse, in: Hofbauer, M. A./Kupsch, P. (Hrsg.), Rechnungslegung – Aufstellung, Prüfung und Offenlegung des Jahresabschlusses. Kommentar, Bd. 4, Fach 5, Querschnittsthemen, Loseblatt, Bonn 1994 ff.

HENNRICHS, J. (2007), Zinsschranke, Eigenkapitalvergleich und IFRS, in: DB 2007, S. 2101–2107.

HENNRICHS, J. (2008), IFRS – Eignung für Ausschüttungszwecke?, in: BFuP 2008, S. 415–432.

HENSELER, E. (1979), Unternehmensanalyse, Stuttgart u. a. 1979.

HENSELMANN, K. (1999), Unternehmensrechnungen und Unternehmenswert, Aachen 1999.

HERING, T. (2000), Konzeptionen der Unternehmensbewertung und ihre Eignung für mittelständische Unternehmen, in: BFuP 2000, S. 433–453.

HERTER, R. N. (1994), Unternehmenswertorientiertes Management. Strategische Erfolgsbeurteilung von dezentralen Organisationseinheiten auf der Basis einer Wertsteigerungsanalyse, München 1994.

HERZIG, N. (2003), Gestaltung der Konzernsteuerquote – eine neue Herausforderung für die Steuerberatung?, in: WPg-Sonderheft 2003, S. 80–92.

HERZIG, N. (2003a), Bedeutung latenter Steuern für die Konzernsteuerquote, in: Wollmert, P. et al. (Hrsg.), Wirtschaftsprüfung und Unternehmensüberwachung, Festschrift für Prof. Dr. Dr. h. c. Wolfgang Lück, Düsseldorf 2003, S. 431–449.

HERZIG, N./BOHN, A. (2007), Modifizierte Zinsschranke und Unternehmensfinanzierung – Diskussion von Plänen zur Unternehmensteuerreform 2008, in: DB 2007, S. 1–10.

HERZIG, N./DEMPFLE, U. (2002), Konzernsteuerquote, betriebliche Steuerpolitik und Steuerwettbewerb, in: DB 2002, S. 1–8.

HERZIG, N./LOCHMANN, U./LIEKENBROCK, B. (2008), Die Zinsschranke im Lichte einer Unternehmensbefragung – Einfluss auf Steuerplanung, Steuergestaltung und Steuerbelastung, in: DB 2008, S. 593–602.

HERZIG, N./SCHÄPERCLAUS, J. (2013), Einheitstaxonomie für E-Bilanz und Offenlegung, in: DB 2013, S. 1–10.

HESS, H./GROSS, P. (2013), Kap. II: Die Erkennung von Unternehmenskrisen, in: Hess, H. (Hrsg.), Sanierungshandbuch, 6. Aufl., Köln 2013.

HESSE, T. (1996), Periodischer Unternehmenserfolg zwischen Realisations- und Antizipationsprinzip. Vergleich von Aktienrendite, Cash-Flow und Economic Value-Added, Bern/Stuttgart/Wien 1996.

HETTICH, S. (2007), Mängel und Inkonsistenzen in den derzeitigen Rechnungslegungsregeln nach IFRS – Beseitigung durch Neuregelungen?, in: KoR 2007, S. 6–14.

HEY, J. (2007), Verletzung fundamentaler Besteuerungsprinzipien durch die Gegenfinanzierungsmaßnahmen des Unternehmensteuerreformgesetzes 2008, in: BB 2007, S. 1303–1309.

HITZ, J.-M. (2005), Rechnungslegung zum fair value. Konzeption und Entscheidungsnützlichkeit, Frankfurt a. M. 2005.

HITZ, J.-M./JENNIGES, V. (2008), Publizität von Pro-forma-Ergebnisgrößen am deutschen Kapitalmarkt – Empirischer Befund für die IFRS-Rechnungslegung großer deutscher Kapitalgesellschaften, in: KoR 2008, S. 236–245.

HÖFER, R. (2010), (Teil-)Kommentierung des § 249 HGB, in: Küting, P./Pfitzer, N./Weber, C.-P. (Hrsg.), Handbuch der Rechnungslegung – Einzelabschluss. Kommentar zur Bilanzierung und Prüfung, 5. Aufl., Loseblatt, Stuttgart 2002 ff.

HOFFMANN, H./WÜEST, G. (1998), Die Shareholder Value Analyse als Controlling-Instrument – Verfahrensvergleich und Anwendungsfelder, in: krp 1998, S. 187–195.

HOFFMANN, W.-D. (2000), Die ökonomischen Grenzen der Aussagekraft einer Bilanz, in: StuB 2000, S. 822–828.

HOFFMANN, W.-D. (2000a), Lehren aus der bayerischen Großbanken-Fusion für die Bilanzierungs- und Prüfungspraxis in Deutschland – Mit einem Seitenblick auf Holzmann, in: DB 2000, S. 485–490.

HOFFMANN, W.-D. (2002), Die Mär von Fair bei der Rechnungslegung, in: DB 2002, Heft 31 vom 02.08.2002, S. I.

HOFFMANN, W.-D. (2008), Zinsschranke – Fremdfinanzierung nach dem Unternehmensteuerreformgesetz 2008, Stuttgart 2008.

HOFFMANN, W.-D. (2010), Kommentierung des § 4h EStG, in: Littmann, E. et al. (Hrsg.), ESt – Das Einkommensteuerrecht, Loseblatt, 15. Aufl., Stuttgart 2002 ff.

HOFFMANN, W.-D. (2014), § 8. Anschaffungs-/Herstellungskosten, Neubewertung, in: Lüdenbach, N./Hoffmann, W.-D./Freiberg, J. (Hrsg.), Haufe IFRS-Kommentar, 12. Aufl., Freiburg i. Br. 2014.

HOFFMANN, W.-D./LÜDENBACH, N. (2014), NWB Kommentar Bilanzierung. Handelsrecht und Steuerrecht, 5. Aufl., Herne 2014.

Hofmann, R. (1977), Bilanzkennzahlen, Industrielle Bilanzanalyse und Bilanzkritik, 4. Aufl., Wiesbaden 1977.

Hofmann, S. (2012), Das Märchen vom Gewinn, in: Handelsblatt vom 26.11.2012, S. 22.

Holmes, O.W. (1963), The Common Law, Boston 1963.

Holzer, H.P./Häusler, H. (1989), Die moderne Kapitalflußrechnung und die internationale Konzernrechnungslegung, in: WPg 1989, S. 221–231.

Holzer, H.P./Jung, U. (1990), Der Beitrag von zahlungsstromorientierten Kapitalflußrechnungen (Statement of Cash Flows) zur Beurteilung der Qualität des Jahresergebnisses, in: WPg 1990, S. 281–288.

Holzer, P./Ernst, C. (1999), (Other) Comprehensive Income und Non-Ownership Movements in Equity – Erfassung und Ausweis des Jahresergebnisses und des Eigenkapitals nach US-GAAP und IAS, in: WPg 1999, S. 353–370.

Hombeck, T. (2000), Auswirkungen der Rechnungslegung nach IAS auf die Analyse von Wachstumsunternehmen, Lohmar u.a. 2000.

Homburg, S. (2007), Die Zinsschranke – eine beispiellose Steuerinnovation, in: FR 2007, S. 717–764.

Hommel, M. (2001), Neue Goodwillbilanzierung – das FASB auf dem Weg zur entobjektivierten Bilanz?, in: BB 2001, S. 1943–1949.

Hommel, M./Rössler, B. (2009), Komponentenansatz des IDW RH HFA 1.016 – eine GoB-konforme Konkretisierung der planmäßigen Abschreibungen?, in: BB 2009, S. 2526–2530.

Hoogervorst, H. (2012), The Concept of Prudence: dead or alive?, abrufbar unter: http://www.ifrs.org/Alerts/PressRelease/Documents/2012/Concept%20of%20Prudence%20speech.pdf.

Horváth, P. et al. (1999), Neue Instrumente in der deutschen Unternehmenspraxis, in: Egger, A./Grün, O./Moser, R. (Hrsg.), Managementinstrumente und -konzepte, Stuttgart 1999, S. 289–328.

Hostettler, S. (1997), Economic Value Added. Darstellung und Anwendung auf Schweizer Aktiengesellschaften, 2. Aufl., Bern 1997.

Hostettler, S. (2002), Economic Value Added. Darstellung und Anwendung auf Schweizer Aktiengesellschaften, 5. Aufl., Bern/Stuttgart/Wien 2002.

Huang, C./Litzenberger, R.F. (1988), Foundations for Financial Economics, Amsterdam 1988.

Hübner, O. (1854), Die Banken, Leipzig 1854.

Hüls, D. (1995), Früherkennung insolvenzgefährdeter Unternehmen, Düsseldorf 1995.

Hürlimann, D. (2008), Konzernsteuerquote als Key Performance Indicator, in: ST 2008, S. 155–163.

Hüttche, T. (2005), Typologische Bilanzanalyse: Qualitative Auswertung von IFRS-Abschlüssen, in: KoR 2005, S. 318–323.

Hüttche, T./Dicke-Wentrup, T./Int-Veen, T. (2007), Typologische Bilanzanalyse – Branchenspezifische Anwendung der IFRS, in: DStR 2007, S. 233–242.

Hütten, C. (2000), Der Geschäftsbericht als Informationsinstrument. Rechtsgrundlagen – Funktionen – Optimierungsmöglichkeiten, Düsseldorf 2000.

Hüttermann, K./Knappstein, J. (2014), Darstellung und Bedeutung des Other Comprehensive Income – Eine empirische Analyse der DAX-Unternehmen, in: KoR 2014, S. 586–593.

IAASB (2010), XBRL: The Emerging Landscape, New York 2010.

IDW (2010), Steuerhinweis betreffend die Ermittlung der Eigenkapitalquote für Zwecke der Zinsschranke i. S. d. § 4h EStG, in: IDW-Fachnachrichten 5/2010, S. 213–225.

IDW (2014), Schreiben vom 10.10.2014 an das Bundesministerium der Justiz und für Verbraucherschutz zum Referentenentwurf eines Bilanzrichtlinie-Umsetzungsgesetzes (BilRUG), in: IDW-Fachnachrichten 11/2014, S. 605–613.

IDW HFA (2009), IDW RH HFA 1.016 – Handelsrechtliche Zulässigkeit einer komponentenweisen planmäßigen Abschreibung von Sachanlagen, in: WPg Supplement 3/2009, S. 39–40.

IDW HFA 1 (1995), Die Kapitalflußrechnung als Ergänzung des Jahres- und Konzernabschlusses, in: WPg 1995, S. 210–213.

IDW HFA 2 (1988), Pensionsverpflichtungen im Jahresabschluß, in: WPg 1988, S. 403–405.

IDW S 1 (2008), Grundsätze zur Durchführung von Unternehmensbewertungen, in: IDW-Fachnachrichten 7/2008, S. 271–292.

IDW S 6 (2012), Anforderungen an die Erstellung von Sanierungskonzepten, in: WPg Supplement 4/2012, S. 130–151.

IFRIC (2004), IFRIC Update October 2004, London 2004.

Isele, H. (2011), (Teil-)Kommentierung des § 277 HGB, in: Küting, P./Pfitzer, N./Weber, C.-P. (Hrsg.), Handbuch der Rechnungslegung – Einzelabschluss. Kommentar zur Bilanzierung und Prüfung, 5. Aufl., Loseblatt, Stuttgart 2002 ff.

Jacobs, O. H./Greif, M./Weber, D. (1972), Möglichkeiten und Grenzen der Informationsgewinnung mit Hilfe der Bilanzanalyse, in: WiSt 1972, S. 425–431.

Jacquet, D. (1997), Rentabilité et valeur: EVA et MVA, in: Analyse Financière 1997, S. 52–61.

Jerschensky, A. (1998), Messung des Bonitätsrisikos von Unternehmen, Düsseldorf 1998.

Jödicke, D./Jödicke, R. (2011), Anwendung des Aktivierungs- und Saldierungswahlrechts latenter Steuern und Differenzierung nach Ergebniswirksamkeit, in: KoR 2011, S. 153–160.

Jonas, H. H. (1984), Die Finanzbewegungsrechnung: Ein Hilfsmittel für die Unternehmensführung und Finanzanalyse, Freiburg i. Br. 1984.

Jones, C. P. (2007), Investments. Analysis and Management, 10. Aufl., New York u. a. 2007.

K+S Gruppe (2000), Geschäftsbericht 1999, Kassel 2000.

Käfer, K. (1976), Kapitalflußrechnung, in: Büschgen, H. E. (Hrsg.), Handwörterbuch der Finanzwirtschaft, Stuttgart 1976, Sp. 1040–1050.

Käfer, K. (1984), Kapitalflußrechnungen, 2. Aufl., Stuttgart 1984.

Kajüter, P. (2014), Aktuelle Entwicklungen in der Unternehmensberichterstattung, in: Küting, P./Pfitzer, N./Weber, C.-P., Rechnungslegung im Spannungsfeld von Kosten-Nutzen-Überlegungen, Stuttgart 2014, S. 215–240.

Kalinski, R. (1986), Die Rechnungslegung zur Finanzlage der Unternehmung, Kiel 1986.

Kaplan, R. S./Norton, D. P. (1992), The Balanced Scorecard – Measures That Drive Performance, in: HBR 1992, S. 71–79.

Kaplan, R. S./Norton, D. P. (1993), Putting the Balanced Scorecard to Work, in: HBR 1993, S. 134–147.

KAPLAN, R. S./NORTON, D. P. (1996), Linking the Balanced Scorecard to Strategy, in: CMR 1996, S. 53–79.

KAPLAN, R. S./NORTON, D. P. (1997), Balanced Scorecard. Strategien erfolgreich umsetzen, Stuttgart 1997.

KAPPLER, E. (1972), Das Informationsverhalten der Bilanzinteressenten, München 1972.

KAPPLER, E. (1974), Bilanzanalyse und Bilanzkritik, in: Grochla, E./Wittmann, W. (Hrsg.), Handwörterbuch der Betriebswirtschaft, 4. Aufl., Stuttgart 1974, Sp. 899–909.

KARL, O. (1974), Kritische Analyse der langfristigen Unternehmensplanung. Mit Hilfe des Return on Investment- und des Residual Income-Konzepts, Diss., Saarbrücken 1974.

KASERER, C. (2010), Basel III – Eine Herausforderung für die Unternehmensfinanzierung, in: DB 2010, Heft 41, S. M1.

KEITZ, I. v. (1997), Immaterielle Güter in der Rechnungslegung, Düsseldorf 1997.

KELLER, M. (1977), Der Zusammenhang zwischen aktienrechtlicher Ergebnisrechnung und volkswirtschaftlicher Inlandsproduktberechnung (Wertschöpfung), in: DB 1977, S. 1713–1716.

KEMMER, M. (2013), Basel III: Das Rating wird wichtiger, in: bank und markt 2013, S. 20–23.

KERKHOFF, G./DIEHM, S. (2005), Performance Reporting: Konzepte und Tendenzen im kommenden FASB-/IASB-Standard, in: KoR 2005, S. 342–350.

KERN, W. (1960), Rentabilitätsanalyse, in: zfbf 1960, S. 17–40.

KERN, W. (1978), Break-Even-Analyse, in: Grochla, E. (Hrsg.), Betriebswirtschaftslehre (Teil 2): Betriebsführung, Stuttgart 1978, S. 373–376.

KERTH, A./WOLF, J. (1986), Bilanzanalyse und Bilanzpolitik, München/Wien 1986.

KERTH, A./WOLF, J. (1993), Bilanzanalyse und Bilanzpolitik, 2. Aufl., München/Wien 1993.

KESSLER, H. (2005), Ist der fair value fair?, in: Bieg, H./Heyd, R. (Hrsg.), Fair Value. Bewertung in Rechnungswesen, Controlling und Finanzwirtschaft, München 2005, S. 57–81.

KESSLER, H. (2010), Abschlussanalyse nach IFRS und HGB – Grundlagen und immaterielles Vermögen, in: PiR 2010, S. 33–41.

KESSLER, H. (2010a), Bilanzierung der Rückstellungen, in: Kessler, H./Leinen, M./Strickmann, M. (Hrsg.), Handbuch Bilanzrechtsmodernisierungsgesetz, 2. Aufl., Freiburg/Berlin/München 2010, Abschn. 4, S. 321–348.

KESSLER, H./STRICKMANN, M. (2008), Konzernrechnungslegung und Konzernbilanzpolitik nach HGB, DRS und IFRS, in: Küting, K. (Hrsg.), Saarbrücker Handbuch der Betriebswirtschaftlichen Beratung, 4. Aufl., Herne/Berlin 2008, S. 831–1061.

KEUPER, F. (2001), Strategisches Management, München 2001.

KIHM, A. (2006), Ursachen von Unternehmenskrisen, in: Blöse, J./Kihm, A. (Hrsg.), Unternehmenskrisen, Berlin 2006, S. 33–68.

KILGER, W. (1962), Kurzfristige Erfolgsrechnung, Wiesbaden 1962.

KILGER, W./PAMPEL, J. R./VIKAS, K. (2012), Flexible Plankostenrechnung und Deckungsbeitragsrechnung, 13. Aufl., Wiesbaden 2012.

Kim, D. (1997), A Reexamination of Firm Size, Book-to-Market, and Earnings Price in the Cross-Section of Expected Stock Returns, in: JFQA 1997, S. 463–489.

Kinnebrock, W. (1994), Neuronale Netze, 2. Aufl., München/Wien 1994.

Kirsch, H. (2002), Schätzungen und Absichten des Managements als wesentliche Einflussgrößen der internationalen Rechnungslegung, in: BuW 2002, S. 1013–1019.

Kirsch, H. (2004), Finanz- und erfolgswirtschaftliche Jahresabschlussanalyse nach IFRS, München 2004.

Kirsch, H. (2007), Finanz- und erfolgswirtschaftliche Jahresabschlussanalyse nach IFRS, 2. Aufl., München 2007.

Kirsch, H. (2011), IFRS-Abschlussanalyse. Finanz- und erfolgswirtschaftliche Aspekte, 3. Aufl., Berlin 2011.

Kirsch, H. (2012), IFRS-Abschlussanalyse. Finanz- und erfolgswirtschaftliche Aspekte, 3. Aufl., Berlin 2012.

Kirsch, H.-J./Koelen, P./Köhling, K. (2010), Möglichkeiten und Grenzen des management approach – Eine Analyse unter besonderer Berücksichtigung des Nutzungswerts des IAS 36, in: KoR 2010, S. 200–207.

Klaholz, E./Stibi, B. (2009), Sukzessiver Anteilserwerb nach altem und neuem Handelsrecht, in: KoR 2009, S. 297–301.

Klecka, W. R. (1998), Discriminant Analysis, 19. Aufl., Newbury Park u. a. 1998.

Klein, H.-D. (1989), Konzernbilanzpolitik, Heidelberg 1989.

Klingebiel, N. (2000), Balanced Scorecard als Verbindungsglied externes – internes Rechnungswesen, in: DStR 2000, S. 651–655.

Klinger, K. (1966), Zur Kennzahl ›Return on Investment‹, in: DB 1966, S. 233–237.

Kloock, J./Coenen, M. (1995), Cash-Flow-Return on Investment als Rentabilitätskennzahl aus externer Sicht, in: WISU 1995, S. 1101–1107.

Knop, W./Küting, K. (2009), (Teil-)Kommentierung des § 255 HGB, in: Küting, P./Pfitzer, N./Weber, C.-P. (Hrsg.), Handbuch der Rechnungslegung – Einzelabschluss. Kommentar zur Bilanzierung und Prüfung, 5. Aufl., Loseblatt, Stuttgart 2002 ff.

Knop, W./Zander, S. (2010), (Teil-)Kommentierung des § 268 HGB, in: Küting, P./Pfitzer, N./Weber, C.-P. (Hrsg.), Handbuch der Rechnungslegung – Einzelabschluss. Kommentar zur Bilanzierung und Prüfung, 5. Aufl., Loseblatt, Stuttgart 2002 ff.

Knorr, L./Seidler, H. (2013), Kommentierung des § 312 HGB, in: Bertram, K. et al. (Hrsg.), Haufe HGB Bilanz Kommentar, 4. Aufl., Freiburg i. Br. 2013.

Kocagil, A. E./Glormann F./Escott P. (2001), RiskCalc^{TM} for private companies: the german model, o. O., 2001.

Kocherlakota, N. (1996), The Equity Premium: It's Still a Puzzle, in: JoEL 1996, S. 42–71.

Köhler, R. (1970), Ermittlungsziele und Aussagefähigkeit von Cash-Flow-Analysen, in: WPg 1970, S. 385–392.

Köhler, S. (2007), Erste Gedanken zur Zinsschranke nach der Unternehmenssteuerreform, in: DStR 2007, S. 597–604.

Kortmann, H. (1987), Zur Darlegung von Haftungsverhältnissen im Jahresabschluß, in: DB 1987, S. 2577–2580.

KOSIOL, E. (1960), Rentabilität, in: Seischab, H./Schwantag, K. (Hrsg.), Handwörterbuch der Betriebswirtschaft, 3. Aufl., Stuttgart 1960, Sp. 4642–4649.

KOSIOL, E. (1976), Pagatorische Bilanz. Die Bewegungsbilanz als Grundlage einer integrativ verbundenen Erfolgs-, Bestands- und Finanzrechnung, Berlin 1976.

KÖSTER, O. (2007), Zinsschranke: Eigenkapitaltest und Bilanzpolitik, in: BB 2007, S. 2278–2284.

KOTHARI, S. P./SHANKEN, J./SLOAN, R. G. (1995), Another Look at the Cross-section of Expected Stock Returns, in: JoF 1995, S. 185–224.

KRAUSE, C. (1993), Kreditwürdigkeitsprüfung mit Neuronalen Netzen, Düsseldorf 1993.

KREHL, H. (1985), Der Informationsbedarf der Bilanzanalyse, Kiel 1985.

KRÖNER, M./BECKENHAUB, C. (2008), Konzernsteuerquote – Einflussfaktoren, Planung, Messung und Management, München 2008.

KRÖNER, M./BENZEL, U. (2008), § 12. Konzernsteuerquote – Die Ertragsteuerbelastung in der Wahrnehmung durch die Kapitalmärkte, in: Kessler, W./Kröner, M./Köhler, S. (Hrsg.), Konzernsteuerrecht: National – International, 2. Aufl., München 2008, S. 1091–1130.

KROPFF, B. (1965), Aktiengesetz. Textausgabe des Aktiengesetzes vom 6. September 1965 und des Einführungsgesetzes zum Aktiengesetz vom 6. September 1965 mit der Begründung des Regierungsentwurfs und dem Bericht des Rechtsausschusses des Deutschen Bundestags, Düsseldorf 1965.

KROPFF, B. (1983), Sinn und Grenzen von Bilanzpolitik – im Hinblick auf den Entwurf des Bilanzrichtlinie-Gesetzes, in: Baetge, J. (Hrsg.), Der Jahresabschluß im Widerstreit der Interessen, Düsseldorf 1983, S. 179–211.

KROPFF, B./THÖLKE, U. (2005), Aktiengesetz. Textausgabe des Aktiengesetzes vom 6. September 1965 und des Einführungsgesetzes zum Aktiengesetz vom 6. September 1965, 2. Aufl., Berlin 2005.

KRÜGER, H./THIERE, M. (2007), Gestaltungen im Bereich der Rechnungslegung als Reaktion auf die Einführung einer Zinsschranke, in: KoR 2007, S. 470–477.

KRUMNOW, J. (1985), Bilanzanalyse auf der Basis der neuen Rechnungslegungsvorschriften, in: zfbf 1985, S. 783–809.

KRYSTEK, U. (1979), Krisenbewältigungsmanagement und Unternehmensplanung, Gießen 1979.

KRYSTEK, U. (1987), Unternehmungskrisen. Beschreibung, Vermeidung und Bewältigung überlebenskritischer Prozesse, Wiesbaden 1987.

KUBIN, K. W. (1998), Der Aktionär als Aktienkunde – Anmerkungen zum Shareholder Value, zur Wiedervereinigung der internen und externen Rechnungslegung und zur globalen Verbesserung der Berichterstattung, in: Möller, H. P./Schmidt, F. (Hrsg.), Rechnungswesen als Instrument für Führungsentscheidungen: Festschrift für Professor Dr. Dr. h. c. Adolf G. Coenenberg zum 60. Geburtstag, Stuttgart 1998, S. 525–558.

KUHN, K. D./STEIN, H. G. (1984), Finanzplanung, in: Busse von Colbe, W./Müller, E. (Hrsg.), Planungs- und Kontrollrechnung im internationalen Konzern, zfbf-Sonderheft Nr. 17, Düsseldorf 1984, S. 117–128.

KUHN, S./RÖTHLISBERGER, R./NIGLI, S. (2003), Management der effektiven Konzernsteuerbelastung – Konzernsteuerquote als Value-Driver und Qualitätsmaß, in: ST 2003, S. 636–645.

KUHNER, C. (2014), Die Zielsetzungen von IFRS, US-GAAP und HGB und deren Konsequenzen für die Abbildung von Unternehmenskäufen, in: Ballwieser, W./Beyer, S./Zelger, H. (Hrsg.), Unternehmenskauf nach IFRS und HGB, 3. Aufl., Stuttgart 2014, S. 1–40.

KUHNER, C./PÄẞLER, N. (2011), Kommentierung des § 321 HGB, in: Küting, P./Pfitzer, N./Weber, C.-P. (Hrsg.), Handbuch der Rechnungslegung – Einzelabschluss. Kommentar zur Bilanzierung und Prüfung, 5. Aufl., Loseblatt, Stuttgart 2002 ff.

KÜMMEL, J. (2002), Grundsätze für die Fair Value-Ermittlung mit Barwertkalkülen. Eine Untersuchung auf der Grundlage des Statement of Financial Accounting Concepts No. 7, Düsseldorf 2002.

KÜPPER, H.-U. ET AL. (2013), Controlling: Konzeption, Aufgaben, Instrumente, 6. Aufl., Stuttgart 2013.

KUPSCH, P. (2004), Anhang, in: Schulze-Osterloh, J./Hennrichs, J./Wüstemann, J. (Hrsg.), Handbuch des Jahresabschlusses – Bilanzrecht nach HGB, EStG und IFRS, Abt. IV/4, Loseblatt, Köln 1984 ff.

KUẞMAUL, H. (1984), Kennzahlen und Kennzahlensysteme – ihre Möglichkeiten und Grenzen für die externe Analyse des Jahresabschlusses (Teil I und II), in: StB 1984, S. 145–159 und S. 192–201.

KUẞMAUL, H. (1985), Die Kapitalflußrechnung, in: WiSt 1985, S. 439–445.

KUẞMAUL, H. (1999), Darstellung der Discounted Cash-Flow-Verfahren – auch im Vergleich zur Ertragswertmethode nach dem IDW Standard ES 1, in: StB 1999, S. 332–346.

KUẞMAUL, H./OLLINGER, C./WEILER, D. (2012), E-Bilanz: Kritische Analyse aus betriebswirtschaftlicher Sicht, in: StuW 2012, S. 131–148.

KUẞMAUL, H./WEILER, D. (2010), Die neuen Regelungen zur elektronischen Bilanz, in: StuB 2010, S. 607–610.

KÜTING, K. (1981), Die Erfolgsspaltung – ein Instrument der Bilanzanalyse, in: BB 1981, S. 529–535.

KÜTING, K. (1985), Die spartenorientierte Rentabilitäts-(Kapitalergebnis-)Rechnung als Instrument der Unternehmensführung, in: BB 1985, Beilage 8 zu Heft 14, S. 1–32.

KÜTING, K. (1996), Bremer Vulkan und seine Bilanzpolitik auf dem Prüfstand, in: FAZ – Blick durch die Wirtschaft vom 28.02.1996, S. 1.

KÜTING, K. (1996a), Bilanzpolitische Krisenstrategie des Strabag-Konzerns, in: FAZ – Blick durch die Wirtschaft vom 29.05.1996, S. 9.

KÜTING, K. (1997), Die Krise begann schon 1995 – Eine Analyse der Holzmann-Bilanz: Bewertungsänderungen und Sondererträge, in: FAZ – Blick durch die Wirtschaft vom 23.05.1997, S. 9.

KÜTING, K. (1997a), Der Wahrheitsgehalt deutscher Bilanzen, in: DStR 1997, S. 84–91.

KÜTING, K. (1997b), Die handelsbilanzielle Erfolgsspaltungs-Konzeption auf dem Prüfstand – zugleich: Vorschläge zur Neuorientierung der Erfolgsquellenanalyse, in: WPg 1997, S. 693–702.

KÜTING, K. (1999), Stille Reserven: Kontrovers – Aktuell – Relevant (Teil I und II), in: BBK 1999, Fach 12, S. 6311–6330 und S. 6331–6344.

KÜTING, K. (2000), Möglichkeiten und Grenzen der Bilanzanalyse am Neuen Markt – Auf der Suche nach neuen Wegen der Unternehmensbeurteilung, (Teil I und II), in: FB 2000, S. 597–605 und S. 674–683.

Küting, K. (2000a), Stille Reserven (Teil I und II), in: BuW 2000, S. 389–399 und S. 433–442.

Küting, K. (2000b), Perspektiven der externen Rechnungslegung. Auf dem Wege zu einem umfassenden Business-Reporting, in: ST 2000, S. 153–168.

Küting, K. (2002), Von der Bilanzanalyse zur Unternehmensanalyse – dargestellt am Beispiel der Beurteilung von Unternehmen der neuen Ökonomie, in: DStR 2002, Beihefter zu Heft 32, S. 1–20.

Küting, K. (2005), Die Bedeutung der Fair Value-Bewertung für Bilanzanalyse und Bilanzpolitik, in: Bieg, H./Heyd, R. (Hrsg.), Fair Value – Bewertung in Rechnungswesen, Controlling und Finanzwissenschaft, München 2005, S. 495–516.

Küting, K. (2005a), Der Geschäfts- oder Firmenwert als Schlüsselgröße der Analyse von Bilanzen deutscher Konzerne – Eine empirische Analyse zur HGB-, IFRS- und US-GAAP-Bilanzierung, in: DB 2005, S. 2757–2765.

Küting, K. (2005b), Erkennung von Unternehmenskrisen anhand der angewandten Bilanzpolitik, in: Controlling 2005, S. 223–231.

Küting, K. (2006), Der Stellenwert der Bilanzanalyse und Bilanzpolitik im HGB- und IFRS-Bilanzrecht, in: DB 2006, S. 2753–2762.

Küting, K. (2006a), Auf der Suche nach dem richtigen Gewinn – Die Gewinnkonzeption von HGB und IFRS im Vergleich, in: DB 2006, S. 1441–1450.

Küting, K. (2008), Bilanzpolitik, in: Küting, K. (Hrsg.), Saarbrücker Handbuch der Betriebswirtschaftlichen Beratung, 4. Aufl., Herne/Berlin 2008, S. 747–831.

Küting, K. (2009), Bilanzansatzwahlrechte, in: Küting, K./Pfitzer, N./Weber, C.-P. (Hrsg.), Das neue deutsche Bilanzrecht, 2. Aufl., Stuttgart 2009, S. 83–99.

Küting, K. (2009a), Bewertungsvereinfachungsverfahren, in: Küting, K./Pfitzer, N./Weber, C.-P. (Hrsg.), Das neue deutsche Bilanzrecht, 2. Aufl., Stuttgart 2009, S. 115–118.

Küting, K. (2010), Problematik der derivativen Erstellung des Konzernabschlusses und des Eigenkapitalausweises – dargestellt an einer Mehrperiodigen-Betrachtung der Zwischengewinneliminierung, in: DB 2010, S. 177–184.

Küting, K. (2011), Der Geschäfts- oder Firmenwert in der deutschen Konsolidierungspraxis 2010, in: DStR 2011, S. 1676–1683.

Küting, K. (2012), Der Geschäfts- oder Firmenwert in der deutschen Konsolidierungspraxis 2011, in: DStR 2012, S. 1794–1802.

Küting, K. (2012a), Konzernrechnungslegung nach IFRS und HGB – Kritische Würdigung konkurrierender Systeme anhand ausgewählter Einzelfragen, in: DB 2012, S. 2821–2830.

Küting, K. (2012b), Zur Komplexität der Rechnungslegungssysteme nach HGB und IFRS, in: DB 2012, S. 297–304.

Küting, K. (2013), Der Geschäfts- oder Firmenwert in der deutschen Konsolidierungspraxis 2012, in: DStR 2013, S. 1794–1803.

Küting, K./Bender, J./Eidel, U. (1998), Earnings per Share und DVFA/SG-Ergebnis im Konzern (Kap. 1, Art. 7), in: Küting, K./Weber, C.-P. (Hrsg.), Handbuch der Konzernrechnungslegung. Kommentar zur Bilanzierung und Prüfung, 2. Aufl., Stuttgart 1998.

Küting, K./Boecker, C. (2003), Die Synthese von Information und Ertragsstärke in der externen Unternehmensanalyse, in: StuB 2003, S. 97–101.

Küting, K./Cassel, J. (2011), Anschaffungs- und Herstellungskosten nach HGB und IFRS – Vergleich der beiden Regelwerke, in: StuB 2011, S. 283–289.

Küting, K./Cassel, J. (2014), Unternehmensbewertung im IFRS-Abschluss – Rechtliche Restriktionen auf betriebswirtschaftlichem Terrain, in: Dobler, M. et al. (Hrsg.), Rechnungslegung, Prüfung und Unternehmensbewertung, Festschrift zum 65. Geburtstag von Prof. Dr. Dr. h. c. Wolfgang Ballwieser, Stuttgart 2014, S. 457–469.

Küting, K./Dawo, S. (1999), Bilanzielle Gestaltungsmöglichkeiten im Rahmen der handelsrechtlichen Bewertung der Roh-, Hilfs- und Betriebsstoffe sowie der fertigen und unfertigen Erzeugnisse (Teil I und II), in: BC 1999, S. 145–151 und S. 241–244.

Küting, K./Dawo, S./Heiden, M. (2001), Internet und externe Rechnungslegung. Konsequenzen für Publizität, Jahresabschlußprüfung und Rechnungswesenorganisation, Heidelberg 2001.

Küting, K./Eichenlaub, R. (2011), Einzelbewertungsgrundsatz im HGB- und IFRS-System, in: BB 2011, S. 1195–1200.

Küting, K./Ellmann, D. (2009), Immaterielles Vermögen, in: Küting, K./Pfitzer, N./Weber, C.-P. (Hrsg.), Das neue deutsche Bilanzrecht, 2. Aufl., Stuttgart 2009, S. 263–294.

Küting, K./Ellmann, D. (2010), Die Herstellungskosten von selbst geschaffenen immateriellen Vermögensgegenständen des Anlagevermögens, in: DStR 2010, S. 1300–1306.

Küting, K. et al. (2008), Erhaltene Anzahlungen und Fertigungsaufträge sowie ihre bilanzielle und bilanzanalytische Einordnung, in: DStR 2008, Beihefter zu Heft 47, S. 81–92.

Küting, K. et al. (2011), Geschäftsprozessbasiertes Rechnungswesen. Unternehmenstransparenz für den Mittelstand mit SAP Business ByDesign, 2. Aufl., Stuttgart 2011.

Küting, K. et al. (2011a), Die Ausschüttungssperre im neuen deutschen Bilanzrecht nach § 268 Abs. 8 HGB, in: GmbHR 2011, S. 1–10.

Küting, K./Grau, P. (2011), Der Anlagespiegel in den Konzernabschlüssen deutscher IFRS-Bilanzierer, in: DStR 2011, S. 1387–1393.

Küting, K./Grau, P./Seel, C. (2010), Grundlagen der Konzernrechnungslegung – Eine Einführungsvorlesung, in: DStR 2010, Beihefter zu Heft 22, S. 33–52.

Küting, K./Haeger, B./Zündorf, H. (1985), Die Erstellung des Anlagegitters nach künftigem Bilanzrecht. Unter besonderer Berücksichtigung der neu geregelten Erfassung der Zuschreibungen, in: BB 1985, S. 1948–1957.

Küting, K./Hayn, B. (1997), Erst- und Endkonsolidierung nach der Erwerbsmethode – Definition, Systematisierung und Stichtag, in: DStR 1997, S. 1941–1948.

Küting, K./Heiden, M. (2002), Controlling in internationalen Unternehmen, in: Küpper, H.-U./Wagenhofer, A. (Hrsg.), Handwörterbuch Unternehmensrechnung und Controlling, 4. Aufl., Stuttgart 2002, Sp. 288–298.

Küting, K./Heiden, M. (2003), Zur Systematisierung von Pro-Forma-Kennzahlen, in: DStR 2003, S. 1544–1552.

Küting, K./Heiden, M./Lorson, P. (2000), Neuere Ansätze der Bilanzanalyse – Externe unternehmenswertorientierte Performancemessung, in: BBK, Beilage 1/2000.

Küting, K./Kaiser, T. (1994), Bilanzpolitik in der Unternehmenskrise, in: BB 1994, Beilage 2 zu Heft 3, S. 1–18.

Küting, K./Kessler, H./Keßler, M. (2009), Bilanzierung von Pensionsverpflichtungen, in: Küting, K./Pfitzer, N./Weber, C.-P. (Hrsg.), Das neue deutsche Bilanzrecht, 2. Aufl., Stuttgart 2009, S. 339–374.

Küting, K./Köthner, R./Zündorf, H. (1998), Kommentierung des § 311 HGB, in: Küting, K./Weber, C.-P. (Hrsg.), Handbuch der Konzernrechnungslegung. Kommentar zur Bilanzierung und Prüfung, 2. Aufl., Stuttgart 1998.

Küting, K./Kuhn, U. (1992), Möglichkeiten und Grenzen der bilanziellen Erfolgsspaltung, in: DStR 1992, S. 122–127.

Küting, K./Lam, S. (2011), Bilanzierungspraxis in Deutschland. Theoretische und empirische Überlegungen zum Verhältnis von HGB und IFRS, in: DStR 2011, S. 991–996.

Küting, K./Lam, S. (2012), Umstellung der Rechnungslegung von HGB auf IFRS – (k)eine echte Option für den Mittelstand?, in: GmbHR 2012, S. 1041–1049.

Küting, K./Lam, S. (2013) Der Zukunftsbezug in der Rechnungslegung nach HGB und IFRS im Vergleich, in: DB 2013, S. 1737–1745.

Küting, K./Lam, S./Mojadadr, M. (2010), Entwicklungstendenzen der Bilanzanalyse – Ein Erfahrungsbericht, in: DB 2010, S. 2289–2297.

Küting, K./Lauer, P. (2010), Der Fair Value in der Krise – Abbild und Wirkung, in: Küting, K./Pfitzer, N./Weber, C.-P. (Hrsg.), IFRS und BilMoG – Herausforderungen für das Bilanz- und Prüfungswesen, Stuttgart 2010, S. 269–294.

Küting, K./Lauer, P. (2011), Die Jahresabschlusszwecke nach HGB und IFRS – Polarität oder Konvergenz?, in: DB 2011, S. 1985–1991.

Küting, K./Lauer, P. (2013), Die Bedeutung des Anschaffungskostenprinzips und die Folgen seiner Durchbrechung, in: DB 2013, S. 1185–1191.

Küting, K./Lorson, P. (1997), Erfolgs(potential)orientiertes Konzernmanagement, in: BB 1997, Beilage 8 zu Heft 20, S. 1–30.

Küting, K./Lorson, P. (1998), Konvergenz von internem und externem Rechnungswesen: Anmerkungen zu Strategien und Konfliktfeldern, in: WPg 1998, S. 483–493.

Küting, K./Lorson, P. (1998a), Grundsätze eines Konzernsteuerungskonzepts auf »externer« Basis. – Ein Beitrag zur Konvergenz von internem und externem Rechnungswesen (Teil I und II), in: BB 1998, S. 2251–2258 und S. 2303–2309.

Küting, K./Lorson, P. (1998b), Spartenrechnung auf Basis des Return-on-Investment, in: Küting, K./Weber, C.-P. (Hrsg.), Handbuch der Konzernrechnungslegung. Kommentar zur Bilanzierung und Prüfung, 2. Aufl., Stuttgart 1998, S. 485–499.

Küting, K./Lorson, P. (1999), Harmonisierung des Rechnungswesens aus Sicht der externen Rechnungslegung, in: Männel, W. (Hrsg.), Integration der Unternehmensrechnung, in: krp-Sonderheft 3/1999, S. 47–57.

Küting, K./Mojadadr, M. (2009), Die Einbeziehungsproblematik von Zweckgesellschaften in den Konzernabschluss nach BilMoG, in: Haeseler, H./Hörmann, F. (Hrsg.), Rechnungslegung und Unternehmensführung in turbulenten Zeiten, Festschrift für Gerhard Seicht, Wien 2009, S. 73–94.

Küting, K./Mojadadr, M. (2009a), Währungsumrechnung, in: Küting, K./Pfitzer, N./Weber, C.-P., Das neue deutsche Bilanzrecht, 2. Aufl., Stuttgart 2009, S. 473–498.

Küting, K./Mojadadr, M. (2011), Das neue Control-Konzept nach IFRS 10, in: KoR 2011, S. 273–286.

Küting, K./Mojadadr, M. (2013), Zweckgesellschaften in der Berichterstattungspraxis – Eine Auswertung der Geschäftsberichte der DAX-, MDAX-, SDAX- und TecDAX-Unternehmen, in: KoR 2013, S. 142–155.

Küting, K./Nardmann, B. (1993), Pensionsverpflichtungen im Lichte der Bilanzpolitik und Bilanzanalyse, in: DStR 1993, S. 1834–1840.

Küting, K./Pfirmann, A./Ellmann, D. (2010), Öffentliche Zuwendungen für Forschung und Entwicklung im HGB-Bilanzrecht, in: DStR 2010, S. 2206–2214.

Küting, K./Pfitzer, N./Weber, C.-P. (2013), IFRS oder HGB? – Systemvergleich und Beurteilung, 2. Aufl., Stuttgart 2013.

Küting, K./Reuter, M. (2004), Bilanzierung im Spannungsfeld unterschiedlicher Adressaten – Können internationale Rechnungslegungsnormen zum Abbau von adressatenbedingten Spannungsfeldern führen?, in: DSWR 2004, S. 230–233.

Küting, K./Reuter, M. (2005), Werden stille Reserven in Zukunft (noch) stiller? – Machen die IFRS die Bilanzanalyse überflüssig oder weitgehend unmöglich?, in: BB 2005, S. 706–713.

Küting, K./Reuter, M. (2006), Erhaltene Anzahlungen in der Bilanzanalyse. HGB-, IFRS- und US-GAAP-Normen unter besonderer Berücksichtigung der Bauindustrie und des Anlagenbaus, in: KoR 2006, S. 1–13.

Küting, K./Reuter, M. (2007), Unterschiedliche Erfolgs- und Gewinngrößen in der internationalen Rechnungslegung: Was sollen diese Kennzahlen aussagen? – Gewinnbegriffe nach IFRS und ihre empirische Bedeutung in der aktuellen Rechnungslegungspraxis sowie nach dem neuen IAS 1 (rev. 2007), in: DB 2007, S. 2549–2557.

Küting, K./Reuter, M. (2007a), Bilanz- und Ertragsausweis nach IFRS 5: Gefahr der Fehlinterpretation in der Bilanzanalyse, in: BB 2007, S. 1942–1947.

Küting, K./Reuter, M. (2008), Abbildung von eigenen Anteilen nach dem Entwurf des BilMoG, in: BB 2008, S. 658–662.

Küting, K./Reuter, M. (2009), Erfolgswirksame versus erfolgsneutrale Eigenkapitalkomponenten im IFRS-Abschluss, in: PiR 2009, S. 44–49.

Küting, K./Reuter, M. (2009a), (Teil-)Kommentierung des § 272 HGB, in: Küting, P./Pfitzer, N./Weber, C.-P. (Hrsg.), Handbuch der Rechnungslegung – Einzelabschluss. Kommentar zur Bilanzierung und Prüfung, 5. Aufl., Loseblatt, Stuttgart 2002 ff.

Küting, K./Reuter, M./Zwirner, C. (2003), Die Erfolgsrechnung nach dem Umsatzkostenverfahren (Teil A) – Konzeptionelle Überlegungen und praktische Bedeutung, in: BBK 2003, Fach 12, S. 6627–6641.

Küting, K./Rösinger, A./Mojadadr, M. (2010), Notwendigkeit eines Cash- und Liquiditätsmanagements – Integriertes Cash- und Liquiditätsmanagement für den Mittelstand zur erfolgreichen Steuerung der Unternehmensliquidität, zur Krisenprävention bzw. -bewältigung, in: DB 2010, S. 625–631.

Küting, K./Scheren, M. (2010), Die Organisation der externen Konzernrechnungslegung – Schritte zur effizienten Gestaltung des Konsolidierungsprozesses (Teil I und II), in: DB 2010, S. 1893–1900 und S. 1951–1958.

Küting, K./Seel, C. (2009), Die Ungereimtheiten der Regelungen zu latenten Steuern im neuen Bilanzrecht, in: DB 2009, S. 922–925.

Küting, K./Seel, C. (2009a), Latente Steuern, in: Küting, K./Pfitzer, N./Weber, C.-P. (Hrsg.), Das neue deutsche Bilanzrecht, 2. Aufl., Stuttgart 2009, S. 499–535.

Küting, K./Seel, C. (2011), Konvergenz der Equity-Methode zwischen neuem HGB und IFRS? – Unterschiede und Gemeinsamkeiten nach dem BilMoG und IFRS 3 (rev. 2008)/Annual Improvements 2008, in: DB 2011, S. 1005–1013.

Küting, K./Seel, C./Strauß, M. (2011), Die Änderung der Beteiligungshöhe als konsolidierungstechnisches Problem – Zum Wirrwarr der Konsolidierungsbegriffe nach HGB und IFRS, in: IRZ 2011, S. 175–183.

Küting, K./Tesche, T. (2009), Der Stetigkeitsgrundsatz im verabschiedeten neuen deutschen Bilanzrecht, in: DStR 2009, S. 1491–1498.

Küting, K./Weber, C.-P. (1998), Möglichkeiten und Grenzen der Konzernbilanzanalyse (Kap. 1, Art. 6), in: Küting, K./Weber, C.-P. (Hrsg.), Handbuch der Konzernrechnungslegung. Kommentar zur Bilanzierung und Prüfung, 2. Aufl., Stuttgart 1998.

Küting, K./Weber, C.-P. (2004), Die Bilanzanalyse. Lehrbuch zur Beurteilung von Einzel- und Konzernabschlüssen, 7. Aufl., Stuttgart 2004.

Küting, K./Weber, C.-P. (2009), Die Bilanzanalyse. Lehrbuch zur Beurteilung von Einzel- und Konzernabschlüssen, 9. Aufl., Stuttgart 2009.

Küting, K./Weber, C.-P. (2012), Der Konzernabschluss. Praxis der Konzernrechnungslegung nach HGB und IFRS, 13. Aufl., Stuttgart 2012.

Küting, K./Weber, C.-P. (2012a), Die Bilanzanalyse. Beurteilung von Abschlüssen nach HGB und IFRS, 10. Aufl., Stuttgart 2012.

Küting, K./Weber, C.-P./Boecker, C. (2004), Fast Close – Beschleunigung der Jahresabschlusserstellung: (zu) schnell am Ziel?!, in: StuB 2004, S. 1–10.

Küting, K./Weber, C.-P./Reuter, M. (2008), Steuerbemessungsfunktion als neuer Bilanzzweck des IFRS-Konzern-Abschlusses durch die Zinsschrankenregelung? – Eine bilanz- und steuerrechtliche sowie bilanzanalytische Betrachtung, in: DStR 2008, S. 1602–1610.

Küting, K./Weber, C.-P./Wirth, J. (2008), Die Goodwillbilanzierung im finalisierten Business Combinations Project Phase II – Erstkonsolidierung, Werthaltigkeitstest und Endkonsolidierung, in: KoR 2008, S. 139–152.

Küting, K./Weber, C.-P./Zündorf, H. (1990), Praxis der Konzernbilanzanalyse. Grundsatzfragen zur Erstellung einer Konzernstrukturbilanz, Stuttgart 1990.

Küting, K./Wirth, J. (2003), Wenn die Eigenkapitalquoten stärker schwanken: Auf dem Weg zur entobjektivierten Bilanz – Die Fair-Value-Manie in der IFRS-Rechnungslegung, in: FAZ vom 06.10.2003, S. 22.

Küting, K./Wirth, J. (2005), Paradigmenwechsel in der Bilanzanalyse, in: FAZ vom 17.01.2005, S. 18.

Küting, K./Wirth, J. (2006), Bilanzierung eines negativen Unterschiedsbetrags nach IFRS 3 und die Bedeutung der Erfassung von Eventualschulden in der Kaufpreisallokation, in: IRZ 2006, S. 143–151.

Küting, K./Wohlgemuth, F. (2004), Möglichkeiten und Grenzen der internationalen Bilanzanalyse – Erkenntnisfortschritte durch eine internationale Strukturbilanz?, in: DStR, Beihefter zu Heft 48, S. 1–19.

Küting, K./Zwirner, C./Reuter, M. (2007), Zur Bedeutung der Fair Value-Bewertung in der deutschen Bilanzierungspraxis, in: DStR 2007, S. 500–506.

KÜTING, P. (2009), Ein Plädoyer für die Passivierung latenter Steuern auf den Geschäfts- oder Firmenwert nach HGB und IFRS, in: DB 2009, S. 2053–2061.

KÜTING, P. (2009a), Nachhaltige Präsenzmehrheiten als hinreichendes Kriterium zur Begründung eines Konzerntatbestands?, in: DB 2009, S. 73–78.

KÜTING, P. (2012), Konzerninterne Umstrukturierungen: Beteiligungspolitische Grundlagen – Konsolidierungspraxis (HGB/IFRS) – Firmenwertbilanzierung, Stuttgart 2012.

KÜTING, P./DÖGE, B./PFINGSTEN, A. (2006), Neukonzeption der Fair Value-Option nach IAS 39 – Überzeugender Kompromiss oder doch wieder nur eine Übergangslösung?, in: KoR 2006, S. 597–612.

KÜTING, P./EICHENLAUB, R. (2014), Cash-Pool-Zahlungen in der insolvenzrechtlichen Fortbestehensprognose. Zur faktischen Notwendigkeit einer konsolidierten Betrachtung, in: GmbHR 2011, S. 169–176.

KÜTING, P./GRAU, P. (2014), Nicht durch Eigenkapital gedeckter Fehlbetrag – Bilanzrechtliche und bilanzanalytische Würdigung eines handelsrechtlichen Korrekturpostens, in: DB 2014, S. 729–737.

LACHENBRUCH, P. A. (1975), Discriminant Analysis, New York 1975.

LACHNIT, L. (1973), Wesen, Ermittlung und Aussage des Cash Flow, in: zfbf 1973, S. 59–77.

LACHNIT, L. (1976), Technik und Aussage der Bilanzanalyse (Teil I und II), in: WISU 1976, S. 49–52 und S. 97–101.

LACHNIT, L. (1976a), Zur Weiterentwicklung betriebswirtschaftlicher Kennzahlensysteme, in: zfbf 1976, S. 216–230.

LACHNIT, L. (1979), Systemorientierte Jahresabschlußanalyse, Wiesbaden 1979.

LACHNIT, L. (1987), Externe Erfolgsanalyse auf der Grundlage der GuV nach dem Gesamtkostenverfahren, in: BFuP 1987, S. 33–53.

LACHNIT, L. (1991), Erfolgsspaltung auf der Grundlage der GuV nach Gesamt- und Umsatzkostenverfahren, in: WPg 1991, S. 773–783.

LACHNIT, L. (2003), Einflüsse der internationalen Rechnungslegung auf die Bilanzanalyse, in: Freidank, C.-C./Schreiber, O. R. (Hrsg.), Corporate Governance, Internationale Rechnungslegung und Unternehmensanalyse im Zentrum aktueller Entwicklungen, Hamburg 2003, S. 159–204.

LACHNIT, L. (2004), Bilanzanalyse. Grundlagen – Einzel- und Konzernabschlüsse – Internationale Abschlüsse – Unternehmensbeispiele, Wiesbaden 2004.

LACHNIT, L./AMMANN, H. (1995), Sachgemäße Ermittlung des Finanzergebnisses in der externen Jahresabschlußanalyse, in: DStR 1995, S. 1281–1288.

LACHNIT, L./MÜLLER, S. (2003), Bilanzanalytische Behandlung von Geschäfts- oder Firmenwerten, in: KoR 2003, S. 540–550.

LANDSMAN, W. R. (2007), Is fair value accounting information relevant and reliable? Evidence from capital market research, in: ABR 2007, S. 19–30.

LANGE, C. (1989), Jahresabschlußinformationen und Unternehmensbeurteilung, Stuttgart 1989.

LAUER, P. (2014), Fair-Value-Bewertung von Schulden. Anlässe, Konzeption und kritische Würdigung der Bewertung von Schulden nach IFRS 13, Berlin 2014.

LEFFSON, U. (1984), Bilanzanalyse, 3. Aufl., Stuttgart 1984.

LEFFSON, U. (1986), Wesentlich, in: Leffson, U./Rückle, D./Großfeld, B. (Hrsg.), Handwörterbuch unbestimmter Rechtsbegriffe im Bilanzrecht des HGB, Köln 1986, S. 434–447.

LEFFSON, U./BÖNKHOFF, F.J. (1982), Zu Materiality-Entscheidungen bei Jahresabschlußprüfungen, in: WPg 1982, S. 389–397.

LEHMANN, M.R. (1954), Leistungsmessung durch Wertschöpfungsrechnung, Essen 1954.

LEHMANN, S. (1995), Neue Wege in der Bewertung börsennotierter Aktiengesellschaften: Ein cash-flow-orientiertes Ertragswertmodell, Wiesbaden 1995.

LEIBFRIED, P./AMANN, T. (2002), Ein Schatten über den Gewinn- und Verlustrechnungen des DAX 100?, in: KoR 2002, S. 191–197.

LEONARDI, H. (1990), Externe Erfolgsanalysen auf der Grundlage handelsrechtlicher Jahresabschlüsse, Bergisch Gladbach/Köln 1990.

LERBINGER, P. (1984), Beta-Faktoren und Beta-Fonds in der Aktienanalyse, in: AG 1984, S. 287–294.

LEV, B. (1974), Financial Statement Analysis: A New Approach, Englewood Cliffs 1974.

LEWIS, T.G. (1995), Steigerung des Unternehmenswertes: Total-value-Management, 2. Aufl., Landsberg a.L. 1995.

LEWIS, T.G./LEHMANN, S. (1992), Überlegene Investitionsentscheidungen durch CfROI, in: BFuP 1992, S. 1–13.

LIENAU, A. (2006), Bilanzierung latenter Steuern im Konzernabschluss nach IFRS, Düsseldorf 2006.

LIETZ, G./WATRIN, C. (2010), Konzeption des Beherrschungsverhältnisses nach BilMoG, in: StuB 2010, S. 898–904.

LINDER, T.A. (2011), Großreparaturen i.S. des § 249 Abs. 2 HGB a.F. – doch ein Anwendungsfall des Komponentenansatzes nach IDW RH HFA 1.016?, in: DStR 2011, S. 1238–1243.

LINTNER, J. (1969), The Aggregation of Investors Diverse Judgement and Preferences in Purely Competitive Securities, in: JFQA 1969, S. 347–400.

LITTKEMANN, J./KREHL, H. (2000), Kennzahlen der klassischen Bilanzanalyse – nicht auf Krisendiagnosen zugeschnitten, in: Hauschildt, J./Leker, J. (Hrsg.), Krisendiagnose durch Bilanzanalyse, 2. Aufl., Köln 2000, S. 19–32.

LITTLETON, A.C. (1933), Accounting Evolution to 1900, New York 1933.

LOCKERT, G. (1996), Risikofaktoren und Preisbildung am deutschen Aktienmarkt, Heidelberg 1996.

LOCKERT, G. (1998), Kapitalmarkttheoretische Ansätze zur Bewertung von Aktien: Entwicklung und Stand der Arbitrage Pricing Theory, in: ZfB-Ergänzungsheft 2/1998, S. 75–99.

LÖFFELHOLZ, J. (1976), Wirtschaftlichkeit und Rentabilität, in: Grochla, E./Wittmann, W. (Hrsg.), Handwörterbuch der Betriebswirtschaft, 4. Aufl., Stuttgart 1976, Sp. 4461–4467.

LOHRBACH, T. (1994), Einsatz von Künstlichen Neuronalen Netzen für ausgewählte betriebswirtschaftliche Aufgabenstellungen und Vergleich mit konventionellen Lösungsverfahren, Göttingen 1994.

LOISTL, O. (1986), Grundzüge der betrieblichen Kapitalwirtschaft, Berlin u.a. 1986.

LOISTL, O. (1996), Computergestütztes Wertpapiermanagement, 5. Aufl., München 1996.

LORSON, P. (1992), Möglichkeiten und Grenzen der Break-Even-Analyse als Instrument der Betriebsanalyse, in: DStR 1992, S. 300–307.

Lorson, P. (1999), Shareholder Value-Ansätze: Zweck, Konzepte und Entwicklungstendenzen, in: DB 1999, S. 1329–1339.

Lorson, P. (2001), Leistungstransparenz in der externen Berichterstattung, in: Klingebiel, N./Hoffmann, O. (Hrsg.), Performance Measurement & Balanced Scorecard, München 2001, S. 131–152.

Lorson, P. (2004), Auswirkungen von Shareholder-Value-Konzepten auf die Bewertung und Steuerung ganzer Unternehmen, Herne/Berlin 2004.

Lorson, P. (2004a), IFRS-basierte Wertberichterstattung, in: Küting, K./Pfitzer, N./Weber, C.-P. (Hrsg.), Herausforderungen und Chancen durch weltweite Rechnungslegungsstandards. Kapitalmarktorientierte Rechnungslegung und integrierte Unternehmenssteuerung, Stuttgart 2004, S. 115–147.

Lorson, P. (2005), Kapitalmarktorientierte Unternehmensanalyse, in: Brecht, U. (Hrsg.), Neue Entwicklungen im Rechnungswesen, Wiesbaden 2005, S. 235–251.

Lorson, P. (2009), Bedeutungsverschiebung der Bilanzierungszwecke, in: Küting, K./Pfitzer, N./Weber, C.-P. (Hrsg.), Das neue deutsche Bilanzrecht, 2. Aufl., Stuttgart 2009, S. 3–37.

Lorson, P. (2011), Controlling, in: Bea, F. X./Schweitzer, M. (Hrsg.), Allgemeine Betriebswirtschaftslehre (Bd. 2): Führung, 3. Kapitel: Controlling, 10. Aufl., Stuttgart 2011, S. 270–390.

Lorson, P./Heiden, M. (2002), Intellectual Capital Statement und Goodwill-Impairment: ›Internationale‹ Impulse zur Unternehmenswertorientierung?, in: Seicht, G. (Hrsg.), Jahrbuch für Controlling und Rechnungswesen 2002, Wien 2002, S. 369–403.

Lorson, P./Müller, S./ICV-Fachkreis IFRS & Controlling (2014), Auswirkung von DRS 21 auf das Controlling – zugleich Anmerkungen zur Konzern-GoB-Vermutung von DRS, in: DB 2014, S. 965–971.

Lorson, P./Pfirmann, A./Tesche, T. (2014), Niederstwerttest für Beteiligungen im Jahresabschluss nach HGB, in: KoR, S. 324–331.

Lorson, P./Schedler, J. (2002), Unternehmenswertorientierung von Unternehmensrechnung: Finanzberichterstattung und Jahresabschlussanalyse, in: Küting, K./Weber, C.-P. (Hrsg.), Vom Financial Accounting zum Business Reporting, Stuttgart 2002, S. 253–294.

Lorson, P./Schweitzer, M. (2008), Kostenrechnung, in: Küting, K. (Hrsg.), Saarbrücker Handbuch der Betriebswirtschaftlichen Beratung, 4. Aufl., Herne/Berlin 2008, S. 343–510.

Loughran, T. (1997), Book-to-Market across Firm Size, Exchange and Seasonality: Is There an Effect?, in: JFQA 1997, S. 249–268.

Lück, W. (1975), Materiality in der internationalen Rechnungslegung – Das pflichtgemäße Ermessen des Abschlußprüfers und der Grundsatz der Wesentlichkeit, Wiesbaden 1975.

Lück, W. (1998), Elemente eines Risiko-Managementsystems, in: DB 1998, S. 8–14.

Lück, W. (2003), Kommentierung des § 289 HGB, in: Küting, K./Weber, C.-P. (Hrsg.), Handbuch der Rechnungslegung – Einzelabschluss. Kommentar zur Bilanzierung und Prüfung, 5. Aufl., Loseblatt, Stuttgart 2002 ff.

Lücke, W. (1955), Investitionsrechnung auf der Grundlage von Ausgaben oder Kosten, in: zfbf 1955, S. 310–324.

LÜCKE, W. (1984), Liquidität, Liquidierbarkeit und Tilgbarkeit (Teil I und II), in: DB 1984, S. 2320–2323 und S. 2361–2365.

LÜDENBACH, N. (2014), § 27. Währungsumrechnung, Hyperinflation, in: Lüdenbach, N./Hoffmann, W.-D./Freiberg, J. (Hrsg.), Haufe IFRS-Kommentar, 12. Aufl., Freiburg i. Br. 2014.

LÜDENBACH, N. (2014a), § 28. Finanzinstrumente, in: Lüdenbach, N./Hoffmann, W.-D./Freiberg, J. (Hrsg.), Haufe IFRS-Kommentar, 12. Aufl., Freiburg i. Br. 2014.

LÜDENBACH, N. (2014b), § 31. Unternehmenszusammenschlüsse, in: Lüdenbach, N./Hoffmann, W.-D./Freiberg, J. (Hrsg.), Haufe IFRS-Kommentar, 12. Aufl., Freiburg i. Br. 2014.

LÜDENBACH, N. (2014c), § 33. Anteile an assoziierten Unternehmen, in: Lüdenbach, N./Hoffmann, W.-D./Freiberg, J. (Hrsg.), Haufe IFRS-Kommentar, 12. Aufl., Freiburg i. Br. 2014.

LÜDENBACH, N./HOFFMANN, W.-D. (2004), Strukturelle Probleme bei der Implementierung des Goodwill-Impairment-Tests, in: WPg 2004, S. 1068–1077.

LÜDENBACH, N./HOFFMANN, W.-D. (2007), Der IFRS-Konzernabschluss als Bestandteil der Steuerbemessungsgrundlage für die Zinsschranke nach § 4h EStG, in: DStR 2007, S. 636–642.

LUDEWIG, R. (1987), Möglichkeiten der verdeckten Bilanzpolitik für Kapitalgesellschaften auf der Grundlage des neuen Rechts, in: ZfB 1987, S. 426–433.

LUTTERMANN, C. (1998), Unternehmen, Kapital und Genußrechte. Eine Studie über Grundlagen der Unternehmensfinanzierung und zum internationalen Kapitalmarkt, Tübingen 1998.

LUTTERMANN, C. (1999), Bilanzrecht in den USA und internationale Konzernrechnungslegung, Tübingen 1999.

LUTTERMANN, C. (1999a), Dialog der Kulturen, Vergleichendes Handels- und Kapitalmarktrecht im Sprachspiegel, in: Hübner, U./Ebke, W. F. (Hrsg.), Festschrift für Bernhard Großfeld zum 65. Geburtstag, Heidelberg 1999, S. 771–789.

MALKIEL, B. G. (1963), Equity Yields, Growth and the Structure of Share Prices, in: AER 1963, S. 467–497.

MAMMEN, A. (2011), Die Konzernsteuerquote als Lenkungsinstrument im Rahmen des Risikomanagementsystems börsennotierter Muttergesellschaften, Wiesbaden 2011.

MANDELBROT, B. (1963), The Variation Of Certain Speculative Prices, in: JoB 1963, S. 394–419.

MANKIW, N. G./TAYLOR, M. P. (2012), Grundzüge der Volkswirtschaftslehre, 5. Aufl., Stuttgart 2012.

MARET, J./WEPPLER, L. (1999), Internationalisierung der Rechnungslegung – Die Kapitalmarkt- und Analystenperspektive, in: Küting, K./Langenbucher, G. (Hrsg.), Internationale Rechnungslegung, Festschrift für Claus-Peter Weber zum 60. Geburtstag, Stuttgart 1999, S. 37–44.

MÄRZ, T. (1983), Interdependenzen in einem Kennzahlensystem, München 1983.

MATHEIS, M./SCHALCH, O. (1999), Balanced Scorecard und Economic Value Added, in: io management 1999, S. 37–43.

MATSCHKE, M. J./BRÖSEL, G. (2013), Unternehmensbewertung: Funktionen – Methoden – Grundsätze, 4. Aufl., Wiesbaden 2013.

MAUL, K.-H./MENNINGER, J. (2000), Das »Intellectual Property Statement« – eine notwendige Ergänzung des Jahresabschlusses?, in: DB 2000, S. 529–533.

MAUS, K. H. (2009), Begriff und Ursachen der Krise, in: Schmidt, K./Uhlenbruck, W. (Hrsg.), Die GmbH in Krise, Sanierung und Insolvenz, 4. Aufl., Köln 2009, S. 1–7.

MAYER, A. (1989), Auswirkungen des Bilanzrichtlinien-Gesetzes auf die externe Analyse der Einzelabschlüsse von Kapitalgesellschaften: eine theoretische Untersuchung, Frankfurt a. M. u. a. 1989.

MEFFERT, H./BURMANN, C./KIRCHGEORG, M. (2012), Marketing – Grundlagen marktorientierter Unternehmensführung, 11. Aufl., Wiesbaden 2012.

MEHRA, R./PRESCOTT, E. C. (1985), The Equity Premium, A Puzzle, in: JoME 1985, S. 145–160.

MENN, B.-J. (1995), Die spartenorientierte Kapitalergebnisrechnung im Bayer-Konzern, in: Küting, K./Weber, C.-P. (Hrsg.), Das Rechnungswesen im Konzern. Intern-Extern, Stuttgart 1995, S. 217–234.

MENN, B.-J. (1999), Auswirkungen der internationalen Bilanzierungspraxis auf Unternehmensrechnung und Controlling, in: Küting, K./Langenbucher, G. (Hrsg.), Internationale Rechnungslegung, Festschrift für Claus-Peter Weber zum 60. Geburtstag, Stuttgart 1999, S. 631–647.

MENSCH, G. (1999), Break-Even-Analyse als Controlling-Instrument im Mehrproduktunternehmen, in: BuW 1999, S. 242–248.

MERKLE, E. (1982), Betriebswirtschaftliche Formeln und deren betriebswirtschaftliche Relevanz, in: WiSt 1982, S. 325–330.

MEYER, C. (2000), Kunden-Bilanz-Analyse bei Kreditinstituten: eine Einführung in die Jahresabschluss-Analyse und in die Analyse-Praxis der Kreditinstitute, 2. Aufl., Stuttgart 2000.

MEYER, M. (2013), Konzernsteuerquote und steuerliche Überleitungsrechnung im internationalen Konzernabschluss – Status quo der Bilanzierungspraxis im DAX-30, in: DStR 2013, S. 2354–2361.

MEYER, M. ET AL. (2010), Latente Steuern. Bewertung, Bilanzierung und Beratung, 2. Aufl., Wiesbaden 2010.

MILLER, M. H./MODIGLIANI, F. (1961), Dividend Policy, Growth and the Valuation of Shares, in: JoB 1961, S. 411–433.

MILLS, R. W. (2001), Developments in Estimating the Cost of Capital, in: Manager Update 2001, S. 35–46.

MOJADADR, M. (2013), Zweckgesellschaften im Konzernabschluss nach HGB und IFRS, Berlin 2013.

MÖLLER, H. P. (1988), Die Bewertung risikobehafteter Anlagen an deutschen Wertpapierbörsen, in: zfbf 1988, S. 779–797.

MÖSER, H. D. (1982), Die Liquidität dritten Grades: kein Gradmesser der Liquidität?, in: DB 1982, S. 185–189.

MOXTER, A. (1975), Aussagegrenzen von ›Bilanzen‹, in: WISU 1975, S. 325–329.

MOXTER, A. (1979), Die Jahresabschlußaufgaben nach der EG-Bilanzrichtlinie: Zur Auslegung von Art. 2 EG-Bilanzrichtlinie, in: AG 1979, S. 141–146.

MOXTER, A. (1984), Bilanzlehre (Bd. I): Einführung in die Bilanztheorie, 3. Aufl., Wiesbaden 1984.

MOXTER, A. (2000), Rechnungslegungsmythen, in: BB 2000, S. 2143–2149.

MOXTER, A./ENGEL-CIRIC, D. (2014), Erosion des bilanzrechtlichen Vorsichtsprinzips?, in: BB 2014, S. 489–492.

Müller, H. (1988), Konzernabschluß nach neuem Bilanzrecht aus Sicht des Analysten, in: Die Bank 1988, S. 35–40.

Müller, R. (1982), Krisenmanagement in der Unternehmung, Frankfurt a.M. 1982.

Müller, R. (1986), Krisenmanagement in der Unternehmung, 2. Aufl., Frankfurt a.M. 1986.

Müller, R. (2002), Die Konzernsteuerquote – Modephänomen oder ernst zu nehmende neue Kennziffer?, in: DStR 2002, S. 1684–1688.

Müller, R./Reinke, J. (2009), Zahlungsmittelgenerierende Einheiten im Rahmen des Impairment-Tests – Gestaltungsmöglichkeiten bei der Bildung und sich ergebende abschlusspolitische Potenziale, in: IRZ 2009, S. 523–529.

Müller, S./Ladewich, S./Panzer, L. (2014), Abschlusspolitisches Potenzial latenter Steuern nach HGB und IFRS. Theoretische Grundüberlegungen und empirische Analyse, in: IRZ 2014, S. 199–204.

Müller, S./Wobbe, C./Reinke, J. (2008), Empirische Analyse der Bilanzierung des Sachanlagevermögens nach IFRS, in: KoR 2008, S. 630–640.

Müller, S./Wobbe, C./Reinke, J. (2009), Bilanzierung von Investement Properties – Eine empirische Analyse der Ansatz-, Bewertungs- und Ausweisentscheidungen der DAX-, MDAX- und SDAX-Unternehmen, in: IRZ 2009, S. 249–256.

Nahlik, W. (1984), Bilanzrichtliniengesetz: Auswirkungen auf die Jahresabschlußkritik, in: Die Bank 1984, S. 217–224.

Nahlik, W. (1993), Praxis der Jahresabschlußanalyse. Recht-Risiko-Rentabilität, 2. Aufl., Wiesbaden 1993.

Nelles, M./Klusemann, M. (2003), Die Bedeutung der Finanzierungsalternative Mezzanine-Capital im Kontext von Basel II für den Mittelstand, in: FB 2003, S. 1–10.

Neubauer, W. (1968), Makroökonomische Kostenstrukturen im System der Statistik des Sozialprodukts und der Input-Output-Verflechtung, Berlin 1968.

Niehaus, H.-J. (1987), Früherkennung von Unternehmenskrisen, Düsseldorf 1987.

Niehus, R. J. (1982), Rechnungslegung und Prüfung der GmbH nach neuem Recht. Kommentar zu den die GmbH betreffenden Vorschriften des Regierungsentwurfs eines Bilanzrichtlinien-Gesetzes vom 12.2.1982, Berlin/New York 1982.

Nunnenkamp, G./Paffenholz, M. (2010), Der Einfluss von XBRL auf Rechnungslegung und Prüfung, in: WPg 2010, S. 1142–1150.

Offenbächer, V./Schmitt, G. (1999), Spezialprobleme und Lösungsansätze im Zusammenhang mit der Ermittlung der Eigenkapitalkosten, in: Bühner, R./Sulzbuch, K. (Hrsg.), Wertorientierte Steuerungs- und Führungssysteme. Shareholder Value in der Praxis, Stuttgart 1999, S. 237–251.

Ordelheide, D. (1987), Konzernerfolgskonzeption und Risikokoordination, in: zfbf 1987, S. 975–986.

Ordelheide, D. (1989), Meinungsspiegel, in: BFuP 1989, S. 387–409.

Ordelheide, D. (1998), Rechnungslegung und internationale Aktienanalyse, in: Möller, H. P./Schmidt, F. (Hrsg.), Rechnungswesen als Instrument für Führungsentscheidungen, Festschrift für Adolf G. Coenenberg zum 60. Geburtstag, Stuttgart 1998, S. 505–524.

Ordelheide, D. (1998a), Bedeutung und Wahrung des Kongruenzprinzips (»clean surplus«) im internationalen Rechnungswesen, in: Matschke, M.J./ Schildbach, T. (Hrsg.), Unternehmensberatung und Wirtschaftsprüfung, Festschrift für Günter Sieben zum 65. Geburtstag, Stuttgart 1998, S. 515–530.

Oser, P./Holzwarth, J. (2011), Kommentierung der §§ 284–288 HGB, in: Küting, P./Pfitzer, N./Weber, C. P. (Hrsg.), Handbuch der Rechnungslegung – Einzelabschluss. Kommentar zur Bilanzierung und Prüfung, 5. Aufl., Loseblatt, Stuttgart 2002 ff.

Oser, P./Orth, C./Wirtz, H. (2014), Neue Vorschriften zur Rechnungslegung und Prüfung durch das Bilanzrichtlinie-Umsetzungsgesetz – Anmerkungen zum Referentenentwurf, in: DB 2014, S. 1877–1884.

Ossadnik, W. (1993), Grundsatz und Interpretation der »Materiality« – Eine Untersuchung zur Auslegung ausgewählter Materiality-Bestimmungen durch die Rechnungslegungspraxis, in: WPg 1993, S. 617–629.

Paterson, R. (2002), Straining Goodwill, in: Accountancy 2002, S. 101.

Paul, S./Stein, S./Kaltofen, D. (2013), Auf die Größe kommt es an: Mittelstandsprivilegien im Rahmen von Basel III und die Auswirkungen auf die Kosten von Unternehmenskrediten, in: DStR 2013, S. 1849–1856.

Pawelzik, K. U. (2008), Unzureichende Eliminierung von Konzernforderungen beim sog. Eigenkapitaltest nach § 4h EStG (Zinsschranke), in: DB 2008, S. 2439–2443.

Pawelzik, K. U. (2009), Kombination von full goodwill und bargain purchase, in: PiR 2009, S. 277–278.

Peemöller, V. H. (2012), Praxishandbuch der Unternehmensbewertung, 5. Aufl., Herne 2012.

Peemöller, V. H./Hofmann, S. (2005), Bilanzskandale. Delikte und Gegenmaßnahmen, Berlin 2005.

Peemöller, V. H./Hüttche, T. (1992), Auswirkungen des D-Markbilanzgesetzes auf die Bilanzanalyse, Düsseldorf 1992.

Peemöller, V. H./Kunowski, S./Hillers, J. (1999), Ermittlung des Kapitalisierungszinssatzes für internationale Mergers & Acquisitions bei Anwendung des Discounted Cashflow-Verfahrens (Entity-Ansatz) – eine empirische Erhebung, in: WPg 1999, S. 621–630.

Pellens, B. (1989), Der Informationswert von Konzernabschlüssen, Wiesbaden 1989.

Pellens, B. et al. (2005), Goodwill Impairment Test – ein empirischer Vergleich der IFRS- und US-GAAP-Bilanzierer im deutschen Prime Standard – Gegenwärtige Praxis und voraussichtliche Auswirkungen, in: BB-Special 2005 (Heft Nr. 39), S. 1–10.

Pellens, B. et al. (2008), IFRS-Bilanzierung verstärkt Gewinnentwicklung, in: DB 2008, S. 137–145.

Pellens, B. et al. (2011), Internationale Rechnungslegung – IFRS 1 bis 9, IAS 1 bis 41, IFRIC-Interpretationen, Standardentwürfe – Mit Beispielen, Aufgaben und Fallstudie, 8. Aufl., Stuttgart 2011.

Pellens, B. et al. (2014), Internationale Rechnungslegung – IFRS 1 bis 13, IAS 1 bis 41, IFRIC-Interpretationen, Standardentwürfe – Mit Beispielen, Aufgaben und Fallstudie, 9. Aufl., Stuttgart 2014.

Pellens, B. et al. (2014a), Risikoberichterstattung über Financial Covenants im europäischen Vergleich, in: KoR 2014, S. 529–538.

PELLENS, B./FÜLBIER, R. U. (2000), Ansätze zur Erfassung der immateriellen Werte in der kapitalmarktorientierten Rechnungslegung, in: Baetge, J. (Hrsg.), Zur Rechnungslegung nach International Accounting Standards, Düsseldorf 2000, S. 35–77.

PELLENS, B./GASSEN, J./STRZYZ, A. (2010), Kommentierung des IAS 33, in: Baetge, J. et al. (Hrsg.), Rechnungslegung nach IFRS – Kommentar auf der Grundlage des deutschen Bilanzrechts, 2. Aufl., Loseblatt, Stuttgart 2002 ff.

PERRIDON, L./STEINER, M./RATHGEBER, A. W. (2012), Finanzwirtschaft der Unternehmung, 16. Aufl., München 2012.

PETERS, H. W. (1987), Kapitalmarkttheorie und Aktienmarktanalyse, Frankfurt a. M. 1987.

PETERSEN, K./ZWIRNER, C. (2008), Die deutsche Rechnungslegung und Prüfung im Umbruch. Veränderte Rahmenbedingungen durch die geplanten Reformen des Bilanzrechtmodernisierungsgesetzes (BilMoG) gemäß dem Gesetzesentwurf der Bundesregierung vom 21.05.2008, in: KoR 2008, Beilage 3 zu Heft 7/8, S. 1–36.

PETERSEN, K./ZWIRNER, C. (2009), Rechnungslegung und Prüfung im Umbruch – Überblick über das neue deutsche Bilanzrecht, Veränderte Rahmenbedingungen durch das verabschiedete Bilanzrechtsmodernisierungsgesetz (BilMoG), in: KoR 2009, Beilage 1 zu Heft 5, S. 1–45.

PFAFF, D. (2013), Kommentierung des § 296 HGB, in: Schmidt, K./Ebke, W. F. (Hrsg.), Münchener Kommentar zum Handelsgesetzbuch, 3. Aufl., München 2013.

PFEIFER, A. (1998), Früherkennung von Unternehmensinsolvenzen auf Basis handelsrechtlicher Jahresabschlüsse – Ein Beitrag zur Entstehung, Anwendung und Weiterentwicklung mathematisch-statistischer Verfahren der Kreditwürdigkeitsprüfung, Frankfurt a. M. 1998.

PFERDEHIRT, H. (2007), Die Leasingbilanzierung nach IFRS – Eine theoretische und empirische Analyse der Reformbestrebungen, Wiesbaden 2007.

PFLEGER, G. (1991), Die neue Praxis der Bilanzpolitik – Strategien und Gestaltungsmöglichkeiten im handels- und steuerrechtlichen Jahresabschluß, 4. Aufl., Freiburg i. Br. 1991.

PFUHL, J. (1991), Die Kapitalflußrechnung als Instrument der Bilanzanalyse (Teil I und II), in: DStR 1991, S. 1638–1643 und S. 1670–1676.

PILTZ, K. (1986), Wertpapieranalyse aus der Sicht der Unternehmen, in: DVFA (Hrsg.), Beiträge zur Wertpapieranalyse 1986, S. 11–13.

PILTZ, K. (1990), Bilanzpolitik heute, in: Busse von Colbe, W./Reinhard, H. (Hrsg.), Erste Erfahrungen mit den neuen Rechnungslegungsvorschriften. Stellungnahmen auf dem Deutschen Betriebswirtschaftertag 1988, Stuttgart 1990, S. 3–19.

PODDIG, T. (1994), Mittelfristige Zinsprognosen mittels KNN und ökonometrischer Verfahren, in: Rehkugler, H./Zimmermann, H. G. (Hrsg.), Neuronale Netze in der Ökonomie, München 1994, S. 209–289.

POGUE, G. A./SOLNIK, B. H. (1974), The Market Model Applied To European Common Stocks: Some Empirical Results, in: JFQA 1974, S. 917–944.

POHMER, D./KROENLEIN, G. (1970), Wertschöpfungsrechnung, betriebliche, in: Kosiol, E. (Hrsg.), Handwörterbuch des Rechnungswesens, Stuttgart 1970, Sp. 1913–1921.

Pope, P. F./Rees, W. P. (1994), International differences in GAAP and the pricing of earnings, in: Choi, F. D. S./Levich, R. M. (Hrsg.), International capital markets in a world of accounting differences, New York 1994, S. 75–107.

Porter, M. E. (2013), Wettbewerbsstrategie (Competitive Strategy): Methoden zur Analyse von Branchen und Konkurrenten, 12. Aufl., Frankfurt a. M. u. a. 2013.

Porter, M. E. (2014), Wettbewerbsvorteile. Spitzenleistungen erreichen und behaupten, 8. Aufl., Frankfurt a. M./New York 2014.

PwC (2002), Understanding IAS – Analysis und Interpretation of International Accounting Standards, 3. Aufl., Kopenhagen 2002.

PwC (2009), Tax Accounting Management – Entwicklungen und Herausforderungen, Frankfurt a. M. 2009.

Pytlik, M. (1995), Diskriminanzanalyse und Künstliche Neuronale Netze zur Klassifizierung von Jahresabschlüssen, Frankfurt a. M. 1995.

Raffournier, B./Walton, P. (2000), Jahresabschlußanalyse im internationalen Kontext, in: Haller, A./Raffournier, B./Walton, P. (Hrsg.), Unternehmenspublizität im internationalen Wettbewerb, Stuttgart 2000, S. 905–952.

Rappaport, A. (1983), Corporate Performance Standards and Shareholder Value, in: JoBS 1983, S. 28–38.

Rappaport, A. (1999), Shareholder Value. Ein Handbuch für Manager und Investoren, 2. Aufl., Stuttgart 1999.

Rautenstrauch, T./Müller, C. (2006), Unternehmens- und Finanzcontrolling in kleinen und mittleren Unternehmen, in: DStR 2006, S. 1616–1623.

Reck, R. (2000), Analyse der Zahlungsfähigkeit am Beispiel der DATEV-Auswertungen, in: BBK 2000, Fach 29, S. 975–980.

Rehkugler, H. (1996), Neuronale Netze in der Ökonomie, in: WiSt 1996, S. 572–576.

Rehkugler, H./Kerling, M. (1995), Einsatz Neuronaler Netze für Analyse- und Prognose-Zwecke, in: BFuP 1995, S. 306–324.

Rehkugler, H./Poddig, T. (1990), Entwicklung leistungsfähiger Prognosesysteme auf Basis Künstlicher Neuronaler Netzwerke am Beispiel des Dollars – Eine Fallstudie, Bamberger Betriebswirtschaftliche Beiträge 76/1990, Universität Bamberg, Bamberg 1990.

Rehkugler, H./Poddig, T. (1998), Bilanzanalyse, 4. Aufl., München/Wien 1998.

Rehkugler, H./Schmidt-von Rhein, A. (1993), Kreditwürdigkeitsanalyse und -prognose für Privatkundenkredite mittels statistischer Methoden und Künstlicher Neuronaler Netze – Eine empirisch-vergleichende Studie, Bamberger Betriebswirtschaftliche Beiträge 93/1993, Universität Bamberg, Bamberg 1993.

Reichmann, T. (2006), Controlling mit Kennzahlen und Managementberichten. Grundlagen einer systemgestützten Controlling-Konzeption, 7. Aufl., München 2006.

Reichmann, T. (2011), Controlling mit Kennzahlen. Die systemgestützte Controlling-Konzeption mit Analyse- und Reportinginstrumenten, 8. Aufl., München 2011.

Reichmann, T./Kißler, M. (2009), Das RL-Konzern-Kennzahlensystem, in: Controlling 2009, S. 205–212.

Reichmann, T./Lachnit, L. (1976), Planung, Steuerung und Kontrolle mit Hilfe von Kennzahlen, in: zfbf 1976, S. 705–723.

REICHMANN, T./LANGE, C. (1980), Kapitalflußrechnung und Wertschöpfungsrechnung als Ergänzungsrechnung des Jahresabschlusses im Rahmen einer gesellschaftsbezogenen Rechnungslegung, in: ZfB 1980, S. 518–542.

REINHART, A. (1998), Die Auswirkungen der Rechnungslegung nach International Accounting Standards auf die erfolgswirtschaftliche Abschlußanalyse von deutschen Jahresabschlüssen, Frankfurt a. M. 1998.

REINHART, A. (1999), Wertschöpfungs- sowie Break-Even-Analyse für Zwecke der externen erfolgswirtschaftlichen Abschlußanalyse nach IAS, in: DStR 1999, S. 211–216.

REUTER, E. (1988), Analyse von Weltabschlüssen nach Bilanzrichtlinien-Gesetz, in: ZfB 1988, S. 285–303.

REUTER, M. (2008), Eigenkapitalausweis im IFRS-Abschluss. Praxis der Berichterstattung, Berlin 2008.

REUTER, M. (2014), Kapitel 17: Eigenkapitaldefinition, -abgrenzung und -ausweis, in: Reuther, F./Fink, C./Heyd, R. (Hrsg.), Full IFRS in Familienunternehmen und Mittelstand – Praxishandbuch, Berlin 2014, S. 387–406 und 893 ff.

RHEINBOLDT, R. (1998), Analyse von Konzernabschlüssen mit Hilfe von Kennzahlen. Die Entwicklung der Ursachenrechnung zur Unterstützung der Urteilsbildung, Lohmar/Köln 1998.

RICHTER, F. (1999), Konzeption eines marktwertorientierten Steuerungs- und Monitoringsystems, 2. Aufl., Frankfurt a. M. u. a. 1999.

RICHTER, F. (2012), Kapitalmarktrelevanz der Konzernsteuerquote, Hamburg 2012.

RICHTER, F. (2014), Sukzessive Erwerbe nach IFRS bei Anwendung der Equity-Methode, in: KoR 2014, S. 289–297.

RICHTER, L./KRUCZYNSKI, M. (2012), Kap. 6: Ausgewählte Bilanzierungsprobleme (E. E-Bilanz), in: Küting, P./Pfitzer, N./Weber, C.-P. (Hrsg.), Handbuch der Rechnungslegung – Einzelabschluss. Kommentar zur Bilanzierung und Prüfung, 5. Aufl., Loseblatt, Stuttgart 2002 ff.

RIEBELL, C. (1999), Die Konzernbilanzanalyse. Die Auswertung in- und ausländischer Konzernabschlüsse im Spiegel von Bilanzrecht und Bilanzpolitik, 2. Aufl., Stuttgart 1999.

RIEBELL, C. (2002), Bilanzanalyse in einer sich wandelnden Welt der Rechnungslegungsgrundsätze, in: Betriebswirtschaftliche Blätter 2002, S. 41–45.

RIEBELL, C. /GRÜN, D. J. (2003), Cashflow, Bewegungsbilanz und Kapitalflussrechnung: Instrumente zur Analyse des Jahresabschlusses, 4. Aufl., Stuttgart 2003.

RIEMER, R. (1987), Bilanz- und Betriebsanalyse: unter Berücksichtigung des Bilanzrichtlinien-Gesetzes, 3. Aufl., Bonn 1987.

ROCKE, R./NELLES, M. (2000), Neuer Markt: Optionaler Anteil bei Unternehmenswerten, in: FB 2000, S. 605–608.

ROLL, R. (1977), A Critique of the Asset Pricing Theory's Tests (Part 1): On Past and Potential Testability of the Theory, in: JoFE 1977, S. 129–176.

ROLL, R./ROSS, S. A. (1984), The Arbitrage Pricing Theory to Strategic Portfolio Planning, in: FAJ 1984, S. 14–26.

ROOS, A./STELTER, D. (1999), Die Komponenten eines integrierten Wertmanagements, in: Controlling 1999, S. 301–308.

ROOS, R./REBIEN, A. (2001), Unternehmensbewertung: Sachgerechte Bestimmung der Eigenkapitalkosten nach der Steuerreform, in: FB 2001, S. 176–180.

ROSENBERG, B./RUDD, A. (1992), The Corporate Uses of Beta, in: Stern, J. M./ Chew, D. H. Jr. (Hrsg.), The Revolution in Corporate Finance, 2. Aufl., Oxford 1992, S. 78–88.

ROSENBERG, B./RUDD, A. (2003), The Corporate Uses of Beta, in: Stern, J. M./ Chew, D. H. Jr. (Hrsg.), The Revolution in Corporate Finance, 4. Aufl., Oxford 2003, S. 78–88.

RÖSLER, J. (1986), Bilanzanalyse durch den Vergleich von projizierten und realisierten Jahresabschlüssen: Eine empirische Untersuchung über Projektionstechniken in der Bilanzauswertung und ihre Einsatzmöglichkeiten, Kiel 1986.

RÖSLER, J. (1988), Die Entwicklung der statistischen Insolvenzdiagnose, in: Hauschildt, J. (Hrsg.), Krisendiagnose durch Bilanzanalyse, Köln 1988, S. 102–114.

ROSS, S. A. (1976), The Arbitrage Theory of Capital Asset Pricing, in: JoET 1976, S. 341–360.

RÜCKLE, D. (1984), Externe Prognosen und Prognoseprüfung, in: DB 1984, S. 57–69.

RÜCKLE, D. (1986), Finanzlage, in: Leffson, U./Rückle, D./Großfeld, B. (Hrsg.), Handwörterbuch unbestimmter Rechtsbegriffe im Bilanzrecht des HGB, Köln 1986, S. 168–184.

RUHNKE, K./SCHMIDT, S./SEIDEL, T. (2005), Ergebnisneutrale oder ergebniswirksame Auflösung zuvor ergebnisneutral gebildeter latenter Steuern nach IFRS?, in: KoR 2005, S. 82–88.

RÜSEN, T. A. (2009), Krisen und Krisenmanagement in Familienunternehmen, Wiesbaden 2009.

RUSS, W. (1986), Der Anhang als dritter Teil des Jahresabschlusses. Eine Analyse der bisherigen und der zukünftigen Erläuterungsvorschriften für die Aktiengesellschaft, 2. Aufl., Bergisch Gladbach 1986.

SACH, A. (1995), Kapitalkosten der Unternehmung und ihre Einflußfaktoren, Aachen 1995.

SANDDORF-KÖHLE, W. (1996), Prozesse mit autoregressiver bedingter Heteroskedastie. Empirische Ergebnisse für Wechselkurszeitreihen, Münster 1996.

SANDIG, C. (1970), Bilanzpolitik, in: Kosiol, E. (Hrsg.), Handwörterbuch des Rechnungswesens, Stuttgart 1970, Sp. 231–238.

SANDIG, C. (1976), Finanzierung mit Fremdkapital, in: Büschgen, H. E. (Hrsg.), Handwörterbuch der Finanzwirtschaft, Stuttgart 1976, Sp. 646–658.

SAP AG (2014), Geschäftsbericht 2013, Walldorf 2014.

SCHÄR, J. (1923), Allgemeine Betriebswirtschaftslehre, 5. Aufl., Leipzig 1923.

SCHEDLBAUER, H. (1978), Bilanzanalyse in der Praxis, in: DB 1978, S. 2425–2430.

SCHEDLBAUER, H. (1990), Erfolgsbereinigung um stille Reserven, in: Coenenberg, A. G. (Hrsg.), Bilanzanalyse nach neuem Recht, 2. Aufl., Landsberg a. L. 1990, S. 135–152.

SCHEFFLER, E. (1993), Bilanzen als Prognose- und Steuerungsinstrument, in: DStR 1993, S. 1569–1574.

SCHEFFLER, E. (2005), Konzernmanagement. Betriebswirtschaftliche und rechtliche Grundlagen der Konzernführungspraxis, 2. Aufl., München 2005.

SCHELD, G. A. (1994), Konzernbilanzpolitik. Quantitative Wirkungen der Konzernabschlussparameter auf die Konzernbilanzstruktur und das Konzernergebnis, Frankfurt a. M. 1994.

SCHELLBERG, B. (2001), Die cash-burn rate, in: FB 2001, S. 184–191.

Schenk, H. (1939), Die Betriebskennzahlen. Begriff, Ordnung und Bedeutung für die Betriebsbeurteilung, Leipzig 1939.

Scheren, M. (1993), Konzernabschlußpolitik. Möglichkeiten und Grenzen einer zielorientierten Gestaltung von Konzernabschlüssen, Stuttgart 1993.

Scheren, M. (1998), Möglichkeiten und Grenzen der Konzernbilanzpolitik (Kap. 1, Art. 5), in: Küting, K./Weber, C.-P. (Hrsg.), Handbuch der Konzernrechnungslegung. Kommentar zur Bilanzierung und Prüfung, 2. Aufl., Stuttgart 1998.

Scheren, M./Scheren, T. (2014), Der Geschäfts- oder Firmenwert nach IFRS – Plädoyer für eine typisierte planmäßige Abschreibung, in: WPg 2014, S. 86–93.

Schewe, G./Leker, J. (2000), Statistische Insolvenzdiagnose: Diskriminanzanalyse versus logistische Regression, in: Hauschildt, J./Leker, J. (Hrsg.), Krisendiagnose durch Bilanzanalyse, 2. Aufl., Köln 2000, S. 168–178.

Schildbach, T. (1998), Latente Steuern auf permanente Differenzen und andere Kuriositäten – Ein Blick in das gelobte Land jenseits der Maßgeblichkeit, in: WPg 1998, S. 939–947.

Schildbach, T. (1999), Zeitbewertung, Gewinnkonzeptionen und Informationsgehalt – Stellungnahme zu »Financial Assets and Liabilities – Fair Value or Historical Cost?«, in: WPg 1999, S. 177–185.

Schildbach, T. (1999a), Externe Rechnungslegung und Kongruenz. Ursache für die Unterlegenheit deutscher verglichen mit angelsächsischer Bilanzierung?, in: DB 1999, S. 1813–1820.

Schildbach, T. (2000), Ein fast problemloses DCf-Verfahren zur Unternehmensbewertung, in: zfbf 2000, S. 707–723.

Schlarmann, B. (2011), Steuerliche Überleitungsrechnung und Konzernsteuerquote in der ökonomischen Analyse, Baden-Baden 2011.

Schmidt, C. (2014), Grundfragen zur abstrakten Aktivierungsfähigkeit selbst geschaffener immaterieller Vermögensgegenstände des Anlagevermögens, in: DB 2014, S. 1273–1276.

Schmidt, F. (1979), Bilanzpolitik deutscher Aktiengesellschaften, Wiesbaden 1979.

Schmidt, M. (2005), Rechnungslegung von Finanzinstrumenten. Abbildungskonzeptionen aus Sicht der Bilanztheorie, der empirischen Kapitalmarktforschung und der Abschlussprüfung, Wiesbaden 2005.

Schmidt, R. (1981), Diagnose von Unternehmensentwicklungen auf Basis computerunterstützter Inhaltsanalyse, in: Bratschitsch, R./Schnellinger, W. (Hrsg.), Unternehmenskrisen – Ursachen, Frühwarnung, Bewältigung, Stuttgart 1981, S. 355–379.

Schmidt, R. (1990), Rating börsennotierter Unternehmen, in: Gehrke, W. (Hrsg.), Anleger an die Börse, Berlin u. a. 1990, S. 55–88.

Schmidt, R. (1991), Handbuch »Manager Magazin 500 – Unternehmenstest Deutschland 1991«, Hamburg 1991.

Schmidt, R./Wilhelm, W. (1987), Rendite – Sicherheit – Wachstum, 300 Börsengesellschaften unter der Lupe, in: Manager Magazin 11/1987, S. 233–265.

Schneider, D. (1985), Eine Warnung vor Frühwarnsystemen, in: DB 1985, S. 1489–1494.

Schneider, D. (1989), Erste Schritte zu einer Theorie der Bilanzanalyse, in: WPg 1989, S. 633–642.

Schneider, D. (1992), Investition, Finanzierung und Besteuerung, 7. Aufl., Wiesbaden 1992.

Schneiderman, A. M. (1999), Why Balanced Scorecards Fail, in: JoSPM 1999, S. 6–11.

Schnettler, A. (1960), Betriebsanalyse, 2. Aufl., Stuttgart 1960.

Schnettler, A. (1961), Betriebsvergleich, 3. Aufl., Stuttgart 1961.

Schöneburg, E./Hansen, N./Gawelczyk, A. (1992), Neuronale Netzwerke, 3. Aufl., Haar 1992.

Schubel, C. (2000), Bericht über die Diskussion über den Beitrag Gesellschafter-, Gläubiger- und Anlegerschutz im Europäischen Bilanzrecht von Prof. Dr. Wolfgang Schön, in: ZGR 2000, S. 743–747.

Schubert, W. J./Gadek, S. (2014), (Teil-)Kommentierung des § 255 HGB, in: Förschle, G. et al. (Hrsg.), Beck'scher Bilanz-Kommentar. Handels- und Steuerbilanz – §§ 238 bis 339, 342 bis 342e HGB mit IFRS-Abweichungen, 9. Aufl., München 2014.

Schubert, W./Küting, K. (1981), Unternehmungszusammenschlüsse, München 1981.

Schulte, K.-W. (1986), Inhalt und Gliederung des Anhangs, in: BB 1986, S. 1468–1480.

Schulz, S. (2008), Zinsschranke und IFRS – Geklärte, ungeklärte und neue Fragen nach dem Anwendungserlass vom 04.07.2008, in: DB 2008, S. 2043–2051.

Schulz-Merin, O. (1956), Betriebswirtschaftliche Kennzahlen, in: Steinbring, W./Schnaufer, E./Rode, G. (Hrsg.), Taschenbuch für den Betriebswirt, Berlin/Stuttgart 1956, S. 95–112.

Schulze Osthoff, H.-J. (2013), § 14. Übrige Schulden, in: Bohl, W./Riese, J./Schlüter, J. (Hrsg.), Beck'sches IFRS-Handbuch, 4. Aufl., München 2013, Rn. 1–164.

Schürmann, C. (2014), Völlig losgelöst: Wie DAX-Unternehmen ihre Bilanzen aufpumpen, in: WiWo, Nr. 37 vom 08.09.2014, S. 104–115.

Schuster, T. (2013), Eigenkapitalrichtlinie und Eigenkapitalverordnung der EU – Überblick und kritische Würdigung, in: Kreditwesen 2013, S. 683–686.

Schütte-Biastoch, S. (2011), Unternehmensbewertung von KMU. Eine Analyse unter besonderer Berücksichtigung dominierter Bewertungsanlässe, Wiesbaden 2011.

Schweitzer, M./Trossmann, E. (1998), Break-even-Analysen, Methodik und Einsatz, 2. Aufl., Berlin 1998.

Schwetzler, B. (2000), Kapitalkosten, in: Fischer, T. M. (Hrsg.), Kosten-Controlling: Neue Methoden und Inhalte, Stuttgart 2000, S. 81–107.

Schwetzler, B./Darijtschuk, N. (1999), Unternehmensbewertung mit Hilfe der DCF-Methode – eine Anmerkung zum »Zirkularitätsproblem«, in: ZfB 1999, S. 295–318.

Sebastian, K.-H./Olbrich, M. (2000), Goldgrube oder Faß ohne Boden? Die Market Due Diligence bei Internet-Unternehmen, in: ConVent (Hrsg.), Venture Capital 2001, Jahrbuch für Beteiligungsfinanzierung, Frankfurt a. M. 2000, S. 72–75.

SEC (1998), A Plain English Handbook – How to create clear SEC disclosure documents, Washington 1998, abrufbar unter: http://www.sec.gov/pdf/handbook.pdf.

SEC (2014), Staff Observations from Review of Interactive Data Financial Statements, Washington 2014, abrufbar unter: http://www.sec.gov/spotlight/xbrl/staff-review-observations.shtml.

SEEL, C. (2013), Joint Ventures in der Konzernrechnungslegung nach IFRS und HGB – Organisation, bilanzrechtliche Abgrenzung und Abbildung, Berlin 2013.

SEICHT, G. (1970), Die kapitaltheoretische Bilanz und die Entwicklung der Bilanztheorien, Berlin 1970.

SEICHT, G. (1986), Stille Rücklagen I – allgemein, in: Leffson, U./Rückle, D./Großfeld, B. (Hrsg.), Handwörterbuch unbestimmter Rechtsbegriffe im Bilanzrecht des HGB, Köln 1986, S. 281–286.

SEILER, C. (2014), Kommentierung des § 4h EStG, in: Kirchhof, P. (Hrsg.), Einkommensteuergesetz – Kommentar, 13. Aufl., Köln 2014.

SELCHERT, F.W. (1987), Der Anhang als Instrument der Informationspolitik, Stuttgart 1987.

SELCHERT, F.W./KARSTEN, J. (1989), Konzernabschlusspolitik und Konzerneinheitlichkeit – Gestaltungsmöglichkeiten der Rechnungslegung im Konzernabschluß, in: DB 1989, S. 837–843.

SELLHORN, T. (2000), Ansätze zur bilanziellen Behandlung des Goodwill im Rahmen einer kapitalmarktorientierten Rechnungslegung, in: DB 2000, S. 885–892.

SELLHORN, T./HAHN, S./MÜLLER, M. (2011), Zur Darstellung des Other Comprehensive Income nach IAS 1 (rev. 2011), in: WPg 2011, S. 1013–1016.

SELLHORN, T./HOMBACH, K./STIER, C. (2014), Strategische Finanzberichterstattung durch Pro forma-Kennzahlen und Finanzgrafiken – Herausforderungen für die Abschlussanalyse, Düsseldorf 2014.

SENGER, T./EWELT-KNAUER, C./HOEHNE, F. (2012), Statuswahrende Aufstockung und Abstockung von Anteilen an Tochterunternehmen im HGB-Konzernabschluss, in: WPg 2012, S. 83–90.

SERFLING, K./GROSSKOPFF, A. (1996), Finanzanalyse mit Hilfe von Kapitalflußrechnungen (Teil I), in: BBK 1996, Fach 30, S. 1227–1236.

SERFLING, K./MARX, M. (1990), Capital Asset Pricing-Modell, Kapitalkosten und Investitionsentscheidungen (Teil I), in: WISU 1990, S. 364–369.

SERG, O. (2006), Optimierung der Konzernsteuerquote durch internationale Funktionsverlagerungen, Lohmar/Köln 2006.

SHALIT, H./YITZHAKI, S. (2002), Estimating Beta, in: RQFA 2002, S. 95–118.

SHLEIFER, A. (2000), Inefficient Markets, Oxford 2000.

SIEBEN, G./BARION, H.-J./MALTRY, H. (1993), Bilanzpolitik, in: Chmielewicz, K./Schweitzer, M. (Hrsg.), Handwörterbuch des Rechnungswesens, 3. Aufl., Stuttgart 1993, Sp. 229–239.

SIEGEL, T. (1986), Wahlrecht, in: Leffson, U./Rückle, D./Großfeld, B. (Hrsg.), Handwörterbuch unbestimmter Rechtsbegriffe im Bilanzrecht des HGB, Köln 1986, S. 417–427.

SIENER, F. (1991), Der Cash-Flow als Instrument der Bilanzanalyse. Praktische Bedeutung für die Beurteilung von Einzel- und Konzernabschluß, Stuttgart 1991.

SIENER, F. (1998), Kapitalflußrechnungen von Industrieunternehmen, in: Wysocki, K. v. (Hrsg.), Kapitalflußrechnung, Stuttgart 1998, S. 37–157.

Sigle, H. (1998), Kommentierung des § 310 HGB, in: Küting, K./Weber, C.-P. (Hrsg.), Handbuch der Konzernrechnungslegung. Kommentar zur Bilanzierung und Prüfung, 2. Aufl., Stuttgart 1998.

Sorg, P. (1988), Die voraussichtliche Entwicklung der Kapitalgesellschaft – Anmerkungen zu Form und Inhalt der Angaben im Lagebericht, in: WPg 1988, S. 381–389.

Spengel, C. (2005), Einflussfaktoren und Möglichkeiten zur Optimierung der Konzernsteuerquote – Ein internationaler Vergleich, in: Brandt, W./Picot, A. (Hrsg.), Unternehmungserfolg im internationalen Wettbewerb: Strategie – Steuerung – Struktur, Tagungsband des 58. Deutschen Betriebswirtschafter-Tages 2004, Stuttgart 2005, S. 175–208.

Spengel, C./Evers, M. T./Meier, I. (2015), Ausweis latenter Steuern im Jahresabschluss deutscher Kapitalgesellschaften – Empirische Erkenntnisse und Reformüberlegungen, in: DB 2015, S. 7–12.

Spengler, M. (2001), XML-Spezifikationen für die Finanzmärkte, in: FB 2001, S. 687–691.

Staehle, W. (1975), Das Du Pont-System und verwandte Konzepte der Unternehmenskontrolle, in: Böcker, F./Dichtl, E. (Hrsg.), Erfolgskontrolle im Marketing, Berlin 1975, S. 317–336.

Staks, H. (1988), Konzernbilanzpolitik im Übergang zum neuen Bilanzrecht, in: BFuP 1988, S. 325–337.

Statistisches Bundesamt (1995), Volkswirtschaftliche Gesamtrechnungen, Hauptbericht 1994, Fachserie 18, Reihe 1.3, Konten und Standardtabellen, Wiesbaden 1995.

Stehle, R. (2004), Die Festlegung der Risikoprämie von Aktien im Rahmen der Schätzung des Wertes von börsennotierten Kapitalgesellschaften, in: WPg 2004, S. 906–927.

Steiner, M. (1982), Formeln und Kennzahlen der betrieblichen Finanzwirtschaft, in: WiSt 1982, S. 471–476.

Steiner, M./Bruns, C./Stöckl, S. (2012), Wertpapiermanagement, 10. Aufl., Stuttgart 2010.

Steiner, M./Kleeberg, J. (1991), Zum Problem der Indexauswahl im Rahmen der wissenschaftlich-empirischen Anwendung des Capital Asset Pricing Model, in: DBW 1991, S. 171–182.

Steiner, M./Nowak, T. (1994), Zur Bestimmung von Risikofaktoren am deutschen Aktienmarkt auf Basis der Arbitrage Pricing Theory, in: DBW 1994, S. 347–362.

Steinke, K.-H./Beißel, J. (2004), Der CVA als wertorientierte Spitzenkennzahl im Lufthansa-Konzern, in: Weber, J. (Hrsg.), Unternehmenssteuerung. Konzepte – Implementierung – Praxisstatements, Wiesbaden 2004, S. 117–125.

Stelter, D. (1999), Wertorientierte Anreizsysteme, in: Bühler, W./Siegert, T. (Hrsg.), Unternehmenssteuerung und Anreizsysteme, Stuttgart 1999, S. 207–241.

Stewart, G. B. (1991), The Quest for Value: A Guide for Senior Managers, New York 1991.

Strobel, A. (1953), Die Liquidität, 2. Aufl., Stuttgart 1953.

Stützel, W. (1967), Bemerkungen zur Bilanztheorie, in: ZfB 1967, S. 314–340.

Sure, M./Haselgruber, B. (1999), Balanced Scorecard – ein strategisches Instrument zur Unternehmenssteuerung, in: FB/IE 1999, S. 4–7.

Sureth, C./Halberstadt, A./Bischoff, D. (2009), Der Einfluss von Internationalisierung, Vermögens- und Kapitalstruktur auf die Konzernsteuerquote im Branchenvergleich – Eine empirische Analyse, in: StuW 2009, S. 50–62.

Swenson, C. W. (1999), Increasing Stock Market Value by Reducing Effective Tax Rates, in: Tax Notes 1999, S. 1503–1505.

Teitler-Feinberg, E. (2002), Pro Forma Statements – Notwendigkeit oder Beschönigung?, in: ST 2002, S. 191–192.

Theisen, M. R. (2000), Der Konzern. Betriebswirtschaftliche und rechtliche Grundlagen der Konzernunternehmung, 2. Aufl., Stuttgart 2000.

Thiel, D./Koll, S. (2011), Basel III – Chance oder Risiko für die Leasing-Branche, in: FLF 2011, S. 161–166.

Thiel, H. (1974), Einführung in die Linguistik, Frankfurt a. M./Berlin/München 1974.

Thomas, K. (1983), Erkenntnisse aus dem Jahresabschluß für die Bonität von Wirtschaftsunternehmen, in: Baetge, J. (Hrsg.), Der Jahresabschluß im Widerstreit der Interessen, Düsseldorf 1983, S. 69–84.

Thormann, B. (2014), »Everlasting« Goodwill: Ist die bilanzierte Nachhaltigkeit des Firmenwerts glaubwürdig?, in: BB 2014, Heft 13, S. I.

Tietz, B. (1993), Marketing, 3. Aufl., Düsseldorf 1993.

Treuarbeit (1990), Jahres- und Konzernabschlüsse. Ergebnisse einer Untersuchung von 100 großen Kapitalgesellschaften und Konzernen, Düsseldorf 1990.

Treuarbeit (1990a), Konzernabschlüsse '89, – Ausweis, Gestaltung, Berichterstattung. Ergebnisse einer Untersuchung von 100 großen Konzernen, Düsseldorf 1990.

Türr, H. (2010), Risikoberichterstattung von Banken, Vortrag vom 27.01.2010 anlässlich des zentralen Forschungskolloquiums zum Dienstleistungsmanagement des Instituts für Betriebswirtschaftslehre der Universität Rostock, Rostock 2010.

UNCTAD (1995), International Accounting and Reporting Issues 1994 Review (UNCTAD/CTCI/12), New York/Genf 1995.

VEBA (2000), Geschäftsbericht 1999, Düsseldorf 2000.

Vellmann, K. (1989), RoI-Kennzahlensysteme im Konzern, in: Küting, K./Weber, C.-P. (Hrsg.), Handbuch der Konzernrechnungslegung. Kommentar zur Bilanzierung und Prüfung, Stuttgart 1989, S. 327–427.

Verband der Chemischen Industrie (1991), Cashflow und Finanzierungsrechnungen unter besonderer Berücksichtigung des Konzernabschlusses, Heft 198 der Schriftenreihe des Betriebswirtschaftlichen Ausschusses und Finanzausschusses, Frankfurt a. M. 1991.

Verband der Chemischen Industrie (1994), Cashflow und Finanzierungsrechnungen unter besonderer Berücksichtigung des Konzernabschlusses, Heft 198 der Schriftenreihe des Betriebswirtschaftlichen Ausschusses und Finanzausschusses, 2. Aufl., Frankfurt a. M. 1994.

Verhoeven, A. (2011), Die Konzerninsolvenz. Eine Lanze für ein modernes Insolvenzrecht, Köln 2011.

Vincenti, A./Pilger, B. (2014), Prozyklizität in den Baseler Eigenkapitalvorschriften – Bestandsaufnahme und Ausblick, in: CF 2014, S. 88–100.

Vogler, G./Mattes, H. (1976), Theorie und Praxis der Bilanzanalyse, 2. Aufl., Berlin 1976.

Volk, G. (1988), Möglichkeiten zur erfolgsneutralen Beeinflussung des Betriebsgrößenmerkmals »Bilanzsumme«, in: DStR 1988, S. 380–385.

Volk, G. (2000), Zur Bewertung von Unternehmen der New Economy, in: StuB 2000, S. 870–875.

Volkswagen AG (2014), Geschäftsbericht 2013, Wolfsburg 2014.

Volpert, V. (1989), Kapitalwert und Ertragsteuern. Die Bedeutung der Finanzierungsprämisse für die Investitionsrechnung, Wiesbaden 1989.

Wagenhofer, A. (2003), Economic Consequences of Internet Financial Reporting, in: SBR 2003, S. 262–279.

Wagenhofer, A. (2006), Fair-Value-Bewertung im IFRS-Abschluss und Bilanzanalyse, in: IRZ 2006, S. 31–36.

Wagenhofer, A. (2009), Internationale Rechnungslegungsstandards IAS/IFRS, 6. Aufl., München 2009.

Wagner, J. (1985), Die Aussagefähigkeit von Cash-flow-Ziffern für die Beurteilung der finanziellen Lage einer Unternehmung (Teil I und II), in: DB 1985, S. 1601–1607 und S. 1649–1653.

Walb, H.-H. (1938), Der Geschäftsbericht der Aktiengesellschaft, Halle/Saale 1938.

Waschbusch, G. et al. (2013), Kommentierung des § 255 HGB, in: Bertram, B. et. al. (Hrsg.), Haufe HGB Bilanz Kommentar, 4. Aufl., Freiburg i. Br. 2013.

Waschbusch, G./Krämer, G./Rolle, A. (2011), Leverage Ratio – Konzeption einer risikoungewichteten Höchstverschuldungsquote für Banken, in: Grieser, S.G./Heemann, M. (Hrsg.), Bankenaufsicht nach der Finanzmarktkrise, Frankfurt a.M. 2011, S. 139–169.

Waschbusch, G./Loewens, J. (2013), Monofunktionalität der IFRS zwischen Theorie und Praxis, in: KoR 2013, S. 252–255.

Waschbusch, G./Staub, N./Luck, P. (2012), Basel III – Gefährdung der Mittelstandsfinanzierung?!, in: CF law 2012, S. 191–202.

Weber, C.-P. (1991), Praxis der Kapitalkonsolidierung im internationalen Vergleich, Stuttgart 1991.

Weber, C.-P. et al. (2014), Die bilanzielle Abbildung von gemeinschaftlichen Tätigkeiten bei divergierenden Quoten – ein lösbares Problem?, in: KoR 2014, S. 241–248.

Weber, C.-P./Küting, P./Eichenlaub, R. (2014), Zweifelsfragen im Rahmen der Beurteilung des Vorliegens von Insolvenzeröffnungsgründen – Zugleich Anmerkungen zu IDW ES 11, in: GmbHR 2014, S. 1009–1018.

Weber, H.K. (1980), Wertschöpfungsrechnung, Stuttgart 1980.

Weber, H.K. (1999), Die Wertschöpfungsrechnung auf der Grundlage des Jahresabschlusses, in: Wysocki, K. v. et al. (Hrsg.), Handbuch des Jahresabschlusses – Rechnungslegung nach HGB und internationalen Standards, Abt. IV/7, Loseblatt, Köln 1984 ff.

Weber, H.K./Rogler, S. (2004), Betriebswirtschaftliches Rechnungswesen (Bd. 1): Bilanz sowie Gewinn- und Verlustrechnung, 5. Aufl., München 2004.

Weber, J./Schäffer, U. (1998), Balanced Scorecard – Gedanken zur Einordnung des Konzepts in das bisherige Controlling-Instrumentarium, in: ZfP 1998, S. 341–365.

Weber, M. et al. (2000), Behavioral Finance – Conceptual Ideas, in: FB 2000, S. 311–318.

WEBER, M./KRAHNEN, J./WEBER, A. (1995), Scoring-Verfahren – häufige Anwendungsfehler und ihre Vermeidung, in: DB 1995, S. 1621–1626.

WEDELL, H. (1976), Die Wertschöpfung als Maßgröße für die Leistungskraft eines Unternehmens, in: DB 1976, S. 205–213.

WEETMAN, P./GRAY, S. J. (1991), International financial analysis and Comparative corporate performance: The impact of U. K. versus U. S. accounting Principles on earnings, in: JoIFMA 1991, S. 111–130.

WEILENMANN, P. (1992), Kapitalflussrechnung in der Praxis, 2. Aufl., Zürich 1992.

WEISS, H.-J. (2000), Integrierte Konzernsteuerung – Das Managementinstrumentarium zur Optimierung mittel- und langfristiger Stakeholderinteressen, in: Küting, K./Weber, C.-P. (Hrsg.), Wertorientierte Konzernführung, Stuttgart 2000, S. 203–234.

WEISS, H.-J./HEIDEN, M. (2001), Investor Relations online – Wie Unternehmen mit der »Financial Community« kommunizieren. Mit Beispielen aus der Praxis, in: Hinterhuber, H. H./Stahl, H. K. (Hrsg.), Fallen die Unternehmensgrenzen? – Beiträge zur Außenorientierung der Unternehmensführung, Renningen 2001, S. 144–163.

WEIßENBERGER, B. E. (2006), Controller und IFRS – Konsequenzen für die Controlleraufgaben durch die Finanzberichterstattung nach IFRS, Freiburg i. Br. 2006.

WEIßENBERGER, B. E. (2011), IFRS für Controller – Einführung, Anwendung, Fallbeispiele, 2. Aufl., Freiburg i. Br. u. a. 2011.

WELLING, M./LEWANG, K. (2011), Die bilanzielle Behandlung des passiven Unterschiedsbetrags nach BilMoG, in: DB 2011, S. 2737.

WENZEL, B. (1978), Die Aussagekraft der Wertschöpfungsrechnung in der Sozialbilanz, in: Personal 1978, S. 130–133.

WERNER, T./PADBERG, T./KRIETE, T. (2005), IFRS-Bilanzanalyse, Stuttgart 2005.

WERNER, U. (1990), Die Berücksichtigung nichtnumerischer Daten im Rahmen der Bilanzanalyse, in: WPg 1990, S. 369–376.

WERNER, U. (1990a), Die Analyse des Lageberichts als Instrument empirischer Zielforschung, in: zfbf 1990, S. 1014–1035.

WILDEN, P. (2014), § 2. Praxisorientierte Verfahren zur Früherkennung von Unternehmenskrisen und Insolvenzgefahren, in: Buth, A. K./Hermanns, M. (Hrsg.), Restrukturierung, Sanierung, Insolvenz, 4. Aufl., München 2014.

WILKENS, M./BAULE, R./ENTROP, O. (2001), Basel II – Berücksichtigung von Diversifikationseffekten im Kreditportfolio durch das Granularity Adjustment, in: Kreditwesen 2001, S. 670–676.

WILLIAMS, J. B. (1939), The Theory of Investment Value, Harvard Business Press, Cambridge 1939.

WILLIS, D. (1998), Financial Assets and Liabilities – Fair Value or Historical Cost?, in: WPg 1998, S. 854–860.

WINKELJOHANN, N./LEWE, S. (2014), Kommentierung des § 312 HGB, in: Förschle, G. et al. (Hrsg.), Beck'scher Bilanz-Kommentar. Handels- und Steuerbilanz – §§ 238 bis 339, 342 bis 342e HGB mit IFRS-Abweichungen, 9. Aufl., München 2014.

WIRTH, J. (2005), Firmenwertbilanzierung nach IFRS, Stuttgart 2005.

Wirth, J. (2009), Die Bilanzierung von sukzessiven Anteilserwerben nach Control-Erlangung unter Geltung von business combinations Phase II – Ein Informatonsgewinn für den Konzernabschluss?, in: Weber, C.-P. et al. (Hrsg.), Berichterstattung für den Kapitalmarkt, Festschrift für Karlheinz Küting zum 65. Geburtstag, Stuttgart 2009, S. 369–401.

Wirth, J. (2012), Bilanzierung von Gemeinschaftsunternehmen nach IFRS 11 – unter besonderer Berücksichtigung der Übergangsmodalitäten, in: Küting, K./ Pfitzer, N./Weber, C.-P. (Hrsg.), Brennpunkte der Bilanzierungspraxis nach IFRS und HGB, Stuttgart 2012, S. 37–58.

Witte, E. (1981), Die Unternehmenskrise: Anfang vom Ende oder Neubeginn?, in: Bratschitsch, R./Schnellinger, W. (Hrsg.), Unternehmenskrisen – Ursachen, Frühwarnung, Bewältigung, Stuttgart 1981, S. 7–24.

Wöhe, G. (1980), Zur Bilanzierung und Bewertung des Firmenwerts, in: StuW 1980, S. 89–108.

Wöhe, G. (1985), Möglichkeiten und Grenzen der Bilanzpolitik im geltenden und im neuen Bilanzrecht (Teil I und II), in: DStR 1985, S. 715–721 und S. 754–761.

Wöhe, G. (1997), Bilanzierung und Bilanzpolitik, 9. Aufl., München 1997.

Wöhe, G. (2008), Einführung in die Allgemeine Betriebswirtschaftslehre, 23. Aufl., München 2008.

Wöhe, G. et al. (2013), Grundzüge der Unternehmensfinanzierung, 11. Aufl., München 2013.

Wöhe, G./Döring, U. (2013), Einführung in die Allgemeine Betriebswirtschaftslehre, 25. Aufl., München 2013.

Wohlgemuth, F. (2007), IFRS: Bilanzpolitik und Bilanzanalyse – Gestaltung und Vergleichbarkeit von Jahresabschlüssen, Berlin 2007.

Wolf, K. (2002), Potenziale derzeitiger Risikomanagementsysteme, in: DStR 2002, S. 1729–1733.

WP-Handbuch (2000), IDW (Hrsg.), Wirtschaftsprüfung, Rechnungslegung, Beratung, Bd. I, 12. Aufl., Düsseldorf 2000.

WP-Handbuch (2012), IDW (Hrsg.), Wirtschaftsprüfung, Rechnungslegung, Beratung, Bd. I, 14. Aufl., Düsseldorf 2012.

WP-Handbuch (2014), IDW (Hrsg.), Wirtschaftsprüfung, Rechnungslegung, Beratung, Bd. II, 14. Aufl., Düsseldorf 2014.

Wulf, I. (2009), Bilanzierung des Goodwill nach IFRS 3 und IAS 36 unter Berücksichtigung bilanzpolitischer Gestaltungsmöglichkeiten beim Goodwill-Impairment, in: KoR 2009, S. 729–736.

Wüstemann, J./Küting, P. (2011), Kommentierung des § 315a HGB – Sechster Abschnitt des IFRS-Anhangs zur konsolidierten Rechnungslegung, in: Canaris, C.-W./Habersack, M./Schäfer, C. (Hrsg.), Staub – Großkommentar zum Handelsgesetzbuch (Bd. VI), 5. Aufl., Berlin/New York 2011, S. 881–906 (B. Formelle und materielle Voraussetzungen der Konsolidierung).

Wüstemann, J./Küting, P. (2011a), Kommentierung des § 315a HGB – Sechster Abschnitt des IFRS-Anhangs zur konsolidierten Rechnungslegung, in: Canaris, C.-W./Habersack, M./Schäfer, C. (Hrsg.), Staub – Großkommentar zum Handelsgesetzbuch (Bd. VI), 5. Aufl., Berlin/New York 2011, S. 907–1005 (C. Konsolidierungsmaßnahmen).

Wysocki, K. v. (1981), Sozialbilanzen, Stuttgart/New York 1981.

XBRL International Inc. (2005), Financial Reporting Taxonomies Architecture 1.0, Clark 2005.

XBRL International Inc. (2014), XBRL Basics, Clark 2014.

XBRL International Inc. (2014a), Table Linkbase 1.0, Clark 2014.

Zell, A. (2000), Simulation Neuronaler Netze, München 2000.

Zentes, J./Swoboda, B. (2001), Grundbegriffe des Marketing, 5. Aufl., Stuttgart 2001.

Zeyer, F. (2011), Auswirkungen der geplanten internationalen Leasingbilanzierung auf Kennzahlen und Financial Covenants, in: BB 2011, S. 363–367.

Zimmermann, P. (1997), Schätzung und Prognose von Betawerten: eine Untersuchung am deutschen Aktienmarkt, Bad Soden/Ts. 1997.

Ziolkowski, U. (1990), Erfolgsspaltung: Aussagefähigkeit und Grenzen, in: Coenenberg, A. G. (Hrsg.), Bilanzanalyse nach neuem Recht, 2. Aufl., Landsberg a. L. 1990, S. 153–188.

Zöller, M. (2006), Begriff der Krise und Begriffsabgrenzung, in: Blöse, J./Kihm, A. (Hrsg.), Unternehmenskrisen, Berlin 2006, S. 17–31.

Zülch, H. (2004), Das IASB Improvement Project – Wesentliche Neuerungen und ihre Würdigung, in: KoR 2004, S. 153–167.

Zülch, H./Erdmann, M.-K./Gebhardt, R. (2007), Goodwill – Erwerbsmethode und Impairmenttest, in: Freidank, C.-C./Peemöller, V. H. (Hrsg.), Corporate Governance und Interne Revision, Berlin 2007, S. 385–406.

Zülch, H./Fischer, D. (2007), Neukonzeption des Performance Reporting in der IASB-Rechnungslegung – kritische Würdigung aktueller Entwicklungen vor dem Hintergrund bestehender Mängel und Inkonsistenzen, in: Heyd, R./Keitz, I. v. (Hrsg.), IFRS-Management, München 2007, S. 93–110.

Zülch, H./Höltken, M. (2014), Aktuelle Erkenntnisse im Zusammenhang mit der Gewinnkonzeption nach IFRS, in: Küting, P./Pfitzer, N./Weber, C.-P. (Hrsg.), Rechnungslegung im Spannungsfeld von Kosten-Nutzen-Überlegungen, Stuttgart 2014, S. 301–320.

Zülch, H./Löw, E. (2008), IFRS und HGB in der Praxis, abrufbar unter: http://www.kpmg.de/docs/IFRS_und_HGB_in_der_Praxis.pdf.

Zülch, H./Stork-Wersborg, T. (2012), Werthaltigkeitsprüfung von Marken mit unbestimmter Nutzungsdauer gemäß IAS 36: Vermögenswerte vs. CGU-Ebene, in: KoR 2012, S. 500–507.

Zünd, A. (1988), Einheitliche Leitung – Bedeutung und Tauglichkeit dieses Begriffs, in: Druey, J. N. (Hrsg.), Das St. Galler Konzernrechtsgespräch, Bern 1982, S. 77–85.

Zündorf, H. (2009), Bewertungswahlrechte, in: Küting, K./Pfitzer, N./Weber, C.-P. (Hrsg.), Das neue deutsche Bilanzrecht, 2. Aufl., Stuttgart 2009, S. 101–114.

Zwirner, C. (2007), IFRS-Bilanzierungspraxis. Umsetzungs- und Bewertungsunterschiede in der Rechnungslegung, Berlin 2007.

Zwirner, C. (2007a), Empirische Befunde zur IFRS-Rechnungslegung in Deutschland, in: PiR 2007, S. 45–61.

Zwirner, C./Boecker, C. (2014), Fair Value Measurement nach IFRS 13. Praxishinweise zur Anwendung dieses Bewertungsmaßstabs, in: IRZ 2014, S. 7–10.

Zwirner, C./Boecker, C. (2014a), Fair Value Measurement nach IFRS 13. IDW RS HFA 47 zu Einzelfragen der Fair Value-Ermittlung, in: IRZ 2014, S. 50–53.

Zwirner, C./Künkele, K. P. (2010), Full Goodwill nach IFRS 3 – Ermittlung, Fortschreibung und Bilanzpolitik, in: IRZ 2010, S. 253–255.

Stichwortverzeichnis

A

B

C

D

E

F

G

H

I

J

K

L

M

N

O

P

Q

R

S

T

U

V

W

X

Z